2022 화재안전기준 포함

소방관계법규

송윤석 · 오승주 공저

제1편 소방기본법

제2편 화재예방, 소방시설 설치 · 유지 및 안전관리에 관한 법률

제3편 소방시설공사업법

제4편 위험물안전관리법

화수목

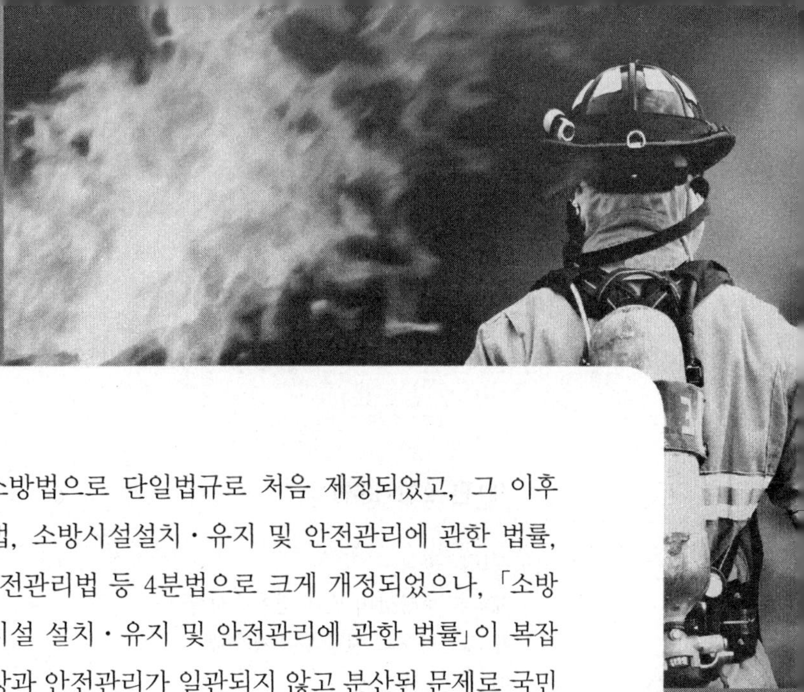

| 머리말 |

소방관계법규는 1958년 소방법으로 단일법규로 처음 제정되었고, 그 이후 2003년 5월 29일 소방기본법, 소방시설설치·유지 및 안전관리에 관한 법률, 소방시설공사업법, 위험물안전관리법 등 4분법으로 크게 개정되었으나, 「소방기본법」과 「화재예방, 소방시설 설치·유지 및 안전관리에 관한 법률」이 복잡하고 법 제도적으로 화재 예방과 안전관리가 일관되지 않고 분산된 문제로 국민이 이해하기 어려워 잦은 개정이 있었다.

이에 체계적이고 일관된 화재 예방정책 추진이 필요하다는 의견으로 「화재예방, 소방시설 설치·유지 및 안전관리에 관한 법률」을 화재 예방에 관한 사항을 분리하여 별도의 법률로 제정(「화재의 예방 및 안전관리에 관한 법률」) 하였으며, 기존 「화재예방, 소방시설 설치·유지 및 안전관리에 관한 법률」은 「소방시설 설치 및 관리에 관한 법률」로 제명하여 2022년 12월 1일부터 시행 변경 사용된다.

본 교재는 제1편 소방기본법, 제2편 화재 예방, 소방시설 설치·유지 및 안전관리에 관한 법률, 제3편 소방시설공사업법, 제4편 위험물안전관리법, 제5편 국가화재안전기준으로 구성하였으며, 추후 변경 시행될 내용을 기존 법률 아래에 작성하였으므로, 소방관계법규 내용을 요약하기보다는 주로 원문에 충실하여 법과 관련된 내용을 중심으로 시행령과 시행규칙을 관련 내용에 맞춰 작업하였고, 문제 풀이를 통하여 더욱 집중적으로 공부할 수 있게 집필하였다.

본 교재로 공부하는 전국의 소방관련학과 학생들, 소방관련자격증 및 소방공무원 시험을 준비하는 수험생들, 모든 이들이 본인이 원하는 성적과 시험에 합격하기를 기원하고, 본 교재를 발간되기까지 도움을 주신 도서출판 화수목 관계자 여러분께 진심으로 감사드린다.

2022년 02월

저자 **송윤석, 오승주**

FIRE FIGHTING LAW

| 목 차 |

제1편 소방기본법 1

제1장 총칙 2
제2장 소방장비 및 소방용수시설 등 18
제3장 화재의 예방과 경계(警戒) 30
제4장 소방활동 등 39
제5장 화재의 조사 66
제6장 구조 및 구급 73
제7장 의용소방대 73
제7장의2소방산업의 육성 · 진흥 및 지원 등 74
제8장 한국소방안전원 76
제9장 보칙 80
제10장 벌칙 92
| 문제풀이 100

제2편 화재예방, 소방시설 설치 · 유지 및 안전관리에 관한 법률 109

제1장 총칙 110
제2장 소방특별조사 등 132
제3장 소방시설의 설치 및 유지 · 관리 등 140
제4장 소방대상물의 안전관리 178
제5장 소방시설관리사 및 소방시설관리업 213
제7장 보칙 238
제8장 벌칙 254
| 문제풀이 261

제3편 소방시설공사업법 275

제1장 총칙 276
제2장 소방시설업 283
제3장 소방시설공사등 316
제4장 소방기술자 370

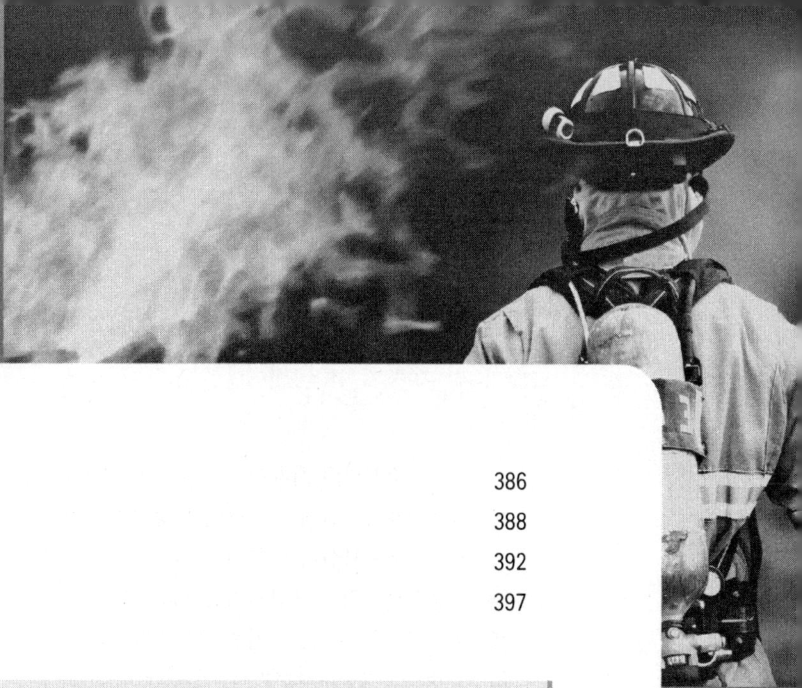

제5장 소방시설업자협회 386
제6장 보칙 388
제7장 벌칙 392
| 문제풀이 397

제4편 위험물안전관리법 407

제1장 총칙 410
제2장 위험물시설의 설치 및 변경 559
제3장 위험물시설의 안전관리 609
제4장 위험물의 운반 등 631
제5장 감독 및 조치명령 644
제6장 보칙 648
제7장 벌칙 660
| 문제풀이 668

제5편 국가화재안전기준 679

1. 소화기구 및 자동소화장치의 화재안전기준(NFSC 101) 680
2. 옥내소화전설비의 화재안전기준(NFSC 102) 685
3. 옥외소화전설비의 화재안전기준(NFSC 109) 698
4. 스프링클러설비의 화재안전기준(NFSC 103) 708
5. 간이스프링클러설비의 화재안전기준(NFSC 103A) 734
6. 화재조기진압용 스프링클러설비의 화재안전기준(NFSC 103B) 749
7. 물분무소화설비의 화재안전기준(NFSC 104) 766
8. 미분무소화설비의 화재안전기준(NFSC 104A) 779
9. 포소화설비의 화재안전기준(NFSC 105) 791
10. 이산화탄소소화설비의 화재안전기준(NFSC 106) 811
11. 할론소화설비의 화재안전기준(NFSC 107) 821
12. 할로겐화합물 및 불활성기체소화설비의 화재안전기준(NFSC 107A) 830
13. 분말소화설비의 화재안전기준(NFSC 108) 840
14. 비상경보설비 및 단독경보형감지기의 화재안전기준(NFSC 201) 849

FIRE FIGHTING LAW

15. 비상방송설비의 화재안전기준(NFSC 202) 852
16. 자동화재탐지설비 및 시각경보장치의 화재안전기준(NFSC 203) 855
17. 자동화재속보설비의 화재안전기준(NFSC 204) 868
18. 누전경보기의 화재안전기준(NFSC 205) 870
19. 피난기구의 화재안전기준(NFSC 301) 872
20. 인명구조기구의 화재안전기준(NFSC 302) 878
21. 유도등 및 유도표지의 화재안전기준(NFSC 303) 879
22. 비상조명등의 화재안전기준(NFSC 304) 886
23. 상수도소화용수설비의 화재안전기준(NFSC 401) 889
24. 소화수조 및 저수조의 화재안전기준(NFSC 402) 890
25. 제연설비의 화재안전기준(NFSC 501) 894
26. 특별피난계단의 계단실 및 부속실 제연설비의 화재안전기준(NFSC 501A) 901
27. 연결송수관설비의 화재안전기준(NFSC 502) 914
28. 연결살수설비의 화재안전기준(NFSC 503) 922
29. 비상콘센트설비의 화재안전기준(NFSC 504) 931
30. 무선통신보조설비의 화재안전기준(NFSC 505) 934
31. 연소방지설비의 화재안전기준(NFSC 506) 938
32. 소방시설용 비상전원수전설비의 화재안전기준(NFSC 602) 944
33. 도로터널의 화재안전기준(NFSC 603) 949
34. 고층건축물의 화재안전기준 (NFSC 604) 955
35. 임시소방시설의 화재안전기준(NFSC 606) 959

제1편

소방기본법

FIRE FIGHTING LAW

제1장 총칙
제2장 소방장비 및 소방용수시설 등
제3장 화재의 예방과 경계(警戒)
제4장 수방활동 등
제5장 화재의 조사
제6장 구조 및 구급
제7장 의용소방대
제7장의 2 소방산업의 육성 · 진흥 및 지원 등
제8장 한국소방안전원
제9장 보칙
제10장 벌칙

제1장 총 칙

제1조(목적)

이 법은 화재를 예방·경계하거나 진압하고 화재, 재난·재해, 그 밖의 위급한 상황에서의 구조·구급활동 등을 통하여 국민의 생명·신체 및 재산을 보호함으로써 공공의 안녕 및 질서 유지와 복리증진에 이바지함을 목적으로 한다.

(1) 화재를 예방·경계·진압
(2) 화재, 재난·재해 그 밖의 위급한 상황(1법,2법,5법 공통)에서의 구조·구급활동 } 전제조건
(3) 국민의 생명·신체 및 재산을 보호(1법,2법,5법 공통)
(4) 공공의 안녕(1법) 및 질서 유지와 복리증진(1법,2법,5법 공통)에 이바지함이다.

➡ 궁극적인 최종목적

소방법은 1598년도에 제정되었고, 1967년 풍수해와 설해부분이 삭제되므로 순수한 소방법으로 규정되었다가 2003년 대구지하철 화재 사건으로 4개 분법으로 나누어졌다.

제2조(정의)

이 법에서 사용하는 용어의 뜻은 다음과 같다.

1. "소방대상물"이란 건축물, 차량, 선박(「선박법」 제1조의2제1항에 따른 선박으로서 항구에 매어둔 선박만 해당한다), 선박 건조 구조물, 산림, 그 밖의 인공 구조물 또는 물건을 말한다.
2. "관계지역"이란 소방대상물이 있는 장소 및 그 이웃 지역으로서 화재의 예방·경계·진압, 구조·구급 등의 활동에 필요한 지역을 말한다.
3. "관계인"이란 소방대상물의 소유자·관리자 또는 점유자를 말한다.
4. "소방본부장"이란 특별시·광역시·특별자치시·도 또는 특별자치도(이하 "시·도"라 한다)에서 화재의 예방·경계·진압·조사 및 구조·구급 등의 업무를 담당하는 부서의 장을 말한다.
5. "소방대"(消防隊)란 화재를 진압하고 화재, 재난·재해, 그 밖의 위급한 상황에서 구조·구급 활동 등을 하기 위하여 다음 각 목의 사람으로 구성된 조직체를 말한다.
   가. 「소방공무원법」에 따른 소방공무원
   나. 「의무소방대설치법」 제3조에 따라 임용된 의무소방원(義務消防員)

다. 「의용소방대 설치 및 운영에 관한 법률」에 따른 의용소방대원(義勇消防隊員)

6. “소방대장”(消防隊長)이란 소방본부장 또는 소방서장 등 화재, 재난・재해, 그 밖의 위급한 상황이 발생한 현장에서 소방대를 지휘하는 사람을 말한다.

• “소방대상물”

1) 건축물

건축물이란 화재의 예방과 진압의 주 대상이 되는 것으로서 건축법 제2조에서는 토지에 정착하는 공작물 중 지붕과 기둥 또는 벽이 있는 것과 이에 딸린 시설물, 지하나 고가(高架)의 공작물에 설치하는 사무소·공연장·점포·차고·창고, 그 밖에 기타 대통령령으로 정하는 것을 말한다.

➡ 인위적으로 지상(地上) 또는 지중(地中)에 만든 굴뚝, 광고탑, 고가수조, 기둥, 옹벽, 대피소, 승강기, 항공관제탑 등은 건축물에서 제외된다.

2) 차량

소방기본법령에서는 차량에 대한 정의가 없음.

일반적으로 소방대상물인 “차량”이란 교통수단으로 사람이 이동하거나 화물을 운송하는데 이용되는 것으로 육상교통용으로 사용되는 모든 운송수단(이하 “차량”이라 한다)을 말한다.

①「도로교통법」에 의한 차:

- 자동차 : 견인되는 자동차 포함, 승용자동차, 승합자동차, 화물자동차, 특수자동차, 이륜자동차

※ 이륜자동차 : 원동기장치자전거는 「자동차관리법」 제3조에 따라 자동차 분류에서는 제외

※ 원동기장치자전거(배기량 125cc 이하 및 50cc 미만의 원동기를 단 차)

- 건설기계 : 불도저, 굴착기, 로더, 지게차, 스크레이퍼, 덤프트럭, 기중기, 모터그레이더, 롤러, 노상안정기, 쇄석기, 천공기, 골재살포기, 공기압축기, 자갈채취기, 콘크리트(뱃칭플, 피니셔, 살포기, 믹서트럭, 펌프), 항타 및 항발기, 준설선, 아스팔트(믹싱플랜트, 피니셔, 살포기), 특수건설기계, 타워크레인

➡사람 또는 가축의 힘이나 그 밖의 동력(動力)으로 도로에서 운전되는 것

② 「철도산업발전 기본법」에 의한 철도차량(동력차, 객차, 화차, 및 특수차-분진흡입차)

※ 동력차 : 외연기관 및 내연기관이나 전기적 에너지를 이용하여 동력을 발생하는 차량(KTX)
객차 : 여객 또는 소화물을 수송하기 위해 제조된 차량(새마을호)
전동차와 전동열차 : 지하철
※ 화차 : 화물을 싣고 수송하는 철도 차량(유개차, 무개차, 냉장차 등)
특수차 : 동력차, 객차, 작업차, 사고복구용차, 발전차,
화차에 속하지 않은 특수목적으로 제조된 차로 난방차 등

③ 「궤도운송법」에 의한 사람이나 화물을 운송하는 체계를 말하며, 삭도(索道:공중에 설치한 와이어로프에 궤도차량을 매달아 운행하여 사람이나 화물을 운송하는 것)를 포함

④ 육상교통용으로 사용되는 모든 운송수단(이하 "차량"이라 한다)을 말한다.

3) 선박

"선박"이란 수상 또는 수중에서 항행용으로 사용하거나 사용될 수 있는 배 종류를 말하며 소방대상물로서의 선박은 "선박법 제1조의2 제1항24)의 규정에 따른 선박으로서 항구 안에 매어둔 선박에 한한다."라고 규정하고 있어 선박법에서 규정하고 있는 선박(기선·범선·부선) 중에 항구 안에 매어둔 선박에 한하여 소방 대상물로 규정하고 있다.

➡ 소방대상물로서의 선박

- 기선 : 증기 · 기계력 등을 동력으로 하여 추진하는 배
- 범선 : 선체 위에 세운 돛에 바람을 받게 하여 풍력을 이용 진행하는 배
  (최초라고 알려진 항해사는 기원전 3000년경의 이집트인)
- 부선: 항만 내에서 짧은 거리의 해상운송에 사용되는 동력을 갖고 있는 소형선(함선)

풀이

소방기본법에서의 소방대상물로서의 선박은 육지의 소방력이 미치는 범위 내에서의 선박을 소방대상물로 하고 있다. 실제 바다를 항해중인 선박에 대해서는 원활하게 소방업무를 수행할 수 없기 때문에 소방대상물로 보지 않고 있으며 선박과 관련한 내부 소방시설 등 소방안전과 관련한 사항은 관련법에서 따로 규정을 하고 있다.

4) 선박건조구조물

선박의 건조·의장·청소·수리를 하거나 화물을 적재·하역하기 위한 축조물

※ 의장이란 선체를 제외한 선박에 필요한 모든 선구나 기계를 장비해서 출범준비

5) 산림

집단적으로 생육하고 있는 입목과 죽(竹)을 말하는 것으로 산림자원의 조성 및 관리에 관한 법률에서는 그 토지까지 포함하고 있으나 소방의 입장에서는 토지를 제외한 입목(立木)과 죽 (竹)만을 소방대상물로 보아야 할 것이다.

6) 그 밖의 인공 구조물 또는 물건

넓은 의미로 인간에 의해 인공적인 작업에 의해 만들어진 건물

(복합리조트, 다리, 방파제, 지반열 진공챔버 등)

• **"관계지역"**

소방대상물이 있는 장소 및 그 이웃 지역으로서 화재의 예방 · 경계 · 진압, 구조 · 구급 등의 활동에 필요한 지역을 말한다.

➡ 불이 날 수 있는 지역과 연기, 불꽃, 열, 연소가스가 주위로 확대될 수 있는 지역

(지하매설물, 철도 등)

• "관계인"

소방대상물의 소유자 · 관리자 또는 점유자를 말한다.

➡ 관계인은 소방대상물이 건축물 등의 직접적인 관계인만을 생각한다.
(신고인은 직접적인 관계인이 아님)

- 소유자 : 법률의 범위 내에서 물건을 사용·수익·처분할 수 있는 권리가 있는 사람 (민법 제211조)
- 관리자 : 물건이나 재산의 성질을 변경하지 않는 범위 안에서 재산의 보존·이용 및 개량을 목적으로 한 행위를 할 수 있는 사람
- 점유자 : 물건 등을 사실상으로 지배하고 있는 자

• "소방본부장"

특별시 · 광역시 · 특별자치시 · 도 또는 특별자치도(이하 "시 · 도"라 함)에서의 화재의 예방 · 경계 · 진압 · 조사 및 구조 · 구급 등의 업무를 담당하는 부서의 장

➡ "시 · 도" 에서의 화재의 예방 · 경계 · 진압 · 조사 및 구조 · 구급 등의 업무를 담당하는 부서의 장

➡ "시 · 도" 소방업무의 책임자는 "시 · 도지사"이다.

• "소방대"

화재를 진압하고 화재, 재난 · 재해, 그 밖의 위급한 상황에서 구조 · 구급 활동 등을 하기 위한 조직체

- 구성 : 소방공무원 , 의무소방원 , 의용소방대원 (자체소방대 ×)

• "소방대장"

소방본부장 또는 소방서장 등 화재, 재난 · 재해, 그 밖의 위급한 상황이 발생한 현장에서 소방대를 지휘하는 사람

➡ 소방대장은 계급이 아니며 현장 지휘 책임자로서 소방공무원 중에서만 가능하다.

제2조의2(국가와 지방자치단체의 책무)

국가와 지방자치단체는 화재, 재난 · 재해, 그 밖의 위급한 상황으로부터 국민의 생명 · 신체 및 재산보호하기 위하여 필요한 시책을 수립 · 시행하여야 한다.

제3조(소방기관의 설치 등)

① 시 · 도의 화재 예방 · 경계 · 진압 및 조사, 소방안전교육 · 홍보와 화재, 재난 · 재해, 그 밖의 위급한 상황에서의 구조 · 구급 등의 업무(이하 "소방업무"라 한다)를 수행하는 소방기관의

설치에 필요한 사항은 대통령령으로 정한다.

② 소방업무를 수행하는 소방본부장 또는 소방서장은 그 소재지를 관할하는 특별시장・광역시장・특별자치시장・도지사 또는 특별자치도지사(이하 "시・도지사"라 한다)의 지휘와 감독을 받는다.

③ 제2항에도 불구하고 소방청장은 화재 예방 및 대형 재난 등 필요한 경우 시・도 소방본부장 및 소방서장을 지휘・감독할 수 있다.

④ 시・도에서 소방업무를 수행하기 위하여 시・도지사 직속으로 소방본부를 둔다.

- 소방본부장 또는 소방서장: 시・도지사의 지휘감독을 받는다.
- 소방기관의 설치에 관하여 필요한 사항 : 대통령령으로 정한다.
  ➡ 직위단계: 소방청장 > 시・도지사 > 소방본부장 > 소방서장

✔ TIP 「지방소방기관 설치에 관한 규정」 조문 참고

제3조의2(소방공무원의 배치)

제3조제1항의 소방기관 및 같은 조 제4항의 소방본부에는 「지방자치난체에 두는 국가공무원의 정원에 관한 법률」에도 불구하고 대통령령으로 정하는 바에 따라 소방공무원을 둘 수 있다.

✔ TIP 「지방자치단체에 두는 소방공무원의 정원에 관한 규정」 조문 참고

제3조의3(다른 법률과의 관계)

제주특별자치도에는 「제주특별자치도 설치 및 국제자유도시 조성을 위한 특별법」 제44조(자치조직권에 관한 특례)에도 불구하고 같은 법 제6조제1항(다른 법률과의 관계) 단서에 따라 이 법 제3조의2를 우선하여 적용한다.

제4조(119종합상황실의 설치와 운영)

① 소방청장, 소방본부장 및 소방서장은 화재, 재난・재해, 그 밖에 구조・구급이 필요한 상황이 발생하였을 때에 신속한 소방활동(소방업무를 위한 모든 활동을 말한다. 이하 같다)을 위한 정보의 수집・분석과 판단・전파, 상황관리, 현장 지휘 및 조정・통제 등의 업무를 수행하기 위하여 119종합상황실을 설치・운영하여야 한다.

② 제1항에 따른 119종합상황실의 설치・운영에 필요한 사항은 행정안전부령으로 정한다.

소방기본법 시행규칙 살펴보기

제2조(종합상황실의 설치 · 운영)

① 「소방기본법」(이하 "법"이라 한다) 제4조제2항의 규정에 의한 종합상황실은 소방청과 특별시 · 광역시 · 특별자치시 · 도 또는 특별자치도(이하 "시 · 도"라 한다)의 소방본부 및 소방서에 각각 설치 · 운영하여야 한다.

② 소방청장, 소방본부장 또는 소방서장은 신속한 소방활동을 위한 정보를 수집 · 전파하기 위하여 종합상황실에 「소방력 기준에 관한 규칙」에 의한 전산 · 통신요원을 배치하고, 소방청장이 정하는 유 · 무선통신시설을 갖추어야 한다.

③ 종합상황실은 24시간 운영체제를 유지하여야 한다.

※ (시행규칙 제2조 제1항~제3항)

설치·운영기관	운영책임자	인력 및 장비	근무방법 등
소방청	종합상황실장	전산 및 통신요원 유·무선 통신시설	24시간 운영체제 운영기관장이 정함
시·도 소방본부			
소방서			

제3조(종합상황실의 실장의 업무 등)

① 종합상황실의 실장[종합상황실에 근무하는 자 중 최고직위에 있는 자(최고직위에 있는 자가 2인 이상인 경우에는 선임자)를 말한다. 이하 같다]은 다음 각호의 업무를 행하고, 그에 관한 내용을 기록 · 관리하여야 한다.

1. 화재, 재난 · 재해 그 밖에 구조 · 구급이 필요한 상황(이하 "재난상황"이라 한다)의 발생의 신고접수
2. 접수된 재난상황을 검토하여 가까운 소방서에 인력 및 장비의 동원을 요청하는 등의 사고수습
3. 하급소방기관에 대한 출동지령 또는 동급 이상의 소방기관 및 유관기관에 대한 지원요청
4. 재난상황의 전파 및 보고
5. 재난상황이 발생한 현장에 대한 지휘 및 피해현황의 파악
6. 재난상황의 수습에 필요한 정보수집 및 제공

② 종합상황실의 실장은 다음 각 호의 어느 하나에 해당하는 상황이 발생하는 때에는 그 사실을 지체 없이 별지 제1호서식에 따라 서면 · 팩스 또는 컴퓨터통신 등으로 소방서의 종합상황실의 경우는 소방본부의 종합상황실에, 소방본부의 종합상황실의 경우는 소방청의 종합상황실에 각각 보고해야 한다. 〈개정 2007. 2. 1., 2011. 3. 24., 2014. 11. 19., 2017. 7. 26., 2021. 7. 13.〉

1. 다음 각목의 1에 해당하는 화재
   가. 사망자가 5인 이상 발생하거나 사상자가 10인 이상 발생한 화재

나. 이재민이 100인 이상 발생한 화재

다. 재산피해액이 50억 원 이상 발생한 화재

라. 관공서 · 학교 · 정부미도정공장 · 문화재 · 지하철 또는 지하구의 화재

마. 관광호텔, 층수(「건축법 시행령」 제119조제1항제9호의 규정에 의하여 산정한 층수를 말한다. 이하 이 목에서 같다)가 11층 이상인 건축물, 지하상가, 시장, 백화점, 「위험물안전관리법」 제2조제2항의 규정에 의한 지정수량의 3천배 이상의 위험물의 제조소 · 저장소 · 취급소, 층수가 5층 이상이거나 객실이 30실 이상인 숙박시설, 층수가 5층 이상이거나 병상이 30개 이상인 종합병원 · 정신병원 · 한방병원 · 요양소, 연면적 1만5천제곱미터 이상인 공장 또는 소방기본법 시행령(이하 "영"이라 한다) 제4조제1항 각 목에 따른 화재경계지구에서 발생한 화재

바. 철도차량, 항구에 매어둔 총 톤수가 1천톤 이상인 선박, 항공기, 발전소 또는 변전소에서 발생한 화재

사. 가스 및 화약류의 폭발에 의한 화재

아. 「다중이용업소의 안전관리에 관한 특별법」 제2조에 따른 다중이용업소의 화재

2. 「긴급구조대응활동 및 현장지휘에 관한 규칙」에 의한 통제단장의 현장지휘가 필요한 재난상황

3. 언론에 보도된 재난상황

4. 그 밖에 소방청장이 정하는 재난상황

③ 종합상황실 근무자의 근무방법 등 종합상황실의 운영에 관하여 필요한 사항은 종합상황실을 설치하는 소방청장, 소방본부장 또는 소방서장이 각각 정한다.

※ 종합상황실장

지체 없이 서면 · 모사전송 · 컴퓨터 통신 등으로 소방서 → 소방본부 → 소방청 종합상황실에 다음 상황을 각각 보고

※ 사상자=사망+부상자

• 예) 사망자3인 이상 발생하거나 부상자 6인 이상 발생한 화재는 해당 ×
(사망자 3인 이상 발생, 부상자 7인 이상이면 사상자가 10인 이상 되므로 지체 없이 보고사항)

■ **대형화재**

가. 인명피해 : 사망 5명 이상이거나 사상자 10명 이상 발생 화재

나. 재산피해 : 50억 원 이상 추정되는 화재

■ 중요화재

가. 이재민 100명 이상 발생화재
나. 관광호텔, 고층건물, 지하상가, 시장, 백화점, 대량위험물을 제조·저장·취급하는 장소, 대형 화재취약대상 및 화재경계지구
다. 관공서, 학교, 정부미 도정공장, 문화재, 지하철, 지하구등 공공건물 및 시설의 화재

■ 특수화재

가. 철도, 항구에 매어둔 외항선, 항공기, 발전소 및 변전소의 화재
나. 특수사고, 방화 등 화재원인이 특이하다고 인정되는 화재
다. 외국공관 및 그 사택
라. 그 밖에 대상이 특수하여 사회적 이목이 집중될 것으로 예상되는 화재

■ 지하가

지하상가(완공검사 시 현장확인 대상물), 공동소방안전관리대상물

- 지하도에 설치된 불특정 다수를 위한 상가로 대도시의 철도역에서 자동차와 보행자의 교통을 편리하기 위해 지하보도 및 주차장, 지하철 입구를 일체로 정비한 곳이 많다.
  지하구 : 2급 소방안전관리대상물, 건축허가동의, 감리자지정, 초급감리원 지정
- 2018년 통신대란을 불러 왔던 KT 아현 전화국과 같은 지하에 전력 및 통신케이블 설치로 쭉 이어진 공간
  지하공동구: 무선통신보조설비, 통합감시시설
- 1978년 맨 처음 건설된 여의도를 비롯 목동·개포동·가락동·상계동·상암동 등 6개 지역에 총연장 32.8km의 지하공동구가 있다.

제4조의2(소방기술민원센터의 설치 · 운영)

① 소방청장 또는 소방본부장은 소방시설, 소방공사 및 위험물 안전관리 등과 관련된 법령해석 등의 민원을 종합적으로 접수하여 처리할 수 있는 기구(이하 이 조에서 "소방기술민원센터"라 한다)를 설치 · 운영할 수 있다.

② 소방기술민원센터의 설치 · 운영 등에 필요한 사항은 대통령령으로 정한다.

[본조신설 2021. 1. 5.] [시행일 : 2022. 1. 6.] 제4조의2

소방기본법 시행령 살펴보기

제1조의2(소방기술민원센터의 설치 · 운영)

① 소방청장 또는 소방본부장은 「소방기본법」(이하 "법"이라 한다) 제4조의2제1항에 따른 소방기술민원센터(이하 "소방기술민원센터"라 한다)를 소방청 또는 소방본부에 각각 설치 · 운영한다.

② 소방기술민원센터는 센터장을 포함하여 18명 이내로 구성한다.

③ 소방기술민원센터는 다음 각 호의 업무를 수행한다.

1. 소방시설, 소방공사와 위험물 안전관리 등과 관련된 법령해석 등의 민원(이하 "소방기술민원"이라 한다)의 처리
2. 소방기술민원과 관련된 질의회신집 및 해설서 발간
3. 소방기술민원과 관련된 정보시스템의 운영 · 관리
4. 소방기술민원과 관련된 현장 확인 및 처리
5. 그 밖에 소방기술민원과 관련된 업무로서 소방청장 또는 소방본부장이 필요하다고 인정하여 지시하는 업무

④ 소방청장 또는 소방본부장은 소방기술민원센터의 업무수행을 위하여 필요하다고 인정하는 경우에는 관계 기관의 장에게 소속 공무원 또는 직원의 파견을 요청할 수 있다.

⑤ 제1항부터 제4항까지에서 규정한 사항 외에 소방기술민원센터의 설치 · 운영에 필요한 사항은 소방청에 설치하는 경우에는 소방청장이 정하고, 소방본부에 설치하는 경우에는 해당 특별시 · 광역시 · 특별자치시 · 도 또는 특별자치도(이하 "시 · 도"라 한다)의 규칙으로 정한다.

[본조신설 2022. 1. 4.] [종전 제1조의2는 제1조의3으로 이동 〈2022. 1. 4.〉]

제5조(소방박물관 등의 설립과 운영)

① 소방의 역사와 안전문화를 발전시키고 국민의 안전의식을 높이기 위하여 소방청장은 소방박물관을, 시 · 도지사는 소방체험관(화재 현장에서의 피난 등을 체험할 수 있는 체험관을 말한다. 이하 이 조에서 같다)을 설립하여 운영할 수 있다.

► 소방박물관 설립 · 운영: 소방청장 ➡ 행정안전부령
► 소방체험관 설립 · 운영: 시 · 도지사 ➡ 시 · 도의조례
► 소방체험관 설립 · 운영에 필요한 사항은 시 · 도의조례

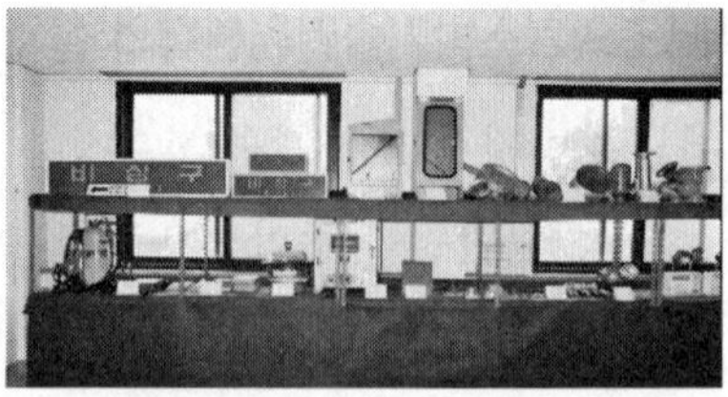

② 제1항에 따른 소방박물관의 설립과 운영에 필요한 사항은 행정안전부령으로 정하고, 소방체험관의 설립과 운영에 필요한 사항은 행정안전부령으로 정하는 기준에 따라 시 · 도의 조례로 정한다.

소방기본법 시행규칙 살펴보기

제4조(소방박물관의 설립과 운영)

① 소방청장은 법 제5조제2항의 규정에 의하여 소방박물관을 설립 · 운영하는 경우에는 소방박물관에 소방박물관장 1인과 부관장 1인을 두되, 소방박물관장은 소방공무원 중에서 소방청장이 임명한다.

② 소방박물관은 국내 · 외의 소방의 역사, 소방공무원의 복장 및 소방장비 등의 변천 및 발전에 관한 자료를 수집 · 보관 및 전시한다.

③ 소방박물관에는 그 운영에 관한 중요한 사항을 심의하기 위하여 7인 이내의 위원으로 구성된 운영위원회를 둔다.

④ 제1항의 규정에 의하여 설립된 소방박물관의 관광업무 · 조직 · 운영위원회의 구성 등에 관하여 필요한 사항은 소방청장이 정한다.

제4조의2(소방체험관의 설립 및 운영)

① 법 제5조제1항에 따라 설립된 소방체험관(이하 "소방체험관"이라 한다)은 다음 각 호의 기능을 수행한다.

1. 재난 및 안전사고 유형에 따른 예방, 대처, 대응 등에 관한 체험교육(이하 "체험교육"이라 한다)의 제공
2. 체험교육 프로그램의 개발 및 국민 안전의식 향상을 위한 홍보 · 전시
3. 체험교육 인력의 양성 및 유관기관 · 단체 등과의 협력
4. 그 밖에 체험교육을 위하여 시 · 도지사가 필요하다고 인정하는 사업의 수행

② 법 제5조제2항에서 "행정안전부령으로 정하는 기준"이란 별표 1에 따른 기준을 말한다.

소방기본법 시행규칙 [별표 1]

소방체험관의 설립 및 운영에 관한 기준 (제4조의2제2항 관련)

1. 설립 입지 및 규모 기준

가. 소방체험관은 도로 등 교통시설을 갖추고, 재해 및 재난 위험요소가 없는 등 국민의 접근성과 안전성이 확보된 지역에 설립되어야 한다.

나. 소방체험관 중 제2호의 소방안전 체험실로 사용되는 부분의 바닥면적의 합이 900제곱미터 이상이 되어야 한다.

2. 소방체험관의 시설기준

가. 소방체험관에는 다음 표에 따른 체험실을 모두 갖추어야한다.
이 경우 체험실별 바닥면적은 100제곱미터 이상이어야 한다.

분야	체험실
생활안전	화재안전 체험실
	시설안전 체험실
교통안전	보행안전 체험실
	자동차안전 체험실
자연재난안전	기후성 재난체험실
	지질성 재난체험실
보건안전	응급처치 체험실

나. 소방체험관의 규모 및 지역여건 등을 고려하여 다음 표에 따른 체험실을 갖출 수 있다.
이 경우 체험실별 바닥면적은 100제곱미터 이상이어야 한다.

분야	체험실
생활안전	전기안전 체험실, 가스안전 체험실, 작업안전 체험실, 여가활동 체험실, 노인안전 체험실
교통안전	버스안전 체험실, 이륜차안전 체험실, 지하철안전 체험실
자연재난안전	생물권 재난안전 체험실(조류독감, 구제역 등)
사회기반안전	화생방 · 민방위안전 체험실, 환경안전 체험실, 에너지 · 정보통신안전 체험실, 사이버안전 체험실
범죄안전	미아안전 체험실, 유괴안전 체험실, 폭력안전 체험실, 성폭력안전 체험실, 사기범죄 안전 체험실
보건안전	중독안전 체험실(게임 · 인터넷, 흡연 등), 감염병안전 체험실, 식품안전 체험실, 자살방지 체험실
기타	시 · 도지사가 필요하다고 인정하는 체험실

다. 소방체험관에는 사무실, 회의실, 그 밖에 시설물의 관리·운영에 필요한 관리 시설이 건물규모에 적합하게 설치되어야 한다.

3. 체험교육 인력의 자격 기준

가. 체험실별 체험교육을 총괄하는 교수요원은 소방공무원 중 다음의 어느 하나에 해당하는 사람이어야 한다.

1) 소방 관련학과의 석사학위 이상을 취득한 사람
2) 「소방기본법」 제17조의2에 따른 소방안전교육사, 「화재예방, 소방시설 설치·유지 및 안전관리에 관한 법률」 제26조에 따른 소방시설관리사, 「국가기술자격법」에 따른 소방기술사 또는 소방설비기사 자격을 취득한 사람
3) 간호사 또는 「응급의료에 관한 법률」 제36조에 따른 응급구조사 자격을 취득한 사람
4) 소방청장이 실시하는 인명구조사시험 또는 화재대응능력시험에 합격한 사람
5) 「소방기본법」 제16조 또는 제16조의3에 따른 소방활동이나 생활안전활동을 3년 이상 수행한 경력이 있는 사람
6) 5년 이상 근무한 소방공무원 중 시·도지사가 체험실의 교수요원으로 적합하다고 인정하는 사람

나. 체험실별 체험교육을 지원하고 실습을 보조하는 조교는 다음의 어느 하나에 해당하는 사람이어야 한다.

1) 가목에 따른 교수요원의 자격을 갖춘 사람
2) 「소방기본법」 제16조 및 제16조의3에 따른 소방활동이나 생활안전활동을 1년 이상 수행한 경력이 있는 사람
3) 중앙소방학교 또는 지방소방학교에서 2주 이상의 소방안전교육사 관련 전문교육과정을 이수한 사람
4) 소방체험관에서 2주 이상의 체험교육에 관한 직무교육을 이수한 의무소방원
5) 그 밖에 1)부터 4)까지의 규정에 준하는 자격 또는 능력을 갖추었다고 시·도지사가 인정하는 사람

4. 소방체험관의 관리인력 배치 기준 등

가. 소방체험관의 규모 등에 비추어 체험교육 프로그램의 기획·개발, 대외협력 및 성과분석 등을 담당할 적정한 수준의 행정인력을 두어야 한다.

나. 소방체험관의 규모 등에 비추어 건축물과 체험교육 시설·장비 등의 유지관리를 담당할 적정한 수준의 시설관리인력을 두어야 한다.

다. 시·도지사는 소방체험관 이용자에 대한 안전지도 및 질서 유지 등을 담당할 자원봉사자를 모집하여 활용할 수 있다.

5. 체험교육 운영 기준

가. 체험교육을 실시할 때 체험실에는 1명 이상의 교수요원을 배치하고, 조교는 체험교육대상자 30명당 1명 이상이 배치되도록 하여야 한다. 다만, 소방체험관의 장은 체험교육대상자의 연령 등을 고려하여 조교의 배치기준을 달리 정할 수 있다.

나. 교수요원은 체험교육 실시 전에 소방체험관 이용자에게 주의사항 및 안전관리 협조사항을 미리 알려야 한다.

다. 시·도지사는 설치되어 있는 체험실별로 체험교육 표준운영절차를 마련하여야 한다.

라. 시·도지사는 체험교육대상자의 정신적·신체적 능력을 고려하여 체험교육을 운영하여야 한다.

마. 시·도지사는 체험교육 운영인력에 대하여 체험교육과 관련된 지식·기술 및 소양 등에 관한 교육훈련을 연간 12시간 이상 이수하도록 하여야 한다.

바. 체험교육 운영인력은 「소방공무원 복제 규칙」 제12조에 따른 기동장을 착용하여야 한다. 다만, 계절이나 야외 체험활동 등을 고려하여 제복의 종류 및 착용방법을 달리 정할 수 있다.

6. 안전관리 기준

가. 시·도지사는 소방체험관에서 발생한 사고로 인한 이용자 등의 생명·신체나 재산상의 손해를 보상하기 위한 보험 또는 공제에 가입하여야 한다.

나. 교수요원은 체험교육 실시 전에 체험실의 시설 및 장비의 이상 유무를 반드시 확인하는 등 안전점검을 실시하여야 한다.

다. 소방체험관의 장은 소방체험관에서 발생하는 각종 안전사고 등을 총괄하여 관리하는 안전관리자를 지정하여야 한다.

라. 소방체험관의 장은 안전사고 발생 시 신속한 응급처치 및 병원 이송 등의 조치를 하여야 한다.

마. 소방체험관의 장은 소방체험관의 이용자의 안전에 위해(危害)를 끼치거나 끼칠 위험이 있다고 인정되는 이용자에 대하여 출입 금지 또는 행위의 제한, 체험교육의 거절 등의 조치를 하여야 한다.

7. 이용현황 관리 등

가. 소방체험관의 장은 체험교육의 운영결과, 만족도 조사결과 등을 기록하고 이를 3년간 보관하여야 한다.

나. 소방체험관의 장은 체험교육의 효과 및 개선 사항 발굴 등을 위하여 이용자를 대상으로 만족도 조사를 실시하여야 한다. 다만, 이용자가 거부하거나 만족도 조사를 실시할 시간적 여유가 없는 등의 경우에는 만족도 조사를 실시하지 아니할 수 있다.

다. 소방체험관의 장은 체험교육을 이수한 사람에게 교육이수자의 성명, 체험내용, 체험시간 등을 적은 체험교육 이수증을 발급할 수 있다.

제6조(소방업무에 관한 종합계획의 수립 · 시행 등)

① 소방청장은 화재, 재난 · 재해, 그 밖의 위급한 상황으로부터 국민의 생명 · 신체 및 재산을 보호하기 위하여 소방업무에 관한 종합계획(이하 이 조에서 "종합계획"이라 한다)을 5년마다 수립 · 시행하여야 하고, 이에 필요한 재원을 확보하도록 노력하여야 한다.

② 종합계획에는 다음 각 호의 사항이 포함되어야 한다.

1. 소방서비스의 질 향상을 위한 정책의 기본방향
2. 소방업무에 필요한 체계의 구축, 소방기술의 연구 · 개발 및 보급
3. 소방업무에 필요한 장비의 구비
4. 소방전문인력 양성
5. 소방업무에 필요한 기반조성

③ 소방청장은 제1항에 따라 수립한 종합계획을 관계 중앙행정기관의 장, 시 · 도지사에게 통보하여야 한다.

④ 시 · 도지사는 관할 지역의 특성을 고려하여 종합계획의 시행에 필요한 세부계획(이하 이 조에서 "세부계획"이라 한다)을 매년 수립하여 소방청장에게 제출하여야 하며, 세부계획에 따른 소방업무를 성실히 수행하여야 한다.

소방청장은 소방업무의 체계적 수행을 위하여 필요한 경우 제4항에 따라 시 · 도지사가 제출한 세부계획의 보완 또는 수정을 요청할 수 있다.

⑥ 그 밖에 종합계획 및 세부계획의 수립 · 시행에 필요한 사항은 대통령령으로 정한다.

소방기본법 시행령 살펴보기

제1조의3 (소방업무에 관한 종합계획 및 세부계획의 수립 · 시행)

① 소방청장은 「소방기본법」(이하 "법"이라 한다) 제6조제1항에 따른 소방업무에 관한 종합계획을 관계 중앙행정기관의 장과의 협의를 거쳐 계획 시행 전년도 10월 31일까지 수립하여야 한다. 〈개정 2017. 7. 26., 2022. 1. 4.〉[시행일: 2021.1.6.]

② 법 제6조제2항제7호에서 "대통령령으로 정하는 사항"이란 다음 각 호의 사항을 말한다.

1. 재난 · 재해 환경 변화에 따른 소방업무에 필요한 대응 체계 마련

2. 장애인, 노인, 임산부, 영유아 및 어린이 등 이동이 어려운 사람을 대상으로 한 소방활동에 필요한 조치

③ 특별시장·광역시장·특별자치시장·도지사 또는 특별자치도지사(이하 "시·도지사"라 한다)는 법 제6조제4항에 따른 종합계획의 시행에 필요한 세부계획을 계획 시행 전년도 12월 31일까지 수립하여 소방청장에게 제출하여야 한다.

[본조신설 2016. 10. 25.] [제1조의2에서 이동 〈2022. 1. 4.〉]

제7조(소방의 날 제정과 운영 등)

① 국민의 안전의식과 화재에 대한 경각심을 높이고 안전문화를 정착시키기 위하여 매년 11월 9일을 소방의 날로 정하여 기념행사를 한다.

② 소방의 날 행사에 관하여 필요한 사항은 소방청장 또는 시·도지사가 따로 정하여 시행할 수 있다.

③ 소방청장은 다음 각 호에 해당하는 사람을 명예직 소방대원으로 위촉할 수 있다.

1. 「의사상자 등 예우 및 지원에 관한 법률」 제2조에 따른 의사상자(義死傷者)로서 같은 법 제3조제3호 또는 제4호에 해당하는 사람
2. 소방행정 발전에 공로가 있다고 인정되는 사람

➡ 1991년 12차 소방법을 개정하면서 11월 9일이 소방의 날로 정해졌다.

▶ 참고 의사상자 등 예우 및 지원에 관한 법률 (약칭: 의사상자법)

제2조 정의

1. "구조행위"란 자신의 생명 또는 신체상의 위험을 무릅쓰고 급박한 위해에 처한 다른 사람의 생명·신체 또는 재산을 구하기 위한 직접적·적극적 행위를 말한다.
2. "의사자(義死者)"란 직무 외의 행위로서 구조행위를 하다가 사망(의상자가 그 부상으로 인하여 사망한 경우를 포함한다)하여 보건복지부장관이 이 법에 따라 의사자로 인정한 사람을 말한다.
3. "의상자(義傷者)"란 직무 외의 행위로서 구조행위를 하다가 대통령령으로 정하는 신체상의 부상을 입어 보건복지부장관이 이 법에 따라 의상자로 인정한 사람을 말한다.
4. "의사상자"란 의사자 및 의상자를 말한다.
5. "의사자유족"이란 의사자의 배우자(사실상의 혼인관계에 있는 자를 포함한다. 이하 같다), 자녀, 부모, 조부모 또는 형제자매를 말한다.
6. "의상자가족"이란 의상자의 배우자, 자녀, 부모, 조부모 또는 형제자매를 말한다.

제3조 적용범위

1. 강도・절도・폭행・납치 등의 범죄행위를 제지하거나 그 범인을 체포하다가 사망하거나 부상을 입는 구조행위를 한 때
2. 자동차・열차, 그 밖의 운송수단의 사고로 위해에 처한 다른 사람의 생명・신체 또는 재산을 구하다가 사망하거나 부상을 입는 구조행위를 한 때
3. 천재지변, 수난(水難), 화재, 건물・축대・제방의 붕괴 등으로 위해에 처한 다른 사람의 생명・신체 또는 재산을 구하다가 사망하거나 부상을 입는 구조행위를 한 때
4. 천재지변, 수난, 화재, 건물・축대・제방의 붕괴 등으로 일어날 수 있는 불특정 다수인의 위해를 방지하기 위하여 긴급한 조치를 하다가 사망하거나 부상을 입는 구조행위를 한 때
5. 야생동물 또는 광견 등의 공격으로 위해에 처한 다른 사람의 생명・신체 또는 재산을 구하다가 사망하거나 부상을 입는 구조행위를 한 때
6. 해수욕장・하천・계곡, 그 밖의 장소에서 물놀이 등을 하다가 위해에 처한 다른 사람의 생명 또는 신체를 구하다가 사망하거나 부상을 입는 구조행위를 한 때
7. 국가 또는 지방자치단체의 요청에 따라 구조행위를 위하여 대통령령으로 정하는 통상적인 경로와 방법으로 이동하던 중에 사망하거나 부상을 입은 때
8. 그 밖에 제1호부터 제6호까지와 유사한 형태의 위해에 처한 다른 사람의 생명・신체 또는 재산을 구하다가 사망하거나 부상을 입는 구조행위를 한 때

제2장 소방장비 및 소방용수시설 등

제8조(소방력의 기준 등)

① 소방기관이 소방업무를 수행하는 데에 필요한 인력과 장비 등[이하 "소방력"(消防力)이라 한다]에 관한 기준은 행정안전부령으로 정한다.

② 시・도지사는 제1항에 따른 소방력의 기준에 따라 관할구역의 소방력을 확충하기 위하여 필요한 계획을 수립하여 시행하여야 한다.

③ 소방자동차 등 소방장비의 분류・표준화와 그 관리 등에 필요한 사항은 따로 법률에서 정한다.

✔ TIP 「소방력 기준에 관한 규칙」 조문 참고

제9조(소방장비 등에 대한 국고보조)

① 국가는 소방장비의 구입 등 시·도의 소방업무에 필요한 경비의 일부를 보조한다.

② 제1항에 따른 보조 대상사업의 범위와 기준보조율은 대통령령으로 정한다.

소방기본법 시행령 살펴보기

제2조(국고보조 대상사업의 범위와 기준보조율)

① 국고보조 대상사업의 범위(종류)는 다음 각 호와 같다.

1. 다음 각 목의 소방활동장비와 설비의 구입 및 설치
    가. 소방자동차
    나. 소방헬리콥터 및 소방정
    다. 소방전용통신설비 및 전산설비
    라. 그 밖에 방화복 등 소방활동에 필요한 소방장비
2. 소방관서용 청사의 건축

② 제1항제1호에 따른 소방활동장비 및 설비의 종류와 규격은 행정안전부령으로 정한다.

③ 제1항에 따른 국고보조 대상사업의 기준보조율은 「보조금 관리에 관한 법률 시행령」에서 정하는 바에 따른다.

소방기본법 시행규칙 살펴보기

제5조(소방활동장비 및 설비의 규격 및 종류와 기준가격)

① 영 제2조제2항의 규정에 의한 국고보조의 대상이 되는 소방활동장비 및 설비의 종류 및 규격은 별표 1의2와 같다.

■ 소방기본법 시행규칙 [별표 1의2] 〈개정 2021. 7. 13.〉

국고보조의 대상이 되는 소방활동장비 및 설비의 종류와 규격 (제5조제1항관련)

구분	종류				규격
소방활동장비	소방자동차	펌프차	대형		240마력 이상
			중형		170마력 이상 240마력 미만
			소형		120마력 이상 170마력 미만
		물탱크 소방차	대형		240마력 이상
			중형		170마력 이상 240마력 미만
		화학 소방차	비활성가스를 이용한 소방차		
			고성능		340마력 이상
			내폭		340마력 이상
			일반	대형	240마력 이상
				중형	170마력 이상 240마력 미만
		사다리 소방차	고가(사다리의 길이가 33m 이상인 것에 한한다)		330마력 이상
			굴절	27m 이상급	330마력 이상
				18m 이상 27m 미만급	240마력 이상
		조명차	중형		170마력
		배연차	중형		170마력 이상
		구조차	대형		240마력 이상
			중형		170마력 이상 240마력 미만
		구급차	특수		90마력 이상
			일반		85마력 이상 90마력 미만
	소방정		소방정		100톤 이상급, 50톤급
			구조정		30톤급
	소방헬리콥터				5~17인승

<table>
<tr><th>구분</th><th colspan="4">종류</th><th>규격</th></tr>
<tr><td rowspan="21">소방전용통신설비 및 전산설비</td><td rowspan="12">통신설비</td><td rowspan="4">유선통신장비</td><td colspan="2">디지털전화교환기</td><td>국내 100회선 이상, 내선 1000회선 이상</td></tr>
<tr><td colspan="2">키폰장치</td><td>국내 100회선 이상, 내선 200회선 이상</td></tr>
<tr><td colspan="2">팩스</td><td>일제 개별 동보장치</td></tr>
<tr><td colspan="2">영상장비다중화장치</td><td>동화상 및 정지화상 E1급 이상</td></tr>
<tr><td rowspan="8">무선통신기기</td><td rowspan="3">극초단파 무선기기</td><td>고정용</td><td>공중전력 50와트 이하</td></tr>
<tr><td>이동용</td><td>공중전력 20와트 이하</td></tr>
<tr><td>휴대용</td><td>공중전력 5와트 이하</td></tr>
<tr><td rowspan="3">초단파 무선기기</td><td>고정용</td><td>공중전력 50와트 이하</td></tr>
<tr><td>이동용</td><td>공중전력 20와트 이하</td></tr>
<tr><td>휴대용</td><td>공중전력 5와트 이하</td></tr>
<tr><td rowspan="2">단파무전기</td><td>고정용</td><td>공중전력 100와트 이하</td></tr>
<tr><td>이동용</td><td>공중전력 50와트 이하</td></tr>
<tr><td rowspan="9">전산설비</td><td rowspan="3">주 전산기기</td><td>중앙처리장치</td><td colspan="2">클럭속도 : 90메가헤르즈 이상, 워드길이 : 32비트 이상</td></tr>
<tr><td>주기억장치</td><td colspan="2">용량 : 125메가바이트 이상
전송속도 : 초당22메가바이트 이상
캐시메모리 : 1메가바이트 이상</td></tr>
<tr><td>보조기억장치</td><td colspan="2">용량 5기가바이트 이상</td></tr>
<tr><td rowspan="3">보조 전산기기</td><td>중앙처리장치</td><td colspan="2">성능 : 26밉스 이상
클럭속도 : 25메가헤르즈 이상
워드길이 : 32비트 이상</td></tr>
<tr><td>주기억장치</td><td colspan="2">용량 : 32메가바이트 이상
전송속도 : 초당 22메가바이트 이상
캐시메모리 : 128킬로바이트 이상</td></tr>
<tr><td>보조기억장치</td><td colspan="2">용량 : 22기가바이트 이상</td></tr>
<tr><td rowspan="3">서버</td><td>중앙처리장치</td><td colspan="2">성능 : 80밉스 이상
클럭속도: 100메가헤르즈 이상
워드길이: 32비트 이상</td></tr>
<tr><td>주기억장치</td><td colspan="2">용량 : 초당 32메가바이트 이상
전송속도 : 초당 22메가바이트 이상
캐시메모리 : 128킬로바이트 이상</td></tr>
<tr><td>보조기억장치</td><td colspan="2">용량 : 3기가바이트 이상</td></tr>
</table>

구분	종류		규격
통신설비	단말기	중앙처리장치	클럭속도 : 100메가헤르즈 이상
		주기억장치	용량 : 16메가바이트 이상
		보조기억장치	용량 : 1기가바이트 이상
	모니터		칼라, 15인치 이상
	라우터 (네트워크 연결장치)		6시리얼포트 이상
	스위칭허브		16이더넷포트 이상
	디에스유, 씨에스유		초당 56킬로바이트 이상
	스캐너		A4사이즈, 칼라 600, 인치당 2400도트 이상
	플로터		A4사이즈, 칼라 300, 인치당 600도트 이상
	빔프로젝트		밝기 400럭스 이상 컴퓨터 데이터 접속 가능
	액정프로젝트		밝기 400럭스 이상 컴퓨터 데이터 접속 가능
	무정전 전원장치		5킬로볼트암페어 이상

② 영 제2조제2항의 규정에 의한 국고보조산정을 위한 기준가격은 다음 각호와 같다.

1. 국내조달품 : 정부고시가격
2. 수입물품 : 조달청에서 조사한 해외시장의 시가
3. 정부고시가격 또는 조달청에서 조사한 해외시장의 시가가 없는 물품 : 2 이상의 공신력 있는 물가조사기관에서 조사한 가격의 평균가격

제10조(소방용수시설의 설치 및 관리 등)

① 시·도지사는 소방활동에 필요한 소화전(消火栓)·급수탑(給水塔)·저수조(貯水槽)(이하 "소방용수시설"이라 한다)를 설치하고 유지·관리하여야 한다. 다만, 「수도법」 제45조에 따라 소화전을 설치하는 일반수도사업자는 관할 소방서장과 사전협의를 거친 후 소화전을 설치하여야 하며, 설치 사실을 관할 소방서장에게 통지하고, 그 소화전을 유지·관리하여야 한다.

② 시·도지사는 제21조제1항에 따른 소방자동차의 진입이 곤란한 지역 등 화재발생 시에 초기대응이 필요한 지역으로서 대통령령으로 정하는 지역에 소방호스 또는 호스 릴 등을 소방용수시설에 연결하여 화재를 진압하는 시설이나 장치(이하 "비상소화장치"라 한다)를 설치하고 유지·관리할 수 있다.

③ 제1항에 따른 소방용수시설과 제2항에 따른 비상소화장치의 설치기준은 행정안전부령으로 정한다.

➡ 수도소화전은 일반수도사업자가 유지·관리한다.

소방기본법 시행령 살펴보기

제2조의2(비상소화장치의 설치대상 지역)

법 제10조제2항에서 "대통령령으로 정하는 지역"이란 다음 각 호의 어느 하나에 해당하는 지역을 말한다.

1. 법 제13조제1항에 따라 지정된 화재경계지구
2. 시・도지사가 법 제10조제2항에 따른 비상소화장치의 설치가 필요하다고 인정하는 지역

소방기본법 시행규칙 살펴보기

제6조(소방용수시설 및 비상소화장치의 설치기준)

① 특별시장・광역시장・특별자치시장・도지사 또는 특별자치도지사(이하 "시・도지사"라 한다)는 법 제10조제1항의 규정에 의하여 설치된 소방용수시설에 대하여 별표 2의 소방용수표지를 보기 쉬운 곳에 설치하여야 한다.

② 법 제10조제1항에 따른 소방용수시설의 설치기준은 별표 3과 같다.

③ 법 제10조제2항에 따른 비상소화장치의 설치기준은 다음 각 호와 같다.

1. 비상소화장치는 비상소화장치함, 소화전, 소방호스(소화전의 방수구에 연결하여 소화용수를 방수하기 위한 도관으로서 호스와 연결금속구로 구성되어 있는 소방용릴호스 또는 소방용고무내장호스를 말한다), 관창(소방호스용 연결금속구 또는 중간연결금속구 등의 끝에 연결하여 소화용수를 방수하기 위한 나사식 또는 차입식 토출기구를 말한다)을 포함하여 구성할 것
2. 소방호스 및 관창은 「화재예방, 소방시설 설치・유지 및 안전관리에 관한 법률」 제36조제5항에 따라 소방청장이 정하여 고시하는 형식승인 및 제품검사의 기술기준에 적합한 것으로 설치할 것
3. 비상소화장치함은 「화재예방, 소방시설 설치・유지 및 안전관리에 관한 법률」 제39조제4항에 따라 소방청장이 정하여 고시하는 성능인증 및 제품검사의 기술기준에 적합한 것으로 설치할 것

④ 제3항에서 규정한 사항 외에 비상소화장치의 설치기준에 관한 세부 사항은 소방청장이 정한다.

✔ **TIP** 행정규칙: 비상소화장치의 설치 및 관리 기준 참고

소방기본법 시행규칙 [별표 2]

소방용수표지 (제6조제1항관련)

1. 지하에 설치하는 소화전 또는 저수조의 경우 소방용수표지는 다음 각 목의 기준에 따라 설치한다.
   가. 맨홀 뚜껑은 지름 648밀리미터 이상의 것으로 할 것. 다만, 승하강식 소화전의 경우에는 이를 적용하지 않는다.
   나. 맨홀 뚜껑에는 "소화전·주정차금지" 또는 "저수조·주정차금지"의 표시를 할 것
   다. 맨홀뚜껑 부근에는 노란색 반사도료로 폭 15센티미터의 선을 그 둘레를 따라 칠할 것

2. 지상에 설치하는 소화전, 저수조 및 급수탑의 경우 소방용수표지는 다음 각 목의 기준에 따라 설치한다.

   가. 규격

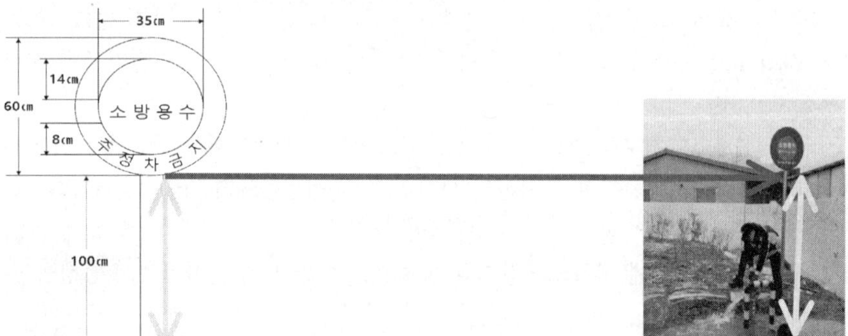

   나. 안쪽 문자는 흰색, 바깥쪽 문자는 노란색으로, 안쪽 바탕은 붉은색, 바깥쪽 바탕은 파란색으로 하고, 반사재료를 사용해야 한다.
   다. 가목의 규격에 따른 소방용수표지를 세우는 것이 매우 어렵거나 부적당한 경우에는 그 규격 등을 다르게 할 수 있다.

소방기본법 시행규칙 [별표 3]

소방용수시설의 설치기준 (제6조제2항관련)

1. 공통기준

가. 국토의계획및이용에관한법률 제36조제1항제1호의 규정에 의한 주거지역·상업지역 및 공업지역에 설치하는 경우 : 소방대상물과의 수평거리를 100미터 이하가 되도록 할 것

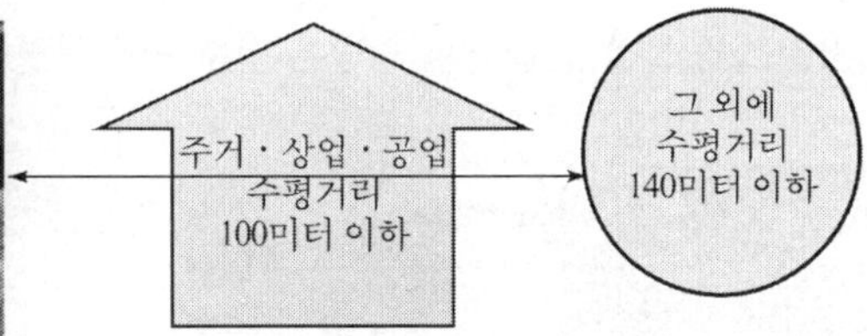

나. 가목 외의 지역에 설치하는 경우 : 소방대상물과의 수평거리를 140미터 이하

2. 소방용수시설별 설치기준

가. 소화전의 설치기준 : 상수도와 연결하여 지하식 또는 지상식의 구조로 하고, 소방용호스와 연결하는 소화전의 연결금속구의 구경은 65밀리미터로 할 것

지상식 소화전

지하식 소화전

연결금속구의 구경은 65밀리미터

나. 급수탑의 설치기준 : 급수배관의 구경은 100밀리미터 이상으로 하고, 개폐밸브는 지상에서 1.5미터 이상 1.7미터 이하의 위치에 설치하도록 할 것

1.5미터 이상 1.7미터 이하

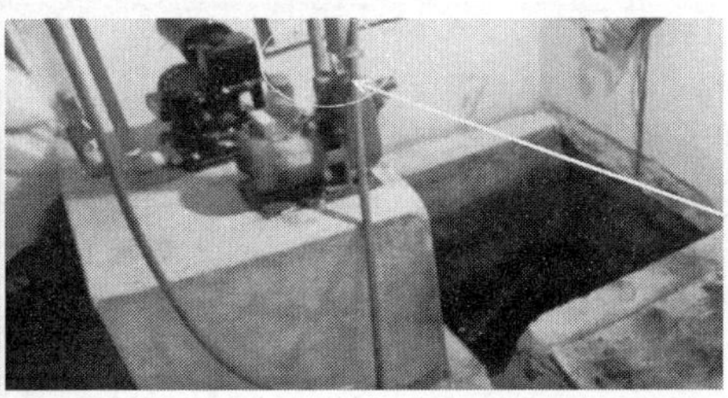

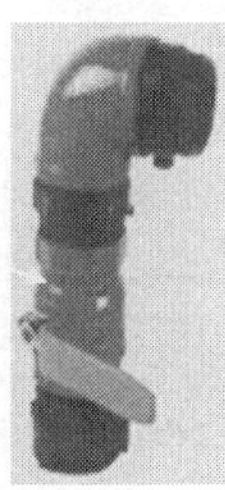

다. 저수조의 설치기준

(1) 지면으로부터의 낙차가 4.5미터 이하일 것

(2) 흡수부분의 수심이 0.5미터 이상일 것

(3) 소방펌프자동차가 쉽게 접근할 수 있도록 할 것

(4) 흡수에 지장이 없도록 토사 및 쓰레기 등을 제거할 수 있는 설비를 갖출 것

(5) 흡수관의 투입구가 사각형의 경우에는 한 변의 길이가 60센티미터 이상, 원형의 경우에는 지름이 60센티미터 이상일 것

(6) 저수조에 물을 공급하는 방법은 상수도에 연결하여 자동으로 급수되는 구조일 것

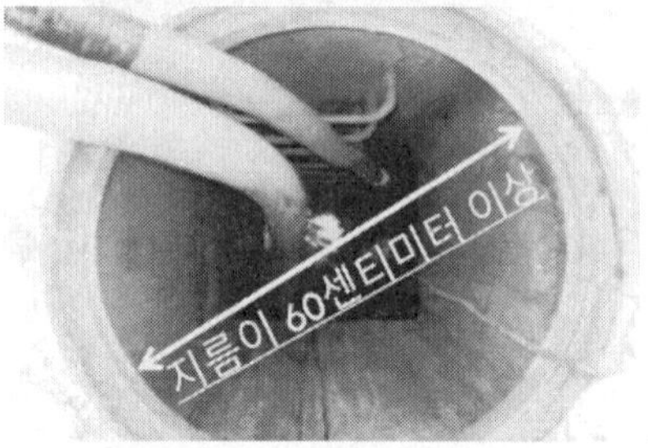

소방기본법 시행규칙 참고 조항

제7조(소방용수시설 및 지리조사)

① 소방본부장 또는 소방서장은 원활한 소방활동을 위하여 다음 각 호의 조사를 월 1회 이상 실시하여야 한다.

1. 법 제10조의 규정에 의하여 설치된 소방용수시설에 대한 조사
2. 소방대상물에 인접한 도로의 폭·교통상황, 도로주변의 토지의 고저·건축물의 개황 그 밖의 소방활동에 필요한 지리에 대한 조사
   - 건축물 대강의 상황 [예) 목조]

② 제1항의 조사결과는 전자적 처리가 불가능한 특별한 사유가 없으면 전자적 처리가 가능한 방법으로 작성·관리하여야 한다.

③ 제1항제1호의 조사는 별지 제2호서식에 의하고, 제1항제2호의 조사는 별지 제3호서식에 의하되, 그 조사결과를 2년간 보관하여야 한다.

➡ 정당한 사유 없이 소방용수시설을 사용하거나, 효용을 해하거나 그 정당한 사용을 방해한 자는 제일 큰 벌칙인 5년 이하의 징역 또는 5천만 원 이하의 벌금에 처한다.

제11조(소방업무의 응원)

① 소방본부장이나 소방서장은 소방활동을 할 때에 긴급한 경우에는 이웃한 소방본부장 또는 소방서장에게 소방업무의 응원(應援)을 요청할 수 있다.

② 제1항에 따라 소방업무의 응원 요청을 받은 소방본부장 또는 소방서장은 정당한 사유 없이 그 요청을 거절하여서는 아니 된다.

③ 제1항에 따라 소방업무의 응원을 위하여 파견된 소방대원은 응원을 요청한 소방본부장 또는 소방서장의 지휘에 따라야 한다.

④ 시·도지사는 제1항에 따라 소방업무의 응원을 요청하는 경우를 대비하여 출동 대상지역 및 규모와 필요한 경비의 부담 등에 관하여 필요한 사항을 행정안전부령으로 정하는 바에 따라 이웃하는 시·도지사와 협의하여 미리 규약(規約)으로 정하여야 한다.

소방기본법 시행규칙 살펴보기

제8조(소방업무의 상호응원협정)

법 제11조제4항에 따라 시·도지사는 이웃하는 다른 시·도지사와 소방업무에 관하여 상호응원협정을 체결하고자 하는 때에는 다음 각 호의 사항이 포함되도록 해야 한다. 〈개정 2021. 7. 13.〉

1. 다음 각목의 소방활동에 관한 사항
가. 화재의 경계 · 진압활동
나. 구조 · 구급업무의 지원
다. 화재조사활동
2. 응원출동대상지역 및 규모
3. 다음 각목의 소요경비의 부담에 관한 사항
  가. 출동대원의 수당 · 식사 및 의복의 수선
  나. 소방장비 및 기구의 정비와 연료의 보급
  다. 그 밖의 경비
4. 응원출동의 요청방법
5. 응원출동훈련 및 평가

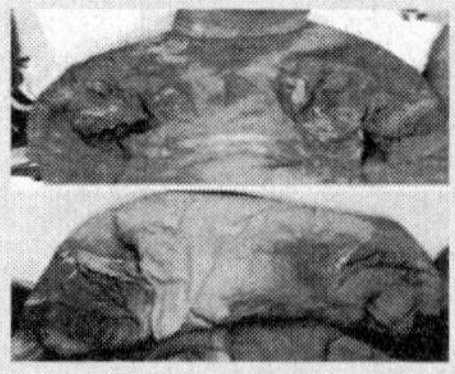

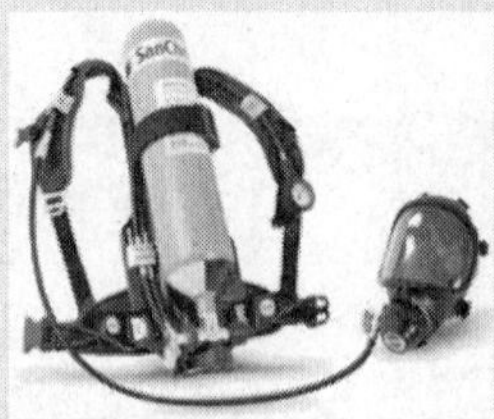

제11조의2(소방력의 동원)

① 소방청장은 해당 시 · 도의 소방력만으로는 소방활동을 효율적으로 수행하기 어려운 화재, 재난 · 재해, 그 밖의 구조 · 구급이 필요한 상황이 발생하거나 특별히 국가적 차원에서 소방활동을 수행할 필요가 인정될 때에는 각 시 · 도지사에게 행정안전부령으로 정하는 바에 따라 소방력을 동원할 것을 요청할 수 있다.

② 제1항에 따라 동원 요청을 받은 시 · 도지사는 정당한 사유 없이 요청을 거절하여서는 아니 된다.

③ 소방청장은 시 · 도지사에게 제1항에 따라 동원된 소방력을 화재, 재난 · 재해 등이 발생한 지역에 지원 · 파견하여 줄 것을 요청하거나 필요한 경우 직접 소방대를 편성하여 화재진압 및 인명구조 등 소방에 필요한 활동을 하게 할 수 있다.

④ 제1항에 따라 동원된 소방대원이 다른 시 · 도에 파견 · 지원되어 소방활동을 수행할 때에는 특별한 사정이 없으면 화재, 재난 · 재해 등이 발생한 지역을 관할하는 소방본부장 또는 소방서장의 지휘에 따라야 한다. 다만, 소방청장이 직접 소방대를 편성하여 소방활동을 하게 하는 경우에는 소방청장의 지휘에 따라야 한다.

⑤ 제3항 및 제4항에 따른 소방활동을 수행하는 과정에서 발생하는 경비 부담에 관한 사항, 제3항 및 제4항에 따라 소방활동을 수행한 민간 소방 인력이 사망하거나 부상을 입었을 경우의 보상주체 · 보상기준 등에 관한 사항, 그 밖에 동원된 소방력의 운용과 관련하여 필요한 사항은 대통령령으로 정한다.

소방기본법 시행령 살펴보기

제2조의3(소방력의 동원)

① 법 제11조의2제3항 및 제4항에 따라 동원된 소방력의 소방활동 수행 과정에서 발생하는 경비는 화재, 재난·재해나 그 밖의 구조·구급이 필요한 상황이 발생한 시·도에서 부담하는 것을 원칙으로 하며, 구체적인 내용은 해당 시·도가 서로 협의하여 정한다.
〈개정 2022. 1. 4.〉[시행일: 2021.1.6.]

② 법 제11조의2제3항 및 제4항에 따라 동원된 민간 소방 인력이 소방활동을 수행하다가 사망하거나 부상을 입은 경우 화재, 재난·재해 또는 그 밖의 구조·구급이 필요한 상황이 발생한 시·도가 해당 시·도의 조례로 정하는 바에 따라 보상한다.

③ 제1항 및 제2항에서 규정한 사항 외에 법 제11조의2에 따라 동원된 소방력의 운용과 관련하여 필요한 사항은 소방청장이 정한다.

✔TIP 행정규칙: 전국 소방력 동원 및 운영 관리에 관한 규정 참고

소방기본법 시행규칙 살펴보기

제8조의2(소방력의 동원 요청)

① 소방청장은 법 제11조의2제1항에 따라 각 시·도지사에게 소방력 동원을 요청하는 경우 동원 요청 사실과 다음 각 호의 사항을 팩스 또는 전화 등의 방법으로 통지하여야 한다. 다만, 긴급을 요하는 경우에는 시·도 소방본부 또는 소방서의 종합상황실장에게 직접 요청할 수 있다.

1. 동원을 요청하는 인력 및 장비의 규모
2. 소방력 이송 수단 및 집결장소
3. 소방활동을 수행하게 될 재난의 규모, 원인 등 소방활동에 필요한 정보

② 제1항에서 규정한 사항 외에 그 밖의 시·도 소방력 동원에 필요한 사항은 소방청장이 정한다.

✔TIP 행정규칙: 전국 소방력 동원 및 운영 관리에 관한 규정 참고

제3장 화재의 예방과 경계(警戒) 제12조~제15조 삭제[시행일: 2022. 12. 1.]

제12조(화재의 예방조치 등) 제12조 삭제[시행일: 2022. 12. 1.]

① 소방본부장이나 소방서장은 화재의 예방상 위험하다고 인정되는 행위를 하는 사람이나 소화(消火) 활동에 지장이 있다고 인정되는 물건의 소유자·관리자 또는 점유자에게 다음 각 호의 명령을 할 수 있다. ➡ **200만 원 이하의 벌금**

1. 불장난, 모닥불, 흡연, 화기(火氣) 취급, 풍등 등 소형 열기구 날리기, 그 밖에 화재예방상 위험하다고 인정되는 행위의 금지 또는 제한
2. 타고 남은 불 또는 화기가 있을 우려가 있는 재의 처리
3. 함부로 버려두거나 그냥 둔 위험물, 그 밖에 불에 탈 수 있는 물건을 옮기거나 치우게 하는 등의 조치

② 소방본부장이나 소방서장은 제1항제3호에 해당하는 경우로서 그 위험물 또는 물건의 소유자·관리자 또는 점유자의 주소와 성명을 알 수 없어서 필요한 명령을 할 수 없을 때에는 소속 공무원으로 하여금 그 위험물 또는 물건을 옮기거나 치우게 할 수 있다.

③ 소방본부장이나 소방서장은 제2항에 따라 옮기거나 치운 위험물 또는 물건을 보관하여야 한다.

④ 소방본부장이나 소방서장은 제3항에 따라 위험물 또는 물건을 보관하는 경우에는 그 날부터 14일 동안 소방본부 또는 소방서의 게시판에 그 사실을 공고하여야 한다.

⑤ 제3항에 따라 소방본부장이나 소방서장이 보관하는 위험물 또는 물건의 보관기간 및 보관기간 경과 후 처리 등에 대하여는 대통령령으로 정한다.

- 예방이란 어떤 현상(화재)이 일어나기 전에 원인을 찾아내어 원인을 제거하거나 또는 제어를 하여 화재현상이 나타나지지 않도록 하는 제반 조치를 예방(Preventon, 豫防)이라 할 수 있다.
- 경계(Watching, Precaution, Warning, 警戒)라 함은 미리 예의 주시한다, 미리 마음을 가다듬어 조심한다는 개념으로 화재 발생의 개연성이 농후하거나 화재가 임박하였을 때가 포함될 수 있으며 예방의 범주보다는 강화된 개념이라 할 수 있다.
  ➡ 법 제12조 및 제15조가 예방의 부분이라 할 수 있으며,
  ➡ 법 제13조 및 제14조는 경계의 범주에 포함되는 부분이라 할 수 있다.

소방기본법 시행령 살펴보기

제3조(위험물 또는 물건의 보관기간 및 보관기간 경과후 처리 등)

① 법 제12조제5항의 규정에 의한 위험물 또는 물건의 보관기간은 법 제12조제4항의 규정에 의하여 소방본부 또는 소방서의 게시판에 공고하는 기간의 종료일 다음 날부터 7일로 한다.

② 소방본부장 또는 소방서장은 제1항에 따른 보관기간이 종료되는 때에는 보관하고 있는 위험물 또는 물건을 매각해야 한다. 다만, 보관하고 있는 위험물 또는 물건이 부패・파손 또는 이와 유사한 사유로 정해진 용도에 계속 사용할 수 없는 경우에는 폐기할 수 있다.

③ 소방본부장 또는 소방서장은 보관하던 위험물 또는 물건을 제2항의 규정에 의하여 매각한 경우에는 지체없이 「국가재정법」에 의하여 세입조치를 하여야 한다.

④ 소방본부장 또는 소방서장은 제2항의 규정에 의하여 매각되거나 폐기된 위험물 또는 물건의 소유자가 보상을 요구하는 경우에는 보상금액에 대하여 소유자와 협의를 거쳐 이를 보상하여야 한다.

* 정당한 사유 없이 제1항 각호의 1에 따른 명령에 따르지 아니하거나 이를 방해한 자는 200만원 이하의 벌금에 처함

※ 참고 : 소유자·점유자·관리자를 알 수 없는 위험물 또는 물건에 대한 처리절차

① 소속공무원에게 옮기거나 치우도록 명령 → ② 14일 동안 게시판에 공고 →
③ 공고기간 종료 후 7일간 보관(경과) → ④ 매각 또는 폐기 →
⑤ 매각한 경우 국가재정법에 따라 세입조치 → ⑥ 보상요구가 있는 경우 보상

제13조(화재경계지구의 지정 등) 제13조 삭제[시행일: 2022. 12. 1.]

① 시・도지사는 다음 각 호의 어느 하나에 해당하는 지역 중 화재가 발생할 우려가 높거나 화재가 발생하는 경우 그로 인하여 피해가 클 것으로 예상되는 지역을 화재경계지구(火災警戒地區)로 지정할 수 있다.

1. 시장지역
2. 공장・창고가 밀집한 지역
3. 목조건물이 밀집한 지역
4. 위험물의 저장 및 처리 시설이 밀집한 지역
5. 석유화학제품을 생산하는 공장이 있는 지역
6. 「산업입지 및 개발에 관한 법률」 제2조제8호에 따른 산업단지
7. 소방시설・소방용수시설 또는 소방출동로가 없는 지역
8. 그 밖에 제1호부터 제7호까지에 준하는 지역으로서 소방청장・소방본부장 또는 소방서장

• 주택건물이 밀집한 지역 ×
• 위험물저장 처리시설 지역 ×

이 화재경계지구로 지정할 필요가 있다고 인정하는 지역

② 제1항에도 불구하고 시·도지사가 화재경계지구로 지정할 필요가 있는 지역을 화재경계지구로 지정하지 아니하는 경우 소방청장은 해당 시·도지사에게 해당 지역의 화재경계지구 지정을 요청할 수 있다.

③ 소방본부장이나 소방서장은 대통령령으로 정하는 바에 따라 제1항에 따른 화재경계지구 안의 소방대상물의 위치·구조 및 설비 등에 대하여 「화재예방, 소방시설 설치·유지 및 안전관리에 관한 법률」 제4조에 따른 소방특별조사를 하여야 한다. ➡ **100만 원 이하의 벌금**

④ 소방본부장이나 소방서장은 제3항에 따른 소방특별조사를 한 결과 화재의 예방과 경계를 위하여 필요하다고 인정할 때에는 관계인에게 소방용수시설, 소화기구, 그 밖에 소방에 필요한 설비의 설치를 명할 수 있다. ➡ **200만 원 이하의 과태료**

⑤ 소방본부장이나 소방서장은 화재경계지구 안의 관계인에 대하여 대통령령으로 정하는 바에 따라 소방에 필요한 훈련 및 교육을 실시할 수 있다.

⑥ 시·도지사는 대통령령으로 정하는 바에 따라 제1항에 따른 화재경계지구의 지정 현황, 제3항에 따른 소방특별조사의 결과, 제4항에 따른 소방설비 설치 명령 현황, 제5항에 따른 소방교육의 현황 등이 포함된 화재경계지구에서의 화재예방 및 경계에 필요한 자료를 매년 작성·관리하여야 한다.

소방기본법 시행령 살펴보기

제4조(화재경계지구의 관리)

① 삭제

② 소방본부장 또는 소방서장은 법 제13조제3항에 따라 화재경계지구 안의 소방대상물의 위치·구조 및 설비 등에 대한 소방특별조사를 연 1회 이상 실시하여야 한다.

③ 소방본부장 또는 소방서장은 법 제13조제5항에 따라 화재경계지구 안의 관계인에 대하여 소방상 필요한 훈련 및 교육을 연 1회 이상 실시할 수 있다.

④ 소방본부장 또는 소방서장은 제3항의 규정에 의한 소방상 필요한 훈련 및 교육을 실시하고자 하는 때에는 화재경계지구 안의 관계인에게 훈련 또는 교육 10일 전까지 그 사실을 통보하여야 한다.

⑤ 시·도지사는 법 제13조제6항에 따라 다음 각 호의 사항을 행정안전부령으로 정하는 화재경계지구 관리대장에 작성하고 관리하여야 한다.

1. 화재경계지구의 지정 현황
2. 소방특별조사의 결과
3. 소방설비의 설치 명령 현황
4. 소방교육의 실시 현황
5. 소방훈련의 실시 현황
6. 그 밖에 화재예방 및 경계에 필요한 사항

소방기본법 시행규칙 살펴보기

제8조의3(화재경계지구 관리대장)

시행령 제4조제6항에 따른 화재경계지구 관리대장은 별지 제3호의2서식에 따른다.

■ 소방기본법 시행규칙 [별지 제3호의2서식] <신설 2018. 3. 20.>

화재경계지구 관리대장

연번	화재경계지구 지정현황					소방특별 조사의 결과	소방설비의 설치명령 현황	소방교육 실시현황	소방훈련 실시현황	그 밖에 화재예방·경계에 필요한 사항
	대상명	위치(주소)	종류	지정일자	소방대상물 개소수					

제14조(화재에 관한 위험경보) 제14조 삭제[시행일: 2022. 12. 1.]

소방본부장이나 소방서장은 「기상법」 제13조제1항에 따른 이상기상(異常氣象)의 예보 또는 특보가 있을 때에는 화재에 관한 경보를 발령하고 그에 따른 조치를 할 수 있다.

- 가연물에 있어서 날씨의 조건은 연소현상에 큰 영향을 미치며 바람 등은 주변의 소방 대상물로의 연소확대 등을 유발할 수 있다

➡ 「기상법」 에서 언급하고 있는 "예보"라 함은 기상현상에 관하여 관측된 결과를 기초로 한 예상을 발표하는 것을 말하며, "특보"라 함은 기상현상으로 중대한 재해 발생이 예상될 때 이에 대하여 주의를 환기하거나 경고를 하는 예보를 말한다.

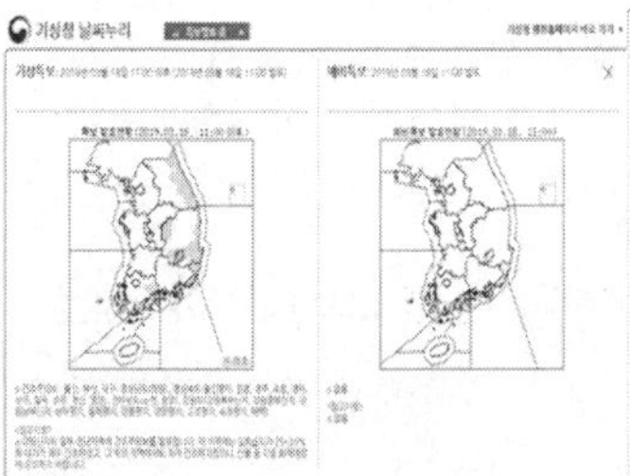

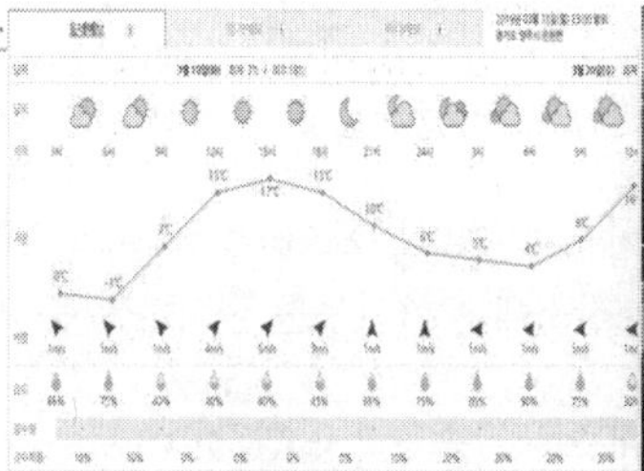

제15조(불을 사용하는 설비 등의 관리와 특수가연물의 저장 · 취급) 제15조 삭제[시행일: 2022. 12. 1.]

① 보일러, 난로, 건조설비, 가스 · 전기시설, 그 밖에 화재 발생 우려가 있는 설비 또는 기구 등의 위치 · 구조 및 관리와 화재 예방을 위하여 불을 사용할 때 지켜야 하는 사항은 대통령령으로 정한다. ➡ **200만 원 이하의 과태료**

② 화재가 발생하는 경우 불길이 빠르게 번지는 고무류 · 면화류 · 석탄 및 목탄 등 대통령령으로 정하는 특수가연물(特殊可燃物)의 저장 및 취급 기준은 대통령령으로 정한다.

소방기본법 시행령 살펴보기

제5조(불을 사용하는 설비의 관리기준 등)

① 법 제15조제1항의 규정에 의한 보일러, 난로, 건조설비, 가스·전기시설 그 밖에 화재발생의 우려가 있는 설비 또는 기구 등의 위치·구조 및 관리와 화재예방을 위하여 불의 사용에 있어서 지켜야 하는 사항은 별표 1과 같다.

② 제1항에 규정된 것 외에 불을 사용하는 설비의 세부관리기준은 시·도의 조례로 정한다.

소방기본법 시행령 [별표 1] 〈개정 2021. 1. 5.〉

보일러 등의 위치·구조 및 관리와 화재예방을 위하여 불의 사용에 있어서 지켜야 하는 사항 (제5조관련)

[시행 2022. 1. 6.] [대통령령 제32313호, 2022. 1. 4., 일부개정]

종 류	내 용
보일러	1. 가연성 벽·바닥 또는 천장과 접촉하는 증기기관 또는 연통의 부분은 규조토·석면 등 난연성 단열재로 덮어씌워야 한다. 2. 경유·등유 등 액체연료를 사용하는 경우에는 다음 각목의 사항을 지켜야 한다. 가. 연료탱크는 보일러본체로부터 수평거리 1미터 이상의 간격을 두어 설치할 것 나. 연료탱크에는 화재 등 긴급 상황이 발생하는 경우 연료를 차단할 수 있는 개폐밸브를 연료탱크로부터 0.5미터 이내에 설치할 것 다. 연료탱크 또는 연료를 공급하는 배관에는 여과장치를 설치할 것 라. 사용이 허용된 연료 외의 것을 사용하지 아니할 것 마. 연료탱크에는 불연재료(「건축법 시행령」 제2조제10호의 규정에 의한 것을 말한다. 이하 이 표에서 같다)로 된 받침대를 설치하여 연료탱크가 넘어지지 아니하도록 할 것 3. 기체연료를 사용하는 경우에는 다음 각 목에 의한다. 가. 보일러를 설치하는 장소에는 환기구를 설치하는 등 가연성가스가 머무르지 아니하도록 할 것 나. 연료를 공급하는 배관은 금속관으로 할 것 다. 화재 등 긴급 시 연료를 차단할 수 있는 개폐밸브를 연료용기 등으로부터 0.5미터 이내에 설치할 것 라. 보일러가 설치된 장소에는 가스누설경보기를 설치할 것 4. 보일러와 벽·천장 사이의 거리는 0.6미터 이상 되도록 하여야 한다. 5. 보일러를 실내에 설치하는 경우에는 콘크리트바닥 또는 금속 외의 불연재료로 된 바닥 위에 설치하여야 한다.

종 류	내 용
난로	1. 연통은 천장으로부터 0.6미터 이상 떨어지고, 건물 밖으로 0.6미터 이상 나오게 설치하여야 한다. 2. 가연성 벽·바닥 또는 천장과 접촉하는 연통의 부분은 규조토·석면 등 난연성 단열재로 덮어씌워야 한다. 3. 이동식난로는 다음 각 목의 장소에서 사용하여서는 아니 된다. 다만, 난로가 쓰러지지 아니하도록 받침대를 두어 고정시키거나 쓰러지는 경우 즉시 소화되고 연료의 누출을 차단할 수 있는 장치가 부착된 경우에는 그러하지 아니하다. 가. 「다중이용업소의 안전관리에 관한 특별법」 제2조제1항제1호에 따른 다중이용업의 영업소 나. 「학원의 설립·운영 및 과외교습에 관한 법률」 제2조제1호의 규정에 의한 학원 다. 「학원의 설립·운영 및 과외교습에 관한 법률 시행령」 제2조제1항제4호의 규정에 의한 독서실 라. 「공중위생관리법」 제2조제1항제2호·제3호 및 제6호의 규정에 의한 숙박업·목욕장업·세탁업의 영업장 마. 「의료법」 제3조제2항의 규정에 의한 종합병원·병원·치과병원·한방병원·요양병원·의원·치과의원·한의원 및 조산원 바. 「식품위생법 시행령」 제21조제8호에 따른 휴게음식점영업, 일반음식점영업, 단란주점영업, 유흥주점영업 및 제과점영업의 영업장 사. 「영화 및 비디오물의 진흥에 관한 법률」 제2조제10호에 따른 영화상영관 아. 「공연법」 제2조제4호의 규정에 의한 공연장 자. 「박물관 및 미술관 진흥법」 제2조제1호 및 제2호의 규정에 의한 박물관 및 미술관 차. 「유통산업발전법」 제2조제6호의 규정에 의한 상점가 카. 「건축법」 제20조에 따른 가설건축물 타. 역·터미널
건조설비	1. 건조설비와 벽·천장 사이의 거리는 0.5미터 이상 되도록 하여야 한다. 2. 건조물품이 열원과 직접 접촉하지 아니하도록 하여야 한다. 3. 실내에 설치하는 경우에 벽·천장 또는 바닥은 불연재료로 하여야 한다.
수소가스를 넣는 기구	1. 연통 그 밖의 화기를 사용하는 시설의 부근에서 띄우거나 머물게 하여서는 아니 된다. 2. 건축물의 지붕에서 띄워서는 아니 된다. 다만, 지붕이 불연재료로 된 평지붕으로서 그 넓이가 기구 지름의 2배 이상인 경우에는 그러하지 아니하다. 3. 다음 각 목의 장소에서 운반하거나 취급하여서는 아니 된다. 가. 공연장 : 극장·영화관·연예장·음악당·서커스장 그 밖의 이와 비슷한 것 나. 집회장 : 회의장·공회장·예식장 그 밖의 이와 비슷한 것 다. 관람장 : 운동경기관람장(운동시설에 해당하는 것을 제외한다)·경마장·자동차경주장 그 밖의 이와 비슷한 것 라. 전시장 : 박물관·미술관·과학관·기념관·산업전시장·박람회장 그 밖의 이와 비슷한 것

종 류	내 용
	4. 수소가스를 넣거나 빼는 때에는 다음 각목의 사항을 지켜야 한다. 가. 통풍이 잘 되는 옥외의 장소에서 할 것 나. 조작자 외의 사람이 접근하지 아니하도록 할 것 다. 전기시설이 부착된 경우에는 전원을 차단하고 할 것 라. 마찰 또는 충격을 주는 행위를 하지 말 것 마. 수소가스를 넣을 때에는 기구 안에 수소가스 또는 공기를 제거한 후 감압기를 사용할 것 5. 수소가스는 용량의 90퍼센트 이상을 유지하여야 한다. 6. 띄우거나 머물게 하는 때에는 감시인을 두어야 한다. 다만, 건축물 옥상에서 띄우거나 머물게 하는 경우에는 그러하지 아니하다. 7. 띄우는 각도는 지표면에 대하여 45도 이하로 유지하고 바람이 초속 7미터 이상 부는 때에는 띄워서는 아니 된다.
불꽃을 사용하는 용접·용단기구	용접 또는 용단 작업장에서는 다음 각 호의 사항을 지켜야 한다. 다만, 「산업안전보건법」 제38조의 적용을 받는 사업장의 경우에는 적용하지 아니한다. 1. 용접 또는 용단 작업자로부터 반경 5m 이내에 소화기를 갖추어 둘 것 2. 용접 또는 용단 작업장 주변 반경 10m 이내에는 가연물을 쌓아두거나 놓아두지 말 것. 다만, 가연물의 제거가 곤란하여 방지포 등으로 방호조치를 한 경우는 제외한다.
전기시설	1. 전류가 통하는 전선에는 과전류차단기를 설치하여야 한다. 2. 전선 및 접속기구는 내열성이 있는 것으로 하여야 한다.
노·화덕 설비	1. 실내에 설치하는 경우에는 흙바닥 또는 금속 외의 불연재료로 된 바닥이나 흙바닥에 설치하여야 한다. 2. 노 또는 화덕을 설치하는 장소의 벽·천장은 불연재료로 된 것이어야 한다. 3. 노 또는 화덕의 주위에는 녹는 물질이 확산되지 아니하도록 높이 0.1미터 이상의 턱을 설치하여야 한다. 4. 시간당 열량이 30만킬로칼로리 이상인 노를 설치하는 경우에는 다음 각목의 사항을 지켜야 한다. 가. 주요구조부(「건축법」 제2조제1항제7호에 따른 것을 말한다. 이하 이 표에서 같다)는 불연재료로 할 것 나. 창문과 출입구는 「건축법 시행령」 제64조의 규정에 의한 갑종방화문 또는 을종방화문으로 설치할 것 다. 노 주위에는 1미터 이상 공간을 확보할 것
음식 조리를 위하여 설치하는 설비	일반음식점에서 조리를 위하여 불을 사용하는 설비를 설치하는 경우에는 다음 각목의 사항을 지켜야 한다. 가. 주방설비에 부속된 배출덕트(공기 배출통로)는 0.5밀리미터 이상의 아연도금강판 또는 이와 동등 이상의 내식성 불연재료로 설치할 것 나. 주방시설에는 동물 또는 식물의 기름을 제거할 수 있는 필터 등을 설치할 것 다. 열을 발생하는 조리기구는 반자 또는 선반으로부터 0.6미터 이상 떨어지게 할 것 라. 열을 발생하는 조리기구로부터 0.15미터 이내의 거리에 있는 가연성 주요구조부는 석면판 또는 단열성이 있는 불연재료로 덮어 씌울 것

제6조(화재의 확대가 빠른 특수가연물)

법 제15조제2항에서 "대통령령으로 정하는 특수가연물(特殊可燃物)"이란 별표 2에 규정된 품명별 수량 이상의 가연물을 말한다.

소방기본법 시행령 [별표 2]

특수가연물 (제6조 관련)

품명	지정수량(kg)	품명		지정수량(kg)
목재가공품, 나무부스러기	10(m^3)	면화류		200(kg 이상)
석탄・목탄류	10,000(kg 이상)	넝마		1,000(kg 이상)
나무껍질 및 대팻밥	400(kg 이상)	종이부스러기		1,000(kg 이상)
사 류(絲類)	1,000(kg 이상)	볏짚류		1,000(kg 이상)
가연성고체류	3,000(kg 이상)	합성수지류	발포시킨 것	20(m^3)
가연성액체류	2m^3		그 밖의 것	3,000(kg 이상)

비고

1. "면화류"라 함은 불연성 또는 난연성이 아닌 면상 또는 팽이모양의 섬유와 마사(麻絲) 원료를 말한다.
2. 넝마 및 종이부스러기는 불연성 또는 난연성이 아닌 것(동식물유가 깊이 스며들어 있는 옷감·종이 및 이들의 제품을 포함한다)에 한한다.
3. "사류"라 함은 불연성 또는 난연성이 아닌 실(실부스러기와 솜털을 포함한다)과 누에고치를 말한다.
4. "볏짚류"라 함은 마른 볏짚·마른 북더기와 이들의 제품 및 건초를 말한다.
5. "가연성고체류"라 함은 고체로서 다음 각목의 것을 말한다.
   가. 인화점이 섭씨 40도 이상 100도 미만인 것
   나. 인화점이 섭씨 100도 이상 200도 미만이고, 연소열량이 1그램당 8킬로칼로리 이상인 것
   다. 인화점이 섭씨 200도 이상이고 연소열량이 1그램당 8킬로칼로리 이상인 것으로서 융점이 100도 미만인 것
   라. 1기압과 섭씨 20도 초과 40도 이하에서 액상인 것으로서 인화점이 섭씨 70도 이상 섭씨 200도 미만이거나 나목 또는 다목에 해당하는 것
6. 석탄·목탄류에는 코크스, 석탄가루를 물에 갠 것, 조개탄, 연탄, 석유코크스, 활성탄 및 이와 유사한 것을 포함한다.
7. "가연성액체류"라 함은 다음 각목의 것을 말한다.
   가. 1기압과 섭씨 20도 이하에서 액상인 것으로서 가연성 액체량이40중량퍼센트이하이면서 인화점이 섭씨 40도 이상 섭씨 70도 미만이고 연소점이섭씨 60도 이상인 물품
   나. 1기압과 섭씨 20도에서 액상인 것으로서 가연성 액체량이40중량퍼센트이하이고 인화점이 섭씨 70도 이상 섭씨 250도 미만인 물품
   다. 동물의 기름기와 살코기 또는 식물의 씨나 과일의 살로부터 추출한 것으로서 다음의 1에 해당하는 것
      (1) 1기압과 섭씨 20도에서 액상이고 인화점이 250도 미만인 것으로서 「위험물안전관리법」 제20조제1항의 규정에 의한 용기기준과 수납·저장기준에 적합하고 용기외부에 물품명·수량 및

"화기엄금" 등의 표시를 한 것

(2) 1기압과 섭씨 20도에서 액상이고 인화점이 섭씨 250도 이상인 것

8. "합성수지류"라 함은 불연성 또는 난연성이 아닌 고체의 합성수지제품, 합성수지반제품, 원료합성수지 및 합성수지 부스러기(불연성 또는 난연성이 아닌 고무제품, 고무반제품, 원료고무 및 고무 부스러기를 포함한다)를 말한다. 다만, 합성수지의 섬유·옷감·종이 및 실과 이들의 넝마와 부스러기를 제외한다.

소방기본법 시행령 살펴보기

제7조(특수가연물의 저장 및 취급의 기준)

법 제15조제2항에 따른 특수가연물의 저장 및 취급의 기준은 다음 각 호와 같다.

1. 특수가연물을 저장 또는 취급하는 장소에는 품명 · 최대수량 및 화기취급의 금지표지를 설치할 것
2. 다음 각 목의 기준에 따라 쌓아 저장할 것. 다만, 석탄 · 목탄류를 발전(發電)용으로 저장하는 경우에는 그러하지 아니하다.

가. 품명별로 구분하여 쌓을 것

나. 쌓는 높이는 10미터 이하가 되도록 하고, 쌓는 부분의 바닥면적은 50제곱미터(석탄 · 목탄류의 경우에는 200제곱미터) 이하가 되도록 할 것. 다만, 살수설비를 설치하거나, 방사능력 범위에 해당 특수가연물이 포함되도록 대형수동식소화기를 설치하는 경우에는 쌓는 높이를 15미터 이하, 쌓는 부분의 바닥면적을 200제곱미터(석탄 · 목탄류의 경우에는 300제곱미터) 이하로 할 수 있다.

다. 쌓는 부분의 바닥면적 사이는 1미터 이상이 되도록 할 것

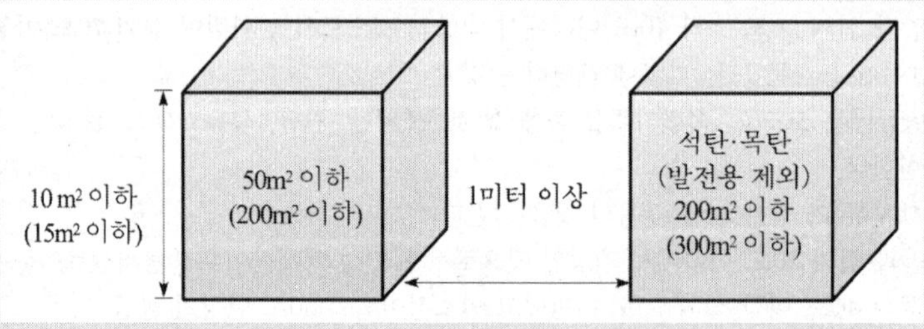

제4장 소방활동 등

제16조(소방활동)

① 소방청장, 소방본부장 또는 소방서장은 화재, 재난·재해, 그 밖의 위급한 상황이 발생하였을 때에는 소방대를 현장에 신속하게 출동시켜 화재진압과 인명구조·구급 등 소방에 필요한 활동(이하 이 조에서 "소방활동"이라 한다)을 하게 하여야 한다. [시행일 : 2022. 1. 6.] 제16조

② 누구든지 정당한 사유 없이 제1항에 따라 출동한 소방대의 소방활동을 방해하여서는 아니 된다. 〈개정 2021. 1. 5.〉[시행일 : 2022. 1. 6.] 제16조

➡ 5년 이하의 징역 또는 5천만원 이하의 벌금

- 본 조는 소방업무를 관장하는 소방청장, 소방본부장, 소방서장이 당연히 수행하여야 할 본래의 업무를 조문화한 이유는 소방의 업무인 소방활동이 화재진압 및 인명구조·구급임을 명백히 함과 동시에 사고수습을 성실하게 수행하도록 법률에 의무규정을 둠으로써 소방업무 수행에 따른 중요성을 강조하는 한편 적극적인 업무수행을 담보한다는 선언적 측면이 있다 할 것이다. 그러므로 2011.3.8.일 개정 시 제16조의2를 신설하여 공공의 안녕질서유지 또는 복리증진을 위하여 필요한 경우 소방활동 외의 소방지원활동에 대해 규성하고 있다.
  현실적으로 산불예방 지원활동, 급배수활동, 각종 행사 시 근접대기, 생활안전 및 위험제거 등의 소방지원활동을 과거부터 하고 있었으나 이에 대한 명확한 근거규정이 소방기본법을 비롯하여 소방관련 법령에 없었다. 근거규정을 신설함으로서 소방지원활동의 법적 근거가 명확해 졌다는 점에서 매우 큰 의의가 있다.
  ➡ 업무의 정당성 및 합법성이 확보되었다 할 것이다.
- 제16조의 소방활동은 화재, 구조·구급활동을 말하며, 제16조의2에서는 소방지원활동이라 하여 위의 활동을 규정하고 있다. 또한, 제3항에서 유관기관·단체의 요청에 의해 소방지원활동을 하였을 경우 비용을 부담하게 할 수 있음을 규정하고 있다.

제16조의2(소방지원활동)

① 소방청장·소방본부장 또는 소방서장은 공공의 안녕질서 유지 또는 복리증진을 위하여 필요한 경우 소방활동 외에 다음 각 호의 활동(이하 "소방지원활동"이라 한다)을 하게 할 수 있다.

1. 산불에 대한 예방·진압 등 지원활동
2. 자연재해에 따른 급수·배수 및 제설 등 지원활동
3. 집회·공연 등 각종 행사 시 사고에 대비한 근접대기 등 지원활동
4. 화재, 재난·재해로 인한 피해복구 지원활동

5. 삭제
6. 그 밖에 행정안전부령으로 정하는 활동

② 소방지원활동은 제16조의 소방활동 수행에 지장을 주지 아니하는 범위에서 할 수 있다.

③ 유관기관·단체 등의 요청에 따른 소방지원활동에 드는 비용은 지원요청을 한 유관기관·단체 등에게 부담하게 할 수 있다. 다만, 부담금액 및 부담방법에 관하여는 지원요청을 한 유관기관·단체 등과 협의하여 결정한다..

소방기본법 시행규칙 살펴보기

제8조의4(소방지원활동)

법 제16조의2제1항제6호에서 "그 밖에 행정안전부령으로 정하는 활동"이란 다음 각 호의 어느 하나에 해당하는 활동을 말한다.

1. 군·경찰 등 유관기관에서 실시하는 훈련지원 활동
2. 소방시설 오작동 신고에 따른 조치활동
3. 방송제작 또는 촬영 관련 지원활동

제16조의3(생활안전활동)

① 소방청장·소방본부장 또는 소방서장은 신고가 접수된 생활안전 및 위험제거 활동(화재, 재난·재해, 그 밖의 위급한 상황에 해당하는 것은 제외한다)에 대응하기 위하여 소방대를 출동시켜 다음 각 호의 활동(이하 "생활안전활동"이라 한다)을 하게 하여야 한다.

1. 붕괴, 낙하 등이 우려되는 고드름, 나무, 위험 구조물 등의 제거활동
2. 위해동물, 벌 등의 포획 및 퇴치 활동
3. 끼임, 고립 등에 따른 위험제거 및 구출 활동
4. 단전사고 시 비상전원 또는 조명의 공급
5. 그 밖에 방치하면 급박해질 우려가 있는 위험을 예방하기 위한 활동

② 누구든지 정당한 사유 없이 제1항에 따라 출동하는 소방대의 생활안전활동을 방해하여서는 아니 된다. ➡ **100만원 이하의 벌금**

- 소방활동 : 기본적 임무
- 소방지원활동 : 파생적 임무
- 생활안전활동 : 국민의 개인생활지원
  ➡의용소방대+지자체

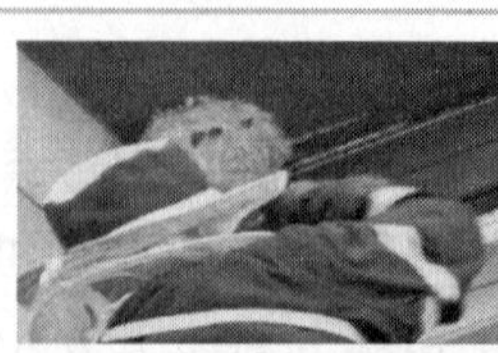

제16조의4(소방자동차의 보험 가입 등)

① 시・도지사는 소방자동차의 공무상 운행 중 교통사고가 발생한 경우 그 운전자의 법률상 분쟁에 소요되는 비용을 지원할 수 있는 보험에 가입하여야 한다.

② 국가는 제1항에 따른 보험 가입비용의 일부를 지원할 수 있다.

제16조의5(소방활동에 대한 면책)

소방공무원이 제16조제1항에 따른 소방활동으로 인하여 타인을 사상(死傷)에 이르게 한 경우 그 소방활동이 불가피하고 소방공무원에게 고의 또는 중대한 과실이 없는 때에는 그 정상을 참작하여 사상에 대한 형사책임을 감경하거나 면제할 수 있다.

제16조의6(소송지원)

소방청장, 소방본부장 또는 소방서장은 소방공무원이 제16조제1항에 따른 소방활동, 제16조의2제1항에 따른 소방지원활동, 제16조의3제1항에 따른 생활안전활동으로 인하여 민・형사상 책임과 관련된 소송을 수행할 경우 변호인 선임 등 소송수행에 필요한 지원을 할 수 있다.

제17조(소방교육・훈련)

① 소방청장, 소방본부장 또는 소방서장은 소방업무를 전문적이고 효과적으로 수행하기 위하여 소방대원에게 필요한 교육・훈련을 실시하여야 한다.

② 소방청장, 소방본부장 또는 소방서장은 화재를 예방하고 화재 발생 시 인명과 재산피해를 최소화하기 위하여 다음 각 호에 해당하는 사람을 대상으로 행정안전부령으로 정하는 바에 따라 소방안전에 관한 교육과 훈련을 실시할 수 있다. 이 경우 소방청장, 소방본부장 또는 소방서장은 해당 어린이집・유치원・학교의 장과 교육일정 등에 관하여 협의하여야 한다.

1. 「영유아보육법」 제2조에 따른 어린이집의 영유아
2. 「유아교육법」 제2조에 따른 유치원의 유아
3. 「초・중등교육법」 제2조에 따른 학교의 학생

③ 소방청장, 소방본부장 또는 소방서장은 국민의 안전의식을 높이기 위하여 화재 발생 시 피난 및 행동 방법 등을 홍보하여야 한다.

④ 제1항에 따른 교육・훈련의 종류 및 대상자, 그 밖에 교육・훈련의 실시에 필요한 사항은 행정안전부령으로 정한다.

• 소방대원 및 어린이집 · 유치원 · 학교의장과 교육일정 등에 관하여 협의

소방기본법 시행규칙 살펴보기

제9조(소방교육 · 훈련의 종류 등)

① 법 제17조제1항에 따라 소방대원에게 실시할 교육 · 훈련의 종류, 해당 교육 · 훈련을 받아야 할 대상자 및 교육 · 훈련기간 등은 별표 3의2와 같다.

소방기본법 시행규칙 [별표 3의2]

소방대원에게 실시할 교육 · 훈련의 종류 등(제9조제1항 관련)

1. 교육·훈련의 종류 및 교육·훈련을 받아야 할 대상자

종류	교육 · 훈련을 받아야 할 대상자
가. 화재진압훈련	1) 화재진압업무를 담당하는 소방공무원 2) 「의무소방대설치법 시행령」 제20조제1항제1호에 따른 임무를 수행하는 의무소방원 3) 「의용소방대 설치 및 운영에 관한 법률」 제3조에 따라 임명된 의용소방대원
나. 인명구조훈련	1) 구조업무를 담당하는 소방공무원 2) 「의무소방대설치법 시행령」 제20조제1항제1호에 따른 임무를 수행하는 의무소방원 3) 「의용소방대 설치 및 운영에 관한 법률」 제3조에 따라 임명된 의용소방대원
다. 응급처치훈련	1) 구급업무를 담당하는 소방공무원 2) 「의무소방대설치법」 제3조에 따라 임용된 의무소방원 3) 「의용소방대 설치 및 운영에 관한 법률」 제3조에 따라 임명된 의용소방대원
라. 인명대피훈련	1) 소방공무원 2) 「의무소방대설치법」 제3조에 따라 임용된 의무소방원 3) 「의용소방대 설치 및 운영에 관한 법률」 제3조에 따라 임명된 의용소방대원
마. 현장지휘훈련	소방공무원 중 다음의 계급에 있는 사람 1) 지방소방정 2) 지방소방령 3) 지방소방경 4) 지방소방위

2. 교육·훈련 횟수 및 기간

횟수	기간
2년마다 1회	2주 이상

3. 제1호 및 제2호에서 규정한 사항 외에 소방대원의 교육·훈련에 필요한 사항은 소방청장이 정한다.

② 법 제17조제2항에 따른 소방안전에 관한 교육과 훈련(이하 "소방안전교육훈련"이라 한다)에 필요한 시설, 장비, 강사자격 및 교육방법 등의 기준은 별표 3의3과 같다.

소방기본법 시행규칙 [별표 3의3]

소방안전교육훈련의 시설, 장비, 강사자격 및 교육방법 등의 기준 (제9조제2항 관련)

1. 시설 및 장비 기준
   가. 소방안전교육훈련에 필요한 장소 및 차량의 기준은 다음과 같다.
      1) 소방안전교실: 화재안전 및 생활안전 등을 체험할 수 있는 100제곱미터이상의 실내 시설
      2) 이동안전체험차량: 어린이 30명(성인은 15명)을 동시에 수용할 수 있는 실내공간을 갖춘 자동차
   나. 소방안전교실 및 이동안전체험차량에 갖추어야 할 안전교육장비의 종류는 다음과 같다.

구분	종류
화재안전 교육용	안전체험복, 안전체험용 헬멧, 소화기, 물소화기, 연기소화기, 옥내소화전 모형장비, 화재모형 타켓, 가상화재 연출장비, 연기발생기, 유도등, 유도표지, 완강기, 소방시설(자동화재탐지설비, 옥내소화전 등) 계통 모형도, 화재대피용 마스크, 공기호흡기, 119신고 실습전화기
생활안전 교육용	구명조끼, 구명환, 공기 튜브, 안전벨트, 개인로프, 가스안전 실습 모형도, 전기안전 실습 모형도
교육 기자재	유 · 무선마이크, 노트북 컴퓨터, 빔 프로젝터, 이동형 앰프, LCD 모니터, 디지털 캠코더
기타	그 밖에 소방안전교육훈련에 필요하다고 인정하는 장비

2. 강사 및 보조강사의 자격 기준 등
   가. 강사는 다음의 어느 하나에 해당하는 사람이어야 한다.
      1) 소방 관련학과의 석사학위 이상을 취득한 사람
      2) 「소방기본법」 제17조의2에 따른 소방안전교육사, 「화재예방, 소방시설 설치·유지 및 안전관리에 관한 법률」 제26조에 따른 소방시설관리사, 「국가기술자격법」에 따른 소방기술사 또는 소방설비기사 자격을 취득한 사람
      3) 응급구조사, 인명구조사, 화재대응능력 등 소방청장이 정하는 소방활동 관련 자격을 취득한 사람
      4) 소방공무원으로서 5년 이상 근무한 경력이 있는 사람
   나. 보조강사는 다음의 어느 하나에 해당하는 사람이어야 한다.
      1) 가목에 따른 강사의 자격을 갖춘 사람
      2) 소방공무원으로서 3년 이상 근무한 경력이 있는 사람
      3) 그 밖에 보조강사의 능력이 있다고 소방청장, 소방본부장 또는 소방서장이 인정하는 사람
   다. 소방청장, 소방본부장 또는 소방서장은 강사 및 보조강사로 활동하는 사람에 대하여 소방안전교육훈련과 관련된 지식·기술 및 소양 등에 관한 교육 등을 받게 할 수 있다.

3. 교육의 방법
   가. 소방안전교육훈련의 교육시간은 소방안전교육훈련대상자의 연령 등을 고려하여 소방청장, 소방본부장 또는 소방서장이 정한다.
   나. 소방안전교육훈련은 이론교육과 실습(체험)교육을 병행하여 실시하되, 실습(체험)교육이 전체 교육시간의 100분의 30 이상이 되어야 한다.
   다. 소방청장, 소방본부장 또는 소방서장은 나목에도 불구하고 소방안전교육훈련대상자의 연령 등을 고려하여 실습(체험)교육 시간의 비율을 달리할 수 있다.
   라. 실습(체험)교육 인원은 특별한 경우가 아니면 강사 1명당 30명을 넘지 않아야 한다.
   마. 소방청장, 소방본부장 또는 소방서장은 소방안전교육훈련 실시 전에 소방안전교육훈련대상자에게 주의사항 및 안전관리 협조사항을 미리 알려야 한다.
   바. 소방청장, 소방본부장 또는 소방서장은 소방안전교육훈련대상자의 정신적·신체적 능력을 고려하여 소방안전교육훈련을 실시하여야 한다.

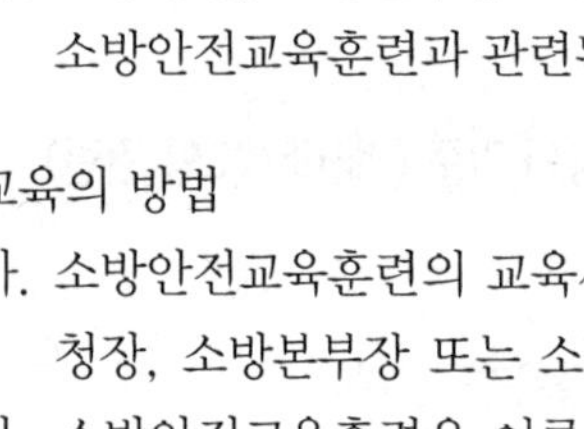

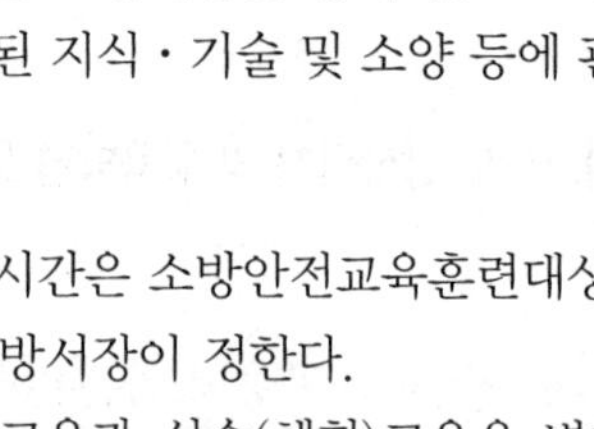

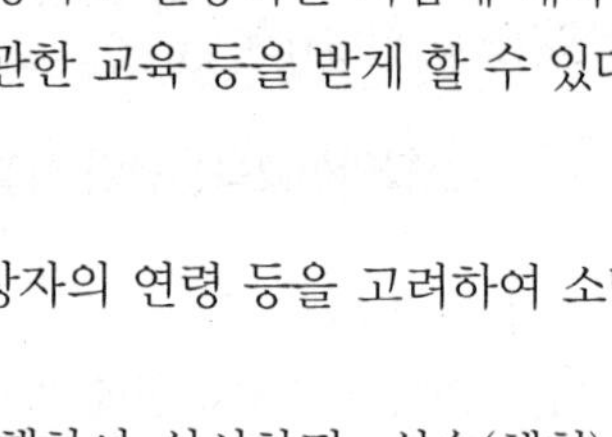

4. 안전관리 기준
   가. 소방청장, 소방본부장 또는 소방서장은 소방안전교육훈련 중 발생한 사고로 인한 교육훈련대상자 등의 생명·신체나 재산상의 손해를 보상하기 위한 보험 또는 공제에 가입하여야 한다.
   나. 소방청장, 소방본부장 또는 소방서장은 소방안전교육훈련 실시 전에 시설 및 장비의 이상 유무를 반드시 확인하는 등 안전점검을 실시하여야 한다.
   다. 소방청장, 소방본부장 또는 소방서장은 사고가 발생한 경우 신속한 응급처치 및 병원 이송 등의 조치를 하여야 한다.

5. 교육현황 관리 등
   가. 소방청장, 소방본부장 또는 소방서장은 소방안전교육훈련의 실시결과, 만족도 조사결과 등을 기록하고 이를 3년간 보관하여야 한다.
   나. 소방청장, 소방본부장 또는 소방서장은 소방안전교육훈련의 효과 및 개선사항 발굴 등을 위하여 이용자를 대상으로 만족도 조사를 실시하여야 한다. 다만, 이용자가 거부하거나 만족도 조사를 실시할 시간적 여유가 없는 등의 경우에는 만족도 조사를 실시하지 아니할 수 있다.
   다. 소방청장, 소방본부장 또는 소방서장은 소방안전교육훈련을 이수한 사람에게 교육이수자의 성명, 교육내용, 교육시간 등을 기재한 소방안전교육훈련 이수증을 발급할 수 있다.

③ 소방청장, 소방본부장 또는 소방서장은 소방안전교육훈련을 실시하려는 경우 매년 12월 31일까지 다음 해의 소방안전교육훈련 운영계획을 수립하여야 한다.

④ 소방청장은 제3항에 따른 소방안전교육훈련 운영계획의 작성에 필요한 지침을 정하여 소방본부장과 소방서장에게 매년 10월 31일까지 통보하여야 한다.

제17조의2(소방안전교육사)

① 소방청장은 제17조제2항에 따른 소방안전교육을 위하여 소방청장이 실시하는 시험에 합격한 사람에게 소방안전교육사 자격을 부여한다.

② 소방안전교육사는 소방안전교육의 기획·진행·분석·평가 및 교수업무를 수행한다.

③ 제1항에 따른 소방안전교육사 시험의 응시자격, 시험방법, 시험과목, 시험위원, 그 밖에 소방안전교육사 시험의 실시에 필요한 사항은 대통령령으로 정한다.

④ 제1항에 따른 소방안전교육사 시험에 응시하려는 사람은 대통령령으로 정하는 바에 따라 수수료를 내야 한다.

소방기본법 시행령 살펴보기

제7조의2(소방안전교육사시험의 응시자격)

법 제17조의2제3항에 따른 소방안전교육사시험의 응시자격은 별표 2의2와 같다.

소방기본법 시행령 [별표 2의 2] 〈개정 2020. 12. 9.〉

소방안전교육사시험의 응시자격(제7조의2 관련)

1. 소방공무원으로서 다음 각 목의 어느 하나에 해당하는 사람
   가. 소방공무원으로 3년 이상 근무한 경력이 있는 사람
   나. 중앙소방학교 또는 지방소방학교에서 2주 이상의 소방안전교육사 관련 전문교육과정을 이수한 사람
2. 「초·중등교육법」 제21조에 따라 교원의 자격을 취득한 사람
3. 「유아교육법」 제22조에 따라 교원의 자격을 취득한 사람
4. 「영유아보육법」 제21조에 따라 어린이집의 원장 또는 보육교사의 자격을 취득한 사람(보육교사 자격을 취득한 사람은 보육교사 자격을 취득한 후 3년 이상의 보육업무 경력이 있는 사람만 해당한다)
5. 다음 각 목의 어느 하나에 해당하는 기관에서 소방안전교육 관련 교과목(응급구조학과, 교육학과 또는 제15조제2호에 따라 소방청장이 정하여 고시하는 소방 관련 학과에 개설된 전공과목을 말한다)을 총 6학점 이상 이수한 사람
   가. 「고등교육법」 제2조제1호부터 제6호까지의 규정의 어느 하나에 해당하는 학교
   나. 「학점인정 등에 관한 법률」 제3조에 따라 학습과정의 평가인정을 받은 교육훈련기관
6. 「국가기술자격법」 제2조제3호에 따른 국가기술자격의 직무분야 중 안전관리 분야(국가기술자격의 직무분야 및 국가기술자격의 종목 중 중직무분야의 안전관리를 말한다. 이하 같다)의 기술사 자격을 취득한 사람
7. 「화재예방, 소방시설 설치·유지 및 안전관리에 관한 법률」 제26조에 따른 소방시설관리사 자격을 취득한 사람
8. 「국가기술자격법」 제2조제3호에 따른 국가기술자격의 직무분야 중 안전관리 분야의 기사 자격을 취득한 후 안전관리 분야에 1년 이상 종사한 사람
9. 「국가기술자격법」 제2조제3호에 따른 국가기술자격의 직무분야 중 안전관리 분야의 산업기사 자격을 취득한 후 안전관리 분야에 3년 이상 종사한 사람
10. 「의료법」 제7조에 따라 간호사 면허를 취득한 후 간호업무 분야에 1년 이상 종사한 사람
11. 「응급의료에 관한 법률」 제36조제2항에 따라 1급 응급구조사 자격을 취득한 후 응급의료 업무 분야에 1년 이상 종사한 사람

12. 「응급의료에 관한 법률」 제36조제3항에 따라 2급 응급구조사 자격을 취득한 후 응급의료 업무 분야에 3년 이상 종사한 사람
13. 「화재예방, 소방시설 설치·유지 및 안전관리에 관한 법률 시행령」 제23조 제1항 각 호의 어느 하나에 해당하는 사람
14. 「화재예방, 소방시설 설치·유지 및 안전관리에 관한 법률 시행령」 제23조제2항 각 호의 어느 하나에 해당하는 자격을 갖춘 후 소방안전관리대상물의 소방안전관리에 관한 실무 경력이 1년 이상 있는 사람
15. 「화재예방, 소방시설 설치·유지 및 안전관리에 관한 법률 시행령」 제23조제3항 각 호의 어느 하나에 해당하는 자격을 갖춘 후 소방안전관리대상물의 소방안전관리에 관한 실무 경력이 3년 이상 있는 사람
16. 「의용소방대 설치 및 운영에 관한 법률」 제3조에 따라 의용소방대원으로 임명된 후 5년 이상 의용소방대 활동을 한 경력이 있는 사람
17. 「국가기술자격법」 제2조제3호에 따른 국가기술자격의 직무분야 중 위험물 중직무분야의 기능장 자격을 취득한 사람

제7조의3(시험방법)

① 소방안전교육사시험은 제1차 시험 및 제2차 시험으로 구분하여 시행한다.

② 제1차 시험은 선택형을, 제2차 시험은 논술형을 원칙으로 한다. 다만, 제2차 시험에는 주관식 단답형 또는 기입형을 포함할 수 있다.

③ 제1차 시험에 합격한 사람에 대해서는 다음 회의 시험에 한성하여 세1차 시험을 면제한다.

제7조의4(시험과목) 및 시행규칙 제9조의2(시험 과목별 출제범위)

소방안전교육사 시험방법 및 시험과목

1. 제1차 시험 : 4과목 중 응시자가 선택하는 3과목
   소방학개론, 구급 · 응급처치론, 재난관리론, 교육학개론
   : 매과목 100점을 만점으로 하여 매과목 40점 이상, 전과목 평균 60점 이상 득점
2. 제2차 시험: 국민안전교육 실무
   : 시험위원의 채점점수 중 최고점수와 최저점수를 제외한 점수의 평균이 60점 이상인 사람

• 시험 과목별 출제범위는 행정안전부령으로 정한다.

제7조의6(시험의 시행 및 공고)

① 소방안전교육사시험은 2년마다 1회 시행함을 원칙으로 하되, 소방청장이 필요하다고 인정하는 때에는 그 횟수를 증감할 수 있다.

② 소방청장은 소방안전교육사시험을 시행하려는 때에는 응시자격 · 시험과목 · 일시 · 장소 및 응시절차 등에 관하여 필요한 사항을 모든 응시 희망자가 알 수 있도록 소방안전교육사시험의 시행일 90일 전까지 소방청의 인터넷 홈페이지 등에 공고해야 한다.

소방기본법 시행규칙 살펴보기

제9조의2(시험 과목별 출제범위)

영 제7조의4제2항에 따른 소방안전교육사 시험 과목별 출제범위는 별표 3의4와 같다.

소방안전교육사 시험 과목별 출제범위(제9조의2 관련)

구분	시험 과목	출제범위	비고
제1차 시험 ※ 4과목 중 3과목 선택	소방학개론	소방조직, 연소이론, 화재이론, 소화이론, 소방시설(소방시설의 종류, 작동원리 및 사용법 등을 말하며, 소방시설의 구체적인 설치 기준은 제외한다)	선택형 (객관식)
	구급 · 응급처치론	응급환자 관리, 임상응급의학, 인공호흡 및 심폐소생술(기도폐쇄 포함), 화상환자 및 특수환자 응급처치	
	재난관리론	재난의 정의 · 종류, 재난유형론, 재난단계별 대응이론	
	교육학개론	교육의 이해, 교육심리, 교육사회, 교육과정, 교육방법 및 교육공학, 교육평가	
제2차 시험	국민안전교육 실무	재난 및 안전사고의 이해, 안전교육의 개념과 기본원리, 안전교육 지도의 실제	논술형 (주관식)

소방기본법 시행령 살펴보기

제7조의5(시험위원 등)

① 소방청장은 소방안전교육사시험 응시자격심사, 출제 및 채점을 위하여 다음 각 호의 어느 하나에 해당하는 사람을 응시자격심사위원 및 시험위원으로 임명 또는 위촉하여야 한다.

1. 소방 관련 학과, 교육학과 또는 응급구조학과 박사학위 취득자
2. 「고등교육법」 제2조제1호부터 제6호까지의 규정 중 어느 하나에 해당하는 학교에서 소방 관련 학과, 교육학과 또는 응급구조학과에서 조교수 이상으로 2년 이상 재직한 자
3. 소방위 이상의 소방공무원

4. 소방안전교육사 자격을 취득한 자

② 제1항에 따른 응시자격심사위원 및 시험위원의 수는 다음 각 호와 같다.

1. 응시자격심사위원: 3명
2. 시험위원 중 출제위원: 시험과목별 3명
3. 시험위원 중 채점위원: 5명

③ 제1항에 따라 응시자격심사위원 및 시험위원으로 임명 또는 위촉된 자는 소방청장이 정하는 시험문제 등의 작성시 유의사항 및 서약서 등에 따른 준수사항을 성실히 이행해야 한다.

④ 제1항에 따라 임명 또는 위촉된 응시자격심사위원 및 시험위원과 시험감독업무에 종사하는 자에 대하여는 예산의 범위에서 수당 및 여비를 지급할 수 있다.

제7조의7(응시원서 제출 등)

① 소방안전교육사시험에 응시하려는 자는 행정안전부령으로 정하는 소방안전교육사시험응시원서를 소방청장에게 제출(정보통신망에 의한 제출을 포함한다. 이하 이 조에서 같다)하여야 한다.

② 소방안전교육사시험에 응시하려는 자는 행정안전부령으로 정하는 제7조의2에 따른 응시자격에 관한 증명서류를 소방청장이 정하는 기간 내에 제출해야 한다.

③ 소방안전교육사시험에 응시하려는 자는 행정안전부령으로 정하는 응시수수료를 납부해야 한다.

④ 제3항에 따라 납부한 응시수수료는 다음 각 호의 어느 하나에 해당하는 경우에는 해당 금액을 반환하여야 한다.

1. 응시수수료를 과오납한 경우: 과오납한 응시수수료 전액
2. 시험 시행기관의 귀책사유로 시험에 응시하지 못한 경우: 납입한 응시수수료 전액
3. 시험시행일 20일 전까지 접수를 철회하는 경우: 납입한 응시수수료 전액
4. 시험시행일 10일 전까지 접수를 철회하는 경우: 납입한 응시수수료의 100분의 50

제7조의8(시험의 합격자 결정 등)

① 제1차 시험은 매과목 100점을 만점으로 하여 매과목 40점 이상, 전과목 평균 60점 이상 득점한 자를 합격자로 한다.

② 제2차 시험은 100점을 만점으로 하되, 시험위원의 채점점수 중 최고점수와 최저점수를 제외한 점수의 평균이 60점 이상인 사람을 합격자로 한다.

③ 소방청장은 제1항 및 제2항에 따라 소방안전교육사시험 합격자를 결정한 때에는 이를 소방청의 인터넷 홈페이지 등에 공고해야 한다.

④ 소방청장은 제3항에 따른 시험합격자 공고일부터 1개월 이내에 행정안전부령으로 정하는 소방안전교육사증을 시험합격자에게 발급하며, 이를 소방안전교육사증 교부대장에 기재하고 관리하여야 한다.

제7조의9 삭제

소방기본법 시행규칙 살펴보기

제9조의3(응시원서 등)

① 영 제7조의7제1항에 따른 소방안전교육사시험 응시원서는 별지 제4호서식과 같다.

② 영 제7조의7제2항에 따라 응시자가 제출하여야 하는 증명서류는 다음 각 호의 서류 중 응시자에게 해당되는 것으로 한다.

1. 자격증 사본. 다만, 영 별표 2의2 제6호, 제8호 및 제9호에 해당하는 사람이 응시하는 경우 해당 자격증 사본은 제외한다.
2. 교육과정 이수증명서 또는 수료증
3. 교과목 이수증명서 또는 성적증명서
4. 별지 제5호서식에 따른 경력(재직)증명서. 다만, 발행 기관에 별도의 경력(재직)증명서 서식이 있는 경우는 그에 따를 수 있다.
5. 「화재예방, 소방시설 설치・유지 및 안전관리에 관한 법률 시행규칙」 제35조에 따른 소방안전관리자수첩 사본

③ 소방청장은 제2항제1호 단서에 따라 응시자가 제출하지 아니한 영 별표 2의2 제6호, 제8호 및 제9호에 해당하는 국가기술자격증에 대해서는 「전자정부법」 제36조제1항에 따른 행정정보의 공동이용을 통하여 확인하여야 한다. 다만, 응시자가 확인에 동의하지 아니하는 경우에는 해당 국가기술자격증 사본을 제출하도록 하여야 한다.

제9조의4(응시수수료)

① 영 제7조의7제3항에 따른 응시수수료(이하 "수수료"라 한다)는 제1차 시험의 경우 3만원, 제2차 시험의 경우 2만5천원으로 한다.

② 수수료는 수입인지 또는 정보통신망을 이용한 전자화폐・전자결제 등의 방법으로 납부해야 한다.

제9조의5(소방안전교육사증 등의 서식)

영 제7조의8제4항에 따른 소방안전교육사증 및 소방안전교육사증 교부대장은 별지 제6호서식 및 별지 제7호서식과 같다.

제17조의3(소방안전교육사의 결격사유)

다음 각 호의 어느 하나에 해당하는 사람은 소방안전교육사가 될 수 없다.

1. 피성년후견인
2. 금고 이상의 실형을 선고받고 그 집행이 끝나거나(집행이 끝난 것으로 보는 경우를 포함한다) 집행이 면제된 날부터 2년이 지나지 아니한 사람
3. 금고 이상의 형의 집행유예를 선고받고 그 유예기간 중에 있는 사람

4. 법원의 판결 또는 다른 법률에 따라 자격이 정지되거나 상실된 사람

- 피성년후견인: 질병, 장애, 노령, 그 밖의 사유로 인한 정신적 제약으로 사무를 처리할 능력이 지속적으로 결여되어 가정법원의 성년후견 개시를 심판을 받은 사람
  즉, 가정법원에 사무 처리 능력이 없는 이들을 보호할 수 있는 후견을 개시해달라고 청구해야 한다는 의미이며, 이때 후견 개시 심판 청구는 본인 혹은 배우자 4촌 이내의 혈족이나 검사, 지방자치 단체의 장 등이 청구 가능하다.
- 피한정후견인: 질병, 장애, 노령, 그 밖의 사유로 인한 정신적 제약으로 사무를 처리할 능력이 부족하여 가정법원이 한정후견개시를 심판 받은 사람
  즉, 간단한 법률행위는 할 수 있으나 동의가 필요한 법률행위를 피한정후견인이 동의 없이 하였을 때에는 그 법률행위를 취소할 수 있으며 한정후견개시의 심판은 본인, 배우자, 4촌 이내의 친족, 후견인, 후견감독인, 검사 또는 지방자치단체의 장이 청구할 수 있다.

제17조의4(부정행위자에 대한 조치)

① 소방청장은 제17조의2에 따른 소방안전교육사 시험에서 부정행위를 한 사람에 대하여는 해당 시험을 정지시키거나 무효로 처리한다.

② 제1항에 따라 시험이 정지되거나 무효로 처리된 사람은 그 처분이 있은 날부터 2년간 소방안전교육사 시험에 응시하지 못한다.

제17조의5(소방안전교육사의 배치)

① 제17조의2제1항에 따른 소방안전교육사를 소방청, 소방본부 또는 소방서, 그 밖에 대통령령으로 정하는 대상에 배치할 수 있다.

② 제1항에 따른 소방안전교육사의 배치대상 및 배치기준, 그 밖에 필요한 사항은 대통령령으로 정한다.

소방기본법 시행령 살펴보기

제7조의10(소방안전교육사의 배치대상)

법 제17조의5제1항에서 "그 밖에 대통령령으로 정하는 대상"이란 다음 각 호의 어느 하나에 해당하는 기관이나 단체를 말한다.

1. 법 제40조에 따라 설립된 한국소방안전원(이하 "안전원"이라 한다)
2. 「소방산업의 진흥에 관한 법률」 제14조에 따른 한국소방산업기술원

소방기본법 시행령 살펴보기

제7조의11(소방안전교육사의 배치대상별 배치기준)

법 제17조의5제2항에 따른 소방안전교육사의 배치대상별 배치기준은 별표 2의3과 같다.

소방안전교육사의 배치대상별 배치기준 (제7조의11관련)

배치대상	배치기준 (단위 : 명)	비고
1. 소방청	2 이상	
2. 소방본부	2 이상	
3. 소방서	1 이상	
4. 한국소방안전협회	본회 : 2 이상 / 시·도지부 : 1 이상	
5. 한국소방산업기술원	2 이상	

제17조의6(한국119청소년단)

① 청소년에게 소방안전에 관한 올바른 이해와 안전의식을 함양시키기 위하여 한국119청소년단을 설립한다.

② 한국119청소년단은 법인으로 하고, 그 주된 사무소의 소재지에 설립등기를 함으로써 성립한다.

③ 국가나 지방자치단체는 한국119청소년단에 그 조직 및 활동에 필요한 시설·장비를 지원할 수 있으며, 운영경비와 시설비 및 국내외 행사에 필요한 경비를 보조할 수 있다.

④ 개인·법인 또는 단체는 한국119청소년단의 시설 및 운영 등을 지원하기 위하여 금전이나 그 밖의 재산을 기부할 수 있다.

⑤ 이 법에 따른 한국119청소년단이 아닌 자는 한국119청소년단 또는 이와 유사한 명칭을 사용할 수 없다. ➡ **200만 원 이하의 과태료**

⑥ 한국119청소년단의 정관 또는 사업의 범위·지도·감독 및 지원에 필요한 사항은 행정안전부령으로 정한다.

⑦ 한국119청소년단에 관하여 이 법에서 규정한 것을 제외하고는 「민법」 중 사단법인에 관한 규정을 준용한다.

• 청소년에게 소방안전에 관한 올바른 이해와 안전의식을 함양하기 위한 활동을 활성화하기 위하여 한국119소년단연맹을 한국119청소년단으로 개칭하고, 그 설립과 지원 근거를 마련함.

소방기본법 시행규칙 살펴보기

제9조의6(한국119청소년단의 사업 범위 등)

① 법 제17조의6에 따른 한국119청소년단의 사업 범위는 다음 각 호와 같다.

1. 한국119청소년단 단원의 선발・육성과 활동 지원
2. 한국119청소년단의 활동・체험 프로그램 개발 및 운영
3. 한국119청소년단의 활동과 관련된 학문・기술의 연구・교육 및 홍보
4. 한국119청소년단 단원의 교육・지도를 위한 전문인력 양성
5. 관련 기관・단체와의 자문 및 협력사업
6. 그 밖에 한국119청소년단의 설립목적에 부합하는 사업

② 소방청장은 한국119청소년단의 설립목적 달성 및 원활한 사업 추진 등을 위하여 필요한 지원과 지도・감독을 할 수 있다.

③ 제1항 및 제2항에서 규정한 사항 외에 한국119청소년단의 구성 및 운영 등에 필요한 사항은 한국119청소년단 정관으로 정한다.

제18조(소방신호)

화재예방, 소방활동 또는 소방훈련을 위하여 사용되는 소방신호의 종류와 방법은 행정안전부령으로 정한다.

소방기본법 시행규칙 살펴보기

제10조(소방신호의 종류 및 방법)

① 법 제18조의 규정에 의한 소방신호의 종류는 다음 각 호와 같다.

1. 경계신호 : 화재예방상 필요하다고 인정되거나 법 제14조의 규정에 의한 화재위험경보시 발령
2. 발화신호 : 화재가 발생한 때 발령
3. 해제신호 : 소화활동이 필요없다고 인정되는 때 발령
4. 훈련신호 : 훈련상 필요하다고 인정되는 때 발령

② 제1항의 규정에 의한 소방신호의 종류별 소방신호의 방법은 별표 4와 같다.

소방기본법 시행규칙 살펴보기

소방기본법 시행규칙 [별표 4]

소방신호의 방법 (제10조제2항관련)

종별 \ 신호방법	타종신호	싸이렌신호	그밖의 신호
경계신호	1타와 연2타를 반복	5초 간격을 두고 30초씩 3회	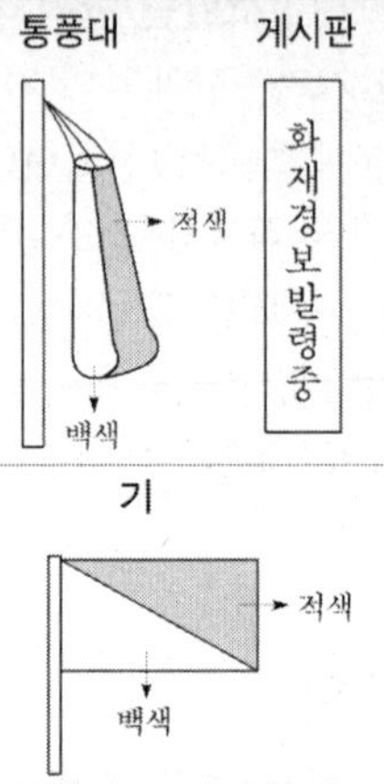
발화신호	난 타	5초 간격 5초씩 3회	
해제신호	상당한 간격, 1타씩 반복	1분간 1회	
훈련신호	연 3타 반복	10초 간격 1분씩 3회	

제19조(화재 등의 통지)

① 화재 현장 또는 구조・구급이 필요한 사고 현장을 발견한 사람은 그 현장의 상황을 소방본부, 소방서 또는 관계 행정기관에 지체 없이 알려야 한다.

② 다음 각 호의 어느 하나에 해당하는 지역 또는 장소에서 화재로 오인할 만한 우려가 있는 불을 피우거나 연막(煙幕) 소독을 하려는 자는 시・도의 조례로 정하는 바에 따라 관할 소방본부장 또는 소방서장에게 신고하여야 한다.

1. 시장지역
2. 공장・창고가 밀집한 지역
3. 목조건물이 밀집한 지역
4. 위험물의 저장 및 처리시설이 밀집한 지역
5. 석유화학제품을 생산하는 공장이 있는 지역
6. 그 밖에 시・도의 조례로 정하는 지역 또는 장소

- 소방기본법에서는 화재 등의 통지의무를 일반국민에게 부과하고 있으나, 화재 등의 통지 의무에 대한 강제성보다는 국민들이 기본적으로 가져야 하는 사회적 공동체의 일원으로서의 의무를 법률화함으로써 계몽 또는 선도의 성격이 강하다 할 수 있다.
- 연막소독 또는 쓰레기소각 등 오인신고로 인한 화재출동의 횟수가 많아 실제 긴급한 출동이 지연되는 사례가 발생하는 등 불필요한 행정력과 예산이 낭비되고 있는 것을 최소화하기 위하여 일정한 지역이나 장소에서 화재로 오인할 만한 우려가 있는 불을 피우거나 연막소독을 실시하고자 할 때에는 소방본부장이나 소방서장에게 신고하도록 하고 있다.

※ 제19조제1항 규정을 위반하여 화재 또는 구조·구급이 필요한 상황을 허위로 알린 자는 500만 원 이하의 과태료에 처함

※ 제19조제2항에 따른 신고를 하지 않고 소방자동차를 출동하게 한 자는 20만 원 이하의 과태료에 처함

■ 6. 그 밖에 시 · 도의 조례로 정하는 지역 또는 장소

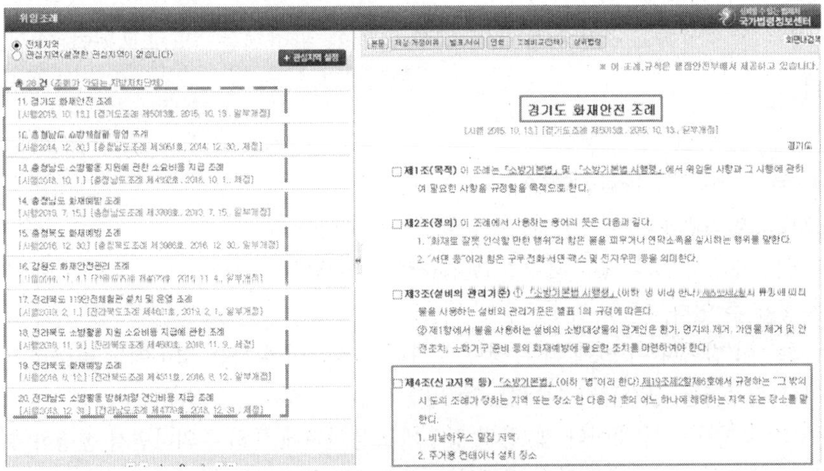

제20조(관계인의 소방활동)

관계인은 소방대상물에 화재, 재난 · 재해, 그 밖의 위급한 상황이 발생한 경우에는 소방대가 현장에 도착할 때까지 경보를 울리거나 대피를 유도하는 등의 방법으로 사람을 구출하는 조치 또는 불을 끄거나 불이 번지지 아니하도록 필요한 조치를 하여야 한다.

- 제20조를 위반하여 정당한 사유 없이 소방대가 현장에 도착할 때까지 사람을 구출하는 조치 또는 불을 끄거나 불이 번지지 아니하도록 하는 조치를 하지 아니한 사람은 100만 원 이하의 벌금에 처한다(법 제54조 제2호).

제21조(소방자동차의 우선 통행 등)

① 모든 차와 사람은 소방자동차(지휘를 위한 자동차와 구조・구급차를 포함한다. 이하 같다)가 화재진압 및 구조・구급 활동을 위하여 출동을 할 때에는 이를 방해하여서는 아니 된다.

➡ **5년 이하의 징역 또는 5천만원 이하의 벌금**

② 소방자동차가 화재진압 및 구조・구급 활동을 위하여 출동하거나 훈련을 위하여 필요할 때에는 사이렌을 사용할 수 있다.

③ 모든 차와 사람은 소방자동차가 화재진압 및 구조・구급 활동을 위하여 제2항에 따라 사이렌을 사용하여 출동하는 경우에는 다음 각 호의 행위를 하여서는 아니 된다.

1. 소방자동차에 진로를 양보하지 아니하는 행위
2. 소방자동차 앞에 끼어들거나 소방자동차를 가로막는 행위
3. 그 밖에 소방자동차의 출동에 지장을 주는 행위

➡ **200만원 이하의 과태료**

④ 제3항의 경우를 제외하고 소방자동차의 우선 통행에 관하여는 「도로교통법」에서 정하는 바에 따른다.

가. 긴급자동차의 우선(도로교통법 제29조)

제29조(긴급자동차의 우선통행)

① 긴급자동차는 제13조제3항에도 불구하고 긴급하고 부득이한 경우에는 도로의 중앙이나 좌측 부분을 통행할 수 있다.

② 긴급자동차는 이 법이나 이 법에 따른 명령에 따라 정지하여야 하는 경우에도 불구하고 긴급하고 부득이한 경우에는 정지하지 아니할 수 있다.

③ 긴급자동차의 운전자는 제1항이나 제2항의 경우에 교통안전에 특히 주의하면서 통행하여야 한다.

④ 교차로나 그 부근에서 긴급자동차가 접근하는 경우에는 차마와 노면전차의 운전자는 교차로를 피하여 일시 정지 하여야 한다.

⑤ 모든 차와 노면전차의 운전자는 제4항에 따른 곳 외의 곳에서 긴급자동차가 접근한 경우에는 긴급자동차가 우선통행 할 수 있도록 진로를 양보하여야 한다.

⑥ 제2조제22호 각 목의 자동차 운전자는 해당 자동차를 그 본래의 긴급한 용도로 운행하지 아니하는 경우에는 「자동차관리법」에 따라 설치된 경광등을 켜거나 사이렌을 작동하여서는 아니된다. 다만, 대통령령으로 정하는 바에 따라 범죄 및 화재 예방 등을 위한 순찰・훈련 등을 실시하는 경우에는 그러하지 아니하다.

나. 긴급자동차에 대한 특례(도로교통법 제30조)

1) 자동차등의 속도제한	2) 앞지르기 금지	3) 끼어들기 금지

- 소방력의 일부분이며 소화활동의 모든 요소(인원·장비·수리 등)를 운반하는 소방자동차의 신속한 출동은 소화활동의 원활 및 화재의 조기 진압을 위하여 필수적인 요소이며 가장 긴급성이 요구되는 사항이다.
- 소방기본법은 소방자동차의 신속한 화재현장 도착을 위하여 출동 시 일반교통에 쓰이지 않는 도로나 사유지 또는 물위를 통행할 수 있도록 하고 있으며 사이렌을 사용하여 출동하는 소방자동차의 우선 통행을 확보하기 위하여 진로방해 등 출동에 지장을 주는 행위를 하지 못하도록 하면서 위반 시 과태료를 부과하도록 하여 차와 사람에 있어서 출동상의 방해금지 의무를 규정함으로써 소방자동차의 긴급성확보를 법률로서 규정하여 소방활동의 원활을 기하고 있다.
- 소방기본법은 "소방자동차의 우선통행에 관하여서는 도로교통법이 정하는 바에 의한다."라고 규정하고 있으며, 도로교통법은 소방자동차를 긴급자동차로 분류하고 이에 대한 특례를 규정하고 있다. 이때 소방자동차가 긴급자동차로서의 특례를 인정받는 범위는 도로교통법이 정하는 범위 내에 한하며 도로교통법에서는 특례를 인정하면서도 운전자의 주의의무를 명시하고 있다.

제21조의2(소방자동차 전용구역 등)

① 「건축법」 제2조제2항제2호에 따른 공동주택 중 대통령령으로 정하는 공동주택의 건축주는 제16조제1항에 따른 소방활동의 원활한 수행을 위하여 공동주택에 소방자동차 전용구역(이하 "전용구역"이라 한다)을 설치하여야 한다.

② 누구든지 전용구역에 차를 주차하거나 전용구역에의 진입을 가로막는 등의 방해행위를 하여서는 아니 된다. ➡ **100만원 이하의 과태료**

③ 전용구역의 설치 기준·방법, 제2항에 따른 방해행위의 기준, 그 밖의 필요한 사항은 대통령령으로 정한다.

▪ COLOR LINE은 광주북부소방최초 도입

소방자동차의 신속한 출동에도 불구하고 공동주택에 소방자동차의 통행과 소방대의 소방활동에 지장을 주는 주차로 인하여 소방자동차가 신속히 현장의 소방활동을 수행하기 어려운 경우가 발생함. 이에 일정 규모 이상의 공동주택에는 소방자동차 전용 주차구역을 의무적으로 설치하도록 하고, 소방자동차 외에 전용구역에 차를 주차하거나 전용구역에의 진입을 가로막는 등의 방해행위를 하지 못하도록 함으로써 소방자동차의 현장 접근성 및 신속한 소방활동을 보장하여 국민의 안전을 제고하려는 것임.

소방기본법 시행령 살펴보기

제7조의12(소방자동차 전용구역 설치 대상)

법 제21조의2제1항에서 "대통령령으로 정하는 공동주택"이란 다음 각 호의 주택을 말한다. 다만, 하나의 대지에 하나의 동(棟)으로 구성되고 「도로교통법」 제32조 또는 제33조에 따라 정차 또는 주차가 금지된 편도 2차선 이상의 도로에 직접 접하여 소방자동차가 도로에서 직접 소방활동이 가능한 공동주택은 제외한다. 〈개정 2021. 5. 4.〉[시행일: 2021.5.4.]

1. 「건축법 시행령」 별표 1 제2호가목의 아파트 중 세대수가 100세대 이상인 아파트
2. 「건축법 시행령」 별표 1 제2호라목의 기숙사 중 3층 이상의 기숙사

※ 전용구역 설치의 예외에 관한 적용례로 제7조의12 각 호 외의 부분 단서의 개정규정은 이 영 시행 전에 건축이 완료되었거나 건축허가를 받고 건축 중인 공동주택에 대해서도 적용한다.

제7조의13(소방자동차 전용구역의 설치 기준 · 방법)

① 제7조의12 각 호 외의 부분 본문에 따른 공동주택의 건축주는 소방자동차가 접근하기 쉽고 소방활동이 원활하게 수행될 수 있도록 각 동별 전면 또는 후면에 소방자동차 전용구역(이하 "전용구역"이라 한다)을 1개소 이상 설치해야 한다. 다만, 하나의 전용구역에서 여러 동에 접근하여 소방활동이 가능한 경우로서 소방청장이 정하는 경우에는 각 동별로 설치하지 않을 수 있다. 〈개정 2021. 5. 4.〉[시행일: 2021.5.4.]

② 전용구역의 설치 방법은 별표 2의5와 같다.

소방기본법 시행령 [별표 2의5]

전용구역의 설치 방법 (제7조의13제2항 관련)

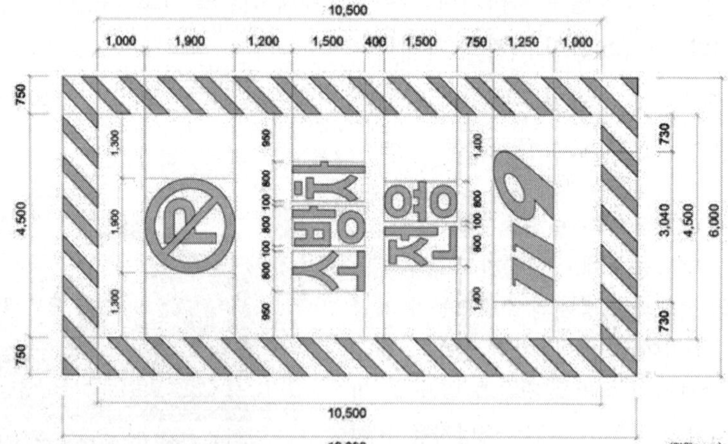

비고

1. 전용구역 노면표지의 외곽선은 빗금무늬로 표시하되, 빗금은 두께를 30센티미터로 하여 50센티미터 간격으로 표시한다.
2. 전용구역 노면표지 도료의 색채는 황색을 기본으로 하되, 문자(P, 소방차 전용)는 백색으로 표시한다.

소방기본법 시행령 살펴보기

제7조의14(전용구역 방해행위의 기준)

법 제21조의2제2항에 따른 방해행위의 기준은 다음 각 호와 같다.
1. 전용구역에 물건 등을 쌓거나 주차하는 행위
2. 전용구역의 앞면, 뒷면 또는 양 측면에 물건 등을 쌓거나 주차하는 행위. 다만, 「주차장법」 제19조에 따른 부설주차장의 주차구획 내에 주차하는 경우는 제외한다.
3. 전용구역 진입로에 물건 등을 쌓거나 주차하여 전용구역으로의 진입을 가로막는 행위
4. 전용구역 노면표지를 지우거나 훼손하는 행위
5. 그 밖의 방법으로 소방자동차가 전용구역에 주차하는 것을 방해하거나 전용구역으로 진입하는 것을 방해하는 행위

제22조(소방대의 긴급통행)

소방대는 화재, 재난·재해, 그 밖의 위급한 상황이 발생한 현장에 신속하게 출동하기 위하여 긴급할 때에는 일반적인 통행에 쓰이지 아니하는 도로·빈터 또는 물 위로 통행할 수 있다.

- 소방대가 현장출동이라는 긴급성을 담보하기 위하여 공공용 도로 외에 사도(私道) 또는 사유지에 대한 정당한 점용·사용절차 없이 통행할 수 있는 강제처분권을 규정하고 있어 현장출동에의 신속성 확보라는 공공의 이익을 위하여 개인의 재산 등에 대한 침해를 할 수 있는 법적인 근거를 두고 있다.
  - 공공의 이익을 위하여 국민의 기본권을 침해할 때에는 반드시 법률적인 근거가 있어야 하며 본 조에서 언급하듯이 소방대의 현장출동이라는 요건과 나아가 긴급성이라는 고도의 개연성이 뒷받침되어야 한다.
  - 일반교통에 쓰이지 아니하는 도로는 차량 등의 교통금지 도로, 가옥 부지내의 도로 또는 개인 주택의 전용도로 등 불특정 다수인이 사용하지 못하는 도로를 말한다. 그리고 물위라 함은 호수, 양식장, 댐 등을 가리키며 빈터란 개인 소유지로 공지로 되어 있는 것을 가리킨다.

제23조(소방활동구역의 설정)

① 소방대장은 화재, 재난·재해, 그 밖의 위급한 상황이 발생한 현장에 소방활동구역을 정하여 소방활동에 필요한 사람으로서 대통령령으로 정하는 사람 외에는 그 구역에 출입하는 것을 제한할 수 있다. ➡ **200만 원 이하의 과태료**

② 경찰공무원은 소방대가 제1항에 따른 소방활동구역에 있지 아니하거나 소방대장의 요청이 있을 때에는 제1항에 따른 조치를 할 수 있다.

소방기본법 시행령 살펴보기

제8조(소방활동구역의 출입자)

법 제23조제1항에서 "대통령령으로 정하는 사람"이란 다음 각 호의 사람을 말한다.

1. 소방활동구역 안에 있는 소방대상물의 소유자・관리자 또는 점유자
2. 전기・가스・수도・통신・교통의 업무에 종사하는 사람으로서 원활한 소방활동을 위하여 필요한 사람
3. 의사・간호사 그 밖의 구조・구급업무에 종사하는 사람
4. 취재인력 등 보도업무에 종사하는 사람
5. 수사업무에 종사하는 사람
6. 그 밖에 소방대장이 소방활동을 위하여 출입을 허가한 사람

■ 화재 등 각종 재난현장은 화재 등으로 인한 위험 외에도 낙하·붕괴·도괴·폭발 등 각종 2차적인 위험을 동반하고 있어 일반인의 무단출입 등은 이러한 위험으로부터의 노출을 야기 할 수 있고 숙련되고 훈련되지 않은 일반인의 활동은 자칫 소화활동에 장애가 될 수 있는 바 소방대장이 일정한 구역(소방활동상 필요한 안전구역)을 정하여 출입을 통제토록 함으로써 화재 및 2차적인 위험으로부터 보호하고 한편으로는 소방대의 원활하고 효율적인 소방 활동이 될 수 있도록 하고 있다.

➡ 그러나 소방활동구역을 설정하여 일반인의 출입을 통제하는 것 또한 국민의 기본권을 제한하는 성격을 갖고 있으므로 이에 대한 법률의 근거가 요구되고 있으며 본 조는 이러한 요구에 부합하고 있다. 본 조항은 종전의 소방법에있어서는 "방화경계구역"의 개념으로 규정하였던 것을 "소방활동구역"이라는 쉽고 명확한 용어로 규정하였다.

■ 소방대장

현장에서 실제 출동한 소방대를 지휘하는 자인 소방대장 (IC – IncidentCommand)이 구역을 설정할 수 있도록 함으로서 현장 에서 가장 실질적이고 실효성 있는 소방활동을 할 수 있도록 하고 있으며 현장 상황에 따라 소방서장 또는 소방본부장도 소방대장의 역할을 수행한다면 소방활동구역을 설정할 수 있는 권한이 있다.

■ 경찰공무원의 조치(본조제2항)

경찰은 안전유지에 대한 일반적인 관할권을 가지고 있으며 특정의 안전조치가 필요함에도 불구하고 관할 행정청 (소방본부장, 소방서장등)이 권한을 행사하지 못하는 경우(소방대가 현장에 없을 경우 등) 경찰이 이를 행사함은 경찰의 본질적인 의무에 비추어 보아도 적합하다 할 것이다.

■ 경찰법 제3조(국가경찰의 임무)

국가경찰은 국민의 생명·신체 및 재산의 보호와 범죄의 예방・진압 및 수사, 범죄 피해자 보호,

경비 · 요인경호 및 대간첩 · 대테러작전수행, 치안 정보의 수집 · 작성 및 배포, 교통의 단속과 위해의 방지, 외국 정부기관 및 국제기구와의 국제협력, 그 밖의 공공의 안녕과 질서유지를 그 임무로 한다.

제24조(소방활동 종사 명령)

① 소방본부장, 소방서장 또는 소방대장은 화재, 재난 · 재해, 그 밖의 위급한 상황이 발생한 현장에서 소방활동을 위하여 필요할 때에는 그 관할구역에 사는 사람 또는 그 현장에 있는 사람으로 하여금 사람을 구출하는 일 또는 불을 끄거나 불이 번지지 아니하도록 하는 일을 하게 할 수 있다. 이 경우 소방본부장, 소방서장 또는 소방대장은 소방활동에 필요한 보호장구를 지급하는 등 안전을 위한 조치를 하여야 한다. ➡ **5년 이하의 징역 또는 5천만원 이하의 벌금**

② 삭제

③ 제1항에 따른 명령에 따라 소방활동에 종사한 사람은 시 · 도지사로부터 소방활동의 비용을 지급받을 수 있다. 다만, 다음 각 호의 어느 하나에 해당하는 사람의 경우에는 그러하지 아니하다.

1. 소방대상물에 화재, 재난 · 재해, 그 밖의 위급한 상황이 발생한 경우 그 관계인
2. 고의 또는 과실로 화재 또는 구조 · 구급 활동이 필요한 상황을 발생시킨 사람
3. 화재 또는 구조 · 구급 현장에서 물건을 가져간 사람

■ 소방활동 현장에 있어서는 항시 관설 소방력이 충족 될 수 없을 뿐만 아니라 관설 소방력이 미치지 못하는 부분에 대해서 소방본부장·소방서장 및 소방대장이 소방상 필요한 때 소방활동 및 구조활동 등을 불특정다수에게 하도록 함으로서 신속하고 효율적인 소방활동을 하고자 함에 있다.

- 소방현장에 있어서의 상황조치 및 각종 인명구조 등의 활동은 전문인력인 소방공무원에게도 고도의 어려움과 위험이 수반되는 업무이다. 따라서 소방교육을 받지 않은 일반인에게 소방활동 종사명령을 함에 있어서는 각종 안전장구의 제공 및 안전확보, 명령 및 지휘권의 확보 등이 전제되어야 함은 당연하다 할 것이다.
- 소방대상물의 관계인과는 달리(일반인)의 경우는 각종 소방활동에 종사하여야 할 의무가 없음(일반인은 화재 등의 위험으로부터 자유롭게 회피할 수 있다)에도 불구하고 소방활동이라는 소방행정의 목적을 달성하기 위하여 일반적으로 법이 정하고 있는 의무를 넘어선 특별한 희생을 강요한다고 볼 수 있으므로 명시적으로 특별한 희생에 따른 보상의 의무를 규정하고 있으며 당해 소방활동으로 인하여 소요된 소방활동의 비용에 대해서도 보상을 하여주는 규정을 두고 있다.

제25조(강제처분 등)

① 소방본부장, 소방서장 또는 소방대장은 사람을 구출하거나 불이 번지는 것을 막기 위하여 필요할 때에는 화재가 발생하거나 불이 번질 우려가 있는 소방대상물 및 토지를 일시적으로 사용하거나 그 사용의 제한 또는 소방활동에 필요한 처분을 할 수 있다.

② 소방본부장, 소방서장 또는 소방대장은 사람을 구출하거나 불이 번지는 것을 막기 위하여 긴급하다고 인정할 때에는 제1항에 따른 소방대상물 또는 토지 외의 소방대상물과 토지에 대하여 제1항에 따른 처분을 할 수 있다.

③ 소방본부장, 소방서장 또는 소방대장은 소방활동을 위하여 긴급하게 출동할 때에는 소방자동차의 통행과 소방활동에 방해가 되는 주차 또는 정차된 차량 및 물건 등을 제거하거나 이동시킬 수 있다.

④ 소방본부장, 소방서장 또는 소방대장은 제3항에 따른 소방활동에 방해가 되는 주차 또는 정차된 차량의 제거나 이동을 위하여 관할 지방자치단체 등 관련 기관에 견인차량과 인력 등에 대한 지원을 요청할 수 있고, 요청을 받은 관련 기관의 장은 정당한 사유가 없으면 이에 협조하여야 한다.

⑤ 시・도지사는 제4항에 따라 견인차량과 인력 등을 지원한 자에게 시・도의 조례로 정하는 바에 따라 비용을 지급할 수 있다.

- 제25조제1항에 따른 처분을 방해한 자 또는 정당한 사유 없이 그 처분에 따르지 아니한 자는 3년 이하의 징역 또는 **3천만 원** 이하의 벌금에 처한다.
- 제2항 및 제3항에 따른 처분을 방해한 자 또는 정당한 사유 없이 그 처분에 따르지 아니한 자는 300만원 이하의 벌금에 처한다.
  - 예) 소방관이 화재현장에서 화재진압을 위하여 주수를 하고 파괴를 하는 행위

  ➡ 정도와 요건 또는 강제처분을 하는 정도에 따라 일정한 한계가 있다.
  여기에서 말하는 한계라 함은 법이란 명확해야 하며 무엇이 법인지를 국민이 알 수 있도록 함이 법치주의의 원리임을 볼 때 강제처분의 요건인 필요성 또는 긴급성등의 불확정 개념에 대한 판단의 재량에 대한 한계라 할 수 있다.
- 화재현장에 있어서의 소방활동은 그 특수성으로 인하여 소방대상물 및 토지 등에 대한 사용・사용의 제한・방수・파괴 등타인의 재산권에 대한 침해 및 제한은 필연적으로 수반되는 사항이라 할 수 있으며 이러한 강제처분은 당연히 그 활동에 있어 법률적인 근거를 요구한다.
- 소방기본법은 소방활동의 긴급성과 신속성을 확보하기 위하여 먼저 출동로의 장애물에 대한 강제처분의 근거를 두고 나아가 현장의 원활한 소방활동 상 요구되는 각종 필요한 강제처분을 할 수 있는 근거를 마련하여 적극적이고 능동적인 소방활동을 확보하고 있다.

그래서 주정차차량의 제거나 이동을 위한 견인차량과 인력에 대한 지원을 요청할 수 있도록 하고, 관련 기관의 장은 정당한 사유가 없으면 이에 협조하도록 하며, 주정차차량의 제거나 이동등을 지원한 자에게 조례로 정하는 바에 따라 비용을 지급할 수 있다.

- 즉시강제는 사전에 구체적인 의무를 부과하고 그 불이행에 대한 조치가 아니라 구체적인 의무를 명함이 없이 직접 실력을 행사한다는 점에서 법적 안정성·행정의 예측가능성이라는 법치국가적 요청에 반하는 전형적인 권력 작용이다. 따라서 즉시강제는 그 발동요건에 있어서 보다 엄격한 법적 근거를 필요로 한다.

  즉시 강제권의발동에 있어서의 조리상의 한계 즉 과잉금지의 원칙(광의의 비례의 원칙)을 철저히 준수하여야 하는데 그 내용으로는,

  첫째 : 행정상의 장애가 목전에 급박하여 조치가 필요할 것(적합성의 원칙)

  둘째 : 목적을 달성할 수 있는 수단이 여러 가지가 있을 경우에 관계자에게 가장 적은 부담을 주는 수단을 선택하여야 하며(필요성의 원칙, 최소 침해의 원칙)

  셋째 : 구체적인 상황으로 보아 다른 수단으로써는 당해 행정목적을 달성할 수 없는 경우여야 하며(보충성의 원칙)

  넷째 : 위의 조건이 충족되더라도 행정상의 즉시강제와 행정상의 필요 사이에 정당한 비례관계가 유지되어야 한다(협의의 비례의 원칙).

- 강제처분 자체는 바로 헌법상 보장되고 있는 국민의 기본권에 대한 침해 및 제한이 되므로 불필요하고 과다한 강제처분은 한편으로는 법이 정한 범위를 넘어선 불법적인 재량권의 행사가 될 수 있다. 따라서 화재현장이라는 긴급성에 비추어 무제한의 재량이 주어진 것이 아니라 강제처분권의 행사에 있어서도 일정한 한계와 상황적인 근거를 요구함은 법치행정의 원리에 의한 당연한 요청이라 할 수 있나.

- 소방활동을 위하여 긴급하게 출동하는 때 및 화재현장에서의 화재의 진압 또는 인명의 구조라는 소방의 목적과 그로 인하여 개인의 재산권등기본권에 대한 침해 시,

  첫째 : 화재진압 또는 인명구조라는 필요성과 긴급성이 있어야 하고

  둘째 : 이러한 필요성과 긴급성이있어 개인의 재산 등에 대한 강제처분 시 필요한 최소한의 범위에서 행하여져야 함.

  셋째 : 그 목적과 수단의 선택으로 인한 침해의 정도에는 합리적인 비례의 관계가 성립하여야 함.

※ 주차 또는 정차된 차량 및 물건에 대한 강제처분과 손실보상

헌법상 국민의 재산권의 사용과 제한은 인정이 되나 그에 대한 보상을 하도록 하고 있으며 이 조항 또한 법령에 위반하여 소방자동차등의 통행과 활동에 방해가 된 경우가 아닌 경우에는 강제처분으로 인하여 발생한 손실에 대해서 보상에 관한 규정(법 제49조의2)을 두고 있다.

제26조(피난 명령)

① 소방본부장, 소방서장 또는 소방대장은 화재, 재난·재해, 그 밖의 위급한 상황이 발생하여 사람의 생명을 위험하게 할 것으로 인정할 때에는 일정한 구역을 지정하여 그 구역에 있는 사람에게 그 구역 밖으로 피난할 것을 명할 수 있다.

② 소방본부장, 소방서장 또는 소방대장은 제1항에 따른 명령을 할 때 필요하면 관할 경찰서장 또는 자치경찰단장에게 협조를 요청할 수 있다.

> 제26조 제1항에 따른 피난명령을 위반한 자는 100만 원 이하의 벌금에 처함
>
> • 소방활동 보다는 위험지역내의 주민에 대한 안전의 확보가 그 목적이며, 제2항은 소방본부장 등은 피난에 소방력을 투입하기보다는 화재 등 각종 소방상황의 조치에 주력하고 위험지구내의 사람에 대한 피난과 관련한 사항은 경찰업무와도 깊은 연관이 있기에 경찰로 하여금 이행할 수 있도록 하는 규정이다.

제27조(위험시설 등에 대한 긴급조치)

① 소방본부장, 소방서장 또는 소방대장은 화재 진압 등 소방활동을 위하여 필요할 때에는 소방용수 외에 댐·저수지 또는 수영장 등의 물을 사용하거나 수도(水道)의 개폐장치 등을 조작할 수 있다.

② 소방본부장, 소방서장 또는 소방대장은 화재 발생을 막거나 폭발 등으로 화재가 확대되는 것을 막기 위하여 가스·전기 또는 유류 등의 시설에 대하여 위험물질의 공급을 차단하는 등 필요한 조치를 할 수 있다.

③ 삭제

> 제27조 제1항 및 제2항을 위반한 자는 100만 원 이하의 벌금에 처한다.
>
> • 본 조에서는 소방기본 활동상에 필수적으로 요구되는 소방서장 등의 긴급조치에 관한 사항을 구체화하여 규정하여 둠으로써 좀 더 실질적인 소방활동을 할 수 있도록 하고 있다.
>
> • 위험시설 등에 대한 긴급조치는 화재 등 각종 소방활동을 신속하게 이행할 수 있도록 소방용수로 활용할 수 있는 각종 시설물에 대한 조치를 할 수 있도록 하고 위험 물질의 위해성으로 인하여 연소확대, 가스폭발 등 각종 사고의 대형재난으로의 확대를 예방하기 위하여 요구되는 당연한 조치라고 볼 수 있다. 이러한 소방의 목적을 달성하기 위한 긴급한 조치로 인하여 제3자의 재산권이 침해된 경우에 보상하게 하는 규정 [동법 제49조의2(손실보상)] 을 두고 있다.

제27조의2(방해행위의 제지 등)

소방대원은 제16조제1항에 따른 소방활동 또는 제16조의3제1항에 따른 생활안전활동을 방해하는 행위를 하는 사람에게 필요한 경고를 하고, 그 행위로 인하여 사람의 생명 · 신체에 위해를 끼치거나 재산에 중대한 손해를 끼칠 우려가 있는 긴급한 경우에는 그 행위를 제지할 수 있다.

[본조신설 2021. 1. 5.] 이 규정은 공포한 날부터 시행한다.

제28조(소방용수시설 또는 비상소화장치의 사용금지 등)

누구든지 다음 각 호의 어느 하나에 해당하는 행위를 하여서는 아니 된다.

1. 정당한 사유 없이 소방용수시설 또는 비상소화장치를 사용하는 행위
2. 정당한 사유 없이 손상 · 파괴, 철거 또는 그 밖의 방법으로 소방용수시설 또는 비상소화장치의 효용(效用)을 해치는 행위
3. 소방용수시설 또는 비상소화장치의 정당한 사용을 방해하는 행위

➡ **본조 위반 시 5년 이하의 징역 또는 5천만 원 이하의 벌금**

■ 소방용수시설물: 소화전·저수조·급수탑 및 비상소화장치

소방용수는 인력·장비와 함께 소방력의 3대 요소이며 특히 화재현장 등의 소방활동에 있어서 없어서는 안 될 필수적 요소라 할 수 있다.

- 제10조에서는 소방용수시설의 설치 및 관리에 대하여 규정함과 동시에 설치의 기준에 대한 규정
- 제13조에서는 화재경계지구에 대하여서는 화재의 위험성을 제어하기 위하여 소방용수시설을 설치
- 제27조에서는 현장에서 소방용수 확보를 위한 긴급조치권
- 본 조 제28조에서는 소방용수시설 또는 비상소화장치의 사용금지에 대하여 규정

➡소방용수에 대한 규정은 각종 소방활동에 관한 규정(소방기본법상에 규정하고 있는 소방자동차의 우선 통행, 소방자동차 전용구역, 소방대의 긴급통행 – 법 제21조, 제21조의2, 제22조등)과 함께 본 규정을 둠으로써 인력과 장비와 소방용수가 포함된 소방대의 실질적인 소방활동의 원활을 확보하고 있다.

제5장 화재의 조사 제29조~제33조 삭제[시행일: 2022. 6. 9.]

제29조(화재의 원인 및 피해 조사) 제29조 삭제[시행일: 2022. 6. 9.]

① 소방청장, 소방본부장 또는 소방서장은 화재가 발생하였을 때에는 화재의 원인 및 피해 등에 대한 조사(이하 "화재조사"라 한다)를 하여야 한다.

② 제1항에 따른 화재조사의 방법 및 전담조사반의 운영과 화재조사자의 자격 등 화재조사에 필요한 사항은 행정안전부령으로 정한다.

소방기본법 시행규칙 살펴보기

제11조(화재조사의 방법 등)

① 법 제29조제1항에 따른 화재조사는 관계 공무원이 화재사실을 인지하는 즉시 제12조제4항에 따른 장비를 활용하여 실시되어야 한다.

② 화재조사의 종류 및 조사의 범위는 별표 5와 같다.

화재조사의 종류 및 조사의 범위(제11조제2항관련)

1. 화재원인조사

종류	조사범위
가. 발화원인 조사	화재가 발생한 과정, 화재가 발생한 지점 및 불이 붙기 시작한 물질
나. 발견·통보 및 초기 소화상황 조사	화재의 발견·통보 및 초기소화 등 일련의 과정
다. 연소상황 조사	화재의 연소경로 및 확대원인 등의 상황
라. 피난상황 조사	피난경로, 피난상의 장애요인 등의 상황
마. 소방시설 등 조사	소방시설의 사용 또는 작동 등의 상황

2. 화재피해조사

종류	조사범위
가. 인명피해조사	(1) 소방활동중 발생한 사망자 및 부상자 (2) 그 밖에 화재로 인한 사망자 및 부상자 ※ 부상의 정도는 의사의 진단을 기초로 중상의 경우 3주 이상의 입원치료를 필요로 하는 부상을, 경상의 경우 중상 이외의(입원치료를 필요로 하지 않는 것도 포함 한다) 부상을 말한다.
나. 재산피해조사	(1) 열에 의한 탄화, 용융, 파손 등의 피해(소실피해) (2) 소화활동 중 사용된 물로 인한 피해(수손피해) (3) 그 밖에 연기, 물품반출, 화재로 인한 폭발 등에 의한 피해(기타피해)

제12조(화재조사전담부서의 설치 · 운영 등)

① 법 제29조제2항의 규정에 의하여 화재의 원인과 피해 조사를 위하여 소방청, 시 · 도의 소방본부와 소방서에 화재조사를 전담하는 부서를 설치 · 운영한다.

② 화재조사전담부서의 장은 다음 각호의 업무를 관장한다.

1. 화재조사의 총괄 · 조정
2. 화재조사의 실시
3. 화재조사의 발전과 조사요원의 능력향상에 관한 사항
4. 화재조사를 위한 장비의 관리운영에 관한 사항
5. 그 밖의 화재조사에 관한 사항

③ 화재조사전담부서의 장은 소속 소방공무원 가운데 다음 각 호의 어느 하나에 해당하는 자로서 소방청장이 실시하는 화재조사에 관한 시험에 합격한 자로 하여금 화재조사를 실시하도록 하여야 한다. 다만, 화재조사에 관한 시험에 합격한 자가 없는 경우에는 소방공무원 중 「국가기술자격법」에 따른 건축 · 위험물 · 전기 · 안전관리(가스 · 소방 · 소방설비 · 전기안전 · 화재감식평가 종목에 한한다) 분야 산업기사 이상의 자격을 취득한 자 또는 소방공무원으로서 화재조사분야에서 1년 이상 근무한 자로 하여금 화재조사를 실시하도록 할 수 있다.

1. 소방교육기관(중앙 · 지방소방학교 및 시 · 도에서 설치 · 운영하는 소방교육대를 말한다. 이하 같다)에서 8주 이상 화재조사에 관한 전문교육을 이수한 자
2. 국립과학수사연구원 또는 외국의 화재조사관련 기관에서 8주 이상 화재조사에 관한 전문교육을 이수한 자

④ 화재조사전담부서에는 별표 6의 기준에 의한 장비 및 시설을 갖추어야 한다.

⑤ 소방청장 · 소방본부장 또는 소방서장은 화재조사전담부서에서 근무하는 자의 업무능력 향상을 위하여 국내 · 외의 소방 또는 안전에 관련된 전문기관에 위탁교육을 실시할 수 있다.

⑥ 제2항에 따른 화재전담부서의 운영 및 제3항에 따른 화재조사에 관한 시험의 응시자격, 시험방법, 시험과목, 그 밖에 시험의 시행에 필요한 사항은 소방청장이 정한다.

소방기본법 시행규칙 [별표 6] 〈개정 2021. 7. 13.〉

화재조사전담부서에 갖추어야 할 장비 및 시설(제12조제4항 관련)

1. 소방본부(거점소방서 포함)

■ 거점소방서: 화재발생 빈도와 화재조사의 중요성을 감안하여 시 · 도소방본부장이 권역별로 별도로 지정한 소방

구분	기자재명 및 시설규모
발굴용구 (1종세트)	공구류(니퍼, 펜치, 와이어커터, 드라이버세트, 스패너세트, 망치 등), 톱(나무, 쇠), 전동 드릴, 전동 그라인더, 다용도 칼, U형 자석, 뜰채, 붓, 빗자루, 양동이, 삽, 긁개, 휴대용 진공청소기
기록용기기 (16종)	디지털카메라(DSLR)세트, 비디오카메라세트, 소형 디지털방수카메라, 촬영용 고무매트, TV, 디지털녹음기, 거리측정기, 초시계, 디지털온도・습도계, 디지털풍향풍속기록계, 정밀저울, 줄자, 버니어캘리퍼스, 웨어러블캠, 외장용 하드, 3D 스캐너
감식・감정용 기기 (16종)	절연저항계, 멀티테스터기, 클램프미터, 정전기측정장치, 누설전류계, 검전기, 복합가스측정기, 가스(유증)검지기, 확대경, 실체현미경, 적외선열상카메라, 접지저항계, 휴대용디지털현미경, 탄화심도계, 슈미트해머, 내시경카메라
조명기기 (4종)	발전기, 이동용조명기, 휴대용랜턴, 헤드랜턴
안전장비 (8종)	보호용작업복, 보호용장갑, 안전화, 안전모, 마스크(방진마스크, 방독마스크),보안경, 안전고리, 공기호흡기세트
증거수집 장비 (6종)	증거물 수집기구세트(핀셋류, 가위류등), 증거물 표지(번호, 화살・○표, 스티커), 증거물 보관세트(상자, 봉투, 밀폐용기,유증수집용캔 등),증거물 태그, 접자,라텍스장갑
화재조사 차량 (2종)	화재조사용 전용차량, 화재조사 첨단 분석차량(비파괴검사기, 실체현미경 등 탑재)
보조장비 (7종)	노트북컴퓨터, 소화기, 전선 릴, 이동용 에어 컴프레서, 접이식사다리, 화재조사 전용피복, 화재조사용 가방
추가 권장 장비 (20종)	가스크로마토그래피, 고속카메라세트, 화재시뮬레이션시스템, X선 촬영기, 금속현미경, 시편(試片)절단기, 시편성형기, 시편연마기, 접점저항계,직류전압전류계,교류전압전류계, 오실로스코프, 주사전자현미경, 인화점측정기, 발화점측정기, 미량융점측정기, 온도기록계, 폭발압력측정기세트, 전압조정기(직류, 교류), 적외선 분광광도계
화재조사 분석실	화재조사분석실의 구성장비를 유효하게 보존・사용할수 있고, 환기 및 수도·배관시설이 있는 $30m^2$ 이상의 실(室)
화재조사 분석실 구성장비 (10종)	증거물보관함, 시료보관함, 실험작업대, 바이스, 개수대, 초음파세척기, 실험용 기구류(비커, 피펫, 유리병 등), 드라이어, 항온항습기, 오토 데시케이터

2. 소방서

구분	기자재명 및 시설규모
발굴용구 (1종세트)	공구류(니퍼, 펜치, 와이어커터, 드라이버세트, 스패너세트, 망치, 등), 톱(나무, 쇠), 전동 드릴, 전동 그라인더, 다용도 칼, U형 자석, 뜰채, 붓, 빗자루, 양동이, 삽, 긁개, 휴대용 진공청소기

기록용기기 (15종)	디지털카메라(DSLR)세트, 비디오카메라세트, 소형 디지털방수카메라, 촬영용 고무매트, TV, 디지털녹음기, 거리측정기, 초시계, 디지털온도·습도계, 디지털풍향풍속기록계, 정밀저울, 줄자, 버니어캘리퍼스, 웨어러블캠, 외장용 하드
감식용 기기 (10종)	절연저항계, 멀티테스터기, 클램프미터, 누설전류계, 검전기, 복합가스측정기, 가스(유증)검지기, 확대경, 실체현미경, 탄화심도계
조명기기 (4종)	발전기, 이동용조명기, 휴대용랜턴, 헤드랜턴
안전장비 (8종)	보호용작업복, 보호용장갑, 안전화, 안전모, 마스크(방진마스크, 방독마스크), 보안경, 안전고리, 공기호흡기세트
증거수집 장비 (6종)	증거물 수집기구세트(핀셋류, 가위류등), 증거물 보관세트(상자, 봉투, 밀폐용기, 유증수집용캔 등), 증거물 표지(번호, 화살·○표, 스티커), 증거물 태그, 접자, 라텍스장갑
화재조사 차량 (1종)	화재조사용 전용차량
보조장비 (7종)	노트북컴퓨터, 소화기, 전선 릴, 이동용 에어 컴프레서, 접이식사다리, 화재조사 전용 피복, 화재조사용 가방
추가 권장 장비 (2종)	휴대용디지털현미경, 정전기측정장치
화재조사 분석실	화재조사분석실의 구성장비를 유효하게 보존·사용할 수 있고, 환기 및 수도·배관시설이 있는 $20m^2$ 이상의 실(室)
화재조사 분석실 구성장비 (10종)	증거물보관함, 시료보관함, 실험작업대, 바이스, 개수대, 초음파세척기, 실험용 기구류(비커, 피펫, 유리병 등), 드라이어, 항온항습기, 오토 데시케이터

비고

1. 거점소방서란 화재발생 빈도와 화재조사의 중요성을 고려하여 시·도 소방본부장이 권역별로 별도로 지정한 소방서를 말한다.
2. 촬영용 고무매트란 증거물 등을 올려놓고 사진을 촬영하기 위한 격자 표시형 고무매트를 말한다.
3. 화재조사차량은 탑승공간과 장비 적재공간이 구분되어 주요 장비의 적재·활용이 가능하고 차량 내부에 기초 조사사무용 테이블을 설치할 수 있는 차량을 말한다.
4. 화재조사 전용 의복은 화재진압대원, 구조대원 및 구급대원의 의복과 구별이 가능하고 화재조사 활동에 적합한 기능을 가진 것을 말한다.
5. 화재조사용 가방은 일상적인 외부 충격에 가방 내부의 장비 및 물품이 손상되지 않을 정도의 강도를 갖춘 재질로 제작되고 휴대가 간편한 가방을 말한다.
6. 추가 권장 장비는 화재조사 및 감식·감정 등에 유용하게 활용되는 것으로써 보유가 권장되는 장비를 말한다.
7. 화재조사분석실의 면적은 청사 공간의 효율적 활용을 위하여 불가피한 경우에만 기준 면적의 절반 이상의 면적으로 조정할 수 있다.

제13조(화재조사에 관한 전문교육 등)

① 제12조제3항제1호에 따른 전문교육과정의 교육과목은 별표 7과 같으며, 교육과목별 교육시간과 실습교육의 방법은 전문교육과정을 운영하는 소방교육기관에서 정한다.

② 소방청장은 화재조사에 관한 시험에 합격한 자에게 2년마다 전문보수교육을 실시하여야 한다.

③ 소방청장은 제2항에 따른 전문보수교육을 소방본부장 또는 소방교육기관에 위탁하여 실시할 수 있다.

④ 제2항의 규정에 의한 전문보수교육을 받지 아니한 자에 대하여는 전문보수교육을 이수하는 때까지 화재조사를 실시하게 하여서는 아니 된다.

■ 1958년 화재조사 업무를 법률로 규정

이 법은 화재조사와 관련하여 강제 조사권 등을 규정하고 있으며 경찰공무원과의 상호협력관계·보험회사와의 조사 협력 등을 규정하고 있다.

소방기본법 시행규칙 [별표 7]

화재조사에 관한 전문교육과정의 교육과목 (제13조제1항 관련)

구 분	과 목
소양교육	국정시책, 기초소양, 심리상담기법 등
전문교육	기초화학, 기초전기, 구조물과 화재, 화재조사 관계법령, 화재학, 화재패턴, 화재조사방법론, 보고서작성법, 화재피해액산정, 발화지점판정, 전기화재감식, 화학화재감식, 가스화재감식, 폭발화재감식, 차량화재감식, 미소화원감식, 방화화재감식, 증거물수집보존, 화재모델링, 범죄심리학, 법과학(의학), 방 · 실화수사, 조사와 법적문제, 소방시설조사, 촬영기법, 법정 증언기법, 형사소송의 기본절차
실습교육	화재조사실습, 현장실습, 사례연구 및 발표
행정	입교식, 과정소개, 평가, 교육효과측정, 수료식 등

비고 전문교육의 경우 교육과목의 본질적인 내용을 훼손하지 않는 필요 최소한의 범위에서 교육과목을 병합 · 세분 · 추가 · 변경하여 운영할 수 있다.

1. 소방기본법에서 규정하고 있는 화재조사

화재원인을 규명하고 화재로 인한 피해를 산정하기 위하여 자료의 수집, 관계자 등에 대한 질문, 현장확인, 감식, 감정 및 실험 등을 하는 일련의 조사활동을 통하여 화재의 원인·발화·발견·통보 및 연소확대 등의 화재발생부터 피난 상황, 소방설비의 작동 등 화재진압까지 화재의 메커니즘을 정확히 파악 밝혀냄으로써 향후 화재의 예방·홍보 및 이에 대한 대책의 마련 (소방설비의 개선, 소방점검 등 예방활동에 참고)등의 자료로 활용하여 소방행정의 점진적인 개선 및 발달을 꾀하고 궁극적으로 국민의 생명과 재산을 화재로부터 안전하게 보호함에 있다.

2. 형사사법 업무로서의 화재조사
경찰관은 형법상 규정하고 있는 방·실화죄와 관련하여 범죄의 유무를 명백히 하고 범인을 발현하고 증거를 수집·보전하여 공소의 제기 및 유지 등을 통하여 실체적 진실을 밝혀 형사사법 업무의 정의를 실현한다.

3. 보험회사에서의 화재조사
보험목적물의 화재로 인하여 발생된 손해를 사정하여 보험자에게 보험금의 지급 등 보험의 목적에서 화재조사를 실시하고 있다.

제30조(출입 · 조사 등) 제30조 삭제[시행일: 2022. 6. 9.]

① 소방청장, 소방본부장 또는 소방서장은 화재조사를 하기 위하여 필요하면 관계인에게 보고 또는 자료 제출을 명하거나 관계 공무원으로 하여금 관계 장소에 출입하여 화재의 원인과 피해의 상황을 조사하거나 관계인에게 질문하게 할 수 있다.

② 제1항에 따라 화재조사를 하는 관계 공무원은 그 권한을 표시하는 증표를 지니고 이를 관계인에게 보여 주어야 한다.

③ 제1항에 따라 화재조사를 하는 관계 공무원은 관계인의 정당한 업무를 방해하거나 화재조사를 수행하면서 알게 된 비밀을 다른 사람에게 누설하여서는 아니 된다.

- 제1항에 따른 명령을 위반하여 보고 또는 자료 제출을 하지 아니하거나 거짓으로 보고 또는 자료 제출을 한 자는 **200만 원 이하의 과태료에 처한다.**
- **제1항의 규정을 위반하여 정당한 사유 없이 관계 공무원의 출입 또는 조사를 거부방해 또는 기피한 자는 200만원 이하의 벌금에 처한다.**
- 제3항의 규정을 위반하여 관계인의 정당한 업무를 방해하거나 화재조사를 수행 하면서 알게 된 비밀을 다른 사람에게 누설한 자는 **300만 원 이하의 벌금**에 처한다.
- 화재조사 시 질문과 관련하여서는 관계인에 대한 자발적인 대답을 유도할 수 있도록 하여야 한다. 헌법은"진술거부권"을 규정하고 있어 관계인의 자발적인 답변이 아니면 답변을 강제할 수 없는 한계가 있다.
- 헌법 제12조제2항 '② 모든 국민은 고문을 받지 아니하며, 형사상 자기에게 불리한 진술을 강요당하지 아니한다.

즉, 소방기본법은 본 조와 관련하여 자료제출 거부 또는 허위보고 및 허위자료 제출에 대한 사항과 출입 또는 조사를 거부·방해 및 기피하는 자에 대하여서는 벌칙을 두고 있지만 질문에 대해서는 벌칙의 규정을 두고 있지 않다.
본 조에서 규정하고 있는 출입·조사는 「화재예방, 소방시설설치·유지 및 안전관리에 관한 법률」 제4조에서 규정하고 있는 소방특별조사에 관한 사항과 유사한 조항이라 할 수 있다.

제31조(수사기관에 체포된 사람에 대한 조사) 제31조 삭제[시행일: 2022. 6. 9.]

소방청장, 소방본부장 또는 소방서장은 수사기관이 방화(放火) 또는 실화(失火)의 혐의가 있어서 이미 피의자를 체포하였거나 증거물을 압수하였을 때에 화재조사를 위하여 필요한 경우에는 수사에 지장을 주지 아니하는 범위에서 그 피의자 또는 압수된 증거물에 대한 조사를 할 수 있다. 이 경우 수사기관은 소방청장, 소방본부장 또는 소방서장의 신속한 화재조사를 위하여 특별한 사유가 없으면 조사에 협조하여야 한다.

- 조사대상
  가. 인적대상: 방화 또는 실화의 혐의가 있어 수사기관에게 체포된 피의자
  나. 물적대상: 방화 또는 실화와 관련한 수사기관이 압수한 증거물
- 조사권자: 소방본부장 또는 소방서장

제32조(소방공무원과 경찰공무원의 협력 등) 제32조 삭제[시행일: 2022. 6. 9.]

① **소방공무원과 국가경찰공무원은 화재조사를 할 때에 서로 협력하여야 한다.**
② 소방본부장이나 소방서장은 화재조사 결과 방화 또는 실화의 혐의가 있다고 인정하면 지체 없이 관할 경찰서장에게 그 사실을 알리고 필요한 증거를 수집·보존하여 그 범죄수사에 협력하여야 한다.

제33조(소방기관과 관계 보험회사의 협력) 제33조 삭제[시행일: 2022. 6. 9.]

소방본부, 소방서 등 소방기관과 관계 보험회사는 화재가 발생한 경우 그 원인 및 피해상황을 조사할 때 필요한 사항에 대하여 서로 협력하여야 한다.

- 소방기관과 관계 보험회사는 화재조사에 있어 비밀유지권이 없다.

제6장 구조 및 구급

제34조(구조대 및 구급대의 편성과 운영)

구조대 및 구급대의 편성과 운영에 관하여는 별도의 법률로 정한다.

제35조 ~ 제36조 삭제

- 화재, 재해·재난, 그 밖의 위급한 상황에의 대처라는 소방활동은 구조 및 구급업무와는 불가분의 관계에 있다 할 것이다. 국민의 생명과 재산의 보호라는 소방행정의 목적에서 비추어 볼 때 구조 및 구급업무는 그 자체가 바로 소방활동의 일부분이라 할 수 있으며 원활한 소방활동을 확보하기 위해서는 항상 운영할 수 있는 구조·구급의 조직체가 요구되고 있으며, 이와 관련한 인력과 장비 및 예산이 뒷받침되어야 하는 사항이라 할 수 있다.
- 과거 본 조와 제35조, 제36조에서 구조대 및 구급대의 편성과 운영에 대해 규정하고 있었으나 「119구조구급에 관한 법률」을 제정하면서 본 34조에서는 단순히 별도의 법률로 정한다는 내용만 규정하고 있다.

제7장 의용소방대

제37조(의용소방대의 설치 및 운영)

의용소방대의 설치 및 운영에 관하여는 별도의 법률로 정한다.

제38조 ~ 제39조의2 삭제

- 의용소방대는 관설 소방업무를 보조하기 위한 조직으로서 화재예방과 초기발견 및 신고·소화 등은 물론 각종 재난방지에 적극 참여하여 주민의 귀중한 생명과 재산을 보호하기 위하여 설치된 민간소방조직으로 그 지역에 거주하는 주민 중에서 지역 사회에 대한 희생·봉사 정신이 강한 사람들의 자원에 의하여 조직되어 비상근으로 운영되고 있다.
- 의용소방대의 설치지역은 특별시, 광역시와 시·읍·면 지역이며, 그 설치·명칭·구역·조직·정원·임면·훈련·검열·복제 및 복무 등에 관한 사항은 각 시·도 조례로 정하게 되어 있다. 즉, 전국적 형평성과 어느 정도의 통일성 유지를 위하여 행정안전부령이 정하는 조례준칙에 의거 각 시·도별로 조례를 제정·운영하고 있으며 이는 의용소방대가 기본적으로 공동생활체에서 탄생한 개념으로 볼 때에도 각 시·도의 상황에 맞게 규정하는 것이 타당하다고 본다.

제7장의2 소방산업의 육성 · 진흥 및 지원 등

제39조의3(국가의 책무)

국가는 소방산업(소방용 기계 · 기구의 제조, 연구 · 개발 및 판매 등에 관한 일련의 산업을 말한다. 이하 같다)의 육성 · 진흥을 위하여 필요한 계획의 수립 등 행정상 · 재정상의 지원시책을 마련하여야 한다.

- 소방산업은 국민생활과 산업·경제활동이 화재와 재난으로부터 안전하게 영위될 수 있도록 하는 중요한 역할을 담당하고 있고, 도시 공간 내 구조물의 밀집화, 건물의 고층화 등에 따른 재난의 대형화 및 치명성의 증대로 말미암아 안전 관련 산업의 중요성이 날로 증대되고 있고 국제화 시대 관련 제품에 대한 가격 경쟁력이 취약하여 소방산업의 발전이 이루어지지 못하는 실정에 있음에 따라 국민의 생명과 재산권을 보호하고 소방산업의 국가경쟁력을 높이기 위해 소방산업의 육성·진흥 및 지원에 관한 국가의 책무와 지원방안을 소방기본법에 신설(08. 1. 17)함.
- 또한 「소방산업의 진흥에 관한 법률」이 새로이 제정(08. 6. 5)됨에 따라 소방기본법에서 규정하고 있던 소방산업의 육성·진흥에 관한 기본계획의 수립, 한국소방산업기술원(구, 한국소방검정공사)의 설비, 업무, 정관 등 일부 규정은 소방기본법에서 삭제 또는 개정됨.

제39조의4 삭제

제39조의5(소방산업과 관련된 기술개발 등의 지원)

① 국가는 소방산업과 관련된 기술(이하 "소방기술"이라 한다)의 개발을 촉진하기 위하여 기술개발을 실시하는 자에게 그 기술개발에 드는 자금의 전부나 일부를 출연하거나 보조할 수 있다.

② 국가는 우수소방제품의 전시 · 홍보를 위하여 「대외무역법」 제4조제2항에 따른 무역전시장 등을 설치한 자에게 다음 각 호에서 정한 범위에서 재정적인 지원을 할 수 있다.

1. 소방산업전시회 운영에 따른 경비의 일부
2. 소방산업전시회 관련 국외 홍보비
3. 소방산업전시회 기간 중 국외의 구매자 초청 경비

제39조의6(소방기술의 연구 · 개발사업 수행)

① 국가는 국민의 생명과 재산을 보호하기 위하여 다음 각 호의 어느 하나에 해당하는 기관이나

단체로 하여금 소방기술의 연구·개발사업을 수행하게 할 수 있다.

1. 국공립 연구기관
2. 「과학기술분야 정부출연연구기관 등의 설립·운영 및 육성에 관한 법률」에 따라 설립된 연구기관
3. 「특정연구기관 육성법」 제2조에 따른 특정연구기관
4. 「고등교육법」에 따른 대학·산업대학·전문대학 및 기술대학
5. 「민법」이나 다른 법률에 따라 설립된 소방기술 분야의 법인인 연구기관 또는 법인 부설 연구소
6. 「기초연구진흥 및 기술개발지원에 관한 법률」 제14조의2제1항에 따라 인정받은 기업부설 연구소
7. 「소방산업의 진흥에 관한 법률」 제14조에 따른 한국소방산업기술원
8. 그 밖에 대통령령으로 정하는 소방에 관한 기술개발 및 연구를 수행하는 기관·협회

② 국가가 제1항에 따른 기관이나 단체로 하여금 소방기술의 연구·개발사업을 수행하게 하는 경우에는 필요한 경비를 지원하여야 한다.

• 새로운 소방기술을 연구·개발하고 그 기술력 축척하기 위해서 국가는 대학이나 전문 연구기관 등 기관이나 단체로 하여금 소방기술의 연구·개발을 수행하도록 할 수 있고, 연구·개발 사업을 수행하게 하는 경우 필요한 경비를 지원하도록 규정하여 우수한 소방기술이 안정적이고 지속적으로 연구·개발될 수 있도록 근거를 마련하였다.

제39조의7(소방기술 및 소방산업의 국제화사업)

① 국가는 소방기술 및 소방산업의 국제경쟁력과 국제적 통용성을 높이는 데에 필요한 기반 조성을 촉진하기 위한 시책을 마련하여야 한다.

② 소방청장은 소방기술 및 소방산업의 국제경쟁력과 국제적 통용성을 높이기 위하여 다음 각 호의 사업을 추진하여야 한다.

1. 소방기술 및 소방산업의 국제 협력을 위한 조사·연구
2. 소방기술 및 소방산업에 관한 국제 전시회, 국제 학술회의 개최 등 국제 교류
3. 소방기술 및 소방산업의 국외시장 개척
4. 그 밖에 소방기술 및 소방산업의 국제경쟁력과 국제적 통용성을 높이기 위하여 필요하다고 인정하는 사업

제8장 한국소방안전원

제40조(한국소방안전원의 설립 등)

① 소방기술과 안전관리기술의 향상 및 홍보, 그 밖의 교육・훈련 등 행정기관이 위탁하는 업무의 수행과 소방 관계 종사자의 기술 향상을 위하여 한국소방안전원(이하 “안전원”이라 한다)을 소방청장의 인가를 받아 설립한다.

② 제1항에 따라 설립되는 안전원은 법인으로 한다.

③ 안전원에 관하여 이 법에 규정된 것을 제외하고는 「민법」 중 재단법인에 관한 규정을 준용한다.

- 이 단체는 국가의 정책상 특수한 사업을 수행하기 위하여 법률에 근거하여 설립된 특수법인이며 법인의 조직 등에 대해서는 근거법인 소방기본법에서 정하고 있으며 임원의 임명 및 업무의 운영 등에 대해서는 정부의 특별한 관리와 감독을 받는다.
- 한국소방안전원(구, 한국소방안전협회)은 2017.12.26일 소방기본법 제40조가 개정되면서 재단법인으로 하고, 국가의 관리・감독을 강화하였으며, 소방기술과 안전관리기술의 향상 및 홍보, 그 밖의 교육・훈련 등 행정기관이 위탁하는 업무의 수행과 소방 관계 종사자의 기술 향상 등의 목적을 위함에 있으며 이러한 단체의 업무는 공공적 성격을 띄우고 있으므로 그 설립근거 및 필요한 사항을 소방기본법에서 규정하고 있다.

제40조의2(교육계획의 수립 및 평가 등)

① 안전원의 장(이하 “안전원장”이라 한다)은 소방기술과 안전관리의 기술향상을 위하여 매년 교육 수요조사를 실시하여 교육계획을 수립하고 소방청장의 승인을 받아야 한다.

② 안전원장은 소방청장에게 해당 연도 교육결과를 평가・분석하여 보고하여야 하며, 소방청장은 교육평가 결과를 제1항의 교육계획에 반영하게 할 수 있다.

③ 안전원장은 제2항의 교육결과를 객관적이고 정밀하게 분석하기 위하여 필요한 경우 교육 관련 전문가로 구성된 위원회를 운영할 수 있다.

④ 제3항에 따른 위원회의 구성・운영에 필요한 사항은 대통령령으로 정한다.

소방기본법 시행령 살펴보기

제9조(교육평가심의위원회의 구성 · 운영)

① 안전원의 장(이하 "안전원장"이라 한다)은 법 제40조의2제3항에 따라 다음 각 호의 사항을 심의하기 위하여 교육평가심의위원회(이하 "평가위원회"라 한다)를 둔다.

1. 교육평가 및 운영에 관한 사항
2. 교육결과 분석 및 개선에 관한 사항
3. 다음 연도의 교육계획에 관한 사항

② 평가위원회는 위원장 1명을 포함하여 9명 이하의 위원으로 성별을 고려하여 구성한다.

③ 평가위원회의 위원장은 위원 중에서 호선(互選)한다.

④ 평가위원회의 위원은 다음 각 호의 어느 하나에 해당하는 사람 중에서 안전원장이 임명 또는 위촉한다.

1. 소방안전교육 업무 담당 소방공무원 중 소방청장이 추천하는 사람
2. 소방안전교육 전문가
3. 소방안전교육 수료자
4. 소방안전에 관한 학식과 경험이 풍부한 사람

⑤ 평가위원회에 참석한 위원에게는 예산의 범위에서 수당을 지급할 수 있다. 다만, 공무원인 위원이 소관 업무와 직접 관련되어 참석하는 경우에는 수당을 지급하지 아니한다.

⑥ 제1항부터 제5항까지에서 규정한 사항 외에 평가위원회의 운영 등에 필요한 사항은 안전원장이 정한다.

제41조(안전원의 업무)

안전원은 다음 각 호의 업무를 수행한다.

1. 소방기술과 안전관리에 관한 교육 및 조사 · 연구
2. 소방기술과 안전관리에 관한 각종 간행물 발간
3. 화재 예방과 안전관리의식 고취를 위한 대국민 홍보
4. 소방업무에 관하여 행정기관이 위탁하는 업무
5. 소방안전에 관한 국제협력
6. 그 밖에 회원에 대한 기술지원 등 정관으로 정하는 사항

- 본 조는 설립된 안전원의 업무의 범위를 정한 것이다. 일반적으로 안전원의 업무 및 사업은 안전원의 정관에 명확히 기재되어 있으나 법률적으로 협회의 업무를 명확히 함으로써 업무의 명확한 이행의 확보와 동시에 적극적인 업무 수행을 할 수 있도록 하고 있다.

제42조(회원의 관리)

안전원은 소방기술과 안전관리 역량의 향상을 위하여 다음 각 호의 사람을 회원으로 관리할 수 있다.

1. 「화재예방, 소방시설 설치·유지 및 안전관리에 관한 법률」, 「소방시설공사업법」 또는 「위험물안전관리법」에 따라 등록을 하거나 허가를 받은 사람으로서 회원이 되려는 사람
2. 「화재예방, 소방시설 설치·유지 및 안전관리에 관한 법률」, 「소방시설공사업법」 또는 「위험물안전관리법」에 따라 소방안전관리자, 소방기술자 또는 위험물안전관리자로 선임되거나 채용된 사람으로서 회원이 되려는 사람
3. 그 밖에 소방 분야에 관심이 있거나 학식과 경험이 풍부한 사람으로서 회원이 되려는 사람

> 제42조(회원의 관리)
>
> 안전원은 소방기술과 안전관리 역량의 향상을 위하여 다음 각 호의 사람을 회원으로 관리할 수 있다. 〈개정 2011. 8. 4., 2017. 12. 26., 2021. 11. 30.〉
>
> 1. 「소방시설 설치 및 관리에 관한 법률」, 「소방시설공사업법」 또는 「위험물안전관리법」에 따라 등록을 하거나 허가를 받은 사람으로서 회원이 되려는 사람
>   * 「화재예방, 소방시설 설치·유지 및 안전관리에 관한 법률」
>   → 「소방시설 설치 및 관리에 관한 법률」[시행 2022. 12. 1]
> 2. 「화재의 예방 및 안전관리에 관한 법률」, 「소방시설공사업법」 또는 「위험물안전관리법」에 따라 소방안전관리자, 소방기술자 또는 위험물안전관리자로 선임되거나 채용된 사람으로서 회원이 되려는 사람
>   * 「화재예방, 소방시설 설치·유지 및 안전관리에 관한 법률」
>   → 「화재의 예방 및 안전관리에 관한 법률」[시행 2022. 12. 1]
> 3. (현행과 같음)
>
> [전문개정 2011. 5. 30.][제목개정 2017. 12. 26.][시행일: 2022. 12. 1.] 제42조

제43조(안전원의 정관)

① 안전원의 정관에는 다음 각 호의 사항이 포함되어야 한다.

1. 목적
2. 명칭
3. 주된 사무소의 소재지
4. 사업에 관한 사항
5. 이사회에 관한 사항

6. 회원과 임원 및 직원에 관한 사항
7. 재정 및 회계에 관한 사항
8. 정관의 변경에 관한 사항

② 안전원은 정관을 변경하려면 소방청장의 인가를 받아야 한다.

제44조(안전원의 운영 경비)

안전원의 운영 및 사업에 소요되는 경비는 다음 각 호의 재원으로 충당한다.

1. 제41조제1호 및 제4호의 업무 수행에 따른 수입금
2. 제42조에 따른 회원의 회비
3. 자산운영수익금
4. 그 밖의 부대수입

제44조의2(안전원의 임원)

① 안전원에 임원으로 원장 1명을 포함한 9명 이내의 이사와 1명의 감사를 둔다.

② 제1항에 따른 원장과 감사는 소방청장이 임명한다.

제44조의3(유사명칭의 사용금지) ➡ 200만 원 이하의 과태료

이 법에 따른 안전원이 아닌 자는 한국소방안전원 또는 이와 유사한 명칭을 사용하지 못한다.

제45조 ~ 제47조 삭제

제9장 보칙

제48조(감독)

① 소방청장은 안전원의 업무를 감독한다.

② 소방청장은 안전원에 대하여 업무 · 회계 및 재산에 관하여 필요한 사항을 보고하게 하거나, 소속 공무원으로 하여금 안전원의 장부 · 서류 및 그 밖의 물건을 검사하게 할 수 있다.

③ 소방청장은 제2항에 따른 보고 또는 검사의 결과 필요하다고 인정되면 시정명령 등 필요한 조치를 할 수 있다.

소방기본법 시행령 살펴보기

제10조(감독 등)

① 소방청장은 법 제48조제1항에 따라 안전원의 다음 각 호의 업무를 감독하여야 한다.

1. 이사회의 중요의결 사항
2. 회원의 가입 · 탈퇴 및 회비에 관한 사항
3. 사업계획 및 예산에 관한 사항
4. 기구 및 조직에 관한 사항
5. 그 밖에 소방청장이 위탁한 업무의 수행 또는 정관에서 정하고 있는 업무의 수행에 관한 사항

② 협회의 사업계획 및 예산에 관하여는 소방청장의 승인을 얻어야 한다.

③ 소방청장은 협회의 업무감독을 위하여 필요한 자료의 제출을 명하거나 「화재예방, 소방시설 설치 · 유지 및 안전관리에 관한 법률」 제45조, 「소방시설공사업법」 제33조 및 「위험물안전관리법」 제30조의 규정에 의하여 위탁된 업무와 관련된 규정의 개선을 명할 수 있다. 이 경우 협회는 정당한 사유가 없는 한 이에 따라야 한다.

제49조(권한의 위임)

소방청장은 이 법에 따른 권한의 일부를 대통령령으로 정하는 바에 따라 시 · 도지사, 소방본부장 또는 소방서장에게 위임할 수 있다.

제49조의2(손실보상)

① 소방청장 또는 시 · 도지사는 다음 각 호의 어느 하나에 해당하는 자에게 제3항의 손실보상심의위원회의 심사 · 의결에 따라 정당한 보상을 하여야 한다.

1. 제16조의3제1항(생활안전활동)에 따른 조치로 인하여 손실을 입은 자

2. 제24조제1항(소방활동 종사 명령) 전단에 따른 소방활동 종사로 인하여 사망하거나 부상을 입은 자
3. 제25조제2항(강제처분 등) 또는 제3항에 따른 처분으로 인하여 손실을 입은 자. 다만, 같은 조 제3항에 해당하는 경우로서 법령을 위반하여 소방자동차의 통행과 소방활동에 방해가 된 경우는 제외한다.
4. 제27조제1항(위험시설 등에 대한 긴급조치) 또는 제2항에 따른 조치로 인하여 손실을 입은 자
5. 그 밖에 소방기관 또는 소방의 적법한 소방업무 또는 소방활동으로 인하여 손실을 입은 자

② 제1항에 따라 손실보상을 청구할 수 있는 권리는 손실이 있음을 안 날부터 3년, 손실이 발생한 날부터 5년간 행사하지 아니하면 시효의 완성으로 소멸한다.

③ 제1항에 따른 손실보상청구 사건을 심사·의결하기 위하여 손실보상심의위원회를 둔다.

④ 제1항에 따른 손실보상의 기준, 보상금액, 지급절차 및 방법, 제3항에 따른 손실보상심의위원회의 구성 및 운영, 그 밖에 필요한 사항은 대통령령으로 정한다.

소방기본법 시행령 살펴보기

제11조(손실보상의 기준 및 보상금액)

① 법 제49조의2제1항에 따라 같은 항 각 호(제2호는 제외한다)의 어느 하나에 해당하는 자에게 물건의 멸실·훼손으로 인한 손실보상을 하는 때에는 다음 각 호의 기준에 따른 금액으로 보상한다. 이 경우 영업자가 손실을 입은 물건의 수리나 교환으로 인하여 영업을 계속할 수 없는 때에는 영업을 계속할 수 없는 기간의 영업이익액에 상당하는 금액을 더하여 보상한다.
1. 손실을 입은 물건을 수리할 수 있는 때: 수리비에 상당하는 금액
2. 손실을 입은 물건을 수리할 수 없는 때: 손실을 입은 당시의 해당 물건의 교환가액

② 물건의 멸실·훼손으로 인한 손실 외의 재산상 손실에 대해서는 직무집행과 상당한 인과관계가 있는 범위에서 보상한다.

③ 법 제49조의2제1항제2호에 따른 사상자의 보상금액 등의 기준은 별표 2의4와 같다.

소방기본법 시행령 [별표 2의4]

소방활동 종사 사상자의 보상금액 등의 기준(제11조제3항 관련)

[시행 2022. 1. 6.] [대통령령 제32313호, 2022. 1. 4., 일부개정]

1. 사망자의 보상금액 기준
「의사상자 등 예우 및 지원에 관한 법률 시행령」 제12조제1항에 따라 보건복지부장관이 결

정하여 고시하는 보상금에 따른다.

2. 부상등급의 기준

「의사상자 등 예우 및 지원에 관한 법률 시행령」 제2조 및 별표 1에 따른 부상범위 및 등급에 따른다.

3. 부상등급별 보상금액 기준

「의사상자 등 예우 및 지원에 관한 법률 시행령」 제12조제2항 및 별표 2에 따른 의상자의 부상등급별 보상금에 따른다.

4. 보상금 지급순위의 기준

「의사상자 등 예우 및 지원에 관한 법률」 제10조의 규정을 준용한다.

5. 보상금의 환수 기준

「의사상자 등 예우 및 지원에 관한 법률」 제19조의 규정을 준용한다.

▸ 참고

의사상자 등 예우 및 지원에 관한 법률 시행령 제12조(보상금)

① 보건복지부장관은 위원회의 심사·의결을 거쳐 매 회계연도 시작 전까지 의사자유족에대한 보상금을 결정하여 지체 없이 고시하여야 한다.

② 의상자의 부상등급별 보상금은 별표 2와 같다.

③ 법 제8조제1항에 따라 의상자 및 의사자 유족에게 보상금을 지급할 때에는 의상자 및 의사자가 구조행위를 한 해의 제1항에 따른 보상금을 기준으로 한다.

▸ 행정규칙

2022년도 의사자 유족에 대한 보상금

[시행 2022. 1. 1.] [보건복지부고시 제2021-316호, 2021. 12. 23., 제정]
보건복지부(사회서비스자원과), 044-202-3255

2022년도 의사자 유족에 대한 보상금은 의사상자심사위원회의 심의 및 의결을 거쳐 결정한 221,728,000원으로 한다.

부칙〈제2021-316호, 2021. 12. 23.〉

이 고시는 2022년 1월 1일부터 시행한다.

✔ TIP 행정규칙 : 소방 손실보상 절차에 관한 규정 참고

의사상자 등 예우 및 지원에 관한 법률 시행령 [별표 1]

의상자의 부상 범위 및 등급 (제2조 관련)

등급	부상의 정도
제1급	1. 두 눈의 교정시력이 0.02 이하인 사람 2. 말하는 기능과 음식물을 씹는 기능 일체를 영구히 잃은 사람 3. 신경계통의 기능이나 정신에 뚜렷한 장애가 남아 수시로 간호를 받아야 하는 4. 흉복부·장기에 뚜렷한 장애가 남아 수시로 간호를 받아야 하는 사람 5. 두 팔의 손목관절 이상의 부위를 잃은 사람 6. 두 다리의 발목관절 이상의 부위를 잃은 사람
제2급	1. 두 눈의 교정시력이 0.06 이하인 사람 2. 말하는 기능과 음식물을 씹는 기능에 뚜렷한 장애가 남은 사람 3. 신경계통의 기능이나 정신에 뚜렷한 장애가 남아 일생동안 노무에 종사하지 못하게 된 사람 4. 흉복부·장기의 기능에 뚜렷한 장애가 남아 일생동안 노무에 종사하지 못하게 된 사람 5. 두 귀의 청력을 완전히 잃은 사람 6. 한 팔의 팔꿈치관절 이상의 부위를 잃은 사람 7. 한 다리의 무릎관절 이상의 부위를 잃은 사람 8. 두 손의 손가락 일체를 영구히 사용하지 못하게 된 사람 9. 두 발의 발목 발바닥 뼈관절 이상의 부위를 잃은 사람
제3급	1. 두 눈의 교정시력이 0.1 이하인 사람 2. 말하는 기능이나 음식물을 씹는 기능에 뚜렷한 장애가 남은 사람 3. 두 귀의 청력이 귀에 대고 말하지 아니하면 큰 말소리를 알아 듣지 못하는 정도인 사람 4. 신경계통의 기능이나 정신에 뚜렷한 장애가 남아 특별히 손쉬운 노무 외에는 종사하지 못하게 된 사람 5. 흉복부·장기의 기능에 뚜렷한 장애가 남아 특별히 손쉬운 노무 외에는 종사하지 못하게 된 사람 6. 한 팔의 손목관절 이상의 부위를 잃은 사람 7. 한 팔의 3대관절 중 2개를 못 쓰게 된 사람 8. 한 팔 일체를 영구히 사용하지 못하게 된 사람 9. 한 다리의 발목관절 이상의 부위를 잃은 사람 10. 한 다리의 3대관절 중 2개를 못 쓰게 된 사람 11. 한 다리 일체를 영구히 사용하지 못하게 된 사람 12. 척추에 뚜렷한 기형이나 운동장애가 남은 사람

등급	부상의 정도
제4급	1. 한 눈이 실명[맹(盲)·광각상실(光角喪失)]되고 다른 눈의 교정시력이 0.6 이하인 사람 2. 두 귀의 청력이 40cm 이상의 거리에서는 보통의 말소리를 알아듣지 못하는 정도인 사람 3. 신경계통의 기능이나 정신에 뚜렷한 장애가 남아 손쉬운 노무 외에는 종사하지 못하게 된 사람 4. 흉복부·장기의 기능에 뚜렷한 장애가 남아 손쉬운 노무 외에는 종사하지 못하게 된 사람 5. 한 손의 엄지손가락을 포함하여 2개 이상의 손가락을 잃은 사람 6. 한 손의 엄지손가락과 둘째손가락을 못 쓰게 된 사람 또는 엄지손가락이나 둘째손가락을 포함하여 세 개 이상의 손가락을 못 쓰게 된 사람 7. 한 다리가 다른 쪽 다리보다 5센티미터 이상 짧은 사람 8. 한 발을 발목발바닥뼈관절 이상의 부위를 잃은 사람 9. 한 팔에 가관절이남은 사람 10. 한 다리에 가관절이남은 사람 11. 한 발의 발가락을 모두 잃은 사람 12. 한 팔의 3대관절 중 1개를 못 쓰게 된 사람 13. 한 다리의 3대관절 중 1개를 못 쓰게 된 사람 14. 두 발의 발가락을 모두 못 쓰게 된 사람 15. 외모에 뚜렷한 흉터가 남은 사람 16. 양쪽의 고환을 잃은 사람 17. 비장이나 한쪽 신장을 잃은 사람
제5급	1. 한 눈의 교정시력이 0.1 이하인 사람 2. 두 눈에 반맹증, 시야협착 또는 시야이상이 있는 사람 3. 두 눈의 눈꺼풀에 뚜렷한 결손이나 운동장애가 있는 사람 4. 코가 결손되어 그 기능에 뚜렷한 장애가 있는 사람 5. 말하는 기능이나 음식물을 씹는 기능에 장애가 남은 사람 6. 한 귀의 청력이 귀에 대고 말하지 아니하면 큰 말소리를 알아 듣지 못하는 정도인 사람 7. 두 귀의 청력이 1미터 이상의 거리에서는 보통의 말소리를 알아듣기 어려운 정도인 사람 8. 한 손의 둘째손가락을 잃거나 엄지손가락과 둘째손가락 외의 손가락 2개를 잃은 사람 9. 한 손의 엄지손가락을 못 쓰게 된 사람, 둘째손가락을 포함하여 손가락 2개를 못 쓰게 된 사람 또는 엄지손가락과 둘째손가락 외의 손가락 3개를 못 쓰게 된 사람 10. 한 발의 엄지발가락 또는 그 외의 발가락 4개를 잃은 사람 11. 한 발의 발가락을 모두 못 쓰게 된 사람 12. 한 다리가 다른 쪽 다리보다 3센티미터 이상 짧은 사람 13. 한 팔의 3대관절 중 1개의 기능에 뚜렷한 장애가 남은 사람 14. 한 다리의 3대관절 중 1개의 기능에 뚜렷한 장애가 남은 사람 15. 생식기에 뚜렷한 장애가 남은 사람 16. 신경계통의 기능이나 정신에 장애가 남아 종사할 수 있는 노무가 상당한 정도로 제한된 사람 17. 흉복부·장기의 기능에 장애가 남아 종사할 수 있는 노무가 상당한 정도로 제한된 사람

등급	부상의 정도
제6급	1. 한 눈의 조절기능에 뚜렷한 장애가 있거나 또는 안구에 운동장애가 남은 사람 2. 한 눈의 눈꺼풀에 뚜렷한 결손 또는 운동장애가 남은 사람 3. 한 눈에 반맹증·시야협착과 시야이상이 남은 사람 4. 한 눈의 교정시력이 0.6 이하인 사람 5. 한 귀의 청력이 40센티미터 이상의 거리에서는 보통의 말소리를 알아듣지 못하는 정도인 사람 6. 척추에 기형이 남은 사람 7. 한 손의 셋째손가락 또는 넷째손가락을 잃은 사람 8. 한 귀의 귓바퀴가 대부분 결손된 사람 9. 7개 이상의 치아에 치과보철을 한 사람 10. 한 발의 엄지발가락을 포함하여 발가락 2개 이상을 못 쓰게 된 사람 11. 흉복부·장기의 기능에 장애가 남은 사람 12. 쇄골·흉골·늑골·견갑골 또는 골반뼈에 뚜렷한 기형이 남은 사람 13. 한 팔의 3대관절 중 1개의 기능에 장애가 남은 사람 14. 한 다리의 3대관절 중 1개의 기능에 장애가 남은 사람 15. 장관골에 기형이 남은 사람 16. 한 손의 셋째손가락 또는 넷째손가락을 못 쓰게 된 사람 17. 한 발의 엄지발가락 또는 그 외의 발가락 4개를 못 쓰게 된 사람 18. 국부에 뚜렷한 신경증상이 남은 사람 19. 외모에 경미한 흉터가 남은 사람
제7급	1. 한 눈의 시력이 0.1 이하로 된 사람 2. 한 눈에 반맹증, 시야협착 또는 시야변상이 남은 사람 3. 두 눈의 눈꺼풀 일부에 결손이 남거나 속눈썹에 결손이 남은 사람 4. 5개 이상의 치아에 치과 보철을 한 사람 5. 한 손의 새끼손가락을 잃은 사람 6. 한 손의 엄지손가락 지골의 일부를 잃은 사람 7. 한 손의 둘째손가락 지골의 일부를 잃은 사람 8. 한 손의 둘째손가락 말관절을 굽히고 펼 수 없게 된 사람 9. 한 다리가 다른 쪽 다리보다 1센티미터 이상 짧은 사람 10. 한 발의 가운데·넷째·다섯째 발가락 중 1개 또는 2개를 잃은 사람 11. 한 발의 둘째발가락을 제대로 못 쓰게 된 사람 또는 둘째발가락을 포함하여 발가락 2개를 제대로 못 쓰게 된 사람 또는 가운데·넷째·다섯째 발가락3개를 제대로 못 쓰게 된 사람 12. 제1호부터 제11호까지에 해당하지 아니하는 부상으로서 전치 12주 이상의 부상을 당한 사람

등급	부상의 정도
제8급	1. 한 눈의 눈꺼풀 일부에 결손이 남거나 속눈썹에 결손이 남은 사람 2. 3개 이상의 치아에 치과보철을 한 사람 3. 팔의 노출된 면에 손바닥 크기의 흉터가 남은 사람 4. 다리의 노출된 면에 손바닥 크기의 흉터가 남은 사람 5. 한 손의 새끼손가락을 제대로 못 쓰게 된 사람 6. 한 손의 엄지손가락과 둘째손가락 외의 손가락 지골의 일부를 잃은 사람 7. 한 손의 엄지손가락과 둘째손가락 외의 손가락 말관절을 굽히고 펼 수 없게 된 사람 8. 한 발의 가운데·넷째·다섯째 발가락 중 1개 또는 2개를 제대로 못 쓰게 된 사람 9. 국부에 신경증상이 남은 사람 10. 한 귀의 청력이 모두 1미터 이상의 거리에서는 작은 말소리를 알아 듣지 못하게 된 사람 11. 제1호부터 제10호까지에 해당하지 아니하는 부상으로서 전치 6주 이상의 부상을 당한 사람
제9급	타박상, 열상, 찰과상, 부분화상, 골절, 탈골, 염좌, 인대손상, 3개 미만의 치아보철 등의 부상을 당한 사람

비고

1. 위의 표에 규정된 신체의 부상이 두 가지 이상(제7급, 제8급 및 제9급은 제외한다)인 경우에는 그 중 중한 부상등급(그 부상이 모두 같은 등급에 해당하는 경우에는 그 등급을 말한다)의 1등급 위의 등급을 그 의상자의 부상등급으로 하되, 제1급을 최고등급으로 한다.
2. 위의 표에 규정되지 아니한 신체 부상이 있는 경우에는 그 부상의 정도에 따라 위의 표에 규정된 부상에 준하여 그 부상등급을 결정한다.
3. 부상등급별 보상금액 기준
   「의사상자 등 예우 및 지원에 관한 법률 시행령」 제12조제2항 및 별표 2에 따른 의상자의 부상등급별 보상금에 따른다.
4. 보상금 지급순위의 기준
   「의사상자 등 예우 및 지원에 관한 법률」 제10조의 규정을 준용한다.
5. 보상금의 환수 기준
   「의사상자 등 예우 및 지원에 관한 법률」 제19조의 규정을 준용한다.

의사상자 등 예우 및 지원에 관한 법률 시행령 [별표 2]

의상자의 부상등급별 보상금 (제12조제2항 관련)

등급	보상금
제1급	제12조제1항에 따른 의사자유족에 대한 보상금 (이하 "의사자보상금"이라 한다)의 100/100
제2급	의사자보상금의 88/100
제3급	의사자보상금의 76/100
제4급	의사자보상금의 64/100
제5급	의사자보상금의 52/100
제6급	의사자보상금의 40/100
제7급	의사자보상금의 20/100
제8급	의사자보상금의 10/100
제9급	의사자보상금의 5/100

제12조(손실보상의 지급절차 및 방법)

① 법 제49조의2제1항에 따라 소방기관 또는 소방대의 적법한 소방업무 또는 소방활동으로 인하여 발생한 손실을 보상받으려는 자는 행정안전부령으로 정하는 보상금 지급 청구서에 손실내용과 손실금액을 증명할 수 있는 서류를 첨부하여 소방청장 또는 시・도지사(이하 "소방청장등"이라 한다)에게 제출하여야 한다. 이 경우 소방청장등은 손실보상금의 산정을 위하여 필요하면 손실보상을 청구한 자에게 증빙・보완 자료의 제출을 요구할 수 있다.

② 소방청장등은 제13조에 따른 손실보상심의위원회의 심사・의결을 거쳐 특별한 사유가 없으면 보상금 지급 청구서를 받은 날부터 60일 이내에 보상금 지급 여부 및 보상금액을 결정하여야 한다.

③ 소방청장등은 다음 각 호의 어느 하나에 해당하는 경우에는 그 청구를 각하(却下)하는 결정을 하여야 한다.

1. 청구인이 같은 청구 원인으로 보상금 청구를 하여 보상금 지급 여부 결정을 받은 경우. 다만, 기각 결정을 받은 청구인이 손실을 증명할 수 있는 새로운 증거가 발견되었음을 소명(疎明)하는 경우는 제외한다.
2. 손실보상 청구가 요건과 절차를 갖추지 못한 경우. 다만, 그 잘못된 부분을 시정할 수 있는 경우는 제외한다.

④ 소방청장등은 제2항 또는 제3항에 따른 결정일부터 10일 이내에 행정안전부령으로 정하는 바에 따라 결정 내용을 청구인에게 통지하고, 보상금을 지급하기로 결정한 경우에는 특별한 사유가 없으면 통지한 날부터 30일 이내에 보상금을 지급하여야 한다.

⑤ 소방청장등은 보상금을 지급받을 자가 지정하는 예금계좌(「우체국예금 · 보험에 관한 법률」에 따른 체신관서 또는 「은행법」에 따른 은행의 계좌를 말한다)에 입금하는 방법으로 보상금을 지급한다. 다만, 보상금을 지급받을 자가 체신관서 또는 은행이 없는 지역에 거주하는 등 부득이한 사유가 있는 경우에는 그 보상금을 지급받을 자의 신청에 따라 현금으로 지급할 수 있다.

⑥ 보상금은 일시불로 지급하되, 예산 부족 등의 사유로 일시불로 지급할 수 없는 특별한 사정이 있는 경우에는 청구인의 동의를 받아 분할하여 지급할 수 있다.

⑦ 제1항부터 제6항까지에서 규정한 사항 외에 보상금의 청구 및 지급에 필요한 사항은 소방청장이 정한다.

소방기본법 시행규칙 살펴보기

제14조(보상금 지급 청구서 등의 서식)

① 영 제12조제1항에 따른 보상금 지급 청구서는 별지 제8호서식에 따른다.

② 영 제12조제4항에 따라 결정 내용을 청구인에게 통지하는 경우에는 다음 각 호의 서식에 따른다.

1. 보상금을 지급하기로 결정한 경우: 별지 제9호서식의 보상금 지급 결정 통지서
2. 보상금을 지급하지 아니하기로 결정하거나 보상금 지급 청구를 각하한 경우
   : 별지 제10호서식의 보상금 지급 청구 (기각 · 각하) 통지서

■ 소방기본법 시행규칙 [별지 제8호서식] <신설 2018. 6. 26.>

보상금 지급 청구서

※ 바탕색이 어두운 란은 청구인이 적지 않습니다.

접수번호	접수일시	처리일시	처리기간

청구인	성명	생년월일
	주소	
	(전화번호:)	
손실개요	손실내용 및 신청이유	
	손실액 산출기초	
	손실금액(청구금액)	
	금 원	

「소방기본법」 제49조의2 및 같은 법 시행령 제12조제1항에 따라 위와 같이 보상금의 지급을 청구합니다.

년 월 일

청구인 (서명 또는 인)

소방청장 또는 시 · 도지사 귀하

첨부서류	손실내용과 손실금액을 증명할 수 있는 서류	수수료 없 음

처리절차

청구서 작성	→	접수	→	심의	→	결정 내용 통지
청구인		처리기관 (소방청 · 소방본부 · 소방서)		처리기관 (손실보상심의위원회)		처리기관 (소방청 · 소방본부)

■ 소방기본법 시행규칙 [별지 제9호서식] <신설 2018. 6. 26.>

보상금 지급 결정 통지서

청구인	성명	생년월일
	주소 (전화번호:)	
보상 결정 사항	보상원인	
	보상금액(청구금액)	
	보상방법	
	그 밖의 사항	

「소방기본법」 제49조의2 및 같은 법 시행령 제12조제2항에 따라 귀하의 손실보상 청구에 대하여 위와 같이 보상하기로 결정하였음을 알려 드립니다.

년 월 일

※ 문의: (담당부서 및 담당자)
(전화번호)

소방청장 또는 시·도지사 직인

■ 소방기본법 시행규칙 [별지 제10호서식] <신설 2018. 6. 26.>

보상금 지급 청구 (기각·각하) 통지서

청구인	성명	생년월일
	주소 (전화번호:)	
보상 결정 사항	결정 내용	
	결정 이유	

「소방기본법」 제49조의2 및 같은 법 시행령 제12조(제2항·제3항)에 따라 귀하의 손실보상 청구에 대하여 위와 같이 (기각·각하) 결정하였음을 알려 드립니다.

년 월 일

※ 문의: (담당부서 및 담당자)
(전화번호)

소방청장 또는 시·도지사 직인

소방기본법 시행령 살펴보기

제13조(손실보상심의위원회의 설치 및 구성)

① 소방청장등은 법 제49조의2제3항에 따라 손실보상청구 사건을 심사·의결하기 위하여 각각 손실보상심의위원회(이하 "보상위원회"라 한다)를 둔다.

② 보상위원회는 위원장 1명을 포함하여 5명 이상 7명 이하의 위원으로 구성한다.

③ 보상위원회의 위원은 다음 각 호의 어느 하나에 해당하는 사람 중에서 소방청장등이 위촉하거나 임명한다. 이 경우 위원의 과반수는 성별을 고려하여 소방공무원이 아닌 사람으로 하여야 한다.

1. 소속 소방공무원
2. 판사·검사 또는 변호사로 5년 이상 근무한 사람
3. 「고등교육법」 제2조에 따른 학교에서 법학 또는 행정학을 가르치는 부교수 이상으로 5년 이상 재직한 사람
4. 「보험업법」 제186조에 따른 손해사정사
5. 소방안전 또는 의학 분야에 관한 학식과 경험이 풍부한 사람

④ 제3항에 따라 위촉되는 위원의 임기는 2년으로 하며, 한 차례만 연임할 수 있다.

⑤ 보상위원회의 사무를 처리하기 위하여 보상위원회에 간사 1명을 두되, 간사는 소속 소방공무원 중에서 소방청장등이 지명한다.

제14조(보상위원회의 위원장)

① 보상위원회의 위원장(이하 "보상위원장"이라 한다)은 위원 중에서 호선한다.

② 보상위원장은 보상위원회를 대표하며, 보상위원회의 업무를 총괄한다.

③ 보상위원장이 부득이한 사유로 직무를 수행할 수 없는 때에는 보상위원장이 미리 지명한 위원이 그 직무를 대행한다.

제15조(보상위원회의 운영)

① 보상위원장은 보상위원회의 회의를 소집하고, 그 의장이 된다.

② 보상위원회의 회의는 재적위원 과반수의 출석으로 개의(開議)하고, 출석위원 과반수의 찬성으로 의결한다.

③ 보상위원회는 심의를 위하여 필요한 경우에는 관계 공무원이나 관계 기관에 사실조사나 자료의 제출 등을 요구할 수 있으며, 관계 전문가에게 필요한 정보의 제공이나 의견의 진술 등을 요청할 수 있다.

제16조(보상위원회 위원의 제척·기피·회피)

① 보상위원회의 위원이 다음 각 호의 어느 하나에 해당하는 경우에는 보상위원회의 심의·의결에서 제척(除斥)된다.

1. 위원 또는 그 배우자나 배우자였던 사람이 심의 안건의 청구인인 경우

2. 위원이 심의 안건의 청구인과 친족이거나 친족이었던 경우
3. 위원이 심의 안건에 대하여 증언, 진술, 자문, 용역 또는 감정을 한 경우
4. 위원이나 위원이 속한 법인(법무조합 및 공증인가합동법률사무소를 포함한다)이 심의 안건 청구인의 대리인이거나 대리인이었던 경우
5. 위원이 해당 심의 안건의 청구인인 법인의 임원인 경우

② 청구인은 보상위원회의 위원에게 공정한 심의·의결을 기대하기 어려운 사정이 있는 때에는 보상위원회에 기피 신청을 할 수 있고, 보상위원회는 의결로 이를 결정한다. 이 경우 기피 신청의 대상인 위원은 그 의결에 참여하지 못한다.

③ 보상위원회의 위원이 제1항 각 호에 따른 제척 사유에 해당하는 경우에는 스스로 해당 안건의 심의·의결에서 회피(回避)하여야 한다.

제17조(보상위원회 위원의 해촉 및 해임)

소방청장등은 보상위원회의 위원이 다음 각 호의 어느 하나에 해당하는 경우에는 해당 위원을 해촉(解囑)하거나 해임할 수 있다.

1. 심신장애로 인하여 직무를 수행할 수 없게 된 경우
2. 직무태만, 품위손상이나 그 밖의 사유로 위원으로 적합하지 아니하다고 인정되는 경우
3. 제16조제1항 각 호의 어느 하나에 해당하는 데에도 불구하고 회피하지 아니한 경우
4. 제17조의2를 위반하여 직무상 알게 된 비밀을 누설한 경우

제17조의2(보상위원회의 비밀 누설 금지)

보상위원회의 회의에 참석한 사람은 직무상 알게 된 비밀을 누설해서는 아니 된다.

제18조(보상위원회의 운영 등에 필요한 사항)

제13조부터 제17조까지 및 제17조의2에서 규정한 사항 외에 보상위원회의 운영 등에 필요한 사항은 소방청장 등이 정한다.

▸ 참고

제18조의2(고유식별정보의 처리)

소방청장(해당 권한이 위임·위탁된 경우에는 그 권한을 위임·위탁받은 자를 포함한다), 시·도지사는 다음 각 호의 사무를 수행하기 위하여 불가피한 경우 「개인정보 보호법 시행령」 제19조제1호 또는 제4호에 따른 주민등록번호 또는 외국인등록번호가 포함된 자료를 처리할 수 있다.

1. 법 제17조의2에 따른 소방안전교육사 자격시험 운영·관리에 관한 사무
2. 법 제17조의3에 따른 소방안전교육사의 결격사유 확인에 관한 사무
3. 법 제49조의2에 따른 손실보상에 관한 사무

제49조의3(벌칙 적용에서 공무원 의제)

제41조제4호에 따라 위탁받은 업무에 종사하는 안전원의 임직원은 「형법」 제129조부터 제132조까지를 적용할 때에는 공무원으로 본다.

- 벌칙이란 법률상의 의무 위반자에게 일정한 형벌 또는 과태료에 처하게 됨을 예고함으로써 심리적인 압박을 가하여 법률상의 의무위반을 예방함과 아울러 의무 위반이 있을 경우에는 예정된 형벌 또는 과태료를 과하는 근거가 되는 규정이다.
- 법규범은 국가의 공권력에 의하여 그 집행이 강제되는 강제규범이며 법의 실효성을 담보하기 위하여 법적 강제력의 수단으로 의무 위반에 대한 제재로서 벌칙을 규정하게 된다.
- 벌칙의 필요성 여부가 문제되는 것은 원칙적으로 일정한 작위 또는 부작위를 명하는 것을 내용으로 하는 의무규정의 경우이다. 그러나 의무규정이라고 하여 반드시 그 규정에 대응하는 벌칙을 두어야 하는 것은 아니다. 법률상 의무의 이행이 강요되는 경우에도 의무위반에 대하여 벌칙 이외의 수단을 취할 수 있기 때문이다.

  예) 우선 소방행정상의 시정조치를 취하게 하고 다시 이를 위반할 경우에 대하여 벌칙을 정하는 경우이다.
- 제50조부터 제57조까지 행정벌(行政罰) 즉 벌칙에 대하여 규정되어 있다.
- 소방기본법에서 규정하고 있는 행정형벌은 징역·벌금만을 규정하고 있다.

제10장 벌칙

제50조(벌칙)

다음 각 호의 어느 하나에 해당하는 사람은 5년 이하의 징역 또는 5천만 원 이하의 벌금에 처한다.

1. 제16조제2항을 위반하여 다음 각 목의 어느 하나에 해당하는 행위를 한 사람
   가. 위력(威力)을 사용하여 출동한 소방대의 화재진압・인명구조 또는 구급활동을 방해하는 행위
   나. 소방대가 화재진압・인명구조 또는 구급활동을 위하여 현장에 출동하거나 현장에 출입하는 것을 고의로 방해하는 행위
   다. 출동한 소방대원에게 폭행 또는 협박을 행사하여 화재진압・인명구조 또는 구급활동을 방해하는 행위
   라. 출동한 소방대의 소방장비를 파손하거나 그 효용을 해하여 화재진압・인명구조 또는 구급활동을 방해하는 행위

2. 제21조제1항을 위반하여 소방자동차의 출동을 방해한 사람
3. 제24조제1항에 따른 사람을 구출하는 일 또는 불을 끄거나 불이 번지지 아니하도록 하는 일을 방해한 사람
4. 제28조를 위반하여 정당한 사유 없이 소방용수시설 또는 비상소화장치를 사용하거나 소방용수시설 또는 비상소화장치의 효용을 해치거나 그 정당한 사용을 방해한 사람

제51조(벌칙)

제25조제1항에 따른 처분을 방해한 자 또는 정당한 사유 없이 그 처분에 따르지 아니한 자는 3년 이하의 징역 또는 3천만 원 이하의 벌금에 처한다.

제52조(벌칙)

다음 각 호의 어느 하나에 해당하는 자는 300만 원 이하의 벌금에 처한다.
1. 제25조제2항 및 제3항에 따른 처분을 방해한 자 또는 정당한 사유 없이 그 처분에 따르지 아니한 자
2. 제30조제3항을 위반하여 관계인의 정당한 업무를 방해하거나 화재조사를 수행하면서 알게 된 비밀을 다른 사람에게 누설한 사람

> 제52조(벌칙)
> 다음 각 호의 어느 하나에 해당하는 자는 300만원 이하의 벌금에 처한다.
> 1. (현행과 같음)
> 2. 삭제 〈2021. 6. 8.〉
> [전문개정 2011. 5. 30.] [시행일: 2022. 6. 9.] 제52조

제53조(벌칙)

다음 각 호의 어느 하나에 해당하는 자는 200만 원 이하의 벌금에 처한다.
1. 정당한 사유 없이 제12조제1항 각 호의 어느 하나에 따른 명령에 따르지 아니하거나 이를 방해한 자
2. 정당한 사유 없이 제30조제1항에 따른 관계 공무원의 출입 또는 조사를 거부·방해 또는 기피한 자

> 제53조(벌칙)
> 다음 각 호의 어느 하나에 해당하는 자는 200만 원 이하의 벌금에 처한다.
> 1. (현행과 같음)
> 2. 삭제 〈2021. 6. 8.〉
> [시행일: 2022. 6. 9.] 제53조

제54조(벌칙)

다음 각 호의 어느 하나에 해당하는 자는 100만 원 이하의 벌금에 처한다.

1. 제13조제3항에 따른 화재경계지구 안의 소방대상물에 대한 소방특별조사를 거부·방해 또는 기피한 자

1의2. 제16조의3제2항을 위반하여 정당한 사유 없이 소방대의 생활안전활동을 방해한 자

2. 제20조를 위반하여 정당한 사유 없이 소방대가 현장에 도착할 때까지 사람을 구출하는 조치 또는 불을 끄거나 불이 번지지 아니하도록 하는 조치를 하지 아니한 사람
3. 제26조제1항에 따른 피난 명령을 위반한 사람
4. 제27조제1항을 위반하여 정당한 사유 없이 물의 사용이나 수도의 개폐장치의 사용 또는 조작을 하지 못하게 하거나 방해한 자
5. 제27조제2항에 따른 조치를 정당한 사유 없이 방해한 자

> 제54조(벌칙)
> 다음 각 호의 어느 하나에 해당하는 자는 100만 원 이하의 벌금에 처한다.
> 1. 삭제 〈2021. 11. 30.〉
> 1의2. ~ 5. (현행과 같음)
> [전문개정 2011. 5. 30.] [시행일: 2022. 12. 1.] 제54조

제54조의2(「형법」상 감경규정에 관한 특례)

음주 또는 약물로 인한 심신장애 상태에서 제50조제1호다목의 죄를 범한 때에는 「형법」 제10조제1항 및 제2항을 적용하지 아니할 수 있다.

➡ 제54조의2 본조신설은 2021. 10. 19.이며 2022. 1. 20, 시행

형법 제10조(심신장애인)

① 심신장애로 인하여 사물을 변별할 능력이 없거나 의사를 결정할 능력이 없는 자의 행위는 벌하지 아니한다.

② 심신장애로 인하여 전항의 능력이 미약한 자의 행위는 형을 감경할 수 있다.

第55조(양벌규정)

법인의 대표자나 법인 또는 개인의 대리인, 사용인, 그 밖의 종업원이 그 법인 또는 개인의 업무에 관하여 제50조부터 제54조까지의 어느 하나에 해당하는 위반행위를 하면 그 행위자를 벌하는 외에 그 법인 또는 개인에게도 해당 조문의 벌금형을 과(科)한다. 다만, 법인 또는 개인이 그 위반행위를 방지하기 위하여 해당 업무에 관하여 상당한 주의와 감독을 게을리하지 아니한 경우에는 그러하지 아니하다.

- 행정벌(行政罰) 즉 벌칙에 대한 규정으로 행정형벌(行政刑罰)로는 징역·벌금과 양벌규정을 두고 있으며 행정질서벌(行政秩序罰)로서 과태료(過怠料)를 부과한다.
- 과태료는 행정법규의 위반행위가 직접 행정목적을 침해하는 것이 아니라 단순히 행정목적 달성에 장애가 되는 정도의 비행인 경우에 과하는 일종의 금전벌이다. 예컨대 신고·보고·장부비치 등의 행정상의 의무의 이행을 태만히 함에 대하여 과태료를 과하는 경우가 여기에 해당한다.
- 과태료는 형벌과는 성격이 다르기 때문에 형법총칙의 규정이 적용되지 아니한다.
  따라서 과태료가 과하여져도 전과자가 되는 것은 아니며 다른 벌칙과의 사이에 누범(累犯) 관계도 생길 수 없다. 그리고 과태료라는 명칭으로 규정되는 금전벌에는 법령위반에 대한 제재로서 과하여지는 질서벌로서의 과태료, 강제집행의 한 방법으로 과하여지는 집행벌로서의 과태료, 특별권력관계에 있어서 징계의 수단으로 과하여 지는 징계벌로서의 과태료 등이 있다.
- 소방기본법은 행정질서벌인 과태료를 두고 제56조에 이를 규정하고 있으며 부과·징수권자를 시·도지사, 소방본부장이나 소방서장으로 하고 있으며 이와 관련한 절차에 대하여 규정하고 있다.

第56조(과태료)

① 제19조제1항을 위반하여 화재 또는 구조·구급이 필요한 상황을 거짓으로 알린 사람에게는 500만원 이하의 과태료를 부과한다.

② 다음 각 호의 어느 하나에 해당하는 자에게는 200만원 이하의 과태료를 부과한다.

1. 제13조제4항에 따른 소방용수시설, 소화기구 및 설비 등의 설치 명령을 위반한 자

2. 제15조제1항에 따른 불을 사용할 때 지켜야 하는 사항 및 같은 조 제2항에 따른 특수가연물의 저장 및 취급 기준을 위반한 자

2의2. 제17조의6제5항을 위반하여 한국119청소년단 또는 이와 유사한 명칭을 사용한 자

3. 삭제 〈2020. 10. 20.〉

3의2. 제21조제3항을 위반하여 소방자동차의 출동에 지장을 준 자

4. 제23조제1항을 위반하여 소방활동구역을 출입한 사람

5. 제30조제1항에 따른 명령을 위반하여 보고 또는 자료 제출을 하지 아니하거나 거짓으로 보고 또는 자료 제출을 한 자

6. 제44조의3을 위반하여 한국소방안전원 또는 이와 유사한 명칭을 사용한 자

③ 제21조의2제2항을 위반하여 전용구역에 차를 주차하거나 전용구역에의 진입을 가로막는 등의 방해행위를 한 자에게는 100만원 이하의 과태료를 부과한다.

④ 제1항부터 제3항까지에 따른 과태료는 대통령령으로 정하는 바에 따라 관할 시·도지사, 소방본부장 또는 소방서장이 부과·징수한다.

제56조(과태료)

① (현행과 같음)

② 다음 각 호의 어느 하나에 해당하는 자에게는 200만원 이하의 과태료를 부과한다.

1. 삭제 〈시행 2022. 12. 1 삭제〉

2. 삭제 〈시행 2022. 12. 1 삭제〉

2의2. ~ 6. (현행과 같음)

③·④ (현행과 같음)

[전문개정 2011. 5. 30.] [시행일: 2022. 6. 9.] 제56조

제57조(과태료)

① 제19조제2항에 따른 신고를 하지 아니하여 소방자동차를 출동하게 한 자에게는 20만 원 이하의 과태료를 부과한다.

② 제1항에 따른 과태료는 조례로 정하는 바에 따라 관할 소방본부장 또는 소방서장이 부과·징수한다.

소방기본법 시행규칙 살펴보기 참고조항

제15조(과태료의 징수절차)

영 제19조제4항의 규정에 의한 과태료의 징수절차에 관하여는 「국고금관리법 시행규칙」을 준용한다. 이 경우 납입고지서에는 이의방법 및 이의기간 등을 함께 기재하여야 한다.

소방기본법 시행령 살펴보기

제19조(과태료 부과기준)

법 제56조제1항부터 제3항까지의 규정에 따른 과태료의 부과기준은 별표 3과 같다.

〈개정 2018. 8. 7., 2021. 1. 19.〉[시행일: 2021.1.21.]

소방기본법 시행령 [별표 3] 〈개정 2021. 1. 19.〉[시행일: 2021.1.21.]

과태료의 부과기준 (제19조 관련)

1. 일반기준

가. 과태료 부과권자는 위반행위자가 다음 중 어느 하나에 해당하는 경우에는 제2호 각 목의 과태료 금액의 100분의 50의 범위에서 그 금액을 감경하여 부과할 수 있다. 다만, 감경할 사유가 여러 개 있는 경우라도 「질서위반행위규제법」 제18조에 따른 감경을 제외하고는 감경의 범위는 100분의 50을 넘을 수 없다.

1) 위반행위자가 화재 등 재난으로 재산에 현저한 손실이 발생한 경우 또는 사업의 부도·경매 또는 소송 계속 등 사업여건이 악화된 경우로서 과태료 부과권자가 자체위원회의 의결을 거쳐 감경하는 것이 타당하다고 인정하는 경우 [위반행위자가 최근 1년 이내에 소방 관계 법령(「소방기본법」, 「화재예방, 소방시설 설치 · 유지 및 안전관리에 관한 법률」, 「소방시설공사업법」, 「위험물안전관리법」, 「다중이용업소의 안전관리에 관한 특별법」 및 그 하위법령을 말한다)을 2회 이상 위반한 자는 제외한다]

2) 위반행위자가 위반행위로 인한 결과를 시정하거나 해소한 경우

나. 위반행위의 횟수에 따른 과태료의 가중된 부과기준은 최근 1년간 같은 위반행위로 과태료 부과처분을 받은 경우에 적용한다. 이 경우 기간의 계산은 위반행위에 대하여 과태료 부과처분을 받은 날과 그 처분 후 다시 같은 위반행위를 하여 적발된 날을 기준으로 한다.

다. 나목에 따라 가중된 부과처분을 하는 경우 가중처분의 적용 차수는 그 위반행위 전 부과처분 차수(나목에 따른 기간 내에 과태료 부과처분이 둘 이상 있었던 경우에는 높은 차수를 말한다)의 다음 차수로 한다.

2. 개별기준

위반행위	근거 법조문	과태료 금액(만원)			
		1회	2회	3회	4회 이상
가. 법 제13조 제4항에 따른 소방용수시설 · 소화기구 및 설비 등의 설치명령을 위반한 경우	법 제56조 제2항 제1호	50	100	150	200
나. 법 제15조 제1항에 따른 불의 사용에 있어서 지켜야 하는 사항을 위반한 경우	법 제56조 제2항 제2호				
1) 위반행위로 인하여 화재가 발생한 경우		100	150	200	200
2) 위반행위로 인하여 화재가 발생하지 않은 경우		50	100	150	200
다. 법 제15조 제2항에 따른 특수가연물의 저장 및 취급의 기준을 위반한 경우	법 제56조 제2항 제2호	20	50	100	100
라. 법 제17조의6제5항을 위반하여 한국119청소년단 또는 이와 유사한 명칭을 사용한 경우	법 제56조 제2항 제2호의2	50	100	150	200
마. 법 제19조제1항을 위반하여 화재 또는 구조·구급이 필요한 상황을 허위로 알린 경우	법 제56조 제1항	200	400	500	500
바. 법 제21조 제3항을 위반하여 소방자동차의 출동에 지장을 준 경우	법 제56조 제2항제3호의2	100			
사. 법 제21조의2 제2항을 위반하여 전용구역에 차를 주차하거나 전용구역에의 진입을 가로막는 등의 방해행위를 한 경우	법 제56조 제3항	50	100	100	100
아. 법 제23조 제1항을 위반하여 소방활동구역을 출입한 경우	법 제56조 제2항 제4호	100			
자. 법 제30조 제1항에 따른 명령을 위반하여 보고 또는 자료제출을 하지 아니하거나 거짓으로 보고 또는 자료 제출을 한 경우	법 제56조 제2항 제5호	50	100	150	200
차. 법 제44조의3을 위반하여 한국소방안전원 또는 이와 유사한 명칭을 사용한 경우	법 제56조 제2항 제6호	200			

■ 책임별 각종권한 행사에 대한 요약

책임별	각종 권한
소방청장	소방박물관 설립과 운영(1법 제5조) 소방안전교육사시험실시, 자격부여(1법 제17조2) 및 소방안전원의 인가 화재조사관 시험・소방시설관리사실시(1법 칙제12조 및 2법 제 26조) 소방특별조치명령의 손실보상(=시・도지사와 함께)(1법 제49조2)(2법 제6조) 내진설계(2법 제9조2) 및 소방용품의 형식승인 등(2법 제36조)
소방청장, 소방본부장, 소방서장	119종합상황실 설치와 운영(1법 제4조) 소방활동 및 소방교육, 훈련실시(1법 제16조, 제17조) 화재의 원인 및 피해조사(1법 제29조) 수사기관에 체포된 사람에 대한 조사(1법 제31조) 화재출입조사(1법 제30조) 소방특별조사(2법 제4조), 소방특별조치명령(2법 제5조)
시・도지사	소방체험관 설립운영(1법 제5조) 소방용수시설 설치 및 유지관리(1법 제10조) 소방응원협약(1법 제11조) 및 화재경계지구 지정(1법 제13조) 과태료부과권자(본・서장 또는 소방청장과 함께)(1법 56조, 2법 53조) 소방특별조치명령의 손실보상(=소방청장과 함께)(2법 제6조) 각종회사(제조소, 시설업, 관리업등)등록・변경・폐지(4법 제6조 외) 위험물완공검사 및 위험물 예방규정 제출처(4법 제9조, 제17조)
소방대장, 소방본부장, 소방서장	소방활동 구역 설정(=소방대장만 해당, 1법 제23조) 소방활동 종사명령(1법 제24조) 강제처분(1법 제25조) 및 피난명령(1법 제26조) 위험시설 등에 대한 긴급조치(1법 제27조)
소방본부장 및 소방서장 (각종 작은 권한에 해당)	소방용수시설 및 지리조사(월 1회 이상)(1법 칙제7조) 소방업무 응원요청(1법 제11조) 및 화재의 예방조치(1법 제12조) 화재경계지구 안의 소방특별조사・교육・폐지(1법 영4조) 화재에 관한 위험경보(1법 제14조) 과태료 부과권자(1법 제57조) 건축허가등의동의(2법 제7조) 소방안전관리자 및 위험물안전관리자 신고대상(2법 제20조, 4법 제15조) 소방시설공사 착공신고 및 공사감리자 지정신고 등(3법 제13조, 제17조)

문/제/풀/이

1. 소방대원에게 필요한 소방교육 및 훈련을 실시할 수 없는 자는?

① 소방청장 ② 소방본부장 ③ 소방서장 ④ 소방대장

정답 ④

풀이 소방청장, 소방본부장 또는 소방서장은 소방업무를 전문적이고 효과적으로 수행하기 위하여 소방대원에게 필요한 교육·훈련을 실시하여야 한다.

2. 소방기본법 상의 생활안전활동으로 옳지 않은 것은?

① 고드름, 나무, 위험 구조물 등의 제거활동

② 위해동물, 벌 등의 포획 및 퇴치 활동

③ 집회 · 공연 등 각종 행사 시 사고에 대비한 근접대기

④ 단전사고 시 비상전원 또는 조명의 공급

정답 ③

풀이 집회 · 공연 등 각종 행사 시 사고에 대비한 근접대기는 소방지원활동이다.

3. 특수가연물을 저장, 취급함에 있어서 기준으로 옳지 않은 것은?

① 특수가연물을 저장, 취급하는 장소에는 품명, 최대수량, 위험물안전관리자 성명 및 화기취급금지 표지를 설치할 것

② 물질별로 구분하여 쌓아 저장할 것

③ 쌓는 높이는 10m 이하가 되도록 하고, 쌓는 부분의 바닥면적은 $50m^2$ 이하가 되도록 할 것

④ 쌓는 부분의 바닥면적 사이는 1m 이상이 되도록 할 것

정답 ①

풀이 특수가연물을 저장 또는 취급하는 장소에는 품명·최대수량 및 화기취급의 금지표지를 설치할 것

4. 수소가스를 기구에 넣거나 뺄 때 주의사항으로 옳지 않은 것은?

① 통풍이 잘 되는 옥내장소에서 실시할 것

② 수소를 넣을 때는 기구 안에 수소가스 또는 공기를 제거한 후 감압기를 사용할 것

③ 조작자 외의 사람이 접근하지 아니하도록 할 것

④ 전기시설이 부착된 경우 전원을 차단하고 실시할 것

정답 ①

풀이 통풍이 잘 되는 옥외의 장소에서 할 것

5. 화재조사에 관련된 출입 · 조사 등에 대한 설명으로 옳지 않은 것은?

① 관계공무원은 관계인의 정당한 업무를 방해하면 아니 된다.

② 화재조사를 하는 관계공무원은 그 권한을 표시하는 증표를 지니고 이를 관계인에게 내보여야 한다.

③ 관계공무원은 화재조사를 수행하면서 알게 된 비밀을 다른 사람에게 누설하여서는 아니 된다.

④ 소방대장은 화재조사를 하기 위하여 필요한 때에는 관계인에 대하여 필요한 보고 또는 자료제출을 명령 할 수 있다.

정답 ④

풀이 소방청장, 소방본부장 또는 소방서장은 화재조사를 하기 위하여 필요하면 관계인에게 보고 또는 자료 제출을 명하거나 관계 공무원으로 하여금 관계 장소에 출입하여 화재의 원인과 피해의 상황을 조사하거나 관계인에게 질문하게 할 수 있다.

6. 보일러의 위치, 구조 및 관리와 화재예방을 위하여 불의 사용을 있어서 지켜야 할 사항으로 옳지 않은 것은?

① 연료탱크 또는 연료를 공급하는 배관에는 여과장치를 설치하고, 허용된 연료 외에는 사용하여서는 안 된다.

② 액체연료를 사용하는 경우 연료탱크는 보일러 본체로부터 수평거리 1m 이상의 간격을 유지하여야 한다.

③ 액체연료탱크에는 화재 등 긴급 상황이 발생할 경우 연료를 차단할 수 있는 개폐밸브를 연료탱크로부터 1m 이내에 설치한다.

④ 가연성의 벽 · 바닥 또는 천장과 접촉하는 증기기관 또는 연통의 부분은 규조토 · 석면 등 난연성 단열재로 씌워야 한다.

정답 ③

풀이 연료탱크에는 화재 등 긴급 상황이 발생하는 경우 연료를 차단할 수 있는 개폐밸브를 연료탱크로부터 0.5미터 이내에 설치할 것

7. 소방용수시설 및 지리조사의 방법에 대하여 옳지 않은 것은?

① 소방본부장 또는 소방서장이 원활한 소방활동을 위하여 실시한다.

② 소방용수시설에 대한 조사는 연 1회 이상 실시한다.

③ 인접도로의 폭과 거리 · 교통상황 · 토지의 고저 · 건축물의 개황 그 밖의 소방활동에 필요한 지리조사를 실시한다.

④ 조사서는 2년간 보관한다.

정답 ②

풀이 소방본부장 또는 소방서장은 원활한 소방활동을 위하여 다음의 조사를 월 1회 이상 실시하여야 한다.

8. **소방체험관의 설립 · 운영권자는?**

① 행정안전부장관 ② 소방청장 ③ 시 · 도지사 ④ 소방본부장 및 소방서장

정답 ③

9. **소방기본법에서 정하는 관계인으로 옳지 않은 사람은?**

① 관광버스 안에 승차중인 승객
② 건축물을 임대하여 사용하는 자
③ 물건의 보관만을 전문으로 하는 옥외창고의 주인
④ 위험물을 운송 중인 차량의 운전자

정답 ①

10. **소방안전교육사의 업무에 해당하지 않는 것은?**

① 소방안전교육의 교수업무
② 소방안전교육의 진행
③ 소방안전교육의 감독
④ 소방안전교육의 기획

정답 ③

풀이 소방안전교육사는 소방안전교육의 기획 · 진행 · 분석 · 평가 및 교수업무를 수행한다.

11. **특수가연물 중 가연성액체의 기준으로 옳지 않는 것은?**

① 1기압과 20℃ 이하에서 액상인 것으로서 가연성액체량이 40w% 이하이면서 인화점이 40℃ 이상 70℃ 미만이고, 연소점이 60℃ 이상인 물품
② 1기압과 20℃ 이하에서 액상인 것으로서 가연성액체량이 40w% 이하이고 인화점이 70℃ 이상 250℃ 미만인 물품
③ 동물의 기름기와 살코기의 살로부터 추출한 것으로서 1기압과 20℃에서 인화점이 250℃ 미만인 것으로 용기, 수납, 저장 기준에 적합하고, 용기외부에 물품명, 수량 및 화기엄금 등의 표시를 한 것
④ 식물의 씨나 과일의 살로부터 추출한 것으로써 1기압과 20℃에서 액상이고, 인화점이 250℃ 미만인 것

정답 ④

풀이 시행령 [별표 2] 특수가연물(제6조 관련)
동물의 기름기와 살코기 또는 식물의 씨나 과일의 살로부터 추출한 것으로서 1기압과 섭씨 20도에서 액상이고 인화점이 섭씨 250도 이상인 것

12. **소방대상물이 있는 장소 및 그 이웃지역으로서 화재의 예방 · 경계 · 진압, 구조 · 구급 등의 활동에 필요한 지역은?**

① 소방지역 ② 관계지역 ③ 재난지역 ④ 방재지역

정답 ②

13. 소방용수시설의 수원에 대한 기준으로 맞지 않는 것은?

① 지면으로부터 낙차가 6미터 이하일 것

② 흡수부분의 수심이 0.5미터 이상일 것

③ 소방펌프자동차가 용이하게 접근할 수 있을 것

④ 흡수에 지장이 없도록 토사, 쓰레기, 등을 제거할 수 있는 설비를 할 것

정답 ①

14. 소방신호의 종류별 방법으로 옳지 않는 것은?

① 게시판 ② 싸이렌 ③ 타종 ④ 확성기

정답 ④

15. 종합상황실장의 상급기관에 보고하는 사항에 해당하지 않는 것은?

① 사망자가 5인 이상 발생한 화재 ② 사상자가 10인 이상 발생한 화재

③ 이재민이 100인 이상 발생한 화재 ④ 재산피해액이 20억 원 이상 발생한 화재

정답 ④

16. 다음 중 화재경계지구의 지정권자는?

① 시 · 도지사 ② 소방본부장 및 소방서장 ③ 소방청장 ④ 행정안전부장관

정답 ①

17. 화재가 발생하였을 때 소방본부장 또는 소방서장이 행하는 화재조사의 내용으로 옳은 것은?

① 화재의 성상과 화재로 인한 인명의 피해

② 화재의 원인과 화재 또는 소화로 인하여 생긴 손해

③ 화재의 원인을 조사하기 위한 감식

④ 화재로 인한 인적 및 물적 손해 정도

정답 ②

18. 다음 중 소방대상물로 옳지 않은 것은?

① 차량 ② 건축물 ③ 비행기 ④ 선박건조구조물

정답 ③

19. 다음 중 화재경계지구의 지정대상 지역으로 옳지 않은 것은?

① 시장지역
② 석유화학제품을 생산하는 공장이 있는 지역
③ 소방출동로가 좁은 지역
④ 위험물의 저장 및 처리시설이 밀집한 지역

정답 ③

20. 화재원인과 피해조사에 관한 설명으로 옳은 것은?

① 화재의 원인과 피해조사는 소화활동과 경찰의 수사가 끝난 다음에 실시하여야 한다.
② 화재의 원인과 피해조사는 소화활동과 관계없이 시작하여야 한다.
③ 화재의 원인과 피해의 조사는 소화활동과 동시에 시작하여야 한다.
④ 화재의 원인과 피해조사는 소화활동이 끝난 직후에 하여야 한다.

정답 ③

풀이 화재조사는 장비를 활용하여 소화활동과 동시에 실시되어야 한다.

21. 다음 중 기상법 규정에 따른 이상기상의 예보 또는 특보가 있는 때에는 화재에 관한 경보를 발하고 그에 따른 조치를 할 수 있는 자는 누구인가?

① 소방본부장 또는 소방서장 ② 소방청장 ③ 행정안전부장관 ④ 시 · 도지사

정답 ①

22. 소방응원에 대한 사항으로 옳은 것은?

① 화재현장에 이웃한 소방본부장 또는 소방서장에게는 화재의 대소에 관계없이 응원요청을 하여야 한다.
② 응원출동 시 지휘권은 응원을 요청한 쪽이 갖는다.
③ 응원출동의 비용은 지원을 하는 쪽이 부담한다.
④ 소방응원은 소방청에서 직접 관장한다.

정답 ②

23. 30만 kcal/h 이상인 노를 설치하는 경우 지켜야 할 사항으로 옳은 것은?

① 주요구조부는 반드시 내화구조로 할 것
② 노 주위에는 0.2m 이상의 턱을 설치할 것
③ 노 주위에는 반드시 1m 이상의 공지를 보유할 것
④ 창문 및 출입문은 반드시 갑종방화문을 설치할 것

정답 ③

2. 화재현장에서 소화활동을 원활히 수행하기 위하여 규정하고 있는 사항이 아닌 것은?

① 피난명령 ② 소화종사명령 ③ 소방응원 ④ 화재경계지구의 지정

정답 ④

25. 다음 중 소방기본법에서 정의하는 소방대장과 관련이 없는 자는?

① 의용소방대장 ② 소방본부장

③ 소방서장 ④ 위급한 상황이 발생한 현장에서 소방대를 지휘하는 자

정답 ①

26. 다음 중 소방안전교육사가 될 수 있는 자는?

① 법원의 판결에 따라 자격이 정지되거나 상실된 사람

② 피성년후견인

③ 금고 이상의 형의 집행유예 선고를 받고 그 유예기간 중에 있는 자

④ 금고 이상의 실형의 선고를 받고 집행이 면제된 날부터 2년이 경과된 자

정답 ④

27. 다음 중 「소방기본법 시행규칙」 상 119종합상황실에 즉시 보고사항이 아닌 것은?

① 사망자가 5인 이상인 화재

② 재산피해액이 50억 원 이상의 화재

③ 이재민 50인 이상 발생한 화재

④ 철도차량, 항구에 매어둔 총 톤수가 1천 톤 이상인 선박에서 발생한 화재

정답 ③

풀이 이재민 100인 이상 발생한 화재(소방기본법 시행규칙 제3조)

28. 다음 중 소방청장은 「소방기본법 시행령」 상 소방업무에 관한 종합계획을 수립하여야 하는 시기로 옳은 것은?

① 계획 시행 년도 12월 31일까지 수립 ② 계획 시행 전년도 12월 31일까지 수립

③ 계획 시행 년도 10월 31일까지 수립 ④ 계획 시행 전년도 10월 31일까지 수립

정답 ④

풀이 소방기본법 시행령 제1조의2(소방업무에 관한 종합계획 및 세부계획의 수립·시행)
소방청장은 「소방기본법」(이하 "법"이라 한다) 제6조제1항에 따른 소방업무에 관한 종합계획을 관계 중앙행정기관의 장과의 협의를 거쳐 계획 시행 전년도 10월 31일까지 수립하여야 한다.

29. 다음 중 「소방기본법 시행령」 상 특수가연물의 품명과 수량으로 옳지 않은 것은?

① 200kg인 면화류 ② 1200kg인 볏집류

③ 400kg인 나무껍질 및 대팻밥 ④ 1000kg인 석탄

정답 ④

풀이 소방기본법 시행령 별표 2 특수가연물(제6조 관련)

품명	지정수량(kg)	품명		지정수량(kg)
목재가공품, 나무부스러기	10(m3)	면화류		200
석탄 · 목탄류	10,000	넝마		1,000
나무껍질 및 대팻밥	400	종이부스러기		1,000
사 류	1,000	볏짚류		1,000
가연성고체류	3,000	합성수지류	발포된 것	20(m3)
가연성액체류	2m3		그 밖의 것	3,000

30. 다음 중 「소방기본법 시행령」 상 국고보조대상 중 소방활동장비와 설비의 구입 및 설치에 해당하지 않는 것은?

① 소방자동차 ② 소방정 ③ 방화복 ④ 소방관서용 청사

정답 ④

풀이 소방기본법 시행령 제2조(국고보조 대상사업의 범위와 기준보조율)

1. 다음 각 목의 소방활동장비와 설비의 구입 및 설치
   가. 소방자동차
   나. 소방헬리콥터 및 소방정
   다. 소방전용통신설비 및 전산설비
   라. 그 밖에 방화복 등 소방활동에 필요한 소방장비
2. 소방관서용 청사의 건축(「건축법」 제2조제1항제8호에 따른 건축을 말한다)

31. 화재 현장 또는 구조 · 구급이 필요한 사고 현장을 발견한 사람은 그 현장의 상황을 소방본부, 소방서 또는 관계 행정기관에 지체 없이 알려야 하나 위의 상황을 거짓으로 알린 사람에게 부과하는 과태료는?

① 200만원 ② 500만원 이하

③ 200만원 이하 ④ 500만원

정답 ②

풀이 제56조(과태료)

① 제19조제1항을 위반하여 화재 또는 구조 · 구급이 필요한 상황을 거짓으로 알린 사람에게는 500만원 이하의 과태료를 부과한다.

➡ 화재 또는 구조 · 구급이 필요한 상황을 거짓으로 알린 행위에 대한 제재의 실효성을 제고하기 위하여 과태료 상한을 200만원에서 500만원으로 상향 조정 함

32. 시 · 도지사는 화재 피해가 클 것으로 예상되는 지역을 화재경계지구로 지정할 수 있다, 다음 중 그 지역에 해당하지 않는 것은?

① 시장 지역
② 주택건물이 밀집한 지역
③ 위험물의 저장 및 처리시설이 밀집한 지역
④ 공장 · 창고가 밀집한 지역

정답 ②

풀이 제13조(화재경계지구의 지정 등)
시・도지사는 다음 각 호의 어느 하나에 해당하는 지역 중 화재가 발생할 우려가 높거나 화재 가 발생하는 경우 그로 인하여 피해가 클 것으로 예상되는 지역을 화재경계지구(火災警戒地 區)로 지정할 수 있다.
1. 시장지역
2. 공장・창고가 밀집한 지역
3. 목조건물이 밀집한 지역
4. 위험물의 저장 및 처리시설이 밀집한 지역
5. 석유화학제품을 생산하는 공장이 있는 지역
6. 「산업입지 및 개발에 관한 법률」 제2조제8호에 따른 산업단지
7. 소방시설・소방용수시설 또는 소방출동로가 없는 지역
8. 그 밖에 제1호부터 제7호까지에 준하는 지역으로서 소방청장・소방본부장 또는 소방서장이 화재경계지구로 지정할 필요가 있다고 인정하는 지역

33. 소방자동차가 화재진압 및 구조 · 구급 활동을 위하여 출동하거나 훈련을 위하여 긴급할 때에는 사이렌을 사용할 수 있다?

① 있다
② 없디

정답 ②

풀이 제21조(소방자동차의 우선 통행 등)
① 모든 차와 사람은 소방자동차(지휘를 위한 자동차와 구조・구급차를 포함한다. 이하 같다)가 화재진압 및 구조・구급 활동을 위하여 출동을 할 때에는 이를 방해하여서는 아니 된다.
② 소방자동차가 화재진압 및 구조・구급 활동을 위하여 출동하거나 훈련을 위하여 필요할 때에는 사이렌을 사용할 수 있다.
③ 모든 차와 사람은 소방자동차가 화재진압 및 구조・구급 활동을 위하여 제2항에 따라 사이렌을 사용하여 출동하는 경우에는 다음 각 호의 행위를 하여서는 아니 된다.
  1. 소방자동차에 진로를 양보하지 아니하는 행위
  2. 소방자동차 앞에 끼어들거나 소방자동차를 가로막는 행위
  3. 그 밖에 소방자동차의 출동에 지장을 주는 행위
④ 제3항의 경우를 제외하고 소방자동차의 우선 통행에 관하여는 「도로교통법」에서 정하는 바에 따른다.

34. 시 · 도지사는 견인차량과 인력 등을 지원한 자에게 시 · 도의 조례로 정하는 바에 따라 비용을 지급할 수 있다?

① 있다　　② 없다

정답 ①

35. 청소년에게 소방안전에 관한 올바른 이해와 안전의식을 함양시키기 위하여 한국119청소년단을 설립하였다. 올바르지 않은 것은?

① 국가나 지방자치단체는 한국119청소년단에 그 조직 및 활동에 필요한 시설 · 장비를 지원할 수 있으며, 운영경비와 시설비 및 국내외 행사에 필요한 경비를 보조할 수 있다.

② 개인 · 법인 또는 단체는 한국119청소년단의 시설 및 운영 등을 위하여 금전이나 그 밖의 재산을 기부할 수 없다.

③ 한국119청소년단이 아닌 자는 한국119청소년단 또는 이와 유사한 명칭을 사용할 수 없다.

④ 「민법」에 따라 설립된 사단법인 한국119소년단연맹의 모든 재산과 권리 · 의무는 이 법에 따른 한국119청소년단이 그 설립등기일에 승계한다.

정답 ②

풀이 제17조의6(한국119청소년단)

① 청소년에게 소방안전에 관한 올바른 이해와 안전의식을 함양시키기 위하여 한국119청소년단을 설립한다.
② 한국119청소년단은 법인으로 하고, 그 주된 사무소의 소재지에 설립등기를 함으로써 성립한다.
③ 국가나 지방자치단체는 한국119청소년단에 그 조직 및 활동에 필요한 시설 · 장비를 지원할 수 있으며, 운영경비와 시설비 및 국내외 행사에 필요한 경비를 보조할 수 있다.
④ 개인 · 법인 또는 단체는 한국119청소년단의 시설 및 운영 등을 지원하기 위하여 금전이나 그 밖의 재산을 기부할 수 있다.
⑤ 이 법에 따른 한국119청소년단이 아닌 자는 한국119청소년단 또는 이와 유사한 명칭을 사용할 수 없다.
⑥ 한국119청소년단의 정관 또는 사업의 범위 · 지도 · 감독 및 지원에 필요한 사항은 행정안전부령으로 정한다.
⑦ 한국119청소년단에 관하여 이 법에서 규정한 것을 제외하고는 「민법」 중 사단법인에 관한 규정을 준용한다.

▸ 제56조제1항에 제2호의2를 다음과 같이 신설한다.

2의2. 제17조의6제5항을 위반하여 한국119청소년단 또는 이와 유사한 명칭을 사용한 자

제2편

화재예방, 소방시설 설치 · 유지 및 안전관리에 관한 법률

제1장 총칙
제2장 소방특별조사 등
제3장 소방시설의 설치 및 유지 · 관리 등
제4장 소방대상물의 안전관리
제5장 소방시설관리사 및 소방시설관리업
제6장 소방용품의 품질관리
제7장 보칙
제8장 벌칙

FIRE FIGHTING LAW

제1장 총칙

제1조(목적)

이 법은 화재와 재난・재해, 그 밖의 위급한 상황으로부터 국민의 생명・신체 및 재산을 보호하기 위하여 화재의 예방 및 안전관리에 관한 국가와 지방자치단체의 책무와 소방시설등의 설치・유지 및 소방대상물의 안전관리에 관하여 필요한 사항을 정함으로써 공공의 안전과 복리 증진에 이바지함을 목적으로 한다.

소방시설법 시행령 살펴보기 참고

제1조(목적)
이 영은 「화재예방, 소방시설 설치·유지 및 안전관리에 관한 법률」에서 위임된 사항과 그 시행에 필요한 사항을 규정함을 목적으로 한다.

소방시설법 시행규칙 살펴보기 참고

제1조(목적)
이 규칙은 「화재예방, 소방시설 설치·유지 및 안전관리에 관한 법률」 및 같은 법 시행령에서 위임된 사항과 그 시행에 필요한 사항을 규정함을 목적으로 한다.

제2조(정의)

① 이 법에서 사용하는 용어의 뜻은 다음과 같다.

1. "소방시설"이란 소화설비, 경보설비, 피난구조설비, 소화용수설비, 그 밖에 소화활동설비로서 대통령령으로 정하는 것을 말한다.
2. "소방시설등"이란 소방시설과 비상구(非常口), 그 밖에 소방 관련 시설로서 대통령령으로 정하는 것을 말한다.
3. "특정소방대상물"이란 소방시설을 설치하여야 하는 소방대상물로서 대통령령으로 정하는 것을 말한다.
4. "소방용품"이란 소방시설등을 구성하거나 소방용으로 사용되는 제품 또는 기기로서 대통령령으로 정하는 것을 말한다.

② 이 법에서 사용하는 용어의 뜻은 제1항에서 규정하는 것을 제외하고는 「소방기본법」, 「소방시설공사업법」, 「위험물 안전관리법」 및 「건축법」에서 정하는 바에 따른다.

■ 소방대상물과 특정소방대상물의 차이

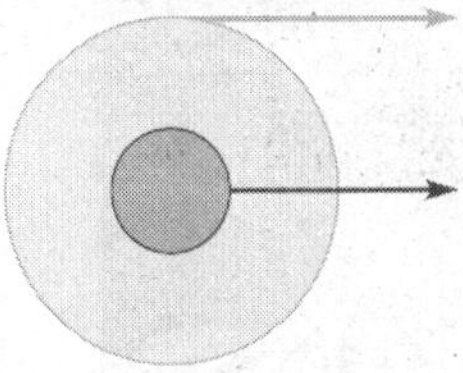

- 소방대상물: 불이 날 수 있는 대상물
  예: 단독주택, 산림(소방기본법 제2조)
- 특정소방대상물: 소방대상물에 소방시설이 설치된 대상물
  예: 아파트, 제과점(영 별표 2)

소방시설법 시행령 살펴보기

제3조(소방시설)

「화재예방, 소방시설 설치·유지 및 안전관리에 관한 법률」(이하 "법"이라 한다)제2조제1항제1호에서 "대통령령으로 정하는 것"이란 <u>별표 1</u>의 설비를 말한다.

소방시설법 시행령 [별표 1] 〈개정 2020. 9. 15.〉

소방시설 (제3조 관련)

1. 소화설비: 물 또는 그 밖의 소화약제를 사용하여 소화하는 기계·기구 또는 설비로서 다음 각 목의 것 → 관계인 등이 할 수 있는 1차적 소화(초기소화)설비
   가. 소화기구
      1) 소화기
      2) **간이소화용구: 에어로졸식 소화용구, 투척용 소화용구, <u>소공간용 소화용구</u> 및 소화약제 외의 것을 이용한 간이소화용구** ↳ <u>※ 2021.3.16. 시행</u>
      3) 자동확산소화기

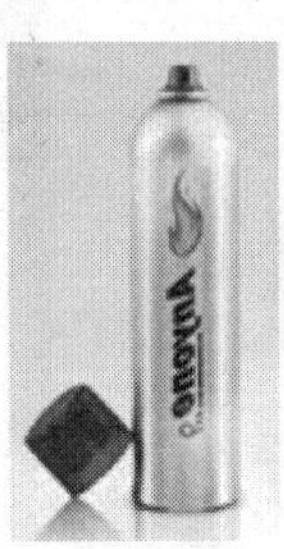

자동확산소화기(출처:DSFORR)

나. 자동소화장치

1) 주거용 주방자동소화장치
2) 상업용 주방자동소화장치
3) 캐비닛형 자동소화장치
4) 가스자동소화장치
5) 분말자동소화장치
6) 고체

다. 옥내소화전설비
(호스릴옥내소화전설비를 포함한다)

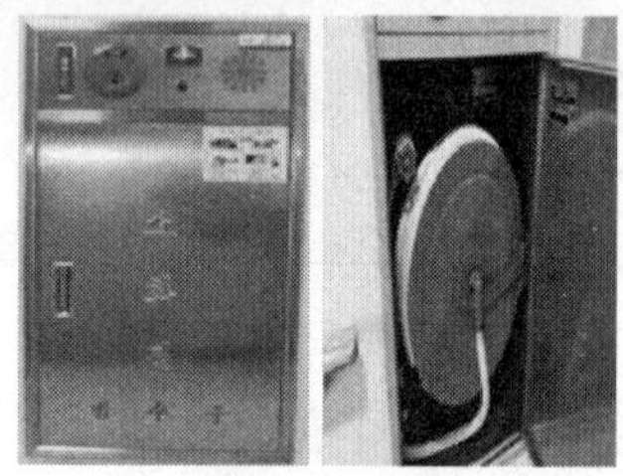

라. 스프링클러설비등

1) 스프링클러설비
2) 간이스프링클러설비
(캐비닛형 간이스프링클러설비를 포함한다)
3) 화재조기진압용 스프링클러설비

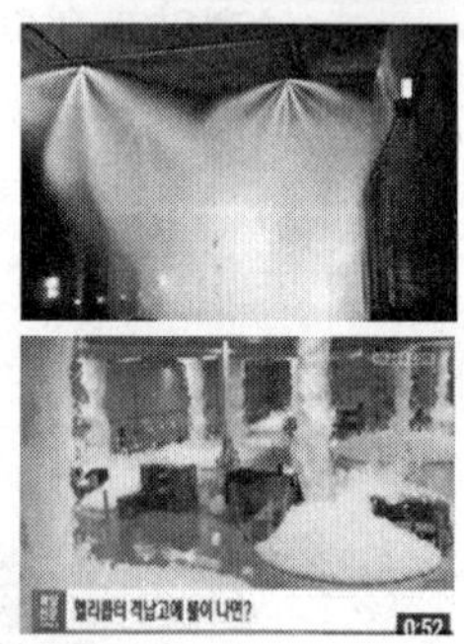

마. 물분무등소화설비
1) 물 분무 소화설비
2) 미분무소화설비
3) 포소화설비
4) 이산화탄소소화설비
5) 분말소화설비
6) 강화액소화설비
7) 고체에어로졸소화설비
8) 할론소화설비
9) 할로겐화합물 및 불활성기체 소화설비

바. 옥외소화전설비

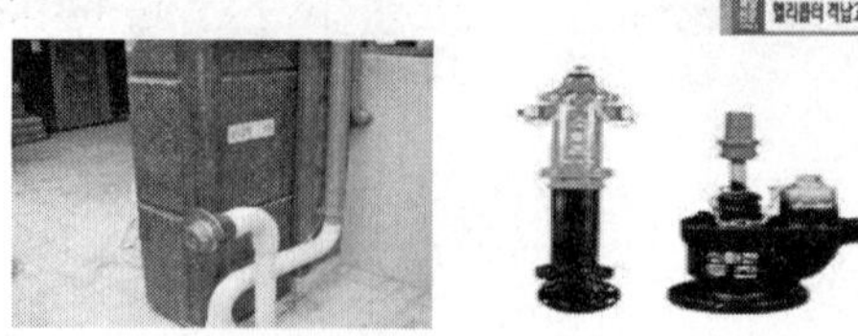

2. 경보설비: 화재발생 사실을 통보하는 기계·기구 또는 설비로서 다음 각 목의 것
   가. 단독경보형 감지기
   나. 비상경보설비　　1) 비상벨설비　　2) 자동식사이렌설비
   다. 시각경보기
   라. 비상방송설비
   마. 자동화재속보설비: 화재감지(감지기, 발신기) ➡ 수신기 ➡ 자동화재속보설비 신호 ➡ 소방관서 전달(관계인)
   바. 자동화재탐지설비:　화재감지(감지기, 발신기) ➡ 수신기 ➡ 관계인 (초기소화, 조기피난)
   사. 통합감시시설: 소방관서와 지하구의통제실 간 정보를 상시 교환할 수 있는 정보통신망 구축
   아. 누전경보기: 위험물 저장 및 처리시설 중 가스시설, 지하가 중 터널 또는 지하구 제외
   자. 가스누설경보기

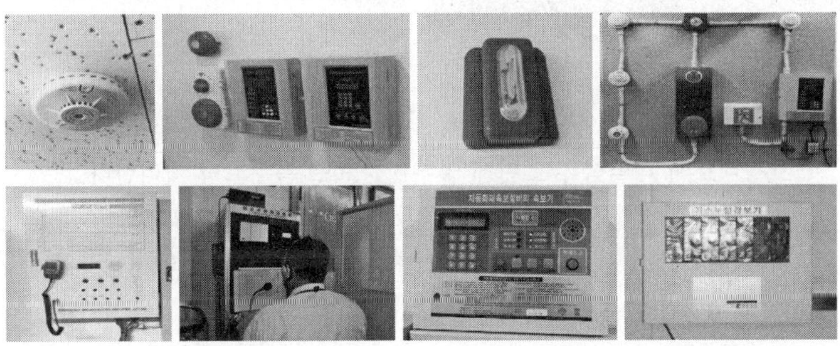

통합감시시설(출처:한국남동발전)

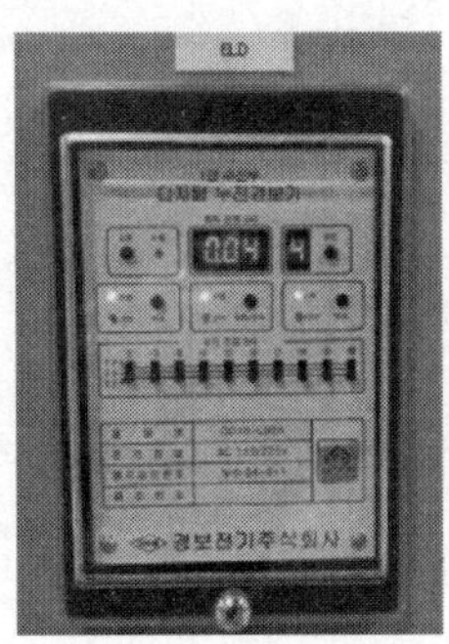

3. 피난구조설비: 화재가 발생할 경우 피난하기 위하여 사용하는 기구 또는 설비로서 다음 각 목의 것

가. 피난기구

1) 피난사다리

2) 구조대

3) 완강기

4) 그 밖에 법 제9조제1항에 따라 소방청장이 정하여 고시하는 화재안전기준(이하 "화재안전기준"이라 한다)으로 정하는 것

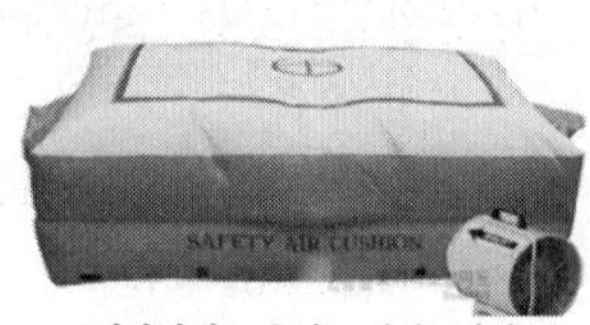

공기안전매트(출처:코끼리소방마트)

나. 인명구조기구

1) • 방열복: 화재진압현장 등에서 고온의 복사열에 근접할 수 있는 고열 근접 보호장비로서 내열섬유 표면에 알루미늄으로 특수코팅 처리한다.

• 방화복(안전헬멧, 보호장갑 및 안전화를 포함한다): 내열성능과 방열·방수효과가 뛰어난 소재를 사용하여 상·하의로 분리 제작한 화재현장의 주된 활동복의 화재진압용 피복이다.

2) 공기호흡기

3) 인공소생기

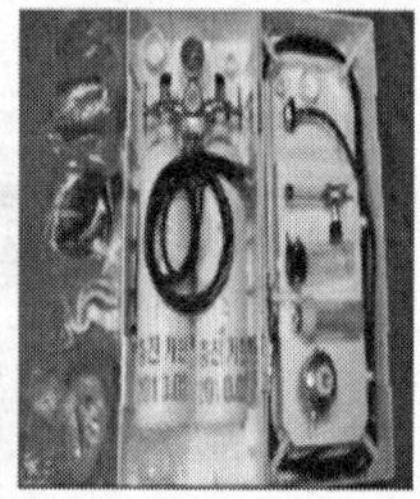

다. 유도등
 1) 피난유도선
 2) 피난구유도등
 3) 통로유도등
 4) 객석유도등
 5) 유도표지

라. 비상조명등 및 휴대용비상조명등

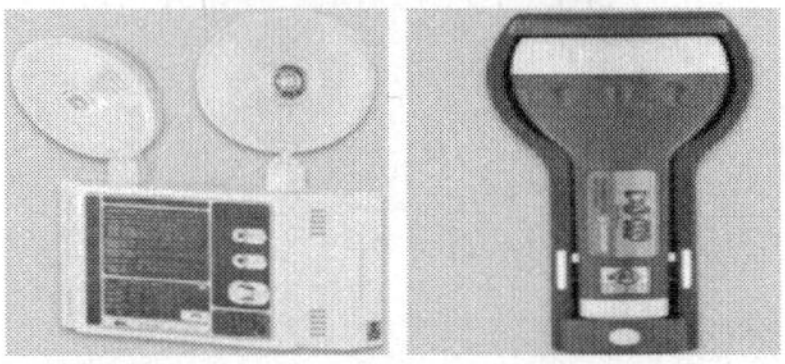

4. 소화용수설비 : 화재를 진압하는 데 필요한 물을 공급하거나 저장하는 설비로서 다음 각 목의 것

가. 상수도소화용수설비	나. 소화수조·저수조, 그 밖의 소화용수설비

5. 소화활동설비: 화재를 진압하거나 인명구조활동을 위하여 사용하는 설비로서 다음 각 목의 것
 가. 제연설비: 화재로 인한 유독가스가 들어오지 못하도록 차단, 배출하고, 유입된 매연을 희석시키는 등의 제어방식을 통해 실내 공기를 청정하게 유지
 나. 연결송수관설비 : 지상에서 호스를 연장하기가 곤란한 고층 건물 등을 대상으로 하여 소방펌프차로부터 송수구를 통해서 압력수를 보내어 방수구에서 호스, 노즐에 의해 방수하여 소화하는 설비
 다. 연결살수설비 : 화재 시에 연기나 열기가 차기 쉬운 지하층을 대상으로 하여 소방펌프차에서 송수구를 통해 압력수를 보내고, 살수 헤드에서 살수하여 소화하는 설비. (살수 헤드에는 폐쇄형과 개방형이 있다.)

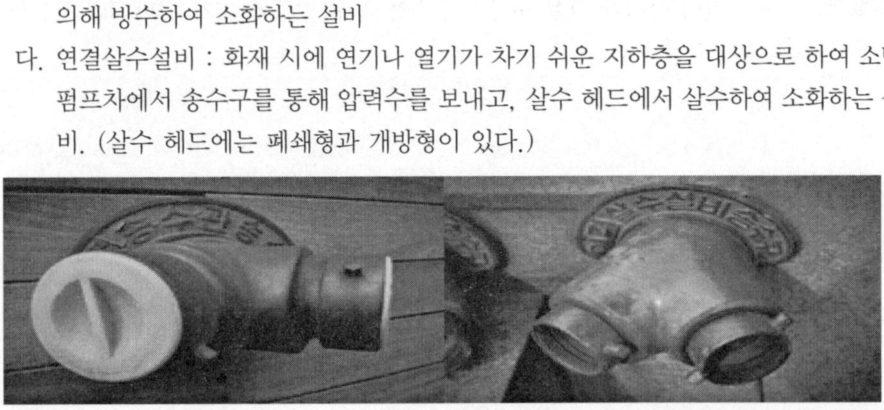

라. 비상콘센트설비 : 소방 활동시에 사용하는 조명, 연기 배출기 등에 전원을 공급하는 설비

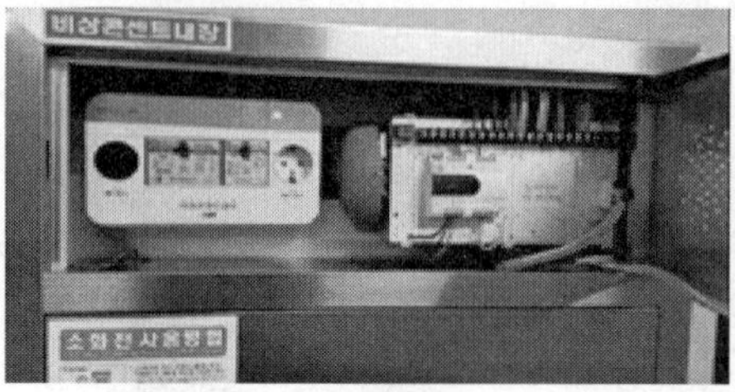

마. 무선통신보조설비 : 지하가(地下街) 등에서 소방대가 서로 무선 통신을 하기 위한 설비

* 지하가 : 지하도의 양쪽 또는 한쪽에 면하여 두어진 점포·사무실 등으로 구성된 그것과 연속하는 건물의 지하층, 지하철역, 지하주차장, 지하광장 등을 총칭

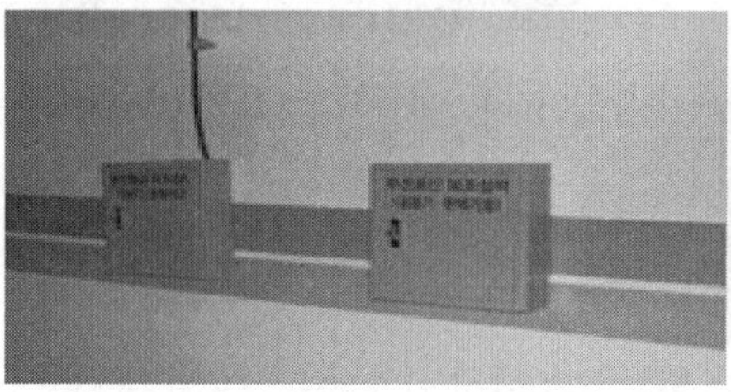

바. 연소방지설비: 지하구의 연소방지를 위하여 연소방지 전용헤드나 스프링쿨러헤드를 천장 또는 벽면에 설치

■ 소방시설 중 소화활동설비를 제외한 소방시설은 특정소방대상물의 관계인 또는 일반인 및 자체의 자동체계에 의하여 동작하도록 되어 있으나, 소화활동설비는 관계인 및 일반인 사용목적이 아니라 관설 소방력이 사용할 수 있도록 하기 위한 소방시설이란 점에서 그 특징이 있다.

소방시설법 시행령 살펴보기 참고

제2조(정의)

이 시행령에서 사용하는 용어의 뜻은 다음과 같다.

1. "무창층"(無窓層)이란 지상층중 다음 각 목의 요건을 모두 갖춘 개구부(건축물에서 채광·환기·통풍 또는 출입 등을 위하여 만든 창·출입구, 그 밖에 이와 비슷한 것을 말한다)의 면적의 합계가 해당 층의 바닥면적(「건축법 시행령」 제119조 제1항 제3호에 따라 산정된 면적을 말한다. 이하 같다)의 1/30 이하가 되는 층을 말한다.
   가. 크기는 지름 50cm 이상의 원이 내접할 수 있는 크기일 것
   나. 해당 층의 바닥면으로부터 개구부 밑 부분까지의 높이가 1.2m 이내일 것
   다. 도로 또는 차량이 진입할 수 있는 빈터를 향할 것
   라. 화재 시 건축물로부터 쉽게 피난할 수 있도록 창살이나 그 밖의 장애물이 설치되지 아니할 것
   마. 내부 또는 외부에서 쉽게 부수거나 열 수 있을 것

2. "피난층"이란 곧바로 지상으로 갈 수 있는 출입구가 있는 층을 말한다.
   • 바닥면적 : 수평투영 면적
     (한 층을 눈으로 투영한 것처럼 볼 수 있는 가로×세로 크기의 면적을 말함.
   • 연면적 : 각층 바닥면적의 합계(지하층, 옥상 포함)

제4조(소방시설등)

법 제2조 제1항 제2호에서"그 밖에 소방 관련 시설로서 대통령령으로 정하는 것"이란 방화문및 방화셔터를 말한다.

제5조(특정소방대상물)

법 제2조 제1항 제3호에서"대통령령으로 정하는 것"이란 별표 2의 소방대상물을 말한다.

소방시설법 시행령 [별표 2] 〈개정 2021. 8. 24.〉

특정소방대상물 (제5조 관련) 30가지

1. 공동주택
   가. 아파트등: 주택으로 쓰이는 층수가 5층 이상인 주택
   나. 기숙사: 학교 또는 공장 등에서 학생이나 종업원 등을 위하여 쓰는 것으로서 공동취사 등을 할 수 있는 구조를 갖추되, 독립된 주거의 형태를 갖추지 않은 것(「교육기본법」 제27조제2항에 따른 학생복지주택을 포함한다)
2. 근린생활시설
   가. 슈퍼마켓과 일용품(식품, 잡화, 의류, 완구, 서적, 건축자재, 의약품, 의료기기 등) 등의 소매점으로서 같은 건축물(하나의 대지에 두 동 이상의 건축물이 있는 경우에는 이를 같은 건축물로 본다. 이하 같다)에 해당 용도로 쓰는 바닥면적의 합계가 1천㎡ 미만인 것
   나. 휴게음식점, 제과점, 일반음식점, 기원(棋院), 노래연습장 및 단란주점(단란주점은 같은 건축물에 해당 용도로 쓰는 바닥면적의 합계가 150㎡ 미만인 것만 해당한다)
   다. 이용원, 미용원, 목욕장 및 세탁소(공장이 부설된 것과 「대기환경보전법」, 「물환경보전법」 또는 「소음·진동관리법」 에 따른 배출시설의 설치허가 또는 신고의 대상이 되는 것은 제외한다)
   라. 의원, 치과의원, 한의원, 침술원, 접골원(接骨院), 조산원, 산후조리원 및 안마원(「의료법」 제82조제4항에 따른 안마시술소를 포함한다)
   마. 탁구장, 테니스장, 체육도장, 체력단련장, 에어로빅장, 볼링장, 당구장, 실내낚시터, 골프연습장, 물놀이형 시설(「관광진흥법」 제33조에 따른 안전성검사의 대상이 되는 물놀이형 시설을 말한다. 이하 같다), 그 밖에 이와 비슷한 것으로서 같은 건축물에 해당 용도로 쓰는 바닥면적의 합계가 500㎡ 미만인 것
   바. 공연장(극장, 영화상영관, 연예장, 음악당, 서커스장, 「영화 및 비디오물의 진흥에 관한 법률」 제2조제16호가목에 따른 비디오물감상실업의 시설, 같은 호 나목에 따른 비디오물소극장업의 시설, 그 밖에 이와 비슷한 것을 말한다. 이하 같다) 또는 종교집회장[교회, 성당, 사찰, 기도원, 수도원, 수녀원, 제실(祭室), 사당, 그 밖에 이와 비슷한 것을 말한다. 이하 같다]으로서 같은 건축물에 해당 용도로 쓰는 바닥면적의 합계가 300㎡ 미만인 것
   사. 금융업소, 사무소, 부동산중개사무소, 결혼상담소 등 소개업소, 출판사, 서점, 그 밖에 이와 비슷한 것으로서 같은 건축물에 해당 용도로 쓰는 바닥면적의 합계가 500㎡ 미만인 것

아. 제조업소, 수리점, 그 밖에 이와 비슷한 것으로서 같은 건축물에 해당 용도로 쓰는 바닥면적의 합계가 500㎡ 미만이고, 「대기환경보전법」, 「물환경보전법」 또는 「소음·진동관리법」에 따른 배출시설의 설치허가 또는 신고의 대상이 아닌 것

자. 「게임산업진흥에 관한 법률」 제2조제6호의2에 따른 청소년게임제공업 및 일반게임제공업의 시설, 같은 조 제7호에 따른 인터넷컴퓨터게임시설제공업의 시설 및 같은 조 제8호에 따른 복합유통게임제공업의 시설로서 같은 건축물에 해당 용도로 쓰는 바닥면적의 합계가 500㎡ 미만인 것

차. 사진관, 표구점, 학원(같은 건축물에 해당 용도로 쓰는 바닥면적의 합계가 500㎡ 미만인 것만 해당하며, 자동차학원 및 무도학원은 제외한다), 독서실, 고시원(「다중이용업소의 안전관리에 관한 특별법」에 따른 다중이용업 중 고시원업의 시설로서 독립된 주거의 형태를 갖추지 않은 것으로서 같은 건축물에 해당 용도로 쓰는 바닥면적의 합계가 500㎡ 미만인 것을 말한다), 장의사, 동물병원, 총포판매사, 그 밖에 이와 비슷한 것

카. 의약품 판매소, 의료기기 판매소 및 자동차영업소로서 같은 건축물에 해당 용도로 쓰는 바닥면적의 합계가 1천㎡ 미만인 것

타. 삭제

3. 문화 및 집회시설

가. 공연장으로서 근린생활시설에 해당하지 않는 것

나. 집회장: 예식장, 공회당, 회의장, 마권(馬券) 장외 발매소, 마권 전화투표소, 그 밖에 이와 비슷한 것으로서 근린생활시설에 해당하지 않는 것

다. 관람장: 경마장, 경륜장, 경정장, 자동차 경기장, 그 밖에 이와 비슷한 것과 체육관 및 운동장으로서 관람석의 바닥면적의 합계가 1천㎡ 이상인 것

라. 전시장: 박물관, 미술관, 과학관, 문화관, 체험관, 기념관, 산업전시장, 박람회장, 견본주택, 그 밖에 이와 비슷한 것

마. 동·식물원: 동물원, 식물원, 수족관, 그 밖에 이와 비슷한 것

4. 종교시설

가. 종교집회장으로서 근린생활시설에 해당하지 않는 것

나. 가목의 종교집회장에 설치하는 봉안당(奉安堂)

5. 판매시설

가. 도매시장: 「농수산물 유통 및 가격안정에 관한 법률」 제2조제2호에 따른 농수산물도매시장, 같은 조 제5호에 따른 농수산물공판장, 그 밖에 이와 비슷한 것(그 안에 있는 근린생활시설을 포함한다)

나. 소매시장: 시장, 「유통산업발전법」 제2조제3호에 따른 대규모점포, 그 밖에 이와 비슷한 것(그 안에 있는 근린생활시설을 포함한다)

다. 전통시장: 「전통시장 및 상점가 육성을 위한 특별법」 제2조제1호에 따른 전통시장(그

안에 있는 근린생활시설을 포함하며, 노점형시장은 제외한다)

라. 상점: 다음의 어느 하나에 해당하는 것(그 안에 있는 근린생활시설을 포함한다)

1) 제2호가목에 해당하는 용도로서 같은 건축물에 해당 용도로 쓰는 바닥면적 합계가 1천m^2 이상인 것

2) 제2호자목에 해당하는 용도로서 같은 건축물에 해당 용도로 쓰는 바닥면적 합계가 500m^2 이상인 것

6. 운수시설

가. 여객자동차터미널

나. 철도 및 도시철도 시설(정비창 등 관련 시설을 포함한다)

다. 공항시설(항공관제탑을 포함한다)

라. 항만시설 및 종합여객시설

7. 의료시설

가. 병원: 종합병원, 병원, 치과병원, 한방병원, 요양병원

나. 격리병원: 전염병원, 마약진료소, 그 밖에 이와 비슷한 것

다. 정신의료기관

라. 「장애인복지법」 제58조제1항제4호에 따른 장애인 의료재활시설

8. 교육연구시설

가. 학교

1) 초등학교, 중학교, 고등학교, 특수학교, 그 밖에 이에 준하는 학교: 「학교시설사업촉진법」 제2조제1호나목의 교사(校舍)(교실·도서실 등 교수·학습활동에 직접 또는 간접적으로 필요한 시설물을 말하되, 병설유치원으로 사용되는 부분은 제외한다. 이하 같다), 체육관, 「학교급식법」 제6조에 따른 급식시설, 합숙소(학교의 운동부, 기능선수 등이 집단으로 숙식하는 장소를 말한다. 이하 같다)

2) 대학, 대학교, 그 밖에 이에 준하는 각종 학교: 교사 및 합숙소

나. 교육원(연수원, 그 밖에 이와 비슷한 것을 포함한다)

다. 직업훈련소

라. 학원(근린생활시설에 해당하는 것과 자동차운전학원·정비학원 및 무도학원은 제외한다)

마. 연구소(연구소에 준하는 시험소와 계량계측소를 포함한다)

바. 도서관

9. 노유자시설

가. 노인 관련 시설: 「노인복지법」에 따른 노인주거복지시설, 노인의료복지시설, 노인여가복지시설, 주·야간보호서비스나 단기보호서비스를 제공하는 재가노인복지시설(「노인장기요양보험법」에 따른 재가장기요양기관을 포함한다), 노인보호전문기관, 노인일자리지원기관, 학대피해노인 전용쉼터, 그 밖에 이와 비슷한 것

나. 아동 관련 시설: 「아동복지법」에 따른 아동복지시설, 「영유아보육법」에 따른 어린이집, 「유아교육법」에 따른 유치원[제8호가목1)에 따른 학교의 교사 중 병설유치원으로 사용되는 부분을 포함한다], 그 밖에 이와 비슷한 것

다. 장애인 관련 시설: 「장애인복지법」에 따른 장애인 거주시설, 장애인 지역사회재활시설(장애인 심부름센터, 한국수어통역센터, 점자도서 및 녹음서 출판시설 등 장애인이 직접 그 시설 자체를 이용하는 것을 주된 목적으로 하지 않는 시설은 제외한다), 장애인 직업재활시설, 그 밖에 이와 비슷한 것

라. 정신질환자 관련 시설: 「정신건강증진 및 정신질환자 복지서비스 지원에 관한 법률」에 따른 정신재활시설(생산품판매시설은 제외한다), 정신요양시설, 그 밖에 이와 비슷한 것

마. 노숙인 관련 시설: 「노숙인 등의 복지 및 자립지원에 관한 법률」 제2조제2호에 따른 노숙인복지시설(노숙인일시보호시설, 노숙인자활시설, 노숙인재활시설, 노숙인요양시설 및 쪽방삼당소만 해당한다), 노숙인종합지원센터 및 그 밖에 이와 비슷한 것

바. 가목부터 마목까지에서 규정한 것 외에 「사회복지사업법」에 따른 사회복지시설 중 결핵환자 또는 한센인 요양시설 등 다른 용도로 분류되지 않는 것

10. 수련시설

가. 생활권 수련시설: 「청소년활동 진흥법」에 따른 청소년수련관, 청소년문화의집, 청소년특화시설, 그 밖에 이와 비슷한 것

나. 자연권 수련시설: 「청소년활동 진흥법」에 따른 청소년수련원, 청소년야영장, 그 밖에 이와 비슷한 것

다. 「청소년활동 진흥법」에 따른 유스호스텔

11. 운동시설

가. 탁구장, 체육도장, 테니스장, 체력단련장, 에어로빅장, 볼링장, 당구장, 실내낚시터, 골프연습장, 물놀이형 시설, 그 밖에 이와 비슷한 것으로서 근린생활시설에 해당하지 않는 것

나. 체육관으로서 관람석이 없거나 관람석의 바닥면적이 1천㎡ 미만인 것

다. 운동장: 육상장, 구기장, 볼링장, 수영장, 스케이트장, 롤러스케이트장, 승마장, 사격장, 궁도장, 골프장 등과 이에 딸린 건축물로서 관람석이 없거나 관람석의 바닥면적이 1천㎡ 미만인 것

12. 업무시설

가. 공공업무시설: 국가 또는 지방자치단체의 청사와 외국공관의 건축물로서 근린생활시설에 해당하지 않는 것

나. 일반업무시설: 금융업소, 사무소, 신문사, 오피스텔(업무를 주로 하며, 분양하거나 임대하는 구획 중 일부의 구획에서 숙식을 할 수 있도록 한 건축물로서 국토교통부장관이 고시하는 기준에 적합한 것을 말한다), 그 밖에 이와 비슷한 것으로서 근린생활시설에

해당하지 않는 것

다. 주민자치센터(동사무소), 경찰서, 지구대, 파출소, 소방서, 119안전센터, 우체국, 보건소, 공공도서관, 국민건강보험공단, 그 밖에 이와 비슷한 용도로 사용하는 것

라. 마을회관, 마을공동작업소, 마을공동구판장, 그 밖에 이와 유사한 용도로 사용되는 것

마. 변전소, 양수장, 정수장, 대피소, 공중화장실, 그 밖에 이와 유사한 용도로 사용되는 것

13. 숙박시설

가. 일반형 숙박시설: 「공중위생관리법 시행령」 제4조제1호가목에 따른 숙박업의 시설

나. 생활형 숙박시설: 「공중위생관리법 시행령」 제4조제1호나목에 따른 숙박업의 시설

다. 고시원(근린생활시설에 해당하지 않는 것을 말한다)

라. 그 밖에 가목부터 다목까지의 시설과 비슷한 것

	호텔	오피스텔	생활형 숙박시설
법적 용도	일반형 숙박시설	업무시설(주거/업무)	생활형 숙박시설
입지 조건	관광지/중심상업지	중심상업지(역세권)	관광지/중심상업지
주거 가능	×	O	O
취사 가능	×	O	O
임대 목적	숙박	주거/사무	주거/사무/숙박
관광진흥법	적용	미적용	미적용
공중위생관리법	규제	미규제	미규제

14. 위락시설

가. 단란주점으로서 근린생활시설에 해당하지 않는 것

나. 유흥주점, 그 밖에 이와 비슷한 것

다. 「관광진흥법」에 따른 유원시설업(遊園施設業)의 시설(* 유원지: 관광휴게시설), 그 밖에 이와 비슷한 시설(근린생활시설에 해당하는 것은 제외한다)

라. 무도장 및 무도학원

마. 카지노영업소

15. 공장

물품의 제조·가공[세탁·염색·도장(塗裝)·표백·재봉·건조·인쇄 등을 포함한다] 또는 수리에 계속적으로 이용되는 건축물로서 근린생활시설, 위험물 저장 및 처리 시설, 항공기 및 자동차 관련 시설, 분뇨 및 쓰레기 처리시설, 묘지 관련 시설 등으로 따로 분류되지 않는 것

16. 창고시설(위험물 저장 및 처리 시설 또는 그 부속용도에 해당하는 것은 제외한다)

가. 창고(물품저장시설로서 냉장·냉동 창고를 포함한다)

나. 하역장

다. 「물류시설의 개발 및 운영에 관한 법률」에 따른 물류터미널

라. 「유통산업발전법」 제2조제15호에 따른 집배송시설

17. 위험물 저장 및 처리 시설
   가. 위험물 제조소등
   나. 가스시설: 산소 또는 가연성 가스를 제조·저장 또는 취급하는 시설 중 지상에 노출된 산소 또는 가연성 가스 탱크의 저장용량의 합계가 100톤 이상이거나 저장용량이 30톤 이상인 탱크가 있는 가스시설로서 다음의 어느 하나에 해당하는 것
      1) 가스 제조시설
         가) 「고압가스 안전관리법」 제4조제1항에 따른 고압가스의 제조허가를 받아야 하는 시설
         나) 「도시가스사업법」 제3조에 따른 도시가스사업허가를 받아야 하는 시설
      2) 가스 저장시설
         가) 「고압가스 안전관리법」 제4조제3항에 따른 고압가스 저장소의 설치허가를 받아야 하는 시설
         나) 「액화석유가스의 안전관리 및 사업법」 제8조제1항에 따른 액화석유가스 저장소의 설치 허가를 받아야 하는 시설
      3) 가스 취급시설
         「액화석유가스의 안전관리 및 사업법」 제5조에 따른 액화석유가스 충전사업 또는 액화석유가스 집단공급사업의 허가를 받아야 하는 시설
18. 항공기 및 자동차 관련 시설(건설기계 관련 시설을 포함한다)
   가. 항공기격납고
   나. 차고, 주차용 건축물, 철골 조립식 주차시설(바닥면이 조립식이 아닌 것을 포함한다) 및 기계장치에 의한 주차시설
   다. 세차장
   라. 폐차장
   마. 자동차 검사장
   바. 자동차 매매장
   사. 자동차 정비공장
   아. 운전학원·정비학원
   자. 다음의 건축물을 제외한 건축물의 내부(「건축법 시행령」 제119조제1항제3호다목에 따른 필로티와 건축물 지하를 포함한다)에 설치된 주차장
      1) 「건축법 시행령」 별표 1 제1호에 따른 단독주택
      2) 「건축법 시행령」 별표 1 제2호에 따른 공동주택 중 50세대 미만인 연립주택 또는 50세대 미만인 다세대주택
   차. 「여객자동차 운수사업법」, 「화물자동차 운수사업법」 및 「건설기계관리법」에 따른 차고 및 주기장(駐機場)

19. 동물 및 식물 관련 시설
    가. 축사[부화장(孵化場)을 포함한다]
    나. 가축시설: 가축용 운동시설, 인공수정센터, 관리사(管理舍), 가축용 창고, 가축시장, 동물검역소, 실험동물 사육시설, 그 밖에 이와 비슷한 것
    다. 도축장
    라. 도계장
    마. 작물 재배사(栽培舍)
    바. 종묘배양시설
    사. 화초 및 분재 등의 온실
    아. 식물과 관련된 마목부터 사목까지의 시설과 비슷한 것(동·식물원은 제외한다)
20. 자원순환 관련 시설
    가. 하수 등 처리시설
    나. 고물상
    다. 폐기물재활용시설
    라. 폐기물처분시설
    마. 폐기물감량화시설
21. 교정 및 군사시설
    가. 보호감호소, 교도소, 구치소 및 그 지소
    나. 보호관찰소, 갱생보호시설, 그 밖에 범죄자의 갱생·보호·교육·보건 등의 용도로 쓰는 시설
    다. 치료감호시설
    라. 소년원 및 소년분류심사원
    마. 「출입국관리법」 제52조제2항에 따른 보호시설
    바. 「경찰관 직무집행법」 제9조에 따른 유치장
    사. 국방·군사시설(「국방·군사시설 사업에 관한 법률」 제2조제1호가목부터 마목까지의 시설을 말한다)
22. 방송통신시설
    가. 방송국(방송프로그램 제작시설 및 송신·수신·중계시설을 포함한다)
    나. 전신전화국
    다. 촬영소
    라. 통신용 시설
    마. 그 밖에 가목부터 라목까지의 시설과 비슷한 것
23. 발전시설
    가. 원자력발전소
    나. 화력발전소

다. 수력발전소(조력발전소를 포함한다)

라. 풍력발전소

마. 전기저장시설[20킬로와트시(kWh)를 초과하는 리튬 · 나트륨 · 레독스플로우 계열의 이차전지를 이용한 전기저장장치의 시설을 말한다. 이하 같다]

※ 제23호마목의 개정규정은 이 영 시행 이후 「전기사업법」 제61조에 따라 전기저장시설의 설치공사계획 또는 변경공사계획에 대한 인가를 신청하거나 신고하는 전기저장시설부터 적용한다.

바. 그 밖에 가목부터 마목까지의 시설과 비슷한 것(집단에너지 공급시설을 포함한다)

24. 묘지 관련 시설

가. 화장시설

나. 봉안당(제4호나목의 봉안당은 제외한다)

다. 묘지와 자연장지에 부수되는 건축물

라. 동물화장시설, 동물건조장(乾燥葬)시설 및 동물 전용의 납골시설

25. 관광 휴게시설

가. 야외음악당

나. 야외극장

다. 어린이회관

라. 관망탑

마. 휴게소

바. 공원·유원지 또는 관광지에 부수되는 건축물

26. 장례시설

가. 장례식장[의료시설의 부수시설(「의료법」 제36조제1호에 따른 의료기관의 종류에 따른 시설을 말한다)은 제외한다]

나. 동물 전용의 장례식장

27. 지하가

지하의 인공구조물 안에 설치되어 있는 상점, 사무실, 그 밖에 이와 비슷한 시설이 연속하여 지하도에 면하여 설치된 것과 그 지하도를 합한 것

가. 지하상가

나. 터널: 차량(궤도차량용은 제외한다) 등의 통행을 목적으로 지하, 해저 또는 산을 뚫어서 만든 것

28. 지하구

가. 전력·통신용의 전선이나 가스·냉난방용의 배관 또는 이와 비슷한 것을 집합수용하기 위하여 설치한 지하 인공구조물로서 사람이 점검 또는 보수를 하기 위하여 출입이 가능한 것 중 다음의 어느 하나에 해당하는 것

1) 전력 또는 통신사업용 지하 인공구조물로서 전력구(케이블 접속부가 없는 경우에는

제외한다) 또는 통신구 방식으로 설치된 것

2) 1)외의 지하 인공구조물로서 폭이 1.8미터 이상이고 높이가 2미터 이상이며 길이가 50미터 이상인 것

나. 「국토의 계획 및 이용에 관한 법률」 제2조제9호에 따른 공동구

➡ 이 영 시행 전에 설치된 공동구의 경우 이 영 시행일〈 2020.12.10.일〉부터 2년 이내에 별표 5 제1호가목4) 및 같은 표 제3호다목1)가)의 개정규정에 따라 소화기구 및 유도등을 설치해야 한다.

29. 문화재

「문화재보호법」에 따라 문화재로 지정된 건축물

30. 복합건축물

가. 하나의 건축물이 제1호부터 제27호까지의 것 중 둘 이상의 용도로 사용되는 것. 다만, 다음의 어느 하나에 해당하는 경우에는 복합건축물로 보지 않는다.

1) 관계 법령에서 주된 용도의 부수시설로서 그 설치를 의무화하고 있는 용도 또는 시설

2) 「주택법」 제35조제1항제3호 및 제4호에 따라 주택 안에 부대시설 또는 복리시설이 설치되는 특정소방대상물

3) 건축물의 주된 용도의 기능에 필수적인 용도로서 다음의 어느 하나에 해당하는 용도

가) 건축물의 설비, 대피 또는 위생을 위한 용도, 그 밖에 이와 비슷한 용도

나) 사무, 작업, 집회, 물품저장 또는 주차를 위한 용도, 그 밖에 이와 비슷한 용도

다) 구내식당, 구내세탁소, 구내운동시설 등 종업원후생복리시설(기숙사는 제외한다) 또는 구내소각시설의 용도, 그 밖에 이와 비슷한 용도

나. 하나의 건축물이 근린생활시설, 판매시설, 업무시설, 숙박시설 또는 위락시설의 용도와 주택의 용도로 함께 사용되는 것

비고

1. 내화구조로 된 하나의 특정소방대상물이 개구부(건축물에서 채광·환기·통풍·출입 등을 위하여 만든 창이나 출입구를 말한다)가 없는 내화구조의 바닥과 벽으로 구획되어 있는 경우에는 그 구획된 부분을 각각 별개의 특정소방대상물로 본다.

2. 둘 이상의 특정소방대상물이 다음 각 목의 어느 하나에 해당되는 구조의 복도 또는 통로(이하 이 표에서 "연결통로"라 한다)로 연결된 경우에는 이를 하나의 소방대상물로 본다.

가. 내화구조로 된 연결통로가 다음의 어느 하나에 해당되는 경우

1) 벽이 없는 구조로서 그 길이가 6m 이하인 경우

2) 벽이 있는 구조로서 그 길이가 10m 이하인 경우. 다만, 벽 높이가 바닥에서 천장까지의 높이의 2분의 1 이상인 경우에는 벽이 있는 구조로 보고, 벽 높이가 바닥에서 천장까지의 높이의 2분의 1 미만인 경우에는 벽이 없는 구조로 본다.

나. 내화구조가 아닌 연결통로로 연결된 경우

다. 컨베이어로 연결되거나 플랜트설비의 배관 등으로 연결되어 있는 경우

라. 지하보도, 지하상가, 지하가로 연결된 경우

마. 방화셔터 또는 갑종 방화문이 설치되지 않은 피트로 연결된 경우

바. 지하구로 연결된 경우

3. 제2호에도 불구하고 연결통로 또는 지하구와 소방대상물의 양쪽에 다음 각 목의 어느 하나에 적합한 경우에는 각각 별개의 소방대상물로 본다.

가. 화재 시 경보설비 또는 자동소화설비의 작동과 연동하여 자동으로 닫히는 방화셔터 또는 갑종 방화문이 설치된 경우

나. 화재 시 자동으로 방수되는 방식의 드렌처설비 또는 개방형 스프링클러헤드가 설치된 경우

4. 위 제1호부터 제30호까지의 특정소방대상물의 지하층이 지하가와 연결되어 있는 경우 해당 지하층의 부분을 지하가로 본다. 다만, 다음 지하가와 연결되는 지하층에 지하층 또는 지하가에 설치된 방화문이 자동폐쇄장치·자동화재탐지설비 또는 자동소화설비와 연동하여 닫히는 구조이거나 그 윗부분에 드렌처설비가 설치된 경우에는 지하가로 보지 않는다.

• 드렌처설비: 소방대상물을 인접 장소 등의 화재 등으로부터 방화구획이나 연소 우려가 있는 부분의 개구부 상단에 설치하여 물을 수막(水幕)형태로 살수

■ 유사명칭 시설의 분류

특정대상물	유사명칭 특정대상물
• 치과의원: 근린생활시설	• 치과병원: 의료시설
• 동물병원: 근린생활시설	• 병원: 의료시설
• 독서실: 근린생활시설	• 도서관: 교육연구시설 •공공도서관: 업무시설
• 장의사: 근린생활시설	• 봉안당: 묘지관련시설(* 종교집회장에 설치 시 종교시설)
• 세탁소: 근린생활시설	• 가공(세탁): 공장
• 학원(500m² 미만): 근린생활시설 약 151평	• 학원(500m² 이상): 교육연구시설 • 무도학원: 위락시설 • 운전학원·정비학원: 항공기 및 자동차 관련시설
• 유원시설업: 위락시설	• 유원지: 관광휴게시설
• 정신요양시설: 노유자시설	• 요양병원: 의료시설
• 어린이집: 노유자시설	• 어린이회관: 관광휴게시설
• 야외극장: 관광휴게시설	• (실내)극장: 근린생활시설 또는 문화 및 집회시설(300m² 이상)

소방시설법 시행령 살펴보기

제6조(소방용품)

법 제2조 제1항 제4호에서"대통령령으로 정하는 것"이란 별표 3의 제품 또는 기기를 말한다.

소방시설법 시행령 [별표 3]

소방용품 (제6조 관련)

1. 소화설비를 구성하는 제품 또는 기기
   ① 소화기구(소화약제 외의 것을 이용한 간이소화용구는 제외한다)
      ㉠ 소화기
      ㉡ 자동확산소화기
      ㉢ 간이소화용구: 에어로졸식소화용구, 투척용 소화용구
      (단, 소화약제 외의 것을 이용한 간이소화용구 → 모래 등은 본디 소화약제 외의 건축용이기 때문에 형식승인을 받는 소방용품에서 제외)
   ② 자동소화장치
      - 분말자동소화장치
      - 주거용 주방자동소화장치
      - 가스자동소화장치
      - 고체에어로졸자동소화장치
      - 캐비닛형자동소화장치
      - 상업용 주방자동소화장치(=형식승인 제외)
   ③ 소화설비를 구성하는 소화전, 송수구, 관창(管槍), 소방호스, 스프링클러헤드, 기동용 수압개폐장치, 유수제어밸브 및 가스관선택밸브
2. 경보설비를 구성하는 제품 또는 기기
   ① 누전경보기 및 가스누설경보기
   ② 발신기, 수신기, 중계기, 감지기 및 음향장치(경종만 해당함)
3. 피난설비를 구성하는 제품 또는 기기
   ① 피난사다리, 구조대, 완강기(간이완강기 및 지지대를 포함)
   ② 공기호흡기(충전기를 포함)
   ③ 피난구유도등, 통로유도등, 객석유도등및 예비전원이 내장된 비상조명등
4. 소화용으로 사용하는 제품 또는 기기
   ① 상업용주방·캐비닛형자동소화장치
   ② 포·이산화탄소·할로겐화합물·분말·청정소화약제·강화액소화설비
   ③ 방염제(방염액·방염도료·방염성물질)
5. 그 밖에 행정안전부령으로정하는 소방 관련 제품 또는 기기(* 형식승인을 제외한다.)

소방용품의 품질관리 등에 관한 규칙 (상기 5항 행정안전부령)

다음의 소방용품은 2법 제37조에 따라 소방청장의 형식승인을 제외한다.
축광표지(유도표지, 위치표지), 예비전원, 비상콘센트설비, 표시등, 소화전함, 공기안전매트, 자동화재속보기, 소화설비용 헤드(물분무헤드살수 분말 포), 방수구등(별표7 요약)
– 그 외 소방청장이 고시하는 소방용품
("성능인증의 대상이 되는 소방용품의 품목에 관한 고시")
분기배관, 시각경보장치, 방염제품, 포소화약제혼합장치, 가스계소화설비설계프로그램, 캐비닛형간이스프링클러설비, 미분무헤드, 상업용주방자동소화장치등(제2조 요약)

- 포함: 완강기(간이완강기, 지지대), 공기호흡기(충전기), 음향장치(경종) 등
- 제외: 소화기구 중 소화약제 외의 것을 이용한 간이소화용구 등(예: 모래)

해설

기존 법에서는 소방시설 설치 및 유지에 관한 사항만 규정하고 있고, 화재와 직간접적으로 관련되는 다른 요소들, 예를 들어 피난로등 건축구조에 관한 사항은 「건축법」, 요양병원의 허가·화재예방대책 등에 관한 사항은 「노인복지법」에 각각 규정하고 있어 화재예방 및 화재피해 저감에 필요한 사항을 체계적으로 규징하지 못하는 문제점이 있었다.

제2조의2(국가 및 지방자치단체의 책무)

① 국가는 화재로부터 국민의 생명과 재산을 보호할 수 있도록 종합적인 화재안전정책을 수립 · 시행하여야 한다.

② 지방자치단체는 국가의 화재안전정책에 맞추어 지역의 실정에 부합하는 화재안전정책을 수립 · 시행하여야 한다.

③ 국가와 지방자치단체가 제1항 및 제2항에 따른 화재안전정책을 수립 · 시행할 때에는 과학적 합리성, 일관성, 사전 예방의 원칙이 유지되도록 하되, 국민의 생명 · 신체 및 재산보호를 최우선적으로 고려하여야 한다.

제2조의3(화재안전정책기본계획 등의 수립 · 시행)

① 국가는 화재안전 기반 확충을 위하여 화재안전정책에 관한 기본계획(이하 "기본계획"이라 한다)을 5년마다 수립 · 시행하여야 한다.

② 기본계획은 대통령령으로 정하는 바에 따라 소방청장이 관계 중앙행정기관의 장과 협의하여 수립한다.

③ 기본계획에는 다음 각 호의 사항이 포함되어야 한다.

1. 화재안전정책의 기본목표 및 추진방향
2. 화재안전을 위한 법령 · 제도의 마련 등 기반 조성에 관한 사항
3. 화재예방을 위한 대국민 홍보 · 교육에 관한 사항
4. 화재안전 관련 기술의 개발 · 보급에 관한 사항
5. 화재안전분야 전문인력의 육성 · 지원 및 관리에 관한 사항
6. 화재안전분야 국제경쟁력 향상에 관한 사항
7. 그 밖에 대통령령으로 정하는 화재안전 개선에 필요한 사항

④ 소방청장은 기본계획을 시행하기 위하여 매년 시행계획을 수립 · 시행하여야 한다.

⑤ 소방청장은 제1항 및 제4항에 따라 수립된 기본계획 및 시행계획을 관계 중앙행정기관의 장, 특별시장 · 광역시장 · 특별자치시장 · 도지사 · 특별자치도지사(이하 이 조에서 "시 · 도지사"라 한다)에게 통보한다.

⑥ 제5항에 따라 기본계획과 시행계획을 통보받은 관계 중앙행정기관의 장 또는 시 · 도지사는 소관 사무의 특성을 반영한 세부 시행계획을 수립하여 시행하여야 하고, 시행결과를 소방청장에게 통보하여야 한다.

⑦ 소방청장은 기본계획 및 시행계획을 수립하기 위하여 필요한 경우에는 관계 중앙행정기관의 장 또는 시 · 도지사에게 관련 자료의 제출을 요청할 수 있다. 이 경우 자료제출을 요청받은 관계 중앙행정기관의 장 또는 시 · 도지사는 특별한 사유가 없으면 이에 따라야 한다.

⑧ 기본계획, 시행계획 및 세부시행계획 등의 수립 · 시행에 관하여 필요한 사항은 대통령령으로 정한다.

제3조(다른 법률과의 관계)

특정소방대상물 가운데 「위험물 안전관리법」에 따른 위험물 제조소등의 안전관리와 위험물 제조소등에 설치하는 소방시설등의 설치기준에 관하여는 「위험물 안전관리법」에서 정하는 바에 따른다.

소방시설법 시행령 살펴보기

제6조의2(화재안전정책 기본계획의 협의 및 수립)

소방청장은 법 제2조의3에 따른 화재안전정책에 관한 기본계획을 계획 시행 전년도 8월 31일까지관계 중앙행정기관의 장과 협의를 마친 후 계획 시행 전년도 9월 30일까지 수립하여야 한다.

제6조의3(기본계획의 내용)

법 제2조의3제3항제7호에서 "대통령령으로 정하는 화재안전 개선에 필요한 사항"이란 다음 각 호의 사항을 말한다.

1. 화재현황, 화재발생 및 화재안전정책의 여건 변화에 관한 사항
2. 소방시설의 설치·유지 및 화재안전기준의 개선에 관한 사항

제6조의4(화재안전정책 시행계획의 수립·시행)

① 소방청장은 법 제2조의3 제4항에 따라 기본계획을 시행하기 위한 시행계획을 계획 시행 전년도 10월 31일 까지 수립하여야 한다.

② 시행계획에는 다음 각 호의 사항이 포함되어야 한다.

1. 기본계획의 시행을 위하여 필요한 사항
2. 그 밖에 화재안전과 관련하여 소방청장이 필요하다고 인정하는 사항

제6조의5(화재안전정책 세부시행계획의 수립·시행)

① 관계 중앙행정기관의 장 또는 특별시장·광역시장·특별자치시장·도지사·특별자치도지사(이하 "시·도지사"라 한다)는 법 제2조의3 제6항에 따른 세부시행계획을 계획 시행 전년도 12월 31일까지 수립하여야 한다.

② 세부시행계획에는 다음 각 호의 사항이 포함되어야 한다.

1. 기본계획 및 시행계획에 대한 관계 중앙행정기관 또는 특별시·광역시·특별자치시·도·특별자치도(이하 "시·도"라 한다)의 세부 집행계획
2. 그 밖에 화재안전과 관련하여 관계 중앙행정기관의 장 또는 시·도지사가 필요하다고 결정한 사항

해설

- 소방시설의 설치·유지 및 소방대상물의 안전관리에 관한 사항을 규정하고 있는 바, 이 법의 포괄적인 개념은 위험물안전관리법에서 규정하고 있는 위험물제조소등에 있어서도 적용이 되어야 할 것이나 위험물 제조소등에 있어서는 이 법과 관련이 있는 위험물안전관리법에서 달리 규정을 두고 있는 관계로 위험물안전관리법에서 규정하고 제조소등에 설치하는 소방시설 등의 설치 기준에 대해서는 소방시설법의 적용을 배제하는 규정을 둠으로 입법의 합리성을 도모하고 입법상 발생할 수 있는 충돌을 방지하고 있다.

제2장 소방특별조사 등

제4조(소방특별조사)

① 소방청장, 소방본부장 또는 소방서장은 관할구역에 있는 소방대상물, 관계 지역 또는 관계인에 대하여 소방시설등이 이 법 또는 소방 관계 법령에 적합하게 설치·유지·관리되고 있는지, 소방대상물에 화재, 재난·재해 등의 발생 위험이 있는지 등을 확인하기 위하여 관계 공무원으로 하여금 소방안전관리에 관한 특별조사(이하 "소방특별조사"라 한다)를 하게 할 수 있다. 다만, 개인의 주거에 대하여는 관계인의 승낙이 있거나 화재발생의 우려가 뚜렷하여 긴급한 필요가 있는 때에 한정한다. ➡ **300만 원 이하의 벌금**

② 소방특별조사는 다음 각 호의 어느 하나에 해당하는 경우에 실시한다.

1. 관계인이 이 법 또는 다른 법령에 따라 실시하는 소방시설등, 방화시설, 피난시설 등에 대한 자체점검 등이 불성실하거나 불완전하다고 인정되는 경우
2. 「소방기본법」 제13조에 따른 화재경계지구에 대한 소방특별조사 등 다른 법률에서 소방특별조사를 실시하도록 한 경우
3. 국가적 행사 등 주요 행사가 개최되는 장소 및 그 주변의 관계 지역에 대하여 소방안전관리 실태를 점검할 필요가 있는 경우
4. 화재가 자주 발생하였거나 발생할 우려가 뚜렷한 곳에 대한 점검이 필요한 경우
5. 재난예측정보, 기상예보 등을 분석한 결과 소방대상물에 화재, 재난·재해의 발생 위험이 높다고 판단되는 경우
6. 제1호부터 제5호까지에서 규정한 경우 외에 화재, 재난·재해, 그 밖의 긴급한 상황이 발생할 경우 인명 또는 재산 피해의 우려가 현저하다고 판단되는 경우

③ 소방청장, 소방본부장 또는 소방서장은 객관적이고 공정한 기준에 따라 소방특별조사의 대상을 선정하여야 하며, 소방본부장은 소방특별조사의 대상을 객관적이고 공정하게 선정하기 위하여 필요하면 소방특별조사위원회를 구성하여 소방특별조사의 대상을 선정할 수 있다.

④ 소방청장은 소방특별조사를 할 때 필요하면 대통령령으로 정하는 바에 따라 중앙소방특별조사단을 편성하여 운영할 수 있다.

⑤ 소방청장은 중앙소방특별조사단의 업무수행을 위하여 필요하다고 인정하는 경우 관계 기관의 장에게 그 소속 공무원 또는 직원의 파견을 요청할 수 있다. 이 경우 공무원 또는 직원의 파견요청을 받은 관계 기관의 장은 특별한 사유가 없으면 이에 협조하여야 한다.

⑥ 소방청장, 소방본부장 또는 소방서장은 소방특별조사를 실시하는 경우 다른 목적을 위하여

조사권을 남용하여서는 아니 된다.

⑦ 소방특별조사의 세부 항목, 제3항에 따른 소방특별조사위원회의 구성 · 운영에 필요한 사항은 대통령령으로 정한다. 이 경우 소방특별조사의 세부 항목에는 소방시설등의 관리 상황 및 소방대상물의 화재 등의 발생 위험과 관련된 사항이 포함되어야 한다.

소방시설법 시행령 살펴보기

제7조(소방특별조사의 항목)

법 제4조에 따른 소방특별조사(이하 "소방특별조사"라 한다)는 다음 각 호의 세부 항목에 대하여 실시한다. 다만, 소방특별조사의 목적을 달성하기 위하여 필요한 경우에는 법 제9조에 따른 소방시설, 법 제10조에 따른 피난시설 · 방화구획 · 방화시설 및 법 제10조의2에 따른 임시소방시설의 설치 · 유지 및 관리에 관한 사항을 조사할 수 있다.

1. 법 제20조 및 제24조에 따른 소방안전관리 업무 수행에 관한 사항
2. 법 제20조제6항제1호에 따라 작성한 소방계획서의 이행에 관한 사항
3. 법 제25조제1항에 따른 자체점검 및 정기적 점검 등에 관한 사항
4. 「소방기본법」 제12조에 따른 화재의 예방조치 등에 관한 사항
5. 「소방기본법」 제15조에 따른 불을 사용하는 설비 등의 관리와 특수가연물의 저장 · 취급에 관한 사항
6. 「다중이용업소의 안전관리에 관한 특별법」 제8조부터 제13조까지의 규정에 따른 안전관리에 관한 사항
7. 「위험물안전관리법」 제5조 · 제6조 · 제14조 · 제15조 및 제18조에 따른 안전관리에 관한 사항

제7조의2(소방특별조사위원회의 구성 등)

① 법 제4조제3항에 따른 소방특별조사위원회(이하 이 조 및 제7조의3부터 제7조의5까지에서 "위원회"라 한다)는 위원장 1명을 포함한 7명 이내의 위원으로 성별을 고려하여 구성하고, 위원장은 소방본부장이 된다.

② 위원회의 위원은 다음 각 호의 어느 하나에 해당하는 사람 중에서 소방본부장이 임명하거나 위촉한다.

1. 과장급 직위 이상의 소방공무원
2. 소방기술사
3. 소방시설관리사
4. 소방 관련 분야의 석사학위 이상을 취득한 사람
5. 소방 관련 법인 또는 단체에서 소방 관련 업무에 5년 이상 종사한 사람
6. 소방공무원 교육기관, 「고등교육법」 제2조의 학교 또는 연구소에서 소방과 관련한 교육 또는 연구에 5년 이상 종사한 사람

③ 위촉위원의 임기는 2년으로 하고, 한 차례만 연임할 수 있다.

④ 위원회에 출석한 위원에게는 예산의 범위에서 수당, 여비, 그 밖에 필요한 경비를 지급할 수 있다. 다만, 공무원인 위원이 그 소관 업무와 직접적으로 관련하여 위원회에 출석하는 경우는 그러하지 아니하다.

⑤ 삭제

제7조의6(중앙소방특별조사단의 편성 · 운영)

① 법 제4조제4항에 따른 중앙소방특별조사단(이하 "조사단"이라 한다)은 단장을 포함하여 21명 이내의 단원으로 성별을 고려하여 구성한다.

② 조사단의 단원은 다음 각 호의 어느 하나에 해당하는 사람 중에서 소방청장이 임명 또는 위촉하고, 단장은 단원 중에서 소방청장이 임명 또는 위촉한다.

1. 소방공무원
2. 소방업무와 관련된 단체 또는 연구기관 등의 임직원
3. 소방 관련 분야에서 5년 이상 연구 또는 실무 경험이 풍부한 사람

제4조의2(소방특별조사에의 전문가 참여)

① 소방청장, 소방본부장 또는 소방서장은 필요하면 소방기술사, 소방시설관리사, 그 밖에 소방 · 방재 분야에 관한 전문지식을 갖춘 사람을 소방특별조사에 참여하게 할 수 있다.

② 제1항에 따라 조사에 참여하는 외부 전문가에게는 예산의 범위에서 수당, 여비, 그 밖에 필요한 경비를 지급할 수 있다.

제4조의3(소방특별조사의 방법 · 절차 등)

① 소방청장, 소방본부장 또는 소방서장은 소방특별조사를 하려면 7일 전에 관계인에게 조사대상, 조사기간 및 조사사유 등을 서면으로 알려야 한다. 다만, 다음 각 호의 어느 하나에 해당하는 경우에는 그러하지 아니하다.

1. 화재, 재난 · 재해가 발생할 우려가 뚜렷하여 긴급하게 조사할 필요가 있는 경우
2. 소방특별조사의 실시를 사전에 통지하면 조사목적을 달성할 수 없다고 인정되는 경우

② 소방특별조사는 관계인의 승낙 없이 해가 뜨기 전이나 해가 진 뒤에 할 수 없다. 다만, 제1항 각 호의 어느 하나에 해당하는 경우에는 그러하지 아니하다.

③ 제1항에 따른 통지를 받은 관계인은 천재지변이나 그 밖에 대통령령으로 정하는 사유로 소방특별조사를 받기 곤란한 경우에는 소방특별조사를 통지한 소방청장, 소방본부장 또는 소방서장에게 대통령령으로 정하는 바에 따라 소방특별조사를 연기하여 줄 것을 신청할 수 있다.

④ 제3항에 따라 연기신청을 받은 소방청장, 소방본부장 또는 소방서장은 연기신청 승인 여부를 결정하고 그 결과를 조사 개시 전까지 관계인에게 알려주어야 한다.

⑤ 소방청장, 소방본부장 또는 소방서장은 소방특별조사를 마친 때에는 그 조사결과를 관계인에게 서면으로 통지하여야 한다.

⑥ 제1항부터 제5항까지에서 규정한 사항 외에 소방특별조사의 방법 및 절차에 필요한 사항은 대통령령으로 정한다.

소방시설법 시행령 살펴보기

제7조의3(위원의 제척·기피·회피)

① 위원회의 위원이 다음 각 호의 어느 하나에 해당하는 경우에는 위원회의 심의·의결에서 제척(除斥)된다.

1. 위원, 그 배우자나 배우자였던 사람 또는 위원의 친족이거나 친족이었던 사람이 다음 각 목의 어느 하나에 해당하는 경우
   가. 해당 안건의 소방대상물 등(이하 이 조에서 "소방대상물등"이라 한다)의 관계인이거나 그 관계인과 공동권리자 또는 공동의무자인 경우
   나. 소방대상물등의 설계, 공사, 감리 등을 수행한 경우
   다. 소방대상물등에 대하여 제7조 각 호의 업무를 수행한 경우 등 소방대상물등과 직접적인 이해관계가 있는 경우
2. 위원이 소방대상물등에 관하여 자문, 연구, 용역(하도급을 포함한다), 감정 또는 조사를 한 경우
3. 위원이 임원 또는 직원으로 재직하고 있거나 최근 3년 내에 재직하였던 기업 등이 소방대상물등에 관하여 자문, 연구, 용역(하도급을 포함한다), 감정 또는 조사를 한 경우

② 소방대상물등의 관계인은 위원에게 공정한 심의·의결을 기대하기 어려운 사정이 있는 경우에는 위원회에 기피(忌避) 신청을 할 수 있고, 위원회는 의결로 이를 결정한다. 이 경우 기피 신청의 대상인 위원은 그 의결에 참여하지 못한다.

③ 위원이 제1항 각 호에 따른 제척 사유에 해당하는 경우에는 스스로 해당 안건의 심의·의결에서 회피(回避)하여야 한다.

제7조의4(위원의 해임·해촉)

소방본부장은 위원회의 위원이 다음 각 호의 어느 하나에 해당하는 경우에는 해당 위원을 해임하거나 해촉(解囑)할 수 있다.

1. 심신장애로 인하여 직무를 수행할 수 없게 된 경우
2. 직무태만, 품위손상이나 그 밖의 사유로 위원으로 적합하지 아니하다고 인정된 경우
3. 제7조의3제1항 각 호의 어느 하나에 해당함에도 불구하고 회피하지 아니한 경우

4. 직무와 관련된 비위사실이 있는 경우
5. 위원 스스로 직무를 수행하는 것이 곤란하다고 의사를 밝히는 경우

제7조의5(운영 세칙)
제7조의2부터 제7조의4까지에서 규정한 사항 외에 위원회의 구성 및 운영에 필요한 사항은 소방청장이 정한다.

제8조(소방특별조사의 연기)
① 법 제4조의3제3항에서 "대통령령으로 정하는 사유"란 다음 각 호의 어느 하나에 해당하는 사유를 말한다.
1. 태풍, 홍수 등 재난(「재난 및 안전관리 기본법」 제3조제1호에 해당하는 재난을 말한다)이 발생하여 소방대상물을 관리하기가 매우 어려운 경우
2. 관계인이 질병, 장기출장 등으로 소방특별조사에 참여할 수 없는 경우
3. 권한 있는 기관에 자체점검기록부, 교육·훈련일지 등 소방특별조사에 필요한 장부·서류 등이 압수되거나 영치(領置)되어 있는 경우

② 법 제4조의3제3항에 따라 소방특별조사의 연기를 신청하려는 관계인은 행정안전부령으로 정하는 연기신청서에 연기의 사유 및 기간 등을 적어 소방청장, 소방본부장 또는 소방서장에게 제출하여야 한다.
③ 소방청장, 소방본부장 또는 소방서장은 법 제4조의3제4항에 따라 소방특별조사의 연기를 승인한 경우라도 연기기간이 끝나기 전에 연기사유가 없어졌거나 긴급히 조사를 하여야 할 사유가 발생하였을 때에는 관계인에게 통보하고 소방특별조사를 할 수 있다.

소방시설법 시행규칙 살펴보기

제1조의2(소방특별조사의 연기신청 등)
① 「화재예방, 소방시설 설치·유지 및 안전관리에 관한 법률」(이하 "법"이라 한다) 제4조의3제3항 및 「화재예방, 소방시설 설치·유지 및 안전관리에 관한 법률 시행령」(이하 "영"이라 한다) 제8조제2항에 따라 소방특별조사의 연기를 신청하려는 자는 소방특별조사 시작 3일 전까지 별지 제1호서식의 소방특별조사 연기신청서(전자문서로 된 신청서를 포함한다)에 소방특별조사를 받기가 곤란함을 증명할 수 있는 서류(전자문서로 된 서류를 포함한다)를 첨부하여 소방청장, 소방본부장 또는 소방서장에게 제출하여야 한다.
② 제1항에 따른 신청서를 제출받은 소방청장, 소방본부장 또는 소방서장은 연기신청의 승인 여부를 결정한 때에는 별지 제1호의2서식의 소방특별조사 연기신청 결과 통지서를 조사 시작 전까지 연기신청을 한 자에게 통지하여야 하고, 연기기간이 종료하면 지체 없이 조사를 시작하여야 한다.

소방시설법 시행령 살펴보기

제9조(소방특별조사의 방법)

① 소방청장, 소방본부장 또는 소방서장은 법 제4조의3제6항에 따라 소방특별조사를 위하여 필요하면 관계 공무원으로 하여금 다음 각 호의 행위를 하게 할 수 있다.

1. 관계인에게 필요한 보고를 하도록 하거나 자료의 제출을 명하는 것
2. 소방대상물의 위치·구조·설비 또는 관리 상황을 조사하는 것
3. 소방대상물의 위치·구조·설비 또는 관리 상황에 대하여 관계인에게 질문하는 것

② 소방청장, 소방본부장 또는 소방서장은 필요하면 다음 각 호의 기관의 장과 합동조사반을 편성하여 소방특별조사를 할 수 있다.

1. 관계 중앙행정기관 및 시(행정시를 포함한다)·군·자치구
2. 「소방기본법」 제40조에 따른 한국소방안전원
3. 「소방산업의 진흥에 관한 법률」 제14조에 따른 한국소방산업기술원(이하 "기술원"이라 한다)
4. 「화재로 인한 재해보상과 보험가입에 관한 법률」 제11조에 따른 한국화재보험협회
5. 「고압가스 안전관리법」 제28조에 따른 한국가스안전공사
6. 「전기안전관리법」 제30조에 따른 한국전기안전공사
7. 그 밖에 소방청장이 정하여 고시한 소방 관련 단체

③ 제1항 및 제2항에서 규정한 사항 외에 소방특별조사계획의 수립 등 소방특별조사에 필요한 사항은 소방청장이 정한다.

✔ TIP 행정규칙(소방특별조사에 관한 세부운영규정) 참고

제4조의4(증표의 제시 및 비밀유지 의무 등)

① 소방특별조사 업무를 수행하는 관계 공무원 및 관계 전문가는 그 권한 또는 자격을 표시하는 증표를 지니고 이를 관계인에게 내보여야 한다.

② 소방특별조사 업무를 수행하는 관계 공무원 및 관계 전문가는 관계인의 정당한 업무를 방해하여서는 아니되며, 조사업무를 수행하면서 취득한 자료나 알게 된 비밀을 다른 자에게 제공 또는 누설하거나 목적 외의 용도로 사용하여서는 아니 된다.

➡ 1년 이하의 징역 또는 1천만원 이하의 벌금

제5조(소방특별조사 결과에 따른 조치명령)

① 소방청장, 소방본부장 또는 소방서장은 소방특별조사 결과 소방대상물의 위치 · 구조 · 설비 또는 관리의 상황이 화재나 재난 · 재해 예방을 위하여 보완될 필요가 있거나 화재가 발생하

면 인명 또는 재산의 피해가 클 것으로 예상되는 때에는 행정안전부령으로 정하는 바에 따라 관계인에게 그 소방대상물의 개수(改修)·이전·제거, 사용의 금지 또는 제한, 사용폐쇄, 공사의 정지 또는 중지, 그 밖의 필요한 조치를 명할 수 있다.

➡ 3년 이하의 징역 또는 3천만 원 이하의 벌금

② 소방청장, 소방본부장 또는 소방서장은 소방특별조사 결과 소방대상물이 법령을 위반하여 건축 또는 설비되었거나 소방시설등, 피난시설·방화구획, 방화시설 등이 법령에 적합하게 설치·유지·관리되고 있지 아니한 경우에는 관계인에게 제1항에 따른 조치를 명하거나 관계 행정기관의 장에게 필요한 조치를 하여 줄 것을 요청할 수 있다.

➡ 3년 이하의 징역 또는 3천만 원 이하의 벌금

③ 소방청장, 소방본부장 또는 소방서장은 관계인이 제1항 및 제2항에 따른 조치명령을 받고도 이를 이행하지 아니한 때에는 그 위반사실 등을 인터넷 등에 공개할 수 있다.

④ 제3항에 따른 위반사실 등의 공개 절차, 공개 기간, 공개 방법 등 필요한 사항은 대통령령으로 정한다.

- 소방특별조사를 정당한 사유 없이 거부·방해 또는 기피한 사람은 300만 원 이하의 벌금
- 소방특별조치명령에 위반한 자는 3년 이하의 징역 또는 3천만 원이하 벌금

소방시설법 시행령 살펴보기

제10조(조치명령 미이행 사실 등의 공개)

① 소방청장, 소방본부장 또는 소방서장은 법 제5조제3항에 따라 소방특별조사 결과에 따른 조치명령(이하 "조치명령"이라 한다)의 미이행 사실 등을 공개하려면 공개내용과 공개방법 등을 공개대상 소방대상물의 관계인에게 미리 알려야 한다.

② 소방청장, 소방본부장 또는 소방서장은 조치명령 이행기간이 끝난 때부터 소방청, 소방본부 또는 소방서의 인터넷 홈페이지에 조치명령 미이행 소방대상물의 명칭, 주소, 대표자의 성명, 조치명령의 내용 및 미이행 횟수를 게재하고, 다음 각 호의 어느 하나에 해당하는 매체를 통하여 1회 이상 같은 내용을 알려야 한다.

1. 관보 또는 해당 소방대상물이 있는 지방자치단체의 공보
2. 「신문 등의 진흥에 관한 법률」 제9조제1항제9호에 따라 전국 또는 해당 소방대상물이 있는 지역을 보급지역으로 등록한 같은 법 제2조제1호가목 또는 나목에 해당하는 일간신문
3. 유선방송
4. 반상회보
5. 해당 소방대상물이 있는 지방자치단체에서 지역 주민들에게 배포하는 소식지

③ 소방청장, 소방본부장 또는 소방서장은 소방대상물의 관계인이 조치명령을 이행하였을 때에는 즉시 제2항에 따른 공개내용을 해당 인터넷 홈페이지에서 삭제하여야 한다.
④ 조치명령 미이행 사실 등의 공개가 제3자의 법익을 침해하는 경우에는 제3자와 관련된 사실을 제외하고 공개하여야 한다.

소방시설법 시행규칙 살펴보기

제2조(소방특별조사에 따른 조치명령 등의 절차)
① 소방청장, 소방본부장 또는 소방서장은 법 제5조제1항에 따른 소방대상물의 개수(改修)·이전·제거, 사용의 금지 또는 제한, 사용폐쇄, 공사의 정지 또는 중지, 그 밖의 필요한 조치를 명할 때에는 별지 제2호서식의 소방특별조사 조치명령서를 해당 소방대상물의 관계인에게 발급하고, 별지 제2호의2서식의 소방특별조사 조치명령대장에 이를 기록하여 관리하여야 한다.
② 소방청장, 소방본부장 또는 소방서장은 법 제5조에 따른 명령으로 인하여 손실을 입은 자가 있는 경우에는 별지 제2호의3서식의 소방특별조사 조치명령 손실확인서를 작성하여 관련 사진 및 그 밖의 증빙자료와 함께 보관하여야 한다.

제3조(손실보상 청구자가 제출하여야 하는 서류 등)
① 법 제5조제1항에 따른 명령으로 손실을 받은 자가 손실보상을 청구하고자 하는 때에는 별지 제3호서식의 손실보상청구서(전자문서로 된 청구서를 포함한다)에 다음 각 호의 서류(전자문서를 포함한다)를 첨부하여 특별시장·광역시장·특별자치시장·도지사 또는 특별자치도지사(이하 "시·도지사"라 한다)에게 제출하여야 한다. 이 경우 담당 공무원은 「전자정부법」 제36조제1항에 따른 행정정보의 공동이용을 통하여 건축물대장(소방대상물의 관계인임을 증명할 수 있는 서류가 건축물대장인 경우만 해당한다)을 확인하여야 한다.
1. 소방대상물의 관계인임을 증명할 수 있는 서류(건축물대장은 제외한다)
2. 손실을 증명할 수 있는 사진 그 밖의 증빙자료
② 시·도지사는 영 제11조제2항에 따른 손실보상에 관하여 협의가 이루어진 때에는 손실보상을 청구한 자와 연명으로 별지 제4호서식의 손실보상합의서를 작성하고 이를 보관하여야 한다.

※ 연명: 두 사람 이상의 이름을 한 곳에 잇따라 씀

제6조(손실 보상)

소방청장, 특별시장 · 광역시장 · 특별자치시장 · 도지사 또는 특별자치도지사(이하 "시 · 도지사"라 한다)는 제5조제1항에 따른 명령으로 인하여 손실을 입은 자가 있는 경우에는 대통령령으로 정하는 바에 따라 보상하여야 한다.

소방시설법 시행령 살펴보기

제11조(손실 보상)

① 법 제6조에 따라 시·도지사가 손실을 보상하는 경우에는 시가(時價)로 보상하여야 한다.
② 제1항에 따른 손실 보상에 관하여는 시·도지사와 손실을 입은 자가 협의하여야 한다.
③ 제2항에 따른 보상금액에 관한 협의가 성립되지 아니한 경우에는 시·도지사는 그 보상금액을 지급하거나 공탁하고 이를 상대방에게 알려야 한다.
④ 제3항에 따른 보상금의 지급 또는 공탁의 통지에 불복하는 자는 지급 또는 공탁의 통지를 받은 날부터 30일 이내에 관할 토지수용위원회에 재결(裁決)을 신청할 수 있다.

※ 공탁: 법령의 규정에 따라 금전이나 유가증권 따위를 공탁소(지방 법원)에 맡겨 두는 일

※ 재결: 행정 심판 기관이 행정 심판의 청구에 대해 심리의 결과를 판단함

제3장 소방시설의 설치 및 유지 · 관리 등

제1절 건축허가등의 동의 등

제7조(건축허가등의 동의 등)

① 건축물 등의 신축 · 증축 · 개축 · 재축(再築) · 이전 · 용도변경 또는 대수선(大修繕)의 허가 · 협의 및 사용승인(「주택법」 제15조에 따른 승인 및 같은 법 제49조에 따른 사용검사, 「학교시설사업 촉진법」 제4조에 따른 승인 및 같은 법 제13조에 따른 사용승인을 포함하며, 이하 "건축허가등"이라 한다)의 권한이 있는 행정기관은 건축허가등을 할 때 미리 그 건축물 등의 시공지(施工地) 또는 소재지를 관할하는 소방본부장이나 소방서장의 동의를 받아야 한다.

② 건축물 등의 대수선 · 증축 · 개축 · 재축 또는 용도변경의 신고를 수리(受理)할 권한이 있는 행정기관은 그신고를 수리하면 그 건축물 등의 시공지 또는 소재지를 관할하는 소방본부장이나 소방서장에게 지체 없이 그 사실을 알려야 한다.

③ 제1항에 따른 건축허가등의 권한이 있는 행정기관과 제2항에 따른 신고를 수리할 권한이 있는 행정기관은 제1항에 따라 건축허가등의 동의를 받거나 제2항에 따른 신고를 수리한 사실을 알릴 때 관할 소방본부장이나 소방서장에게 건축허가등을 하거나 신고를 수리할 때 건축허가등을 받으려는 자 또는 신고를 한 자가 제출한 설계도서 중 건축물의 내부구조를 알 수 있는 설계도면을 제출하여야 한다. 다만, 국가안보상 중요하거나 국가기밀에 속하는 건축물을 건축하는 경우로서 관계 법령에 따라 행정기관이 설계도면을 확보할 수 없는 경우에는 그

러하지 아니하다.

④ 소방본부장이나 소방서장은 제1항에 따른 동의를 요구받으면 그 건축물 등이 이 법 또는 이 법에 따른 명령을 따르고 있는지를 검토한 후 행정안전부령으로 정하는 기간 이내에 해당 행정기관에 동의 여부를 알려야 한다.

⑤ 제1항에 따라 사용승인에 대한 동의를 할 때에는 「소방시설공사업법」 제14조제3항에 따른 소방시설공사의 완공검사증명서를 교부하는 것으로 동의를 갈음할 수 있다. 이 경우 제1항에 따른 건축허가등의 권한이 있는 행정기관은 소방시설공사의 완공검사증명서를 확인하여야 한다.

⑥ 제1항에 따른 건축허가등을 할 때에 소방본부장이나 소방서장의 동의를 받아야 하는 건축물 등의 범위는 대통령령으로 정한다.

⑦ 다른 법령에 따른 인가 · 허가 또는 신고 등(건축허가등과 제2항에 따른 신고는 제외하며, 이하 이 항에서 "인허가등"이라 한다)의 시설기준에 소방시설등의 설치 · 유지 등에 관한 사항이 포함되어 있는 경우 해당 인허가등의 권한이 있는 행정기관은 인허가등을 할 때 미리 그 시설의 소재지를 관할하는 소방본부장이나 소방서장에게 그 시설이 이 법 또는 이 법에 따른 명령을 따르고 있는지를 확인하여 줄 것을 요청할 수 있다. 이 경우 요청을 받은 소방본부장 또는 소방서장은 행정안전부령으로 정하는 기간 이내에 확인 결과를 알려야 한다.

소방시설법 시행령 살펴보기

제12조(건축허가등의 동의대상물의 범위 등)

① 법 제7조제1항에 따라 건축물 등의 신축 · 증축 · 개축 · 재축(再築) · 이전 · 용도변경 또는 대수선(大修繕)의 허가 · 협의 및 사용승인(이하 "건축허가등"이라 한다)을 할 때 미리 소방본부장 또는 소방서장의 동의를 받아야 하는 건축물 등의 범위는 다음 각 호와 같다. 〈개정 2013. 1. 9., 2015. 1. 6., 2015. 6. 30., 2017. 1. 26., 2017. 5. 29., 2019. 8. 6., 2020. 9. 15., 2021. 8. 24.〉

[시행일: 2022. 2. 25.] 제12조

1. 연면적(「건축법 시행령」 제119조제1항제4호에 따라 산정된 면적을 말한다. 이하 같다)이 400제곱미터 이상인 건축물. 다만, 다음 각 목의 어느 하나에 해당하는 시설은 해당 목에서 정한 기준 이상인 건축물로 한다.
   가. 「학교시설사업 촉진법」 제5조의2제1항에 따라 건축등을 하려는 학교시설: 100제곱미터
   나. 노유자시설(老幼者施設) 및 수련시설: 200제곱미터
   *다. 「정신건강증진 및 정신질환자 복지서비스 지원에 관한 법률」 제3조제5호에 따른 정신의료기관(입원실이 없는 정신건강의학과 의원은 제외하며, 이하 "정신의료기관"이라 한다): 300제곱미터
   라. 「장애인복지법」 제58조제1항제4호에 따른 장애인 의료재활시설(이하 "의료재활시설"

이라 한다): 300제곱미터

1의2. 층수(「건축법 시행령」 제119조제1항제9호에 따라 산정된 층수를 말한다. 이하 같다)가 6층 이상인 건축물

2. 차고·주차장 또는 주차용도로 사용되는 시설로서 다음 각 목의 어느 하나에 해당하는 것
   가. 차고·주차장으로 사용되는 바닥면적이 200제곱미터 이상인 층이 있는 건축물이나 주차시설
   나. 승강기 등 기계장치에 의한 주차시설로서 자동차 20대 이상을 주차할 수 있는 시설
3. 항공기격납고, 관망탑, 항공관제탑, 방송용 송수신탑
4. 지하층 또는 무창층이 있는 건축물로서 바닥면적이 150제곱미터(공연장의 경우에는 100제곱미터) 이상인 층이 있는 것
5. 별표 2의 특정소방대상물 중 조산원, 산후조리원, 위험물 저장 및 처리 시설, 발전시설 중 전기저장시설, 지하구 [시행일: 2022. 2. 25.] 제12조

※ 12조제1항제5호의 개정규정은 건축허가등의 동의대상 확대에 따른 동의대상 건축물에 관한 적용례로 이 영 시행 이후 건축허가등을 신청하는 조산원, 산후조리원과 발전시설 중 전기저장시설부터 적용한다.

6. 제1호에 해당하지 않는 노유자시설 중 다음 각 목의 어느 하나에 해당하는 시설. 다만, 가목 2) 및 나목부터 바목까지의 시설 중 「건축법 시행령」 별표 1의 단독주택 또는 공동주택에 설치되는 시설은 제외한다.
   가. 별표 2 제9호가목에 따른 노인 관련 시설 중 다음의 어느 하나에 해당하는 시설
      1) 「노인복지법」 제31조제1호・제2호 및 제4호에 따른 노인주거복지시설・노인의료복지시설 및 재가노인복지시설
      2) 「노인복지법」 제31조제7호에 따른 학대피해노인 전용쉼터
   나. 「아동복지법」 제52조에 따른 아동복지시설
   (아동상담소, 아동전용시설 및 지역아동센터는 제외한다)
   다. 「장애인복지법」 제58조제1항제1호에 따른 장애인 거주시설
   라. 정신질환자 관련 시설(「정신건강증진 및 정신질환자 복지서비스 지원에 관한 법률」 제27조제1항제2호에 따른 공동생활가정을 제외한 재활훈련시설과 같은 법 시행령 제16조제3호에 따른 종합시설 중 24시간 주거를 제공하지 아니하는 시설은 제외한다)
   마. 별표 2 제9호마목에 따른 노숙인 관련 시설 중 노숙인자활시설, 노숙인재활시설 및 노숙인요양시설
   바. 결핵환자나 한센인이 24시간 생활하는 노유자시설
7. 「의료법」 제3조제2항제3호라목에 따른 요양병원(이하 "요양병원"이라 한다). 다만, 정신의료기관 중 정신병원(이하 "정신병원"이라 한다)과 의료재활시설은 제외한다.

② 제1항에도 불구하고 다음 각 호의 어느 하나에 해당하는 특정소방대상물은 소방본부장 또는 소방서장의 건축허가등의 동의대상에서 제외된다.

1. 별표 5에 따라 특정소방대상물에 설치되는 소화기구, 누전경보기, 피난기구, 방열복·방화

복·공기호흡기 및 인공소생기, 유도등 또는 유도표지가 법 제9조제1항 전단에 따른 화재안전기준(이하 "화재안전기준"이라 한다)에 적합한 경우 그 특정소방대상물

2. 건축물의 증축 또는 용도변경으로 인하여 해당 특정소방대상물에 추가로 소방시설이 설치되지 아니하는 경우 그 특정소방대상물

3. 법 제9조의3제1항에 따라 성능위주설계를 한 특정소방대상물

③ 법 제7조제1항에 따라 건축허가등의 권한이 있는 행정기관은 건축허가등의 동의를 받으려는 경우에는 동의요구서에 행정안전부령으로 정하는 서류를 첨부하여 해당 건축물 등의 소재지를 관할하는 소방본부장 또는 소방서장에게 동의를 요구하여야 한다. 이 경우 동의 요구를 받은 소방본부장 또는 소방서장은 첨부서류가 미비한 경우에는 그 서류의 보완을 요구할 수 있다.

■ 허가동의 절차

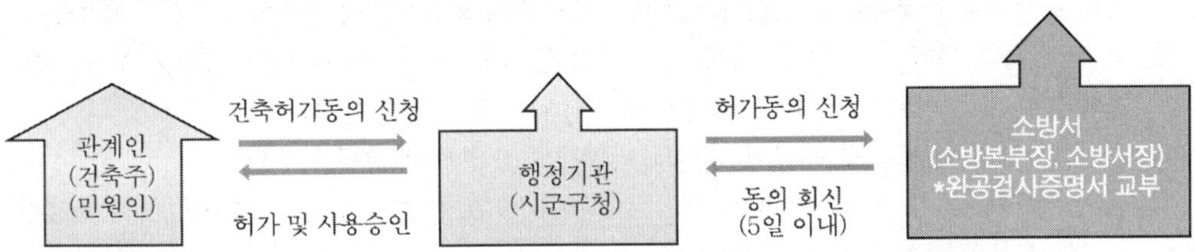

* 특급소방(안전관리)대상물의 동의회신기간:10일 이내(*미비서류 보완 시 4일 이내)

- 50층 이상(지하층제외),높이가 200미터 이상(약 60평)인 아파트
- 30층 이상(지하층포함), 높이가 120미터 이상(약 36평)인 대상물
- 연면적이 20만 제곱미터이상(60,500평)인 특정소방대상물

※ 연면적: 각 층 바닥면전의 합계(지하층, 옥상 포함)

소방시설법 시행규칙 살펴보기

제4조(건축허가등의 동의요구)

① 법 제7조제1항에 따른 건축물 등의 신축·증축·개축·재축·이전·용도변경 또는 대수선의 허가·협의 및 사용승인(이하 "건축허가등"이라 한다)의 동의요구는 다음 각 호의 구분에 따른 기관이 건축물 등의 시공지(施工地) 또는 소재지를 관할하는 소방본부장 또는 소방서장에게 하여야 한다.

1. 영 제12조제1항제1호부터 제4호까지 및 제6호에 따른 건축물 등과 영 별표 2 제17호가목에 따른 위험물 제조소등의 경우: 「건축법」 제11조에 따른 허가(「건축법」 제29조제1항에 따른 협의, 「주택법」 제16조에 따른 승인, 같은 법 제29조에 따른 사용검사, 「학교시설사업 촉진법」 제4조에 따른 승인 및 같은 법 제13조에 따른 사용승인을 포함한다)의 권한이 있는 행정기관

2. 영 별표 2 제17호나목에 따른 가스시설의 경우: 「고압가스 안전관리법」 제4조, 「도시가스사업법」 제3조 및 「액화석유가스의 안전관리 및 사업법」 제3조·제6조에 따른 허가의 권한이 있는 행정기관
3. 영 별표 2 제28호에 따른 지하구의 경우: 「국토의 계획 및 이용에 관한 법률」 제88조제2항에 따른 도시·군계획시설사업 실시계획 인가의 권한이 있는 행정기관

② 제1항 각 호의 어느 하나에 해당하는 기관은 영 제12조제3항에 따라 건축허가등의 동의를 요구하는 때에는 동의요구서(전자문서로 된 요구서를 포함한다)에 다음 각 호의 서류(전자문서를 포함한다)를 첨부하여야 한다.

1. 「건축법 시행규칙」 제6조·제8조 및 제12조의 규정에 의한 건축허가신청서 및 건축허가서 또는 건축·대수선·용도변경신고서 등 건축허가등을 확인할 수 있는 서류의 사본. 이 경우 동의 요구를 받은 담당공무원은 특별한 사정이 없는 한 「전자정부법」 제36조제1항에 따른 행정정보의 공동이용을 통하여 건축허가서를 확인함으로써 첨부서류의 제출에 갈음하여야 한다.
2. 다음 각 목의 설계도서. 다만, 가목 및 다목의 설계도서는 「소방시설공사업법 시행령」 제4조에 따른 소방시설공사 착공신고대상에 해당되는 경우에 한한다.
   가. 건축물의 단면도 및 주단면 상세도(내장재료를 명시한 것에 한한다)
   나. 소방시설(기계·전기분야의 시설을 말한다)의 층별 평면도 및 층별 계통도(시설별 계산서를 포함한다)
   다. 창호도
3. 소방시설 설치계획표
4. 임시소방시설 설치계획서(설치 시기·위치·종류·방법 등 임시소방시설의 설치와 관련한 세부사항을 포함한다)
5. 소방시설설계업등록증과 소방시설을 설계한 기술인력자의 기술자격증 사본
6. 「소방시설공사업법」 제21조의3제2항에 따라 체결한 소방시설설계 계약서 사본 1부

③ 제1항에 따른 동의요구를 받은 소방본부장 또는 소방서장은 법 제7조제3항에 따라 건축허가등의 동의요구서류를 접수한 날부터 5일(허가를 신청한 건축물 등이 영 제22조제1항제1호 각 목의 어느 하나에 해당하는 경우에는 10일) 이내에 건축허가등의 동의여부를 회신하여야 한다.

④ 소방본부장 또는 소방서장은 제3항의 규정에 불구하고 제2항의 규정에 의한 동의 요구서 및 첨부서류의 보완이 필요한 경우에는 4일 이내의 기간을 정하여 보완을 요구할 수 있다. 이 경우 보완기간은 제3항의 규정에 의한 회신기간에 산입하지 아니하고, 보완기간내에 보완하지 아니하는 때에는 동의요구서를 반려하여야 한다.

⑤ 제1항에 따라 건축허가등의 동의를 요구한 기관이 그 건축허가등을 취소하였을 때에는 취소한 날부터 7일 이내에 건축물 등의 시공지 또는 소재지를 관할하는 소방본부장 또는 소방서장에게 그 사실을 통보하여야 한다.

⑥ 소방본부장 또는 소방서장은 제3항의 규정에 의하여 동의 여부를 회신하는 때에는 별지 제5호서식의 건축허가등의동의대장에 이를 기재하고 관리하여야 한다.

⑦ 법 제7조제6항 후단에서 "행정안전부령으로 정하는 기간"이란 7일을 말한다.

제7조(연소 우려가 있는 건축물의 구조)

영 별표 5 제1호사목1) 후단에서 "행정안전부령으로 정하는 연소(延燒) 우려가 있는 구조"란 다음 각 호의 기준에 모두 해당하는 구조를 말한다.

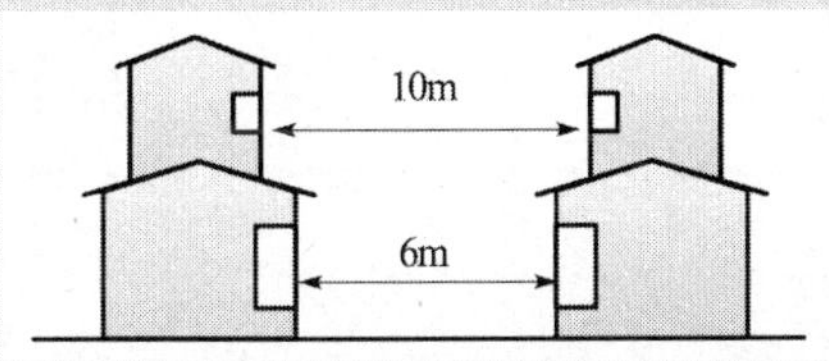

1. 건축물대장의 건축물 현황도에 표시된 대지경계선 안에 둘 이상의 건축물이 있는 경우
2. 각각의 건축물이 다른 건축물의 외벽으로부터 수평거리가 1층의 경우에는 6미터 이하, 2층 이상의 층의 경우에는 10미터 이하인 경우
3. 개구부(영 제2조제1호에 따른 개구부를 말한다)가 다른 건축물을 향하여 설치되어 있는 경우

제6조(소방시설을 설치하여야 하는 터널)

① 영 별표 5 제1호다목2)나)에서 "행정안전부령으로 정하는 터널"이란 「도로의 구조·시설 기준에 관한 규칙」 제48조에 따라 국토교통부장관이 정하는 도로의 구조 및 시설에 관한 세부기준에 의하여 옥내소화전설비를 설치하여야 하는 터널을 말한다.

② 영 별표 5 제1호바목7) 본문에서 "행정안전부령으로 정하는 터널"이란 「도로의 구조·시설 기준에 관한 규칙」 제48조에 따라 국토교통부장관이 정하는 도로의 구조 및 시설에 관한 세부기준에 의하여 물분무설비를 설치하여야 하는 터널을 말한다.

③ 영 별표 5 제5호가목5)에서 "행정안전부령으로 정하는 터널"이란 「도로의 구조·시실 기준에 관한 규칙」 제48조에 따라 국토교통부장관이 정하는 도로의 구조 및 시설에 관한 세부기준에 의하여 제연설비를 설치하여야 하는 터널을 말한다.

제7조의2(전산시스템 구축 및 운영)

① 소방청장, 소방본부장 또는 소방서장은 제7조제3항에 따라 제출받은 설계도면의 체계적인 관리 및 공유를 위하여 전산시스템을 구축 · 운영하여야 한다.

② 소방청장, 소방본부장 또는 소방서장은 전산시스템의 구축 · 운영에 필요한 자료의 제출 또는 정보의 제공을 관계 행정기관의 장에게 요청할 수 있다. 이 경우 자료의 제출이나 정보의 제공을 요청받은 관계 행정기관의 장은 정당한 사유가 없으면 이에 따라야 한다.

제8조(주택에 설치하는 소방시설)

① 다음 각 호의 주택의 소유자는 대통령령으로 정하는 소방시설을 설치하여야 한다.

1. 「건축법」 제2조제2항제1호의 단독주택
2. 「건축법」 제2조제2항제2호의 공동주택(아파트 및 기숙사는 제외한다)

② 국가 및 지방자치단체는 제1항에 따라 주택에 설치하여야 하는 소방시설(이하 "주택용 소방

시설"이라 한다)의 설치 및 국민의 자율적인 안전관리를 촉진하기 위하여 필요한 시책을 마련하여야 한다.

③ 주택용 소방시설의 설치기준 및 자율적인 안전관리 등에 관한 사항은 특별시・광역시・특별자치시・도 또는 특별자치도의 조례로 정한다.

소방시설법 시행령 살펴보기

제13조(주택용 소방시설)
법 제8조제1항 각 호 외의 부분에서 "대통령령으로 정하는 소방시설"이란 소화기 및 단독경보형 감지기를 말한다.

제2절 특정소방대상물에 설치하는 소방시설등의 유지・관리 등

제9조(특정소방대상물에 설치하는 소방시설의 유지・관리 등)

① 특정소방대상물의 관계인은 대통령령으로 정하는 소방시설을 소방청장이 정하여 고시하는 화재안전기준에 따라 설치 또는 유지・관리하여야 한다. 이 경우 「장애인・노인・임산부 등의 편의증진 보장에 관한 법률」 제2조제1호에 따른 장애인등이 사용하는 소방시설(경보설비 및 피난구조설비를 말한다)은 대통령령으로 정하는 바에 따라 장애인등에 적합하게 설치 또는 유지・관리하여야 한다. ➡ 300만 원 이하의 과태료

② 소방본부장이나 소방서장은 제1항에 따른 소방시설이 제1항의 화재안전기준에 따라 설치 또는 유지・관리되어 있지 아니할 때에는 해당 특정소방대상물의 관계인에게 필요한 조치를 명할 수 있다. ➡ 3년 이하의 징역 또는 3천만 원 이하의 벌금

③ 특정소방대상물의 관계인은 제1항에 따라 소방시설을 유지・관리할 때 소방시설의 기능과 성능에 지장을 줄 수 있는 폐쇄(잠금을 포함한다. 이하 같다)・차단 등의 행위를 하여서는 아니 된다. 다만, 소방시설의 점검・정비를 위한 폐쇄・차단은 할 수 있다.

➡ 5년 이하의 징역 또는 5천만 원 이하의 벌금

▶ 제9조제3항의 죄를 범하여 사람을 상해에 이르게 한 때에는 7년 이하의 징역 또는 7천만원 이하의 벌금에 처하며, 사망에 이르게 한 때에는 10년 이하의 징역 또는 1억원 이하의 벌금에 처한다.

✔TIP 행정규칙 : 간이스프링클러설비의 화재안전기준(NFSC 103A) 참고

소방시설법 시행령 살펴보기

제15조(특정소방대상물의 규모 등에 따라 갖추어야 하는 소방시설)

법 제9조제1항 전단 및 제9조의4제1항에 따라 특정소방대상물의 관계인이 특정소방대상물의 규모 · 용도 및 별표 4에 따라 산정된 수용 인원(이하 "수용인원"이라 한다) 등을 고려하여 갖추어야 하는 소방시설의 종류는 별표 5와 같다.

소방시설법 시행령 [별표 4]

소방용품 (제6조 관련)

수용인원의 산정 방법(제15조 관련)

1. 숙박시설이 있는 특정소방대상물
   가. 침대가 있는 숙박시설: 해당 특정소방물의 종사자 수에 침대 수(2인용 침대는 2개로 산정한다)를 합한 수
   나. 침대가 없는 숙박시설: 해당 특정소방대상물의 종사자 수에 숙박시설 바닥면적의 합계를 3㎡로 나누어 얻은 수를 합한 수
2. 제1호 외의 특정소방대상물
   가. 강의실 · 교무실 · 상담실 · 실습실 · 휴게실 용도로 쓰이는 특정소방대상물: 해당 용도로 사용하는 바닥면적의 합계를 1.9㎡로 나누어 얻은 수
   나. 강당, 문화 및 집회시설, 운동시설, 종교시설: 해당 용도로 사용하는 바닥면적의 합계를 4.6㎡로 나누어 얻은 수(관람석이 있는 경우 고정식 의자를 설치한 부분은 그 부분의 의자 수로 하고, 긴 의자의 경우에는 의자의 정면너비를 0.45m로 나누어 얻은 수로 한다)
   다. 그 밖의 특정소방대상물: 해당 용도로 사용하는 바닥면적의 합계를 3㎡로 나누어 얻은 수

비고

1. 위 표에서 바닥면적을 산정할 때에는 복도(「건축법 시행령」 제2조제11호에 따른 준불연재료 이상의 것을 사용하여 바닥에서 천장까지 벽으로 구획한 것을 말한다), 계단 및 화장실의 바닥면적을 포함하지 않는다.
2. 계산 결과 소수점 이하의 수는 반올림한다.

소방시설법 시행령 살펴보기

소방시설법 시행령 [별표 5] 〈개정 2020. 12. 10.〉

특정소방대상물의 관계인이 특정소방대상물의 규모·용도 및 수용인원 등을 고려하여 갖추어야 하는 소방시설의 종류(제15조 관련)

1. 소화설비
   가. 화재안전기준에 따라 소화기구를 설치하여야 하는 특정소방대상물은 다음의 어느 하나와 같다.
      1) 연면적 33㎡ 이상인 것. 다만, 노유자시설의 경우에는 투척용 소화용구 등을 화재안전기준에 따라 산정된 소화기 수량의 2분의 1 이상으로 설치할 수 있다.
      2) 1)에 해당하지 않는 시설로서 가스시설, 발전시설 중 전기저장시설 및 지정문화재
         ※ 제1호가목2)의 개정규정은 이 영 시행 이후 「전기사업법」 제61조에 따라 전기저장시설의 설치공사계획 또는 변경공사계획에 대한 인가를 신청하거나 신고하는 전기저장시설부터 적용한다.
      3) 터널
      4) 지하구
         ➡ 이 영은 2020년 12월 10일부터 시행하나 별표 2 제28호가목2)의 개정규정에 따른 지하구에 대해서는 이 영 시행 이후 해당 지하구와 관련하여 특정소방대상물의 신축·증축·개축·재축·이전·용도변경 또는 대수선의 허가·협의를 신청하거나 신고하는 경우부터 적용한다.
   나. 자동소화장치를 설치하여야 하는 특정소방대상물은 다음의 어느 하나와 같다.
      1) 주거용 주방자동소화장치를 설치하여야 하는 것: 아파트등 및 30층 이상 오피스텔의 모든 층
      2) 캐비닛형 자동소화장치, 가스자동소화장치, 분말자동소화장치 또는 고체에어로졸자동소화장치를 설치하여야 하는 것: 화재안전기준에서 정하는 장소
   다. 옥내소화전설비를 설치하여야 하는 특정소방대상물(위험물 저장 및 처리 시설 중 가스시설, 지하구 및 방재실 등에서 스프링클러설비 또는 물분무등소화설비를 원격으로 조정할 수 있는 업무시설 중 무인변전소는 제외한다)은 다음의 어느 하나와 같다.
      1) 연면적 3천㎡ 이상(지하가 중 터널은 제외한다)이거나 지하층·무창층(축사는 제외한다) 또는 층수가 4층 이상인 것 중 바닥면적이 600㎡ 이상인 층이 있는 것은 모든 층
      2) 지하가 중 터널로서 다음에 해당하는 터널
         가) 길이가 1천미터 이상인 터널
         나) 예상교통량, 경사도 등 터널의 특성을 고려하여 총리령으로 정하는 터널

3) 1)에 해당하지 않는 근린생활시설, 판매시설, 운수시설, 의료시설, 노유자시설, 업무시설, 숙박시설, 위락시설, 공장, 창고시설, 항공기 및 자동차 관련 시설, 교정 및 군사시설 중 국방·군사시설, 방송통신시설, 발전시설, 장례시설 또는 복합건축물로서 연면적 1천5백m^2 이상이거나 지하층·무창층 또는 층수가 4층 이상인 층 중 바닥면적이 300m^2 이상인 층이 있는 것은 모든 층

4) 건축물의 옥상에 설치된 차고 또는 주차장으로서 차고 또는 주차의 용도로 사용되는 부분의 면적이 200m^2 이상인 것

5) 1) 및 3)에 해당하지 않는 공장 또는 창고시설로서 「소방기본법 시행령」 별표 2에서 정하는 수량의 750배 이상의 특수가연물을 저장·취급하는 것

라. 스프링클러설비를 설치하여야 하는 특정소방대상물(위험물 저장 및 처리 시설 중 가스시설 또는 지하구는 제외한다)은 다음의 어느 하나와 같다.

1) 문화 및 집회시설(동·식물원은 제외한다), 종교시설(주요구조부가 목조인 것은 제외한다), 운동시설(물놀이형 시설은 제외한다)로서 다음의 어느 하나에 해당하는 경우에는 모든 층

가) 수용인원이 100명 이상인 것

나) 영화상영관의 용도로 쓰이는 층의 바닥면적이 지하층 또는 무창층인 경우에는 500m^2 이상, 그 밖의 층의 경우에는 1천m^2 이상인 것

다) 무대부가 지하층·무창층 또는 4층 이상의 층에 있는 경우에는 무대부의 면적이 300m^2 이상인 것

라) 무대부가 다) 외의 층에 있는 경우에는 무대부의 면적이 500m^2 이상인 것

2) 판매시설, 운수시설 및 창고시설(물류터미널에 한정한다)로서 바닥면적의 합계가 5천m^2 이상이거나 수용인원이 500명 이상인 경우에는 모든 층

3) <u>층수가 6층 이상인 특정소방대상물의 경우에는 모든 층. 다만, 다음의 어느 하나에 해당하는 경우 에는 제외한다.</u>

가) 주택 관련 법령에 따라 기존의 아파트등을 리모델링하는 경우로서 건축물의 연면적 및 층높이가 변경되지 않는 경우. 이 경우 해당 아파트등의 사용검사 당시의 소방시설의 설치에 관한 대통령령 또는 화재안전기준을 적용한다.

나) 스프링클러설비가 없는 기존의 특정소방대상물을 용도변경하는 경우. 다만, 1) · 2) · 4) · 5) 및 8)부터 12)까지의 규정에 해당하는 특정소방대상물로 용도변경하는 경우에는 해당 규정에 따라 스프링클러설비를 설치한다.

4) 다음의 어느 하나에 해당하는 용도로 사용되는 시설의 바닥면적의 합계가 600m^2 이상인 것은 모든 층

가) <u>근린생활시설 중 조산원 및 산후조리원</u>

나) 의료시설 중 정신의료기관

다) 의료시설 중 종합병원, 병원, 치과병원, 한방병원 및 요양병원(정신병원은 제외한다)

라) 노유자시설

마) 숙박이 가능한 수련시설

※ 제1호라목4)가)의 개정규정은 이 영 시행 이후 다음 각 호의 신청 또는 신고를 하는 조산원 또는 산후조리원부터 적용한다.

5) 창고시설(물류터미널은 제외한다)로서 바닥면적 합계가 5천m² 이상인 경우에는 모든 층

6) 천장 또는 반자(반자가 없는 경우에는 지붕의 옥내에 면하는 부분)의 높이가 10m를 넘는 랙식 창고(rack warehouse)(물건을 수납할 수 있는 선반이나 이와 비슷한 것을 갖춘 것을 말한다)로서 바닥면적의 합계가 1천5백m² 이상인 것

7) 1)부터 6)까지의 특정소방대상물에 해당하지 않는 특정소방대상물의 지하층·무창층(축사는 제외한다) 또는 층수가 4층 이상인 층으로서 바닥면적이 1천m² 이상인 층

8) 6)에 해당하지 않는 공장 또는 창고시설로서 다음의 어느 하나에 해당하는 시설

가) 「소방기본법 시행령」 별표 2에서 정하는 수량의 1천 배 이상의 특수가연물을 저장·취급하는 시설

나) 「원자력안전법 시행령」 제2조제1호에 따른 중·저준위방사성폐기물(이하 "중·저준위방사성 폐기물"이라 한다)의 저장시설 중 소화수를 수집·처리하는 설비가 있는 저장시설

9) 지붕 또는 외벽이 불연재료가 아니거나 내화구조가 아닌 공장 또는 창고시설로서 다음의 어느 하나에 해당하는 것

가) 창고시설(물류터미널에 한정한다) 중 2)에 해당하지 않는 것으로서 바닥면적의 합계가 2천5백m² 이상이거나 수용인원이 250명 이상인 것

나) 창고시설(물류터미널은 제외한다) 중 5)에 해당하지 않는 것으로서 바닥면적의 합계가 2천5백m² 이상인 것

다) 랙식 창고시설 중 6)에 해당하지 않는 것으로서 바닥면적의 합계가 750m² 이상인 것

라) 공장 또는 창고시설 중 7)에 해당하지 않는 것으로서 지하층·무창층 또는 층수가 4층 이상인 것 중 바닥면적이 500m² 이상인 것

마) 공장 또는 창고시설 중 8)가)에 해당하지 않는 것으로서 「소방기본법 시행령」 별표 2에서 정하는 수량의 500배 이상의 특수가연물을 저장·취급하는 시설

10) 지하가(터널은 제외한다)로서 연면적 1천m² 이상인 것

11) 기숙사(교육연구시설·수련시설 내에 있는 학생 수용을 위한 것을 말한다) 또는

복합건축물로서 연면적 5천㎡ 이상인 경우에는 모든 층

12) 교정 및 군사시설 중 다음의 어느 하나에 해당하는 경우에는 해당 장소

가) 보호감호소, 교도소, 구치소 및 그 지소, 보호관찰소, 갱생보호시설, 치료감호시설, 소년원 및 소년분류심사원의 수용거실

나)「출입국관리법」제52조제2항에 따른 보호시설(외국인보호소의 경우에는 보호대상자의 생활공간으로 한정한다. 이하 같다)로 사용하는 부분. 다만, 보호시설이 임차건물에 있는 경우는 제외한다.

다)「경찰관 직무집행법」제9조에 따른 유치장

13) 발전시설 중 전기저장시설

※ 제1호라목13)의 개정규정은 이 영 시행 이후 「전기사업법」 제61조에 따라 전기저장시설의 설치공사계획 또는 변경공사계획에 대한 인가를 신청하거나 신고하는 전기저장시설부터 적용한다.

14) 1)부터 13)까지의 특정소방대상물에 부속된 보일러실 또는 연결통로 등

마. 간이스프링클러설비를 설치하여야 하는 특정소방대상물은 다음의 어느 하나와 같다.

1) 근린생활시설 중 다음의 어느 하나에 해당하는 것

가) 근린생활시설로 사용하는 부분의 바닥면적 합계가 1천㎡ 이상인 것은 모든 층

나) 의원, 치과의원 및 한의원으로서 입원실이 있는 시설

다) 조산원 및 산후조리원으로서 연면적 600㎡ 미만인 시설

※ 제1호마목1)다)의 개정규정은 이 영 시행 이후 다음 각 호의 신청 또는 신고를 하는 조산원 또는산후조리원부터 적용한다.

2) 교육연구시설 내에 합숙소로서 연면적 100㎡ 이상인 것

3) 의료시설 중 다음의 어느 하나에 해당하는 시설

가) 종합병원, 병원, 치과병원, 한방병원 및 요양병원(정신병원과 의료재활시설은 제외한다)으로 사용되는 바닥면적의 합계가 600㎡ 미만인 시설

나) 정신의료기관 또는 의료재활시설로 사용되는 바닥면적의 합계가 300㎡ 이상 600㎡ 미만인 시설

다) 정신의료기관 또는 의료재활시설로 사용되는 바닥면적의 합계가 300㎡ 미만이고, 창살(철재·플라스틱 또는 목재 등으로 사람의 탈출 등을 막기 위하여 설치한 것을 말하며, 화재 시 자동으로 열리는 구조로 되어 있는 창살은 제외한다)이 설치된 시설

4) 노유자시설로서 다음의 어느 하나에 해당하는 시설

가) 제12조제1항제6호 각 목에 따른 시설(제12조제1항제6호가목2) 및 같은 호 나목부터 바목까지의 시설 중 단독주택 또는 공동주택에 설치되는 시설은

제외하며, 이하 "노유자 생활시설"이라 한다)

나) 가)에 해당하지 않는 노유자시설로 해당 시설로 사용하는 바닥면적의 합계가 300㎡ 이상 600㎡ 미만인 시설

다) 가)에 해당하지 않는 노유자시설로 해당 시설로 사용하는 바닥면적의 합계가 300㎡ 미만이고, 창살(철재·플라스틱 또는 목재 등으로 사람의 탈출 등을 막기 위하여 설치한 것을 말하며, 화재 시 자동으로 열리는 구조로 되어 있는 창살은 제외한다)이 설치된 시설

5) 건물을 임차하여 「출입국관리법」 제52조제2항에 따른 보호시설로 사용하는 부분

6) 숙박시설 중 생활형 숙박시설로서 해당 용도로 사용되는 바닥면적의 합계가 600㎡ 이상인 것

7) 복합건축물(별표 2 제30호나목의 복합건축물만 해당한다)로서 연면적 1천㎡ 이상인 것은 모든 층

바. 물분무등소화설비를 설치하여야 하는 특정소방대상물(위험물 저장 및 처리 시설 중 가스시설 또는 지하구는 제외한다)은 다음의 어느 하나와 같다.

1) 항공기 및 자동차 관련 시설 중 항공기격납고

2) 차고, 주차용 건축물 또는 철골 조립식 주차시설

이 경우 연면적 800㎡ 이상인 것만 해당한다.

3) 건축물 내부에 설치된 차고 또는 주차장으로서 차고 또는 주차의 용도로 사용되는 부분의 바닥면적이 200㎡ 이상인 층

4) 기계장치에 의한 주차시설을 이용하여 20대 이상의 차량을 주차할 수 있는 것

5) 특정소방대상물에 설치된 전기실·발전실·변전실(가연성 절연유를 사용하지 않는 변압기·전류차단기 등의 전기기기와 가연성 피복을 사용하지 않은 전선 및 케이블만을 설치한 전기실·발전실 및 변전실은 제외한다)·축전지실·통신기기실 또는 전산실, 그 밖에 이와 비슷한 것으로서 바닥면적이 300㎡ 이상인 것[하나의 방화구획 내에 둘 이상의 실(室)이 설치되어 있는 경우에는 이를 하나의 실로 보아 바닥면적을 산정한다].

다만, 내화구조로 된 공정제어실 내에 설치된 주조정실로서 양압시설이 설치되고 전기기기에 220볼트 이하인 저전압이 사용되며 종업원이 24시간 상주하는 곳은 제외한다.

6) 소화수를 수집·처리하는 설비가 설치되어 있지 않은 중·저준위방사성폐기물의 저장시설. 다만, 이 경우에는 이산화탄소소화설비, 할론소화설비 또는 할로겐화합물 및 불활성기체 소화설비를 설치하여야 한다.

7) 지하가 중 예상 교통량, 경사도 등 터널의 특성을 고려하여 행정안전부령으로 정하는 터널. 다만, 이 경우에는 물분무소화설비를 설치하여야 한다.

8) 「문화재보호법」 제2조제3항제1호 및 제2호에 따른 지정문화재 중 소방청장이 문화재청장과 협의하여 정하는 것

사. 옥외소화전설비를 설치하여야 하는 특정소방대상물(아파트 등, 위험물 저장 및 처리 시설 중 가스시설, 지하구 또는 지하가 중 터널은 제외한다)은 다음의 어느 하나와 같다.

1) 지상 1층 및 2층의 바닥면적의 합계가 9천㎡ 이상인 것. 이 경우 같은 구(區) 내의 둘 이상의 특정소방대상물이 행정안전부령으로 정하는 연소(延燒) 우려가 있는 구조인 경우에는 이를 하나의 특정소방대상물로 본다.

2) 「문화재보호법」 제23조에 따라 보물 또는 국보로 지정된 목조건축물

3) 1)에 해당하지 않는 공장 또는 창고시설로서 「소방기본법 시행령」 별표 2에서 정하는 수량의 750배 이상의 특수가연물을 저장·취급하는 것

2. 경보설비

가. 비상경보설비를 설치하여야 할 특정소방대상물(지하구, 모래·석재 등 불연재료 창고 및 위험물 저장·처리 시설 중 가스시설은 제외한다)은 다음의 어느 하나와 같다.

1) 연면적 400㎡(지하가 중 터널 또는 사람이 거주하지 않거나 벽이 없는 축사 등 동·식물 관련시설은 제외한다) 이상이거나 지하층 또는 무창층의 바닥면적이 150㎡(공연장의 경우 100㎡) 이상인 것

2) 지하가 중 터널로서 길이가 500m 이상인 것

3) 50명 이상의 근로자가 작업하는 옥내 작업장

나. 비상방송설비를 설치하여야 하는 특정소방대상물(위험물 저장 및 처리 시설 중 가스시설, 사람이 거주하지 않는 동물 및 식물 관련 시설, 지하가 중 터널, 축사 및 지하구는 제외한다)은 다음의 어느 하나와 같다.

1) 연면적 3천5백㎡ 이상인 것

2) 지하층을 제외한 층수가 11층 이상인 것

3) 지하층의 층수가 3층 이상인 것

다. 누전경보기는 계약전류용량(같은 건축물에 계약 종류가 다른 전기가 공급되는 경우에는 그 중 최대계약전류용량을 말한다)이 100암페어를 초과하는 특정소방대상물(내화구조가 아닌 건축물로서 벽·바닥 또는 반자의 전부나 일부를 불연재료 또는 준불연재료가 아닌 재료에 철망을 넣어 만든 것만 해당한다)에 설치하여야 한다. 다만, 위험물 저장 및 처리 시설 중 가스시설, 지하가 중 터널 또는 지하구의 경우에는 그러하지 아니하다.

라. 자동화재탐지설비를 설치하여야 하는 특정소방대상물은 다음의 어느 하나와 같다.

1) 근린생활시설(목욕장은 제외한다), 의료시설(정신의료기관 또는 요양병원은 제외한다), 숙박시설, 위락시설, 장례시설 및 복합건축물로서 연면적 600㎡ 이상

인 것

2) 공동주택, 근린생활시설 중 목욕장, 문화 및 집회시설, 종교시설, 판매시설, 운수시설, 운동시설, 업무시설, 공장, 창고시설, 위험물 저장 및 처리 시설, 항공기 및 자동차 관련 시설, 교정 및 군사시설 중 국방·군사시설, 방송통신시설, 발전시설, 관광 휴게시설, 지하가(터널은 제외한다)로서 연면적 1천㎡ 이상인 것

3) 교육연구시설(교육시설 내에 있는 기숙사 및 합숙소를 포함한다), 수련시설(수련시설 내에 있는 기숙사 및 합숙소를 포함하며, 숙박시설이 있는 수련시설은 제외한다), 동물 및 식물 관련 시설(기둥과 지붕만으로 구성되어 외부와 기류가 통하는 장소는 제외한다), 분뇨 및 쓰레기 처리시설, 교정 및 군사시설(국방·군사시설은 제외한다) 또는 묘지 관련 시설로서 연면적 2천㎡ 이상인 것

4) 지하구

5) 지하가 중 터널로서 길이가 1천m 이상인 것

6) 노유자 생활시설

7) 6)에 해당하지 않는 노유자시설로서 연면적 400㎡ 이상인 노유자시설 및 숙박시설이 있는 수련시설로서 수용인원 100명 이상인 것

8) 2)에 해당하지 않는 공장 및 창고시설로서 「소방기본법 시행령」 별표 2에서 정하는 수량의 500배 이상의 특수가연물을 저장·취급하는 것

9) 의료시설 중 정신의료기관 또는 요양병원으로서 다음의 어느 하나에 해당하는 시설

가) 요양병원(정신병원과 의료재활시설은 제외한다)

나) 정신의료기관 또는 의료재활시설로 사용되는 바닥면적의 합계가 300㎡ 이상인 시설

다) 정신의료기관 또는 의료재활시설로 사용되는 바닥면적의 합계가 300㎡ 미만이고, 창살(철재·플라스틱 또는 목재 등으로 사람의 탈출 등을 막기 위하여 설치한 것을 말하며, 화재 시 자동으로 열리는 구조로 되어 있는 창살은 제외한다)이 설치된 시설

10) 판매시설 중 전통시장

11) <u>1)에 해당하지 않는 근린생활시설 중 조산원 및 산후조리원</u>

※ 제2호라목11)의 개정규정은 이 영 시행 이후 다음 각 호의 신청 또는 신고를 하는 조산원 또는 산후조리원부터 적용한다.

12) 2)에 해당하지 않는 발전시설 중 전기저장시설

※ 제2호라목12)의 개정규정은 이 영 시행 이후 「전기사업법」 제61조에 따라 전기저장시설의 설치공사계획 또는 변경공사계획에 대한 인가를 신청하거나 신고하는 전기저장시설부터 적용한다.

마. 자동화재속보설비를 설치하여야 하는 특정소방대상물은 다음의 어느 하나와 같다.

1) 업무시설, 공장, 창고시설, 교정 및 군사시설 중 국방·군사시설, 발전시설(사람이 근무하지 않는 시간에는 무인경비시스템으로 관리하는 시설만 해당한다)로서 바닥면적이 1천5백㎡ 이상인 층이 있는 것. 다만, 사람이 24시간 상시 근무하고 있는 경우에는 자동화재속보설비를 설치하지 않을 수 있다.

2) 노유자 생활시설

3) 2)에 해당하지 않는 노유자시설로서 바닥면적이 500㎡ 이상인 층이 있는 것. 다만, 사람이 24시간 상시 근무하고 있는 경우에는 자동화재속보설비를 설치하지 않을 수 있다.

4) 수련시설(숙박시설이 있는 건축물만 해당한다)로서 바닥면적이 500㎡ 이상인 층이 있는 것. 다만, 사람이 24시간 상시 근무하고 있는 경우에는 자동화재속보설비를 설치하지 않을 수 있다.

5) 「문화재보호법」 제23조에 따라 보물 또는 국보로 지정된 목조건축물. 다만, 사람이 24시간 상시 근무하고 있는 경우에는 자동화재속보설비를 설치하지 않을 수 있다.

6) 근린생활시설 중 다음의 어느 하나에 해당하는 시설

가) 의원, 치과의원 및 한의원으로서 입원실이 있는 시설

나) 조산원 및 산후조리원

※ 제2호 마목6)나)의 개정규정은 이 영 시행 이후 다음 각 호의 신청 또는 신고를 하는 조산원 또는 산후조리원부터 적용한다.

7) 의료시설 중 다음의 어느 하나에 해당하는 것

가) 종합병원, 병원, 치과병원, 한방병원 및 요양병원(정신병원과 의료재활시설은 제외한다)

나) 정신병원 및 의료재활시설로 사용되는 바닥면적의 합계가 500㎡ 이상인 층이 있는 것

8) 판매시설 중 전통시장

9) 9) 1)에 해당하지 않는 발전시설 중 전기저장시설

※ 제2호마목9)의 개정규정은 이 영 시행 이후 「전기사업법」 제61조에 따라 전기저장시설의 설치공사계획 또는 변경공사계획에 대한 인가를 신청하거나 신고하는 전기저장시설부터 적용한다.

10) 1)부터 9)까지에 해당하지 않는 특정소방대상물 중 층수가 30층 이상인 것

바. 단독경보형 감지기를 설치하여야 하는 특정소방대상물은 다음의 어느 하나와 같다.

1) 연면적 1천㎡ 미만의 아파트등

2) 연면적 1천㎡ 미만의 기숙사

3) 교육연구시설 또는 수련시설 내에 있는 합숙소 또는 기숙사로서 연면적 2천㎡ 미만인 것
4) 연면적 600㎡ 미만의 숙박시설
5) 라목7)에 해당하지 않는 수련시설(숙박시설이 있는 것만 해당한다)
6) 연면적 400㎡ 미만의 유치원

사. 시각경보기를 설치하여야 하는 특정소방대상물은 라목에 따라 자동화재탐지설비를 설치하여야 하는 특정소방대상물 중 다음의 어느 하나에 해당하는 것과 같다.
1) 근린생활시설, 문화 및 집회시설, 종교시설, 판매시설, 운수시설, 운동시설, 위락시설, 창고시설 중 물류터미널
2) 의료시설, 노유자시설, 업무시설, 숙박시설, 발전시설 및 장례시설
3) 교육연구시설 중 도서관, 방송통신시설 중 방송국
4) 지하가 중 지하상가

아. 가스누설경보기를 설치하여야 하는 특정소방대상물(가스시설이 설치된 경우만 해당한다)은 다음의 어느 하나와 같다.
1) 판매시설, 운수시설, 노유자시설, 숙박시설, 창고시설 중 물류터미널
2) 문화 및 집회시설, 종교시설, 의료시설, 수련시설, 운동시설, 장례시설

자. 통합감시시설을 설치하여야 하는 특정소방대상물은 지하구로 한다.

3. 피난구조설비

가. 피난기구는 특정소방대상물의 모든 층에 화재안전기준에 적합한 것으로 설치하여야 한다. 다만, 피난층, 지상 1층, 지상 2층(별표 2 제9호에 따른 노유자시설 중 피난층이 아닌 지상 1층과 피난층이 아닌 지상 2층은 제외한다) 및 층수가 11층 이상인 층과 위험물 저장 및 처리시설 중 가스시설, 지하가 중 터널 또는 지하구의 경우에는 그러하지 아니하다.

나. 인명구조기구를 설치하여야 하는 특정소방대상물은 다음의 어느 하나와 같다.
1) 방열복 또는 방화복(안전헬멧, 보호장갑 및 안전화를 포함한다), 인공소생기 및 공기호흡기를 설치하여야 하는 특정소방대상물: 지하층을 포함하는 층수가 7층 이상인 관광호텔
2) 방열복 또는 방화복(안전헬멧, 보호장갑 및 안전화를 포함한다) 및 공기호흡기를 설치하여야 하는 특정소방대상물: 지하층을 포함하는 층수가 5층 이상인 병원
3) 공기호흡기를 설치하여야 하는 특정소방대상물은 다음의 어느 하나와 같다.
가) 수용인원 100명 이상인 문화 및 집회시설 중 영화상영관
나) 판매시설 중 대규모점포
다) 운수시설 중 지하역사
라) 지하가 중 지하상가

마) 제1호바목 및 화재안전기준에 따라 이산화탄소소화설비(호스릴 이산화탄소 소화설비는 제외한 다)를 설치하여야 하는 특정소방대상물

다. 유도등을 설치하여야 할 대상은 다음의 어느 하나와 같다.

1) 피난구유도등, 통로유도등 및 유도표지는 별표 2의 특정소방대상물에 설치한다. 다만, 다음의 어느 하나에 해당하는 경우는 제외한다.

가) 지하가 중 터널

나) 별표 2 제19호에 따른 동물 및 식물 관련 시설 중 축사로서 가축을 직접 가두어 사육하는 부분

2) 객석유도등은 다음의 어느 하나에 해당하는 특정소방대상물에 설치한다.

가) 유흥주점영업시설(「식품위생법 시행령」 제21조제8호라목의 유흥주점영업 중 손님이 춤을 출 수 있는 무대가 설치된 카바레, 나이트클럽 또는 그 밖에 이와 비슷한 영업시설만 해당한다)

나) 문화 및 집회시설

다) 종교시설

라) 운동시설

라. 비상조명등을 설치하여야 하는 특정소방대상물(창고시설 중 창고 및 하역장, 위험물 저장 및 처리 시설 중 가스시설은 제외한다)은 다음의 어느 하나와 같다.

1) 지하층을 포함하는 층수가 5층 이상인 건축물로서 연면적 3천㎡ 이상인 것

2) 1)에 해당하지 않는 특정소방대상물로서 그 지하층 또는 무창층의 바닥면적이 450㎡ 이상인 경우에는 그 지하층 또는 무창층

3) 지하가 중 터널로서 그 길이가 500m 이상인 것

마. 휴대용 비상조명등을 설치하여야 하는 특정소방대상물은 다음의 어느 하나와 같다.

1) 숙박시설

2) 수용인원 100명 이상의 영화상영관, 판매시설 중 대규모점포, 철도 및 도시철도 시설 중 지하역사, 지하가 중 지하상가

4. 소화용수설비

상수도소화용수설비를 설치하여야 하는 특정소방대상물은 다음 각 목의 어느 하나와 같다. 다만, 상수도 소화용수설비를 설치하여야 하는 특정소방대상물의 대지 경계선으로부터 180m 이내에 지름 75㎜ 이상인 상수도용 배수관이 설치되지 않은 지역의 경우에는 화재안전기준에 따른 소화수조 또는 저수조를 설치하여야 한다.

가. 연면적 5천㎡ 이상인 것. 다만, 위험물 저장 및 처리 시설 중 가스시설, 지하가 중 터널 또는 지하구의 경우에는 그러하지 아니하다.

나. 가스시설로서 지상에 노출된 탱크의 저장용량의 합계가 100톤 이상인 것

5. 소화활동설비
   가. 제연설비를 설치하여야 하는 특정소방대상물은 다음의 어느 하나와 같다.
      1) 문화 및 집회시설, 종교시설, 운동시설로서 무대부의 바닥면적이 200㎡ 이상 또는 문화 및 집회시설 중 영화상영관으로서 수용인원 100명 이상인 것
      2) 지하층이나 무창층에 설치된 근린생활시설, 판매시설, 운수시설, 숙박시설, 위락시설, 의료시설, 노유자시설 또는 창고시설(물류터미널만 해당한다)로서 해당 용도로 사용되는 바닥면적의 합계가 1천㎡ 이상인 층
      3) 운수시설 중 시외버스정류장, 철도 및 도시철도 시설, 공항시설 및 항만시설의 대합실 또는 휴게시설로서 지하층 또는 무창층의 바닥면적이 1천㎡ 이상인 것
      4) 지하가(터널은 제외한다)로서 연면적 1천㎡ 이상인 것
      5) 지하가 중 예상 교통량, 경사도 등 터널의 특성을 고려하여 행정안전부령으로 정하는 터널
      6) 특정소방대상물(갓복도형 아파트등은 제외한다)에 부설된 특별피난계단, 비상용승강기의 승강장 또는 피난용 승강기의 승강장
   나. 연결송수관설비를 설치하여야 하는 특정소방대상물(위험물 저장 및 처리 시설 중 가스시설 또는 지하구는 제외한다)은 다음의 어느 하나와 같다.
      1) 층수가 5층 이상으로서 연면적 6천㎡ 이상인 것
      2) 1)에 해당하지 않는 특정소방대상물로서 지하층을 포함하는 층수가 7층 이상인 것
      3) 1) 및 2)에 해당하지 않는 특정소방대상물로서 지하층의 층수가 3층 이상이고 지하층의 바닥면적의 합계가 1천㎡ 이상인 것
      4) 지하가 중 터널로서 길이가 1천m 이상인 것
   다. 연결살수설비를 설치하여야 하는 특정소방대상물(지하구는 제외한다)은 다음의 어느 하나와 같다.
      1) 판매시설, 운수시설, 창고시설 중 물류터미널로서 해당 용도로 사용되는 부분의 바닥면적의 합계가 1천㎡ 이상인 것
      2) 지하층(피난층으로 주된 출입구가 도로와 접한 경우는 제외한다)으로서 바닥면적의 합계가 150㎡ 이상인 것. 다만, 「주택법 시행령」 제21조제4항에 따른 국민주택규모 이하인 아파트등의 지하층(대피시설로 사용하는 것만 해당한다)과 교육연구시설 중 학교의 지하층의 경우에는 700㎡ 이상인 것으로 한다.
      3) 가스시설 중 지상에 노출된 탱크의 용량이 30톤 이상인 탱크시설
      4) 1) 및 2)의 특정소방대상물에 부속된 연결통로
   라. 비상콘센트설비를 설치하여야 하는 특정소방대상물(위험물 저장 및 처리 시설 중 가스시설 또는 지하구는 제외한다)은 다음의 어느 하나와 같다.
      1) 층수가 11층 이상인 특정소방대상물의 경우에는 11층 이상의 층

2) 지하층의 층수가 3층 이상이고 지하층의 바닥면적의 합계가 1천㎡ 이상인 것은 지하층의 모든 층

3) 지하가 중 터널로서 길이가 500m 이상인 것

마. 무선통신보조설비를 설치하여야 하는 특정소방대상물(위험물 저장 및 처리 시설 중 가스시설은 제외한다)은 다음의 어느 하나와 같다.

1) 지하가(터널은 제외한다)로서 연면적 1천㎡ 이상인 것

2) 지하층의 바닥면적의 합계가 3천㎡ 이상인 것 또는 지하층의 층수가 3층 이상이고 지하층의 바닥면적의 합계가 1천㎡ 이상인 것은 지하층의 모든 층

3) 지하가 중 터널로서 길이가 500m 이상인 것

4) 「국토의 계획 및 이용에 관한 법률」 제2조제9호에 따른 공동구

5) 층수가 30층 이상인 것으로서 16층 이상 부분의 모든 층

바. 연소방지설비는 지하구(전력 또는 통신사업용인 것만 해당한다)에 설치하여야 한다.

비고

별표 2 제1호부터 제27호까지 중 어느 하나에 해당하는 시설(이하 이 표에서 "근린생활시설등"이라 한다)이 소방시설 설치기준이 복합건축물의 소방시설 설치기준보다 강한 경우 복합건축물 안에 있는 해당 근린생활시설등에 대해서는 그 근린생활시설등의 소방시설 설치기준을 적용한다.

소방시설법 시행규칙 살펴보기

▸ 참고

제6조(소방시설을 설치하여야 하는 터널)

① 영 별표 5 제1호다목2)나)에서 "행정안전부령으로 정하는 터널"이란 「도로의 구조 · 시설 기준에 관한 규칙」 제48조에 따라 국토교통부장관이 정하는 도로의 구조 및 시설에 관한 세부기준에 의하여 옥내소화전설비를 설치하여야 하는 터널을 말한다.

② 영 별표 5 제1호바목7) 본문에서 "행정안전부령으로 정하는 터널"이란 「도로의 구조 · 시설 기준에 관한 규칙」 제48조에 따라 국토교통부장관이 정하는 도로의 구조 및 시설에 관한 세부기준에 의하여 물분무설비를 설치하여야 하는 터널을 말한다.

③ 영 별표 5 제5호가목5)에서 "행정안전부령으로 정하는 터널"이란 「도로의 구조 · 시설 기준에 관한 규칙」 제48조에 따라 국토교통부장관이 정하는 도로의 구조 및 시설에 관한 세부기준에 의하여 제연설비를 설치하여야 하는 터널을 말한다.

제7조(연소 우려가 있는 건축물의 구조)

영 별표 5 제1호사목1) 후단에서 "행정안전부령으로 정하는 연소(延燒) 우려가 있는 구조"란 다음

각 호의 기준에 모두 해당하는 구조를 말한다.
1. 건축물대장의 건축물 현황도에 표시된 대지경계선 안에 둘 이상의 건축물이 있는 경우
2. 각각의 건축물이 다른 건축물의 외벽으로부터 수평거리가 1층의 경우에는 6미터 이하, 2층 이상의 층의 경우에는 10미터 이하인 경우
3. 개구부(영 제2조제1호에 따른 개구부를 말한다)가 다른 건축물을 향하여 설치되어 있는 경우

제9조의2(소방시설의 내진설계기준)

「지진・화산재해대책법」 제14조제1항 각 호의 시설 중 대통령령으로 정하는 특정소방대상물에 대통령령으로 정하는 소방시설을 설치하려는 자는 지진이 발생할 경우 소방시설이 정상적으로 작동될 수 있도록 소방청장이 정하는 내진설계기준에 맞게 소방시설을 설치하여야 한다.

소방시설법 시행령 살펴보기

제15조의2(소방시설의 내진설계)

① 법 제9조의2에서 "대통령령으로 정하는 특정소방대상물"이란 「건축법」 제2조제1항제2호에 따른 건축물로서 「지진·화산재해대책법 시행령」 제10조제1항 각 호에 해당하는 시설을 말한다.
② 법 제9조의2에서 "대통령령으로 정하는 소방시설"이란 소방시설 중 옥내소화전설비, 스프링클러설비, 물분무등소화설비를 말한다.

■ 대상
① 옥내소화전설비, 스프링클러설비, 물분무등소화설비
② 「지진·화산재해대책법시행령」 제10조 제1항 각 호에 해당하는 시설
※ 물분무등소화설비: 물분무・포・이산화탄소・미분무・할로겐・분말・청정・강화액소화설비

제9조의3(성능위주설계)

① 대통령령으로 정하는 특정소방대상물(신축하는 것만 해당한다)에 소방시설을 설치하려는 자는 그 용도, 위치, 구조, 수용 인원, 가연물(可燃物)의 종류 및 양 등을 고려하여 설계(이하 "성능위주설계"라 한다)하여야 한다.
② 성능위주설계의 기준과 그 밖에 필요한 사항은 소방청장이 정하여 고시한다.

✔TIP 행정규칙: 소방시설 등의 성능위주설계 방법 및 기준 참고

소방시설법 시행령 살펴보기

제15조의3(성능위주설계를 해야 하는 특정소방대상물의 범위)

법 제9조의3제1항에서 "대통령령으로 정하는 특정소방대상물"이란 다음 각 호의 어느 하나에 해당하는 특정소방대상물(신축하는 것만 해당한다)을 말한다. 〈개정 2021. 8. 24.〉

1. 연면적 20만제곱미터 이상인 특정소방대상물. 다만, 별표 2 제1호에 따른 공동주택 중 주택으로 쓰이는 층수가 5층 이상인 주택(이하 이 조에서 "아파트등"이라 한다)은 제외한다.
2. 다음 각 목의 특정소방대상물
   가. 50층 이상(지하층은 제외한다)이거나 지상으로부터 높이가 200미터 이상인 아파트등
   나. 30층 이상(지하층을 포함한다)이거나 지상으로부터 높이가 120미터 이상인 특정소방대상물(아파트등은 제외한다) [시행일: 2022. 2. 25.] 제15조의3
3. 연면적 3만제곱미터 이상인 특정소방대상물로서 다음 각 목의 어느 하나에 해당하는 특정소방대상물
   가. 별표 2 제6호나목의 철도 및 도시철도 시설
   나. 별표 2 제6호다목의 공항시설
4. 하나의 건축물에 「영화 및 비디오물의 진흥에 관한 법률」 제2조제10호에 따른 영화상영관이 10개 이상인 특정소방대상물
5. 「초고층 및 지하연계 복합건축물 재난관리에 관한 특별법」 제2조제2호에 따른 지하연계 복합건축물에 해당하는 특정소방대상물 [시행일: 2022. 2. 25.] 제15조의3

[제목개정 2021. 8. 24.][시행일: 2022. 2. 25.] 제15조의3

제9조의4(특정소방대상물별로 설치하여야 하는 소방시설의 정비 등)

① 제9조제1항에 따라 대통령령으로 소방시설을 정할 때에는 특정소방대상물의 규모·용도 및 수용인원 등을 고려하여야 한다.

② 소방청장은 건축 환경 및 화재위험특성 변화사항을 효과적으로 반영할 수 있도록 제1항에 따른 소방시설 규정을 3년에 1회 이상 정비하여야 한다.

③ 소방청장은 건축 환경 및 화재위험특성 변화 추세를 체계적으로 연구하여 제2항에 따른 정비를 위한 개선방안을 마련하여야 한다.

④ 제3항에 따른 연구의 수행 등에 필요한 사항은 행정안전부령으로 정한다.

제9조의5(소방용품의 내용연수 등)

① 특정소방대상물의 관계인은 내용연수가 경과한 소방용품을 교체하여야 한다. 이 경우 내용연수를 설정하여야 하는 소방용품의 종류 및 그 내용연수 연한에 필요한 사항은 대통령령으로 정한다.

② 제1항에도 불구하고 행정안전부령으로 정하는 절차 및 방법 등에 따라 소방용품의 성능을 확인받은 경우에는 그 사용기한을 연장할 수 있다.

소방시설법 시행령 살펴보기

제15조의4(내용연수 설정 대상 소방용품)

① 법 제9조의5제1항 후단에 따라 내용연수를 설정하여야 하는 소방용품은 분말형태의 소화약제를 사용하는 소화기로 한다.

② 제1항에 따른 소방용품의 내용연수는 10년으로 한다.

제10조(피난시설, 방화구획 및 방화시설의 유지·관리)

① 특정소방대상물의 관계인은 「건축법」 제49조에 따른 피난시설, 방화구획(防火區劃) 및 같은 법 제50조부터 제53조까지의 규정에 따른 방화벽, 내부 마감재료 등(이하 "방화시설"이라 한다)에 대하여 다음 각 호의 행위를 하여서는 아니 된다.

1. 피난시설, 방화구획 및 방화시설을 폐쇄하거나 훼손하는 등의 행위
   ➡ 300만 원 이하의 과태료
2. 피난시설, 방화구획 및 방화시설의 주위에 물건을 쌓아두거나 장애물을 설치하는 행위
   ➡ 3년 이하의 징역 또는 3천만 원 이하의 벌금
3. 피난시설, 방화구획 및 방화시설의 용도에 장애를 주거나 「소방기본법」 제16조에 따른 소방활동에 지장을 주는 행위
4. 그 밖에 피난시설, 방화구획 및 방화시설을 변경하는 행위

② 소방본부장이나 소방서장은 특정소방대상물의 관계인이 제1항 각 호의 행위를 한 경우에는 피난시설, 방화구획 및 방화시설의 유지·관리를 위하여 필요한 조치를 명할 수 있다.

➡ **3년 이하의 징역 또는 3천만 원 이하의 벌금**

제10조의2(특정소방대상물의 공사 현장에 설치하는 임시소방시설의 유지·관리 등)

① 특정소방대상물의 건축·대수선·용도변경 또는 설치 등을 위한 공사를 시공하는 자(이하

이 조에서 "시공자"라 한다)는 공사 현장에서 인화성(引火性) 물품을 취급하는 작업 등 대통령령으로 정하는 작업(이하 이 조에서 "화재위험작업"이라 한다)을 하기 전에 설치 및 철거가 쉬운 화재대비시설(이하 이 조에서 "임시소방시설"이라 한다)을 설치하고 유지 · 관리하여야 한다. ➡ **300만 원 이하의 과태료**

② 제1항에도 불구하고 시공자가 화재위험작업 현장에 소방시설 중 임시소방시설과 기능 및 성능이 유사한 것으로서 대통령령으로 정하는 소방시설을 제9조제1항 전단에 따른 화재안전기준에 맞게 설치하고 유지 · 관리하고 있는 경우에는 임시소방시설을 설치하고 유지 · 관리한 것으로 본다.

③ 소방본부장 또는 소방서장은 제1항이나 제2항에 따라 임시소방시설 또는 소방시설이 설치 또는 유지 · 관리되지 아니할 때에는 해당 시공자에게 필요한 조치를 하도록 명할 수 있다.
➡ 3년 이하의 징역 또는 3천만 원 이하의 벌금

④ 제1항에 따라 임시소방시설을 설치하여야 하는 공사의 종류와 규모, 임시소방시설의 종류 등에 관하여 필요한 사항은 대통령령으로 정하고, 임시소방시설의 설치 및 유지 · 관리 기준은 소방청장이 정하여 고시한다.

✔TIP 행정규칙 : 임시소방시설의 화재안전기준(NFSC 606)참고

소방시설법 시행령 살펴보기

제15조의5(임시소방시설의 종류 및 설치기준 등)

① 법 제10조의2제1항에서 "인화성(引火性) 물품을 취급하는 작업 등 대통령령으로 정하는 작업"이란 다음 각 호의 어느 하나에 해당하는 작업을 말한다.
1. 인화성·가연성·폭발성 물질을 취급하거나 가연성 가스를 발생시키는 작업
2. 용접·용단 등 불꽃을 발생시키거나 화기(火氣)를 취급하는 작업
3. 전열기구, 가열전선 등 열을 발생시키는 기구를 취급하는 작업
4. 소방청장이 정하여 고시하는 폭발성 부유분진을 발생시킬 수 있는 작업
5. 그 밖에 제1호부터 제4호까지와 비슷한 작업으로 소방청장이 정하여 고시하는 작업

② 법 제10조의2제1항에 따라공사 현장에 설치하여야 하는 설치 및 철거가 쉬운 화재대비시설(이하 "임시소방시설"이라 한다)의 종류와 임시소방시설을 설치하여야 하는 공사의 종류 및 규모는 별표 5의2 제1호 및 제2호와 같다.

③ 법 제10조의2제2항에 따른 임시소방시설과 기능과 성능이 유사한 소방시설은 별표 5의2 제3호와 같다.

소방시설법 시행령 [별표 5의2]

임시소방시설의 종류와 설치기준 등(제15조의5제2항·제3항 관련)

1. 임시소방시설의 종류
   가. 소화기
   나. 간이소화장치: 물을 방사(放射)하여 화재를 진화할 수 있는 장치로서 소방청장이 정하는 성능을 갖추고 있을 것
   다. 비상경보장치: 화재가 발생한 경우 주변에 있는 작업자에게 화재사실을 알릴 수 있는 장치로서 소방청장이 정하는 성능을 갖추고 있을 것
   라. 간이피난유도선: 화재가 발생한 경우 피난구 방향을 안내할 수 있는 장치로서 소방청장이 정하는 성능을 갖추고 있을 것
2. 임시소방시설을 설치하여야 하는 공사의 종류와 규모
   가. 소화기: 제12조제1항에 따라 건축허가등을 할 때 소방본부장 또는 소방서장의 동의를 받아야 하는 특정소방대상물의 건축·대수선·용도변경 또는 설치 등을 위한 공사 중 제15조의5제1항 각 호에 따른 작업을 하는 현장(이하 "작업현장"이라 한다)에 설치한다.
   나. 간이소화장치: 다음의 어느 하나에 해당하는 공사의 작업현장에 설치한다.
      1) 연면적 3천㎡ 이상
      2) 지하층, 무창층 또는 4층 이상의 층. 이 경우 해당 층의 바닥면적이 600㎡ 이상인 경우만 해당한다.
   다. 비상경보장치: 다음의 어느 하나에 해당하는 공사의 작업현장에 설치한다.
      1) 연면적 400㎡ 이상
      2) 지하층 또는 무창층. 이 경우 해당 층의 바닥면적이 150㎡ 이상인 경우만 해당한다.
   라. 간이피난유도선: 바닥면적이 150㎡ 이상인 지하층 또는 무창층의 작업현장에 설치한다.
3. 임시소방시설과 기능 및 성능이 유사한 소방시설로서 임시소방시설을 설치한 것으로 보는 소방시설
   가. 간이소화장치를 설치한 것으로 보는 소방시설: 옥내소화전 또는 소방청장이 정하여 고시하는 기준에 맞는 소화기
   나. 비상경보장치를 설치한 것으로 보는 소방시설: 비상방송설비 또는 자동화재탐지설비
   다. 간이피난유도선을 설치한 것으로 보는 소방시설: 피난유도선, 피난구유도등, 통로유도등 또는 비상조명등

제11조(소방시설기준 적용의 특례)

① 소방본부장이나 소방서장은 제9조제1항 전단에 따른 대통령령 또는 화재안전기준이 변경되어 그 기준이 강화되는 경우 기존의 특정소방대상물(건축물의 신축 · 개축 · 재축 · 이전 및 대수선 중인 특정소방대상물을 포함한다)의 소방시설에 대하여는 변경 전의 대통령령 또는 화재안전기준을 적용한다. 다만, 다음 각 호의 어느 하나에 해당하는 소방시설의 경우에는 대통령령 또는 화재안전기준의 변경으로 강화된 기준을 적용한다.

1. 다음 소방시설 중 대통령령으로 정하는 것
   가. 소화기구
   나. 비상경보설비
   다. 자동화재속보설비
   라. 피난구조설비
2. 다음 각 목의 지하구에 설치하여야 하는 소방시설
   가. 「국토의 계획 및 이용에 관한 법률」 제2조제9호에 따른 공동구
   나. 전력 또는 통신사업용 지하구
3. 노유자(老幼者)시설, 의료시설에 설치하여야 하는 소방시설 중 대통령령으로 정하는 것

② 소방본부장이나 소방서장은 특정소방대상물에 설치하여야 하는 소방시설 가운데 기능과 성능이 유사한 물 분무 소화설비, 간이 스프링클러 설비, 비상경보설비 및 비상방송설비 등의 소방시설의 경우에는 대통령령으로 정하는 바에 따라 유사한 소방시설의 설치를 면제할 수 있다.

③ 소방본부장이나 소방서장은 기존의 특정소방대상물이 증축되거나 용도변경되는 경우에는 대통령령으로 정하는 바에 따라 증축 또는 용도변경 당시의 소방시설의 설치에 관한 대통령령 또는 화재안전기준을 적용한다.

④ 다음 각 호의 어느 하나에 해당하는 특정소방대상물 가운데 대통령령으로 정하는 특정소방대상물에는 제9조제1항 전단에도 불구하고 대통령령으로 정하는 소방시설을 설치하지 아니할 수 있다.

1. 화재 위험도가 낮은 특정소방대상물
2. 화재안전기준을 적용하기 어려운 특정소방대상물
3. 화재안전기준을 다르게 적용하여야 하는 특수한 용도 또는 구조를 가진 특정소방대상물
4. 「위험물 안전관리법」 제19조에 따른 자체소방대가 설치된 특정소방대상물

⑤ 제4항 각 호의 어느 하나에 해당하는 특정소방대상물에 구조 및 원리 등에서 공법이 특수한 설계로 인정된 소방시설을 설치하는 경우에는 제11조의2제1항에 따른 중앙소방기술심의위원회의 심의를 거쳐 제9조제1항 전단에 따른 화재안전기준을 적용하지 아니 할 수 있다.

★ 부칙에 근거한 제11조제1항제2호의 법 시행 전에 설치된 지하구(전력 또는 통신사업용에 한정한다)의 관계인은 이 법 시행일부터 2년이내에 대통령령 및 화재안전기준에 따른 소방시설을 설치하여야 한다.

2. 다음 각 목의 지하구에 설치하여야 하는 소방시설
   가. 「국토의 계획 및 이용에 관한 법률」 제2조제9호에 따른 공동구
   나. 전력 또는 통신사업용 지하구

소방시설법 시행령 살펴보기

제15조의6(강화된 소방시설기준의 적용대상)

법 제11조제1항제3호에서 "대통령령으로 정하는 것"이란 다음 각 호의 어느 하나에 해당하는 설비를 말한다.

1. 노유자(老幼者)시설에 설치하는 간이스프링클러설비, 자동화재탐지설비 및 단독경보형 감지기
2. 의료시설에 설치하는 스프링클러설비, 간이스프링클러설비, 자동화재탐지설비 및 자동화재속보설비

제16조(유사한 소방시설의 설치 면제의 기준)

법 제11조제2항에 따라 소방본부장 또는 소방서장은 특정소방대상물에 설치하여야 하는 소방시설 가운데 기능과 성능이 유사한 소방시설의 설치를 면제하려는 경우에는 별표 6의 기준에 따른다.

소방시설법 시행령 [별표 6] 〈개정 2021. 8. 24.〉 [시행일: 2022. 2. 25.]

특정소방대상물의 소방시설 설치의 면제기준(제16조 관련)

설치가 면제되는 소방시설	설치면제 기준
1. 스프링클러설비	스프링클러설비를 설치하여야 하는 특정소방대상물[별표 5 제1호라목13)은 제외한다]에 물분무등소화설비를 화재안전기준에 적합하게 설치한 경우에는 그 설비의 유효범위(해당 소방시설이 화재를 감지·소화 또는 경보할 수 있는 부분을 말한다. 이하 같다)에서 설치가 면제된다. ※ 밑줄 친 이 영 시행 이후 「전기사업법」 제61조에 따라 전기저장시설의 설치공사계획 또는 변경공사계획에 대한 인가를 신청하거나 신고하는 전기저장시설부터 적용한다.
2. 물분무등소화설비	물분무등소화설비를 설치하여야 하는 차고·주차장에 스프링클러설비를 화재안전기준에 적합하게 설치한 경우에는 그 설비의 유효범위에서 설치가 면제된다.

설치가 면제되는 소방시설	설치면제 기준
3. 간이스프링클러 설비	간이스프링클러설비를 설치하여야 하는 특정소방대상물에 스프링클러설비, 물분무소화설비 또는 미분무소화설비를 화재안전기준에 적합하게 설치한 경우에는 그 설비의 유효범위에서 설치가 면제된다.
4. 비상경보설비 또는 단독경보형 감지기	비상경보설비 또는 단독경보형 감지기를 설치하여야 하는 특정소방대상물에 자동화재탐지설비를 화재안전기준에 적합하게 설치한 경우에는 그 설비의 유효범위에서 설치가 면제된다.
5. 비상경보설비	비상경보설비를 설치하여야 할 특정소방대상물에 단독경보형 감지기를 2개 이상의 단독경보형 감지기와 연동하여 설치하는 경우에는 그 설비의 유효범위에서 설치가 면제된다.
6. 비상방송설비	비상방송설비를 설치하여야 하는 특정소방대상물에 자동화재탐지설비 또는 비상경보설비와 같은 수준 이상의 음향을 발하는 장치를 부설한 방송설비를 화재안전기준에 적합하게 설치한 경우에는 그 설비의 유효범위에서 설치가 면제된다.
7. 피난구조설비	피난구조설비를 설치하여야 하는 특정소방대상물에 그 위치·구조 또는 설비의 상황에 따라 피난상 지장이 없다고 인정되는 경우에는 화재안전기준에서 정하는 바에 따라 설치가 면제된다.
8. 연결살수설비	가. 연결살수설비를 설치하여야 하는 특정소방대상물에 송수구를 부설한 스프링클러설비, 간이스프링클러설비, 물분무소화설비 또는 미분무소화설비를 화재안전기준에 적합하게 설치한 경우에는 그 설비의 유효범위에서 설치가 면제된다. 나. 가스 관계 법령에 따라 설치되는 물분무장치 등에 소방대가 사용할 수 있는 연결송수구가 설치되거나 물분무장치 등에 6시간 이상 공급할 수 있는 수원(水源)이 확보된 경우에는 설치가 면제된다.
9. 제연설비	가. 제연설비를 설치하여야 하는 특정소방대상물(별표 5 제5호가목6)은 제외한다)에 다음의 어느 하나에 해당하는 설비를 설치한 경우에는 설치가 면제된다. 1) 공기조화설비를 화재안전기준의 제연설비기준에 적합하게 설치하고 공기조화설비가 화재 시 제연설비기능으로 자동전환되는 구조로 설치되어 있는 경우 2) 직접 외부 공기와 통하는 배출구의 면적의 합계가 해당 제연구역[제연경계(제연설비의 일부인 천장을 포함한다)에 의하여 구획된 건축물 내의 공간을 말한다] 바닥면적의 100분의 1 이상이고, 배출구부터 각 부분까지의 수평거리가 30m 이내이며, 공기유입구가 화재안전기준에 적합하게(외부 공기를 직접 자연 유입할 경우에 유입구의 크기는 배출구의 크기 이상이어야 한다) 설치되어 있는 경우 나. 별표 5 제5호가목6)에 따라 제연설비를 설치하여야 하는 특정소방대상물 중 노대(露臺)와 연결된 특별피난계단, 노대가 설치된 비상용 승강기의 승강장 또는 「건축법 시행령」 제91조제5호의 기준에 따라 배연설비가 설치된 피난용 승강기의 승강장에는 설치가 면제된다. ↳ 2021.3.16. 시행

설치가 면제되는 소방시설	설치면제 기준
10. 비상조명등	비상조명등을 설치하여야 하는 특정소방대상물에 피난구유도등 또는 통로유도등을 화재안전기준에 적합하게 설치한 경우에는 그 유도등의 유효범위에서 설치가 면제된다.
11. 누전경보기	누전경보기를 설치하여야 하는 특정소방대상물 또는 그 부분에 아크경보기(옥내 배전선로의 단선이나 선로 손상 등으로 인하여 발생하는 아크를 감지하고 경보하는 장치를 말한다) 또는 전기 관련 법령에 따른 지락차단장치를 설치한 경우에는 그 설비의 유효범위에서 설치가 면제된다.
12. 무선통신보조설비	무선통신보조설비를 설치하여야 하는 특정소방대상물에 이동통신 구내 중계기 선로설비 또는 무선이동중계기(「전파법」 제58조의2에 따른 적합성평가를 받은 제품만 해당한다) 등을 화재안전기준의 무선통신보조설비기준에 적합하게 설치한 경우에는 설치가 면제된다.
13. 상수도소화용수설비	가. 상수도소화용수설비를 설치하여야 하는 특정소방대상물의 각 부분으로부터 수평거리 140m 이내에 공공의 소방을 위한 소화전이 화재안전기준에 적합하게 설치되어 있는 경우에는 설치가 면제된다. 나. 소방본부장 또는 소방서장이 상수도소화용수설비의 설치가 곤란하다고 인정하는 경우로서 화재안전기준에 적합한 소화수조 또는 저수조가 설치되어 있거나 이를 설치하는 경우에는 그 설비의 유효범위에서 설치가 면제된다.
14. 연소방지설비	연소방지설비를 설치하여야 하는 특정소방대상물에 스프링클러설비, 물분무소화설비 또는 미분무소화설비를 화재안전기준에 적합하게 설치한 경우에는 그 설비의 유효범위에서 설치가 면제된다.
15. 연결송수관설비	연결송수관설비를 설치하여야 하는 소방대상물에 옥외에 연결송수구 및 옥내에 방수구가 부설된 옥내소화전설비, 스프링클러설비, 간이스프링클러설비 또는 연결살수설비를 화재안전기준에 적합하게 설치한 경우에는 그 설비의 유효범위에서 설치가 면제된다. 다만, 지표면에서 최상층 방수구의 높이가 70m 이상인 경우에는 설치하여야 한다.
16. 자동화재탐지설비	자동화재탐지설비의 기능(감지·수신·경보기능을 말한다)과 성능을 가진 스프링클러설비 또는 물분무등소화설비를 화재안전기준에 적합하게 설치한 경우에는 그 설비의 유효범위에서 설치가 면제된다.
17. 옥외소화전설비	옥외소화전설비를 설치하여야 하는 보물 또는 국보로 지정된 목조문화재에 상수도소화용수설비를 옥외소화전설비의 화재안전기준에서 정하는 방수압력·방수량·옥외소화전함 및 호스의 기준에 적합하게 설치한 경우에는 설치가 면제된다.
18. 옥내소화전설비	소방본부장 또는 소방서장이 옥내소화전설비의 설치가 곤란하다고 인정하는 경우로서 호스릴 방식의 미분무소화설비 또는 옥외소화전설비를 화재안전기준에 적합하게 설치한 경우에는 그 설비의 유효범위에서 설치가 면제된다.
19. 자동소화장치	자동소화장치(주거용 주방자동소화장치는 제외한다)를 설치하여야 하는 특정소방대상물에 물분무등소화설비를 화재안전기준에 적합하게 설치한 경우에는 그 설비의 유효범위에서 설치가 면제된다.

제17조(특정소방대상물의 증축 또는 용도변경 시의 소방시설기준 적용의 특례)

① 법 제11조제3항에 따라 소방본부장 또는 소방서장은 특정소방대상물이 증축되는 경우에는 기존 부분을 포함한 특정소방대상물의 전체에 대하여 증축 당시의 소방시설의 설치에 관한 대통령령 또는 화재안전기준을 적용해야 한다. 다만, 다음 각 호의 어느 하나에 해당하는 경우에는 기존 부분에 대해서는 증축 당시의 소방시설의 설치에 관한 대통령령 또는 화재안전기준을 적용하지 않는다.

1. 기존 부분과 증축 부분이 내화구조(耐火構造)로 된 바닥과 벽으로 구획된 경우
2. 기존 부분과 증축 부분이 「건축법 시행령」 제46조제1항제2호에 따른 방화문 또는 자동방화셔터로 구획되어 있는 경우
3. 자동차 생산공장 등 화재 위험이 낮은 특정소방대상물 내부에 연면적 33제곱미터 이하의 직원 휴게실을 증축하는 경우
4. 자동차 생산공장 등 화재 위험이 낮은 특정소방대상물에 캐노피(기둥으로 받치거나 매달아 놓은 덮개를 말하며, 3면 이상에 벽이 없는 구조의 것을 말한다)를 설치하는 경우

② 법 제11조제3항에 따라 소방본부장 또는 소방서장은 특정소방대상물이 용도 변경되는 경우에는 용도 변경되는 부분에 대해서만 용도변경 당시의 소방시설의 설치에 관한 대통령령 또는 화재안전기준을 적용한다. 다만, 다음 각 호의 어느 하나에 해당하는 경우에는 특정소방대상물 전체에 대하여 용도변경 전에 해당 특정소방대상물에 적용되던 소방시설의 설치에 관한 대통령령 또는 화재안전기준을 적용한다.

1. 특정소방대상물의 구조 · 설비가 화재연소 확대 요인이 적어지거나 피난 또는 화재진압활동이 쉬워지도록 변경되는 경우
2. 문화 및 집회시설 중 공연장 · 집회장 · 관람장, 판매시설, 운수시설, 창고시설 중 물류터미널이 불특정 다수인이 이용하는 것이 아닌 일정한 근무자가 이용하는 용도로 변경되는 경우
3. 용도변경으로 인하여 천장 · 바닥 · 벽 등에 고정되어 있는 가연성 물질의 양이 줄어드는 경우
4. 「다중이용업소의 안전관리에 관한 특별법」 제2조제1항제1호에 따른 다중이용업의 영업소(이하 "다중이용업소"라 한다), 문화 및 집회시설, 종교시설, 판매시설, 운수시설, 의료시설, 노유자시설, 수련시설, 운동시설, 숙박시설, 위락시설, 창고시설 중 물류터미널, 위험물 저장 및 처리 시설 중 가스시설, 장례식장이 각각 이 호에 규정된 시설 외의 용도로 변경되는 경우

✔ TIP 행정규칙: 자동방화셔터, 방화문 및 방화댐퍼의 기준참고

소방시설법 시행령 살펴보기

제18조(소방시설을 설치하지 아니하는 특정소방대상물의 범위)
법 제11조제4항에 따라 소방시설을 설치하지 아니할 수 있는 특정소방대상물 및 소방시설의 범위는 별표 7과 같다.

소방시설법 시행령 [별표 7]

소방시설을 설치하지 아니할 수 있는 특정소방대상물 및 소방시설의 범위(제18조 관련)

구분	특정소방대상물	소방시설
1. 화재 위험도가 낮은 특정소방대상물	석재, 불연성금속, 불연성 건축재료 등의 가공공장·기계조립공장·주물공장 또는 불연성 물품을 저장하는 창고	옥외소화전 및 연결살수설비
	「소방기본법」 제2조제5호에 따른 소방대(消防隊)가 조직되어 24시간 근무하고 있는 청사 및 차고	옥내소화전설비, 스프링클러설비, 물분무등소화설비, 비상방송설비, 피난기구, 소화용수설비, 연결송수관설비, 연결살수설비
2. 화재안전기준을 적용하기 어려운 특정소방대상물	펄프공장의 작업장, 음료수 공장의 세정 또는 충전을 하는 작업장, 그 밖에 이와 비슷한 용도로 사용하는 것	스프링클러설비, 상수도소화용수설비 및 연결살수설비
	정수장, 수영장, 목욕장, 농예·축산·어류양식용 시설, 그 밖에 이와 비슷한 용도로 사용되는 것	자동화재탐지설비, 상수도소화용수설비 및 연결살수설비
3. 화재안전기준을 달리 적용하여야 하는 특수한 용도 또는 구조를 가진 특정소방대상물	원자력발전소, 핵폐기물처리시설	연결송수관설비 및 연결살수설비
4. 「위험물 안전관리법」 제19조에 따른 자체소방대가 설치된 특정소방대상물	자체소방대가 설치된 위험물 제조소등에 부속된 사무실	옥내소화전설비, 소화용수설비, 연결살수설비 및 연결송수관설비

제11조의2(소방기술심의위원회)

① 다음 각 호의 사항을 심의하기 위하여 소방청에 중앙소방기술심의위원회(이하 "중앙위원회"라 한다)를 둔다.

1. 화재안전기준에 관한 사항
2. 소방시설의 구조 및 원리 등에서 공법이 특수한 설계 및 시공에 관한 사항
3. 소방시설의 설계 및 공사감리의 방법에 관한 사항
4. 소방시설공사의 하자를 판단하는 기준에 관한 사항
5. 그 밖에 소방기술 등에 관하여 대통령령으로 정하는 사항

② 다음 각 호의 사항을 심의하기 위하여 특별시 · 광역시 · 특별자치시 · 도 및 특별자치도에 지방소방기술심의위원회(이하 “지방위원회”라 한다)를 둔다

1. 소방시설에 하자가 있는지의 판단에 관한 사항
2. 그 밖에 소방기술 등에 관하여 대통령령으로 정하는 사항

③ 제1항과 제2항에 따른 중앙위원회 및 지방위원회의 구성 · 운영에 필요한 사항은 대통령령으로 정한다.

소방시설법 시행령 살펴보기

제18조의2(소방기술심의위원회의 심의사항)

① 법 제11조의2제1항제5호에서 “대통령령으로 정하는 사항”이란 다음 각 호의 사항을 말한다.

1. 연면적 10만제곱미터 이상의 특정소방대상물에 설치된 소방시설의 설계·시공·감리의 하자 유무에 관한 사항
2. 새로운 소방시설과 소방용품 등의 도입 여부에 관한 사항
3. 그 밖에 소방기술과 관련하여 소방청장이 심의에 부치는 사항

② 법 제11조의2제2항제2호에서 “대통령령으로 정하는 사항”이란 다음 각 호의 사항을 말한다.

1. 연면적 10만제곱미터 미만의 특정소방대상물에 설치된 소방시설의 설계·시공·감리의 하자 유무에 관한 사항
2. 소방본부장 또는 소방서장이 화재안전기준 또는 위험물 제조소등(「위험물안전관리법」 제2조제1항제6호에 따른 제조소등을 말한다. 이하 같다)의 시설기준의 적용에 관하여 기술검토를 요청하는 사항
3. 그 밖에 소방기술과 관련하여 시·도지사가 심의에 부치는 사항

제18조의3(소방기술심의위원회의 구성 등)

① 법 제11조의2제1항에 따른 중앙소방기술심의위원회(이하 "중앙위원회"라 한다)는 성별을 고려하여 위원장을 포함한 60명 이내의 위원으로 구성한다.

② 법 제11조의2제2항에 따른 지방소방기술심의위원회(이하 "지방위원회"라 한다)는 위원장을 포함하여 5명 이상 9명 이하의 위원으로 구성한다.

③ 중앙위원회의 회의는 위원장과 위원장이 회의마다 지정하는 6명 이상 12명 이하의 위원으로

구성하고, 중앙위원회는 분야별 소위원회를 구성 · 운영할 수 있다.

▸ 참고

제18조의4(위원의 임명·위촉)

① 중앙위원회의 위원은 과장급 직위 이상의 소방공무원과 다음 각 호의 어느 하나에 해당하는 사람 중에서 소방청장이 임명하거나 성별을 고려하여 위촉한다.

1. 소방기술사
2. 석사 이상의 소방 관련 학위를 소지한 사람
3. 소방시설관리사
4. 소방 관련 법인·단체에서 소방 관련 업무에 5년 이상 종사한 사람
5. 소방공무원 교육기관, 대학교 또는 연구소에서 소방과 관련된 교육이나 연구에 5년 이상 종사한 사람

② 지방위원회의 위원은 해당 특별시·광역시·특별자치시·도 및 특별자치도 소속 소방공무원과 제1항 각 호의 어느 하나에 해당하는 사람 중에서 시·도지사가 임명하거나 성별을 고려하여 위촉한다.

③ 중앙위원회의 위원장은 소방청장이 해당 위원 중에서 위촉하고, 지방위원회의 위원장은 시·도지사가 해당 위원 중에서 위촉한다.

④ 중앙위원회 및 지방위원회의 위원 중 위촉위원의 임기는 2년으로 하되, 한 차례만 연임할 수 있다.

제18조의5(위원장 및 위원의 직무)

① 중앙위원회 및 지방위원회(이하 "위원회"라 한다)의 위원장(이하 "위원장"이라 한다)은 위원회의 회의를 소집하고 그 의장이 된다.

② 위원장이 부득이한 사유로 직무를 수행할 수 없을 때에는 위원장이 지정한 위원이 그 직무를 대리한다.

제18조의6(위원의 제척·기피·회피)

① 위원회의 위원이 다음 각 호의 어느 하나에 해당하는 경우에는 위원회의 심의·의결에서 제척(除斥)된다.

1. 위원이나 그 배우자 또는 배우자였던 사람이 해당 안건의 당사자(당사자가 법인·단체 등인 경우에는 그 임원을 포함한다. 이하 이 호 및 제2호에서 같다)가 되거나 그 안건의 당사자와 공동권리자 또는 공동의무자인 경우
2. 위원이 해당 안건의 당사자와 친족인 경우
3. 위원이 해당 안건에 관하여 증언, 진술, 자문, 연구, 용역 또는 감정을 한 경우
4. 위원이나 위원이 속한 법인·단체 등이 해당 안건의 당사자의 대리인이거나 대리인이었던

경우

② 해당 안건의 당사자는 위원에게 공정한 심의·의결을 기대하기 어려운 사정이 있는 경우에는 위원회에 기피신청을 할 수 있고, 위원회는 의결로 이를 결정한다. 이 경우 기피신청의 대상인 위원은 그 의결에 참여하지 못한다.

③ 위원이 제1항 각 호에 따른 제척사유에 해당하는 경우에는 스스로 해당 안건의 심의·의결에서 회피(回避)하여야 한다.

제18조의7(위원의 해임 및 해촉)

소방청장 또는 시·도지사는 위원이 다음 각 호의 어느 하나에 해당하는 경우에는 해당 위원을 해임하거나 해촉(解囑)할 수 있다.

1. 심신장애로 인하여 직무를 수행할 수 없게 된 경우
2. 직무와 관련된 비위사실이 있는 경우
3. 직무태만, 품위손상이나 그 밖의 사유로 인하여 위원으로 적합하지 아니하다고 인정되는 경우
4. 제18조의6제1항 각 호의 어느 하나에 해당하는 데에도 불구하고 회피하지 아니한 경우
5. 위원 스스로 직무를 수행하는 것이 곤란하다고 의사를 밝히는 경우

제18조의8(시설 등의 확인 및 의견청취)

소방청장 또는 시 · 도지사는 위원회의 원활한 운영을 위하여 필요하다고 인정하는 경우 위원회 위원으로 하여금 관련 시설 등을 확인하게 하거나 해당 분야의 전문가 또는 이해관계자 등으로부터 의견을 청취하게 할 수 있다.

제18조의9(위원의 수당)

위원회의 위원에게는 예산의 범위에서 참석 및 조사 · 연구 수당을 지급할 수 있다.

제18조의10(운영세칙)

이 영에서 정한 것 외에 위원회의 운영에 필요한 사항은 소방청장 또는 시 · 도지사가 정한다.

제3절 방염(防炎)

제12조(소방대상물의 방염 등)

① 대통령령으로 정하는 특정소방대상물에 실내장식 등의 목적으로 설치 또는 부착하는 물품으로서 대통령령으로 정하는 물품(이하 "방염대상물품"이라 한다)은 방염성능기준 이상의 것으로 설치하여야 한다. ➡ 위반한 자 200만 원 이하의 과태료

② 소방본부장이나 소방서장은 방염대상물품이 제1항에 따른 방염성능기준에 미치지 못하거나

제13조제1항에 따른 방염성능검사를 받지 아니한 것이면 소방대상물의 관계인에게 방염대상물품을 제거하도록 하거나 방염성능검사를 받도록 하는 등 필요한 조치를 명할 수 있다.
➡ 3년 이하의 징역 또는 3천만 원 이하의 벌금

③ 제1항에 따른 방염성능기준은 대통령령으로 정한다.

소방시설법 시행령 살펴보기

제19조(방염성능기준 이상의 실내장식물 등을 설치해야 하는 특정소방대상물)

법 제12조제1항에서 "대통령령으로 정하는 특정소방대상물"이란 다음 각 호의 어느 하나에 해당하는 것을 말한다. 〈개정 2011. 11. 23., 2012. 1. 31., 2013. 1. 9., 2015. 1. 6., 2019. 8. 6., 2021. 8. 24.〉

1. 근린생활시설 중 의원, 조산원, 산후조리원, 체력단련장, 공연장 및 종교집회장
   [시행일: 2022. 2. 25.] 제19조
   ※ 제19조제1호의 개정규정은 조산원 또는 산후조리원에 이미 설치되어 있는 실내장식물 등을 이 영 시행 이후 교체하는 경우에도 적용한다.
2. 건축물의 옥내에 있는 시설로서 다음 각 목의 시설
   가. 문화 및 집회시설　나. 종교시설　다. 운동시설(수영장은 제외한다)
3. 의료시설
4. 교육연구시설 중 합숙소
5. 노유자시설
6. 숙박이 가능한 수련시설
7. 숙박시설
8. 방송통신시설 중 방송국 및 촬영소
9. 다중이용업소
10. 제1호부터 제9호까지의 시설에 해당하지 않는 것으로서 층수가 11층 이상인 것(아파트는 제외한다)
    [제목개정 2021. 8. 24.] [시행일: 2022. 2. 25.] 제19조

제20조(방염대상물품 및 방염성능기준)

① 법 제12조제1항에서 "대통령령으로 정하는 물품"이란 다음 각 호의 어느 하나에 해당하는 것을 말한다. 〈개정 2016. 1. 19., 2019. 8. 6., 2021. 3. 2.〉 [시행일: 2021. 3. 2.]
1. 제조 또는 가공 공정에서 방염처리를 한 물품(합판·목재류의 경우에는 설치 현장에서 방염처리를 한 것을 포함한다)으로서 다음 각 목의 어느 하나에 해당하는 것
   가. 창문에 설치하는 커튼류(블라인드를 포함한다)
   나. 카펫, 두께가 2밀리미터 미만인 벽지류(종이벽지는 제외한다)

다. 전시용 합판 또는 섬유판, 무대용 합판 또는 섬유판

라. 암막·무대막(「영화 및 비디오물의 진흥에 관한 법률」 제2조제10호에 따른 영화상영관에 설치하는 스크린과 「다중이용업소의 안전관리에 관한 특별법 시행령」 제2조제7호의4에 따른 가상체험 체육시설업에 설치하는 스크린을 포함한다) [시행일: 2021. 3. 2.]

마. 섬유류 또는 합성수지류 등을 원료로 하여 제작된 소파·의자(「다중이용업소의 안전관리에 관한 특별법 시행령」 제2조제1호나목 및 같은 조 제6호에 따른 단란주점영업, 유흥주점영업 및 노래연습장업의 영업장에 설치하는 것만 해당한다)

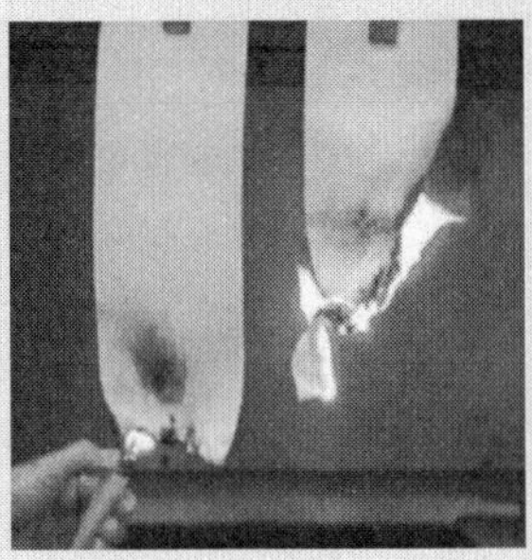

2. 건축물 내부의 천장이나 벽에 부착하거나 설치하는 것으로서 다음 각 목의 어느 하나에 해당하는 것. 다만, 가구류(옷장, 찬장, 식탁, 식탁용 의자, 사무용 책상, 사무용 의자, 계산대 및 그 밖에 이와 비슷한 것을 말한다. 이하 이 조에서 같다)와 너비 10센티미터 이하인 반자돌림대 등과 「건축법」 제52조에 따른 내부마감재료는 제외한다.

가. 종이류(두께 2밀리미터 이상인 것을 말한다)·합성수지류 또는 섬유류를 주원료로 한 물품

나. 합판이나 목재

다. 공간을 구획하기 위하여 설치하는 간이 칸막이(접이식 등 이동 가능한 벽체나 천장 또는 반자가 실내에 접하는 부분까지 구획하지 아니하는 벽체를 말한다)

라. 흡음(吸音)이나 방음(防音)을 위하여 설치하는 흡음재(흡음용 커튼을 포함한다) 또는 방음재(방음용 커튼을 포함한다)

- 방음재: 방음을 목적으로 음을 흡수하는 재료(유리섬유, 암면, 펠트,코르크, 연질 섬유판 등) 음을 차단하는 재료(콘크리트, 벽돌, 철판 등)
- 흡음재 :소리를 흡수할 목적으로 사용하는 건축재료(베니어판·석고판·섬유판·석면판 등)

② 법 제12조제3항에 따른 방염성능기준은 다음 각 호의 기준에 따르되, 제1항에 따른 방염대상물품의 종류에 따른 구체적인 방염성능기준은 다음 각 호의 기준의 범위에서 소방청장이 정하여 고시하는 바에 따른다.

1. 버너의 불꽃을 제거한 때부터 불꽃을 올리며 연소하는 상태가 그칠 때까지 시간은 20초 이내일 것
2. 버너의 불꽃을 제거한 때부터 불꽃을 올리지 아니하고 연소하는 상태가 그칠 때까지 시간은 30초 이내일 것
3. 탄화(炭化)한 면적은 50제곱센티미터 이내, 탄화한 길이는 20센티미터 이내일 것
4. 불꽃에 의하여 완전히 녹을 때까지 불꽃의 접촉 횟수는 3회 이상일 것
5. 소방청장이 정하여 고시한 방법으로 발연량(發煙量)을 측정하는 경우 최대연기밀도는 400 이하일 것

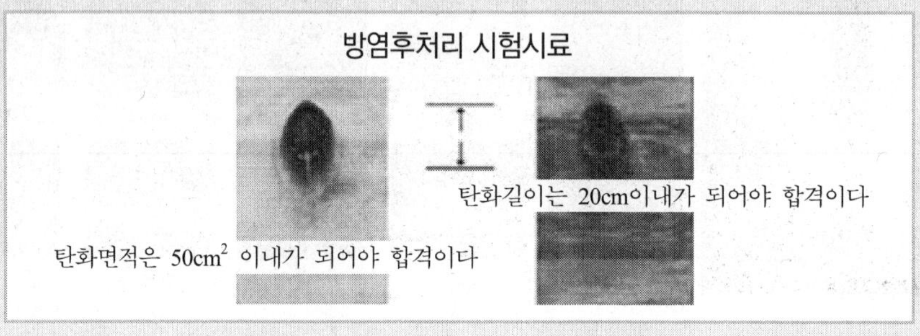

③ 소방본부장 또는 소방서장은 제1항에 따른 물품 외에 다음 각 호의 어느 하나에 해당하는 물품의 경우에는 방염처리된 물품을 사용하도록 권장할 수 있다.
1. 다중이용업소, 의료시설, 노유자시설, 숙박시설 또는 장례식장에서 사용하는 침구류·소파 및 의자
2. 건축물 내부의 천장 또는 벽에 부착하거나 설치하는 가구류

- 소방관 방염성능물품의 조치명령 위반자 3년 이하 징역 또는 3천만 원 이하 벌금
- 방염권장물품 설치 위반자 200만 원 이하 과태료

✓ TIP 행정규칙: 방염성능기준참고

제13조(방염성능의 검사)

① 제12조제1항에 따른 특정소방대상물에서 사용하는 방염대상물품은 소방청장(대통령령으로 정하는 방염대상물품의 경우에는 시 · 도지사를 말한다)이 실시하는 방염성능검사를 받은 것이어야 한다.

② 「소방시설공사업법」 제4조에 따라 방염처리업의 등록을 한 자는 제1항에 따른 방염성능검사를 할 때에 거짓 시료(試料)를 제출하여서는 아니 된다. ➡ **300만 원 이하의 벌금**

③ 제1항에 따른 방염성능검사의 방법과 검사 결과에 따른 합격 표시 등에 필요한 사항은 행정안전부령으로 정한다.

* 방염성능검사에 합격하지 아니한 물품에 합격표시를 하거나 합격표시를 위조하거나 변조하여 사용한 자

➡ **300만 원 이하의 벌금**

소방시설법 시행령 살펴보기

제20조의2(시·도지사가 실시하는 방염성능검사)

법 제13조제1항에서 "대통령령으로 정하는 방염대상물품"이란 제20조제1항에 따른 방염대상물품 중 설치 현장에서 방염처리를 하는 합판·목재를 말한다.

■ 방염성능검사 검사 결과에 따른 합격 표시

방염성능검사확인표시

방염 처리자	서진방재 한대균 (기술인력: 임용기)	화성소방서장인
처리방법	합판(방염제)	
면적	216.71㎡	
성능시험일	제2010-173호 2010년 9월 16일	

* 대상명: 봉담효가요양원 (노유자시설)

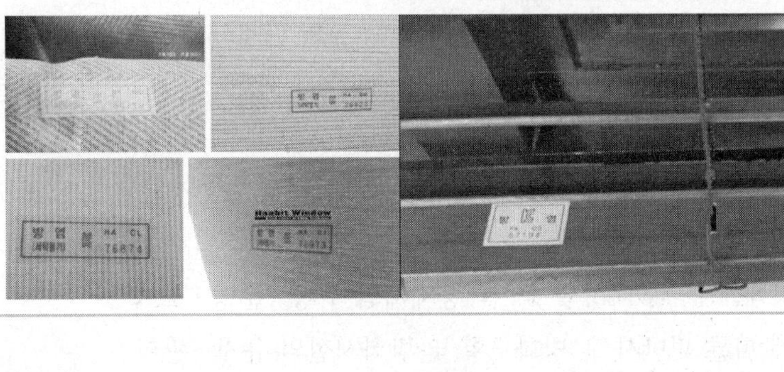

제14조 ~ 제19조 삭제

제4장 소방대상물의 안전관리

제20조(특정소방대상물의 소방안전관리)

① 특정소방대상물의 관계인은 그 특정소방대상물에 대하여 제6항에 따른 소방안전관리 업무를 수행하여야 한다. ➡ **200만 원 이하의 과태료**

② 대통령령으로 정하는 특정소방대상물(이하 이 조에서 "소방안전관리대상물"이라 한다)의 관계인은 소방안전관리 업무를 수행하기 위하여 대통령령으로 정하는 자를 행정안전부령으로 정하는 바에 따라 소방안전관리자 및 소방안전관리보조자로 선임하여야 한다. 이 경우 소방안전관리보조자의 최소인원 기준 등 필요한 사항은 대통령령으로 정하고, 제4항·제5항 및 제7항은 소방안전관리보조자에 대하여 준용한다. ➡ **300만 원 이하의 벌금**

③ 대통령령으로 정하는 소방안전관리대상물의 관계인은 제2항에도 불구하고 제29조제1항에 따른 소방시설관리업의 등록을 한 자(이하 "관리업자"라 한다)로 하여금 제1항에 따른 소방안전관리 업무 중 대통령령으로 정하는 업무를 대행하게 할 수 있으며, 이 경우 소방안전관리 업무를 대행하는 자를 감독할 수 있는 자를 소방안전관리자로 선임할 수 있다.

1. ~ 2. 삭제

④ 소방안전관리대상물의 관계인이 소방안전관리자를 선임한 경우에는 행정안전부령으로 정하는 바에 따라 선임한 날부터 14일 이내에 소방본부장이나 소방서장에게 신고하고, 소방안전관리대상물의 출입자가 쉽게 알 수 있도록 소방안전관리자의 성명과 그 밖에 행정안전부령으로 정하는 사항을 게시하여야 한다. ➡ **200만 원 이하의 과태료**

⑤ 소방안전관리대상물의 관계인이 소방안전관리자를 해임한 경우에는 그 관계인 또는 해임된 소방안전관리자는 소방본부장이나 소방서장에게 그 사실을 알려 해임한 사실의 확인을 받을 수 있다.

⑥ 특정소방대상물(소방안전관리대상물은 제외한다)의 관계인과 소방안전관리대상물의 소방안전관리자의 업무는 다음 각 호와 같다. 다만, 제1호·제2호 및 제4호의 업무는 소방안전관리대상물의 경우에만 해당한다.

1. 제21조의2에 따른 피난계획에 관한 사항과 대통령령으로 정하는 사항이 포함된 소방계획서의 작성 및 시행
2. 자위소방대(自衛消防隊) 및 초기대응체계의 구성·운영·교육
3. 제10조에 따른 피난시설, 방화구획 및 방화시설의 유지·관리
4. 제22조에 따른 소방훈련 및 교육

5. 소방시설이나 그 밖의 소방 관련 시설의 유지・관리
6. 화기(火氣) 취급의 감독
7. 그 밖에 소방안전관리에 필요한 업무

*소방안전관리 업무를 하지 아니한 특정소방대상물의 관계인 또는 소방안전관리대상물의 소방안전관리자

➡ 200만 원 이하의 과태료

⑦ 소방안전관리대상물의 관계인은 소방안전관리자가 소방안전관리 업무를 성실하게 수행할 수 있도록 지도・감독하여야 한다. **➡ 200만 원 이하의 과태료**

⑧ 소방안전관리자는 인명과 재산을 보호하기 위하여 소방시설・피난시설・방화시설 및 방화구획 등이 법령에 위반된 것을 발견한 때에는 지체 없이 소방안전관리대상물의 관계인에게 소방대상물의 개수・이전・제거・수리 등 필요한 조치를 할 것을 요구하여야 하며, 관계인이 시정하지 아니하는 경우 소방본부장 또는 소방서장에게 그 사실을 알려야 한다. 이 경우 소방안전관리자는 공정하고 객관적으로 그 업무를 수행하여야 한다. ➡ 300만 원 이하의 벌금

⑨ 소방안전관리자로부터 제8항에 따른 조치요구 등을 받은 소방안전관리대상물의 관계인은 지체 없이 이에 따라야 하며 제8항에 따른 조치요구 등을 이유로 소방안전관리자를 해임하거나 보수(報酬)의 지급을 거부하는 등 불이익한 처우를 하여서는 아니 된다.

➡ 관계인 300만 원 이하의 벌금

⑩ 제3항에 따라 소방안전관리 업무를 관리업자에게 대행하게 하는 경우의 대가(代價)는 「엔지니어링산업 진흥법」 제31조에 따른 엔지니어링사업의 대가 기준 가운데 행정안전부령으로 정하는 방식에 따라 산정한다.

⑪ 제6항제2호에 따른 자위소방대와 초기대응체계의 구성, 운영 및 교육 등에 관하여 필요한 사항은 행정안전부령으로 정한다.

⑫ 소방본부장 또는 소방서장은 제2항에 따른 소방안전관리자를 선임하지 아니한 소방안전관리대상물의 관계인에게 소방안전관리자를 선임하도록 명할 수 있다.

➡ 3년 이하의 징역 또는 3천만 원 이하의 벌금

⑬ 소방본부장 또는 소방서장은 제6항에 따른 업무를 다하지 아니하는 특정소방대상물의 관계인 또는 소방안전관리자에게 그 업무를 이행하도록 명할 수 있다.

➡ 3년 이하의 징역 또는 3천만 원 이하의 벌금

소방시설법 시행령 살펴보기

제22조(소방안전관리자를 두어야 하는 특정소방대상물)

① 법 제20조제2항에 따라 소방안전관리자를 선임하여야 하는 특정소방대상물(이하 "소방안전관리대상물"이라 한다)은 다음 각 호의 어느 하나에 해당하는 특정소방대상물로 한다. 다만, 「공공기관의 소방안전관리에 관한 규정」을 적용받는 특정소방대상물은 제외한다.

1. 별표 2의 특정소방대상물 중 다음 각 목의 어느 하나에 해당하는 것으로서 동·식물원, 철강 등 불연성 물품을 저장·취급하는 창고, 위험물 저장 및 처리 시설 중 위험물 제조소등, 지하구를 제외한 것(이하 "특급 소방안전관리대상물"이라 한다)
   가. 50층 이상(지하층은 제외한다)이거나 지상으로부터 높이가 200미터 이상인 아파트
   나. 30층 이상(지하층을 포함한다)이거나 지상으로부터 높이가 120미터 이상인 특정소방대상물(아파트는 제외한다)
   다. 나목에 해당하지 아니하는 특정소방대상물로서 연면적이 20만제곱미터 이상인 특정소방대상물(아파트는 제외한다)
2. 별표 2의 특정소방대상물 중 특급 소방안전관리대상물을 제외한 다음 각 목의 어느 하나에 해당하는 것으로서 동·식물원, 철강 등 불연성 물품을 저장·취급하는 창고, 위험물 저장 및 처리 시설 중 위험물 제조소등, 지하구를 제외한 것(이하 "1급 소방안전관리대상물"이라 한다)
   가. 30층 이상(지하층은 제외한다)이거나 지상으로부터 높이가 120미터 이상인 아파트
   나. 연면적 1만5천제곱미터 이상인 특정소방대상물(아파트는 제외한다)
   다. 나목에 해당하지 아니하는 특정소방대상물로서 층수가 11층 이상인 특정소방대상물(아파트는 제외한다)
   라. 가연성 가스를 1천톤 이상 저장·취급하는 시설
3. 별표 2의 특정소방대상물 중 특급 소방안전관리대상물 및 1급 소방안전관리대상물을 제외한 다음 각 목의 어느 하나에 해당하는 것(이하 "2급 소방안전관리대상물"이라 한다)
   가. 별표 5 제1호다목부터 바목까지의 규정에 해당하는 특정소방대상물[호스릴(Hose Reel) 방식의 물분무등소화설비만을 설치한 경우는 제외한다]
   나. 삭제
   다. 가스 제조설비를 갖추고 도시가스사업의 허가를 받아야 하는 시설 또는 가연성 가스를 100톤 이상 1천톤 미만 저장·취급하는 시설
   라. 지하구
   마. 「공동주택관리법 시행령」 제2조 각 호의 어느 하나에 해당하는 공동주택
   바. 「문화재보호법」 제23조에 따라 보물 또는 국보로 지정된 목조건축물
4. 별표 2의 특정소방대상물 중 이 항 제1호부터 제3호까지에 해당하지 아니하는 특정소방대상물로서 별표 5 제2호라목에 해당하는 특정소방대상물(이하 "3급 소방안전관리대상물"이라 한다)

② 제1항에도 불구하고 건축물대장의 건축물현황도에 표시된 대지경계선 안의 지역 또는 인접한 2개 이상의 대지에 제1항에 따라 소방안전관리자를 두어야 하는 특정소방대상물이 둘 이상 있고, 그 관리에 관한 권원(權原)을 가진 자가 동일인인 경우에는 이를 하나의 특정소방대상물로 보되, 그 특정소방대상물이 제1항제1호부터 제4호까지의 규정 중 둘 이상에 해당하는 경우에는 그 중에서 급수가 높은 특정소방대상물로 본다.

제22조의2(소방안전관리보조자를 두어야 하는 특정소방대상물)

① 법 제20조제2항에 따라 소방안전관리보조자를 선임하여야 하는 특정소방대상물은 제22조에 따라 소방안전관리자를 두어야 하는 특정소방대상물 중 다음 각 호의 어느 하나에 해당하는 특정소방대상물(이하 "보조자선임대상 특정소방대상물"이라 한다)로 한다. 다만, 제3호에 해당하는 특정소방대상물로서 해당 특정소방대상물이 소재하는 지역을 관할하는 소방서장이 야간이나 휴일에 해당 특정소방대상물이 이용되지 아니한다는 것을 확인한 경우에는 소방안전관리보조자를 선임하지 아니할 수 있다.

1. 「건축법 시행령」 별표 1 제2호가목에 따른 아파트(300세대 이상인 아파트만 해당한다)
2. 제1호에 따른 아파트를 제외한 연면적이 1만5천제곱미터 이상인 특정소방대상물
3. 제1호 및 제2호에 따른 특정소방대상물을 제외한 특정소방대상물 중 다음 각 목의 어느 하나에 해당하는 특정소방대상물
   가. 공동주택 중 기숙사
   나. 의료시설
   다. 노유자시설
   라. 수련시설
   마. 숙박시설(숙박시설로 사용되는 바닥면적의 합계가 1천500제곱미터 미만이고 관계인이 24시간 상시 근무하고 있는 숙박시설은 제외한다)

② 보조자선임대상 특정소방대상물의 관계인이 선임하여야 하는 소방안전관리보조자의 최소 선임기준은 다음 각 호와 같다.

1. 제1항제1호의 경우: 1명. 다만, 초과되는 300세대마다 1명 이상을 추가로 선임하여야 한다.
2. 제1항제2호의 경우: 1명. 다만, 초과되는 연면적 1만5천제곱미터(특정소방대상물의 방재실에 자위소방대가 24시간 상시 근무하고 「소방장비관리법 시행령」 별표 1 제1호가목에 따른 소방자동차 중 소방펌프차, 소방물탱크차, 소방화학차 또는 무인방수차를 운용하는 경우에는 3만제곱미터로 한다)마다 1명 이상을 추가로 선임해야 한다.
3. 제1항제3호의 경우: 1명

■ **소방안전관리보조자 최소 선임인원수 계산방법**

(1) 300세대 이상인 아파트

① 300세대 이상이면 1명 선임하고, 초과되는 300세대마다 1명씩 추가 선임

② 계산식 : 세대수에 300을 나누어 계산된 값에서 소수점 이하를 버린 정수값이 보조자 선임 인원수가 됨

> 1,280세대 아파트 : 1,280÷300＝4.26(0.26 버림) → 4명
> 300~599세대 이하 아파트 : 소방안전관리보조자 1명

(2) 연면적 1만5천m^2 이상인 대상물

① 연면적 1만5천m^2 이상이면 1명 선임하고, 초과되는 연면적 1만5천m^2 이상마다 1명씩 추가 선임

② 계산식 : 연면적 합계를 15,000으로 나누어 계산된 값에서 소수점 이하를 버린 정수값이 보조자 선임 인원수가 됨

> 연면적이 320,000m^2인 특정소방대상물의 경우
> 320,000÷15,000＝21.333이므로 최소필요 선임인원은 21명

(3) 위에 해당하지 않는 공동주택(기숙사), 의료시설, 노유자시설, 수련시설 및 숙박 시설: 1명 선임 (숙박시설로 사용되는 바닥면적의 합계가 1,500m^2 미만이고 관계인이 24시간 상시근무하는 경우에는 제외)

제23조(소방안전관리자 및 소방안전관리보조자의 선임대상자)

① 특급 소방안전관리대상물의 관계인은 다음 각 호의 어느 하나에 해당하는 사람 중에서 소방안전관리자를 선임해야 한다.

1. 소방기술사 또는 소방시설관리사의 자격이 있는 사람
2. 소방설비기사의 자격을 취득한 후 5년 이상 1급 소방안전관리대상물의 소방안전관리자로 근무한 실무경력(법 제20조제3항에 따라 소방안전관리자로 선임되어 근무한 경력은 제외한다. 이하 이 조에서 같다)이 있는 사람
3. 소방설비산업기사의 자격을 취득한 후 7년 이상 1급 소방안전관리대상물의 소방안전관리자로 근무한 실무경력이 있는 사람
4. 소방공무원으로 20년 이상 근무한 경력이 있는 사람
5. 소방청장이 실시하는 특급 소방안전관리대상물의 소방안전관리에 관한 시험에 합격한 사람. 이 경우 해당 시험은 다음 각 목의 어느 하나에 해당하는 사람만 응시할 수 있다.

가. 1급 소방안전관리대상물의 소방안전관리자로 5년(소방설비기사의 경우 2년, 소방설비산업기사의 경우 3년) 이상 근무한 실무경력이 있는 사람

나. 1급 소방안전관리대상물의 소방안전관리자로 선임될 수 있는 자격이 있는 사람으로서 특급 또는 1급 소방안전관리대상물의 소방안전관리보조자로 7년 이상 근무한 실무경

력이 있는 사람

다. 소방공무원으로 10년 이상 근무한 경력이 있는 사람

라. 「고등교육법」 제2조제1호부터 제6호까지의 어느 하나에 해당하는 학교(이하 "대학"이라 한다)에서 소방안전관리학과(소방청장이 정하여 고시하는 학과를 말한다. 이하 같다)를 전공하고 졸업한 사람(법령에 따라 이와 같은 수준의 학력이 있다고 인정되는 사람을 포함한다)으로서 해당 학과를 졸업한 후 2년 이상 1급 소방안전관리대상물의 소방안전관리자로 근무한 실무경력이 있는 사람

마. 다음 1)부터 3)까지의 어느 하나에 해당하는 사람으로서 해당 요건을 갖춘 후 3년 이상 1급 소방안전관리대상물의 소방안전관리자로 근무한 실무경력이 있는 사람

1) 대학에서 소방안전 관련 교과목(소방청장이 정하여 고시하는 교과목을 말한다. 이하 같다)을 12학점 이상 이수하고 졸업한 사람

2) 법령에 따라 1)에 해당하는 사람과 같은 수준의 학력이 있다고 인정되는 사람으로서 해당 학력 취득 과정에서 소방안전 관련 교과목을 12학점 이상 이수한 사람

3) 대학에서 소방안전 관련 학과(소방청장이 정하여 고시하는 학과를 말한다. 이하 같다)를 전공하고 졸업한 사람(법령에 따라 이와 같은 수준의 학력이 있다고 인정되는 사람을 포함한다)

바. 소방행정학(소방학 및 소방방재학을 포함한다) 또는 소방안전공학(소방방재공학 및 안전공학을 포함한다) 분야에서 석사학위 이상을 취득한 후 2년 이상 1급 소방안전관리대상물의 소방안전관리자로 근무한 실무경력이 있는 사람

사. 특급 소방안전관리대상물의 소방안전관리보조자로 10년 이상 근무한 실무경력이 있는 사람

아. 법 제41조제1항제3호 및 이 영 제38조에 따라 특급 소방안전관리대상물의 소방안전관리에 대한 강습교육을 수료한 사람

자. 「초고층 및 지하연계 복합건축물 재난관리에 관한 특별법」 제12조제1항 본문에 따라 총괄재난관리자로 지정되어 1년 이상 근무한 경력이 있는 사람

6. 삭제

② 1급 소방안전관리대상물의 관계인은 다음 각 호의 어느 하나에 해당하는 사람 중에서 소방안전관리자를 선임하여야 한다. 다만, 제4호부터 제6호까지에 해당하는 사람은 안전관리자로 선임된 해당 소방안전관리대상물의 소방안전관리자로만 선임할 수 있다.

1. 소방설비기사 또는 소방설비산업기사의 자격이 있는 사람
2. 산업안전기사 또는 산업안전산업기사의 자격을 취득한 후 2년 이상 2급 소방안전관리대상물 또는 3급 소방안전관리대상물의 소방안전관리자로 근무한 실무경력이 있는 사람
3. 소방공무원으로 7년 이상 근무한 경력이 있는 사람
4. 위험물기능장 · 위험물산업기사 또는 위험물기능사 자격을 가진 사람으로서 「위험물안전관리법」 제15조제1항에 따라 위험물안전관리자로 선임된 사람

5. 「고압가스 안전관리법」 제15조제1항, 「액화석유가스의 안전관리 및 사업법」 제34조제1항 또는 「도시가스사업법」 제29조제1항에 따라 안전관리자로 선임된 사람
6. 「전기안전관리법」 제22조제1항 및 제2항에 따라 전기안전관리자로 선임된 사람
7. 소방청장이 실시하는 1급 소방안전관리대상물의 소방안전관리에 관한 시험에 합격한 사람. 이 경우 해당 시험은 다음 각 목의 어느 하나에 해당하는 사람만 응시할 수 있다.
   가. 대학에서 소방안전관리학과를 전공하고 졸업한 사람(법령에 따라 이와 같은 수준의 학력이 있다고 인정되는 사람을 포함한다)으로서 해당 학과를 졸업한 후 2년 이상 2급 소방안전관리대상물 또는 3급 소방안전관리대상물의 소방안전관리자로 근무한 실무경력이 있는 사람
   나. 다음 1)부터 3)까지의 어느 하나에 해당하는 사람으로서 해당 요건을 갖춘 후 3년 이상 2급 소방안전관리대상물 또는 3급 소방안전관리대상물의 소방안전관리자로 근무한 실무경력이 있는 사람
      1) 대학에서 소방안전 관련 교과목을 12학점 이상 이수하고 졸업한 사람
      2) 법령에 따라 1)에 해당하는 사람과 같은 수준의 학력이 있다고 인정되는 사람으로서 해당 학력 취득 과정에서 소방안전 관련 교과목을 12학점 이상 이수한 사람
      3) 대학에서 소방안전 관련 학과를 전공하고 졸업한 사람(법령에 따라 이와 같은 수준의 학력이 있다고 인정되는 사람을 포함한다)
   다. 소방행정학(소방학, 소방방재학을 포함한다) 또는 소방안전공학(소방방재공학, 안전공학을 포함한다) 분야에서 석사학위 이상을 취득한 사람
   라. 가목 및 나목에 해당하는 경우 외에 5년 이상 2급 소방안전관리대상물의 소방안전관리자로 근무한 실무경력이 있는 사람
   마. 법 제41조제1항제3호 및 이 영 제38조에 따라 특급 소방안전관리대상물 또는 1급 소방안전관리대상물의 소방안전관리에 대한 강습교육을 수료한 사람
   바. 「공공기관의 소방안전관리에 관한 규정」 제5조제1항제2호나목에 따른 강습교육을 수료한 사람
   사. 2급 소방안전관리대상물의 소방안전관리자로 선임될 수 있는 자격이 있는 사람으로서 특급 또는 1급 소방안전관리대상물의 소방안전관리보조자로 5년 이상 근무한 실무경력이 있는 사람
   아. 2급 소방안전관리대상물의 소방안전관리자로 선임될 수 있는 자격이 있는 사람으로서 2급 소방안전관리대상물의 소방안전관리보조자로 7년 이상 근무한 실무경력(특급 또는 1급 소방안전관리대상물의 소방안전관리보조자로 근무한 5년 미만의 실무경력이 있는 경우에는 이를 포함하여 합산한다)이 있는 사람
8. 제1항에 따라 특급 소방안전관리대상물의 소방안전관리자 자격이 인정되는 사람

③ 2급 소방안전관리대상물의 관계인은 다음 각 호의 어느 하나에 해당하는 사람 중에서 소방안전관리자를 선임하여야 한다. 다만, 제3호에 해당하는 사람은 보안관리자 또는 보안감독자로

선임된 해당 소방안전관리대상물의 소방안전관리자로만 선임할 수 있다.

1. 건축사 · 산업안전기사 · 산업안전산업기사 · 건축기사 · 건축산업기사 · 일반기계기사 · 전기기능장 · 전기기사 · 전기산업기사 · 전기공사기사 또는 전기공사산업기사 자격을 가진 사람
2. 위험물기능장 · 위험물산업기사 또는 위험물기능사 자격을 가진 사람
3. 광산보안기사 또는 광산보안산업기사 자격을 가진 사람으로서 「광산안전법」 제13조에 따라 광산안전관리직원(안전관리자 또는 안전감독자만 해당한다)으로 선임된 사람
4. 소방공무원으로 3년 이상 근무한 경력이 있는 사람
5. 소방청장이 실시하는 2급 소방안전관리대상물의 소방안전관리에 관한 시험에 합격한 사람. 이 경우 해당 시험은 다음 각 목의 어느 하나에 해당하는 사람만 응시할 수 있다.
   가. 대학에서 소방안전관리학과를 전공하고 졸업한 사람(법령에 따라 이와 같은 수준의 학력이 있다고 인정되는 사람을 포함한다)
   나. 다음 1)부터 3)까지의 어느 하나에 해당하는 사람
      1) 대학에서 소방안전 관련 교과목을 6학점 이상 이수하고 졸업한 사람
      2) 법령에 따라 1)에 해당하는 사람과 같은 수준의 학력이 있다고 인정되는 사람으로서 해당 학력 취득 과정에서 소방안전 관련 교과목을 6학점 이상 이수한 사람
      3) 대학에서 소방안전 관련 학과를 전공하고 졸업한 사람(법령에 따라 이와 같은 수준의 학력이 있다고 인정되는 사람을 포함한다)
   다. 소방본부 또는 소방서에서 1년 이상 화재진압 또는 그 보조 업무에 종사한 경력이 있는 사람
   라. 의용소방대원으로 3년 이상 근무한 경력이 있는 사람
   마. 군부대(주한 외국군부대를 포함한다) 및 의무소방대의 소방대원으로 1년 이상 근무한 경력이 있는 사람
   바. 「위험물안전관리법」 제19조에 따른 자체소방대의 소방대원으로 3년 이상 근무한 경력이 있는 사람
   사. 「대통령 등의 경호에 관한 법률」에 따른 경호공무원 또는 별정직공무원으로서 2년 이상 안전검측 업무에 종사한 경력이 있는 사람
   아. 경찰공무원으로 3년 이상 근무한 경력이 있는 사람
   자. 법 제41조제1항제3호 및 이 영 제38조에 따라 특급 소방안전관리대상물, 1급 소방안전관리대상물 또는 2급 소방안전관리대상물의 소방안전관리에 대한 강습교육을 수료한 사람
   차. 제2항제7호바목에 해당하는 사람
   카. 소방안전관리보조자로 선임될 수 있는 자격이 있는 사람으로서 특급 소방안전관리대상물, 1급 소방안전관리대상물, 2급 소방안전관리대상물 또는 3급 소방안전관리대상물의 소방안전관리보조자로 3년 이상 근무한 실무경력이 있는 사람
   타. 3급 소방안전관리대상물의 소방안전관리자로 2년 이상 근무한 실무경력이 있는 사람

6. 제1항 및 제2항에 따라 특급 또는 1급 소방안전관리대상물의 소방안전관리자 자격이 인정되는 사람

④ 3급 소방안전관리대상물의 관계인은 다음 각 호의 어느 하나에 해당하는 사람 중에서 소방안전관리자를 선임하여야 한다.

1. 소방공무원으로 1년 이상 근무한 경력이 있는 사람
2. 소방청장이 실시하는 3급 소방안전관리대상물의 소방안전관리에 관한 시험에 합격한 사람. 이 경우 해당 시험은 다음 각 목의 어느 하나에 해당하는 사람만 응시할 수 있다.
   가. 의용소방대원으로 2년 이상 근무한 경력이 있는 사람
   나. 「위험물안전관리법」 제19조에 따른 자체소방대의 소방대원으로 1년 이상 근무한 경력이 있는 사람
   다. 「대통령 등의 경호에 관한 법률」에 따른 경호공무원 또는 별정직공무원으로 1년 이상 안전검측 업무에 종사한 경력이 있는 사람
   라. 경찰공무원으로 2년 이상 근무한 경력이 있는 사람
   마. 법 제41조제1항제3호 및 이 영 제38조에 따라 특급 소방안전관리대상물, 1급 소방안전관리대상물, 2급 소방안전관리대상물 또는 3급 소방안전관리대상물의 소방안전관리에 대한 강습교육을 수료한 사람
   바. 제2항제7호바목에 해당하는 사람
   사. 소방안전관리보조자로 선임될 수 있는 자격이 있는 사람으로서 특급 소방안전관리대상물, 1급 소방안전관리대상물, 2급 소방안전관리대상물 또는 3급 소방안전관리대상물의 소방안전관리보조자로 2년 이상 근무한 실무경력이 있는 사람
3. 제1항부터 제3항까지의 규정에 따라 특급 소방안전관리대상물, 1급 소방안전관리대상물 또는 2급 소방안전관리대상물의 소방안전관리자 자격이 인정되는 사람

⑤ 제22조의2제1항에 따라 소방안전관리보조자를 선임하여야 하는 특정소방대상물의 관계인은 다음 각 호의 어느 하나에 해당하는 사람을 소방안전관리보조자로 선임하여야 한다.

1. 제1항부터 제4항까지의 규정에 따라 특급 소방안전관리대상물, 1급 소방안전관리대상물, 2급 소방안전관리대상물 또는 3급 소방안전관리대상물의 소방안전관리자 자격이 있는 사람
2. 「국가기술자격법」 제9조제1항제1호에 따른 기술·기능 분야 국가기술자격 중에서 행정안전부령으로 정하는 국가기술자격이 있는 사람
3. 제2항제7호바목 또는 제4항제2호마목에 해당하는 사람
4. 소방안전관리대상물에서 소방안전 관련 업무에 2년 이상 근무한 경력이 있는 사람

⑥ 제1항제5호, 제2항제7호, 제3항제5호 및 제4항제2호에 따른 강습교육의 시간·기간·교과목 및 소방안전관리에 관한 시험 등에 관하여 필요한 사항은 행정안전부령으로 정한다.

✔ **TIP** 행정규칙: 소방안전 관련 교과목 · 소방안전 관련 학과 및 소방관련 학과 등에 관한 기준 참고

제23조의2(소방안전관리 업무의 대행)

① 법 제20조제3항에서 "대통령령으로 정하는 소방안전관리대상물"이란 제22조제1항제2호다목 또는 같은 항 제3호 · 제4호에 해당하는 특정소방대상물을 말한다.

② 법 제20조제3항에서 "소방안전관리 업무 중 대통령령으로 정하는 업무"란 법 제20조제6항제3호 또는 제5호에 해당하는 업무를 말한다.

제24조(소방안전관리대상물의 소방계획서 작성 등)

① 법 제20조제6항제1호에 따른 소방계획서에는 다음 각 호의 사항이 포함되어야 한다.

1. 소방안전관리대상물의 위치·구조·연면적·용도 및 수용인원 등 일반 현황
2. 소방안전관리대상물에 설치한 소방시설·방화시설(防火施設), 전기시설·가스시설 및 위험물시설의 현황
3. 화재 예방을 위한 자체점검계획 및 진압대책
4. 소방시설·피난시설 및 방화시설의 점검·정비계획
5. 피난층 및 피난시설의 위치와 피난경로의 설정, 장애인 및 노약자의 피난계획 등을 포함한 피난계획
6. 방화구획, 제연구획, 건축물의 내부 마감재료(불연재료·준불연재료 또는 난연재료로 사용된 것을 말한다) 및 방염물품의 사용현황과 그 밖의 방화구조 및 설비의 유지·관리계획
7. 법 제22조에 따른 소방훈련 및 교육에 관한 계획
8. 법 제22조를 적용받는 특정소방대상물의 근무자 및 거주자의 자위소방대 조직과 대원의 임무(장애인 및 노약자의 피난 보조 임무를 포함한다)에 관한 사항
9. 화기 취급 작업에 대한 사전 안전조치 및 감독 등 공사 중 소방안전관리에 관한 사항
10. 공동 및 분임 소방안전관리에 관한 사항
11. 소화와 연소 방지에 관한 사항
12. 위험물의 저장·취급에 관한 사항(「위험물안전관리법」 제17조에 따라 예방규정을 정하는 제조소등은 제외한다)
13. 그 밖에 소방안전관리를 위하여 소방본부장 또는 소방서장이 소방안전관리대상물의 위치·구조·설비 또는 관리 상황 등을 고려하여 소방안전관리에 필요하여 요청하는 사항

② 소방본부장 또는 소방서장은 제1항에 따른 특정소방대상물의 소방계획의 작성 및 실시에 관하여 지도·감독한다.

소방시설법 시행규칙 살펴보기

제14조(소방안전관리자의 선임신고 등)

① 특정소방대상물의 관계인은 법 제20조제2항 및 법 제21조에 따라 소방안전관리자를 다음 각 호의 어느 하나에 해당하는 날부터 30일 이내에 선임하여야 한다.

1. 신축·증축·개축·재축·대수선 또는 용도변경으로 해당 특정소방대상물의 소방안전관리자를 신규로 선임하여야 하는 경우 : 해당 특정소방대상물의 완공일(건축물의 경우에는 「건축법」 제22조에 따라 건축물을 사용할 수 있게 된 날을 말한다. 이하 이 조 및 제14조의2에서 같다)
2. 증축 또는 용도변경으로 인하여 특정소방대상물이 영 제22조제1항에 따른 소방안전관리대상물(이하 "소방안전관리대상물"이라 한다)로 된 경우 : 증축공사의 완공일 또는 용도변경 사실을 건축물관리대장에 기재한 날
3. 특정소방대상물을 양수하거나 「민사집행법」에 의한 경매, 「채무자 회생 및 파산에 관한 법률」에 의한 환가, 「국세징수법」·「관세법」 또는 「지방세기본법」에 의한 압류재산의 매각 그 밖에 이에 준하는 절차에 의하여 관계인의 권리를 취득한 경우 : 해당 권리를 취득한 날 또는 관할 소방서장으로부터 소방안전관리자 선임 안내를 받은 날. 다만, 새로 권리를 취득한 관계인이 종전의 특정소방대상물의 관계인이 선임신고한 소방안전관리자를 해임하지 아니하는 경우를 제외한다.
4. 법 제21조에 따른 특정소방대상물의 경우 : 소방본부장 또는 소방서장이 공동 소방안전관리 대상으로 지정한 날
5. 소방안전관리자를 해임한 경우 : 소방안전관리자를 해임한 날
6. 법 제20조제3항에 따라 소방안전관리업무를 대행하는 자를 감독하는 자를 소방안전관리자로 선임한 경우로서 그 업무대행 계약이 해지 또는 종료된 경우: 소방안전관리업무 대행이 끝난 날

② 영 제22조제1항제3호 및 제4호에 따른 2급 또는 3급 소방안전관리대상물의 관계인은 제29조에 따른 소방안전관리자에 대한 강습교육이나 영 제23조제3항제5호 또는 같은 조 제4항제2호에 따른 2급 또는 3급 소방안전관리대상물의 소방안전관리에 관한 시험이 제1항에 따른 소방안전관리자 선임기간 내에 있지 아니하여 소방안전관리자를 선임할 수 없는 경우에는 소방안전관리자 선임의 연기를 신청할 수 있다.

③ 제2항에 따라 소방안전관리자 선임의 연기를 신청하려는 2급 또는 3급 소방안전관리대상물의 관계인은 별지 제18호서식의 선임 연기신청서에 소방안전관리 강습교육접수증 사본 또는 소방안전관리자 시험응시표 사본을 첨부하여 소방본부장 또는 소방서장에게 제출하여야 한다. 이 경우 2급 또는 3급 소방안전관리대상물의 관계인은 소방안전관리자가 선임될 때까지 법 제20조제6항 각 호의 소방안전관리 업무를 수행하여야 한다.

④ 소방본부장 또는 소방서장은 제3항에 따른 신청을 받은 때에는 소방안전관리자 선임기간을 정하여 2급 또는 3급 소방안전관리대상물의 관계인에게 통보하여야 한다.

⑤ 소방안전관리대상물의 관계인은 법 제20조제2항에 따른 소방안전관리자 및 법 제21조에 따른 공동 소방안전관리자(「기업활동 규제완화에 관한 특별조치법」 제29조제3항·제30조제2항 또는 제32조제2항에 따라 소방안전관리자를 겸임하거나 공동으로 선임되는 자를 포함한다)를 선임한 때에는 법 제20조제4항에 따라 별지 제19호서식의 소방안전관리자 선임신고서(전자문서로 된 신고서를 포함한다)에 다음 각 호의 어느 하나에 해당하는 서류(전자문서를 포함한다)를 첨부하여 소방본부장 또는 소방서장에게 제출하여야 한다. 이 경우 담당 공무원은 「전자정부법」 제36조제1항에 따른 행정정보의 공동이용을 통하여 선임된 소방안전관리자의 국가기술자격증(영 제23조제1항제2호·제3호, 같은 조 제2항제1호·제2호 및 같은 조 제3항제1호·제2호에 해당하는 사람만 해당한다)을 확인하여야 하며, 신고인이 확인에 동의하지 아니하는 경우에는 그 서류(국가기술자격증의 경우에는 그 사본을 말한다)를 제출하도록 하여야 한다.

1. 소방시설관리사증
2. 삭제
3. 제35조에 따른 소방안전관리자수첩(영 제23조제1항제2호부터 제5호까지, 같은 조 제2항제2호·제3호 및 제7호, 같은 조 제3항제4호 및 제5호, 같은 조 제4항제1호 및 제2호에 해당하는 사람만 해당한다)
4. 소방안전관리대상물의 소방안전관리에 관한 업무를 감독할 수 있는 직위에 있는 자임을 증명하는 서류(법 제20조제3항에 따라 소방안전관리대상물의 관계인이 소방안전관리 업무를 대행하게 하는 경우만 해당한다) 1부
5. 「위험물안전관리법」 제19조에 따른 자체소방대장임을 증명하는 서류 또는 소방시설관리업자에게 소방안전관리 업무를 대행하게 한 사실을 증명할 수 있는 서류(법 세20조세3항에 따라 소방대상물의 자체소방대장 또는 소방시설관리업자에게 소방안전관리 업무를 대행하게 한 경우에 한한다) 1부
6. 「기업활동 규제완화에 관한 특별조치법」 제29조제3항 또는 제30조제2항에 따라 해당 특정소방대상물의 소방안전관리자를 겸임할 수 있는 안전관리자로 선임된 사실을 증명할 수 있는 서류 또는 선임사항이 기록된 자격수첩

⑥ 소방본부장 또는 소방서장은 특정소방대상물의 관계인이 법 제20조제3항에 따른 소방안전관리자를 선임하여 신고하는 경우에는 신고인에게 별지 제19호의2서식의 소방안전관리자 선임증을 발급하여야 한다.

⑦ 특정소방대상물의 관계인은 「전자정부법」 제9조에 따라 소방청장이 설치한 전산시스템을 이용하여 제5항에 따른 소방안전관리자의 선임신고를 할 수 있으며, 이 경우 소방본부장 또는 소방서장은 별지 제19호의2서식의 소방안전관리자 선임증을 발급하여야 한다.

⑧ 법 제20조제4항에서 "행정안전부령으로 정하는 사항"이란 다음 각 호의 사항을 말한다.

1. 소방안전관리대상물의 명칭
2. 소방안전관리자의 선임일자

3. 소방안전관리대상물의 등급
4. 소방안전관리자의 연락처

⑨ 법 제20조제4항에 따른 소방안전관리자 성명 등의 게시는 별지 제19호의3서식에 따른다.

제14조의2(소방안전관리보조자의 선임신고 등)

① 특정소방대상물의 관계인은 법 제20조제2항에 따라 소방안전관리자보조자를 다음 각 호의 어느 하나에 해당하는 날부터 30일 이내에 선임하여야 한다.

1. 신축·증축·개축·재축·대수선 또는 용도변경으로 해당 특정소방대상물의 소방안전관리보조자를 신규로 선임하여야 하는 경우: 해당 특정소방대상물의 완공일
2. 특정소방대상물을 양수하거나 「민사집행법」에 의한 경매, 「채무자 회생 및 파산에 관한 법률」에 의한 환가, 「국세징수법」·「관세법」 또는 「지방세기본법」에 의한 압류재산의 매각 그 밖에 이에 준하는 절차에 의하여 관계인의 권리를 취득한 경우: 해당 권리를 취득한 날 또는 관할 소방서장으로부터 소방안전관리보조자 선임 안내를 받은 날. 다만, 새로 권리를 취득한 관계인이 종전의 특정소방대상물의 관계인이 선임 신고한 소방안전관리보조자를 해임하지 아니하는 경우를 제외한다.
3. 소방안전관리보조자를 해임한 경우: 소방안전관리보조자를 해임한 날

② 영 제22조의2제1항에 따른 소방안전관리보조자를 선임하여야 하는 특정소방대상물(이하 "보조자선임대상 특정소방대상물"이라 한다)의 관계인은 제29조의 강습교육이 제1항에 따른 소방안전관리보조자 선임기간 내에 있지 아니하여 소방안전관리보조자를 선임할 수 없는 경우에는 소방안전관리보조자 선임의 연기를 신청할 수 있다.

③ 제2항에 따라 소방안전관리보조자 선임의 연기를 신청하려는 보조자선임대상 특정소방대상물의 관계인은 별지 제18호서식의 선임 연기신청서에 소방안전관리 강습교육접수증 사본을 첨부하여 소방본부장 또는 소방서장에게 제출하여야 한다.

④ 소방본부장 또는 소방서장은 제3항에 따라 선임 연기신청서를 제출받은 경우에는 소방안전관리보조자 선임기간을 정하여 보조자선임대상 특정소방대상물의 관계인에게 통보하여야 한다.

⑤ 특정소방대상물의 관계인은 법 제20조제2항에 따른 소방안전관리보조자를 선임한 때에는 법 제20조제4항에 따라 별지 제19호의4서식의 소방안전관리보조자 선임신고서(전자문서로 된 신고서를 포함한다)에 다음 각 호의 어느 하나에 해당하는 서류(전자문서를 포함하며, 영 제23조제5항 각 호의 자격요건 중 해당 자격을 증명할 수 있는 서류를 말한다)를 첨부하여 소방본부장 또는 소방서장에게 제출하여야 한다. 이 경우 담당 공무원은 「전자정부법」 제36조제1항에 따른 행정정보의 공동이용을 통하여 선임된 소방안전관리보조자의 국가기술자격증(영 제23조제5항제1호에 해당하는 사람 중 같은 조 제1항제2호·제3호, 같은 조 제2항제1호·제2호, 같은 조 제3항제1호·제2호에 해당하는 사람 및 같은 조 제5항제2호에 해당하는 사람만 해당한다)을 확인하여야 하며, 신고인이 확인에 동의하지 아니하는 경우에는 국가기술자격증의 사본을 제출하도록 하여야 한다.

1. 소방시설관리사증
2. 제35조에 따른 소방안전관리자수첩
3. 특급, 1급, 2급 또는 3급 소방안전관리에 관한 강습교육수료증 1부
4. 해당 소방안전관리대상물에 소방안전 관련 업무에 근무한 경력이 있는 사람임을 증명할 수 있는 서류 1부

⑥ 영 제23조제5항제2호에서 "행정안전부령으로 정하는 국가기술자격"이란 「국가기술자격법 시행규칙」 별표 2의 중직무분야에서 건축, 기계제작, 기계장비설비·설치, 화공, 위험물, 전기, 안전관리에 해당하는 국가기술자격을 말한다.

⑦ 특정소방대상물의 관계인은 「전자정부법」 제9조에 따라 소방청장이 설치한 전산시스템을 이용하여 제2항에 따른 소방안전관리자보조자의 선임신고를 할 수 있으며, 이 경우 소방본부장 또는 소방서장은 별지 제19호의2서식의 소방안전관리보조자 선임증을 발급하여야 한다.

제14조의3(자위소방대 및 초기대응체계의 구성, 운영 및 교육 등)

① 소방안전관리대상물의 소방안전관리자는 법 제20조제6항제2호에 따른 자위소방대를 다음 각 호의 기능을 효율적으로 수행할 수 있도록 편성·운영하되, 소방안전관리대상물의 규모·용도 등의 특성을 고려하여 응급구조 및 방호안전기능 등을 추가하여 수행할 수 있도록 편성할 수 있다.

1. 화재 발생 시 비상연락, 초기소화 및 피난유도
2. 화재 발생 시 인명·재산피해 최소화를 위한 조치

② 소방안전관리대상물의 소방안전관리자는 법 제20조제6항제2호에 따른 초기대응체계를 제1항에 따른 자위소방대에 포함하여 편성하되, 화재 발생 시 초기에 신속하게 대처할 수 있도록 해당 소방안전관리대상물에 근무하는 사람의 근무위치, 근무인원 등을 고려하여 편성하여야 한다.

③ 소방안전관리대상물의 소방안전관리자는 해당 특정소방대상물이 이용되고 있는 동안 제2항에 따른 초기대응체계를 상시적으로 운영하여야 한다.

④ 소방안전관리대상물의 소방안전관리자는 연 1회 이상 자위소방대(초기대응체계를 포함한다)를 소집하여 그 편성 상태를 점검하고, 소방교육을 실시하여야 한다. 이 경우 초기대응체계에 편성된 근무자 등에 대하여는 화재 발생 초기대응에 필요한 기본 요령을 숙지할 수 있도록 소방교육을 실시하여야 한다.

⑤ 소방안전관리대상물의 소방안전관리자는 제4항에 따른 소방교육을 제15조제1항에 따른 소방훈련과 병행하여 실시할 수 있다.

⑥ 소방안전관리대상물의 소방안전관리자는 제4항에 따른 소방교육을 실시하였을 때에는 그 실시 결과를 별지 제19호의5서식의 자위소방대 및 초기대응체계 소방교육 실시 결과 기록부에 기록하고, 이를 2년간 보관하여야 한다.

⑦ 소방청장은 자위소방대의 구성, 운영 및 교육, 초기대응체계의 편성·운영 등에 필요한 지침을 작성하여 배포할 수 있으며, 소방본부장 또는 소방서장은 소방안전관리대상물의 소방안전관리자가 해당 지침을 준수하도록 지도할 수 있다.

제19조(점검결과보고서의 제출)

① 법 제20조제2항 전단에 따른 소방안전관리대상물의 관계인 및 「공공기관의 소방안전관리에 관한 규정」 제5조에 따라 소방안전관리자를 선임해야 하는 공공기관의 장은 별표 1에 따른 작동기능점검 또는 종합정밀점검을 실시한 경우 법 제25조제2항에 따라 7일 이내에 별지 제21호서식의 소방시설등 자체점검 실시결과 보고서를 소방본부장 또는 소방서장에게 제출해야 한다. 이 경우 소방청장이 지정하는 전산망을 통하여 그 점검결과보고서를 제출할 수 있다. 〈개정 2014. 11. 19., 2015. 1. 9., 2017. 2. 10., 2017. 7. 26., 2019. 8. 13., 2021. 3. 25.〉

② 삭제 〈2021. 3. 25.〉

③ 법 제20조제2항 전단에 따른 소방안전관리대상물의 관계인 및 「공공기관의 소방안전관리에 관한 규정」 제5조에 따라 소방안전관리자를 선임해야 하는 공공기관의 기관장은 법 제25조제3항에 따라 별표 1에 따른 작동기능점검 또는 종합정밀점검을 실시한 경우 그 점검결과를 2년간 자체 보관해야 한다. 〈개정 2017. 2. 10., 2021. 3. 25.〉

※ 시행규칙 제19조의 경우 2021년 4월 1일부터 시행한다. [시행일: 2021.4.1.]

※ 제19조제3항의 개정규정은 이 규칙 시행 이후 실시하는 종합정밀점검부터 적용한다.

※ 점검결과 보고서 제출에 관한 경과조치의 경우 이 규칙 시행 전에 작동기능점검 또는 종합정밀점검을 실시한 경우에는 제19조제1항·제2항, 별지 제21호서식 및 별지 제21호의2서식의 개정규정에도 불구하고 종전의 규정에 따른다.

✔ **TIP** 행정규칙: 소방시설 자체점검사항 등에 관한 고시 참고

제20조(소방안전관리 업무대행 등의 대가)

법 제20조제10항 및 법 제25조제4항에서 "행정안전부령으로 정하는 방식"이란 「엔지니어링산업 진흥법」 제31조에 따라 산업통상자원부장관이 인가한 엔지니어링사업대가의 기준 중 실비정액가산방식을 말한다.

▸ **참고**

제29조(소방안전관리자에 대한 강습교육의 실시)

① 법 제41조제1항에 따른 소방안전관리자의 강습교육의 일정·횟수 등에 관하여 필요한 사항은 한국소방안전원의 장(이하 "안전원장"이라 한다)이 연간계획을 수립하여 실시하여야 한다.

② 안전원장은 법 제41조제1항의 규정에 의한 강습교육을 실시하고자 하는 때에는 강습교육실시 20일전까지 일시·장소 그 밖의 강습교육실시에 관하여 필요한 사항을 한국소방안전원의 인터넷 홈페이지 및 게시판에 공고하여야 한다.

③안전원장은 강습교육을 실시한 때에는 수료자에게 별지 제31호서식의 수료증을 교부하고 별지 제32호서식

제34조(시험방법, 시험의 공고 및 합격자 결정 등)

① 영 제23조제1항제5호에 따른 특급 소방안전관리대상물의 소방안전관리에 관한 시험(이하 "특급 소방안전관리자시험"이라 한다)은 선택형과 서술형으로 구분하여 실시하고, 영 제23조제2항제7호에 따른 1급 소방안전관리대상물의 소방안전관리에 관한 시험(이하 "1급 소방안전관리자시험"이라 한다), 같은 조 제3항제5호에 따른 2급 소방안전관리대상물의 소방안전관리에 관한 시험(이하 "2급 소방안전관리자시험"이라 한다) 및 같은 조 제4항제2호에 따른 3급 소방안전관리대상물의 소방안전관리에 관한 시험(이하 "3급 소방안전관리자시험"이라 한다)은 선택형을 원칙으로 하되, 기입형을 덧붙일 수 있다.

② 소방청장은 특급, 1급, 2급 또는 3급 소방안전관리자시험을 실시하고자 하는 때에는 응시자격·시험과목·일시·장소 및 응시절차 등에 관하여 필요한 사항을 모든 응시 희망자가 알 수 있도록 시험 시행일 30일 전에 일간신문 또는 인터넷 홈페이지에 공고하여야 한다.

③ 소방안전관리자시험에 응시하고자 하는 자는 별지 제34호서식의 특급, 1급, 2급 또는 3급 소방안전관리자시험 응시원서에 사진(가로 3.5센티미터×세로 4.5센티미터) 2매와 학력·경력증명서류(해당하는 사람만 제출하되, 특급·1급·2급 또는 3급 소방안전관리에 대한 강습교육 수료증을 포함한다)를 첨부하여 소방청장에게 제출하여야 한다.

④ 소방청장은 제3항에 따른 특급, 1급, 2급 또는 3급 소방안전관리자시험응시원서를 접수한 때에는 응시표를 발급하여야 한다.

⑤ 특급, 1급, 2급 또는 3급 소방안전관리자시험의 과목은 각각 제32조 및 별표 5에 따른 특급, 1급, 2급 또는 3급 소방안전관리대상물의 소방안전관리에 관한 강습교육의 과목으로 한다.

⑥ 제1항의 규정에 의한 시험에 있어서는 매과목 100점을 만점으로 하여 매과목 40점 이상, 전과목 평균 70점 이상을 득점한 자를 합격자로 한다.

⑦ 시험문제의 출제방법, 시험위원의 위촉, 합격자의 발표, 응시수수료 및 부정행위자에 대한 조치 등 시험실시에 관하여 필요한 사항은 소방청장이 이를 정하여 고시한다.

제35조(소방안전관리자수첩의 발급)

① 다음 각 호의 어느 하나에 해당하는 자가 소방안전관리자수첩을 발급받고자 하는 때에는 소방청장에게 소방안전관리자수첩의 발급을 신청할 수 있다.

1. 제34조에 따라 특급, 1급, 2급 또는 3급 소방안전관리자시험에 합격한 자
2. 영 제23조제1항제2호부터 제4호까지, 같은 조 제2항제2호 · 제3호, 같은 조 제3항제4호 및 같은 조 제4항제1호에 해당하는 사람

② 소방청장은 제1항에 따라 소방안전관리자수첩의 발급을 신청받은 때에는 신청인에게 특급, 1급, 2급 또는 3급 소방안전관리대상물 소방안전관리자수첩 중 해당하는 수첩을 발급하여야 한다.

③ 소방청장은 제1항에 따른 수첩을 발급받은 자가 그 수첩을 잃어버리거나 수첩이 헐어 못쓰게 되어 수첩의 재발급을 신청한 때에는 수첩을 재발급하여야 한다.

④ 소방안전관리자수첩의 서식 그 밖에 소방안전관리자수첩의 발급 · 재발급에 관하여 필요한

사항은 소방청장이 이를 정하여 고시한다.

제36조(소방안전관리자 및 소방안전관리보조자의 실무교육 등)

① 안전원장은 법 제41조제1항에 따른 소방안전관리자 및 소방안전관리보조자에 대한 실무교육의 교육대상, 교육일정 등 실무교육에 필요한 계획을 수립하여 매년 소방청장의 승인을 얻어 교육실시 30일 전까지 교육대상자에게 통보하여야 한다.

② 소방안전관리자는 그 선임된 날부터 6개월 이내에 법 제41조제1항에 따른 실무교육을 받아야 하며, 그 후에는 2년마다(최초 실무교육을 받은 날을 기준일로 하여 매 2년이 되는 해의 기준일과 같은 날 전까지를 말한다) 1회 이상 실무교육을 받아야 한다. 다만, 소방안전관리 강습교육 또는 실무교육을 받은 후 1년 이내에 소방안전관리자로 선임된 사람은 해당 강습교육 또는 실무교육을 받은 날에 실무교육을 받은 것으로 본다.

③ 소방안전관리보조자는 그 선임된 날부터 6개월(영 제23조제5항제4호에 따라 소방안전관리보조자로 지정된 사람의 경우 3개월을 말한다) 이내에 법 제41조에 따른 실무교육을 받아야 하며, 그 후에는 2년마다(최초 실무교육을 받은 날을 기준일로 하여 매 2년이 되는 해의 기준일과 같은 날 전까지를 말한다) 1회 이상 실무교육을 받아야 한다. 다만, 소방안전관리자 강습교육 또는 실무교육이나 소방안전관리보조자 실무교육을 받은 후 1년 이내에 소방안전관리보조자로 선임된 사람은 해당 강습교육 또는 실무교육을 받은 날에 실무교육을 받은 것으로 본다.

④ 소방본부장 또는 소방서장은 제14조 및 제14조의2에 따라 소방안전관리자나 소방안전관리보조자의 선임신고를 받은 경우에는 신고일부터 1개월 이내에 별지 제42호서식에 따라 그 내용을 안전원장에게 통보하여야 한다.

※ 실무교육 및 횟수: 소방안전원장이 6개월 이내, 그 후에는 2년마다 1회 이상
※ 안전원장: 실무교육이 끝난 날부터 30일 이내에 소방본부장, 소방서장에게 알린다.
※ 본서장: 안전관리(보조)자 선임신고를 받은 경우 1개월 이내에 안전원장에게 통보

제40조(소방안전관리자의 업무정지)

① 소방본부장 또는 소방서장은 소방안전관리자가 제36조제1항에 따른 실무교육을 받지 아니하면 법 제41조제2항에 따라 실무교육을 받을 때까지 그 업무의 정지 및 소방안전관리자수첩의 반납을 명할 수 있다.

② 소방본부장 또는 소방서장은 제1항에 따라 소방안전관리자 업무의 정지를 명하였을 때에는 그 사실을 시·도의 공보에 공고하고, 안전원장에게 통보하며, 소방안전관리자수첩에 적어 소방안전관리자에게 내주어야 한다.

※ 본·서장은 실무교육 받을 때까지: ㉠ 업무의 정지 ㉡ 소방안전관리자 수첩 반납 명함
(* 업무 정지시: ㉠ 시·도 공보에 공고 ㉡ 협회장에게 통보 ㉢ 수첩에 적어 내준다.)

제20조의2(소방안전 특별관리시설물의 안전관리)

① 소방청장은 화재 등 재난이 발생할 경우 사회 · 경제적으로 피해가 큰 다음 각 호의 시설(이하 이 조에서 "소방안전 특별관리시설물"이라 한다)에 대하여 소방안전 특별관리를 하여야 한다.

1. 「공항시설법」 제2조제7호의 공항시설
2. 「철도산업발전기본법」 제3조제2호의 철도시설
3. 「도시철도법」 제2조제3호의 도시철도시설
4. 「항만법」 제2조제5호의 항만시설
5. 「문화재보호법」 제2조제3항의 지정문화재인 시설(시설이 아닌 지정문화재를 보호하거나 소장하고 있는 시설을 포함한다)
6. 「산업기술단지 지원에 관한 특례법」 제2조제1호의 산업기술단지
7. 「산업입지 및 개발에 관한 법률」 제2조제8호의 산업단지
8. 「초고층 및 지하연계 복합건축물 재난관리에 관한 특별법」 제2조제1호 및 제2호의 초고층 건축물 및 지하연계 복합건축물
9. 「영화 및 비디오물의 진흥에 관한 법률」 제2조제10호의 영화상영관 중 수용인원 1,000명 이상인 영화상영관
10. 전력용 및 통신용 지하구
11. 「한국석유공사법」 제10조제1항제3호의 석유비축시설
12. 「한국가스공사법」 제11조제1항제2호의 천연가스 인수기지 및 공급망
13. 「전통시장 및 상점가 육성을 위한 특별법」 제2조제1호의 전통시장으로서 대통령령으로 정하는 전통시장
14. 그 밖에 대통령령으로 정하는 시설물

② 소방청장은 제1항에 따른 특별관리를 체계적이고 효율적으로 하기 위하여 시 · 도지사와 협의하여 소방안전 특별관리기본계획을 수립하여 시행하여야 한다.

③ 시 · 도지사는 제2항에 따른 소방안전 특별관리기본계획에 저촉되지 아니하는 범위에서 관할 구역에 있는 소방안전 특별관리시설물의 안전관리에 적합한 소방안전 특별관리시행계획을 수립하여 시행하여야 한다.

④ 그 밖에 제2항 및 제3항에 따른 소방안전 특별관리기본계획 및 소방안전 특별관리시행계획의 수립 · 시행에 필요한 사항은 대통령령으로 정한다.

소방시설법 시행령 살펴보기

제24조의2(소방안전 특별관리시설물)

① 법 제20조의2제1항제13호에서 "대통령령으로 정하는 전통시장"이란 점포가 500개 이상인 전통시장을 말한다.

② 법 제20조의2제1항제14호에서 "대통령령으로 정하는 시설물"이란 「전기사업법」 제2조제4호에 따른 발전사업자가 가동 중인 발전소(발전원의 종류별로 「발전소주변지역 지원에 관한 법률 시행령」 제2조제2항에 따른 발전소는 제외한다)를 말한다.

➡ 발전소주변지역법 시행령

"발전원(發電源)의 종류별로 대통령령으로 정하는 시설용량 이하의 발전소"란 다음 각 호의 발전소를 말한다. 다만, 다음 각 호에도 불구하고 「전기사업법」 제2조제11호에 따라 구역전기사업을 하는 자의 발전소, 같은 법 제2조제19호에 따른 자가용전기설비 및 같은 법 제92조의2에 따라 구역전기사업자로 적용을 받는 집단에너지사업자의 발전소는 시설용량이 1천만킬로와트 이하인 발전소를 말한다.

1. 화력발전소 및 원자력발전소: 시설용량이 1만킬로와트 이하인 발전소
2. 「신에너지 및 재생에너지 개발 · 이용 · 보급 촉진법」 제2조제1호 및 제2호에 따른 신에너지 및 재생에너지를 이용하여 발전하는 발전소(같은 법 제2조제1호라목의 수력을 생산하는 발전소 중 시설용량이 1만킬로와트를 초과하는 수력발전소는 제외한다): 시설용량이 2천킬로와트 이하인 발전소

제24조의3(소방안전 특별관리기본계획·시행계획의 수립·시행)

① 소방청장은 법 제20조의2제2항에 따른 소방안전 특별관리기본계획(이하 이 조에서 "특별관리기본계획"이라 한다)을 5년마다 수립·시행하여야 하고, 계획 시행 전년도 10월 31일까지 수립하여 시·도에 통보한다.

② 특별관리기본계획에는 다음 각 호의 사항이 포함되어야 한다.

1. 화재예방을 위한 중기·장기 안전관리정책
2. 화재예방을 위한 교육·홍보 및 점검·진단
3. 화재대응을 위한 훈련
4. 화재대응 및 사후조치에 관한 역할 및 공조체계
5. 그 밖에 화재 등의 안전관리를 위하여 필요한 사항

③ 시·도지사는 특별관리기본계획을 시행하기 위하여 매년 법 제20조의2제3항에 따른 소방안전 특별관리시행계획(이하 이 조에서 "특별관리시행계획"이라 한다)을 계획 시행 전년도 12월 31일까지 수립하여야 하고, 시행 결과를 계획 시행 다음 연도 1월 31일까지 소방청장에게 통보하여야 한다.

④ 특별관리시행계획에는 다음 각 호의 사항이 포함되어야 한다.

1. 특별관리기본계획의 집행을 위하여 필요한 사항
2. 시·도에서 화재 등의 안전관리를 위하여 필요한 사항

⑤ 소방청장 및 시·도지사는 특별관리기본계획 및 특별관리시행계획을 수립하는 경우 성별, 연령별, 재해약자(장애인·노인·임산부·영유아·어린이 등 이동이 어려운 사람을 말한다)별 화재 피해현황 및 실태 등에 관한 사항을 고려하여야 한다.

제21조(공동 소방안전관리)

다음 각 호의 어느 하나에 해당하는 특정소방대상물로서 그 관리의 권원(權原)이 분리되어 있는 것 가운데 소방본부장이나 소방서장이 지정하는 특정소방대상물의 관계인은 행정안전부령으로 정하는 바에 따라 대통령령으로 정하는 자를 공동 소방안전관리자로 선임하여야 한다.

1. 고층 건축물(지하층을 제외한 층수가 11층 이상인 건축물만 해당한다)
2. 지하가(지하의 인공구조물 안에 설치된 상점 및 사무실, 그 밖에 이와 비슷한 시설이 연속하여 지하도에 접하여 설치된 것과 그 지하도를 합한 것을 말한다)
3. 그 밖에 대통령령으로 정하는 특정소방대상물

※ **제21조를** 위반하여 공동 소방안전관리자를 선임하지 아니한 자 ➡ **300만 원 이하의 벌금**

소방시설법 시행령 살펴보기

제24조의4(공동 소방안전관리자)

법 제21조 각 호 외의 부분에서 "대통령령으로 정하는 자"란 제23조제3항 각 호의 어느 하나에 해당하는 사람을 말한다.

제25조(공동 소방안전관리자 선임대상 특정소방대상물)

법 제21조제3호에서 "대통령령으로 정하는 특정소방대상물"이란 다음 각 호의 어느 하나에 해당하는 특정소방대상물을 말한다.

1. 별표 2에 따른 복합건축물로서 연면적이 5천제곱미터 이상인 것 또는 층수가 5층 이상인 것
2. 별표 2에 따른 판매시설 중 도매시장, 소매시장 및 전통시장
3. 제22조제1항에 따른 특정소방대상물 중 소방본부장 또는 소방서장이 지정하는 것

[시행일: 2022. 2. 25.] 제25조

소방시설법 시행규칙 살펴보기

제14조(소방안전관리자의 선임신고 등)

① 특정소방대상물의 관계인은 법 제20조제2항 및 법 제21조에 따라 소방안전관리자를 다음 각 호의 어느 하나에 해당하는 날부터 30일 이내에 선임하여야 한다.

1. 신축·증축·개축·재축·대수선 또는 용도변경으로 해당 특정소방대상물의 소방안전관리자를 신규로 선임하여야 하는 경우 : 해당 특정소방대상물의 완공일(건축물의 경우에는 「건축법」 제22조에 따라 건축물을 사용할 수 있게 된 날을 말한다. 이하 이 조 및 제14조의 2에서 같다)
2. 증축 또는 용도변경으로 인하여 특정소방대상물이 영 제22조제1항에 따른 소방안전관리대상물(이하 "소방안전관리대상물"이라 한다)로 된 경우 : 증축공사의 완공일 또는 용도변경 사실을 건축물관리대장에 기재한 날
3. 특정소방대상물을 양수하거나 「민사집행법」에 의한 경매, 「채무자 회생 및 파산에 관한 법률」에 의한 환가, 「국세징수법」·「관세법」 또는 「지방세기본법」에 의한 압류재산의 매각 그 밖에 이에 준하는 절차에 의하여 관계인의 권리를 취득한 경우 : 해당 권리를 취득한 날 또는 관할 소방서장으로부터 소방안전관리자 선임 안내를 받은 날. 다만, 새로 권리를 취득한 관계인이 종전의 특정소방대상물의 관계인이 선임신고한 소방안전관리자를 해임하지 아니하는 경우를 제외한다.
4. 법 제21조에 따른 특정소방대상물의 경우 : 소방본부장 또는 소방서장이 공동 소방안전관리 대상으로 지정한 날
5. 소방안전관리자를 해임한 경우 : 소방안전관리자를 해임한 날
6. 법 제20조제3항에 따라 소방안전관리업무를 대행하는 자를 감독하는 자를 소방안전관리자로 선임한 경우로서 그 업무대행 계약이 해지 또는 종료된 경우: 소방안전관리업무 대행이 끝난 날

② 영 제22조제1항제3호 및 제4호에 따른 2급 또는 3급 소방안전관리대상물의 관계인은 제29조에 따른 소방안전관리자에 대한 강습교육이나 영 제23조제3항제5호 또는 같은 조 제4항제2호에 따른 2급 또는 3급 소방안전관리대상물의 소방안전관리에 관한 시험이 제1항에 따른 소방안전관리자 선임기간 내에 있지 아니하여 소방안전관리자를 선임할 수 없는 경우에는 소방안전관리자 선임의 연기를 신청할 수 있다.

③ 제2항에 따라 소방안전관리자 선임의 연기를 신청하려는 2급 또는 3급 소방안전관리대상물의 관계인은 별지 제18호서식의 선임 연기신청서에 소방안전관리 강습교육접수증 사본 또는 소방안전관리자 시험응시표 사본을 첨부하여 소방본부장 또는 소방서장에게 제출하여야 한다. 이 경우 2급 또는 3급 소방안전관리대상물의 관계인은 소방안전관리자가 선임될 때까지 법 제20조제6항 각 호의 소방안전관리 업무를 수행하여야 한다.

④ 소방본부장 또는 소방서장은 제3항에 따른 신청을 받은 때에는 소방안전관리자 선임기간을 정하여 2급 또는 3급 소방안전관리대상물의 관계인에게 통보하여야 한다.

⑤ 소방안전관리대상물의 관계인은 법 제20조제2항에 따른 소방안전관리자 및 법 제21조에 따른 공동 소방안전관리자(「기업활동 규제완화에 관한 특별조치법」 제29조제3항 · 제30조제2항 또는 제32조제2항에 따라 소방안전관리자를 겸임하거나 공동으로 선임되는 자를 포함한다)를 선임한 때에는 법 제20조제4항에 따라 별지 제19호서식의 소방안전관리자 선임신고서(전자문서로 된 신고서를 포함한다)에 다음 각 호의 어느 하나에 해당하는 서류(전자문서를 포함한다)를 첨부하여 소방본부장 또는 소방서장에게 제출하여야 한다. 이 경우 담당 공무원은 「전자정부법」 제36조제1항에 따른 행정정보의 공동이용을 통하여 선임된 소방안전관리자의 국가기술자격증(영 제23조제1항제2호 · 제3호, 같은 조 제2항제1호 · 제2호 및 같은 조 제3항제1호 · 제2호에 해당하는 사람만 해당한다)을 확인하여야 하며, 신고인이 확인에 동의하지 아니하는 경우에는 그 서류(국가기술자격증의 경우에는 그 사본을 말한다)를 제출하도록 하여야 한다.

1. 소방시설관리사증
2. 삭제
3. 제35조에 따른 소방안전관리자수첩(영 제23조제1항제2호부터 제5호까지, 같은 조 제2항제2호 · 제3호 및 제7호, 같은 조 제3항제4호 및 제5호, 같은 조 제4항제1호 및 제2호에 해당하는 사람만 해당한다)
4. 소방안전관리대상물의 소방안전관리에 관한 업무를 감독할 수 있는 직위에 있는 자임을 증명하는 서류(법 제20조제3항에 따라 소방안전관리대상물의 관계인이 소방안전관리 업무를 대행하게 하는 경우만 해당한다) 1부
5. 「위험물안전관리법」 제19조에 따른 자체소방대장임을 증명하는 서류 또는 소방시설관리업자에게 소방안전관리 업무를 대행하게 한 사실을 증명할 수 있는 서류(법 제20조제3항에 따라 소방대상물의 자체소방대장 또는 소방시설관리업자에게 소방안전관리 업무를 대행하게 한 경우에 한한다) 1부
6. 「기업활동 규제완화에 관한 특별조치법」 제29조제3항 또는 제30조제2항에 따라 해당 특정소방대상물의 소방안전관리자를 겸임할 수 있는 안전관리자로 선임된 사실을 증명할 수 있는 서류 또는 선임사항이 기록된 자격수첩

⑥ 소방본부장 또는 소방서장은 특정소방대상물의 관계인이 법 제20조제3항에 따른 소방안전관리자를 선임하여 신고하는 경우에는 신고인에게 별지 제19호의2서식의 소방안전관리자 선임증을 발급하여야 한다.

⑦ 특정소방대상물의 관계인은 「전자정부법」 제9조에 따라 소방청장이 설치한 전산시스템을 이용하여 제5항에 따른 소방안전관리자의 선임신고를 할 수 있으며, 이 경우 소방본부장 또는 소방서장은 별지 제19호의2서식의 소방안전관리자 선임증을 발급하여야 한다.

⑧ 법 제20조제4항에서 "행정안전부령으로 정하는 사항"이란 다음 각 호의 사항을 말한다.

1. 소방안전관리대상물의 명칭
2. 소방안전관리자의 선임일자

3. 소방안전관리대상물의 등급
4. 소방안전관리자의 연락처

⑨ 법 제20조제4항에 따른 소방안전관리자 성명 등의 게시는 별지 제19호의3서식에 따른다.

제22조(소방시설관리업의 등록증 및 등록수첩 발급 등)

① 시·도지사는 제21조에 따른 소방시설관리업의 등록신청 내용이 영 제36조제1항 및 별표 9에 따른 소방시설관리업의 등록기준에 적합하다고 인정되면 신청인에게 별지 제24호서식의 소방시설관리업등록증과 별지 제25호서식의 소방시설관리업등록수첩을 발급하고, 별지 제26호서식의 소방시설관리업등록대장을 작성하여 관리하여야 한다. 이 경우 시·도지사는 제21조제1항제1호에 따라 제출된 소방기술인력의 기술자격증(자격수첩을 포함한다)에 해당 소방기술인력이 그 소방시설관리업자 소속임을 기록하여 내주어야 한다.

② 시·도지사는 제21조의 규정에 의하여 제출된 서류를 심사한 결과 다음 각호의 1에 해당하는 때에는 10일 이내의 기간을 정하여 이를 보완하게 할 수 있다.

1. 첨부서류가 미비되어 있는 때
2. 신청서 및 첨부서류의 기재내용이 명확하지 아니한 때

③ 시·도지사는 제1항의 규정에 의하여 소방시설관리업등록증을 교부하거나 법 제34조의 규정에 의하여 등록의 취소 또는 영업정지처분을 한 때에는 이를 시·도의 공보에 공고하여야 한다.

제21조의2(피난계획의 수립 및 시행)

① 제20조제2항에 따른 소방안전관리대상물의 관계인은 그 장소에 근무하거나 거주 또는 출입하는 사람들이 화재가 발생한 경우에 안전하게 피난할 수 있도록 피난계획을 수립하여 시행하여야 한다.

② 제1항의 피난계획에는 그 특정소방대상물의 구조, 피난시설 등을 고려하여 설정한 피난경로가 포함되어야 한다.

③ 제1항의 소방안전관리대상물의 관계인은 피난시설의 위치, 피난경로 또는 대피요령이 포함된 피난유도 안내정보를 근무자 또는 거주자에게 정기적으로 제공하여야 한다.

➡ 200만 원 이하의 과태료

④ 제1항에 따른 피난계획의 수립·시행, 제3항에 따른 피난유도 안내정보 제공에 필요한 사항은 행정안전부령으로 정한다.

소방시설법 시행규칙 살펴보기

제14조의4(피난계획의 수립 · 시행)

① 법 제21조의2제1항에 따른 피난계획(이하 "피난계획"이라 한다)에는 다음 각 호의 사항이 포함되어야 한다.

1. 화재경보의 수단 및 방식
2. 층별, 구역별 피난대상 인원의 현황
3. 장애인, 노인, 임산부, 영유아 및 어린이 등 이동이 어려운 사람(이하 "재해약자"라 한다)의 현황
4. 각 거실에서 옥외(옥상 또는 피난안전구역을 포함한다)로 이르는 피난경로
5. 재해약자 및 재해약자를 동반한 사람의 피난동선과 피난방법
6. 피난시설, 방화구획, 그 밖에 피난에 영향을 줄 수 있는 제반 사항

② 소방안전관리대상물의 관계인은 해당 소방안전관리대상물의 구조·위치, 소방시설 등을 고려하여 피난계획을 수립하여야 한다.

③ 소방안전관리대상물의 관계인은 해당 소방안전관리대상물의 피난시설이 변경된 경우에는 그 변경사항을 반영하여 피난계획을 정비하여야 한다.

④ 제1항부터 제3항까지에서 규정한 사항 외에 피난계획의 수립·시행에 필요한 세부사항은 소방청장이 정하여 고시한다.

제14조의5(피난유도 안내정보의 제공)

① 법 제21조의2제3항에 따른 피난유도 안내정보 제공은 다음 각 호의 어느 하나에 해당하는 방법으로 하여야 한다.

1. 연 2회 피난안내 교육을 실시하는 방법
2. 분기별 1회 이상 피난안내방송을 실시하는 방법
3. 피난안내도를 층마다 보기 쉬운 위치에 게시하는 방법
4. 엘리베이터, 출입구 등 시청이 용이한 지역에 피난안내영상을 제공하는 방법

② 제1항에서 규정한 사항 외에 피난유도 안내정보의 제공에 필요한 세부사항은 소방청장이 정하여 고시한다.

제22조(특정소방대상물의 근무자 및 거주자에 대한 소방훈련 등)

① 대통령령으로 정하는 특정소방대상물의 관계인은 그 장소에 상시 근무하거나 거주하는 사람에게 소화 · 통보 · 피난 등의 훈련(이하 "소방훈련"이라 한다)과 소방안전관리에 필요한 교육을 하여야 한다. 이 경우 피난훈련은 그 소방대상물에 출입하는 사람을 안전한 장소로 대피시키고 유도하는 훈련을 포함하여야 한다.

➡ 위반하여 소방훈련 및 교육을 하지 아니한 자는 200만 원 이하의 과태료

② 소방본부장이나 소방서장은 제1항에 따라 특정소방대상물의 관계인이 실시하는 소방훈련을 지도·감독할 수 있다.

③ 제1항에 따른 소방훈련과 교육의 횟수 및 방법 등에 관하여 필요한 사항은 행정안전부령으로 정한다.

소방시설법 시행령 살펴보기

제26조(근무자 및 거주자에게 소방훈련·교육을 실시하여야 하는 특정소방대상물)
법 제22조제1항 전단에서 "대통령령으로 정하는 특정소방대상물"이란 제22조제1항에 따른 특정소방대상물 중 상시 근무하거나 거주하는 인원(숙박시설의 경우에는 상시 근무하는 인원을 말한다)이 10명 이하인 특정소방대상물을 제외한 것을 말한다.

소방시설법 시행규칙 살펴보기

제15조(특정소방대상물의 근무자 및 거주자에 대한 소방훈련과 교육)

① 영 제22조의 규정에 의한 특정소방대상물의 관계인은 법 제22조제3항의 규정에 의한 소방훈련과 교육을 연 1회 이상 실시하여야 한다. 다만, 소방서장이 화재예방을 위하여 필요하다고 인정하여 2회의 범위 안에서 추가로 실시할 것을 요청하는 경우에는 소방훈련과 교육을 실시하여야 한다.

② 소방서장은 영 제22조제1항제1호 및 제2호에 따른 특급 및 1급 소방안전관리대상물의 관계인으로 하여금 제1항에 따른 소방훈련을 소방기관과 합동으로 실시하게 할 수 있다.

③ 법 제22조의 규정에 의하여 소방훈련을 실시하여야 하는 관계인은 소방훈련에 필요한 장비 및 교재 등을 갖추어야 한다.

④ 소방안전관리대상물의 관계인은 제1항에 따른 소방훈련과 교육을 실시하였을 때에는 그 실시 결과를 별지 제20호서식의 소방훈련·교육 실시 결과 기록부에 기록하고, 이를 소방훈련과 교육을 실시한 날의 다음 날부터 2년간 보관하여야 한다.

제23조(특정소방대상물의 관계인에 대한 소방안전교육)

① 소방본부장이나 소방서장은 제22조를 적용받지 아니하는 특정소방대상물의 관계인에 대하여 특정소방대상물의 화재 예방과 소방안전을 위하여 행정안전부령으로 정하는 바에 따라 소방안전교육을 하여야 한다.

② 제1항에 따른 교육대상자 및 특정소방대상물의 범위 등에 관하여 필요한 사항은 행정안전부령으로 정한다.

소방시설법 시행규칙 살펴보기

제16조(소방안전교육 대상자 등)

① 소방본부장 또는 소방서장은 법 제23조제1항의 규정에 의하여 소방안전교육을 실시하고자 하는 때에는 교육일시·장소 등 교육에 필요한 사항을 명시하여 교육일 10일전까지 교육대상자에게 통보하여야 한다.

② 법 제23조제2항에 따른 소방안전교육대상자는 다음 각 호의 어느 하나에 해당하는 특정소방대상물의 관계인으로서 관할 소방서장이 교육이 필요하다고 인정하는 사람으로 한다.

1. 소규모의 공장·작업장·점포 등이 밀집한 지역 안에 있는 특정소방대상물
2. 주택으로 사용하는 부분 또는 층이 있는 특정소방대상물
3. 목조 또는 경량철골조 등 화재에 취약한 구조의 특정소방대상물
4. 그 밖에 화재에 대하여 취약성이 높다고 관할 소방본부장 또는 소방서장이 인정하는 특정소방대상물

제24조(공공기관의 소방안전관리)

① 국가, 지방자치단체, 국공립학교 등 대통령령으로 정하는 공공기관의 장은 소관 기관의 근무자 등의 생명 · 신체와 건축물 · 인공구조물 및 물품 등을 화재로부터 보호하기 위하여 화재예방, 자위소방대의 조직 및 편성, 소방시설의 자체점검과 소방훈련 등의 소방안전관리를 하여야 한다. ➡ **200만 원 이하의 과태료**

② 제1항에 따른 공공기관에 대한 다음 각 호의 사항에 관하여는 제20조부터 제23조까지의 규정에도 불구하고 대통령령으로 정하는 바에 따른다.

1. 소방안전관리자의 자격, 책임 및 선임 등
2. 소방안전관리의 업무대행
3. 자위소방대의 구성, 운영 및 교육
4. 근무자 등에 대한 소방훈련 및 교육
5. 그 밖에 소방안전관리에 필요한 사항

■ 공공기관(소방안전관리)의 범위

① 국가 및 지방자치단체 ② 국·공립학교(전체) ③ 공공기관
④ 지방공사 및 지방공단 ⑤ 사립학교

※ 단, 사립학교 및 한국은행은 공공기관의 소방안전관리에 관한 규정을 받지만, 한국은행을 제외한 타 은행 및 금융기관은 제외되며 한국방송공사(KBS), 한국교육방송공사(EBS)도 제외됨

■ 공공기관운영법제4조 기획재정부장관이공공기관으로 지정할 수 없다는 규정
1. 구성원 상호 간의 상호부조 · 복리증진 · 권익향상 또는 영업질서 유지 등을 목적으로 설립된 기관
2. 지방자치단체가 설립하고, 그 운영에 관여하는 기관
3. 「방송법」에 따른 한국방송공사와 「한국교육방송공사법」에 따른 한국교육방송공사
③ 제1항제2호의 규정에 따른 정부지원액과 총수입액의 산정 기준 · 방법 및 동항제3호 내지 제5호의 규정에 따른 사실상 지배력 확보의 기준에 관하여 필요한 사항은 대통령령으로 정한다.

제25조(소방시설등의 자체점검 등)

① 특정소방대상물의 관계인은 그 대상물에 설치되어 있는 소방시설등에 대하여 정기적으로 자체점검을 하거나 관리업자 또는 행정안전부령으로 정하는 기술자격자로 하여금 정기적으로 점검하게 하여야 한다. ➡ 1년 이하의 징역 또는 1천만 원 이하의 벌금
② 제1항에 따라 특정소방대상물의 관계인 등이 점검을 한 경우에는 관계인이 그 점검 결과를 행정안전부령으로 정하는 바에 따라 소방본부장이나 소방서장에게 보고하여야 한다.
➡ 200만 원 이하의 과태료
③ 제1항에 따른 점검의 구분과 그 대상, 점검인력의 배치기준 및 점검자의 자격, 점검 장비, 점검 방법 및 횟수 등 필요한 사항은 행정안전부령으로 정한다.
④ 제1항에 따라 관리업자나 기술자격자로 하여금 점검하게 하는 경우의 점검 대가는 「엔지니어링산업 진흥법」 제31조에 따른 엔지니어링사업의 대가의 기준 가운데 행정안전부령으로 정하는 방식에 따라 산정한다.

소방시설법 시행규칙 살펴보기

제17조(소방시설등 자체점검 기술자격자의 범위)

법 제25조제1항에서 "행정안전부령으로 정하는 기술자격자"란 소방안전관리자로 선임된 소방시설관리사 및 소방기술사를 말한다.

제18조(소방시설등 자체점검의 구분 및 대상)

① 법 제25조제3항에 따른 소방시설등의 자체점검의 구분·대상·점검자의 자격·점검방법 및 점검횟수는 별표 1과 같고, 소방시설관리업자 또는 소방안전관리자로 선임된 소방시설관리사 및 소방기술사가 점검하는 경우 점검인력의 배치기준은 별표 2와 같다.

소방시설법 시행규칙 [별표 1] 〈개정 2021. 7. 13.〉

소방시설등의 자체점검의 구분과 그 대상, 점검자의 자격, 점검 방법·횟수 및 시기 (제18조제1항 관련)

1. 소방시설등에 대한 자체점검은 다음 각 목과 같이 구분한다.
   가. 작동기능점검: 소방시설등을 인위적으로 조작하여 정상적으로 작동하는지를 점검하는 것
   나. 종합정밀점검: 소방시설등의 작동기능점검을 포함하여 소방시설등의 설비별 주요 구성 부품의 구조기준이 법 제9조제1항에 따라 소방청장이 정하여 고시하는 화재안전기준 및 「건축법」 등 관련 법령에서 정하는 기준에 적합한지 여부를 점검하는 것을 말한다.
2. 작동기능점검은 다음의 구분에 따라 실시한다.
   가. 작동기능점검은 영 제5조에 따른 특정소방대상물을 대상으로 한다. 다만, 다음의 어느 하나에 해당하는 특정소방대상물은 제외한다.
      1) 위험물 제조소등과 영 별표 5에 따라 소화기구만을 설치하는 특정소방대상물
      2) 영 제22조제1항제1호에 해당하는 특정소방대상물
   나. 작동기능점검은 해당 특정소방대상물의 관계인·소방안전관리자 또는 소방시설관리업자(소방시설관리사를 포함하여 등록된 기술인력을 말한다)가 점검할 수 있다. 이 경우 소방시설관리업자 또는 소방안전관리자로 선임된 소방시설관리사 및 소방기술사가 점검하는 경우에는 별표 2에 따른 점검인력 배치기준을 따라야 한다.
   다. 작동기능점검은 별표 2의2에 따른 점검 장비를 이용하여 점검할 수 있다.
   라. 작동기능점검은 연 1회 이상 실시한다.
   마. 작동기능점검의 점검시기는 다음과 같다.
      1) 제3호가목에 따른 종합정밀점검대상: 종합정밀점검을 받은 달부터 6개월이 되는 달에 실시한다.
      2) 제19조제1항에 따라 작동기능점검 결과를 보고하여야 하는 대상 [1)에 해당하는 경우는 제외한다]
         가) 건축물의 사용승인일(건축물의 경우에는 건축물관리대장 또는 건물 등기사항증명서에 기재되어 있는 날, 시설물의 경우에는 「시설물의 안전 및 유지관리에 관한 특별법」 제55조제1항에 따른 시설물통합정보관리체계에 저장·관리되고 있는 날을 말하며, 건축물관리대장, 건물 등기사항증명서 및 시설물통합정보관리체계를 통해 확인되지 않는 경우에는 소방시설완공검사증명서에 기재된 날을 말한다. 이하 이 표에서 같다)이 속하는 달의 말일까지 실시한다.

나) 신규로 건축물의 사용승인을 받은 건축물은 그 다음 해(건축물이 아닌 경우에는 그 특정소방대상물을 이용 또는 사용하기 시작한 해의 다음 해를 말한다. 이하 이 표에서 같다)부터 실시하되, 소방시설완공검사증명서를 받은 후 1년이 경과한 후에 사용승인을 받은 경우에는 사용승인을 받은 그 해부터 실시한다. 다만, 그 해의 작동기능점검은 가)에도 불구하고 사용승인일부터 3개월 이내에 실시할 수 있다.

3) 그 밖의 점검대상: 연중 실시한다.

3. 종합정밀점검은 다음의 구분에 따라 실시한다.

가. 종합정밀점검은 다음의 어느 하나에 해당하는 특정소방대상물을 대상으로 한다.

1) 스프링클러설비가 설치된 특정소방대상물 〈추가〉

2) 물분무등소화설비[호스릴(Hose Reel) 방식의 물분무등소화설비만을 설치한 경우는 제외한다]가 설치된 연면적 5,000m^2 이상인 특정소방대상물(위험물 제조소등은 제외한다)

다만, 아파트는 연면적 5,000m^2 이상이고 11층 이상인 것만 해당한다.〈제외〉

3) 「다중이용업소의 안전관리에 관한 특별법 시행령」 제2조제1호나목, 같은 조 제2호(비디오물소극장업은 제외한다)·제6호·제7호·제7호의2 및 제7호의5의 다중이용업의 영업장이 설치된 특정소방대상물로서 연면적이 2,000m^2 이상인 것

4) 제연설비가 설치된 터널

5) 「공공기관의 소방안전관리에 관한 규정」 제2조에 따른 공공기관 중 연면적(터널·지하구의 경우 그 길이와 평균폭을 곱하여 계산된 값을 말한다)이 1,000m^2 이상인 것으로서 옥내소화전설비 또는 자동화재탐지설비가 설치된 것. 다만, 「소방기본법」 제2조제5호에 따른 소방대가 근무하는 공공기관은 제외한다.

나. 종합정밀점검은 소방시설관리업자 또는 소방안전관리자로 선임된 소방시설관리사 및 소방기술사가 실시할 수 있다. 이 경우 별표 2에 따른 점검인력 배치기준을 따라야 한다.

다. 종합정밀점검은 별표 2의2에 따른 점검 장비를 이용하여 점검하여야 한다.

라. 종합정밀점검의 점검횟수는 다음과 같다.

1) 연 1회 이상(영 제22조제1항제1호에 해당하는 특정소방대상물의 경우에는 반기에 1회 이상) 실시한다.

2) 1)에도 불구하고 소방본부장 또는 소방서장은 소방청장이 소방안전관리가 우수하다고 인정한 특정소방대상물에 대해서는 3년의 범위에서 소방청장이 고시하거나 정한 기간 동안 종합정밀점검을 면제할 수 있다. 다만, 면제기간 중 화재가 발생한 경우는 제외한다.

마. 종합정밀점검의 점검시기는 다음 기준에 의한다.

1) 건축물의 사용승인일이 속하는 달에 실시한다. 다만, 「공공기관의 안전관리에 관한 규정」 제2조제2호 또는 제5호에 따른 학교의 경우에는 해당 건축물의 사용승인일이 1월에서 6월 사이에 있는 경우에는 6월 30일까지 실시할 수 있다.

2) 1)에도 불구하고 신규로 건축물의 사용승인을 받은 건축물은 그 다음 해부터 실시하되, 건축물의 사용승인일이 속하는 달의 말일까지 실시한다. 다만, 소방시설완공검사증명서를 받은 후 1년이 경과한 이후에 사용승인을 받은 경우에는 사용승인을 받은 그 해부터 실시하되, 그 해의 종합정밀점검은 사용승인일부터 3개월 이내에 실시할 수 있다.

3) 건축물 사용승인일 이후 제3호가목3)에 해당하게 된 때에는 그 다음 해부터 실시한다.

4) 하나의 대지경계선 안에 2개 이상의 점검 대상 건축물이 있는 경우에는 그 건축물 중 사용승인일이 가장 빠른 건축물의 사용승인일을 기준으로 점검할 수 있다.

4. 제1호에도 불구하고 「공공기관의 소방안전관리에 관한 규정」 제2조에 따른 공공기관의 장(이하 "기관장"이라 한다)은 공공기관에 설치된 소방시설등의 유지·관리상태를 육안 또는 신체감각을 이용하여 점검하는 외관점검을 월 1회 이상 실시(작동기능점검 또는 종합정밀점검을 실시한 달에는 실시하지 않을 수 있다)하고, 그 점검결과를 2년간 자체 보관하여야 한다. 이 경우 외관점검의 점검자는 해당 특정소방대상물의 관계인, 소방안전관리자 또는 소방시설관리업자(소방시설관리사를 포함하여 등록된 기술인력을 말한다)로 하여야 한다.

5. 제1호 및 제4호에도 불구하고 기관장은 해당 공공기관의 전기시설물 및 가스시설에 대하여 다음 각 목의 구분에 따른 점검 또는 검사를 받아야 한다.

가. 전기시설물의 경우: 「전기사업법」 제63조에 따른 사용전검사, 같은 법 제65조에 따른 정기검사 및 같은 법 제66조에 따른 일반용전기설비의 점검

나. 가스시설의 경우: 「도시가스사업법」 제17조에 따른 검사, 「고압가스 안전관리법」 제16조의2 및 제20조제4항에 따른 검사 또는 「액화석유가스의 안전관리 및 사업법」 제37조 및 제44조제2항 · 제4항에 따른 검사

소방시설법 시행규칙 [별표 2]

소방시설등의 자체점검 시 점검인력 배치기준(제18조제1항 관련)

1. 소방시설관리업자가 점검하는 경우에는 소방시설관리사 1명과 영 별표 9 제2호에 따른 보조 기술인력(이하 "보조인력"이라 한다) 2명을 점검인력 1단위로 하되, 점검인력 1단위에 2명(같은 건축물을 점검할 때에는 4명) 이내의 보조인력을 추가할 수 있다. 다만, 제26조의2 제2호에 따른 작동기능점검(이하 "소규모점검"이라 한다)의 경우에는 보조인력 1명을 점검 인력 1단위로 한다.

1의2. 소방안전관리자로 선임된 소방시설관리사 및 소방기술사가 점검하는 경우에는 소방시설관리사 또는 소방기술사 중 1명과 보조인력 2명을 점검인력 1단위로 하되, 점검인력 1단위에 4명 이내의 보조인력을 추가할 수 있다. 다만, 보조인력은 해당 특정소방대상물의 관계인 또는 소방안전관리보조자로 할 수 있으며, 소규모점검의 경우에는 보조인력 1명을 점검인력 1단위로 한다.

2. 점검인력 1단위가 하루 동안 점검할 수 있는 특정소방대상물의 연면적(이하 "점검한도 면적"이라 한다)은 다음 각 목과 같다.
   가. 종합정밀점검: 10,000㎡
   나. 작동기능점검: 12,000㎡(소규모점검의 경우에는 3,500㎡)

3. 점검인력 1단위에 보조인력을 1명씩 추가할 때마다 종합정밀점검의 경우에는 3,000㎡, 작동기능점검의 경우에는 3,500㎡씩을 점검한도 면적에 더한다.

4. 소방시설관리업자 또는 소방안전관리자로 선임된 소방시설관리사 및 소방기술사가 하루 동안 점검한 면적은 실제 점검면적(지하구는 그 길이에 폭의 길이 1.8m를 곱하여 계산된 값을 말하며, 터널은 3차로 이하인 경우에는 그 길이에 폭의 길이 3.5m를 곱하고, 4차로 이상인 경우에는 그 길이에 폭의 길이 7m를 곱한 값을 말한다. 다만, 한쪽 측벽에 소방시설이 설치된 4차로 이상인 터널의 경우는 그 길이와 폭의 길이 3.5m를 곱한 값을 말한다. 이하 같다)에 다음 각 목의 기준을 적용하여 계산한 면적(이하 "점검면적"이라 한다)으로 하되, 점검면적은 점검한도 면적을 초과하여서는 아니 된다.
   가. 실제 점검면적에 다음의 가감계수를 곱한다.

구분	대상용도	가감계수
1류	노유자시설, 숙박시설, 위락시설, 의료시설(정신보건의료기관), 수련시설, 복합건축물(1류에 속하는 시설이 있는 경우)	1.2
2류	문화 및 집회시설, 종교시설, 의료시설(정신보건시설 제외), 교정 및 군사시설(군사시설 제외), 지하가, 복합건축물(1류에 속하는 시설이 있는 경우 제외), 발전시설, 판매시설	1.1
3류	근린생활시설, 운동시설, 업무시설, 방송통신시설, 운수시설	1.0
4류	공장, 위험물 저장 및 처리시설, 창고시설	0.9
5류	공동주택(아파트 제외), 교육연구시설, 항공기 및 자동차 관련 시설, 동물 및 식물 관련 시설, 분뇨 및 쓰레기 처리시설, 군사시설, 묘지 관련 시설, 관광휴게시설, 장례식장, 지하구, 문화재	0.8

   나. 점검한 특정소방대상물이 다음의 어느 하나에 해당할 때에는 다음에 따라 계산된 값을 가목에 따라 계산된 값에서 뺀다.
      1) 영 별표 5 제1호라목에 따라 스프링클러설비가 설치되지 않은 경우: 가목에 따라 계산된 값에 0.1을 곱한 값

2) 영 별표 5 제1호바목에 따라 물분무등소화설비가 설치되지 않은 경우: 가목에 따라 계산된 값에 0.15를 곱한 값

3) 영 별표 5 제5호가목에 따라 제연설비가 설치되지 않은 경우: 가목에 따라 계산된 값에 0.1을 곱한 값

다. 2개 이상의 특정소방대상물을 하루에 점검하는 경우에는 나중에 점검하는 특정소방대상물에 대하여 특정소방대상물 간의 최단 주행거리 5km마다 나목에 따라 계산된 값(나목에 따라 계산된 값이 없을 때에는 가목에 따라 계산된 값을 말한다)에 0.02를 곱한 값을 더한다.

5. 제2호부터 제4호까지의 규정에도 불구하고 아파트(공용시설, 부대시설 또는 복리시설은 포함하고, 아파트가 포함된 복합건축물의 아파트 외의 부분은 제외한다. 이하 이 표에서 같다)를 점검할 때에는 다음 각 목의 기준에 따른다.

가. 점검인력 1단위가 하루 동안 점검할 수 있는 아파트의 세대수(이하 “점검한도 세대수”라 한다)는 다음과 같다.

1) 종합정밀점검: 300세대

2) 작동기능점검: 350세대(소규모점검의 경우에는 90세대)

나. 점검인력 1단위에 보조인력을 1명씩 추가할 때마다 종합정밀점검의 경우에는 70세대, 작동기능점검의 경우에는 90세대씩을 점검한도 세대수에 더한다.

다. 소방시설관리업자 또는 소방안전관리자로 선임된 소방시설관리사 및 소방기술사가 하루 동안 점검한 세대수는 실제 점검 세대수에 다음의 기준을 적용하여 계산한 세대수(이하 "점검세대수"라 한다)로 하되, 점검세대수는 점검한도 세대수를 초과하여서는 아니 된다.

1) 점검한 아파트가 다음의 어느 하나에 해당할 때에는 다음에 따라 계산된 값을 실제 점검 세대수에서 뺀다.

가) 영 별표 5 제1호라목에 따라 스프링클러설비가 설치되지 않은 경우: 실제 점검 세대수에 0.1을 곱한 값

나) 영 별표 5 제1호바목에 따라 물분무등소화설비가 설치되지 않은 경우: 실제 점검 세대수에 0.15를 곱한 값

다) 영 별표 5 제5호가목에 따라 제연설비가 설치되지 않은 경우: 실제 점검 세대수에 0.1을 곱한 값

2) 2개 이상의 아파트를 하루에 점검하는 경우에는 나중에 점검하는 아파트에 대하여 아파트 간의 최단 주행거리 5km마다 1)에 따라 계산된 값(1)에 따라 계산된 값이 없을 때에는 실제 점검 세대수를 말한다)에 0.02를 곱한 값을 더한다.

6. 아파트와 아파트 외 용도의 건축물을 하루에 점검할 때에는 종합정밀점검의 경우 제5호에 따라 계산된 값에 33.3, 작동기능점검의 경우 제5호에 따라 계산된 값에 34.3(소규모점검

의 경우에는 38.9)을 곱한 값을 점검면적으로 보고 제2호 및 제3호를 적용한다.
7. 종합정밀점검과 작동기능점검을 하루에 점검하는 경우에는 작동기능점검의 점검면적 또는 점검세대수에 0.8을 곱한 값을 종합정밀점검 점검면적 또는 점검세대수로 본다.
8. 제3호부터 제7호까지의 규정에 따라 계산된 값은 소수점 이하 둘째 자리에서 반올림한다.

② 법 제25조제3항에 따른 소방시설별 점검 장비는 별표 2의2와 같다.

소방시설법 시행규칙 [별표 2의2]

소방시설별 점검 장비 (제18조제2항 관련)

소방시설	장비	규격
공통시설	방수압력측정계, 절연저항계, 전류전압측정계	
소화기구	저울	
옥내소화전설비 옥외소화전설비	소화전밸브압력계	
스프링클러설비 포소화설비	헤드결합렌치	
이산화탄소소화설비 분말소화설비 할론소화설비 할로겐화합물 및 불활성기체 소화설비	검량계, 기동관누설시험기, 그 밖에 소화약제의 저장량을 측정할 수 있는 점검기구	
자동화재탐지설비 시각경보기	열감지기시험기, 연(煙)감지기시험기, 공기주입시험기, 감지기시험기연결폴대, 음량계	
누전경보기	누전계	누전전류 측정용
무선통신보조설비	무선기	통화시험용
제연설비	풍속풍압계, 폐쇄력측정기, 차압계	
통로유도등 비상조명등	조도계	최소눈금이 0.1럭스 이하인 것

비고

종합정밀점검의 경우에는 위 점검 장비를 사용하여야 하며, 작동기능점검의 경우에는 점검 장비를 사용하지 않을 수 있다.

③ 소방시설관리업자는 법 제25조제1항에 따라 점검을 실시한 경우 점검이 끝난 날부터 10일 이내에 별표 2에 따른 점검인력 배치 상황을 포함한 소방시설등에 대한 자체점검실적(별표 1 제4호에 따른 외관점검은 제외한다)을 법 제45조제6항에 따라 소방시설관리업자에 대한 평가 등에 관한 업무를 위탁받은 법인 또는 단체(이하 "평가기관"이라 한다)에 통보하여야 한다.

④ 제1항의 규정에 의한 자체점검 구분에 따른 점검사항·소방시설등점검표·점검인원 및 세부점검방법 그 밖의 자체점검에 관하여 필요한 사항은 소방청장이 이를 정하여 고시한다.

✓TIP 행정규칙: 소방시설 자체점검사항 등에 관한 고시 참고

제19조(점검결과보고서의 제출)

① 법 제20조제2항 전단에 따른 소방안전관리대상물의 관계인 및 「공공기관의 소방안전관리에 관한 규정」 제5조에 따라 소방안전관리자를 선임하여야 하는 공공기관의 장은 별표 1에 따른 작동기능점검을 실시한 경우 법 제25조제2항에 따라 30일 이내에 별지 제21호서식의 작동기능점검 실시 결과 보고서를 소방본부장 또는 소방서장에게 제출하여야 한다. 이 경우 소방청장이 지정하는 전산망을 통하여 그 점검결과보고서를 제출할 수 있다.

② 법 제20조제2항 전단에 따른 소방안전관리대상물의 관계인 및 「공공기관의 소방안전관리에 관한 규정」 제5조에 따라 소방안전관리자를 선임하여야 하는 공공기관의 장은 법 제25조제2항에 따라 별표 1에 따른 종합정밀점검을 실시한 경우 30일 이내에 그 결과를 적은 별지 제21호의2서식의 소방시설등 종합정밀점검 실시 결과 보고서에 제18조제4항에 따라 소방청장이 정하여 고시하는 소방시설등점검표를 첨부하여 소방본부장 또는 소방서장에게 제출하여야 한다.

③ 법 제20조제2항 전단에 따른 소방안전관리대상물의 관계인 및 「공공기관의 소방안전관리에 관한 규정」 제5조에 따라 소방안전관리자를 선임하여야 하는 공공기관의 기관장은 법 제25조제3항에 따라 별표 1에 따른 작동기능점검을 실시한 경우 그 점검결과를 2년간 자체 보관하여야 한다.

✓TIP 행정규칙: 소방시설 자체점검사항 등에 관한 고시 참고

제20조(소방안전관리 업무대행 등의 대가)

법 제20조제10항 및 법 제25조제4항에서 "행정안전부령으로 정하는 방식"이란 「엔지니어링산업 진흥법」 제31조에 따라 산업통상자원부장관이 인가한 엔지니어링사업대가의 기준 중 실비정액 가산방식을 말한다.

제25조의2(우수 소방대상물 관계인에 대한 포상 등)

① 소방청장은 소방대상물의 자율적인 안전관리를 유도하기 위하여 안전관리 상태가 우수한 소방대상물을 선정하여 우수 소방대상물 표지를 발급하고, 소방대상물의 관계인을 포상할 수 있다.

② 제1항에 따른 우수 소방대상물의 선정 방법, 평가 대상물의 범위 및 평가 절차 등 필요한 사항은 행정안전부령으로 정한다.

소방시설법 시행규칙 살펴보기

제20조의2(우수 소방대상물의 선정 등)

① 소방청장은 법 제25조의2에 따른 우수 소방대상물의 선정 및 관계인에 대한 포상을 위하여 우수 소방대상물의 선정 방법, 평가 대상물의 범위 및 평가 절차 등에 관한 내용이 포함된 시행계획(이하"시행계획"이라 한다)을 매년 수립·시행하여야 한다.

② ~ ④ 삭제

⑤ 소방청장은 제4항에 따라 우수 소방대상물로 선정된 소방대상물의 관계인 또는 소방안전관리자를 포상할 수 있다.

⑥ 소방청장은 우수소방대상물 선정을 위하여 필요한 경우에는 소방대상물을 직접 방문하여 필요한 사항을 확인할 수 있다.

⑦ 소방청장은 우수 소방대상물 선정 등 업무의 객관성 및 전문성을 확보하기 위하여 필요한 경우에는 다음 각 호의 어느 하나에 해당하는 사람이 2명 이상 포함된 평가위원회를 구성하여 운영할 수 있다. 이 경우 평가위원회의 위원에게는 예산의 범위에서 수당, 여비 등 필요한 경비를 지급할 수 있다.

1. 소방기술사(소방안전관리자로 선임된 사람은 제외한다)
2. 소방 관련 석사 학위 이상을 취득한 사람
3. 소방 관련 법인 또는 단체에서 소방 관련 업무에 5년 이상 종사한 사람
4. 소방공무원 교육기관, 대학 또는 연구소에서 소방과 관련한 교육 또는 연구에 5년 이상 종사한 사람

⑧ 제1항부터 제7항까지에서 규정한 사항 외에 우수 소방대상물의 평가, 평가위원회 구성·운영, 포상의 종류·명칭 및 우수 소방대상물 인증표지 등에 관한 사항은 소방청장이 정하여 고시한다.

✔ TIP 행정규칙: 우수소방대상물 선정 및 포상 등에 관한 운영 규정 참고

제5장 소방시설관리사 및 소방시설관리업

제1절 소방시설관리사

제26조(소방시설관리사)

① 소방시설관리사(이하 "관리사"라 한다)가 되려는 사람은 소방청장이 실시하는 관리사시험에 합격하여야 한다.

② 제1항에 따른 관리사시험의 응시자격, 시험 방법, 시험 과목, 시험 위원, 그 밖에 관리사시험에 필요한 사항은 대통령령으로 정한다.

③ 소방기술사 등 대통령령으로 정하는 사람에 대하여는 제2항에 따른 관리사시험 과목 가운데 일부를 면제할 수 있다.

④ 소방청장은 제1항에 따른 관리사시험에 합격한 사람에게는 행정안전부령으로 정하는 바에 따라 소방시설관리사증을 발급하여야 한다.

⑤ 제4항에 따라 소방시설관리사증을 발급받은 사람은 소방시설관리사증을 잃어버렸거나 못 쓰게 된 경우에는 행정안전부령으로 정하는 바에 따라 소방시설관리사증을 재발급 받을 수 있다.

⑥ 관리사는 제4항에 따라 받은 소방시설관리사증을 다른 자에게 빌려주어서는 아니 된다.

➡ 1년 이하의 징역 또는 1천만 원 이하의 벌금

⑦ 관리사는 동시에 둘 이상의 업체에 취업하여서는 아니 된다.

➡ 1년 이하의 징역 또는 1천만 원 이하의 벌금

⑧ 제25조제1항에 따른 기술자격자 및 제29조제2항에 따라 관리업의 기술 인력으로 등록된 관리사는 성실하게 자체점검 업무를 수행하여야 한다.

소방시설법 시행령 살펴보기

제27조(소방시설관리사시험의 응시자격)

법 제26조제2항에 따른 소방시설관리사시험(이하 "관리사시험"이라 한다)에 응시할 수 있는 사람은 다음 각 호와 같다.

1. 소방기술사 · 위험물기능장 · 건축사 · 건축기계설비기술사 · 건축전기설비기술사 또는 공조냉동기계기술사
2. 소방설비기사 자격을 취득한 후 2년 이상 소방청장이 정하여 고시하는 소방에 관한 실무경력(이하 "소방실무경력"이라 한다)이 있는 사람
3. 소방설비산업기사 자격을 취득한 후 3년 이상 소방실무경력이 있는 사람

4. 「국가과학기술 경쟁력 강화를 위한 이공계지원 특별법」 제2조제1호에 따른 이공계(이하 "이공계"라 한다) 분야를 전공한 사람으로서 다음 각 목의 어느 하나에 해당하는 사람
   가. 이공계 분야의 박사학위를 취득한 사람
   나. 이공계 분야의 석사학위를 취득한 후 2년 이상 소방실무경력이 있는 사람
   다. 이공계 분야의 학사학위를 취득한 후 3년 이상 소방실무경력이 있는 사람
5. 소방안전공학(소방방재공학, 안전공학을 포함한다) 분야를 전공한 후 다음 각 목의 어느 하나에 해당하는 사람
   가. 해당 분야의 석사학위 이상을 취득한 사람
   나. 2년 이상 소방실무경력이 있는 사람
6. 위험물산업기사 또는 위험물기능사 자격을 취득한 후 3년 이상 소방실무경력이 있는 사람
7. 소방공무원으로 5년 이상 근무한 경력이 있는 사람
8. 소방안전 관련 학과의 학사학위를 취득한 후 3년 이상 소방실무경력이 있는 사람
9. 산업안전기사 자격을 취득한 후 3년 이상 소방실무경력이 있는 사람
10. 다음 각 목의 어느 하나에 해당하는 사람
   가. 특급 소방안전관리대상물의 소방안전관리자로 2년 이상 근무한 실무경력이 있는 사람
   나. 1급 소방안전관리대상물의 소방안전관리자로 3년 이상 근무한 실무경력이 있는 사람
   다. 2급 소방안전관리대상물의 소방안전관리자로 5년 이상 근무한 실무경력이 있는 사람
   라. 3급 소방안전관리대상물의 소방안전관리자로 7년 이상 근무한 실무경력이 있는 사람
   마. 10년 이상 소방실무경력이 있는 사람

✔ **TIP** 행정규칙: 소방실무경력 인정범위에 관한 기준 고시 참고

소방시설법 시행규칙 살펴보기

제20조의3(소방시설관리사증의 발급)
영 제39조제5항제1호에 따라 소방시설관리사증의 발급·재발급에 관한 업무를 위탁받은 법인 또는 단체(이하 "소방시설관리사증발급자"라 한다)는 법 제26조제4항에 따라 소방시설관리사 시험 합격자에게 합격자 공고일부터 1개월 이내에 별지 제40호서식의 소방시설관리사증을 발급하여야 하며, 이를 별지 제41호서식의 소방시설관리사증 발급대장에 기록하고 관리하여야 한다.

제20조의4(소방시설관리사증 재발급)
① 법 제26조제5항에 따라 소방시설관리사가 소방시설관리사증을 잃어버리거나 못쓰게 되어 소방시설관리사증의 재발급을 신청하는 때에는 별지 제40호의2서식의 소방시설관리사증 재발급 신청서(전자문서로 된 신청서를 포함한다)를 소방시설관리사증발급자에게 제출하여야 한다.
② 소방시설관리사증발급자는 제1항에 따라 재발급신청서를 제출받은 때에는 3일 이내에 소방시설관리사증을 재발급하여야 한다.

소방시설법 시행령 살펴보기

▸ 참고

제28조(시험의 시행방법)

① 관리사시험은 제1차시험과 제2차시험으로 구분하여 시행한다. 다만, 소방청장은 필요하다고 인정하는 경우에는 제1차시험과 제2차시험을 구분하되, 같은 날에 순서대로 시행할 수 있다.

② 제1차시험은 선택형을 원칙으로 하고, 제2차시험은 논문형을 원칙으로 하되, 제2차시험의 경우에는 기입형을 포함할 수 있다.

③ 제1차시험에 합격한 사람에 대해서는 다음 회의 관리사시험에 한정하여 제1차시험을 면제한다. 다만, 면제받으려는 시험의 응시자격을 갖춘 경우로 한정한다.

④ 제2차시험은 제1차시험에 합격한 사람만 응시할 수 있다. 다만, 제1항 단서에 따라 제1차시험과 제2차시험을 병행하여 시행하는 경우에 제1차시험에 불합격한 사람의 제2차시험 응시는 무효로 한다.

제29조(시험 과목)

관리사시험의 제1차시험 및 제2차시험 과목은 다음 각 호와 같다.

1. 제1차시험
   가. 소방안전관리론(연소 및 소화, 화재예방관리, 건축물소방안전기준, 인원수용 및 피난계획에 관한 부분으로 한정한다) 및 화재역학[화재의 성질 · 상태, 화재하중(火災荷重), 열전달, 화염 확산, 연소속도, 구획화재, 연소생성물 및 연기의 생성 · 이동에 관한 부분으로 한정한다]
   나. 소방수리학, 약제화학 및 소방전기(소방 관련 전기공사재료 및 전기제어에 관한 부분으로 한정한다)
   다. 다음의 소방 관련 법령
      1) 「소방기본법」, 같은 법 시행령 및 같은 법 시행규칙
      2) 「소방시설공사업법」, 같은 법 시행령 및 같은 법 시행규칙
      3) 「화재예방, 소방시설 설치 · 유지 및 안전관리에 관한 법률」, 같은 법 시행령 및 같은 법 시행규칙
      4) 「위험물안전관리법」, 같은 법 시행령 및 같은 법 시행규칙
      5) 「다중이용업소의 안전관리에 관한 특별법」, 같은 법 시행령 및 같은 법 시행규칙
   라. 위험물의 성질 · 상태 및 시설기준
   마. 소방시설의 구조 원리(고장진단 및 정비를 포함한다)
2. 제2차시험
   가. 소방시설의 점검실무행정(점검절차 및 점검기구 사용법을 포함한다)
   나. 소방시설의 설계 및 시공

제30조(시험위원)

① 소방청장은 법 제26조제2항에 따라 관리사시험의 출제 및 채점을 위하여 다음 각 호의 어느 하나에 해당하는 사람 중에서 시험위원을 임명하거나 위촉하여야 한다. 〈개정 2014. 11. 19., 2017. 1. 26., 2017. 7. 26., 2020. 3. 10.〉

1. 소방 관련 분야의 박사학위를 가진 사람
2. 대학에서 소방안전 관련 학과 조교수 이상으로 2년 이상 재직한 사람
3. 소방위 이상의 소방공무원
4. 소방시설관리사
5. 소방기술사

② 제1항에 따른 시험위원의 수는 다음 각 호의 구분에 따른다.

1. 출제위원: 시험 과목별 3명
2. 채점위원: 시험 과목별 5명 이내(제2차시험의 경우로 한정한다)

③ 제1항에 따라 시험위원으로 임명되거나 위촉된 사람은 소방청장이 정하는 시험문제 등의 출제 시 유의사항 및 서약서 등에 따른 준수사항을 성실히 이행하여야 한다.

④ 제1항에 따라 임명되거나 위촉된 시험위원과 시험감독 업무에 종사하는 사람에게는 예산의 범위에서 수당과 여비를 지급할 수 있다.

나. 2년 이상 소방실무경력이 있는 사람

6. 위험물산업기사 또는 위험물기능사 자격을 취득한 후 3년 이상 소방실무경력이 있는 사람
7. 소방공무원으로 5년 이상 근무한 경력이 있는 사람
8. 소방안전 관련 학과의 학사학위를 취득한 후 3년 이상 소방실무경력이 있는 사람
9. 산업안전기사 자격을 취득한 후 3년 이상 소방실무경력이 있는 사람
10. 다음 각 목의 어느 하나에 해당하는 사람
    가. 특급 소방안전관리대상물의 소방안전관리자로 2년 이상 근무한 실무경력이 있는 사람
    나. 1급 소방안전관리대상물의 소방안전관리자로 3년 이상 근무한 실무경력이 있는 사람
    다. 2급 소방안전관리대상물의 소방안전관리자로 5년 이상 근무한 실무경력이 있는 사람
    라. 3급 소방안전관리대상물의 소방안전관리자로 7년 이상 근무한 실무경력이 있는 사람
    마. 10년 이상 소방실무경력이 있는 사람

제31조(시험 과목의 일부 면제)

① 법 제26조제3항에 따라 관리사시험의 제1차시험 과목 가운데 일부를 면제받을 수 있는 사람과 그 면제과목은 다음 각 호의 구분에 따른다. 다만, 제1호 및 제2호에 모두 해당하는 사람은 본인이 선택한 한 과목만 면제받을 수 있다.

1. 소방기술사 자격을 취득한 후 15년 이상 소방실무경력이 있는 사람: 제29조제1호나목의 과목
2. 소방공무원으로 15년 이상 근무한 경력이 있는 사람으로서 5년 이상 소방청장이 정하여 고

시하는 소방 관련 업무 경력이 있는 사람: 제29조제1호다목의 과목

② 법 제26조제3항에 따라 관리사시험의 제2차시험 과목 가운데 일부를 면제받을 수 있는 사람과 그 면제과목은 다음 각 호의 구분에 따른다. 다만, 제1호 및 제2호에 모두 해당하는 사람은 본인이 선택한 한 과목만 면제받을 수 있다.

1. 제27조제1호에 해당하는 사람: 제29조제2호나목의 과목
2. 제27조제7호에 해당하는 사람: 제29조제2호가목의 과목

✔ **TIP** 행정규칙: 소방실무경력 인정범위에 관한 기준 고시 참고

제32조(시험의 시행 및 공고)

① 관리사시험은 1년마다 1회 시행하는 것을 원칙으로 하되, 소방청장이 필요하다고 인정하는 경우에는 그 횟수를 늘리거나 줄일 수 있다.

② 소방청장은 관리사시험을 시행하려면 응시자격, 시험 과목, 일시 · 장소 및 응시절차 등에 관하여 필요한 사항을 모든 응시 희망자가 알 수 있도록 관리사시험 시행일 90일 전까지 소방청 홈페이지 등에 공고하여야 한다.

제33조(응시원서 제출 등)

① 관리사시험에 응시하려는 사람은 행정안전부령으로 정하는 관리사시험 응시원서를 소방청장에게 제출하여야 한다.

② 제31조에 따라 시험 과목의 일부를 면제받으려는 사람은 제1항에 따른 응시원서에 그 뜻을 적어야 한다.

③ 관리사시험에 응시하는 사람은 제27조에 따른 응시자격에 관한 증명서류를 소방청장이 정하는 원서 접수기간 내에 제출하여야 하며, 증명서류는 해당 자격증(「국가기술자격법」에 따른 국가기술자격 취득자의 자격증은 제외한다) 사본과 행정안전부령으로 정하는 경력 · 재직증명원 또는 「소방시설공사업법 시행령」 제20조제4항에 따른 수탁기관이 발행하는 경력증명서로 한다. 다만, 국가 · 지방자치단체, 「공공기관의 운영에 관한 법률」 제4조에 따른 공공기관, 「지방공기업법」에 따른 지방공사 또는 지방공단이 증명하는 경력증명원은 해당 기관에서 정하는 서식에 따를 수 있다.

④ 제1항에 따라 응시원서를 받은 소방청장은 「전자정부법」 제36조제1항에 따른 행정정보의 공동이용을 통하여 다음 각 호의 서류를 확인해야 한다. 다만, 응시자가 확인에 동의하지 않는 경우에는 그 사본을 첨부하게 해야 한다.

1. 응시자의 해당 국가기술자격증
2. 국민연금가입자가입증명 또는 건강보험자격득실확인서

제34조(시험의 합격자 결정 등)
① 제1차시험에서는 과목당 100점을 만점으로 하여 모든 과목의 점수가 40점 이상이고, 전 과목 평균 점수가 60점 이상인 사람을 합격자로 한다.
② 제2차시험에서는 과목당 100점을 만점으로 하되, 시험위원의 채점점수 중 최고점수와 최저점수를 제외한 점수가 모든 과목에서 40점 이상, 전 과목에서 평균 60점 이상인 사람을 합격자로 한다.
③ 소방청장은 제1항과 제2항에 따라 관리사시험 합격자를 결정하였을 때에는 이를 소방청 홈페이지 등에 공고하여야 한다.
④ 삭제

제26조의2(부정행위자에 대한 제재)

소방청장은 시험에서 부정한 행위를 한 응시자에 대하여는 그 시험을 정지 또는 무효로 하고, 그 처분이 있은 날부터 2년간 시험 응시자격을 정지한다.

제27조(관리사의 결격사유)

다음 각 호의 어느 하나에 해당하는 사람은 관리사가 될 수 없다.

1. 피성년후견인
2. 이 법, 「소방기본법」, 「소방시설공사업법」 또는 「위험물 안전관리법」에 따른 금고 이상의 실형을 선고받고 그 집행이 끝나거나(집행이 끝난 것으로 보는 경우를 포함한다) 집행이 면제된 날부터 2년이 지나지 아니한 사람
3. 이 법, 「소방기본법」, 「소방시설공사업법」 또는 「위험물 안전관리법」에 따른 금고 이상의 형의 집행유예를 선고받고 그 유예기간 중에 있는 사람
4. 제28조에 따라 자격이 취소(제27조제1호에 해당하여 자격이 취소된 경우는 제외한다)된 날부터 2년이 지나지 아니한 사람

제28조(자격의 취소 · 정지)

소방청장은 관리사가 다음 각 호의 어느 하나에 해당할 때에는 행정안전부령으로 정하는 바에 따라 그 자격을 취소하거나 2년 이내의 기간을 정하여 그 자격의 정지를 명할 수 있다. 다만, 제1호, 제4호, 제5호 또는 제7호에 해당하면 그 자격을 취소하여야 한다.

1. 거짓이나 그 밖의 부정한 방법으로 시험에 합격한 경우

2. 제20조제6항에 따른 소방안전관리 업무를 하지 아니하거나 거짓으로 한 경우
3. 제25조에 따른 점검을 하지 아니하거나 거짓으로 한 경우
4. 제26조제6항을 위반하여 소방시설관리사증을 다른 자에게 빌려준 경우
5. 제26조제7항을 위반하여 동시에 둘 이상의 업체에 취업한 경우
6. 제26조제8항을 위반하여 성실하게 자체점검 업무를 수행하지 아니한 경우
7. 제27조 각 호의 어느 하나에 따른 결격사유에 해당하게 된 경우
8. ~ 9. 삭제

제2절 소방시설관리업

제29조(소방시설관리업의 등록 등)

① 제20조에 따른 소방안전관리 업무의 대행 또는 소방시설등의 점검 및 유지 · 관리의 업을 하려는 자는 시 · 도지사에게 소방시설관리업(이하 "관리업"이라 한다)의 등록을 하여야 한다.
➡ 3년 이하의 징역 또는 3천만 원 이하의 벌금

② 제1항에 따른 기술 인력, 장비 등 관리업의 등록기준에 관하여 필요한 사항은 대통령령으로 정한다.

③ 제1항에 따른 관리업의 등록신청과 등록증 · 등록수첩의 발급 · 재발급 신청, 그 밖에 관리업의 등록에 필요한 사항은 행정안전부령으로 정한다.

제30조(등록의 결격사유)

다음 각 호의 어느 하나에 해당하는 자는 관리업의 등록을 할 수 없다.

1. 피성년후견인
2. 이 법, 「소방기본법」, 「소방시설공사업법」 또는 「위험물 안전관리법」에 따른 금고 이상의 실형을 선고받고 그 집행이 끝나거나(집행이 끝난 것으로 보는 경우를 포함한다) 집행이 면제된 날부터 2년이 지나지 아니한 사람
3. 이 법, 「소방기본법」, 「소방시설공사업법」 또는 「위험물 안전관리법」에 따른 금고 이상의 형의 집행유예를 선고받고 그 유예기간 중에 있는 사람
4. 제34조제1항에 따라 관리업의 등록이 취소(제30조제1호에 해당하여 등록이 취소된 경우는 제외한다)된 날부터 2년이 지나지 아니한 자
5. 임원 중에 제1호부터 제4호까지의 어느 하나에 해당하는 사람이 있는 법인

■ 피성년후견인

질병, 장애, 노령, 그 밖의 사유로 인한 정신적 제약으로 사무를 처리할 능력이 지속적으로 결여된 사람

- 피성년후견인: 법률상의 무능력자. 금치산자(판단력이 아예 없는 자)
- 피한정후견인(한정치산자): 심신박약자, 낭비자 등 의사능력이 불충분한 사람에게 치산을 금함
- 금고: 노동을 하지 않는 교도소(감옥) 생활

소방시설법 시행령 살펴보기

제36조(소방시설관리업의 등록기준)

① 법 제29조제2항에 따른 소방시설관리업의 등록기준은 별표 9와 같다.

② 시・도지사는 법 제29조제1항에 따른 등록신청이 다음 각 호의 어느 하나에 해당하는 경우를 제외하고는 등록을 해 주어야 한다.

1. 제1항에 따른 등록기준에 적합하지 아니한 경우
2. 등록을 신청한 자가 법 제30조 각 호의 결격사유 중 어느 하나에 해당하는 경우
3. 그 밖에 이 법 또는 다른 법령에 따른 제한에 위배되는 경우

소방시설법 시행령 [별표 9]

소방시설관리업의 등록기준(제36조제1항 관련)

1. 주된 기술인력: 소방시설관리사 1명 이상
2. 보조 기술인력: 다음의 어느 하나에 해당하는 사람 2명 이상. 다만, 나목부터 라목까지의 규정에 해당하는 사람은 「소방시설공사업법」 제28조제2항에 따른 소방기술 인정 자격수첩을 발급받은 사람이어야 한다.
   가. 소방설비기사 또는 소방설비산업기사
   나. 소방공무원으로 3년 이상 근무한 사람
   다. 소방 관련 학과의 학사학위를 취득한 사람
   라. 행정안전부령으로 정하는 소방기술과 관련된 자격・경력 및 학력이 있는 사람

소방시설법 시행규칙 살펴보기

제21조(소방시설관리업의 등록신청)

① 법 제29조제1항에 따라 소방시설관리업을 하려는 자는 별지 제22호서식의 소방시설관리업등록신청서(전자문서로 된 신청서를 포함한다)에 별지 제23호서식의 기술인력연명부 및 기술자격증(자격수첩을 포함한다)을 첨부하여 시·도지사에게 제출(전자문서로 제출하는 경우를 포

함한다)하여야 한다.

② 제1항에 따른 신청서를 제출받은 담당 공무원은 「전자정부법」 제36조제1항에 따라 행정정보의 공동이용을 통하여 법인등기부 등본(법인인 경우만 해당한다)과 제1항에 따라 제출하는 기술인력연명부에 기록된 소방기술인력의 국가기술자격증을 확인하여야 한다. 다만, 신청인이 국가기술자격증의 확인에 동의하지 아니하는 경우에는 그 사본을 제출하도록 하여야 한다.

제22조(소방시설관리업의 등록증 및 등록수첩 발급 등)

① 시·도지사는 제21조에 따른 소방시설관리업의 등록신청 내용이 영 제36조제1항 및 별표 9에 따른 소방시설관리업의 등록기준에 적합하다고 인정되면 신청인에게 별지 제24호서식의 소방시설관리업등록증과 별지 제25호서식의 소방시설관리업등록수첩을 발급하고, 별지 제26호서식의 소방시설관리업등록대장을 작성하여 관리하여야 한다. 이 경우 시·도지사는 제21조제1항제1호에 따라 제출된 소방기술인력의 기술자격증(자격수첩을 포함한다)에 해당 소방기술인력이 그 소방시설관리업자 소속임을 기록하여 내주어야 한다.

② 시·도지사는 제21조의 규정에 의하여 제출된 서류를 심사한 결과 다음 각호의 1에 해당하는 때에는 10일 이내의 기간을 정하여 이를 보완하게 할 수 있다.

1. 첨부서류가 미비되어 있는 때
2. 신청서 및 첨부서류의 기재내용이 명확하지 아니한 때

③ 시·도지사는 제1항의 규정에 의하여 소방시설관리업등록증을 교부하거나 법 제34조의 규정에 의하여 등록의 취소 또는 영업정지처분을 한 때에는 이를 시·도의 공보에 공고하여야 한다.

* 제21조를 위반하여 공동 소방안전관리자를 선임하지 아니한 자➡ 300만 원 이하의 벌금

제23조(소방시설관리업의 등록증·등록수첩의 재교부 및 반납)

① 법 제29조제3항의 규정에 의하여 소방시설관리업자는 소방시설관리업등록증 또는 등록수첩을 잃어버리거나 소방시설관리업등록증 또는 등록수첩이 헐어 못쓰게 된 경우에는 시·도지사에게 소방시설관리업등록증 또는 등록수첩의 재교부를 신청할 수 있다.

② 소방시설관리업자는 제1항의 규정에 의하여 재교부를 신청하는 때에는 별지 제27호서식의 소방시설관리업등록증(등록수첩)재교부신청서(전자문서로 된 신청서를 포함한다)를 시·도지사에게 제출하여야 한다.

③ 시·도지사는 제1항의 규정에 의한 재교부신청서를 제출받은 때에는 3일 이내에 소방시설관리업등록증 또는 등록수첩을 재교부하여야 한다.

④ 소방시설관리업자는 다음 각 호의 1에 해당하는 때에는 지체 없이 시·도지사에게 그 소방시설관리업등록증 및 등록수첩을 반납하여야 한다.

1. 법 제34조의 규정에 의하여 등록이 취소된 때
2. 소방시설관리업을 휴·폐업한 때
3. 제1항의 규정에 의하여 재교부를 받은 때. 다만, 등록증 또는 등록수첩을 잃어버리고 재교부를 받은 경우에는 이를 다시 찾은 때에 한한다.

제31조(등록사항의 변경신고)

관리업자는 제29조에 따라 등록한 사항 중 행정안전부령으로 정하는 중요 사항이 변경되었을 때에는 행정안전부령으로 정하는 바에 따라 시·도지사에게 변경사항을 신고하여야 한다.

➡ **200만 원 이하의 과태료**

소방시설법 시행규칙 살펴보기

제24조(등록사항의 변경신고 사항)

법 제31조에서 "행정안전부령이 정하는 중요사항"이라 함은 다음 각호의 1에 해당하는 사항을 말한다.

1. 명칭·상호 또는 영업소소재지	2. 대표자	3. 기술인력

제25조(등록사항의 변경신고 등)

① 소방시설관리업자는 법 제31조의 규정에 의하여 등록사항의 변경이 있는 때에는 변경일부터 30일 이내에 별지 제28호서식의 소방시설관리업등록사항변경신고서(전자문서로 된 신고서를 포함한다)에 그 변경사항별로 다음 각 호의 구분에 의한 서류(전자문서를 포함한다)를 첨부하여 시·도지사에게 제출하여야 한다.

1. 명칭·상호 또는 영업소소재지를 변경하는 경우 : 소방시설관리업등록증 및 등록수첩
2. 대표자를 변경하는 경우 : 소방시설관리업등록증 및 등록수첩
3. 기술인력을 변경하는 경우
   가. 소방시설관리업등록수첩
   나. 변경된 기술인력의 기술자격증(자격수첩)
   다. 별지 제23호서식의 기술인력연명부

② 제1항제1호 또는 제2호에 따른 신고서를 제출받은 담당 공무원은 「전자정부법」 제36조제1항에 따라 법인등기부 등본(법인인 경우에 한한다) 또는 사업자등록증 사본(개인인 경우에 한한다)을 확인하여야 한다. 다만, 신고인이 확인에 동의하지 아니하는 경우에는 이를 첨부하도록 하여야 한다.

③ 시·도지사는 제1항의 규정에 의하여 변경신고를 받은 때에는 5일 이내에 소방시설관리업등록증 및 등록수첩을 새로 교부하거나 제1항의 규정에 의하여 제출된 소방시설관리업등록증 및 등록수첩과 기술인력의 기술자격증(자격수첩)에 그 변경된 사항을 기재하여 교부하여야 한다.

④ 시·도지사는 제1항의 규정에 의하여 변경신고를 받은 때에는 별지 제26호서식의 소방시설관리업등록대장에 변경사항을 기재하고 관리하여야 한다.

제32조(소방시설관리업자의 지위승계)

① 다음 각 호의 어느 하나에 해당하는 자는 관리업자의 지위를 승계한다.
1. 관리업자가 사망한 경우 그 상속인
2. 관리업자가 그 영업을 양도한 경우 그 양수인
3. 법인인 관리업자가 합병한 경우 합병 후 존속하는 법인이나 합병으로 설립되는 법인

② 「민사집행법」에 따른 경매, 「채무자 회생 및 파산에 관한 법률」에 따른 환가, 「국세징수법」, 「관세법」 또는 「지방세징수법」에 따른 압류재산의 매각과 그 밖에 이에 준하는 절차에 따라 관리업의 시설 및 장비의 전부를 인수한 자는 그 관리업자의 지위를 승계한다.

③ 제1항이나 제2항에 따라 관리업자의 지위를 승계한 자는 행정안전부령으로 정하는 바에 따라 시 · 도지사에게 신고하여야 한다. ➡ **200만 원 이하의 과태료**

④ 제1항이나 제2항에 따른 지위승계에 관하여는 제30조를 준용한다. 다만, 상속인이 제30조 각 호의 어느 하나에 해당하는 경우에는 상속받은 날부터 3개월 동안은 그러하지 아니하다.

소방시설법 시행규칙 살펴보기

제26조(지위승계신고 등)

① 법 제32조제1항 또는 제2항의 규정에 의하여 소방시설관리업자의 지위를 승계한 자는 그 지위를 승계한 날부터 30일 이내에 법 제32조제3항의 규정에 의하여 상속인, 영업을 양수한자 또는 시설의 전부를 인수한 자는 법 별지 제29호서식의 소방시설관리업지위승계신고서(전자문서로 된 신고서를 포함한다)에, 합병후 존속하는 법인 또는 합병에 의하여 설립되는 법인은 별지 제30호서식의 소방시설관리업합병신고서(전자문서로 된 신고서를 포함한다)에 각각 다음 각 호의 서류(전자문서를 포함한다)를 첨부하여 시·도지사에게 제출하여야 한다.
1. 소방시설관리업등록증 및 등록수첩
2. 계약서사본 등 지위승계를 증명하는 서류 1부
3. ~ 4. 삭제
5. 별지 제23호서식의 소방기술인력연명부 및 기술자격증(자격수첩)
6. 영 별표 8 제2호의 장비기준에 따른 장비명세서 1부

② 제1항에 따른 신고서를 제출받은 담당 공무원은 「전자정부법」 제36조제1항에 따라 행정정보의 공동이용을 통하여 다음 각 호의 서류를 확인하여야 한다. 다만, 신고인이 사업자등록증 및 국가기술자격증의 확인에 동의하지 않는 때에는 그 사본을 첨부하도록 하여야 한다.
1. 법인등기부 등본(지위승계인이 법인인 경우에 한한다)
2. 사업자등록증(지위승계인이 개인인 경우만 해당한다)
3. 제21조에 따라 제출하는 기술인력연명부에 기록된 소방기술인력의 국가기술자격증

③ 시·도지사는 제1항의 규정에 의하여 신고를 받은 때에는 소방시설관리업등록증 및 등록수첩을 새로 교부하고, 기술인력의 자격증 및 자격수첩에 그 변경사항을 기재하여 교부하며, 별지 제26호서식의 소방시설관리업등록대장에 지위승계에 관한 사항을 기재하고 관리하여야 한다.

제33조(관리업의 운영)

① 관리업자는 관리업의 등록증이나 등록수첩을 다른 자에게 빌려주어서는 아니 된다.
➡ 1년 이하의 징역 또는 1천만 원 이하의 벌금

② 관리업자는 다음 각 호의 어느 하나에 해당하면 제20조에 따라 소방안전관리 업무를 대행하게 하거나 제25조제1항에 따라 소방시설등의 점검업무를 수행하게 한 특정소방대상물의 관계인에게 지체 없이 그 사실을 알려야 한다. ➡ **200만 원 이하의 과태료**

1. 제32조에 따라 관리업자의 지위를 승계한 경우
2. 제34조제1항에 따라 관리업의 등록취소 또는 영업정지처분을 받은 경우
3. 휴업 또는 폐업을 한 경우

③ 관리업자는 제25조제1항에 따라 자체점검을 할 때에는 행정안전부령으로 정하는 바에 따라 기술인력을 참여시켜야 한다.

소방시설법 시행규칙 살펴보기

제26조의2(자체점검 시의 기술인력 참여 기준)

법 제33조제3항에 따라 소방시설관리업자가 자체점검을 할 때 참여시켜야 하는 기술인력의 기준은 다음 각 호와 같다.

1. 작동기능점검(영 제22조제1항 각 호의 소방안전관리대상물만 해당한다) 및 종합정밀점검: 소방시설관리사와 영 별표 9 제2호의 보조기술인력
2. 그 밖의 특정소방대상물에 대한 작동기능점검: 소방시설관리사 또는 영 별표 9 제2호의 보조기술인력

제33조의2(점검능력 평가 및 공시 등)

① 소방청장은 관계인 또는 건축주가 적정한 관리업자를 선정할 수 있도록 하기 위하여 관리업자의 신청이 있는 경우 해당 관리업자의 점검능력을 종합적으로 평가하여 공시할 수 있다.

② 제1항에 따라 점검능력 평가를 신청하려는 관리업자는 소방시설등의 점검실적을 증명하는

서류 등 행정안전부령으로 정하는 서류를 소방청장에게 제출하여야 한다.

➡ **200만 원 이하의 과태료**

③ 제1항에 따른 점검능력 평가 및 공시방법, 수수료 등 필요한 사항은 행정안전부령으로 정한다.

④ 소방청장은 제1항에 따른 점검능력을 평가하기 위하여 관리업자의 기술인력 및 장비 보유현황, 점검실적, 행정처분이력 등 필요한 사항에 대하여 데이터베이스를 구축할 수 있다.

소방시설법 시행규칙 살펴보기

제26조의3(점검능력 평가의 신청 등)

① 법 제33조의2에 따라 점검능력을 평가받으려는 소방시설관리업자는 별지 제30호의2서식의 소방시설등 점검능력 평가신청서(전자문서로 된 신청서를 포함한다)에 다음 각 호의 서류(전자문서를 포함한다)를 첨부하여 평가기관에 매년 2월 15일까지 제출하여야 한다.

1. 소방시설등의 점검실적을 증명하는 서류로서 다음 각 목의 구분에 따른 서류
   가. 국내 소방시설등에 대한 점검실적: 발주자가 별지 제30호의3서식에 따라 발급한 소방시설등의 점검실적 증명서 및 세금계산서(공급자 보관용) 사본
   나. 해외 소방시설등에 대한 점검실적: 외국환은행이 발행한 외화입금증명서 및 재외공관장이 발행한 해외점검실적 증명서 또는 관리계약서 사본
   다. 주한 외국군의 기관으로부터 도급받은 소방시설등에 대한 점검실적: 외국환은행이 발행한 외화입금증명서 및 도급계약서 사본
2. 소방시설관리업등록수첩 사본
3. 별지 제30호의4서식의 소방기술인력 보유 현황 및 국가기술자격증 사본 등 이를 증명할 수 있는 서류
4. 별지 제30호의5서식의 신인도평가 가점사항 신고서 및 가점 사항을 확인할 수 있는 다음 각 목의 해당 서류
   가. 품질경영인증서(ISO 9000 시리즈) 사본
   나. 소방시설등의 점검 관련 표창 사본
   다. 특허증 사본
   라. 소방시설관리업 관련 기술 투자를 증명할 수 있는 서류

② 제1항에 따른 신청을 받은 평가기관의 장은 제1항 각 호의 서류가 첨부되어 있지 않은 경우에는 신청인으로 하여금 15일 이내의 기간을 정하여 보완하게 할 수 있다.

③ 제1항에도 불구하고 다음 각 호의 어느 하나에 해당하는 자는 2월 15일 후에 점검능력 평가를 신청할 수 있다.

1. 법 제29조에 따라 신규로 소방시설관리업의 등록을 한 자
2. 법 제32조제1항 또는 제2항에 따라 소방시설관리업자의 지위를 승계한 자

제26조의4(점검능력의 평가)

① 법 제33조의2에 따른 점검능력 평가 항목은 다음과 같다.

1. 대행실적(법 제20조제3항에 따라 소방안전관리 업무를 대행하여 수행한 실적을 말한다)
2. 점검실적(법 제25조제1항에 따른 소방시설등에 대한 점검실적을 말한다). 이 경우 점검실적은 제18조제1항 및 별표 2에 따른 점검인력 배치기준에 적합한 것으로 확인된 경우만 인정한다.
3. 기술력
4. 경력
5. 신인도

② 평가기관은 점검능력 평가 결과를 매년 7월 31일까지 1개 이상의 일간신문(「신문 등의 진흥에 관한 법률」 제9조제1항에 따라 전국을 보급지역으로 등록한 일간신문을 말한다) 또는 평가기관의 인터넷 홈페이지를 통하여 공시하고, 시·도지사에게 이를 통보하여야 한다.

③ 점검능력 평가 결과는 소방시설관리업자가 도급받을 수 있는 1건의 점검 도급금액으로 하고, 점검능력 평가의 유효기간은 평가 결과를 공시한 날(이하 이 조에서 "정기공시일"이라 한다)부터 1년간으로 한다. 다만, 제4항 및 제26조의3제3항에 해당하는 자에 대한 점검능력 평가 결과가 정기공시일 후에 공시된 경우에는 그 평가 결과를 공시한 날부터 다음 해의 정기공시일 전날까지를 유효기간으로 한다.

④ 평가기관은 제26조의3에 따라 제출된 서류의 일부가 거짓으로 확인된 경우에는 확인된 날부터 10일 이내에 점검능력을 새로 평가하여 공시하고, 시·도지사에게 이를 통보하여야 한다.

⑤ 제2항 및 제4항에 따라 점검능력 평가 결과를 통보받은 시·도지사는 해당 소방시설관리업자의 등록수첩에 그 사실을 기록하여 발급하여야 한다.

⑥ 점검능력 평가에 따른 수수료(제1항에 따른 점검인력 배치기준 적합 여부 확인에 관한 수수료를 포함한다)는 평가기관이 정하여 소방청장의 승인을 받아야 한다. 이 경우 소방청장은 승인한 수수료 관련 사항을 고시하여야 한다.

⑦ 제1항의 평가 항목에 대한 세부적인 평가기준은 소방청장이 정하여 고시한다.

제33조의3(점검실명제)

① 관리업자가 소방시설등의 점검을 마친 경우 점검일시, 점검자, 점검업체 등 점검과 관련된 사항을 점검기록표에 기록하고 이를 해당 특정소방대상물에 부착하여야 한다. ➡ 300만 원 이하의 벌금

② 제1항에 따른 점검기록표에 관한 사항은 행정안전부령으로 정한다.

소방시설법 시행규칙 살펴보기

제26조의5(점검기록표)

소방시설관리업자는 법 제33조의3에 따라 별표 3의 점검기록표에 점검과 관련된 사항을 기록하여야 한다.

소방시설법 시행규칙 [별표 3]

점검기록표(제26조의5 관련)

1. 작동기능점검의 기록표

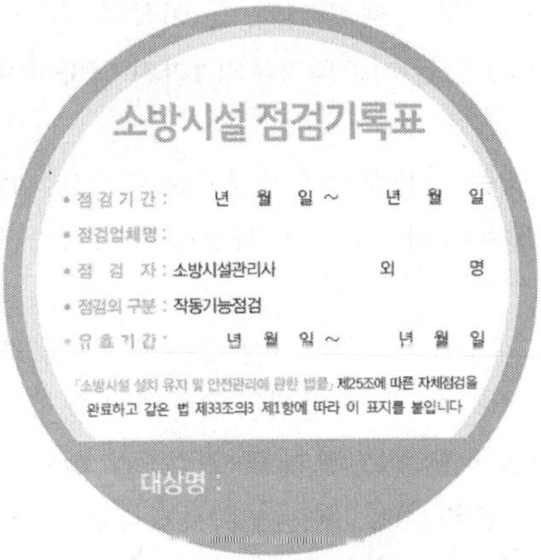

2. 종합정밀점검의 기록표

※ 비고 : 점검기록표의 규격은 다음과 같다.

가. 규격: 원지름 130mm

나. 재질: 유포지(스티커), 아트지(스티커)

다. 메인컬러

1) 종합정밀점검: 파랑 PANTONE 279C

2) 작동기능점검: 연두 PANTONE 376C

라. 글씨체 (크기)

1) 소방시설 점검기록표: 옥션고딕 Bold (28pt)

2) 본문타이틀: Yoon 가변 윤고딕300s 두께: 30 (12pt)
본문내용: Yoon 가변 윤고딕300s 두께: 20 (12pt)

3) 하단내용: Yoon 가변 윤고딕300s 두께: 30+20 (10pt)
가) 「소방시설 설치 유지 및 안전관리에 관한 법률」은 두께 30
나) 나머지 내용은 두께 20

4) 대상명: Yoon 가변 윤고딕300s 두께: 30 (18pt)

제44조(행정처분의 기준)

법 제28조 및 법 제34조에 따른 소방시설관리사 및 소방시설관리업의 등록의 취소(자격취소를 포함한다) · 영업정지(자격정지를 포함한다) 등 행정처분의 기준은 별표 8과 같다.

소방시설법 시행규칙 [별표 8]

행정처분기준(제44조 관련)

1. 일반기준
   가. 위반행위가 동시에 둘 이상 발생한 때에는 그 중 중한 처분기준(중한 처분기준이 동일한 경우에는 그 중 하나의 처분기준을 말한다. 이하 같다)에 의하되, 둘 이상의 처분기준이 동일한 영업정지이거나 사용정지인 경우에는 중한 처분의 2분의 1까지 가중하여 처분할 수 있다.
   나. 영업정지 또는 사용정지 처분기간 중 영업정지 또는 사용정지에 해당하는 위반사항이 있는 경우에는 종전의 처분기간 만료일의 다음 날부터 새로운 위반사항에 의한 영업정지 또는 사용정지의 행정처분을 한다.
   다. 위반행위의 차수에 따른 행정처분의 가중된 처분기준은 최근 1년간 같은 위반행위로 행정처분을 받은 경우에 적용한다. 이 경우 기간의 계산은 위반행위에 대하여 행정처분을 받은 날과 그 처분 후 다시 같은 위반행위를 하여 적발된 날을 기준으로 한다.
   라. 다목에 따라 가중된 행정처분을 하는 경우 가중처분의 적용 차수는 그 위반행위 전 행정처분 차수(다목에 따른 기간 내에 행정처분이 둘 이상 있었던 경우에는 높은 차수를 말한다)의 다음 차수로 한다.
   마. 영업정지 등에 해당하는 위반사항으로서 위반행위의 동기·내용·횟수·사유 또는 그 결과를 고려하여 다음의 어느 하나에 해당하는 경우에는 그 처분을 가중하거나 감경할 수 있다. 이 경우 그 처분이 영업정지 또는 자격정지일 때에는 그 처분기준의 2분의 1의 범위에서 가중하거나 감경할 수 있고, 등록취소 또는 자격취소일 때에는 등록취소 또는 자격취소 전 차수의 행정처분이 영업정지 또는 자격정지이면 그 처분기준의 2배 이상의 영업정지 또는 자격정지로 감경(법 제19조제1항제1호·제3호, 법 제28조제1호·제4호·제5호·제7호, 및 법 제34조제1항제1호·제4호·제7호를 위반하여 등록취소 또는 자격취소된 경우는 제외한다)할 수 있다.
      1) 가중 사유
         가) 위반행위가 사소한 부주의나 오류가 아닌 고의나 중대한 과실에 의한 것으로 인정되는 경우
         나) 위반의 내용·정도가 중대하여 관계인에게 미치는 피해가 크다고 인정되는 경우

2) 감경 사유

가) 위반행위가 사소한 부주의나 오류 등 과실에 의한 것으로 인정되는 경우

나) 위반의 내용·정도가 경미하여 관계인에게 미치는 피해가 적다고 인정되는 경우

다) 위반행위를 처음으로 한 경우로서, 5년 이상 방염처리업, 소방시설관리업 등을 모범적으로 해 온 사실이 인정되는 경우

라) 그 밖에 다음의 경미한 위반사항에 해당되는 경우

(1) 스프링클러설비 헤드가 살수(撒水)반경에 미치지 못하는 경우

(2) 자동화재탐지설비 감지기 2개 이하가 설치되지 않은 경우

(3) 유도등(誘導燈)이 일시적으로 점등(點燈)되지 않는 경우

(4) 유도표지(誘導標識)가 정해진 위치에 붙어 있지 않은 경우

2. 개별기준

가. 삭제 〈2015.7.16.〉

나. 소방시설관리사에 대한 행정처분기준

위반사항	근거 법조문	행정처분기준		
		1차	2차	3차
(1) 거짓, 그 밖의 부정한 방법으로 시험에 합격한 경우	법제28조 제1호	자격취소		
(2) 법 제20조제6항에 따른 소방안전관리 업무를 하지 않거나 거짓으로 한 경우	법 제28조 제2호	경고 (시정명령)	자격정지 6월	자격취소
(3) 법 제25조에 따른 점검을 하지 않거나 거짓으로 한 경우	법 제28조 제3호	경고 (시정명령)	자격정지 6월	자격취소
(4) 법 제26조제6항을 위반하여 소방시설관리증을 다른 자에게 빌려준 경우	법 제28조 제4호	자격취소		
(5) 법 제26조제7항을 위반하여 동시에 둘 이상의 업체에 취업한 경우	법 제28조 제5호	자격취소		
(6) 법 제26조제8항을 위반하여 성실하게 자체점검업무를 수행하지 아니한 경우	법 제28조 제6호	경고	자격정지 6월	자격취소
(7) 법 제27조 각 호의 어느 하나의 결격사유에 해당하게 된 경우	법 제28조 제7호	자격취소		
(8) 삭제				
(9) 삭제				

다. 소방시설관리업에 대한 행정처분기준

위반사항	근거 법조문	행정처분기준		
		1차	2차	3차
(1) 거짓, 그 밖의 부정한 방법으로 등록을 한 경우	법제34조 제1항제1호	등록취소		
(2) 법 제25조제1항에 따른 점검을 하지 않거나 거짓으로 한 경우	법 제34조 제1항제2호	경고 (시정명령)	영업정지 3개월	등록 취소
(3) 법 제29조제2항에 따른 등록기준에 미달하게 된 경우. 다만, 기술인력이 퇴직하거나 해임되어 30일 이내에 재선임하여 신고하는 경우는 제외한다.	법 제34조 제1항제3호	경고 (시정명령)	영업정지 3개월	등록 취소
(4) 법 제30조 각 호의 어느 하나의 등록의 결격사유에 해당하게 된 경우	법 제34조 제1항제4호	등록취소		
(5) 법 제33조제1항을 위반하여 다른 자에게 등록증 또는 등록수첩을 빌려준 경우	법 제34조 제1항제7호	등록취소		

제34조(등록의 취소와 영업정지 등)

① 시 · 도지사는 관리업자가 다음 각 호의 어느 하나에 해당할 때에는 행정안전부령으로 정하는 바에 따라 그 등록을 취소하거나 6개월 이내의 기간을 정하여 이의 시정이나 그 영업의 정지를 명할 수 있다. 다만, 제1호 · 제4호 또는 제7호에 해당할 때에는 등록을 취소하여야 한다.

1. 거짓이나 그 밖의 부정한 방법으로 등록을 한 경우
2. 제25조제1항에 따른 점검을 하지 아니하거나 거짓으로 한 경우
3. 제29조제2항에 따른 등록기준에 미달하게 된 경우
4. 제30조 각 호의 어느 하나의 등록의 결격사유에 해당하게 된 경우. 다만, 제30조제5호에 해당하는 법인으로서 결격사유에 해당하게 된 날부터 2개월 이내에 그 임원을 결격사유가 없는 임원으로 바꾸어 선임한 경우는 제외한다.

5. ~ 6. 삭제

7. 제33조제1항을 위반하여 다른 자에게 등록증이나 등록수첩을 빌려준 경우

8. ~ 10. 삭제

* 영업정지처분을 받고 그 영업정지기간 중에 관리업의 업무를 한 자

➡ 1년 이하의 징역 또는 1천만 원 이하의 벌금

② 제32조에 따라 관리업자의 지위를 승계한 상속인이 제30조 각 호의 어느 하나에 해당하는 경우에는 상속을 개시한 날부터 6개월 동안은 제1항제4호를 적용하지 아니한다.

제35조(과징금처분)

① 시 · 도지사는 제34조제1항에 따라 영업정지를 명하는 경우로서 그 영업정지가 국민에게 심한 불편을 주거나 그 밖에 공익을 해칠 우려가 있을 때에는 영업정지처분을 갈음하여 3천만 원 이하의 과징금을 부과할 수 있다.

② 제1항에 따른 과징금을 부과하는 위반행위의 종류와 위반 정도 등에 따른 과징금의 금액, 그 밖의 필요한 사항은 행정안전부령으로 정한다.

③ 시 · 도지사는 제1항에 따른 과징금을 내야 하는 자가 납부기한까지 내지 아니하면「지방행정제재 · 부과금의 징수 등에 관한 법률」에 따라 징수한다.

소방시설법 시행규칙 살펴보기

제27조(과징금을 부과할 위반행위의 종별과 과징금의 부과금액 등)

법 제35조제2항에 따라 과징금을 부과하는 위반행위의 종별과 그에 대한 과싱금의 부과기준은 별표 4와 같다.

소방시실법 시행규칙 [별표 4]

과징금의 부과기준(제27조 관련)

1. 일반기준

가. 영업정지 1개월은 30일로 계산한다.

나. 과징금 산정은 영업정지기간(일)에 제2호나목의 영업정지 1일에 해당하는 금액을 곱한 금액으로 한다.

다. 위반행위가 둘 이상 발생한 경우 과징금 부과에 의한 영업정지기간(일) 산정은 제2호 가목의 개별기준에 따른 각각의 영업정지 처분기간을 합산한 기간으로 한다.

라. 영업정지에 해당하는 위반사항으로서 위반행위의 동기 · 내용 · 횟수 또는 그 결과를 고려하여 그 처분기준의 2분의 1까지 감경한 경우 과징금 부과에 의한 영업정지기간(일) 산정은 감경한 영업정지기간으로 한다.

마. 연간 매출액은 해당 업체에 대한 처분일이 속한 연도의 전년도의 1년간 위반사항이 적발된 업종의 각 매출금액을 기준으로 한다. 다만, 신규사업 · 휴업 등으로 인하여

1년간의 위반사항이 적발된 업종의 각 매출금액을 산출할 수 없거나 1년간의 위반사항이 적발된 업종의 각 매출금액을 기준으로 하는 것이 불합리하다고 인정되는 경우 분기별・월별 또는 일별 매출금액을 기준으로 산출 또는 조정한다.

바. 가목부터 마목까지의 규정에도 불구하고 과징금 산정금액이 3천만원을 초과하는 경우 3천만원으로 한다.

2. 개별기준

가. 과징금을 부과할 수 있는 위반행위의 종별

1) 삭제 〈2015.7.16.〉	2) 소방시설관리업

위반사항	근거 법조문	행정처분기준		
		1차	2차	3차
법 제25조제1항에 따른 점검을 하지 않거나 거짓으로 한 경우	법 제34조제1항제2호		영업정지 3개월	
법 제29조제2항에 따른 등록기준에 미달하게 된 경우	법 제34조제1항제3호		영업정지 3개월	

나. 과징금 금액 산정기준

등급	연간매출액(단위: 백만원)	영업정지 1일에 해당되는 금액(단위: 원)
1	10 이하	25,000
2	10 초과 ~ 30 이하	30,000
3	30 초과 ~ 50 이하	35,000
4	50 초과 ~ 100 이하	45,000
5	100 초과 ~ 150 이하	50,000
6	150 초과 ~ 200 이하	55,000
7	200 초과 ~ 250 이하	65,000
8	250 초과 ~ 300 이하	80,000
9	300 초과 ~ 350 이하	95,000
10	350 초과 ~ 400 이하	110,000
11	400 초과 ~ 450 이하	125,000
12	450 초과 ~ 500 이하	140,000
13	500 초과 ~ 750 이하	160,000
14	750 초과 ~ 1,000 이하	180,000
15	1,000 초과 ~ 2,500 이하	210,000
16	2,500 초과 ~ 5,000 이하	240,000
17	5,000 초과 ~ 7,500 이하	270,000
18	7,500 초과 ~ 10,000 이하	300,000
19	10,000 초과	330,000

소방시설법 시행규칙 살펴보기

제28조(과징금 징수절차)
법 제35조제2항에 따른 과징금의 징수절차에 관하여는 「국고금관리법 시행규칙」을 준용한다.

제36조(소방용품의 형식승인 등)

① 대통령령으로 정하는 소방용품을 제조하거나 수입하려는 자는 소방청장의 형식승인을 받아야 한다. 다만, 연구개발 목적으로 제조하거나 수입하는 소방용품은 그러하지 아니하다.
➡ 3년 이하의 징역 또는 3천만 원 이하의 벌금

② 제1항에 따른 형식승인을 받으려는 자는 행정안전부령으로 정하는 기준에 따라 형식승인을 위한 시험시설을 갖추고 소방청장의 심사를 받아야 한다. 다만, 소방용품을 수입하는 자가 판매를 목적으로 하지 아니하고 자신의 건축물에 직접 설치하거나 사용하려는 경우 등 행정안전부령으로 정하는 경우에는 시험시설을 갖추지 아니할 수 있다.
➡ 3년 이하의 징역 또는 3천만 원 이하의 벌금

③ 제1항과 제2항에 따라 형식승인을 받은 자는 그 소방용품에 대하여 소방청장이 실시하는 제품검사를 받아야 한다.
* 제품검사를 받지 아니 한 자 ➡ 3년 이하의 징역 또는 3천만 원 이하의 벌금
* 제품검사에 합격하지 아니한 제품에 합격표시, 합격표시를 위조 또는 변조하여 사용한 자
➡ 1년 이하의 징역 또는 1천만 원 이하의 벌금

④ 제1항에 따른 형식승인의 방법 · 절차 등과 제3항에 따른 제품검사의 구분 · 방법 · 순서 · 합격표시 등에 관한 사항은 행정안전부령으로 정한다.

⑤ 소방용품의 형상 · 구조 · 재질 · 성분 · 성능 등 (이하 "형상등"이라 한다)의 형식승인 및 제품검사의 기술기준 등에 관한 사항은 소방청장이 정하여 고시한다.

⑥ 누구든지 다음 각 호의 어느 하나에 해당하는 소방용품을 판매하거나 판매 목적으로 진열하거나 소방시설공사에 사용할 수 없다. ➡ 3년 이하의 징역 또는 3천만 원 이하의 벌금
1. 형식승인을 받지 아니한 것
2. 형상등을 임의로 변경한 것
3. 제품검사를 받지 아니하거나 합격표시를 하지 아니한 것

⑦ 소방청장, 소방본부장 또는 소방서장은 제6항을 위반한 소방용품에 대하여는 그 제조자 · 수입자 · 판매자 또는 시공자에게 수거 · 폐기 또는 교체 등 행정안전부령으로 정하는 필요한 조치를 명할 수 있다.

➡ 3년 이하의 징역 또는 3천만 원 이하의 벌금

⑧ 소방청장은 소방용품의 작동기능, 제조방법, 부품 등이 제5항에 따라 소방청장이 고시하는 형식승인 및 제품검사의 기술기준에서 정하고 있는 방법이 아닌 새로운 기술이 적용된 제품의 경우에는 관련 전문가의 평가를 거쳐 행정안전부령으로 정하는 바에 따라 제4항에 따른 방법 및 절차와 다른 방법 및 절차로 형식승인을 할 수 있으며, 외국의 공인기관으로부터 인정받은 신기술 제품은 형식승인을 위한 시험 중 일부를 생략하여 형식승인을 할 수 있다.

⑨ 다음 각 호의 어느 하나에 해당하는 소방용품의 형식승인 내용에 대하여 공인기관의 평가결과가 있는 경우 형식승인 및 제품검사 시험 중 일부만을 적용하여 형식승인 및 제품검사를 할 수 있다.

1. 「군수품관리법」 제2조에 따른 군수품
2. 주한외국공관 또는 주한외국군 부대에서 사용되는 소방용품
3. 외국의 차관이나 국가 간의 협약 등에 의하여 건설되는 공사에 사용되는 소방용품으로서 사전에 합의된 것
4. 그 밖에 특수한 목적으로 사용되는 소방용품으로서 소방청장이 인정하는 것

⑩ 하나의 소방용품에 두 가지 이상의 형식승인 사항 또는 형식승인과 성능인증 사항이 결합된 경우에는 두 가지 이상의 형식승인 또는 형식승인과 성능인증 시험을 함께 실시하고 하나의 형식승인을 할 수 있다.

⑪ 제9항 및 제10항에 따른 형식승인의 방법 및 절차 등에 관하여는 행정안전부령으로 정한다.

소방시설법 시행령 살펴보기

제37조(형식승인대상 소방용품)

법 제36조제1항 본문에서 "대통령령으로 정하는 소방용품"이란 별표 3 제1호[별표 1 제1호나목 2)에 따른 상업용 주방소화장치는 제외한다] 및 같은 표 제2호부터 제4호까지에 해당하는 소방용품을 말한다.

제37조(형식승인의 변경)

① 제36조제1항 및 제10항에 따른 형식승인을 받은 자가 해당 소방용품에 대하여 형상등의 일부를 변경하려면 소방청장의 변경승인을 받아야 한다. ➡ 1년 이하의 징역 또는 1천만 원 이하의 벌금

② 제1항에 따른 변경승인의 대상·구분·방법 및 절차 등에 관하여 필요한 사항은 행정안전부령으로 정한다.

제38조(형식승인의 취소 등)

① 소방청장은 소방용품의 형식승인을 받았거나 제품검사를 받은 자가 다음 각 호의 어느 하나에 해당될 때에는 행정안전부령으로 정하는 바에 따라 그 형식승인을 취소하거나 6개월 이내의 기간을 정하여 제품검사의 중지를 명할 수 있다. 다만, 제1호 · 제3호 또는 제7호의 경우에는 형식승인을 취소하여야 한다.

1. 거짓이나 그 밖의 부정한 방법으로 제36조제1항 및 제10항에 따른 형식승인을 받은 경우
2. 제36조제2항에 따른 시험시설의 시설기준에 미달되는 경우
3. 거짓이나 그 밖의 부정한 방법으로 제36조제3항에 따른 제품검사를 받은 경우
4. 제품검사 시 제36조제5항에 따른 기술기준에 미달되는 경우
5. ~ 6. 삭제
7. 제37조에 따른 변경승인을 받지 아니하거나 거짓이나 그 밖의 부정한 방법으로 변경승인을 받은 경우
8. ~ 9. 삭제

② 제1항에 따라 소방용품의 형식승인이 취소된 자는 그 취소된 날부터 2년 이내에는 형식승인이 취소된 동일 품목에 대하여 형식승인을 받을 수 없다.

제39조(소방용품의 성능인증 등)

① 소방청장은 제조자 또는 수입자 등의 요청이 있는 경우 소방용품에 대하여 성능인증을 할 수 있다.

② 제1항에 따라 성능인증을 받은 자는 그 소방용품에 대하여 소방청장의 제품검사를 받아야 한다.

③ 제1항에 따른 성능인증의 대상 · 신청 · 방법 및 성능인증서 발급에 관한 사항과 제2항에 따른 제품검사의 구분 · 대상 · 절차 · 방법 · 합격표시 및 수수료 등에 관한 사항은 행정안전부령으로 정한다.

④ 제1항에 따른 성능인증 및 제2항에 따른 제품검사의 기술기준 등에 관한 사항은 소방청장이 정하여 고시한다.

⑤ 제2항에 따른 제품검사에 합격하지 아니한 소방용품에는 성능인증을 받았다는 표시를 하거나 제품검사에 합격하였다는 표시를 하여서는 아니 되며,

➡ 1년 이하의 징역 또는 1천만 원 이하의 벌금

제품검사를 받지 아니하거나 합격표시를 하지 아니한 소방용품을 판매 또는 판매 목적으로 진열하거나 소방시설공사에 사용하여서는 아니 된다.

➡ 3년 이하의 징역 또는 3천만 원 이하의 벌금

⑥ 하나의 소방용품에 성능인증 사항이 두 가지 이상 결합된 경우에는 해당 성능인증 시험을 모두 실시하고 하나의 성능인증을 할 수 있다.

⑦ 제6항에 따른 성능인증의 방법 및 절차 등에 관하여는 행정안전부령으로 정한다.

✔ TIP 행정규칙 : 가스계소화설비 설계프로그램의 성능인증 및 제품검사의 기술기준 참고

제39조의2(성능인증의 변경)

① 제39조제1항 및 제6항에 따른 성능인증을 받은 자가 해당 소방용품에 대하여 형상등의 일부를 변경하려면 소방청장의 변경인증을 받아야 한다.

➡ 성능인증의 변경인증을 받지 아니한 자 1년 이하의 징역 또는 1천만 원 이하의 벌금

② 제1항에 따른 변경인증의 대상 · 구분 · 방법 및 절차 등에 필요한 사항은 행정안전부령으로 정한다.

제39조의3(성능인증의 취소 등)

① 소방청장은 소방용품의 성능인증을 받았거나 제품검사를 받은 자가 다음 각 호의 어느 하나에 해당되는 때에는 행정안전부령으로 정하는 바에 따라 해당 소방용품의 성능인증을 취소하거나 6개월 이내의 기간을 정하여 해당 소방용품의 제품검사 중지를 명할 수 있다. 다만, 제1호 · 제2호 또는 제5호에 해당하는 경우에는 해당 소방용품의 성능인증을 취소하여야 한다.

1. 거짓이나 그 밖의 부정한 방법으로 제39조제1항 및 제6항에 따른 성능인증을 받은 경우
2. 거짓이나 그 밖의 부정한 방법으로 제39조제2항에 따른 제품검사를 받은 경우
3. 제품검사 시 제39조제4항에 따른 기술기준에 미달되는 경우
4. 제39조제5항을 위반한 경우
5. 제39조의2에 따라 변경인증을 받지 아니하고 해당 소방용품에 대하여 형상 등의 일부를 변경하거나 거짓이나 그 밖의 부정한 방법으로 변경인증을 받은 경우

② 제1항에 따라 소방용품의 성능인증이 취소된 자는 그 취소된 날부터 2년 이내에 성능인증이 취소된 소방용품과 동일한 품목에 대하여는 성능인증을 받을 수 없다.

제40조(우수품질 제품에 대한 인증)

① 소방청장은 제36조에 따른 형식승인의 대상이 되는 소방용품 중 품질이 우수하다고 인정하는 소방용품에 대하여 인증(이하 "우수품질인증"이라 한다)을 할 수 있다.

➡ 1년 이하의 징역 또는 1천만 원 이하의 벌금

② 우수품질인증을 받으려는 자는 행정안전부령으로 정하는 바에 따라 소방청장에게 신청하여야 한다.

③ 우수품질인증을 받은 소방용품에는 우수품질인증 표시를 할 수 있다.

④ 우수품질인증의 유효기간은 5년의 범위에서 행정안전부령으로 정한다.

⑤ 소방청장은 다음 각 호의 어느 하나에 해당하는 경우에는 우수품질인증을 취소할 수 있다. 다만, 제1호에 해당하는 경우에는 우수품질인증을 취소하여야 한다.

1. 거짓이나 그 밖의 부정한 방법으로 우수품질인증을 받은 경우
2. 우수품질인증을 받은 제품이 「발명진흥법」 제2조제4호에 따른 산업재산권 등 타인의 권리를 침해하였다고 판단되는 경우

⑥ 제1항부터 제5항까지에서 규정한 사항 외에 우수품질인증을 위한 기술기준, 제품의 품질관리 평가, 우수품질인증의 갱신, 수수료, 인증표시 등 우수품질인증에 관하여 필요한 사항은 행정안전부령으로 정한다.

제40조의2(우수품질인증 소방용품에 대한 지원 등)

다음 각 호의 어느 하나에 해당하는 기관 및 단체는 건축물의 신축 · 증축 및 개축 등으로 소방용품을 변경 또는 신규 비치하여야 하는 경우 우수품질인증 소방용품을 우선 구매 · 사용하도록 노력하여야 한다.

1. 중앙행정기관
2. 지방자치단체
3. 「공공기관의 운영에 관한 법률」 제4조에 따른 공공기관
4. 그 밖에 대통령령으로 정하는 기관

소방시설법 시행령 살펴보기

제37조의2(우수품질인증 소방용품 우선 구매 · 사용 기관)

법 제40조의2제4호에서 "대통령령으로 정하는 기관"이란 다음 각 호의 어느 하나에 해당하는 기관을 말한다.

1. 「지방공기업법」 제49조에 따라 설립된 지방공사 및 같은 법 제76조에 따라 설립된 지방공단
2. 「지방자치단체 출자 · 출연 기관의 운영에 관한 법률」 제2조에 따른 출자 · 출연기관

제40조의3(소방용품의 수집검사 등)

① 소방청장은 소방용품의 품질관리를 위하여 필요하다고 인정할 때에는 유통 중인 소방용품을 수집하여 검사할 수 있다.

② 소방청장은 제1항에 따른 수집검사 결과 행정안전부령으로 정하는 중대한 결함이 있다고 인정되는 소방용품에 대하여는 그 제조자 및 수입자에게 행정안전부령으로 정하는 바에 따라 회수·교환·폐기 또는 판매중지를 명하고, 형식승인 또는 성능인증을 취소할 수 있다.

➡ 3년 이하의 징역 또는 3천만 원 이하의 벌금

③ 소방청장은 제2항에 따라 회수·교환·폐기 또는 판매중지를 명하거나 형식승인 또는 성능인증을 취소한 때에는 행정안전부령으로 정하는 바에 따라 그 사실을 소방청 홈페이지 등에 공표할 수 있다.

제7장 보칙

제41조(소방안전관리자 등에 대한 교육)

① 다음 각 호의 어느 하나에 해당하는 자는 화재 예방 및 안전관리의 효율화, 새로운 기술의 보급과 안전의식의 향상을 위하여 행정안전부령으로 정하는 바에 따라 소방청장이 실시하는 강습 또는 실무 교육을 받아야 한다.

1. 제20조제2항에 따라 선임된 소방안전관리자 및 소방안전관리보조자
   ➡ 100만 원 이하의 과태료
2. 제20조제3항에 따라 선임된 소방안전관리자 ➡ 100만 원 이하의 과태료
3. 소방안전관리자의 자격을 인정받으려는 자로서 대통령령으로 정하는 자

② 소방본부장이나 소방서장은 제1항제1호 또는 제2호에 따른 소방안전관리자나 소방안전관리 업무 대행자가 정하여진 교육을 받지 아니하면 교육을 받을 때까지 행정안전부령으로 정하는 바에 따라 그 소방안전관리자나 소방안전관리 업무 대행자에 대하여 제20조에 따른 소방안전관리 업무를 제한할 수 있다.

소방시설법 시행규칙 살펴보기

제29조(소방안전관리자에 대한 강습교육의 실시)

① 법 제41조제1항에 따른 소방안전관리자의 강습교육의 일정·횟수 등에 관하여 필요한 사항은

한국소방안전원의 장(이하 "안전원장"이라 한다)이 연간계획을 수립하여 실시하여야 한다.

② 안전원장은 법 제41조제1항의 규정에 의한 강습교육을 실시하고자 하는 때에는 강습교육실시 20일전까지 일시・장소 그 밖의 강습교육실시에 관하여 필요한 사항을 한국소방안전원의 인터넷 홈페이지 및 게시판에 공고하여야 한다.

③ 안전원장은 강습교육을 실시한 때에는 수료자에게 별지 제31호서식의 수료증을 교부하고 별지 제32호서식의 강습교육수료자 명부대장을 강습교육의 종류별로 작성・보관하여야 한다.

④ 제1항의 규정에 의하여 강습교육을 받는 자가 3시간 이상 결강한 때에는 수료증을 교부하지 아니한다.

제30조(강습교육 수강신청 등)

① 법 제41조제1항에 따른 강습교육을 받고자 하는 자는 강습교육의 종류별로 별지 제33호서식의 강습교육원서(전자문서로 된 원서를 포함한다)에 다음 각 호의 서류(전자문서를 포함한다)를 첨부하여 안전원장에게 제출하여야 한다.

1. 사진(가로 3.5센티미터×세로 4.5센티미터) 1매
2. 위험물안전관리자수첩 사본(위험물안전관리법령에 의하여 안전관리자 강습교육을 수료한 자에 한한다) 1부
3. 재직증명서(공공기관에 재직하는 자에 한한다)
4. 소방안전관리자 경력증명서(특급 또는 1급 소방안전관리대상물의 소방안전관리에 관한 강습교육을 받으려는 사람만 해당한다)

② 안전원장은 강습교육원서를 접수한 때에는 수강증을 교부하여야 한다.

제31조(강습교육의 강사)

강습교육을 담당할 강사는 과목별로 소방에 관한 학식과 경험이 풍부한 자 중에서 안전원장이 위촉한다.

제32조(강습교육의 과목, 시간 및 운영방법 등)

특급, 1급, 2급 및 3급 소방안전관리대상물의 소방안전관리에 관한 강습교육과 「공공기관의 소방안전관리에 관한 규정」 제5조제1항제2호 나목에 따른 공공기관 소방안전관리자에 대한 강습교육의 과목, 시간 및 운영방법 등은 별표 5와 같다.

제36조(소방안전관리자 및 소방안전관리보조자의 실무교육 등)

① 안전원장은 법 제41조제1항에 따른 소방안전관리자 및 소방안전관리보조자에 대한 실무교육의 교육대상, 교육일정 등 실무교육에 필요한 계획을 수립하여 매년 소방청장의 승인을 얻어 교육 실시 30일 전까지 교육대상자에게 통보하여야 한다.

② 소방안전관리자는 그 선임된 날부터 6개월 이내에 법 제41조제1항에 따른 실무교육을 받아야 하며, 그 후에는 2년마다(최초 실무교육을 받은 날을 기준일로 하여 매 2년이 되는 해의 기준일과 같은 날 전까지를 말한다) 1회 이상 실무교육을 받아야 한다. 다만, 소방안전관리 강습교육 또는 실무교육을 받은 후 1년 이내에 소방안전관리자로 선임된 사람은 해당 강습교육 또는 실무교육을 받은 날에 실무교육을 받은 것으로 본다.

③ 소방안전관리보조자는 그 선임된 날부터 6개월(영 제23조제5항제4호에 따라 소방안전관리보조자로 지정된 사람의 경우 3개월을 말한다) 이내에 법 제41조에 따른 실무교육을 받아야 하며, 그 후에는 2년마다(최초 실무교육을 받은 날을 기준일로 하여 매 2년이 되는 해의 기준일과 같은 날 전까지를 말한다) 1회 이상 실무교육을 받아야 한다. 다만, 소방안전관리자 강습교육 또는 실무교육이나 소방안전관리보조자 실무교육을 받은 후 1년 이내에 소방안전관리보조자로 선임된 사람은 해당 강습교육 또는 실무교육을 받은 날에 실무교육을 받은 것으로 본다.

④ 소방본부장 또는 소방서장은 제14조 및 제14조의2에 따라 소방안전관리자나 소방안전관리보조자의 선임신고를 받은 경우에는 신고일부터 1개월 이내에 별지 제42호서식에 따라 그 내용을 안전원장에게 통보하여야 한다.

제37조(실무교육의 과목 및 시간)

제36조제1항에 따른 실무교육의 과목 및 시간은 별표 5의2와 같다.

소방시설법 시행규칙 [별표 5의2]

소방안전관리자 및 소방안전관리보조자에 대한 실무교육의 과목 및 시간(제37조 관련)

1. 소방안전관리자에 대한 실무교육의 과목 및 시간

교육과목	시간
가. 소방 관계 법규 및 화재 사례 나. 소방시설의 구조원리 및 현장실습 다. 소방시설의 유지·관리요령 라. 소방계획서의 작성 및 운영 마. 자위소방대의 조직과 소방 훈련 바. 피난시설 및 방화시설의 유지·관리 사. 피난설비의 활용 및 인명 대피 요령 아. 소방 관련 질의회신 등	8시간 이내

비고 교육과목 중 이론 과목(가목의 소방관계법규, 아목의 소방 관련 질의회신 등)은 4시간 이내에서 사이버교육으로 실시할 수 있다.

2. 소방안전관리보조자에 대한 실무교육의 과목 및 시간

교육과목	시간
가. 소방 관계 법규 및 화재사례 나. 화재의 예방 · 대비 다. 소방시설 유지관리 실습 라. 초기대응체계 교육 및 훈련 실습 마. 화재발생 시 대응 실습 등	4시간

제38조(실무교육 수료 사항의 기재 및 실무교육 결과의 통보 등)

① 안전원장은 제36조제1항에 따른 실무교육을 수료한 사람의 소방안전관리자수첩 또는 기술자 격증에 실무교육 수료 사항을 기록하여 발급하고, 별지 제35호서식의 실무교육수료자명부를 작성하여 관리하여야 한다.

② 안전원장은 해당 연도의 실무교육이 끝난 날부터 30일 이내에 그 결과를 제36조제4항에 따른 통보를 한 소방본부장 또는 소방서장에게 알려야 한다.

③ 안전원장은 해당 연도의 실무교육 결과를 다음 연도 1월 31일까지 소방청장에게 보고 한다.

제39조(실무교육의 강사)

실무교육을 담당하는 강사는 과목별로 소방 또는 안전관리에 관한 학식과 경험이 풍부한 자 중에서 안전원장이 위촉한다.

제40조(소방안전관리자의 업무정지)

① 소방본부장 또는 소방서장은 소방안전관리자가 제36조제1항에 따른 실무교육을 받지 아니하면 법 제41조제2항에 따라 실무교육을 받을 때까지 그 업무의 정지 및 소방안전관리자수첩의 반납을 명할 수 있다.

② 소방본부장 또는 소방서장은 제1항에 따라 소방안전관리자 업무의 정지를 명하였을 때에는 그 사실을 시 · 도의 공보에 공고하고, 안전원장에게 통보하며, 소방안전관리자수첩에 적어 소방안전관리자에게 내주어야 한다.

소방시설법 시행령 살펴보기

제38조(소방안전관리자의 자격을 인정받으려는 사람)

법 제41조제1항제3호에서 "대통령령으로 정하는 자"란 특급 소방안전관리대상물, 1급 소방안전관리대상물, 2급 소방안전관리대상물, 3급 소방안전관리대상물 또는 「공공기관의 소방안전관리에 관한 규정」 제2조에 따른 공공기관의 소방안전관리자가 되려는 사람을 말한다.

제42조(제품검사 전문기관의 지정 등)

① 소방청장은 제36조제3항 및 제39조제2항에 따른 제품검사를 전문적·효율적으로 실시하기 위하여 다음 각 호의 요건을 모두 갖춘 기관을 제품검사 전문기관(이하 "전문기관"이라 한다)으로 지정할 수 있다. ➡ 3년 이하의 징역 또는 3천만 원 이하의 벌금

1. 다음 각 목의 어느 하나에 해당하는 기관일 것
   가. 「과학기술분야 정부출연연구기관 등의 설립·운영 및 육성에 관한 법률」 제8조에 따라 설립된 연구기관
   나. 「공공기관의 운영에 관한 법률」 제4조에 따라 지정된 공공기관
   다. 소방용품의 시험·검사 및 연구를 주된 업무로 하는 비영리 법인
2. 「국가표준기본법」 제23조에 따라 인정을 받은 시험·검사기관일 것
3. 행정안전부령으로 정하는 검사인력 및 검사설비를 갖추고 있을 것
4. 기관의 대표자가 제27조제1호부터 제3호까지의 어느 하나에 해당하지 아니할 것
5. 제43조에 따라 전문기관의 지정이 취소된 경우에는 지정이 취소된 날부터 2년이 경과하였을 것

② 전문기관 지정의 방법 및 절차 등에 관하여 필요한 사항은 행정안전부령으로 정한다.

③ 소방청장은 제1항에 따라 전문기관을 지정하는 경우에는 소방용품의 품질 향상, 제품검사의 기술개발 등에 드는 비용을 부담하게 하는 등 필요한 조건을 붙일 수 있다. 이 경우 그 조건은 공공의 이익을 증진하기 위하여 필요한 최소한도에 한정하여야 하며, 부당한 의무를 부과하여서는 아니 된다.

④ 전문기관은 행정안전부령으로 정하는 바에 따라 제품검사 실시 현황을 소방청장에게 보고하여야 한다.

⑤ 소방청장은 전문기관을 지정한 경우에는 행정안전부령으로 정하는 바에 따라 전문기관의 제품검사 업무에 대한 평가를 실시할 수 있으며, 제품검사를 받은 소방용품에 대하여 확인검사를 할 수 있다.

⑥ 소방청장은 제5항에 따라 전문기관에 대한 평가를 실시하거나 확인검사를 실시한 때에는 그 평가결과 또는 확인검사결과를 행정안전부령으로 정하는 바에 따라 공표할 수 있다.

⑦ 소방청장은 제5항에 따른 확인검사를 실시하는 때에는 행정안전부령으로 정하는 바에 따라 전문기관에 대하여 확인검사에 드는 비용을 부담하게 할 수 있다.

제43조(전문기관의 지정취소 등)

소방청장은 전문기관이 다음 각 호의 어느 하나에 해당할 때에는 그 지정을 취소하거나 6개월

이내의 기간을 정하여 그 업무의 정지를 명할 수 있다. 다만, 제1호에 해당할 때에는 그 지정을 취소하여야 한다.

1. 거짓이나 그 밖의 부정한 방법으로 지정을 받은 경우
2. 정당한 사유 없이 1년 이상 계속하여 제품검사 또는 실무교육 등 지정받은 업무를 수행하지 아니한 경우
3. 제42조제1항 각 호의 요건을 갖추지 못하거나 제42조제3항에 따른 조건을 위반한 때
4. 제46조제1항제7호에 따른 감독 결과 이 법이나 다른 법령을 위반하여 전문기관으로서의 업무를 수행하는 것이 부적당하다고 인정되는 경우

제44조(청문)

소방청장 또는 시 · 도지사는 다음 각 호의 어느 하나에 해당하는 처분을 하려면 청문을 하여야 한다.

1. 제28조에 따른 관리사 자격의 취소 및 정지
2. 제34조제1항에 따른 관리업의 등록취소 및 영업정지
3. 제38조에 따른 소방용품의 형식승인 취소 및 제품검사 중지

3의2. 제39조의3에 따른 성능인증의 취소

4. 제40조제5항에 따른 우수품질인증의 취소
5. 제43조에 따른 전문기관의 지정취소 및 업무정지

제45조(권한의 위임 · 위탁 등)

① 이 법에 따른 소방청장 또는 시 · 도지사의 권한은 그 일부를 대통령령으로 정하는 바에 따라 시 · 도지사, 소방본부장 또는 소방서장에게 위임할 수 있다.

② 소방청장은 다음 각 호의 업무를 「소방산업의 진흥에 관한 법률」 제14조에 따른 한국소방산업기술원(이하 "기술원"이라 한다)에 위탁할 수 있다. 이 경우 소방청장은 기술원에 소방시설 및 소방용품에 관한 기술개발 · 연구 등에 필요한 경비의 일부를 보조할 수 있다.

1. 제13조에 따른 방염성능검사 중 대통령령으로 정하는 검사
2. 제36조제1항 · 제2항 및 제8항부터 제10항까지에 따른 소방용품의 형식승인
3. 제37조에 따른 형식승인의 변경승인

3의2. 제38조제1항에 따른 형식승인의 취소

4. 제39조제1항 · 제6항에 따른 성능인증 및 제39조의3에 따른 성능인증의 취소
5. 제39조의2에 따른 성능인증의 변경인증

6. 제40조에 따른 우수품질인증 및 그 취소

③ 소방청장은 제41조에 따른 소방안전관리자 등에 대한 교육 업무를 「소방기본법」 제40조에 따른 한국소방안전원(이하 "안전원"이라 한다)에 위탁할 수 있다.

④ 소방청장은 제36조제3항 및 제39조제2항에 따른 제품검사 업무를 기술원 또는 전문기관에 위탁할 수 있다.

⑤ 제2항부터 제4항까지의 규정에 따라 위탁받은 업무를 수행하는 안전원, 기술원 및 전문기관이 갖추어야 하는 시설기준 등에 관하여 필요한 사항은 행정안전부령으로 정한다.

⑥ 소방청장은 다음 각 호의 업무를 대통령령으로 정하는 바에 따라 소방기술과 관련된 법인 또는 단체에 위탁할 수 있다.

1. 제26조제4항 및 제5항에 따른 소방시설관리사증의 발급 · 재발급에 관한 업무
2. 제33조의2제1항에 따른 점검능력 평가 및 공시에 관한 업무
3. 제33조의2제4항에 따른 데이터베이스 구축에 관한 업무

⑦ 소방청장은 제9조의4제3항에 따른 건축 환경 및 화재위험특성 변화 추세 연구에 관한 업무를 대통령령이 정하는 바에 따라 화재안전 관련 전문 연구기관에 위탁할 수 있다. 이 경우 소방청장은 연구에 필요한 경비를 지원할 수 있다.

⑧ 제6항 및 제7항에 따라 위탁받은 업무에 종사하고 있거나 종사하였던 사람은 업무를 수행하면서 알게 된 비밀을 이 법에서 정한 목적 외의 용도로 사용하거나 다른 사람 또는 기관에 제공하거나 누설하여서는 아니 된다. ➡ 300만 원 이하의 벌금

소방시설법 시행령 살펴보기

제39조(권한의 위임 · 위탁 등)

① 삭제 〈2020. 9. 8.〉

② 법 제45조제2항에 따라 소방청장은 다음 각 호의 업무를 기술원에 위탁한다.

1. 법 제13조에 따른 방염성능검사 업무(합판 · 목재를 설치하는 현장에서 방염처리한 경우의 방염성능검사는 제외한다)
2. 법 제36조제1항 · 제2항 및 제8항부터 제10항까지의 규정에 따른 형식승인(시험시설의 심사를 포함한다)
3. 법 제37조에 따른 형식승인의 변경승인
4. 법 제38조제1항에 따른 형식승인의 취소(법 제44조제3호에 따른 청문을 포함한다)
5. 법 제39조제1항 및 제6항에 따른 성능인증
6. 법 제39조의2에 따른 성능인증의 변경인증

7. 법 제39조의3에 따른 성능인증의 취소(법 제44조제3호의2에 따른 청문을 포함한다)
8. 법 제40조에 따른 우수품질인증 및 그 취소(법 제44조제4호에 따른 청문을 포함한다)

③ 법 제45조제3항에 따라 소방청장은 법 제41조에 따른 소방안전관리에 대한 교육 업무를 「소방기본법」 제40조에 따른 한국소방안전원에 위탁한다.

④ 법 제45조제4항에 따라 소방청장은 법 제36조제3항 및 제39조제2항에 따른 제품검사 업무를 기술원 또는 법 제42조에 따른 전문기관에 위탁한다.

⑤ 소방청장은 법 제45조제6항에 따라 다음 각 호의 업무를 소방청장의 허가를 받아 설립한 소방기술과 관련된 법인 또는 단체 중에서 해당 업무를 처리하는 데 필요한 관련 인력과 장비를 갖춘 법인 또는 단체에 위탁한다. 이 경우 소방청장은 위탁받는 기관의 명칭 · 주소 · 대표자 및 위탁 업무의 내용을 고시하여야 한다.

1. 법 제26조제4항 및 제5항에 따른 소방시설관리사증의 발급 · 재발급에 관한 업무
2. 법 제33조의2제1항에 따른 점검능력 평가 및 공시에 관한 업무
3. 법 제33조의2제4항에 따른 데이터베이스 구축에 관한 업무

▸ 참고

제39조의2(고유식별정보의 처리)

소방청장(제39조에 따라 소방청장의 권한을 위임·위탁받은 자를 포함한다), 시·도지사, 소방본부장 또는 소방서장은 다음 각 호의 사무를 수행하기 위하여 불가피한 경우 「개인정보 보호법 시행령」 제19조제1호 또는 제4호에 따른 주민등록번호 또는 외국인등록번호가 포함된 자료를 처리할 수 있다.

1. 소방특별조사에 관한 사무(법 제4조 및 제4조의3)
2. 소방특별조사 결과에 따른 조치명령에 관한 사무(법 제5조)
3. 손실 보상에 관한 사무(법 제6조)
4. 건축허가등의 동의에 관한 사무(법 제7조)
5. 특정소방대상물에 설치하는 소방시설의 유지·관리 등에 관한 사무(법 제9조)
6. 피난시설, 방화구획 및 방화시설의 유지·관리에 관한 사무(법 제10조)
7. 소방대상물의 방염 등에 관한 사무(법 제12조)

8, 9, 10, 11 삭제

12. 소방안전관리자의 선임신고 등에 관한 사무(법 제20, 21, 24조)
13. 우수 소방대상물 관계인에 대한 포상 등에 관한 사무(법 제25조의2)
14. 소방시설관리사시험 및 소방시설관리사증 발급 등에 관한 사무(법 제26조)
15. 부정행위자에 대한 제재에 관한 사무(법 제26조의2)
16. 자격의 취소·정지에 관한 사무(법 제28조)
17. 소방시설관리업의 등록 등에 관한 사무(법 제29조)
18. 등록사항의 변경신고에 관한 사무(법 제31조)

19. 소방시설관리업자의 지위승계에 관한 사무(법 제32조)
20. 점검능력 평가 및 공시 등에 관한 사무(법 제33조의2)
21. 등록의 취소와 영업정지 등에 관한 사무(법 제34조)
22. 과징금처분에 관한 사무(법 제35조)
23. 형식승인의 취소 등에 관한 사무(법 제38조)
24. 소방안전관리자 등에 대한 교육에 관한 사무(법 제41조)
25. 제품검사 전문기관의 지정 등에 관한 사무(법 제42조)
26. 전문기관의 지정취소 등에 관한 사무(법 제43조)
27. 청문에 관한 사무(법 제44조)
28. 감독에 관한 사무(법 제46조)
29. 수수료 등 징수에 관한 사무(법 제47조)

제39조의3(규제의 재검토)

소방청장은 다음 각 호의 사항에 대하여 다음 각 호의 기준일을 기준으로 3년마다(매 3년이 되는 해의 기준일과 같은 날 전까지를 말한다) 그 타당성을 검토하여 개선 등의 조치를 해야 한다. 〈개정 2014. 7. 7., 2014. 11. 19., 2015. 1. 6., 2015. 6. 30., 2017. 1. 26., 2017. 7. 26., 2021. 3. 2.〉

1. 제12조에 따른 건축허가등의 동의대상물의 범위 등: 2015년 1월 1일

1의2. 제15조 및 별표 5에 따른 특정소방대상물의 규모・용도 및 수용인원 등을 고려하여 갖추어야 하는 소방시설: 2014년 1월 1일

2. 제15조의2에 따른 내진설계기준을 맞추어야 하는 소방시설: 2014년 1월 1일

2의2. 제15조의5 및 별표 5의2에 따른 임시소방시설의 종류 및 설치기준 등: 2015년 1월 1일

2의3. 제15조의6에 따른 강화된 소방시설기준의 적용대상: 2015년 1월 1일

2의4. 제17조에 따른 특정소방대상물의 증축 또는 용도변경 시의 소방시설기준 적용의 특례: 2015년 1월 1일

3. 제19조에 따른 방염성능기준 이상의 실내장식물 등을 설치하여야 하는 특정소방대상물: 2014년 1월 1일

4. 제20조에 따른 방염대상물품 및 방염성능기준: 2014년 1월 1일

5. 삭제

5의2. 제22조에 따른 소방안전관리자를 두어야 하는 특정소방대상물 등: 2015년 1월 1일

5의3. 제22조의2에 따른 소방안전관리보조자를 두어야 하는 특정소방대상물 등: 2015년 1월 1일

5의4. 제23조에 따른 소방안전관리자 및 소방안전관리보조자의 선임대상자: 2015년 1월 1일

5의5. 제23조의2에 따른 소방안전관리 업무의 대행: 2015년 1월 1일

6. 7. 8. 9. 삭제

※ 제39조의3(규제의 재검토)는 공포한 날부터 시행한다. [시행일: 2021.3.2.]

소방시설법 시행규칙 살펴보기

제18조(소방시설등 자체점검의 구분 및 대상)

① 법 제25조제3항에 따른 소방시설등의 자체점검의 구분 · 대상 · 점검자의 자격 · 점검방법 및 점검횟수는 별표 1과 같고, 소방시설관리업자 또는 소방안전관리자로 선임된 소방시설관리사 및 소방기술사가 점검하는 경우 점검인력의 배치기준은 별표 2와 같다.

② 법 제25조제3항에 따른 소방시설별 점검 장비는 별표 2의2와 같다.

③ 소방시설관리업자는 법 제25조제1항에 따라 점검을 실시한 경우 점검이 끝난 날부터 10일 이내에 별표 2에 따른 점검인력 배치 상황을 포함한 소방시설등에 대한 자체점검실적(별표 1 제4호에 따른 외관점검은 제외한다)을 법 제45조제6항에 따라 소방시설관리업자에 대한 평가 등에 관한 업무를 위탁받은 법인 또는 단체(이하 "평가기관"이라 한다)에 통보하여야 한다.

④ 제1항의 규정에 의한 자체점검 구분에 따른 점검사항 · 소방시설등점검표 · 점검인원 및 세부점검방법 그 밖의 자체점검에 관하여 필요한 사항은 소방청장이 이를 정하여 고시한다.

제41조(한국소방안전원이 갖추어야 하는 시설기준 등)

법 제45조제5항에 따라서 위탁받은 업무를 수행하는 한국소방안전원이 갖추어야 하는 시설기준은 별표 6과 같다.

소방시설법 시행규칙 [별표 6]

한국소방안전원이 갖추어야 하는 시설기준(제41조관련)

1. 사무실 : 바닥면적 60제곱미터 이상일 것
2. 강의실 : 바닥면적 100제곱미터 이상이고 책상 · 의자, 음향시설, 컴퓨터 및 빔프로젝터 등 교육에 필요한 비품을 갖출 것
3. 실습실 : 바닥면적 100제곱미터 이상이고, 교육과정별 실습 · 평가를 위한 교육기자재 등을 갖출 것
4. 교육용기자재 등

교육 대상	교육용기자재 등	수량
공 통 (특급 · 1급 · 2급 · 3급 소방안전관리자, 소방안전관리보조자)	1. 소화기(분말, 이산화탄소, 할로겐화합물 및 불활성기체)	각 1개
	2. 소화기 실습 · 평가설비	1식
	3. 자동화재탐지설비(P형) 실습 · 평가설비	3식
	4. 응급처치 실습 · 평가장비(마네킹, 심장충격기)	각 1개
	5. 피난설비(유도등, 완강기)	각 1식
	6. 별표 2의2에 따른 소방시설별 점검 장비	각 1개
	7. 사이버교육을 위한 전산장비 및 콘텐츠	1식

<table>
<tr><th>교육 대상</th><th>교육용기자재 등</th><th>수량</th></tr>
<tr><td>특급 소방안전관리자</td><td>1. 옥내소화전설비 실습・평가설비
2. 스프링클러설비 실습・평가설비
3. 가스계소화설비 실습・평가설비
4. 자동화재탐지설비(R형) 실습・평가설비
5. 제연설비 실습・평가설비</td><td>1식
1식
1식
1식
1식</td></tr>
<tr><td>1급 소방안전관리자</td><td>1. 옥내소화전설비 실습・평가설비
2. 스프링클러설비 실습・평가설비
3. 자동화재탐지설비(R형) 실습・평가설비</td><td>1식
1식
1식</td></tr>
<tr><td>2급 소방안전관리자, 「공공기관의 소방안전관리에 관한 규정」 제2조에 따른 공공기관의 소방안전관리자</td><td>1. 옥내소화전설비 실습・평가설비
2. 스프링클러설비 실습・평가설비</td><td>1식
1식</td></tr>
</table>

제45조의2(벌칙 적용 시의 공무원 의제)

제4조제3항에 따른 소방특별조사위원회의 위원 중 공무원이 아닌 사람, 제4조의2제1항에 따라 소방특별조사에 참여하는 전문가, 제45조제2항부터 제6항까지의 규정에 따라 위탁받은 업무를 수행하는 안전원・기술원 및 전문기관, 법인 또는 단체의 담당 임직원은 「형법」 제129조부터 제132조까지의 규정을 적용할 때에는 공무원으로 본다.

제46조(감독)

① 소방청장, 시・도지사, 소방본부장 또는 소방서장은 다음 각 호의 어느 하나에 해당하는 자, 사업체 또는 소방대상물 등의 감독을 위하여 필요하면 관계인에게 필요한 보고 또는 자료제출을 명할 수 있으며, 관계 공무원으로 하여금 소방대상물・사업소・사무소 또는 사업장에 출입하여 관계 서류・시설 및 제품 등을 검사하거나 관계인에게 질문하게 할 수 있다.

1. 제29조제1항에 따른 관리업자
2. 제25조에 따라 관리업자가 점검한 특정소방대상물
3. 제26조에 따른 관리사
4. 제36조제1항부터 제3항까지 및 제10항의 규정에 따른 소방용품의 형식승인, 제품검사 및 시험시설의 심사를 받은 자
5. 제37조제1항에 따라 변경승인을 받은 자
6. 제39조제1항, 제2항 및 제6항에 따라 성능인증 및 제품검사를 받은 자

7. 제42조제1항에 따라 지정을 받은 전문기관
8. 소방용품을 판매하는 자

* 명령을 위반하여 보고 또는 자료제출을 하지 아니하거나 거짓으로 보고 또는 자료제출을 한 자 또는 정당한 사유 없이 관계 공무원의 출입 또는 조사 · 검사를 거부 · 방해 또는 기피한 자

➡ **200만 원 이하의 과태료**

② 제1항에 따라 출입 · 검사 업무를 수행하는 관계 공무원은 그 권한을 표시하는 증표를 지니고 이를 관계인에게 내보여야 한다.

③ 제1항에 따라 출입 · 검사 업무를 수행하는 관계 공무원은 관계인의 정당한 업무를 방해하거나 출입 · 검사 업무를 수행하면서 알게 된 비밀을 다른 사람에게 누설하여서는 아니 된다.

➡ 1년 이하의 징역 또는 1천만 원 이하의 벌금

제47조(수수료 등)

다음 각 호의 어느 하나에 해당하는 자는 행정안전부령으로 정하는 수수료 또는 교육비를 내야 한다.

1. 제13조에 따른 방염성능검사를 받으려는 자
2. ~ 4. 삭제
5. 제26조제1항에 따른 관리사시험에 응시하려는 사람

5의2. 제26조제4항 및 제5항에 따라 소방시설관리사증을 발급받거나 재발급받으려는 자

6. 제29조제1항에 따른 관리업의 등록을 하려는 자
7. 제29조제3항에 따라 관리업의 등록증이나 등록수첩을 재발급받으려는 자
8. 제32조제3항에 따라 관리업자의 지위승계를 신고하는 자
9. 제36조제1항 및 제10항에 따라 소방용품의 형식승인을 받으려는 자
10. 제36조제2항에 따라 시험시설의 심사를 받으려는 자
11. 제36조제3항에 따라 형식승인을 받은 소방용품의 제품검사를 받으려는 자
12. 제37조제1항에 따라 형식승인의 변경승인을 받으려는 자
13. 제39조제1항 및 제6항에 따라 소방용품의 성능인증을 받으려는 자
14. 제39조제2항에 따라 성능인증을 받은 소방용품의 제품검사를 받으려는 자
15. 제39조의2제1항에 따른 성능인증의 변경인증을 받으려는 자
16. 제40조제1항에 따른 우수품질인증을 받으려는 자

17. 제41조에 따라 강습교육이나 실무교육을 받으려는 자
18. 제42조에 따라 전문기관으로 지정을 받으려는 자

소방시설법 시행규칙 살펴보기

제43조(수수료 및 교육비)

① 법 제47조에 따른 수수료 또는 교육비는 별표 7과 같다.

② 별표 7의 수수료 또는 교육비를 반환하는 경우에는 다음 각 호의 구분에 따라 반환하여야 한다.

1. 수수료 또는 교육비를 과오납한 경우: 그 과오납한 금액의 전부
2. 시험시행기관 또는 교육실시기관의 귀책사유로 시험에 응시하지 못하거나 교육을 받지 못한 경우: 납입한 수수료 또는 교육비의 전부
3. 원서접수기간 또는 교육신청기간 내에 접수를 철회한 경우: 납입한 수수료 또는 교육비의 전부
4. 시험시행일 또는 교육실시일 20일 전까지 접수를 취소하는 경우: 납입한 수수료 또는 교육비의 전부
5. 시험시행일 또는 교육실시일 10일 전까지 접수를 취소하는 경우: 납입한 수수료 또는 교육비의 100분의 50

③ 법 제47조에 따라 수수료 또는 교육비를 납부하는 경우에는 정보통신망을 이용하여 전자화폐·전자결제 등의 방법으로 할 수 있다.

소방시설법 시행규칙 [별표 7]

수수료 및 교육비(제43조 관련)

1. 수수료

납 부 대 상 자	납부금액
가. 법 제26조제1항에 따라 소방시설관리사시험에 응시하려는 자	1차 시험: 1만8천원 2차 시험: 2만원
나. 법 제29조제3항에 따라 소방시설관리업의 등록을 하고자 하는 자	4만원
다. 법 제29조제3항에 따라 소방시설관리업의 등록증 또는 등록수첩을 재발급 받으려는 자	1만원
라. 법 제32조제3항에 따라 소방시설관리업의 지위승계를 신고하는 자	2만원
마. 소방안전관리자수첩을 발급 또는 재발급 받으려는 자	1만원
바. 소방시설관리사증을 발급받으려는 자	2만원
사. 소방시설관리사증을 재발급 받으려는 자	1만원

※ 납부방법

1. 가목 및 마목부터 사목까지의 수수료는 계좌입금의 방식 또는 현금으로 납부하거나 신용카드로 결제하여야 한다. 다만, 정보통신망을 이용하여 전자화폐 · 전자결제 등의 방법으로 결제할 수 있다.
2. 나목부터 라목까지의 수수료는 해당 지방자치단체의 수입증지로 납부하여야 한다.

2. 교육비

납부 대상자	납부 금액
가. 특급 소방안전관리대상물에 대한 소방안전관리 업무 강습교육을 받으려는 자	40만원
나. 1급 소방안전관리대상물에 대한 소방안전관리 업무 강습교육 및 공공기관 소방안전관리 강습교육을 받으려는 자	20만원
다. 2급 소방안전관리대상물에 대한 소방안전관리 업무 강습교육을 받으려는 자	16만원
라. 2급 소방안전관리대상물에 대한 소방안전관리 업무 강습교육을 받으려는 자 중 별표 5 제2호라목에 따라 일부 교육을 면제받은 자	12만원
마. 3급 소방안전관리대상물에 대한 소방안전관리 업무 강습교육을 받으려는 자	12만원
바. 소방안전관리자에 대한 실무교육을 받으려는 사람	5만5천원
사. 소방안전관리보조자에 대한 실무교육을 받으려는 사람	3만원
아. 「위험물안전관리법」 제28조제1항에 따라 위험물안전관리 강습교육을 받은 자로서 법 제41조제1항에 따라 2급 소방안전관리 업무 강습교육을 받으려는 자	12만원

※ 납부방법

- 교육비는 계좌입금의 방식 또는 현금으로 납부하거나 신용카드로 결제하여야 한다. 다만, 정보통신망을 이용하여 납부하거나 결제하는 경우 전자화폐 · 전자결제 등의 방법으로 납부하거나 결제할 수 있다.

제47조의2(조치명령 등의 기간연장)

① 다음 각 호에 따른 조치명령 · 선임명령 또는 이행명령(이하 "조치명령 등"이라 한다)을 받은 관계인 등은 천재지변이나 그 밖에 대통령령으로 정하는 사유로 조치명령 등을 그 기간 내에 이행할 수 없는 경우에는 조치명령 등을 명령한 소방청장, 소방본부장 또는 소방서장에게 대통령령으로 정하는 바에 따라 조치명령 등을 연기하여 줄 것을 신청할 수 있다.

1. 제5조제1항 및 제2항에 따른 소방대상물의 개수 · 이전 · 제거, 사용의 금지 또는 제한, 사용폐쇄, 공사의 정지 또는 중지, 그 밖의 필요한 조치명령
2. 제9조제2항에 따른 소방시설에 대한 조치명령

3. 제10조제2항에 따른 피난시설, 방화구획 및 방화시설에 대한 조치명령
4. 제12조제2항에 따른 방염성대상물품의 제거 또는 방염성능검사 조치명령
5. 제20조제12항에 따른 소방안전관리자 선임명령
6. 제20조제13항에 따른 소방안전관리업무 이행명령
7. 제36조제7항에 따른 형식승인을 받지 아니한 소방용품의 수거・폐기 또는 교체 등의 조치명령
8. 제40조의3제2항에 따른 중대한 결함이 있는 소방용품의 회수・교환・폐기 조치명령

② 제1항에 따라 연기신청을 받은 소방청장, 소방본부장 또는 소방서장은 연기신청 승인 여부를 결정하고 그 결과를 조치명령 등의 이행 기간 내에 관계인 등에게 알려주어야 한다.

소방시설법 시행령 살펴보기

제38조의2(조치명령 등의 연기)

① 법 제47조의2제1항 각 호 외의 부분에서 "그 밖에 대통령령으로 정하는 사유"란 다음 각 호의 어느 하나의 경우에 해당하는 사유를 말한다.

1. 태풍, 홍수 등 재난(「재난 및 안전관리 기본법」 제3조제1호에 해당하는 재난을 말한다)이 발생하여 법 제47조의2 각 호에 따른 조치명령·선임명령 또는 이행명령(이하 "조치명령 등"이라 한다)을 이행할 수 없는 경우
2. 관계인이 질병, 장기출장 등으로 조치명령 등을 이행할 수 없는 경우
3. 경매 또는 양도·양수 등의 사유로 소유권이 변동되어 조치명령기간에 시정이 불가능 한 경우
4. 시장·상가·복합건축물 등 다수의 관계인으로 구성되어 조치명령기간 내에 의견조정과 시정이 불가능하다고 인정할 만한 상당한 이유가 있는 경우

② 법 제47조의2제1항에 따라 조치명령 등의 연기를 신청하려는 관계인 등은 행정안전부령으로 정하는 연기신청서에 연기의 사유 및 기간 등을 적어 소방청장, 소방본부장 또는 소방서장에게 제출하여야 한다.

③ 제2항에 따른 연기신청 및 연기신청서의 처리절차에 관하여 필요한 사항은 행정안전부령으로 정한다.

소방시설법 시행규칙 살펴보기

제44조의2(조치명령 등의 연기 신청 등)

① 법 제47조의2제1항에 따른 조치명령·선임명령 또는 이행명령(이하 "조치명령 등"이라 한다)의 연기를 신청하려는 관계인 등은 영 제38조의2제2항에 따라 조치명령 등의 이행기간 만료 5일 전까지 별지 제43호서식에 따른 조치명령 등의 연기신청서에 조치명령 등을 이행할 수 없

음을 증명할 수 있는 서류를 첨부하여 소방청장, 소방본부장 또는 소방서장에게 제출하여야 한다.

② 제1항에 따른 신청서를 제출받은 소방청장, 소방본부장 또는 소방서장은 신청받은 날부터 3일 이내에 조치명령 등의 연기 여부를 결정하여 별지 제44호서식의 조치명령 등의 연기 통지서를 관계인 등에게 통지하여야 한다.

제47조의3(위반행위의 신고 및 신고포상금의 지급)

① 누구든지 소방본부장 또는 소방서장에게 다음 각 호의 어느 하나에 해당하는 행위를 한 자를 신고할 수 있다.

1. 제9조제1항을 위반하여 소방시설을 설치 또는 유지 · 관리한 자
2. 제9조제3항을 위반하여 폐쇄 · 차단 등의 행위를 한 자
3. 제10조제1항 각 호의 어느 하나에 해당하는 행위를 한 자

② 소방본부장 또는 소방서장은 제1항에 따른 신고를 받은 경우 신고 내용을 확인하여 이를 신속하게 처리하고, 그 처리결과를 행정안전부령으로 정하는 방법 및 절차에 따라 신고자에게 통지하여야 한다.

③ 소방본부장 또는 소방서장은 제1항에 따른 신고를 한 사람에게 예산의 범위에서 포상금을 지급할 수 있다.

④ 제3항에 따른 신고포상금의 지급대상, 지급기준, 지급절차 등에 필요한 사항은 특별시 · 광역시 · 특별자치시 · 도 또는 특별자치도의 조례로 정한다.

소방시설법 시행규칙 살펴보기

제44조의3(위반행위 신고 내용 처리결과의 통지 등)

① 소방본부장 또는 소방서장은 법 제47조의3제2항에 따라 위반행위의 신고 내용을 확인하여 이를 처리한 경우에는 처리한 날부터 10일 이내에 별지 제45호서식의 위반행위 신고 내용 처리결과 통지서를 신고자에게 통지해야 한다.

② 제1항에 따른 통지는 우편, 팩스, 정보통신망, 전자우편 또는 휴대전화 문자메시지 등의 방법으로 할 수 있다.

▸ 참고

제45조(규제의 재검토)

소방청장은 다음 각 호의 사항에 대하여 다음 각 호의 기준일을 기준으로 3년마다(매 3년이 되는

해의 기준일과 같은 날 전까지를 말한다) 그 타당성을 검토하여 개선 등의 조치를 하여야 한다.
1. 삭제 1의2. 삭제 1의3. 삭제
1의4. 제14조의3에 따른 자위소방대 및 초기대응체계의 구성·운영 및 교육: 2015년 1월 1일
1의5. 제15조에 따른 특정소방대상물의 근무자 및 거주자에 대한 소방훈련과 교육: 2015년 1월 1일
1의6. 제17조에 따른 소방시설등 자체점검 기술자격자의 범위: 2015년 1월 1일
2. 제18조 및 별표 1에 따른 소방시설등 자체점검의 구분 및 대상: 2015년 1월 1일
3. 제19조에 따른 점검결과보고서의 제출 대상, 제출 기한 및 보관 기준: 2015년 1월 1일
4. 삭제
5. 제25조에 따른 등록사항의 변경신고 등: 2015년 1월 1일
6. 삭제
7. 제36조, 제37조 및 별표 5의2에 따른 소방안전관리자 및 소방안전관리보조자의 실무교육 등: 2015년 1월 1일
8. 제44조 및 별표 8에 따른 행정처분기준: 2015년 1월 1일

제8장 벌칙(제48조부터 제51조까지의 어느 하나에 해당하는 위반행위 시 양벌규정)

제48조(벌칙)

① 제9조제3항 본문을 위반하여 소방시설에 폐쇄·차단 등의 행위를 한 자는 5년 이하의 징역 또는 5천만 원 이하의 벌금에 처한다.

② 제1항의 죄를 범하여 사람을 상해에 이르게 한 때에는 7년 이하의 징역 또는 7천만 원 이하의 벌금에 처하며, 사망에 이르게 한 때에는 10년 이하의 징역 또는 1억 원 이하의 벌금에 처한다.

제48조의2(벌칙)

다음 각 호의 어느 하나에 해당하는 자는 3년 이하의 징역 또는 3천만 원 이하의 벌금에 처한다.
1. 제5조제1항·제2항, 제9조제2항, 제10조제2항, 제10조의2제3항, 제12조제2항, 제20조제12항, 제20조제13항, 제36조제7항 또는 제40조의3제2항에 따른 명령을 정당한 사유 없이 위반한 자
2. 제29조제1항을 위반하여 관리업의 등록을 하지 아니하고 영업을 한 자
3. 제36조제1항, 제2항 및 제10항을 위반하여 소방용품의 형식승인을 받지 아니하고 소방용품을 제조하거나 수입한 자

4. 제36조제3항을 위반하여 제품검사를 받지 아니한 자
5. 제36조제6항을 위반하여 같은 항 각 호의 어느 하나에 해당하는 소방용품을 판매 · 진열하거나 소방시설공사에 사용한 자
6. 제39조제5항을 위반하여 제품검사를 받지 아니하거나 합격표시를 하지 아니한 소방용품을 판매 · 진열하거나 소방시설공사에 사용한 자
7. 거짓이나 그 밖의 부정한 방법으로 제42조제1항에 따른 전문기관으로 지정을 받은 자

제49조(벌칙)

다음 각 호의 어느 하나에 해당하는 자는 1년 이하의 징역 또는 1천만 원 이하의 벌금에 처한다.

1. 제4조의4제2항 또는 제46조제3항을 위반하여 관계인의 정당한 업무를 방해한 자, 조사 · 검사 업무를 수행하면서 알게 된 비밀을 제공 또는 누설하거나 목적 외의 용도로 사용한 자
2. 제33조제1항을 위반하여 관리업의 등록증이나 등록수첩을 다른 자에게 빌려준 자
3. 제34조제1항에 따라 영업정지처분을 받고 그 영업정지기간 중에 관리업의 업무를 한 자
4. 제25조제1항을 위반하여 소방시설등에 대한 자체점검을 하지 아니하거나 관리업자 등으로 하여금 정기적으로 점검하게 하지 아니한 자
5. 제26조제6항을 위반하여 소방시설관리사증을 다른 자에게 빌려주거나 같은 조 제7항을 위반하여 동시에 둘 이상의 업체에 취업한 사람
6. 제36조제3항에 따른 제품검사에 합격하지 아니한 제품에 합격표시를 하거나 합격표시를 위조 또는 변조하여 사용한 자
7. 제37조제1항을 위반하여 형식승인의 변경승인을 받지 아니한 자
8. 제39조제5항을 위반하여 제품검사에 합격하지 아니한 소방용품에 성능인증을 받았다는 표시 또는 제품검사에 합격하였다는 표시를 하거나 성능인증을 받았다는 표시 또는 제품검사에 합격하였다는 표시를 위조 또는 변조하여 사용한 자
9. 제39조의2제1항을 위반하여 성능인증의 변경인증을 받지 아니한 자
10. 제40조제1항에 따른 우수품질인증을 받지 아니한 제품에 우수품질인증 표시를 하거나 우수품질인증 표시를 위조하거나 변조하여 사용한 자

제50조(벌칙)

다음 각 호의 어느 하나에 해당하는 자는 300만 원 이하의 벌금에 처한다.

1. 제4조제1항에 따른 소방특별조사를 정당한 사유 없이 거부 · 방해 또는 기피한 자

2. 삭제
3. 제13조를 위반하여 방염성능검사에 합격하지 아니한 물품에 합격표시를 하거나 합격표시를 위조하거나 변조하여 사용한 자
4. 제13조제2항을 위반하여 거짓 시료를 제출한 자
5. 제20조제2항을 위반하여 소방안전관리자 또는 소방안전관리보조자를 선임하지 아니한 자
5의2. 제21조를 위반하여 공동 소방안전관리자를 선임하지 아니한 자
6. 제20조제8항을 위반하여 소방시설·피난시설·방화시설 및 방화구획 등이 법령에 위반된 것을 발견하였음에도 필요한 조치를 할 것을 요구하지 아니한 소방안전관리자
7. 제20조제9항을 위반하여 소방안전관리자에게 불이익한 처우를 한 관계인
8. 제33조의3제1항을 위반하여 점검기록표를 거짓으로 작성하거나 해당 특정소방대상물에 부착하지 아니한 자
9. 삭제
9의2. 삭제
10. 삭제
11. 제45조제8항을 위반하여 업무를 수행하면서 알게 된 비밀을 이 법에서 정한 목적 외의 용도로 사용하거나 다른 사람 또는 기관에 제공하거나 누설한 사람

제51조 삭제

제52조(양벌규정)

법인의 대표자나 법인 또는 개인의 대리인, 사용인, 그 밖의 종업원이 그 법인 또는 개인의 업무에 관하여 제48조부터 제51조까지의 어느 하나에 해당하는 위반행위를 하면 그 행위자를 벌하는 외에 그 법인 또는 개인에게도 해당 조문의 벌금형을 과(科)한다. 다만, 법인 또는 개인이 그 위반행위를 방지하기 위하여 해당 업무에 관하여 상당한 주의와 감독을 게을리하지 아니한 경우에는 그러하지 아니하다.

제53조(과태료)

① 다음 각 호의 어느 하나에 해당하는 자에게는 300만 원 이하의 과태료를 부과한다.
1. 제9조제1항 전단의 화재안전기준을 위반하여 소방시설을 설치 또는 유지·관리한 자
2. 제10조제1항을 위반하여 피난시설, 방화구획 또는 방화시설의 폐쇄·훼손·변경 등의 행

위를 한 자

3. 제10조의2제1항을 위반하여 임시소방시설을 설치・유지・관리하지 아니한 자

② 다음 각 호의 어느 하나에 해당하는 자에게는 200만 원 이하의 과태료를 부과한다.

1. 제12조제1항을 위반한 자
2. 삭제 〈2016. 1. 27.〉
3. 제20조제4항, 제31조 또는 제32조제3항에 따른 신고를 하지 아니한 자 또는 거짓으로 신고한 자

3의2. 삭제 〈2014. 12. 30.〉

4. 삭제 〈2014. 12. 30.〉
5. 제20조제1항을 위반하여 소방안전관리 업무를 수행하지 아니한 자
6. 제20조제6항에 따른 소방안전관리 업무를 하지 아니한 특정소방대상물의 관계인 또는 소방안전관리대상물의 소방안전관리자
7. 제20조제7항을 위반하여 지도와 감독을 하지 아니한 자

7의2. 제21조의2제3항을 위반하여 피난유도 안내정보를 제공하지 아니한 자

8. 제22조제1항을 위반하여 소방훈련 및 교육을 하지 아니한 자
9. 제24조제1항을 위반하여 소방안전관리 업무를 하지 아니한 자
10. 제25조제2항을 위반하여 소방시설등의 점검결과를 보고하지 아니한 자 또는 거짓으로 보고한 자
11. 제33조제2항을 위반하여 지위승계, 행정처분 또는 휴업・폐업의 사실을 특정소방대상물의 관계인에게 알리지 아니하거나 거짓으로 알린 관리업자
12. 제33조제3항을 위반하여 기술인력의 참여 없이 자체점검을 한 자

12의2. 제33조의2제2항에 따른 서류를 거짓으로 제출한 자

13. 제46조제1항에 따른 명령을 위반하여 보고 또는 자료제출을 하지 아니하거나 거짓으로 보고 또는 자료제출을 한 자 또는 정당한 사유 없이 관계 공무원의 출입 또는 조사・검사를 거부・방해 또는 기피한 자

③ 제41조제1항제1호 또는 제2호를 위반하여 실무 교육을 받지 아니한 소방안전관리자 및 소방안전관리보조자에게는 100만 원 이하의 과태료를 부과한다.

④ 제1항부터 제3항까지에 따른 과태료는 대통령령으로 정하는 바에 따라 소방청장, 관할 시・도지사, 소방본부장 또는 소방서장이 부과・징수한다.

소방시설법 시행령 살펴보기

제40조(과태료의 부과기준)

법 제53조제1항부터 제3항까지의 규정에 따른 과태료의 부과기준은 별표 10과 같다.

소방시설법 시행령 [별표 10] 〈개정 2020. 11. 10.〉

과태료의 부과기준(제40조 관련)

1. 일반기준
   가. 과태료 부과권자는 다음의 어느 하나에 해당하는 경우에는 제2호의 개별기준에 따른 과태료 금액의 2분의 1까지 그 금액을 줄여 부과할 수 있다. 다만, 과태료를 체납하고 있는 위반행위자에 대해서는 그러하지 아니하다.
      1) 위반행위자가 「질서위반행위규제법 시행령」 제2조의2제1항 각 호의 어느 하나에 해당하는 경우
      2) 위반행위자가 처음 위반행위를 하는 경우로서 3년 이상 해당 업종을 모범적으로 영위한 사실이 인정되는 경우
      3) 위반행위자가 화재 등 재난으로 재산에 현저한 손실을 입거나 사업 여건의 악화로 그 사업이 중대한 위기에 처하는 등 사정이 있는 경우
      4) 위반행위가 사소한 부주의나 오류 등 과실로 인한 것으로 인정되는 경우
      5) 위반행위자가 같은 위반행위로 다른 법률에 따라 과태료·벌금·영업정지 등의 처분을 받은 경우
      6) 위반행위자가 위법행위로 인한 결과를 시정하거나 해소한 경우
      7) 그 밖에 위반행위의 정도, 위반행위의 동기와 그 결과 등을 고려하여 과태료를 줄일 필요가 있다고 인정되는 경우
   나. 위반행위의 횟수에 따른 과태료의 가중된 부과기준은 최근 1년간 같은 위반행위로 과태료 부과처분을 받은 경우에 적용한다. 이 경우 기간의 계산은 위반행위에 대하여 과태료 부과처분을 받은 날과 그 처분 후 다시 같은 위반행위를 하여 적발된 날을 기준으로 한다.
   다. 나목에 따라 가중된 부과처분을 하는 경우 가중처분의 적용 차수는 그 위반행위 전 부과처분 차수(나목에 따른 기간 내에 과태료 부과처분이 둘 이상 있었던 경우에는 높은 차수를 말한다)의 다음 차수로 한다.

2. 개별기준

위반행위	근거 법조문	과태료 금액 (단위: 만원)		
		1차 위반	2차 위반	3차 이상 위반
가. 법 제9조제1항 전단을 위반한 경우	법 제53조 제1항제1호			
1) 2) 및 3)의 규정을 제외하고 소방시설을 최근 1년 이내에 2회 이상 화재안전기준에 따라 관리·유지하지 않은 경우		100		
2) 소방시설을 다음에 해당하는 고장 상태 등으로 방치한 경우 가) 소화펌프를 고장 상태로 방치한 경우 나) 수신반, 동력(감시)제어반 또는 소방시설용 비상전원을 차단하거나, 고장난 상태로 방치하거나, 임의로 조작하여 자동으로 작동이 되지 않도록 한 경우 다) 소방시설이 작동하는 경우 소화배관을 통하여 소화수가 방수되지 않는 상태 또는 소화약제가 방출되지 않는 상태로 방치한 경우		200		
3) 소방시설을 설치하지 않은 경우		300		
나. 법 제10조제1항을 위반하여 피난시설, 방화구획 또는 방화시설을 폐쇄·훼손·변경하는 등의 행위를 한 경우	법 제53조 제1항제2호	100	200	300
다. 법 제10조의2제1항을 위반하여 임시소방시설을 설치 · 유지 · 관리하지 않은 경우	법 제53조 제1항제3호	300		
라. 법 제12조제1항을 위반한 경우	법 제53조 제2항제1호	200		
마. 법 제20조제4항·제31조 또는 제32조제3항에 따른 신고를 하지 않거나 거짓으로 신고한 경우	법 제53조 제2항제3호			
1) 지연신고기간이 1개월 미만인 경우		30		
2) 지연신고기간이 1개월 이상 3개월 미만인 경우		50		
3) 지연신고기간이 3개월 이상이거나 신고를 하지 않은 경우		100		
4) 거짓으로 신고한 경우		200		
바. 삭제 〈2015.6.30.〉				
사. 법 제20조제1항을 위반하여 소방안전관리 업무를 수행하지 않은 경우	법 제53조 제2항제5호	50	100	200

아. 특정소방대상물의 관계인 또는 소방안전관리대상물의 소방안전관리자가 법 제20조제6항에 따른 소방안전관리 업무를 하지 않은 경우	법 제53조 제2항제6호	50	100	200
자. 법 제20조제7항을 위반하여 소방안전관리대상물의 관계인이 소방안전관리자에 대한 지도와 감독을 하지 않은 경우	법 제53조 제2항제7호		200	
차. 법 제21조의2제3항을 위반하여 피난유도 안내정보를 제공하지 아니한 경우	법 제53조 제2항제7호의2	50	100	200
카. 법 제22조제1항을 위반하여 소방훈련 및 교육을 하지 않은 경우	법 제53조 제2항제8호	50	100	200
타. 법 제24조제1항을 위반하여 소방안전관리 업무를 하지 않은 경우	법 제53조 제2항제9호	50	100	200
파. 법 제25조제2항을 위반하여 소방시설 등의 점검결과를 보고하지 않거나 거짓으로 보고한 경우	법 제53조 제2항제10호			
1) 지연보고기간이 1개월 미만인 경우			30	
2) 지연보고기간이 1개월 이상 3개월 미만인 경우			50	
3) 지연보고기간이 3개월 이상 또는 보고하지 않은 경우			100	
4) 거짓으로 보고한 경우			200	
하. 관리업자가 법 제33조제2항을 위반하여 지위승계, 행정처분 또는 휴업·폐업의 사실을 특정소방대상물의 관계인에게 알리지 않거나 거짓으로 알린 경우	법 제53조 제2항제11호		200	
거. 관리업자가 법 제33조제3항을 위반하여 기술인력의 참여 없이 자체점검을 실시한 경우	법 제53조 제2항제12호		200	
너. 관리업자가 법 제33조의2제2항에 따른 서류를 거짓으로 제출한 경우	법 제53조 제2항제12호의2		200	
더. 소방안전관리자 및 소방안전관리보조자가 법 제41조제1항제1호 또는 제2호를 위반하여 실무 교육을 받지 않은 경우	법 제53조 제3항		50	
러. 법 제46조제1항에 따른 명령을 위반하여 보고 또는 자료제출을 하지 않거나 거짓으로 보고 또는 자료제출을 한 경우 또는 정당한 사유 없이 관계 공무원의 출입 또는 조사·검사를 거부·방해 또는 기피한 경우	법 제53조 제2항제13호	50	100	200

문/제/풀/이

1. 소화설비 · 경보설비 · 피난설비 · 소화용수설비 그 밖에 소화활동설비로 정의되는 용어는?

① 방재시설 ② 소방시설 ③ 재난시설 ④ 방화시설

정답 ②

2. 위락시설은 연면적 몇 제곱미터 이상일 경우 자동화재탐지설비를 설치하는가?

① 연면적 300제곱미터 ② 연면적 400제곱미터

③ 연면적 500제곱미터 ④ 연면적 600제곱미터

정답 ④

풀이 근린생활시설(목욕장은 제외한다), 의료시설, 숙박시설, 위락시설, 장례식장 및 복합건축물로서 연면적 600제곱미터 이상인 것

3. 특급 소방안전관리자의 선임대상자로 옳지 않은 것은?

① 소방기술사 또는 소방시설관리사의 자격이 있는 사람

② 소방설비기사의 자격을 가지고 5년 이상 1급 소방안선관리대상물의 소방안전관리지로 근무한 실무경력이 있는 사람

③ 소방설비산업기사의 자격을 가지고 7년 이상 1급 소방안전관리대상물의 소방안전관리자로 근무한 실무경력이 있는 사람

④ 소방공무원으로 10년 이상 근무한 경력이 있는 사람

정답 ④

풀이 소방공무원으로 20년 이상 근무한 경력이 있는 사람

4. 소방특별조사를 하려면 며칠 이전에 관계인에게 조사대상, 조사기간 및 조사사유 등을 서면으로 알려야 하는가?

① 1일 ② 3일 ③ 5일 ④ 7일

정답 ④

5. 다음 중 소방시설설치유지 및 안전관리에 관한 법률에서 특정소방대상물이라 함은?

① 방화시설을 설치하여야 하는 장소 ② 소방시설을 설치하여야 하는 장소

③ 건축허가 등의 대상이 되는 장소 ④ 소방검사를 실시할 장소

정답 ②

6. 다음 중 스프링클러설비를 설치해야 하는 특정소방대상물 중 지하가인 경우의 면적 기준은?

① 1천제곱미터 이상 ② 2천제곱미터 이상 ③ 3천제곱미터 이상 ④ 4천제곱미터 이상

정답 ①

풀이 지하가(터널은 제외한다)로서 연면적 1천제곱미터 이상인 것

7. 건축허가등의 동의대상물과 관련하여 항공기격납고의 경우 건축허가등의 동의를 받아야 하는 조건으로 옳은 것은?

① 바닥면적 1,000제곱미터 이상인 것

② 바닥면적 3,000제곱미터 이상인 것

③ 바닥면적 5,000제곱미터 이상인 것

④ 바닥면적에 관계없이 건축허가 동의 대상이다.

정답 ④

8. 특급 소방안전관리대상물로 옳은 것은?

① 30층 이상(지하층을 포함한다)이상인 특정소방대상물

② 지상으로부터 높이가 100미터 이상인 특정소방대상물

③ 연면적이 10만제곱미터 이상인 특정소방대상물

④ 연면적이 15만제곱미터 이상인 특정소방대상물

정답 ①

풀이 30층 이상(지하층을 포함한다)이거나 지상으로부터 높이가 120미터 이상인 특정소방대상물

9. 교육연구시설 내에 있는 합숙소로서 연면적이 몇 제곱미터 이상이면 간이스프링클러설비를 설치하는가?

① 50제곱미터 ② 100제곱미터 ③ 150제곱미터 ④ 200제곱미터

정답 ②

풀이 교육연구시설 내에 있는 합숙소로서 연면적 100제곱미터 이상인 것

10. 건축허가등의 동의대상물의 범위로 옳은 것은?

① 차고 · 주차장으로 사용되는 층 중 바닥면적이 200제곱미터 이상인 층이 있는 시설

② 지하층 또는 무창층이 있는 건축물로서 공연장의 경우에는 150제곱미터 이상인 층이 있는 것

③ 지하층 또는 무창층이 있는 건축물로서 바닥면적이 100제곱미터 이상인 층이 있는 것

④ 승강기 등 기계장치에 의한 주차시설로서 자동차 10대 이상을 주차할 수 있는 시설

정답 ①

11. 다음 중 특정소방대상물로 숙박시설에 해당되지 않는 것은?
① 오피스텔 ② 여인숙 ③ 모텔 ④ 가족호텔

정답 ①

12. 간이스프링클러설비를 설치해야 하는 특정소방대상물로 옳은 것은?
① 근린생활시설로 연면적 500제곱미터 이상인 것은 전층
② 교육연구시설 내에 있는 합숙소로서 연면적 50제곱미터 이상인 것
③ 정신의료기관시설로 바닥면적의 합계가 300제곱미터 이상 600제곱미터 미만인 시설
④ 노유자시설로 바닥면적의 합계가 200제곱미터 이상 500제곱미터 미만인 시설

정답 ③

13. 다음 중 1급 소방안전관리대상물로 옳은 것은?
① 연면적 1만5천 제곱미터 이상인 것
② 특정소방대상물로서 층수가 6층 이상인 것
③ 가연성가스를 500톤 이상 저장 · 취급하는 시설
④ 스프링클러설비를 설치하는 특정소방대상물

정답 ①

14. 다음 중 소방시설의 종류 중 피난설비가 아닌 것은?
① 통합감시시설 ② 구조대 ③ 방열복 ④ 피난유도등

정답 ①

15. 소방시설에 포함되지 않는 것은?
① 소화설비 ② 경보설비 ③ 방재설비 ④ 소화용수설비

정답 ③

16. 다음 중 1급 소방안전관리자로 선임할 수 없는 자는?
① 소방설비기사 자격을 가진 자
② 소방설비산업기사 자격을 가진 자
③ 소방공무원으로 5년 이상 근무한 경력이 있는 자
④ 산업안전산업기사 자격을 가진 자로서 2년 이상 2급 소방안전관리대상물의 소방안전관리자로 근무한 실무경력이 있는 사람

정답 ③

풀이 소방공무원으로 7년 이상 근무한 경력이 있는 사람

17. 소방시설관리업의 등록기준 중 인력기준에서 주된 기술인력으로 옳은 것은?

① 소방기술사 1인 이상
② 소방설비기사 1인 이상
③ 소방시설관리사 1인 이상
④ 소방공무원으로 3년 이상 근무한 1인 이상

정답 ③

18. 곧바로 지상으로 갈 수 있는 출입구가 있는 층은?

① 안전층 ② 피난층 ③ 소방층 ④ 방화층

정답 ②

19. 소방대상물에 대한 개수명령으로 인하여 손실을 받은 자는 누가 보상하여야 하는가?

① 행정안전부장관 ② 소방청장 ③ 소방본부장 또는 소방서장 ④ 시 · 도지사

정답 ④

20. 특정소방대상물로 관광 휴게시설에 해당하는 것은?

① 어린이회관 ② 박물관 ③ 미술관 ④ 박람회장

정답 ①

풀이 관광 휴게시설은 야외음악당, 야외극장, 어린이회관, 관망탑, 휴게소, 공원·유원지 또는 관광지에 부수되는 건축물임

21. 소방안전관리자를 선임해야 하는 자는 누구인가?

① 소방청장 ② 소방본부장 또는 소방서장 ③ 시 · 도지사 ④ 소방안전관리대상물의 관계인

정답 ④

22. 수동식소화기의 설치기준은?

① 연면적 22제곱미터 이상
② 바닥면적 22제곱미터 이상
③ 연면적 33제곱미터 이상
④ 바닥면적 33제곱미터 이상

정답 ③

23. 다음 중 소화활동설비에 해당하지 않는 것은?

① 제연설비 ② 연결송수관설비 ③ 스프링클러설비 ④ 비상콘센트설비

정답 ③

24. 다음 중 소방대상물에 대한 개수명령을 할 수 있는 자는?

① 소방청장 ② 행정안전부장관 ③ 소방대장 ④ 시 · 도지사

정답 ①

25. 교육연구시설 내에 있는 기숙사의 경우 단독경보형감지기를 설치하는 연면적은?

① 연면적 2천제곱미터 미만
② 연면적 3천제곱미터 미만
③ 연면적 4천제곱미터 미만
④ 연면적 5천제곱미터 미만

정답 ①

26. 다음 중 특정소방대상물로 위락시설에 해당되지 않는 것은?

① 유흥주점 ② 카지노영업소 ③ 공연장 ④ 무도장

정답 ③

27. 특정소방대상물의 경우 스프링클러설비의 설치기준은?

① 층수가 6층 이상 전층
② 층수가 11층 이상 전층
③ 층수가 16층 이상 전층
④ 층수가 21층 이상 전층

정답 ①

28. 소방시설관리사의 자격시험의 응시자격기준에 관한 설명으로 옳은 것은?

① 위험물기능사 자격을 취득한 후 2년 이상 소방실무경력이 있는 자
② 소방설비산업기사 자격을 취득한 후 2년 이상 소방실무경력이 있는 자
③ 소방설비기사 자격을 취득한 후 1년 이상 소방실무경력이 있는 자
④ 소방공무원으로 5년 이상 근무한 경력이 있는 자

정답 ④

29. 소방안전관리대상물에 근무하는 사람들이 화재가 발생한 경우 안전하게 피난할 수 있도록 피난계획을 수립하는 자?

① 시 · 도지사 ② 소방청장 ③ 소방본부장 또는 소방서장 ④ 관계인

정답 ④

30. 내진설계기준으로 설치하여야 하는 소방시설은?

① 자동화재탐지설비 ② 스프링클러설비 ③ 옥외소화전설비 ④ 연소방지설비

정답 ②

31. 무창층의 기준에 해당되는 것은?

① 개구부의 크기가 지름 30센티미터 이상의 원이 내접할 수 있을 것
② 해당 층의 바닥면으로부터 개구부 밑 부분까지의 높이가 1.0미터 이내일 것
③ 개구부의 면적의 합계가 당해 층의 바닥면적의 10분의 1 이하가 되는 층일 것
④ 개구부는 도로 또는 차량이 진입할 수 있는 빈터를 향할 것

정답 ④

32. 비상방송설비를 설치하여야 하는 특정소방대상물로 옳은 것은?

① 연면적 3천제곱미터 이상인 것
② 바닥면적이 3천5백제곱미터 이상인 것
③ 지하층을 제외한 층수가 6층 이상인 것
④ 지하층의 층수가 3개층 이상인 것

정답 ④

33. 다음 중 소방시설의 종류 중 경보설비가 아닌 것은?

① 누전경보기 ② 비상방송설비 ③ 연결살수설비 ④ 자동화재속보설비

정답 ③

34. 다음 중 소방용기계 · 기구의 형식승인을 얻지 아니하고 소방용기계 · 기구를 제조 또는 수입한 자에 대한 벌칙은?

① 5년 이하의 징역 또는 3천만 원 이하의 벌금
② 3년 이하의 징역 또는 1천500만 원 이하의 벌금
③ 1년 이하의 징역 또는 1천만 원 이하의 벌금
④ 300만 원 이하의 벌금

정답 ②

35. 단독주택에 설치하여야 하는 소방시설로 옳은 것은?

① 소화기 및 단독경보형감지기 ② 소화기 및 옥내소화전
③ 소화기 및 자동화재탐지설비 ④ 소화기 및 스프링클러설비

정답 ①

풀이 단독주택에 설치하여야 하는 소방시설은 소화기 및 단독경보형감지기를 말함

36. 건축물의 옥상에 설치된 차고 또는 주차장으로서 차고 또는 주차의 용도로 사용되는 부분은 면적이 얼마 이상일 때 옥내소화설비를 설치하는가?

① 100제곱미터 ② 150제곱미터 ③ 200제곱미터 ④ 250제곱미터

정답 ③

37. 소방대상물의 개수 · 이전 · 제거, 사용의 금지 또는 제한, 사용폐쇄, 공사의 정지 또는 중지, 그 밖의 필요한 조치를 명할 수 있는 사람으로 옳지 않은 것은?

① 행정안전부장관 ② 소방청장 ③ 소방본부장 ④ 소방서장

정답 ①

38. 관계인이 소방안전관리자를 선임한 경우에는 행정안전부령으로 정하는 바에 따라 선임한 날부터 몇 일 이내에 소방본부장이나 소방서장에게 신고하여야 하는가?

① 5일 ② 7일 ③ 14일 ④ 30일

정답 ③

39. 소방용품을 제조하거나 수입하려는 자는 누구의 형식승인을 받아야 하는가?

① 대통령 ② 행정안전부장관 ③ 소방청장 ④ 소방본부장 또는 소방서장

정답 ③

40. 분말형태의 소화약제를 사용하는 소화기의 내용연수는 몇 년인가?

① 3년 ② 5년 ③ 7년 ④ 10년

정답 ④

41. 다음 중 화재를 진압하거나 인명구조 활동을 위하여 사용하는 소화활동설비에 포함되지 않는 것은?

① 옥내소화전설비 ② 무선통신보조설비 ③ 연소방지설비 ④ 비상콘센트설비

정답 ①

42. 임시소방시설의 종류로 올바른 것은?

① 소화기, 간이소화장치, 비상경보장치, 간이피난유도선
② 소화기, 간이소화장치, 비상경보장치, 간이스프링클러설비
③ 소화기, 간이소화장치, 간이스프링클러설비
④ 소화기, 간이소화장치, 간이스프링클러설비, 간이피난유도선

정답 ①

풀이 소방시설법시행령 별표 5의2

1. 임시소방시설의 종류
   가. 소화기
   나. 간이소화장치: 물을 방사(放射)하여 화재를 진화할 수 있는 장치로서 소방청장이 정하는 성능을 갖추고 있을 것
   다. 비상경보장치: 화재가 발생한 경우 주변에 있는 작업자에게 화재사실을 알릴 수 있는 장치로서 소방청장이 정하는 성능을 갖추고 있을 것
   라. 간이피난유도선: 화재가 발생한 경우 피난구 방향을 안내할 수 있는 장치로서 소방청장이 정하는 성능을 갖추고 있을 것

43. 방염대상 물품이 맞는 것은?

① 창문에 설치하는 커튼류(블라인드 제외)
② 카펫, 두께가 2mm 미만인 벽지류(종이벽지 포함)
③ 전시용 합판 또는 섬유판, 무대용 합판 또는 섬유판
④ 암막 · 무대막(스크린 제외)

정답 ③

44. 「화재예방, 소방시설 설치 · 유지 및 안전관리에 관한 법률 시행령」상 밑줄 친 각 호에 해당되지 않는 것은?

소방본부장 또는 소방서장은 특정소방대상물이 증축되는 경우에는 기존 부분을 포함한 특정소방대상물의 전체에 대하여 증축 당시의 소방시설의 설치에 관한 대통령령 또는 화재안전기준을 적용하여야 한다. 다만, 다음 각 호의 어느 하나에 해당하는 경우에는 기존 부분에 대해서는 증축 당시의 소방시설의 설치에 관한 대통령령 또는 화재안전기준을 적용하지 아니한다.

① 기존 부분과 증축 부분이 내화구조(耐火構造)로 된 바닥과 벽으로 구획된 경우
② 기존 부분과 증축 부분이 「건축법 시행령」 제46조제1항제2호에 따른 갑종 방화문 또는 자동방화셔터로 구획되어 있는 경우
③ 자동차 생산공장 등 화재 위험이 낮은 특정소방대상물 내부에 연면적 33제곱미터 이하의 직원 휴게실을 증축하는 경우
④ 자동차 생산공장 등 화재 위험이 낮은 특정소방대상물에 캐노피(3면 이상에 벽이 없는 구조의 캐노피를 말한다)를 설치하는 경우

정답 ②

풀이 시행령 제17조(특정소방대상물의 증축 또는 용도변경 시의 소방시설기준 적용의 특례)

① 법 제11조제3항에 따라 소방본부장 또는 소방서장은 특정소방대상물이 증축되는 경우에는 기존 부분을 포함한 특정소방대상물의 전체에 대하여 증축 당시의 소방시설의 설치에 관한 대통령령 또는 화재안전기준을 적용해야 한다. 다만, 다음 각 호의 어느 하나에 해당하는 경우에는 기존 부분에 대해서는 증축 당시의 소방시설의 설치에 관한 대통령령 또는 화재안전기준을 적용하지 않는다. 〈개정 2013. 3. 23., 2014. 7. 7., 2020. 10. 8., 2021. 1. 5.〉

1. 기존 부분과 증축 부분이 내화구조(耐火構造)로 된 바닥과 벽으로 구획된 경우
2. 기존 부분과 증축 부분이 「건축법 시행령」 제46조제1항제2호에 따른 방화문 또는 자동방화셔터로 구획되어 있는 경우
3. 자동차 생산공장 등 화재 위험이 낮은 특정소방대상물 내부에 연면적 33제곱미터 이하의 직원 휴게실을 증축하는 경우
4. 자동차 생산공장 등 화재 위험이 낮은 특정소방대상물에 캐노피(기둥으로 받치거나 매달아 놓은 덮개를 말하며, 3면 이상에 벽이 없는 구조의 것을 말한다)를 설치하는 경우

45. 권한의 위임 · 위탁 등에 대한 다음 설명 중 가장 올바르지 않은 것은?

① 소방청장은 소방용품에 대한 수거 · 폐기 또는 교체 등의 명령에 대한 권한을 시 · 도지사에게 위임한다.

② 소방청장은 방염성능검사 업무(합판 · 목재를 설치하는 현장에서 방염처리한 경우의 방염성능검사는 제외한다)를 기술원에 위탁할 수 있다.

③ 소방청장은 소방안전관리자에 대한 교육업무를 한국소방안전원에 위탁할 수 있다.

④ 소방청장은 제품검사 업무를 기술원 또는 따른 전문기관에 위탁할 수 있다.

정답 ①

풀이 시행령 제39조(권한의 위임 · 위탁 등)

① 삭제 〈2020. 9. 8.〉

② 법 제45조제2항에 따라 소방청장은 다음 각 호의 업무를 기술원에 위탁한다.

1. 법 제13조에 따른 방염성능검사 업무(합판 · 목재를 설치하는 현장에서 방염처리한 경우의 방염성능검사는 제외한다)
2. 법 제36조제1항 · 제2항 및 제8항부터 제10항까지의 규정에 따른 형식승인(시험시설의 심사를 포함한다)
3. 법 제37조에 따른 형식승인의 변경승인
4. 법 제38조제1항에 따른 형식승인의 취소(법 제44조제3호에 따른 청문을 포함한다)
5. 법 제39조제1항 및 제6항에 따른 성능인증
6. 법 제39조의2에 따른 성능인증의 변경인증
7. 법 제39조의3에 따른 성능인증의 취소(법 제44조제3호의2에 따른 청문을 포함한다)
8. 법 제40조에 따른 우수품질인증 및 그 취소(법 제44조제4호에 따른 청문을 포함한다)

③ 법 제45조제3항에 따라 소방청장은 법 제41조에 따른 소방안전관리에 대한 교육 업무를 「소방기본법」 제40조에 따른 한국소방안전원에 위탁한다.

④ 법 제45조제4항에 따라 소방청장은 법 제36조제3항 및 제39조제2항에 따른 제품검사 업무를 기술원 또는 법 제42조에 따른 전문기관에 위탁한다.

⑤ 소방청장은 법 제45조제6항에 따라 다음 각 호의 업무를 소방청장의 허가를 받아 설립한 소방기술과 관련된 법인 또는 단체 중에서 해당 업무를 처리하는 데 필요한 관련 인력과 장비를 갖춘 법인 또는 단체에 위탁한다. 이 경우 소방청장은 위탁받는 기관의 명칭 · 주소 · 대표자 및 위탁 업무의 내용을 고시하여야 한다.

1. 법 제26조제4항 및 제5항에 따른 소방시설관리사증의 발급 · 재발급에 관한 업무
2. 법 제33조의2제1항에 따른 점검능력 평가 및 공시에 관한 업무
3. 법 제33조의2제4항에 따른 데이터베이스 구축에 관한 업무

46. 다음 중 소화설비에 해당되지 않은 것은?

① 소공간용 소화용구 ② 분말소화설비 ③ 연소방지설비 ④ 고체에어로졸자동소화장치

정답 ③

풀이 연소방지설비는 소화활동설비에 해당한다.(시행령 별표 1)

47. 「화재예방, 소방시설 설치 · 유지 및 안전관리에 관한 법률 시행령」상 특정소방대상물 중 지하구에 관한 설명이다. 올바른 것은?

① 전력 · 통신용의 전선이나 가스 · 냉난방용의 배관 또는 지하 인공구조물로서 사람이 점검 또는 보수를 하기 위하여 출입이 가능한 것 중 폭이 1.8미터 이상이고 높이가 2미터 이상이며 길이가 50미터 이상인 것

② 전력 또는 통신사업용인 것은 500m 이상 인 것

③ 전력 또는 통신사업용 지하 인공구조물로서 전력구(케이블 접속부가 없는 경우에는 제외한다) 또는 통신구 방식으로 설치된 것

④ 터널 및 공동구

정답 ③

풀이 [시행령 별표 2] 특정소방대상물

28. 지하구

가. 전력·통신용의 전선이나 가스·냉난방용의 배관 또는 이와 비슷한 것을 집합수용하기 위하여 설치한 지하 인공구조물로서 사람이 점검 또는 보수를 하기 위하여 출입이 가능한 것 중 다음의 어느 하나에 해당하는 것

1) 전력 또는 통신사업용 지하 인공구조물로서 전력구(케이블 접속부가 없는 경우에는 제외한다) 또는 통신구 방식으로 설치된 것

2) 1)외의 지하 인공구조물로서 폭이 1.8미터 이상이고 높이가 2미터 이상이며 길이가 50미터 이상인 것

나. 「국토의 계획 및 이용에 관한 법률」 제2조제9호에 따른 공동구

➡ 전력 · 통신용의 전선 등을 집합수용하기 위하여 설치하는 지하구의 화재안전관리를 강화하기 위하여 종전에는 소방시설을 설치해야 하는 특정소방대상물인 지하구에서 길이가 500미터 미만인 전력 또는 통신사업용 지하구를 제외하고 있던 것을, 앞으로는 전력 또는 통신사업용 지하구의 길이, 폭 및 높이에 관계없이 특정소방대상물인 지하구에 포함시켜 자동화재탐지설비, 통합감시시설 및 연소방지시설 등의 소방시설을 설치하도록 의무화하고, 지하구에 설치해야 하는 소방시설의 종류에 소화기구 및 유도 등을 추가하려는 것임.

48. 간이스프링클러설비를 설치하여야 하는 특정소방대상물로 옳지 않은 것은?

① 근린생활시설로 사용하는 부분의 바닥면적 합계가 1천㎡ 이상인 것은 모든 층

② 교육연구시설 내에 합숙소로서 연면적 100㎡ 이상인 것

③ 정신의료기관 또는 의료재활시설로 사용되는 바닥면적의 합계가 100㎡ 이상 600㎡ 미만인 시설

④ 노유자시설로 단독주택 또는 공동주택에 설치되는 시설은 제외한다.

정답 ③

풀이 [시행령 별표 5] 특정소방대상물의 관계인이 특정소방대상물의 규모·용도 및 수용인원 등을 고려하여 갖추어야 하는 소방시설의 종류

1. 소화설비

마. 간이스프링클러설비를 설치하여야 하는 특정소방대상물은 다음의 어느 하나와 같다.

1) 근린생활시설 중 다음의 어느 하나에 해당하는 것
   가) 근린생활시설로 사용하는 부분의 바닥면적 합계가 1천㎡ 이상인 것은 모든 층
   나) 의원, 치과의원 및 한의원으로서 입원실이 있는 시설
2) 교육연구시설 내에 합숙소로서 연면적 100㎡ 이상인 것
3) 의료시설 중 다음의 어느 하나에 해당하는 시설
   가) 종합병원, 병원, 치과병원, 한방병원 및 요양병원(정신병원과 의료재활시설은 제외한다)으로 사용되는 바닥면적의 합계가 600㎡ 미만인 시설
   나) 정신의료기관 또는 의료재활시설로 사용되는 바닥면적의 합계가 300㎡ 이상 600㎡ 미만인 시설
   다) 정신의료기관 또는 의료재활시설로 사용되는 바닥면적의 합계가 300㎡ 미만이고, 창살(철재·플라스틱 또는 목재 등으로 사람의 탈출 등을 막기 위하여 설치한 것을 말하며, 화재 시 자동으로 열리는 구조로 되어 있는 창살은 제외한다)이 설치된 시설
4) 노유자시설로서 다음의 어느 하나에 해당하는 시설
   가) 제12조제1항제6호 각 목에 따른 시설(제12조제1항제6호가목2) 및 같은 호 나목부터 바목까지의 시설 중 단독주택 또는 공동주택에 설치되는 시설은 제외하며, 이하 "노유자 생활시설"이라 한다)
   나) 가)에 해당하지 않는 노유자시설로 해당 시설로 사용하는 바닥면적의 합계가 300㎡ 이상 600㎡ 미만인 시설
   다) 가)에 해당하지 않는 노유자시설로 해당 시설로 사용하는 바닥면적의 합계가 300㎡ 미만이고, 창살(철재·플라스틱 또는 목재 등으로 사람의 탈출 등을 막기 위하여 설치한 것을 말하며, 화재 시 자동으로 열리는 구조로 되어 있는 창살은 제외한다)이 설치된 시설
5) 건물을 임차하여「출입국관리법」제52조제2항에 따른 보호시설로 사용하는 부분
6) 숙박시설 중 생활형 숙박시설로서 해당 용도로 사용되는 바닥면적의 합계가 600㎡ 이상인 것
7) 복합건축물(별표 2 제30호나목의 복합건축물만 해당한다)로서 연면적 1천㎡ 이상인 것은 모든 층

49. 특정소방대상물의 소방시설 설치의 면제기준 중 제연설비에 대한 설명이 틀린 것은?

① 공기조화설비를 화재안전기준의 제연설비기준에 적합하게 설치하고 공기조화설비가 화재 시 제연설비기능으로 자동전환되는 구조로 설치되어 있는 경우

② 노대(露臺)와 연결된 특별피난계단, 노대가 설치된 비상용 승강기의 승강장만이 면제를 받을 수 있다.

③ 노대(露臺)와 연결된 특별피난계단, 노대가 설치된 비상용 승강기의 승강장 또는 배연설비가 설치된 피난용 승강기의 승강장

④ 직접 외부 공기와 통하는 배출구의 면적의 합계가 해당 제연구역 바닥면적의 100분의 1 이상이고, 배출구부터 각 부분까지의 수평거리가 30m 이내이며, 공기유입구가 화재안전기준에 적합하게 설치되어 있는 경우

정답 ②

풀이 [시행령 별표 6] 특정소방대상물의 소방시설 설치의 면제기준

9. 제연설비

가. 제연설비를 설치하여야 하는 특정소방대상물(별표 5 제5호가목6)은 제외한다)에 다음의 어느 하나에 해당하는 설비를 설치한 경우에는 설치가 면제된다.

1) 공기조화설비를 화재안전기준의 제연설비기준에 적합하게 설치하고 공기조화설비가 화재 시 제연설비기능으로 자동전환되는 구조로 설치되어 있는 경우

2) 직접 외부 공기와 통하는 배출구의 면적의 합계가 해당 제연구역[제연경계(제연설비의 일부인 천장을 포함한다)에 의하여 구획된 건축물 내의 공간을 말한다] 바닥면적의 100분의 1 이상이고, 배출구부터 각 부분까지의 수평거리가 30m 이내이며, 공기유입구가 화재안전기준에 적합하게(외부 공기를 직접 자연 유입할 경우에 유입구의 크기는 배출구의 크기 이상이어야 한다) 설치되어 있는 경우

나. 별표 5 제5호가목6)에 따라 제연설비를 설치하여야 하는 특정소방대상물 중 노대(露臺)와 연결된 특별피난계단, 노대가 설치된 비상용 승강기의 승강장 또는 「건축법 시행령」 제91조제5호의 기준에 따라 배연설비가 설치된 피난용 승강기의 승강장에는 설치가 면제된다.

50. 제연설비를 설치하여야 하는 특정소방대상물중 소화활동설비의 설명이 틀린 것은?

① 문화 및 집회시설, 종교시설, 운동시설,영화상영관(수용인원 100명 이상)

② 특정소방대상물(갓복도형 아파트등 포함)에 부설된 특별피난계단, 비상용 승강기의 승강장 또는 피난용 승강기의 승강장

③ 지하가 중 예상 교통량, 경사도 등 터널의 특성을 고려하여 행정안전부령으로 정하는 터널

④ 지하가(터널은 제외한다)로서 연면적 1천㎡ 이상인 것

정답 ②

풀이 [시행령 별표 5] 특정소방대상물의 관계인이 특정소방대상물의 규모·용도 및 수용인원 등을 고려하여 갖추어야 하는 소방시설의 종류

5. 소화활동설비

가. 제연설비를 설치하여야 하는 특정소방대상물은 다음의 어느 하나와 같다.

1) 문화 및 집회시설, 종교시설, 운동시설로서 무대부의 바닥면적이 200㎡ 이상 또는 문화 및 집회시설 중 영화상영관으로서 수용인원 100명 이상인 것

2) 지하층이나 무창층에 설치된 근린생활시설, 판매시설, 운수시설, 숙박시설, 위락시설, 의료시설, 노유자시설 또는 창고시설(물류터미널만 해당한다)로서 해당 용도로 사용되는 바닥면적의 합계가 1천㎡ 이상인 층

3) 운수시설 중 시외버스정류장, 철도 및 도시철도 시설, 공항시설 및 항만시설의 대합실 또는 휴게시설로서 지하층 또는 무창층의 바닥면적이 1천㎡ 이상인 것

4) 지하가(터널은 제외한다)로서 연면적 1천㎡ 이상인 것

5) 지하가 중 예상 교통량, 경사도 등 터널의 특성을 고려하여 행정안전부령으로 정하는 터널

6) 특정소방대상물(갓복도형 아파트등은 제외한다)에 부설된 특별피난계단, 비상용 승강기의 승강장 또는 피난용 승강기의 승강장

제3편

소방시설공사업법

제1장 총칙

제2장 소방시설업

제3장 소방시설공사등

제4장 소방기술자

제5장 소방시설업자협회

제6장 보칙

제7장 벌칙

FIRE FIGHTING LAW

■ 소방시설공사업법 개념

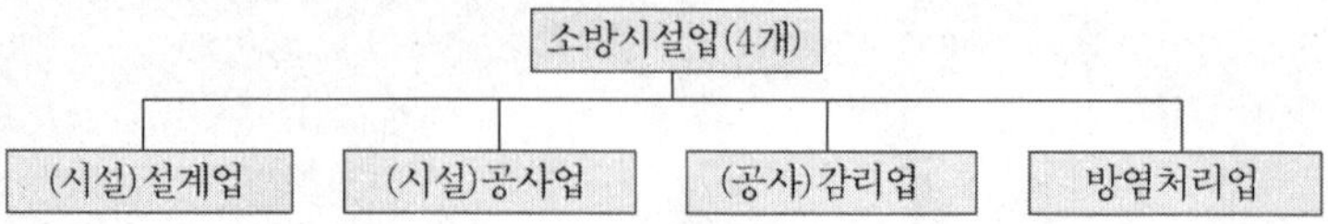

■ 주요구성이론

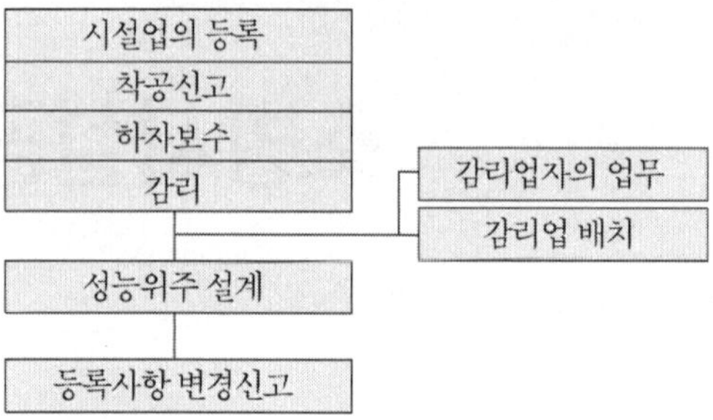

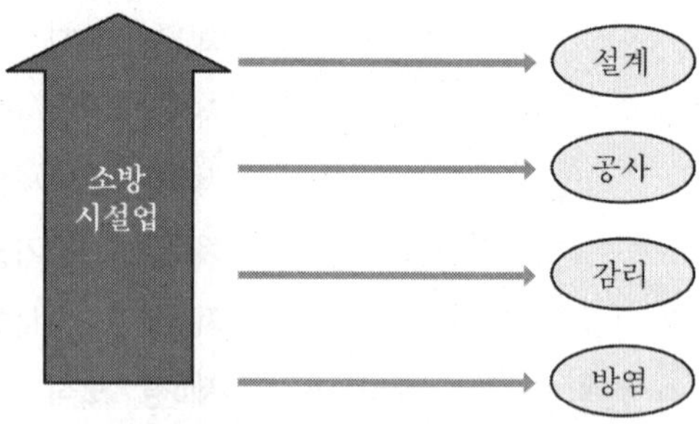

제1장 총칙

제1조(목적)

이 법은 소방시설공사 및 소방기술의 관리에 필요한 사항을 규정함으로써 소방시설업을 건전하게 발전시키고 소방기술을 진흥시켜 화재로부터 공공의 안전을 확보하고 국민경제에 이바지함을 목적으로 한다.

제2조(정의)

① 이 법에서 사용하는 용어의 뜻은 다음과 같다. 〈개정 2011. 8. 4., 2014. 12. 30., 2018. 2. 9., 2021. 11. 30.〉

1. "소방시설업"이란 다음 각 목의 영업을 말한다.

가. 소방시설설계업: 소방시설공사에 기본이 되는 공사계획, 설계도면, 설계 설명서, 기술계산서 및 이와 관련된 서류(이하 "설계도서"라 한다)를 작성(이하 "설계"라 한다)하는 영업

■ **전문소방시설 설계업**

㉠ 기술인력: 주인력 소방기술사 1명 이상, 보조인력 1명 이상

㉡ 대상: 모든 특정소방대상물의 설계를 할 수 있다.

■ **일반소방시설 설계업**

㉠ 기술인력: 소방기술사 또는 각 해당 소방설비기사 1명, (보조인력 1명) 이상

㉡ 기계분야: 연면적 3만m²(공장은 1만m²) 미만 특정소방대상물(*아파트 제연설비제외)

㉢ 전기분야: 연면적 3만m²(공장은 1만m²) 미만 특정소방대상물

나. 소방시설공사업: 설계도서에 따라 소방시설을 신설, 증설, 개설, 이전 및 정비(이하 "시공"이라 한다)하는 영업

■ **전문소방시설 공사업**

㉠ 주인력: 소방기술사 또는 소방설비기사 기계분야·전기분야 각 1명 이상, 보조 2명 이상

㉡ 자본금: 법인 자본금 1억 원 이상, 개인 1억 원 이상

■ **일반소방시설 공사업(주 인력 소방기술사 또는 소방설비기사 1명 이상, 보조 1명 이상)**

㉠ 영업범위: 연면적 1만m² 미만의 소방대상물

㉡ 기계분야 자본금: 법인 1억 원 이상, 개인 1억 원 이상

㉢ 전기분야 자본금: 법인 1억 원 이상, 개인 1억 원 이상

*개설: 전부 또는 일부를 철거하고 새로이 설치

*이전: 현재 설치된 장소에서 다른 장소로 옮기어 설치하는 것

*정비:교체하거나 보수하는 것을

다. 소방공사감리업: 소방시설공사에 관한 발주자의 권한을 대행하여 소방시설공사가 설계도서와 관계 법령에 따라 적법하게 시공되는지를 확인하고, 품질 · 시공 관리에 대한 기술지도를 하는(이하 "감리"라 한다) 영업

■ 전문소방공사 감리업

- 소방기술사 1명 이상, 특급·고급·중급·초급 감리원각 1명 이상
- 대상: 모든 특정소방대상물

■ 일반소방공사 감리업

- 각 분야 특급·고급(또는 중급)·초급 감리원각 1명 이상
- 대상: 연면적 3만m^2(공장은 1만m^2)미만의 대상물(* 기계분야: 아파트 제연설비제외)

라. 방염처리업: 「화재예방, 소방시설 설치 · 유지 및 안전관리에 관한 법률」 제12조제1항에 따른 방염대상물품에 대하여 방염처리(이하 "방염"이라 한다)하는 영업

■ 소방시설공사업 기술인력 및 범위

종류	구분	구분	기술인력(이상)	범위(미만)	자본금(개인)
소방시설설계업	전문	·	기술사1인, 보조 1명		
	일반	기계	기술사 또는 해당 기사1인, 보조 1명	3만m^2	
		전기	기술사 또는 해당 기사1인, 보조 1명	3만m^2	
소방시설공사업	전문	·	기술사 또는 기사 2명(혹은 1명), 보조 2명		1억 (법인1억)
	일반	기계	기술사 또는 기사 1명, 보조 1명	1만m^2	〃
		전기	기술사 또는 기사 1명, 보조 1명	1만m^2	〃
소방공사감리업	전문	·	기술사 1인, 특급·고급·중급·초급 각 1명		
	일반	기계	특급·고급(또는 중급)·초급 감리원 각 1명	3만m^2	
방염업	① 섬유류 방염업 ② 합성수지류 방염업(제조·가공·성형설비) ③ 합판·목재류 방염업				

제2조(정의)

① 이 법에서 사용하는 용어의 뜻은 다음과 같다.

1. "소방시설업"이란 다음 각 목의 영업을 말한다.

가. ~ 다. (현행과 같음)

라. 방염처리업: 「소방시설 설치 및 관리에 관한 법률」 제20조제1항에 따른 방염대상물품에 대하여 방염처리(이하 "방염"이라 한다)하는 영업

[시행일: 2022. 12. 1.] 제2조

2. “소방시설업자”란 소방시설업을 경영하기 위하여 제4조에 따라 소방시설업을 등록한 자를 말한다.
3. “감리원”이란 소방공사감리업자에 소속된 소방기술자로서 해당 소방시설공사를 감리하는 사람을 말한다.
4. “소방기술자”란 제28조에 따라 소방기술 경력 등을 인정받은 사람과 다음 각 목의 어느 하나에 해당하는 사람으로서 소방시설업과 「화재예방, 소방시설 설치 · 유지 및 안전관리에 관한 법률」에 따른 소방시설관리업의 기술인력으로 등록된 사람을 말한다.
   가. 「화재예방, 소방시설 설치 · 유지 및 안전관리에 관한 법률」에 따른 소방시설관리사
   나. 국가기술자격 법령에 따른 소방기술사, 소방설비기사, 소방설비산업기사, 위험물기능장, 위험물산업기사, 위험물기능사

■ **소방기술자란?**

소방기술사를 포함하여 8개의 자격자를 말함

① 소방기술사는 “설계업에”근무하며 주로 “설계”를(그러나 모든 공사업, 감리업도가능)

② 소방시설관리사는 “관리업에”근무하며 주로 “점검·유지·관리”를(* 다른 업은 할 수 없나)

③ 소방설비기사나 산업기사는 “공사업에”근무하며, 주로 “공사”를(* 일반설계업, 감리업가능)

④ 위험물쪽은기사가 없다.(위험물기능장·산업기사·기능사를 “위험물자격자”라 하며 “위험물안전관리 자”는 시험은 치지만 수료증 소지자로서 “위험물자격자” 나 “소방기술자”에 포함하지 않는다.

⑤ 또한 “소방기술경력 등을 인정받은 사람”이란 이법28조에서 말하는 소방관련 자격증이 있거나 학력·경력이 있는 사람에게 시험을 치지 않고 소방청에서일정한 수수료를 받고 소방기술을 인정하여 발급하는 “기술인정자격수첩(자격수첩)”소지자를 말한다.

4. “소방기술자”란 제28조에 따라 소방기술 경력 등을 인정받은 사람과 다음 각 목의 어느 하나에 해당하는 사람으로서 소방시설업과 「소방시설 설치 및 관리에 관한 법률」에 따른 소방시설관리업의 기술인력으로 등록된 사람을 말한다.
   가. 「소방시설 설치 및 관리에 관한 법률」에 따른 소방시설관리사
   나. (현행과 같음)

[시행일: 2022. 12. 1.] 제2조

5. "발주자"란 소방시설의 설계, 시공, 감리 및 방염(이하 "소방시설공사등"이라 한다)을 소방시설업자에게 도급하는 자를 말한다. 다만, 수급인으로서 도급받은 공사를 하도급하는 자는 제외한다.

- 발주자(도급인)란 ①번만을 말하며 ②가 ③에게 하도급(하청)한 것은 발주자라 하지 않는다.

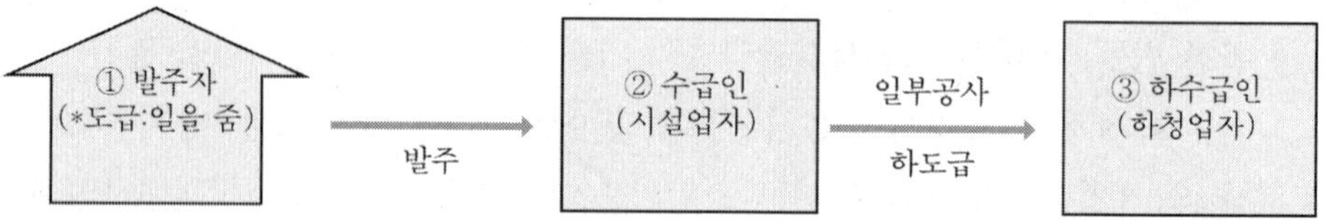

② 이 법에서 사용하는 용어의 뜻은 제1항에서 규정하는 것을 제외하고는 「소방기본법」, 「화재예방, 소방시설 설치 · 유지 및 안전관리에 관한 법률」, 「위험물안전관리법」 및 「건설산업기본법」에서 정하는 바에 따른다.

② 이 법에서 사용하는 용어의 뜻은 제1항에서 규정하는 것을 제외하고는 「소방기본법」, <u>「화재의 예방 및 안전관리에 관한 법률」, 「소방시설 설치 및 관리에 관한 법률」</u>, 「위험물안전관리법」 및 「건설산업기본법」에서 정하는 바에 따른다.

[시행일: 2022. 12. 1.] 제2조

소방시설공사업법 시행규칙 살펴보기

제2조의2(등록신청 서류의 보완)

협회는 제2조에 따라 받은 소방시설업의 등록신청 서류가 다음 각 호의 어느 하나에 해당되는 경우에는 10일 이내의 기간을 정하여 이를 보완하게 할 수 있다.

1. 첨부서류(전자문서를 포함한다)가 첨부되지 아니한 경우
2. 신청서(전자문서로 된 소방시설업 등록신청서를 포함한다) 및 첨부서류(전자문서를 포함한다)에 기재되어야 할 내용이 기재되어 있지 아니하거나 명확하지 아니한 경우

제2조의3(등록신청 서류의 검토 · 확인 및 송부)

① 협회는 제2조에 따라 소방시설업 등록신청 서류를 받았을 때에는 영 제2조 및 영 별표 1에 따른 등록기준에 맞는지를 검토 · 확인하여야 한다.

② 협회는 제1항에 따른 검토 · 확인을 마쳤을 때에는 제2조에 따라 받은 소방시설업 등록신청 서류에 그 결과를 기재한 별지 제1호의2서식에 따른 소방시설업 등록신청서 서면심사 및 확인

결과를 첨부하여 접수일(제2조의2에 따라 신청서류의 보완을 요구한 경우에는 그 보완이 완료된 날을 말한다. 이하 같다)부터 7일 이내에 특별시장 · 광역시장 · 특별자치시장 · 도지사 또는 특별자치도지사(이하 "시 · 도지사"라 한다)에게 보내야 한다.

제2조의2(소방시설공사등 관련 주체의 책무)

① 소방청장은 소방시설공사등의 품질과 안전이 확보되도록 소방시설공사등에 관한 기준 등을 정하여 보급하여야 한다.

② 발주자는 소방시설이 공공의 안전과 복리에 적합하게 시공되도록 공정한 기준과 절차에 따라 능력 있는 소방시설업자를 선정하여야 하고, 소방시설공사등이 적정하게 수행되도록 노력하여야 한다.

③ 소방시설업자는 소방시설공사등의 품질과 안전이 확보되도록 소방시설공사등에 관한 법령을 준수하고, 설계도서 · 시방서(示方書) 및 도급계약의 내용 등에 따라 성실하게 소방시설공사등을 수행하여야 한다.

소방시설공사업법 시행규칙 살펴보기

제3조(소방시설업 등록증 및 등록수첩의 발급)

시 · 도지사는 제2조에 따른 접수일부터 15일 이내에 협회를 경유하여 별지 제3호서식에 따른 소방시설업 등록증 및 별지 제4호서식에 따른 소방시설업 등록수첩을 신청인에게 발급해 주어야 한다.

(앞쪽)

제 호

소방시설업 등록증

업 종 :
상 호 (명 칭) :
대 표 자 : 생 년 월 일 :
영업소 소재지 :
「소방시설공사업법」 제4조제1항에 따라 ______________이 등록되었음을 증명합니다.

년 월 일

시 · 도지사 직인

210㎜×297㎜[백상지 150g/㎡]

(뒤쪽)

기재사항 변경						
일련번호	변경연월일	변 경 구 분	변 경 내 용	변경완료일	기록㊞	비고

(1쪽)

소방시설업 등록수첩			
업 종 명			
등 록 번 호		등록 연월일	
상 호 (명 칭)			
대 표 자		생 년 월 일	
영 업 장 소 재 지			
다른 업종 겸업 사항			
자본금 또는 자산액 (소방시설공사업만 해당됩니다)	원		

「소방시설공사업법」 제4조제1항에 따라 등록되었음을 증명합니다.

년 월 일

시 · 도지사 직인

(2쪽)

소방시설공사 시공능력 · 방염처리능력 평가(소방시설공사업 및 방염처리업만 해당됩니다)			
연 도	시공능력 · 방염처리능력(천원)	연 도	시공능력 · 방염처리능력(천원)

제2조의2(등록신청 서류의 보완)

협회는 제2조에 따라 받은 소방시설업의 등록신청 서류가 다음 각 호의 어느 하나에 해당되는 경우에는 10일 이내의 기간을 정하여 이를 보완하게 할 수 있다.

1. 첨부서류(전자문서를 포함한다)가 첨부되지 아니한 경우
2. 신청서(전자문서로 된 소방시설업 등록신청서를 포함한다) 및 첨부서류(전자문서를 포함한다)에 기재되어야 할 내용이 기재되어 있지 아니하거나 명확하지 아니한 경우

제3조(다른 법률과의 관계)

소방시설공사 및 소방기술의 관리에 관하여 이 법에서 규정하지 아니한 사항에 대하여는 「화재예방, 소방시설 설치・유지 및 안전관리에 관한 법률」과 「위험물안전관리법」을 적용한다.

소방시설공사업법 시행규칙 살펴보기

제4조의2(등록관리)

① 시・도지사는 제3조에 따라 소방시설업 등록증 및 등록수첩을 발급(제4조에 따른 재발급, 제6조제4항 단서 및 제7조제5항에 따른 발급을 포함한다)하였을 때에는 별지 제4호의2서식에 따른 소방시설업 등록증 및 등록수첩 발급(재발급)대장에 그 사실을 일련번호 순으로 작성하고 이를 관리(전자문서를 포함한다)하여야 한다.

② 협회는 제1항에 따라 발급한 사항에 대하여 별지 제5호서식에 따른 소방시설업 등록대장에 등록사항을 작성하여 관리(전자문서를 포함한다)하여야 한다. 이 경우 협회는 다음 각 호의 사항을 협회 인터넷 홈페이지를 통하여 공시하여야 한다.

1. 등록업종 및 등록번호	2. 등록 연월일
3. 상호(명칭) 및 성명(법인의 경우에는 대표자의 성명을 말한다)	4. 영업소 소재지

제3조(다른 법률과의 관계)

소방시설공사 및 소방기술의 관리에 관하여 이 법에서 규정하지 아니한 사항에 대하여는 「화재의 예방 및 안전관리에 관한 법률」, 「소방시설 설치 및 관리에 관한 법률」과 「위험물안전관리법」을 적용한다. 〈개정 2018. 2. 9., 2021. 11. 30.〉

[전문개정 2010. 7. 23.] [시행일: 2022. 12. 1.] 제3조

제2장 소방시설업

제4조(소방시설업의 등록)

① 특정소방대상물의 소방시설공사등을 하려는 자는 업종별로 자본금(개인인 경우에는 자산 평가액을 말한다), 기술인력 등 대통령령으로 정하는 요건을 갖추어 특별시장・광역시장・특별자치시장・도지사 또는 특별자치도지사(이하 "시・도지사"라 한다)에게 소방시설업을 등록하여야 한다. ➡ 3년 이하의 징역 또는 3천만 원 이하의 벌금

② 제1항에 따른 소방시설업의 업종별 영업범위는 대통령령으로 정한다.

③ 제1항에 따른 소방시설업의 등록신청과 등록증・등록수첩의 발급・재발급 신청, 그 밖에 소방시설업 등록에 필요한 사항은 행정안전부령으로 정한다.

④ 제1항에도 불구하고 「공공기관의 운영에 관한 법률」 제5조에 따른 공기업・준정부기관 및 「지방공기업법」 제49조에 따라 설립된 지방공사나 같은 법 제76조에 따라 설립된 지방공단이 다음 각 호의 요건을 모두 갖춘 경우에는 시・도지사에게 등록을 하지 아니하고 자체 기술인력을 활용하여 설계・감리를 할 수 있다. 이 경우 대통령령으로 정하는 기술인력을 보유하여야 한다.

1. 주택의 건설・공급을 목적으로 설립되었을 것
2. 설계・감리 업무를 주요 업무로 규정하고 있을 것

소방시설공사업법 시행령 살펴보기

제2조(소방시설업의 등록기준 및 영업범위)

① 「소방시설공사업법」(이하 "법"이라 한다) 제4조제1항 및 제2항에 따른 소방시설업의 업종별 등록기준 및 영업범위는 별표 1과 같다.

② 소방시설공사업의 등록을 하려는 자는 별표 1의 기준을 갖추어 소방청장이 지정하는 금융회사 또는 「소방산업의 진흥에 관한 법률」 제23조에 따른 소방산업공제조합이 별표 1에 따른 자본금 기준금액의 100분의 20 이상에 해당하는 금액의 담보를 제공받거나 현금의 예치 또는 출자를 받은 사실을 증명하여 발행하는 확인서를 특별시장・광역시장・특별자치시장・도지사 또는 특별자치도지사(이하 "시・도지사"라 한다)에게 제출하여야 한다.

③ 시・도지사는 법 제4조제1항에 따른 등록신청이 다음 각 호의 어느 하나에 해당되는 경우를 제외하고는 등록을 해주어야 한다.

1. 제1항에 따른 등록기준을 갖추지 못한 경우
2. 제2항에 따른 확인서를 제출하지 아니한 경우

3. 등록을 신청한 자가 법 제5조 각 호의 어느 하나에 해당하는 경우
4. 그 밖에 법, 이 영 또는 다른 법령에 따른 제한에 위반되는 경우

소방시설공사업법 시행령 [별표 1] 〈개정 2021. 9. 14.〉 ※ 개정규정은 공포한 날부터 시행한다.

소방시설업의 업종별 등록기준 및 영업범위 (제2조제1항 관련)

1. 소방시설설계업

업종별 \ 항목		기술 인력 (이상)	영업 범위
전문소방 시설설계업		가. 주된 기술인력: 소방기술사 1명 이상 나. 보조기술인력: 1명 이상	• 모든 특정소방대상물에 설치되는 소방시설의 설계
일반소방 시설설계업	기계분야	가. 주된 기술인력: 소방기술사 또는 기계분야 소방설비기사 1명 이상 나. 보조기술인력: 1명 이상	가. 아파트에 설치되는 기계분야 소방시설(제연설비는 제외한다)의 설계 나. 연면적 3만제곱미터(공장의 경우에는 1만제곱미터) 미만의 특정소방대상물(제연설비가 설치되는 특정소방대상물은 제외한다)에 설치되는 기계분야 소방시설의 설계 다. 위험물제조소등에 설치되는 기계분야 소방시설의 설계
	전기분야	가. 주된 기술인력: 소방기술사 또는 전기분야 소방설비기사 1명 이상 나. 보조기술인력: 1명 이상	가. 아파트에 설치되는 전기분야 소방시설의 설계 나. 연면적 3만제곱미터(공장의 경우에는 1만제곱미터) 미만의 특정소방대상물에 설치되는 전기분야 소방시설의 설계 다. 위험물제조소등에 설치되는 전기분야 소방시설의 설계

비고

1. 위 표의 일반 소방시설설계업에서 기계분야 및 전기분야의 대상이 되는 소방시설의 범위는 다음 각 목과 같다.
   가. 기계분야
      1) 소화기구, 자동소화장치, 옥내소화전설비, 스프링클러설비등, 물분무등소화설비, 옥외소화전설비, 피난기구, 인명구조기구, 상수도소화용수설비, 소화수조·저수조, 그 밖의 소화용수설비, 제연설비, 연결송수관설비, 연결살수설비 및 연소방지설비
      2) 기계분야 소방시설에 부설되는 전기시설. 다만, 비상전원, 동력회로, 제어회로, 기계분야 소방시설을 작동하기 위하여 설치하는 화재감지기에 의한 화재감지장치 및 전기신호에 의한 소방시설의 작동장치는 제외한다.
   나. 전기분야
      1) 단독경보형감지기, 비상경보설비, 비상방송설비, 누전경보기, 자동화재탐지설비, 시각경보기,

자동화재속보설비, 가스누설경보기, 통합감시시설, 유도등, 비상조명등, 휴대용비상조명등, 비상콘센트설비 및 무선통신보조설비

2) 기계분야 소방시설에 부설되는 전기시설 중 가목2) 단서의 전기시설

2. 일반 소방시설설계업의 기계분야 및 전기분야를 함께 하는 경우 주된 기술인력은 소방기술사 1명 또는 기계분야 소방설비기사와 전기분야 소방설비기사 자격을 함께 취득한 사람 1명 이상으로 할 수 있다.
3. 소방시설설계업을 하려는 자가 소방시설공사업, 「화재예방, 소방시설 설치·유지 및 안전관리에 관한 법률」 제29조제1항에 따른 소방시설관리업(이하 "소방시설관리업"이라 한다) 또는 「다중이용업소의 안전관리에 관한 특별법」 제16조에 따른 화재위험평가 대행 업무(이하 "화재위험평가 대행업"이라 한다) 중 어느 하나를 함께 하려는 경우 소방시설공사업, 소방시설관리업 또는 화재위험평가 대행업 기술인력으로 등록된 기술인력은 다음 각 목의 기준에 따라 소방시설설계업 등록 시 갖추어야 하는 해당 자격을 가진 기술인력으로 볼 수 있다.

가. 전문 소방시설설계업과 소방시설관리업을 함께 하는 경우: 소방기술사 자격과 소방시설관리사 자격을 함께 취득한 사람

나. 전문 소방시설설계업과 전문 소방시설공사업을 함께 하는 경우: 소방기술사 자격을 취득한 사람

다. 전문 소방시설설계업과 화재위험평가 대행업을 함께 하는 경우: 소방기술사 자격을 취득한 사람

라. 일반 소방시설설계업과 소방시설관리업을 함께 하는 경우 다음의 어느 하나에 해당하는 사람

1) 소방기술사 자격과 소방시설관리사 자격을 함께 취득한 사람

2) 기계분야 소방설비기사 또는 전기분야 소방설비기사 자격을 취득한 사람 중 소방시설관리사 자격을 취득한 사람

마. 일반 소방시설설계업과 일반 소방시설공사업을 함께 하는 경우: 소방기술사 자격을 취득하거나 기계분야 또는 전기분야 소방설비기사 자격을 취득한 사람

바. 일반 소방시설설계업과 전문 소방시설공사업을 함께 하는 경우: 소방기술사 자격을 취득하거나 기계분야 및 전기분야 소방설비기사 자격을 함께 취득한 사람

사. 전문 소방시설설계업과 일반 소방시설공사업을 함께하는 경우: 소방기술사 자격을 취득한 사람

4. "보조기술인력"이란 다음 각 목의 어느 하나에 해당하는 사람을 말한다.

가. 소방기술사, 소방설비기사 또는 소방설비산업기사 자격을 취득한 사람

나. 소방공무원으로 재직한 경력이 3년 이상인 사람으로서 자격수첩을 발급받은 사람

다. 법 제28조제3항에 따라 행정안전부령으로 정하는 소방기술과 관련된 자격·경력 및 학력을 갖춘 사람으로서 자격수첩을 발급받은 사람

5. 위 표 및 제2호에도 불구하고 다음 각 목의 어느 하나에 해당하는 자가 소방시설설계업을 등록하는 경우 「엔지니어링산업 진흥법」, 「건축사법」, 「기술사법」 및 「전력기술관리법」에 따른 신고 또는 등록기준을 충족하는 기술인력을 확보한 경우로서 해당 기술인력이 위 표의 기술인력(주된 기술인력만 해당한다)의 기준을 충족하는 경우에는 위 표의 등록기준을 충족한 것으로 본다.

가. 「엔지니어링산업 진흥법」 제21조제1항에 따라 엔지니어링사업자 신고를 한 자

나. 「건축사법」 제23조에 따른 건축사업무신고를 한 자

다. 「기술사법」 제6조제1항에 따른 기술사사무소 등록을 한 자

라. 「전력기술관리법」 제14조제1항에 따른 설계업 등록을 한 자

6. 가스계소화설비의 경우에는 해당 설비의 설계프로그램 제조사가 참여하여 설계(변경을 포함한다)할 수 있다.

2. 소방시설공사업

항목 업종별		기술 인력 (이상)	자본금 (자산평가액)	영업 범위
전문 소방 시설 공사업		가. 주된 기술인력: 소방기술사 또는 기계분야와 전기분야의 소방설비기사 각 1명 (기계분야 및 전기분야의 자격을 함께 취득한 사람 1명 이상) 나. 보조기술인력: 2명 이상	가. 법인:1억 원 이상 나. 개인:자산평가액 1억 원 이상	• 특정소방대상물에 설치되는 기계분야 및 전기분야 소방시설의 공사·개설·이전 및 정비
일반 소방 시설 공사업	기계 분야	가. 주된 기술인력: 소방기술사 또는 기계분야 소방설비기사 1명이상 나. 보조기술인력: 1명 이상	가. 법인:1억 원 이상 나. 개인:자산평가액 1억 원 이상	가. 연면적 1만m² 미만의 특정소방대상물에 설치되는 기계분야 소방시설의 공사·개설·이전 및 정비 나. 위험물제조소등에 설치되는 기계분야 소방시설의 공사·개설·이전 및 정비
	전기 분야	가. 주된 기술인력: 소방기술사 또는 전기분야 소방설비기사 1명이상 나. 보조기술인력: 1명 이상	가. 법인:1억 원 이상 나. 개인:자산평가액 1억 원 이상	가. 연면적 1만m² 미만의 특정소방대상물에 설치되는 전기 분야 소방시설의 공사·개설 ·이전·정비 나. 위험물제조소등에 설치되는 전기분야 소방시설의 공사·개설 ·이전·정비

비고

1. 위 표의 일반 소방시설공사업에서 기계분야 및 전기분야의 대상이 되는 소방시설의 범위는 이 표 제1호 비고 제1호 각 목과 같다.
2. 기계분야 및 전기분야의 일반 소방시설공사업을 함께 하는 경우 주된 기술인력은 소방기술사 1명 또는 기계분야 및 전기분야의 자격을 함께 취득한 소방설비기사 1명으로 한다.
3. 자본금(자산평가액)은 해당 소방시설공사업의 최근 결산일 현재(새로 등록 한 자는 등록을 위한 기업진단기준일 현재)의 총자산에서 총부채를 뺀 금액을 말하고, 소방시설공사업 외의 다른 업(業)을 함께 하는 경우에는 자본금에서 겸업 비율에 해당하는 금액을 뺀 금액을 말한다.
4. "보조기술인력"이란 소방시설설계업의 등록기준 및 영업범위의 비고란 제4호 각 목의 어느 하나에 해당하는 사람을 말한다.
5. 소방시설공사업을 하려는 자가 소방시설설계업 또는 소방시설관리업 중 어느 하나를 함께 하려는 경우 소방시설설계업 또는 소방시설관리업 기술인력으로 등록된 기술인력은 다음 각 목의 기준에 따라 소방시설공사업 등록 시 갖추어야 하는 해당 자격을 가진 기술인력으로 볼 수 있다.
   가. 전문 소방시설공사업과 전문 소방시설설계업을 함께 하는 경우: 소방기술사 자격을 취득한 사람
   나. 전문 소방시설공사업과 일반 소방시설설계업을 함께 하는 경우: 소방기술사 자격을 취득하거나 기계분야 및 전기분야 소방설비기사 자격을 함께 취득한 사람
   다. 일반 소방시설공사업과 전문 소방시설설계업을 함께 하는 경우: 소방기술사 자격을 취득한 사람
   라. 일반 소방시설공사업과 일반 소방시설설계업을 함께 하는 경우: 소방기술사 자격을 취득하거나 기계분야 또는 전기분야 소방설비기사 자격을 취득한 사람

마. 전문 소방시설공사업과 소방시설관리업을 함께 하는 경우: 소방시설관리사와 소방설비기사(기계분야 및 전기분야의 자격을 함께 취득한 사람) 또는 소방기술사 자격을 함께 취득한 사람
바. 일반 소방시설공사업 기계분야와 소방시설관리업을 함께 하는 경우: 소방기술사 또는 기계분야 소방설비기사와 소방시설관리사 자격을 함께 취득한 사람
사. 일반 소방시설공사업 전기분야와 소방시설관리업을 함께 하는 경우: 소방기술사 또는 전기분야 소방설비기사와 소방시설관리사 자격을 함께 취득한 사람

6. "개설"이란 이미 특정소방대상물에 설치된 소방시설등의 전부 또는 일부를 철거하고 새로 설치하는 것을 말한다.
7. "이전"이란 이미 설치된 소방시설등을 현재 설치된 장소에서 다른 장소로 옮겨 설치하는 것을 말한다.
8. "정비"란 이미 설치된 소방시설등을 구성하고 있는 기계·기구를 교체하거나 보수하는 것을 말한다.

3. 소방공사감리업

항목 업종별		기술 인력 (이상)	영업 범위
전문 소방 시설 공사업		가. 소방기술사 1명 이상 나. 기계분야 및 전기분야의 특급 감리원 각 1명(기계분야 및 전기분야의 자격을 함께 가지고 있는 사람이 있는 경우에는 그에 해당하는 사람 1명. 이하 다목부터 마목까지에서 같다) 이상 다. 기계분야 및 전기분야의 고급 감리원 이상의 감리원 각 1명 이상 라. 기계분야 및 전기분야의 중급 감리원 이상의 감리원 각 1명 이상 마. 기계분야 및 전기분야의 초급 감리원 이상의 감리원 각 1명 이상	• 모든 특정소방대상물에 설치되는 소방시설공사 감리
일반 소방 시설 공사업	기계 분야	가. 기계분야 특급 감리원 1명 이상 나. 기계분야 고급 감리원 또는 중급 감리원 이상의 감리원 1명 이상 다. 기계분야 초급 감리원 이상의 감리원 1명 이상	가. 연면적 3만m²(공장: 1만m²) 미만의 특정소방대상물(제연설비가 설치되는 특정소방대상물은 제외)에 설치되는 기계분야 소방시설의 감리 나. 아파트에 설치되는 기계분야의 소방시설(제연설비는 제외)감리 다. 위험물제조소등에 설치되는 기계분야 소방시설의 감리
	전기 분야	가. 전기분야 특급감리원1명 이상 나. 전기분야 고급감리원 또는 중급감리원 이상의 감리원 1명 이상 다. 전기분야 초급감리원 이상의 감리원 1명 이상	가. 연면적 3만m²(공장: 1만m²) 미만의 특정소방대상물에 설치되는 전기분야 소방시설의 감리 나. 아파트에 설치되는 전기분야 소방시설의 감리 다. 위험물제조소등에 설치되는 전기분야 소방시설의 감리

비고

1. 위 표의 일반 소방공사감리업에서 기계분야 및 전기분야의 대상이 되는 소방시설의 범위는 다음 각 목과 같다.
   가. 기계분야
      1) 이 표 제1호 비고 제1호가목에 따른 기계분야 소방시설
      2) 실내장식물 및 방염대상물품
   나. 전기분야: 이 표 제1호 비고 제1호나목에 따른 전기분야 소방시설
2. 위 표에서 "특급 감리원", "고급 감리원", "중급 감리원" 및 "초급 감리원"은 행정안전부령으로 정하는 소방기술과 관련된 자격·경력 및 학력을 갖춘 사람으로서 소방공사감리원의 기술등급 자격에 따른 경력수첩을 발급받은 사람을 말한다.
3. 일반 소방공사감리업의 기계분야 및 전기분야를 함께 하는 경우 기계분야 및 전기분야의 자격을 함께 취득한 감리원 각 1명 이상 또는 기계분야 및 전기분야 일반 소방공사감리업의 등록기준 중 각각의 분야에 해당하는 기술인력을 두어야 한다.
4. 소방공사감리업을 하려는 자가 「엔지니어링산업 진흥법」 제21조제1항에 따른 엔지니어링사업, 「건축사법」 제23조에 따른 건축사사무소 운영, 「건설기술 진흥법」 제26조제1항에 따른 건설엔지니어링업, 「전력기술관리법」 제14조제1항에 따른 전력시설물공사감리업, 「기술사법」 제6조제1항에 따른 기술사사무소 운영 또는 화재위험평가 대행업(이하 "엔지니어링사업등"이라 한다) 중 어느 하나를 함께 하려는 경우 엔지니어링사업등의 보유 기술인력으로 신고나 등록된 소방기술사는 전문 소방공사감리업 등록 시 갖추어야 하는 기술인력으로 볼 수 있고, 특급 감리원은 일반 소방공사감리업의 등록 시 갖추어야 하는 기술인력으로 볼 수 있다.
5. 기술인력 등록기준에서 기준등급보다 초과하여 상위등급의 기술인력을 보유하고 있는 경우 기준등급을 보유한 것으로 간주한다.

4. 방염처리업

항목 업종별	실험실	방염처리시설 및 시험기기	영업 범위
섬유류 방염업	1개 이상 갖출 것	부표에 따른 섬유류 방염업의 방염처리시설 및 시험기기를 모두 갖추어야 한다.	커튼·카펫 등 섬유류를 주된 원료로 하는 방염대상물품을 제조 또는 가공 공정에서 방염처리
합성수지류 방염업		부표에 따른 합성수지류 방염업의 방염처리시설 및 시험기기를 모두 갖추어야 한다.	합성수지류를 주된 원료로 하는 방염대상물품을 제조 또는 가공 공정에서 방염처리
합판·목재류 방염업		부표에 따른 합판·목재류 방염업의 방염처리시설 및 시험기기를 모두 갖추어야 한다.	합판 또는 목재류를 제조·가공 공정 또는 설치 현장에서 방염처리

비고

1. 방염처리업자가 2개 이상의 방염업을 함께 하는 경우 갖추어야 하는 실험실은 1개 이상으로 한다.
2. 방염처리업자가 2개 이상의 방염업을 함께 하는 경우 같은 업종 간에 중복되는 방염처리시설 및 시험기기는 중복하여 갖추지 아니할 수 있다.
3. 방염처리업자가 실험실 · 방염처리시설 및 시험기기에 대하여 임차계약을 체결하고 공증을 받은 경우에는 해당 실험실 · 방염처리시설 및 시험기기를 갖춘 것으로 본다.

[부표] 〈개정 2021. 1. 5.〉

방염처리업의 방염처리시설 및 시험기기 기준

업종별	방염처리시설	시험기기
섬유류 방염업	1. 커튼 등 섬유류(벽포지를 포함한다)를 방염처리하는 시설: 200℃ 이상의 온도로 1분 이상 열처리가 가능한 가공기를 갖출 것 2. 카펫을 방염처리하는 시설: 다음 중 하나 이상의 설비를 갖출 것 가. 카펫의 라텍스 코팅설비 나. 카펫 직조설비 다. 타일카펫 가공설비	1. 다음의 어느 하나에 해당하는 연소시험기 1개 이상 가. 카펫 방염처리업: 연소시험함, 에어믹스버너, 가열시간계, 잔염시간계, 가스압력계, 전기불꽃발생장치가 부착된 연소시험기 나. 그 밖의 방염처리업: 연소시험함, 마이크로버너, 맥켈버너, 가열시간계, 잔염시간계, 잔신시간계, 착염후초가열시간계, 전기불꽃발생장치가 부착된 연소시험기 2. 항온기 1개 이상: 열풍순환식으로서 상온부터 107℃ 이상으로 온도조절이 가능하고, 최소눈금이 1℃ 이하일 것 3. 데시케이터 (물질 건조, 흡습성 시료 보존을 위한 유리 건조기를 말한다. 이하 같다) 1개 이상: 지름이 36cm 이상일 것 4. 세탁기 1대 이상(커튼만 해당한다): 커튼의 방염성능시험에 적합할 것 5. 건조기 1대 이상(커튼만 해당한다): 커튼의 방염성능시험에 적합할 것 6. 카펫세탁기 1대 이상(카펫만 해당한다): 카펫의 방염성능시험에 적합할 것
합성수지류 방염업	다음 중 하나 이상의 설비를 갖출 것 1. 제조설비 2. 가공설비 3. 성형설비	섬유류 방염업과 같음
합판·목재류 방염업	1. 섬유판 외의 합판·목재류를 방염처리하는 경우: 다음 중 하나 이상의 설비를 갖출 것 가. 합판의 제조설비 나. 감압설비(300mmHg 이하) 및 가압설비(7kg/cm^2 이상) 다. 합판·목재 도장설비 2. 섬유판을 방염처리하는 경우: 제조설비 또는 가공설비를 갖출 것	1. 연소시험기: 방염성능시험에 적합하도록 연소시험함, 마이크로버너, 맥켈버너, 가열시간계, 잔염시간계, 잔신시간계, 착염후초가열시간계, 전기불꽃발생장치가 부착되어 있는 것 2. 항온기: 열풍순환식이며 상온부터 42℃ 이상으로 온도조절이 가능하고, 최소눈금이 1℃ 이하일 것 3. 데시케이터: 지름이 36cm 이상일 것

✔ TIP 행정규칙: 소방시설공사업 자본금 확인서 발행 금융기관 참고

▶ 참고

제2조의2(등록신청 서류의 보완)

협회는 제2조에 따라 받은 소방시설업의 등록신청 서류가 다음 각 호의 어느 하나에 해당 되는 경우에는 10일 이내의 기간을 정하여 이를 보완하게 할 수 있다.

1. 첨부서류(전자문서를 포함한다)가 첨부되지 아니한 경우
2. 신청서(전자문서로 된 소방시설업 등록신청서를 포함한다) 및 첨부서류(전자문서를 포함한다)에 기재되어야 할 내용이 기재되어 있지 아니하거나 명확하지 아니한 경우

제2조의3(등록신청 서류의 검토 · 확인 및 송부)

① 협회는 제2조에 따라 소방시설업 등록신청 서류를 받았을 때에는 영 제2조 및 영 별표 1에 따른 등록기준에 맞는지를 검토 · 확인하여야 한다.

② 협회는 제1항에 따른 검토 · 확인을 마쳤을 때에는 제2조에 따라 받은 소방시설업 등록 신청 서류에 그 결과를 기재한 별지 제1호의2서식에 따른 소방시설업 등록신청서 서면 심사 및 확인 결과를 첨부하여 접수일(제2조의2에 따라 신청서류의 보완을 요구한 경우에는 그 보완이 완료된 날을 말한다. 이하 같다)부터 7일 이내에 특별시장 · 광역시장 · 특별자치시장 · 도지사 또는 특별자치도지사(이하 "시 · 도지사"라 한다)에게 보내야 한다.

→ 시행령 제2조 및 시행령 별표 1 참조

제3조(소방시설업 등록증 및 등록수첩의 발급)

시 · 도지사는 제2조에 따른 접수일부터 15일 이내에 협회를 경유하여 별지 제3호서식에 따른 소방시설업 등록증 및 별지 제4호서식에 따른 소방시설업 등록수첩을 신청인에게 발급해 주어야 한다.

제4조(소방시설업 등록증 또는 등록수첩의 재발급 및 반납)

① 법 제4조제3항에 따라 소방시설업자는 소방시설업 등록증 또는 등록수첩을 잃어버리거나 소방시설업 등록증 또는 등록수첩이 헐어 못 쓰게 된 경우에는 시 · 도지사에게 소방시설업 등록증 또는 등록수첩의 재발급을 신청할 수 있다.

② 소방시설업자는 제1항에 따라 재발급을 신청하는 경우에는 별지 제6호서식의 소방시설업 등록증(등록수첩) 재발급신청서 [전자문서로 된 소방시설업 등록증(등록수첩) 재발급신청서를 포함한다] 를 협회를 경유하여 시 · 도지사에게 제출하여야 한다.

③ 시 · 도지사는 제2항에 따른 재발급신청서 [전자문서로 된 소방시설업 등록증(등록수첩) 재발급신청서를 포함한다] 를 제출받은 경우에는 3일 이내에 협회를 경유하여 소방시설업 등록증 또는 등록수첩을 재발급하여야 한다.

④ 소방시설업자는 다음 각 호의 어느 하나에 해당하는 경우에는 지체 없이 협회를 경유하여 시

· 도지사에게 그 소방시설업 등록증 및 등록수첩을 반납하여야 한다.

1. 법 제9조에 따라 소방시설업 등록이 취소된 경우
2. 삭제
3. 제1항에 따라 재발급을 받은 경우. 다만, 소방시설업 등록증 또는 등록수첩을 잃어버리고 재발급을 받은 경우에는 이를 다시 찾은 경우에만 해당한다.

제4조의2(등록관리)

① 시 · 도지사는 제3조에 따라 소방시설업 등록증 및 등록수첩을 발급(제4조에 따른 재발급, 제6조제4항 단서 및 제7조제5항에 따른 발급을 포함한다)하였을 때에는 별지 제4호의2서식에 따른 소방시설업 등록증 및 등록수첩 발급(재발급)대장에 그 사실을 일련번호 순으로 작성하고 이를 관리(전자문서를 포함한다)하여야 한다.

② 협회는 제1항에 따라 발급한 사항에 대하여 별지 제5호서식에 따른 소방시설업 등록 대장에 등록사항을 작성하여 관리(전자문서를 포함한다)하여야 한다. 이 경우 협회는 다음 각 호의 사항을 협회 인터넷 홈페이지를 통하여 공시하여야 한다.

1. 등록업종 및 등록번호
2. 등록 연월일
3. 상호(명칭) 및 성명(법인의 경우에는 대표자의 성명을 말한다)
4. 영업소 소재지

제19조의2(방염처리능력 평가의 신청)

① 법 제4조제1항에 따라 방염처리업을 등록한 자(이하 "방염처리업자"라 한다)는 법 제20조의3 제2항에 따라 방염처리능력을 평가받으려는 경우에는 별지 제30호의2서식의 방염처리능력 평가 신청서(전자문서를 포함한다)를 협회에 매년 2월 15일까지 제출해야 한다. 다만, 제2항 제4호의 서류의 경우에는 법인은 매년 4월 15일, 개인은 매년 6월 10일(「소득세법」 제70조의2제1항에 따른 성실신고확인대상사업자는 매년 7월 10일)까지 제출해야 한다.

> **법 제20조의3(방염처리능력 평가 및 공시)**
>
> ① 소방청장은 방염처리업자의 방염처리능력 평가 요청이 있는 경우 해당 방염처리업자의 방염처리 실적 등에 따라 방염처리능력을 평가하여 공시할 수 있다.
>
> ② 제1항에 따른 평가를 받으려는 방염처리업자는 전년도 방염처리 실적이나 그 밖에 행정안전부령으로 정하는 서류를 소방청장에게 제출하여야 한다.
>
> ③ 제1항 및 제2항에 따른 방염처리능력 평가신청 절차, 평가방법 및 공시방법 등에 필요한 사항은 행정안전부령으로 정한다.

② 별지 제30호의2서식의 방염처리능력 평가 신청서에는 다음 각 호의 서류(전자문서를 포함한다)를 첨부해야 하며, 협회는 방염처리업자가 첨부해야 할 서류를 갖추지 못한 경우에는 15일

의 보완기간을 부여하여 보완하게 해야 한다. 이 경우 「전자정부법」 제36조제1항에 따른 행정정보의 공동이용을 통하여 첨부서류에 대한 정보를 확인할 수 있는 경우에는 그 확인으로 첨부서류를 갈음할 수 있다.

1. 방염처리 실적을 증명하는 다음 각 목의 구분에 따른 서류
   가. 제조·가공 공정에서의 방염처리 실적
      1) 「화재예방, 소방시설 설치·유지 및 안전관리에 관한 법률」 제13조제1항에 따른 방염성능검사 결과를 증명하는 서류 사본
      2) 부가가치세법령에 따른 세금계산서(공급자 보관용) 사본 또는 소득세법령에 따른 계산서(공급자 보관용) 사본
   나. 현장에서의 방염처리 실적
      1) 「소방용품의 품질관리 등에 관한 규칙」 제5조 및 별지 제4호서식에 따라 시·도지사가 발급한 현장처리물품의 방염성능검사 성적서 사본
      2) 부가가치세법령에 따른 세금계산서(공급자 보관용) 사본 또는 소득세법령에 따른 계산서(공급자 보관용) 사본
   다. 가목 및 나목 외의 방염처리 실적
      1) 별지 제30호의3서식의 방염처리 실적증명서
      2) 부가가치세법령에 따른 세금계산서(공급자 보관용) 사본 또는 소득세법령에 따른 계산서(공급자 보관용) 사본
   라. 해외 수출 물품에 대한 제조·가공 공정에서의 방염처리 실적 및 해외 현장에서의 방염처리 실적: 방염처리 계약서 사본 및 외국환은행이 발행한 외화입금증명서
   마. 주한국제연합군 또는 그 밖의 외국군의 기관으로부터 도급받은 방염처리 실적: 방염처리 계약서 사본 및 외국환은행이 발행한 외화입금증명서
2. 별지 제30호의4서식의 방염처리업 분야 기술개발투자비 확인서(해당하는 경우만 제출한다) 및 증빙서류
3. 별지 제30호의5서식의 방염처리업 신인도평가신고서(다음 각 목의 어느 하나에 해당하는 경우만 제출한다) 및 증빙서류
   가. 품질경영인증(ISO 9000) 취득
   나. 우수방염처리업자 지정
   다. 방염처리 표창 수상
4. 경영상태 확인을 위한 다음 각 목의 어느 하나에 해당하는 서류
   가. 「법인세법」 또는 「소득세법」에 따라 관할 세무서장에게 제출한 조세에 관한 신고서(「세무사법」 제6조에 따라 등록한 세무사가 확인한 것으로서 재무상태표 및 손익계산서가 포함된 것을 말한다)
   나. 「주식회사 등의 외부감사에 관한 법률」에 따라 외부감사인의 회계감사를 받은 재무제표
   다. 「공인회계사법」 제7조에 따라 등록한 공인회계사 또는 같은 법 제24조에 따라 등록한

회계법인이 감사한 회계서류

③ 제1항에 따른 기간 내에 방염처리능력 평가를 신청하지 못한 방염처리업자가 다음 각 호의 어느 하나에 해당하는 경우에는 제1항의 신청 기간에도 불구하고 다음 각 호의 어느 하나의 경우에 해당하게 된 날부터 6개월 이내에 방염처리능력 평가를 신청할 수 있다.

1. 법 제4조제1항에 따라 방염처리업을 등록한 경우
2. 법 제7조제1항 또는 제2항에 따라 방염처리업을 상속·양수·합병하거나 소방시설 전부를 인수한 경우
3. 법 제9조에 따른 방염처리업 등록취소 처분의 취소 또는 집행정지 결정을 받은 경우

④ 제1항부터 제3항까지에서 규정한 사항 외에 방염처리능력 평가 신청에 필요한 세부규정은 협회가 정하되, 소방청장의 승인을 받아야 한다.

소방시설공사업법 시행규칙 살펴보기

제2조(소방시설업의 등록신청)

① 「소방시설공사업법」(이하 "법"이라 한다) 제4조제1항에 따라 소방시설업을 등록하려는 자는 별지 제1호서식의 소방시설업 등록신청서(전자문서로 된 소방시설업 등록신청서를 포함한다)에 다음 각 호의 서류(전자문서를 포함한다)를 첨부하여 「소방시설공사업법 시행령」(이하 "영"이라 한다) 제20조제3항에 따라 법 제30조의2에 따른 소방시설업자협회(이하 "협회"라 한다)에 제출해야 한다. 다만, 「전자정부법」 제36조제1항에 따른 행정정보의 공동이용을 통하여 첨부서류에 대한 정보를 확인할 수 있는 경우에는 그 확인으로 첨부서류를 갈음할 수 있다.

1. 신청인(외국인을 포함하되, 법인의 경우에는 대표자를 포함한 임원을 말한다)의 성명, 주민등록번호 및 주소지 등의 인적사항이 적힌 서류
2. 등록기준 중 기술인력에 관한 사항을 확인할 수 있는 다음 각 목의 어느 하나에 해당하는 서류(이하 "기술인력 증빙서류"라 한다)
   가. 국가기술자격증
   나. 법 제28조제2항에 따라 발급된 소방기술 인정 자격수첩(이하 "자격수첩"이라 한다) 또는 소방기술자 경력수첩(이하 "경력수첩"이라 한다)

소방기술인정자격수첩

수첩번호:
성 명:
생년월일:
주 소:
자격취득일:
발행 연월일:
자격 구분: 공사업(전기) / 설계업 / 감리업

소방기술인정자격수첩 교부업무에 관한 운영규정 제10조제1항에 따라 소방기술 인정자격 수첩을 교부합니다.

한 국 소 방 시 설 협 회 장

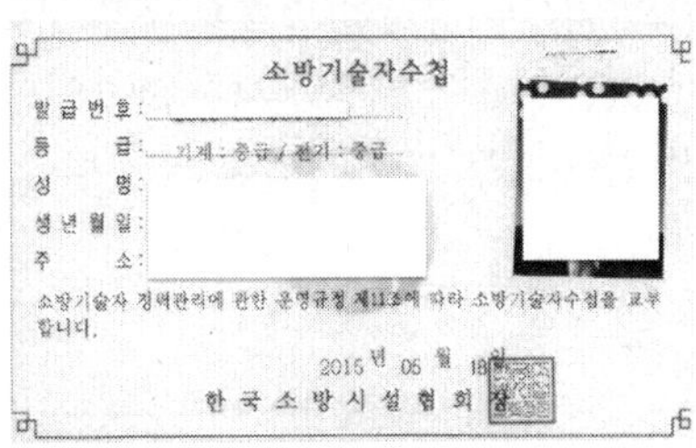
소방기술자수첩

발급번호:
등 급: 기계 : 중급 / 전기 : 중급
성 명:
생년월일:
주 소:

소방기술자 경력관리에 관한 운영규정 제11조에 따라 소방기술자수첩을 교부합니다.

2015 년 05 월 18 일

한 국 소 방 시 설 협 회 장

3. 영 제2조제2항에 따라 소방청장이 지정하는 금융회사 또는 소방산업공제조합에 출자・예치・담보한 금액 확인서(이하 "출자・예치・담보 금액 확인서"라 한다) 1부(소방시설공사업만 해당한다). 다만, 소방청장이 지정하는 금융회사 또는 소방산업공제조합에 해당 금액을 확인할 수 있는 경우에는 그 확인으로 갈음할 수 있다.
4. 다음 각 목의 어느 하나에 해당하는 자가 신청일 전 최근 90일 이내에 작성한 자산평가액 또는 소방청장이 정하여 고시하는 바에 따라 작성된 기업진단 보고서(소방시설공사업만 해당한다)
   가. 「공인회계사법」 제7조에 따라 금융위원회에 등록한 공인회계사
   나. 「세무사법」 제6조에 따라 기획재정부에 등록한 세무사
   다. 「건설산업기본법」 제49조제2항에 따른 전문경영진단기관

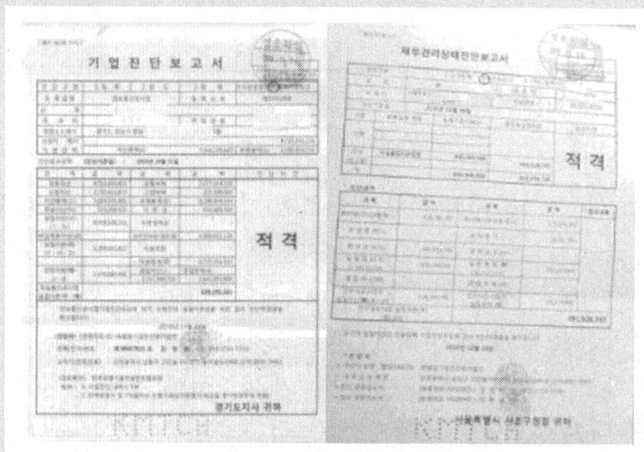

5. 신청인(법인인 경우에는 대표자)이 외국인인 경우에는 법 제5조 각 호의 어느 하나에 해당하는 사유와 같거나 비슷한 사유에 해당하지 않음을 확인할 수 있는 서류로서 다음 각 목의 어느 하나에 해당하는 서류
   가. 해당 국가의 정부나 공증인(법률에 따른 공증인의 자격을 가진 자만 해당한다), 그 밖의 권한이 있는 기관이 발행한 서류로서 해당 국가에 주재하는 우리나라 영사가 확인한 서류
   나. 「외국공문서에 대한 인증의 요구를 폐지하는 협약」을 체결한 국가의 경우에는 해당 국가의 정부나 공증인(법률에 따른 공증인의 자격을 가진 자만 해당한다), 그 밖의 권한이 있는 기관이 발행한 서류로서 해당 국가의 아포스티유(Apostille: 외국 공문서에 대한 인증 요구 폐지 협약)확인서 발급 권한이 있는 기관이 그 확인서를 발급한 서류

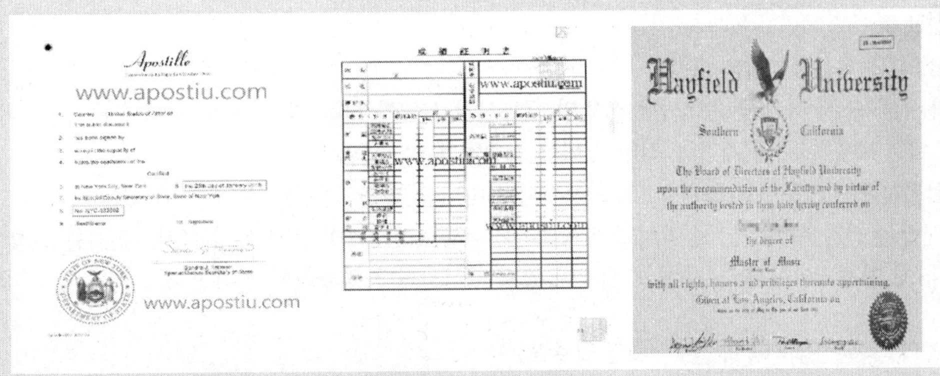

② 제1항에 따른 신청서류는 업종별로 제출하여야 한다.

③ 제1항에 따라 등록신청을 받은 협회는 「전자정부법」 제36조제1항에 따른 행정정보의 공동이용을 통하여 다음 각 호의 서류를 확인하여야 한다. 다만, 신청인이 제2호부터 제4호까지의 서류의 확인에 동의하지 아니하는 경우에는 해당 서류를 제출하도록 하여야 한다.

1. 법인등기사항 전부증명서(법인인 경우만 해당한다)
2. 사업자등록증(개인인 경우만 해당한다)
3. 「출입국관리법」 제88조제2항에 따른 외국인등록 사실증명(외국인인 경우만 해당한다)

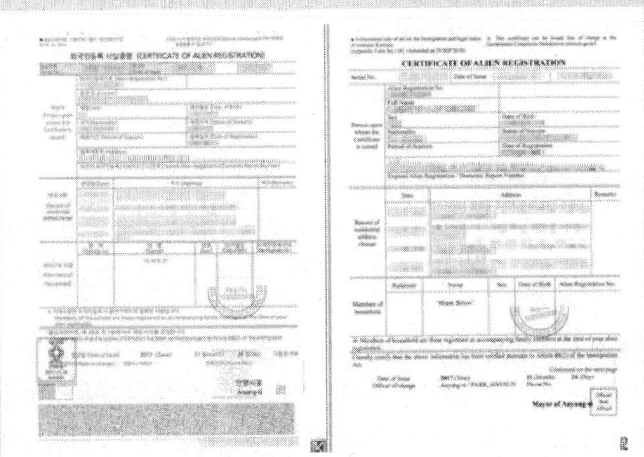

4. 「국민연금법」 제16조에 따른 국민연금가입자 증명서(이하 "국민연금가입자 증명서"라 한다) 또는 「국민건강보험법」 제11조에 따라 건강보험의 가입자로서 자격을 취득하고 있다는 사실을 확인할 수 있는 증명서("건강보험자격취득 확인서"라 한다)

✔ TIP 행정규칙: 소방시설공사업 기업진단 요령 참고

▶ 참고

제2조의2(등록신청 서류의 보완)

협회는 제2조에 따라 받은 소방시설업의 등록신청 서류가 다음 각 호의 어느 하나에 해당 되는 경우에는 10일 이내의 기간을 정하여 이를 보완하게 할 수 있다.

1. 첨부서류(전자문서를 포함한다)가 첨부되지 아니한 경우
2. 신청서(전자문서로 된 소방시설업 등록신청서를 포함한다) 및 첨부서류(전자문서를 포함한다)에 기재되어야 할 내용이 기재되어 있지 아니하거나 명확하지 아니한 경우

제2조의3(등록신청 서류의 검토 · 확인 및 송부)

① 협회는 제2조에 따라 소방시설업 등록신청 서류를 받았을 때에는 영 제2조 및 영 별표 1에 따른 등록기준에 맞는지를 검토 · 확인하여야 한다.

② 협회는 제1항에 따른 검토 · 확인을 마쳤을 때에는 제2조에 따라 받은 소방시설업 등록신청 서류에 그 결과를 기재한 별지 제1호의2서식에 따른 소방시설업 등록신청서 서면심사 및 확인 결과를 첨부하여 접수일(제2조의2에 따라 신청서류의 보완을 요구한 경우에는 그 보완이 완료된 날을 말한다. 이하 같다)부터 7일 이내에 신청인의 주된 영업소 소재지(법인의 경우에는 등기사항전부증명서상 본점소재지, 개인사업자의 경우에는 사업자 등록상의 사업장 소재지를 말한다)를 관할하는 특별시장 · 광역시장 · 특별자치시장 · 도지사 또는 특별자치도지사(이하 "시 · 도지사"라 한다)에게 보내야 한다. 〈개정 2021. 6. 10.〉[시행일: 2021.6.10.]

→ 시행령 제2조 및 시행령 별표 1 참조

제3조(소방시설업 등록증 및 등록수첩의 발급)

시 · 도지사는 제2조에 따른 접수일부터 15일 이내에 협회를 경유하여 별지 제3호서식에 따른 소방시설업 등록증 및 별지 제4호서식에 따른 소방시설업 등록수첩을 신청인에게 발급해 주어야 한다.

제4조(소방시설업 등록증 또는 등록수첩의 재발급 및 반납)

① 법 제4조제3항에 따라 소방시설업자는 소방시설업 등록증 또는 등록수첩을 잃어버리거나 소방시설업 등록증 또는 등록수첩이 헐어 못 쓰게 된 경우에는 시 · 도지사에게 소방시설업 등록증 또는 등록수첩의 재발급을 신청할 수 있다.

② 소방시설업자는 제1항에 따라 재발급을 신청하는 경우에는 별지 제6호서식의 소방시설업 등록증(등록수첩) 재발급신청서 [전자문서로 된 소방시설업 등록증(등록수첩) 재발급신청서를 포함한다] 를 협회를 경유하여 시 · 도지사에게 제출하여야 한다.

③ 시 · 도지사는 제2항에 따른 재발급신청서 [전자문서로 된 소방시설업 등록증(등록수첩) 재발급신청서를 포함한다] 를 제출받은 경우에는 3일 이내에 협회를 경유하여 소방시설업 등록증 또는 등록수첩을 재발급하여야 한다.

④ 소방시설업자는 다음 각 호의 어느 하나에 해당하는 경우에는 지체 없이 협회를 경유하여 시

・도지사에게 그 소방시설업 등록증 및 등록수첩을 반납하여야 한다.

1. 법 제9조에 따라 소방시설업 등록이 취소된 경우
2. 삭제
3. 제1항에 따라 재발급을 받은 경우. 다만, 소방시설업 등록증 또는 등록수첩을 잃어버리고 재발급을 받은 경우에는 이를 다시 찾은 경우에만 해당한다.

제4조의2(등록관리)

① 시・도지사는 제3조에 따라 소방시설업 등록증 및 등록수첩을 발급(제4조에 따른 재발급, 제6조제4항 단서 및 제7조제5항에 따른 발급을 포함한다)하였을 때에는 별지 제4호의2서식에 따른 소방시설업 등록증 및 등록수첩 발급(재발급)대장에 그 사실을 일련번호 순으로 작성하고 이를 관리(전자문서를 포함한다)하여야 한다.

② 협회는 제1항에 따라 발급한 사항에 대하여 별지 제5호서식에 따른 소방시설업 등록 대장에 등록사항을 작성하여 관리(전자문서를 포함한다)하여야 한다. 이 경우 협회는 다음 각 호의 사항을 협회 인터넷 홈페이지를 통하여 공시하여야 한다.

1. 등록업종 및 등록번호
2. 등록 연월일
3. 상호(명칭) 및 성명(법인의 경우에는 대표자의 성명을 말한다)
4. 영업소 소재지

제19조의2(방염처리능력 평가의 신청)

① 법 제4조제1항에 따라 방염처리업을 등록한 자(이하 "방염처리업자"라 한다)는 법 제20조의3 제2항에 따라 방염처리능력을 평가받으려는 경우에는 별지 제30호의2서식의 방염처리능력 평가 신청서(전자문서를 포함한다)를 협회에 매년 2월 15일까지 제출해야 한다. 다만, 제2항 제4호의 서류의 경우에는 법인은 매년 4월 15일, 개인은 매년 6월 10일(「소득세법」 제70조의2제1항에 따른 성실신고확인대상사업자는 매년 7월 10일)까지 제출해야 한다.

> **법 제20조의3(방염처리능력 평가 및 공시)**
>
> ① 소방청장은 방염처리업자의 방염처리능력 평가 요청이 있는 경우 해당 방염처리업자의 방염처리 실적 등에 따라 방염처리능력을 평가하여 공시할 수 있다.
>
> ② 제1항에 따른 평가를 받으려는 방염처리업자는 전년도 방염처리 실적이나 그 밖에 행정안전부령으로 정하는 서류를 소방청장에게 제출하여야 한다.
>
> ③ 제1항 및 제2항에 따른 방염처리능력 평가신청 절차, 평가방법 및 공시방법 등에 필요한 사항은 행정안전부령으로 정한다.

② 별지 제30호의2서식의 방염처리능력 평가 신청서에는 다음 각 호의 서류(전자문서를 포함한다)를 첨부해야 하며, 협회는 방염처리업자가 첨부해야 할 서류를 갖추지 못한 경우에는 15일

의 보완기간을 부여하여 보완하게 해야 한다. 이 경우 「전자정부법」 제36조제1항에 따른 행정정보의 공동이용을 통하여 첨부서류에 대한 정보를 확인할 수 있는 경우에는 그 확인으로 첨부서류를 갈음할 수 있다.

1. 방염처리 실적을 증명하는 다음 각 목의 구분에 따른 서류
   가. 제조·가공 공정에서의 방염처리 실적
      1) 「화재예방, 소방시설 설치·유지 및 안전관리에 관한 법률」 제13조제1항에 따른 방염성능검사 결과를 증명하는 서류 사본
      2) 부가가치세법령에 따른 세금계산서(공급자 보관용) 사본 또는 소득세법령에 따른 계산서(공급자 보관용) 사본
   나. 현장에서의 방염처리 실적
      1) 「소방용품의 품질관리 등에 관한 규칙」 제5조 및 별지 제4호서식에 따라 시·도지사가 발급한 현장처리물품의 방염성능검사 성적서 사본
      2) 부가가치세법령에 따른 세금계산서(공급자 보관용) 사본 또는 소득세법령에 따른계산서(공급자 보관용) 사본
   다. 가목 및 나목 외의 방염처리 실적
      1) 별지 제30호의3서식의 방염처리 실적증명서
      2) 부가가치세법령에 따른 세금계산서(공급자 보관용) 사본 또는 소득세법령에 따른 계산서(공급자 보관용) 사본
   라. 해외 수출 물품에 대한 제조·가공 공정에서의 방염처리 실적 및 해외 현장에서의 방염처리 실적: 방염처리 계약서 사본 및 외국환은행이 발행한 외화입금증명서
   마. 주한국제연합군 또는 그 밖의 외국군의 기관으로부터 도급받은 방염처리 실적: 방염처리 계약서 사본 및 외국환은행이 발행한 외화입금증명서
2. 별지 제30호의4서식의 방염처리업 분야 기술개발투자비 확인서(해당하는 경우만 제출한다) 및 증빙서류
3. 별지 제30호의5서식의 방염처리업 신인도평가신고서(다음 각 목의 어느 하나에 해당하는 경우만 제출한다) 및 증빙서류
   가. 품질경영인증(ISO 9000) 취득
   나. 우수방염처리업자 지정
   다. 방염처리 표창 수상
4. 경영상태 확인을 위한 다음 각 목의 어느 하나에 해당하는 서류
   가. 「법인세법」 또는 「소득세법」에 따라 관할 세무서장에게 제출한 조세에 관한 신고서(「세무사법」 제6조에 따라 등록한 세무사가 확인한 것으로서 재무상태표 및 손익계산서가 포함된 것을 말한다)
   나. 「주식회사 등의 외부감사에 관한 법률」에 따라 외부감사인의 회계감사를 받은 재무제표
   다. 「공인회계사법」 제7조에 따라 등록한 공인회계사 또는 같은 법 제24조에 따라 등록한

회계법인이 감사한 회계서류

③ 제1항에 따른 기간 내에 방염처리능력 평가를 신청하지 못한 방염처리업자가 다음 각 호의 어느 하나에 해당하는 경우에는 제1항의 신청 기간에도 불구하고 다음 각 호의 어느 하나의 경우에 해당하게 된 날부터 6개월 이내에 방염처리능력 평가를 신청할 수 있다.

1. 법 제4조제1항에 따라 방염처리업을 등록한 경우
2. 법 제7조제1항 또는 제2항에 따라 방염처리업을 상속·양수·합병하거나 소방시설 전부를 인수한 경우
3. 법 제9조에 따른 방염처리업 등록취소 처분의 취소 또는 집행정지 결정을 받은 경우

④ 제1항부터 제3항까지에서 규정한 사항 외에 방염처리능력 평가 신청에 필요한 세부규정은 협회가 정하되, 소방청장의 승인을 받아야 한다.

제5조(등록의 결격사유)

다음 각 호의 어느 하나에 해당하는 자는 소방시설업을 등록할 수 없다. 〈개정 2013. 5. 22., 2015. 7. 20., 2018. 2. 9., 2021. 11. 30.〉

1. 피성년후견인
2. 삭제
3. 이 법, 「소방기본법」, 「화재예방, 소방시설 설치·유지 및 안전관리에 관한 법률」 또는 「위험물안전관리법」에 따른 금고 이상의 실형을 선고받고 그 집행이 끝나거나(집행이 끝난 것으로 보는 경우를 포함한다) 면제된 날부터 2년이 지나지 아니한 사람
4. 이 법, 「소방기본법」, 「화재예방, 소방시설 설치·유지 및 안전관리에 관한 법률」 또는 「위험물안전관리법」에 따른 금고 이상의 형의 집행유예를 선고받고 그 유예기간 중에 있는 사람
5. 등록하려는 소방시설업 등록이 취소(제1호에 해당하여 등록이 취소된 경우는 제외한다)된 날부터 2년이 지나지 아니한 자
6. 법인의 대표자가 제1호부터 제5호까지의 규정에 해당하는 경우 그 법인
7. 법인의 임원이 제3호부터 제5호까지의 규정에 해당하는 경우 그 법인

제5조(등록의 결격사유)

다음 각 호의 어느 하나에 해당하는 자는 소방시설업을 등록할 수 없다.

1.·2. (현행과 같음)

3. 이 법, 「소방기본법」, 「화재의 예방 및 안전관리에 관한 법률」, 「소방시설 설치 및 관리에 관한 법률」 또는 「위험물안전관리법」에 따른 금고 이상의 실형을 선고받고 그 집행이 끝나거나

(집행이 끝난 것으로 보는 경우를 포함한다) 면제된 날부터 2년이 지나지 아니한 사람

4. 이 법, 「소방기본법」, 「화재의 예방 및 안전관리에 관한 법률」, 「소방시설 설치 및 관리에 관한 법률」 또는 「위험물안전관리법」에 따른 금고 이상의 형의 집행유예를 선고받고 그 유예기간 중에 있는 사람
5. ~ 7. (현행과 같음)

[시행일: 2022. 12. 1.] 제5조

제6조(등록사항의 변경신고)

소방시설업자는 제4조에 따라 등록한 사항 중 행정안전부령으로 정하는 중요 사항을 변경할 때에는 행정안전부령으로 정하는 바에 따라 시·도지사에게 신고하여야 한다.

➡ **200만 원 이하의 과태료**

소방시설공사업법 시행규칙 살펴보기

제5조(등록사항의 변경신고사항)

법 제6조에서 "행정안전부령으로 정하는 중요 사항"이란 다음 각 호의 어느 하나에 해당하는 사항을 말한다.

1. 상호(명칭) 또는 영업소 소재지
2. 대표자
3. 기술인력

제6조(등록사항의 변경신고 등)

① 법 제6조에 따라 소방시설업자는 제5조 각 호의 어느 하나에 해당하는 등록사항이 변경된 경우에는 변경일부터 30일 이내에 별지 제7호서식의 소방시설업 등록사항 변경신고서(전자문서로 된 소방시설업 등록사항 변경신고서를 포함한다)에 변경사항별로 다음 각 호의 구분에 따른 서류(전자문서를 포함한다)를 첨부하여 협회에 제출하여야 한다. 다만, 「전자정부법」 제36조제1항에 따른 행정정보의 공동이용을 통하여 첨부서류에 대한 정보를 확인할 수 있는 경우에는 그 확인으로 첨부서류를 갈음할 수 있다.

1. 상호(명칭) 또는 영업소 소재지가 변경된 경우: 소방시설업 등록증 및 등록수첩
2. 대표자가 변경된 경우: 다음 각 목의 서류
   가. 소방시설업 등록증 및 등록수첩
   나. 변경된 대표자의 성명, 주민등록번호 및 주소지 등의 인적사항이 적힌 서류
   다. 외국인인 경우에는 제2조제1항제5호 각 목의 어느 하나에 해당하는 서류
3. 기술인력이 변경된 경우: 다음 각 목의 서류

가. 소방시설업 등록수첩

나. 기술인력 증빙서류

다. 삭제

② 제1항에 따른 신고서를 제출받은 협회는 「전자정부법」 제36조제1항에 따라 행정정보의 공동이용을 통하여 다음 각 호의 서류를 확인하여야 한다. 다만, 신청인이 제2호부터 제4호까지의 서류의 확인에 동의하지 아니하는 경우에는 해당 서류를 제출하도록 하여야 한다.

1. 법인등기사항 전부증명서(법인인 경우만 해당한다)
2. 사업자등록증(개인인 경우만 해당한다)
3. 「출입국관리법」 제88조제2항에 따른 외국인등록 사실증명(외국인인 경우만 해당한다)
4. 국민연금가입자 증명서 또는 건강보험자격취득 확인서(기술인력을 변경하는 경우에만 해당한다)

③ 제1항에 따라 변경신고 서류를 제출받은 협회는 등록사항의 변경신고 내용을 확인하고 5일 이내에 제1항에 따라 제출된 소방시설업 등록증·등록수첩 및 기술인력 증빙서류에 그 변경된 사항을 기재하여 발급하여야 한다.

④ 제3항에도 불구하고 영업소 소재지가 등록된 특별시·광역시·특별자치시·도 및 특별자치도(이하 "시·도"라 한다)에서 다른 시·도로 변경된 경우에는 제1항에 따라 제출받은 변경신고 서류를 접수일로부터 7일 이내에 해당 시·도지사에게 보내야 한다. 이 경우 해당 시·도지사는 소방시설업 등록증 및 등록수첩을 협회를 경유하여 신고인에게 새로 발급하여야 한다.

⑤ 제1항에 따라 변경신고 서류를 제출받은 협회는 별지 제5호서식의 소방시설업 등록대장에 변경사항을 작성하여 관리(전자문서를 포함한다)하여야 한다.

⑥ 협회는 등록사항의 변경신고 접수현황을 매월 말일을 기준으로 작성하여 다음 달 10일까지 별지 제7호의2서식에 따라 시·도지사에게 알려야 한다.

⑦ 변경신고 서류의 보완에 관하여는 제2조의2를 준용한다. 이 경우 "소방시설업의 등록신청 서류"는 "소방시설업의 등록사항 변경신고 서류"로 본다.

제6조의2(휴업·폐업 신고 등)

① 소방시설업자는 소방시설업을 휴업·폐업 또는 재개업하는 때에는 행정안전부령으로 정하는 바에 따라 시·도지사에게 신고하여야 한다. ➡ 200만 원 이하의 과태료

② 제1항에 따른 폐업신고를 받은 시·도지사는 소방시설업 등록을 말소하고 그 사실을 행정안전부령으로 정하는 바에 따라 공고하여야 한다.

③ 제1항에 따른 폐업신고를 한 자가 제2항에 따라 소방시설업 등록이 말소된 후 6개월 이내에 같은 업종의 소방시설업을 다시 제4조에 따라 등록한 경우 해당 소방시설업자는 폐업신고 전 소방시설업자의 지위를 승계한다.

④ 제3항에 따라 소방시설업자의 지위를 승계한 자에 대해서는 폐업신고 전의 소방시설업자에 대한 행정처분의 효과가 승계된다.

소방시설공사업법 시행규칙 살펴보기

제6조의2(소방시설업의 휴업 · 폐업 등의 신고)

① 소방시설업자는 법 제6조의2제1항에 따라 휴업 · 폐업 또는 재개업 신고를 하려면 휴업 · 폐업 또는 재개업일부터 30일 이내에 별지 제7호의3서식의 소방시설업 휴업 · 폐업 · 재개업 신고서(전자문서로 된 신고서를 포함한다)에 다음 각 호의 구분에 따른 서류(전자문서를 포함한다)를 첨부하여 협회를 경유하여 시 · 도지사에게 제출하여야 한다. 다만, 「전자정부법」 제36조제1항에 따른 행정정보의 공동이용을 통하여 첨부서류에 대한 정보를 확인할 수 있는 경우에는 그 확인으로 첨부서류를 갈음할 수 있다.

1. 휴업 · 폐업의 경우: 등록증 및 등록수첩
2. 재개업의 경우: 제2조제1항제2호 및 제3호, 같은 조 제3항제4호에 해당하는 서류

② 제1항에 따른 신고서를 제출받은 협회는 「전자정부법」 제36조제1항에 따라 행정정보의 공동이용을 통하여 국민연금가입자 증명서 또는 건강보험자격취득 확인서를 확인하여야 한다. 다만, 신고인이 서류의 확인에 동의하지 아니하는 경우에는 해당 서류를 제출하도록 하여야 한다.

③ 제1항에 따른 신고서를 제출받은 협회는 법 제6조의2제2항에 따라 다음 각 호의 사항을 협회 인터넷 홈페이지에 공고하여야 한다.

1. 등록업종 및 등록번호
2. 휴업 · 폐업 또는 재개업 연월일
3. 상호(명칭) 및 성명(법인의 경우에는 대표자의 성명을 말한다)
4. 영업소 소재지

제7조(소방시설업자의 지위승계)

① 다음 각 호의 어느 하나에 해당하는 자가 종전의 소방시설업자의 지위를 승계하려는 경우에는 그 상속일, 양수일 또는 합병일부터 30일 이내에 행정안전부령으로 정하는 바에 따라 그 사실을 시 · 도지사에게 신고하여야 한다.

1. 소방시설업자가 사망한 경우 그 상속인
2. 소방시설업자가 그 영업을 양도한 경우 그 양수인
3. 법인인 소방시설업자가 다른 법인과 합병한 경우 합병 후 존속하는 법인이나 합병으로 설립되는 법인
4. 삭제

② 다음 각 호의 어느 하나에 해당하는 절차에 따라 소방시설업자의 소방시설의 전부를 인수한 자가 종전의 소방시설업자의 지위를 승계하려는 경우에는 그 인수일부터 30일 이내에 행정안전부령으로 정하는 바에 따라 그 사실을 시・도지사에게 신고하여야 한다.

1. 「민사집행법」에 따른 경매
2. 「채무자 회생 및 파산에 관한 법률」에 따른 환가(換價)
3. 「국세징수법」, 「관세법」 또는 「지방세징수법」에 따른 압류재산의 매각
4. 그 밖에 제1호부터 제3호까지의 규정에 준하는 절차

➡ 200만 원 이하의 과태료

③ 시・도지사는 제1항 또는 제2항에 따른 신고를 받은 경우 그 내용을 검토하여 이 법에 적합하면 신고를 수리하여야 한다. ➡ 200만 원 이하의 과태료

④ 제1항이나 제2항에 따른 지위승계에 관하여는 제5조를 준용한다. 다만, 상속인이 각 호의 어느 하나에 해당하는 경우 상속받은 날부터 3개월 동안은 그러하지 아니하다.

⑤ 제1항 또는 제2항에 따른 신고가 수리된 경우에는 제1항 각 호에 해당하는 자 또는 소방시설업자의 소방시설의 전부를 인수한 자는 그 상속일, 양수일, 합병일 또는 인수일부터 종전의 소방시설업자의 지위를 승계한다.

소방시설공사업법 시행규칙 살펴보기

제7조(지위승계 신고 등)

① 법 제7조제1항 및 제2항에 따라 소방시설업자 지위 승계를 신고하려는 자는 그 상속일, 양수일, 합병일 또는 인수일부터 30일 이내에 다음 각 호의 구분에 따른 서류(전자문서를 포함한다)를 협회에 제출해야 한다. 〈개정 2015. 8. 4., 2020. 1. 15., 2021. 6. 10.〉[시행일: 2021.6.10.]

1. 양도・양수의 경우(분할 또는 분할합병에 따른 양도・양수의 경우를 포함한다. 이하 이 조에서 같다): 다음 각 목의 서류
   가. 별지 제8호서식에 따른 소방시설업 지위승계신고서
   나. 양도인 또는 합병 전 법인의 소방시설업 등록증 및 등록수첩
   다. 양도・양수 계약서 사본, 분할계획서 사본 또는 분할합병계약서 사본(법인의 경우 양도・양수에 관한 사항을 의결한 주주총회 등의 결의서 사본을 포함한다)
   라. 제2조제1항 각 호에 해당하는 서류. 이 경우 같은 항 제1호 및 제5호의 "신청인"은 "신고인"으로 본다.
   마. 양도・양수 공고문 사본
2. 상속의 경우: 다음 각 목의 서류
   가. 별지 제8호서식에 따른 소방시설업 지위승계신고서

나. 피상속인의 소방시설업 등록증 및 등록수첩

다. 제2조제1항 각 호에 해당하는 서류. 이 경우 같은 항 제1호 및 제5호의 "신청인"은 "신고인"으로 본다.

라. 상속인임을 증명하는 서류

3. 합병의 경우: 다음 각 목의 서류

가. 별지 제9호서식에 따른 소방시설업 합병신고서

나. 합병 전 법인의 소방시설업 등록증 및 등록수첩

다. 합병계약서 사본(합병에 관한 사항을 의결한 총회 또는 창립총회 결의서 사본을 포함한다)

라. 제2조제1항 각 호에 해당하는 서류. 이 경우 같은 항 제1호 및 제5호의 "신청인"은 "신고인"으로 본다.

마. 합병공고문 사본

② 제1항에 따라 소방시설업자 지위 승계를 신고하려는 상속인이 법 제6조의2제1항에 따른 폐업신고를 함께 하려는 경우에는 제1항제2호다목 전단의 서류 중 제2조제1항제1호 및 제5호의 서류만을 첨부하여 제출할 수 있다. 이 경우 같은 항 제1호 및 제5호의 "신청인"은 "신고인"으로 본다.

③ 제1항에 따른 신고서를 제출받은 협회는 「전자정부법」 제36조제1항에 따라 행정정보의 공동이용을 통하여 다음 각 호의 서류를 확인하여야 하며, 신고인이 제2호부터 제4호까지의 서류의 확인에 동의하지 아니하는 경우에는 해당 서류를 첨부하게 하여야 한다.

1. 법인등기사항 전부증명서(지위승계인이 법인인 경우에만 해당한다)
2. 사업자등록증(지위승계인이 개인인 경우에만 해당한다)
3. 「출입국관리법」 제88조제2항에 따른 외국인등록 사실증명(지위승계인이 외국인인 경우에만 해당한다)
4. 국민연금가입자 증명서 또는 건강보험자격취득 확인서

④ 제1항에 따른 지위승계 신고 서류를 제출받은 협회는 접수일부터 7일 이내에 지위를 승계한 사실을 확인한 후 그 결과를 시·도지사에게 보고하여야 한다.

⑤ 시·도지사는 제4항에 따라 소방시설업의 지위승계 신고의 확인 사실을 보고받은 날부터 3일 이내에 협회를 경유하여 법 제7조제1항에 따른 지위승계인에게 등록증 및 등록수첩을 발급하여야 한다.

⑥ 제1항에 따라 지위승계 신고 서류를 제출받은 협회는 별지 제5호서식에 따른 소방시설업 등록대장에 지위승계에 관한 사항을 작성하여 관리(전자문서를 포함한다)하여야 한다.

⑦ 지위승계 신고 서류의 보완에 관하여는 제2조의2를 준용한다. 이 경우 "소방시설업의 등록신청 서류"는 "소방시설업의 지위승계 신고 서류"로 본다.

제8조(소방시설업의 운영)

① 소방시설업자는 다른 자에게 자기의 성명이나 상호를 사용하여 소방시설공사등을 수급 또는 시공하게 하거나 소방시설업의 등록증 또는 등록수첩을 빌려 주어서는 아니 된다. ➡ 300만 원 이하의 벌금

② 제9조제1항에 따라 영업정지처분이나 등록취소처분을 받은 소방시설업자는 그 날부터 소방시설공사등을 하여서는 아니 된다. 다만, 소방시설의 착공신고가 수리(受理)되어 공사를 하고 있는 자로서 도급계약이 해지되지 아니한 소방시설공사업자 또는 소방공사감리업자가 그 공사를 하는 동안이나 제4조제1항에 따라 방염처리업을 등록한 자(이하 "방염처리업자"라 한다)가 도급을 받아 방염 중인 것으로서 도급계약이 해지되지 아니한 상태에서 그 방염을 하는 동안에는 그러하지 아니하다.

③ 소방시설업자는 다음 각 호의 어느 하나에 해당하는 경우에는 소방시설공사등을 맡긴 특정소방대상물의 관계인에게 지체 없이 그 사실을 알려야 한다. ➡ 200만 원 이하의 과태료

1. 제7조에 따라 소방시설업자의 지위를 승계한 경우
2. 제9조제1항에 따라 소방시설업의 등록취소처분 또는 영업정지처분을 받은 경우
3. 휴업하거나 폐업한 경우

④ 소방시설업자는 행정안전부령으로 정하는 관계 서류를 제15조제1항에 따른 하자보수 보증기간 동안 보관하여야 한다. ➡ 200만원 이하의 과태료

소방시설공사업법 시행규칙 살펴보기

제8조(소방시설업자가 보관하여야 하는 관계 서류)

법 제8조제4항에서 "행정안전부령으로 정하는 관계 서류"란 다음 각 호의 구분에 따른 해당 서류(전자문서를 포함한다)를 말한다.

1. 소방시설설계업: 별지 제10호서식의 소방시설 설계기록부 및 소방시설 설계도서
2. 소방시설공사업: 별지 제11호서식의 소방시설공사 기록부
3. 소방공사감리업: 별지 제12호서식의 소방공사 감리기록부, 별지 제13호서식의 소방공사 감리일지 및 소방시설의 완공 당시 설계도서

- 영업정지처분을 받고 영업을 한 자는 1년 이하의 징역 또는 1천만 원 이하의 벌금

제9조(등록취소와 영업정지 등)

① 시・도지사는 소방시설업자가 다음 각 호의 어느 하나에 해당하면 행정안전부령으로 정하는 바에 따라 그 등록을 취소하거나 6개월 이내의 기간을 정하여 시정이나 그 영업의 정지를 명

할 수 있다. 다만, 제1호 · 제3호 또는 제7호에 해당하는 경우에는 그 등록을 취소하여야 한다. 〈개정 2013. 3. 23., 2014. 11. 19., 2014. 12. 30., 2015. 7. 20., 2016. 1. 27., 2017. 7. 26., 2018. 2. 9., 2020. 6. 9., 2021. 1. 5., 2021. 11. 30.〉

1. 거짓이나 그 밖의 부정한 방법으로 등록한 경우
2. 제4조제1항에 따른 등록기준에 미달하게 된 후 30일이 경과한 경우. 다만, 자본금기준에 미달한 경우 중 「채무자 회생 및 파산에 관한 법률」에 따라 법원이 회생절차의 개시의 결정을 하고 그 절차가 진행 중인 경우 등 대통령령으로 정하는 경우는 30일이 경과한 경우에도 예외로 한다.
3. 제5조 각 호의 등록 결격사유에 해당하게 된 경우
4. 등록을 한 후 정당한 사유 없이 1년이 지날 때까지 영업을 시작하지 아니하거나 계속하여 1년 이상 휴업한 때
5. 삭제 〈2013. 5. 22.〉
6. 제8조제1항을 위반하여 다른 자에게 자기의 성명이나 상호를 사용하여 소방시설공사등을 수급 또는 시공하게 하거나 소방시설업의 등록증 또는 등록수첩을 빌려준 경우
7. 제8조제2항을 위반하여 영업정지 기간 중에 소방시설공사등을 한 경우
8. 제8조제3항 또는 제4항을 위반하여 통지를 하지 아니하거나 관계서류를 보관하지 아니한 경우
9. 제11조나 제12조제1항을 위반하여 「화재예방, 소방시설 설치 · 유지 및 안전관리에 관한 법률」 제9조제1항에 따른 화재안전기준(이하 "화재안전기준"이라 한다) 등에 적합하게 설계 · 시공을 하지 아니하거나, 제16조제1항에 따라 적합하게 감리를 하지 아니한 경우
10. 제11조, 제12조제1항, 제16조제1항 또는 제20조의2에 따른 소방시설공사등의 업무수행의무 등을 고의 또는 과실로 위반하여 다른 자에게 상해를 입히거나 재산피해를 입힌 경우
11. 제12조제2항을 위반하여 소속 소방기술자를 공사현장에 배치하지 아니하거나 거짓으로 한 경우
12. 제13조나 제14조를 위반하여 착공신고(변경신고를 포함한다)를 하지 아니하거나 거짓으로 한 때 또는 완공검사(부분완공검사를 포함한다)를 받지 아니한 경우
13. 제13조제2항 후단을 위반하여 착공신고사항 중 중요한 사항에 해당하지 아니하는 변경사항을 같은 항 각 호의 어느 하나에 해당하는 서류에 포함하여 보고하지 아니한 경우
14. 제15조제3항을 위반하여 하자보수 기간 내에 하자보수를 하지 아니하거나 하자보수계획을 통보하지 아니한 경우
15. 제17조제3항을 위반하여 인수 · 인계를 거부 · 방해 · 기피한 경우
16. 제18조제1항을 위반하여 소속 감리원을 공사현장에 배치하지 아니하거나 거짓으로 한 경우

17. 제18조제3항의 감리원 배치기준을 위반한 경우
18. 제19조제1항에 따른 요구에 따르지 아니한 경우
19. 제19조제3항을 위반하여 보고하지 아니한 경우
20. 제20조를 위반하여 감리 결과를 알리지 아니하거나 거짓으로 알린 경우 또는 공사감리 결과보고서를 제출하지 아니하거나 거짓으로 제출한 경우

20의2. 제20조의2를 위반하여 방염을 한 경우

20의3. 제20조의3제2항에 따른 방염처리능력 평가에 관한 서류를 거짓으로 제출한 경우

20의4. 제21조의3제4항을 위반하여 하도급 등에 관한 사항을 관계인과 발주자에게 알리지 아니하거나 거짓으로 알린 경우

21. 제22조제1항 본문을 위반하여 도급받은 소방시설의 설계, 시공, 감리를 하도급한 경우

21의2. 제22조제2항을 위반하여 하도급받은 소방시설공사를 다시 하도급한 경우

22. [제22호는 제20호의4로 이동] 〈2020. 6. 9.〉
23. 제22조의2제2항을 위반하여 정당한 사유 없이 하수급인 또는 하도급 계약내용의 변경요구에 따르지 아니한 경우

23의2. 제22조의3을 위반하여 하수급인에게 대금을 지급하지 아니한 경우

24. 제24조를 위반하여 시공과 감리를 함께 한 경우

24의2. 제26조의2제2항에 따른 사업수행능력 평가에 관한 서류를 위조하거나 변조하는 등 거짓이나 그 밖의 부정한 방법으로 입찰에 참여한 경우

24의3. 제26조의2제1항 후단에 따른 사업수행능력 평가에 관한 서류를 위조하거나 변조하는 등 거짓이나 그 밖의 부정한 방법으로 입찰에 참여한 경우

25. 제31조에 따른 명령을 위반하여 보고 또는 자료 제출을 하지 아니하거나 거짓으로 보고 또는 자료 제출을 한 경우
26. 정당한 사유 없이 제31조에 따른 관계 공무원의 출입 또는 검사·조사를 거부·방해 또는 기피한 경우

➡ 1년 이하의 징역 또는 1천만원 이하의 벌금

② 제7조에 따라 소방시설업자의 지위를 승계한 상속인이 제5조 각 호의 어느 하나에 해당할 때에는 상속을 개시한 날부터 6개월 동안은 제1항제3호를 적용하지 아니한다.

③ 발주자는 소방시설업자가 제1항 각 호의 어느 하나에 해당하는 경우 그 사실을 시·도지사에게 통보하여야 한다.

④ 시·도지사는 제1항 또는 제10조제1항에 따라 등록취소, 영업정지 또는 과징금 부과 등의 처분을 하는 경우 해당 발주자에게 그 내용을 통보하여야 한다.

② 제7조에 따라 소방시설업자의 지위를 승계한 상속인이 제5조 각 호의 어느 하나에 해당할 때에는 상속을 개시한 날부터 6개월 동안은 제1항제3호를 적용하지 아니한다.

③ 발주자는 소방시설업자가 제1항 각 호의 어느 하나에 해당하는 경우 그 사실을 시·도지사에게 통보하여야 한다.

④ 시·도지사는 제1항 또는 제10조제1항에 따라 등록취소, 영업정지 또는 과징금 부과 등의 처분을 하는 경우 해당 발주자에게 그 내용을 통보하여야 한다.

제9조(등록취소와 영업정지 등)

① 시·도지사는 소방시설업자가 다음 각 호의 어느 하나에 해당하면 행정안전부령으로 정하는 바에 따라 그 등록을 취소하거나 6개월 이내의 기간을 정하여 시정이나 그 영업의 정지를 명할 수 있다. 다만, 제1호·제3호 또는 제7호에 해당하는 경우에는 그 등록을 취소하여야 한다.

1. ~ 8. (현행과 같음)

9. 제11조나 제12조제1항을 위반하여 「소방시설 설치 및 관리에 관한 법률」 제2조제1항제6호에 따른 화재안전기준(이하 "화재안전기준"이라 한다) 등에 적합하게 설계·시공을 하지 아니하거나, 제16조제1항에 따라 적합하게 감리를 하지 아니한 경우

10. ~ 26. (현행과 같음)

② ~ ④ (현행과 같음)

[시행일: 2022. 12. 1.] 제9조

소방시설공사업법 시행령 살펴보기

제2조의2(일시적인 등록기준 미달에 관한 예외)

법 제9조제1항제2호 단서에서 "「채무자 회생 및 파산에 관한 법률」에 따라 법원이 회생절차의 개시의 결정을 하고 그 절차가 진행 중인 경우 등 대통령령으로 정하는 경우"란 다음 각 호의 어느 하나에 해당하는 경우를 말한다.

1. 「상법」 제542조의8제1항 단서의 적용 대상인 상장회사가 최근 사업연도 말 현재의 자산 총액 감소에 따라 등록기준에 미달하는 기간이 50일 이내인 경우
2. 제2조제1항에 따른 업종별 등록기준 중 자본금 기준에 미달하는 경우로서 다음 각 목의 어느 하나에 해당하는 경우
   가. 「채무자 회생 및 파산에 관한 법률」에 따라 법원이 회생절차 개시의 결정을 하고, 그 절차가 진행 중인 경우
   나. 「채무자 회생 및 파산에 관한 법률」에 따라 법원이 회생계획의 수행에 지장이 없다고 인정하여 해당 소방시설업자에 대한 회생절차 종결의 결정을 하고, 그 회생계획을 수행 중인 경우
   다. 「기업구조조정 촉진법」에 따라 금융채권자협의회가 금융채권자협의회에 의한 공동관리절차 개시의 의결을 하고, 그 절차가 진행 중인 경우

소방시설공사업법 시행규칙 살펴보기

제9조(소방시설업의 행정처분기준)

법 제9조제1항에 따른 소방시설업의 등록취소 등의 행정처분에 대한 기준은 별표 1과 같다.

소방시설공사업법 시행규칙 [별표 1]

소방시설업에 대한 행정처분기준 (제9조 관련)

1. 일반기준
   가. 위반행위가 동시에 둘 이상 발생한 경우에는 그 중 중한 처분기준(중한 처분기준이 동일한 경우에는 그 중 하나의 처분기준을 말한다. 이하 같다)에 따르되, 둘 이상의 처분기준이 동일한 영업정지인 경우에는 중한 처분의 2분의 1까지 가중하여 처분할 수 있다.
   나. 영업정지 처분기간 중 영업정지에 해당하는 위반사항이 있는 경우에는 종전의 처분기간 만료일의 다음날부터 새로운 위반사항에 대한 영업정지의 행정처분을 한다.
   다. 위반행위의 차수에 따른 행정처분기준은 최근 1년간 같은 위반행위로 행정처분을 받은 경우에 적용한다. 이 경우 기준 적용일은 위반사항에 대한 행정처분일과 그 처분 후 다시 적발한 날을 기준으로 한다.
   라. 영업정지 등에 해당하는 위반사항으로서 위반행위의 동기·내용·횟수·사유 또는 그 결과를 고려하여 다음 각 목에 해당하는 경우 그 처분을 가중하거나 감경할 수 있다. 이 경우 그 처분이 영업정지일 때에는 그 처분기준의 2분의 1의 범위에서 가중하거나 감경할 수 있고, 등록취소일 때에는 등록취소 전 차수의 행정처분이 영업정지일 경우 처분기준의 2배 이상의 영업정지처분으로 감경(법 제9조제1항제6호를 위반하여 등록취소가 된 경우는 제외한다)할 수 있다.
      1) 가중사유
         가) 위반행위가 사소한 부주의나 오류가 아닌 고의나 중대한 과실에 의한 것으로 인정되는 경우
         나) 위반의 내용·정도가 중대하여 관계인에게 미치는 피해가 크다고 인정되는 경우
      2) 감경 사유
         가) 위반행위가 고의나 중대한 과실이 아닌 사소한 부주의나 오류로 인한 것으로 인정되는 경우
         나) 위반의 내용·정도가 경미하여 관계인에게 미치는 피해가 적다고 인정되는 경우
         다) 위반행위자의 위반행위가 처음이며 5년 이상 소방시설업을 모범적으로 해 온 사실이 인정되는 경우

라) 위반행위자가 그 위반행위로 인하여 검사로부터 기소유예 처분을 받거나 법원으로부터 선고유예 판결을 받은 경우

2. 개별기준

위반사항	근거법령	행정처분 기준		
		1차	2차	3차
가. 거짓이나 그 밖의 부정한 방법으로 등록한 경우	법 제9조	등록취소		
나. 법 제4조제1항에 따른 등록기준에 미달하게 된 후 30일이 경과한 경우(법 제9조제1항제2호 단서에 해당하는 경우는 제외한다)	법 제9조	경고 (시정명령)	영업정지 3개월	등록취소
다. 법 제5조 각 호의 등록 결격사유에 해당하게 된 경우	법 제9조	등록취소		
라. 등록을 한 후 정당한 사유 없이 1년이 지날 때까지 영업을 시작하지 아니하거나 계속하여 1년 이상 휴업한 때	법 제9조	경고 (시정명령)	등록취소	
마. 삭제 〈2013.11.22〉				
바. 법 제8조제1항을 위반하여 다른 자에게 등록증 또는 등록수첩을 빌려준 경우	법 제9조	영업정지 6개월	등록취소	
사. 법 제8조제2항을 위반하여 영업정지 기간 중에 소방시설공사등을 한 경우	법 제9조	등록취소		
아. 법 제8조제3항 또는 제4항을 위반하여 통지를 하지 아니하거나 관계서류를 보관하지 아니한 경우	법 제9조	경고 (시정명령)	영업정지 1개월	등록취소
자. 법 제11조 또는 제12조제1항을 위반하여 화재안전기준 등에 적합하게 설계·시공을 하지 아니하거나, 법 제16조제1항에 따라 적합하게 감리를 하지 아니한 경우	법 제9조	영업정지 1개월	영업정지 3개월	등록취소
차. 법 제11조, 제12조제1항, 제16조제1항 또는 제20조의2에 따른 소방시설공사등의 업무수행의무 등을 고의 또는 과실로 위반하여 다른 자에게 상해를 입히거나 재산피해를 입힌 경우	법 제9조	영업정지 6개월	등록취소	
카. 법 제12조제2항을 위반하여 소속 소방기술자를 공사현장에 배치하지 아니하거나 거짓으로 한 경우	법 제9조	경고 (시정명령)	영업정지 1개월	등록취소
타. 법 제13조 또는 제14조를 위반하여 착공신고(변경신고를 포함한다)를 하지 아니하거나 거짓으로 한 때 또는 완공검사(부분완공검사를 포함한다)를 받지 아니한 경우	법 제9조	경고 (시정명령)	영업정지 3개월	등록취소

위반사항	근거법령	행정처분 기준		
		1차	2차	3차
파. 법 제13조제2항을 위반하여 착공신고사항 중 중요한 사항에 해당하지 아니하는 변경사항을 공사감리 결과보고서에 포함하여 보고하지 아니한 경우	법 제9조	경고 (시정명령)	영업정지 1개월	등록취소
하. 법 제15조제3항을 위반하여 하자보수 기간 내에 하자보수를 하지 아니하거나 하자보수계획을 통보하지 아니한 경우	법 제9조	경고 (시정명령)	영업정지 1개월	등록취소
거. 법 제17조제3항을 위반하여 인수·인계를 거부·방해·기피한 경우	법 제9조	영업정지 1개월	영업정지 3개월	등록취소
너. 법 제18조제1항을 위반하여 소속 감리원을 공사현장에 배치하지 아니하거나 거짓으로 한 경우	법 제9조	영업정지 1개월	영업정지 3개월	등록취소
더. 법 제18조제3항의 감리원 배치기준을 위반한 경우	법 제9조	경고 (시정명령)	영업정지 1개월	등록취소
러. 법 제19조제1항에 따른 요구에 따르지 아니한 경우	법 제9조	영업정지 1개월	영업정지 3개월	등록취소
머. 법 제19조제3항을 위반하여 보고하지 아니한 경우	법 제9조	경고 (시정명령)	영업정지 1개월	등록취소
버. 법 제20조를 위반하여 감리 결과를 알리지 아니하거나 거짓으로 알린 경우 또는 공사감리 결과보고서를 제출하지 아니하거나 거짓으로 제출한 경우	법 제9조	경고 (시정명령)	영업정지 3개월	등록취소
서. 법 제20조의2를 위반하여 방염을 한 경우	법 제9조	영업정지 3개월	영업정지 6개월	등록취소
어. 법 제22조제1항을 위반하여 하도급한 경우	법 제9조	영업정지 3개월	영업정지 6개월	등록취소
저. 법 제21조의3제4항을 위반하여 하도급 등에 관한 사항을 관계인과 발주자에게 알리지 아니하거나 거짓으로 알린 경우	법 제9조	경고 (시정명령)	영업정지 1개월	등록취소
처. 법 제22조의2제2항을 위반하여 정당한 사유 없이 하수급인 또는 하도급 계약내용의 변경 요구에 따르지 아니한 경우	법 제9조	경고 (시정명령)	영업정지 1개월	등록취소
커. 법 제22조의3을 위반하여 하수급인에게 대금을 지급하지 아니한 경우	법 제9조	영업정지 1개월	영업정지 3개월	등록취소
터. 법 제24조를 위반하여 시공과 감리를 함께 한 경우	법 제9조	영업정지 3개월	등록취소	

위반사항	근거법령	행정처분 기준		
		1차	2차	3차
퍼. 법 제26조의2에 따른 사업수행능력 평가에 관한 서류를 위조하거나 변조하는 등 거짓이나 그 밖의 부정한 방법으로 입찰에 참여한 경우	법 제9조	영업정지 3개월	영업정지 6개월	등록취소
허. 법 제31조에 따른 명령을 위반하여 보고 또는 자료 제출을 하지 아니하거나 거짓으로 보고 또는 자료 제출을 한 경우	법 제9조	영업정지 3개월	영업정지 6개월	등록취소
고. 정당한 사유 없이 법 제31조에 따른 관계 공무원의 출입 또는 검사·조사를 거부·방해 또는 기피한 경우	법 제9조	영업정지 3개월	영업정지 6개월	등록취소

제11조의2(소방시설업자의 처분통지 등)

소방청장 또는 시・도지사는 다음 각 호의 경우에는 처분일부터 7일 이내에 협회에 그 사실을 알려주어야 한다.

1. 법 제9조제1항에 따라 등록취소・시정명령 또는 영업정지를 하는 경우
2. 법 제10조제1항에 따라 과징금을 부과하는 경우
3. 법 제28조제4항에 따라 자격을 취소하거나 정지하는 경우

■ 소방시설업 등록 절차

법 제4조~법 제8조(규칙 제2조~규칙 제7조)

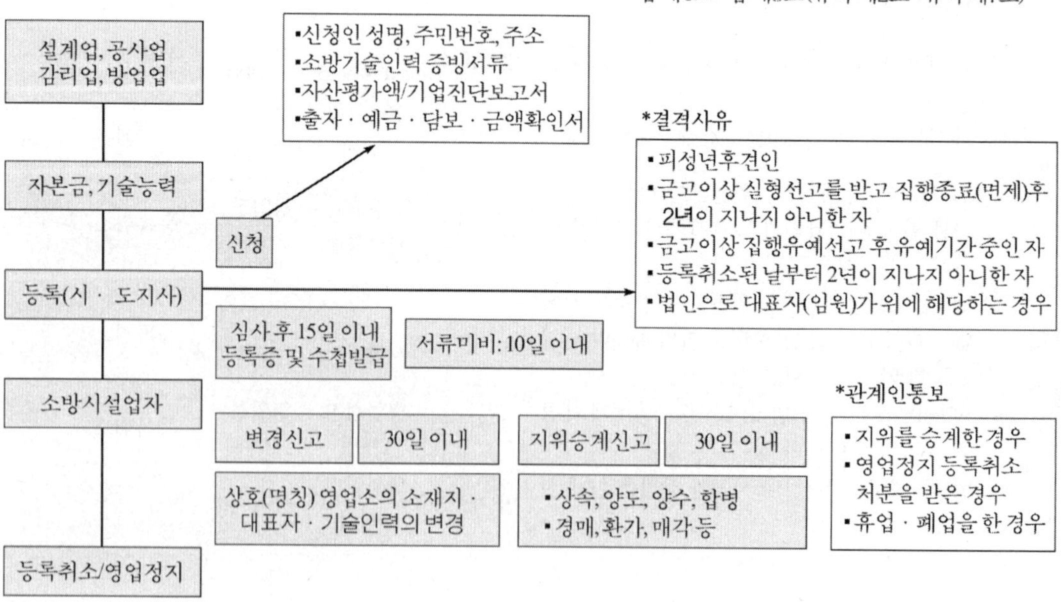

제10조(과징금처분)

① 시・도지사는 제9조제1항 각 호의 어느 하나에 해당하는 경우로서 영업정지가 그 이용자에게 불편을 주거나 그 밖에 공익을 해칠 우려가 있을 때에는 영업정지처분을 갈음하여 2억원 이하의 과징금을 부과할 수 있다.

② 제1항에 따른 과징금을 부과하는 위반행위의 종류와 위반 정도 등에 따른 과징금과 그 밖에 필요한 사항은 행정안전부령으로 정한다.

③ 시・도지사는 제1항에 따른 과징금을 내야 할 자가 납부기한까지 과징금을 내지 아니하면 「지방행정제재・부과금의 징수 등에 관한 법률」에 따라 징수한다.

소방시설공사업법 시행규칙 살펴보기

제10조(과징금을 부과하는 위반행위의 종류와 과징금의 부과기준)

법 제10조제2항에 따라 과징금을 부과하는 위반행위의 종류와 그에 대한 과징금의 금액은 다음 각 호의 기준에 따라 산정한다.〈개정 2021. 6. 10.〉[시행일: 2021.6.10.]

1. 2021년 6월 10일부터 2023년 12월 31일까지의 기간 중에 위반행위를 한 경우: 별표 2
2. 2024년 1월 1일 이후에 위반행위를 한 경우: 별표 2의2

소방시설공사업법 시행규칙 [별표 2] 〈개정 2021. 6. 10.〉

과징금의 부과기준(제10조제1호 관련)

1. 일반기준
   가. 영업정지 1개월은 30일로 계산한다.
   나. 과징금 산정은 별표 1 제2호의 영업정기기간(일)에 제2호에 따른 1일 과징금 금액을 곱하여 얻은 금액으로 한다.
   다. 위반행위가 둘 이상 발생한 경우 과징금 부과에 따른 영업정지기간(일) 산정은 별표 1 제2호의 개별기준에 따른 각각의 영업정지처분기간을 합산한 기간으로 한다.
   라. 영업정지에 해당하는 위반사항으로서 위반행위의 동기·내용·횟수 또는 그 결과를 고려하여 그 처분기준의 2분의 1까지 감경한 경우 과징금 부과에 따른 영업정지기간(일) 산정은 감경한 영업정지기간으로 한다.
   마. 제2호에 따른 연간 매출액은 해당 업체에 대한 행정처분일이 속한 연도의 전년도 1년간 총 매출액을 기준으로 하며, 신규사업・휴업 등에 따라 전년도 1년간의 총매출액을 산출할 수 없는 경우에는 분기별・월별 또는 일별 매출액을 기준으로 하여

연간 매출액을 산정한다.

바. 별표 1 제2호 행정처분 개별기준 중 나목·바목·거목·노목·도목 및 로목의 위반 사항에는 법 제10조제1항에 따른 영업정지를 갈음하여 과징금을 부과할 수 없다.

2. 개별기준

가. 소방시설설계업 및 소방공사감리업 과징금 금액 산정기준

등급	도급(계약)금액(단위: 백만원)	영업정지 1일에 해당하는 금액(단위: 원)
1	1억원 이하	10,000
2	1억원 초과 ~ 2억원 이하	20,500
3	2억원 초과 ~ 3억원 이하	34,000
4	3억원 초과 ~ 5억원 이하	55,000
5	5억원 초과 ~ 7억원 이하	80,000
6	7억원 초과 ~ 10억원 이하	100,000
7	10억원 초과 ~ 13억원 이하	120,000
8	13억원 초과 ~ 16억원 이하	140,000
9	16억원 초과 ~ 20억원 이하	160,000
10	20억원 초과 ~ 25억원 이하	180,000
11	25억원 초과 ~ 30억원 이하	200,000
12	30억원 초과 ~ 40억원 이하	220,000
13	40억원 초과 ~ 50억원 이하	240,000
14	50억원 초과 70억원 이하	260,000
15	70억원 초과 100억원 이하	280,000
16	100억원 초과 150억원 이하	370,000
17	150억원 초과 200억원 이하	515,000
18	200억원 초과 300억원 이하	736,000
19	300억원 초과 500억원 이하	1,030,000
20	500억원 초과 1,000억원 이하	1,058,000
21	1,000억원 초과 5,000억원 이하	1,068,000
22	5,000억원 초과	1,100,000

소방시설공사업법 시행규칙 [별표 2의2] 〈개정 2021. 6. 10.〉

과징금의 부과기준(제10조제2호 관련)

1. 일반기준

가. 영업정지 1개월은 30일로 계산한다.

나. 과징금 산정은 별표 1 제2호의 영업정지기간(일)에 1일 평균 매출액을 기준으로 제2호 각 목의 기준에 따라 산정한다.

다. 위반행위가 둘 이상 발생한 경우 과징금 부과에 따른 영업정지기간(일) 산정은 별표 1 제2호의 개별기준에 따른 각각의 영업정지처분기간을 합산한 기간으로 한다.

라. 영업정지에 해당하는 위반사항으로서 위반행위의 동기·내용·횟수 또는 그 결과를 고려하여 그 처분기준의 2분의 1까지 감경한 경우 과징금 부과에 따른 영업정지기간(일) 산정은 감경한 영업정지기간으로 한다.

마. 제2호에 따른 1일 평균 매출액은 해당 업체에 대한 행정처분일이 속한 연도의 전년도 1년간 총 매출액을 365로 나눈 금액으로 한다. 다만, 신규사업·휴업 등에 따라 전년도 1년간의 총매출액을 산출할 수 없는 경우에는 분기별·월별 또는 일별 매출액을 기준으로 하여 1일 평균 매출액을 산정한다.

바. 별표 1 제2호 행정처분 개별기준 중 나목·바목·거목·너목·도목 및 로목의 위반사항에는 법 제10조제1항에 따른 영업정지를 갈음하여 과징금을 부과할 수 없다.

2. 개별기준

가. 소방시설설계업 및 소방공사감리업의 과징금 산정기준

• 과징금 부과금액 = 1일 평균 매출액 × 영업정지 일수 × 0.0205

나. 소방시설공사업 및 방염처리업의 과징금 산정기준

• 과징금 부과금액 = 1일 평균 매출액 × 영업정지 일수 × 0.0423

제11조(과징금 징수절차)

법 제10조제2항에 따른 과징금의 징수절차는 「국고금관리법 시행규칙」을 준용한다.

▶ 참고

제11조의2(소방시설업자 등의 처분통지)

소방청장 또는 시ㆍ도지사는 다음 각 호의 경우에는 처분일부터 7일 이내에 협회에 그 사실을 알려주어야 한다. 〈개정 2021. 6. 10.〉

1. 법 제9조제1항에 따라 등록취소ㆍ시정명령 또는 영업정지를 하는 경우
2. 법 제10조제1항에 따라 과징금을 부과하는 경우
3. 법 제28조제4항에 따라 자격을 취소하거나 정지하는 경우

[제목개정 2021. 6. 10.][시행일: 2021.6.10.]

제3장 소방시설공사등

제1절 설계

제11조(설계)

① 제4조제1항에 따라 소방시설설계업을 등록한 자(이하 "설계업자"라 한다)는 이 법이나 이 법에 따른 명령과 화재안전기준에 맞게 소방시설을 설계하여야 한다. 다만, 「화재예방, 소방시설 설치ㆍ유지 및 안전관리에 관한 법률」 제11조의2제1항에 따른 중앙소방기술심의위원회의 심의를 거쳐 소방시설의 구조와 원리 등에서 특수한 설계로 인정된 경우는 화재안전기준을 따르지 아니할 수 있다.

② 제1항 본문에도 불구하고 「화재예방, 소방시설 설치ㆍ유지 및 안전관리에 관한 법률」 제9조의3에 따른 특정소방대상물(신축하는 것만 해당한다)에 대해서는 그 용도, 위치, 구조, 수용인원, 가연물(可燃物)의 종류 및 양 등을 고려하여 설계(이하 "성능위주설계"라 한다)하여야 한다.

③ 성능위주설계를 할 수 있는 자의 자격, 기술인력 및 자격에 따른 설계의 범위와 그 밖에 필요한 사항은 대통령령으로 정한다.

④ 삭제〈2014. 12. 30.〉

■ 성능위주설계란?

높고 중요한 신축건물의 특정소방대상물에 기술사 2명 이상이 하는 설계를 말한다.
영국에서 도입된 설계로서 연면적 20만m^2 이상, 높이 100m 이상(지하층 포함한 30층 이상), 연면적 3만m^2 이상 철도, 도시철도시설, 공항시설, 하나의 건축물에 영화상영관이 10개 이상이다.
(* 또한 소방법에서 중앙기술심의위원회의 심의를 거친 내용은 예외사항으로 인정해주고 있다.)

■ 법 제11조를 위반하여 설계나 시공을 한 자➡ 1년 이하의 징역 또는 1천만 원 이하의 벌금

소방시설공사업법 시행령 살펴보기

제2조의3(성능위주설계를 할 수 있는 자의 자격 등)

법 제11조제3항에 따른 성능위주설계를 할 수 있는 자의 자격ㆍ기술인력 및 자격에 따른 설계범위는 별표 1의2와 같다.

소방시설공사업법 시행령 [별표 1의2]

성능위주설계를 할 수 있는 자의 자격ㆍ기술인력 및 자격에 따른 설계범위 (제2조의3 관련)

성능위주설계자의 자격	기술인력	설계범위
1. 법 제4조에 따라 전문 소방시설설계업을 등록한 자 2. 전문 소방시설설계업 등록기준에 따른 기술인력을 갖춘 자로서 소방청장이 정하여 고시하는 연구기관 또는 단체	소방기술사 2명 이상	「화재예방, 소방시설 설치ㆍ유지 및 안전관리에 관한 법률 시행령」 제15조의3에 따라 성능위주설계를 하여야 하는 특정소방대상물

제11조(설계)

① 제4조제1항에 따라 소방시설설계업을 등록한 자(이하 "설계업자"라 한다)는 이 법이나 이 법에 따른 명령과 화재안전기준에 맞게 소방시설을 설계하여야 한다. 다만, 「소방시설 설치 및 관리에 관한 법률」 제18조제1항에 따른 중앙소방기술심의위원회의 심의를 거쳐 소방시설의 구조와 원리 등에서 특수한 설계로 인정된 경우는 화재안전기준을 따르지 아니할 수 있다.

② 제1항 본문에도 불구하고 「소방시설 설치 및 관리에 관한 법률」 제8조제1항에 따른 특정소방대상물(신축하는 것만 해당한다)에 대해서는 그 용도, 위치, 구조, 수용 인원, 가연물(可燃物)의 종류 및 양 등을 고려하여 설계(이하 "성능위주설계"라 한다)하여야 한다.

③·④ (현행과 같음)

[시행일: 2022. 12. 1.] 제11조

제2절 시공

제12조(시공)

① 제4조제1항에 따라 소방시설공사업을 등록한 자(이하 "공사업자"라 한다)는 이 법이나 이 법에 따른 명령과 화재안전기준에 맞게 시공하여야 한다. 이 경우 소방시설의 구조와 원리 등에서 그 공법이 특수한 시공에 관하여는 제11조제1항 단서를 준용한다.

➡ 1년 이하의 징역 또는 1천만 원 이하의 벌금

② 공사업자는 소방시설공사의 책임시공 및 기술관리를 위하여 대통령령으로 정하는 바에 따라 소속 소방기술자를 공사 현장에 배치하여야 한다. ➡ 200만 원 이하의 과태료

소방시설공사업법 시행령 살펴보기

제3조(소방기술자의 배치기준 및 배치기간)

법 제4조제1항에 따라 소방시설공사업을 등록한 자(이하 "공사업자"라 한다)는 법 제12조제2항에 따라 별표 2의 배치기준 및 배치기간에 맞게 소속 소방기술자를 소방시설공사 현장에 배치하여야 한다.

소방시설공사업법 시행령 [별표 2]

소방기술자의 배치기준 및 배치기간 (제3조 관련)

1. 소방기술자의 배치기준

소방기술자의 배치기준	소방시설공사 현장의 기준
가. 행정안전부령으로 정하는 특급기술자인 소방기술자 (기계분야 및 전기분야)	1) 연면적 20만제곱미터 이상인 특정소방대상물의 공사 현장 2) 지하층을 포함한 층수가 40층 이상인 특정소방대상물의 공사 현장
나. 행정안전부령으로 정하는 고급기술자 이상의 소방기술자 (기계분야 및 전기분야)	1) 연면적 3만제곱미터 이상 20만제곱미터 미만인 특정소방대상물(아파트는 제외한다)의 공사 현장 2) 지하층을 포함한 층수가 16층 이상 40층 미만인 특정소방대상물의 공사 현장
다. 행정안전부령으로 정하는 중급기술자 이상의 소방기술자 (기계분야 및 전기분야)	1) 물분무등소화설비(호스릴 방식의 소화설비는 제외한다) 또는 제연설비가 설치되는 특정소방대상물의 공사 현장 2) 연면적 5천제곱미터 이상 3만제곱미터 미만인 특정소방대상물(아파트는 제외한다)의 공사 현장 3) 연면적 1만제곱미터 이상 20만제곱미터 미만인 아파트의 공사 현장
라. 행정안전부령으로 정하는 초급기술자 이상의 소방기술자 (기계분야 및 전기분야)	1) 연면적 1천제곱미터 이상 5천제곱미터 미만인 특정소방대상물(아파트는 제외한다)의 공사 현장 2) 연면적 1천제곱미터 이상 1만제곱미터 미만인 아파트의 공사 현장 3) 지하구(地下溝)의 공사 현장
마. 법 제28조제2항에 따라 자격수첩을 발급받은 소방기술자	연면적 1천제곱미터 미만인 특정소방대상물의 공사 현장

비고

가. 다음의 어느 하나에 해당하는 기계분야 소방시설공사의 경우에는 소방기술자의 배치기준에 따른 기계분야의 소방기술자를 공사 현장에 배치해야 한다.

1) 옥내소화전설비, 스프링클러설비등, 물분무등소화설비 또는 옥외소화전설비의 공사

2) 상수도소화용수설비, 소화수조·저수조 또는 그 밖의 소화용수설비의 공사
3) 제연설비, 연결송수관설비, 연결살수설비 또는 연소방지설비의 공사
4) 기계분야 소방시설에 부설되는 전기시설의 공사. 다만, 비상전원, 동력회로, 제어회로, 기계분야의 소방시설을 작동하기 위해 설치하는 화재감지기에 의한 화재감지장치 및 전기신호에 의한 소방시설의 작동장치의 공사는 제외한다.

나. 다음의 어느 하나에 해당하는 전기분야 소방시설공사의 경우에는 소방기술자의 배치기준에 따른 전기분야의 소방기술자를 공사 현장에 배치해야 한다.
1) 비상경보설비, 시각경보기, 자동화재탐지설비, 비상방송설비, 자동화재속보설비 또는 통합감시시설의 공사
2) 비상콘센트설비 또는 무선통신보조설비의 공사
3) 기계분야 소방시설에 부설되는 전기시설 중 가목4) 단서의 전기시설 공사

다. 가목 및 나목에도 불구하고 기계분야 및 전기분야의 자격을 모두 갖춘 소방기술자가 있는 경우에는 소방시설공사를 분야별로 구분하지 않고 그 소방기술자를 배치할 수 있다.

라. 가목 및 나목에도 불구하고 소방공사감리업자가 감리하는 소방시설공사가 다음의 어느 하나에 해당하는 경우에는 소방기술자를 소방시설공사 현장에 배치하지 않을 수 있다.
1) 소방시설의 비상전원을 「전기공사업법」에 따른 전기공사업자가 공사하는 경우
2) 상수도소화용수설비, 소화수조·저수조 또는 그 밖의 소화용수설비를 「건설산업기본법 시행령」 별표 1에 따른 기계설비공사업자 또는 상·하수도설비공사업자가 공사하는 경우
3) 소방 외의 용도와 겸용되는 제연설비를 「건설산업기본법 시행령」 별표 1에 따른 기계설비공사업자가 공사하는 경우
4) 소방 외의 용도와 겸용되는 비상방송설비 또는 무선통신보조설비를 「정보통신공사업법」에 따른 정보통신공사업자가 공사하는 경우

마. 공사업자는 다음의 경우를 제외하고는 1명의 소방기술자를 2개의 공사 현장을 초과하여 배치해서는 안 된다. 다만, 연면적 3만제곱미터 이상의 특정소방대상물(아파트는 제외한다)이거나 지하층을 포함한 층수가 16층 이상으로서 500세대 이상인 아파트에 대한 소방시설 공사의 경우에는 1개의 공사 현장에만 배치해야 한다.
1) 건축물의 연면적이 5천제곱미터 미만인 공사 현장에만 배치하는 경우. 다만, 그 연면적의 합계는 2만제곱미터를 초과해서는 안 된다.
2) 건축물의 연면적이 5천제곱미터 이상인 공사 현장 2개 이하와 5천제곱미터 미만인 공사 현장에 같이 배치하는 경우. 다만, 5천제곱미터 미만의 공사 현장의 연면적의 합계는 1만제곱미터를 초과해서는 안 된다.

바. 특정 공사 현장이 2개 이상의 공사 현장 기준에 해당하는 경우에는 해당 공사 현장 기준에 따라 배치해야 하는 소방기술자를 각각 배치하지 않고 그 중 상위 등급 이상의 소방기술자를 배치할 수 있다.

2. 소방기술자의 배치기간

가. 공사업자는 제1호에 따른 소방기술자를 소방시설공사의 착공일부터 소방시설 완공검사증명서 발급일까지 배치한다.

나. 공사업자는 가목에도 불구하고 시공관리, 품질 및 안전에 지장이 없는 경우로서 다음의 어느 하나에 해당하여 발주자가 서면으로 승낙하는 경우에는 해당 공사가 중단된 기간 동안 소방기술자를 공사 현장에 배치하지 않을 수 있다.
1) 민원 또는 계절적 요인 등으로 해당 공정의 공사가 일정 기간 중단된 경우
2) 예산의 부족 등 발주자(하도급의 경우에는 수급인을 포함한다. 이하 이 목에서 같다)의 책임 있는 사유 또는 천재지변 등 불가항력으로 공사가 일정기간 중단된 경우
3) 발주자가 공사의 중단을 요청하는 경우

제13조(착공신고)

① 공사업자는 대통령령으로 정하는 소방시설공사를 하려면 행정안전부령으로 정하는 바에 따라 그 공사의 내용, 시공 장소, 그 밖에 필요한 사항을 소방본부장이나 소방서장에게 신고하여야 한다. ➡ 200만 원 이하의 과태료

② 공사업자가 제1항에 따라 신고한 사항 가운데 행정안전부령으로 정하는 중요한 사항을 변경하였을 때에는 행정안전부령으로 정하는 바에 따라 변경신고를 하여야 한다. 이 경우 중요한 사항에 해당하지 아니하는 변경 사항은 다음 각 호의 어느 하나에 해당하는 서류에 포함하여 소방본부장이나 소방서장에게 보고하여야 한다. ➡ 200만 원 이하의 과태료

1. 제14조제1항 또는 제2항에 따른 완공검사 또는 부분완공검사를 신청하는 서류
2. 제20조에 따른 공사감리 결과보고서

③ 소방본부장 또는 소방서장은 제1항 또는 제2항 전단에 따른 착공신고 또는 변경신고를 받은 날부터 2일 이내에 신고수리 여부를 신고인에게 통지하여야 한다.

④ 소방본부장 또는 소방서장이 제3항에서 정한 기간 내에 신고수리 여부 또는 민원 처리 관련 법령에 따른 처리기간의 연장을 신고인에게 통지하지 아니하면 그 기간(민원처리 관련 법령에 따라 처리기간이 연장 또는 재연장된 경우에는 해당 처리기간을 말한다)이 끝난 날의 다음 날에 신고를 수리한 것으로 본다.

소방시설공사업법 시행령 살펴보기

제4조(소방시설공사의 착공신고 대상)

법 제13조제1항에서 "대통령령으로 정하는 소방시설공사"란 다음 각 호의 어느 하나에 해당하는

소방시설공사를 말한다.

1. 특정소방대상물(「위험물 안전관리법」 제2조제1항제6호에 따른 제조소등은 제외한다. 이하 제2호 및 제3호에서 같다)에 다음 각 목의 어느 하나에 해당하는 설비를 신설하는 공사
   가. 옥내소화전설비(호스릴옥내소화전설비를 포함한다. 이하 같다), 옥외소화전설비, 스프링클러설비 · 간이스프링클러설비(캐비닛형 간이스프링클러설비를 포함한다. 이하 같다) 및 화재조기진압용 스프링클러설비(이하 "스프링클러설비등"이라 한다), 물분무소화설비 · 포소화설비 · 이산화탄소소화설비 · 할론소화설비 · 할로겐화합물 및 불활성기체 소화설비 · 미분무소화설비 · 강화액소화설비 및 분말소화설비(이하 "물분무등소화설비"라 한다), 연결송수관설비, 연결살수설비, 제연설비(소방용 외의 용도와 겸용되는 제연설비를 「건설산업기본법 시행령」 별표 1에 따른 기계설비공사업자가 공사하는 경우는 제외한다), 소화용수설비(소화용수설비를 「건설산업기본법 시행령」 별표 1에 따른 기계설비공사업자 또는 상 · 하수도설비공사업자가 공사하는 경우는 제외한다) 또는 연소방지설비
   ➡별표 1에 따른 기계가스설비공사업자 [시행일 : 2022. 1. 1.] 제4조
   나. 자동화재탐지설비, 비상경보설비, 비상방송설비(소방용 외의 용도와 겸용되는 비상방송설비를 「정보통신공사업법」에 따른 정보통신공사업자가 공사하는 경우는 제외한다), 비상콘센트설비(비상콘센트설비를 「전기공사업법」에 따른 전기공사업자가 공사하는 경우는 제외한다) 또는 무선통신보조설비(소방용 외의 용도와 겸용되는 무선통신보조설비를 「정보통신공사업법」에 따른 정보통신공사업자가 공사하는 경우는 제외한다)

2. 특정소방대상물에 다음 각 목의 어느 하나에 해당하는 설비 또는 구역 등을 증설하는 공사
   가. 옥내 · 옥외수화전설비
   나. 스프링클러설비 · 간이스프링클러설비 또는 물분무등소화설비의 방호구역, 자동화재탐지설비의 경계구역, 제연설비의 제연구역(소방용 외의 용도와 겸용되는 제연설비를 「건설산업기본법 시행령」 별표 1에 따른 기계설비공사업자가 공사하는 경우는 제외한다), 연결살수설비의 살수구역, 연결송수관설비의 송수구역, 비상콘센트설비의 전용회로, 연소방지설비의 살수구역
   ➡별표 1에 따른 기계가스설비공사업자 [시행일 : 2022. 1. 1.] 제4조

3. 특정소방대상물에 설치된 소방시설등을 구성하는 다음 각 목의 어느 하나에 해당하는 것의 전부 또는 일부를 개설(改設), 이전(移轉) 또는 정비(整備)하는 공사. 다만, 고장 또는 파손 등으로 인하여 작동시킬 수 없는 소방시설을 긴급히 교체하거나 보수하여야 하는 경우에는 신고하지 않을 수 있다.
   가. 수신반(受信盤)
   나. 소화펌프
   다. 동력(감시)제어반

소방시설공사업법 시행규칙 살펴보기

제12조(착공신고 등)

① 법 제4조제1항에 따라 소방시설공사업을 등록한 자(이하 "공사업자"라 한다)는 소방시설공사를 하려면 법 제13조제1항에 따라 해당 소방시설공사의 착공 전까지 별지 제14호서식의 소방시설공사 착공(변경)신고서[전자문서로 된 소방시설공사 착공(변경)신고서를 포함한다]에 다음 각 호의 서류(전자문서를 포함한다)를 첨부하여 소방본부장 또는 소방서장에게 신고해야 한다. 다만, 「전자정부법」 제36조제1항에 따른 행정정보의 공동이용을 통하여 첨부서류에 대한 정보를 확인할 수 있는 경우에는 그 확인으로 첨부서류를 갈음할 수 있다. 〈개정 2014. 9. 2., 2015. 8. 4., 2020. 1. 15., 2021. 6. 10.〉[시행일: 2021.6.10.]

1. 공사업자의 소방시설공사업 등록증 사본 1부 및 등록수첩 사본 1부
2. 해당 소방시설공사의 책임시공 및 기술관리를 하는 기술인력의 기술등급을 증명하는 서류 사본 1부
3. 법 제21조의3제2항에 따라 체결한 소방시설공사 계약서 사본 1부
4. 설계도서(설계설명서를 포함한다) 1부. 다만, 영 제4조제3호에 해당하는 소방시설공사인 경우 또는 「화재예방, 소방시설 설치 · 유지 및 안전관리에 관한 법률 시행규칙」 제4조제2항에 따라 건축허가등의 동의요구서에 첨부된 서류 중 설계도서가 변경되지 않은 경우에는 설계도서를 첨부하지 않을 수 있다.
5. 소방시설공사를 하도급하는 경우 다음 각 목의 서류
   가. 제20조제1항 및 별지 제31호서식에 따른 소방시설공사등의 하도급통지서 사본 1부
   나. 하도급대금 지급에 관한 다음의 어느 하나에 해당하는 서류
      1) 「하도급거래 공정화에 관한 법률」 제13조의2에 따라 공사대금 지급을 보증한 경우에는 하도급대금 지급보증서 사본 1부
      2) 「하도급거래 공정화에 관한 법률」 제13조의2제1항 각 호 외의 부분 단서 및 같은 법 시행령 제8조제1항에 따라 보증이 필요하지 않거나 보증이 적합하지 않다고 인정되는 경우에는 이를 증빙하는 서류 사본 1부

② 법 제13조제2항에서 "행정안전부령으로 정하는 중요한 사항"이란 다음 각 호의 어느 하나에 해당하는 사항을 말한다.

1. 시공자
2. 설치되는 소방시설의 종류
3. 책임시공 및 기술관리 소방기술자

③ 법 제13조제2항에 따라 공사업자는 제2항 각 호의 어느 하나에 해당하는 사항이 변경된 경우에는 변경일부터 30일 이내에 별지 제14호서식의 소방시설공사 착공(변경)신고서[전자문서로 된 소방시설공사 착공(변경)신고서를 포함한다]에 제1항 각 호의 서류(전자문서를 포함한다) 중 변경된 해당 서류를 첨부하여 소방본부장 또는 소방서장에게 신고하여야 한다.

④ 소방본부장 또는 소방서장은 소방시설공사 착공신고 또는 변경신고를 받은 경우에는 2일 이내에 처리하고 그 결과를 신고인에게 통보하며, 소방시설공사현장에 배치되는 소방기술자의 성명, 자격증 번호·등급, 시공현장의 명칭·소재지·면적 및 현장 배치기간을 법 제26조의3제1항에 따른 소방시설업 종합정보시스템에 입력해야 한다. 이 경우 소방본부장 또는 소방서장은 별지 제15호서식의 소방시설 착공 및 완공대장에 필요한 사항을 기록하여 관리하여야 한다.

⑤ 소방본부장 또는 소방서장은 소방시설공사 착공신고 또는 변경신고를 받은 경우에는 공사업자에게 별지 제16호서식의 소방시설공사현황 표지에 따른 소방시설공사현황의 게시를 요청할 수 있다.

제14조(완공검사)

① 공사업자는 소방시설공사를 완공하면 소방본부장 또는 소방서장의 완공검사를 받아야 한다. 다만, 제17조제1항에 따라 공사감리자가 지정되어 있는 경우에는 공사감리 결과보고서로 완공검사를 갈음하되, 대통령령으로 정하는 특정소방대상물의 경우에는 소방본부장이나 소방서장이 소방시설공사가 공사감리 결과보고서대로 완공되었는지를 현장에서 확인할 수 있다.

➡ 200만 원 이하의 과태료

② 공사업자가 소방대상물 일부분의 소방시설공사를 마친 경우로서 전체 시설이 준공되기 전에 부분적으로 사용할 필요가 있는 경우에는 그 일부분에 대하여 소방본부장이나 소방서장에게 완공검사(이하 "부분완공검사"라 한다)를 신청할 수 있다. 이 경우 소방본부장이나 소방서장은 그 일부분의 공사가 완공되었는지를 확인하여야 한다.

③ 소방본부장이나 소방서장은 제1항에 따른 완공검사나 제2항에 따른 부분완공검사를 하였을 때에는 완공검사증명서나 부분완공검사증명서를 발급하여야 한다.

④ 제1항부터 제3항까지의 규정에 따른 완공검사 및 부분완공검사의 신청과 검사증명서의 발급, 그 밖에 완공검사 및 부분완공검사에 필요한 사항은 행정안전부령으로 정한다.

소방시설공사업법 시행령 살펴보기

제5조(완공검사를 위한 현장확인 대상 특정소방대상물의 범위)

법 제14조제1항 단서에서 "대통령령으로 정하는 특정소방대상물"이란 특정소방대상물 중 다음 각 호의 대상물을 말한다.

1. 문화 및 집회시설, 종교시설, 판매시설, 노유자(老幼者)시설, 수련시설, 운동시설, 숙박시설, 창고시설, 지하상가 및 「다중이용업소의 안전관리에 관한 특별법」에 따른 다중이용업소

2. 다음 각 목의 어느 하나에 해당하는 설비가 설치되는 특정소방대상물

가. 스프링클러설비등	나. 물분무등소화설비(호스릴 방식의 소화설비는 제외한다)

3. 연면적 1만제곱미터 이상이거나 11층 이상인 특정소방대상물(아파트는 제외한다)
4. 가연성가스를 제조·저장 또는 취급하는 시설 중 지상에 노출된 가연성가스탱크의 저장용량 합계가 1천톤 이상인 시설

소방시설공사업법 시행규칙 살펴보기

제13조(소방시설의 완공검사 신청 등)

① 공사업자는 소방시설공사의 완공검사 또는 부분완공검사를 받으려면 법 제14조제4항에 따라 별지 제17호서식의 소방시설공사 완공검사신청서(전자문서로 된 소방시설공사 완공검사신청서를 포함한다) 또는 별지 제18호서식의 소방시설 부분완공검사신청서(전자문서로 된 소방시설 부분완공검사신청서를 포함한다)를 소방본부장 또는 소방서장에게 제출하여야 한다. 다만, 「전자정부법」 제36조제1항에 따른 행정정보의 공동이용을 통하여 첨부서류에 대한 정보를 확인할 수 있는 경우에는 그 확인으로 첨부서류를 갈음할 수 있다.

② 제1항에 따라 소방시설 완공검사신청 또는 부분완공검사신청을 받은 소방본부장 또는 소방서장은 법 제14조제1항 및 제2항에 따른 현장 확인 결과 또는 감리 결과보고서를 검토한 결과 해당 소방시설공사가 법령과 화재안전기준에 적합하다고 인정하면 별지 제19호서식의 소방시설 완공검사증명서 또는 별지 제20호서식의 소방시설 부분완공검사증명서를 공사업자에게 발급하여야 한다.

제15조(공사의 하자보수 등)

① 공사업자는 소방시설공사 결과 자동화재탐지설비 등 대통령령으로 정하는 소방시설에 하자가 있을 때에는 대통령령으로 정하는 기간 동안 그 하자를 보수하여야 한다.

② 삭제 〈2015. 7. 20.〉

③ 관계인은 제1항에 따른 기간에 소방시설의 하자가 발생하였을 때에는 공사업자에게 그 사실을 알려야 하며, 통보를 받은 공사업자는 3일 이내에 하자를 보수하거나 보수 일정을 기록한 하자보수계획을 관계인에게 서면으로 알려야 한다. ➡ 200만 원 이하의 과태료

④ 관계인은 공사업자가 다음 각 호의 어느 하나에 해당하는 경우에는 소방본부장이나 소방서장에게 그 사실을 알릴 수 있다.

1. 제3항에 따른 기간에 하자보수를 이행하지 아니한 경우
2. 제3항에 따른 기간에 하자보수계획을 서면으로 알리지 아니한 경우

3. 하자보수계획이 불합리하다고 인정되는 경우

⑤ 소방본부장이나 소방서장은 제4항에 따른 통보를 받았을 때에는 「화재예방, 소방시설 설치·유지 및 안전관리에 관한 법률」 제11조의2제2항에 따른 지방소방기술심의위원회에 심의를 요청하여야 하며, 그 심의 결과 제4항 각 호의 어느 하나에 해당하는 것으로 인정할 때에는 시공자에게 기간을 정하여 하자보수를 명하여야 한다.

⑥ 삭제

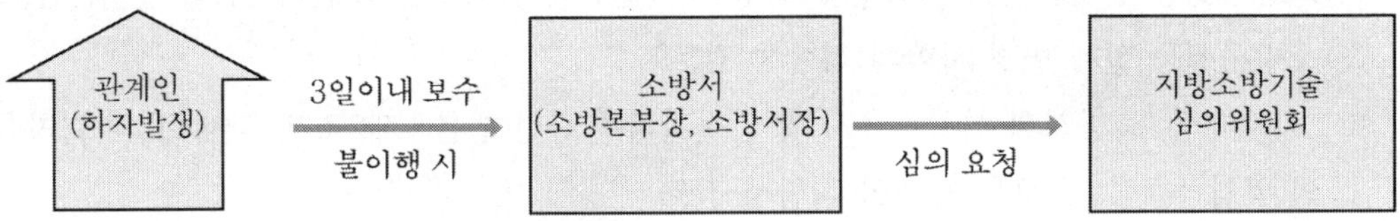

소방시설공사업법 시행령 살펴보기

제6조(하자보수 대상 소방시설과 하자보수 보증기간)

법 제15조제1항에 따라 하자를 보수하여야 하는 소방시설과 소방시설별 하자보수 보증기간은 다음 각 호의 구분과 같다.

1. 피난기구, 유도등, 유도표지, 비상경보설비, 비상조명등, 비상방송설비 및 무선통신보조설비: 2년
2. 자동소화장치, 옥내소화전설비, 스프링클러설비, 간이스프링클러설비, 물분무등소화설비, 옥외소화전설비, 자동화재탐지설비, 상수도소화용수설비 및 소화활동설비(무선통신보조설비는 제외한다): 3년

- 2년은 주로 소방전기설비분야, 3년은 주로 소방기계설비분야로 이해

※ 4비(비상경보설비·비상방송설비·비상조명등·비상콘센트) 중 3비는 2년에 해당한다.

제15조(공사의 하자보수 등)

① ~ ④ (현행과 같음)

⑤ 소방본부장이나 소방서장은 제4항에 따른 통보를 받았을 때에는 「소방시설 설치 및 관리에 관한 법률」 제18조제2항에 따른 지방소방기술심의위원회에 심의를 요청하여야 하며, 그 심의 결과 제4항 각 호의 어느 하나에 해당하는 것으로 인정할 때에는 시공자에게 기간을 정하여 하자보수를 명하여야 한다.

[시행일: 2022. 12. 1.] 제15조

제3절 감리

제16조(감리)

① 제4조제1항에 따라 소방공사감리업을 등록한 자(이하 "감리업자"라 한다)는 소방공사를 감리할 때 다음 각 호의 업무를 수행하여야 한다.

1. 소방시설등의 설치계획표의 적법성 검토
2. 소방시설등 설계도서의 적합성(적법성과 기술상의 합리성을 말한다. 이하 같다) 검토
3. 소방시설등 설계 변경 사항의 적합성 검토
4. 「화재예방, 소방시설 설치 · 유지 및 안전관리에 관한 법률」 제2조제1항제4호의 소방용품의 위치 · 규격 및 사용 자재의 적합성 검토
5. 공사업자가 한 소방시설등의 시공이 설계도서와 화재안전기준에 맞는지에 대한 지도 · 감독
6. 완공된 소방시설등의 성능시험
7. 공사업자가 작성한 시공 상세 도면의 적합성 검토
8. 피난시설 및 방화시설의 적법성 검토
9. 실내장식물의 불연화(不燃化)와 방염 물품의 적법성 검토

* 감리를 하거나 거짓으로 감리한 자 ➡ 1년 이하의 징역 또는 1천만 원 이하의 벌금

② 용도와 구조에서 특별히 안전성과 보안성이 요구되는 소방대상물로서 대통령령으로 정하는 장소에서 시공되는 소방시설물에 대한 감리는 감리업자가 아닌 자도 할 수 있다.

③ 감리업자는 제1항 각 호의 업무를 수행할 때에는 대통령령으로 정하는 감리의 종류 및 대상에 따라 공사기간 동안 소방시설공사 현장에 소속 감리원을 배치하고 업무수행 내용을 감리일지에 기록하는 등 대통령령으로 정하는 감리의 방법에 따라야 한다.

제16조(감리)

① 제4조제1항에 따라 소방공사감리업을 등록한 자(이하 "감리업자"라 한다)는 소방공사를 감리할 때 다음 각 호의 업무를 수행하여야 한다.

1. ~ 3. (현행과 같음)

4. 「소방시설 설치 및 관리에 관한 법률」 제2조제1항제7호의 소방용품의 위치 · 규격 및 사용 자재의 적합성 검토

5. ~ 9. (현행과 같음)

②·③ (현행과 같음)

[시행일: 2022. 12. 1.] 제16조

소방시설공사업법 시행령 살펴보기

제8조(감리업자가 아닌 자가 감리할 수 있는 보안성 등이 요구되는 소방대상물의 시공 장소)

법 제16조제2항에서 "대통령령으로 정하는 장소"란 「원자력안전법」 제2조제10호에 따른 관계시설이 설치되는 장소를 말한다.

원자력안전법 제9조(관계시설)

법 제2조제10호에서 "대통령령으로 정하는 것"이란 다음 각 호의 시설을 말한다.

1. 원자로냉각계통 시설
2. 계측제어계통 시설
3. 핵연료물질의 취급시설 및 저장시설
4. 원자력발전소 안에 위치한 방사성폐기물의 처리시설・배출시설 및 저장시설
5. 방사선관리시설
6. 원자로격납시설
7. 원자로안전계통 시설
8. 그 밖에 원자로의 안전에 관계되는 시설로서 위원회가 정하는 것

제9조(소방공사감리의 종류와 방법 및 대상)

법 제16조제3항에 따른 소방공사감리의 종류, 방법 및 대상은 별표 3과 같다.

소방시설공사업법 시행령 [별표 3]

소방공사 감리의 종류, 방법 및 대상 (제9조 관련)

종류	대상	방법
상주 공사 감리	1. 연면적 3만제곱미터 이상의 특정소방대상물(아파트는 제외한다)에 대한 소방시설의 공사 2. 지하층을 포함한 층수가 16층 이상으로서 500세대 이상인 아파트에 대한 소방시설의 공사	1. 감리원은 행정안전부령으로 정하는 기간 동안 공사 현장에 상주하여 법 제16조제1항 각 호에 따른 업무를 수행하고 감리일지에 기록해야 한다. 다만, 법 제16조제1항제9호에 따른 업무는 행정안전부령으로 정하는 기간 동안 공사가 이루어지는 경우만 해당한다. 2. 감리원이 행정안전부령으로 정하는 기간 중 부득이한 사유로 1일 이상 현장을 이탈하는 경우에는 감리일지 등에 기록하여 발주청 또는 발주자의 확인을 받아야 한다. 이 경우 감리업자는 감리원의 업무를 대행할 사람을 감리현장에 배치하여 감리업무에 지장이 없도록 해야 한다. 3. 감리업자는 감리원이 행정안전부령으로 정하는 기간 중 법에 따른 교육이나 「민방위기본법」 또는 「예비군법」에 따른 교육을 받는 경우나 「근로기준법」에 따른 유급휴가로 현장을 이탈하게 되는 경우에는 감리업무에 지장이 없도록 감리원의 업무를 대행할 사람을 감리현장에 배치해야 한다. 이 경우 감리원은 새로 배치되는 업무대행자에게 업무 인수·인계 등의 필요한 조치를 해야 한다.

종류	대상	방법
일반 공사 감리	상주 공사감리에 해당하지 않는 소방시설의 공사	1. 감리원은 공사 현장에 배치되어 법 제16조제1항 각 호에 따른 업무를 수행한다. 다만, 법 제16조제1항제9호에 따른 업무는 행정안전부령으로 정하는 기간 동안 공사가 이루어지는 경우만 해당한다. 2. 감리원은 행정안전부령으로 정하는 기간 중에는 주 1회 이상 공사 현장에 배치되어 제1호의 업무를 수행하고 감리일지에 기록해야 한다. 3. 감리업자는 감리원이 부득이한 사유로 14일 이내의 범위에서 제2호의 업무를 수행할 수 없는 경우에는 업무대행자를 지정하여 그 업무를 수행하게 해야 한다. 4. 제3호에 따라 지정된 업무대행자는 주 2회 이상 공사 현장에 배치되어 제1호의 업무를 수행하며, 그 업무수행 내용을 감리원에게 통보하고 감리일지에 기록해야 한다.

비고

감리업자는 제연설비 등 소방시설의 공사 감리를 위해 소방시설 성능시험(확인, 측정 및 조정을 포함한다)에 관한 전문성을 갖춘 기관·단체 또는 업체에 성능시험을 의뢰할 수 있다.
이 경우 해당 소방시설공사의 감리를 위해 별표 4에 따라 배치된 감리원(책임감리원을 배치해야 하는 소방시설공사의 경우에는 책임감리원을 말한다)은 성능시험 현장에 참석하여 성능시험이 적정하게 실시되는지 확인해야 한다.

제17조(공사감리자의 지정 등)

① 대통령령으로 정하는 특정소방대상물의 관계인이 특정소방대상물에 대하여 자동화재탐지설비, 옥내소화전설비 등 대통령령으로 정하는 소방시설을 시공할 때에는 소방시설공사의 감리를 위하여 감리업자를 공사감리자로 지정하여야 한다. 다만, 제26조의2제2항에 따라 시·도지사가 감리업자를 선정한 경우에는 그 감리업자를 공사감리자로 지정한다.

➡ 1년 이하의 징역 또는 1천만 원 이하의 벌금

② 관계인은 제1항에 따라 공사감리자를 지정하였을 때에는 행정안전부령으로 정하는 바에 따라 소방본부장이나 소방서장에게 신고하여야 한다. 공사감리자를 변경하였을 때에도 또한 같다.

➡ 200만 원 이하의 과태료

③ 관계인이 제1항에 따른 공사감리자를 변경하였을 때에는 새로 지정된 공사감리자와 종전의 공사감리자는 감리 업무 수행에 관한 사항과 관계 서류를 인수·인계하여야 한다.

➡ 200만 원 이하의 과태료

④ 소방본부장 또는 소방서장은 제2항에 따른 공사감리자 지정신고 또는 변경신고를 받은 날부터 2일 이내에 신고수리 여부를 신고인에게 통지하여야 한다.

⑤ 소방본부장 또는 소방서장이 제4항에서 정한 기간 내에 신고수리 여부 또는 민원 처리 관련 법령에 따른 처리기간의 연장을 신고인에게 통지하지 아니하면 그 기간(민원처리 관련 법령에 따라 처리기간이 연장 또는 재연장된 경우에는 해당 처리기간을 말한다)이 끝난 날의 다음 날에 신고를 수리한 것으로 본다.

소방시설공사업법 시행령 살펴보기

제10조(공사감리자 지정대상 특정소방대상물의 범위)

① 법 제17조제1항 본문에서 "대통령령으로 정하는 특정소방대상물"이란 「화재예방, 소방시설 설치·유지 및 안전관리에 관한 법률」 제2조제1항제3호의 특정소방대상물을 말한다. 〈개정 2021. 6. 1.〉

② 법 제17조제1항에서 "자동화재탐지설비, 옥내소화전설비 등 대통령령으로 정하는 소방시설을 시공할 때"란 다음 각 호의 어느 하나에 해당하는 소방시설을 시공할 때를 말한다. 〈개정 2019. 12. 10., 2021. 6. 1.〉

1. 옥내소화전설비를 신설·개설 또는 증설할 때
2. 스프링클러설비등(캐비닛형 간이스프링클러설비는 제외한다)을 신설·개설하거나 방호·방수 구역을 증설할 때
3. 물분무등소화설비(호스릴 방식의 소화설비는 제외한다)를 신설·개설하거나 방호·방수 구역을 증설할 때
4. 옥외소화전설비를 신설·개설 또는 증설할 때
5. 자동화재탐지설비를 신설 또는 개설할 때

5의2. 비상방송설비를 신설 또는 개설할 때

6. 통합감시시설을 신설 또는 개설할 때

6의2. 비상조명등을 신설 또는 개설할 때

7. 소화용수설비를 신설 또는 개설할 때
8. 다음 각 목에 따른 소화활동설비에 대하여 각 목에 따른 시공을 할 때
   가. 제연설비를 신설·개설하거나 제연구역을 증설할 때
   나. 연결송수관설비를 신설 또는 개설할 때
   다. 연결살수설비를 신설·개설하거나 송수구역을 증설할 때
   라. 비상콘센트설비를 신설·개설하거나 전용회로를 증설할 때
   마. 무선통신보조설비를 신설 또는 개설할 때
   바. 연소방지설비를 신설·개설하거나 살수구역을 증설할 때
9. 삭제

※ 제10조(공사감리자 지정대상 특정소방대상물의 범위)의 경우 2021년 6월 10일부터 시행한다.

소방시설공사업법 시행규칙 살펴보기

제15조(소방공사감리자의 지정신고 등)

① 법 제17조제2항에 따라 특정소방대상물의 관계인은 공사감리자를 지정한 경우에는 해당 소방시설공사의 착공 전까지 별지 제21호서식의 소방공사감리자 지정신고서에 다음 각 호의 서류(전자문서를 포함한다)를 첨부하여 소방본부장 또는 소방서장에게 제출해야 한다. 다만, 「전자정부법」 제36조제1항에 따른 행정정보의 공동이용을 통하여 첨부서류에 대한 정보를 확인할 수 있는 경우에는 그 확인으로 첨부서류를 갈음할 수 있다. 〈개정 2014. 9. 2., 2015. 8. 4., 2016. 8. 25., 2021. 6. 10.〉[시행일: 2021.6.10.]

1. 소방공사감리업 등록증 사본 1부 및 등록수첩 사본 1부
2. 해당 소방시설공사를 감리하는 소속 감리원의 감리원 등급을 증명하는 서류(전자문서를 포함한다) 각 1부
3. 별지 제22호서식의 소방공사감리계획서 1부
4. 법 제21조의3제2항에 따라 체결한 소방시설설계 계약서 사본(「화재예방, 소방시설 설치·유지 및 안전관리에 관한 법률 시행규칙」 제4조제2항에 따라 건축허가등의 동의요구서에 소방시설설계 계약서가 첨부되지 않았거나 첨부된 서류 중 소방시설설계 계약서가 변경된 경우에만 첨부한다) 1부 및 소방공사감리 계약서 사본 1부

② 특정소방대상물의 관계인은 공사감리자가 변경된 경우에는 법 제17조제2항 후단에 따라 변경일부터 30일 이내에 별지 제23호서식의 소방공사감리자 변경신고서(전자문서로 된 소방공사감리자 변경신고서를 포함한다)에 제1항 각 호의 서류(전자문서를 포함한다)를 첨부하여 소방본부장 또는 소방서장에게 제출하여야 한다. 다만,「전자정부법」 제36조제1항에 따른 행정정보의 공동이용을 통하여 첨부서류에 대한 정보를 확인할 수 있는 경우에는 그 확인으로 첨부서류를 갈음할 수 있다.

③ 소방본부장 또는 소방서장은 제1항 및 제2항에 따라 공사감리자의 지정신고 또는 변경신고를 받은 경우에는 2일 이내에 처리하고 그 결과를 신고인에게 통보해야 한다.

제18조(감리원의 배치 등)

① 감리업자는 소방시설공사의 감리를 위하여 소속 감리원을 대통령령으로 정하는 바에 따라 소방시설공사 현장에 배치하여야 한다. ➡ 300만 원 이하의 벌금

② 감리업자는 제1항에 따라 소속 감리원을 배치하였을 때에는 행정안전부령으로 정하는 바에 따라 소방본부장이나 소방서장에게 통보하여야 한다. 감리원의 배치를 변경하였을 때에도 또한 같다. ➡ 200만 원 이하의 과태료

③ 제1항에 따른 감리원의 세부적인 배치 기준은 행정안전부령으로 정한다.

소방시설공사업법 시행령 살펴보기

제11조(소방공사 감리원의 배치기준 및 배치기간)

법 제18조제1항에 따라 감리업자는 별표 4의 배치기준 및 배치기간에 맞게 소속 감리원을 소방시설공사 현장에 배치하여야 한다.

소방시설공사업법 시행령 [별표 3]

소방공사 감리원의 배치기준 (제11조 관련)

1. 소방공사 감리원의 배치기준

감리원의 배치기준		소방시설공사 현장의 기준
책임감리원	보조감리원	
가. 행정안전부령으로 정하는 특급감리원 중 소방기술사	행정안전부령으로 정하는 초급감리원 이상의 소방공사 감리원(기계분야 및 전기분야)	1) 연면적 20만제곱미터 이상인 특정소방대상물의 공사 현장 2) 지하층을 포함한 층수가 40층 이상인 특정소방대상물의 공사 현장
나. 행정안전부령으로 정하는 특급감리원 이상의 소방공사 감리원(기계분야 및 전기분야)	행정안전부령으로 정하는 초급감리원 이상의 소방공사 감리원(기계분야 및 전기분야)	1) 연면적 3만제곱미터 이상 20만제곱미터 미만인 특정소방대상물(아파트는 제외한다)의 공사 현장 2) 지하층을 포함한 층수가 16층 이상 40층 미만인 특정소방대상물의 공사 현장
다. 행정안전부령으로 정하는 고급감리원 이상의 소방공사 감리원(기계분야 및 전기분야)	행정안전부령으로 정하는 초급감리원 이상의 소방공사 감리원(기계분야 및 전기분야)	1) 물분무등소화설비(호스릴 방식의 소화설비는 제외한다) 또는 제연설비가 설치되는 특정소방대상물의 공사 현장 2) 연면적 3만제곱미터 이상 20만제곱미터 미만인 아파트의 공사 현장
라. 행정안전부령으로 정하는 중급감리원 이상의 소방공사 감리원(기계분야 및 전기분야)		연면적 5천제곱미터 이상 3만제곱미터미만인 특정소방대상물의 공사 현장
마. 행정안전부령으로 정하는 초급감리원 이상의 소방공사 감리원(기계분야 및 전기분야)		1) 연면적 5천제곱미터 미만인 특정소방대상물의 공사 현장 2) 지하구의 공사 현장

비고

가. "책임감리원"이란 해당 공사 전반에 관한 감리업무를 총괄하는 사람을 말한다.

나. "보조감리원"이란 책임감리원을 보좌하고 책임감리원의 지시를 받아 감리업무를 수행하는 사람을 말한다.

다. 소방시설공사 현장의 연면적 합계가 20만제곱미터 이상인 경우에는 20만제곱미터를 초과하는 연면적에 대하여 10만제곱미터(연면적이 10만제곱미터에 미달하는 경우에는 10만제곱미터로 본다)마다 보조감리원 1명 이상을 추가로 배치해야 한다.

※ (20만제곱미터를 초과하는 연면적이 10만제곱미터에 미달하는 경우에는 10만제곱미터로 본다)

라. 위 표에도 불구하고 상주 공사감리에 해당하지 않는 소방시설의 공사에는 보조감리원을 배치하지 않을 수 있다.

마. 특정 공사 현장이 2개 이상의 공사 현장 기준에 해당하는 경우에는 해당 공사 현장 기준에 따라 배치해야 하는 감리원을 각각 배치하지 않고 그 중 상위 등급 이상의 감리원을 배치할 수 있다.

2. 소방공사 감리원의 배치기간
   가. 감리업자는 제1호의 기준에 따른 소방공사 감리원을 상주 공사감리 및 일반 공사감리로 구분하여 소방시설공사의 착공일부터 소방시설 완공검사증명서 발급일까지의 기간 중 행정안전부령으로 정하는 기간 동안 배치한다.
   나. 감리업자는 가목에도 불구하고 시공관리, 품질 및 안전에 지장이 없는 경우로서 다음의 어느 하나에 해당하여 발주자가 서면으로 승낙하는 경우에는 해당 공사가 중단된 기간 동안 감리원을 공사현장에 배치하지 않을 수 있다.
      1) 민원 또는 계절적 요인 등으로 해당 공정의 공사가 일정 기간 중단된 경우
      2) 예산의 부족 등 발주자(하도급의 경우에는 수급인을 포함한다. 이하 이 목에서 같다)의 책임 있는 사유 또는 천재지변 등 불가항력으로 공사가 일정기간 중단된 경우
      3) 발주자가 공사의 중단을 요청하는 경우

소방시설공사업법 시행규칙 살펴보기

제16조(감리원의 세부 배치 기준 등)

① 법 제18조제3항에 따른 감리원의 세부적인 배치 기준은 다음 각 호의 구분에 따른다.

1. 영 별표 3에 따른 상주 공사감리 대상인 경우
   가. 기계분야의 감리원 자격을 취득한 사람과 전기분야의 감리원 자격을 취득한 사람 각 1명 이상을 감리원으로 배치할 것. 다만, 기계분야 및 전기분야의 감리원 자격을 함께 취득한 사람이 있는 경우에는 그에 해당하는 사람 1명 이상을 배치할 수 있다.
   나. 소방시설용 배관(전선관을 포함한다. 이하 같다)을 설치하거나 매립하는 때부터 소방시설 완공검사증명서를 발급받을 때까지 소방공사감리현장에 감리원을 배치할 것
2. 영 별표 3에 따른 일반 공사감리 대상인 경우
   가. 기계분야의 감리원 자격을 취득한 사람과 전기분야의 감리원 자격을 취득한 사람 각 1명 이상을 감리원으로 배치할 것. 다만, 기계분야 및 전기분야의 감리원 자격을 함께 취득한 사람이 있는 경우에는 그에 해당하는 사람 1명 이상을 배치할 수 있다.
   나. 별표 3에 따른 기간 동안 감리원을 배치할 것
   다. 감리원은 주 1회 이상 소방공사감리현장에 배치되어 감리할 것
   라. 1명의 감리원이 담당하는 소방공사감리현장은 5개 이하(자동화재탐지설비 또는 옥내소화전설비 중 어느 하나만 설치하는 2개의 소방공사감리현장이 최단 차량주행거리로 30

킬로미터 이내에 있는 경우에는 1개의 소방공사감리현장으로 본다)로서 감리현장 연면적의 총 합계가 10만제곱미터 이하일 것. 다만, 일반 공사감리 대상인 아파트의 경우에는 연면적의 합계에 관계없이 1명의 감리원이 5개 이내의 공사현장을 감리할 수 있다.

② 영 별표 3 상주 공사감리의 방법란 각 호에서 "행정안전부령으로 정하는 기간"이란 소방시설용 배관을 설치하거나 매립하는 때부터 소방시설 완공검사증명서를 발급받을 때까지를 말한다.

③ 영 별표 3 일반공사감리의 방법란 제1호 및 제2호에서 "행정안전부령으로 정하는 기간"이란 별표 3에 따른 기간을 말한다.

소방시설공사업법 시행령 [별표 3]

소방공사 감리의 종류, 방법 및 대상 (제9조 관련)

종류	대상	방법
상주 공사 감리	1. 연면적 3만제곱미터 이상의 특정소방대상물(아파트는 제외한다)에 대한 소방시설의 공사 2. 지하층을 포함한 층수가 16층 이상으로서 500세대 이상인 아파트에 대한 소방시설의 공사	1. 감리원은 행정안전부령으로 정하는 기간 동안 공사 현장에 상주하여 법 제16조제1항 각 호에 따른 업무를 수행하고 감리일지에 기록해야 한다. 다만, 법 제16조제1항제9호에 따른 업무는 행정안전부령으로 정하는 기간 동안 공사가 이루어지는 경우만 해당한다. 2. 감리원이 행정안전부령으로 정하는 기간 중 부득이한 사유로 1일 이상 현장을 이탈하는 경우에는 감리일지 등에 기록하여 발주청 또는 발주자의 확인을 받아야 한다. 이 경우 감리업자는 감리원의 업무를 대행할 사람을 감리현장에 배치하여 감리업무에 지장이 없도록 해야 한다. 3. 감리업자는 감리원이 행정안전부령으로 정하는 기간 중 법에 따른 교육이나 「민방위기본법」 또는 「예비군법」에 따른 교육을 받는 경우나 「근로기준법」에 따른 유급휴가로 현장을 이탈하게 되는 경우에는 감리업무에 지장이 없도록 감리원의 업무를 대행할 사람을 감리현장에 배치해야 한다. 이 경우 감리원은 새로 배치되는 업무대행자에게 업무 인수·인계 등의 필요한 조치를 해야 한다.
일반 공사 감리	상주 공사감리에 해당하지 않는 소방시설의 공사	1. 감리원은 공사 현장에 배치되어 법 제16조제1항 각 호에 따른 업무를 수행한다. 다만, 법 제16조제1항제9호에 따른 업무는 행정안전부령으로 정하는 기간 동안 공사가 이루어지는 경우만 해당한다. 2. 감리원은 행정안전부령으로 정하는 기간 중에는 주 1회 이상 공사 현장에 배치되어 제1호의 업무를 수행하고 감리일지에 기록해야 한다. 3. 감리업자는 감리원이 부득이한 사유로 14일 이내의 범위에서 제2호의 업무를 수행할 수 없는 경우에는 업무대행자를 지정하여 그 업무를 수행하게 해야 한다. 4. 제3호에 따라 지정된 업무대행자는 주 2회 이상 공사 현장에 배치되어 제1호의 업무를 수행하며, 그 업무수행 내용을 감리원에게 통보하고 감리일지에 기록해야 한다.

비고

감리업자는 제연설비 등 소방시설의 공사 감리를 위해 소방시설 성능시험(확인, 측정 및 조정을 포함한다)에 관한 전문성을 갖춘 기관·단체 또는 업체에 성능시험을 의뢰할 수 있다. 이 경우 해당 소방시설공사의 감리를 위해 별표 4에 따라 배치된 감리원(책임감리원을 배치해야 하는 소방시설공사의 경우에는 책임감리원을 말한다)은 성능시험 현장에 참석하여 성능시험이 적정하게 실시되는지 확인해야 한다.

제17조(감리원 배치통보 등)

① 소방공사감리업자는 법 제18조제2항에 따라 감리원을 소방공사감리현장에 배치하는 경우에는 별지 제24호서식의 소방공사감리원 배치통보서(전자문서로 된 소방공사감리원 배치통보서를 포함한다)에, 배치한 감리원이 변경된 경우에는 별지 제25호서식의 소방공사감리원 배치변경통보서(전자문서로 된 소방공사감리원 배치변경통보서를 포함한다)에 다음 각 호의 구분에 따른 해당 서류(전자문서를 포함한다)를 첨부하여 감리원 배치일부터 7일 이내에 소방본부장 또는 소방서장에게 알려야 한다. 이 경우 소방본부장 또는 소방서장은 배치되는 감리원의 성명, 자격증 번호·등급, 감리현장의 명칭·소재지·면적 및 현장 배치기간을 법 제26조의3제1항에 따른 소방시설업 종합정보시스템에 입력해야 한다.

1. 소방공사감리원 배치통보서에 첨부하는 서류(전자문서를 포함한다)
   가. 별표 4의2 제3호나목에 따른 감리원의 등급을 증명하는 서류
   나. 법 제21조의3제2항에 따라 체결한 소방공사 감리계약서 사본 1부
   다. 삭제
2. 소방공사감리원 배치변경통보서에 첨부하는 서류(전자문서를 포함한다)
   가. 변경된 감리원의 등급을 증명하는 서류(감리원을 배치하는 경우에만 첨부한다)
   나. 변경 전 감리원의 등급을 증명하는 서류
   다. 삭제

②, ③, ④ 삭제

제19조(위반사항에 대한 조치)

① 감리업자는 감리를 할 때 소방시설공사가 설계도서나 화재안전기준에 맞지 아니할 때에는 관계인에게 알리고, 공사업자에게 그 공사의 시정 또는 보완 등을 요구하여야 한다.

② 공사업자가 제1항에 따른 요구를 받았을 때에는 그 요구에 따라야 한다.
*보완 요구에 따르지 아니한 자 ➡ 300만 원 이하의 벌금

③ 감리업자는 공사업자가 제1항에 따른 요구를 이행하지 아니하고 그 공사를 계속할 때에는 행정안전부령으로 정하는 바에 따라 소방본부장이나 소방서장에게 그 사실을 보고하여야 한다.
➡ 1년 이하의 징역 또는 1천만 원 이하의 벌금

④ 관계인은 감리업자가 제3항에 따라 소방본부장이나 소방서장에게 보고한 것을 이유로 감리 계약을 해지하거나 감리의 대가 지급을 거부하거나 지연시키거나 그 밖의 불이익을 주어서는 아니 된다. ➡ 300만 원 이하의 벌금

소방시설공사업법 시행규칙 살펴보기

제18조(위반사항의 보고 등)

소방공사감리업자는 법 제19조제1항에 따라 공사업자에게 해당 공사의 시정 또는 보완을 요구하였으나 이행하지 아니하고 그 공사를 계속할 때에는 법 제19조제3항에 따라 시정 또는 보완을 이행하지 아니하고 공사를 계속하는 날부터 3일 이내에 별지 제28호서식의 소방시설공사 위반사항보고서(전자문서로 된 소방시설공사 위반사항보고서를 포함한다)를 소방본부장 또는 소방서장에게 제출하여야 한다. 이 경우 공사업자의 위반사항을 확인할 수 있는 사진 등 증명서류(전자문서를 포함한다)가 있으면 이를 소방시설공사 위반사항보고서(전자문서로 된 소방시설공사 위반사항보고서를 포함한다)에 첨부하여 제출하여야 한다. 다만, 「전자정부법」 제36조제1항에 따른 행정정보의 공동이용을 통하여 첨부서류에 대한 정보를 확인할 수 있는 경우에는 그 확인으로 첨부서류를 갈음할 수 있다.

제20조(공사감리 결과의 통보 등)

감리업자는 소방공사의 감리를 마쳤을 때에는 행정안전부령으로 정하는 바에 따라 그 감리 결과를 그 특정소방대상물의 관계인, 소방시설공사의 도급인, 그 특정소방대상물의 공사를 감리한 건축사에게 서면으로 알리고, 소방본부장이나 소방서장에게 공사감리 결과보고서를 제출하여야 한다.

➡ 1년 이하의 징역 또는 1천만 원 이하의 벌금

소방시설공사업법 시행령 살펴보기

제20조의2(고유식별정보의 처리)

소방청장(제20조에 따라 소방청장의 업무를 위탁받은 자를 포함한다), 시·도지사(해당 권한이 위임·위탁된 경우에는 그 권한을 위임·위탁받은 자를 포함한다), 소방본부장 또는 소방서장은 다음 각 호의 사무를 수행하기 위하여 불가피한 경우 「개인정보 보호법 시행령」 제19조제1호 또는 제4호에 따른 주민등록번호 또는 외국인등록번호가 포함된 자료를 처리할 수 있다. 〈개정 2014. 11. 19., 2016. 7. 28., 2017. 7. 26., 2021. 6. 1., 2022. 1. 4.〉

1. 법 제4조제1항에 따른 소방시설업의 등록에 관한 사무

1의2. 법 제5조에 따른 등록의 결격사유 확인에 관한 사무
1의3. 법 제6조에 따른 소방시설업의 등록사항 변경신고에 관한 사무
1의4. 법 제7조에 따른 소방시설업자의 지위승계 신고에 관한 사무
2. 법 제9조제1항에 따른 등록의 취소와 영업정지 등에 관한 사무
3. 법 제10조에 따른 과징금처분에 관한 사무
3의2. 법 제26조에 따른 시공능력 평가 및 공시에 관한 사무
4. 법 제28조제1항에 따른 소방기술과 관련된 자격·학력 및 경력의 인정 등에 관한 사무
4의2. 법 제28조의2제1항에 따른 소방기술자 양성·인정 교육훈련에 관한 사무
[시행일: 2022. 4. 21.] 제20조의2
5. 법 제29조제1항에 따른 소방기술자의 실무교육에 관한 사무
6. 법 제31조에 따른 감독에 관한 사무

※ 제20조의2(교유식별정보의 처리)의 시행령은 2021년 6월 10일부터 시행한다. 다만, 제20조의2 및 별표 1의 개정규정은 공포한 날부터 시행하며, 4의2의 경우 2022년 4월 21일부터 시행한다.

▶ 참고

제20조의3(규제의 재검토)

소방청장은 다음 각 호의 사항에 대하여 다음 각 호의 기준일을 기준으로 3년마다(매 3년이는 해의 기준일과 같은 날 전까지를 말한다) 그 타당성을 검토하여 개선 등의 조치를 하여야 한다.

1. 제2조제1항 및 별표 1에 따른 소방시설업의 업종별 등록기준 및 영업범위: 2014년 1월 1일
2. ~3. 삭제
4. 제3조 및 별표 2에 따른 소방기술자의 배치기준: 2015년 1월 1일
5. 제4조에 따른 소방시설공사의 착공신고 대상: 2015년 1월 1일
6. 제5조에 따른 완공검사를 위한 현장확인 대상 특정소방대상물의 범위: 2015년 1월 1일
7. 삭제
8. 제9조 및 별표 3에 따른 소방공사감리의 종류와 방법 및 대상: 2015년 1월 1일
9. 제10조에 따른 공사감리자 지정대상 특정소방대상물의 범위: 2015년 1월 1일
10. 제11조 및 별표 4에 따른 소방공사 감리원의 배치기준: 2015년 1월 1일
11. 삭제
12. 제12조에 따른 소방시설공사의 시공을 하도급할 수 있는 경우: 2015년 1월 1일
12의2. 삭제
13. 삭제

소방시설공사업법 시행규칙 살펴보기

제19조(감리결과의 통보 등)

법 제20조에 따라 감리업자가 소방공사의 감리를 마쳤을 때에는 별지 제29호서식의 소방공사감리 결과보고(통보)서[전자문서로 된 소방공사감리 결과보고(통보)서를 포함한다]에 다음 각 호의 서류(전자문서를 포함한다)를 첨부하여 공사가 완료된 날부터 7일 이내에 특정소방대상물의 관계인, 소방시설공사의 도급인 및 특정소방대상물의 공사를 감리한 건축사에게 알리고, 소방본부장 또는 소방서장에게 보고해야 한다. 〈개정 2016. 8. 25., 2017. 7. 26., 2021. 6. 10.〉[시행일: 2021.6.10.]

1. 소방청장이 정하여 고시하는 소방시설 성능시험조사표 1부
2. 착공신고 후 변경된 소방시설설계도면(변경사항이 있는 경우에만 첨부하되, 법 제11조에 따른 설계업자가 설계한 도면만 해당된다) 1부
3. 별지 제13호서식의 소방공사 감리일지(소방본부장 또는 소방서장에게 보고하는 경우에만 첨부한다) 1부
4. 특정소방대상물의 사용승인(「건축법」 제22조에 따른 사용승인으로서 「주택법」 제49조에 따른 사용검사 또는 「학교시설사업 촉진법」 제13조에 따른 사용승인을 포함한다. 이하 같다) 신청서 등 사용승인 신청을 증빙할 수 있는 서류 1부

✔ TIP 위임 행정규칙: 소방시설 자체점검사항 등에 관한 고시
(소방청고시 제2021-17호, 2021. 3. 25., 일부개정)참고

■ 소방시설공사업법 시행규칙 [별지 제29호서식] 〈개정 2021.6.10.〉[시행일: 2021.6.10.]

소방공사감리 결과보고(통보)서

(앞쪽)

접수번호		접수일자	처리기간 3일
특정소방대상물	상호(명칭)	주요 용도	
	소 재 지		(전화번호:)
	구조 지하 층, 지상 층, 연면적 m^2, 바닥면적 m^2, 개동, 연면적 합계 m^2		
소유자	성명(기관 또는 법인명)	생년월일(외국인등록번호)	
	주 소		(전화번호:)
소방시설공사업자	상호(명칭)	등록번호 (제 호)	대표자
	소 재 지		(전화번호:)
시공한 소방시설			
소방시설 도급인 (발주자)	성명(기관 또는 법인명)		
	주 소		(전화번호:)
착공일		소방시설완공일	특정소방대상물 완공예정일

「소방시설공사업법」제20조 및 같은 법 시행규칙 제19조에 따라 소방공사감시 결과(통보)보고서를 제출합니다.

년 월 일

소방공사감리업체 등록번호 제 호

대표자 (서명 또는 인)

책임감리원 (서명 또는 인)

보조감리원 (서명 또는 인)

소방본부장 또는 소방서장
관계인 · 도급인 · 건축사 귀하

■ 소방시설공사업법 시행규칙 [별지 제30호서식] 〈개정 2016. 1. 27.〉

소방시설 성능시험조사표

특수장소	
	상호(명칭)
	소 재 지 (전화번호:)
	구조 지하 층, 지상 층, 연면적 m^2, 바닥면적 m^2, 개동

소방시설 성능시험 항목

[ ] 소방대상물 개요표	[ ] 통합감시시설 성능시험표
[ ] 소화기구 성능시험표	[ ] 피난기구 성능시험표
[ ] 옥내소화전설비 성능시험표	[ ] 유도등 및 유도표지 성능시험표
[ ] 스프링클러설비 성능시험표	[ ] 비상조명등설비 · 휴대용비상조명등 성능시험표
[ ] 간이스프링클러설비 성능시험표	[ ] 소화수조 · 저수조 · 상수도소화설비 및 그 밖의 소화용수설비 성능시험표
[ ] 물분무소화설비 성능시험표	[ ] 제연설비 성능시험표
[ ] 포소화설비 성능시험표	[ ] 연결송수관설비 성능시험표
[ ] 이산화탄소소화설비 성능시험표	[ ] 연결살수설비 성능시험표
[ ] 할로겐화합물소화설비 성능시험표	[ ] 비상콘센트설비 성능시험표
[ ] 청정소화약제소화설비 성능시험표	[ ] 무선통신보조설비 성능시험표
[ ] 분말소화설비 성능시험표	[ ] 연소방지설비 성능시험표
[ ] 옥외소화전설비 성능시험표	[ ] 전동기 펌프 및 엔진 펌프 성능시험표
[ ] 동력소방펌프설비 성능시험표	[ ] 각 펌프운전 시험성적서
[ ] 비상방송설비 · 비상벨 · 자동식사이렌설비 · 단독경보형감지기 성능시험표	[ ] 발전설비개요표(비상전원용)
[ ] 누전경보기 성능시험표	[ ] 축전지설비개요표(비상전원용)
[ ] 자동화재탐지설비 및 시각경보기 성능시험표	[ ] 부하설비개요표(비상전원용)
[ ] 자동화재속보설비 성능시험표	[ ] 변전설비개요표(소방관련)
[ ] 가스누설경보기 성능시험표	

「소방시설공사업법」제20조에 따라 붙임과 같이 위 특정소방대상물에 설치된 소방시설의 성능시험조사표를 작성 · 제출합니다.

년 월 일

책임감리원 : (서명 또는 인)

보조감리원 : (서명 또는 인)

소방본부장/소방서장 귀하

붙임소방시설의 항목별 성능시험표 1부.끝.

기재요령	○ 소방시설 해당 항목에 " V" 표 하십시오. ○" V" 표한 소방시설 항목의 성능시험표를 함께 편철하여 제출하십시오.

210mm×297mm[백상지80g/㎡ 또는 중질지80g/㎡]

■ **소방시설공사업법 시행규칙** [별지 제13호서식] 〈개정 2016. 1. 27.〉

소방공사 감리일지

업 체 명	상호(기관명)		등록번호	제 호	대표자	(서명 또는 인)
	업종/분야		소 재 지	(전화 :)		
책임감리원	성 명		분야/등급		배치기간	년 월 일 년 월 일
보조감리원	성 명		분야/등급		배치기간	년 월 일 년 월 일
특정소방대상물	상호(명칭)			주요용도		
	소 재 지	(전화 :)				
	구 조	지하층, 지상층, 연면적 m^2, 바닥면적m^2,개동				
관계인 또는 도급인	성명(기관 또는 법인명)	(서명 또는 인)				
	주 소	(전화 :)				
소방시설설계업자	상호(기관명)		등록번호	제 호	대표자	
	업종/분야		소 재 지	(전화 :)		
소방시설공사업자	상호(기관명)		등록번호	제 호	대표자	(서명 또는 인)
	업종/분야		소 재 지	(전화 :)		
소방공사 감리기간		년 월 일부터 년 월 일까지				
소방시설개요						

소방공사 감리사항

날짜	감리사항	비고

※ 상세 내용은 별지 작성

210mm×297mm[백상지(80g/㎡) 또는 중질지(80g/㎡)]

제3절의2 방염

제20조의2(방염)

방염처리업자는 「화재예방, 소방시설 설치 · 유지 및 안전관리에 관한 법률」제12조제3항에 따른 방염성능기준 이상이 되도록 방염을 하여야 한다. ➡ 200만 원 이하의 과태료

> 제20조의2(방염)
> 방염처리업자는 「소방시설 설치 및 관리에 관한 법률」 제20조제3항에 따른 방염성능기준 이상이 되도록 방염을 하여야 한다.
> [시행일: 2022. 12. 1.] 제20조의2

제20조의3(방염처리능력 평가 및 공시)

① 소방청장은 방염처리업자의 방염처리능력 평가 요청이 있는 경우 해당 방염처리업자의 방염처리 실적 등에 따라 방염처리능력을 평가하여 공시할 수 있다.

② 제1항에 따른 평가를 받으려는 방염처리업자는 전년도 방염처리 실적이나 그 밖에 행정안전부령으로 정하는 서류를 소방청장에게 제출하여야 한다. ➡ 200만 원 이하의 과태료

③ 제1항 및 제2항에 따른 방염처리능력 평가신청 절차, 평가방법 및 공시방법 등에 필요한 사항은 행정안전부령으로 정한다.

소방시설공사업법 시행규칙 살펴보기

제19조의3(방염처리능력의 평가 및 공시 등)

① 법 제20조의3제1항에 따른 방염처리능력 평가의 방법은 별표 3의2와 같다.

② 협회는 방염처리능력을 평가한 경우에는 그 사실을 해당 방염처리업자의 등록수첩에 기재하여 발급해야 한다.

③ 협회는 제19조의2에 따라 제출된 서류가 거짓으로 확인된 경우에는 확인된 날부터 10일 이내에 해당 방염처리업자의 방염처리능력을 새로 평가하고 해당 방염처리업자의 등록수첩에 그 사실을 기재하여 발급해야 한다.

④ 협회는 방염처리능력을 평가한 경우에는 법 제20조의3제1항에 따라 다음 각 호의 사항을 매년 7월 31일까지 협회의 인터넷 홈페이지에 공시해야 한다. 다만, 제19조의2제3항 또는 제3항에 따라 방염처리능력을 평가한 경우에는 평가완료일부터 10일 이내에 공시해야 한다.

1. 상호 및 성명(법인인 경우에는 대표자의 성명을 말한다)
2. 주된 영업소의 소재지

3. 업종 및 등록번호
4. 방염처리능력 평가 결과

⑤ 방염처리능력 평가의 유효기간은 공시일부터 1년간으로 한다. 다만, 제19조의2제3항 또는 제3항에 따라 방염처리능력을 평가한 경우에는 해당 방염처리능력 평가 결과의 공시일부터 다음 해의 정기 공시일(제4항 본문에 따라 공시한 날을 말한다)의 전날까지로 한다.

⑥ 제1항부터 제5항까지에서 규정한 사항 외에 방염처리능력 평가 및 공시에 필요한 세부규정은 협회가 정하되, 소방청장의 승인을 받아야 한다.

소방시설공사업법 시행규칙 [별표 3의2]

방염처리능력 평가의 방법(제19조의3제1항 관련)

1. 방염처리업자의 방염처리능력은 다음 계산식으로 산정하되, 10만원 미만의 숫자는 버린다. 이 경우 산정기준일은 평가를 하는 해의 전년도 12월 31일로 한다.

방염처리능력평가액 =
실적평가액 + 자본금평가액 + 기술력평가액 + 경력평가액 ± 신인도평가액

가. 방염처리능력평가액은 영 별표 1 제4호에 따른 방염처리업의 업종별로 산정해야 한다.

2. 실적평가액은 다음 계산식으로 산정한다.

실적평가액 = 연평균 방염처리실적액

가. 방염처리 실적은 제19조의2제2항제1호의 구분에 따른 실적을 말하며, 영 별표 1 제4호에 따른 방염처리업 업종별로 산정해야 한다.
나. 제조·가공 공정에서 방염처리한 물품을 수입한 경우에는 방염처리 실적에 포함되지 않는다.
다. 방염처리실적액(발주자가 공급하는 자재비를 제외한다)은 해당 업체의 수급금액 중 하수급금액은 포함하고 하도급금액은 제외한다.
라. 방염물품의 종류 및 처리방법에 따른 실적인정 비율은 소방청장이 정하여 고시한다.
마. 방염처리업을 한 기간이 산정일을 기준으로 3년 이상인 경우에는 최근 3년간의 방염처리실적을 합산하여 3으로 나눈 금액을 연평균 방염처리실적액으로 한다.
바. 방염처리업을 한 기간이 산정일을 기준으로 1년 이상 3년 미만인 경우에는 그 기간의 방염처리실적을 합산한 금액을 그 기간의 개월수로 나눈 금액에 12를 곱한 금액을 연평균 방염처리실적액으로 한다.

사. 방염처리업을 한 기간이 산정일을 기준으로 1년 미만인 경우에는 그 기간의 방염처리실적액을 연평균방염처리실적액으로 한다.

아. 다음의 어느 하나에 해당하는 경우의 실적은 종전 방염처리업자의 실적과 방염처리업을 승계한 자의 실적을 합산한다.

1) 방염처리업자인 법인이 분할에 의하여 설립되거나 분할합병한 회사에 그가 경영하는 방염처리업 전부를 양도하는 경우
2) 개인이 경영하던 방염처리업을 법인사업으로 전환하기 위하여 방염처리업을 양도하는 경우(방염처리업의 등록을 한 개인이 당해 법인의 대표자가 되는 경우에만 해당한다)
3) 합명회사와 합자회사 간, 주식회사와 유한회사 간의 전환을 위하여 방염처리업을 양도하는 경우
4) 방염처리업자인 법인 간에 합병을 하는 경우 또는 방염처리업자인 법인과 방염처리업자가 아닌 법인이 합병을 하는 경우
5) 법 제6조의2에 따른 폐업신고로 방염처리업의 등록이 말소된 후 6개월 이내에 다시 같은 업종의 방염처리업을 등록하는 경우

3. 자본금평가액은 다음 계산식으로 산정한다.

자본금평가액 = 실질자본금

가. 실질자본금은 해당 방염처리업체 최근 결산일 현재의 총자산에서 총부채를 뺀 금액을 말하며, 방염처리업 외의 다른 업을 겸업하는 경우에는 실질자본금에서 겸업비율에 해당하는 금액을 공제한다.

4. 기술력평가액은 다음 계산식으로 산정한다.

기술력평가액 = 전년도 연구 · 인력개발비 + 전년도 방염처리시설 및 시험기기 구입비용

가. 전년도 연구·인력개발비는 연구개발 및 인력개발을 위한 비용으로서 「조세특례제한법 시행령」 별표 6에 따른 비용 중 방염처리업 분야에 실제로 사용된 금액으로 한다.

나. 전년도 방염처리시설 및 시험기기 구입비용은 방염처리능력 평가 전년도에 기술개발 등을 위하여 추가로 구입한 방염처리시설 및 시험기기 구입비용으로 한다. 다만, 법 제4조제1항에 따라 방염처리업을 등록한 자 또는 법 제7조1항 및 제2항에 따라 소방시설업자의 지위를 승계한 자가 영 별표 1 제4호에 따른 방염처리업 등록기준 요건을 갖추기 위하여 새로 구입한 방염처리시설 및 시험기기 구입비용은 구입 후 최초로 평가를 신청하는 경우에는 포함한다.

5. 경력평가액은 다음 계산식으로 산정한다.

경력평가액 = 실적평가액 × 방염처리업 경영기간 평점 × 20/100

가. 방염처리업 경영기간은 등록일·양도신고일 또는 합병신고일부터 산정기준일까지로 한다.

나. 종전 방염처리업자의 방염처리업 경영기간과 방염처리업을 승계한 자의 방염처리업 경영기간의 합산에 관해서는 제2호아목을 준용한다.

다. 방염처리업 경영기간 평점은 다음 표에 따른다.

방염처리업 경영기간	2년 미만	2년 이상 4년 미만	4년 이상 6년 미만	6년 이상 8년 미만	8년 이상 10년 미만
평점	1.0	1.1	1.2	1.3	1.4

10년 이상 12년 미만	12년 이상 14년 미만	14년 이상 16년 미만	16년 이상 18년 미만	18년 이상 20년 미만	20년 이상
1.5	1.6	1.7	1.8	1.9	2.0

6. 신인도평가액은 다음 계산식으로 산정하되, 신인도평가액은 실적평가액·자본금평가액·기술력평가액·경력평가액을 합친 금액의 ±10퍼센트의 범위를 초과할 수 없으며, 가점요소와 감점요소가 있는 경우에는 이를 상계한다.

신인도평가액 = (실적평가액 + 자본금평가액 + 기술력평가액 + 경력평가액)
× 신인도 반영비율 합계

가. 신인도 반영비율 가점요소는 다음과 같다.

1) 최근 1년간 국가기관·지방자치단체·공공기관으로부터 우수방염처리업자로 선정된 경우: +3퍼센트

2) 최근 1년간 국가기관·지방자치단체 및 공공기관으로부터 방염처리업과 관련한 표창을 받은 경우

가) 대통령 표창: +3퍼센트	나) 그 밖의 표창: +2퍼센트

3) 방염처리업자의 방염처리 상 환경관리 및 방염처리폐기물의 처리실태가 우수하여 환경부장관으로부터 방염처리능력의 증액 요청이 있는 경우: +2퍼센트

4) 방염처리업에 관한 국제품질경영인증(ISO)을 받은 경우: +2퍼센트

나. 신인도 반영비율 감점요소는 다음과 같다.

1) 최근 1년간 국가기관·지방자치단체·공공기관으로부터 부정당업자로 제재처분을 받은 사실이 있는 경우: −3퍼센트

2) 최근 1년간 부도가 발생한 사실이 있는 경우: −2퍼센트

3) 최근 1년간 법 제9조 또는 제10조에 따라 영업정지 처분 및 과징금 처분을 받은 사실이 있는 경우

가) 1개월 이상 3개월 이하: −2퍼센트	나) 3개월 초과: −3퍼센트

4) 최근 1년간 법 제40조제1항에 따라 과태료 처분을 받은 사실이 있는 경우: −2퍼센트
5) 최근 1년간 「폐기물관리법」 등 환경관리법령을 위반하여 과태료 처분, 영업정지 처분 및 과징금 처분을 받은 사실이 있는 경우: −2퍼센트

제4절 도급

제21조(소방시설공사등의 도급)

① 특정소방대상물의 관계인 또는 발주자는 소방시설공사등을 도급할 때에는 해당 소방시설업자에게 도급하여야 한다. ➡ 1년 이하의 징역 또는 1천만 원 이하의 벌금

② 소방시설공사는 다른 업종의 공사와 분리하여 도급하여야 한다. 다만, 공사의 성질상 또는 기술관리상 분리하여 도급하는 것이 곤란한 경우로서 대통령령으로 정하는 경우에는 다른 업종의 공사와 분리하지 아니하고 도급할 수 있다. ➡ 300만원 이하의 벌금

소방시설공사업법 시행령 살펴보기

제11조의2(소방시설공사 분리 도급의 예외)

법 제21조제2항 단서에서 "대통령령으로 정하는 경우"란 다음 각 호의 어느 하나에 해당하는 경우를 말한다.

1. 「재난 및 안전관리 기본법」 제3조제1호에 따른 재난의 발생으로 긴급하게 착공해야 하는 공사인 경우
2. 국방 및 국가안보 등과 관련하여 기밀을 유지해야 하는 공사인 경우
3. 제4조 각 호에 따른 소방시설공사에 해당하지 않는 공사인 경우
4. 연면적이 1천제곱미터 이하인 특정소방대상물에 비상경보설비를 설치하는 공사인 경우
5. 다음 각 목의 어느 하나에 해당하는 입찰로 시행되는 공사인 경우
   가. 「국가를 당사자로 하는 계약에 관한 법률 시행령」 제79조제1항제4호 또는 제5호 및 「지방자치단체를 당사자로 하는 계약에 관한 법률 시행령」 제95조제4호 또는 제5호에 따른 대안입찰 또는 일괄입찰

나. 「국가를 당사자로 하는 계약에 관한 법률 시행령」 제98조제2호 또는 제3호 및 「지방자치단체를 당사자로 하는 계약에 관한 법률 시행령」 제127조제2호 또는 제3호에 따른 실시 설계 기술제안입찰 또는 기본설계 기술제안입찰

6. 그 밖에 문화재수리 및 재개발·재건축 등의 공사로서 공사의 성질상 분리하여 도급하는 것이 곤란하다고 소방청장이 인정하는 경우

제21조의2(임금에 대한 압류의 금지)

① 공사업자가 도급받은 소방시설공사의 도급금액 중 그 공사(하도급한 공사를 포함한다)의 근로자에게 지급하여야 할 임금에 해당하는 금액은 압류할 수 없다. 〈개정 2021. 10. 19.〉

② 제1항의 임금에 해당하는 금액의 범위와 산정방법은 대통령령으로 정한다. 〈개정 2021. 10. 19.〉

※ 제21조의2(임금에 대한 압류의 금지)이 법은 공포한 날부터 시행한다.

소방시설공사업법 시행령 살펴보기

제11조의3(압류대상에서 제외되는 노임)

법 제21조의2에 따라 압류할 수 없는 노임(勞賃)에 해당하는 금액은 해당 소방시설공사의 도급 또는 하도급 금액 중 설계도서에 기재된 노임을 합산하여 산정한다.

제21조의3(도급의 원칙 등)

① 소방시설공사등의 도급 또는 하도급의 계약당사자는 서로 대등한 입장에서 합의에 따라 공정하게 계약을 체결하고, 신의에 따라 성실하게 계약을 이행하여야 한다.

② 소방시설공사등의 도급 또는 하도급의 계약당사자는 그 계약을 체결할 때 도급 또는 하도급 금액, 공사기간, 그 밖에 대통령령으로 정하는 사항을 계약서에 분명히 밝혀야 하며, 서명날인한 계약서를 서로 내주고 보관하여야 한다. ➡ 200만 원 이하의 과태료

* 하도급 계약의 경우에는 하도급 받은 소방시설업자는 제외

③ 수급인은 하수급인에게 하도급과 관련하여 자재구입처의 지정 등 하수급인에게 불리하다고 인정되는 행위를 강요하여서는 아니 된다.

④ 제21조에 따라 도급을 받은 자가 해당 소방시설공사등을 하도급할 때에는 행정안전부령으로 정하는 바에 따라 미리 관계인과 발주자에게 알려야 한다. 하수급인을 변경하거나 하도급 계약을 해지할 때에도 또한 같다. ➡ 200만 원 이하의 과태료

⑤ 하도급에 관하여 이 법에서 규정하는 것을 제외하고는 그 성질에 반하지 아니하는 범위에서 「하도급거래 공정화에 관한 법률」의 해당 규정을 준용한다.

소방시설공사업법 시행규칙 살펴보기

제20조(하도급의 통지)

① 소방시설업자는 소방시설의 설계, 시공, 감리 및 방염(이하 "소방시설공사등"이라 한다)을 하도급하려고 하거나 하수급인을 변경하는 경우에는 법 제21조의3제4항에 따라 별지 제31호서식의 소방시설공사등의 하도급통지서(전자문서로 된 소방시설공사등의 하도급통지서를 포함한다)에 다음 각 호의 서류(전자문서를 포함한다)를 첨부하여 미리 관계인 및 발주자에게 알려야 한다. 〈개정 2015. 8. 4., 2021. 6. 10.〉[시행일: 2021.6.10.]

1. 하도급계약서(안) 1부
2. 예정공정표 1부
3. 하도급내역서 1부
4. 하수급인의 소방시설업 등록증 사본 1부

제1항에 따라 하도급을 하려는 소방시설업자는 관계인 및 발주자에게 통지한 소방시설공사등의 하도급통지서(전자문서로 된 소방시설공사등의 하도급통지서를 포함한다) 사본을 하수급자에게 주어야 한다.

③ 소방시설업자는 하도급계약을 해지하는 경우에는 법 제21조의3제4항에 따라 하도급계약 해지사실을 증명할 수 있는 서류(전자문서를 포함한다)를 관계인 및 발주자에게 알려야 한다.

소방시설공사업법 시행령 살펴보기

제11조의4(도급계약서의 내용)

① 법 제21조의3제2항에서 "그 밖에 대통령령으로 정하는 사항"이란 다음 각 호의 사항을 말한다.

1. 소방시설의 설계, 시공, 감리 및 방염(이하 "소방시설공사등"이라 한다)의 내용
2. 도급(하도급을 포함한다. 이하 이 항에서 같다)금액 중 노임(勞賃)에 해당하는 금액
3. 소방시설공사등의 착수 및 완성 시기
4. 도급금액의 선급금이나 기성금 지급을 약정한 경우에는 각각 그 지급의 시기·방법 및 금액
5. 도급계약당사자 어느 한쪽에서 설계변경, 공사중지 또는 도급계약의 해제를 요청하는 경우 손해부담에 관한 사항
6. 천재지변이나 그 밖의 불가항력으로 인한 면책의 범위에 관한 사항
7. 설계변경, 물가변동 등에 따른 도급금액 또는 소방시설공사등의 내용 변경에 관한 사항
8. 「하도급거래 공정화에 관한 법률」 제13조의2에 따른 하도급대금 지급보증서의 발급에 관한 사항(하도급계약의 경우만 해당한다)
9. 「하도급거래 공정화에 관한 법률」 제14조에 따른 하도급대금의 직접 지급 사유와 그 절차

(하도급계약의 경우만 해당한다)

10. 「산업안전보건법」 제72조에 따른 산업안전보건관리비 지급에 관한 사항(소방시설공사업의 경우만 해당한다)
11. 해당 공사와 관련하여 「고용보험 및 산업재해보상보험의 보험료징수 등에 관한 법률」, 「국민연금법」 및 「국민건강보험법」에 따른 보험료 등 관계 법령에 따라 부담하는 비용에 관한 사항(소방시설공사업의 경우만 해당한다)
12. 도급목적물의 인도를 위한 검사 및 인도 시기
13. 소방시설공사등이 완성된 후 도급금액의 지급시기
14. 계약 이행이 지체되는 경우의 위약금 및 지연이자 지급 등 손해배상에 관한 사항
15. 하자보수 대상 소방시설과 하자보수 보증기간 및 하자담보 방법(소방시설공사업의 경우만 해당한다)
16. 해당 공사에서 발생된 폐기물의 처리방법과 재활용에 관한 사항(소방시설공사업의 경우만 해당한다)
17. 그 밖에 다른 법령 또는 계약 당사자 양쪽의 합의에 따라 명시되는 사항

② 소방청장은 계약 당사자가 대등한 입장에서 공정하게 계약을 체결하도록 하기 위하여 소방시설공사등의 도급 또는 하도급에 관한 표준계약서(하도급의 경우에는 「하도급거래 공정화에 관한 법률」에 따라 공정거래위원회가 권장하는 소방시설공사업종 표준하도급계약서를 말한다)를 정하여 보급할 수 있다.

✔ **TIP** 행정규칙: 소방시설업 표준도급계약서 참고

소방시설공사업법 시행규칙 살펴보기

[본조신설 2021. 4. 20.] [시행일: 2022. 4. 21.] 제21조의4

제21조의4(공사대금의 지급보증 등)

① 수급인이 국가, 지방자치단체 또는 대통령령으로 정하는 공공기관 외의 자가 발주하는 공사를 도급받은 경우로서 수급인이 발주자에게 계약의 이행을 보증하는 때에는 발주자도 수급인에게 공사대금의 지급을 보증하거나 담보를 제공하여야 한다. 다만, 발주자는 공사대금의 지급보증 또는 담보 제공을 하기 곤란한 경우에는 수급인이 그에 상응하는 보험 또는 공제에 가입할 수 있도록 계약의 이행보증을 받은 날부터 30일 이내에 보험료 또는 공제료(이하 "보험료등"이라 한다)를 지급하여야 한다.

② 발주자 및 수급인은 소규모공사 등 대통령령으로 정하는 소방시설공사의 경우 제1항에 따른 계약이행의 보증이나 공사대금의 지급보증, 담보의 제공 또는 보험료등의 지급을 아니할 수 있다.

③ 발주자가 제1항에 따른 공사대금의 지급보증, 담보의 제공 또는 보험료등의 지급을 하지 아니

한 때에는 수급인은 10일 이내 기간을 정하여 발주자에게 그 이행을 촉구하고 공사를 중지할 수 있다. 발주자가 촉구한 기간 내에 그 이행을 하지 아니한 때에는 수급인은 도급계약을 해지할 수 있다.

④ 제3항에 따라 수급인이 공사를 중지하거나 도급계약을 해지한 경우에는 발주자는 수급인에게 공사 중지나 도급계약의 해지에 따라 발생하는 손해배상을 청구하지 못한다.

⑤ 제1항에 따른 공사대금의 지급보증, 담보의 제공 또는 보험료등의 지급 방법이나 절차 및 제3항에 따른 촉구의 방법 등에 필요한 사항은 행정안전부령으로 정한다.

소방시설공사업법 시행령 살펴보기

[본조신설 2022. 1. 4.] [시행일: 2022. 4. 21.] 제11조의5~제11조의6

제11조의5(공사대금의 지급보증 등의 예외가 되는 공공기관의 범위)

법 제21조의4제1항 본문에서 "대통령령으로 정하는 공공기관"이란 다음 각 호의 공공기관을 말한다.

1. 「공공기관의 운영에 관한 법률」 제5조에 따른 공기업 및 준정부기관
2. 「지방공기업법」 제49조에 따른 지방공사 및 같은 법 제76조에 따른 지방공단

제11조의6(공사대금의 지급보증 등의 예외가 되는 소방시설공사의 범위)

법 제21조의4제2항에서 "소규모공사 등 대통령령으로 정하는 소방시설공사"란 다음 각 호의 소방시설공사를 말한다.

1. 공사 1건의 도급금액이 1천만원 미만인 소규모 소방시설공사
2. 공사기간이 3개월 이내인 단기의 소방시설공사

제22조(하도급의 제한)

① 제21조에 따라 도급을 받은 자는 소방시설의 설계, 시공, 감리를 제3자에게 하도급할 수 없다. 다만, 시공의 경우에는 대통령령으로 정하는 바에 따라 도급받은 소방시설공사의 일부를 다른 공사업자에게 하도급할 수 있다. ➡ 1년 이하의 징역 또는 1천만 원 이하의 벌금

② 하수급인은 제1항 단서에 따라 하도급받은 소방시설공사를 제3자에게 다시 하도급할 수 없다. ➡ 1년 이하의 징역 또는 1천만 원 이하의 벌금

③ 삭제 〈2014. 12. 30.〉

※ 하도급계약심사위원회는 위원장 1명과 부위원장 1명을 포함하여 10명 이내로 한다.

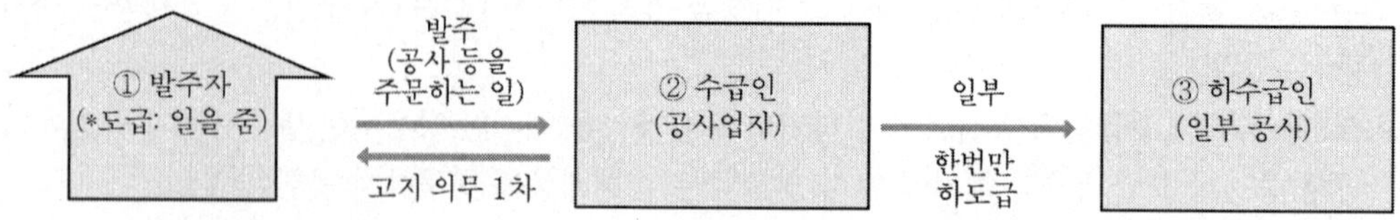

- 일부 하도급할수 있는 경우: 주택건설사업, 건설업, 전기공사업, 정보통신공사업
- 하도급의 제한 해설

①의 발주자가

②의 수급인에게공사를 발주했을 때

②의 공사업자인 수급인은원칙은 아니지만 1차에 한해서 미리서 ①의 발주자에게 알리고 (수급인이건설·주택건설·전기공사·정보통신공사업과 함께 소방시설공사를 함께 할 경우 소방시설공사와 해당 사업의 공사를 함께 도급 받은 경우에 일부의 소방공사를..)

③에게 하도급을 할 수 있다.

이 경우 ①, ②간에는 상호 협조가 있어야 한다.

③의 하수급인은 또 다른 사람에게 공사의 일부를 줄 수 없으므로(도급금지!) 하수급인이 된다.

소방시설공사업법 시행령 살펴보기

제12조(소방시설공사의 시공을 하도급할 수 있는 경우)

① 법 제22조제1항 단서에서 "대통령령으로 정하는 경우"란 소방시설공사업과 다음 각 호의 어느 하나에 해당하는 사업을 함께 하는 소방시설공사업자가 소방시설공사와 해당 사업의 공사를 함께 도급받은 경우를 말한다.

1. 「주택법」 제4조에 따른 주택건설사업
2. 「건설산업기본법」 제9조에 따른 건설업
3. 「전기공사업법」 제4조에 따른 전기공사업
4. 「정보통신공사업법」 제14조에 따른 정보통신공사업

② 공사업자가 제1항에 따라 다른 공사업자에게 그 일부를 하도급할 수 있는 소방시설공사는 제4조제1호 각 목의 소방설비 중 하나 이상의 소방설비를 설치하는 공사로 한다. 〈개정 2021. 6. 1.〉

※ 제12조제2항의 경우 2021년 6월 10일부터 시행한다.

제12조의2(하도급계약의 적정성 심사 등)

① 법 제22조의2제1항 전단에서 "하도급계약금액이 대통령령으로 정하는 비율에 따른 금액에 미달하는 경우"란 다음 각 호의 어느 하나에 해당하는 경우를 말한다.

1. 하도급계약금액이 도급금액 중 하도급부분에 상당하는 금액[하도급하려는 소방시설공사등

에 대하여 수급인의 도급금액 산출내역서의 계약단가(직접 · 간접 노무비, 재료비 및 경비를 포함한다)를 기준으로 산출한 금액에 일반관리비, 이윤 및 부가가치세를 포함한 금액을 말하며, 수급인이 하수급인에게 직접 지급하는 자재의 비용 등 관계 법령에 따라 수급인이 부담하는 금액은 제외한다]의 100분의 82에해당하는 금액에 미달하는 경우

2. 하도급계약금액이 소방시설공사등에 대한 발주자의 예정가격의 100분의 60에 해당하는 금액에 미달하는 경우

② 법 제22조의2제1항 후단에서 “대통령령으로 정하는 공공기관”이란 제11조의5 각 호의 공공기관을 말한다. 〈개정 2022. 1. 4.〉

1. 삭제 〈2022. 1. 4.〉 [시행일: 2022. 4. 21.] 제12조의2

2. 삭제 〈2022. 1. 4.〉 [시행일: 2022. 4. 21.] 제12조의2

③ 소방청장은 법 제22조의2제1항에 따라 하수급인의 시공 및 수행능력, 하도급계약 내용의 적정성 등을 심사하는 경우에 활용할 수 있는 기준을 정하여 고시하여야 한다.

④ 발주자는 법 제22조의2제2항에 따라 하수급인 또는 하도급계약 내용의 변경을 요구하려는 경우에는 법 제21조의3제4항에 따라 하도급에 관한 사항을 통보받은 날 또는 그 사유가 있음을 안 날부터 30일 이내에 서면으로 하여야 한다.

✔TIP 행정규칙: 소방시설공사등의 하도급계약 적정성 심사기준 참고

제22조의2(하도급계약의 적정성 심사 등)

① 발주자는 하수급인이 계약내용을 수행하기에 현저하게 부적당하다고 인정되거나 하도급계약금액이 대통령령으로 정하는 비율에 따른 금액에 미달하는 경우에는 하수급인의 시공 및 수행능력, 하도급계약 내용의 적정성 등을 심사할 수 있다. 이 경우, 국가, 지방자치단체 또는 대통령령으로 정하는 공공기관이 발주자인 때에는 적정성 심사를 실시하여야 한다.

② 발주자는 제1항에 따라 심사한 결과 하수급인의 시공 및 수행능력 또는 하도급계약 내용이 적정하지 아니한 경우에는 그 사유를 분명하게 밝혀 수급인에게 하수급인 또는 하도급계약 내용의 변경을 요구할 수 있다. 이 경우 제1항 후단에 따라 적정성 심사를 하였을 때에는 하수급인 또는 하도급계약 내용의 변경을 요구하여야 한다.

③ 발주자는 수급인이 정당한 사유 없이 제2항에 따른 요구에 따르지 아니하여 공사 등의 결과에 중대한 영향을 끼칠 우려가 있는 경우에는 해당 소방시설공사등의 도급계약을 해지할 수 있다.

④ 제1항 후단에 따른 발주자는 하수급인의 시공 및 수행능력, 하도급계약 내용의 적정성 등을 심사하기 위하여 하도급계약심사위원회를 두어야 한다.

⑤ 제1항 및 제2항에 따른 하도급계약의 적정성 심사기준, 하수급인 또는 하도급계약 내용의 변경 요구 절차, 그 밖에 필요한 사항 및 제4항에 따른 하도급계약심사위원회의 설치·구성 및 심사방법 등에 관하여 필요한 사항은 대통령령으로 정한다.

소방시설공사업법 시행령 살펴보기

제12조의3(하도급계약심사위원회의 구성 및 운영)

① 법 제22조의2제4항에 따른 하도급계약심사위원회(이하 "위원회"라 한다)는 위원장 1명과 부위원장 1명을 포함하여 10명 이내의 위원으로 구성한다.

② 위원회의 위원장(이하 "위원장"이라 한다)은 발주기관의 장(발주기관이 특별시·광역시·특별자치시·도 및 특별자치도인 경우에는 해당 기관 소속 2급 또는 3급 공무원 중에서, 발주기관이 제11조의5 각 호의 공공기관인 경우에는 1급 이상 임직원 중에서 발주기관의 장이 지명하는 사람을 각각 말한다)이 되고, 부위원장과 위원은 다음 각 호의 어느 하나에 해당하는 사람 중에서 위원장이 임명하거나 성별을 고려하여 위촉한다. 〈개정 2022. 1. 4.〉

1. 해당 발주기관의 과장급 이상 공무원(제11조의5 각 호의 공공기관의 경우에는 2급 이상의 임직원을 말한다) [시행일: 2022. 4. 21.] 제12조의3
2. 소방 분야 연구기관의 연구위원급 이상인 사람
3. 소방 분야의 박사학위를 취득하고 그 분야에서 3년 이상 연구 또는 실무경험이 있는 사람
4. 대학(소방 분야로 한정한다)의 조교수 이상인 사람
5. 「국가기술자격법」에 따른 소방기술사 자격을 취득한 사람

③ 제2항제2호부터 제5호까지의 규정에 해당하는 위원의 임기는 3년으로 하며, 한 차례만 연임할 수 있다.

④ 위원회의 회의는 재적위원 과반수의 출석으로 개의(開議)하고, 출석위원 과반수의 찬성으로 의결한다.

⑤ 제1항부터 제4항까지에서 규정한 사항 외에 위원회의 운영에 필요한 사항은 위원회의 의결을 거쳐 위원장이 정한다.

▶ 참고

제12조의4(위원회 위원의 제척·기피·회피)

① 위원회의 위원은 다음 각 호의 어느 하나에 해당하는 경우에는 해당 하도급계약심사에서 제척(除斥)된다.

1. 위원 또는 그 배우자나 배우자이었던 사람이 해당 안건의 당사자(당사자가 법인·단체 등인 경우에는 그 임원을 포함한다. 이하 이 호 및 제2호에서 같다)가 되거나 그 안건의 당사자와 공동권리자 또는 공동의무자인 경우
2. 위원이 해당 안건의 당사자와 친족이거나 친족이었던 경우

3. 위원이 해당 안건에 대하여 진술이나 감정을 한 경우
4. 위원이나 위원이 속한 법인·단체 등이 해당 안건의 당사자의 대리인이거나 대리인이었던 경우
5. 위원이 해당 안건의 원인이 된 처분 또는 부작위에 관여한 경우

② 해당 안건의 당사자는 위원에게 공정한 심사를 기대하기 어려운 사정이 있는 경우에는 위원회에 기피 신청을 할 수 있으며, 위원회는 의결로 이를 결정한다. 이 경우 기피 신청의 대상인 위원은 그 의결에 참여하지 못한다.

③ 위원이 제1항 각 호에 따른 제척 사유에 해당하는 경우에는 스스로 해당 안건의 심사에서 회피(回避)하여야 한다.

제22조의3(하도급대금의 지급 등)

① 수급인은 발주자로부터 도급받은 소방시설공사등에 대한 준공금(竣工金)을 받은 경우에는 하도급대금의 전부를, 기성금(既成金)을 받은 경우에는 하수급인이 시공하거나 수행한 부분에 상당한 금액을 각각 지급받은 날(수급인이 발주자로부터 대금을 어음으로 받은 경우에는 그 어음만기일을 말한다)부터 15일 이내에 하수급인에게 현금으로 지급하여야 한다.

② 수급인은 발주자로부터 선급금을 받은 경우에는 하수급인이 자재의 구입, 현장근로자의 고용, 그 밖에 하도급 공사 등을 시작할 수 있도록 그가 받은 선급금의 내용과 비율에 따라 하수급인에게 선금을 받은 날(하도급 계약을 체결하기 전에 선급금을 받은 경우에는 하도급 계약을 체결한 날을 말한다)부터 15일 이내에 선급금을 지급하여야 한다. 이 경우 수급인은 하수급인이 선급금을 반환하여야 할 경우에 대비하여 하수급인에게 보증을 요구할 수 있다.

③ 수급인은 하도급을 한 후 설계변경 또는 물가변동 등의 사정으로 도급금액이 조정되는 경우에는 조정된 금액과 비율에 따라 하수급인에게 하도급 금액을 증액하거나 감액하여 지급할 수 있다.

제22조의4(하도급계약 자료의 공개)

① 국가·지방자치단체 또는 대통령령으로 정하는 공공기관이 발주하는 소방시설공사등을 하도급한 경우 해당 발주자는 다음 각 호의 사항을 누구나 볼 수 있는 방법으로 공개하여야 한다.

1. 공사명
2. 예정가격 및 수급인의 도급금액 및 낙찰률
3. 수급인(상호 및 대표자, 영업소 소재지, 하도급 사유)
4. 하수급인(상호 및 대표자, 업종 및 등록번호, 영업소 소재지)

5. 하도급 공사업종
6. 하도급 내용(도급금액 대비 하도급 금액 비교명세, 하도급률)
7. 선급금 지급 방법 및 비율
8. 기성금 지급 방법(지급 주기, 현금지급 비율)
9. 설계변경 및 물가변동에 따른 대금 조정 여부
10. 하자담보 책임기간
11. 하도급대금 지급보증서 발급 여부(발급하지 아니한 경우에는 그 사유를 말한다)
12. 표준하도급계약서 사용 유무
13. 하도급계약 적정성 심사 결과

② 제1항에 따른 하도급계약 자료의 공개와 관련된 절차 및 방법, 공개대상 계약규모 등에 관하여 필요한 사항은 대통령령으로 정한다.

소방시설공사업법 시행령 살펴보기

제12조의5(하도급계약 자료의 공개)

① 법 제22조의4제1항 각 호 외의 부분에서 “대통령령으로 정하는 공공기관”이란 제11조의5 각 호의 공공기관을 말한다. 〈개정 2022. 1. 4.〉 [시행일: 2022. 4. 21.] 제12조의5

② 법 제22조의4제1항에 따른 소방시설공사등의 하도급계약 자료의 공개는 법 제21조의3제4항에 따라 하도급에 관한 사항을 통보받은 날부터 30일 이내에 해당 소방시설공사등을 발주한 기관의 인터넷 홈페이지에 게재하는 방법으로 하여야 한다.

③ 법 제22조의4제1항에 따른 소방시설공사등의 하도급계약 자료의 공개대상 계약규모는 하도급계약금액[하수급인의 하도급금액 산출내역서의 계약단가(직접·간접 노무비, 재료비 및 경비를 포함한다)를 기준으로 산출한 금액에 일반관리비, 이윤 및 부가가치세를 포함한 금액을 말하며, 수급인이 하수급인에게 직접 지급하는 자재의 비용 등 관계 법령에 따라 수급인이 부담하는 금액은 제외한다]이 1천만 원 이상인 경우로 한다.

제23조(도급계약의 해지)

특정소방대상물의 관계인 또는 발주자는 해당 도급계약의 수급인이 다음 각 호의 어느 하나에 해당하는 경우에는 도급계약을 해지할 수 있다.

1. 소방시설업이 등록취소되거나 영업정지된 경우
2. 소방시설업을 휴업하거나 폐업한 경우
3. 정당한 사유 없이 30일 이상 소방시설공사를 계속하지 아니하는 경우

4. 제22조의2제2항에 따른 요구에 정당한 사유 없이 따르지 아니하는 경우

제24조(공사업자의 감리 제한)

다음 각 호의 어느 하나에 해당되면 동일한 특정소방대상물의 소방시설에 대한 시공과 감리를 함께 할 수 없다.

1. 공사업자와 감리업자가 같은 자인 경우
2. 「독점규제 및 공정거래에 관한 법률」 제2조제11호에 따른 기업집단의 관계인 경우
3. 법인과 그 법인의 임직원의 관계인 경우
4. 「민법」 제777조에 따른 친족관계인 경우

■ 소방시설공사와 도급 관련 흐름도

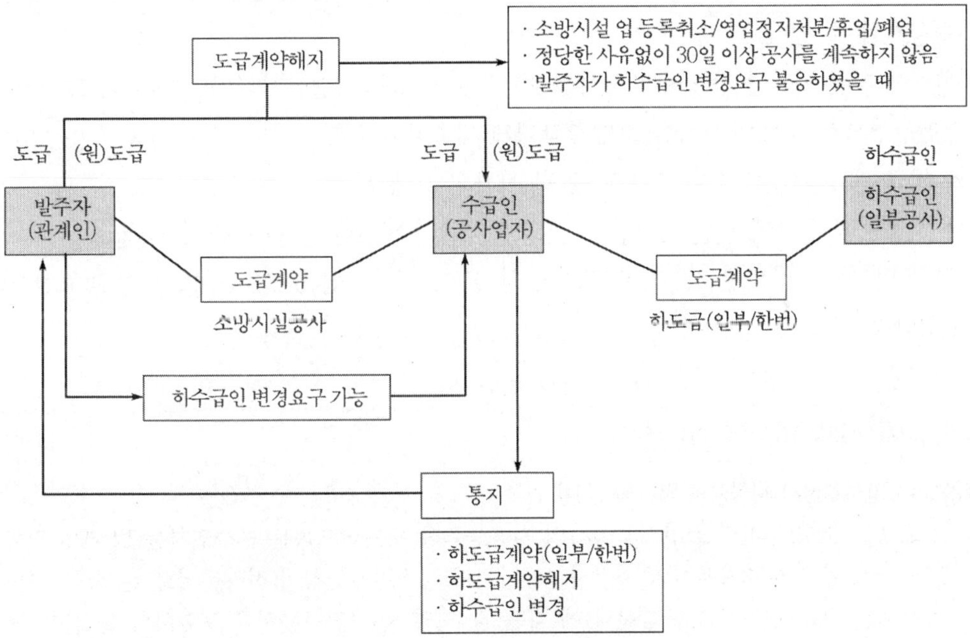

제25조(소방 기술용역의 대가 기준)

소방시설공사의 설계와 감리에 관한 약정을 할 때 그 대가는 「엔지니어링산업 진흥법」 제31조에 따른 엔지니어링사업의 대가 기준 가운데 행정안전부령으로 정하는 방식에 따라 산정한다.

소방시설공사업법 시행규칙 살펴보기

제21조(소방기술용역의 대가 기준 산정방식)

법 제25조에서 "행정안전부령으로 정하는 방식"이란 「엔지니어링산업 진흥법」 제31조제2항에 따라 산업통상자원부장관이 고시한 엔지니어링사업대가의 기준 중 다음 각 호에 따른 방식을 말한다. 〈개정 2013. 3. 23., 2014. 11. 19., 2017. 7. 26., 2021. 6. 10.〉[시행일: 2021.6.10.]

1. 소방시설설계의 대가: 통신부문에 적용하는 공사비 요율에 따른 방식
2. 소방공사감리의 대가: 실비정액 가산방식

제26조(시공능력 평가 및 공시)

① 소방청장은 관계인 또는 발주자가 적절한 공사업자를 선정할 수 있도록 하기 위하여 공사업자의 신청이 있으면 그 공사업자의 소방시설공사 실적, 자본금 등에 따라 시공능력을 평가하여 공시할 수 있다.

② 제1항에 따른 평가를 받으려는 공사업자는 전년도 소방시설공사 실적, 자본금, 그 밖에 행정안전부령으로 정하는 사항을 소방청장에게 제출하여야 한다.

➡ 자료 제출 거짓으로 한 자 200만 원 이하의 과태료

➡ 시공능력 평가에 관한 서류를 거짓으로 제출한 자 200만 원 이하의 과태료

③ 제1항 및 제2항에 따른 시공능력 평가신청 절차, 평가방법 및 공시방법 등에 필요한 사항은 행정안전부령으로 정한다.

소방시설공사업법 시행규칙 살펴보기

제22조(소방시설공사 시공능력 평가의 신청)

① 법 제26조제1항에 따라 소방시설공사의 시공능력을 평가받으려는 공사업자는 법 제26조제2항에 따라 별지 제32호서식의 소방시설공사 시공능력평가신청서(전자문서로 된 소방시설공사 시공능력평가신청서를 포함한다)에 다음 각 호의 서류(전자문서를 포함한다)를 첨부하여 협회에 매년 2월 15일[제5호의 서류는 법인의 경우에는 매년 4월 15일, 개인의 경우에는 매년 6월 10일(「소득세법」 제70조의2제1항에 따른 성실신고확인대상사업자는 매년 7월 10일)]까지 제출해야 하며, 이 경우 협회는 공사업자가 첨부해야 할 서류를 갖추지 못하였을 때에는 15일의 보완기간을 부여하여 보완하게 해야 한다. 다만, 「전자정부법」 제36조제1항에 따른 행정정보의 공동이용을 통하여 첨부서류에 대한 정보를 확인할 수 있는 경우에는 그 확인으로 첨부서류를 갈음할 수 있다.

1. 소방공사실적을 증명하는 다음 각 목의 구분에 따른 해당 서류(전자문서를 포함한다)

가. 국가, 지방자치단체, 「공공기관의 운영에 관한 법률」 제5조에 따른 공기업·준정부기관 또는 「지방공기업법」 제49조에 따라 설립된 지방공사나 같은 법 제76조에 따라 설립된 지방공단(이하 "국가등"이라 한다. 이하 같다)이 발주한 국내 소방시설공사의 경우: 해당 발주자가 발행한 별지 제33호서식의 소방시설공사 실적증명서

나. 가목, 라목 또는 마목 외의 국내 소방시설공사와 하도급공사의 경우: 해당 소방시설공사의 발주자 또는 수급인이 발행한 별지 제33호서식의 소방시설공사 실적증명서 및 부가가치세법령에 따른 세금계산서(공급자 보관용) 사본이나 소득세법령에 따른 계산서(공급자 보관용) 사본. 다만, 유지·보수공사는 공사시공명세서로 갈음할 수 있다.

다. 해외 소방시설공사의 경우: 재외공관장이 발행한 해외공사 실적증명서 또는 공사계약서 사본이 첨부된 외국환은행이 발행한 외화입금증명서

라. 주한국제연합군 또는 그 밖의 외국군의 기관으로부터 도급받은 소방시설공사의 경우: 거래하는 외국환은행이 발행한 외화입금증명서 및 도급계약서 사본

마. 공사업자의 자기수요에 따른 소방시설공사의 경우: 그 공사의 감리자가 확인한 별지 제33호서식의 소방시설공사 실적증명서

2. 평가를 받는 해의 전년도 말일 현재의 소방시설업 등록수첩 사본
3. 별지 제35호서식의 소방기술자보유현황
4. 별지 제36호서식의 신인도평가신고서(다음 각 목의 어느 하나에 해당하는 사실이 있는 경우에만 해당된다)

가. 품질경영인증(ISO 9000) 취득

나. 우수소방시설공사업자 지정

다. 소방시설공사 표창 수상

5. 다음 각 목의 어느 하나에 해당하는 서류

가. 「법인세법」 및 「소득세법」에 따라 관할 세무서장에게 제출한 조세에 관한 신고서(「세무사법」 제6조에 따라 등록한 세무사가 확인한 것으로서 재무상태표 및 손익계산서가 포함된 것)

나. 「주식회사의 외부감사에 관한 법률」에 따라 외부감사인의 회계감사를 받은 재무제표

다. 「공인회계사법」 제7조에 따라 등록한 공인회계사 또는 같은 법 제24조에 따라 등록한 회계법인이 감사한 회계서류

라. 출자·예치·담보 금액 확인서(다만, 소방청장이 지정하는 금융회사 또는 소방산업공제조합에서 통보하는 경우에는 생략할 수 있다)

② 제1항에서 규정한 사항 외에 시공능력 평가 등 업무수행에 필요한 세부규정은 협회가 정하되, 소방청장의 승인을 받아야 한다.

제23조(시공능력의 평가)

① 법 제26조제3항에 따른 시공능력 평가의 방법은 별표 4와 같다.

② 제1항에 따라 평가된 시공능력은 공사업자가 도급받을 수 있는 1건의 공사도급금액으로 하고, 시공능력 평가의 유효기간은 공시일부터 1년간으로 한다. 다만, 다음 각 호의 어느 하나에 해당하는 사유로 평가된 시공능력의 유효기간은 그 시공능력 평가 결과의 공시일부터 다음 해의 정기 공시일(제3항 본문에 따라 공시한 날을 말한다)의 전날까지로 한다.

1. 법 제4조에 따라 소방시설공사업을 등록한 경우
2. 법 제7조제1항이나 제2항에 따라 소방시설공사업을 상속·양수·합병하거나 소방시설 전부를 인수한 경우
3. 제22조제1항 각 호의 서류가 거짓으로 확인되어 제4항에 따라 새로 평가한 경우

③ 협회는 시공능력을 평가한 경우에는 그 사실을 해당 공사업자의 등록수첩에 기재하여 발급하고, 매년 7월 31일까지 각 공사업자의 시공능력을 일간신문(「신문 등의 진흥에 관한 법률」 제2조제1호가목 또는 나목에 해당하는 일간신문으로서 같은 법 제9조제1항에 따른 등록 시 전국을 보급지역으로 등록한 일간신문을 말한다. 이하 같다) 또는 인터넷 홈페이지를 통하여 공시하여야 한다. 다만, 제2항 각 호의 어느 하나에 해당하는 사유로 시공능력을 평가한 경우에는 인터넷 홈페이지를 통하여 공시하여야 한다.

④ 협회는 시공능력평가 및 공시를 위하여 제22조에 따라 제출된 자료가 거짓으로 확인된 경우에는 그 확인된 날부터 10일 이내에 제3항에 따라 공시된 해당 공사업자의 시공능력을 새로 평가하고 해당 공사업자의 등록수첩에 그 사실을 기재하여 발급하여야 한다.

소방시설공사업법 시행규칙 [별표 4]

시공능력 평가의 방법 (제23조 관련)

소방시설공사업자의 시공능력 평가는 다음 계산식으로 산정하되, 10만 원 미만의 숫자는 버린다. 이 경우 산정기준일은 평가를 하는 해의 전년도 말일로 한다.

시공능력평가액 = 실적평가액 + 자본금평가액 + 기술력평가액 + 경력평가액 ± 신인도평가액

1. 실적평가액은 다음 계산식으로 산정한다.

실적평가액 = 연평균공사실적액

가. 공사실적액(발주자가 공급하는 자재비를 제외한다)은 해당 업체의 수급금액중 하수급금액은 포함하고 하도급금액은 제외한다.
나. 공사업을 한 기간이 산정일을 기준으로 3년 이상인 경우에는 최근 3년간의 공사실적을 합산하여 3으로 나눈 금액을 연평균공사실적액으로 한다.

다. 공사업을 한 기간이 산정일을 기준으로 1년 이상 3년 미만인 경우에는 그 기간의 공사실적을 합산한 금액을 그 기간의 개월수로 나눈 금액에 12를 곱한 금액을 연평균공사실적액으로 한다.

라. 공사업을 한 기간이 산정일을 기준으로 1년 미만인 경우에는 그 기간의 공사실적액을 연평균공사실적액으로 한다.

마. 다음의 어느 하나에 해당하는 경우에 실적은 종전 공사업자의 실적과 공사업을 승계한 자의 실적을 합산한다.

1) 공사업자인 법인이 분할에 의하여 설립되거나 분할합병한 회사에 그가 경영하는 소방시설공사업 전부를 양도하는 경우

2) 개인이 경영하던 소방시설공사업을 법인사업으로 전환하기 위하여 소방시설공사업을 양도하는 경우(소방시설공사업의 등록을 한 개인이 당해 법인의 대표자가 되는 경우에만 해당한다)

3) 합명회사와 합자회사 간, 주식회사와 유한회사 간의 전환을 위하여 소방시설공사업을 양도하는 경우

4) 공사업자는 법인 간에 합병을 하는 경우 또는 공사업자인 법인과 공사업자가 아닌 법인이 합병을 하는 경우

5) 공사업자가 영 제2조 별표 1 제2호에 따른 소방시설공사업의 업종 중 일반 소방시설공사업에서 전문 소방시설공사업으로 전환하거나 전문 소방시설공사업에서 일반 소방시설공사업으로 전환하는 경우

6) 법 제6조의2에 따른 폐업신고로 소방시설공사업의 등록이 말소된 후 6개월 이내에 다시 소방시설공사업을 등록하는 경우

2. 자본금평가액은 다음 계산식으로 산정한다.

자본금평가액 = (실질자본금 × 실질자본금의 평점 + 소방청장이 지정한 금융회사 또는 소방산업공제조합에 출자・예치・담보한 금액) × 70/100

가. 실질자본금은 해당 공사업체 최근 결산일 현재(새로 등록한 자는 등록을 위한 기업진단기준일 현재)의 총자산에서 총부채를 뺀 금액을 말하며, 소방시설공사업 외의 다른 업을 겸업하는 경우에는 실질자본금에서 겸업비율에 해당하는 금액을 공제한다.

나. 실질자본금의 평점은 다음 표에 따른다.

실질 자본금의 규모	등록기준 자본금의 2배 미만	등록기준 자본금의 2배 이상 3배 미만	등록기준 자본금의 3배 이상 4배 미만	등록기준 자본금의 4배 이상 5배 미만	등록기준 자본금의 5배 이상
평점	1.2	1.5	1.8	2.1	2.4

다. 출자금액은 평가연도의 직전연도 말 현재 출자한 좌수에 소방청장이 지정한 금융회사 또는 소방산업공제조합이 평가한 지분액을 곱한 금액으로 한다. 다만, 제23조제2항 각 호의 어느 하나의 사유로 시공능력을 평가하는 경우에는 시공능력 평가의 신청일을 기준으로 한다.

3. 기술력평가액은 다음 계산식으로 산정한다.

기술력평가액 = 전년도 공사업계의 기술자1인당 평균생산액 × 보유기술인력 가중치합계 × 30/100 + 전년도 기술개발투자액

가. 전년도 공사업계의 기술자 1인당 평균생산액은 공사업계의 국내 총기성액을 공사업계에 종사하는 기술자의 총수로 나눈 금액으로 하되, 이 경우 국내 총기성액 및 기술자 총수는 협회가 관리하고 있는 정보를 기준으로 한다(전년도 공사업계 기술자 1인당 평균생산액이 산출되지 아니하는 경우에는 전전년도 공사업계의 기술자 1인당 평균생산액을 적용한다)

나. 보유기술인력 가중치의 계산은 다음의 방법에 따른다.

1) 보유기술인력은 해당 공사업체에 소속되어 6개월 이상 근무한 사람(신규등록・신규양도・합병 후 공사업을 한 기간이 6개월 미만인 경우에는 등록신청서・양도신고서・합병신고서에 적혀 있는 기술인력자로 한다)만 해당한다.

2) 보유기술인력의 등급은 특급기술자, 고급기술자, 중급기술자 및 초급기술자로 구분하되, 등급구분의 기준은 별표4의2 제3호가목과 같다.

3) 보유기술인력의 등급별 가중치는 다음 표와 같다.

보유기술인력	특급기술자	고급기술자	중급기술자	초급기술자
가중치	2.5	2	1.5	1

4) 보유기술인력 1명이 기계분야 기술과 전기분야 기술을 함께 보유한 경우에는 3)의 가중치에 0.5를 가산한다.

다. 전년도 기술개발투자액은 「조세특례제한법 시행령」 별표 6에 규정된 비용 중 소방시설공사업 분야에 실제로 사용된 금액으로 한다.

4. 경력평가액은 다음 계산식으로 산정한다.

경력평가액 = 실적평가액 × 공사업 경영기간 평점 × 20/100

가. 공사업경영기간은 등록일・양도신고일 또는 합병신고일부터 산정기준일까지로 한다.

나. 종전 공사업자의 공사업 경영기간과 공사업을 승계한 자의 공사업 경영기간의 합산에 관해서는 제1호마목을 준용한다.

다. 공사업경영기간 평점은 다음 표에 따른다.

공사업 경영기간	2년 미만	2년 이상 4년 미만	4년 이상 6년 미만	6년 이상 8년 미만	8년 이상 10년 미만
평점	1.0	1.1	1.2	1.3	1.4
10년 이상 12년 미만	12년 이상 14년 미만	14년 이상 16년 미만	16년 이상 18년 미만	18년 이상 20년 미만	20년 이상
1.5	1.6	1.7	1.8	1.9	2.0

5. 신인도평가액은 다음 계산식으로 산정하되, 신인도평가액은 실적평가액・자본금평가액・기술력평가액・경력평가액을 합친 금액의 ±10%의 범위를 초과할 수 없으며, 가점요소와 감점요소가 있는 경우에는 이를 상계한다.

신인도평가액 = (실적평가액 + 자본금평가액 + 기술력평가액 + 경력평가액) × 신인도 반영비율 합계

가. 신인도 반영비율 가점요소는 다음과 같다.

1) 최근 1년간 국가기관・지방자치단체・공공기관으로부터 우수시공업자로 선정된 경우(+3%)

2) 최근 1년간 국가기관・지방자치단체 및 공공기관으로부터 공사업과 관련한 표창을 받은 경우

대통령 표창(+3%)	그 밖의 표창(+2%)

3) 공사업자의 공사 시공 상 환경관리 및 공사폐기물의 처리실태가 우수하여 환경부장관으로부터 시공능력의 증액 요청이 있는 경우(+2%)

4) 소방시설공사업에 관한 국제품질경영인증(ISO)을 받은 경우(+2%)

나. 신인도 반영비율 감점요소는 아래와 같다.

1) 최근 1년간 국가기관・지방자치단체・공공기관으로부터 부정당업자로 제재 처분을 받은 사실이 있는 경우(−3%)

2) 최근 1년간 부도가 발생한 사실이 있는 경우(−2%)

3) 최근 1년간 법 제9조 또는 제10조에 따라 영업정지처분 및 과징금처분을 받은 사실이 있는 경우

1개월 이상 3개월 이하(−2%)	3개월 초과(−3%)

4) 최근 1년간 법 제40조에 따라 사유로 과태료 처분을 받은 사실이 있는 경우(−2%)

5) 최근 1년간 환경관리법령에 따른 과태료 처분, 영업정지 처분 및 과징금 처분을

받은 사실이 있는 경우(-2%)

[부표] 삭제 〈2015.8.4.〉

■ **시공능력 평가 및 공시 보충설명**

소방시설업(설계업, 공사업, 감리업, 방염업)의 업체는 비교적 소규모 업체이다.
그 중 공사업의최저인원은 2명(설계업2명, 감리업은 3명)이면 시도에 등록하고 차릴 수 있다.
국민들은 소방시설공사가 필요할 때 홍보가 없는 이러한 소규모 공사업체를 찾기가 쉽지 않아 (설령 찾는다 하여도 믿음이 가지 않아) 소방청에서는 국민들이 쉽게 공사업자를 선정할 수 있도록 하기 위하여 공사업자가 매년 2월 15일까지 신청이 있으면 그 공사업자의 시공능력을 평가하여 공시할 수 있다.

소방청에서 규정하는 시공능력의 평가의 방법은 다음과 같다.

+ 경력평가액(몇 년된 업체인가?)
+ 기술력평가액(기술자가 몇 명 있는가?)
+ 자본금평가액(자본금 규모가 얼마나 되는가?)
+ 실적평가액(공시일로부터 1년 동안 실적이 얼마나 되는가?)
± 신인도평가액(우수소방시설공사업자지정, 품질경영인증취득, 소방시설공사 표창 수상 경력)에 따라 시공능력을 평가하여 매년 7.31까지 각 공사업자의 시공능력을 일간신문 또는 인터넷을 통하여 공시할 수 있다.

제26조의2(설계 · 감리업자의 선정)

① 국가, 지방자치단체 또는 대통령령으로 정하는 공공기관은 그가 발주하는 소방시설의 설계 · 공사 감리 용역 중 소방청장이 정하여 고시하는 금액 이상의 사업에 대하여는 대통령령으로 정하는 바에 따라 집행 계획을 작성하여 공고하여야 한다. 이 경우 공고된 사업을 하려면 기술능력, 경영능력, 그 밖에 대통령령으로 정하는 사업수행능력 평가기준에 적합한 설계 · 감리업자를 선정하여야 한다.

② 시 · 도지사는 「주택법」 제15조제1항에 따라 주택건설사업계획을 승인할 때에는 그 주택건설공사에서 소방시설공사의 감리를 할 감리업자를 제1항 후단에 따른 사업수행능력 평가기준에 따라 선정하여야 한다. 이 경우 감리업자를 선정하는 주택건설공사의 규모 및 대상 등에 관하여 필요한 사항은 대통령령으로 정한다. ➡ 200만원 이하의 과태료

➡ 사업수행능력 평가에 관한 서류를 위조하거나 변조하는 등 거짓이나 그 밖의 부정한 방법으로 입찰에 참여한 자 200만원 이하의 과태료

※ 감리업자의 선정 등에 관한 적용례로 이 법 시행 후 최초로 「주택법」 제15조제2항에 따른 사업계획승인신청서를 제출하는 경우부터 적용한다.

③ 제1항 및 제2항에 따른 설계 · 감리업자의 선정 절차 등에 필요한 사항은 대통령령으로 정한다.

✔ TIP 위임행정규칙: 소방시설의 사업수행능력 평가적용 기준금액
(소방청고시 제2020-16호, 2020. 11. 3., 일부개정) 참고

소방시설공사업법 시행령 살펴보기

제12조의6(설계 및 공사 감리 용역사업의 집행 계획 작성 · 공고 대상자)
법 제26조의2제1항 전단에서 "대통령령으로 정하는 공공기관"이란 제11조의5 각 호의 공공기관을 말한다. 〈개정 2022. 1. 4.〉 [시행일: 2022. 4. 21.] 제12조의6

제12조의7(설계 및 공사 감리 용역사업의 집행 계획의 내용 등)
① 법 제26조의2제1항에 따른 집행 계획에는 다음 각 호의 사항이 포함되어야 한다.
1. 설계 · 공사 감리 용역명
2. 설계 · 공사 감리 용역사업 시행 기관명
3. 설계 · 공사 감리 용역사업의 주요 내용
4. 총사업비 및 해당 연도 예산 규모
5. 입찰 예정시기
6. 그 밖에 입찰 참가에 필요한 사항

② 법 제26조의2제1항에 따른 집행 계획의 공고는 입찰공고와 함께 할 수 있다. [시행일: 2022. 1. 6.]

제12조의8(설계 · 감리업자의 선정 절차 등)
① 법 제26조의2제2항에서 "대통령령으로 정하는 사업수행능력 평가기준"이란 다음 각 호의 사항에 대한 평가기준을 말한다.
1. 참여하는 소방기술자의 실적 및 경력
2. 입찰참가 제한, 영업정지 등의 처분 유무 또는 재정상태 건실도 등에 따라 평가한 신용도
3. 기술개발 및 투자 실적
4. 참여하는 소방기술자의 업무 중첩도
5. 그 밖에 행정안전부령으로 정하는 사항

② 국가, 지방자치단체 또는 제12조의6에 따른 공공기관(이하 "국가등"이라 한다. 이하 이 조에서 같다)은 제12조의7제2항에 따라 공고된 소방시설의 설계 · 공사감리 용역을 발주할 때에는 입찰에 참가하려는 자를 제1항에 따른 사업수행능력 평가기준에 따라 평가하여 입찰에 참가할 자를 선정하여야 한다.

③ 국가등이 소방시설의 설계·공사감리 용역을 발주할 때 특별히 기술이 뛰어난 자를 낙찰자로 선정하려는 경우에는 제2항에 따라 선정된 입찰에 참가할 자에게 기술과 가격을 분리하여 입찰하게 하여 기술능력을 우선적으로 평가한 후 기술능력 평가점수가 높은 업체의 순서로 협상하여 낙찰자를 선정할 수 있다.

④ 제1항부터 제3항까지의 규정에 따른 사업수행능력 평가의 세부 기준 및 방법, 기술능력 평가기준 및 방법, 협상 방법 등 설계·감리업자의 선정에 필요한 세부적인 사항은 행정안전부령으로 정한다. [시행일: 2022. 1. 6.]

제12조의9(감리업자를 선정하는 주택건설공사의 규모 및 대상 등)

① 법 제26조의2제2항 전단에 따라 시·도지사가 감리업자를 선정해야 하는 주택건설공사의 규모 및 대상은 「주택법」에 따른 공동주택(기숙사는 제외한다)으로서 300세대 이상인 것으로 한다.

② 시·도지사는 법 제26조의2제2항 전단에 따라 감리업자를 선정하려는 경우에는 주택건설사업계획을 승인한 날부터 7일 이내에 다른 공사와는 별도로 소방시설공사의 감리를 할 감리업자의 모집공고를 해야 한다.

③ 시·도지사는 제2항에도 불구하고 「주택법 시행령」 제31조에 따른 공사 착수기간의 연장 등 부득이한 사유가 있어 사업주체가 요청하는 경우에는 그 사유가 없어진 날부터 7일 이내에 제2항에 따른 모집공고를 할 수 있다.

④ 제2항에 따른 모집공고에는 다음 각 호의 사항이 포함되어야 한다.

1. 접수기간
2. 낙찰자 결정방법
3. 사업내용 및 제출서류
4. 감리원 응모자격 기준시점(신청접수 마감일을 원칙으로 한다)
5. 감리업자 실적과 감리원 경력의 기준시점(모집공고일을 원칙으로 한다)
6. 입찰의 전자적 처리에 관한 사항
7. 그 밖에 감리업자 모집에 필요한 사항

⑤ 제2항에 따른 모집공고는 일간신문에 싣거나 해당 특별시·광역시·특별자치시·도 또는 특별자치도의 게시판과 인터넷 홈페이지에 7일 이상 게시하는 등의 방법으로 한다.

[본조신설 2022. 1. 4.] [시행일: 2022. 1. 6.]

소방시설공사업법 시행규칙 살펴보기

제23조의2(설계업자 또는 감리업자의 선정 등)

① 영 제12조의8제4항에 따른 사업수행능력 평가의 세부기준은 다음 각 호의 평가기준을 말한다.

1. 설계용역의 경우: 별표 4의3의 사업수행능력 평가기준

2. 공사감리용역의 경우: 별표 4의4의 사업수행능력 평가기준

② 소방청장은 영 제12조의8에 따라 설계업자 또는 감리업자가 사업수행능력을 평가받을 때 제출하는 서류 등의 표준서식을 정하여 국가등이 이를 이용하게 할 수 있다.

③ 설계업자 및 감리업자는 그가 수행하거나 수행한 설계용역 또는 공사감리용역의 실적관리를 위하여 협회에 설계용역 또는 공사감리용역의 실적 현황을 제출할 수 있다.

④ 협회는 제3항에 따라 설계용역 또는 공사감리용역의 현황을 접수받았을 때에는 그 내용을 기록·관리하여야 하며, 설계업자 또는 감리업자가 요청하면 별지 제36호의2서식의 설계용역 수행현황확인서 또는 별지 제36호의3서식의 공사감리용역 수행현황확인서를 발급하여야 한다.

⑤ 협회는 제4항에 따라 설계용역 또는 공사감리용역의 기록·관리를 하는 경우나 설계용역 수행현황확인서, 공사감리용역 수행현황확인서를 발급할 때에는 그 신청인으로부터 실비(實費)의 범위에서 소방청장의 승인을 받아 정한 수수료를 받을 수 있다.

소방시설공사업법 시행규칙 [별표 4의3]

설계업자의 사업수행능력 평가기준(제23조의2제1항제1호 관련)

평가항목	배점범위	평가방법
1. 참여소방기술자	50	참여한 소방기술자의 등급·실적 및 경력 등에 따라 평가
2. 유사용역 수행 실적	15	업체의 수행 실적에 따라 평가
3. 신용도	10	관계 법령에 따른 입찰참가 제한, 영업정지 등의 처분내용에 따라 평가 및 재정상태 건실도(健實度)에 따라 평가
4. 기술개발 및 투자 실적 등	15	기술개발 실적, 투자 실적 및 교육 실적에 따라 평가
5. 업무 중첩도	10	참여소방기술자의 업무 중첩 정도에 따라 평가

비고

1. 위 표에 따른 평가항목·배점범위·평가방법 등에 관한 세부 사항은 소방청장이 정하여 고시한다.
2. 법 제26조의2제1항에 따라 설계·감리 용역을 발주하는 자(이하 이 표에서 "발주자"라 한다)는 설계용역의 특성에 맞도록 평가항목·배점범위·평가방법 등을 보완하여 설계용역 사업 수행능력 평가기준(이하 이 표에서 "설계용역평가기준"이라 한다)을 작성하여 적용할 수 있다. 이 경우 평가항목별 배점범위는 위 표의 배점에서 ±10% 범위에서 조정하여 적용할 수 있다.
3. 발주자는 참여업체 및 참여소방기술자가 부실 벌점을 받았을 때에는 소방청장이 정하여 고시하는 바에 따라 5점의 범위에서 감점을 할 수 있다.
4. 발주자는 설계용역평가기준을 입찰공고와 함께 공고할 수 있으며 입찰공고기간 중에 배부하거나 공람하도록 해야 한다.
5. 공동도급으로 설계용역을 수행하는 경우에는 공동수급체 구성원별로 설계용역평가기준 또는 평가항목별 배점에 용역참여 지분율을 곱하여 배점을 산정한 후 이를 합산한다.

소방시설공사업법 시행규칙 [별표 4의4]

감리업자의 사업수행능력 평가기준(제23조의2제1항제2호 관련)

평가항목	배점범위	평가방법
1. 참여감리원	50	참여감리원의 등급·실적 및 경력 등에 따라 평가
2. 유사용역 수행 실적	10	참여업체의 공사감리용역 수행 실적에 따라 평가
3. 신용도	10	관계 법령에 따른 입찰참가 제한, 영업정지 등의 처분내용에 따라 평가 및 재정상태 건실도(健實度)에 따라 평가
4. 기술개발 및 투자 실적 등	10	기술개발 실적, 투자 실적 및 교육 실적에 따라 평가
5. 업무 중첩도	10	참여감리원의 업무 중첩 정도에 따라 평가
6. 교체 빈도	5	감리원의 교체 빈도에 따라 평가
7. 작업계획 및 기법	5	공사감리 업무수행계획의 적정성 등에 따라 평가

비고

1. 위 표에 따른 평가항목·배점범위·평가방법 등에 관한 세부 사항은 소방청장이 정하여 고시한다.
2. 법 제26조의2제1항에 따라 설계·감리 용역을 발주하는 자(이하 이 표에서 "발주자"라 한다)는 공사감리용역의 특성에 맞도록 평가항목·배점범위·평가방법 등을 보완하여 공사감리용역사업 수행능력 평가기준(이하 이 표에서 "공사감리용역평가기준"이라 한다)을 작성하여 적용할 수 있다. 이 경우 평가항목별 배점범위는 ±10% 범위에서 조정하여 적용할 수 있다.
3. 발주자는 다음 각 목에 따라 2점의 범위에서 가점을 줄 수 있고, 5점의 범위에서 감점을 줄 수 있다. 이 경우 이 표에 따른 평가 점수와 가점 및 감점을 준 점수의 합이 100점을 초과할 수 없다.
   가. 해당 지역에 주된 사무소가 등록된 경우 가점
   나. 책임감리원이 「국가기술자격법」에 따른 안전관리 분야 중 소방분야 자격자인 경우 가점
   다. 참여업체 및 참여감리원이 부실 벌점을 받은 경우 감점
4. 발주자는 공사감리용역평가기준 등을 입찰공고 또는 모집공고와 함께 공고할 수 있으며 입찰공고 또는 모집공고기간 중에 배부하거나 공람하도록 해야 한다.
5. 공동도급으로 공사감리용역을 수행하는 경우에는 공동수급체 구성원별로 공사감리용역평가기준 또는 평가항목별 배점 및 지역가산 등에 용역참여 지분율을 곱하여 배점을 산정한 후 이를 합산한다.

제23조의3(기술능력 평가기준 · 방법)

① 국가등은 법 제26조의2 및 영 제12조의8제3항에 따라 기술과 가격을 분리하여 낙찰자를 선정하려는 경우에는 다음 각 호의 기준에 따라야 한다.

1. 설계용역의 경우: 별표 4의3의 평가기준에 따른 평가 결과 국가등이 정하는 일정 점수 이상을 얻은 자를 입찰참가자로 선정한 후 기술제안서(입찰금액이 적힌 것을 말한다. 이하 이 조에서 같다)를 제출하게 하고, 기술제안서를 제출한 자를 별표 4의5의 평가기준에 따라 평가한 결과 그 점수가 가장 높은 업체부터 순서대로 기술제안서에 기재된 입찰금액이 예정가격 이내인 경우 그 업체와 협상하여 낙찰자를 선정한다.

2. 공사감리용역의 경우: 별표 4의4의 평가기준에 따른 평가 결과 국가등이 정하는 일정 점수 이상을 얻은 자를 입찰참가자로 선정한 후 기술제안서를 제출하게 하고, 기술제안서를 제출한 자를 별표 4의6의 평가기준에 따라 평가한 결과 그 점수가 가장 높은 업체부터 순서대로 기술제안서에 기재된 입찰금액이 예정가격 이내인 경우 그 업체와 협상하여 낙찰자를 선정한다.

② 국가 등은 낙찰된 업체의 기술제안서를 설계용역 또는 감리용역 계약문서에 포함시켜야 한다.

소방시설공사업법 시행규칙 [별표 4의5]

설계업자의 기술능력 평가기준(제23조의3제1항제1호 관련)

평가항목	세부사항	배점범위	평가방법
1. 사업수행 능력평가	사업수행 능력평가	30	별표 4의3의 평가 결과를 배점비율에 따라 환산하여 적용
2. 작업계획 및 기법		70	
	수행계획 및 기법	(25)	과업수행 세부 계획, 인원 투입, 공정계획을 포함한 각종 계획 및 작업수행기법, 사전조사 및 작업방법 등
	작성기준	(30)	인명과 재산에 대한 안전성, 사새 및 기기 선정의 적정성, 소방 관련 법령 및 발주자의 요구사항 수용 여부, 운전 및 유지·보수의 편리성, 환경요인에 대한 검토, 예상 문제점 및 대책 등
	신기술·신공법 등 도입	(8)	신기술·신공법의 도입과 그 활용성의 검토 정도 및 관련 기술자료 등
	기술자료 활용 및 설계 기술 향상	(7)	보유장비, 설계개선 방안, 시설물의 생애주기 비용을 고려한 설계기법 등

비고

1. 법 제26조의2제1항에 따라 설계·감리 용역을 발주하는 자(이하 이 표에서 "발주자"라 한다)는 설계용역의 특성에 맞도록 평가항목·배점범위·평가방법 등을 보완하여 세부평가기준(이하 이 표에서 "세부평가기준"이라 한다)을 작성하여 적용할 수 있다. 이 경우 평가항목별 세부 사항에 대한 배점범위는 ±20% 범위에서 조정하여 적용할 수 있다.
2. 발주자는 입찰에 참가한 자에게 세부평가기준을 배부하거나 공람하도록 해야 한다.
3. 발주자는 입찰에 참가한 자에게 기술제안서 작성에 필요한 충분한 시간을 주어야 한다.
4. 발주자는 기술제안서의 작성분량과 작성방법 등을 제한할 수 있으며, 제한사항을 위반한 경우에는 1점의 범위에서 감점을 줄 수 있다.

소방시설공사업법 시행규칙 [별표 4의6]

감리업자의 기술능력 평가기준(제23조의3제1항제2호 관련)

평가항목	세부사항	배점범위	평가방법
1. 과업내용 이해도		15	
	과업수행 환경분석의 적정성	(5)	사업 추진 현황과 같은 사업의 특성 및 배경을 세밀히 파악하여 위 업무에 대한 이해도 표현
	예상 문제점 및 대책수립의 적정성	(5)	예상되는 문제점 및 개선이 필요한 사항이 있을 경우 이에 대한 대책 제시
	기술제안서 발표	(5)	책임감리원의 기술제안서 발표를 통한 업무내용에 대한 이해도 및 책임자 자질의 적정성 평가
2. 과업수행 조직		15	
	조직 구성의 적정성	(5)	조직구성원의 자질 및 업무 분장의 적정성 평가
	인원투입 계획의 적정성	(10)	사업의 특성 및 주요 공사 종류를 고려한 배치인력의 적정성 평가
3. 과업수행 세부 계획		55	
	시공계획 및 설계도서의 검토사항	(20)	해당 사업의 특성을 고려하여 시공계획 및 설계도서의 검토사항 제시
	품질관리 및 품질보증 방안	(10)	세부적인 품질관리·품질보증 방안 제시(필요한 경우 주요 공사 종류별 체크리스트 제시)
	안전관리 방안	(10)	재해 예방 및 비상사태 발생 시 조속한 조치를 위한 안전관리 방안 제시
	공사관리 방안	(10)	공사의 품질 확보 및 효율적인 추진을 위한 공사 종류별 검사, 주요 기자재의 검수 및 관리 방안 수립
	공정관리 방안	(5)	주변공사(해당 용역과 관련된 공구 또는 공사 종류)와 연계하여 관리하는 방안 제시
4. 과업수행 지원체계		15	
	관련 기관과의 협력체계	(5)	발주자 및 시공자, 관련 용역회사, 유관기관과의 긴밀한 협조체계(주요 공사 종류별 보고·협의체계) 구축 방안
	본사의 지원체계	(5)	상주(常住)하는 감리원에 대한 현장업무 지원 방안(전산장비, 상주하지 않는 감리원의 지원계획, 국내외 전문가 활용 등), 감리원의 능력 배양을 위한 교육계획 등
	기술자료 활용 및 정보 관리 체계	(5)	법령정보 및 기술자료, 절차서, 전산프로그램 등을 활용한 효율적 업무수행체계의 수준 평가

비고

1. 법 제26조의2제1항에 따라 설계·감리 용역을 발주하는 자(이하 이 표에서 "발주자"라 한다)는 공사감리 용역의 특성에 맞도록 평가항목·배점범위·평가방법 등을 보완하여 세부 평가기준(이하 이 표에서 "세부 평가기준"이라 한다)을 작성하여 적용할 수 있다. 이 경우 평가항목별 세부 사항에 대한 배점범위는 배점에 ±20% 범위에서 조정하여 적용할 수 있다.
2. 발주자는 입찰에 참가한 자에게 세부평가기준과 기술제안서 작성에 필요한 설계도서를 배부하거나 공람하도록 해야 한다.
3. 발주자는 입찰에 참가한 자에게 기술제안서 작성에 필요한 충분한 시간을 주어야 한다.
4. 발주자는 기술제안서의 작성분량과 작성방법 등을 제한할 수 있으며, 제한사항을 위반한 경우에는 1점의 범위에서 감점을 줄 수 있다.

제26조의3(소방시설업 종합정보시스템의 구축 등)

① 소방청장은 다음 각 호의 정보를 종합적이고 체계적으로 관리 · 제공하기 위하여 소방시설업 종합정보시스템을 구축 · 운영할 수 있다.

1. 소방시설업자의 자본금 · 기술인력 보유 현황, 소방시설공사등 수행상황, 행정처분 사항 등 소방시설업자에 관한 정보
2. 소방시설공사등의 착공 및 완공에 관한 사항, 소방기술자 및 감리원의 배치 현황 등 소방시설공사등과 관련된 정보

② 소방청장은 제1항에 따른 정보의 종합관리를 위하여 소방시설업자, 발주자, 관련 기관 및 단체 등에게 필요한 자료의 제출을 요청할 수 있다. 이 경우 요청을 받은 자는 특별한 사유가 없으면 이에 따라야 한다.

③ 소방청장은 제1항에 따른 정보를 필요로 하는 관련 기관 또는 단체에 해당 정보를 제공할 수 있다.

④ 제1항에 따른 소방시설업 종합정보시스템의 구축 및 운영 등에 필요한 사항은 행정안전부령으로 정한다.

소방시설공사업법 시행규칙 살펴보기

제23조의4(소방시설업 종합정보시스템의 구축 · 운영)

① 소방청장은 법 제26조의3제1항에 따른 소방시설업 종합정보시스템(이하 "소방시설업 종합정보시스템"이라 한다)의 구축 및 운영 등을 위하여 다음 각 호의 업무를 수행할 수 있다.

1. 소방시설업 종합정보시스템의 구축 및 운영에 관한 연구개발

2. 법 제26조의3제1항 각 호의 정보에 대한 수집 · 분석 및 공유
3. 소방시설업 종합정보시스템의 표준화 및 공동활용 촉진

② 소방청장은 소방시설업 종합정보시스템의 효율적인 구축과 운영을 위하여 협회, 소방기술과 관련된 법인 또는 단체와 협의체를 구성 · 운영할 수 있다.

③ 소방청장은 법 제26조의3제2항 전단에 따라 필요한 자료의 제출을 요청하는 경우에는 그 범위, 사용 목적, 제출기한 및 제출방법 등을 명시한 서면으로 해야 한다.

④ 법 제26조의3제3항에 따른 관련 기관 또는 단체는 소방청장에게 필요한 정보의 제공을 요청하는 경우에는 그 범위, 사용 목적 및 제공방법 등을 명시한 서면으로 해야 한다.

제4장 소방기술자

제27조(소방기술자의 의무)

① 소방기술자는 이 법과 이 법에 따른 명령과 「화재예방, 소방시설 설치 · 유지 및 안전관리에 관한 법률」 및 같은 법에 따른 명령에 따라 업무를 수행하여야 한다.

➡ 1년 이하의 징역 또는 1천만 원 이하의 벌금

② 소방기술자는 다른 사람에게 자격증[제28조에 따라 소방기술 경력 등을 인정받은 사람의 경우에는 소방기술 인정 자격수첩(이하 "자격수첩"이라 한다)과 소방기술자 경력수첩(이하 "경력수첩"이라 한다)을 말한다]을 빌려 주어서는 아니 된다.

➡ 300만 원 이하의 벌금

③ 소방기술자는 동시에 둘 이상의 업체에 취업하여서는 아니 된다. 다만, 제1항에 따른 소방기술자 업무에 영향을 미치지 아니하는 범위에서 근무시간 외에 소방시설업이 아닌 다른 업종에 종사하는 경우는 제외한다. ➡ 300만 원 이하의 벌금

제27조(소방기술자의 의무)

① 소방기술자는 이 법과 이 법에 따른 명령과 「소방시설 설치 및 관리에 관한 법률」 및 같은 법에 따른 명령에 따라 업무를 수행하여야 한다.

②·③ (현행과 같음)

[시행일: 2022. 12. 1.] 제27조

제28조(소방기술 경력 등의 인정 등)

① 소방청장은 소방기술의 효율적인 활용과 소방기술의 향상을 위하여 소방기술과 관련된 자격·학력 및 경력을 가진 사람을 소방기술자로 인정할 수 있다.

② 소방청장은 제1항에 따라 자격·학력 및 경력을 인정받은 사람에게 소방기술 인정 자격수첩과 경력수첩을 발급할 수 있다.

③ 제1항에 따른 소방기술과 관련된 자격·학력 및 경력의 인정 범위와 제2항에 따른 자격수첩 및 경력수첩의 발급 절차 등에 관하여 필요한 사항은 행정안전부령으로 정한다.

④ 소방청장은 제2항에 따라 자격수첩 또는 경력수첩을 발급받은 사람이 다음 각 호의 어느 하나에 해당하는 경우에는 행정안전부령으로 정하는 바에 따라 그 자격을 취소하거나 6개월 이상 2년 이하의 기간을 정하여 그 자격을 정지시킬 수 있다. 다만, 제1호와 제2호에 해당하는 경우에는 그 자격을 취소하여야 한다.

1. 거짓이나 그 밖의 부정한 방법으로 자격수첩 또는 경력수첩을 발급받은 경우
2. 제27조제2항을 위반하여 자격수첩 또는 경력수첩을 다른 사람에게 빌려준 경우
3. 제27조제3항을 위반하여 동시에 둘 이상의 업체에 취업한 경우
4. 이 법 또는 이 법에 따른 명령을 위반한 경우

⑤ 제4항에 따라 자격이 취소된 사람은 취소된 날부터 2년간 자격수첩 또는 경력수첩을 발급받을 수 없다.

소방시설공사업법 시행규칙 살펴보기

제24조(소방기술과 관련된 자격·학력 및 경력의 인정 범위 등)

① 법 제28조제3항에 따른 소방기술과 관련된 자격·학력 및 경력의 인정 범위는 별표 4의2와 같다.

1. ~ 3. 삭제

② 협회 또는 영 제20조제4항에 따라 소방기술과 관련된 자격·학력 및 경력의 인정업무를 위탁받은 소방기술과 관련된 법인 또는 단체는 법 제28조제1항에 따라 소방기술과 관련된 자격·학력 및 경력을 가진 사람을 소방기술자로 인정하는 경우에는 별지 제39호서식의 소방기술 인정 자격수첩과 별지 제39호의2서식에 따른 소방기술자 경력수첩을 발급하여야 한다.

③ 제1항 및 제2항에서 규정한 사항 외에 자격수첩과 경력수첩의 발급절차 수수료 등에 관하여 필요한 사항은 소방청장이 정하여 고시한다.

소방시설공사업법 시행규칙 [별표 4의2]

소방기술과 관련된 자격·학력 및 경력의 인정 범위(제24조제1항 관련)

1. 공통기준

가. 「화재예방, 소방시설 설치・유지 및 안전관리에 관한 법률 시행령」 별표 9 제2호라목 및 「소방시설공사업법 시행령」 별표 1 제1호 비고 제4호다목에서 "소방기술과 관련된 자격"이란 다음 각 목의 어느 하나에 해당하는 자격을 말한다.

1) 소방기술사, 소방시설관리사, 소방설비기사, 소방설비산업기사
2) 건축사, 건축기사, 건축산업기사
3) 건축기계설비기술사, 건축설비기사, 건축설비산업기사
4) 건설기계기술사, 건설기계설비기사, 건설기계설비산업기사, 일반기계기사
5) 공조냉동기계기술사, 공조냉동기계기사, 공조냉동기계산업기사
6) 화공기술사, 화공기사, 화공산업기사
7) 가스기술사, 가스기능장, 가스기사, 가스산업기사
8) 건축전기설비기술사, 전기기능장, 전기기사, 전기산업기사, 전기공사기사, 전기공사산업기사
9) 산업안전기사, 산업안전산업기사
10) 위험물기능장, 위험물산업기사, 위험물기능사

나. 「화재예방, 소방시설 설치・유지 및 안전관리에 관한 법률 시행령」 별표 9 제2호라 목 및 「소방시설공사업법 시행령」 별표 1 제1호 비고 제4호다목에서 "소방기술과 관련된 학력"이란 다음 각 목의 어느 하나에 해당하는 학과를 졸업한 사람을 말한다.

1) 소방안전관리학과(소방안전관리과, 소방시스템과, 소방학과, 소방환경관리과, 소방공학과 및 소방행정학과를 포함한다)
2) 전기공학과(전기과, 전기설비과, 전자공학과, 전기전자과, 전기전자공학과, 전기제어공학과를 포함한다)
3) 산업안전공학과(산업안전과, 산업공학과, 안전공학과, 안전시스템공학과를 포함한다.)
4) 기계공학과(기계과, 기계학과, 기계설계학과, 기계설계공학과, 정밀기계공학과를 포함한다.)
5) 건축공학과(건축과, 건축학과, 건축설비학과, 건축설계학과를 포함한다)
6) 화학공학과(공업화학과, 화학공업과를 포함한다)
7) 학군 또는 학부제로 운영되는 대학의 경우에는 1)부터 6)까지 학과에 해당하는 학과

다. 「화재예방, 소방시설 설치·유지 및 안전관리에 관한 법률 시행령」 별표 9 제2호 라목 및 「소방시설공사업법 시행령」 별표 1 제1호 비고 제4호다목에서 "소방기술과 관련된 경력"이란 다음 어느 하나에 해당하는 경력을 말한다.

1) 소방시설공사업, 소방시설설계업, 소방공사감리업, 소방시설관리업, 국가, 지방자치단체, 「공공기관의 운영에 관한 법률」 제4조에 따른 공공기관, 「공기업의 경영구조 개선 및 민영화에 관한 법률」 제2조에 따른 정부출자기관, 「지방공기업법」에 따른 지방공사 또는 지방공단에서 소방시설의 설계·시공·감리 또는 소방시설의 점검 및 유지관리업무를 수행한 경력
2) 한국소방안전원, 한국소방산업기술원, 「화재로 인한 재해보상과 보험가입에 관한 법률」에 따른 한국화재보험협회 또는 협회에서 소방 관련 법령에 따라 소방과 관련된 정부 위탁 업무를 수행한 경력
3) 소방기술사, 소방시설관리사, 소방설비기사, 소방설비산업기사 자격을 취득한 사람이 「화재예방, 소방시설 설치·유지 및 안전관리에 관한 법률」 제20조제2항에 따라 소방안전관리자로 선임되거나 「초고층 및 지하연계 복합건축물 재난관리에 관한 특별법」 제12조제1항에 따라 총괄재난관리자로 지정되어 소방안전관리 업무를 수행한 경력
4) 위험물안전관리업무대행기관에서 위험물안전관리 업무를 수행하거나 위험물기능장, 위험물산업기사, 위험물기능사 자격을 취득한 사람이 「위험물 안전관리법」 제15조제1항에 따른 위험물안전관리자로 선임되어 위험물안전관리 업무를 수행한 경력

라. 나목 및 다목의 소방기술분야는 다음 표에 따르되, 해당 학과를 포함하는 학규 또는 학부제로 운영되는 대학의 경우에는 해당 학과의 학력·경력을 인정하고, 해당 학과가 두 가지 이상의 소방기술분야에 해당하는 경우에는 다음 표의 소방기술분야(기계, 전기)를 모두 인정한다.

구분		소방기술분야	
		기계	전기
학과·학위	· 소방안전관리학과(소방안전관리과, 소방시스템과, 소방학과, 소방환경관리과, 소방공학과, 소방행정학과)	○	○
	· 전기공학과(전기과, 전기설비과, 전자공학과, 전기전자과, 전기전자공학과, 전기제어공학과)	×	○
	· 산업안전공학과(산업안전과, 산업공학과, 안전공학과, 안전시스템공학과) · 기계공학과(기계과, 기계학과, 기계설계학과, 기계설계공학과, 정밀기계공학과) · 건축공학과(건축과, 건축학과, 건축설비학과, 건축설계학과) · 화학공학과(공업화학과, 화학공업과)	○	×

<table>
<tr><th colspan="4" rowspan="2">구 분</th><th colspan="2">소방기술분야</th></tr>
<tr><th>기계</th><th>전기</th></tr>
<tr><td rowspan="8">경력</td><td rowspan="4">· 소방업체에서 소방 관련 업무를 수행한 경력</td><td rowspan="3">소방시설설계업
소방시설공사업
소방공사감리업</td><td>전문</td><td>○</td><td>○</td></tr>
<tr><td>일반전기</td><td>×</td><td>○</td></tr>
<tr><td>일반기계</td><td>○</td><td>×</td></tr>
<tr><td colspan="2">소방시설관리업</td><td>○</td><td>○</td></tr>
<tr><td colspan="3">· 국가, 지방자치단체, 공공기관, 정부출자기관, 지방공사, 지방공단에서 소방 관련 업무를 수행한 경력</td><td>○</td><td>○</td></tr>
<tr><td colspan="3">· 소방 관련 기관(한국소방안전원 · 한국소방산업기술원 · 한국화재보험협회 및 협회)에서 소방 관련 업무를 수행한 경력</td><td>○</td><td>○</td></tr>
<tr><td colspan="3">· 소방기술사, 소방시설관리사, 소방설비기사, 소방설비산업기사 자격을 취득한 사람이 소방안전관리자로 선임되거나 총괄재난관리자로 지정되어 소방안전관리 업무를 수행한 경력</td><td>○</td><td>○</td></tr>
<tr><td colspan="3">· 위험물안전관리업무대행기관에서 위험물안전관리 업무를 수행하거나 위험물기능장, 위험물산업기사, 위험물기능사 자격을 취득한 사람이 「위험물 안전관리법」 제15조제1항에 따른 위험물안전관리자로 선임되어 위험물안전관리 업무를 수행한 경력</td><td>○</td><td>×</td></tr>
</table>

2. 소방기술 인정 자격수첩의 자격 구분

<table>
<tr><th>소방업체 구 분</th><th>기 술 능 력</th><th colspan="2">자격 · 학력 · 경력인정기준</th></tr>
<tr><td rowspan="2">소방시설 공사업

소방시설 설계업</td><td>기계 분야

보조 인력</td><td>가. 소방기술과 관련된 자격
제1호가목1)부터 7)까지, 9) 및 10)의 자격을 취득한 사람
나. 소방기술과 관련된 학력
고등교육법 제2조제1호부터 제6호까지에 해당하는 학교에서 제1호나목3)부터 6)까지를 졸업한 사람</td><td rowspan="2">기계 · 전기분야 공통
가. 고등교육법 제2조제1호부터 제6호까지에 해당하는 학교에서 제1호나목1)에 해당하는 학과를 졸업한 사람
나. 4년제 대학 이상 또는 이와 동등 이상의 교육기관을 졸업한 후 1년 이상 제1호다목에 해당하는 경력이 있는 사람
다. 전문대학 또는 이와 동등 이상의 교육기관을 졸업한 후 3년 이상 제1호다목에 해당하는 경력이 있는 사람
라. 5년 이상 제1호다목에 해당하는 경력이 있는 사람
마. 소방공무원으로 3년 이상 근무한 경력이 있는 사람
바. 제1호가목에 해당하는 자격으로 1년 이상 같은 호 다목에 해당하는 경력이 있는 사람</td></tr>
<tr><td>전기 분야

보조 인력</td><td>가. 소방기술과 관련된 자격
가목1) 및 8)의 자격을 취득한 사람
나. 소방기술과 관련된 학력
고등교육법 제2조제1호부터 제6호까지에 해당하는 학교에서 제1호나목2)를 졸업한 사람</td></tr>
</table>

소방업체 구 분	기 술 능 력	자격 · 학력 · 경력인정기준
소방시설 관리업	보조 인력	가. 소방기술과 관련된 자격 제1호가목에 해당하는 자격을 취득한 사람 나. 소방기술과 관련된 학력 · 경력 1) 고등교육법 제2조제1호부터 제6호까지에 해당하는 학교에서 제1호나목에 해당하는 학과를 졸업한 사람 2) 4년제 대학 이상 또는 이와 동등 이상의 교육기관을 졸업한 후 1년 이상 제1호다목에 해당하는 경력이 있는 사람 3) 전문대학 또는 이와 동등 이상의 교육기관을 졸업한 후 3년 이상 제1호다목에 해당하는 경력이 있는 사람 4) 5년 이상 제1호다목에 해당하는 경력이 있는 사람 5) 소방공무원으로 3년 이상 근무한 경력이 있는 사람 6) 제1호가목에 해당하는 자격으로 1년 이상 같은 호 다목에 해당하는 경력이 있는 사람

3. 소방기술자 경력수첩의 자격 구분

가. 소방기술자의 기술등급 자격

1) 기술자격에 따른 기술등급

등 급	기계분야	전기분야
특급 기술자	· 소방기술사 · 소방시설관리사 자격을 취득한 후 5년 이상 소방 관련 업무를 수행한 사람	
	· 건축사, 건축기계설비기술사, 건설기계기술사, 공조냉동기계기술사, 화공기술사, 가스기술사 자격을 취득한 후 5년 이상 소방 관련 업무를 수행한 사람	· 건축전기설비기술사 자격을 취득한 후 5년 이상 소방 관련 업무를 수행한 사람
	· 소방설비기사 기계분야의 자격을 취득한 후 8년 이상 소방 관련 업무를 수행한 사람	· 소방설비기사 전기분야의 자격을 취득한 후 8년 이상 소방 관련 업무를 수행한 사람
	· 소방설비산업기사 기계분야의 자격을 취득한 후 11년 이상 소방 관련 업무를 수행한 사람	· 소방설비산업기사 전기분야의 자격을 취득한 후 11년 이상 소방 관련 업무를 수행한 사람
	· 건축기사, 건축설비기사, 건설기계설비기사, 일반기계기사, 공조냉동기계기사, 화공기사, 가스기능장, 가스기사, 산업안전기사, 위험물기능장 자격을 취득한 후 13년 이상 소방 관련 업무를 수행한 사람	· 전기기능장, 전기기사, 전기공사기사 자격을 취득한 후 13년 이상 소방 관련 업무를 수행한 사람

등급	기계분야	전기분야
고급기술자	· 소방시설관리사	
	· 건축사, 건축기계설비기술사, 건설기계기술사, 공조냉동기계기술사, 화공기술사, 가스기술사 자격을 취득한 후 3년 이상 소방 관련 업무를 수행한 사람	· 건축전기설비기술사 자격을 취득한 후 3년 이상 소방 관련 업무를 수행한 사람
	· 소방설비기사 기계분야의 자격을 취득한 후 5년 이상 소방 관련 업무를 수행한 사람	· 소방설비기사 전기분야의 자격을 취득한 후 5년 이상 소방 관련 업무를 수행한 사람
	· 소방설비산업기사 기계분야의 자격을 취득한 후 8년 이상 소방 관련 업무를 수행한 사람	· 소방설비산업기사 전기분야의 자격을 취득한 후 8년 이상 소방 관련 업무를 수행한 사람
	· 건축기사, 건축설비기사, 건설기계설비기사, 일반기계기사, 공조냉동기계기사, 화공기사, 가스기능장, 가스기사, 산업안전기사, 위험물기능장 자격을 취득한 후 11년 이상 소방 관련 업무를 수행한 사람	· 전기기능장, 전기기사, 전기공사기사 자격을 취득한 후 11년 이상 소방 관련 업무를 수행한 사람
	· 건축산업기사, 건축설비산업기사, 건설기계설비산업기사, 공조냉동기계산업기사, 화공산업기사, 가스산업기사, 산업안전산업기사, 위험물산업기사 자격을 취득한 후 13년 이상 소방 관련 업무를 수행한 사람	· 전기산업기사, 전기공사산업기사 자격을 취득한 후 13년 이상 소방 관련 업무를 수행한 사람
중급기술자	· 건축사, 건축기계설비기술사, 건설기계기술사, 공조냉동기계기술사, 화공기술사, 가스기술사	· 건축전기설비기술사
	· 소방설비기사(기계분야)	· 소방설비기사(전기분야)
	· 소방설비산업기사 기계분야의 자격을 취득한 후 3년 이상 소방 관련 업무를 수행한 사람	· 소방설비산업기사 전기분야의 자격을 취득한 후 3년 이상 소방 관련 업무를 수행한 사람
	· 건축기사, 건축설비기사, 건설기계설비기사, 일반기계기사, 공조냉동기계기사, 화공기사, 가스기능장, 가스기사, 산업안전기사, 위험물기능장 자격을 취득한 후 5년 이상 소방 관련 업무를 수행한 사람	· 전기기능장, 전기기사, 전기공사기사 자격을 취득한 후 5년 이상 소방 관련 업무를 수행한 사람
	· 건축산업기사, 건축설비산업기사, 건설기계설비산업기사, 공조냉동기계산업기사, 화공산업기사, 가스산업기사, 산업안전산업기사, 위험물산업기사 자격을 취득한 후 8년 이상 소방 관련 업무를 수행한 사람	· 전기산업기사, 전기공사산업기사 자격을 취득한 후 8년 이상 소방 관련 업무를 수행한 사람

등급	기계분야	전기분야
초급기술자	· 소방설비산업기사(기계분야) · 건축기사, 건축설비기사, 건설기계설비기사, 일반기계기사, 공조냉동기계기사, 화공기사, 가스기능장, 가스기사, 산업안전기사, 위험물기능장 자격을 취득한 후 2년 이상 소방 관련 업무를 수행한 사람 · 건축산업기사, 건축설비산업기사, 건설기계설비산업기사, 공조냉동기계산업기사, 화공산업기사, 가스산업기사, 산업안전산업기사, 위험물산업기사 자격을 취득한 후 4년 이상 소방 관련 업무를 수행한 사람 · 위험물기능사 자격을 취득한 후 6년 이상 소방 관련 업무를 수행한 사람	· 소방설비산업기사(전기분야) · 전기기능장, 전기기사, 전기공사기사 자격을 취득한 후 2년 이상 소방 관련 업무를 수행한 사람 · 전기산업기사, 전기공사산업기사 자격을 취득한 후 4년 이상 소방 관련 업무를 수행한 사람

2) 학력·경력 등에 따른 기술등급

등 급	학력·경력자	경력자
특급기술자	· 박사학위를 취득한 후 3년 이상 소방 관련 업무를 수행한 사람 · 석사학위를 취득한 후 9년 이상 소방 관련 업무를 수행한 사람 · 학사학위를 취득한 후 12년 이상 소방 관련 업무를 수행한 사람 · 전문학사학위를 취득한 후 15년 이상 소방 관련 업무를 수행한 사람	
고급기술자	· 박사학위를 취득한 후 1년 이상 소방 관련 업무를 수행한 사람 · 석사학위를 취득한 후 6년 이상 소방 관련 업무를 수행한 사람 · 학사학위를 취득한 후 9년 이상 소방 관련 업무를 수행한 사람 · 전문학사학위를 취득한 후 12년 이상 소방 관련 업무를 수행한 사람 · 고등학교를 졸업한 후 15년 이상 소방 관련 업무를 수행한 사람	· 학사 이상의 학위를 취득한 후 12년 이상 소방 관련 업무를 수행한 사람 · 전문학사학위를 취득한 후 15년 이상 소방 관련 업무를 수행한 사람 · 고등학교를 졸업한 후 18년 이상 소방 관련 업무를 수행한 사람 · 22년 이상 소방 관련 업무를 수행한 사람
중급기술자	· 박사학위를 취득한 사람 · 석사학위를 취득한 후 3년 이상 소방 관련 업무를 수행한 사람	· 학사 이상의 학위를 취득한 후 9년 이상 소방 관련 업무를 수행한 사람

등 급	학력 · 경력자	경력자
	· 학사학위를 취득한 후 6년 이상 소방 관련 업무를 수행한 사람 · 전문학사학위를 취득한 후 9년 이상 소방 관련 업무를 수행한 사람 · 고등학교를 졸업한 후 12년 이상 소방 관련 업무를 수행한 사람	· 전문학사학위를 취득한 후 12년 이상 소방 관련 업무를 수행한 사람 · 고등학교를 졸업한 후 15년 이상 소방 관련 업무를 수행한 사람 · 18년 이상 소방 관련 업무를 수행한 사람
초급 기술자	· 석사 또는 학사학위를 취득한 사람 · 「고등교육법 시행령」 제8조에 따른 대학 이상의 소방안전관리학과를 졸업한 사람 · 전문학사학위를 취득한 후 2년 이상 소방 관련 업무를 수행한 사람 · 고등학교를 졸업한 후 4년 이상 소방 관련 업무를 수행한 사람	· 학사 이상의 학위를 취득한 후 3년 이상 소방 관련 업무를 수행한 사람 · 전문학사학위를 취득한 후 5년 이상 소방 관련 업무를 수행한 사람 · 고등학교를 졸업한 후 7년 이상 소방 관련 업무를 수행한 사람 · 9년 이상 소방 관련 업무를 수행한 사람

비고

1. 동일한 기간에 수행한 경력이 두 가지 이상의 자격 기준에 해당하는 경우에는 하나의 자격 기준에 대해서만 그 기간을 인정하고 기간이 중복되지 아니하는 경우에는 각각의 기간을 경력으로 인정한다. 이 경우 동일 기술등급의 자격 기준별 경력기간을 해당 경력기준기간으로 나누어 합한 값이 1 이상이면 해당 기술등급의 자격 기준을 갖춘 것으로 본다.
2. 위 표에서 "학력 · 경력자"란 고등학교 · 대학 또는 이와 같은 수준 이상의 교육기관의 소방 관련학과의 정해진 교육과정을 이수하고 졸업하거나 그 밖의 관계법령에 따라 국내 또는 외국에서 이와 같은 수준 이상의 학력이 있다고 인정되는 사람을 말한다.
3. 위 표에서 "경력자"란 소방 관련학과 외의 학과의 졸업자를 말한다.
4. "소방 관련 업무"란 다음 각 목의 어느 하나에 해당하는 업무를 말한다.
   가. 제1호다목에 해당하는 경력으로 인정되는 업무
   나. 소방공무원으로서 근무한 업무

나. 소방공사감리원의 기술등급 자격

구분	기계분야	전기분야
특급 감리원	· 소방기술사 자격을 취득한 사람	
	· 소방설비기사 기계분야 자격을 취득한 후 8년 이상 소방 관련 업무를 수행한 사람 · 소방설비산업기사 기계분야 자격을 취득한 후 12년 이상 소방 관련 업무를 수행한 사람	· 소방설비기사 전기분야 자격을 취득한 후 8년 이상 소방 관련 업무를 수행한 사람 · 소방설비산업기사 전기분야 자격을 취득한 후 12년 이상 소방 관련 업무를 수행한 사람

<table>
<tr><th>구분</th><th>기계분야</th><th>전기분야</th></tr>
<tr><td>고급 감리원</td><td>· 소방설비기사 기계분야 자격을 취득한 후 5년 이상 소방 관련 업무를 수행한 사람
· 소방설비산업기사 기계분야 자격을 취득한 후 8년 이상 소방 관련 업무를 수행한 사람</td><td>· 소방설비기사 전기분야 자격을 취득한 후 5년 이상 소방 관련 업무를 수행한 사람
· 소방설비산업기사 전기분야 자격을 취득한 후 8년 이상 소방 관련 업무를 수행한 사람</td></tr>
<tr><td>중급 감리원</td><td>· 소방설비기사 기계분야 자격을 취득한 후 3년 이상 소방 관련 업무를 수행한 사람
· 소방설비산업기사 기계분야 자격을 취득한 후 6년 이상 소방 관련 업무를 수행한 사람</td><td>· 소방설비기사 전기분야 자격을 취득한 후 3년 이상 소방 관련 업무를 수행한 사람
· 소방설비산업기사 전기분야 자격을 취득한 후 6년 이상 소방 관련 업무를 수행한 사람</td></tr>
<tr><td rowspan="2">초급 감리원</td><td colspan="2">· 제1호나목1)에 해당하는 학과 학사학위를 취득한 후 1년 이상 소방 관련 업무를 수행한 사람
· 「고등교육법」 제2조제1호부터 제6호까지의 규정 중 어느 하나에 해당하는 학교에서 제1호나목1)에 해당하는 학과 전문학사학위를 취득한 후 3년 이상 소방 관련 업무를 수행한 사람
· 소방공무원으로서 3년 이상 근무한 경력이 있는 사람
· 5년 이상 소방 관련 업무를 수행한 사람</td></tr>
<tr><td>· 소방설비기사 기계분야 자격을 취득한 후 1년 이상 소방 관련 업무를 수행한 사람
· 소방설비산업기사 기계분야 자격을 취득한 후 2년 이상 소방 관련 업무를 수행한 사람
· 제1호나목3)부터 6)까지의 규정 중 어느 하나에 해당하는 학과 학사학위를 취득한 후 1년 이상 소방 관련 업무를 수행한 사람
· 「고등교육법」 제2조제1호부터 제6호까지의 규정 중 어느 하나에 해당하는 학교에서 제1호나목3)부터 6)까지의 규정에 해당하는 학과 전문학사학위를 취득한 후 3년 이상 소방 관련 업무를 수행한 사람</td><td>· 소방설비기사 전기분야 자격을 취득한 후 1년 이상 소방 관련 업무를 수행한 사람
· 소방설비산업기사 전기분야 자격을 취득한 후 2년 이상 소방 관련 업무를 수행한 사람
· 제1호나목2)에 해당하는 학과 학사학위를 취득한 후 1년 이상 소방 관련 업무를 수행한 사람
· 「고등교육법」 제2조제1호부터 제6호까지의 규정 중 어느 하나에 해당하는 학교에서 제1호나목2)에 해당하는 학과 전문학사학위를 취득한 후 3년 이상 소방 관련 업무를 수행한 사람</td></tr>
</table>

비고

1. 동일한 기간에 수행한 경력이 두 가지 이상의 자격 기준에 해당하는 경우에는 하나의 자격 기준에 대해서만 그 기간을 인정하고 기간이 중복되지 아니하는 경우에는 각각의 기간을 경력으로 인정한다. 이 경우 동일 기술등급의 자격 기준별 경력기간을 해당 경력기준기간으로 나누어 합한 값이 1 이상이면 해당 기술등급의 자격 기준을 갖춘 것으로 본다.
2. "소방 관련 업무"란 다음 각 목의 어느 하나에 해당하는 업무를 말한다.
   가. 제1호다목에 해당하는 경력으로 인정되는 업무
   나. 소방공무원으로서 근무한 업무
3. 비고 제2호에 따른 소방 관련 업무를 수행한 경력으로서 위 표에서 정한 국가기술자격 취득 전의 경력은 그 경력의 50퍼센트만 인정한다.

✔ TIP 행정규칙: 자격수첩 및 경력수첩의 발급절차 등에 관한 기준 참고

제25조(자격의 정지 및 취소에 관한 기준)
법 제28조제4항에 따른 자격의 정지 및 취소기준은 별표 5와 같다.

소방시설공사업법 시행규칙 [별표 5]

소방기술자의 자격의 정지 및 취소에 관한 기준(제25조 관련)

위반사항	근거법령	행정처분기준		
		1차	2차	3차
가. 거짓이나 그 밖의 부정한 방법으로 자격수첩 또는 경력수첩을 발급받은 경우	법 제28조 제4항	자격취소		
나. 법 제27조제2항을 위반하여 자격수첩 또는 경력수첩을 다른 자에게 빌려준 경우	법 제28조 제4항	자격취소		
다. 법 제27조제3항을 위반하여 동시에 둘 이상의 업체에 취업한 경우	법 제28조 제4항	자격정지 1년	자격취소	
라. 법 또는 법에 따른 명령을 위반한 경우	법 제28조 제4항			
1) 법 제27조제1항의 업무수행 중 해당 자격과 관련하여 고의 또는 중대한 과실로 다른 자에게 손해를 입히고 형의 선고를 받은 경우		자격취소		
2) 법 제28조제4항에 따라 자격정지처분을 받고도 같은 기간 내에 자격증을 사용한 경우		자격정지 1년	자격정지 2년	자격취소

제28조의2(소방기술자 양성 및 교육 등)

① 소방청장은 소방기술자를 육성하고 소방기술자의 전문기술능력 향상을 위하여 소방기술자와 제28조에 따라 소방기술과 관련된 자격·학력 및 경력을 인정받으려는 사람의 양성·인정 교육훈련(이하 "소방기술자 양성·인정 교육훈련"이라 한다)을 실시할 수 있다.

② 소방청장은 전문적이고 체계적인 소방기술자 양성·인정 교육훈련을 위하여 소방기술자 양성·인정 교육훈련기관을 지정할 수 있다.

③ 제2항에 따라 지정된 소방기술자 양성·인정 교육훈련기관의 지정취소, 업무정지 및 청문에 관하여는 「화재예방, 소방시설 설치·유지 및 안전관리에 관한 법률」 제43조 및 제44조를 준용한다. [시행일: 2022. 4. 21.] 제28조의2

④ 제1항 및 제2항에 따른 소방기술자 양성·인정 교육훈련 및 교육훈련기관 지정 등에 필요한 사항은 행정안전부령으로 정한다.

[본조신설 2021. 4. 20.]

> 제28조의2(소방기술자 양성 및 교육 등)
> ①·② (현행과 같음)
> ③ 제2항에 따라 지정된 소방기술자 양성·인정 교육훈련기관의 지정취소, 업무정지 및 청문에 관하여는 「소방시설 설치 및 관리에 관한 법률」 제47조 및 제49조를 준용한다.〈개정 2021. 11. 30.〉
> ④ (현행과 같음)
> [시행일: 2022. 12. 1.] 제28조의2

제29조(소방기술자의 실무교육)

① 화재 예방, 안전관리의 효율화, 새로운 기술 등 소방에 관한 지식의 보급을 위하여 소방시설업 또는 「화재예방, 소방시설 설치·유지 및 안전관리에 관한 법률」 제29조에 따른 소방시설관리업의 기술인력으로 등록된 소방기술자는 행정안전부령으로 정하는 바에 따라 실무교육을 받아야 한다.

② 제1항에 따른 소방기술자가 정하여진 교육을 받지 아니하면 그 교육을 이수할 때까지 그 소방기술자는 소방시설업 또는 「화재예방, 소방시설 설치·유지 및 안전관리에 관한 법률」 제29조에 따른 소방시설관리업의 기술인력으로 등록된 사람으로 보지 아니한다.

③ 소방청장은 제1항에 따른 소방기술자에 대한 실무교육을 효율적으로 하기 위하여 실무교육기관을 지정할 수 있다.

④ 제3항에 따른 실무교육기관의 지정방법·절차·기준 등에 관하여 필요한 사항은 행정안전부령으로 정한다.

⑤ 제3항에 따라 지정된 실무교육기관의 지정취소, 업무정지 및 청문에 관하여는 「화재예방, 소방시설 설치·유지 및 안전관리에 관한 법률」 제43조 및 제44조를 준용한다.

> 제29조(소방기술자의 실무교육)
> ① 화재 예방, 안전관리의 효율화, 새로운 기술 등 소방에 관한 지식의 보급을 위하여 소방시설업 또는 「소방시설 설치 및 관리에 관한 법률」 제29조에 따른 소방시설관리업의 기술인력으로 등록된 소방기술자는 행정안전부령으로 정하는 바에 따라 실무교육을 받아야 한다.〈개정 2013. 3.

23., 2014. 11. 19., 2017. 7. 26., 2018. 2. 9., 2021. 11. 30.〉

② 제1항에 따른 소방기술자가 정하여진 교육을 받지 아니하면 그 교육을 이수할 때까지 그 소방기술자는 소방시설업 또는 「소방시설 설치 및 관리에 관한 법률」 제29조에 따른 소방시설관리업의 기술인력으로 등록된 사람으로 보지 아니한다.〈개정 2018. 2. 9., 2021. 11. 30.〉

③·④ (현행과 같음)

⑤ 제3항에 따라 지정된 실무교육기관의 지정취소, 업무정지 및 청문에 관하여는 「소방시설 설치 및 관리에 관한 법률」 제47조 및 제49조를 준용한다.〈개정 2018. 2. 9., 2021. 11. 30.〉

[시행일: 2022. 12. 1.] 제28조의2

소방시설공사업법 시행규칙 살펴보기

제26조(소방기술자의 실무교육)

① 소방기술자는 법 제29조제1항에 따라 실무교육을 2년마다 1회 이상 받아야 한다.

② 영 제20조제1항에 따라 소방기술자 실무교육에 관한 업무를 위탁받은 실무교육기관 또는 「소방기본법」 제40조에 따른 한국소방안전원의 장(이하 "실무교육기관등의 장"이라 한다)은 소방기술자에 대한 실무교육을 실시하려면 교육일정 등 교육에 필요한 계획을 수립하여 소방청장에게 보고한 후 교육 10일 전까지 교육대상자에게 알려야 한다.

③ 제1항에 따른 실무교육의 시간, 교육과목, 수수료, 그 밖에 실무교육에 관하여 필요한 사항은 소방청장이 정하여 고시한다.

✔ **TIP** 행정규칙: 소방기술자 실무교육 기준 고시 참고

소방시설공사업법 시행규칙 살펴보기

제29조(소방기술자 실무교육기관의 지정기준)

① 법 제29조제4항에 따라 소방기술자에 대한 실무교육기관의 지정을 받으려는 자가 갖추어야 하는 실무교육에 필요한 기술인력 및 시설장비는 별표 6과 같다.

② 제1항에 따라 실무교육기관의 지정을 받으려는 자는 비영리법인이어야 한다.

소방시설공사업법 시행규칙 [별표 6]

소방기술자 실무교육에 필요한 기술인력 및 시설장비(제29조 관련)

1. 조직구성
   가. 수도권(서울, 인천, 경기), 중부권(대전, 세종, 강원, 충남, 충북), 호남권(광주, 전남, 전북, 제주), 영남권(부산, 대구, 울산, 경남, 경북) 등 권역별로 1개 이상

의 지부를 설치할 것

나. 각 지부에는 법인에 선임된 임원 1명 이상을 책임자로 지정할 것

다. 각 지부에는 기술인력 및 시설·장비 등 교육에 필요한 시설을 갖출 것

2. 기술인력

가. 인원: 강사 4명 및 교무요원 2명 이상을 확보할 것

나. 자격요건

1) 강사

가) 소방 관련학의 박사학위를 가진 사람

나) 전문대학 또는 이와 같은 수준 이상의 교육기관에서 소방안전 관련학과 전임 강사 이상으로 재직한 사람

다) 소방기술사, 소방시설관리사, 위험물기능장 자격을 소지한 사람

라) 소방설비기사 및 위험물산업기사 자격을 소지한 사람으로서 소방 관련 기관(단체)에서 2년 이상 강의경력이 있는 사람

마) 소방설비산업기사 및 위험물기능사 자격을 소지한 사람으로서 소방 관련 기관(단체)에서 5년 이상 강의경력이 있는 사람

바) 대학 또는 이와 같은 수준 이상의 교육기관에서 소방안전 관련학과를 졸업하고 소방 관련 기관(단체)에서 5년 이상 강의경력이 있는 사람

사) 소방 관련 기관(단체)에서 10년 이상 실무경력이 있는 사람으로서 5년 이상 강의 경력이 있는 사람

아) 소방경 또는 지방소방경 이상의 소방공무원이나 소방설비기사 자격을 소지한 소방위 또는 지방소방위 이상의 소방공무원

2) 외래 초빙강사: 강사의 자격요건에 해당하는 사람일 것

3. 시설 및 장비

가. 사무실: 바닥면적이 60㎡ 이상일 것

나. 강의실: 바닥면적이 100㎡ 이상이고, 의자·탁자 및 교육용 비품을 갖출 것

다. 실습실·실험실·제도실: 각 바닥면적이 100㎡ 이상(실습실은 소방안전관리자만 해당되고, 실험실은 위험물안전관리자만 해당되며, 제도실은 설계 및 시공자만 해당된다)

라. 교육용 기자재

기자재명	규격	수량(단위: 개)
빔 프로젝터(Beam Projector)		1
소화기(단면절개: 斷面切開)	3종	각 1
경보설비시스템		1
스프링클러모형		1

기자재명	규격	수량(단위: 개)
자동화재탐지설비 세트		1
소화설비 계통도		1
소화기 시뮬레이터		1
소화기 충전장치		1
방출포량 시험기		1
열감지기 시험기		1
수압기	20kgf/㎠	1
할론 농도 측정기		1
이산화탄소농도 측정기		1
전류전압 측정기		1
검량계	200kgf	1
풍압풍속계(기압측정이 가능한 것)	1~10㎜Hg	1
차압계		1
음량계		1
초시계		1
방수압력측정기		1
봉인렌치		1
포채집기		1
전기절연저항 시험기(최소눈금이 0.1MΩ이하인 것)	DC 500V	1
연기감지기 시험기		1

제30조(지정신청)

① 법 제29조제4항에 따라 실무교육기관의 지정을 받으려는 자는 별지 제41호서식의 실무교육기관 지정신청서(전자문서로 된 실무교육기관 지정신청서를 포함한다)에 다음 각 호의 서류(전자문서를 포함한다)를 첨부하여 소방청장에게 제출하여야 한다. 다만, 「전자정부법」 제36조제1항에 따른 행정정보의 공동이용을 통하여 첨부서류에 대한 정보를 확인할 수 있는 경우에는 그 확인으로 첨부서류를 갈음할 수 있다.

1. 정관 사본 1부
2. 대표자, 각 지부의 책임임원 및 기술인력의 자격을 증명할 수 있는 서류(전자문서를 포함한다)와 기술인력의 명단 및 이력서 각 1부
3. 건물의 소유자가 아닌 경우 건물임대차계약서 사본 및 그 밖에 사무실 보유를 증명할 수 있는 서류(전자문서를 포함한다) 각 1부
4. 교육장 도면 1부
5. 시설 및 장비명세서 1부

② 제1항에 따른 신청서를 제출받은 담당 공무원은 「전자정부법」 제36조제1항에 따라 행정정보의 공동이용을 통하여 다음 각 호의 서류를 확인하여야 한다.
1. 법인등기사항 전부증명서 1부
2. 건물등기사항 전부증명서(건물의 소유자인 경우에만 첨부한다)

▶ 참고

제31조(서류심사 등)

① 제30조에 따라 실무교육기관의 지정신청을 받은 소방청장은 제29조의 지정기준을 충족하였는지를 현장 확인하여야 한다. 이 경우 소방청장은 「소방기본법」 제40조에 따른 한국소방안전원에 소속된 사람을 현장 확인에 참여시킬 수 있다.

② 소방청장은 신청자가 제출한 신청서(전자문서로 된 신청서를 포함한다) 및 첨부서류(전자문서를 포함한다)가 미비되거나 현장 확인 결과 제29조에 따른 지정기준을 충족하지 못하였을 때에는 15일 이내의 기간을 정하여 이를 보완하게 할 수 있다. 이 경우 보완기간 내에 보완하지 않으면 신청서를 되돌려 보내야 한다.

제32조(지정서 발급 등)

① 소방청장은 제30조에 따라 제출된 서류(전자문서를 포함한다)를 심사하고 현장 확인한 결과 제29조의 지정기준을 충족한 경우에는 신청일부터 30일 이내에 별지 제42호서식의 실무교육기관 지정서(전자문서로 된 실무교육기관 지정서를 포함한다)를 발급하여야 한다.

② 제1항에 따라 실무교육기관을 지정한 소방청장은 지정한 실무교육기관의 명칭, 대표자, 소재지, 교육실시 범위 및 교육업무 개시일 등 교육에 필요한 사항을 관보에 공고하여야 한다.

제33조(지정사항의 변경)

제32조제1항에 따라 실무교육기관으로 지정된 기관은 다음 각 호의 어느 하나에 해당하는 사항을 변경하려면 변경일부터 10일 이내에 소방청장에게 보고하여야 한다.
1. 대표자 또는 각 지부의 책임임원
2. 기술인력 또는 시설장비 등 지정기준
3. 교육기관의 명칭 또는 소재지

제34조(휴업 · 재개업 및 폐업 신고 등)

① 제32조제1항에 따라 지정을 받은 실무교육기관은 휴업·재개업 또는 폐업을 하려면 그 휴업 또는 재개업을 하려는 날의 14일 전까지 별지 제43호서식의 휴업·재개업·폐업 보고서에 실무교육기관 지정서 1부를 첨부(폐업하는 경우에만 첨부한다)하여 소방청장에게 보고하여야 한다.

② 제1항에 따른 보고는 방문·전화·팩스 또는 컴퓨터통신으로 할 수 있다.

③ 소방청장은 제1항에 따라 휴업보고를 받은 경우에는 실무교육기관 지정서에 휴업기간을 기재하여 발급하고, 폐업보고를 받은 경우에는 실무교육기관 지정서를 회수하여야 한다. 이 경우 소방청장은 휴업·재개업·폐업 사실을 인터넷 등을 통하여 널리 알려야 한다.

제35조(교육계획의 수립·공고 등)

① 실무교육기관등의 장은 매년 11월 30일까지 다음 해 교육계획을 실무교육의 종류별·대상자별·지역별로 수립하여 이를 일간신문에 공고하고 소방본부장 또는 소방서장에게 보고하여야 한다.

② 제1항에 따른 교육계획을 변경하는 경우에는 변경한 날부터 10일 이내에 이를 일간신문에 공고하고 소방본부장 또는 소방서장에게 보고하여야 한다.

제36조(교육대상자 관리 및 교육실적 보고)

① 실무교육기관등의 장은 그 해의 교육이 끝난 후 직능별·지역별 교육수료자 명부를 작성하여 소방본부장 또는 소방서장에게 다음 해 1월 말까지 알려야 한다.

② 실무교육기관등의 장은 매년 1월 말까지 전년도 교육 횟수·인원 및 대상자 등 교육실적을 소방청장에게 보고하여야 한다.

제5장 소방시설업자협회

제30조 삭제

제30조의2(소방시설업자협회의 설립)

① 소방시설업자는 소방시설업자의 권익보호와 소방기술의 개발 등 소방시설업의 건전한 발전을 위하여 소방시설업자협회(이하 "협회"라 한다)를 설립할 수 있다.

② 협회는 법인으로 한다.

③ 협회는 소방청장의 인가를 받아 주된 사무소의 소재지에 설립등기를 함으로써 성립한다.

④ 협회의 설립인가 절차, 정관의 기재사항 및 협회에 대한 감독에 관하여 필요한 사항은 대통령령으로 정한다.

소방시설공사업법 시행령 살펴보기

제19조의2(소방시설업자협회의 설립인가 절차 등)

① 법 제30조의2제1항에 따라 소방시설업자협회(이하 "협회"라 한다)를 설립하려면 법 제2조제1항제2호에 따른 소방시설업자 10명 이상이 발기하고 창립총회에서 정관을 의결한 후 소방청장에게 인가를 신청하여야 한다.

② 소방청장은 제1항에 따른 인가를 하였을 때에는 그 사실을 공고하여야 한다.

제19조의4(감독)

① 법 제30조의2제4항에 따라 소방청장은 협회에 대하여 다음 각 호의 사항을 보고하게 할 수 있다.

1. 총회 또는 이사회의 중요 의결사항
2. 회원의 가입·탈퇴와 회비에 관한 사항
3. 그 밖에 협회 및 회원에 관계되는 중요한 사항

▶ 참고

제19조의3(정관의 기재사항) 협회의 정관에는 다음 각 호의 사항이 포함되어야 한다.

1. 목적
2. 명칭
3. 주된 사무소의 소재지
4. 사업에 관한 사항
5. 회원의 가입 및 탈퇴에 관한 사항
6. 회비에 관한 사항
7. 자산과 회계에 관한 사항
8. 임원의 정원·임기 및 선출방법
9. 기구와 조직에 관한 사항
10. 총회와 이사회에 관한 사항
11. 정관의 변경에 관한 사항

제30조의3(협회의 업무)

협회의 업무는 다음 각 호와 같다.

1. 소방시설업의 기술발전과 소방기술의 진흥을 위한 조사·연구·분석 및 평가
2. 소방산업의 발전 및 소방기술의 향상을 위한 지원
3. 소방시설업의 기술발전과 관련된 국제교류·활동 및 행사의 유치
4. 이 법에 따른 위탁 업무의 수행

제30조의4(「민법」의 준용)

협회에 관하여 이 법에 규정되지 아니한 사항은 「민법」 중 사단법인에 관한 규정을 준용한다.

제6장 보칙

제31조(감독)

① 시·도지사, 소방본부장 또는 소방서장은 소방시설업의 감독을 위하여 필요할 때에는 소방시설업자나 관계인에게 필요한 보고나 자료 제출을 명할 수 있고, 관계 공무원으로 하여금 소방시설업체나 특정소방대상물에 출입하여 관계 서류와 시설 등을 검사하거나 소방시설업자 및 관계인에게 질문하게 할 수 있다.

* 명령을 위반하여 보고 또는 자료 제출을 하지 아니하거나 거짓으로 보고 또는 자료 제출을 한 자 ➡ 200만 원 이하의 과태료

* 정당한 사유 없이 관계 공무원의 출입 또는 검사·조사를 거부·방해 또는 기피한 자 ➡ 100만 원 이하의 벌금

② 소방청장은 제33조제2항부터 제4항까지의 규정에 따라 소방청장의 업무를 위탁받은 제29조제3항에 따른 실무교육기관(이하 "실무교육기관"이라 한다) 또는 「소방기본법」 제40조에 따른 한국소방안전원, 협회, 법인 또는 단체에 필요한 보고나 자료 제출을 명할 수 있고, 관계 공무원으로 하여금 실무교육기관, 한국소방안전원, 협회, 법인 또는 단체의 사무실에 출입하여 관계 서류 등을 검사하거나 관계인에게 질문하게 할 수 있다. ➡ 100만 원 이하의 벌금

③ 제1항과 제2항에 따라 출입·검사를 하는 관계 공무원은 그 권한을 표시하는 증표를 지니고 이를 관계인에게 보여주어야 한다.

④ 제1항과 제2항에 따라 출입·검사업무를 수행하는 관계 공무원은 관계인의 정당한 업무를 방해하거나 출입·검사업무를 수행하면서 알게 된 비밀을 다른 자에게 누설하여서는 아니 된다. ➡ 300만 원 이하의 벌금

제32조(청문)

제9조제1항에 따른 소방시설업 등록취소처분이나 영업정지처분 또는 제28조제4항에 따른 소방기술 인정 자격취소처분을 하려면 청문을 하여야 한다.

제33조(권한의 위임 · 위탁 등)

① 소방청장은 이 법에 따른 권한의 일부를 대통령령으로 정하는 바에 따라 시 · 도지사에게 위임할 수 있다.

② 소방청장은 제29조에 따른 실무교육에 관한 업무를 대통령령으로 정하는 바에 따라 실무교육기관 또는 한국소방안전원에 위탁할 수 있다.

③ 소방청장 또는 시 · 도지사는 다음 각 호의 업무를 대통령령으로 정하는 바에 따라 협회에 위탁할 수 있다.

1. 제4조제1항에 따른 소방시설업 등록신청의 접수 및 신청내용의 확인
2. 제6조에 따른 소방시설업 등록사항 변경신고의 접수 및 신고내용의 확인

2의2. 제6조의2에 따른 소방시설업 휴업 · 폐업 등 신고의 접수 및 신고내용의 확인

3. 제7조제3항에 따른 소방시설업자의 지위승계 신고의 접수 및 신고내용의 확인
4. 제20조의3에 따른 방염처리능력 평가 및 공시
5. 제26조에 따른 시공능력 평가 및 공시
6. 제26조의3제1항에 따른 소방시설업 종합정보시스템의 구축 · 운영

④ 소방청장은 다음 각 호의 업무를 대통령령으로 정하는 바에 따라 협회, 소방기술과 관련된 법인 또는 단체에 위탁할 수 있다. 〈개정 2014. 11. 19., 2017. 7. 26., 2021. 4. 20.〉

1. 제28조에 따른 소방기술과 관련된 자격 · 학력 및 경력의 인정 업무
2. 제28조의2에 따른 소방기술자 양성 · 인정 교육훈련 업무 [시행일: 2022. 4. 21.] 제33조

⑤ 삭제 〈2011. 8. 4.〉

소방시설공사업법 시행령 살펴보기

제20조(업무의 위탁)

① 소방청장은 법 제33조제2항에 따라 법 제29조에 따른 소방기술자 실무교육에 관한 업무를 법 제29조제3항에 따라 소방청장이 지정하는 실무교육기관 또는 「소방기본법」 제40조에 따른 한국소방안전원에 위탁한다.

② 소방청장은 법 제33조제3항에 따라 다음 각 호의 업무를 협회에 위탁한다.

1. 법 제20조의3에 따른 방염처리능력 평가 및 공시에 관한 업무
2. 법 제26조에 따른 시공능력 평가 및 공시에 관한 업무

③ 시 · 도지사는 법 제33조제3항에 따라 다음 각 호의 업무를 협회에 위탁한다.

1. 법 제4조제1항에 따른 소방시설업 등록신청의 접수 및 신청내용의 확인
2. 법 제6조에 따른 소방시설업 등록사항 변경신고의 접수 및 신고내용의 확인

2의2. 법 제6조의2에 따른 소방시설업 휴업·폐업 또는 재개업 신고의 접수 및 신고내용의 확인
3. 법 제7조제3항에 따른 소방시설업자의 지위승계 신고의 접수 및 신고내용의 확인

④ 소방청장은 법 제33조제4항에 따라 다음 각 호의 업무를 협회, 소방기술과 관련된 법인 또는 단체에 위탁한다. 이 경우 소방청장은 수탁기관을 지정하여 고시해야 한다. 〈개정 2014. 11. 19., 2015. 6. 22., 2017. 7. 26., 2022. 1. 4.〉

1. 법 제28조에 따른 소방기술과 관련된 자격·학력 및 경력의 인정 업무
2. 법 제28조의2에 따른 소방기술자 양성·인정 교육훈련 업무

[시행일: 2022. 4. 21.] 제20조

✔ **TIP** 행정규칙: 소방시설공사업법 관련 업무위탁기관 지정 참고

제34조(수수료 등)

다음 각 호의 어느 하나에 해당하는 자는 행정안전부령으로 정하는 바에 따라 수수료나 교육비를 내야 한다. 〈개정 2011. 8. 4., 2013. 3. 23., 2014. 11. 19., 2014. 12. 30., 2017. 7. 26., 2018. 2. 9., 2021. 4. 20.〉

1. 제4조제1항에 따라 소방시설업을 등록하려는 자
2. 제4조제3항에 따라 소방시설업 등록증 또는 등록수첩을 재발급 받으려는 자
3. 제7조제3항에 따라 소방시설업자의 지위승계 신고를 하려는 자
4. 제20조의3제2항에 따라 방염처리능력 평가를 받으려는 자
5. 제26조제2항에 따라 시공능력 평가를 받으려는 자
6. 제28조제2항에 따라 자격수첩 또는 경력수첩을 발급받으려는 사람

6의2. 제28조의2제1항에 따른 소방기술자 양성·인정 교육훈련을 받으려는 사람 [시행일: 2022. 4. 21.] 제34조

7. 제29조제1항에 따라 실무교육을 받으려는 사람

소방시설공사업법 시행규칙 살펴보기

제37조(수수료 기준)

① 법 제34조에 따른 수수료 또는 교육비는 별표 7과 같다.

② 제1항에 따른 수수료는 다음 각 호의 어느 하나에 해당하는 방법으로 납부하여야 한다. 다만, 소방청장 또는 시·도지사(영 제20조제2항 또는 제3항에 따라 업무가 위탁된 경우에는 위탁받은 기관을 말한다)는 정보통신망을 이용한 전자화폐·전자결제 등의 방법으로 이를 납부하게 할 수 있다.

1. 법 제34조제1호부터 제3호에 따른 수수료: 해당 지방자치단체의 수입증지
2. 법 제34조제4호부터 제7호까지의 규정에 따른 수수료: 현금

소방시설공사업법 시행규칙 [별표 7]

수수료 및 교육비(제37조 관련)

1. 법 제4조제1항에 따라 소방시설업을 등록하려는 자
   가. 전문 소방시설설계업: 4만원
   나. 일반 소방시설설계업: 분야별 2만원
   다. 전문 소방시설공사업: 4만원
   라. 일반 소방시설공사업: 분야별 2만원
   마. 전문 소방공사감리업: 4만원
   바. 일반 소방공사감리업: 분야별 2만원
   사. 방염처리업: 업종별 4만원
2. 법 제4조제3항에 따라 소방시설업 등록증 또는 등록수첩을 재발급 받으려는 자: 소방시설업 등록증 또는 등록수첩별 각각 1만원
3. 법 제7조제3항에 따라 소방시설업자의 지위승계 신고를 하려는 자: 2만원
4. 법 제20조의3제2항에 따라 방염처리능력 평가를 받으려는 자: 소방청장이 정하여 고시하는 금액
5. 법 제26조제2항에 따라 시공능력 평가를 받으려는 자: 소방청장이 정하여 고시하는 금액
6. 법 제28조제2항에 따라 자격수첩 또는 경력수첩을 발급받으려는 자: 소방청장이 정하여 고시하는 금액
7. 법 제29조제1항에 따라 실무교육을 받으려는 사람: 소방청장이 정하여 고시하는 금액

제34조의2(벌칙 적용 시의 공무원 의제)

다음 각 호의 어느 하나에 해당하는 사람은 「형법」 제129조부터 제132조까지의 규정을 적용할 때에는 공무원으로 본다.

1. 제16조, 제19조 및 제20조에 따라 그 업무를 수행하는 감리원
2. 제33조제2항부터 제4항까지의 규정에 따라 위탁받은 업무를 수행하는 실무교육기관, 한국소방안전원, 협회 및 소방기술과 관련된 법인 또는 단체의 담당 임원 및 직원

제7장 벌칙

제35조(벌칙)

제4조제1항을 위반하여 소방시설업 등록을 하지 아니하고 영업을 한 자는 3년 이하의 징역 또는 3천만 원 이하의 벌금에 처한다.

제36조(벌칙)

다음 각 호의 어느 하나에 해당하는 자는 1년 이하의 징역 또는 1천만 원 이하의 벌금에 처한다.

1. 제9조제1항을 위반하여 영업정지처분을 받고 그 영업정지 기간에 영업을 한 자
2. 제11조나 제12조제1항을 위반하여 설계나 시공을 한 자
3. 제16조제1항을 위반하여 감리를 하거나 거짓으로 감리한 자
4. 제17조제1항을 위반하여 공사감리자를 지정하지 아니한 자

4의2. 제19조제3항에 따른 보고를 거짓으로 한 자

4의3. 제20조에 따른 공사감리 결과의 통보 또는 공사감리 결과보고서의 제출을 거짓으로 한 자

5. 제21조제1항을 위반하여 해당 소방시설업자가 아닌 자에게 소방시설공사등을 도급한 자
6. 제22조제1항 본문을 위반하여 도급받은 소방시설의 설계, 시공, 감리를 하도급한 자

6의2. 제22조제2항을 위반하여 하도급받은 소방시설공사를 다시 하도급한 자

7. 제27조제1항을 위반하여 같은 항에 따른 법 또는 명령을 따르지 아니하고 업무를 수행한 자

제37조(벌칙)

다음 각 호의 어느 하나에 해당하는 자는 300만 원 이하의 벌금에 처한다.

1. 제8조제1항을 위반하여 다른 자에게 자기의 성명이나 상호를 사용하여 소방시설공사등을 수급 또는 시공하게 하거나 소방시설업의 등록증이나 등록수첩을 빌려준 자
2. 제18조제1항을 위반하여 소방시설공사 현장에 감리원을 배치하지 아니한 자
3. 제19조제2항을 위반하여 감리업자의 보완 요구에 따르지 아니한 자
4. 제19조제4항을 위반하여 공사감리 계약을 해지하거나 대가 지급을 거부하거나 지연시키거나 불이익을 준 자

4의2. 제21조제2항 본문을 위반하여 소방시설공사를 다른 업종의 공사와 분리하여 도급하지 아니한 자

5. 제27조제2항을 위반하여 자격수첩 또는 경력수첩을 빌려 준 사람

6. 제27조제3항을 위반하여 동시에 둘 이상의 업체에 취업한 사람
7. 제31조제4항을 위반하여 관계인의 정당한 업무를 방해하거나 업무상 알게 된 비밀을 누설한 사람

제38조(벌칙)

다음 각 호의 어느 하나에 해당하는 자는 100만 원 이하의 벌금에 처한다.

1. 제31조제2항에 따른 명령을 위반하여 보고 또는 자료 제출을 하지 아니하거나 거짓으로 한 자
2. 제31조제1항 및 제2항을 위반하여 정당한 사유 없이 관계 공무원의 출입 또는 검사・조사를 거부・방해 또는 기피한 자

제39조(양벌규정)

법인의 대표자나 법인 또는 개인의 대리인, 사용인, 그 밖의 종업원이 그 법인 또는 개인의 업무에 관하여 제35조부터 제38조까지의 어느 하나에 해당하는 위반행위를 하면 그 행위자를 벌하는 외에 그 법인 또는 개인에게도 해당 조문의 벌금형을 과(科)한다. 다만, 법인 또는 개인이 그 위반행위를 방지하기 위하여 해당 업무에 관하여 상당한 주의와 감독을 게을리하지 아니한 경우에는 그러하지 아니하다.

제40조(과태료)

① 다음 각 호의 어느 하나에 해당하는 자에게는 200만 원 이하의 과태료를 부과한다.

1. 제6조, 제6조의2제1항, 제7조제3항, 제13조제1항 및 제2항 전단, 제17조제2항을 위반하여 신고를 하지 아니하거나 거짓으로 신고한 자
2. 제8조제3항을 위반하여 관계인에게 지위승계, 행정처분 또는 휴업・폐업의 사실을 거짓으로 알린 자
3. 제8조제4항을 위반하여 관계 서류를 보관하지 아니한 자
4. 제12조제2항을 위반하여 소방기술자를 공사 현장에 배치하지 아니한 자
5. 제14조제1항을 위반하여 완공검사를 받지 아니한 자
6. 제15조제3항을 위반하여 3일 이내에 하자를 보수하지 아니하거나 하자보수계획을 관계인에게 거짓으로 알린 자
7. 삭제 〈2015. 7. 20.〉
8. 제17조제3항을 위반하여 감리 관계 서류를 인수・인계하지 아니한 자

8의2. 제18조제2항에 따른 배치통보 및 변경통보를 하지 아니하거나 거짓으로 통보한 자
9. 제20조의2를 위반하여 방염성능기준 미만으로 방염을 한 자
10. 제20조의3제2항에 따른 방염처리능력 평가에 관한 서류를 거짓으로 제출한 자
10의2. 삭제 〈2018. 2. 9.〉
10의3. 제21조의3제2항에 따른 도급계약 체결 시 의무를 이행하지 아니한 자(하도급 계약의 경우에는 하도급 받은 소방시설업자는 제외한다)
11. 제21조의3제4항에 따른 하도급 등의 통지를 하지 아니한 자
11의2. 제21조의4제1항에 따른 공사대금의 지급보증, 담보의 제공 또는 보험료등의 지급을 정당한 사유 없이 이행하지 아니한 자 [시행일: 2022. 4. 21.] 제40조
12. 삭제 〈2011. 8. 4.〉
13. 삭제 〈2013. 5. 22.〉
13의2. 제26조제2항에 따른 시공능력 평가에 관한 서류를 거짓으로 제출한 자
13의3. 제26조의2제1항 후단에 따른 사업수행능력 평가에 관한 서류를 위조하거나 변조하는 등 거짓이나 그 밖의 부정한 방법으로 입찰에 참여한 자
14. 제31조제1항에 따른 명령을 위반하여 보고 또는 자료 제출을 하지 아니하거나 거짓으로 보고 또는 자료 제출을 한 자

② 제1항에 따른 과태료는 대통령령으로 정하는 바에 따라 관할 시·도지사, 소방본부장 또는 소방서장이 부과·징수한다.

소방시설공사업법 시행령 살펴보기

제21조(과태료의 부과기준)

법 40조제1항에 따른 과태료의 부과기준은 별표 5와 같다.

소방시설공사업법 시행규칙 [별표 5] 〈개정 2022. 1. 4.〉

과태료의 부과기준 (제21조 관련)

1. 일반기준
   가. 위반행위의 횟수에 따른 과태료의 가중된 부과기준은 최근 1년간 같은 위반행위로 과태료 부과처분을 받은 경우에 적용한다. 이 경우 기간의 계산은 위반행위에 대하여 과태료 부과처분을 받은 날과 그 처분 후 다시 같은 위반행위를 하여 적발된 날

을 기준으로 한다.

나. 가목에 따라 가중된 부과처분을 하는 경우 가중처분의 적용 차수는 그 위반행위 전 부과처분 차수(가목에 따른 기간 내에 과태료 부과처분이 둘 이상 있었던 경우에는 높은 차수를 말한다)의 다음 차수로 한다. 다만, 적발된 날부터 소급하여 1년이 되는 날 전에 한 부과처분은 가중처분의 차수 산정 대상에서 제외한다. [시행일: 2022. 1. 6.]

다. 과태료 부과권자는 위반행위자가 다음의 어느 하나에 해당하는 경우에는 제2호에 따른 과태료 금액의 2분의 1의 범위에서 그 금액을 줄여 부과할 수 있다. 다만, 과태료를 체납하고 있는 위반행위자에 대해서는 그렇지 않다.

1) 위반행위자가 「질서위반행위규제법 시행령」 제2조의2제1항 각 호의 어느 하나에 해당하는 경우
2) 위반행위자가 처음 위반행위를 한 경우로서 3년 이상 해당 업종을 모범적으로 영위한 사실이 인정되는 경우
3) 위반행위자가 화재 등 재난으로 재산에 현저한 손실이 발생하거나 사업여건의 악화로 사업이 중대한 위기에 처하는 등의 사정이 있는 경우
4) 위반행위가 사소한 부주의나 오류 등 과실로 인한 것으로 인정되는 경우
5) 위반행위자가 같은 위반행위로 다른 법률에 따라 과태료·벌금 또는 영업정지 등의 처분을 받은 경우
6) 위반행위자가 위법행위로 인한 결과를 시정하거나 해소한 경우
7) 그 밖에 위반행위의 정도, 위반행위의 동기와 그 결과 등을 고려하여 과태료 금액을 줄일 필요가 있다고 인정되는 경우

2. 개별기준

위반행위	근거 법조문	과태료 금액(단위: 만원)		
		1차 위반	2차 위반	3차 이상 위반
가. 법 제6조, 제6조의2제1항, 제7조제3항, 제13조제1항 및 제2항 전단, 제17조제2항을 위반하여 신고를 하지 않거나 거짓으로 신고한 경우	법 제40조 제1항제1호	60	100	200
나. 법 제8조제3항을 위반하여 관계인에게 지위승계, 행정처분 또는 휴업·폐업의 사실을 거짓으로 알린 경우	법 제40조 제1항제2호	60	100	200
다. 법 제8조제4항을 위반하여 관계 서류를 보관하지 않은 경우	법 제40조 제1항제3호	200		

라. 법 제12조제2항을 위반하여 소방기술자를 공사 현장에 배치하지 않은 경우	법 제40조 제1항제4호	200		
마. 법 제14조제1항을 위반하여 완공검사를 받지 않은 경우	법 제40조 제1항제5호	200		
바. 법 제15조제3항을 위반하여 3일 이내에 하자를 보수하지 않거나 하자보수계획을 관계인에게 거짓으로 알린 경우	법 제40조 제1항제6호			
1) 4일 이상 30일 이내에 보수하지 않은 경우		60		
2) 30일을 초과하도록 보수하지 않은 경우		100		
3) 거짓으로 알린 경우		200		
사. 법 제17조제3항을 위반하여 감리 관계 서류를 인수·인계하지 않은 경우	법 제40조 제1항제8호	200		
아. 법 제18조제2항에 따른 배치통보 및 변경통보를 하지 않거나 거짓으로 통보한 경우	법 제40조 제1항제8호의2	60	100	200
자. 법 제20조의2를 위반하여 방염성능기준 미만으로 방염을 한 경우	법 제40조 제1항제9호	200		
차. 법 제20조의3제2항에 따른 방염처리능력 평가에 관한 서류를 거짓으로 제출한 경우	법 제40조 제1항제10호	200		
카. 법 제21조의3제2항에 따른 도급계약 체결 시 의무를 이행하지 않은 경우(하도급계약의 경우에는 하도급 받은 소방시설업자는 제외한다)	법 제40조 제1항제10호의3	200		
타. 법 제21조의3제4항에 따른 하도급 등의 통지를 하지 않은 경우	법 제40조 제1항제11호	60	100	200
파. 법 제26조제2항에 따른 시공능력 평가에 관한 서류를 거짓으로 제출한 경우	법 제40조 제1항제13호의2	200		
하. 법 제26조의2제1항 후단에 따른 사업수행능력 평가에 관한 서류를 위조하거나 변조하는 등 거짓이나 그 밖의 부정한 방법으로 입찰에 참여한 경우	법 제40조 제1항제13호의3	200		
거. 법 제31조제1항에 따른 명령을 위반하여 보고 또는 자료 제출을 하지 않거나 거짓으로 보고 또는 자료 제출을 한 경우 [시행일: 2022. 1. 6.]	법 제40조 제1항제14호	60	100	200

문/제/풀/이

1. **소방시설공사업자의 등록사항의 변경신고사항에 해당하지 않는 것은?**

① 영업소소재지 ② 소방시설공사실적

③ 기술인력 ④ 대표자

정답 ②

2. **하자보수보증기간이 2년이 아닌 소방시설은?**

① 피난기구 ② 자동화재탐지설비

③ 비상방송설비 ④ 무선통신보조설비

정답 ②

3. **감리업자는 감리를 함에 있어서 소방시설공사가 설계도서에 적합하지 아니한 때에는 누구에게 알리는가?**

① 소방청장 ② 소방본부장 또는 소방서장

③ 시 · 도지사 ④ 관계인

정답 ④

4. **상주공사감리를 배치하여야 하는 대상으로 옳은 것은?**

① 지하층을 포함한 층수가 6층 이상으로서 200세대 이상인 아파트에 대한 소방시설 공사

② 지하층을 포함한 층수가 11층 이상으로서 300세대 이상인 아파트에 대한 소방시설 공사

③ 지하층을 포함한 층수가 11층 이상으로서 500세대 이상인 아파트에 대한 소방시설 공사

④ 지하층을 포함한 층수가 16층 이상으로서 500세대 이상인 아파트에 대한 소방시설 공사

정답 ④

5. **소방시설업의 등록신청을 할 때 구비서류의 종류가 아닌 것은?**

① 소방산업공제조합에 출자 · 예치 · 담보한 금액 확인서

② 신청일 전 최근 6개월 이내에 작성한 자산평가액 또는 기업진단 보고서

③ 국가기술자격증

④ 소방기술 인정 자격수첩

정답 ②

풀이 신청일 전 최근 6개월 이내가 아니라 90일 이내임

6. 소방시설공사업자의 등록을 취소하는 경우로 옳지 않은 것은?

① 거짓이나 그 밖의 부정한 방법으로 등록한 경우

② 등록 결격사유에 해당하게 된 경우

③ 영업정지 기간 중에 설계 · 시공 또는 감리를 한 경우

④ 다른 자에게 등록증 또는 등록수첩을 빌려준 경우

정답 ④

7. 소방시설공사에 관한 발주자의 권한을 대행하여 소방시설공사가 설계도서와 관계 법령에 따라 적법하게 시공되는지 여부의 확인하는 영업은?

① 소방시설설계업　② 소방시설공사업

③ 소방공사감리업　④ 소방시설관리업

정답 ③

8. 소방공사감리업자는 감리원을 소방공사감리현장에 배치하는 경우에 감리원 배치일부터 며칠 이내에 소방본부장 또는 소방서장에게 알려야 하는가?

① 5일　② 7일

③ 14일　④ 30일

정답 ②

9. 소방시설공사업의 등록사항에 대한 변경신고는 누구에게 신고하여야 하는가?

① 행정안전부장관　② 소방청장

③ 시 · 도지사　④ 소방본부장 또는 소방서장

정답 ③

10. 소방시설공사업자가 하도급을 하고자 하는 경우 이를 누구에게 미리 알려야 하는가?

① 관계인 및 발주자　② 소방공사감리업자

③ 시 · 도지사　④ 소방본부장 또는 소방서장

정답 ①

11. 특정소방대상물의 관계인 또는 발주자는 당해 도급계약의 수급인이 도급계약을 해지할 수 없는 경우는?

① 소방시설업이 등록취소된 경우

② 소방시설업을 휴업하거나 폐업한 경우

③ 정당한 사유 없이 14일 이상 소방시설공사를 계속하지 아니하는 때

④ 소방시설업이 영업정지된 경우

정답 ③

풀이 정당한 사유 없이 14일 이상이 아니라 30일 이상임

12. 다음 중 소방시설공사업의 등록을 할 수 있는 자는 누구인가?

① 피성년후견인

② 한정치산자

③ 등록하고자 하는 소방시설업의 등록이 취소된 날부터 2년이 지나지 아니한 자

④ 소방시설공사업법에 따른 금고 이상의 실형의 선고를 받고 집행이 면제된 날부터 2년이 지난 자

정답 ④

13. 소방시설공사의 착공신고 시 첨부하여야 할 서류가 아닌 것은?

① 당해 소방시설공사의 책임시공을 하는 기술인력의 기술자격증 사본

② 당해 소방시설 설계자의 기술자격증 사본

③ 공사업자의 소방시설공사업 등록증 사본

④ 공사업자의 소방시설공사업 등록수첩 사본

정답 ②

14. 「소방시설공사업법」상 소방시설업 지위승계신고는 며칠 이내로 해야 하는가?

① 3일 ② 7일 ③ 10일 ④ 30일

정답 ④

풀이 소방시설공사업법 제7조(소방시설업자의 지위승계)

① 다음 각 호의 어느 하나에 해당하는 자가 종전의 소방시설업자의 지위를 승계하려는 경우에는 그 상속일, 양수일 또는 합병일부터 30일 이내에 행정안전부령으로 정하는 바에 따라 그 사실을 시・도지사에게 신고하여야 한다.

1. 소방시설업자가 사망한 경우 그 상속인
2. 소방시설업자가 그 영업을 양도한 경우 그 양수인
3. 법인인 소방시설업자가 다른 법인과 합병한 경우 합병 후 존속하는 법인이나 합병으로 설립되는 법인

15. 다음 중 「소방시설공사업법 시행령」상 책임감리원으로 고급감리원을 배치할 수 있는 공사현장으로 옳은 것은?

① 연면적 3만제곱미터 이상 20만제곱미터 미만인 아파트의 공사 현장
② 연면적 20만제곱미터 이상인 특정소방대상물의 공사 현장
③ 지하층을 포함한 층수가 16층 이상 40층 미만인 특정소방대상물의 공사 현장
④ 지하층을 포함한 층수가 40층 이상인 특정소방대상물의 공사 현장

정답 ①

풀이 소방시설공사업법 시행령 별표4 소방공사 감리원의 배치기준 (제11조 관련)

1. 소방공사 감리원의 배치기준

감리원의 배치기준		소방시설공사 현장의 기준
책임감리원	보조감리원	
다. 행정안전부령으로 정하는 고급감리원 이상의 소방공사 감리원(기계분야 및 전기분야)	행정안전부령으로 정하는 초급감리원 이상의 소방공사 감리원(기계분야 및 전기분야)	1) 물분무등소화설비(호스릴 방식의 소화설비는 제외한다) 또는 제연설비가 설치되는 특정소방대상물의 공사 현장 2) 연면적 3만제곱미터 이상 20만제곱미터 미만인 아파트의 공사 현장

16. 「소방시설공사업법 시행규칙」상 감리업자가 소방공사의 감리를 마쳤을 때, 소방공사감리 결과보고(통보)서를 알려야하는 대상으로 옳지 않은 것은?

① 특정소방대상물의 관계인
② 소방시설공사의 도급인
③ 소방시설설계업의 설계인
④ 특정소방대상물의 공사를 감리한 건축사

정답 ③

풀이 소방시설공사업법 시행규칙 제19조(감리결과의 통보 등)

- 법 제20조에 따라 감리업자가 소방공사의 감리를 마쳤을 때에는 별지 제29호서식의 소방공사감리 결과보고(통보)서[전자문서로 된 소방공사감리 결과보고(통보)서를 포함한다]에 다음 각 호의 서류(전자문서를 포함한다)를 첨부하여 공사가 완료된 날부터 7일 이내에 특정소방대상물의 관계인, 소방시설공사의 도급인 및 특정소방대상물의 공사를 감리한 건축사에게 알리고, 소방본부장 또는 소방서장에게 보고하여야 한다.
  1. 별지 제30호서식의 소방시설 성능시험조사표 1부(소방청장이 정하여 고시하는 소방시설 세부 성능시험조사표 서식을 첨부한다)
  2. 착공신고 후 변경된 소방시설설계도면(변경사항이 있는 경우에만 첨부하되, 법 제11조에 따른 설계업자가 설계한 도면만 해당된다) 1부
  3. 별지 제13호서식의 소방공사 감리일지(소방본부장 또는 소방서장에게 보고하는 경우에만 첨부한다)

17. 다음 중 과태료 처분대상이 아닌 것은?

① 관계 서류를 보관하지 아니한 자
② 소방기술자를 공사현장에 배치하지 아니한 자
③ 완공검사를 받지 아니한 자
④ 업무상 알게 된 비밀을 누설한 자

정답 ④

풀이 업무상 알게 된 비밀을 누설한 자는 300만 원 이하의 벌금에 처한다.

18. 상주공사감리를 배치하여야 하는 대상으로 옳은 것은?

① 연면적 5천m^2 이상의 특정소방대상물에 대한 소방시설의 공사
② 연면적 1만m^2 이상의 특정소방대상물에 대한 소방시설의 공사
③ 연면적 2만m^2 이상의 특정소방대상물에 대한 소방시설의 공사
④ 연면적 3만m^2 이상의 특정소방대상물에 대한 소방시설의 공사

정답 ④

19. 다음 중 「소방시설공사업법 시행령」상 착공신고 대상이 옳은 것은?

① 자동화재탐지설비 경계구역 증설
② 비상방송설비(소방용 외의 용도와 겸용되는 비상방송 설비를 정보통신공사업자가 공사하는 경우는 포함한다)
③ 비상콘센트설비(전기공사업자가 공사하는 경우도 포함한다)
④ 무선통신보조설비(소방용 외의 용도와 겸용되는 무선통신보조설비를 정보통신공사업자가 공사하는 경우는 포함한다)

정답 ①

풀이 소방시설공사업법 시행령 제4조(소방시설공사의 착공신고 대상)에 해당함

나. 자동화재탐지설비, 비상경보설비, 비상방송설비(소방용 외의 용도와 겸용되는 비상방송설비를 「정보통신공사업법」에 따른 정보통신공사업자가 공사하는 경우는 제외한다), 비상콘센트설비(비상콘센트설비를 「전기공사업법」에 따른 전기공사업자가 공사하는 경우는 제외한다) 또는 무선통신보조설비(소방용 외의 용도와 겸용되는 무선통신보조설비를 「정보통신공사업법」에 따른 정보통신공사업자가 공사하는 경우는 제외한다)

20. 도급을 받은 자는 소방시설공사의 시공을 제3자에게 하도급할 수 없지만 대통령령이 정하는 경우에는 도급받은 소방시설공사의 일부를 몇 차의 한하여 제3자에게 하도급할 수 있는가?

① 1차 ② 2차 ③ 3차 ④ 할 수 없다.

정답 ①

21. 「소방시설공사업법 시행령」상 소방본부장 또는 소방서장의 소방시설공사 완공검사를 위한 현장확인 대상 특정소방대상물로 옳지 않은 것은?

① 종교시설

② 물분무등소화설비등이 설치되는 특정소방대상물

③ 연면적 1만제곱미터 이상이거나 11층 이상인 아파트

④ 가연성가스를 제조 · 저장 또는 취급하는 시설 중 지상에 노출된 가연성가스탱크의 저장용량 합계가 1천톤 이상인 시설

정답 ③

풀이 소방시설공사업법 시행령 제5조(완공검사를 위한 현장확인 대상 특정소방대상물의 범위)

1. 문화 및 집회시설, 종교시설, 판매시설, 노유자(老幼者)시설, 수련시설, 운동시설, 숙박시설, 창고시설, 지하상가 및 「다중이용업소의 안전관리에 관한 특별법」에 따른 다중이용업소
2. 다음 각 목의 어느 하나에 해당하는 설비가 설치되는 특정소방대상물
   가. 스프링클러설비등
   나. 물분무등소화설비(호스릴 방식의 소화설비는 제외한다)
3. 연면적 1만제곱미터 이상이거나 11층 이상인 특정소방대상물(아파트는 제외한다)
4. 가연성가스를 제조 · 저장 또는 취급하는 시설 중 지상에 노출된 가연성가스탱크의 저장용량 합계가 1천톤 이상인 시설

22. 다음 중 「소방시설공사업법 시행령」상 하자보수 대상 소방시설 중 하자보수 보증기간이 다른 것은?

① 비상경보설비 ② 비상조명등

③ 비상콘센트설비 ④ 비상방송설비

정답 ③

풀이 소방시설공사업법 제6조(하자보수 대상 소방시설과 하자보수 보증기간)

법 제15조제1항에 따라 하자를 보수하여야 하는 소방시설과 소방시설별 하자보수 보증기간은 다음 각 호의 구분과 같다.

1. 피난기구, 유도등, 유도표지, 비상경보설비, 비상조명등, 비상방송설비 및 무선통신보조설비: 2년
2. 자동소화장치, 옥내소화전설비, 스프링클러설비, 간이스프링클러설비, 물분무등소화설비, 옥외소화전설비, 자동화재탐지설비, 상수도소화용수설비 및 소화활동설비(무선통신보조설비는 제외한다): 3년
   ➡ 비상콘센트설비 하자보수 기간 3년

23. 「소방시설공사업법」상 감리업자가 감리를 할 때 위반 사항에 대하여 조치하여야 할 사항이다. ( ) 안에 들어갈 용어로 옳은 것은?

> 감리업자는 감리를 할 때 소방시설공사가 설계도서나 화재안전기준에 맞지 아니할 때에는 (㉠)에게 알리고, (㉡)에게 그 공사의 시정 또는 보완 등을 요구하여야 한다.

	㉠	㉡
①	관계인	공사업자
②	관계인	소방서장
③	소방본부장	공사업자
④	소방본부장	소방서장

정답 ①

[풀이] 소방시설공사업법 제19조(위반사항에 대한 조치)
① 감리업자는 감리를 할 때 소방시설공사가 설계도서나 화재안전기준에 맞지 아니할 때에는 관계인에게 알리고, 공사업자에게 그 공사의 시정 또는 보완 등을 요구하여야 한다.
② 공사업자가 제1항에 따른 요구를 받았을 때에는 그 요구에 따라야 한다.
③ 감리업자는 공사업자가 제1항에 따른 요구를 이행하지 아니하고 그 공사를 계속할 때에는 행정안전부령으로 정하는 바에 따라 소방본부장이나 소방서장에게 그 사실을 보고하여야 한다.
④ 관계인은 감리업자가 제3항에 따라 소방본부장이나 소방서장에게 보고한 것을 이유로 감리계약을 해지하거나 감리의 대가 지급을 거부하거나 지연시키거나 그 밖의 불이익을 주어서는 아니 된다.

24. 「소방시설공사업법」 상 소방본부장 또는 소방서장은 착공신고 또는 변경신고를 받은 날부터 며칠 이내에 신고수리 여부를 신고인에게 통지하여야 하는가?

① 1일　② 2일　③ 7일　④ 30일

정답 ②

[풀이] 소방시설공사업법 제13조(착공신고)
③ 소방본부장 또는 소방서장은 제1항 또는 제2항 전단에 따른 착공신고 또는 변경신고를 받은 날부터 2일 이내에 신고수리 여부를 신고인에게 통지하여야 한다.
④ 소방본부장 또는 소방서장이 제3항에서 정한 기간 내에 신고수리 여부 또는 민원 처리 관련 법령에 따른 처리기간의 연장을 신고인에게 통지하지 아니하면 그 기간(민원처리 관련 법령에 따라 처리기간이 연장 또는 재연장된 경우에는 해당 처리기간을 말한다)이 끝난 날의 다음 날에 신고를 수리한 것으로 본다.

25. 「소방시설공사업법」 상 공사의 도급에 관한 사항으로 옳지 않은 것은?

① 특정소방대상물의 관계인 또는 발주자는 소방시설공사 등을 도급할 때에는 해당 소방시설업자에게 도급하여야 한다.

② 공사업자가 도급받은 소방시설공사의 도급금액 중 그 공사(하도급한 공사를 포함한다)의 근로자에게 지급하여야 할 노임(勞賃)에 해당하는 금액은 압류할 수 없다.

③ 도급을 받은 자는 소방시설공사의 전부를 한 번만 제3자에게 하도급 할 수 있다.

④ 도급을 받은 자가 해당 소방시설공사등을 하도급 할 때에는 행정안전부령으로 정하는 바에 따라 미리 관계인과 발주자에게 알려야 한다.

정답 ③

풀이 소방시설공사업법 제22조(하도급의 제한)

① 제21조에 따라 도급을 받은 자는 소방시설의 설계, 시공, 감리를 제3자에게 하도급할 수 없다. 다만, 시공의 경우에는 대통령령으로 정하는 바에 따라 도급받은 소방시설공사의 일부를 다른 공사업자에게 하도급할 수 있다.

② 하수급인은 제1항 단서에 따라 하도급받은 소방시설공사를 제3자에게 다시 하도급할 수 없다.

26. 「소방시설공사업법」 상 소방시설공사등의 도급에 관한 설명으로 타당하지 않은 것은?

① 특정소방대상물의 관계인 또는 발주자는 소방시설공사등을 도급할 때에는 해당 소방시설업자에게 도급하여야 한다.

② 소방시설공사는 다른 업종의 공사와 분리하여 도급하여야 한다.

③ 공사의 성질상 또는 기술관리상 분리하여 도급하는 것이 곤란한 경우로서 다른 업종의 공사와 분리하지 아니하고 도급할 수 있다.

④ 특정소방대상물의 관계인 또는 발주자는 소방시설공사등을 도급할 때에는 다른 소방시설업자에게 도급하여야 한다.

정답 ④

풀이 소방시설공사업법 제21조(소방시설공사등의 도급)

① 특정소방대상물의 관계인 또는 발주자는 소방시설공사등을 도급할 때에는 해당 소방시설업자에게 도급하여야 한다.

② 소방시설공사는 다른 업종의 공사와 분리하여 도급하여야 한다. 다만, 공사의 성질상 또는 기술관리상 분리하여 도급하는 것이 곤란한 경우로서 대통령령으로 정하는 경우에는 다른 업종의 공사와 분리하지 아니하고 도급할 수 있다.

27. 「소방시설공사업법」 상 ( )안에 들어갈 내용으로 옳은 것은?

> 시 · 도지사는 소방시설공사업자가 하자보수 기간 내에 하자보수를 하지 아니하거나 하자보수계획을 통보하지 아니한 경우로서 그 이용자에게 불편을 주거나 그 밖에 공익을 해칠 우려가 있을 때에는 영업정지처분을 갈음하여 ( )의 과징금을 부과할 수 있다.

① 3천만원 이하 ② 3천만원 이상 ③ 2억원 이하 ④ 2억원 이상

정답 ③

풀이 소방시설공사업법 제10조(과징금처분)

① 시・도지사는 제9조제1항 각 호의 어느 하나에 해당하는 경우로서 영업정지가 그 이용자에게 불편을 주거나 그 밖에 공익을 해칠 우려가 있을 때에는 영업정지처분을 갈음하여 2억원 이하의 과징금을 부과 할 수 있다.

② 제1항에 따른 과징금을 부과하는 위반행위의 종류와 위반 정도 등에 따른 과징금과 그 밖에 필요한 사항은 행정안전부령으로 정한다.

③ 시・도지사는 제1항에 따른 과징금을 내야 할 자가 납부기한까지 과징금을 내지 아니하면 「지방행정제재・부과금의 징수 등에 관한 법률」에 따라 징수한다.

28. 「소방시설공사업법」 및 같은 법 시행규칙 상 휴업 · 폐업 등의 신고에 대한 설명으로 옳지 않은 것은?

① 소방시설업자는 소방시설업을 휴업 · 폐업 또는 재개업하는 때에는 행정안전부령으로 정하는 바에 따라 시 · 도지사에게 신고하여야 한다.

② 소방시설업자는 소방시설업을 휴업 · 폐업 또는 재개업 신고를 하려면 휴업 · 폐업 또는 재개업일부터 30일 이내에 소방시설업 휴업 · 폐업 · 재개업 신고서(전자문서로 된 신고서를 포함한다)에 다음 각 호의 구분에 따른 서류(전자문서를 포함한다)를 첨부하여 협회를 경유하여 시 · 도지사에게 신고하여야 한다.

③ 휴업신고를 한 자가 소방시설업 등록이 말소된 후 6개월 이내에 같은 업종의 소방시설업을 다시 등록한 경우 해당 소방시설업자는 폐업신고 전 소방시설업자의 지위를 승계한다.

④ 휴업 · 폐업 또는 재개업신고서를 제출받은 협회는 「전자정부법」에 따라 행정정보의 공동이용을 통하여 국민연금가입자 증명서 또는 건강보험자격취득 확인서를 확인하여야 한다.

정답 ③

풀이 소방시설공사업법 제6조의2(휴업·폐업 신고 등)

① 소방시설업자는 소방시설업을 휴업・폐업 또는 재개업하는 때에는 행정안전부령으로 정하는 바에 따라 시・도지사에게 신고하여야 한다.

② 제1항에 따른 폐업신고를 받은 시・도지사는 소방시설업 등록을 말소하고 그 사실을 행정안전부령으로 정하는 바에 따라 공고하여야 한다.

③ 제1항에 따른 폐업신고를 한 자가 제2항에 따라 소방시설업 등록이 말소된 후 6개월 이내에 같은 업종의 소방시설업을 다시 제4조에 따라 등록한 경우 해당 소방시설업자는 폐업신고 전 소방시설업자의 지위를 승계한다.

④ 제3항에 따라 소방시설업자의 지위를 승계한 자에 대해서는 폐업신고 전의 소방시설업자에 대한 행정처분의 효과가 승계된다.

29. 「소방시설공사업법」 상 공사업자가 중요하지 않은 변경사항에 대해 다음과 같은 서류를(㉠), (㉡)포함하여 소방본부장이나 소방서장에게 보고하는가?

① (㉠) 완공검사 또는 부분완공검사를 신청하는 서류
(㉡) **공사감리 결과보고서**

② (㉠) 검사증명서
(㉡) **설치계획표**

③ (㉠) 신고수리서
(㉡) **설치계획표**

④ (㉠) 신고수리서 또는 검사증명서
(㉡) **공사감리 결과보고서**

정답 ①

풀이 소방시설공사업법 제13조(착공신고)

② 공사업자가 제1항에 따라 신고한 사항 가운데 행정안전부령으로 정하는 중요한 사항을 변경하였을 때에는 행정안전부령으로 정하는 바에 따라 변경신고를 하여야 한다. 이 경우 중요한 사항에 해당하지 아니하는 변경 사항은 다음 각 호의 어느 하나에 해당하는 서류에 포함하여 소방본부장이나 소방서장에게 보고하여야 한다.

1. 제14조제1항 또는 제2항에 따른 완공검사 또는 부분완공검사를 신청하는 서류
2. 제20조에 따른 공사감리 결과보고서

30. 「소방시설공사업법 시행규칙」 상 공사감리자의 신고기간은 착공신고일까지, 변경신고기간은 (㉠)까지, 신고처리 기간은 (㉡)일 이내까지이다.

① (㉠) 완공일로부터 15일 이내
(㉡) **7일이내**

② (㉠) 완공일로부터 30일 이내
(㉡) **7일이내**

③ (㉠) 변경일로부터 30일 이내
(㉡) **2일이내**

④ (㉠) 변경일로부터 15일 이내
(㉡) **2일이내**

정답 ③

풀이 소방시설공사업법 시행규칙 제15조(소방공사감리자의 지정신고 등)

② 특정소방대상물의 관계인은 공사감리자가 변경된 경우에는 법 제17조제2항 후단에 따라 변경일부터 30일 이내에 별지 제23호서식의 소방공사감리자 변경신고서(전자문서로 된 소방공사감리자 변경신고서를 포함한다)에 제1항 각 호의 서류(전자문서를 포함한다)를 첨부하여 소방본부장 또는 소방서장에게 제출하여야 한다. 다만, 「전자정부법」 제36조제1항에 따른 행정정보의 공동이용을 통하여 첨부서류에 대한 정보를 확인할 수 있는 경우에는 그 확인으로 첨부서류를 갈음할 수 있다.

③ 소방본부장 또는 소방서장은 제1항 및 제2항에 따라 공사감리자의 지정신고 또는 변경신고를 받은 경우에는 2일 이내에 처리하고 그 결과를 신고인에게 통보해야 한다.

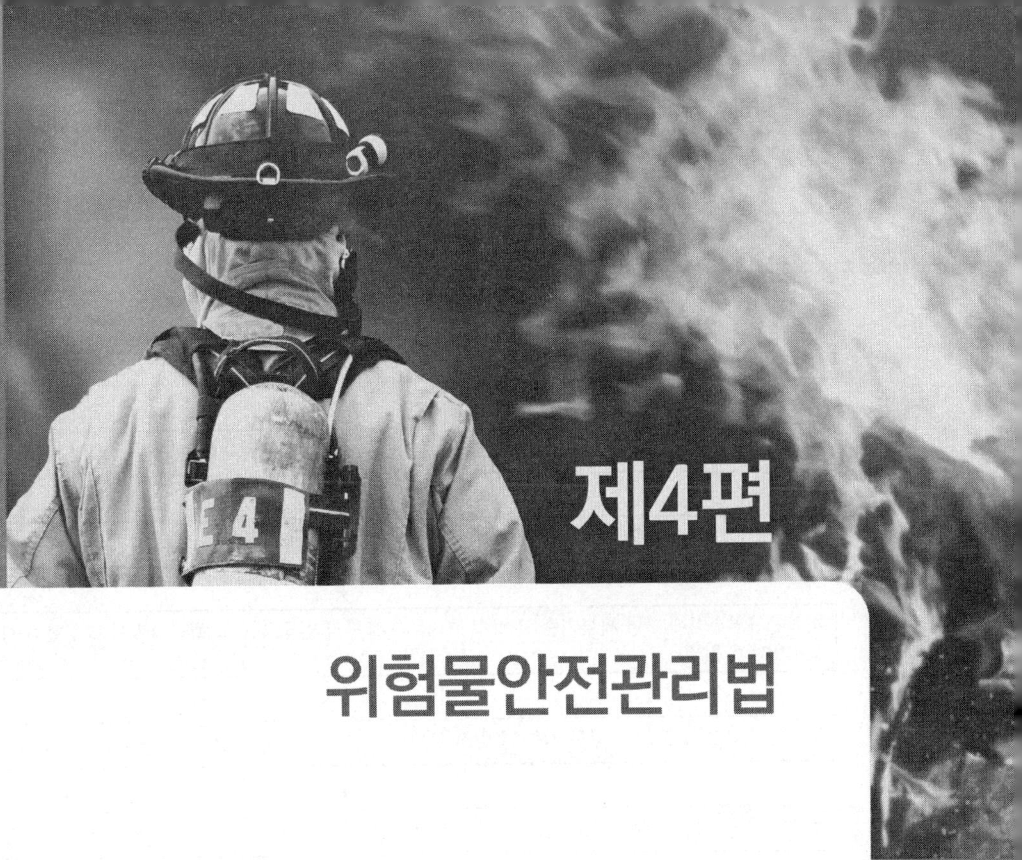

제4편

위험물안전관리법

제1장 총칙

제2장 위험물시설의 설치 및 변경

제3장 위험물시설의 안전관리

제4장 위험물의 운반 등

제5장 감독 및 조치명령

제6장 보칙

제7장 벌칙

■ 적용단계별 법령, 행정규칙 및 지침

위험물안전관리**법**(법률)

↓

위험물안전관리법 **시행령**(대통령령) → 어떤 법률을 실제로 시행하는데 필요한 상세한 세부규정을 담은 것

↓

위험물안전관리법 **시행규칙**(행정 안전부령) → 법령의 시행에 관한 사항을 상세히 규정한 규칙

↓

위험물안전관리에 관한 **세부기준**(소방청 고시) → 보충적 법 규성으로 행정기관이 결정한 사항을 공식적으로 일반인에게 알림

↓

위험물의 분류 및 표지에 관한 기준(소방청 고시)

↓

위험물 운송 · 운반시의 위험성 경고표지에 관한 기준(소방청 고시)

↓

위험물규제업무 **처리규정**(소방청 훈령) → 감독권의 권한으로 법령규정이 없을 경우 상부에서 직권으로 하부에 훈령을 명하는 것
*감독권(감시, 인허가, 훈령, 처분, 취소, 정지 등)의 권한

↓

위험물업무 **처리지침**(소방청 지침) → 행동준칙

■ 위험물안전관리법 구성

위험물
- 성상(성질상태)
- 시설기준

제조소 등
- 제조소(1)
- 취급소(4)
- 저장소(8)

■ 주요구성이론

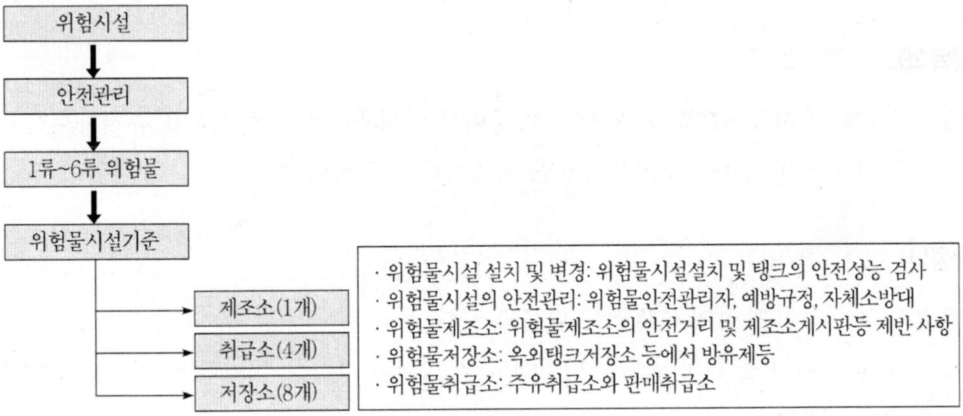

■ 규제의 흐름도

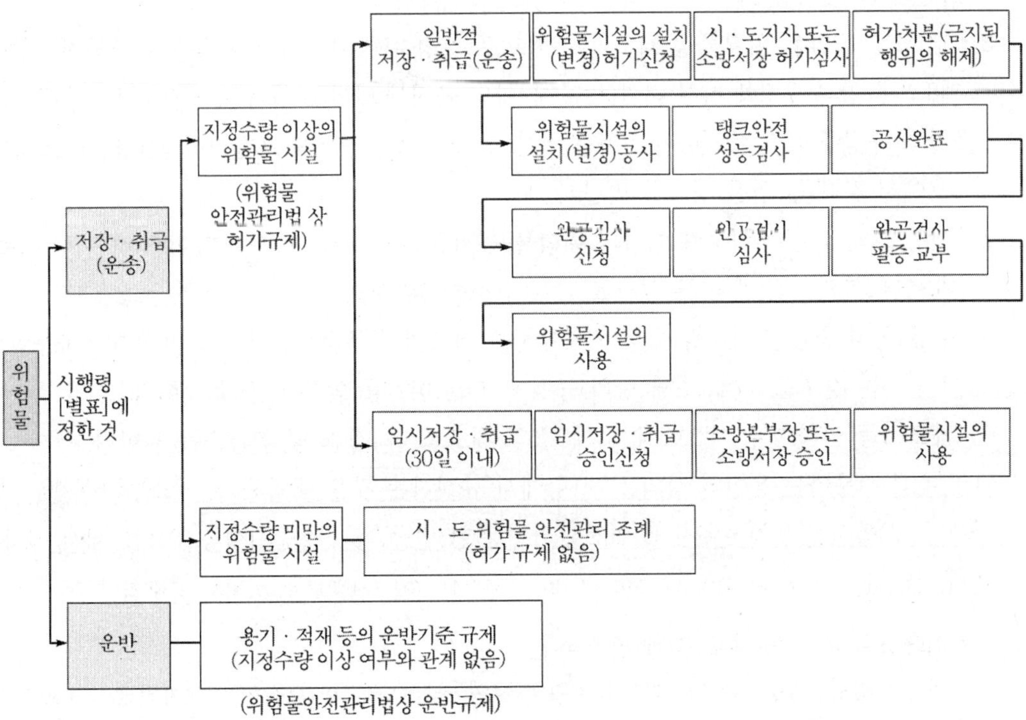

제1장 총 칙

제1조(목적)

이 법은 위험물의 저장 · 취급 및 운반과 이에 따른 안전관리에 관한 사항을 규정함으로써 위험물로 인한 위해를 방지하여 공공의 안전을 확보함을 목적으로 한다.

제2조(정의)

① 이 법에서 사용하는 용어의 정의는 다음과 같다.

1. "위험물"이라 함은 인화성 또는 발화성 등의 성질을 가지는 것으로서 (대통령령)이 정하는 물품을 말한다.
2. "지정수량"이라 함은 위험물의 종류별로 위험성을 고려하여 (대통령령)이 정하는 수량으로서 제6호의 규정에 의한 제조소등의 설치허가 등에 있어서 최저의 기준이 되는 수량을 말한다.
3. "제조소"라 함은 위험물을 제조할 목적으로 지정수량 이상의 위험물을 취급하기 위하여 제6조제1항의 규정에 따른 허가(동조제3항의 규정에 따라 허가가 면제된 경우 및 제7조제2항의 규정에 따라 협의로써 허가를 받은 것으로 보는 경우를 포함한다. 이하 제4호 및 제5호에서 같다)를 받은 장소를 말한다.
4. "저장소"라 함은 지정수량 이상의 위험물을 저장하기 위한 (대통령령)이 정하는 장소로서 제6조제1항의 규정에 따른 허가를 받은 장소를 말한다.
5. "취급소"라 함은 지정수량 이상의 위험물을 제조외의 목적으로 취급하기 위한 (대통령령)이 정하는 장소로서 제6조제1항의 규정에 따른 허가를 받은 장소를 말한다.
6. "제조소등"이라 함은 제3호 내지 제5호의 제조소 · 저장소 및 취급소를 말한다.

② 이 법에서 사용하는 용어의 정의는 제1항에서 규정하는 것을 제외하고는 「소방기본법」, 「화재예방, 소방시설 설치 · 유지 및 안전관리에 관한 법률」 및 「소방시설공사업법」에서 정하는 바에 따른다. 〈개정 2014. 12. 30., 2017. 3. 21., 2021. 11. 30.〉 [시행일: 2022. 12. 1.] 제2조

- 취급소 종류: 이송·주유·일반·판매 취급소
- 저장소 종류: 옥내·옥외·옥내탱크·옥외탱크·이동탱크·지하탱크·간이탱크·암반탱크저장소

위험물안전관리법 시행령 살펴보기

제2조(위험물)

「위험물안전관리법」(이하 "법"이라 한다) 제2조제1항제1호에서 "대통령령이 정하는 물품"이라 함은 별표 1에 규정된 위험물을 말한다.

제3조(위험물의 지정수량)

법 제2조제1항제2호에서 "대통령령이 정하는 수량"이라 함은 별표 1의 위험물별로 지정수량란에 (규정된 수량)을 말한다.

시행령 [별표 1]

위험물 및 지정수량 (제2조 및 제3조관련)

※ 위험물의 위험도: 3·5류 〉 4류 〉 2류 〉 1·6류 순

※ 지정(규정)수량 기준치는 작을수록 위험하다.

위험물 유별:제1류 성질: 산화성 고체 품명	지정수량	공통성질
1. 아염소산염류	50kg	(1)일반적 성질
2. 염소산염류	50kg	무색의 결정, 백색분말,상온에서 고체
3. 과염소산염류	50kg	불연성 물질, 분해 시 산소발생
4. 무기과산화물	50kg	(2) 위험성
5. 브롬산염류	300kg	가열,충격,마찰 등에 분해 시 산소발생
6. 질산염류	300kg	가연물과 혼합 시 연소 또는 폭발
7. 요오드산염류	300kg	(3) 저장 및 취급
8. 과망간산염류	1,000kg	직사광선을피하고 환기, 냉암소보관
9. 중크롬산염류	1,000kg	(4)소화방법
10. 그 밖에 행정안전부령으로 정하는 것 11. 제1호 내지 제10호의 1에 해당하는 어느 하나 이상을 함유한 것	50kg, 300kg 또는 1,000kg	일반적으로 다량의 물에 의한 냉각소화가 효과적이나 화재 초기 시 포, 분말, CO_2할로겐화합물에 의한 질식소화 가능

위험물 유별:제2류 성질: 가연성 고체 품명	지정수량	공통성질
1. 황화린	100kg	(1)일반적 성질
2. 적린	100kg	강력한 환원성물질(산소함유×)
3. 유황(순도 60중량%이상)	100kg	산화되기쉬우며 산소와 결합이 용이
4. 철분	500kg	(2)위험성
5. 금속분	500kg	산화제와 혼합 시 충격에 의해 폭발
6. 마그네슘	500kg	연소 속도가 빠르며 비교적 저온에서 착화
7. 그 밖에 행정안전부령으로 정하는 것 8. 제1호 내지 제7호의 1에 해당하는 어느 하나 이상을 함유한 것	100kg 또는 500kg	(3)저장 및 취급 방법 용기 밀봉, 통풍이 잘 되는 냉암소보관 강산화성 물질 제1류, 제6류와 혼합 ×
9. 인화성고체(고형알코올)	1,000kg	(4)소화방법 ④⑤⑥:마른모래, 팽창질석, 탄화수소 염류분말소화설비가 효과적 ②③:다량의 물에 의한 냉각소화가 효과적

위험물 유별:제3류 성질: 자연발화성물질 및 금수성물질 품명	지정수량	공통성질
칼륨	10kg	(1)일반적 성질
2. 나트륨	10kg	대부분 불연성 물질, ①②(가연성)
3. 알킬알루미늄(액체)	10kg	①②③⑤(연소)
4. 알킬리튬	10kg	(2)위험성
5. 황린(자연발화성)	20kg	⑤(공기 중 발화 위험성)
6. 알칼리금속(염기성) 및 알칼리토금속(물에 용해시)	50kg	⑥알칼리금속(칼륨 및 나트륨제외)
7. 유기금속화합물	50kg	유기금속화합물에서 ③④제외
8. 금속의 수소화물	300kg	(3)저장 및 취급 방법
9. 금속의 인화물	300kg	용기 밀봉, 공기, 물과의 접촉 ×
10. 칼슘 또는 알루미늄의 탄화물	300kg	⑤물속 저장, ①②⑥석유류 저장
11. 그 밖에 행정안전부령으로정하는 것 12. 제1호 내지 제11호의 1에 해당하는 어느 하나 이상을 함유한 것	10kg,,20kg 50kg 또는 300kg	(4)소화방법 마른 모래, 팽창질석을이용한 피복소화,분말소화기로 질식소화가 효과적 ⑤물 또는 강화액포소화제가 효과적

▶ **참고**

- 자연발화성물질이란 고체 또는 액체로서 공기 중에서 발화의 위험성이 있는 것
- 금수성물질이란물과 접촉하여 발화하거나 가연성 가스를 발생시킬 위험성이 있는 물질

* 황린발화점이 34℃이며, 공기 중에서 가열하면(260℃) 적린으로 변한다.

위험물 유별:제4류 성질: 인화성 액체 품명		지정수량	공통성질
1. 특수인화물		50L	(1)일반적 성질
2. 제1석유류 (아세톤, 휘발유등)	비수용성액체	200L	상온에서 액체, 대부분 유기화합물
	수용성액체	400L	대부분 물보다 가볍고 물에 잘 안 녹음
3. 알코올류		400L	(2)위험성
4. 제2석유류 (등유, 경유등)	비수용성액체	1,000L	공기와 혼합된 증기는 연소의 우려
	수용성액체	2,000L	액체는 유동성이 있고, 화재 확대 위험
5. 제3석유류 (중유, 클레오소트유등)	비수용성액체	2,000L	전기의 부도체로 정전기의 축적이 용이해 인화의 위험성이 크다
	수용성액체	4,000L	(3)저장 및 취급
6. 제4석유류(기어유, 실린더유등)		6,000L	화기접근 ×, 통풍, 냉암소보관, 저장용기 밀봉, 액체나 증기가 누출도지 않도록 함
7. 동식물유류		10,000L	인화점이 낮은 석유류에는 불연성 가스를 봉입하여 혼합기체의 형성을 억제하여야 함
			(4) 소화방법
			주수소화는 화재 면이 확대될 위험 × 할로젠화물, 분말, 포, 인산화탄소, 강화액등의 소화가 효과적

위험물 유별:제5류 화약원료 성질: 자기반응성 물질 품명	지정수량	공통성질
1. 유기과산화물	10kg	(1)일반적 성질
2. 질산에스테르류	10kg	가연성의 액체 또는 고체
3. 니트로화합물	200kg	⑤⑥⑦제외한 대부분 물질 자체 산소 ○
4. 니트로소화합물	200kg	(2)위험성
5. 아조화합물	200kg	강산화제와 접촉 시 위험성 증가
6. 디아조화합물	200kg	연소 시 소화가 어려움
7. 히드라진유도체	200kg	(3)저장 및 취급
8. 히드록실아민	100kg	통풍, 냉암소보관, 소량씩 분산 저장
9. 히드록실아민염류	100kg	가열, 마찰, 충격, 화기, 점화원 접근 ×
10. 그 밖에 행정안전부령으로정하는 것 11. 제1호 내지 제10호의 1에 해당하는 어느 하나 이상을 함유한 것	10kg, 100kg 또는 200kg	(4)소화방법 다량의 냉각주수소화가 효과적

위험물 유별:제6류 성질: 산화성 액체 품명	지정수량	공통성질
1. 과염소산	300kg	(1)일반적 성질
2. 과산화수소	300kg	상온에서 액체, 부식성 강함
3. 질산	300kg	불연성 물질, 산소를 많이 포함하고 있으며 다른 물질의 연소를 돕는 물질
4. 그 밖에 행정안전부령으로정하는 것	300kg	(2)위험성
5.호 내지 제10호의 1에 해당하는 어느 하나 이상을 함유한 것	300kg	물과 접촉 시 발열, 증기는 유독함 제1류와 접촉 × (3) 저장 및 취급 물, 가연물, 유기물과의 접촉 × 저장용기는 내산성, 화기 및 직사광선 × (4)소화방법 마른 모래, 폭발이 없는 장소에 한하여 CO_2 소화기가 적응성 있다

비고

1. "산화성고체"라 함은 고체[액체(1기압 및 섭씨 20도에서 액상인 것 또는 섭씨 20도 초과 섭씨 40도 이하에서 액상인 것을 말한다. 이하 같다)또는 기체(1기압 및 섭씨 20도에서 기상인 것을 말한다)외의 것을 말한다. 이하 같다]로서 산화력의 잠재적인 위험성 또는 충격에 대한 민감성을 판단하기 위하여 소방청장이 정하여 고시(이하 "고시"라 한다)하는 시험에서 고시로 정하는 성질과 상태를 나타내는 것을 말한다. 이 경우 "액상"이라 함은 수직으로 된 시험관(안지름 30밀리미터, 높이 120밀리미터의 원통형유리관을 말한다)에 시료를 55밀리미터까지 채운 다음 당해 시험관을 수평으로 하였을 때 시료액면의 선단이 30밀리미터를 이동하는데 걸리는 시간이 90초 이내에 있는 것을 말한다.
2. "가연성고체"라 함은 고체로서 화염에 의한 발화의 위험성 또는 인화의 위험성을 판단하기 위하여 고시로 정하는 시험에서 고시로 정하는 성질과 상태를 나타내는 것을 말한다.
3. 유황은 순도가 60중량퍼센트 이상인 것을 말한다. 이 경우 순도측정에 있어서 불순물은 활석 등 불연성물질과 수분에 한한다.
4. "철분"이라 함은 철의 분말로서 53마이크로미터의 표준체를 통과하는 것이 50중량퍼센트 미만인 것은 제외한다.
5. "금속분"이라 함은 알칼리금속·알칼리토류금속·철 및 마그네슘외의 금속의 분말을 말하고, 구리분·니켈분 및 150마이크로미터의 체를 통과하는 것이 50중량퍼센트 미만인 것은 제외한다.
6. 마그네슘 및 제2류제8호의 물품중 마그네슘을 함유한 것에 있어서는 다음 각목의 1에 해당하는 것은 제외한다.
   가. 2밀리미터의 체를 통과하지 아니하는 덩어리 상태의 것
   나. 직경 2밀리미터 이상의 막대 모양의 것
7. 황화린·적린·유황 및 철분은 제2호의 규정에 의한 성상이 있는 것으로 본다.
8. "인화성고체"라 함은 고형알코올 그 밖에 1기압에서 인화점이 섭씨 40도 미만인 고체를 말한다.

9. "자연발화성물질 및 금수성물질"이라 함은 고체 또는 액체로서 공기 중에서 발화의 위험성이 있거나 물과 접촉하여 발화하거나 가연성가스를 발생하는 위험성이 있는 것을 말한다.
10. 칼륨·나트륨·알킬알루미늄·알킬리튬 및 황린은 제9호의 규정에 의한 성상이 있는 것으로 본다.
11. "인화성액체"라 함은 액체(제3석유류, 제4석유류 및 동식물유류의 경우 1기압과 섭씨 20도에서 액체인 것만 해당한다)로서 인화의 위험성이 있는 것을 말한다. 다만, 다음 각 목의 어느 하나에 해당하는 것을 법 제20조제1항의 중요기준과 세부기준에 따른 운반용기를 사용하여 운반하거나 저장(진열 및 판매를 포함한다)하는 경우는 제외한다.
    가. 「화장품법」 제2조제1호에 따른 화장품 중 인화성액체를 포함하고 있는 것
    나. 「약사법」 제2조제4호에 따른 의약품 중 인화성액체를 포함하고 있는 것
    다. 「약사법」 제2조제7호에 따른 의약외품(알코올류에 해당하는 것은 제외한다) 중 수용성인 인화성액체를 50부피퍼센트 이하로 포함하고 있는 것
    라. 「의료기기법」에 따른 체외진단용 의료기기 중 인화성액체를 포함하고 있는 것
    마. 「생활화학제품 및 살생물제의 안전관리에 관한 법률」 제3조제4호에 따른 안전확인대상생활화학제품(알코올류에 해당하는 것은 제외한다) 중 수용성인 인화성액체를 50부피퍼센트 이하로 포함하고 있는 것
12. "특수인화물"이라 함은 이황화탄소, 디에틸에테르 그 밖에 1기압에서 발화점이 섭씨 100도 이하인 것 또는 인화점이 섭씨 영하 20도 이하이고 비점이 섭씨 40도 이하인 것을 말한다.
13. "제1석유류"라 함은 아세톤, 휘발유 그 밖에 1기압에서 인화점이 섭씨 21도 미만인 것을 말한다.
14. "알코올류"라 함은 1분자를 구성하는 탄소원자의 수가 1개부터 3개까지인 포화1가 알코올(변성알코올을 포함한다)을 말한다. 다만, 다음 각목의 1에 해당하는 것은 제외한다.
    가. 1분자를 구성하는 탄소원자의 수가 1개 내지 3개의 포화1가 알코올의 함유량이 60중량퍼센트 미만인 수용액
    나. 가연성액체량이 60중량퍼센트 미만이고 인화점 및 연소점(태그개방식인화점측정기에 의한 연소점을 말한다. 이하 같다)이 에틸알코올 60중량퍼센트 수용액의 인화점 및 연소점을 초과하는 것
15. "제2석유류"라 함은 등유, 경유 그 밖에 1기압에서 인화점이 섭씨 21도 이상 70도 미만인 것을 말한다. 다만, 도료류 그 밖의 물품에 있어서 가연성 액체량이 40중량퍼센트 이하이면서 인화점이 섭씨 40도 이상인 동시에 연소점이 섭씨 60도 이상인 것은 제외한다.
16. "제3석유류"라 함은 중유, 클레오소트유 그 밖에 1기압에서 인화점이 섭씨 70도 이상 섭씨 200도 미만인 것을 말한다. 다만, 도료류 그 밖의 물품은 가연성 액체량이 40중량퍼센트 이하인 것은 제외한다.
17. "제4석유류"라 함은 기어유, 실린더유 그 밖에 1기압에서 인화점이 섭씨 200도 이상 섭씨 250도 미만의 것을 말한다. 다만 도료류 그 밖의 물품은 가연성 액체량이 40중량퍼센트 이하인 것은 제외한다.
18. "동식물유류"라 함은 동물의 지육 등 또는 식물의 종자나 과육으로부터 추출한 것으로서 1기압에서 인화점이 섭씨 250도 미만인 것을 말한다. 다만, 법 제20조제1항의 규정에 의하여 행정안전부령으로 정하는 용기기준과 수납·저장기준에 따라 수납되어 저장·보관되고 용기의 외부에 물품의 통칭명, 수량 및 화기엄금(화기엄금과 동일한 의미를 갖는 표시를 포함한다)의 표시가 있는 경우를 제외한다.
19. "자기반응성물질"이라 함은 고체 또는 액체로서 폭발의 위험성 또는 가열분해의 격렬함을 판단하기 위하여 고시로 정하는 시험에서 고시로 정하는 성질과 상태를 나타내는 것을 말한다.
20. 제5류제11호의 물품에 있어서는 유기과산화물을 함유하는 것 중에서 불활성고체를 함유하는 것으로서 다음 각목의 1에 해당하는 것은 제외한다.
    가. 과산화벤조일의 함유량이 35.5중량퍼센트 미만인 것으로서 전분가루, 황산칼슘2수화물 또는 인산1수소칼슘2수화물과의 혼합물

나. 비스(4클로로벤조일)퍼옥사이드의 함유량이 30중량퍼센트 미만인 것으로서 불활성고체와의 혼합물
다. 과산화지크밀의 함유량이 40중량퍼센트 미만인 것으로서 불활성고체와의 혼합물
라. 1·4비스(2-터셔리부틸퍼옥시이소프로필)벤젠의 함유량이 40중량퍼센트 미만인 것으로서 불활성고체와의 혼합물
마. 시크로헥사놀퍼옥사이드의 함유량이 30중량퍼센트 미만인 것으로서 불활성고체와의 혼합물

21. "산화성액체"라 함은 액체로서 산화력의 잠재적인 위험성을 판단하기 위하여 고시로 정하는 시험에서 고시로 정하는 성질과 상태를 나타내는 것을 말한다.
22. 과산화수소는 그 농도가 36중량퍼센트 이상인 것에 한하며, 제21호의 성상이 있는 것으로 본다.
23. 질산은 그 비중이 1.49 이상인 것에 한하며, 제21호의 성상이 있는 것으로 본다.
24. 위 표의 성질란에 규정된 성상을 2가지 이상 포함하는 물품(이하 이 호에서 "복수성상물품"이라 한다)이 속하는 품명은 다음 각목의 1에 의한다.
    가. 복수성상물품이 산화성고체의 성상 및 가연성고체의 성상을 가지는 경우 : 제2류제8호의 규정에 의한 품명
    나. 복수성상물품이 산화성고체의 성상 및 자기반응성물질의 성상을 가지는 경우 : 제5류제11호의 규정에 의한 품명
    다. 복수성상물품이 가연성고체의 성상과 자연발화성물질의 성상 및 금수성물질의 성상을 가지는 경우 : 제3류제12호의 규정에 의한 품명
    라. 복수성상물품이 자연발화성물질의 성상, 금수성물질의 성상 및 인화성액체의 성상을 가지는 경우 : 제3류제12호의 규정에 의한 품명
    마. 복수성상물품이 인화성액체의 성상 및 자기반응성물질의 성상을 가지는 경우 : 제5류제11호의 규정에 의한 품명
25. 위 표의 지정수량란에 정하는 수량이 복수로 있는 품명에 있어서는 당해 품명이 속하는 유(類)의 품명 가운데 위험성의 정도가 가장 유사한 품명의 지정수량란에 정하는 수량과 같은 수량을 당해 품명의 지정수량으로 한다. 이 경우 위험물의 위험성을 실험·비교하기 위한 기준은 고시로 정할 수 있다.
26. 위 표의 기준에 따라 위험물을 판정하고 지정수량을 결정하기 위하여 필요한 실험은 「국가표준기본법」 제23조에 따라 인정을 받은 시험·검사기관, 「소방산업의 진흥에 관한 법률」 제14조에 따른 한국소방산업기술원, 중앙소방학교 또는 소방청장이 지정하는 기관에서 실시할 수 있다. 이 경우 실험 결과에는 실험한 위험물에 해당하는 품명과 지정수량이 포함되어야 한다.

제4조(위험물을 저장하기 위한 장소 등)

법 제2조제1항제4호의 규정에 의한 지정수량 이상의 위험물을 저장하기 위한 장소와 그에 따른 저장소의 구분은 별표 2와 같다.

위험물안전관리법 시행령 [별표 2]

지정수량 이상의 위험물을 저장하기 위한 장소와 그에 따른 저장소의 구분 (제4조관련)

1. 일반기준
    가. 위반행위가 2 이상인 때에는 그 중 중한 처분기준(중한 처분기준이 동일한 때에는

그 중 하나의 처분기준을 말한다. 이하 이 호에서 같다)에 의하되, 2 이상의 처분기준이 동일한 사용정지이거나 업무정지인 경우에는 중한 처분의 2분의 1까지 가중처분할 수 있다.

나. 사용정지 또는 업무정지의 처분기간 중에 사용정지 또는 업무정지에 해당하는 새로운 위반행위가 있는 때에는 종전의 처분기간 만료일의 다음 날부터 새로운 위반행위에 따른 사용정지 또는 업무정지의 행정처분을 한다.

다. 차수에 따른 행정처분기준은 최근 2년간 같은 위반행위로 행정처분을 받은 경우에 적용한다. 이 경우 기준적용일은 최근의 위반행위에 대한 행정처분일과 그 처분 후에 같은 위반행위를 한 날을 기준으로 한다.

라. 사용정지 또는 업무정지의 처분기간이 완료될 때까지 위반행위가 계속되는 경우에는 사용정지 또는 업무정지의 행정처분을 다시 한다.

마. 사용정지 또는 업무정지에 해당하는 위반행위로서 위반행위의 동기·내용·횟수 또는 그 결과 등을 고려할 때 제2호 각목의 기준을 적용하는 것이 불합리하다고 인정되는 경우에는 그 처분기준의 2분의 1기간까지 경감하여 처분할 수 있다.

2. 개별기준

가. 제조소등에 대한 행정처분기준

위반사항	근거법규	행정처분기준		
		1차	2차	3차
(1) 법 제6조제1항의 후단의 규정에 의한 변경허가를 받지 아니하고, 제조소등의 위치·구조 또는 설비를 변경한 때	법 제12조	경고 또는 사용정지 15일	사용정지 60일	허가취소
(2) 법 제9조의 규정에 의한 완공검사를 받지 아니하고 제조소등을 사용한 때	법 제12조	사용정지 15일	사용정지 60일	허가취소
(3) 법 제14조제2항의 규정에 의한 수리·개조 또는 이전의 명령에 위반한 때	법 제12조	사용정지 30일	사용정지 90일	허가취소
(4) 법 제15조제1항 및 제2항의 규정에 의한 위험물안전관리자를 선임하지 아니한 때	법 제12조	사용정지 15일	사용정지 60일	허가취소
(5) 법 제15조제5항을 위반하여 대리자를 지정하지 아니한 때	법 제12조	사용정지 10일	사용정지 30일	허가취소
(6) 법 제18조제1항의 규정에 의한 정기점검을 하지 아니한 때	법 제12조	사용정지 10일	사용정지 30일	허가취소
(7) 법 제18조제2항의 규정에 의한 정기검사를 받지 아니한 때	법 제12조	사용정지 10일	사용정지 30일	허가취소
(8) 법 제26조의 규정에 의한 저장·취급기준 준수명령을 위반한 때	법 제12조	사용정지 30일	사용정지 60일	허가취소

나. 안전관리대행기관에 대한 행정처분기준

위반사항	근거법규	행정처분기준		
		1차	2차	3차
(1) 허위 그 밖의 부정한 방법으로 등록을 한 때	제58조	지정취소		
(2) 탱크시험자의 등록 또는 다른 법령에 의한 안전관리업무대행기관의 지정·승인 등이 취소된 때	제58조	지정취소		
(3) 다른 사람에게 지정서를 대여한 때	제58조	지정취소		
(4) 별표 22의 규정에 의한 안전관리대행기관의 지정기준에 미달되는 때	제58조	업무정지 30일	업무정지 60일	지정취소
(5) 제57조제4항의 규정에 의한 소방청장의 지도·감독에 정당한 이유없이 따르지 아니한 때	제58조	업무정지 30일	업무정지 60일	지정취소
(6) 제57조제5항의 규정에 의한 변경 등의 신고를 연간 2회 이상 하지 아니한 때	제58조	경고 또는 업무정지 30일	업무정지 90일	지정취소
(7) 안전관리대행기관의 기술인력이 제59조의 규정에 의한 안전관리업무를 성실하게 수행하지 아니한 때	제58조	경고	업무정지 90일	지정취소

다. 탱크시험자에 대한 행정처분기준

위반사항	근거법규	행정처분기준		
		1차	2차	3차
(1) 허위 그 밖의 부정한 방법으로 등록을 한 경우	법 제16조 제5항	등록취소		
(2) 법 제16조제4항 각호의 1의 등록의 결격사유에 해당하게 된 경우	법 제16조 제5항	등록취소		
(3) 다른 자에게 등록증을 빌려준 경우	법 제16조 제5항	등록취소		
(4) 법 제16조제2항의 규정에 의한 등록기준에 미달하게 된 경우	법 제16조 제5항	업무정지 30일	업무정지 60일	등록취소
(5) 탱크안전성능시험 또는 점검을 허위로 하거나 이 법에 의한 기준에 맞지 아니하게 탱크안전성능시험 또는 점검을 실시하는 경우 등 탱크시험자로서 적합하지 아니하다고 인정되는 경우	법 제16조 제5항	업무정지 30일	업무정지 90일	등록취소

제5조(위험물을 취급하기 위한 장소 등)

법 제2조제1항제5호의 규정에 의한 지정수량 이상의 위험물을 제조 외의 목적으로 취급하기 위한 장소와 그에 따른 취급소의 구분은 별표 3과 같다.

위험물안전관리법 시행령 [별표 3]

위험물을 제조외의 목적으로 취급하기 위한 장소와 그에 따른 취급소의 구분(제5조관련)

위험물을 제조외의 목적으로 취급하기 위한 장소	취급소의 구분
1. 고정된 주유설비(항공기에 주유하는 경우에는 차량에 설치된 주유설비를 포함한다)에 의하여 자동차·항공기 또는 선박 등의 연료탱크에 직접 주유하기 위하여 위험물(「석유 및 석유대체연료 사업법」제29조의 규정에 의한 가짜석유제품에 해당하는 물품을 제외한다. 이하 제2호에서 같다)을 취급하는 장소(위험물을 용기에 옮겨 담거나 차량에 고정된 5천리터 이하의 탱크에 주입하기 위하여 고정된 급유설비를 병설한 장소를 포함한다)	주유취급소
2. 점포에서 위험물을 용기에 담아 판매하기 위하여 지정수량의 40배 이하의 위험물을 취급하는 장소	판매취급소
3. 배관 및 이에 부속된 설비에 의하여 위험물을 이송하는 장소. 다만, 다음 각목의 1에 해당하는 경우의 장소를 제외한다. 가. 「송유관 안전관리법」에 의한 송유관에 의하여 위험물을 이송하는 경우 나. 제조소등에 관계된 시설(배관을 제외한다) 및 그 부지가 같은 사업소안에 있고 당해 사업소안에서만 위험물을 이송하는 경우 다. 사업소와 사업소의 사이에 도로(폭 2미터 이상의 일반교통에 이용되는 도로로서 자동차의 통행이 가능한 것을 말한다)만 있고 사업소와 사업소 사이의 이송배관이 그 도로를 횡단하는 경우 라. 사업소와 사업소 사이의 이송배관이 제3자(당해 사업소와 관련이 있거나 유사한 사업을 하는 자에 한한다)의 토지만을 통과하는 경우로서 당해 배관의 길이가 100미터 이하인 경우 마. 해상구조물에 설치된 배관(이송되는 위험물이 별표 1의 제4류 위험물 중 제1석유류인 경우에는 배관의 내경이 30센티미터 미만인 것에 한한다)으로서 당해 해상구조물에 설치된 배관이 길이가 30미터 이하인 경우 바. 사업소와 사업소 사이의 이송배관이 다목 내지 마목의 규정에 의한 경우중 2이상에 해당하는 경우 사. 「농어촌 전기공급사업 촉진법」에 따라 설치된 자가발전시설에 사용되는 위험물을 이송하는 경우	이송취급소
4. 제1호 내지 제3호외의 장소(「석유 및 석유대체연료 사업법」제29조의 규정에 의한 가짜석유제품에 해당하는 위험물을 취급하는 경우의 장소를 제외한다)	일반취급소

제3조(적용제외)

이 법은 항공기 · 선박(선박법 제1조의2제1항의 규정에 따른 선박을 말한다) · 철도 및 궤도에 의한 위험물의 저장 · 취급 및 운반에 있어서는 이를 적용하지 아니한다.

제3조의2(국가의 책무)

① 국가는 위험물에 의한 사고를 예방하기 위하여 다음 각 호의 사항을 포함하는 시책을 수립 · 시행하여야 한다.
  1. 위험물의 유통실태 분석
  2. 위험물에 의한 사고 유형의 분석
  3. 사고 예방을 위한 안전기술 개발
  4. 전문인력 양성
  5. 그 밖에 사고 예방을 위하여 필요한 사항

② 국가는 지방자치단체가 위험물에 의한 사고의 예방 · 대비 및 대응을 위한 시책을 추진하는 데에 필요한 행정적 · 재정적 지원을 하여야 한다.

제4조(지정수량 미만인 위험물의 저장 · 취급)

지정수량 미만인 위험물의 저장 또는 취급에 관한 기술상의 기준은 특별시 · 광역시 · 특별자치시 · 도 및 특별자치도(이하 "시 · 도"라 한다)의 조례로 정한다.

제5조(위험물의 저장 및 취급의 제한)

① 지정수량 이상의 위험물을 저장소가 아닌 장소에서 저장하거나 제조소등이 아닌 장소에서 취급하여서는 아니 된다. ➡ 3년 이하의 징역 또는 3천만원 이하의 벌금

② 제1항의 규정에 불구하고 다음 각 호의 어느 하나에 해당하는 경우에는 제조소등이 아닌 장소에서 지정수량 이상의 위험물을 취급할 수 있다. 이 경우 임시로 저장 또는 취급하는 장소에서의 저장 또는 취급의 기준과 임시로 저장 또는 취급하는 장소의 위치 · 구조 및 설비의 기준은 시 · 도의 조례로 정한다.
  1. 시 · 도의 조례가 정하는 바에 따라 관할소방서장의 승인을 받아 지정수량 이상의 위험물을 90일 이내의 기간동안 임시로 저장 또는 취급하는 경우 ➡ 200만 원 이하의 과태료
  2. 군부대가 지정수량 이상의 위험물을 군사목적으로 임시로 저장 또는 취급하는 경우

③ 제조소등에서의 위험물의 저장 또는 취급에 관하여는 다음 각 호의 중요기준 및 세부기준에

따라야 한다.

1. 중요기준 : 화재 등 위해의 예방과 응급조치에 있어서 큰 영향을 미치거나 그 기준을 위반하는 경우 직접적으로 화재를 일으킬 가능성이 큰 기준으로서 행정안전부령이 정하는 기준
2. 세부기준 : 화재 등 위해의 예방과 응급조치에 있어서 중요기준보다 상대적으로 적은 영향을 미치거나 그 기준을 위반하는 경우 간접적으로 화재를 일으킬 수 있는 기준 및 위험물의 안전관리에 필요한 표시와 서류 · 기구 등의 비치에 관한 기준으로서 행정안전부령이 정하는 기준 ➡ 200만 원 이하의 과태료

④ 제1항의 규정에 따른 제조소등의 위치 · 구조 및 설비의 기술기준은 행정안전부령으로 정한다.

⑤ 둘 이상의 위험물을 같은 장소에서 저장 또는 취급하는 경우에 있어서 당해 장소에서 저장 또는 취급하는 각 위험물의 수량을 그 위험물의 지정수량으로 각각 나누어 얻은 수의 합계가 1 이상인 경우 당해 위험물은 지정수량 이상의 위험물로 본다.

- 하나의 창고에 지정수량 미만의 위험물이 둘 이상 존재할 때 각각의 배수를 계산한 결과 그 합이 1 이상이면 시·도법이 아닌 이 위험물안전관리법을 적용한다.

예) 옥내저장소 한 곳에 다음과 같이 저장하는 경우 배수 산정의 합은 몇 배인가?

① 2배 ② 4배 ③ 6배 ④ 8배

(※ 지정수량: 휘발유→ 200 L / 경유→ 1,000 L / 중유→ 2,000 L)

✔ TIP

위험물안전관리법 시행령 참고

제9조(탱크안전성능검사의 면제) ~제10조(완공검사의 신청 등) 살펴보기

위험물안전관리법 시행규칙 살펴보기

※ 관련법규 (제3장 제조소등의 위치 · 구조 및 설비의 기준)

제28조(제조소의 기준)

법 제5조제4항의 규정에 의한 제조소등의 위치 · 구조 및 설비의 기준 중 제조소에 관한 것은 별표 4와 같다.

위험물안전관리법 시행규칙 [별표 4] 〈개정 2021. 10. 21.〉

제조소의 위치 · 구조 및 설비의 기준 (제28조 관련)

Ⅰ. 안전거리

1. 제조소(제6류 위험물을 취급하는 제조소를 제외한다)는 다음 각목의 규정에 의한 건축물의 외벽 또는 이에 상당하는 공작물의 외측으로부터 당해 제조소의 외벽 또는 이에 상당하는 공작물의 외측까지의 사이에 다음 각목의 규정에 의한 수평거리(이하 "안전거리"라 한다)를 두어야 한다.

안전거리	해당 대상물
50m이상	유형문화재, 기념물 중 지정문화재
30m 이상	① 학교 ② 종합병원, 병원, 치과병원, 한방병원, 요양병원 ③ 공연장, 영화상영관, 유사한 시설로서 300명이상수용할 수 있는 것 ④ 아동복지시설, 장애인복지시설, 모·부자복지시설, 보육시설, 가정폭력 피해자시설로서 20명이상의인원을 수용할 수 있는 것
20m이상	고압가스, 액화석유가스, 도시가스를 저장 또는 취급하는 시설
10m이상	주거 용도에 사용되는 것
5m이상	사용전압35,000V를 초과하는 특고압가공전선
3m이상	사용전압 7,000V 초과 35,000볼트 이하의 특고압가공전선

가. 나목 내지 라목의 규정에 의한 것 외의 건축물 그 밖의 공작물로서 주거용으로 사용되는 것(제조소가 설치된 부지내에 있는 것을 제외한다)에 있어서는 10m 이상

나. 학교·병원·극장 그 밖에 다수인을 수용하는 시설로서 다음의 1에 해당하는 것에 있어서는 30m 이상

1) 「초·중등교육법」 제2조 및 「고등교육법」 제2조에 정하는 학교

2) 「의료법」 제3조제2항제3호에 따른 병원급 의료기관

3) 「공연법」 제2조제4호에 따른 공연장, 「영화 및 비디오물의 진흥에 관한 법률」 제2조제10호에 따른 영화상영관 및 그 밖에 이와 유사한 시설로서 3백명 이상의 인원을 수용할 수 있는 것

4) 「아동복지법」 제3조제10호에 따른 아동복지시설, 「노인복지법」 제31조제1호부터 제3호까지에 해당하는 노인복지시설, 「장애인복지법」 제58조제1항에 따른 장애인복지시설, 「한부모가족지원법」 제19조제1항에 따른 한부모가족복지시설, 「영유아보육법」 제2조제3호에 따른 어린이집, 「성매매방지 및 피해자보호 등에 관한 법률」 제5조제1항에 따른 성매매피해자등을 위한 지원시설, 「정신보건법」 제3조제2호에 따른 정신보건시설, 「가정폭력방지 및 피해자보호 등에 관한 법률」 제7조의2제1항에 따른 보호시설 및 그 밖에 이와 유사한 시설로서 20명 이상의 인원을 수용할 수 있는 것

다. 「문화재보호법」의 규정에 의한 유형문화재와 기념물 중 지정문화재에 있어서는 50m 이상

라. 고압가스, 액화석유가스 또는 도시가스를 저장 또는 취급하는 시설로서 다음의 1에 해당하는 것에 있어서는 20m 이상. 다만, 당해 시설의 배관 중 제조소가 설치된 부지 내에 있는 것은 제외한다.

1) 「고압가스 안전관리법」의 규정에 의하여 허가를 받거나 신고를 하여야 하는 고압가스제조시설(용기에 충전하는 것을 포함한다) 또는 고압가스 사용시설로서 1일 $30m^3$ 이상의 용적을 취급하는 시설이 있는 것

2) 「고압가스 안전관리법」의 규정에 의하여 허가를 받거나 신고를 하여야 하는 고압가스저장시설

3) 「고압가스 안전관리법」의 규정에 의하여 허가를 받거나 신고를 하여야 하는 액화산소를 소비하는 시설

4) 「액화석유가스의 안전관리 및 사업법」의 규정에 의하여 허가를 받아야 하는 액화석유가스제조시설 및 액화석유가스저장시설

5) 「도시가스사업법」 제2조제5호의 규정에 의한 가스공급시설

마. 사용전압이 7,000V 초과 35,000V 이하의 특고압가공전선에 있어서는 3m 이상

바. 사용전압이 35,000V를 초과하는 특고압가공전선에 있어서는 5m 이상

2. 제1호가목 내지 다목의 규정에 의한 건축물 등은 부표의 기준에 의하여 불연재료로 된 방화상 유효한 담 또는 벽을 설치하는 경우에는 동표의 기준에 의하여 안전거리를 단축할 수 있다.

II. 보유공지

1. 위험물을 취급하는 건축물 그 밖의 시설(위험물을 이송하기 위한 배관 그 밖에 이와 유사한 시설을 제외한다)의 주위에는 그 취급하는 위험물의 최대수량에 따라 다음 표에 의한 너비의 공지를 보유하여야 한다.

취급하는 위험물의 최대수량	공지의 너비
지정수량의 10배 이하	3m 이상
지정수량의 10배 초과	5m 이상

2. 제조소의 작업공정이 다른 작업장의 작업공정과 연속되어 있어, 제조소의 건축물 그 밖의 공작물의 주위에 공지를 두게 되면 그 제조소의 작업에 현저한 지장이 생길 우려가 있는 경우 당해 제조소와 다른 작업장 사이에 다음 각목의 기준에 따라 방화상 유효한 격벽을 설치한 때에는 당해 제조소와 다른 작업장 사이에 제1호의 규정에 의한 공지를 보유하지 아니할 수 있다.

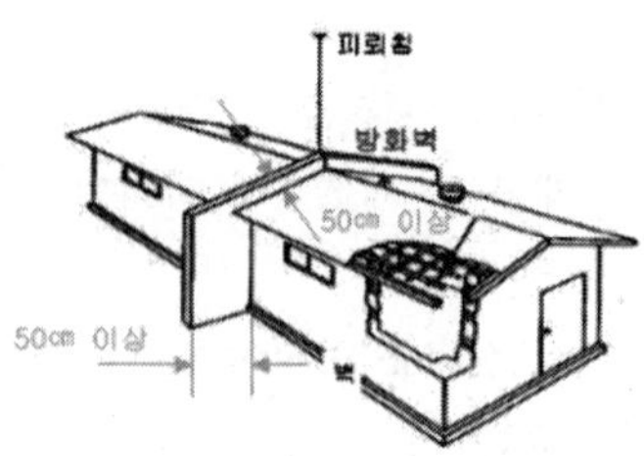

가. 방화벽은 내화구조로 할 것. 다만 취급하는 위험물이 제6류 위험물인 경우에는 불연재료로 할 수 있다.

나. 방화벽에 설치하는 출입구 및 창 등의 개구부는 가능한 한 최소로 하고, 출입구 및 창에는 자동폐쇄식의 갑종방화문을 설치할 것

다. 방화벽의 양단 및 상단이 외벽 또는 지붕으로부터 50cm 이상 돌출하도록 할 것

Ⅲ. 표지 및 게시판

1. 제조소에는 보기 쉬운 곳에 다음 각목의 기준에 따라 "위험물 제조소"라는 표시를 한 표지를 설치하여야 한다.
   가. 표지는 한변의 길이가 0.3m 이상, 다른 한변의 길이가 0.6m 이상인 직사각형으로 할 것
   나. 표지의 바탕은 백색으로, 문자는 흑색으로 할 것

구 분	설치 및 표시
공통사항	① 게시판 규격: 0.3m × 0.6m 이상 ② 게시판 색상: 바탕은 백색, 문자는 흑색
표 지	① 위험물 제조소" 표시를 한 표지를 설치
게시판	① 기재사항 : 유별, 품명, 지정수량의 배수, 저장최대수량, 취급최대수량, 위험물안전관리자의 성명 또는 직명, 주의사항

2. 제조소에는 보기 쉬운 곳에 다음 각목의 기준에 따라 방화에 관하여 필요한 사항을 게시한 게시판을 설치하여야 한다.
   가. 게시판은 한변의 길이가 0.3m 이상, 다른 한변의 길이가 0.6m 이상인 직사각형으로 할 것
   나. 게시판에는 저장 또는 취급하는 위험물의 유별·품명 및 저장최대수량 또는 취급최대수량, 지정수량의 배수 및 안전관리자의 성명 또는 직명을 기재할 것
   다. 나목의 게시판의 바탕은 백색으로, 문자는 흑색으로 할 것
   라. 나목의 게시판 외에 저장 또는 취급하는 위험물에 따라 다음의 규정에 의한 주의사항을 표시한 게시판을 설치할 것
      1) 제1류 위험물 중 알칼리금속의 과산화물과 이를 함유한 것 또는 제3류 위험물 중 금수성물질에 있어서는 "물기엄금"
      2) 제2류 위험물(인화성고체를 제외한다)에 있어서는 "화기주의"
      3) 제2류 위험물 중 인화성고체, 제3류 위험물 중 자연발화성물질, 제4류 위험물 또는 제5류 위험물에 있어서는 "화기엄금"
   마. 라목의 게시판의 색은 "물기엄금"을 표시하는 것에 있어서는 청색바탕에 백색문자로, "화기주의" 또는 "화기엄금"을 표시하는 것에 있어서는 적색바탕에 백색문자로 할 것

품명	주의사항	게시판 색상
제2류위험물(인화성고체) 제3류위험물(자연발화성물질) 제4류위험물, 제5류위험물	화기엄금	적색바탕에 백색문자
제1류위험물(알칼리 금속의 과산화물) 제3류위험물(금수성 물질)	물기엄금	청색바탕에 백색문자
제2류위험물	화기주의	적색바탕에 백색문자

Ⅳ. 건축물의 구조

위험물을 취급하는 건축물의 구조는 다음 각호의 기준에 의하여야 한다.

1. 지하층이 없도록 하여야 한다. 다만, 위험물을 취급하지 아니하는 지하층으로서 위험물의 취급장소에서 새어나온 위험물 또는 가연성의 증기가 흘러 들어갈 우려가 없는 구조로 된 경우에는 그러하지 아니하다.
2. 벽·기둥·바닥·보·서까래 및 계단을 불연재료로 하고, 연소(延燒)의 우려가 있는 외벽(소방청장이 정하여 고시하는 것에 한한다. 이하 같다)은 출입구 외의 개구부가 없는 내화구조의 벽으로 하여야 한다. 이 경우 제6류 위험물을 취급하는 건축물에 있어서 위험물이

스며들 우려가 있는 부분에 대하여는 아스팔트 그 밖에 부식되지 아니하는 재료로 피복하여야 한다.

3. 지붕(작업공정상 제조기계시설 등이 2층 이상에 연결되어 설치된 경우에는 최상층의 지붕을 말한다)은 폭발력이 위로 방출될 정도의 가벼운 불연재료로 덮어야 한다. 다만, 위험물을 취급하는 건축물이 다음 각목의 1에 해당하는 경우에는 그 지붕을 내화구조로 할 수 있다.
   가. 제2류 위험물(분상의 것과 인화성고체를 제외한다), 제4류 위험물 중 제4석유류·동식물유류 또는 제6류 위험물을 취급하는 건축물인 경우
   나. 다음의 기준에 적합한 밀폐형 구조의 건축물인 경우
      1) 발생할 수 있는 내부의 과압(過壓) 또는 부압(負壓)에 견딜 수 있는 철근콘크리트조일 것
      2) 외부화재에 90분 이상 견딜 수 있는 구조일 것
4. 출입구와 「산업안전보건기준에 관한 규칙」 제17조에 따라 설치하여야 하는 비상구에는 갑종방화문 또는 을종방화문을 설치하되, 연소의 우려가 있는 외벽에 설치하는 출입구에는 수시로 열 수 있는 자동폐쇄식의 갑종방화문을 설치하여야 한다.
5. 위험물을 취급하는 건축물의 창 및 출입구에 유리를 이용하는 경우에는 망입유리로 하여야 한다.
6. 액체의 위험물을 취급하는 건축물의 바닥은 위험물이 스며들지 못하는 재료를 사용하고, 적당한 경사를 두어 그 최저부에 집유설비를 하여야 한다.

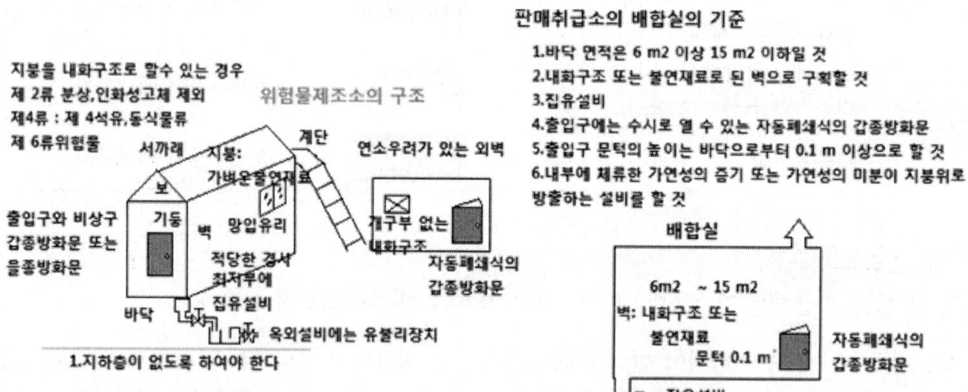

Ⅴ. 채광·조명 및 환기설비

1. 위험물을 취급하는 건축물에는 다음 각목의 기준에 의하여 위험물을 취급하는데 필요한 채광·조명 및 환기의 설비를 설치하여야 한다.

가. 채광설비는 불연재료로 하고, 연소의 우려가 없는 장소에 설치하되 채광면적을 최소로 할 것

나. 조명설비는 다음의 기준에 적합하게 설치할 것

1) 가연성가스 등이 체류할 우려가 잇는 장소의 조명등은 방폭등으로 할 것

2) 전선은 내화·내열전선으로 할 것

3) 점멸스위치는 출입구 바깥부분에 설치할 것. 다만, 스위치의 스파크로 인한 화재·폭발의 우려가 없을 경우에는 그러하지 아니하다.

다. 환기설비는 다음의 기준에 의할 것

1) 환기는 자연배기방식으로 할 것

2) 급기구는 당해 급기구가 설치된 실의 바닥면적 $150m^2$마다 1개 이상으로 하되, 급기구의 크기는 $800cm^2$ 이상으로 할 것. 다만 바닥면적이 $150m^2$ 미만인 경우에는 다음의 크기로 하여야 한다.

바닥면적	급기구의 면적
$60m^2$ 미만	$150cm^2$ 이상
$60m^2$ 이상 $90m^2$ 미만	$300cm^2$ 이상
$90m^2$ 이상 $120m^2$ 미만	$450cm^2$ 이상
$120m^2$ 이상 $150m^2$ 미만	$600cm^2$ 이상

3) 급기구는 낮은 곳에 설치하고 가는 눈의 구리망 등으로 인화방지망을 설치할 것

4) 환기구는 지붕위 또는 지상 2m 이상의 높이에 회전식 고정벤티레이터 또는 루푸팬방식으로 설치할 것

2. 배출설비가 설치되어 유효하게 환기가 되는 건축물에는 환기설비를 하지 아니 할 수 있고, 조명설비가 설치되어 유효하게 조도가 확보되는 건축물에는 채광설비를 하지 아니할 수 있다.

Ⅵ. 배출설비

가연성의 증기 또는 미분이 체류할 우려가 있는 건축물에는 그 증기 또는 미분을 옥외의 높은 곳으로 배출할 수 있도록 다음 각호의 기준에 의하여 배출설비를 설치하여야 한다.

1. 배출설비는 국소방식으로 하여야 한다. 다만, 다음 각목의 1에 해당하는 경우에는 전역방식으로 할 수 있다.

가. 위험물취급설비가 배관이음 등으로만 된 경우

나. 건축물의 구조·작업장소의 분포 등의 조건에 의하여 전역방식이 유효한 경우

2. 배출설비는 배풍기·배출닥트·후드 등을 이용하여 강제적으로 배출하는 것으로 하여야 한다.

3. 배출능력은 1시간당 배출장소 용적의 20배 이상인 것으로 하여야 한다.

다만, 전역방식의 경우에는 바닥면적 $1m^2$당 $18m^3$ 이상으로 할 수 있다.

4. 배출설비의 급기구 및 배출구는 다음 각 목의 기준에 의하여야 한다.
   가. 급기구는 높은 곳에 설치하고, 가는 눈의 구리망 등으로 인화방지망을 설치할 것
   나. 배출구는 지상 2m 이상으로서 연소의 우려가 없는 장소에 설치하고, 배출닥트가 관통하는 벽부분의 바로 가까이에 화재시 자동으로 폐쇄되는 방화댐퍼를 설치할 것
5. 배풍기는 강제배기방식으로 하고, 옥내닥트의 내압이 대기압 이상이 되지 아니하는 위치에 설치하여야 한다.

Ⅶ. 옥외설비의 바닥

옥외에서 액체위험물을 취급하는 설비의 바닥은 다음 각 호의 기준에 의하여야 한다.

1. 바닥의 둘레에 높이 0.15m 이상의 턱을 설치하는 등 위험물이 외부로 흘러나가지 아니하도록 하여야 한다.
2. 바닥은 콘크리트 등 위험물이 스며들지 아니하는 재료로 하고, 제1호의 턱이 있는 쪽이 낮게 경사지게 하여야 한다.
3. 바닥의 최저부에 집유설비를 하여야 한다.
4. 위험물(온도 20℃의 물 100g에 용해되는 양이 1g 미만인 것에 한한다)을 취급하는 설비에 있어서는 당해 위험물이 직접 배수구에 흘러들어가지 아니하도록 집유설비에 유분리장치를 설치하여야 한다.

Ⅷ. 기타설비

1. 위험물의 누출·비산방지
   위험물을 취급하는 기계·기구 그 밖의 설비는 위험물이 새거나 넘치거나 비산하는 것을 방지할 수 있는 구조로 하여야 한다. 다만, 당해 설비에 위험물의 누출 등으로 인한 재해를 방지할 수 있는 부대설비(되돌림관·수막 등)를 한 때에는 그러하지 아니하다.
2. 가열·냉각설비 등의 온도측정장치
   위험물을 가열하거나 냉각하는 설비 또는 위험물의 취급에 수반하여 온도변화가 생기는 설비에는 온도측정장치를 설치하여야 한다.
3. 가열건조설비
   위험물을 가열 또는 건조하는 설비는 직접 불을 사용하지 아니하는 구조로 하여야 한다. 다만, 당해 설비가 방화상 안전한 장소에 설치되어 있거나 화재를 방지할 수 있는 부대설비를 한 때에는 그러하지 아니하다.
4. 압력계 및 안전장치
   위험물을 가압하는 설비 또는 그 취급하는 위험물의 압력이 상승할 우려가 있는 설비에

는 압력계 및 다음 각목의 1에 해당하는 안전장치를 설치하여야 한다. 다만, 라목의 파괴판은 위험물의 성질에 따라 안전밸브의 작동이 곤란한 가압설비에 한한다.

가. 자동적으로 압력의 상승을 정지시키는 장치

나. 감압측에 안전밸브를 부착한 감압밸브

다. 안전밸브를 병용하는 경보장치

라. 파괴판

5. 전기설비

제조소에 설치하는 전기설비는 「전기사업법」에 의한 전기설비기술기준에 의하여야 한다.

6. 정전기 제거설비

위험물을 취급함에 있어서 정전기가 발생할 우려가 있는 설비에는 다음 각목의 1에 해당하는 방법으로 정전기를 유효하게 제거할 수 있는 설비를 설치하여야 한다.

가. 접지에 의한 방법

나. 공기 중의 상대습도를 70% 이상으로 하는 방법

다. 공기를 이온화하는 방법

7. 피뢰설비

지정수량의 10배 이상의 위험물을 취급하는 제조소(제6류 위험물을 취급하는 위험물제조소를 제외한다)에는 피뢰침(「산업표준화법」 제12조에 따른 한국산업표준 중 피뢰설비 표준에 적합한 것을 말한다. 이하 같다)을 설치하여야 한다. 다만, 제조소의 주위의 상황에 따라 안전상 지장이 없는 경우에는 피뢰침을 설치하지 아니할 수 있다.

8. 전동기 등

전동기 및 위험물을 취급하는 설비의 펌프·밸브·스위치 등은 화재예방상 지장이 없는 위치에 부착하여야 한다.

Ⅸ. 위험물 취급탱크

1. 위험물제조소의 옥외에 있는 위험물취급탱크(용량이 지정수량의 5분의 1 미만인 것을 제외한다)는 다음 각목의 기준에 의하여 설치하여야 한다.

가. 옥외에 있는 위험물취급탱크의 구조 및 설비는 별표 6 Ⅵ제1호(특정옥외저장탱크 및 준특정옥외저장탱크와 관련되는 부분을 제외한다)·제3호 내지 제9호·제11호 내지 제14호 및 XIV의 규정에 의한 옥외탱크저장소의 탱크의 구조 및 설비의 기준을 준용할 것

나. 옥외에 있는 위험물취급탱크로서 액체위험물(이황화탄소를 제외한다)을 취급하는 것의 주위에는 다음의 기준에 의하여 방유제를 설치할 것

1) 하나의 취급탱크 주위에 설치하는 방유제의 용량은 당해 탱크용량의 50% 이상으

로 하고, 2 이상의 취급탱크 주위에 하나의 방유제를 설치하는 경우 그 방유제의 용량은 당해 탱크 중 용량이 최대인 것의 50%에 나머지 탱크용량 합계의 10%를 가산한 양 이상이 되게 할 것. 이 경우 방유제의 용량은 당해 방유제의 내용적에서 용량이 최대인 탱크 외의 탱크의 방유제 높이 이하 부분의 용적, 당해 방유제 내에 있는 모든 탱크의 지반면 이상 부분의 기초의 체적, 간막이 둑의 체적 및 당해 방유제 내에 있는 배관 등의 체적을 뺀 것으로 한다.

2) 방유제의 구조 및 설비는 별표 6 Ⅸ제1호 나목·사목·차목·카목 및 파목의 규정에 의한 옥외저장탱크의 방유제의 기준에 적합하게 할 것

2. 위험물제조소의 옥내에 있는 위험물취급탱크(용량이 지정수량의 5분의 1 미만인 것을 제외한다)는 다음 각목의 기준에 의하여 설치하여야 한다.
   가. 탱크의 구조 및 설비는 별표 7 Ⅰ제1호 마목 내지 자목 및 카목 내지 파목의 규정에 의한 옥내탱크저장소의 위험물을 저장 또는 취급하는 탱크의 구조 및 설비의 기준을 준용할 것
   나. 위험물취급탱크의 주위에는 턱(이하 "방유턱"이라고 한다)을 설치하는 등 위험물이 누설된 경우에 그 유출을 방지하기 위한 조치를 할 것. 이 경우 당해조치는 탱크에 수납하는 위험물의 양(하나의 방유턱안에 2 이상의 탱크가 있는 경우는 당해 탱크 중 실제로 수납하는 위험물의 양이 최대인 탱크의 양)을 전부 수용할 수 있도록 하여야 한다.
3. 위험물제조소의 지하에 있는 위험물취급탱크의 위치·구조 및 설비는 별표 8 Ⅰ(제5호·제11호 및 제14호를 제외한다), Ⅱ(Ⅰ제5호·제11호 및 제14호의 규정을 적용하도록 하는 부분을 제외한다) 또는 Ⅲ(Ⅰ제5호·제11호 및 제14호의 규정을 적용하도록 하는 부분을 제외한다)의 규정에 의한 지하탱크저장소의 위험물을 저장 또는 취급하는 탱크의 위치·구조 및 설비의 기준에 준하여 설치하여야 한다.

Ⅹ. 배관

위험물제조소내의 위험물을 취급하는 배관은 다음 각 호의 기준에 의하여 설치하여야 한다.

1. 배관의 재질은 강관 그 밖에 이와 유사한 금속성으로 하여야 한다. 다만, 다음 각 목의 기준에 적합한 경우에는 그러하지 아니하다.
   가. 배관의 재질은 한국산업규격의 유리섬유강화플라스틱·고밀도폴리에틸렌 또는 폴리우레탄으로 할 것
   나. 배관의 구조는 내관 및 외관의 이중으로 하고, 내관과 외관의 사이에는 틈새공간을 두어 누설여부를 외부에서 쉽게 확인할 수 있도록 할 것. 다만, 배관의 재질이 취급하는 위험물에 의해 쉽게 열화될 우려가 없는 경우에는 그러하지 아니하다.

다. 국내 또는 국외의 관련공인시험기관으로부터 안전성에 대한 시험 또는 인증을 받을 것

라. 배관은 지하에 매설할 것. 다만, 화재 등 열에 의하여 쉽게 변형될 우려가 없는 재질이거나 화재 등 열에 의한 악영향을 받을 우려가 없는 장소에 설치되는 경우에는 그러하지 아니하다.

2. 배관에 걸리는 최대상용압력의 1.5배 이상의 압력으로 수압시험(불연성의 액체 또는 기체를 이용하여 실시하는 시험을 포함한다)을 실시하여 누설 그 밖의 이상이 없는 것으로 하여야 한다.

3. 배관을 지상에 설치하는 경우에는 지진·풍압·지반침하 및 온도변화에 안전한 구조의 지지물에 설치하되, 지면에 닿지 아니하도록 하고 배관의 외면에 부식방지를 위한 도장을 하여야 한다. 다만, 불변강관 또는 부식의 우려가 없는 재질의 배관의 경우에는 부식방지를 위한 도장을 아니할 수 있다.

4. 배관을 지하에 매설하는 경우에는 다음 각목의 기준에 적합하게 하여야 한다.

가. 금속성 배관의 외면에는 부식방지를 위하여 도복장·코팅 또는 전기방식등의 필요한 조치를 할 것

나. 배관의 접합부분(용접에 의한 접합부 또는 위험물의 누설의 우려가 없다고 인정되는 방법에 의하여 접합된 부분을 제외한다)에는 위험물의 누설여부를 점검할 수 있는 점검구를 설치할 것

다. 지면에 미치는 중량이 당해 배관에 미치지 아니하도록 보호할 것

5. 배관에 가열 또는 보온을 위한 설비를 설치하는 경우에는 화재예방상 안전한 구조로 하여야 한다.

XI. 고인화점 위험물의 제조소의 특례

인화점이 100℃ 이상인 제4류 위험물(이하 "고인화점위험물"이라 한다)만을 100℃ 미만의 온도에서 취급하는 제조소로서 그 위치 및 구조가 다음 각호의 기준에 모두 적합한 제조소에 대하여는 Ⅰ, Ⅱ, Ⅳ제1호, Ⅳ제3호 내지 제5호, Ⅷ제6호·제7호 및 Ⅸ제1호나목2)에 의하여 준용되는 별표 6 Ⅸ제1호 나목의 규정을 적용하지 아니한다.

1. 다음 각목의 규정에 의한 건축물의 외벽 또는 이에 상당하는 공작물의 외측으로부터 당해 제조소의 외벽 또는 이에 상당하는 공작물의 외측까지의 사이에 다음 각목의 규정에 의한 안전거리를 두어야 한다. 다만, 가목 내지 다목의 규정에 의한 건축물 등에 부표의 기준에 의하여 불연재료로 된 방화상 유효한 담 또는 벽을 설치하여 소방본부장 또는 소방서장이 안전하다고 인정하는 거리로 할 수 있다.

가. 나목 내지 라목 외의 건축물 그 밖의 공작물로서 주거용으로 제공하는 것(제조소가 있는 부지와 동일한 부지내에 있는 것을 제외한다)에 있어서는 10m 이상

나. Ⅰ제1호 나목1) 내지 4)의 규정에 의한 시설에 있어서는 30m 이상

다. 「문화재보호법」의 규정에 의한 유형문화재와 기념물 중 지정문화재에 있어서는 50m 이상

라. Ⅰ제1호 라목1) 내지 5)의 규정에 의한 시설(불활성 가스만을 저장 또는 취급하는 것을 제외한다)에 있어서는 20m 이상

2. 위험물을 취급하는 건축물 그 밖의 공작물(위험물을 이송하기 위한 배관 그 밖에 이에 준하는 공작물을 제외한다)의 주위에 3m 이상의 너비의 공지를 보유하여야 한다. 다만, Ⅱ제2호 각목의 규정에 의하여 방화상 유효한 격벽을 설치하는 경우에는 그러하지 아니하다.
3. 위험물을 취급하는 건축물은 그 지붕을 불연재료로 하여야 한다.
4. 위험물을 취급하는 건축물의 창 및 출입구에는 을종방화문·갑종방화문 또는 불연재료나 유리로 만든 문을 달고, 연소의 우려가 있는 외벽에 두는 출입구에는 수시로 열 수 있는 자동폐쇄식의 갑종방화문을 설치하여야 한다.
5. 위험물을 취급하는 건축물의 연소의 우려가 있는 외벽에 두는 출입구에 유리를 이용하는 경우에는 망입유리로 하여야 한다.

XII. 위험물의 성질에 따른 제조소의 특례

1. 다음 각목의 1에 해당하는 위험물을 취급하는 제조소에 있어서는 Ⅰ 내지 Ⅷ의 규정에 의한 기준에 의하는 외에 당해 위험물의 성질에 따라 제2호 내지 제4조의 기준에 의하여야 한다.

가. 제3류 위험물 중 알킬알루미늄·알킬리튬 또는 이중 어느 하나 이상을 함유하는 것(이하 "알킬알루미늄등"이라 한다)

나. 제4류 위험물중 특수인화물의 아세트알데히드·산화프로필렌 또는 이중 어느 하나 이상을 함유하는 것(이하 "아세트알데히드등"이라 한다)

다. 제5류 위험물 중 히드록실아민·히드록실아민염류 또는 이중 어느 하나 이상을 함유하는 것(이하 "히드록실아민등"이라 한다)

2. 알킬알루미늄등을 취급하는 제조소의 특례는 다음 각목과 같다.

가. 알킬알루미늄등을 취급하는 설비의 주위에는 누설범위를 국한하기 위한 설비와 누설된 알킬알루미늄등을 안전한 장소에 설치된 저장실에 유입시킬수 있는 설비를 갖출 것

나. 알킬알루미늄등을 취급하는 설비에는 불활성기체를 봉입하는 장치를 갖출 것

3. 아세트알데히드등을 취급하는 제조소의 특례는 다음 각목과 같다.

가. 아세트알데히드등을 취급하는 설비는 은·수은·동·마그네슘 또는 이들을 성분으로 하는 합금으로 만들지 아니할 것

나. 아세트알데히드등을 취급하는 설비에는 연소성 혼합기체의 생성에 의한 폭발을 방지하기 위한 불활성기체 또는 수증기를 봉입하는 장치를 갖출 것

다. 아세트알데히드등을 취급하는 탱크(옥외에 있는 탱크 또는 옥내에 있는 탱크로서 그

용량이 지정수량의 5분의 1 미만의 것을 제외한다)에는 냉각장치 또는 저온을 유지하기 위한 장치(이하 "보냉장치"라 한다) 및 연소성 혼합기체의 생성에 의한 폭발을 방지하기 위한 불활성기체를 봉입하는 장치를 갖출 것. 다만, 지하에 있는 탱크가 아세트알데히드등의 온도를 저온으로 유지할 수 있는 구조인 경우에는 냉각장치 및 보냉장치를 갖추지 아니할 수 있다.

라. 다목의 규정에 의한 냉각장치 또는 보냉장치는 2 이상 설치하여 하나의 냉각장치 또는 보냉장치가 고장난 때에도 일정 온도를 유지할 수 있도록 하고, 다음의 기준에 적합한 비상전원을 갖출 것

1) 상용전력원이 고장인 경우에 자동으로 비상전원으로 전환되어 가동되도록 할 것

2) 비상전원의 용량은 냉각장치 또는 보냉장치를 유효하게 작동할 수 있는 정도일 것

마. 아세트알데히드등을 취급하는 탱크를 지하에 매설하는 경우에는 Ⅸ제3호의 규정에 의하여 적용되는 별표 8 Ⅰ제1호 단서의 규정에 불구하고 당해 탱크를 탱크전용실에 설치할 것

4. 히드록실아민등을 취급하는 제조소의 특례는 다음 각목과 같다.

가. Ⅰ제1호가목부터 라목까지의 규정에도 불구하고 지정수량 이상의 히드록실아민등을 취급하는 제조소의 위치는 Ⅰ제1호가목부터 라목까지의 규정에 의한 건축물의 벽 또는 이에 상당하는 공작물의 외측으로부터 해당 제조소의 외벽 또는 이에 상당하는 공작물의 외측까지의 사이에 다음 식에 의하여 요구되는 거리 이상의 안전거리를 둘 것

$D = 51.1\sqrt[3]{N}$

D : 거리(m)

N : 해당 제조소에서 취급하는 히드록실아민등의 지정수량의 배수

나. 가목의 제조소의 주위에는 다음에 정하는 기준에 적합한 담 또는 토제(土堤)를 설치할 것

1) 담 또는 토제는 당해 제조소의 외벽 또는 이에 상당하는 공작물의 외측으로부터 2m 이상 떨어진 장소에 설치할 것

2) 담 또는 토제의 높이는 당해 제조소에 있어서 히드록실아민등을 취급하는 부분의 높이 이상으로 할 것

3) 담은 두께 15cm 이상의 철근콘크리트조·철골철근콘크리트조 또는 두께 20cm 이상의 보강콘크리트블록조로 할 것

4) 토제의 경사면의 경사도는 60도 미만으로 할 것

다. 히드록실아민등을 취급하는 설비에는 히드록실아민등의 온도 및 농도의 상승에 의한 위험한 반응을 방지하기 위한 조치를 강구할 것

라. 히드록실아민등을 취급하는 설비에는 철이온 등의 혼입에 의한 위험한 반응을 방지하기 위한 조치를 강구할 것

제29조(옥내저장소의 기준)

법 제5조제4항의 규정에 의한 제조소등의 위치·구조 및 설비의 기준 중 옥내저장소에 관한 것은 별표 5와 같다.

위험물안전관리법 시행규칙 [별표 5] 〈개정 2021. 10. 21.〉

옥내저장소의 위치 · 구조 및 설비의 기준 (제29조관련)

Ⅰ. 옥내저장소의 기준(Ⅱ 및 Ⅲ의 규정에 의한 것을 제외한다)

1. 옥내저장소는 별표 4 Ⅰ의 규정에 준하여 안전거리를 두어야 한다. 다만, 다음 각목의 1에 해당하는 옥내저장소는 안전거리를 두지 아니할 수 있다.
   가. 제4석유류 또는 동식물유류의 위험물을 저장 또는 취급하는 옥내저장소로서 그 최대수량이 지정수량의 20배 미만인 것
   나. 제6류 위험물을 저장 또는 취급하는 옥내저장소
   다. 지정수량의 20배(하나의 저장창고의 바닥면적이 $150m^2$ 이하인 경우에는 50배) 이하의 위험물을 저장 또는 취급하는 옥내저장소로서 다음의 기준에 적합한 것
      1) 저장창고의 벽·기둥·바닥·보 및 지붕이 내화구조인 것
      2) 저장창고의 출입구에 수시로 열 수 있는 자동폐쇄방식의 갑종방화문이 설치되어 있을 것
      3) 저장창고에 창을 설치하지 아니할 것
2. 옥내저장소의 주위에는 그 저장 또는 취급하는 위험물의 최대수량에 따라 다음 표에 의한 너비의 공지를 보유하여야 한다. 다만, 지정수량의 20배를 초과하는 옥내저장소와 동일한 부지내에 있는 다른 옥내저장소와의 사이에는 동표에 정하는 공지의 너비의 3분의 1(당해 수치가 3m 미만인 경우에는 3m)의 공지를 보유할 수 있다.

저장 또는 취급하는 위험물의 최대수량	공지의 너비	
	벽 · 기둥 및 바닥이 내화구조로 된 건축물	그 밖의 건축물
지정수량의 5배 이하		0.5m 이상
지정수량의 5배 초과 10배 이하	1m 이상	1.5m 이상
지정수량의 10배 초과 20배 이하	2m 이상	3m 이상
지정수량의 20배 초과 50배 이하	3m 이상	5m 이상
지정수량의 50배 초과 200배 이하	5m 이상	10m 이상
지정수량의 200배 초과	10m 이상	15m 이상

3. 옥내저장소에는 별표 4 Ⅲ제1호의 기준에 따라 보기 쉬운 곳에 "위험물 옥내저장소"라는 표시를 한 표지와 동표 Ⅲ제2호의 기준에 따라 방화에 관하여 필요한 사항을 게시한 게시판을 설치하여야 한다.
4. 저장창고는 위험물의 저장을 전용으로 하는 독립된 건축물로 하여야 한다.
5. 저장창고는 지면에서 처마까지의 높이(이하 "처마높이"라 한다)가 6m 미만인 단층건물로 하고 그 바닥을 지반면보다 높게 하여야 한다. 다만, 제2류 또는 제4류의 위험물만을 저장하는 창고로서 다음 각목의 기준에 적합한 창고의 경우에는 20m 이하로 할 수 있다.
   가. 벽·기둥·보 및 바닥을 내화구조로 할 것
   나. 출입구에 갑종방화문을 설치할 것
   다. 피뢰침을 설치할 것. 다만, 주위상황에 의하여 안전상 지장이 없는 경우에는 그러하지 아니하다.
6. 하나의 저장창고의 바닥면적(2 이상의 구획된 실이 있는 경우에는 각 실의 바닥면적의 합계)은 다음 각목의 구분에 의한 면적 이하로 하여야 한다. 이 경우 가목의 위험물과 나목의 위험물을 같은 저장창고에 저장하는 때에는 가목의 위험물을 저장하는 것으로 보아 그에 따른 바닥면적을 적용한다.
   가. 다음의 위험물을 저장하는 창고 : 1,000m^2
      1) 제1류 위험물 중 아염소산염류, 염소산염류, 과염소산염류, 무기과산화물 그 밖에 지정수량이 50kg인 위험물
      2) 제3류 위험물 중 칼륨, 나트륨, 알킬알루미늄, 알킬리튬 그 밖에 지정수량이 10kg인 위험물 및 황린
      3) 제4류 위험물 중 특수인화물, 제1석유류 및 알코올류
      4) 제5류 위험물 중 유기과산화물, 질산에스테르류 그 밖에 지정수량이 10kg인 위험물
      5) 제6류 위험물
   나. 가목의 위험물 외의 위험물을 저장하는 창고 : 2,000m^2
   다. 가목의 위험물과 나목의 위험물을 내화구조의 격벽으로 완전히 구획된 실에 각각 저장하는 창고 : 1,500m^2(가목의 위험물을 저장하는 실의 면적은 500m^2를 초과할 수 없다)
7. 저장창고의 벽·기둥 및 바닥은 내화구조로 하고, 보와 서까래는 불연재료로 하여야 한다. 다만, 지정수량의 10배 이하의 위험물의 저장창고 또는 <u>제2류 위험물(인화성고체는 제외한다)과 제4류의 위험물</u>(인화점이 70℃ 미만인 것은 제외한다)만의 저장창고에 있어서는 연소의 우려가 없는 벽·기둥 및 바닥은 불연재료로 할 수 있다.
8. 저장창고는 지붕을 폭발력이 위로 방출될 정도의 가벼운 불연재료로 하고, 천장을 만

들지 않아야 한다. 다만, 제2류 위험물(분말상태의 것과 인화성고체를 제외한다)과 제6류 위험물만의 저장창고에 있어서는 지붕을 내화구조로 할 수 있고, 제5류 위험물만의 저장창고에 있어서는 당해 저장창고내의 온도를 저온으로 유지하기 위하여 난연재료 또는 불연재료로 된 천장을 설치할 수 있다.

9. 저장창고의 출입구에는 갑종방화문 또는 을종방화문을 설치하되, 연소의 우려가 있는 외벽에 있는 출입구에는 수시로 열 수 있는 자동폐쇄식의 갑종방화문을 설치하여야 한다.

10. 저장창고의 창 또는 출입구에 유리를 이용하는 경우에는 망입유리로 하여야 한다.

11. 제1류 위험물 중 알칼리금속의 과산화물 또는 이를 함유하는 것, 제2류 위험물 중 철분·금속분·마그네슘 또는 이중 어느 하나 이상을 함유하는 것, 제3류 위험물 중 금수성물질 또는 제4류 위험물의 저장창고의 바닥은 물이 스며 나오거나 스며들지 아니하는 구조로 하여야 한다.

12. 액상의 위험물의 저장창고의 바닥은 위험물이 스며들지 아니하는 구조로 하고, 적당하게 경사지게 하여 그 최저부에 집유설비를 하여야 한다.

13. 저장창고에 선반 등의 수납장을 설치하는 경우에는 다음 각목의 기준에 적합하게 하여야 한다.

가. 수납장은 불연재료로 만들어 견고한 기초 위에 고정할 것

나. 수납장은 당해 수납장 및 그 부속설비의 자중, 저장하는 위험물의 중량 등의 하중에 의하여 생기는 응력(변형력)에 대하여 안전한 것으로 할 것

다. 수납장에는 위험물을 수납한 용기가 쉽게 떨어지지 아니하게 하는 조치를 할 것

14. 저장창고에는 별표 4 Ⅴ 및 Ⅵ의 규정에 준하여 채광·조명 및 환기의 설비를 갖추어야 하고, 인화점이 70℃ 미만인 위험물의 저장창고에 있어서는 내부에 체류한 가연성의 증기를 지붕 위로 배출하는 설비를 갖추어야 한다.

15. 저장창고에 설치하는 전기설비는 「전기사업법」에 의한 전기설비기술기준에 의하여야 한다.

16. 지정수량의 10배 이상의 저장창고(제6류 위험물의 저장창고를 제외한다)에는 피뢰침을 설치하여야 한다. 다만, 저장창고의 주위의 상황에 따라 안전상 지장이 없는 경우에는 피뢰침을 설치하지 아니할 수 있다.

17. 제5류 위험물 중 셀룰로이드 그 밖에 온도의 상승에 의하여 분해·발화할 우려가 있는 것의 저장창고는 당해 위험물이 발화하는 온도에 달하지 아니하는 온도를 유지하는 구조로 하거나 다음 각목의 기준에 적합한 비상전원을 갖춘 통풍장치 또는 냉방장치 등의 설비를 2 이상 설치하여야 한다.

가. 상용전력원이 고장인 경우에 자동으로 비상전원으로 전환되어 가동되도록 할 것

나. 비상전원의 용량은 통풍장치 또는 냉방장치 등의 설비를 유효하게 작동할 수 있

는 정도일 것

Ⅱ. 다층건물의 옥내저장소의 기준

옥내저장소중 제2류의 위험물(인화성고체는 제외한다) 인화점이 70℃ 미만인 것은 제외한다)만을 저장 또는 취급하는 저장창고가 다층건물인 옥내저장소의 위치·구조 및 설비의 기술기준은 Ⅰ 제1호 내지 제4호 및 제8호 내지 제16호의 규정에 의하는 외에 다음 각호의 기준에 의하여야 한다.

1. 저장창고는 각층의 바닥을 지면보다 높게 하고, 바닥면으로부터 상층의 바닥(상층이 없는 경우에는 처마)까지의 높이(이하 "층고"라 한다)를 6m 미만으로 하여야 한다.
2. 하나의 저장창고의 바닥면적 합계는 1,000m^2 이하로 하여야 한다.
3. 저장창고의 벽·기둥·바닥 및 보를 내화구조로 하고, 계단을 불연재료로 하며, 연소의 우려가 있는 외벽은 출입구외의 개구부를 갖지 아니하는 벽으로 하여야 한다.
4. 2층 이상의 층의 바닥에는 개구부를 두지 아니하여야 한다. 다만, 내화구조의 벽과 갑종방화문 또는 을종방화문으로 구획된 계단실에 있어서는 그러하지 아니하다.

Ⅲ. 복합용도 건축물의 옥내저장소의 기준

옥내저장소중 지정수량의 20배 이하의 것(옥내저장소외의 용도로 사용하는 부분이 있는 건축물에 설치하는 것에 한한다)의 위치·구조 및 설비의 기술기준은 Ⅰ 제3호, 제11호 내지 제17호의 규정에 의하는 외에 다음 각 호의 기준에 의하여야 한다.

1. 옥내저장소는 벽·기둥·바닥 및 보가 내화구조인 건축물의 1층 또는 2층의 어느 하나의 층에 설치하여야 한다.
2. 옥내저장소의 용도에 사용되는 부분의 바닥은 지면보다 높게 설치하고 그 층고를 6m 미만으로 하여야 한다.
3. 옥내저장소의 용도에 사용되는 부분의 바닥면적은 75m^2 이하로 하여야 한다.
4. 옥내저장소의 용도에 사용되는 부분은 벽·기둥·바닥·보 및 지붕(상층이 있는 경우에는 상층의 바닥)을 내화구조로 하고, 출입구외의 개구부가 없는 두께 70mm 이상의 철근콘크리트조 또는 이와 동등 이상의 강도가 있는 구조의 바닥 또는 벽으로 당해 건축물의 다른 부분과 구획되도록 하여야 한다.
5. 옥내저장소의 용도에 사용되는 부분의 출입구에는 수시로 열 수 있는 자동폐쇄방식의 갑종방화문을 설치하여야 한다.
6. 옥내저장소의 용도에 사용되는 부분에는 창을 설치하지 아니하여야 한다.
7. 옥내저장소의 용도에 사용되는 부분의 환기설비 및 배출설비에는 방화상 유효한 댐퍼 등을 설치하여야 한다.

Ⅳ. 소규모 옥내저장소의 특례

1. 지정수량의 50배 이하인 소규모의 옥내저장소중 저장창고의 처마높이가 6m 미만인 것으로서 저장창고가 다음 각목에 정하는 기준에 적합한 것에 대하여는 Ⅰ제1호·제2호 및 제6호 내지 제9호의 규정은 적용하지 아니한다.
   가. 저장창고의 주위에는 다음 표에 정하는 너비의 공지를 보유할 것

저장 또는 취급하는 위험물의 최대수량	공지의 너비
지정수량의 5배 이하	
지정수량의 5배 초과 20배 이하	1m 이상
지정수량의 20배 초과 50배 이하	2m 이상

   나. 하나의 저장창고 바닥면적은 150m^2 이하로 할 것
   다. 저장창고는 벽·기둥·바닥·보 및 지붕을 내화구조로 할 것
   라. 저장창고의 출입구에는 수시로 개방할 수 있는 자동폐쇄방식의 갑종방화문을 설치할 것
   마. 저장창고에는 창을 설치하지 아니할 것
2. 지정수량의 50배 이하인 소규모의 옥내저장소중 저장창고의 처마높이가 6m 이상인 것으로서 저장창고가 제1호 나목 내지 마목의 규정에 의한 기준에 적합한 것에 대하여는 Ⅰ제1호 및 제6호 내지 제9호의 규정은 적용하지 아니한다.

Ⅴ. 고인화점 위험물의 단층건물 옥내저장소의 특례

1. 고인화점 위험물만을 저장 또는 취급하는 단층건물의 옥내저장소중 저장창고의 처마높이가 6m 미만인 것으로서 위치 및 구조가 다음 각목의 규정에 적합한 것은 Ⅰ제1호·제2호·제8호 내지 제10호 및 제16호의 규정은 적용하지 아니한다.
   가. 지정수량의 20배를 초과하는 옥내저장소에 있어서는 별표 4 XI제1호의 규정에 준하여 안전거리를 둘 것
   나. 저장창고의 주위에는 다음 표에 정하는 너비의 공지를 보유할 것

저장 또는 취급하는 위험물의 최대수량	공지의 너비	
	당해 건축물의 벽·기둥 및 바닥이 내화구조로 된 경우	왼쪽란에 정하는 경우외의 경우
20배 이하		0.5m 이상
20배 초과 50배 이하	1m 이상	1.5m 이상
50배 초과 200배 이하	2m 이상	3m 이상
200배 초과	3m 이상	5m 이상

   다. 저장창고는 지붕을 불연재료로 할 것

라. 저장창고의 창 및 출입구에는 방화문 또는 불연재료나 유리로 된 문을 달고, 연소의 우려가 있는 외벽에 두는 출입구에는 수시로 열 수 있는 자동폐쇄방식의 갑종방화문을 설치할 것

마. 저장창고의 연소의 우려가 있는 외벽에 설치하는 출입구에 유리를 이용하는 경우에는 망입유리로 할 것

2. 고인화점 위험물만을 저장 또는 취급하는 단층건물의 옥내저장소중 저장창고의 처마높이가 6m 이상인 것으로서 위치가 제1호가목의 규정에 의한 기준에 적합한 것은 Ⅰ제1호의 규정은 적용하지 아니한다.

Ⅵ. 고인화점 위험물의 다층건물 옥내저장소의 특례

1. 고인화점 위험물만을 저장 또는 취급하는 다층건물의 옥내저장소중 그 위치 및 구조가 다음 각목의 규정에 의한 기준에 적합한 것에 대하여는 Ⅰ제1호·제2호·제8호 내지 제10호 및 제16호와 Ⅱ제3호의 규정은 적용하지 아니한다.

가. Ⅴ제1호 각목의 기준에 적합할 것

나. 저장창고는 벽·기둥·바닥·보 및 계단을 불연재료로 만들고, 연소의 우려가 있는 외벽은 출입구외의 개구부가 없는 내화구조의 벽으로 할 것

Ⅶ. 고인화점 위험물의 소규모 옥내저장소의 특례

1. 고인화점 위험물만을 지정수량의 50배 이하로 저장 또는 취급하는 옥내저장소중 저장창고의 처마높이가 6m 미만인 것으로서 Ⅳ제1호 나목 내지 마목의 규정에 의한 기준에 적합한 것에 대하여는 Ⅰ제1호·제2호 및 제6호 내지 제9호 및 제16호의 규정은 적용하지 아니한다.
2. 고인화점 위험물만을 지정수량의 50배 이하로 저장 또는 취급하는 옥내저장소중 처마높이가 6m 이상인 것으로서 저장창고가 Ⅳ제1호 각목의 규정에 의한 기준에 적합한 것에 대하여는 Ⅰ제1호·제2호·제6호 내지 제9호의 규정은 적용하지 아니한다.

Ⅷ. 위험물의 성질에 따른 옥내저장소의 특례

1. 다음 각목의 1에 해당하는 위험물을 저장 또는 취급하는 옥내저장소에 있어서는 Ⅰ 내지 Ⅳ의 규정에 의하되, 당해 위험물의 성질에 따라 강화되는 기준은 제2호 내지 제4호에 의하여야 한다.

가. 제5류 위험물중 유기과산화물 또는 이를 함유하는 것으로서 지정수량이 10kg인 것(이하 "지정과산화물"이라 한다)

나. 알킬알루미늄등

다. 히드록실아민등

2. 지정과산화물을 저장 또는 취급하는 옥내저장소에 대하여 강화되는 기준은 다음 각목과 같다.
   가. 옥내저장소는 당해 옥내저장소의 외벽으로부터 별표 4 Ⅰ제1호 가목 내지 다목의 규정에 의한 건축물의 외벽 또는 이에 상당하는 공작물의 외측까지의 사이에 부표 1에 정하는 안전거리를 두어야 한다.
   나. 옥내저장소의 저장창고 주위에는 부표 2에 정하는 너비의 공지를 보유하여야 한다. 다만, 2 이상의 옥내저장소를 동일한 부지내에 인접하여 설치하는 때에는 당해 옥내저장소의 상호간 공지의 너비를 동표에 정하는 공지 너비의 3분의 2로 할 수 있다.
   다. 옥내저장소의 저장창고의 기준은 다음과 같다.
      1) 저장창고는 150m^2 이내마다 격벽으로 완전하게 구획할 것. 이 경우 당해 격벽은 두께 30cm 이상의 철근콘크리트조 또는 철골철근콘크리트조로 하거나 두께 40cm 이상의 보강콘크리트블록조로 하고, 당해 저장창고의 양측의 외벽으로부터 1m 이상, 상부의 지붕으로부터 50cm 이상 돌출하게 하여야 한다.
      2) 저장창고의 외벽은 두께 20cm 이상의 철근콘크리트조나 철골철근콘크리트조 또는 두께 30cm 이상의 보강콘크리트블록조로 할 것
      3) 저장창고의 지붕은 다음 각목의 1에 적합할 것
      가) 중도리(서까래 중간을 받치는 수평의 도리) 또는 서까래의 간격은 30㎝ 이하로 할 것
         나) 지붕의 아래쪽 면에는 한 변의 길이가 45㎝ 이하의 환강(丸鋼)·경량형강(輕量形鋼) 등으로 된 강제(鋼製)의 격자를 설치할 것
         다) 지붕의 아래쪽 면에 철망을 쳐서 불연재료의 도리(서까래를 받치기 위해 기둥과 기둥사이에 설치한 부재)·보 또는 서까래에 단단히 결합할 것
         라) 두께 5㎝ 이상, 너비 30㎝ 이상의 목재로 만든 받침대를 설치할 것
      4) 저장창고의 출입구에는 갑종방화문을 설치할 것
      5) 저장창고의 창은 바닥면으로부터 2m 이상의 높이에 두되, 하나의 벽면에 두는 창의 면적의 합계를 당해 벽면의 면적의 80분의 1 이내로 하고, 하나의 창의 면적을 0.4m^2 이내로 할 것
   라. Ⅱ 내지 Ⅳ의 규정은 적용하지 아니한다.
3. 알킬알루미늄등을 저장 또는 취급하는 옥내저장소에 대하여 강화되는 기준은 다음 각목과 같다.
   가. 옥내저장소에는 누설범위를 국한하기 위한 설비 및 누설한 알킬알루미늄등을 안전한 장소에 설치된 조(槽)로 끌어들일 수 있는 설비를 설치하여야 한다.
   나. Ⅱ 내지 Ⅳ의 규정은 적용하지 아니한다.

4. 히드록실아민등을 저장 또는 취급하는 옥내저장소에 대하여 강화되는 기준은 히드록실아민등의 온도의 상승에 의한 위험한 반응을 방지하기 위한 조치를 강구하는 것으로 한다.

Ⅸ. 수출입 하역장소의 옥내저장소의 특례

「관세법」 제154조에 따른 보세구역, 「항만법」 제2조제1호에 따른 항만 또는 같은 조 제7호에 따른 항만배후단지 내에서 수출입을 위한 위험물을 저장 또는 취급하는 옥내저장소 중 Ⅰ(제2호는 제외한다)의 규정에 적합한 것은 다음 표에 정하는 너비의 공지(空地)를 보유할 수 있다.

저장 또는 취급하는 위험물의 최대수량	공지의 너비	
	벽·기둥 및 바닥이 내화구조로 된 건축물	그 밖의 건축물
지정수량의 5배 이하		0.5m 이상
지정수량의 5배 초과 10배 이하	1m 이상	1.5m 이상
지정수량의 10배 초과 20배 이하	2m 이상	3m 이상
지정수량의 20배 초과 50배 이하	3m 이상	3.3m 이상
지정수량의 50배 초과 200배 이하	3.3m 이상	3.5m 이상
지정수량의 200배 초과	3.5m 이상	5m 이상

제30조(옥외탱크저장소의 기준)

법 제5조제4항의 규정에 의한 제조소등의 위치·구조 및 설비의 기준 중 옥외탱크저장소에 관한 것은 별표 6과 같다.

위험물안전관리법 시행규칙 [별표 6] 〈개정 2021. 7. 13.〉

옥외탱크저장소의 위치·구조 및 설비의 기준 (제30조관련)

Ⅰ. 안전거리

옥외저장탱크의 안전거리는 별표 4 Ⅰ을 준용한다.

Ⅱ. 보유공지

1. 옥외저장탱크(위험물을 이송하기 위한 배관 그 밖에 이에 준하는 공작물을 제외한다)의 주위에는 그 저장 또는 취급하는 위험물의 최대수량에 따라 옥외저장탱크의 측면으로부터 다음 표에 의한 너비의 공지를 보유하여야 한다.

저장 또는 취급하는 위험물의 최대수량	공지의 너비
지정수량의 500배 이하	3m 이상
지정수량의 500배 초과 1,000배 이하	5m 이상
지정수량의 1,000배 초과 2,000배 이하	9m 이상
지정수량의 2,000배 초과 3,000배 이하	12m 이상
지정수량의 3,000배 초과 4,000배 이하	15m 이상
지정수량의 4,000배 초과	당해 탱크의 수평단면의 최대지름(가로형인 경우에는 긴 변)과 높이 중 큰 것과 같은 거리 이상. 다만, 30m 초과의 경우에는 30m 이상으로 할 수 있고, 15m 미만의 경우에는 15m 이상으로 하여야 한다.

2. 제6류 위험물 외의 위험물을 저장 또는 취급하는 옥외저장탱크(지정수량의 4,000배를 초과하여 저장 또는 취급하는 옥외저장탱크를 제외한다)를 동일한 방유제안에 2개 이상 인접하여 설치하는 경우 그 인접하는 방향의 보유공지는 제1호의 규정에 의한 보유공지의 3분의 1 이상의 너비로 할 수 있다. 이 경우 보유공지의 너비는 3m 이상이 되어야 한다.
3. 제6류 위험물을 저장 또는 취급하는 옥외저장탱크는 제1호의 규정에 의한 보유공지의 3분의 1 이상의 너비로 할 수 있다. 이 경우 보유공지의 너비는 1.5m 이상이 되어야 한다.
4. 제6류 위험물을 저장 또는 취급하는 옥외저장탱크를 동일구내에 2개 이상 인접하여 설치하는 경우 그 인접하는 방향의 보유공지는 제3호의 규정에 의하여 산출된 너비의 3분의 1 이상의 너비로 할 수 있다. 이 경우 보유공지의 너비는 1.5m 이상이 되어야 한다.
5. 제1호의 규정에도 불구하고 옥외저장탱크(이하 이호에서 "공지단축 옥외저장탱크"라 한다)에 다음 각목의 기준에 적합한 물분무설비로 방호조치를 하는 경우에는 그 보유공지를 제1호의 규정에 의한 보유공지의 2분의 1 이상의 너비(최소 3m 이상)로 할 수 있다. 이 경우 공지단축 옥외저장탱크의 화재시 $1m^2$당 20㎾ 이상의 복사열에 노출되는 표면을 갖는 인접한 옥외저장탱크가 있으면 당해 표면에도 다음 각목의 기준에 적합한 물분무설비로 방호조치를 함께하여야 한다.
   가. 탱크의 표면에 방사하는 물의 양은 탱크의 원주길이 1m에 대하여 분당 37L 이상으로 할 것
   나. 수원의 양은 가목의 규정에 의한 수량으로 20분 이상 방사할 수 있는 수량으로 할 것
   다. 탱크에 보강링이 설치된 경우에는 보강링의 아래에 분무헤드를 설치하되, 분무헤

드는 탱크의 높이 및 구조를 고려하여 분무가 적정하게 이루어 질 수 있도록 배치할 것

라. 물분무소화설비의 설치기준에 준할 것

Ⅲ. 표지 및 게시판

1. 옥외탱크저장소에는 별표 4 Ⅲ제1호의 기준에 따라 보기 쉬운 곳에 "위험물 옥외탱크저장소"라는 표시를 한 표지와 동표 Ⅲ제2호의 기준에 따라 방화에 관하여 필요한 사항을 게시한 게시판을 설치하여야 한다.
2. 탱크의 군(群)에 있어서는 제1호의 표지 및 게시판을 그 의미 전달에 지장이 없는 범위 안에서 보기 쉬운 곳에 일괄하여 설치할 수 있다. 이 경우 게시판과 각 탱크가 대응될 수 있도록 하는 조치를 강구하여야 한다.

Ⅳ. 특정옥외저장탱크의 기초 및 지반

1. 옥외탱크저장소 중 그 저장 또는 취급하는 액체위험물의 최대수량이 100만L 이상의 것(이하 "특정옥외탱크저장소"라 한다)의 옥외저장탱크(이하 "특정옥외저장탱크"라 한다)의 기초 및 지반은 당해 기초 및 지반상에 설치하는 특정옥외저장탱크 및 그 부속설비의 자중, 저장하는 위험물의 중량 등의 하중(이하 "탱크하중"이라 한다)에 의하여 발생하는 응력에 대하여 안전한 것으로 하여야 한다.
2. 기초 및 지반은 다음 각목에 정하는 기준에 적합하여야 한다.
   가. 지반은 암반의 단층, 절토(땅깎기) 및 성토(흙쌓기)걸쳐 있는 등 활동(滑動: 미끄러져 움직임)을 일으킬 우려가 있는 경우가 아닐 것
   나. 지반은 다음 1에 적합할 것
      1) 소방청장이 정하여 고시하는 범위내에 있는 지반이 표준관입시험(標準貫入試驗) 및 평판재하시험(평평한 재하판에 하중을 가하고, 그 하중의 크기와 재하면의 변위 관계를 통해 지반의 지지력 등을 구하는 시험)에 의하여 각각 표준관입시험치가 20 이상 및 평판재하시험값[5㎜ 침하 시의 시험치(K30치)로 한다. 제4호에서 같다]이 1㎥당 100MN 이상의 값일 것
      2) 소방청장이 정하여 고시하는 범위내에 있는 지반이 다음의 기준에 적합할 것
         가) 탱크하중에 대한 지지력 계산에 있어서의 지지력안전율 및 침하량 계산에 있어서의 계산침하량이 소방청장이 정하여 고시하는 값일 것
         나) 기초(소방청장이 정하여 고시하는 것에 한한다. 이하 이 호에서 같다)의 표면으로부터 3m 이내의 기초직하의 지반부분이 기초와 동등 이상의 견고성이 있고, 지표면으로부터의 깊이가 15m까지의 지질(기초의 표면으로부터 3m 이내의 기초직하의 지반부분을 제외한다)이 소방청장이 정하여 고시하는 것

외의 것일 것

다) 점성토(찰기가 있는 흙) 지반은 압밀도시험에서, 사질토(砂質土) 지반은 표준관입시험에서 각각 압밀하중에 대하여 압밀도가 90%[미소한 침하가 장기간 계속되는 경우에는 10일간(이하 이 호에서 "미소침하측정기간"이라 한다) 계속하여 측정한 침하량의 합의 1일당 평균침하량이 침하의 측정을 개시한 날부터 미소침하측정기간의 최종일까지의 총침하량의 0.3% 이하인 때에는 당해 지반에서의 압밀도가 90%인 것으로 본다] 이상 또는 표준관입시험치가 평균 15 이상의 값일 것

3) 1) 또는 2)와 동등 이상의 견고함이 있을 것

다. 지반이 바다, 하천, 호수와 늪 등에 접하고 있는 경우에는 활동에 관하여 소방청장이 정하여 고시하는 안전율이 있을 것

라. 기초는 사질토 또는 이와 동등 이상의 견고성이 있는 것을 이용하여 소방청장이 정하여 고시하는 바에 따라 만드는 것으로서 평판재하시험의 평판재하시험값이 $1m^3$ 당 100MN 이상의 값을 나타내는 것(이하 "성토"라 한다) 또는 이와 동등 이상의 견고함이 있는 것으로 할 것

마. 기초(성토인 것에 한한다. 이하 바목에서 같다)는 그 윗면이 특정옥외저장탱크를 설치하는 장소의 지하수위와 2m 이상의 간격을 확보할 것

바. 기초 또는 기초의 주위에는 소방청장이 정하여 고시하는 바에 따라 당해 기초를 보강하기 위한 조치를 강구할 것

3. 제1호 및 제2호에 규정하는 것외에 기초 및 지반에 관하여 필요한 사항은 소방청장이 정하여 고시한다.

4. 특정옥외저장탱크의 기초 및 지반은 제2호 나목1)의 규정에 의한 표준관입시험 및 평판재하시험, 동목2)다)의 규정에 의한 압밀도시험 또는 표준관입시험, 동호 라목의 규정에 의한 평판재하시험 및 그 밖에 소방청장이 정하여 고시하는 시험을 실시하였을 때 당해 시험과 관련되는 규정에 의한 기준에 적합하여야 한다.

Ⅴ. 준특정옥외저장탱크의 기초 및 지반

1. 옥외탱크저장소중 그 저장 또는 취급하는 액체위험물의 최대수량이 50만L 이상 100만L 미만의 것(이하 "준특정옥외탱크저장소"라 한다)의 옥외저장탱크(이하 "준특정옥외저장탱크"라 한다)의 기초 및 지반은 제2호 및 제3호에서 정하는 바에 따라 견고하게 하여야 한다.
2. 기초 및 지반은 탱크하중에 의하여 발생하는 응력에 대하여 안전한 것으로 하여야 한다.
3. 기초 및 지반은 다음의 각목에 정하는 기준에 적합하여야 한다.

가. 지반은 암반의 단층, 절토 및 성토에 걸쳐 있는 등 활동을 일으킬 우려가 없을 것

나. 지반은 다음의 1에 적합할 것

1) 소방청장이 정하여 고시하는 범위내에 있는 지반이 암반 그 밖의 견고한 것일 것

2) 소방청장이 정하여 고시하는 범위내에 있는 지반이 다음의 기준에 적합할 것

가) 당해 지반에 설치하는 준특정옥외저장탱크의 탱크하중에 대한 지지력 계산에 있어서의 지지력안전율 및 침하량 계산에 있어서의 계산침하량이 소방청장이 정하여 고시하는 값일 것

나) 소방청장이 정하여 고시하는 지질 외의 것일 것(기초가 소방청장이 정하여 고시하는 구조인 경우를 제외한다)

3) 2)와 동등 이상의 견고함이 있을 것

다. 지반이 바다, 하천, 호수와 늪 등에 접하고 있는 경우에는 활동에 관하여 소방청장이 정하여 고시하는 안전율이 있을 것

라. 기초는 사질토 또는 이와 동등 이상의 견고성이 있는 것을 이용하여 소방청장이 정하여 고시하는 바에 따라 만들거나 이와 동등 이상의 견고함이 있는 것으로 할 것

마. 기초(사질토 또는 이와 동등 이상의 견고성이 있는 것을 이용하여 소방청장이 정하여 고시하는 바에 따라 만드는 것에 한한다)는 그 윗면이 준특정옥외저장탱크를 설치하는 장소의 지하수위와 2m 이상의 간격을 확보할 것

4. 제2호 및 제3호에 규정하는 것 외에 기초 및 지반에 관하여 필요한 사항은 소방청장이 정하여 고시한다.

Ⅵ. 옥외저장탱크의 외부구조 및 설비

1. 옥외저장탱크는 특정옥외저장탱크 및 준특정옥외저장탱크 외에는 두께 3.2mm 이상의 강철판 또는 소방청장이 정하여 고시하는 규격에 적합한 재료로, 특정옥외저장탱크 및 준특정옥외저장탱크는 Ⅶ 및 Ⅷ에 의하여 소방청장이 정하여 고시하는 규격에 적합한 강철판 또는 이와 동등 이상의 기계적 성질 및 용접성이 있는 재료로 틈이 없도록 제작하여야 하고, 압력탱크(최대상용압력이 대기압을 초과하는 탱크를 말한다)외의 탱크는 충수시험, 압력탱크는 최대상용압력의 1.5배의 압력으로 10분간 실시하는 수압시험에서 각각 새거나 변형되지 아니하여야 한다.
2. 특정옥외저장탱크의 용접부는 소방청장이 정하여 고시하는 바에 따라 실시하는 방사선투과시험, 진공시험 등의 비파괴시험에 있어서 소방청장이 정하여 고시하는 기준에 적합한 것이어야 한다.
3. 특정옥외저장탱크 및 준특정옥외저장탱크외의 탱크는 다음 각목에 정하는 바에 따라, 특정옥외저장탱크 및 준특정옥외저장탱크는 Ⅶ 및 Ⅷ의 규정에 의한 바에 따라 지진 및 풍압에 견딜 수 있는 구조로 하고 그 기둥은 철근콘크리트조, 철골콘크리트조 그 밖에 이와 동등 이상의 내화성능(불에 견디는 성능)이 있는 것이어야 한다.

가. 지진동에 의한 관성력 또는 풍하중(바람으로 인하여 구조물에 발생하는 하중)에 대한 응력이 옥외저장탱크의 옆판 또는 기둥의 특정한 점에 집중하지 아니하도록 당해 탱크를 견고한 기초 및 지반 위에 고정할 것

나. 가목의 지진동에 의한 관성력 및 풍하중의 계산방법은 소방청장이 정하여 고시하는 바에 의할 것

4. 옥외저장탱크는 위험물의 폭발 등에 의하여 탱크내의 압력이 비정상적으로 상승하는 경우에 내부의 가스 또는 증기를 상부로 방출할 수 있는 구조로 하여야 한다.

5. 옥외저장탱크의 외면에는 녹을 방지하기 위한 도장을 하여야 한다. 다만, 탱크의 재질이 부식의 우려가 없는 스테인레스 강판 등인 경우에는 그러하지 아니하다.

6. 옥외저장탱크의 밑판[애뉼러 판(특정옥외저장탱크의 옆판의 최하단 두께가 15mm를 초과하는 경우, 안지름이 30m를 초과하는 경우 또는 옆판을 고장력강으로 사용하는 경우에 옆판의 직하에 설치하여야 하는 판을 말한다. 이하 같다)을 설치하는 특정옥외저장탱크에 있어서는 애뉼러 판을 포함한다. 이하 이 호에서 같다]을 지반면에 접하게 설치하는 경우에는 다음 각목의 1의 기준에 따라 밑판 외면의 부식을 방지하기 위한 조치를 강구하여야 한다.

가. 탱크의 밑판 아래에 밑판의 부식을 유효하게 방지할 수 있도록 아스팔트샌드 등의 방식재료를 댈 것

나. 탱크의 밑판에 전기방식의 조치를 강구할 것

다. 가목 또는 나목의 규정에 의한 것과 동등 이상으로 밑판의 부식을 방지할 수 있는 조치를 강구할 것

7. 옥외저장탱크중 압력탱크(최대상용압력이 부압 또는 정압 5KPa을 초과하는 탱크를 말한다)외의 탱크(제4류 위험물의 옥외저장탱크에 한한다)에 있어서는 밸브없는 통기관 또는 대기밸브부착 통기관을 다음 각목에 정하는 바에 의하여 설치하여야 하고, 압력탱크에 있어서는 별표 4 Ⅷ제4호의 규정에 의한 안전장치를 설치하여야 한다.

가. 밸브없는 통기관

1) 지름은 30mm 이상일 것

2) 끝부분은 수평면보다 45도 이상 구부려 빗물 등의 침투를 막는 구조로 할 것

3) 가는 눈의 구리망 등으로 인화방지장치를 할 것. 다만, 인화점 70℃ 이상의 위험물만을 해당 위험물의 인화점 미만의 온도로 저장 또는 취급하는 탱크에 설치하는 통기관에 있어서는 그러하지 아니하다.

4) 가연성의 증기를 회수하기 위한 밸브를 통기관에 설치하는 경우에 있어서는 당해 통기관의 밸브는 저장탱크에 위험물을 주입하는 경우를 제외하고는 항상 개방되어 있는 구조로 하는 한편, 폐쇄하였을 경우에 있어서는 10KPa 이하의 압력에서 개방되는 구조로 할 것. 이 경우 개방된 부분의 유효단면적은 777.15㎟ 이

상이어야 한다.

나. 대기밸브부착 통기관

1) 5KPa 이하의 압력차이로 작동할 수 있을 것

2) 가목3)의 기준에 적합할 것

8. 액체위험물의 옥외저장탱크에는 위험물의 양을 자동적으로 표시할 수 있도록 기밀부유식(밀폐되어 부상하는 방식) 계량장치, 증기가 비산하지 아니하는 구조의 부유식 계량장치, 전기압력자동방식이나 방사성동위원소를 이용한 방식에 의한 자동계량장치 또는 유리측정기(Gauge Glass: 수면이나 유면의 높이를 측정하는 유리로 된 기구를 말하며, 금속관으로 보호된 경질유리 등으로 되어 있고 게이지가 파손되었을 때 위험물의 유출을 자동적으로 정지할 수 있는 장치가 되어 있는 것으로 한정한다)를 설치하여야 한다.

9. 액체위험물의 옥외저장탱크의 주입구는 다음 각목의 기준에 의하여야 한다.

가. 화재예방상 지장이 없는 장소에 설치할 것

나. 주입호스 또는 주입관과 결합할 수 있고, 결합하였을 때 위험물이 새지 아니할 것

다. 주입구에는 밸브 또는 뚜껑을 설치할 것

라. 휘발유, 벤젠 그 밖에 정전기에 의한 재해가 발생할 우려가 있는 액체위험물의 옥외저장탱크의 주입구 부근에는 정전기를 유효하게 제거하기 위한 접지전극을 설치할 것

마. 인화점이 21℃ 미만인 위험물의 옥외저장탱크의 주입구에는 보기 쉬운 곳에 다음의 기준에 의한 게시판을 설치할 것. 다만, 소방본부장 또는 소방서장이 화재예방상 당해 게시판을 설치할 필요가 없다고 인정하는 경우에는 그러하지 아니하다.

1) 게시판은 한변이 0.3m 이상, 다른 한변이 0.6m 이상인 직사각형으로 할 것

2) 게시판에는 "옥외저장탱크 주입구"라고 표시하는 것 외에 취급하는 위험물의 유별, 품명 및 별표 4 Ⅲ제2호 라목의 규정에 준하여 주의사항을 표시할 것

3) 게시판은 백색바탕에 흑색문자(별표 4 Ⅲ제2호 라목의 주의사항은 적색문자)로 할 것

바. 주입구 주위에는 새어나온 기름 등 액체가 외부로 유출되지 아니하도록 방유턱을 설치하거나 집유설비 등의 장치를 설치할 것

10. 옥외저장탱크의 펌프설비(펌프 및 이에 부속하는 전동기를 말하며, 당해 펌프 및 전동기를 위한 건축물 그 밖의 공작물을 설치하는 경우에는 당해 공작물을 포함한다. 이하 같다)는 다음 각목에 의하여야 한다.

가. 펌프설비의 주위에는 너비 3m 이상의 공지를 보유할 것. 다만, 방화상 유효한 격벽을 설치하는 경우와 제6류 위험물 또는 지정수량의 10배 이하 위험물의 옥외저장탱크의 펌프설비에 있어서는 그러하지 아니하다.

나. 펌프설비로부터 옥외저장탱크까지의 사이에는 당해 옥외저장탱크의 보유공지 너비

의 3분의 1 이상의 거리를 유지할 것

다. 펌프설비는 견고한 기초 위에 고정할 것

라. 펌프 및 이에 부속하는 전동기를 위한 건축물 그 밖의 공작물(이하 "펌프실"이라 한다)의 벽·기둥·바닥 및 보는 불연재료로 할 것

마. 펌프실의 지붕을 폭발력이 위로 방출될 정도의 가벼운 불연재료로 할 것

바. 펌프실의 창 및 출입구에는 갑종방화문 또는 을종방화문을 설치할 것

사. 펌프실의 창 및 출입구에 유리를 이용하는 경우에는 망입유리로 할 것

아. 펌프실의 바닥의 주위에는 높이 0.2m 이상의 턱을 만들고 바닥은 콘크리트 등 위험물이 스며들지 아니하는 재료로 적당히 경사지게 하여 그 최저부에는 집유설비를 설치할 것

자. 펌프실에는 위험물을 취급하는데 필요한 채광, 조명 및 환기의 설비를 설치할 것

차. 가연성 증기가 체류할 우려가 있는 펌프실에는 그 증기를 옥외의 높은 곳으로 배출하는 설비를 설치할 것

카. 펌프실외의 장소에 설치하는 펌프설비에는 그 직하의 지반면의 주위에 높이 0.15m 이상의 턱을 만들고 당해 지반면은 콘크리트 등 위험물이 스며들지 아니하는 재료로 적당히 경사지게 하여 그 최저부에는 집유설비를 할 것. 이 경우 제4류 위험물(온도 20℃의 물 100g에 용해되는 양이 1g 미만인 것에 한한다)을 취급하는 펌프설비에 있어서는 당해위험물이 직접 배수구에 유입하지 아니하도록 집유설비에 유분리장치를 설치하여야 한다.

타. 인화점이 21℃ 미만인 위험물을 취급하는 펌프설비에는 보기 쉬운 곳에 제9호 마목의 규정에 준하여 "옥외저장탱크 펌프설비"라는 표시를 한 게시판과 방화에 관하여 필요한 사항을 게시한 게시판을 설치할 것. 다만, 소방본부장 또는 소방서장이 화재예방상 당해 게시판을 설치할 필요가 없다고 인정하는 경우에는 그러하지 아니하다.

11. 옥외저장탱크의 밸브는 주강 또는 이와 동등 이상의 기계적 성질이 있는 재료로 되어 있고, 위험물이 새지 아니하여야 한다.

12. 옥외저장탱크의 배수관은 탱크의 옆판에 설치하여야 한다. 다만, 탱크와 배수관과의 결합부분이 지진 등에 의하여 손상을 받을 우려가 없는 방법으로 배수관을 설치하는 경우에는 탱크의 밑판에 설치할 수 있다.

13. 부상지붕이 있는 옥외저장탱크의 옆판 또는 부상지붕에 설치하는 설비는 지진 등에 의하여 부상지붕 또는 옆판에 손상을 주지 아니하게 설치하여야 한다. 다만, 당해 옥외저장탱크에 저장하는 위험물의 안전관리에 필요한 가동(可動)사다리, 회전방지기구, 검척관(檢尺管), 샘플링(sampling)설비 및 이에 부속하는 설비에 있어서는 그러하지 아니하다.

14. 옥외저장탱크의 배관의 위치·구조 및 설비는 제15호의 규정에 의한 것 외에 별표 4 X의 규정에 의한 제조소의 배관의 기준을 준용하여야 한다.
15. 액체위험물을 이송하기 위한 옥외저장탱크의 배관은 지진 등에 의하여 당해 배관과 탱크와의 결합부분에 손상을 주지 아니하게 설치하여야 한다.
16. 옥외저장탱크에 설치하는 전기설비는 전기사업법에 의한 전기설비기술기준에 의하여야 한다.
17. 지정수량의 10배 이상인 옥외탱크저장소(제6류 위험물의 옥외탱크저장소를 제외한다)에는 별표 4 Ⅷ제7호의 규정에 준하여 피뢰침을 설치하여야 한다. 다만, 탱크에 저항이 5Ω 이하인 접지시설을 설치하거나 인근 피뢰설비의 보호범위 내에 들어가는 등 주위의 상황에 따라 안전상 지장이 없는 경우에는 피뢰침을 설치하지 아니할 수 있다.
18. 액체위험물의 옥외저장탱크의 주위에는 Ⅸ의 기준에 따라 위험물이 새었을 경우에 그 유출을 방지하기 위한 방유제를 설치하여야 한다.
19. 제3류 위험물 중 금수성물질(고체에 한한다)의 옥외저장탱크에는 방수성의 불연재료로 만든 피복설비를 설치하여야 한다.
20. 이황화탄소의 옥외저장탱크는 벽 및 바닥의 두께가 0.2m 이상이고 누수가 되지 아니하는 철근콘크리트의 수조에 넣어 보관하여야 한다. 이 경우 보유공지·통기관 및 자동계량장치는 생략할 수 있다.
21. 옥외저장탱크에 부착되는 부속설비[교반기(휘저어 섞는 장치), 밸브, 폼챔버(foam chamber), 화염방지장치, 통기관대기밸브, 비상압력배출장치]는 기술원 또는 소방청장이 정하여 고시하는 국내·외 공인시험기관에서 시험 또는 인증 받은 제품을 사용하여야 한다.

Ⅶ. 특정옥외저장탱크의 구조

1. 특정옥외저장탱크는 주하중(탱크하중, 탱크와 관련되는 내압, 온도변화의 영향 등에 의한 것을 말한다. 이하 같다) 및 종하중(적설하중, 풍하중, 지진의 영향 등에 의한 것을 말한다. 이하 같다)에 의하여 발생하는 응력 및 변형에 대하여 안전한 것으로 하여야 한다.
2. 특정옥외저장탱크의 구조는 다음 각목에 정하는 기준에 적합하여야 한다.
   가. 주하중과 주하중 및 종하중의 조합에 의하여 특정옥외저장탱크의 본체에 발생하는 응력은 소방청장이 정하여 고시하는 허용응력 이하일 것
   나. 특정옥외저장탱크의 보유수평내력(保有水平耐力)은 지진의 영향에 의한 필요보유수평내력(必要保有水平耐力) 이상일 것, 이 경우에 있어서의 보유수평내력 및 필요보수수평내력의 계산방법은 소방청장이 정하여 고시한다.
   다. 옆판, 밑판 및 지붕의 최소두께와 애뉼러 판의 너비(옆판외면에서 바깥으로 연장하는 최소길이, 옆판내면에서 탱크중심부로 연장하는 최소길이를 말한다) 및 최소두

께는 소방청장이 정하여 고시하는 기준에 적합할 것

3. 특정옥외저장탱크의 용접(겹침보수 및 육성보수와 관련되는 것을 제외한다)방법은 다음 각목에 정하는 바에 의한다. 이러한 용접방법은 소방청장이 정하여 고시하는 용접시공방법확인시험의 방법 및 기준에 적합한 것이거나 이와 동등 이상의 것임이 미리 확인되어 있어야 한다.
   가. 옆판의 용접은 다음에 의할 것
      1) 세로이음 및 가로이음은 완전용입 맞대기용접으로 할 것
      2) 옆판의 세로이음은 단을 달리하는 옆판의 각각의 세로이음과 동일선상에 위치하지 아니하도록 할 것. 이 경우 당해 세로이음간의 간격은 서로 접하는 옆판중 두꺼운 쪽 옆판의 5배 이상으로 하여야 한다.
   나. 옆판과 애뉼러 판의(애뉼러 판의 없는 경우에는 밑판)과의 용접은 부분용입 그룹용접 또는 이와 동등 이상의 용접강도가 있는 용접방법으로 용접할 것. 이 경우에 있어서 용접 비드(bead)는 매끄러운 형상을 가져야 한다.
   다. 애뉼러 판과 애뉼러 판은 뒷면에 재료를 댄 맞대기용접으로 하고, 애뉼러 판과 밑판 및 밑판과 밑판의 용접은 뒷면에 재료를 댄 맞대기용접 또는 겹치기용접으로 용접할 것. 이 경우에 애뉼러 판과 밑판의 용접부의 강도 및 밑판과 밑판의 용접부의 강도에 유해한 영향을 주는 흠이 있어서는 아니 된다.
   라. 필렛용접(모서리 용접)의 사이즈(부등사이즈가 되는 경우에는 작은 쪽의 사이즈를 말한다)는 다음 식에 의하여 구한 값으로 할 것

      $t_1 \geq S \geq \sqrt{2t_2}$ (단, $S \geq 4.5$)

      t_1 : 얇은 쪽의 강판의 두께(mm)

      t_2 : 두꺼운 쪽의 강판의 두께(mm)

      S : 사이즈(mm)

4. 제1호 내지 제3호의 규정하는 것 외의 특정옥외저장탱크의 구조에 관하여 필요한 사항은 소방청장이 정하여 고시한다.

Ⅷ. 준특정옥외저장탱크의 구조

1. 준특정옥외저장탱크는 주하중 및 종하중에 의하여 발생하는 응력 및 변형에 대하여 안전한 것으로 하여야 한다.
2. 준특정옥외저장탱크의 구조는 다음 각목에 정하는 기준에 적합하여야 한다.
   가. 두께가 3.2mm 이상일 것
   나. 준특정옥외저장탱크의 옆판에 발생하는 상시의 원주방향인장응력은 소방청장이 정하여 고시하는 허용응력 이하일 것

다. 준특정옥외저장탱크의 옆판에 발생하는 지진시의 축방향압축응력은 소방청장이 정하여 고시하는 허용응력 이하일 것

3. 준특정옥외저장탱크의 보유수평내력은 지진의 영향에 의한 필요보유수평내력 이상이어야 한다. 이 경우에 있어서의 보유수평내력 및 필요보수수평내력의 계산방법은 소방청장이 정하여 고시한다.

4. 제2호 및 제3호에 규정하는 것 외의 준특정옥외저장탱크의 구조에 관하여 필요한 사항은 소방청장이 정하여 고시한다.

Ⅸ. 방유제

1. 인화성액체위험물(이황화탄소를 제외한다)의 옥외탱크저장소의 탱크 주위에는 다음 각 목의 기준에 의하여 방유제를 설치하여야 한다.

가. 방유제의 용량은 방유제안에 설치된 탱크가 하나인 때에는 그 탱크 용량의 110% 이상, 2기 이상인 때에는 그 탱크 중 용량이 최대인 것의 용량의 110% 이상으로 할 것. 이 경우 방유제의 용량은 당해 방유제의 내용적에서 용량이 최대인 탱크 외의 탱크의 방유제 높이 이하 부분의 용적, 당해 방유제내에 있는 모든 탱크의 지반면 이상 부분의 기초의 체적, 간막이 둑의 체적 및 당해 방유제 내에 있는 배관 등의 체적을 뺀 것으로 한다.

나. 방유제는 높이 0.5m 이상 3m 이하, 두께 0.2m 이상, 지하매설깊이 1m 이상으로 할 것. 다만, 방유제와 옥외저장탱크 사이의 지반면 아래에 불침윤성(不浸潤性: 수분 흡수를 막는 성질) 구조물을 설치하는 경우에는 지하매설깊이를 해당 불침윤성 구조물까지로 할 수 있다.

다. 방유제내의 면적은 8만m^2 이하로 할 것

라. 방유제내의 설치하는 옥외저장탱크의 수는 10(방유제내에 설치하는 모든 옥외저장탱크의 용량이 20만L 이하이고, 당해 옥외저장탱크에 저장 또는 취급하는 위험물의 인화점이 70℃ 이상 200℃ 미만인 경우에는 20) 이하로 할 것. 다만, 인화점이 200℃ 이상인 위험물을 저장 또는 취급하는 옥외저장탱크에 있어서는 그러하지 아니하다.

마. 방유제 외면의 2분의 1 이상은 자동차 등이 통행할 수 있는 3m 이상의 노면폭을 확보한 구내도로(옥외저장탱크가 있는 부지내의 도로를 말한다. 이하 같다)에 직접 접하도록 할 것. 다만, 방유제내에 설치하는 옥외저장탱크의 용량합계가 20만L 이하인 경우에는 소화활동에 지장이 없다고 인정되는 3m 이상의 노면폭을 확보한 도로 또는 공지에 접하는 것으로 할 수 있다.

바. 방유제는 옥외저장탱크의 지름에 따라 그 탱크의 옆판으로부터 다음에 정하는 거리를 유지할 것. 다만, 인화점이 200℃ 이상인 위험물을 저장 또는 취급하는 것에 있

어서는 그러하지 아니하다.

1) 지름이 15m 미만인 경우에는 탱크 높이의 3분의 1 이상

2) 지름이 15m 이상인 경우에는 탱크 높이의 2분의 1 이상

사. 방유제는 철근콘크리트로 하고, 방유제와 옥외저장탱크 사이의 지표면은 불연성과 불침윤성이 있는 구조(철근콘크리트 등)로 할 것. 다만, 누출된 위험물을 수용할 수 있는 전용유조(專用油槽) 및 펌프 등의 설비를 갖춘 경우에는 방유제와 옥외저장탱크 사이의 지표면을 흙으로 할 수 있다.

아. 용량이 1,000만L 이상인 옥외저장탱크의 주위에 설치하는 방유제에는 다음의 규정에 따라 당해 탱크마다 간막이 둑을 설치할 것

1) 간막이 둑의 높이는 0.3m(방유제내에 설치되는 옥외저장탱크의 용량의 합계가 2억L를 넘는 방유제에 있어서는 1m)이상으로 하되, 방유제의 높이보다 0.2m 이상 낮게 할 것

2) 간막이 둑은 흙 또는 철근콘크리트로 할 것

3) 간막이 둑의 용량은 간막이 둑안에 설치된 탱크의 용량의 10% 이상일 것

자. 방유제내에는 당해 방유제내에 설치하는 옥외저장탱크를 위한 배관(당해 옥외저장탱크의 소화설비를 위한 배관을 포함한다), 조명설비 및 계기시스템과 이들에 부속하는 설비 그 밖의 안전확보에 지장이 없는 부속설비 외에는 다른 설비를 설치하지 아니할 것

차. 방유제 또는 간막이 둑에는 해당 방유제를 관통하는 배관을 설치하지 아니할 것. 다만, 위험물을 이송하는 배관의 경우에는 배관이 관통하는 지점의 좌우방향으로 각 1m 이상까지의 방유제 또는 간막이 둑의 외면에 두께 0.1m 이상, 지하매설깊이 0.1m 이상의 구조물을 설치하여 방유제 또는 간막이 둑을 이중구조로 하고, 그 사이에 토사를 채운 후, 관통하는 부분을 완충재 등으로 마감하는 방식으로 설치할 수 있다.

카. 방유제에는 그 내부에 고인 물을 외부로 배출하기 위한 배수구를 설치하고 이를 개폐하는 밸브 등을 방유제의 외부에 설치할 것

타. 용량이 100만L 이상인 위험물을 저장하는 옥외저장탱크에 있어서는 카목의 밸브 등에 그 개폐상황을 쉽게 확인할 수 있는 장치를 설치할 것

파. 높이가 1m를 넘는 방유제 및 간막이 둑의 안팎에는 방유제내에 출입하기 위한 계단 또는 경사로를 약 50m마다 설치할 것

하. 용량이 50만리터 이상인 옥외탱크저장소가 해안 또는 강변에 설치되어 방유제 외부로 누출된 위험물이 바다 또는 강으로 유입될 우려가 있는 경우에는 해당 옥외탱크저장소가 설치된 부지 내에 전용유조(專用油槽) 등 누출위험물 수용설비를 설치할 것

2. 제1호 가목·나목·사목 내지 파목의 규정은 인화성이 없는 액체위험물의 옥외저장탱크의 주위에 설치하는 방유제의 기술기준에 대하여 준용한다. 이 경우에 있어서 제1호 가목 중 "110%"는 "100%"로 본다.
3. 그 밖에 방유제의 기술기준에 관하여 필요한 사항은 소방청장이 정하여 고시한다.

X. 고인화점 위험물의 옥외탱크저장소의 특례

고인화점 위험물만을 100℃ 미만의 온도로 저장 또는 취급하는 옥외탱크저장소중 그 위치·구조 및 설비가 다음 각목에 정하는 기준에 적합한 경우에는 Ⅰ·Ⅱ·Ⅵ제3호(기둥과 관련되는 부분에 한한다)·제10호·제17호 및 제18호의 규정은 적용하지 아니한다.

가. 옥외탱크저장소는 별표 4 XI제1호의 규정에 준하여 안전거리를 둘 것

나. 옥외저장탱크(위험물을 이송하기 위한 배관 그 밖에 이에 준하는 공작물을 제외한다)의 주위에 다음의 표에 정하는 너비의 공지를 보유할 것

저장 또는 취급하는 위험물의 최대수량	공지의 너비
지정수량의 2,000배 이하	3m 이상
지정수량의 2,000배 초과 4,000배 이하	5m 이상
지정수량의 4,000배 초과	당해 탱크의 수평단면의 최대지름(가로형인 경우에는 긴 변)과 높이중 큰 것의 3분의 1과 같은 거리 이상. 다만, 5m 미만으로 하여서는 아니 된다.

다. 옥외저장탱크의 기둥은 철근콘크리트조, 철골콘크리트구조 그 밖에 이들과 동등 이상의 내화성능이 있을 것. 다만, 하나의 방유제안에 설치하는 모든 옥외저장탱크가 고인화점 위험물만을 100℃ 미만의 온도로 저장 또는 취급하는 경우에는 기둥을 불연재료로 할 수 있다.

라. 옥외저장탱크의 펌프설비는 Ⅵ제10호(가목·바목 및 사목을 제외한다)의 규정에 준하는 것외에 다음의 기준에 의할 것

1) 펌프설비의 주위에 1m 이상의 너비의 공지를 보유할 것. 다만, 내화구조로 된 방화상 유효한 격벽을 설치하는 경우 또는 지정수량의 10배 이하의 위험물을 저장하는 옥외저장탱크의 펌프설비에 있어서는 그러하지 아니하다.
2) 펌프실의 창 및 출입구에는 갑종방화문 또는 을종방화문을 설치할 것. 다만, 연소의 우려가 없는 외벽에 설치하는 창 및 출입구에는 불연재료 또는 유리로 만든 문을 달 수 있다.
3) 펌프실의 연소의 우려가 있는 외벽에 설치하는 창 및 출입구에 유리를 이용하는 경우는 망입유리를 이용할 것

마. 옥외저장탱크의 주위에는 위험물이 새었을 경우에 그 유출을 방지하기 위한 방유제

를 설치할 것

바. Ⅸ제1호 가목 내지 다목 및 사목 내지 파목의 규정은 마목의 방유제의 기준에 대하여 준용한다. 이 경우에 있어서 동호 가목중 "110%"는 "100%"로 본다.

XI. 위험물의 성질에 따른 옥외탱크저장소의 특례

알킬알루미늄등, 아세트알데히드등 및 히드록실아민등을 저장 또는 취급하는 옥외탱크저장소는 Ⅰ 내지 Ⅸ에 의하는 외에 당해 위험물의 성질에 따라 다음 각호에 정하는 기준에 의하여야 한다.

1. 알킬알루미늄등의 옥외탱크저장소
   가. 옥외저장탱크의 주위에는 누설범위를 국한하기 위한 설비 및 누설된 알킬알루미늄등을 안전한 장소에 설치된 조에 이끌어 들일 수 있는 설비를 설치할 것
   나. 옥외저장탱크에는 불활성의 기체를 봉입하는 장치를 설치할 것
2. 아세트알데히드등의 옥외탱크저장소
   가. 옥외저장탱크의 설비는 동·마그네슘·은·수은 또는 이들을 성분으로 하는 합금으로 만들지 아니할 것
   나. 옥외저장탱크에는 냉각장치 또는 보냉장치, 그리고 연소성 혼합기체의 생성에 의한 폭발을 방지하기 위한 불활성의 기체를 봉입하는 장치를 설치할 것
3. 히드록실아민등의 옥외탱크저장소
   가. 옥외탱크저장소에는 히드록실아민등의 온도의 상승에 의한 위험한 반응을 방지하기 위한 조치를 강구할 것
   나. 옥외탱크저장소에는 철이온 등의 혼입에 의한 위험한 반응을 방지하기 위한 조치를 강구할 것

XII. 지중탱크에 관계된 옥외탱크저장소의 특례

1. 제4류 위험물을 지중탱크에 저장 또는 취급하는 옥외탱크저장소는 Ⅰ 내지 Ⅸ의 기준중 Ⅰ·Ⅱ·Ⅳ·Ⅴ·Ⅵ제1호(충수시험 또는 수압시험에 관한 부분을 제외한다)·제2호·제3호·제5호·제6호·제10호·제12호·제16호 및 제18호의 규정은 적용하지 아니한다.
2. 제1호에 정하는 것외에 다음 각목에 정하는 기준에 적합하여야 한다.
   가. 지중탱크의 옥외탱크저장소는 다음에 정하는 장소와 그 밖에 소방청장이 정하여 고시하는 장소에 설치하지 아니할 것
      1) 급경사지 등으로서 지반붕괴, 산사태 등의 위험이 있는 장소
      2) 융기, 침강 등의 지반변동이 생기고 있거나 지중탱크의 구조에 지장을 미치는 지반변동이 발생할 우려가 있는 장소

나. 지중탱크의 옥외탱크저장소의 위치는 Ⅰ의 규정에 의하는 것외에 당해 옥외탱크저장소가 보유하는 부지의 경계선에서 지중탱크의 지반면의 옆판까지의 사이에, 당해 지중탱크 수평단면의 안지름의 수치에 0.5를 곱하여 얻은 수치(당해 수치가 지중탱크의 밑판표면에서 지반면까지 높이의 수치보다 작은 경우에는 당해 높이의 수치)또는 50m(당해 지중탱크에 저장 또는 취급하는 위험물의 인화점이 21℃ 이상 70℃ 미만의 경우에 있어서는 40m, 70℃ 이상의 경우에 있어서는 30m)중 큰 것과 동일한 거리 이상의 거리를 유지할 것

다. 지중탱크(위험물을 이송하기 위한 배관 그 밖의 이에 준하는 공작물을 제외한다)의 주위에는 당해 지중탱크 수평단면의 안지름의 수치에 0.5를 곱하여 얻은 수치 또는 지중탱크의 밑판표면에서 지반면까지 높이의 수치중 큰 것과 동일한 거리 이상의 너비의 공지를 보유할 것

라. 지중탱크의 지반은 다음에 의할 것

1) 지반은 당해 지반에 설치하는 지중탱크 및 그 부속설비의 자중, 저장하는 위험물의 중량 등의 하중(이하 "지중탱크하중"이라 한다)에 의하여 발생하는 응력에 대하여 안전할 것

2) 지반은 다음에 정하는 기준에 적합할 것

가) 지반은 Ⅳ제2호 가목의 기준에 적합할 것

나) 소방청장이 정하여 고시하는 범위내의 지반은 지중탱크하중에 대한 지지력계산에서의 지지력안전율 및 침하량계산에서의 계산침하량이 소방청장이 정하여 고시하는 수치에 적합하고, Ⅳ제2호 나목2)다)의 기준에 적합할 것

다) 지중탱크 하부의 지반[마목3)에 정하는 양수설비를 설치하는 경우에는 당해 양수설비의 배수층하의 지반]의 표면의 평판재하시험에 있어서 평판재하시험값(극한 지지력의 값으로 한다)이 지중탱크하중에 나)의 안전율을 곱하여 얻은 값 이상의 값일 것

라) 소방청장이 정하여 고시하는 범위내의 지반의 지질이 소방청장이 정하여 고시하는 것외의 것일 것

마) 지반이 바다·하천·호소(湖沼: 호수와 늪)·늪 등에 접하고 있는 경우 또는 인공지반을 조성하는 경우에는 활동과 관련하여 소방청장이 정하여 고시하는 기준에 적합할 것

바) 인공지반에 있어서는 가) 내지 마)에 정하는 것외에 소방청장이 정하여 고시하는 기준에 적합할 것

마. 지중탱크의 구조는 다음에 의할 것

1) 지중탱크는 옆판 및 밑판을 철근콘크리트 또는 프리스트레스트 콘크리트(콘크리트에 미리 압축응력을 주어 인장강도를 높인 것) 만들고 지붕을 강철판으로 만들

며, 옆판 및 밑판의 안쪽에는 누액방지판을 설치하여 틈이 없도록 할 것

2) 지중탱크의 재료는 소방청장이 정하여 고시하는 규격에 적합한 것 또는 이와 동등 이상의 강도 등이 있을 것

3) 지중탱크는 당해 지중탱크 및 그 부속설비의 자중, 저장하는 위험물의 중량, 토압(土壓), 지하수압, 양압력(揚壓力), 콘크리트의 건조수축 및 크립(creep)의 영향, 온도변화의 영향, 지진의 영향 등의 하중에 의하여 발생하는 응력 및 변형에 대해서 안전하게 하고, 유해한 침하 및 부상(浮上)을 일으키지 아니하도록 할 것. 다만, 소방청장이 정하여 고시하는 기준에 적합한 양수설비를 설치하는 경우는 양압력을 고려하지 아니할수 있다.

4) 지중탱크의 구조는 1) 내지 3)에 의하는 외에 다음에 정하는 기준에 적합할 것

가) 하중에 의하여 지중탱크본체(지붕 및 누액방지판을 포함한다)에 발생하는 응력은 소방청장이 정하여 고시하는 허용응력 이하일 것

나) 옆판 및 밑판의 최소두께는 소방청장이 정하여 고시하는 기준에 적합한 것으로 할 것

다) 지붕은 2매판 구조의 부상지붕으로 하고, 그 외면에는 녹 방지를 위한 도장을 하는 동시에 소방청장이 정하여 고시하는 기준에 적합하게 할 것

라) 누액방지판은 소방청장이 정하여 고시하는 바에 따라 강철판으로 만들고, 그 용접부는 소방청장이 정하여 고시하는 바에 따라 실시한 자분탐상시험 등의 시험에 있어서 소방청장이 정하여 고시하는 기준에 적합하도록 한 것

바. 지중탱크의 펌프설비는 다음의 기준에 적합한 것으로 할 것

1) 위험물 중에 설치하는 펌프설비는 그 전동기의 내부에 냉각수를 순환시키는 동시에 금속제의 보호관내에 설치할 것

2) 1)에 해당하지 아니하는 펌프설비는 VI제10호(갱도에 설치하는 것에 있어서는 가목·나목·마목 및 카목을 제외한다)의 규정에 의한 옥외저장탱크의 펌프설비의 기준을 준용할 것

사. 지중탱크에는 당해 지중탱크내의 물을 적절히 배수할 수 있는 설비를 설치할 것

아. 지중탱크의 옥외탱크저장소에 갱도를 설치하는 경우에 있어서는 다음에 의할 것

1) 갱도의 출입구는 지중탱크내의 위험물의 최고액면보다 높은 위치에 설치할 것. 다만, 최고액면을 넘는 위치를 경유하는 경우에 있어서는 그러하지 아니하다.

2) 가연성의 증기가 체류할 우려가 있는 갱도에는 가연성의 증기를 외부에 배출할 수 있는 설비를 설치할 것

자. 지중탱크는 그 주위가 소방청장이 정하여 고시하는 구내도로에 직접 면하도록 설치할 것. 다만, 2기 이상의 지중탱크를 인접하여 설치하는 경우에는 당해 지중탱크 전체가 포위될 수 있도록 하되, 각 탱크의 2 방향 이상이 구내도로에 직접 면하도록

하는 것으로 할 수 있다.

차. 지중탱크의 옥외탱크저장소에는 소방청장이 정하여 고시하는 바에 따라 위험물 또는 가연성 증기의 누설을 자동적으로 검지하는 설비 및 지하수위의 변동을 감시하는 설비를 설치할 것

카. 지중탱크의 옥외탱크저장소에는 소방청장이 정하여 고시하는 바에 따라 지중벽을 설치할 것. 다만, 주위의 지반상황 등에 의하여 누설된 위험물이 확산할 우려가 없는 경우에는 그러하지 아니하다.

3. 제1호 및 제2호에 규정하는 것외에 지중탱크의 옥외탱크저장소에 관한 세부기준은 소방청장이 정하여 고시한다.

XIII. 해상탱크에 관계된 옥외탱크저장소의 특례

1. 원유·등유·경유 또는 중유를 해상탱크에 저장 또는 취급하는 옥외탱크저장소중 해상탱크를 용량 10만L 이하마다 물로 채운 이중의 격벽으로 완전하게 구분하고, 해상탱크의 옆부분 및 밑부분을 물로 채운 이중벽의 구조로 한 것은 I 내지 IX의 규정에 불구하고 제2호 및 제3호의 규정에 의할 수 있다.
2. 제1호의 옥외탱크저장소에 대하여는 II·IV·V·VI제1호 내지 제7호 및 제10호 내지 제18호의 규정은 적용하지 아니한다.
3. 제2호에 정하는 것 외에 해상탱크에 관계된 옥외탱크저장소의 특례는 다음 각목과 같다.

가. 해상탱크의 위치는 다음에 의할 것

1) 해상탱크는 자연적 또는 인공적으로 거의 폐쇄된 평온한 해역에 설치할 것

2) 해상탱크의 위치는 육지, 해저 또는 당해 해상탱크에 관계된 옥외탱크저장소와 관련되는 공작물외의 해양 공작물로부터 당해 해상탱크의 외면까지의 사이에 안전을 확보하는데 필요하다고 인정되는 거리를 유지할 것

나. 해상탱크의 구조는 선박안전법에 정하는 바에 의할 것

다. 해상탱크의 정치(定置)설비는 다음에 의할 것

1) 정치설비는 해상탱크를 안전하게 보존·유지할 수 있도록 배치할 것

2) 정치설비는 당해 정치설비에 작용하는 하중에 의하여 발생하는 응력 및 변형에 대하여 안전한 구조로 할 것

라. 정치설비의 직하의 해저면으로부터 정치설비의 자중 및 정치설비에 작용하는 하중에 의한 응력에 대하여 정치설비를 안전하게 지지하는데 필요한 깊이까지의 지반은 표준관입시험에서의 표준관입시험치가 평균적으로 15 이상의 값을 나타내는 동시에 정치설비의 자중 및 정치설비에 작용하는 하중에 의한 응력에 대하여 안전할 것

마. 해상탱크의 펌프설비는 VI제10호의 규정에 의한 옥외저장탱크의 펌프설비의 기준을 준용하되, 현장상황에 따라 동 규정의 기준에 의하는 것이 곤란한 경우에는 안전

조치를 강구하여 동 규정의 기준 중 일부를 적용하지 아니 할 수 있다.

바. 위험물을 취급하는 배관은 다음의 기준에 의할 것

1) 해상탱크의 배관의 위치·구조 및 설비는 VI제14호의 규정에 의한 옥외저장탱크의 배관의 기준을 준용할 것. 다만, 현장상황에 따라 동 규정의 기준에 의하는 것이 곤란한 경우에는 안전조치를 강구하여 동 규정의 기준 중 일부를 적용하지 아니할 수 있다.

2) 해상탱크에 설치하는 배관과 그 밖의 배관과의 결합부분은 파도 등에 의하여 당해 부분에 손상을 주지 아니하도록 조치할 것

사. 전기설비는 「전기사업법」에 의한 전기설비기술기준의 규정에 의하는 외에, 열 및 부식에 대하여 내구성이 있는 동시에 기후의 변화에 내성이 있을 것

아. 마목 내지 사목의 규정에 불구하고 해상탱크에 설치하는 펌프설비, 배관 및 전기설비(차목에 정하는 설비와 관련되는 전기설비 및 소화설비와 관련되는 전기설비를 제외한다)에 있어서는 「선박안전법」에 정하는 바에 의할 것

자. 해상탱크의 주위에는 위험물이 새었을 경우에 그 유출을 방지하기 위한 방유제(부유식의 것을 포함한다)를 설치할 것

차. 해상탱크에 관계된 옥외탱크저장소에는 위험물 또는 가연성 증기의 누설 또는 위험물의 폭발 등의 재해의 발생 또는 확대를 방지하는 설비를 설치할 것

XIV. 옥외탱크저장소의 충수시험의 특례

옥외탱크저장소의 구조 또는 설비에 관한 변경공사(탱크의 옆판 또는 밑판의 교체공사를 제외한다) 중 탱크본체에 관한 공사를 포함하는 변경공사로서 당해 탱크본체에 관한 공사가 다음 각호(특정옥외탱크저장소 외의 옥외탱크저장소에 있어서는 제1호·제2호·제3호·제5호·제6호 및 제8호)에 정하는 변경공사에 해당하는 경우에는 당해 변경공사에 관계된 옥외탱크저장소에 대하여 VI제1호의 규정(충수시험에 관한 기준과 관련되는 부분에 한한다)은 적용하지 아니한다.

1. 노즐·맨홀 등의 설치공사
2. 노즐·맨홀 등과 관련되는 용접부의 보수공사
3. 지붕에 관련되는 공사[고정지붕식으로 된 옥외탱크저장소에 내부부상지붕(탱크내부 저장물질 위에 떠있는 지붕)을 설치하는 공사를 포함한다]
4. 옆판과 관련되는 겹침보수공사
5. 옆판과 관련되는 육성보수공사(용접부에 대한 열영향이 경미한 것에 한한다)
6. 최대저장높이 이상의 옆판에 관련되는 용접부의 보수공사
7. 애뉼러 판 또는 밑판의 겹침보수공사 중 옆판으로부터 600mm 범위 외의 부분에 관련

된 것으로서 당해 겹침보수부분이 저부면적(애뉼러 판 및 밑판의 면적을 말한다)의 2분의 1 미만인 것

8. 애뉼러 판 또는 밑판에 관한 육성보수공사(용접부에 대한 열영향이 경미한 것에 한한다)
9. 밑판 또는 애뉼러 판이 옆판과 접하는 용접이음부의 겹침보수공사 또는 육성보수공사(용접부에 대한 열영향이 경미한 것에 한한다)

제31조(옥내탱크저장소의 기준)

법 제5조제4항의 규정에 의한 제조소등의 위치·구조 및 설비의 기준 중 옥내탱크저장소에 관한 것은 별표 7과 같다.

위험물안전관리법 시행규칙 [별표 7] 〈개정 2021. 7 13.〉

옥내탱크저장소의 위치 · 구조 및 설비의 기준 (제31조관련)

Ⅰ. 옥내탱크저장소의 기준

1. 옥내탱크저장소(제2호에 정하는 것을 제외한다)의 위치·구조 및 설비의 기술기준은 다음 각목과 같다.
   가. 위험물을 저장 또는 취급하는 옥내탱크(이하 "옥내저장탱크"라 한다)는 단층건축물에 설치된 탱크전용실에 설치할 것
   나. 옥내저장탱크와 탱크전용실의 벽과의 사이 및 옥내저장탱크의 상호간에는 0.5m 이상의 간격을 유지할 것. 다만, 탱크의 점검 및 보수에 지장이 없는 경우에는 그러하지 아니하다.
   다. 옥내탱크저장소에는 별표 4 Ⅲ제1호의 기준에 따라 보기 쉬운 곳에 "위험물 옥내탱크저장소"라는 표시를 한 표지와 동표 Ⅲ제2호의 기준에 따라 방화에 관하여 필요한 사항을 게시한 게시판을 설치하여야 한다.
   라. 옥내저장탱크의 용량(동일한 탱크전용실에 옥내저장탱크를 2 이상 설치하는 경우에는 각 탱크의 용량의 합계를 말한다)은 지정수량의 40배(제4석유류 및 동식물유류 외의 제4류 위험물에 있어서 당해 수량이 20,000L를 초과할 때에는 20,000L) 이하일 것
   마. 옥내저장탱크의 구조는 별표 6 Ⅵ제1호 및 XⅣ의 규정에 의한 옥외저장탱크의 구조의 기준을 준용할 것
   바. 옥내저장탱크의 외면에는 녹을 방지하기 위한 도장을 할 것. 다만, 탱크의 재질이 부식의 우려가 없는 스테인레스 강판 등인 경우에는 그러하지 아니하다.

사. 옥내저장탱크 중 압력탱크(최대상용압력이 부압 또는 정압 5KPa을 초과하는 탱크를 말한다)외의 탱크(제4류 위험물의 옥내저장탱크로 한정한다)에 있어서는 밸브 없는 통기관 또는 대기밸브 부착 통기관을 다음의 기준에 따라 설치하고, 압력탱크에 있어서는 별표 4 Ⅷ제4호에 따른 안전장치를 설치할 것

1) 밸브 없는 통기관

가) 통기관의 끝부분은 건축물의 창·출입구 등의 개구부로부터 1m 이상 떨어진 옥외의 장소에 지면으로부터 4m 이상의 높이로 설치하되, 인화점이 40℃ 미만인 위험물의 탱크에 설치하는 통기관에 있어서는 부지경계선으로부터 1.5m 이상 거리를 둘 것. 다만, 고인화점 위험물만을 100℃ 미만의 온도로 저장 또는 취급하는 탱크에 설치하는 통기관은 그 끝부분을 탱크전용실 내에 설치할 수 있다.

나) 통기관은 가스 등이 체류할 우려가 있는 굴곡이 없도록 할 것

다) 별표 6 Ⅵ제7호가목의 기준에 적합할 것

2) 대기밸브 부착 통기관

가) 1)가) 및 나)의 기준에 적합할 것

나) 별표 6 Ⅵ제7호나목의 기준에 적합할 것

아. 액체위험물의 옥내저장탱크에는 위험물의 양을 자동적으로 표시하는 장치를 설치할 것

자. 액체위험물의 옥내저장탱크의 주입구는 별표 6 Ⅵ 제9호의 규정에 의한 옥외저장탱크의 주입구의 기준을 준용할 것

차. 옥내저장탱크의 펌프설비 중 탱크전용실이 있는 건축물 외의 장소에 설치하는 펌프설비에 있어서는 별표 6 Ⅵ제10호(가목 및 나목을 제외한다)의 규정에 의한 옥외저장탱크의 펌프설비의 기준을 준용하고, 탱크전용실이 있는 건축물에 설치하는 펌프설비에 있어서는 다음의 1에 정하는 바에 의할 것

1) 탱크전용실외의 장소에 설치하는 경우에는 별표 6 Ⅵ제10호 다목 내지 차목 및 타목의 규정에 의할 것, 다만 펌프실의 지붕은 내화구조 또는 불연재료로 할 수 있다.

2) 탱크전용실에 설치하는 경우에는 펌프설비를 견고한 기초 위에 고정시킨다음 그 주위에 불연재료로 된 턱을 탱크전용실의 문턱높이 이상으로 설치할 것. 다만, 펌프설비의 기초를 탱크전용실의 문턱높이 이상으로 하는 경우를 제외한다.

카. 옥내저장탱크의 밸브는 별표 6 Ⅵ제11호의 규정에 의한 옥외저장탱크의 밸브의 기준을 준용할 것

타. 옥내저장탱크의 배수관은 별표 6 Ⅵ제12호의 규정에 의한 옥외저장탱크의 배수관의 기준을 준용할 것

파. 옥내저장탱크의 배관의 위치·구조 및 설비는 하목의 규정에 의하는 외에 별표 4 X의 규정에 의한 제조소의 위험물을 취급하는 배관의 기준을 준용할 것

하. 액체위험물을 이송하기 위한 옥내저장탱크의 배관은 별표 6 Ⅵ제15호의 규정에 의한 옥외저장탱크의 배관의 기준을 준용할 것

거. 탱크전용실은 벽·기둥 및 바닥을 내화구조로 하고, 보를 불연재료로 하며, 연소의 우려가 있는 외벽은 출입구외에는 개구부가 없도록 할 것. 다만, 인화점이 70℃ 이상인 제4류 위험물만의 옥내저장탱크를 설치하는 탱크전용실에 있어서는 연소의 우려가 없는 외벽·기둥 및 바닥을 불연재료로 할 수 있다.

너. 탱크전용실은 지붕을 불연재료로 하고, 천장을 설치하지 아니할 것

더. 탱크전용실의 창 및 출입구에는 갑종방화문 또는 을종방화문을 설치하는 동시에, 연소의 우려가 있는 외벽에 두는 출입구에는 수시로 열 수 있는 자동폐쇄식의 갑종방화문을 설치할 것

러. 탱크전용실의 창 또는 출입구에 유리를 이용하는 경우에는 망입유리로 할 것

머. 액상의 위험물의 옥내저장탱크를 설치하는 탱크전용실의 바닥은 위험물이 침투하지 아니하는 구조로 하고, 적당한 경사를 두는 한편, 집유설비를 설치할 것

버. 탱크전용실의 출입구의 턱의 높이를 당해 탱크전용실내의 옥내저장탱크(옥내저장탱크가 2 이상인 경우에는 최대용량의 탱크)의 용량을 수용할 수 있는 높이 이상으로 하거나 옥내저장탱크로부터 누설된 위험물이 탱크전용실외의 부분으로 유출하지 아니하는 구조로 할 것

서. 탱크전용실의 채광·조명·환기 및 배출의 설비는 별표 5 Ⅰ제14조의 규정에 의한 옥내저장소의 채광·조명·환기 및 배출의 설비의 기준을 준용할 것

어. 전기설비는 「전기사업법」에 의한 전기설비기술기준에 의하여야 한다.

2. 옥내탱크저장소 중 탱크전용실을 단층건물 외의 건축물에 설치하는 것(제2류 위험물 중 황화린·적린 및 덩어리 유황, 제3류 위험물 중 황린, 제6류 위험물 중 질산 및 제4류 위험물 중 인화점이 38℃ 이상인 위험물만을 저장 또는 취급하는 것에 한한다)의 위치·구조 및 설비의 기술기준은 제1호나목·다목·마목· 내지 자목·차목(탱크전용실이 있는 건축물 외의 장소에 설치하는 펌프설비에 관한 기준과 관련되는 부분에 한한다)·카목 내지 하목·머목·서목 및 어목의 규정을 준용하는 외에 다음 각목의 기준에 의하여야 한다.

가. 옥내저장탱크는 탱크전용실에 설치할 것. 이 경우 제2류 위험물 중 황화린·적린 및 덩어리 유황, 제3류 위험물 중 황린, 제6류 위험물 중 질산의 탱크전용실은 건축물의 1층 또는 지하층에 설치하여야 한다.

나. 옥내저장탱크의 주입구 부근에는 당해 옥내저장탱크의 위험물의 양을 표시하는 장치를 설치할 것. 다만, 당해 위험물의 양을 쉽게 확인할 수 있는 경우에는 그러하지 아니하다.

다. 탱크전용실이 있는 건축물에 설치하는 옥내저장탱크의 펌프설비는 다음의 1에 정하는 바에 의할 것

1) 탱크전용실외의 장소에 설치하는 경우에는 다음의 기준에 의할 것

가) 이 펌프실은 벽·기둥·바닥 및 보를 내화구조로 할 것

나) 펌프실은 상층이 있는 경우에 있어서는 상층의 바닥을 내화구조로 하고, 상층이 없는 경우에 있어서는 지붕을 불연재료로 하며. 천장을 설치하지 아니할 것

다) 펌프실에는 창을 설치하지 아니할 것. 다만, 제6류 위험물의 탱크전용실에 있어서는 갑종방화문 또는 을종방화문이 있는 창을 설치할 수 있다.

라) 펌프실의 출입구에는 갑종방화문을 설치할 것. 다만, 제6류 위험물의 탱크전용실에 있어서는 을종방화문을 설치할 수 있다.

마) 펌프실의 환기 및 배출의 설비에는 방화상 유효한 댐퍼 등을 설치할 것

바) 그 밖의 기준은 별표 6 Ⅵ제10호다목·아목 내지 차목 및 타목의 규정을 준용할 것

2) 탱크전용실에 펌프설비를 설치하는 경우에는 견고한 기초 위에 고정한 다음 그 주위에는 불연재료로 된 턱을 0.2m 이상의 높이로 설치하는 등 누설된 위험물이 유출되거나 유입되지 아니하도록 하는 조치를 할 것

라. 탱크전용실은 벽·기둥·바닥 및 보를 내화구조로 할 것

마. 탱크전용실은 상층이 있는 경우에 있어서는 상층의 바닥을 내화구조로 하고, 상층이 없는 경우에 있어서는 지붕을 불연재료로 하며, 천장을 설치하지 아니할 것

바. 탱크전용실에는 창을 설치하지 아니할 것

사. 탱크전용실의 출입구에는 수시로 열 수 있는 자동폐쇄식의 갑종방화문을 설치할 것

아. 탱크전용실의 환기 및 배출의 설비에는 방화상 유효한 댐퍼 등을 설치할 것

자. 탱크전용실의 출입구의 턱의 높이를 당해 탱크전용실내의 옥내저장탱크(옥내저장탱크가 2 이상인 경우에는 모든 탱크)의 용량을 수용할 수 있는 높이 이상으로 하거나 옥내저장탱크로부터 누설된 위험물이 탱크전용실 외의 부분으로 유출하지 아니하는 구조로 할 것

차. 옥내저장탱크의 용량(동일한 탱크전용실에 옥내저장탱크를 2 이상 설치하는 경우에는 각 탱크의 용량의 합계를 말한다)은 1층 이하의 층에 있어서는 지정수량의 40배(제4석유류 및 동식물유류 외의 제4류 위험물에 있어서 당해 수량이 2만L를 초과할 때에는 2만L) 이하, 2층 이상의 층에 있어서는 지정수량의 10배(제4석유류 및 동식물유류 외의 제4류 위험물에 있어서 당해 수량이 5천L를 초과할 때에는 5천L) 이하일 것

Ⅱ. 위험물의 성질에 따른 옥내탱크저장소의 특례

알킬알루미늄등, 아세트알데히드등 및 히드록실아민등을 저장 또는 취급하는 옥내탱크저장소에 있어서는 Ⅰ 제1호의 규정에 의하는 외에 별표 6 Ⅺ 각호의 규정에 의한 알킬알루미늄등의 옥외탱크저장소, 아세트알데히드등의 옥외탱크저장소 및 히드록실아민등의 옥외탱크저장소의 규정을 준용하여야 한다.

제32조(지하탱크저장소의 기준)

법 제5조제4항의 규정에 의한 제조소등의 위치·구조 및 설비의 기준 중 지하탱크저장소에 관한 것은 별표 8과 같다.

위험물안전관리법 시행규칙 [별표 7] 〈개정 2021. 7. 13.〉

지하탱크저장소의 위치 · 구조 및 설비의 기준 (제32조관련)

Ⅰ. 지하탱크저장소의 기준(Ⅱ 및 Ⅲ에 정하는 것을 제외한다)

1. 위험물을 저장 또는 취급하는 지하탱크(이하 Ⅰ, 별표 13 Ⅲ 및 별표 18 Ⅲ에서 "지하저장탱크"라 한다)는 지면하에 설치된 탱크전용실에 설치하여야 한다. 다만, 제4류 위험물의 지하저장탱크가 다음 가목 내지 마목의 기준에 적합한 때에는 그러하지 아니하다.
   가. 당해 탱크를 지하철·지하가 또는 지하터널로부터 수평거리 10m 이내의 장소 또는 지하건축물내의 장소에 설치하지 아니할 것
   나. 당해 탱크를 그 수평투영의 세로 및 가로보다 각각 0.6m 이상 크고 두께가 0.3m 이상인 철근콘크리트조의 뚜껑으로 덮을 것
   다. 뚜껑에 걸리는 중량이 직접 당해 탱크에 걸리지 아니하는 구조일 것
   라. 당해 탱크를 견고한 기초 위에 고정할 것
   마. 당해 탱크를 지하의 가장 가까운 벽·피트·가스관 등의 시설물 및 대지경계선으로부터 0.6m 이상 떨어진 곳에 매설할 것
2. 탱크전용실은 지하의 가장 가까운 벽·피트(pit: 인공지하구조물)·가스관 등의 시설물 및 대지경계선으로부터 0.1m 이상 떨어진 곳에 설치하고, 지하저장탱크와 탱크전용실의 안쪽과의 사이는 0.1m 이상의 간격을 유지하도록 하며, 당해 탱크의 주위에 마른 모래 또는 습기 등에 의하여 응고되지 아니하는 입자지름 5mm 이하의 마른 자갈분을 채워야 한다.
3. 지하저장탱크의 윗부분은 지면으로부터 0.6m 이상 아래에 있어야 한다.
4. 지하저장탱크를 2 이상 인접해 설치하는 경우에는 그 상호간에 1m(당해 2 이상의 지하저장탱크의 용량의 합계가 지정수량의 100배 이하인 때에는 0.5m) 이상의 간격을 유

지하여야 한다. 다만, 그 사이에 탱크전용실의 벽이나 두께 20cm 이상의 콘크리트 구조물이 있는 경우에는 그러하지 아니하다.

5. 지하탱크저장소에는 별표 4 Ⅲ제1호의 기준에 따라 보기 쉬운 곳에 "위험물 지하탱크저장소"라는 표시를 한 표지와 동표 Ⅲ제2호의 기준에 따라 방화에 관하여 필요한 사항을 게시한 게시판을 설치하여야 한다.
6. 지하저장탱크는 용량에 따라 다음 표에 정하는 기준에 적합하게 강철판 또는 동등 이상의 성능이 있는 금속재질로 완전용입용접 또는 양면겹침이음용접으로 틈이 없도록 만드는 동시에, 압력탱크(최대상용압력이 46.7kPa 이상인 탱크를 말한다) 외의 탱크에 있어서는 70kPa의 압력으로, 압력탱크에 있어서는 최대상용압력의 1.5배의 압력으로 각각 10분간 수압시험을 실시하여 새거나 변형되지 아니하여야 한다. 이 경우 수압시험은 소방청장이 정하여 고시하는 기밀시험과 비파괴시험을 동시에 실시하는 방법으로 대신할 수 있다.

탱크용량(단위 ℓ)	탱크의 최대지름(단위 mm)	강철판의 최소두께(단위 mm)
1,000 이하	1,067	3.20
1,000 초과 2,000 이하	1,219	3.20
2,000 초과 4,000 이하	1,625	3.20
4,000 초과 15,000 이하	2,450	4.24
15,000 초과 45,000 이하	3,200	6.10
45,000 초과 75,000 이하	3,657	7.67
75,000 초과 189,000 이하	3,657	9.27
189,000 초과	–	10.00

7. 지하저장탱크의 외면은 다음 각목에 정하는 바에 따라 보호하여야 한다. 다만, 지하저장탱크의 재질이 부식의 우려가 없는 스테인레스 강판 등인 경우에는 방청도장(부식방지도장)을 하지 않을 수 있다.
   가. 탱크전용실에 설치하는 지하저장탱크의 외면은 다음의 1에 해당하는 방법으로 보호할 것
      1) 탱크의 외면에 부식방지도장을 할 것
      2) 탱크의 외면에 부식방지제 및 아스팔트 프라이머(표면의 부식을 방지하기 위한 도장)의 순으로 탱크를 피복하고, 그 표면에 두께가 2cm 이상에 이를 때까지 모르타르를 도장할 것. 이 경우에 있어서 다음에 정하는 기준에 적합하여야 한다.
         가) 아스팔트루핑은 아스팔트루핑(KS F 4902)(35kg)의 규격에 의한 것 이상의 성능이 있을 것
         나) 철망은 와이어라스(KS F 4551)의 규격에 의한 것 이상의 성능이 있을 것

다) 모르타르에는 방수제를 혼합할 것. 다만, 모르타르를 도장한 표면에 방수제를 도장하는 경우에는 그러하지 아니하다.

3) 탱크의 외면에 부식방지도장을 실시하고, 그 표면에 아스팔트 및 아스팔트루핑에 의한 피복을 두께 1cm에 이를때 까지 교대로 실시할 것. 이 경우 아스팔트루핑은 2)가)의 기준에 적합하여야 한다.

4) 탱크의 외면에 프라이머를 도장하고, 그 표면에 복장재를 휘감은 후 에폭시수지 또는 타르에폭시수지에 의한 피복을 탱크의 외면으로부터 두께 2mm 이상에 이를 때까지 실시할 것. 이 경우에 있어서 복장재는 수도용 강관아스팔트도복장방법(KS D 8306)으로 정하는 비닐론클로스 또는 헤시안클래스에 적합하여야 한다.

5) 탱크의 외면에 프라이머를 도장하고, 그 표면에 유리섬유 등을 강화재로한 강화플라스틱에 의한 피복을 두께 3mm 이상에 이를 때까지 실시할 것

나. 탱크전용실 외의 장소에 설치하는 지하저장탱크의 외면은 가목2) 내지 4)의 1에 해당하는 방법으로 보호할 것

8. 지하저장탱크 중 압력탱크(최대상용압력이 부압 또는 정압 5KPa을 초과하는 탱크를 말한다)외의 제4류 위험물의 탱크에 있어서는 밸브 없는 통기관 또는 대기밸브 부착 통기관을 다음 각 목의 구분에 따른 기준에 적합하게 설치하고, 압력탱크에 있어서는 별표 4 Ⅷ제4호에 따른 제조소의 안전장치의 기준을 준용하여야 한다.

가. 밸브 없는 통기관

1) 통기관은 지하저장탱크의 윗부분에 연결할 것

2) 통기관 중 지하의 부분은 그 상부의 지면에 걸리는 중량이 직접 해당 부분에 미치지 아니하도록 보호하고, 해당 통기관의 접합부분(용접, 그 밖의 위험물 누설의 우려가 없다고 인정되는 방법에 의하여 접합된 것은 제외한다)에 대하여는 해당 접합부분의 손상유무를 점검할 수 있는 조치를 할 것

3) 별표 7 Ⅰ제1호사목1)의 기준에 적합할 것

나. 대기밸브 부착 통기관

1) 가목1) 및 2)의 기준에 적합할 것

2) 별표 6 Ⅵ제7호나목의 기준에 적합할 것. 다만, 제4류제1석유류를 저장하는 탱크는 다음의 압력 차이에서 작동하여야 한다.

가) 정압: 0.6kPa 이상 1.5kPa 이하

나) 부압: 1.5kPa 이상 3kPa 이하

3) 별표 7 Ⅰ제1호사목1)가) 및 나)의 기준에 적합할 것

9. 액체위험물의 지하저장탱크에는 위험물의 양을 자동적으로 표시하는 장치 및 계량구를 설치하고, 계량구 직하에 있는 탱크의 밑판에 그 손상을 방지하기 위한 조치를 하여

야 한다.

10. 액체위험물의 지하저장탱크의 주입구는 별표 6 Ⅵ제9호의 규정에 의한 옥외저장탱크의 주입구의 기준을 준용하여 옥외에 설치하여야 한다.

11. 지하저장탱크의 펌프설비는 펌프 및 전동기를 지하저장탱크밖에 설치하는 펌프설비에 있어서는 별표 6 Ⅵ제10호(가목 및 나목을 제외한다)의 규정에 의한 옥외저장탱크의 펌프설비의 기준에 준하여 설치하고, 펌프 또는 전동기를 지하저장탱크안에 설치하는 펌프설비(이하 "액중펌프설비"라 한다)에 있어서는 다음 각목의 기준에 따라 설치하여야 한다.

가. 액중펌프설비의 전동기의 구조는 다음에 정하는 기준에 의할 것

1) 고정자는 위험물에 침투되지 아니하는 수지가 충전된 금속제의 용기에 수납되어 있을 것

2) 운전 중에 고정자가 냉각되는 구조로 할 것

3) 전동기의 내부에 공기가 체류하지 아니하는 구조로 할 것

나. 전동기에 접속되는 전선은 위험물이 침투되지 아니하는 것으로 하고, 직접 위험물에 접하지 아니하도록 보호할 것

다. 액중펌프설비는 체절운전에 의한 전동기의 온도상승을 방지하기 위한 조치가 강구될 것

라. 액중펌프설비는 다음의 경우에 있어서 전동기를 정지하는 조치가 강구될 것

1) 전동기의 온도가 현저하게 상승한 경우

2) 펌프의 흡입구가 노출된 경우

마. 액중펌프설비는 다음에 의하여 설치할 것

1) 액중펌프설비는 지하저장탱크와 플랜지접합으로 할 것

2) 액중펌프설비중 지하저장탱크내에 설치되는 부분은 보호관내에 설치할 것. 다만, 당해 부분이 충분한 강도가 잇는 외장에 의하여 보호되어 있는 경우에 있어서는 그러하지 아니하다.

3) 액중펌프설비중 지하저장탱크의 상부에 설치되는 부분은 위험물의 누설을 점검할 수 있는 조치가 강구된 안전상 필요한 강도가 있는 피트내에 설치할 것

12. 지하저장탱크의 배관은 제13호의 규정에 의한 것외에 별표 4 Ⅹ의 규정에 의한 제조소의 배관의 기준을 준용하여야 한다.

13. 지하저장탱크의 배관은 당해 탱크의 윗부분에 설치하여야 한다. 다만, 제4류 위험물중 제2석유류(인화점이 40℃ 이상인 것에 한한다), 제3석유류, 제4석유류 및 동식물유류의 탱크에 있어서 그 직근에 유효한 제어밸브를 설치한 경우에는 그러하지 아니하다.

14. 지하저장탱크에 설치하는 전기설비는 「전기사업법」에 의한 전기설비기술기준에 의하여야 한다.

15. 지하저장탱크의 주위에는 당해 탱크로부터의 액체위험물의 누설을 검사하기 위한 관을 다음의 각목의 기준에 따라 4개소 이상 적당한 위치에 설치하여야 한다.
   가. 이중관으로 할 것. 다만, 소공이 없는 상부는 단관으로 할 수 있다.
   나. 재료는 금속관 또는 경질합성수지관으로 할 것
   다. 관은 탱크전용실의 바닥 또는 탱크의 기초까지 닿게 할 것
   라. 관의 밑부분으로부터 탱크의 중심 높이까지의 부분에는 소공이 뚫려 있을 것. 다만, 지하수위가 높은 장소에 있어서는 지하수위 높이까지의 부분에 소공이 뚫려 있어야 한다.
   마. 상부는 물이 침투하지 아니하는 구조로 하고, 뚜껑은 검사시에 쉽게 열 수 있도록 할 것
16. 탱크전용실은 벽·바닥 및 뚜껑을 다음 각 목에 정한 기준에 적합한 철근콘크리트구조 또는 이와 동등 이상의 강도가 있는 구조로 설치하여야 한다.
   가. 벽·바닥 및 뚜껑의 두께는 0.3m 이상일 것
   나. 벽·바닥 및 뚜껑의 내부에는 지름 9mm부터 13mm까지의 철근을 가로 및 세로로 5cm부터 20cm까지의 간격으로 배치할 것
   다. 벽·바닥 및 뚜껑의 재료에 수밀(액체가 새지 않도록 밀봉되어 있는 상태)콘크리트를 혼입하거나 벽·바닥 및 뚜껑의 중간에 아스팔트층을 만드는 방법으로 적정한 방수조치를 할 것
17. 지하저장탱크에는 다음 각목의 1에 해당하는 방법으로 과충전을 방지하는 장치를 설치하여야 한다.
   가. 탱크용량을 초과하는 위험물이 주입될 때 자동으로 그 주입구를 폐쇄하거나 위험물의 공급을 자동으로 차단하는 방법
   나. 탱크용량의 90%가 찰 때 경보음을 울리는 방법
18. 지하탱크저장소에는 다음 각목의 기준에 의하여 맨홀을 설치하여야 한다.
   가. 맨홀은 지면까지 올라오지 아니하도록 하되, 가급적 낮게 할 것
   나. 보호틀을 다음 각목에 정하는 기준에 따라 설치할 것
      1) 보호틀을 탱크에 완전히 용접하는 등 보호틀과 탱크를 기밀하게 접합할 것
      2) 보호틀의 뚜껑에 걸리는 하중이 직접 보호틀에 미치지 아니하도록 설치하고, 빗물 등이 침투하지 아니하도록 할 것
   다. 배관이 보호틀을 관통하는 경우에는 당해 부분을 용접하는 등 침수를 방지하는 조치를 할 것

II. 이중벽탱크의 지하탱크저장소의 기준

1. 지하탱크저장소[지하탱크저장소의 외면에 누설을 감지할 수 있는 틈(이하 "감지층"이

라 한다)이 생기도록 강판 또는 강화플라스틱 등으로 피복한 것을 설치하는 지하탱크 저장소에 한한다]의 위치·구조 및 설비의 기술기준은 Ⅰ제3호 내지 제5호·제6호(수압시험과 관련되는 부분에 한한다)·제8호 내지 제14호·제17호·제18호 및 다음 각목의 1의 규정에 의한 기준을 준용하는 외에 Ⅱ에 정하는 바에 의한다.

가. Ⅰ제1호 나목 내지 마목(당해 지하저장탱크를 탱크전용실외의 장소에 설치하는 경우에 한한다)

나. Ⅰ제2호 및 제16호(당해 지하저장탱크를 지반면하에 설치된 탱크전용실에 설치하는 경우에 한한다)

2. 지하저장탱크는 다음 각목의 1 이상의 조치를 하여 지반면하에 설치하여야 한다.

가. 지하저장탱크(제3호 가목의 규정에 의한 재료로 만든 것에 한한다)에 다음에 정하는 바에 따라 강판을 피복하고, 위험물의 누설을 상시 감지하기 위한 설비를 갖출 것

1) 지하저장탱크에 당해 탱크의 저부로부터 위험물의 최고액면을 넘는 부분까지의 외측에 감지층이 생기도록 두께 3.2mm 이상의 강판을 피복할 것

2) 1)의 규정에 따라 피복된 강판과 지하저장탱크 사이의 감지층에는 적당한 액체를 채우고 채워진 액체의 누설을 감지할 수 있는 설비를 갖출 것. 이 경우 감지층에 채워진 액체는 강판의 부식을 방지하는 조치를 강구한 것이어야 한다.

나. 지하저장탱크에 다음에 정하는 바에 따라 강화플라스틱 또는 고밀도폴리에틸렌을 피복하고, 위험물의 누설을 상시 감지하기 위한 설비를 갖출 것

1) 지하저장탱크는 다음에 정하는 바에 따라 피복할 것

가) 제3호 가목에 정하는 재료로 만든 지하저장탱크:당해 탱크의 저부로부터 위험물의 최고액면을 넘는 부분까지의 외측에 감지층이 생기도록 두께 3mm 이상의 유리섬유강화플라스틱 또는 고밀도폴리에틸렌을 피복할 것. 이 경우 유리섬유강화플라스틱 또는 고밀도폴리에틸렌의 휨강도, 인장강도 등은 소방청장이 정하여 고시하는 성능이 있어야 한다.

나) 제3호나목에 정하는 재료로 만든 지하저장탱크 : 당해 탱크의 외측에 감지층이 생기도록 유리섬유강화플라스틱을 피복할 것

2) 1)의 규정에 따라 피복된 강화플라스틱 또는 고밀도폴리에틸렌과 지하저장탱크의 사이의 감지층에는 누설한 위험물을 감지할 수 있는 설비를 갖출 것

3. 지하저장탱크는 다음 각목의 1의 재료로 기밀하게 만들어야 한다.

가. 두께 3.2mm 이상의 강판

나. 저장 또는 취급하는 위험물의 종류에 대응하여 다음 표에 정하는 수지 및 강화재로 만들어진 강화플라스틱

저장 또는 취급하는 위험물의 종류	수지		강화재
	위험물과 접하는 부분	그 밖의 부분	
휘발유(KS M 2612에 규정한 자동차용가솔린), 등유, 경유 또는 중유(KS M 2614에 규정한 것중 1종에 한한다)	KS M 3305(섬유강화프라스틱용 액상불포화폴리에스테르수지)(UP-CM, UP-CE 또는 UP-CEE에 관한 규격에 한한다)에 적합한 수지 또는 이와 동등 이상의 내약품성이 있는 비닐에스테르수지	제2호 나목1)가)에 정하는 수지	제2호 나목1)나)에 정하는 강화재

4. 제3호 나목에 정하는 재료로 만든 지하저장탱크에 제2호 나목에 정하는 조치를 강구한 것(이하 이 호에서 "강화플라스틱제 이중벽탱크"라 한다)은 다음 각목에 정하는 하중이 작용하는 경우에 있어서 변형이 당해 지하저장탱크의 지름의 3% 이하이고, 휨응력(휨변형력)도비(휨응력을 허용휨응력으로 나눈 것을 말한다)의 절대치와 축방향 응력도비(인장응력 또는 압축응력을 허용축방향응력으로 나눈 것을 말한다)의 절대치의 합이 1 이하인 구조이어야 한다. 이 경우 허용응력을 산정하는 때의 안전율은 4 이상의 값으로 한다.
   가. 강화플라스틱제 이중벽탱크의 윗부분이 수면으로부터 0.5m 아래에 있는 경우에 당해 탱크에 작용하는 압력
   나. 탱크의 종류에 대응하여 다음에 정하는 압력의 내수압
   1) 압력탱크(최대상용압력이 46.7KPa 이상인 탱크를 말한다)외의 탱크:70KPa
   2) 압력탱크 : 최대상용압력의 1.5배의 압력
5. 제3호 가목의 규정에 의한 재료로 만든 지하저장탱크 또는 동목의 규정에 의한 재료로 만든 지하저장탱크에 제2호 가목의 규정에 의한 조치를 강구한 것(이하 나목 및 다목에서 "강제이중벽탱크"라 한다)의 외면은 다음 각목에 정하는 바에 따라 보호하여야 한다.
   가. 제3호 가목에 정하는 재료로 만든 지하저장탱크에 제2호 나목에 정하는 조치를 강구한 것의 지하저장탱크의 외면은 제2호 나목1)가)의 규정에 따라 강화플라스틱을 피복한 부분에 있어서는 Ⅰ 제7호 가목1)에 정하는 방법에 따라, 그 밖의 부분에 있어서는 동목5)에 정하는 방법에 따라 보호할 것
   나. 탱크전용실외의 장소에 설치된 강제이중벽탱크의 외면은 Ⅰ 제7호 가목2) 내지 5)에 정하는 어느 하나 이상의 방법에 따라 보호할 것
   다. 탱크전용실에 설치된 강제이중벽탱크의 외면은 Ⅰ 제7호 가목1) 내지 5)에 정하는 어느 하나의 방법에 따라 보호할 것
6. 제1호 내지 제5호의 규정에 의한 기준 외에 이중벽탱크의 구조(재질 및 강도를 포함한다)·성능시험·표시사항·운반 및 설치 등에 관한 기준은 소방청장이 정하여 고시한다.

Ⅲ. 특수누설방지구조의 지하탱크저장소의 기준

지하탱크저장소[지하저장탱크를 위험물의 누설을 방지할 수 있도록 두께 15cm(측방 및 하부에 있어서는 30cm) 이상의 콘크리트로 피복하는 구조로 하여 지면하에 설치하는 것에 한한다]의 위치·구조 및 설비의 기술기준은 Ⅰ 제1호나목 내지 마목·제3호·제5호·제6호·제8호 내지 제15호·제17호 및 제18호의 규정을 준용하는 외에 지하저장탱크의 외면을 Ⅰ 제7호 가목2) 내지 5)의 어느 하나에 해당하는 방법으로 보호하여야 한다.

Ⅳ. 위험물의 성질에 따른 지하탱크저장소의 특례

1. 아세트알데히드등 및 히드록실아민등을 저장 또는 취급하는 지하탱크저장소는 당해 위험물의 성질에 따라 Ⅰ 내지 Ⅲ의 규정에 의한 기준에 의하되, 강화되는 기준은 제2호 및 제3호의 규정에 의하여야 한다.
2. 아세트알데히드등을 저장 또는 취급하는 지하탱크저장소에 대하여 강화되는 기준은 다음 각목과 같다.
   가. Ⅰ 제1호 단서의 규정에 불구하고 지하저장탱크는 지반면하에 설치된 탱크전용실에 설치할 것
   나. 지하저장탱크의 설비는 별표 6 Ⅺ의 규정에 의한 아세트알데히드등의 옥외저장탱크의 설비의 기준을 준용할 것. 다만, 지하저장탱크가 아세트알데히드등의 온도를 적당한 온도로 유지할 수 있는 구조인 경우에는 냉각장치 또는 보냉장치를 설치하지 아니할 수 있다.
3. 히드록실아민등을 저장 또는 취급하는 지하탱크저장소에 대하여 강화되는 기준은 별표 6 Ⅺ의 규정에 의한 히드록실아민등을 저장 또는 취급하는 옥외탱크저장소의 규정을 준용한다.

제33조(간이탱크저장소의 기준)

법 제5조제4항의 규정에 의한 제조소등의 위치·구조 및 설비의 기준 중 간이탱크저장소에 관한 것은 별표 9와 같다.

위험물안전관리법 시행규칙 [별표 9] 〈개정 2021. 7. 13.〉

간이탱크저장소의 위치·구조 및 설비의 기준 (제33조관련)

1. 위험물을 저장 또는 취급하는 간이탱크(이하 Ⅰ, 별표 13 Ⅲ 및 별표 18 Ⅲ에서 "간이저장탱크"라 한다)는 옥외에 설치하여야 한다. 다만, 다음 각목의 기준에 적합한 전용실

안에 설치하는 경우에는 그러하지 아니하다.

가. 전용실의 구조는 별표 7 Ⅰ제1호 거목 및 너목의 규정에 의한 옥내탱크저장소의 탱크전용실의 구조의 기준에 적합할 것

나. 전용실의 창 및 출입구는 별표 7 Ⅰ제1호 더목 및 러목의 규정에 의한 옥내탱크저장소의 창 및 출입구의 기준에 적합할 것

다. 전용실의 바닥은 별표 7 Ⅰ제1호 머목의 규정에 의한 옥내탱크저장소의 탱크전용실의 바닥의 구조의 기준에 적합할 것

라. 전용실의 채광·조명·환기 및 배출의 설비는 별표 5 Ⅰ제14호의 규정에 의한 옥내저장소의 채광·조명·환기 및 배출의 설비의 기준에 적합할 것

2. 하나의 간이탱크저장소에 설치하는 간이저장탱크는 그 수를 3 이하로 하고, 동일한 품질의 위험물의 간이저장탱크를 2 이상 설치하지 아니하여야 한다.
3. 간이탱크저장소에는 별표 4 Ⅲ제1호의 기준에 따라 보기 쉬운 곳에 "위험물 간이탱크저장소"라는 표시를 한 표지와 동표 Ⅲ제2호의 기준에 따라 방화에 관하여 필요한 사항을 게시한 게시판을 설치하여야 한다.
4. 간이저장탱크는 움직이거나 넘어지지 아니하도록 지면 또는 가설대에 고정시키되, 옥외에 설치하는 경우에는 그 탱크의 주위에 너비 1m 이상의 공지를 두고, 전용실안에 설치하는 경우에는 탱크와 전용실의 벽과의 사이에 0.5m 이상의 간격을 유지하여야 한다.
5. 간이저장탱크의 용량은 600L 이하이어야 한다.
6. 간이저장탱크는 두께 3.2mm 이상의 강판으로 흠이 없도록 제작하여야 하며, 70KPa의 압력으로 10분간의 수압시험을 실시하여 새거나 변형되지 아니하여야 한다.
7. 간이저장탱크의 외면에는 녹을 방지하기 위한 도장을 하여야 한다. 다만, 탱크의 재질이 부식의 우려가 없는 스테인레스 강판 등인 경우에는 그러하지 아니하다.
8. 간이저장탱크에는 다음 각 목의 구분에 따른 기준에 적합한 밸브 없는 통기관 또는 대기밸브부착 통기관을 설치하여야 한다.

가. 밸브 없는 통기관

1) 통기관의 지름은 25mm 이상으로 할 것

2) 통기관은 옥외에 설치하되, 그 끝부분의 높이는 지상 1.5m 이상으로 할 것

3) 통기관의 끝부분은 수평면에 대하여 아래로 45° 이상 구부려 빗물 등이 침투하지 아니하도록 할 것

4) 가는 눈의 구리망 등으로 인화방지장치를 할 것. 다만, 인화점 70℃ 이상의 위험물만을 해당 위험물의 인화점 미만의 온도로 저장 또는 취급하는 탱크에 설치하는 통기관에 있어서는 그러하지 아니하다.

나. 대기밸브 부착 통기관

1) 가목2) 및 4)의 기준에 적합할 것

2) 별표 6 Ⅵ제7호나목1)의 기준에 적합할 것

9. 간이저장탱크에 고정주유설비 또는 고정급유설비를 설치하는 경우에는 별표 13Ⅳ의 규정에 의한 고정주유설비 또는 고정급유설비의 기준에 적합하여야 한다.

제34조(이동탱크저장소의 기준)

법 제5조제4항의 규정에 의한 제조소등의 위치·구조 및 설비의 기준 중 이동탱크저장소에 관한 것은 별표 10과 같다.

위험물안전관리법 시행규칙 [별표 10] 〈개정 2021. 7. 13.〉

이동탱크저장소의 위치 · 구조 및 설비의 기준 (제34조관련)

Ⅰ. 상치장소

이동탱크저장소의 상치장소는 다음 각 호의 기준에 적합하여야 한다.

1. 옥외에 있는 상치장소는 화기를 취급하는 장소 또는 인근의 건축물로부터 5m 이상(인근의 건축물이 1층인 경우에는 3m 이상)의 거리를 확보하여야 한다. 다만, 하천의 공지나 수면, 내화구조 또는 불연재료의 담 또는 벽 그 밖에 이와 유사한 것에 접하는 경우를 제외한다.
2. 옥내에 있는 상치장소는 벽·바닥·보·서까래 및 지붕이 내화구조 또는 불연재료로 된 건축물의 1층에 설치하여야 한다.

Ⅱ. 이동저장탱크의 구조

1. 이동저장탱크의 구조는 다음 각목의 기준에 의하여야 한다.
   가. 탱크(맨홀 및 주입관의 뚜껑을 포함한다)는 두께 3.2mm 이상의 강철판 또는 이와 동등 이상의 강도·내식성 및 내열성이 있다고 인정하여 소방청장이 정하여 고시하는 재료 및 구조로 위험물이 새지 아니하게 제작할 것
   나. 압력탱크(최대상용압력이 46.7KPa 이상인 탱크를 말한다) 외의 탱크는 70KPa의 압력으로, 압력탱크는 최대상용압력의 1.5배의 압력으로 각각 10분간의 수압시험을 실시하여 새거나 변형되지 아니할 것. 이 경우 수압시험은 용접부에 대한 비파괴시험과 기밀시험으로 대신할 수 있다.
2. 이동저장탱크는 그 내부에 4,000L 이하마다 3.2mm 이상의 강철판 또는 이와 동등 이상의 강도·내열성 및 내식성이 있는 금속성의 것으로 칸막이를 설치하여야 한다. 다만, 고체인 위험물을 저장하거나 고체인 위험물을 가열하여 액체 상태로 저장하는 경우에는 그러하지 아니하다.

3. 제2호의 규정에 의한 칸막이로 구획된 각 부분마다 맨홀과 다음 각목의 기준에 의한 안전장치 및 방파판을 설치하여야 한다. 다만, 칸막이로 구획된 부분의 용량이 2,000L 미만인 부분에는 방파판을 설치하지 아니할 수 있다.
   가. 안전장치
      상용압력이 20KPa 이하인 탱크에 있어서는 20KPa 이상 24KPa 이하의 압력에서, 상용압력이 20KPa를 초과하는 탱크에 있어서는 상용압력의 1.1배 이하의 압력에서 작동하는 것으로 할 것
   나. 방파판
      1) 두께 1.6mm 이상의 강철판 또는 이와 동등 이상의 강도·내열성 및 내식성이 있는 금속성의 것으로 할 것
      2) 하나의 구획부분에 2개 이상의 방파판을 이동탱크저장소의 진행방향과 평행으로 설치하되, 각 방파판은 그 높이 및 칸막이로부터의 거리를 다르게 할 것
      3) 하나의 구획부분에 설치하는 각 방파판의 면적의 합계는 당해 구획부분의 최대 수직단면적의 50% 이상으로 할 것. 다만, 수직단면이 원형이거나 짧은 지름이 1m 이하의 타원형일 경우에는 40% 이상으로 할 수 있다.
4. 맨홀·주입구 및 안전장치 등이 탱크의 상부에 돌출되어 있는 탱크에 있어서는 다음 각목의 기준에 의하여 부속장치의 손상을 방지하기 위한 측면틀 및 방호틀을 설치하여야 한다. 다만, 피견인자동차에 고정된 탱크에는 측면틀을 설치하지 아니할 수 있다.
   가. 측면틀
      1) 탱크 뒷부분의 입면도에 있어서 측면틀의 최외측과 탱크의 최외측을 연결하는 직선(이하 Ⅱ에서 "최외측선"이라 한다)의 수평면에 대한 내각이 75도 이상이 되도록 하고, 최대수량의 위험물을 저장한 상태에 있을 때의 당해 탱크중량의 중심점과 측면틀의 최외측을 연결하는 직선과 그 중심점을 지나는 직선중 최외측선과 직각을 이루는 직선과의 내각이 35도 이상이 되도록 할 것
      2) 외부로부터 하중에 견딜 수 있는 구조로 할 것
      3) 탱크상부의 네 모퉁이에 당해 탱크의 전단 또는 후단으로부터 각각 1m 이내의 위치에 설치할 것
      4) 측면틀에 걸리는 하중에 의하여 탱크가 손상되지 아니하도록 측면틀의 부착부분에 받침판을 설치할 것
   나. 방호틀
      1) 두께 2.3mm 이상의 강철판 또는 이와 동등 이상의 기계적 성질이 있는 재료로써 산모양의 형상으로 하거나 이와 동등 이상의 강도가 있는 형상으로 할 것
      2) 정상부분은 부속장치보다 50mm 이상 높게 하거나 이와 동등 이상의 성능이 있는 것으로 할 것

5. 탱크의 외면에는 부식방지도장을 하여야 한다. 다만, 탱크의 재질이 부식의 우려가 없는 스테인레스 강판 등인 경우에는 그러하지 아니하다.

Ⅲ. 배출밸브 및 폐쇄장치

1. 이동저장탱크의 아랫부분에 배출구를 설치하는 경우에는 당해 탱크의 배출구에 밸브(이하 Ⅲ에서 "배출밸브"라 한다)를 설치하고 비상시에 직접 당해 배출밸브를 폐쇄할 수 있는 수동폐쇄장치 또는 자동폐쇄장치를 설치하여야 한다.
2. 제1호에 따른 수동폐쇄장치를 설치하는 경우에는 수동폐쇄장치를 작동시킬 수 있는 레버 또는 이와 유사한 기능을 하는 것을 설치하고, 그 바로 옆에 해당 장치의 작동방식을 표시하여야 한다. 이 경우 레버를 설치하는 경우에는 다음 각 목의 기준에 따라 설치하여야 한다.

가. 손으로 잡아당겨 수동폐쇄장치를 작동시킬 수 있도록 할 것

나. 길이는 15cm 이상으로 할 것

3. 제1호의 규정에 의하여 배출밸브를 설치하는 경우, 그 배출밸브에 대하여 외부로부터의 충격으로 인한 손상을 방지하기 위하여 필요한 장치를 하여야 한다.
4. 탱크의 배관이 끝부분에는 개폐밸브를 설치하여야 한다.

Ⅳ. 결합금속구 등

1. 액체위험물의 이동탱크저장소의 주입호스(이동저장탱크로부터 위험물을 저장 또는 취급하는 다른 탱크로 위험물을 공급하는 호스를 말한다. 제2호 및 제3호에서 같다)는 위험물을 저장 또는 취급하는 탱크의 주입구와 결합할 수 있는 금속구를 사용하되, 그 결합금속구(제6류 위험물의 탱크의 것을 제외한다)는 놋쇠 그 밖에 마찰 등에 의하여 불꽃이 생기지 아니하는 재료로 하여야 한다.
2. 제1호의 규정에 의한 주입호스의 재질과 규격 및 결합금속구의 규격은 소방청장이 정하여 고시한다.
3. 이동탱크저장소에 주입설비(주입호스의 끝부분에 개폐밸브를 설치한 것을 말한다)를 설치하는 경우에는 다음 각목의 기준에 의하여야 한다.
   가. 위험물이 샐 우려가 없고 화재예방상 안전한 구조로 할 것
   나. 주입설비의 길이는 50m 이내로 하고, 그 끝부분에 축적되는 정전기를 유효하게 제거할 수 있는 장치를 할 것
   다. 분당 토출(배출)량은 200L 이하로 할 것

Ⅴ. 표지 및 상치장소 표시

1. 이동탱크저장소에는 소방청장이 정하여 고시하는 바에 따라 저장하는 위험물의 위험

성을 알리는 표지를 설치하여야 한다.

2. 이동탱크저장소의 탱크외부에는 소방청장이 정하여 고시하는 바에 따라 도장 등을 하여 쉽게 식별할 수 있도록 하고, 보기 쉬운 곳에 Ⅰ의 규정에 의한 상치장소의 위치를 표시하여야 한다.

Ⅵ. 펌프설비

1. 이동탱크저장소에 설치하는 펌프설비는 당해 이동탱크저장소의 차량구동용엔진(피견인식 이동탱크저장소의 견인부분에 설치된 것은 제외한다)의 동력원을 이용하여 위험물을 이송하여야 한다. 다만, 다음 각목의 기준에 의하여 외부로부터 전원을 공급받는 방식의 모터펌프를 설치할 수 있다.
   가. 저장 또는 취급가능한 위험물은 인화점 40℃ 이상의 것 또는 비인화성의 것에 한할 것
   나. 화재예방상 지장이 없는 위치에 고정하여 설치할 것
2. 피견인식 이동탱크저장소의 견인부분에 설치된 차량구동용 엔진의 동력원을 이용하여 위험물을 이송하는 경우에는 다음 각목의 기준에 적합하여야 한다.
   가. 견인부분에 작동유탱크 및 유압펌프를 설치하고, 피견인부분에 오일모터 및 펌프를 설치할 것
   나. 트랜스미션(Transmission)으로부터 동력전동축을 경유하여 견인부분의 유압펌프를 작동시키고 그 유압에 의하여 피견인부분의 오일모터를 경유하여 펌프를 작동시키는 구조일 것
3. 이동탱크저장소에 설치하는 펌프설비는 당해 이동저장탱크로부터 위험물을 배출하는 용도에 한한다. 다만, 폐유의 회수 등의 용도에 사용되는 이동탱크저장소에는 다음의 각목의 기준에 의하여 진공흡입방식의 펌프를 설치할 수 있다.
   가. 저장 또는 취급가능한 위험물은 인화점이 70℃ 이상인 폐유 또는 비인화성의 것에 한할 것
   나. 감압장치의 배관 및 배관의 이음은 금속제일 것. 다만, 완충용이음은 내압 및 내유성이 있는 고무제품을, 배기통의 최상부는 합성수지제품을 사용할 수 있다.
   다. 호스 끝부분에는 돌 등의 고형물이 혼입되지 아니하도록 망 등을 설치할 것
   라. 이동저장탱크로부터 위험물을 다른 저장소로 옮겨 담는 경우에는 당해 저장소의 펌프 또는 자연하류의 방식에 의하는 구조일 것

Ⅶ. 접지도선

제4류 .위험물중 특수인화물, 제1석유류 또는 제2석유류의 이동탱크저장소에는 다음의 각호의 기준에 의하여 접지도선을 설치하여야 한다.

1. 양도체(良導體)의 도선에 비닐 등의 전열(電熱)차단재료로 피복하여 끝부분에 접지전극등을 결착시킬 수 있는 클립(clip) 등을 부착할 것
2. 도선이 손상되지 아니하도록 도선을 수납할 수 있는 장치를 부착할 것

Ⅷ. 컨테이너식 이동탱크저장소의 특례

1. 이동저장탱크를 차량 등에 옮겨 싣는 구조로 된 이동탱크저장소(이하 "컨테이너식 이동탱크저장소"라 한다)에 대하여는 Ⅳ의 규정을 적용하지 아니하되, 다음 각목의 기준에 적합하여야 한다.
   가. 이동저장탱크는 옮겨 싣는 때에 이동저장탱크하중에 의하여 생기는 응력 및 변형에 대하여 안전한 구조로 할 것
   나. 컨테이너식 이동탱크저장소에는 이동저장탱크하중의 4배의 전단하중에 견디는 걸고리체결금속구 및 모서리체결금속구를 설치할 것. 다만, 용량이 6,000L 이하인 이동저장탱크를 싣는 이동탱크저장소의 경우에는 이동저장탱크를 차량의 섀시프레임(차대 고정틀)에 체결하도록 만든 구조의 유(U)자볼트를 설치할 수 있다.
   다. 컨테이너식 이동탱크저장소에 주입호스를 설치하는 경우에는 Ⅳ의 기준에 의할 것
2. 다음 각목의 기준에 적합한 이동저장탱크로 된 컨테이너식 이동탱크저장소에 대하여는 Ⅱ제2호 내지 제4호의 규정을 적용하지 아니한다.
   가. 이동저장탱크 및 부속장치(맨홀·주입구 및 안전장치 등을 말한다)는 강재로 된 상자형태의 틀(이하 "상자틀"이라 한다)에 수납할 것
   나. 상자틀의 구조물중 이동저장탱크의 이동방향과 평행한 것과 수직인 것은 당해 이동저장탱크·부속장치 및 상자틀의 자중과 저장하는 위험물의 무게를 합한 하중(이하 "이동저장탱크하중"이라 한다)의 2배 이상의 하중에, 그 외 이동저장탱크의 이동방향과 직각인 것은 이동저장탱크하중 이상의 하중에 각각 견딜 수 있는 강도가 있는 구조로 할 것
   다. 이동저장탱크·맨홀 및 주입구의 뚜껑은 두께 6mm[당해 탱크의 지름 또는 장축(긴 지름)이 1.8m 이하인 것은 5mm] 이상의 강판 또는 이와 동등 이상의 기계적 성질이 있는 재료로 할 것
   라. 이동저장탱크에 칸막이를 설치하는 경우에는 당해 탱크의 내부를 완전히 구획하는 구조로 하고, 두께 3.2mm 이상의 강판 또는 이와 동등 이상의 기계적 성질이 있는 재료로 할 것
   마. 이동저장탱크에는 맨홀 및 안전장치를 할 것
   바. 부속장치는 상자틀의 최외측과 50mm 이상의 간격을 유지할 것
3. 컨테이너식 이동탱크저장소에 대하여는 Ⅴ제2호를 적용하지 아니하되, 이동저장탱크의 보기 쉬운 곳에 가로 0.4m 이상, 세로 0.15m 이상의 백색 바탕에 흑색 문자로 허가

청의 명칭 및 완공검사번호를 표시하여야 한다.

Ⅸ. 주유탱크차의 특례

1. 항공기주유취급소(별표 13 Ⅹ의 규정에 의한 항공기주유취급소를 말한다. 이하 같다)에 있어서 항공기의 연료탱크에 직접 주유하기 위한 주유설비를 갖춘 이동탱크저장소(이하 "주유탱크차"라 한다)에 대하여는 Ⅳ의 규정을 적용하지 아니하되, 다음 각목의 기준에 적합하여야 한다.
   가. 주유탱크차에는 엔진배기통의 끝부분에 화염의 분출을 방지하는 장치를 설치할 것
   나. 주유탱크차에는 주유호스 등이 적정하게 격납되지 아니하면 발진되지 아니하는 장치를 설치할 것
   다. 주유설비는 다음의 기준에 적합한 구조로 할 것
      1) 배관은 금속제로서 최대상용압력의 1.5배 이상의 압력으로 10분간 수압시험을 실시하였을 때 누설 그 밖의 이상이 없는 것으로 할 것
      2) 주유호스의 끝부분에 설치하는 밸브는 위험물의 누설을 방지할 수 있는 구조로 할 것
      3) 외장은 난연성이 있는 재료로 할 것
   라. 주유설비에는 당해 주유설비의 펌프기기를 정지하는 등의 방법에 의하여 이동저장탱크로부터의 위험물 이송을 긴급히 정지할 수 있는 장치를 설치할 것
   마. 주유설비에는 개방조작시에만 개방하는 자동폐쇄식의 개폐장치를 설치하고, 주유호스의 끝부분에는 연료탱크의 주입구에 연결하는 결합금속구를 설치할 것. 다만, 주유호스의 끝부분에 수동개폐장치를 설치한 주유노즐(수동개폐장치를 개방상태에서 고정하는 장치를 설치한 것을 제외한다)을 설치한 경우에는 그러하지 아니하다.
   바. 주유설비에는 주유호스의 끝부분에 축적된 정전기를 유효하게 제거하는 장치를 설치할 것
   사. 주유호스는 최대상용압력의 2배 이상의 압력으로 수압시험을 실시하여 누설 그 밖의 이상이 없는 것으로 할 것
2. 공항에서 시속 40km 이하로 운행하도록 된 주유탱크차에는 Ⅱ제2호와 제3호(방파판에 관한 부분으로 한정한다)의 규정을 적용하지 아니하되, 다음 각 목의 기준에 적합하여야 한다.
   가. 이동저장탱크는 그 내부에 길이 1.5m 이하 또는 부피 4천L 이하마다 3.2mm 이상의 강철판 또는 이와 같은 수준 이상의 강도·내열성 및 내식성이 있는 금속성의 것으로 칸막이를 설치할 것
   나. 가목에 따른 칸막이에 구멍을 낼 수 있되, 그 지름이 40cm 이내 일 것

Ⅹ. 위험물의 성질에 따른 이동탱크저장소의 특례

1. 알킬알루미늄등을 저장 또는 취급하는 이동탱크저장소는 Ⅰ 내지 Ⅷ의 규정에 의한 기준에 의하되, 당해 위험물의 성질에 따라 강화되는 기준은 다음 각 목에 의하여야 한다.
   가. Ⅱ제1호의 규정에 불구하고 이동저장탱크는 두께 10mm 이상의 강판 또는 이와 동등 이상의 기계적 성질이 있는 재료로 기밀하게 제작되고 1MPa 이상의 압력으로 10분간 실시하는 수압시험에서 새거나 변형하지 아니하는 것일 것
   나. 이동저장탱크의 용량은 1,900L 미만일 것
   다. Ⅱ제3호 가목의 규정에 불구하고, 안전장치는 이동저장탱크의 수압시험의 압력의 3분의 2를 초과하고 5분의 4를 넘지 아니하는 범위의 압력으로 작동할 것
   라. Ⅱ제1호 가목의 규정에 불구하고, 이동저장탱크의 맨홀 및 주입구의 뚜껑은 두께 10mm 이상의 강판 또는 이와 동등 이상의 기계적 성질이 있는 재료로 할 것
   마. Ⅲ제1호의 규정에 불구하고, 이동저장탱크의 배관 및 밸브 등은 당해 탱크의 윗부분에 설치할 것
   바. Ⅷ제1호 나목의 규정에 불구하고, 이동탱크저장소에는 이동저장탱크하중의 4배의 전단하중에 견딜 수 있는 걸고리체결금속구 및 모서리체결금속구를 설치할 것
   사. 이동저장탱크는 불활성의 기체를 봉입할 수 있는 구조로 할 것
   아. 이동저장탱크는 그 외면을 적색으로 도장하는 한편, 백색문자로서 동판(胴板)의 양측면 및 경판(동체의 양 끝부분에 부착하는 판)에 별표 4 Ⅲ제2호 라목의 규정에 의한 주의사항을 표시할 것
2. 아세트알데히드등을 저장 또는 취급하는 이동탱크저장소는 Ⅰ 내지 Ⅷ의 규정에 의하되, 당해 위험물의 성질에 따라 강화되는 기준은 다음 각목에 의하여야 한다.
   가. 이동저장탱크는 불활성의 기체를 봉입할 수 있는 구조로 할 것
   나. 이동저장탱크 및 그 설비는 은·수은·동·마그네슘 또는 이들을 성분으로 하는 합금으로 만들지 아니할 것
3. 히드록실아민등을 저장 또는 취급하는 이동탱크저장소는 Ⅰ 내지 Ⅷ의 규정에 의하되, 강화되는 기준은 별표 6 Ⅺ제3호의 규정에 의한 히드록실아민등을 저장 또는 취급하는 옥외탱크저장소의 규정을 준용하여야 한다.

제35조(옥외저장소의 기준)

법 제5조제4항의 규정에 의한 제조소등의 위치·구조 및 설비의 기준 중 옥외저장소에 관한 것은 별표 11과 같다.

위험물안전관리법 시행규칙 [별표 11]

옥외저장소의 위치·구조 및 설비의 기준 (제35조관련)

Ⅰ. 옥외저장소의 기준

1. 옥외저장소 중 위험물을 용기에 수납하여 저장 또는 취급하는 것의 위치·구조 및 설비의 기술기준은 다음 각목과 같다.

가. 옥외저장소는 별표 4 Ⅰ의 규정에 준하여 안전거리를 둘 것

나. 옥외저장소는 습기가 없고 배수가 잘 되는 장소에 설치할 것

다. 위험물을 저장 또는 취급하는 장소의 주위에는 경계표시(울타리의 기능이 있는 것에 한한다. 이와 같다)를 하여 명확하게 구분할 것

라. 다목의 경계표시의 주위에는 그 저장 또는 취급하는 위험물의 최대수량에 따라 다음 표에 의한 너비의 공지를 보유할 것. 다만, 제4류 위험물 중 제4석유류와 제6류 위험물을 저장 또는 취급하는 옥외저장소의 보유공지는 다음 표에 의한 공지의 너비의 3분의 1 이상의 너비로 할 수 있다.

저장 또는 취급하는 위험물의 최대수량	공지의 너비
지정수량의 10배 이하	3m 이상
지정수량의 10배 초과 20배 이하	5m 이상
지정수량의 20배 초과 50배 이하	9m 이상

마. 옥외저장소에는 별표 4 Ⅲ제1호의 기준에 따라 보기 쉬운 곳에 "위험물 옥외저장소"라는 표시를 한 표지와 동표 Ⅲ제2호의 기준에 따라 방화에 관하여 필요한 사항을 게시한 게시판을 설치하여야 한다.

바. 옥외저장소에 선반을 설치하는 경우에는 다음의 기준에 의할 것

1) 선반은 불연재료로 만들고 견고한 지반면에 고정할 것

2) 선반은 당해 선반 및 그 부속설비의 자중·저장하는 위험물의 중량·풍하중·지진의 영향 등에 의하여 생기는 응력에 대하여 안전할 것

3) 선반의 높이는 6m를 초과하지 아니할 것

4) 선반에는 위험물을 수납한 용기가 쉽게 낙하하지 아니하는 조치를 강구할 것

사. 과산화수소 또는 과염소산을 저장하는 옥외저장소에는 불연성 또는 난연성의 천막 등을 설치하여 햇빛을 가릴 것

아. 눈·비 등을 피하거나 차광 등을 위하여 옥외저장소에 캐노피 또는 지붕을 설치하는 경우에는 환기 및 소화활동에 지장을 주지 아니하는 구조로 할 것. 이 경우 기둥은 내화구조로 하고, 캐노피 또는 지붕을 불연재료로 하며, 벽을 설치하지 아니하여야 한다.

2. 옥외저장소 중 덩어리 상태의 유황만을 지반면에 설치한 경계표시의 안쪽에서 저장 또는 취급하는 것(제1호에 정하는 것을 제외한다)의 위치·구조 및 설비의 기술기준은 제1호 각목의 기준 및 다음 각목과 같다.
   가. 하나의 경계표시의 내부의 면적은 $100m^2$ 이하일 것
   나. 2 이상의 경계표시를 설치하는 경우에 있어서는 각각의 경계표시 내부의 면적을 합산한 면적은 $1,000m^2$ 이하로 하고, 인접하는 경계표시와 경계표시와의 간격을 제1호 라목의 규정에 의한 공지의 너비의 2분의 1 이상으로 할 것. 다만, 저장 또는 취급하는 위험물의 최대수량이 지정수량의 200배 이상인 경우에는 10m 이상으로 하여야 한다.
   다. 경계표시는 불연재료로 만드는 동시에 유황이 새지 아니하는 구조로 할 것
   라. 경계표시의 높이는 1.5m 이하로 할 것
   마. 경계표시에는 유황이 넘치거나 비산하는 것을 방지하기 위한 천막 등을 고정하는 장치를 설치하되, 천막 등을 고정하는 장치는 경계표시의 길이 2m마다 한 개 이상 설치할 것
   바. 유황을 저장 또는 취급하는 장소의 주위에는 배수구와 분리장치를 설치할 것

Ⅱ. 고인화점 위험물의 옥외저장소의 특례

1. 고인화점 위험물만을 저장 또는 취급하는 옥외저장소 중 그 위치가 다음 각목에 정하는 기준에 적합한 것에 대하여는 Ⅰ 제1호 가목 및 라목의 규정을 적용하지 아니한다.
   가. 옥외저장소는 별표 4 XI제1호의 규정에 준하여 안전거리를 둘 것
   나. Ⅰ 제1호 다목의 경계표시의 주위에는 다음 표에 정하는 너비의 공지를 보유할 것

저장 또는 취급하는 위험물의 최대수량	공지의 너비
지정수량의 50배 이하	3m 이상
지정수량의 50배 초과 200배 이하	6m 이상
지정수량의 200배 초과	10m 이상

Ⅲ. 인화성고체, 제1석유류 또는 알코올류의 옥외저장소의 특례

제2류 위험물 중 인화성고체(인화점이 21℃ 미만인 것에 한한다. 이하 Ⅲ에서 같다) 또는 제4류 위험물 중 제1석유류 또는 알코올류를 저장 또는 취급하는 옥외저장소에 있어서는 Ⅰ 제1호의 규정에 의한 기준에 의하는 외에 당해 위험물의 성질에 따라 다음 각호에 정하는 기준에 의한다.

1. 인화성고체, 제1석유류 또는 알코올류를 저장 또는 취급하는 장소에는 당해 위험물을 적당한 온도로 유지하기 위한 살수설비 등을 설치하여야 한다.

2. 제1석유류 또는 알코올류를 저장 또는 취급하는 장소의 주위에는 배수구 및 집유설비를 설치하여야 한다. 이 경우 제1석유류(온도 20℃의 물 100g에 용해되는 양이 1g 미만인 것에 한한다)를 저장 또는 취급하는 장소에 있어서는 집유설비에 유분리장치를 설치하여야 한다.

Ⅳ. 수출입 하역장소의 옥외저장소의 특례

「관세법」 제154조에 따른 보세구역, 「항만법」 제2조제1호에 따른 항만 또는 같은 조 제7호에 따른 항만배후단지 내에서 수출입을 위한 위험물을 저장 또는 취급하는 옥외저장소 중 Ⅰ 제1호(라목은 제외한다)의 규정에 적합한 것은 다음 표에 정하는 너비의 공지(空地)를 보유할 수 있다.

저장 또는 취급하는 위험물의 최대수량	공지의 너비
지정수량의 50배 이하	3m 이상
지정수량의 50배 초과 200배 이하	4m 이상
지정수량의 200배 초과	5m 이상

제36조(암반탱크저장소의 기준)

법 제5조제4항의 규정에 의한 제조소등의 위치·구조 및 설비의 기준 중 암반탱크저장소에 관한 것은 별표 12와 같다.

위험물안전관리법 시행규칙 [별표 11] 〈개정 2021. 7. 13.〉

암반탱크저장소의 위치 · 구조 및 설비의 기준(제36조관련)

Ⅰ. 암반탱크

1. 암반탱크저장소의 암반탱크는 다음 각목의 기준에 의하여 설치하여야 한다.
   가. 암반탱크는 암반투수계수가 1초당 10만분의 1m 이하인 천연암반내에 설치할 것
   나. 암반탱크는 저장할 위험물의 증기압을 억제할 수 있는 지하수면하에 설치할 것
   다. 암반탱크의 내벽은 암반균열에 의한 낙반(落磐: 갱내 천장이나 벽의 암석이 떨어지는 것)을 방지할 수 있도록 볼트·콘크리크 등으로 보강할 것
2. 암반탱크는 다음 각목의 기준에 적합한 수리조건을 갖추어야 한다.
   가. 암반탱크내로 유입되는 지하수의 양은 암반내의 지하수 충전량보다 적을 것
   나. 암반탱크의 상부로 물을 주입하여 수압을 유지할 필요가 있는 경우에는 수벽공을 설치할 것

다. 암반탱크에 가해지는 지하수압은 저장소의 최대운영압보다 항상 크게 유지할 것

Ⅱ. 지하수위 관측공의 설치

암반탱크저장소 주위에는 지하수위 및 지하수의 흐름 등을 확인·통제할 수 있는 관측공을 설치하여야 한다.

Ⅲ. 계량장치

암반탱크저장소에는 위험물의 양과 내부로 유입되는 지하수의 양을 측정할 수 있는 계량구와 자동측정이 가능한 계량장치를 설치하여야 한다.

Ⅳ. 배수시설

암반탱크저장소에는 주변 암반으로부터 유입되는 침출수를 자동으로 배출할 수 있는 시설을 설치하고 침출수에 섞인 위험물이 직접 배수구로 흘러 들어가지 아니하도록 유분리장치를 설치하여야 한다.

Ⅴ. 펌프설비

암반탱크저장소의 펌프설비는 점검 및 보수를 위하여 사람의 출입이 용이한 구조의 전용공동에 설치하여야 한다. 다만, 액중펌프(펌프 또는 전동기를 저장탱크 또는 암반탱크안에 설치하는 것을 말한다. 이하 같다)를 설치한 경우에는 그러하지 아니하다.

Ⅵ. 위험물제조소 및 옥외탱크저장소에 관한 기준의 준용

1. 암반탱크저장소에는 별표 4 Ⅲ제1호의 기준에 따라 보기 쉬운 곳에 "위험물 암반탱크 저장소"라는 표시를 한 표지와 동표 Ⅲ제2호의 기준에 따라 방화에 관하여 필요한 사항을 게시한 게시판을 설치하여야 한다.
2. 별표 4 Ⅷ제4호·제6호, 동표 Ⅹ 및 별표 6 Ⅵ제9호의 규정은 암반탱크저장소의 압력계·안전장치, 정전기 제거설비, 배관 및 주입구의 설치에 관하여 이를 준용한다.

제37조(주유취급소의 기준)

법 제5조제4항의 규정에 의한 제조소등의 위치·구조 및 설비의 기준 중 주유취급소에 관한 것은 별표 13과 같다.

위험물안전관리법 시행규칙 [별표 13] 〈개정 2021. 7. 13.〉

주유취급소의 위치·구조 및 설비의 기준 (제37조관련)

Ⅰ. 주유공지 및 급유공지

1. 주유취급소의 고정주유설비[펌프기기 및 호스기기로 되어 위험물을 자동차등에 직접 주유하기 위한 설비로서 현수식(매닮식)의 것을 포함한다. 이하 같다)의 주위에는 주유를 받으려는 자동차 등이 출입할 수 있도록 너비 15m 이상, 길이 6m 이상의 콘크리트 등으로 포장한 공지(이하 "주유공지"라 한다)를 보유하여야 하고, 고정급유설비(펌프기기 및 호스기기로 되어 위험물을 용기에 옮겨 담거나 이동저장탱크에 주입하기 위한 설비로서 현수식의 것을 포함한다. 이하 같다)를 설치하는 경우에는 고정급유설비의 호스기기의 주위에 필요한 공지(이하 "급유공지"라 한다)를 보유하여야 한다.
2. 제1호의 규정에 의한 공지의 바닥은 주위 지면보다 높게 하고, 그 표면을 적당하게 경사지게 하여 새어나온 기름 그 밖의 액체가 공지의 외부로 유출되지 아니하도록 배수구·집유설비 및 유분리장치를 하여야 한다.

Ⅱ. 표지 및 게시판

주유취급소에는 별표 4 Ⅲ제1호의 기준에 준하여 보기 쉬운 곳에 "위험물 주유취급소"라는 표시를 한 표지, 동표 Ⅲ제2호의 기준에 준하여 방화에 관하여 필요한 사항을 게시한 게시판 및 황색바탕에 흑색문자로 "주유중엔진정지"라는 표시를 한 게시판을 설치하여야 한다.

Ⅲ. 탱크

1. 주유취급소에는 다음 각목의 탱크 외에는 위험물을 저장 또는 취급하는 탱크를 설치할 수 없다. 다만, 별표 10 Ⅰ의 규정에 의한 이동탱크저장소의 상시주차장소를 주유공지 또는 급유공지 외의 장소에 확보하여 이동탱크저장소(당해주유취급소의 위험물의 저장 또는 취급에 관계된 것에 한한다)를 설치하는 경우에는 그러하지 아니하다.
   가. 자동차 등에 주유하기 위한 고정주유설비에 직접 접속하는 전용탱크로서 50,000L 이하의 것
   나. 고정급유설비에 직접 접속하는 전용탱크로서 50,000L 이하의 것
   다. 보일러 등에 직접 접속하는 전용탱크로서 10,000L 이하의 것
   라. 자동차 등을 점검·정비하는 작업장 등(주유취급소안에 설치된 것에 한한다)에서 사용하는 폐유·윤활유 등의 위험물을 저장하는 탱크로서 용량(2 이상 설치하는 경우에는 각 용량의 합계를 말한다)이 2,000L 이하인 탱크(이하 "폐유탱크등"이라 한다)

마. 고정주유설비 또는 고정급유설비에 직접 접속하는 3기 이하의 간이탱크. 다만, 「국토의 계획 및 이용에 관한 법률」에 의한 방화지구안에 위치하는 주유취급소의 경우를 제외한다.

2. 제1호가목 내지 라목의 규정에 의한 탱크(다목 및 라목의 규정에 의한 탱크는 용량이 1,000L를 초과하는 것에 한한다)는 옥외의 지하 또는 캐노피 아래의 지하(캐노피 기둥의 하부를 제외한다)에 매설하여야 한다.

3. 제Ⅰ호의 규정에 의하여 설치하는 전용탱크·폐유탱크등 또는 간이탱크의 위치·구조 및 설비의 기준은 다음 각목과 같다.

가. 지하에 매설하는 전용탱크 또는 폐유탱크등의 위치·구조 및 설비는 별표 8 Ⅰ[제5호·제10호(게시판에 관한 부분에 한한다)·제11호(액중펌프설비에 관한 부분을 제외한다)·제14호 및 용량 10,000L를 넘는 탱크를 설치하는 경우에 있어서는 제1호 단서를 제외한다]·별표 8 Ⅱ[별표 8 Ⅰ제5호·제10호(게시판에 관한 부분에 한한다)·제11호(액중펌프설비에 관한 부분을 제외한다)·제14호를 제외한다] 또는 별표 8 Ⅲ[별표 8 Ⅰ제5호·제10호(게시판에 관한 부분에 한한다)·제11호(액중펌프설비에 관한 부분을 제외한다)·제14호를 제외한다]의 규정에 의한 지하저장탱크의 위치·구조 및 설비의 기준을 준용할 것

나. 지하에 매설하지 아니하는 폐유탱크등의 위치·구조 및 설비는 별표 7 Ⅰ(제1호 다목을 제외한다)의 규정에 의한 옥내저장탱크의 위치·구조·설비 또는 시·도의 조례에 정하는 지정수량 미만인 탱크의 위치·구조 및 설비의 기준을 준용할 것

다. 간이탱크의 구조 및 설비는 별표 9 제4호 내지 제8호의 규정에 의한 간이저장탱크의 구조 및 설비의 기준을 준용하되, 자동차 등과 충돌할 우려가 없도록 설치할 것

Ⅳ. 고정주유설비 등

1. 주유취급소에는 자동차 등의 연료탱크에 직접 주유하기 위한 고정주유설비를 설치하여야 한다.

2. 주유취급소의 고정주유설비 또는 고정급유설비는 Ⅲ제1호 가목·나목 또는 마목의 규정에 의한 탱크중 하나의 탱크만으로부터 위험물을 공급받을 수 있도록 하고, 다음 각목의 기준에 적합한 구조로 하여야 한다.

가. 펌프기기는 주유관 끝부분에서의 최대배출량이 제1석유류의 경우에는 분당 50L 이하, 경유의 경우에는 분당 180L 이하, 등유의 경우에는 분당 80L 이하인 것으로 할 것. 다만, 이동저장탱크에 주입하기 위한 고정급유설비의 펌프기기는 최대배출량이 분당 300L 이하인 것으로 할 수 있으며, 분당 배출량이 200L 이상인 것의 경우에는 주유설비에 관계된 모든 배관의 안지름을 40mm 이상으로 하여야 한다.

나. 이동저장탱크의 상부를 통하여 주입하는 고정급유설비의 주유관에는 당해 탱크의 밑부분에 달하는 주입관을 설치하고, 그 배출량이 분당 80L를 초과하는 것은 이동저장탱크에 주입하는 용도로만 사용할 것

다. 고정주유설비 또는 고정급유설비는 난연성 재료로 만들어진 외장을 설치할 것. 다만, Ⅸ의 규정에 의한 기준에 적합한 펌프실에 설치하는 펌프기기 또는 액중펌프에 있어서는 그러하지 아니하다.

라. 고정주유설비 또는 고정급유설비의 본체 또는 노즐 손잡이에 주유작업자의 인체에 축적되는 정전기를 유효하게 제거할 수 있는 장치를 설치할 것

3. 고정주유설비 또는 고정급유설비의 주유관의 길이(끝부분의 개폐밸브를 포함한다)는 5m(현수식의 경우에는 지면위 0.5m의 수평면에 수직으로 내려 만나는 점을 중심으로 반경 3m) 이내로 하고 그 끝부분에는 축적된 정전기를 유효하게 제거할 수 있는 장치를 설치하여야 한다.

4. 고정주유설비 또는 고정급유설비는 다음 각목의 기준에 적합한 위치에 설치하여야 한다.

가. 고정주유설비의 중심선을 기점으로 하여 도로경계선까지 4m 이상, 부지경계선·담 및 건축물의 벽까지 2m(개구부가 없는 벽까지는 1m) 이상의 거리를 유지하고, 고정급유설비의 중심선을 기점으로 하여 도로경계선까지 4m 이상, 부지경계선 및 담까지 1m 이상, 건축물의 벽까지 2m(개구부가 없는 벽까지는 1m) 이상의 거리를 유지할 것

나. 고정주유설비와 고정급유설비의 사이에는 4m 이상의 거리를 유지할 것

Ⅴ. 건축물 등의 제한 등

1. 주유취급소에는 주유 또는 그에 부대하는 업무를 위하여 사용되는 다음 각목의 건축물 또는 시설 외에는 다른 건축물 그 밖의 공작물을 설치할 수 없다.

가. 주유 또는 등유·경유를 옮겨 담기 위한 작업장

나. 주유취급소의 업무를 행하기 위한 사무소

다. 자동차 등의 점검 및 간이정비를 위한 작업장

라. 자동차 등의 세정을 위한 작업장

마. 주유취급소에 출입하는 사람을 대상으로 한 점포·휴게음식점 또는 전시장

바. 주유취급소의 관계자가 거주하는 주거시설

사. 전기자동차용 충전설비(전기를 동력원으로 하는 자동차에 직접 전기를 공급하는 설비를 말한다. 이하 같다)

아. 그 밖의 소방청장이 정하여 고시하는 건축물 또는 시설

2. 제1호 각목의 건축물 중 주유취급소의 직원 외의 자가 출입하는 나목·다목 및 마목의 용도에 제공하는 부분의 면적의 합은 1,000m^2를 초과할 수 없다.

3. 다음 각목의 1에 해당하는 주유취급소(이하 "옥내주유취급소"라 한다)는 소방청장이 정하여 고시하는 용도로 사용하는 부분이 없는 건축물(옥내주유취급소에서 발생한 화재를 옥내주유취급소의 용도로 사용하는 부분 외의 부분에 자동적으로 유효하게 알릴 수 있는 자동화재탐지설비 등을 설치한 건축물에 한한다)에 설치할 수 있다.
   가. 건축물안에 설치하는 주유취급소
   나. 캐노피·처마·차양·부연·발코니 및 루버(louver: 통풍이나 빛가림을 위해 폭이 좁은 판을 빗대는 창살)의 수평투영면적이 주유취급소의 공지면적(주유취급소의 부지면적에서 건축물 중 벽 및 바닥으로 구획된 부분의 수평투영면적을 뺀 면적을 말한다)의 3분의 1을 초과하는 주유취급소

Ⅵ. 건축물 등의 구조

1. 주유취급소에 설치하는 건축물 등은 다음 각목의 규정에 의한 위치 및 구조의 기준에 적합하여야 한다.
   가. 건축물, 창 및 출입구의 구조는 다음의 기준에 적합하게 할 것
      1) 건축물의 벽・기둥・바닥・보 및 지붕을 내화구조 또는 불연재료로 할 것. 다만, Ⅴ제2호에 따른 면적의 합이 500m^{2}를 초과하는 경우에는 건축물의 벽을 내화구조로 하여야 한다.
      2) 창 및 출입구(Ⅴ제1호 다목 및 라목의 용도에 사용하는 부분에 설치한 자동차 등의 출입구를 제외한다)에는 방화문 또는 불연재료로 된 문을 설치할 것. 이 경우 Ⅴ제2호에 따른 면적의 합이 500m^{2}를 초과하는 주유취급소로서 하나의 구획실의 면적이 500m^{2}를 초과하거나 2층 이상의 층에 설치하는 경우에는 해당 구획실 또는 해당 층의 2면 이상의 벽에 각각 출입구를 설치하여야 한다.
   나. Ⅴ제1호 바목의 용도에 사용하는 부분은 개구부가 없는 내화구조의 바닥 또는 벽으로 당해 건축물의 다른 부분과 구획하고 주유를 위한 작업장 등 위험물취급장소에 면한 쪽의 벽에는 출입구를 설치하지 아니할 것
   다. 사무실 등의 창 및 출입구에 유리를 사용하는 경우에는 망입유리 또는 강화유리로 할 것. 이 경우 강화유리의 두께는 창에는 8mm 이상, 출입구에는 12mm 이상으로 하여야 한다.
   라. 건축물 중 사무실 그 밖의 화기를 사용하는 곳(Ⅴ제1호 다목 및 라목의 용도에 사용하는 부분을 제외한다)은 누설한 가연성의 증기가 그 내부에 유입되지 아니하도록 다음의 기준에 적합한 구조로 할 것
      1) 출입구는 건축물의 안에서 밖으로 수시로 개방할 수 있는 자동폐쇄식의 것으로 할
      2) 출입구 또는 사이통로의 문턱의 높이를 15cm 이상으로 할 것

3) 높이 1m 이하의 부분에 있는 창 등은 밀폐시킬 것

마. 자동차 등의 점검·정비를 행하는 설비는 다음의 기준에 적합하게 할 것

1) 고정주유설비로부터 4m 이상, 도로경계선으로부터 2m 이상 떨어지게 할 것. 다만, Ⅴ제1호 다목의 규정에 의한 작업장 중 바닥 및 벽으로 구획된 옥내의 작업장에 설치하는 경우에는 그러하지 아니하다.

2) 위험물을 취급하는 설비는 위험물의 누설·넘침 또는 비산을 방지할 수 있는 구조로 할 것

바. 자동차 등의 세정을 행하는 설비는 다음의 기준에 적합하게 할 것

1) 증기세차기를 설치하는 경우에는 그 주위의 불연재료로 된 높이 1m 이상의 담을 설치하고 출입구가 고정주유설비에 면하지 아니하도록 할 것. 이 경우 담은 고정주유설비로부터 4m 이상 떨어지게 하여야 한다.

2) 증기세차기 외의 세차기를 설치하는 경우에는 고정주유설비로부터 4m이상, 도로경계선으로부터 2m 이상 떨어지게 할 것. 다만, Ⅴ제1호 라목의 규정에 의한 작업장 중 바닥 및 벽으로 구획된 옥내의 작업장에 설치하는 경우에는 그러하지 아니하다.

사. 주유원간이대기실은 다음의 기준에 적합할 것

1) 불연재료로 할 것

2) 바퀴가 부착되지 아니한 고정식일 것

3) 차량의 출입 및 주유작업에 장애를 주지 아니하는 위치에 설치할 것

4) 바닥면적이 $2.5m^2$ 이하일 것. 다만, 주유공지 및 급유공지 외의 장소에 설치하는 것은 그러하지 아니하다.

아. 전기자동차용 충전설비는 다음의 기준에 적합할 것

1) 충전기기(충전케이블로 전기자동차에 전기를 직접 공급하는 기기를 말한다. 이하 같다)의 주위에 전기자동차 충전을 위한 전용 공지(주유공지 또는 급유공지 외의 장소를 말하며, 이하 "충전공지"라 한다)를 확보하고, 충전공지 주위를 페인트 등으로 표시하여 그 범위를 알아보기 쉽게 할 것

2) 전기자동차용 충전설비를 Ⅴ. 건축물 등의 제한 등의 제1호 각 목의 건축물 밖에 설치하는 경우 충전공지는 고정주유설비 및 고정급유설비의 주유관을 최대한 펼친 끝 부분에서 1m 이상 떨어지도록 할 것

3) 전기자동차용 충전설비를 Ⅴ. 건축물 등의 제한 등의 제1호 각 목의 건축물 안에 설치하는 경우에는 다음의 기준에 적합할 것

가) 해당 건축물의 1층에 설치할 것

나) 해당 건축물에 가연성 증기가 남아 있을 우려가 없도록 별표 4 Ⅴ 제1호다목에 따른 환기설비 또는 별표 4 Ⅵ에 따른 배출설비를 설치할 것

4) 전기자동차용 충전설비의 전력공급설비[전기자동차에 전원을 공급하기 위한 전기설비로서 전력량계, 인입구(引入口) 배선, 분전반 및 배선용 차단기 등을 말한다]는 다음의 기준에 적합할 것

가) 분전반은 방폭성능을 갖출 것. 다만, 분전반을 고정주유설비(제1석유류를 취급하는 고정주유설비만 해당한다. 이하 이 목에서 같다)의 중심선으로부터 6미터 이상, 전용탱크(제1석유류를 취급하는 전용탱크만 해당한다. 이하 이 목에서 같다) 주입구의 중심선으로부터 4미터 이상, 전용탱크 통기관 끝부분의 중심선으로부터 2미터 이상 거리를 두고 설치하는 경우에는 그러하지 아니하다.

나) 전력량계, 누전차단기 및 배선용 차단기는 분전반 내에 설치할 것

다) 인입구 배선은 지하에 설치할 것

라) 「전기사업법」에 따른 전기설비의 기술기준에 적합할 것

5) 충전기기와 인터페이스[충전기기에서 전기자동차에 전기를 공급하기 위하여 연결하는 커플러(coupler), 인렛(inlet), 케이블 등을 말한다. 이하 같다]는 다음의 기준에 적합할 것

가) 충전기기는 방폭성능을 갖출 것. 다만, 충전설비의 전원공급을 긴급히 차단할 수 있는 장치를 사무소 내부 또는 충전기기 주변에 설치하고, 충전기기를 고정주유설비의 중심선으로부터 6미터 이상, 전용탱크 주입구의 중심선으로부터 4미터 이상, 전용탱크 통기관 끝부분의 중심선으로부터 2미터 이상 거리를 두고 설치하는 경우에는 그러하지 아니하다.

나) 인터페이스의 구성 부품은 「전기용품안전 관리법」에 따른 기준에 적합할 것

6) 충전작업에 필요한 주차장을 설치하는 경우에는 다음의 기준에 적합할 것

가) 주유공지, 급유공지 및 충전공지 외의 장소로서 주유를 위한 자동차 등의 진입·출입에 지장을 주지 않는 장소에 설치할 것

나) 주차장의 주위를 페인트 등으로 표시하여 그 범위를 알아보기 쉽게 할 것

다) 지면에 직접 주차하는 구조로 할 것

2. Ⅴ제3호의 규정에 의한 옥내주유취급소는 제1호의 기준에 의하는 외에 다음 각목에 정하는 기준에 적합한 구조로 하여야 한다.

가. 건축물에서 옥내주유취급소의 용도에 사용하는 부분은 벽·기둥·바닥·보 및 지붕을 내화구조로 하고, 개구부가 없는 내화구조의 바닥 또는 벽으로 당해 건축물의 다른 부분과 구획할 것. 다만, 건축물의 옥내주유취급소의 용도에 사용하는 부분의 상부에 상층이 없는 경우에는 지붕을 불연재료로 할 수 있다.

나. 건축물에서 옥내주유취급소(건축물안에 설치하는 것에 한한다)의 용도에 사용하는 부분의 2 이상의 방면은 자동차 등이 출입하는 측 또는 통풍 및 피난상 필요한

공지에 접하도록 하고 벽을 설치하지 아니할 것

다. 건축물에서 옥내주유취급소의 용도에 사용하는 부분에는 가연성증기가 체류할 우려가 있는 구멍·구덩이 등이 없도록 할 것

라. 건축물에서 옥내주유취급소의 용도에 사용하는 부분에 상층이 있는 경우에는 상층으로의 연소를 방지하기 위하여 다음의 기준에 적합하게 내화구조로 된 캔틸레버를 설치할 것

1) 옥내주유취급소의 용도에 사용하는 부분(고정주유설비와 접하는 방향 및 나목의 규정에 의하여 벽이 개방된 부분에 한한다)의 바로 위층의 바닥에 이어서 1.5m 이상 내어 붙일 것. 다만, 바로 위층의 바닥으로부터 높이 7m 이내에 있는 위층의 외벽에 개구부가 없는 경우에는 그러하지 아니하다.

2) 캔틸레버 끝부분과 위층의 개구부(열지 못하게 만든 방화문과 연소방지상 필요한 조치를 한 것을 제외한다)까지의 사이에는 7m에서 당해 캔틸레버의 내어 붙인 거리를 뺀길이 이상의 거리를 보유할 것

마. 건축물중 옥내주유취급소의 용도에 사용하는 부분외에는 주유를 위한 작업장 등 위험물취급장소와 접하는 외벽에 창(망입유리로 된 붙박이 창을 제외한다) 및 출입구를 설치하지 아니할 것

Ⅶ. 담 또는 벽

1. 주유취급소의 주위에는 자동차 등이 출입하는 쪽외의 부분에 높이 2m 이상의 내화구조 또는 불연재료의 담 또는 벽을 설치하되, 주유취급소의 인근에 연소의 우려가 있는 건축물이 있는 경우에는 소방청장이 정하여 고시하는 바에 따라 방화상 유효한 높이로 하여야 한다.

2. 제1호에도 불구하고 다음 각 목의 기준에 모두 적합한 경우에는 담 또는 벽의 일부분에 방화상 유효한 구조의 유리를 부착할 수 있다.

가. 유리를 부착하는 위치는 주입구, 고정주유설비 및 고정급유설비로부터 4m 이상 거리를 둘 것

나. 유리를 부착하는 방법은 다음의 기준에 모두 적합할 것

1) 주유취급소 내의 지반면으로부터 70cm를 초과하는 부분에 한하여 유리를 부착할 것

2) 하나의 유리판의 가로의 길이는 2m 이내일 것

3) 유리판의 테두리를 금속제의 구조물에 견고하게 고정하고 해당 구조물을 담 또는 벽에 견고하게 부착할 것

4) 유리의 구조는 접합유리(두장의 유리를 두께 0.76mm 이상의 폴리비닐부티랄 필름으로 접합한 구조를 말한다)로 하되, 「유리구획 부분의 내화시험방법(KS F

2845)」에 따라 시험하여 비차열 30분 이상의 방화성능이 인정될 것

다. 유리를 부착하는 범위는 전체의 담 또는 벽의 길이의 10분의 2를 초과하지 아니할 것

Ⅷ. 캐노피

주유취급소에 캐노피를 설치하는 경우에는 다음 각목의 기준에 의하여야 한다.

가. 배관이 캐노피 내부를 통과할 경우에는 1개 이상의 점검구를 설치할 것
나. 캐노피 외부의 점검이 곤란한 장소에 배관을 설치하는 경우에는 용접이음으로 할 것
다. 캐노피 외부의 배관이 일광열의 영향을 받을 우려가 있는 경우에는 단열재로 피복할 것

Ⅸ. 펌프실 등의 구조

주유취급소 펌프실 그 밖에 위험물을 취급하는 실(이하 Ⅸ에서 "펌프실등"이라 한다)을 설치하는 경우에는 다음 각목의 기준에 적합하게 하여야 한다.

가. 바닥은 위험물이 침투하지 아니하는 구조로 하고 적당한 경사를 두어 집유설비를 설치할 것
나. 펌프실등에는 위험물을 취급하는데 필요한 채광·조명 및 환기의 설비를 할 것
다. 가연성 증기가 체류할 우려가 있는 펌프실등에는 그 증기를 옥외에 배출하는 설비를 설치할 것
라. 고정주유설비 또는 고정급유설비중 펌프기기를 호스기기와 분리하여 설치하는 경우에는 펌프실의 출입구를 주유공지 또는 급유공지에 접하도록 하고, 자동폐쇄식의 갑종방화문을 설치할 것
마. 펌프실등에는 별표 4 Ⅲ제1호의 기준에 따라 보기 쉬운 곳에 "위험물 펌프실", "위험물 취급실" 등의 표시를 한 표지와 동표 Ⅲ제2호의 기준에 따라 방화에 관하여 필요한 사항을 게시한 게시판을 설치하여야 한다.
바. 출입구에는 바닥으로부터 0.1m 이상의 턱을 설치할 것

Ⅹ. 항공기주유취급소의 특례

1. 비행장에서 항공기, 비행장에 소속된 차량 등에 주유하는 주유취급소에 대하여는 Ⅰ, Ⅱ, Ⅲ제1호·제2호, Ⅳ제2호·제3호(주유관의 길이에 관한 규정에 한한다), Ⅶ 및 Ⅷ의 규정을 적용하지 아니한다.
2. 제1호에서 규정한 것외의 항공기주유취급소에 대한 특례는 다음 각목과 같다.
   가. 항공기주유취급소에는 항공기 등에 직접 주유하는데 필요한 공지를 보유할 것
   나. 제1호의 규정에 의한 공지는 그 지면을 콘크리트 등으로 포장할 것
   다. 제1호의 규정에 의한 공지에는 누설한 위험물 그 밖의 액체가 공지의 외부로 유출

되지 아니하도록 배수구 및 유분리장치를 설치할 것. 다만, 누설한 위험물 등의 유출을 방지하기 위한 조치를 한 경우에는 그러하지 아니하다.

라. 지하식(호스기기가 지하의 상자에 설치된 형식을 말한다. 이하 같다)의 고정주유설비를 사용하여 주유하는 항공기주유취급소의 경우에는 다음의 기준에 의할 것

1) 호스기기를 설치한 상자에는 적당한 방수조치를 할 것

2) 고정주유설비의 펌프기기와 호스기기를 분리하여 설치한 항공기주유취급소의 경우에는 당해 고정주유설비의 펌프기기를 정지하는 등의 방법에 의하여 위험물저장탱크로부터 위험물의 이송을 긴급히 정지할 수 있는 장치를 설치할 것

마. 연료를 이송하기 위한 배관(이하 "주유배관"이란 한다) 및 당해 주유배관의 끝부분에 접속하는 호스기기를 사용하여 주유하는 항공기주유취급소의 경우에는 다음의 기준에 의할 것

1) 주유배관의 끝부분에는 밸브를 설치할 것

2) 주유배관의 끝부분을 지면 아래의 상자에 설치한 경우에는 당해 상자에 대하여 적당한 방수조치를 할 것

3) 주유배관의 끝부분에 접속하는 호스기기는 누설우려가 없도록 하는 등 화재예방상 안전한 구조로 할 것

4) 주유배관의 끝부분에 접속하는 호스기기에는 주유호스의 끝부분에 축적되는 정전기를 유효하게 제거하는 장치를 설치할 것

5) 항공기주유취급소에는 펌프기기를 정지하는 등의 방법에 의하여 위험물저장탱크로부터 위험물의 이송을 긴급히 정지할 수 있는 장치를 설치할 것

바. 주유배관의 끝부분에 접속하는 호스기기를 적재한 차량(이하 "주유호스차"라 한다)을 사용하여 주유하는 항공기주유취급소의 경우에는 마목1)·2) 및 5)의 규정에 의하는 외에 다음의 기준에 의할 것

1) 주유호스차는 화재예방상 안전한 장소에 상시 주차할 것

2) 주유호스차에는 별표 10 Ⅸ제1호 가목 및 나목의 규정에 의한 장치를 설치할 것

3) 주유호스차의 호스기기는 별표 10 Ⅸ제1호 다목, 마목 본문 및 사목의 규정에 의한 주유탱크차의 주유설비의 기준을 준용할 것

4) 주유호스차의 호스기기에는 접지도선을 설치하고 주유호스의 끝부분에 축적되는 정전기를 유효하게 제거할 수 있는 장치를 설치할 것

5) 항공기주유취급소에는 정전기를 유효하게 제거할 수 있는 접지전극을 설치할 것

사. 주유탱크차를 사용하여 주유하는 항공기주유취급소에는 정전기를 유효하게 제거할 수 있는 접지전극을 설치할 것

XI. 철도주유취급소의 특례

1. 철도 또는 궤도에 의하여 운행하는 차량에 주유하는 주유취급소에 대하여는 Ⅰ 내지 Ⅷ의 규정을 적용하지 아니한다.
2. 제1호에서 규정한 것외의 철도주유취급소에 대한 특례는 다음 각목과 같다.
   가. 철도 또는 궤도에 의하여 운행하는 차량에 직접 주유하는데 필요한 공지를 보유할 것
   나. 가목의 규정에 의한 공지중 위험물이 누설할 우려가 있는 부분과 고정주유설비 또는 주유배관의 끝부분 주위에 있어서는 그 지면을 콘크리트 등으로 포장할 것
   다. 나목의 규정에 의하여 포장한 부분에는 누설한 위험물 그 밖의 액체가 외부로 유출되지 아니하도록 배수구 및 유분리장치를 설치할 것
   라. 지하식의 고정주유설비를 이용하여 주유하는 경우에는 Ⅹ제2호 라목의 규정을 준용할 것
   마. 주유배관의 끝부분에 접속한 호스기기를 이용하여 주유하는 경우에는 Ⅹ제2호 마목의 규정을 준용할 것

XII. 고속국도주유취급소의 특례

고속국도의 도로변에 설치된 주유취급소에 있어서는 Ⅲ제1호가목 및 나목의 규정에 의한 탱크의 용량을 60,000L까지 할 수 있다.

XIII. 자가용주유취급소의 특례

주유취급소의 관계인이 소유관리 또는 점유한 자동차 등에 대하여만 주유하기 위하여 설치하는 자가용주유취급소에 대하여는 Ⅰ제1호의 규정을 적용하지 아니한다.

XⅣ. 선박주유취급소의 특례

1. 선박에 주유하는 주유취급소에 대하여는 Ⅰ제1호, Ⅲ제1호 및 제2호, Ⅳ제3호(주유관의 길이에 관한 규정에 한한다) 및 Ⅶ의 규정을 적용하지 아니한다.
2. 제1호에서 규정한 것외의 선박주유취급소(고정주유설비를 수상의 구조물에 설치하는 선박주유취급소는 제외한다)에 대한 특례는 다음 각목과 같다.
   가. 선박주유취급소에는 선박에 직접 주유하기 위한 공지와 계류시설을 보유할 것
   나. 가목의 규정에 의한 공지, 고정주유설비 및 주유배관의 끝부분 주위에는 그 지반면을 콘크리트 등으로 포장할 것
   다. 나목의 규정에 의하여 포장된 부분에는 누설한 위험물 그 밖의 액체가 공지의 외부로 유출되지 아니하도록 배수구 및 유분리장치를 설치할 것. 다만, 누설한 위험물 등의 유출을 방지하기 위한 조치를 한 경우에는 그러하지 아니하다.
   라. 지하식의 고정주유설비를 이용하여 주유하는 경우에는 Ⅹ제2호 라목의 규정을 준

용할 것

마. 주유배관의 끝부분에 접속한 호스기기를 이용하여 주유하는 경우에는 X제2호 마목의 규정을 준용할 것

바. 선박주유취급소에서는 위험물이 유출될 경우 회수 등의 응급조치를 강구할 수 있는 설비를 설치할 것

3. 제1호에서 규정한 것 외의 고정주유설비를 수상의 구조물에 설치하는 선박주유취급소에 대한 특례는 다음 각 목과 같다.

가. Ⅰ제2호 및 Ⅳ제4호를 적용하지 않을 것

나. 선박주유취급소에는 선박에 직접 주유하는 주유작업과 선박의 계류를 위한 수상구조물을 다음의 기준에 따라 설치할 것

1) 수상구조물은 철재·목재 등의 견고한 재질이어야 하며, 그 기둥을 해저 또는 하저에 견고하게 고정시킬 것

2) 선박의 충돌로부터 수상구조물의 손상을 방지할 수 있는 철재로 된 보호구조물을 해저 또는 하저에 견고하게 고정시킬 것

다. 수상구조물에 설치하는 고정주유설비의 주유작업 장소의 바닥은 불침윤성·불연성의 재료로 포장을 하고, 그 주위에 새어나온 위험물이 외부로 유출되지 않도록 집유설비를 다음의 기준에 따라 설치할 것

1) 새어나온 위험물을 직접 또는 배수구를 통하여 집유설비로 수용할 수 있는 구조로 할 것

2) 집유설비는 수시로 용이하게 개방하여 고여 있는 빗물과 위험물을 제거할 수 있는 구조로 할 것

라. 수상구조물에 설치하는 고정주유설비는 다음의 기준에 따라 설치할 것

1) 주유호스의 끝부분에 수동개폐장치를 부착한 주유노즐을 설치하고, 개방한 상태로 고정시키는 장치를 부착하지 않을 것

2) 주유노즐은 선박의 연료탱크가 가득 찬 경우 자동적으로 정지시키는 구조일 것

3) 주유호스는 200kg중 이하의 하중에 의하여 깨져 분리되거나 이탈되어야 하고, 깨져 분리되거나 이탈된 부분으로부터의 위험물 누출을 방지할 수 있는 구조일 것

마. 수상구조물에 설치하는 고정주유설비에 위험물을 공급하는 배관계에 위험물 차단밸브를 다음의 기준에 따라 설치할 것. 다만, 위험물을 공급하는 탱크의 최고 액표면의 높이가 해당 배관계의 높이보다 낮은 경우에는 그렇지 않다.

1) 고정주유설비의 인근에서 주유작업자가 직접 위험물의 공급을 차단할 수 있는 수동식의 차단밸브를 설치할 것

2) 배관 경로 중 육지 내의 지점에서 위험물의 공급을 차단할 수 있는 수동식의 차단밸브를 설치할 것

바. 긴급한 경우에 고정주유설비의 펌프를 정지시킬 수 있는 긴급제어장치를 설치할 것
사. 지하식의 고정주유설비를 이용하여 주유하는 경우에는 X제2호라목을 준용할 것
아. 주유배관의 끝부분에 접속하는 호스기기를 이용하여 주유하는 경우에는 X제2호 마목을 준용할 것
자. 선박주유취급소에는 위험물이 유출될 경우 회수 등의 응급조치를 강구할 수 있는 설비를 다음의 기준에 따라 준비하여 둘 것
  1) 오일펜스(기름막이): 수면 위로 20cm 이상 30cm 미만으로 노출되고, 수면 아래로 30cm 이상 40cm 미만으로 잠기는 것으로서, 60m 이상의 길이일 것
  2) 유처리제, 유흡착제 또는 유겔화제(기름을 굳게 하는 물질): 다음의 계산식을 충족하는 양 이상일 것
     $20X + 50Y + 15Z = 10,000$
     X : 유처리제의 양(l)
     Y : 유흡착제의 양(kg)
     Z : 유겔화제의 양[액상(l), 분말(kg)]

XV. 고객이 직접 주유하는 주유취급소의 특례

1. 고객이 직접 자동차 등의 연료탱크 또는 용기에 위험물을 주입하는 고정주유설비 또는 고정급유설비(이하 "셀프용고정주유설비" 또는 "셀프용고정급유설비"라 한다)를 설치하는 주유취급소의 특례는 제2호 내지 제5호와 같다.
2. 셀프용고정주유설비의 기준은 다음의 각목과 같다.
   가. 주유호스의 끝부분에 수동개폐장치를 부착한 주유노즐을 설치할 것. 다만, 수동개폐장치를 개방한 상태로 고정시키는 장치가 부착된 경우에는 다음의 기준에 적합하여야 한다.
     1) 주유작업을 개시함에 있어서 주유노즐의 수동개폐장치가 개방상태에 있는 때에는 당해 수동개폐장치를 일단 폐쇄시켜야만 다시 주유를 개시할 수 있는 구조로 할 것
     2) 주유노즐이 자동차 등의 주유구로부터 이탈된 경우 주유를 자동적으로 정지시키는 구조일 것
   나. 주유노즐은 자동차 등의 연료탱크가 가득 찬 경우 자동적으로 정지시키는 구조일 것
   다. 주유호스는 200kg중 이하의 하중에 의하여 깨져 분리되거나 이탈되어야 하고, 깨져 분리되거나 이탈된 부분으로부터의 위험물 누출을 방지할 수 있는 구조일 것
   라. 휘발유와 경유 상호간의 오인에 의한 주유를 방지할 수 있는 구조일 것
   마. 1회의 연속주유량 및 주유시간의 상한을 미리 설정할 수 있는 구조일 것. 이 경우 주유량의 상한은 휘발유는 100L 이하, 경유는 200L 이하로 하며, 주유시간의 상

한은 4분 이하로 한다.

3. 셀프용고정급유설비의 기준은 다음 각목과 같다.
   가. 급유호스의 끝부분에 수동개폐장치를 부착한 급유노즐을 설치할 것
   나. 급유노즐은 용기가 가득찬 경우에 자동적으로 정지시키는 구조일 것
   다. 1회의 연속급유량 및 급유시간의 상한을 미리 설정할 수 있는 구조일 것 이 경우 급유량의 상한은 100L 이하, 급유시간의 상한은 6분 이하로 한다.
4. 셀프용고정주유설비 또는 셀프용고정급유설비의 주위에는 다음 각목에 의하여 표시를 하여야 한다.
   가. 셀프용고정주유설비 또는 셀프용고정급유설비의 주위의 보기 쉬운 곳에 고객이 직접 주유할 수 있다는 의미의 표시를 하고 자동차의 정차위치 또는 용기를 놓는 위치를 표시할 것
   나. 주유호스 등의 직근에 호스기기 등의 사용방법 및 위험물의 품목을 표시할 것
   다. 셀프용고정주유설비 또는 셀프용고정급유설비와 셀프용이 아닌 고정주유설비 또는 고정급유설비를 함께 설치하는 경우에는 셀프용이 아닌 것의 주위에 고객이 직접 사용할 수 없다는 의미의 표시를 할 것
5. 고객에 의한 주유작업을 감시·제어하고 고객에 대한 필요한 지시를 하기 위한 감시대와 필요한 실비를 다음 각목의 기준에 의하여 설치하여야 한다.
   가. 감시대는 모든 셀프용고정주유설비 또는 셀프용고정급유설비에서의 고객의 취급작업을 직접 볼 수 있는 위치에 설치할 것
   나. 주유 중인 자동차 등에 의하여 고객의 취급작업을 직접 볼 수 없는 부분이 있는 경우에는 당해 부분의 감시를 위한 카메라를 설치할 것
   다. 감시대에는 모든 셀프용고정주유설비 또는 셀프용고정급유설비로의 위험물 공급을 정지시킬 수 있는 제어장치를 설치할 것
   라. 감시대에는 고객에게 필요한 지시를 할 수 있는 방송설비를 설치할 것

XVI. 수소충전설비를 설치한 주유취급소의 특례

1. 전기를 원동력으로 하는 자동차등에 수소를 충전하기 위한 설비(압축수소를 충전하는 설비에 한정한다)를 설치하는 주유취급소(옥내주유취급소 외의 주유취급소에 한정하며, 이하 "압축수소충전설비 설치 주유취급소"라 한다)의 특례는 제2호부터 제5호까지와 같다.
2. 압축수소충전설비 설치 주유취급소에는 Ⅲ 제1호의 규정에 불구하고 인화성 액체를 원료로 하여 수소를 제조하기 위한 개질장치(改質裝置)(이하 "개질장치"라 한다)에 접속하는 원료탱크(50,000L 이하의 것에 한정한다)를 설치할 수 있다. 이 경우 원료탱크는 지하에 매설하되, 그 위치, 구조 및 설비는 Ⅲ 제3호가목을 준용한다.

3. 압축수소충전설비 설치 주유취급소에 설치하는 설비의 기술기준은 다음의 각목과 같다.
   가. 개질장치의 위치, 구조 및 설비는 별표 4 Ⅶ, 같은 표 Ⅷ 제1호부터 제4호까지, 제6호 및 제8호와 같은 표 Ⅹ에서 정하는 사항 외에 다음의 기준에 적합하여야 한다.
      1) 개질장치는 자동차등이 충돌할 우려가 없는 옥외에 설치할 것
      2) 개질원료 및 수소가 누출된 경우에 개질장치의 운전을 자동으로 정지시키는 장치를 설치할 것
      3) 펌프설비에는 개질원료의 배출압력이 최대상용압력을 초과하여 상승하는 것을 방지하기 위한 장치를 설치할 것
      4) 개질장치의 위험물 취급량은 지정수량의 10배 미만일 것
   나. 압축기(壓縮機)는 다음의 기준에 적합하여야 한다.
      1) 가스의 배출압력이 최대상용압력을 초과하여 상승하는 경우에 압축기의 운전을 자동으로 정지시키는 장치를 설치할 것
      2) 배출쪽과 가장 가까운 배관에 역류방지밸브를 설치할 것
      3) 자동차등의 충돌을 방지하는 조치를 마련할 것
   다. 충전설비는 다음의 기준에 적합하여야 한다.
      1) 위치는 주유공지 또는 급유공지 외의 장소로 하되, 주유공지 또는 급유공지에서 압축수소를 충전하는 것이 불가능한 장소로 할 것
      2) 충전호스는 자동차등의 가스충전구와 정상적으로 접속하지 않는 경우에는 가스가 공급되지 않는 구조로 하고, 200kg중 이하의 하중에 의하여 깨져 분리되거나 이탈되어야 하며, 깨져 분리되거나 이탈된 부분으로부터 가스 누출을 방지할 수 있는 구조일 것
      3) 자동차등의 충돌을 방지하는 조치를 마련할 것
      4) 자동차등의 충돌을 감지하여 운전을 자동으로 정지시키는 구조일 것
   라. 가스배관은 다음의 기준에 적합하여야 한다.
      1) 위치는 주유공지 또는 급유공지 외의 장소로 하되, 자동차등이 충돌할 우려가 없는 장소로 하거나 자동차등의 충돌을 방지하는 조치를 마련할 것
      2) 가스배관으로부터 화재가 발생한 경우에 주유공지·급유공지 및 전용탱크·폐유탱크등·간이탱크의 주입구로의 연소확대를 방지하는 조치를 마련할 것
      3) 누출된 가스가 체류할 우려가 있는 장소에 설치하는 경우에는 접속부를 용접할 것. 다만, 당해 접속부의 주위에 가스누출 검지설비를 설치한 경우에는 그러하지 아니하다.
      4) 축압기(蓄壓器)로부터 충전설비로의 가스 공급을 긴급히 정지시킬 수 있는 장치를 설치할 것. 이 경우 당해 장치의 기동장치는 화재발생 시 신속히 조작할 수 있는 장소에 두어야 한다.

마. 압축수소의 수입설비(受入設備)는 다음의 기준에 적합하여야 한다.

1) 위치는 주유공지 또는 급유공지 외의 장소로 하되, 주유공지 또는 급유공지에서 가스를 수입하는 것이 불가능한 장소로 할 것

2) 자동차등의 충돌을 방지하는 조치를 마련할 것

4. 압축수소충전설비 설치 주유취급소의 기타 안전조치의 기술기준은 다음 각 목과 같다

가. 압축기, 축압기 및 개질장치가 설치된 장소와 주유공지, 급유공지 및 전용탱크 · 폐유탱크등 · 간이탱크의 주입구가 설치된 장소 사이에는 화재가 발생한 경우에 상호 연소확대를 방지하기 위하여 높이 1.5m 정도의 불연재료의 담을 설치할 것

나. 고정주유설비 · 고정급유설비 및 전용탱크 · 폐유탱크등 · 간이탱크의 주입구로부터 누출된 위험물이 충전설비 · 축압기 · 개질장치에 도달하지 않도록 깊이 30cm, 폭 10cm의 집유 구조물을 설치할 것

다. 고정주유설비(현수식의 것을 제외한다) · 고정급유설비(현수식의 것을 제외한다) 및 간이탱크의 주위에는 자동차등의 충돌을 방지하는 조치를 마련할 것

5. 압축수소충전설비와 관련된 설비의 기술기준은 제2호부터 제4호까지에서 규정한 사항 외에 「고압가스 안전관리법 시행규칙」 별표 5에서 정하는 바에 따른다.

제38조(판매취급소의 기준)

법 제5조제4항의 규정에 의한 제조소등의 위치·구조 및 설비의 기준 중 판매취급소에 관한 것은 별표 14와 같다.

위험물안전관리법 시행규칙 [별표 14] 〈개정 2021. 10 21.〉

판매취급소의 위치 · 구조 및 설비의 기준(제38조관련)

Ⅰ. 판매취급소의 기준

1. 저장 또는 취급하는 위험물의 수량이 지정수량의 20배 이하인 판매취급소(이하 "제1종 판매취급소"라 한다)의 위치·구조 및 설비의 기준은 다음 각목과 같다.

가. 제1종 판매취급소는 건축물의 1층에 설치할 것

나. 제1종 판매취급소에는 별표 4 Ⅲ제1호의 기준에 따라 보기 쉬운 곳에 "위험물 판매취급소(제1종)"라는 표시를 한 표지와 동표 Ⅲ제2호의 기준에 따라 방화에 관하여 필요한 사항을 게시한 게시판을 설치하여야 한다.

다. 제1종 판매취급소의 용도로 사용되는 건축물의 부분은 내화구조 또는 불연재료로 하고, 판매취급소로 사용되는 부분과 다른 부분과의 격벽은 내화구조로 할 것

라. 제1종 판매취급소의 용도로 사용하는 건축물의 부분은 보를 불연재료로 하고, 천

장을 설치하는 경우에는 천장을 불연재료로 할 것

마. 제1종 판매취급소의 용도로 사용하는 부분에 상층이 있는 경우에 있어서는 그 상층의 바닥을 내화구조로 하고, 상층이 없는 경우에 있어서는 지붕을 내화구조 또는 불연재료로 할 것

바. 제1종 판매취급소의 용도로 사용하는 부분의 창 및 출입구에는 갑종방화문 또는 을종방화문을 설치할 것

사. 제1종 판매취급소의 용도로 사용하는 부분의 창 또는 출입구에 유리를 이용하는 경우에는 망입유리로 할 것

아. 제1종 판매취급소의 용도로 사용하는 건축물에 설치하는 전기설비는 전기사업법에 의한 전기설비기술기준에 의할 것

자. 위험물을 배합하는 실은 다음에 의할 것

1) 바닥면적은 $6m^2$ 이상 $15m^2$ 이하로 할 것
2) 내화구조 또는 불연재료로 된 벽으로 구획할 것
3) 바닥은 위험물이 침투하지 아니하는 구조로 하여 적당한 경사를 두고 집유설비를 할 것
4) 출입구에는 수시로 열 수 있는 자동폐쇄식의 갑종방화문을 설치할 것
5) 출입구 문턱의 높이는 바닥면으로부터 0.1m 이상으로 할 것
6) 내부에 체류한 가연성의 증기 또는 가연성의 미분을 지붕 위로 방출하는 설비를 할 것

2. 저장 또는 취급하는 위험물의 수량이 지정수량의 40배 이하인 판매취급소(이하 "제2종 판매취급소"라 한다)의 위치·구조 및 설비의 기준은 제1호가목·나목 및 사목 내지 자목의 규정을 준용하는 외에 다음 각목의 기준에 의한다.

가. 제2종 판매취급소의 용도로 사용하는 부분은 벽·기둥·바닥 및 보를 내화구조로 하고, 천장이 있는 경우에는 이를 불연재료로 하며, 판매취급소로 사용되는 부분과 다른 부분과의 격벽은 내화구조로 할 것

나. 제2종 판매취급소의 용도로 사용하는 부분에 상층이 있는 경우에 있어서는 상층의 바닥을 내화구조로 하는 동시에 상층으로의 연소를 방지하기 위한 조치를 강구하고, 상층이 없는 경우에는 지붕을 내화구조로 할 것

다. 제2종 판매취급소의 용도로 사용하는 부분중 연소의 우려가 없는 부분에 한하여 창을 두되, 당해 창에는 갑종방화문 또는 을종방화문을 설치할 것

라. 제2종 판매취급소의 용도로 사용하는 부분의 출입구에는 갑종방화문 또는 을종방화문을 설치할 것. 다만, 해당 부분 중 연소의 우려가 있는 벽에 설치하는 출입구에는 수시로 열 수 있는 자동폐쇄식의 갑종방화문을 설치해야 한다.

제39조(이송취급소의 기준)
법 제5조제4항의 규정에 의한 제조소등의 위치·구조 및 설비의 기준 중 이송취급소에 관한 것은 별표 15와 같다.

위험물안전관리법 시행규칙 [별표 15] 〈개정 2021. 7. 13.〉

이송취급소의 위치 · 구조 및 설비의 기준 (제39조관련)

Ⅰ. 설치장소

1. 이송취급소는 다음 각목의 장소 외의 장소에 설치하여야 한다.
   가. 철도 및 도로의 터널 안
   나. 고속국도 및 자동차전용도로(「도로법」 제48조제1항에 따라 지정된 도로를 말한다)의 차도, 갓길 및 중앙분리대
   다. 호수·저수지 등으로서 수리의 수원이 되는 곳
   라. 급경사지역으로서 붕괴의 위험이 있는 지역
2. 제1호의 규정에 불구하고 다음 각목의 1에 해당하는 경우에는 제1호 각목의 장소에 이송취급소를 설치할 수 있다.
   가. 지형상황 등 부득이한 사유가 있고 안전에 필요한 조치를 하는 경우
   나. 제1호 나목 또는 다목의 장소에 횡단하여 설치하는 경우

Ⅱ. 배관 등의 재료 및 구조

1. 배관·관이음쇠 및 밸브(이하 "배관등"이라 한다)의 재료는 다음 각목의 규격에 적합한 것으로 하거나 이와 동등 이상의 기계적 성질이 있는 것으로 하여야 한다.
   가. 배관 : 고압배관용 탄소강관(KS D 3564), 압력배관용 탄소강관(KS D 3562), 고온배관용 탄소강관(KS D 3570) 또는 배관용 스테인레스강관(KS D 3576)
   나. 관이음쇠 : 배관용강제 맞대기용접식 관이음쇠(KS B 1541), 철강재 관플랜지 압력단계(KS B 1501), 관플랜지의 치수허용자(KS B 1502), 강제 용접식 관플랜지(KS B 1503), 철강재 관플랜지의 기본치수(KS B 1511)또는 관플랜지의 개스킷자리치수(KS B 1519)
   다. 밸브 : 주강 플랜지형 밸브(KS B 2361)
2. 배관등의 구조는 다음 각목의 하중에 의하여 생기는 응력에 대한 안전성이 있어야 한다.
   가. 위험물의 중량, 배관등의 내압, 배관등과 그 부속설비의 자중, 토압, 수압, 열차하중, 자동차하중 및 부력 등의 주하중
   나. 풍하중, 설하중, 온도변화의 영향, 진동의 영향, 지진의 영향, 배의 닻에 의한 충격

의 영향, 파도와 조류의 영향, 설치공정상의 영향 및 다른 공사에 의한 영향 등의 종하중

3. 교량에 설치하는 배관은 교량의 굴곡·신축·진동 등에 대하여 안전한 구조로 하여야 한다.
4. 배관의 두께는 배관의 외경에 따라 다음 표에 정한 것 이상으로 하여야 한다.

배관의 외경(단위 mm)	배관의 두께(단위 mm)
114.3 미만	4.5
114.3 이상 139.8 미만	4.9
139.8 이상 165.2 미만	5.1
165.2 이상 216.3 미만	5.5
216.3 이상 355.6 미만	6.4
356.6 이상 508.0 미만	7.9
508.0 이상	9.5

5. 제2호 내지 제4호의 규정한 것 외에 배관등의 구조에 관하여 필요한 사항은 소방청장이 정하여 고시한다.
6. 배관의 안전에 영향을 미칠 수 있는 신축이 생길 우려가 있는 부분에는 그 신축을 흡수하는 조치를 강구하여야 한다.
7. 배관등의 이음은 아크용접(방전 시 발생하는 불꽃을 이용한 용접) 또는 이와 동등 이상의 효과를 갖는 용접방법에 의하여야 한다. 다만, 용접에 의하는 것이 적당하지 아니한 경우는 안전상 필요한 강도가 있는 플랜지이음으로 할 수 있다.
8. 플랜지이음을 하는 경우에는 당해 이음부분의 점검을 하고 위험물의 누설확산을 방지하기 위한 조치를 하여야 한다. 다만, 해저 입하배관의 경우에는 누설확산방지조치를 아니할 수 있다.
9. 지하 또는 해저에 설치한 배관등에 다음의 각목의 기준에 내구성이 있고 전기전열차단 저항이 큰 도장·복장 재료를 사용하여 외면부식을 방지하기 위한 조치를 하여야 한다.
   가. 도장재(塗裝材) 및 복장재(覆裝材)는 다음의 기준 또는 이와 동등 이상의 방식효과를 갖는 것으로 할 것
      1) 도장재는 수도용강관아스팔트도복장방법(KS D 8306)에 정한 아스팔트 에나멜, 수도용강관콜타르에나멜도복장방법(KS D 8307)에 정한 콜타르 에나멜
      2) 복장재는 수도용강관아스팔트도복장방법(KS D 8306)에 정한 비니론크로즈, 글라스크로즈, 글라스매트 또는 폴리에틸렌, 헤시안크로즈, 타르에폭시, 페트로라튬테이프, 경질염화비닐라이닝강관, 폴리에틸렌열수축튜브, 나이론12수지
   나. 방식피복의 방법은 수도용강관아스팔트도복장방법(KS D 8306)에 정한 방법, 수도용강관콜타르에나멜도복장방법(KS D 8307)에 정한 방법 또는 이와 동등 이상의 부식방지효과가 있는 방법에 의할 것

10. 지상 또는 해상에 설치한 배관등에는 외면부식을 방지하기 위한 도장을 실시하여야 한다.
11. 지하 또는 해저에 설치한 배관등에는 다음의 각목의 기준에 의하여 전기방식조치를 하여야 한다. 이 경우 근접한 매설물 그 밖의 구조물에 대하여 영향을 미치지 아니하도록 필요한 조치를 하여야 한다.
   가. 방식전위(부식 방지에 필요한 최소 전위)는 포화황산동전극 기준으로 마이너스 0.8V 이하로 할 것
   나. 적절한 간격(200m 내지 500m)으로 전위측정단자를 설치할 것
   다. 전기철로 부지 등 전류의 영향을 받는 장소에 배관등을 매설하는 경우에는 강제배류법(지하에 매설된 금속에서 누설된 전류로부터 부식을 방지하는 전기 방식법) 등에 의한 조치를 할 것
12. 배관등에 가열 또는 보온하기 위한 설비를 설치하는 경우에는 화재예방상 안전하고 다른 시설물에 영향을 주지 아니하는 구조로 하여야 한다.

Ⅲ. 배관설치의 기준

1. 지하매설

배관을 지하에 매설하는 경우에는 다음 각목의 기준에 의하여야 한다.

가. 배관은 그 외면으로부터 건축물·지하가·터널 또는 수도시설까지 각각 다음의 규정에 의한 안전거리를 둘 것. 다만, 2) 또는 3)의 공작물에 있어서는 적절한 누설확산방지조치를 하는 경우에 그 안전거리를 2분의 1의 범위 안에서 단축할 수 있다.
   1) 건축물(지하가내의 건축물을 제외한다) : 1.5m 이상
   2) 지하가 및 터널 : 10m 이상
   3) 「수도법」에 의한 수도시설(위험물의 유입우려가 있는 것에 한한다) : 300m 이상

나. 배관은 그 외면으로부터 다른 공작물에 대하여 0.3m 이상의 거리를 보유 할 것. 다만, 0.3m 이상의 거리를 보유하기 곤란한 경우로서 당해 공작물의 보전을 위하여 필요한 조치를 하는 경우에는 그러하지 아니하다.

다. 배관의 외면과 지표면과의 거리는 산이나 들에 있어서는 0.9m 이상, 그 밖의 지역에 있어서는 1.2m 이상으로 할 것. 다만, 당해 배관을 각각의 깊이로 매설하는 경우와 동등 이상의 안전성이 확보되는 견고하고 내구성이 있는 구조물(이하 "방호구조물"이라 한다)안에 설치하는 경우에는 그러하지 아니하다.

라. 배관은 지반의 동결로 인한 손상을 받지 아니하는 적절한 깊이로 매설할 것

마. 성토 또는 절토를 한 경사면의 부근에 배관을 매설하는 경우에는 경사면의 붕괴에 의한 피해가 발생하지 아니하도록 매설할 것

바. 배관의 입상부, 지반의 급변부 등 지지조건이 급변하는 장소에 있어서는 굽은관을

사용하거나 지반개량 그 밖에 필요한 조치를 강구할 것

사. 배관의 하부에는 사질토 또는 모래로 20cm(자동차 등의 하중이 없는 경우에는 10cm) 이상, 배관의 상부에는 사질토 또는 모래로 30cm(자동차 등의 하중에 없는 경우에는 20cm) 이상 채울 것

2. 도로 밑 매설

배관을 도로 밑에 매설하는 경우에는 제1호(나목 및 다목을 제외한다)의 규정에 의하는 외에 다음 각목의 기준에 의하여야 한다.

가. 배관은 원칙적으로 자동차하중의 영향이 적은 장소에 매설할 것

나. 배관은 그 외면으로부터 도로의 경계에 대하여 1m 이상의 안전거리를 둘 것

다. 시가지(「국토의 계획 및 이용에 관한 법률」 제6조제1호의 규정에 의한 도시지역을 말한다. 다만, 동법 제36조제1항제1호 다목의 규정에 의한 공업지역을 제외한다. 이하 같다) 도로의 밑에 매설하는 경우에는 배관의 외경보다 10cm 이상 넓은 견고하고 내구성이 있는 재질의 판(이하 "보호판"이라 한다)을 배관의 상부로부터 30cm 이상 위에 설치할 것. 다만, 방호구조물 안에 설치하는 경우에는 그러하지 아니하다.

라. 배관(보호판 또는 방호구조물에 의하여 배관을 보호하는 경우에는 당해 보호판 또는 방호구조물을 말한다. 이하 바목 및 사목에서 같다)은 그 외면으로부터 다른 공작물에 대하여 0.3m 이상의 거리를 보유할 것. 다만, 배관의 외면에서 다른 공작물에 대하여 0.3m 이상의 거리를 보유하기 곤란한 경우로서 당해 공작물의 보전을 위하여 필요한 조치를 하는 경우에는 그러하지 아니하다.

마. 시가지 도로의 노면 아래에 매설하는 경우에는 배관(방호구조물의 안에 설치된 것을 제외한다)의 외면과 노면과의 거리는 1.5m 이상, 보호판 또는 방호구조물의 외면과 노면과의 거리는 1.2m 이상으로 할 것

바. 시가지 외의 도로의 노면 아래에 매설하는 경우에는 배관의 외면과 노면과의 거리는 1.2m 이상으로 할 것

사. 포장된 차도에 매설하는 경우에는 포장부분의 토대(차단층이 있는 경우는 당해 차단층을 말한다. 이하 같다)의 밑에 매설하고, 배관의 외면과 토대의 최하부와의 거리는 0.5m 이상으로 할 것

아. 노면 밑외의 도로 밑에 매설하는 경우에는 배관의 외면과 지표면과의 거리는 1.2m[보호판 또는 방호구조물에 의하여 보호된 배관에 있어서는 0.6m(시가지의 도로 밑에 매설하는 경우에는 0.9m)] 이상으로 할 것

자. 전선·수도관·하수도관·가스관 또는 이와 유사한 것이 매설되어 있거나 매설할 계획이 있는 도로에 매설하는 경우에는 이들의 상부에 매설하지 아니할 것. 다만, 다른 매설물의 깊이가 2m 이상인 때에는 그러하지 아니하다.

3. 철도부지 밑 매설배관을 철도부지(철도차량을 운행하기 위한 궤도와 이를 받치는 토대 또는 공작물로 구성된 시설을 설치하거나 설치하기 위한 용지를 말한다. 이하 같다)에 인접하여 매설하는 경우에는 제1호(다목을 제외한다)의 규정에 의하는 외에 다음 각목의 기준에 의하여야 한다.
   가. 배관은 그 외면으로부터 철도 중심선에 대하여는 4m 이상, 당해 철도부지(도로에 인접한 경우를 제외한다)의 용지경계에 대하여는 1m 이상의 거리를 유지할 것. 다만, 열차하중의 영향을 받지 아니하도록 매설하거나 배관의 구조가 열차하중에 견딜 수 있도록 된 경우에는 그러하지 아니하다.
   나. 배관의 외면과 지표면과의 거리는 1.2m 이상으로 할 것
4. 하천 홍수관리구역 내 매설
   배관을 「하천법」 제12조에 따라 지정된 홍수관리구역 내에 매설하는 경우에는 제1호의 규정을 준용하는 것 외에 둑 또는 호안(기슭·둑 침식 방지시설)이 하천 홍수관리구역의 지반면과 접하는 부분으로부터 하천관리상 필요한 거리를 유지하여야 한다.
5. 지상설치
   배관을 지상에 설치하는 경우에는 다음 각목의 기준에 의하여야 한다.
   가. 배관이 지표면에 접하지 아니하도록 할 것
   나. 배관[이송기지(펌프에 의하여 위험물을 보내거나 받는 작업을 행하는 장소를 말한다. 이하 같다)의 구내에 설치되어진 것을 제외한다]은 다음의 기준에 의한 안전거리를 둘 것
      1) 철도(화물수송용으로만 쓰이는 것을 제외한다) 또는 도로 (「국토의 계획 및 이용에 관한 법률」에 의한 공업지역 또는 전용공업지역에 있는 것을 제외한다)의 경계선으로부터 25m 이상
      2) 별표 4 Ⅰ 제1호 나목1)·2)·3) 또는 4)의 규정에 의한 시설로부터 45m 이상
      3) 별표 4 Ⅰ 제1호 다목의 규정에 의한 시설로부터 65m 이상
      4) 별표 4 Ⅰ 제1호 라목1)·2)·3)·4) 또는 5)의 규정에 의한 시설로부터 35m 이상
      5) 「국토의 계획 및 이용에 관한 법률」에 의한 공공공지 또는 「도시공원법」에 의한 도시공원으로부터 45m 이상
      6) 판매시설·숙박시설·위락시설 등 불특정다중을 수용하는 시설 중 연면적 1,000m^2 이상인 것으로부터 45m 이상
      7) 1일 평균 20,000명 이상 이용하는 기차역 또는 버스터미널로부터 45m 이상
      8) 「수도법」에 의한 수도시설 중 위험물이 유입될 가능성이 있는 것으로부터300m 이상
      9) 주택 또는 1) 내지 8)과 유사한 시설 중 다수의 사람이 출입하거나 근무하는 것으로부터 25m 이상

다. 배관(이송기지의 구내에 설치된 것을 제외한다)의 양측면으로부터 당해 배관의 최대상용압력에 따라 다음 표에 의한 너비(「국토의 계획 및 이용에 관한 법률」에 의한 공업지역 또는 전용공업지역에 설치한 배관에 있어서는 그 너비의 3분의 1)의 공지를 보유할 것. 다만, 양단을 폐쇄한 밀폐구조의 방호구조물 안에 배관을 설치하거나 위험물의 유출확산을 방지할 수 있는 방화상 유효한 담을 설치하는 등 안전상 필요한 조치를 하는 경우에는 그러하지 아니하다.

배관의 최대상용압력	공지의 너비
0.3MPa 미만	5m 이상
0.3MPa 이상 1MPa 미만	9m 이상
1MPa 이상	15m 이상

라. 배관은 지진·풍압·지반침하·온도변화에 의한 신축 등에 대하여 안전성이 있는 철근콘크리트조 또는 이와 동등 이상의 내화성이 있는 지지물에 의하여 지지되도록 할 것. 다만, 화재에 의하여 당해 구조물이 변형될 우려가 없는 지지물에 의하여 지지되는 경우에는 그러하지 아니하다.

마. 자동차·선박 등의 충돌에 의하여 배관 또는 그 지지물이 손상을 받을 우려가 있는 경우에는 견고하고 내구성이 있는 보호설비를 설치 할 것

바. 배관은 다른 공작물(당해 배관의 지지물을 제외한다)에 대하여 배관의 유지관리상 필요한 간격을 가질 것

사. 단열재 등으로 배관을 감싸는 경우에는 일정구간마다 점검구를 두거나 단열재 등을 쉽게 떼고 붙일 수 있도록 하는 등 점검이 쉬운 구조로 할 것

6. 해저설치

배관을 해저에 설치하는 경우에는 다음 각목의 기준에 의하여야 한다.

가. 배관은 해저면 밑에 매설할 것. 다만, 선박의 닻 내림 등에 의하여 배관이 손상을 받을 우려가 없거나 그 밖에 부득이한 경우에는 그러하지 아니하다.

나. 배관은 이미 설치된 배관과 교차하지 말 것. 다만, 교차가 불가피한 경우로서 배관의 손상을 방지하기 위한 방호조치를 하는 경우에는 그러하지 아니하다.

다. 배관은 원칙적으로 이미 설치된 배관에 대하여 30m 이상의 안전거리를 둘 것

라. 2본 이상의 배관을 동시에 설치하는 경우에는 배관이 상호 접촉하지 아니하도록 필요한 조치를 할 것

마. 배관의 입상부에는 방호시설물을 설치할 것. 다만, 계선부표(繫船浮標)에 도달하는 입상배관이 강제 외의 재질인 경우에는 그러하지 아니하다.

바. 배관을 매설하는 경우에는 배관외면과 해저면(당해 배관을 매설하는 해저에 대한 준설계획이 있는 경우에는 그 계획에 의한 준설 후 해저면의 0.6m 아래를 말한다)과의 거리는 닻 내림의 충격, 토질, 매설하는 재료, 선박교통사정 등을 고려하여

안전한 거리로 할 것

사. 패일 우려가 있는 해저면 아래에 매설하는 경우에는 배관의 노출을 방지하기 위한 조치를 할 것

아. 배관을 매설하지 아니하고 설치하는 경우에는 배관이 연속적으로 지지되도록 해저면을 고를 것

자. 배관이 부양 또는 이동할 우려가 있는 경우에는 이를 방지하기 위한 조치를 할 것

7. 해상설치

배관을 해상에 설치하는 경우에는 다음 각목의 기준에 의하여야 한다.

가. 배관은 지진·풍압·파도 등에 대하여 안전한 구조의 지지물에 의하여 지지할 것

나. 배관은 선박 등의 항행에 의하여 손상을 받지 아니하도록 해면과의 사이에 필요한 공간을 확보하여 설치할 것

다. 선박의 충돌 등에 의해서 배관 또는 그 지지물이 손상을 받을 우려가 있는 경우에는 견고하고 내구력이 있는 보호설비를 설치할 것

라. 배관은 다른 공작물(당해 배관의 지지물을 제외한다)에 대하여 배관의 유지관리상 필요한 간격을 보유할 것

8. 도로횡단설치

도로를 횡단하여 배관을 설치하는 경우에는 다음 각목의 기준에 의하여야 한다.

가. 배관을 도로 아래에 매설할 것. 다만, 지형의 상황 그 밖에 특별한 사유에 의하여 도로 상공 외의 적당한 장소가 없는 경우에는 안전상 적절한 조치를 강구하여 도로 상공을 횡단하여 설치할 수 있다.

나. 배관을 매설하는 경우에는 제2호(가목 및 나목을 제외한다)의 규정을 준용하되, 배관을 금속관 또는 방호구조물 안에 설치할 것

다. 배관을 도로상공을 횡단하여 설치하는 경우에는 제5호(가목을 제외한다)의 규정을 준용하되, 배관 및 당해 배관에 관계된 부속설비는 그 아래의 노면과 5m 이상의 수직거리를 유지할 것

9. 철도 밑 횡단매설

철도부지를 횡단하여 배관을 매설하는 경우에는 제3호(가목을 제외한다) 및 제8호 나목의 규정을 준용한다.

10. 하천 등 횡단설치

하천 또는 수로를 횡단하여 배관을 설치하는 경우에는 다음 각목의 기준에 의하여야 한다.

가. 하천 또는 수로를 횡단하여 배관을 설치하는 경우에는 배관에 과대한 응력이 생기지 아니하도록 필요한 조치를 하여 교량에 설치할 것. 다만, 교량에 설치하는 것이 적당하지 아니한 경우에는 하천 또는 수로의 밑에 매설할 수 있다.

나. 하천 또는 수로를 횡단하여 배관을 매설하는 경우에는 배관을 금속관 또는 방호구조물 안에 설치하고, 당해 금속관 또는 방호구조물의 부양이나 선박의 닻 내림 등에 의한 손상을 방지하기 위한 조치를 할 것

다. 하천 또는 수로의 밑에 배관을 매설하는 경우에는 배관의 외면과 계획하상[계획하상이 최심하상(하천의 가장 깊은 곳)보다 높은 경우에는 최심하상]과의 거리는 다음의 규정에 의한 거리 이상으로 하되, 호안 그 밖에 하천관리시설의 기초에 영향을 주지 아니하고 하천바닥의 변동. 패임 등에 의한 영향을 받지 아니하는 깊이로 매설하여야 한다.

1) 하천을 횡단하는 경우 : 4.0m

2) 수로를 횡단하는 경우

가) 「하수도법」 제2조제3호에 따른 하수도(상부가 개방되는 구조로 된 것에 한한다) 또는 운하 : 2.5m

나) 가)의 규정에 의한 수로에 해당되지 아니하는 좁은 수로(용수로 그 밖에 유사한 것을 제외한다) : 1.2m

라. 하천 또는 수로를 횡단하여 배관을 설치하는 경우에는 가목 내지 다목의 규정에 의하는 외에 제2호(나목·다목 및 사목을 제외한다) 및 제5호(가목을 제외한다)의 규정을 준용할 것

Ⅳ. 기타 설비 등

1. 누설확산방지조치

배관을 시가지·하천·수로·터널·도로·철도 또는 투수성(透水性) 지반에 설치하는 경우에는 누설된 위험물의 확산을 방지할 수 있는 강철제의 관·철근콘크리트조의 방호구조물 등 견고하고 내구성이 있는 구조물의 안에 설치하여야 한다.

2. 가연성증기의 체류방지조치

배관을 설치하기 위하여 설치하는 터널(높이 1.5m 이상인 것에 한한다)에는 가연성 증기의 체류를 방지하는 조치를 하여야 한다.

3. 부등침하 등의 우려가 있는 장소에 설치하는 배관

부등침하 등 지반의 변동이 발생할 우려가 있는 장소에 배관을 설치하는 경우에는 배관이 손상을 받지 아니하도록 필요한 조치를 하여야 한다.

4. 굴착(땅파기)에 의하여 주위가 노출된 배관의 보호

굴착(땅파기)에 의하여 주위가 일시 노출되는 배관은 손상되지 아니하도록 적절한 보호조치를 하여야 한다.

5. 비파괴시험

가. 배관등의 용접부는 비파괴시험을 실시하여 합격할 것. 이 경우 이송기지내의 지상

에 설치된 배관등은 전체 용접부의 20% 이상을 발췌하여 시험할 수 있다.

나. 가목의 규정에 의한 비파괴시험의 방법, 판정기준 등은 소방청장이 정하여 고시하는 바에 의할 것

6. 내압시험

가. 배관등은 최대상용압력의 1.25배 이상의 압력으로 4시간 이상 수압을 가하여 누설 그 밖의 이상이 없을 것. 다만, 수압시험을 실시한 배관등의 시험구간 상호간을 연결하는 부분 또는 수압시험을 위하여 배관등의 내부공기를 뽑아낸 후 폐쇄한 곳의 용접부는 제5호의 비파괴시험으로 갈음할 수 있다.

나. 가목의 규정에 의한 내압시험의 방법, 판정기준 등은 소방청장이 정하여 고시하는 바에 의할 것

7. 운전상태의 감시장치

가. 배관계(배관등 및 위험물 이송에 사용되는 일체의 부속설비를 말한다. 이하 같다)에는 펌프 및 밸브의 작동상황 등 배관계의 운전상태를 감시하는 장치를 설치할 것

나. 배관계에는 압력 또는 유량의 이상변동 등 이상한 상태가 발생하는 경우에 그 상황을 경보하는 장치를 설치할 것

8. 안전제어장치

배관계에는 다음 각목에 정한 제어기능이 있는 안전제어장치를 설치하여야 한다.

가. 압력안전장치·누설검지장치·긴급차단밸브 그 밖의 안전설비의 제어회로가 정상으로 있지 아니하면 펌프가 작동하지 아니하도록 하는 제어기능

나. 안전상 이상상태가 발생한 경우에 펌프·긴급차단밸브 등이 자동 또는 수동으로 연동하여 신속히 정지 또는 폐쇄되도록 하는 제어기능

9. 압력안전장치

가. 배관계에는 배관내의 압력이 최대상용압력을 초과하거나 유격작용 등에 의하여 생긴 압력이 최대상용압력의 1.1배를 초과하지 아니하도록 제어하는 장치(이하 "압력안전장치"라 한다)를 설치할 것

나. 압력안전장치의 재료 및 구조는 Ⅱ제1호 내지 제5호의 기준에 의할 것

다. 압력안전장치는 배관계의 압력변동을 충분히 흡수할 수 있는 용량을 가질 것

10. 누설검지장치 등

가. 배관계에는 다음의 기준에 적합한 누설검지장치를 설치할 것

1) 가연성증기를 발생하는 위험물을 이송하는 배관계의 점검상자에는 가연성증기를 검지하는 장치

2) 배관계내의 위험물의 양을 측정하는 방법에 의하여 자동적으로 위험물의 누설을 검지하는 장치 또는 이와 동등 이상의 성능이 있는 장치

3) 배관계내의 압력을 측정하는 방법에 의하여 위험물의 누설을 자동적으로 검지

하는 장치 또는 이와 동등 이상의 성능이 있는 장치

4) 배관계내의 압력을 일정하게 정지시키고 당해 압력을 측정하는 방법에 의하여 위험물의 누설을 검지하는 장치 또는 이와 동등 이상의 성능이 있는 장치

나. 배관을 지하에 매설한 경우에는 안전상 필요한 장소(하천 등의 아래에 매설한 경우에는 금속관 또는 방호구조물의 안을 말한다)에 누설검지구를 설치할 것. 다만, 배관을 따라 일정한 간격으로 누설을 검지할 수 있는 장치를 설치하는 경우에는 그러하지 아니하다.

11. 긴급차단밸브

가. 배관에는 다음의 기준에 의하여 긴급차단밸브를 설치할 것. 다만, 2) 또는 3)에 해당하는 경우로서 당해 지역을 횡단하는 부분의 양단의 높이 차이로 인하여 하류측으로부터 상류측으로 역류될 우려가 없는 때에는 하류측에는 설치하지 아니할 수 있으며, 4) 또는 5)에 해당하는 경우로서 방호구조물을 설치하는 등 안전상 필요한 조치를 하는 경우에는 설치하지 아니할 수 있다.

1) 시가지에 설치하는 경우에는 약 4km의 간격

2) 하천·호소 등을 횡단하여 설치하는 경우에는 횡단하는 부분의 양 끝

3) 해상 또는 해저를 통과하여 설치하는 경우에는 통과하는 부분의 양 끝

4) 산림지역에 설치하는 경우에는 약 10km의 간격

5) 도로 또는 철도를 횡단하여 설치하는 경우에는 횡단하는 부분의 양 끝

나. 긴급차단밸브는 다음의 기능이 있을 것

1) 원격조작 및 현지조작에 의하여 폐쇄되는 기능

2) 제10호의 규정에 의한 누설검지장치에 의하여 이상이 검지된 경우에 자동으로 폐쇄되는 기능

다. 긴급차단밸브는 그 개폐상태가 당해 긴급차단밸브의 설치장소에서 용이하게 확인될 수 있을 것

라. 긴급차단밸브를 지하에 설치하는 경우에는 긴급차단밸브를 점검상자 안에 유지할 것. 다만, 긴급차단밸브를 도로외의 장소에 설치하고 당해 긴급차단밸브의 점검이 가능하도록 조치하는 경우에는 그러하지 아니하다.

마. 긴급차단밸브는 당해 긴급차단밸브의 관리에 관계하는 자외의 자가 수동으로 개폐할 수 없도록 할 것

12. 위험물 제거조치

배관에는 서로 인접하는 2개의 긴급차단밸브 사이의 구간마다 당해 배관안의 위험물을 안전하게 물 또는 불연성기체로 치환할 수 있는 조치를 하여야 한다.

13. 지진감지장치

배관의 경로에는 안전상 필요한 장소와 25km의 거리마다 지진감지장치 및 강진계를

설치하여야 한다.

14. 경보설비

이송취급소에는 다음 각목의 기준에 의하여 경보설비를 설치하여야 한다.

가. 이송기지에는 비상벨장치 및 확성장치를 설치할 것

나. 가연성증기를 발생하는 위험물을 취급하는 펌프실등에는 가연성증기 경보설비를 설치할 것

15. 순찰차 등

배관의 경로에는 다음 각목의 기준에 따라 순찰차를 배치하고 기자재창고를 설치하여야 한다.

가. 순찰차

1) 배관계의 안전관리상 필요한 장소에 둘 것

2) 평면도·종횡단면도 그 밖에 배관등의 설치상황을 표시한 도면, 가스탐지기, 통신장비, 휴대용조명기구, 응급누설방지기구, 확성기, 방화복(또는 방열복), 소화기, 경계로프, 삽, 곡괭이 등 점검·정비에 필요한 기자재를 비치할 것

나. 기자재창고

1) 이송기지, 배관경로(5km 이하인 것을 제외한다)의 5km 이내마다의 방재상 유효한 장소 및 주요한 하천·호소·해상·해저를 횡단하는 장소의 근처에 각각 설치할 것. 다만, 특정이송취급소 외의 이송취급소에 있어서는 배관경로에는 설치하지 아니할 수 있다.

2) 기자재창고에는 다음의 기자재를 비치할 것

가) 3%로 희석하여 사용하는 포소화약제 400L 이상, 방화복(또는 방열복) 5벌 이상, 삽 및 곡괭이 각 5개 이상

나) 유출한 위험물을 처리하기 위한 기자재 및 응급조치를 위한 기자재

16. 비상전원

운전상태의 감시장치·안전제어장치·압력안전장치·누설검지장치·긴급차단밸브·소화설비 및 경보설비에는 상용전원이 고장인 경우에 자동적으로 작동할 수 있는 비상전원을 설치하여야 한다.

17. 접지 등

가. 배관계에는 안전상 필요에 따라 접지 등의 설비를 할 것

나. 배관계는 안전상 필요에 따라 지지물 그 밖의 구조물로부터 <u>전열을 차단할 것</u>

다. 배관계에는 안전상 필요에 따라 <u>전열차단용 접속을</u> 할 것

라. 피뢰설비의 접지장소에 근접하여 배관을 설치하는 경우에는 <u>전열차단을</u> 위하여 필요한 조치를 할 것

18. 피뢰설비

이송취급소(위험물을 이송하는 배관등의 부분을 제외한다)에는 피뢰설비를 설치하여야 한다. 다만, 주위의 상황에 의하여 안전상 지장이 없는 경우에는 그러하지 하지 아니하다.

19. 전기설비

이송취급소에 설치하는 전기설비는 「전기사업법」에 의한 전기설비기술기준에 의하여야 한다.

20. 표지 및 게시판

가. 이송취급소(위험물을 이송하는 배관등의 부분을 제외한다)에는 별표 4 Ⅲ제1호의 기준에 따라 보기 쉬운 곳에 "위험물 이송취급소"라는 표시를 한 표지와 동표 Ⅲ제2호의 기준에 따라 방화에 관하여 필요한 사항을 게시한 게시판을 설치하여야 한다.

나. 배관의 경로에는 소방청장이 정하여 고시하는 바에 따라 위치표지·주의표시 및 주의표지를 설치하여야 한다.

21. 안전설비의 작동시험

안전설비로서 소방청장이 정하여 고시하는 것은 소방청장이 정하여 고시하는 방법에 따라 시험을 실시하여 정상으로 작동하는 것이어야 한다.

22. 선박에 관계된 배관계의 안전설비 등

위험물을 선박으로부터 이송하거나 선박에 이송하는 경우의 배관계의 안전설비 등에 있어서 제7호 내지 제21호의 규정에 의하는 것이 현저히 곤란한 경우에는 다른 안전조치를 강구할 수 있다.

23. 펌프 등

펌프 및 그 부속설비(이하 "펌프등"이라 한다)를 설치하는 경우에는 다음 각목의 기준에 의하여야 한다.

가. 펌프등(펌프를 펌프실 내에 설치한 경우에는 당해 펌프실을 말한다. 이하 나목에서 같다)은 그 주위에 다음 표에 의한 공지를 보유할 것. 다만, 벽·기둥 및 보를 내화구조로 하고 지붕을 폭발력이 위로 방출될 정도의 가벼운 불연재료로 한 펌프실에 펌프를 설치한 경우에는 다음 표에 의한 공지의 너비의 3분의 1로 할 수 있다.

배관의 최대상용압력	거리
0.3MPa 미만	5m 이상
0.3MPa 이상 1MPa 미만	9m 이상
1MPa 이상	15m 이상

나. 펌프등은 Ⅲ제5호나목의 규정에 준하여 그 주변에 안전거리를 둘 것. 다만, 위험물의 유출확산을 방지할 수 있는 방화상 유효한 담 등의 공작물을 주위상황에 따라 설치하는 등 안전상 필요한 조치를 하는 경우에는 그러하지 아니하다.

다. 펌프는 견고한 기초 위에 고정하여 설치할 것

라. 펌프를 설치하는 펌프실은 다음의 기준에 적합하게 할 것

1) 불연재료의 구조로 할 것. 이 경우 지붕은 폭발력이 위로 방출될 정도의 가벼운 불연재료이어야 한다.

2) 창 또는 출입구를 설치하는 경우에는 갑종방화문 또는 을종방화문으로 할 것

3) 창 또는 출입구에 유리를 이용하는 경우에는 망입유리로 할 것

4) 바닥은 위험물이 침투하지 아니하는 구조로 하고 그 주변에 높이 20cm 이상의 턱을 설치할 것

5) 누설한 위험물이 외부로 유출되지 아니하도록 바닥은 적당한 경사를 두고 그 최저부에 집유설비를 할 것

6) 가연성증기가 체류할 우려가 있는 펌프실에는 배출설비를 할 것

7) 펌프실에는 위험물을 취급하는데 필요한 채광·조명 및 환기 설비를 할 것

마. 펌프등을 옥외에 설치하는 경우에는 다음의 기준에 의할 것

1) 펌프등을 설치하는 부분의 지반은 위험물이 침투하지 아니하는 구조로 하고 그 주위에는 높이 15cm 이상의 턱을 설치할 것

2) 누설한 위험물이 외부로 유출되지 아니하도록 배수구 및 집유설비를 설치할 것

24. 피그장치

피그장치를 설치하는 경우에는 다음 각목의 기준에 의하여야 한다.

가. 피그장치는 배관의 강도와 동등 이상의 강도를 가질 것

나. 피그장치는 당해 장치의 내부압력을 안전하게 방출할 수 있고 내부압력을 방출한 후가 아니면 피그를 삽입하거나 배출할 수 없는 구조로 할 것

다. 피그장치는 배관 내에 이상응력이 발생하지 아니하도록 설치할 것

라. 피그장치를 설치한 장소의 바닥은 위험물이 침투하지 아니하는 구조로 하고 누설한 위험물이 외부로 유출되지 아니하도록 배수구 및 집유설비를 설치할 것

마. 피그장치의 주변에는 너비 3m 이상의 공지를 보유할 것. 다만, 펌프실내에 설치하는 경우에는 그러하지 아니하다.

25. 밸브

교체밸브·제어밸브 등은 다음 각목의 기준에 의하여 설치하여야 한다.

가. 밸브는 원칙적으로 이송기지 또는 전용부지내에 설치할 것

나. 밸브는 그 개폐상태가 당해 밸브의 설치장소에서 쉽게 확인할 수 있도록 할 것

다. 밸브를 지하에 설치하는 경우에는 점검상자 안에 설치할 것

라. 밸브는 당해 밸브의 관리에 관계하는 자가 아니면 수동으로 개폐할 수 없도록 할 것

26. 위험물의 주입구 및 배출구

위험물의 주입구 및 배출구는 다음 각목의 기준에 의하여야 한다.

가. 위험물의 주입구 및 배출구는 화재예방상 지장이 없는 장소에 설치할 것
나. 위험물의 주입구 및 배출구는 위험물을 주입하거나 배출하는 호스 또는 배관과 결합이 가능하고 위험물의 유출이 없도록 할 것
다. 위험물의 주입구 및 배출구에는 위험물의 주입구 또는 배출구가 있다는 내용과 화재예방과 관련된 주의사항을 표시한 게시판을 설치할 것
라. 위험물의 주입구 및 배출구에는 개폐가 가능한 밸브를 설치할 것

27. 이송기지의 안전조치
가. 이송기지의 구내에는 관계자 외의 자가 함부로 출입할 수 없도록 경계표시를 할 것. 다만, 주위의 상황에 의하여 관계자 외의 자가 출입할 우려가 없는 경우에는 그러하지 아니하다.
나. 이송기지에는 다음의 기준에 의하여 당해 이송기지 밖으로 위험물이 유출되는 것을 방지할 수 있는 조치를 할 것
1) 위험물을 취급하는 시설(지하에 설치된 것을 제외한다)은 이송기지의 부지경계선으로부터 당해 배관의 최대상용압력에 따라 다음 표에 정한 거리(「국토의 계획 및 이용에 관한 법률」에 의한 전용공업지역 또는 공업지역에 설치하는 경우에는 당해 거리의 3분의 1의 거리)를 둘 것

배관의 최대상용압력	거리
0.3MPa 미만	5m 이상
0.3MPa 이상 1MPa 미만	9m 이상
1MPa 이상	15m 이상

2) 제4류 위험물(온도 20℃의 물 100g에 용해되는 양이 1g미만인 것에 한한다)을 취급하는 장소에는 누설한 위험물이 외부로 유출되지 아니하도록 유분리장치를 설치할 것
3) 이송기지의 부지경계선에 높이 50cm 이상의 방유제를 설치할 것

Ⅴ. 이송취급소의 기준의 특례

1. 위험물을 이송하기 위한 배관의 연장(당해 배관의 기점 또는 종점이 2 이상인 경우에는 임의의 기점에서 임의의 종점까지의 당해 배관의 연장 중 최대의 것을 말한다. 이하 같다)이 15km를 초과하거나 위험물을 이송하기 위한 배관에 관계된 최대상용압력이 950KPa 이상이고 위험물을 이송하기 위한 배관의 연장이 7km 이상인 것(이하 "특정이송취급소"라 한다)이 아닌 이송취급소에 대하여는 Ⅳ 제7호 가목, Ⅳ 제8호 가목, Ⅳ 제10호 가목2) 및 3)과 제13호의 규정은 적용하지 아니한다.
2. Ⅳ 제9호 가목의 규정은 유격작용등에 의하여 배관에 생긴 응력이 주하중에 대한 허용응력도를 초과하지 아니하는 배관계로서 특정이송취급소 외의 이송취급소에 관계된

것에는 적용하지 아니한다.

3. Ⅳ 제10호 나목의 규정은 위험물을 이송하기 위한 배관에 관계된 최대상용압력이 1MPa 미만이고 안지름이 100mm 이하인 배관으로서 특정이송취급소 외의 이송취급소에 관계된 것에는 적용하지 아니한다.
4. 특정이송취급소 외의 이송취급소에 설치된 배관의 긴급차단밸브는 Ⅳ제11호나목1)의 규정에 불구하고 현지조작에 의하여 폐쇄하는 기능이 있는 것으로 할 수 있다. 다만, 긴급차단밸브가 다음 각목의 1에 해당하는 배관에 설치된 경우에는 그러하지 아니하다.
   가. 「하천법」 제7조제2항에 따른 국가하천·하류부근에 「수도법」 제3조제17호에 따른 수도시설(취수시설에 한한다)이 있는 하천 또는 계획하폭이 50m 이상인 하천으로서 위험물이 유입될 우려가 있는 하천을 횡단하여 설치된 배관
   나. 해상·해저·호소등을 횡단하여 설치된 배관
   다. 산 등 경사가 있는 지역에 설치된 배관
   라. 철도 또는 도로 중 산이나 언덕을 절개하여 만든 부분을 횡단하여 설치된 배관
5. 제1호 내지 제4호에 규정하지 아니한 것으로서 특정이송취급소가 아닌 이송취급소의 기준의 특례에 관하여 필요한 사항은 소방청장이 정하여 고시 할 수 있다.

제40조(일반취급소의 기준)

법 제5조제4항의 규정에 의한 제조소등의 위치·구조 및 설비의 기준 중 일반취급소에 관한 것은 별표 16과 같다.

위험물안전관리법 시행규칙 [별표 16] 〈개정 2021. 7. 13.〉

일반취급소의 위치·구조 및 설비의 기준 (제40조관련)

Ⅰ. 일반취급소의 기준

1. 별표 4 Ⅰ부터 Ⅹ까지의 규정은 일반취급소의 위치·구조 및 설비의 기술기준에 대하여 준용한다.
2. 제1호에도 불구하고 다음 각 목에 정하는 일반취급소에 대하여는 각각 Ⅱ부터 Ⅹ까지의 규정 및 Ⅹ의2에서 정한 특례에 의할 수 있다.
   가. 도장, 인쇄 또는 도포를 위하여 제2류 위험물 또는 제4류 위험물(특수인화물을 제외한다)을 취급하는 일반취급소로서 지정수량의 30배 미만의 것(위험물을 취급하는 설비를 건축물에 설치하는 것에 한하며, 이하 "분무도장작업등의 일반취급소"라 한다)
   나. 세정을 위하여 위험물(인화점이 40℃ 이상인 제4류 위험물에 한한다)을 취급하는

일반취급소로서 지정수량의 30배 미만의 것(위험물을 취급하는 설비를 건축물에 설치하는 것에 한하며, 이하 "세정작업의 일반취급소"라 한다)

다. 열처리작업 또는 방전가공을 위하여 위험물(인화점이 70℃ 이상인 제4류 위험물에 한한다)을 취급하는 일반취급소로서 지정수량의 30배 미만의 것(위험물을 취급하는 설비를 건축물에 설치하는 것에 한하며, 이하 "열처리작업 등의 일반취급소"라 한다)

라. 보일러, 버너 그 밖의 이와 유사한 장치로 위험물(인화점이 38℃ 이상인 제4류 위험물에 한한다)을 소비하는 일반취급소로서 지정수량의 30배 미만의 것(위험물을 취급하는 설비를 건축물에 설치하는 것에 한하며, 이하 "보일러등으로 위험물을 소비하는 일반취급소"라 한다)

마. 이동저장탱크에 액체위험물(알킬알루미늄등, 아세트알데히드등 및 히드록실아민등을 제외한다. 이하 이 호에서 같다)을 주입하는 일반취급소(액체위험물을 용기에 옮겨 담는 취급소를 포함하며, 이하 "충전하는 일반취급소"라 한다)

바. 고정급유설비에 의하여 위험물(인화점이 38℃ 이상인 제4류 위험물에 한한다)을 용기에 옮겨 담거나 4,000L 이하의 이동저장탱크(용량이 2,000L를 넘는 탱크에 있어서는 그 내부를 2,000L 이하마다 구획한 것에 한한다)에 주입하는 일반취급소로서 지정수량의 40배 미만인 것(이하 "옮겨 담는 일반취급소"라 한다)

사. 위험물을 이용한 유압장치 또는 윤활유 순환장치를 설치하는 일반취급소(고인화점 위험물만을 100℃ 미만의 온도로 취급하는 것에 한한다)로서 지정수량의 50배 미만의 것(위험물을 취급하는 설비를 건축물에 설치하는 것에 한하며, 이하 "유압장치등을 설치하는 일반취급소"라 한다)

아. 절삭유의 위험물을 이용한 절삭장치, 연삭장치 그 밖의 이와 유사한 장치를 설치하는 일반취급소(고인화점 위험물만을 100℃ 미만의 온도로 취급하는 것에 한한다)로서 지정수량의 30배 미만의 것(위험물을 취급하는 설비를 건축물에 설치하는 것에 한하며, 이하 "절삭장치등을 설치하는 일반취급소"라 한다)

자. 위험물 외의 물건을 가열하기 위하여 위험물(고인화점 위험물에 한한다)을 이용한 열매체유(열 전달에 이용하는 합성유) 순환장치를 설치하는 일반취급소로서 지정수량의 30배 미만의 것(위험물을 취급하는 설비를 건축물에 설치하는 것에 한하며, 이하 "열매체유 순환장치를 설치하는 일반취급소"라 한다)

차. 화학실험을 위하여 위험물을 취급하는 일반취급소로서 지정수량의 30배 미만의 것(위험물을 취급하는 설비를 건축물에 설치하는 것만 해당하며, 이하 "화학실험의 일반취급소"라 한다)

3. 제1호 및 제2호의 규정에 불구하고 고인화점 위험물만을 XI의 규정에 의한 바에 따라 취급하는 일반취급소에 있어서는 XI에 정하는 특례에 의할 수 있다.

4. 알킬알루미늄등, 아세트알데히드등 또는 히드록실아민등을 취급하는 일반취급소는 제1호의 규정에 의하되, 당해 위험물의 성질에 따라 강화되는 기준은 제XII의 규정에 의하여야 한다.
5. 제1호의 규정에 불구하고 발전소·변전소·개폐소 그 밖에 이에 준하는 장소(이하 이 호에서 "발전소등"이라 한다)에 설치되는 일반취급소에 대하여는 I 제1호의 규정에 의하여 준용되는 별표 4 I·II·IV 및 VII의 규정을 적용하지 아니하며, 발전소등에 설치되는 변압기·반응기·전압조정기·유입(油入)개폐기·차단기·유입콘덴서·유입케이블 및 이에 부속된 장치로서 기기의 냉각 또는 전열차단을 위한 유류를 내장하여 사용하는 것에 대하여는 I 제1호의 규정에 의하여 준용되는 별표 4의 규정을 적용하지 아니한다.

II. 분무도장작업등의 일반취급소의 특례

I 제2호 가목의 일반취급소 중 그 위치·구조 및 설비가 다음 각호의 규정에 의한 기준에 적합한 것에 대하여는 I 제1호의 규정에 의하여 준용되는 별표 4 I·II·IV·V 및 VI의 규정은 적용하지 아니한다.

1. 건축물 중 일반취급소의 용도로 사용하는 부분에 지하층이 없을 것
2. 건축물 중 일반취급소의 용도로 사용하는 부분은 벽·기둥·바닥·보 및 지붕(상층이 있는 경우에는 상층의 바닥)을 내화구조로 하고, 출입구 외의 개구부가 없는 두께 70mm 이상의 철근콘크리트조 또는 이와 동등 이상의 강도가 있는 구조의 바닥 또는 벽으로 당해 건축물의 다른 부분과 구획될 것
3. 건축물 중 일반취급소의 용도로 사용하는 부분에는 창을 설치하지 아니할 것
4. 건축물 중 일반취급소의 용도로 사용하는 부분의 출입구에는 갑종방화문을 설치하되, 연소의 우려가 있는 외벽 및 당해 부분 외의 부분과의 격벽에 있는 출입구에는 수시로 열 수 있는 자동폐쇄식의 것으로 할 것
5. 액상의 위험물을 취급하는 건축물 중 일반취급소의 용도로 사용하는 부분의 바닥은 위험물이 침투하지 아니하는 구조로 하고, 적당한 경사를 두어 집유설비를 설치할 것
6. 건축물 중 일반취급소의 용도로 사용하는 부분에는 위험물을 취급하는데 필요한 채광·조명 및 환기의 설비를 설치할 것
7. 가연성의 증기 또는 가연성의 미분이 체류할 우려가 있는 일반취급소의 용도로 사용하는 부분에는 그 증기 또는 미분을 옥외의 높은 곳으로 배출하는 설비를 설치할 것
8. 환기설비 및 배출설비에는 방화상 유효한 댐퍼 등을 설치할 것

III. 세정작업의 일반취급소의 특례

1. I 제2호 나목의 일반취급소 중 그 위치·구조 및 설비가 다음 각목에 정하는 기준에 적합

한 것에 대하여는 Ⅰ 제1호의 규정에 의하여 준용되는 별표 4 Ⅰ·Ⅱ·Ⅳ·Ⅴ 및 Ⅵ의 규정은 적용하지 아니한다.

가. 위험물을 취급하는 탱크(용량이 지정수량의 5분의 1 미만인 것을 제외한다)의 주위에는 별표 4 Ⅸ 제1호 나목1)의 규정을 준용하여 방유턱을 설치할 것

나. 위험물을 가열하는 설비에는 위험물의 과열을 방지할 수 있는 장치를 설치 할 것

다. Ⅱ 각호의 기준에 적합할 것

2. Ⅰ 제2호 나목의 일반취급소 중 지정수량의 10배 미만의 것으로서 그 위치·구조 및 설비가 다음 각목에 정하는 기준에 적합한 것에 대하여는 Ⅰ 제1호의 규정에 의하여 준용되는 별표 4 Ⅰ·Ⅱ·Ⅳ·Ⅴ 및 Ⅵ의 규정은 적용하지 아니한다.

가. 일반취급소는 벽·기둥·바닥·보 및 지붕이 불연재료로 되어 있고, 천장이 없는 단층 건축물에 설치할 것

나. 위험물을 취급하는 설비(위험물을 이송하기 위한 배관을 제외한다)는 바닥에 고정하고, 당해 설비의 주위에 너비 3m 이상의 공지를 보유할 것. 다만, 당해 설비로부터 3m 미만의 거리에 있는 건축물의 벽(수시로 열 수 있는 자동폐쇄식의 갑종방화문이 달려 있는 출입구 외의 개구부가 없는 것에 한한다) 및 기둥이 내화구조인 경우에는 당해 설비에서 당해 벽 및 기둥까지의 공지를 보유하는 것으로 할 수 있다.

다. 건축물 중 일반취급소의 용도로 사용하는 부분(나목의 공지를 포함한다. 이하 바목에서 같다)의 바닥은 위험물이 침투하지 아니하는 구조로 하고 적당한 경사를 두어 집유설비를 설치하는 한편, 집유설비 및 당해 바닥의 주위에 배수구를 설치할 것

라. 위험물을 취급하는 설비는 당해 설비의 내부에서 발생한 가연성의 증기 또는 가연성의 미분이 당해 설비의 외부에 확산하지 아니하는 구조로 할 것. 다만, 그 증기 또는 미분을 직접 옥외의 높은 곳으로 유효하게 배출할 수 있는 설비를 설치하는 경우에는 그러하지 아니하다.

마. 라목 단서의 설비에는 방화상 유효한 댐퍼 등을 설치할 것

바. Ⅱ 제6호 내지 제8호, 제1호 가목 및 나목의 기준에 적합할 것

Ⅳ. 열처리작업등의 일반취급소의 특례

1. Ⅰ 제2호 다목의 일반취급소 중 그 위치·구조 및 설비가 다음 각목에 정하는 기준에 적합한 것에 대하여는 Ⅰ 제1호의 규정에 의하여 준용되는 별표 4 Ⅰ·Ⅱ·Ⅳ·Ⅴ 및 Ⅵ의 규정은 적용하지 아니한다.

가. 건축물 중 일반취급소의 용도로 사용하는 부분은 벽·기둥·바닥 및 보를 내화구조로 하고, 출입구 외의 개구부가 없는 두께 70mm 이상의 철근콘크리트조 또는 이와 동등 이상의 강도가 있는 구조의 바닥 또는 벽으로 당해 건축물의 다른 부분과 구획될 것

나. 건축물 중 일반취급소의 용도로 사용하는 부분은 상층이 있는 경우에 있어서는 상층의 바닥을 내화구조로 하고, 상층이 없는 경우에 있어서는 지붕을 불연재료로 할 것

다. 건축물 중 일반취급소의 용도로 사용하는 부분에는 위험물이 위험한 온도에 이르는 것을 경보할 수 있는 장치를 설치할 것

라. Ⅱ(제2호를 제외한다)의 기준에 적합할 것

2. Ⅰ 제2호 다목의 일반취급소 중 지정수량의 10배 미만의 것으로서 그 위치·구조 및 설비가 다음 각목에 정하는 기준에 적합한 것에 대하여는 Ⅰ 제1호의 규정에 의하여 준용되는 별표 4 Ⅰ·Ⅱ·Ⅳ·Ⅴ 및 Ⅵ의 규정은 적용하지 아니한다.

가. 위험물을 취급하는 설비(위험물을 이송하기 위한 배관을 제외한다)는 바닥에 고정하고, 당해 설비의 주위에 너비 3m 이상의 공지를 보유할 것. 다만, 당해 설비로부터 3m 미만의 거리에 있는 건축물의 벽(수시로 열 수 있는 자동폐쇄식의 갑종방화문이 달려 있는 출입구 외의 개구부가 없는 것에 한한다) 및 기둥이 내화구조인 경우에는 당해 설비에서 당해 벽 및 기둥까지의 공지를 보유하는 것으로 할 수 있다.

나. 건축물 중 일반취급소의 용도로 사용하는 부분(가목의 공지를 포함한다. 이하 다목에서 같다)의 바닥은 위험물이 침투하지 아니하는 구조로 하고 적당한 경사를 두어 집유설비를 설치하는 한편, 집유설비 및 당해 바닥의 주위에 배수구를 설치할 것

다. Ⅱ 제6호 내지 제8호, Ⅲ 제2호 가목 및 제1호 다목의 기준에 적합할 것

Ⅴ. 보일러등으로 위험물을 소비하는 일반취급소의 특례

1. Ⅰ 제2호 라목의 일반취급소 중 그 위치·구조 및 설비가 다음 각목에 정하는 기준에 적합한 것에 대하여는 Ⅰ 제1호의 규정에 의하여 준용되는 별표 4 Ⅰ·Ⅱ·Ⅳ·Ⅴ 및 Ⅵ의 규정은 적용하지 아니한다.

가. Ⅱ 제3호 내지 제8호 및 Ⅳ 제1호 가목 및 나목의 규정에 의한 기준에 적합할 것

나. 건축물 중 일반취급소의 용도로 제공하는 부분에는 지진시 및 정전시 등의 긴급시에 보일러, 버너 그 밖에 이와 유사한 장치(비상용전원과 관련되는 것을 제외한다)에 대한 위험물의 공급을 자동적으로 차단하는 장치를 설치할 것

다. 위험물을 취급하는 탱크는 그 용량의 총계를 지정수량 미만으로 하고, 당해 탱크(용량이 지정수량의 5분의 1 미만의 것을 제외한다)의 주위에 별표 4 Ⅸ 제1호 나목1)의 규정을 준용하여 방유턱을 설치할 것

2. Ⅰ 제2호 라목의 일반취급소 중 지정수량의 10배 미만의 것으로서 그 위치·구조 및 설비가 다음 각목에 정하는 기준에 적합한 것에 대하여는 Ⅰ 제1호의 규정에 의하여 준용되는 별표 4 Ⅰ·Ⅱ·Ⅳ·Ⅴ 및 Ⅵ의 규정은 적용하지 아니한다.

가. 위험물을 취급하는 설비(위험물을 이송하기 위한 배관을 제외한다)는 바닥에 고정하고, 당해 설비의 주위에 너비 3m 이상의 공지를 보유할 것. 다만, 당해 설비로부

터 3m 미만의 거리에 있는 건축물의 벽(수시로 열 수 있는 자동폐쇄식의 갑종방화문이 달려 있는 출입구 외의 개구부가 없는 것에 한한다) 및 기둥이 내화구조인 경우에는 당해 설비에서 당해 벽 및 기둥까지의 공지를 보유하는 것으로 할 수 있다.

나. 건축물 중 일반취급소의 용도로 사용하는 부분(가목의 공지를 포함한다. 이하 다목에서 같다)의 바닥은 위험물이 침투하지 아니하는 구조로 하고 적당한 경사를 두는 한편, 집유설비 및 당해 바닥의 주위에 배수구를 설치할 것

다. Ⅱ 제6호 내지 제8호, Ⅲ 제2호 가목, 제1호 나목 및 다목의 기준에 적합할 것

3. Ⅰ 제2호 라목의 일반취급소 중 지정수량의 10배 미만의 것으로서 그 위치·구조 및 설비가 다음 각목의 규정에 의한 기준에 적합한 것에 대하여는 Ⅰ 제1호의 규정에 의하여 준용되는 별표 4 Ⅰ·Ⅱ·Ⅳ·Ⅴ·Ⅵ·Ⅷ 및 Ⅸ 제1호 나목의 규정은 적용하지 아니한다.

가. 일반취급소는 벽·기둥·바닥·보 및 지붕이 내화구조인 건축물의 옥상에 설치할 것

나. 위험물을 취급하는 설비(위험물을 이송하기 위한 배관을 제외한다)는 옥상에 고정할 것

다. 위험물을 취급하는 설비(위험물을 취급하는 탱크 및 위험물을 이송하기 위한 배관을 제외한다)는 큐비클식(강판으로 만들어진 보호상자에 수납되어 있는 방식을 말한다)의 것으로 하고, 당해 설비의 주위에 높이 0.15m 이상의 방유턱을 설치할 것

라. 다목의 설비의 내부에는 위험물을 취급하는데 필요한 채광·조명 및 환기의 설비를 설치할 것

마. 위험물을 취급하는 탱크는 그 용량의 총계를 지정수량 미만으로 할 것

바. 옥외에 있는 위험물을 취급하는 탱크의 주위에는 별표 4 Ⅸ 제1호 나목1)의 규정을 준용하여 높이 0.15m 이상의 방유턱을 설치할 것

사. 다목 및 바목의 방유턱의 주위에 너비 3m 이상의 공지를 보유할 것. 다만, 당해 설비로부터 3m 미만의 거리에 있는 건축물의 벽(수시로 열 수 있는 자동폐쇄식의 갑종방화문이 달려 있는 출입구 외의 개구부가 없는 것에 한한다) 및 기둥이 내화구조인 경우에는 당해 설비에서 당해 벽 및 기둥까지의 공지를 보유하는 것으로 할 수 있다.

아. 다목 및 바목의 방유턱의 내부는 위험물이 침투하지 아니하는 구조로 하고, 적당한 경사를 두어 집유설비를 설치할 것. 이 경우 위험물이 직접 배수구에 유입하지 아니하도록 집유설비에 유분리장치를 설치하여야 한다.

자. 옥내에 있는 위험물을 취급하는 탱크는 다음의 기준에 적합한 탱크전용실에 설치할 것

1) 별표 7 Ⅰ 제1호 너목 내지 머목의 기준을 준용할 것

2) 탱크전용실은 바닥을 내화구조로 하고, 벽·기둥 및 보를 불연재료로 할 것

3) 탱크전용실에는 위험물을 취급하는데 필요한 채광·조명 및 환기의 설비를 설치할 것

4) 가연성의 증기 또는 가연성의 미분이 체류할 우려가 있는 탱크전용실에는 그 증

기 또는 미분을 옥외의 높은 곳으로 배출하는 설비를 설치할 것

5) 위험물을 취급하는 탱크의 주위에는 별표 4 Ⅸ 제1호 나목1)의 규정을 준용하여 방유턱을 설치하거나 탱크전용실의 출입구의 턱의 높이를 높게 할 것

차. 환기설비 및 배출설비에는 방화상 유효한 댐퍼 등을 설치할 것

카. 제1호 나목의 기준에 적합할 것

Ⅵ. 충전하는 일반취급소의 특례

Ⅰ 제2호 마목의 일반취급소 중 그 위치·구조 및 설비가 다음 각호의 규정에 의한 기준에 적합한 것에 대하여는 Ⅰ 제1호의 규정에 의하여 준용되는 별표 4 Ⅳ 제2호 내지 제6호·Ⅴ·Ⅵ 및 Ⅶ의 규정은 적용하지 아니한다.

1. 건축물을 설치하는 경우에 있어서 당해 건축물은 벽·기둥·바닥·보 및 지붕을 내화구조 또는 불연재료로 하고, 창 및 출입구에 갑종방화문 또는 을종방화문을 설치하여야 한다.
2. 제1호의 건축물의 창 또는 출입구에 유리를 설치하는 경우에는 망입유리로 하여야 한다.
3. 제1호의 건축물의 2 방향 이상은 통풍을 위하여 벽을 설치하지 아니하여야 한다.
4. 위험물을 이동저장탱크에 주입하기 위한 설비(위험물을 이송하는 배관을 제외한다)의 주위에 필요한 공지를 보유하여야 한다.
5. 위험물을 용기에 옮겨 담기 위한 설비를 설치하는 경우에는 당해 설비(위험물을 이송하는 배관을 제외한다)의 주위에 필요한 공지를 제4호의 공지 외의 장소에 보유하여야 한다.
6. 제4호 및 제5호의 공지는 그 지반면을 주위의 지반면보다 높게 하고, 그 표면에 적당한 경사를 두며, 콘크리트 등으로 포장하여야 한다.
7. 제4호 및 제5호의 공지에는 누설한 위험물 그 밖의 액체가 당해 공지 외의 부분에 유출하지 아니 하도록 집유설비 및 주위에 배수구를 설치하여야 한다. 이 경우 제4류 위험물(온도 20℃의 물 100g에 용해되는 양이 1g미만인 것에 한한다)을 취급하는 공지에 있어서는 집유설비에 유분리장치를 설치하여야 한다.

Ⅶ. 옮겨 담는 일반취급소의 특례

Ⅰ 제2호 바목의 일반취급소 중 그 위치·구조 및 설비가 다음 각호의 규정에 의한 기준에 적합한 것에 대하여는 Ⅰ 제1호의 규정에 의하여 준용되는 별표 4 Ⅰ·Ⅱ·Ⅳ·Ⅴ 내지 Ⅶ·Ⅷ(제5호를 제외한다) 및 Ⅸ의 규정은 적용하지 아니한다.

1. 일반취급소에는 고정급유설비 중 호스기기의 주위(현수식의 고정급유설비에 있어서는 호스기기의 아래)에 용기에 옮겨 담거나 탱크에 주입하는데 필요한 공지를 보유하여야 한다.
2. 제1호의 공지는 그 지반면을 주위의 지반면보다 높게 하고, 그 표면에 적당한 경사를 두

며, 콘크리트등으로 포장하여야 한다.

3. 제1호의 공지에는 누설한 위험물 그 밖의 액체가 당해 공지 외의 부분에 유출하지 아니하도록 배수구 및 유분리장치를 설치하여야 한다.
4. 일반취급소에는 고정급유설비에 접속하는 용량 40,000 L 이하의 지하의 전용탱크(이하 "지하전용탱크"라 한다)를 지반면하에 매설하는 경우 외에는 위험물을 취급하는 탱크를 설치하지 아니하여야 한다.
5. 지하전용탱크의 위치·구조 및 설비는 별표 8 Ⅰ[제5호·제10호(게시판에 관한 부분에 한한다)·제11호·제14호를 제외한다]·별표 8 Ⅱ[별표 8 Ⅰ 제5호·제10호(게시판에 관한 부분에 한한다)·제11호·제14호를 제외한다] 또는 별표 8 Ⅲ[별표 8 Ⅰ 제5호·제10호(게시판에 관한 부분에 한한다)·제11호·제14호를 제외한다]의 규정에 의한 지하저장탱크의 위치·구조 및 설비의 기준을 준용하여야 한다.
6. 고정급유설비에 위험물을 주입하기 위한 배관은 당해 고정급유설비에 접속하는 지하전용탱크로부터의 배관만으로 하여야 한다.
7. 고정급유설비는 별표 13 Ⅳ(제4호를 제외한다)의 규정에 의한 주유취급소의 고정주유설비 또는 고정급유설비의 기준을 준용하여야 한다.
8. 고정급유설비는 도로경계선으로부터 다음 표에 정하는 거리 이상, 건축물의 벽으로부터 2m(일반취급소의 건축물의 벽에 개구부가 없는 경우에는 당해 벽으로부터 1m) 이상, 부지경계선으로부터 1m 이상의 간격을 유지하여야 한다. 다만, 호스기기와 분리하여 별표 13 Ⅸ의 기준에 적합하고 벽·기둥·바닥·보 및 지붕(상층이 있는 경우에는 상층의 바닥)이 내화구조인 펌프실에 설치하는 펌프기기 또는 액중펌프기기에 있어서는 그러하지 아니하다.

고정급유설비의 구분		거리
현수식의 고정급유설비		4m
그 밖의 고정급유설비	고정급유설비에 접속되는 급유호스중 그 전체길이가 최대인 것의 전체길이(이하 이 표에서 "최대급유호스길이"라 한다)가 3m 이하의 것	4m
	최대급유호스길이가 3m 초과 4m 이하의 것	5m
	최대급유호스길이가 4m 초과 5m 이하의 것	6m

9. 현수식의 고정급유설비를 설치하는 일반취급소에는 당해 고정급유설비의 펌프기기를 정지하는 등에 의하여 지하전용탱크로부터의 위험물의 이송을 긴급히 중단할 수 있는 장치를 설치하여야 한다.
10. 일반취급소의 주위에는 높이 2m이상의 내화구조 또는 불연재료로 된 담 또는 벽을 설치하여야 한다. 이 경우 당해 일반취급소에 인접하여 연소의 우려가 있는 건축물이 있을 때에는 담 또는 벽을 별표 13 Ⅶ. 담 또는 벽의 제1호의 규정에 준하여 방화상 안전한 높

이로 하여야 한다.

11. 일반취급소의 출입구에는 갑종방화문 또는 을종방화문을 설치하여야 한다.
12. 펌프실 그 밖에 위험물을 취급하는 실은 별표 13 Ⅸ의 규정에 의한 주유취급소의 펌프실 그 밖에 위험물을 취급하는 실의 기준을 준용하여야 한다.
13. 일반취급소에 지붕, 캐노피 그 밖에 위험물을 옮겨 담는데 필요한 건축물(이하 이 호 및 제14호에서 "지붕등"이라 한다)을 설치하는 경우에는 지붕등은 불연재료로 하여야 한다.
14. 지붕등의 수평투영면적은 일반취급소의 부지면적의 3분의 1 이하이어야 한다.

Ⅷ. 유압장치등을 설치하는 일반취급소의 특례

1. Ⅰ제2호 사목의 일반취급소 중 그 위치·구조 및 설비가 다음 각목의 규정에 의한 기준에 적합한 것에 대하여는 Ⅰ제1호의 규정에 의하여 준용되는 별표 4 Ⅰ·Ⅱ·Ⅳ·Ⅴ·Ⅵ 및 Ⅷ 제6호·제7호의 규정은 적용하지 아니한다.
   가. 일반취급소는 벽·기둥·바닥·보 및 지붕이 불연재료로 만들어진 단층의 건축물에 설치할 것
   나. 건축물 중 일반취급소의 용도로 사용하는 부분은 벽·기둥·바닥·보 및 지붕을 불연재료로 하고, 연소의 우려가 있는 외벽은 출입구 외의 개구부가 없는 내화구조의 벽으로 할 것
   다. 건축물 중 일반취급소의 용도로 사용하는 부분의 창 및 출입구에는 갑종방화문 또는 을종방화문을 설치하고, 연소의 우려가 있는 외벽에 있는 출입구에는 수시로 열 수 있는 자동폐쇄식의 갑종방화문을 설치할 것
   라. 건축물 중 일반취급소의 용도로 사용하는 부분의 창 또는 출입구에 유리를 이용하는 경우에는 망입유리로 할 것
   마. 위험물을 취급하는 설비(위험물을 이송하기 위한 배관을 제외한다. 이하 제3호에서 같다)는 건축물 중 일반취급소의 용도로 사용하는 부분의 바닥에 견고하게 고정할 것
   바. 위험물을 취급하는 탱크(용량이 지정수량의 5분의 1 미만인 것을 제외한다)의 직하에는 별표 4 Ⅸ 제1호 나목1)의 규정을 준용하여 방유턱을 설치하거나 건축물 중 일반취급소의 용도로 사용하는 부분의 문턱의 높이를 높게 할 것
   사. Ⅱ제5호 내지 제8호의 기준에 적합할 것
2. Ⅰ제2호 사목의 일반취급소 중 그 위치·구조 및 설비가 다음의 각목의 규정에 의한 기준에 적합한 것에 대하여는 Ⅰ 제1호의 규정에 의하여 준용되는 별표 4 Ⅰ·Ⅱ·Ⅳ·Ⅴ·Ⅵ 및 Ⅷ제6호·제7호의 규정은 적용하지 아니한다.
   가. 건축물 중 일반취급소의 용도로 사용하는 부분은 벽·기둥·바닥 및 보를 내화구조로 할 것
   나. Ⅱ 제3호 내지 제8호, Ⅳ 제1호 나목 및 제1호 바목의 기준에 적합할 것

3. Ⅰ 제2호 사목의 일반취급소 중 지정수량의 30배 미만의 것으로서 그 위치·구조 및 설비가 다음 각목의 규정에 의한 기준에 적합한 것에 대하여는 Ⅰ 제1호의 규정에 의하여 준용되는 별표 4 Ⅰ·Ⅱ·Ⅳ·Ⅴ·Ⅵ 및 Ⅷ 제6호·제7호의 규정은 적용하지 아니한다.
   가. 위험물을 취급하는 설비는 바닥에 고정하고, 당해 설비의 주위에 너비 3m 이상의 공지를 보유할 것. 다만, 당해 설비로부터 3m 미만의 거리에 있는 건축물의 벽(수시로 열 수 있는 자동폐쇄식의 갑종방화문이 달려 있는 출입구 외의 개구부가 없는 것에 한한다) 및 기둥이 내화구조인 경우에는 당해 설비에서 당해 벽 및 기둥까지의 공지를 보유하는 것으로 할 수 있다.
   나. 건축물 중 일반취급소의 용도로 사용하는 부분(가목의 공지를 포함한다. 이하 라목에서 같다)의 바닥은 위험물이 침투하지 아니하는 구조로 하고, 적당한 경사를 두어 집유설비 및 당해 바닥의 주위에 배수구를 설치할 것
   다. 위험물을 취급하는 탱크(용량이 지정수량의 5분의 1 미만의 것을 제외한다)의 직하에는 별표 4 Ⅸ 제1호 나목1)의 규정을 준용하여 방유턱을 설치할 것
   라. Ⅱ 제6호 내지 제8호 및 Ⅲ 제2호 가목의 기준에 적합할 것

Ⅸ. 절삭장치등을 설치하는 일반취급소의 특례

1. Ⅰ 제2호 아목의 일반취급소 중 그 위치·구조 및 설비가 Ⅱ제1호 및 제3호 내지 제8호, Ⅳ제1호나목 및 Ⅷ제1호 바목·제2호가목의 규정에 의한 기준에 적합한 것에 대하여는 Ⅰ 제1호의 규정에 의하여 준용되는 별표 4 Ⅰ·Ⅱ·Ⅳ 및 Ⅷ제6호·제7호의 규정은 적용하지 아니한다.
2. Ⅰ제2호 아목의 일반취급소 중 지정수량의 10배 미만의 것으로서 그 위치·구조 및 설비가 다음 각목의 규정에 의한 기준에 적합한 것에 대하여는 Ⅰ제1호의 규정에 의하여 준용되는 별표 4 Ⅰ·Ⅱ·Ⅳ 및 Ⅷ제6호·제7호의 규정은 적용하지 아니한다.
   가. 위험물을 취급하는 설비(위험물을 이송하기 위한 배관을 제외한다)는 바닥에 고정하고, 당해 설비의 주위에 너비 3m 이상의 공지를 보유할 것. 다만, 당해 설비로부터 3m 미만의 거리에 있는 건축물의 벽(수시로 열 수 있는 자동폐쇄식의 갑종방화문이 달려 있는 출입구 외의 개구부가 없는 것에 한한다) 및 기둥이 내화구조인 경우에는 당해 설비에서 당해 벽 및 기둥까지의 공지를 보유하는 것으로 할 수 있다.
   나. 건축물 중 일반취급소의 용도로 사용하는 부분(가목의 공지를 포함한다. 이하 다목에서 같다)의 바닥은 위험물이 침투하지 아니하는 구조로 하고, 적당한 경사를 두어 집유설비 및 당해 바닥의 주위에 배수구를 설치할 것
   다. Ⅱ 제6호 내지 제8호, Ⅲ 제2호 가목 및 Ⅷ 제3호 다목의 기준에 적합할 것

X. 열매체유 순환장치를 설치하는 일반취급소의 특례

Ⅰ제2호 자목의 일반취급소 중 그 위치·구조 및 설비가 다음 각호의 규정에 의한 기준에 적합한 것에 대하여는 Ⅰ제1호의 규정에 의하여 준용되는 별표 4 Ⅰ·Ⅱ·Ⅳ·Ⅴ 및 Ⅵ의 규정은 적용하지 아니한다.

1. 위험물을 취급하는 설비는 위험물의 체적팽창에 의한 위험물의 누설을 방지할 수 있는 구조의 것으로 하여야 한다.
2. Ⅱ제1호·제3호 내지 제8호, Ⅲ제1호가목·나목 및 Ⅳ제1호 가목·나목의 규정에 의한 기준에 적합하여야 한다.

X의2. 화학실험의 일반취급소의 특례

Ⅰ제2호차목의 화학실험의 일반취급소 중 그 위치·구조 및 설비가 다음 각 호에 정한 기준에 적합한 것에 대해서는 Ⅰ제1호에 따라 준용되는 규정 중 별표 4 Ⅰ·Ⅱ·Ⅳ·Ⅴ·Ⅵ·Ⅶ·Ⅷ(제5호는 제외한다)·Ⅸ 및 Ⅹ의 규정은 준용하지 아니한다.

1. 화학실험의 일반취급소는 벽·기둥·바닥 및 보가 내화구조인 건축물의 지하층 외의 층에 설치할 것
2. 건축물 중 화학실험의 일반취급소의 용도로 사용하는 부분은 벽·기둥·바닥·보 및 지붕(상층이 있는 경우에는 상층의 바닥)을 내화구조로 하고, 벽에 설치하는 창 또는 출입구에 관한 기준은 다음 각 목의 기준에 모두 적합할 것
   가. 해당 건축물의 다른 용도 부분(복도를 제외한다)과 구획하는 벽에는 창 또는 출입구를 설치하지 않을 것
   나. 해당 건축물의 복도 또는 외부와 구획하는 벽에 설치하는 창은 망입유리 또는 방화유리로 하고, 출입구에는 수시로 열 수 있는 자동폐쇄식의 갑종방화문을 설치할 것
3. 건축물 중 화학실험의 일반취급소의 용도로 사용하는 부분에는 위험물을 취급하는데 필요한 채광·조명 및 환기를 위한 설비를 설치할 것
4. 가연성의 증기 또는 가연성의 미분이 체류할 우려가 있는 화학실험의 일반취급소의 용도로 사용하는 부분에는 그 증기 또는 미분을 옥외의 높은 곳으로 배출하는 설비를 설치하고, 배출덕트가 관통하는 벽부분의 바로 가까이에 화재 시 자동으로 폐쇄되는 방화댐퍼를 설치할 것
5. 위험물을 보관하는 설비는 외장을 불연재료로 하되, 제3류 위험물 중 자연발화성물질 또는 제5류 위험물을 보관하는 설비는 다음 각 목의 기준에 모두 적합한 것으로 할 것
   가. 외장을 금속재질로 할 것
   나. 보냉장치를 갖출 것
   다. 밀폐형 구조로 할 것

라. 문에 유리를 부착하는 경우에는 망입유리 또는 방화유리로 할 것

XI. 고인화점 위험물의 일반취급소의 특례

1. Ⅰ 제3호의 일반취급소 중 그 위치 및 구조가 별표 4 XI 각호의 규정에 의한 기준에 적합한 것에 대하여는 Ⅰ 제1호의 규정에 의하여 준용되는 별표 4 Ⅰ·Ⅱ·Ⅳ 제1호·제3호 내지 제5호·Ⅷ제6호·제7호 및 Ⅸ제1호나목2)에 의하여 준용하는 별표 6 Ⅸ 제1호 나목의 규정은 적용하지 아니한다.
2. Ⅰ 제3호의 일반취급소 중 충전하는 일반취급소로서 그 위치·구조 및 설비가 다음 각목의 규정에 의한 기준에 적합한 것에 대하여는 Ⅰ 제1호의 규정에 의하여 준용되는 별표 4 Ⅰ·Ⅱ·Ⅳ·Ⅴ 내지 Ⅶ·Ⅷ제6호·제7호 및 Ⅸ제1호나목2)에 의하여 준용하는 별표 6 Ⅸ제1호 나목의 규정은 적용하지 아니한다.
   가. 별표 4 XI제1호·제2호 및 Ⅵ제3호 내지 제7호의 규정에 의한 기준에 적합할것
   나. 건축물을 설치하는 경우에 있어서는 당해 건축물은 벽·기둥·바닥·보 및 지붕을 내화구조 또는 불연재료로 하고, 창 및 출입구에는 갑종방화문·을종방화문 또는 불연재료나 유리로 된 문을 설치할 것

XII. 위험물의 성질에 따른 일반취급소의 특례

1. 별표 4 XII제2호의 규정은 알킬알루미늄등을 취급하는 일반취급소에 대하여 강화되는 기준에 있어서 준용한다.
2. 별표 4 XII 제3호의 규정은 아세트알데히드등을 취급하는 일반취급소에 대하여 강화되는 기준에 있어서 준용한다.
3. 별표 4 XII제4호의 규정은 히드록실아민등을 취급하는 일반취급소에 대하여 강화되는 기준에 있어서 준용한다.

제41조(소화설비의 기준)

① 법 제5조제4항의 규정에 의하여 제조소등에는 화재발생시 소화가 곤란한 정도에 따라 그 소화에 적응성이 있는 소화설비를 설치하여야 한다.

② 제1항의 규정에 의한 소화가 곤란한 정도에 따른 소화난이도는 소화난이도등급Ⅰ, 소화난이도등급Ⅱ 및 소화난이도등급Ⅲ으로 구분하되, 각 소화난이도등급에 해당하는 제조소등의 규모, 저장 또는 취급하는 위험물의 품명 및 최대수량 등과 그에 따라 제조소등별로 설치하여야 하는 소화설비의 종류, 각 소화설비의 적응성 및 소화설비의 설치기준은 별표 17과 같다.

제42조(경보설비의 기준)

① 법 제5조제4항의 규정에 의하여 영 별표 1의 규정에 의한 지정수량의 10배 이상의 위험물

을 저장 또는 취급하는 제조소등(이동탱크저장소를 제외한다)에는 화재발생시 이를 알릴 수 있는 경보설비를 설치하여야 한다.

② 제1항에 따른 경보설비는 자동화재탐지설비 · 자동화재속보설비 · 비상경보설비(비상벨장치 또는 경종을 포함한다) · 확성장치(휴대용확성기를 포함한다) 및 비상방송설비로 구분하되, 제조소등별로 설치하여야 하는 경보설비의 종류 및 설치기준은 별표 17과 같다.

③ 자동신호장치를 갖춘 스프링클러설비 또는 물분무등소화설비를 설치한 제조소등에 있어서는 제2항의 규정에 의한 자동화재탐지설비를 설치한 것으로 본다.

제43조(피난설비의 기준)

① 법 제5조제4항의 규정에 의하여 주유취급소 중 건축물의 2층 이상의 부분을 점포 · 휴게음식점 또는 전시장의 용도로 사용하는 것과 옥내주유취급소에는 피난설비를 설치하여야 한다.

② 제1항의 규정에 의한 피난설비의 설치기준은 별표 17과 같다.

위험물안전관리법 시행규칙 [별표 17] 〈개정 2021. 7. 13.〉

소화설비, 경보설비 및 피난설비의 기준

(제41조제2항·제42조제2항 및 제43조제2항관련)

Ⅰ. 소화설비

1. 소화난이도등급 Ⅰ의 제조소등 및 소화설비

가. 소화난이도등급 Ⅰ에 해당하는 제조소등

제조소 등의 구분	제조소등의 규모, 저장 또는 취급하는 위험물의 품명 및 최대수량 등
제조소 일반취급소	연면적 1,000m^2 이상인 것
	지정수량의 100배 이상인 것(고인화점위험물만을 100℃ 미만의 온도에서 취급하는 것 및 제48조의 위험물을 취급하는 것은 제외)
	지반면으로부터 6m 이상의 높이에 위험물 취급설비가 있는 것(고인화점위험물만을 100℃ 미만의 온도에서 취급하는 것은 제외)
	일반취급소로 사용되는 부분 외의 부분을 갖는 건축물에 설치된 것(내화구조로 개구부 없이 구획 된 것, 고인화점위험물만을 100℃ 미만의 온도에서 취급하는 것 및 별표 16 Ⅹ의2의 화학실험의 일반취급소는 제외)
주유취급소	별표 13 Ⅴ제2호에 따른 면적의 합이 500m^2를 초과하는 것
암반탱크 저장소	액표면적이 40m^2 이상인 것(제6류 위험물을 저장하는 것 및 고인화점위험물만을 100℃ 미만의 온도에서 저장하는 것은 제외)
	고체위험물만을 저장하는 것으로서 지정수량의 100배 이상인 것

제조소 등의 구분	제조소등의 규모, 저장 또는 취급하는 위험물의 품명 및 최대수량 등
옥내저장소	지정수량의 150배 이상인 것(고인화점위험물만을 저장하는 것 및 제48조의 위험물을 저장하는 것은 제외)
	연면적 150m^{2}를 초과하는 것(150m^2 이내마다 불연재료로 개구부없이 구획된 것 및 인화성고체 외의 제2류 위험물 또는 인화점 70℃ 이상의 제4류 위험물만을 저장하는 것은 제외)
	처마높이가 6m 이상인 단층건물의 것
	옥내저장소로 사용되는 부분 외의 부분이 있는 건축물에 설치된 것(내화구조로 개구부없이 구획된 것 및 인화성고체 외의 제2류 위험물 또는 인화점 70℃ 이상의 제4류 위험물만을 저장하는 것은 제외)
옥외탱크 저장소	액표면적이 40m^2 이상인 것(제6류 위험물을 저장하는 것 및 고인화점위험물만을 100℃ 미만의 온도에서 저장하는 것은 제외)
	지반면으로부터 탱크 옆판의 상단까지 높이가 6m 이상인 것(제6류 위험물을 저장하는 것 및 고인화점위험물만을 100℃ 미만의 온도에서 저장하는 것은 제외)
	지중탱크 또는 해상탱크로서 지정수량의 100배 이상인 것(제6류 위험물을 저장하는 것 및 고인화점위험물만을 100℃ 미만의 온도에서 저장하는 것은 제외)
	고체위험물을 저장하는 것으로서 지정수량의 100배 이상인 것
옥내탱크 저장소	액표면적이 40m^2 이상인 것(제6류 위험물을 저장하는 것 및 고인화점위험물만을 100℃ 미만의 온도에서 저장하는 것은 제외)
	바닥면으로부터 탱크 옆판의 상단까지 높이가 6m 이상인 것(제6류 위험물을 저장하는 것 및 고인화점위험물만을 100℃ 미만의 온도에서 저장하는 것은 제외)
	탱크전용실이 단층건물 외의 건축물에 있는 것으로서 인화점 38℃ 이상 70℃ 미만의 위험물을 지정수량의 5배 이상 저장하는 것(내화구조로 개구부없이 구획된 것은 제외한다)
옥외저장소	덩어리 상태의 유황을 저장하는 것으로서 경계표시 내부의 면적(2 이상의 경계표시가 있는 경우에는 각 경계표시의 내부의 면적을 합한 면적)이 100m^2 이상인 것
	별표 11 Ⅲ의 위험물을 저장하는 것으로서 지정수량의 100배 이상인 것
이송취급소	모든 대상

비고

제조소등의 구분별로 오른쪽란에 정한 제조소등의 규모, 저장 또는 취급하는 위험물의 수량 및 최대수량 등의 어느 하나에 해당하는 제조소등은 소화난이도등급 I 에 해당하는 것으로 한다.

나. 소화난이도등급Ⅰ의 제조소등에 설치하여야 하는 소화설비

<table>
<tr><th colspan="3">제조소등의 구분</th><th>소화설비</th></tr>
<tr><td colspan="3">제조소 및 일반취급소</td><td>옥내소화전설비, 옥외소화전설비, 스프링클러설비 또는 물분무등소화설비(화재발생시 연기가 충만할 우려가 있는 장소에는 스프링클러설비 또는 이동식 외의 물분무등소화설비에 한한다)</td></tr>
<tr><td colspan="3">주유취급소</td><td>스프링클러설비(건축물에 한정한다), 소형수동식소화기등(능력단위의 수치가 건축물 그 밖의 공작물 및 위험물의 소요단위의 수치에 이르도록 설치할 것)</td></tr>
<tr><td rowspan="2">옥내저장소</td><td colspan="2">처마높이가 6m 이상인 단층건물 또는 다른 용도의 부분이 있는 건축물에 설치한 옥내저장소</td><td>스프링클러설비 또는 이동식 외의 물분무등소화설비</td></tr>
<tr><td colspan="2">그 밖의 것</td><td>옥외소화전설비, 스프링클러설비, 이동식 외의 물분무등소화설비 또는 이동식 포소화설비(포소화전을 옥외에 설치하는 것에 한한다)</td></tr>
<tr><td rowspan="5">옥외탱크저장소</td><td rowspan="3">지중탱크 또는 해상탱크 외의 것</td><td>유황만을 저장취급하는 것</td><td>물분무소화설비</td></tr>
<tr><td>인화점 70℃ 이상의 제4류 위험물만을 저장취급하는 것</td><td>물분부소화설비 또는 고정식 포소화설비</td></tr>
<tr><td>그 밖의 것</td><td>고정식 포소화설비(포소화설비가 적응성이 없는 경우에는 분말소화설비)</td></tr>
<tr><td colspan="2">지중탱크</td><td>고정식 포소화설비, 이동식 이외의 불활성가스소화설비 또는 이동식 이외이 할로겐화합물소화설비</td></tr>
<tr><td colspan="2">해상탱크</td><td>고정식 포소화설비, 물분무소화설비, 이동식이외의 불활성가스소화설비 또는 이동식 이외의 할로겐화합물소화설비</td></tr>
<tr><td rowspan="3">옥내탱크저장소</td><td colspan="2">유황만을 저장취급하는 것</td><td>물분무소화설비</td></tr>
<tr><td colspan="2">인화점 70℃ 이상의 제4류 위험물만을 저장취급하는 것</td><td>물분무소화설비, 고정식 포소화설비, 이동식 이외의 불활성가스소화설비, 이동식 이외의 할로겐화합물소화설비 또는 이동식 이외의 분말소화설비</td></tr>
<tr><td colspan="2">그 밖의 것</td><td>고정식 포소화설비, 이동식 이외의 불활성가스소화설비, 이동식 이외의 할로겐화합물소화설비 또는 이동식 이외의 분말소화설비</td></tr>
</table>

제조소등의 구분		소화설비
옥외저장소 및 이송취급소		옥내소화전설비, 옥외소화전설비, 스프링클러설비 또는 물분무등소화설비(화재발생시 연기가 충만할 우려가 있는 장소에는 스프링클러설비 또는 이동식 이외의 물분무등소화설비에 한한다)
암반탱크저장소	유황만을 저장취급하는 것	물분무소화설비
	인화점 70℃ 이상의 제4류 위험물만을 저장취급하는 것	물분부소화설비 또는 고정식 포소화설비
	그 밖의 것	고정식 포소화설비(포소화설비가 적응성이 없는 경우에는 분말소화설비)

비고

1. 위 표 오른쪽란의 소화설비를 설치함에 있어서는 당해 소화설비의 방사범위가 당해 제조소, 일반취급소, 옥내저장소, 옥외탱크저장소, 옥내탱크저장소, 옥외저장소, 암반탱크저장소(암반탱크에 관계되는 부분을 제외한다) 또는 이송
2. 고인화점위험물만을 100℃ 미만의 온도에서 취급하는 제조소 또는 일반취급소의 위험물에 대해서는 대형수동식소화기 1개 이상과 당해 위험물의 소요단위에 해당하는 능력단위의 소형수동식소화기를 설치하여야 한다. 다만, 당해 제조소 또는 일반취급소에 옥내·외소화전설비, 스프링클러설비 또는 물분무등소화설비를 설치한 경우에는 당해 소화설비의 방사능력범위 내에는 대형수동식소화기를 설치하지 아니할 수 있다.
3. 가연성증기 또는 가연성미분이 체류할 우려가 있는 건축물 또는 실내에는 대형수동식소화기 1개 이상과 당해 건축물, 그 밖의 공작물 및 위험물의 소요단위에 해당하는 능력단위의 소형수동식소화기 등을 추가로 설치하여야 한다.
4. 제4류 위험물을 저장 또는 취급하는 옥외탱크저장소 또는 옥내탱크저장소에는 소형수동식소화기 등을 2개 이상 설치하여야 한다.
5. 제조소, 옥내탱크저장소, 이송취급소, 또는 일반취급소의 작업공정상 소화설비의 방사능력범위 내에 당해 제조소등에서 저장 또는 취급하는 위험물의 전부가 포함되지 아니하는 경우에는 당해 위험물에 대하여 대형수동식소화기 1개 이상과 당해 위험물의 소요단위에 해당하는 능력단위의 소형수동식소화기 등을 추가로 설치하여야 한다.

2. 소화난이도등급Ⅱ의 제조소등 및 소화설비

가. 소화난이도등급Ⅱ에 해당하는 제조소등

제조소등의 구분	제조소등의 규모, 저장 또는 취급하는 위험물의 품명 및 최대수량 등
제조소 일반취급소	연면적 600㎡ 이상인 것
	지정수량의 10배 이상인 것(고인화점위험물만을 100℃ 미만의 온도에서 취급하는 것 및 제48조의 위험물을 취급하는 것은 제외)
	별표 16 Ⅱ·Ⅲ·Ⅳ·Ⅴ·Ⅷ·Ⅸ·Ⅹ 또는 Ⅹ의2의 일반취급소로서 소화난이도등급Ⅰ의 제조소등에 해당하지 아니하는 것(고인화점위험물만을 100℃ 미만의 온도에서 취급하는 것은 제외)
옥내저장소	단층건물 이외의 것
	별표 5 Ⅱ 또는 Ⅳ제1호의 옥내저장소
	지정수량의 10배 이상인 것(고인화점위험물만을 저장하는 것 및 제48조의 위험물을 저장하는 것은 제외)
	연면적 150㎡ 초과인 것
	별표 5 Ⅲ의 옥내저장소로서 소화난이도등급Ⅰ의 제조소등에 해당하지 아니하는 것
옥외탱크저장소 옥내탱크저장소	소화난이도등급Ⅰ의 제조소등 외의 것(고인화점위험물만을 100℃ 미만의 온도로 저장하는 것 및 제6류 위험물만을 저장하는 것은 제외)
옥외저장소	덩어리 상태의 유황을 저장하는 것으로서 경계표시 내부의 면적(2 이상의 경계표시가 있는 경우에는 각 경계표시의 내부의 면적을 합한 면적)이 5㎡ 이상 100㎡ 미만인 것
	별표 11 Ⅲ의 위험물을 저장하는 것으로서 지정수량의 10배 이상 100배 미만인 것
	지정수량의 100배 이상인 것(덩어리 상태의 유황 또는 고인화점위험물을 저장하는 것은 제외)
주유취급소	옥내주유취급소로서 소화난이도등급 Ⅰ의 제조소등에 해당하지 아니하는 것
판매취급소	제2종 판매취급소

비고

제조소등의 구분별로 오른쪽란에 정한 제조소등의 규모, 저장 또는 취급하는 위험물의 수량 및 최대수량 등의 어느 하나에 해당하는 제조소등은 소화난이도등급Ⅱ에 해당하는 것으로 한다.

나. 소화 난이도 등급Ⅱ의 제조소등에 설치하여야 하는 소화설비

제조소등의 구분	소화설비
제조소 옥내저장소 옥외저장소 주유취급소 판매취급소 일반취급소	방사능력범위 내에 당해 건축물, 그 밖의 공작물 및 위험물이 포함되도록 대형수동식소화기를 설치하고, 당해 위험물의 소요단위의 1/5 이상에 해당되는 능력단위의 소형수동식소화기등을 설치할 것
옥외탱크저장소 옥내탱크저장소	대형수동식소화기 및 소형수동식소화기등을 각각 1개 이상 설치할 것

비고

1. 옥내소화전설비, 옥외소화전설비, 스프링클러설비 또는 물분무등소화설비를 설치한 경우에는 당해 소화설비의 방사능력범위 내의 부분에 대해서는 대형수동식소화기를 설치하지 아니할 수 있다.
2. 소형수동식소화기등이란 제4호의 규정에 의한 소형수동식소화기 또는 기타 소화설비를 말한다. 이하 같다.

3. 소화 난이도 등급Ⅲ의 제조소등 및 소화설비

가. 소화 난이도 등급Ⅲ에 해당하는 제조소등

제조소등의 구분	제조소등의 규모, 저장 또는 취급하는 위험물의 품명 및 최대수량등
제조소 일반취급소	제48조의 위험물을 취급하는 것
	제48조의 위험물외의 것을 취급하는 것으로서 소화난이도등급Ⅰ 또는 소화난이도등급Ⅱ의 제조소등에 해당하지 아니하는 것
옥내저장소	제48조의 위험물을 취급하는 것
	제48조의 위험물외의 것을 취급하는 것으로서 소화난이도등급Ⅰ 또는 소화난이도등급Ⅱ의 제조소등에 해당하지 아니하는 것
지하탱크저장소 간이탱크저장소 이동탱크저장소	모든 대상
옥외저장소	덩어리 상태의 유황을 저장하는 것으로서 경계표시 내부의 면적(2 이상의 경계표시가 있는 경우에는 각 경계표시의 내부의 면적을 합한 면적)이 5㎡ 미만인 것
	덩어리 상태의 유황외의 것을 저장하는 것으로서 소화난이도등급Ⅰ 또는 소화난이도등급Ⅱ의 제조소등에 해당하지 아니하는 것
주유취급소	옥내주유취급소 외의 것으로서 소화난이도등급 Ⅰ의 제조소등에 해당하지 아니하는 것
제1종 판매취급소	모든 대상

비고

제조소등의 구분별로 오른쪽란에 정한 제조소등의 규모, 저장 또는 취급하는 위험물의 수량 및 최대수량 등의 어느 하나에 해당하는 제조소등은 소화난이도등급Ⅲ에 해당하는 것으로 한다.

나. 소화난이도등급Ⅲ의 제조소등에 설치하여야 하는 소화설비

<table>
<tr><th>제조소등의 구분</th><th>소화설비</th><th colspan="2">설치기준</th></tr>
<tr><td>지하탱크저장소</td><td>소형수동식소화기등</td><td>능력단위의 수치가 3 이상</td><td>2개 이상</td></tr>
<tr><td rowspan="9">이동탱크저장소</td><td rowspan="7">자동차용소화기</td><td>무상의 강화액 8L 이상</td><td rowspan="3">2개 이상</td></tr>
<tr><td>이산화탄소 3.2킬로그램 이상</td></tr>
<tr><td>일브롬화일염화이플루오르화메탄(CF_2ClBr) 2L 이상</td></tr>
<tr><td>일브롬화삼플루오르화메탄(CF_3Br) 2L 이상</td><td></td></tr>
<tr><td>이브롬화사플루오르화에탄($C_2F_4Br_2$) 1L 이상</td><td></td></tr>
<tr><td>소화분말 3.3킬로그램 이상</td><td></td></tr>
<tr><td></td><td></td></tr>
<tr><td rowspan="2">마른 모래 및 팽창질석 또는 팽창진주암</td><td>마른모래 150L 이상</td><td></td></tr>
<tr><td>팽창질석 또는 팽창진주암 640L 이상</td><td></td></tr>
<tr><td>그 밖의 제조소등</td><td>소형수동식소화기등</td><td colspan="2">능력단위의 수치가 건축물 그 밖의 공작물및 위험물의 소요단위의 수치에 이르도록 설치할 것. 다만, 옥내소화전설비, 옥외소화전설비, 스프링클러설비, 물분무등소화설비 또는 대형수동식소화기를 설치한 경우에는 당해 소화설비의 방사능력범위내의 부분에 대하여는 수동식소화기등을 그 능력단위의 수치가 당해 소요단위의 수치의 1/5 이상이 되도록 하는 것으로 족하다.</td></tr>
</table>

비고

알킬알루미늄등을 저장 또는 취급하는 이동탱크저장소에 있어서는 자동차용소화기를 설치하는 외에 마른모래나 팽창질석 또는 팽창진주암을 추가로 설치하여야 한다.

4. 소화설비의 적응성

소화설비의 구분			대상물 구분											
			건축물·그 밖의 공작물	전기설비	제1류 위험물		제2류 위험물			제3류 위험물		제4류 위험물	제5류 위험물	제6류 위험물
					알칼리금속과산화물등	그 밖의 것	철분·금속분·마그네슘등	인화성고체	그밖의것	금수성물품	그 밖의 것			
옥내소화전 또는 옥외소화전설비			○			○		○	○		○		○	○
스프링클러설비			○			○		○	○		○	△	○	○
물분무등소화설비	물분무소화설비		○	○		○		○	○		○	○	○	○
	포소화설비		○			○		○	○		○	○	○	○
	불활성가스소화설비			○				○				○		
	할로겐화합물소화설비			○				○				○		
	분말소화설비	인산염류등	○	○		○		○	○			○		○
		탄산수소염류등		○	○		○	○		○		○		
		그 밖의 것			○		○			○				
대형·소형수동식소화기	봉상수(棒狀水)소화기		○			○		○	○		○		○	○
	무상수(霧狀水)소화기		○	○		○		○	○		○		○	○
	봉상강화액소화기		○			○		○	○		○		○	○
	봉상수(棒狀水)소화기		○			○		○	○		○		○	○
	무상수(霧狀水)소화기		○	○		○		○	○		○		○	○
	봉상강화액소화기		○			○		○	○		○		○	○
	무상강화액소화기		○	○		○		○	○		○	○	○	○
	포소화기		○			○		○	○		○	○	○	○
	이산화탄소소화기			○				○				○		△
	할로겐화합물소화기			○				○				○		
	분말소화기	인산염류소화기	○	○		○		○	○			○		○
		탄산수소염류소화기		○	○		○	○		○		○		
		그 밖의 것			○		○			○				

소화설비의 구분		대상물 구분											
		건축물·그 밖의 공작물	전기설비	제1류 위험물		제2류 위험물			제3류 위험물		제4류 위험물	제5류 위험물	제6류 위험물
				알칼리금속과산화물등	그 밖의 것	철분·금속분·마그네슘등	인화성고체	그밖의것	금수성물품	그 밖의 것			
기타	물통 또는 수조	○			○		○	○		○		○	○
	건조사			○	○	○	○	○	○	○	○	○	○
	팽창질석 또는 팽창진주암			○	○	○	○	○	○	○	○	○	○

비고

1. "○"표시는 당해 소방대상물 및 위험물에 대하여 소화설비가 적응성이 있음을 표시하고, "△"표시는 제4류 위험물을 저장 또는 취급하는 장소의 살수기준면적에 따라 스프링클러설비의 살수밀도가 다음 표에 정하는 기준 이상인 경우에는 당해 스프링클러설비가 제4류 위험물에 대하여 적응성이 있음을, 제6류 위험물을 저장 또는 취급하는 장소로서 폭발의 위험이 없는 장소에 한하여 이산화탄소소화기가 제6류 위험물에 대하여 적응성이 있음을 각각 표시한다.

살수기준면적(m2)	방사밀도(ℓ /m²분)		비고
	인화점 38℃ 미만	인화점 38℃ 이상	
279 미만 279 이상 372 미만 372 이상 465 미만 465 이상	16.3 이상 15.5 이상 13.9 이상 12.2 이상	12.2 이상 11.8 이상 9.8 이상 8.1 이상	살수기준면적은 내화구조의 벽 및 바닥으로 구획된 하나의 실의 바닥면적을 말하고, 하나의 실의 바닥면적이 465m² 이상인 경우의 살수기준면적은 465m²로 한다. 다만, 위험물의 취급을 주된 작업내용으로 하지 아니하고 소량의 위험물을 취급하는 설비 또는 부분이 넓게 분산되어 있는 경우에는 방사밀도는 8.2L/m²분 이상, 살수기준 면적은 279m² 이상으로 할 수 있다.

2. 인산염류등은 인산염류, 황산염류 그 밖에 방염성이 있는 약제를 말한다.
3. 탄산수소염류등은 탄산수소염류 및 탄산수소염류와 요소의 반응생성물을 말한다.
4. 알칼리금속과산화물등은 알칼리금속의 과산화물 및 알칼리금속의 과산화물을 함유한 것을 말한다.
5. 철분·금속분·마그네슘등은 철분·금속분·마그네슘과 철분·금속분 또는 마그네슘을 함유한 것을 말한다.

5. 소화설비의 설치기준

가. 전기설비의 소화설비

제조소등에 전기설비(전기배선, 조명기구 등은 제외한다)가 설치된 경우에는 당해 장소의 면적 100m^2마다 소형수동식소화기를 1개 이상 설치할 것

나. 소요단위 및 능력단위

1) 소요단위 : 소화설비의 설치대상이 되는 건축물 그 밖의 공작물의 규모 또는 위험물의 양의 기준단위

2) 능력단위 : 1)의 소요단위에 대응하는 소화설비의 소화능력의 기준단위

다. 소요단위의 계산방법

건축물 그 밖의 공작물 또는 위험물의 소요단위의 계산방법은 다음의 기준에 의할 것

1) 제조소 또는 취급소의 건축물은 외벽이 내화구조인 것은 연면적(제조소등의 용도로 사용되는 부분 외의 부분이 있는 건축물에 설치된 제조소등에 있어서는 당해 건축물중 제조소등에 사용되는 부분의 바닥면적의 합계를 말한다. 이하 같다) 100m^2를 1소요단위로 하며, 외벽이 내화구조가 아닌 것은 연면적 50m^2를 1소요단위로 할 것

2) 저장소의 건축물은 외벽이 내화구조인 것은 연면적 150m^2를 1소요단위로 하고, 외벽이 내화구조가 아닌 것은 연면적 75m^2를 1소요단위로 할 것

3) 제조소등의 옥외에 설치된 공작물은 외벽이 내화구조인 것으로 간주하고 공작물의 최대수평투영면적을 연면적으로 간주하여 1) 및 2)의 규정에 의하여 소요단위를 산정할 것

4) 위험물은 지정수량의 10배를 1소요단위로 할 것

라. 소화설비의 능력단위

1) 수동식소화기의 능력단위는 수동식소화기의 형식 승인 및 검정기술기준에 의하여 형식승인 받은 수치로 할 것

2) 기타 소화설비의 능력단위는 다음의 표에 의할 것

소화설비	용량	능력단위
소화전용(轉用)물통	8 L	0.3
수조(소화전용물통 3개 포함)	80 L	1.5
수조(소화전용물통 6개 포함)	190 L	2.5
마른 모래(삽 1개 포함)	50 L	0.5
팽창질석 또는 팽창진주암(삽 1개 포함)	160 L	1.0

마. 옥내소화전설비의 설치기준은 다음의 기준에 의할 것

1) 옥내소화전은 제조소등의 건축물의 층마다 당해 층의 각 부분에서 하나의 호스 접속구까지의 수평거리가 25m 이하가 되도록 설치할 것. 이 경우 옥내소화전은

각층의 출입구 부근에 1개 이상 설치하여야 한다.

2) 수원의 수량은 옥내소화전이 가장 많이 설치된 층의 옥내소화전 설치개수(설치개수가 5개 이상인 경우는 5개)에 $7.8m^3$를 곱한 양 이상이 되도록 설치할 것

3) 옥내소화전설비는 각층을 기준으로 하여 당해 층의 모든 옥내소화전(설치개수가 5개 이상인 경우는 5개의 옥내소화전)을 동시에 사용할 경우에 각 노즐선단의 방수압력이 350KPa 이상이고 방수량이 1분당 260L 이상의 성능이 되도록 할 것

4) 옥내소화전설비에는 비상전원을 설치할 것

바. 옥외소화전설비의 설치기준은 다음의 기준에 의할 것

1) 옥외소화전은 방호대상물(당해 소화설비에 의하여 소화하여야 할 제조소등의 건축물, 그 밖의 공작물 및 위험물을 말한다. 이하 같다)의 각 부분(건축물의 경우에는 당해 건축물의 1층 및 2층의 부분에 한한다)에서 하나의 호스접속구까지의 수평거리가 40m 이하가 되도록 설치할 것. 이 경우 그 설치개수가 1개일 때는 2개로 하여야 한다.

2) 수원의 수량은 옥외소화전의 설치개수(설치개수가 4개 이상인 경우는 4개의 옥외소화전)에 $13.5m^3$를 곱한 양 이상이 되도록 설치할 것

3) 옥외소화전설비는 모든 옥외소화전(설치개수가 4개 이상인 경우는 4개의 옥외소화전)을 동시에 사용할 경우에 각 노즐선단의 방수압력이 350KPa 이상이고, 방수량이 1분당 450L 이상의 성능이 되도록 할 것

4) 옥외소화전설비에는 비상전원을 설치할 것

사. 스프링클러설비의 설치기준은 다음의 기준에 의할 것

1) 스프링클러헤드는 방호대상물의 천장 또는 건축물의 최상부 부근(천장이 설치되지 아니한 경우)에 설치하되, 방호대상물의 각 부분에서 하나의 스프링클러헤드까지의 수평거리가 1.7m(제4호 비고 제1호의 표에 정한 살수밀도의 기준을 충족하는 경우에는 2.6m) 이하가 되도록 설치할 것

2) 개방형 스프링클러헤드를 이용한 스프링클러설비의 방사구역(하나의 일제개방밸브에 의하여 동시에 방사되는 구역을 말한다. 이하 같다)은 $150m^2$ 이상(방호대상물의 바닥면적이 $150m^2$ 미만인 경우에는 당해 바닥면적)으로 할 것

3) 수원의 수량은 폐쇄형 스프링클러헤드를 사용하는 것은 30(헤드의 설치개수가 30 미만인 방호대상물인 경우에는 당해 설치개수), 개방형 스프링클러헤드를 사용하는 것은 스프링클러헤드가 가장 많이 설치된 방사구역의 스프링클러헤드 설치개수에 $2.4m^3$를 곱한 양 이상이 되도록 설치할 것

4) 스프링클러설비는 3)의 규정에 의한 개수의 스프링클러헤드를 동시에 사용할 경우에 각 선단의 방사압력이 100KPa(제4호 비고 제1호의 표에 정한 살수밀도

의 기준을 충족하는 경우에는 50KPa) 이상이고, 방수량이 1분당 80L(제4호 비고 제1호의 표에 정한 살수밀도의 기준을 충족하는 경우에는 56L) 이상의 성능이 되도록 할 것

5) 스프링클러설비에는 비상전원을 설치할 것

아. 물분무소화설비의 설치기준은 다음의 기준에 의할 것

1) 분무헤드의 개수 및 배치는 다음 각목에 의할 것

가) 분무헤드로부터 방사되는 물분무에 의하여 방호대상물의 모든 표면을 유효하게 소화할 수 있도록 설치할 것

나) 방호대상물의 표면적(건축물에 있어서는 바닥면적. 이하 이 목에서 같다) 1m^{2}당 3)의 규정에 의한 양의 비율로 계산한 수량을 표준방사량(당해 소화설비의 헤드의 설계압력에 의한 방사량을 말한다. 이하 같다)으로 방사할 수 있도록 설치할 것

2) 물분무소화설비의 방사구역은 150m^2 이상(방호대상물의 표면적이 150m^2 미만인 경우에는 당해 표면적)으로 할 것

3) 수원의 수량은 분무헤드가 가장 많이 설치된 방사구역의 모든 분무헤드를 동시에 사용할 경우에 당해 방사구역의 표면적 1m^{2}당 1분당 20L의 비율로 계산한 양으로 30분간 방사할 수 있는 양 이상이 되도록 설치할 것

4) 물분무소화설비는 3)의 규정에 의한 분무헤드를 동시에 사용할 경우에 각 선단의 방사압력이 350KPa 이상으로 표준방사량을 방사할 수 있는 성능이 되도록 할 것

5) 물분무소화설비에는 비상전원을 설치할 것

자. 포소화설비의 설치기준은 다음의 기준에 의할 것

1) 고정식 포소화설비의 포방출구 등은 방호대상물의 형상, 구조, 성질, 수량 또는 취급방법에 따라 표준방사량으로 당해 방호대상물의 화재를 유효하게 소화할 수 있도록 필요한 개수를 적당한 위치에 설치할 것

2) 이동식 포소화설비(포소화전 등 고정된 포수용액 공급장치로부터 호스를 통하여 포수용액을 공급받아 이동식 노즐에 의하여 방사하도록 된 소화설비를 말한다. 이하 같다)의 포소화전은 옥내에 설치하는 것은 마목1), 옥외에 설치하는 것은 바목1)의 규정을 준용할 것

3) 수원의 수량 및 포소화약제의 저장량은 방호대상물의 화재를 유효하게 소화할 수 있는 양 이상이 되도록 할 것

4) 포소화설비에는 비상전원을 설치할 것

차. 불활성가스소화설비의 설치기준은 다음의 기준에 의할 것

1) 전역방출방식 불활성가스소화설비의 분사헤드는 불연재료의 벽·기둥·바닥·보

및 지붕(천장이 있는 경우에는 천장)으로 구획되고 개구부에 자동폐쇄장치(갑종방화문, 을종방화문 또는 불연재료의 문으로 이산화탄소소화약제가 방사되기 직전에 개구부를 자동적으로 폐쇄하는 장치를 말한다)가 설치되어 있는 부분(이하 "방호구역"이라 한다)에 당해 부분의 용적 및 방호대상물의 성질에 따라 표준방사량으로 방호대상물의 화재를 유효하게 소화할 수 있도록 필요한 개수를 적당한 위치에 설치할 것. 다만, 당해 부분에서 외부로 누설되는 양 이상의 불활성가스소화약제를 유효하게 추가하여 방출할 수 있는 설비가 있는 경우는 당해 개구부의 자동폐쇄장치를 설치하지 아니할 수 있다.

2) 국소방출방식 불활성가스소화설비의 분사헤드는 방호대상물의 형상, 구조, 성질, 수량 또는 취급방법에 따라 방호대상물에 이산화탄소소화약제를 직접 방사하여 표준방사량으로 방호대상물의 화재를 유효하게 소화할 수 있도록 필요한 개수를 적당한 위치에 설치할 것

3) 이동식 불활성가스소화설비(고정된 이산화탄소소화약제 공급장치로부터 호스를 통하여 이산화탄소소화약제를 공급받아 이동식 노즐에 의하여 방사하도록 된 소화설비를 말한다. 이하 같다)의 호스접속구는 모든 방호대상물에 대하여 당해 방호 대상물의 각 부분으로부터 하나의 호스접속구까지의 수평거리가 15m 이하가 되도록 설치할 것

4) 불활성가스소화약제용기에 저장하는 불활성가스소화약제의 양은 방호대상물의 화재를 유효하게 소화할 수 있는 양 이상이 되도록 할 것

5) 전역방출방식 또는 국소방출방식의 불활성가스소화설비에는 비상전원을 설치할 것

카. 할로겐화합물소화설비의 설치기준은 차목의 불활성가스소화설비의 기준을 준용할 것

타. 분말소화설비의 설치기준은 차목의 불활성가스소화설비의 기준을 준용할 것

파. 대형수동식소화기의 설치기준은 방호대상물의 각 부분으로부터 하나의 대형수동식소화기까지의 보행거리가 30m 이하가 되도록 설치할 것. 다만, 옥내소화전설비, 옥외소화전설비, 스프링클러설비 또는 물분무등소화설비와 함께 설치하는 경우에는 그러하지 아니하다.

하. 소형수동식소화기등의 설치기준은 소형수동식소화기 또는 그 밖의 소화설비는 지하탱크저장소, 간이탱크저장소, 이동탱크저장소, 주유취급소 또는 판매취급소에서는 유효하게 소화할 수 있는 위치에 설치하여야 하며, 그 밖의 제조소등에서는 방호대상물의 각 부분으로부터 하나의 소형수동식소화기까지의 보행거리가 20m 이하가 되도록 설치할 것. 다만, 옥내소화전설비, 옥외소화전설비, 스프링클러설비, 물분무등소화설비 또는 대형수동식소화기와 함께 설치하는 경우에는 그러하지 아니하다.

II. 경보설비

1. 제조소등별로 설치하여야 하는 경보설비의 종류

제조소등의 구분	제조소등의 규모, 저장 또는 취급하는 위험물의 종류 및 최대수량 등	경보설비
1. 제조소 및 일반취급소	• 연면적 500m² 이상인 것 • 옥내에서 지정수량의 100배 이상을 취급하는 것(고인화점 위험물만을 100℃ 미만의 온도에서 취급하는 것을 제외한다) • 일반취급소로 사용되는 부분 외의 부분이 있는건축물에 설치된 일반취급소(일반취급소와 일반취급소 외의 부분이 내화구조의 바닥 또는 벽으로 개구부 없이 구획된 것을 제외한다)	자동화재탐지설비
2. 옥내저장소	• 지정수수량의 100배 이상을 저장 또는 취급하는 것(고인화점위험물만을 저장 또는 취급하는 것을 제외한다) • 저장창고의 연면적이 150m²를 초과하는 것[당해저장창고가 연면적 150m² 이내마다 불연재료의 격벽으로 개구부 없이 완전히 구획된 것과 제2류 또는 제4류의 위험물(인화성고체 및 인화점이 70℃ 미만인 제4류 위험물을 제외한다)만을저장 또는 취급하는 것에 있어서는 저장창고의 연면적이 500m² 이상의 것에 한한다] • 처마높이가 6m 이상인 단층건물의 것 • 옥내저장소로 사용되는 부분 외의 부분이 있는건축물에 설치된 옥내저장소[옥내저장소와 옥내저장소 외의 부분이 내화구조의 바닥 또는 벽으로 개구부 없이 구획된 것과 제2류 또는 제4류의 위험물(인화성고체 및 인화점이 70℃ 미만인 제4류 위험물을 제외한다)만을 저장 또는 취급 하는 것을 제외한다]	
3. 옥내탱크저장소	단층 건물 외의 건축물에 설치된 옥내탱크저장소로서 소화난이도등급 I 에 해당하는 것	
4. 주유취급소	옥내주유취급소	
5. 제1호 내지 제4호의 자동화재탐지설비 설치대상에 해당하지 아니하는 제조소등	지정수량의 10배 이상을 저장 또는 취급하는 것	자동화재 탐지설비, 비상경보설비, 확성장치 또는 비상방송설비중 1종 이상

비고

이송취급소의 경보설비는 별표 15 Ⅳ제14호의 규정에 의한다.

2. 자동화재탐지설비의 설치기준
   가. 자동화재탐지설비의 경계구역(화재가 발생한 구역을 다른 구역과 구분하여 식별할 수 있는 최소단위의 구역을 말한다. 이하 이 호 및 제2호에서 같다)은 건축물 그 밖의 공작물의 2 이상의 층에 걸치지 아니하도록 할 것. 다만, 하나의 경계구역의 면적이 500m^2 이하이면서 당해 경계구역이 두개의 층에 걸치는 경우이거나 계단·경사로·승강기의 승강로 그 밖에 이와 유사한 장소에 연기감지기를 설치하는 경우에는 그러하지 아니하다.
   나. 하나의 경계구역의 면적은 600m^2 이하로 하고 그 한변의 길이는 50m(광전식분리형 감지기를 설치할 경우에는 100m)이하로 할 것. 다만, 당해 건축물 그 밖의 공작물의 주요한 출입구에서 그 내부의 전체를 볼 수 있는 경우에 있어서는 그 면적을 1,000m^2 이하로 할 수 있다.
   다. 자동화재탐지설비의 감지기는 지붕(상층이 있는 경우에는 상층의 바닥) 또는 벽의 옥내에 면한 부분(천장이 있는 경우에는 천장 또는 벽의 옥내에 면한 부분 및 천장의 뒷 부분)에 유효하게 화재의 발생을 감지할 수 있도록 설치할 것
   라. 자동화재탐지설비에는 비상전원을 설치할 것

Ⅲ. 피난설비
1. 주유취급소 중 건축물의 2층 이상의 부분을 점포·휴게음식점 또는 전시장의 용도로 사용하는 것에 있어서는 당해 건축물의 2층 이상으로부터 주유취급소의 부지 밖으로 통하는 출입구와 당해 출입구로 통하는 통로·계단 및 출입구에 유도등을 설치하여야 한다.
2. 옥내주유취급소에 있어서는 당해 사무소 등의 출입구 및 피난구와 당해 피난구로 통하는 통로·계단 및 출입구에 유도등을 설치하여야 한다.
3. 유도등에는 비상전원을 설치하여야 한다.

제49조(제조소등에서의 위험물의 저장 및 취급의 기준)

법 제5조제3항의 규정에 의한 제조소등에서의 위험물의 저장 및 취급에 관한 기준은 별표 18과 같다.

위험물안전관리법 시행규칙 [별표 18] 〈개정 2021. 7. 13.〉

제조소등에서의 위험물의 저장 및 취급에 관한 기준(제49조관련)

Ⅰ. 저장·취급의 공통기준
1. 제조소등에서 법 제6조제1항의 규정에 의한 허가 및 법 제6조제2항의 규정에 의한 신

고와 관련되는 품명 외의 위험물 또는 이러한 허가 및 신고와 관련되는 수량 또는 지정 수량의 배수를 초과하는 위험물을 저장 또는 취급하지 아니하여야 한다(중요기준).

2. ~ 6. 삭제 〈2009.3.17〉

7. 위험물을 저장 또는 취급하는 건축물 그 밖의 공작물 또는 설비는 당해 위험물의 성질에 따라 차광 또는 환기를 실시하여야 한다.

8. 위험물은 온도계, 습도계, 압력계 그 밖의 계기를 감시하여 당해 위험물의 성질에 맞는 적정한 온도, 습도 또는 압력을 유지하도록 저장 또는 취급하여야 한다.

9. 삭제 〈2009.3.17〉

10. 위험물을 저장 또는 취급하는 경우에는 위험물의 변질, 이물의 혼입 등에 의하여 당해 위험물의 위험성이 증대되지 아니하도록 필요한 조치를 강구하여야 한다.

11. 위험물이 남아 있거나 남아 있을 우려가 있는 설비, 기계·기구, 용기 등을 수리하는 경우에는 안전한 장소에서 위험물을 완전하게 제거한 후에 실시하여야 한다.

12. 위험물을 용기에 수납하여 저장 또는 취급할 때에는 그 용기는 당해 위험물의 성질에 적응하고 파손·부식·균열 등이 없는 것으로 하여야 한다.

13. 삭제 〈2009.3.17〉

14. 가연성의 액체·증기 또는 가스가 새거나 체류할 우려가 있는 장소 또는 가연성의 미분이 현저하게 부유할 우려가 있는 장소에서는 전선과 전기기구를 완전히 접속하고 불꽃을 발하는 기계·기구·공구·신발 등을 사용하지 아니하여야 한다.

15. 위험물을 보호액중에 보존하는 경우에는 당해 위험물이 보호액으로부터 노출되지 아니하도록 하여야 한다.

Ⅱ. 위험물의 유별 저장·취급의 공통기준(중요기준)

1. 제1류 위험물은 가연물과의 접촉·혼합이나 분해를 촉진하는 물품과의 접근 또는 과열·충격·마찰 등을 피하는 한편, 알카리금속의 과산화물 및 이를 함유한 것에 있어서는 물과의 접촉을 피하여야 한다.
2. 제2류 위험물은 산화제와의 접촉·혼합이나 불티·불꽃·고온체와의 접근 또는 과열을 피하는 한편, 철분·금속분·마그네슘 및 이를 함유한 것에 있어서는 물이나 산과의 접촉을 피하고 인화성 고체에 있어서는 함부로 증기를 발생시키지 아니하여야 한다.
3. 제3류 위험물 중 자연발화성물질에 있어서는 불티·불꽃 또는 고온체와의 접근·과열 또는 공기와의 접촉을 피하고, 금수성물질에 있어서는 물과의 접촉을 피하여야 한다.
4. 제4류 위험물은 불티·불꽃·고온체와의 접근 또는 과열을 피하고, 함부로 증기를 발생시키지 아니하여야 한다.
5. 제5류 위험물은 불티·불꽃·고온체와의 접근이나 과열·충격 또는 마찰을 피하여야 한다.
6. 제6류 위험물은 가연물과의 접촉·혼합이나 분해를 촉진하는 물품과의 접근 또는

과열을 피하여야 한다.

7. 제1호 내지 제6호의 기준은 위험물을 저장 또는 취급함에 있어서 당해 각호의 기준에 의하지 아니하는 것이 통상인 경우는 당해 각호를 적용하지 아니한다. 이 경우 당해 저장 또는 취급에 대하여는 재해의 발생을 방지하기 위한 충분한 조치를 강구하여야 한다.

Ⅲ. 저장의 기준

1. 저장소에는 위험물 외의 물품을 저장하지 아니하여야 한다. 다만, 다음 각목의 1에 해당하는 경우에는 그러하지 아니하다(중요기준).
   가. 옥내저장소 또는 옥외저장소에서 다음의 규정에 의한 위험물과 위험물이 아닌 물품을 함께 저장하는 경우. 이 경우 위험물과 위험물이 아닌 물품은 각각 모아서 저장하고 상호간에는 1m 이상의 간격을 두어야 한다.
      1) 위험물(제2류 위험물 중 인화성고체와 제4류 위험물을 제외한다)과 영 별표 1에서 당해 위험물이 속하는 품명란에 정한 물품(동표 제1류의 품명란 제11호, 제2류의 품명란 제8호, 제3류의 품명란 제12호, 제5류의 품명란 제11호 및 제6류의 품명란 제5호의 규정에 의한 물품을 제외한다)을 주성분으로 함유한 것으로서 위험물에 해당하지 아니하는 물품
      2) 제2류 위험물 중 인화성고체와 위험물에 해당하지 아니하는 고체 또는 액체로서 인화점을 갖는 것 또는 합성 수지류(「소방기본법 시행령」 별표 2 비고 제8호의 합성수지류를 말한다)(이하 Ⅲ에서 "합성수지류등"이라한다) 또는 이들중 어느 하나 이상을 주성분으로 함유한 것으로서 위험물에 해당하지 아니하는 물품
      3) 제4류 위험물과 합성수지류등 또는 영 별표 1의 제4류의 품명란에 정한 물품을 주성분으로 함유한 것으로서 위험물에 해당하지 아니하는 물품
      4) 제4류 위험물 중 유기과산화물 또는 이를 함유한 것과 유기과산화물 또는 유기과산화물만을 함유한 것으로서 위험물에 해당하지 아니하는 물품
      5) 제48조의 규정에 의한 위험물과 위험물에 해당하지 아니하는 화약류(「총포·도검·화약류 등 단속법」에 의한 화약류에 해당하는 것을 말한다)
      6) 위험물과 위험물에 해당하지 아니하는 불연성의 물품(저장하는 위험물 및 위험물외의 물품과 위험한 반응을 일으키지 아니하는 것에 한한다)
   나. 옥외탱크저장소·옥내탱크저장소·지하탱크저장소 또는 이동탱크저장소(이하 이 목에서 "옥외탱크저장소등"이라 한다)에서 당해 옥외탱크저장소등의 구조 및 설비에 나쁜 영향을 주지 아니하면서 다음에서 정하는 위험물이 아닌 물품을 저장하는 경우
      1) 제4류 위험물을 저장 또는 취급하는 옥외탱크저장소등: 합성수지류등 또는 영 별표 1의 제4류의 품명란에 정한 물품을 주성분으로 함유한 것으로서 위험물에 해당하지 아니하는 물품 또는 위험물에 해당하지 아니하는 불연성 물품(저장 또

는 취급하는 위험물 및 위험물외의 물품과 위험한 반응을 일으키지 아니하는 것에 한한다)

2) 제6류 위험물을 저장 또는 취급하는 옥외탱크저장소등 : 영 별표 1의 제6류의 품명란에 정한 물품(동표 제6류의 품명란 제5호의 규정에 의한 물품을 제외한다)을 주성분으로 함유한 것으로서 위험물에 해당하지 아니하는 물품 또는 위험물에 해당하지 아니하는 불연성 물품(저장 또는 취급하는 위험물 및 위험물 외의 물품과 위험한 반응을 일으키지 아니하는 것에 한한다)

2. 영 별표 1의 유별을 달리하는 위험물은 동일한 저장소(내화구조의 격벽으로 완전히 구획된 실이 2 이상 있는 저장소에 있어서는 동일한 실. 이하 제3호에서 같다)에 저장하지 아니하여야 한다. 다만, 옥내저장소 또는 옥외저장소에 있어서 다음의 각목의 규정에 의한 위험물을 저장하는 경우로서 위험물을 유별로 정리하여 저장하는 한편, 서로 1m 이상의 간격을 두는 경우에는 그러하지 아니하다(중요기준).

가. 제1류 위험물(알칼리금속의 과산화물 또는 이를 함유한 것을 제외한다)과 제5류 위험물을 저장하는 경우

나. 제1류 위험물과 제6류 위험물을 저장하는 경우

다. 제1류 위험물과 제3류 위험물 중 자연발화성물질(황린 또는 이를 함유한 것에 한한다)을 저장하는 경우

라. 제2류 위험물 중 인화성고체와 제4류 위험물을 저장하는 경우

마. 제3류 위험물 중 알킬알루미늄등과 제4류 위험물(알킬알루미늄 또는 알킬리튬을 함유한 것에 한한다)을 저장하는 경우

바. 제4류 위험물 중 유기과산화물 또는 이를 함유하는 것과 제5류 위험물 중 유기과산화물 또는 이를 함유한 것을 저장하는 경우

3. 제3류 위험물 중 황린 그 밖에 물속에 저장하는 물품과 금수성물질은 동일한 저장소에서 저장하지 아니하여야 한다(중요기준).

4. 옥내저장소에 있어서 위험물은 Ⅴ의 규정에 의한 바에 따라 용기에 수납하여 저장하여야 한다. 다만, 덩어리상태의 유황과 제48조의 규정에 의한 위험물에 있어서는 그러하지 아니하다.

5. 옥내저장소에서 동일 품명의 위험물이더라도 자연발화할 우려가 있는 위험물 또는 재해가 현저하게 증대할 우려가 있는 위험물을 다량 저장하는 경우에는 지정수량의 10배 이하마다 구분하여 상호간 0.3m 이상의 간격을 두어 저장하여야 한다. 다만, 제48조의 규정에 의한 위험물 또는 기계에 의하여 하역하는 구조로 된 용기에 수납한 위험물에 있어서는 그러하지 아니하다(중요기준).

6. 옥내저장소에서 위험물을 저장하는 경우에는 다음 각목의 규정에 의한 높이를 초과하여 용기를 겹쳐 쌓지 아니하여야 한다.

가. 기계에 의하여 하역하는 구조로 된 용기만을 겹쳐 쌓는 경우에 있어서는 6m
나. 제4류 위험물 중 제3석유류, 제4석유류 및 동식물유류를 수납하는 용기만을 겹쳐 쌓는 경우에 있어서는 4m
다. 그 밖의 경우에 있어서는 3m

7. 옥내저장소에서는 용기에 수납하여 저장하는 위험물의 온도가 55℃를 넘지 아니하도록 필요한 조치를 강구하여야 한다(중요기준).
8. 삭제 〈2009.3.17〉
9. 옥외저장탱크·옥내저장탱크 또는 지하저장탱크의 주된 밸브(액체의 위험물을 이송하기 위한 배관에 설치된 밸브중 탱크의 바로 옆에 있는 것을 말한다) 및 주입구의 밸브 또는 뚜껑은 위험물을 넣거나 빼낼 때 외에는 폐쇄하여야 한다.
10. 옥외저장탱크의 주위에 방유제가 있는 경우에는 그 배수구를 평상시 폐쇄하여 두고, 당해 방유제의 내부에 유류 또는 물이 괴었을 때에는 지체없이 이를 배출하여야 한다.
11. 이동저장탱크에는 당해 탱크에 저장 또는 취급하는 위험물의 위험성을 알리는 표지를 부착하고 잘 보일 수 있도록 관리하여야 한다.
12. 이동저장탱크 및 그 안전장치와 그 밖의 부속배관은 균열, 결합불량, 극단적인 변형, 주입호스의 손상 등에 의한 위험물의 누설이 일어나지 아니하도록 하고, 당해 탱크의 배출밸브는 사용시 외에는 완전하게 폐쇄하여야 한다.
13. 피견인자동차에 고정된 이동저장탱크에 위험물을 저장할 때에는 당해 피견인자동차에 견인자동차를 결합한 상태로 두어야 한다. 다만, 다음 각목의 기준에 따라 피견인자동차를 철도·궤도상의 차량(이하 이 호에서 "차량"이라 한다)에 싣거나 차량으로부터 내리는 경우에는 그러하지 아니하다.
    가. 피견인자동차를 싣는 작업은 화재예방상 안전한 장소에서 실시하고, 화재가 발생하였을 경우에 그 피해의 확대를 방지할 수 있도록 필요한 조치를 강구할 것
    나. 피견인자동차를 실을 때에는 이동저장탱크에 변형 또는 손상을 주지 아니하도록 필요한 조치를 강구할 것
    다. 피견인자동차를 차량에 싣는 것은 견인자동차를 분리한 즉시 실시하고, 피견인자동차를 차량으로부터 내렸을 때에는 즉시 당해 피견인자동차를 견인자동차에 결합할 것
14. 컨테이너식 이동탱크저장소외의 이동탱크저장소에 있어서는 위험물을 저장한 상태로 이동저장탱크를 옮겨 싣지 아니하여야 한다(중요기준).
15. 이동탱크저장소에는 당해 이동탱크저장소의 <u>완공검사합격확인증</u> 및 정기점검기록을 비치하여야 한다.
16. 알킬알루미늄등을 저장 또는 취급하는 이동탱크저장소에는 긴급시의 연락처, 응급조치에 관하여 필요한 사항을 기재한 서류, 방호복, 고무장갑, 밸브 등을 죄는 결합공구

및 휴대용 확성기를 비치하여야 한다.

17. 옥외저장소(제20호의 규정에 의한 경우를 제외한다)에 있어서 위험물은 V에 정하는 바에 따라 용기에 수납하여 저장하여야 한다.

18. 옥외저장소에서 위험물을 저장하는 경우에 있어서는 제6호 각목의 규정에 의한 높이를 초과하여 용기를 겹쳐 쌓지 아니하여야 한다.

19. 옥외저장소에서 위험물을 수납한 용기를 선반에 저장하는 경우에는 6m를 초과하여 저장하지 아니하여야 한다.

20. 유황을 용기에 수납하지 아니하고 저장하는 옥외저장소에서는 유황을 경계표시의 높이 이하로 저장하고, 유황이 넘치거나 비산하는 것을 방지할 수 있도록 경계표시 내부의 전체를 난연성 또는 불연성의 천막 등으로 덮고 당해 천막 등을 경계표시에 고정하여야 한다.

21. 알킬알루미늄등, 아세트알데히드등 및 디에틸에테르등(디에틸에테르 또는 이를 함유한 것을 말한다. 이하 같다)의 저장기준은 제1호 내지 제20호의 규정에 의하는 외에 다음 각목과 같다(중요기준).

가. 옥외저장탱크 또는 옥내저장탱크 중 압력탱크(최대상용압력이 대기압을 초과하는 탱크를 말한다. 이하 이 호에서 같다)에 있어서는 알킬알루미늄등의 취출에 의하여 당해 탱크내의 압력이 상용압력 이하로 저하하지 아니하도록, 압력탱크 외의 탱크에 있어서는 알킬알루미늄등의 취출이나 온도의 저하에 의한 공기의 혼입을 방지할 수 있도록 불활성의 기체를 봉입할 것

나. 옥외저장탱크·옥내저장탱크 또는 이동저장탱크에 새롭게 알킬알루미늄등을 주입하는 때에는 미리 당해 탱크안의 공기를 불활성기체와 치환하여 둘 것

다. 이동저장탱크에 알킬알루미늄등을 저장하는 경우에는 20㎪ 이하의 압력으로 불활성의 기체를 봉입하여 둘 것

라. 옥외저장탱크·옥내저장탱크 또는 지하저장탱크 중 압력탱크에 있어서는 아세트알데히드등의 취출에 의하여 당해 탱크내의 압력이 상용압력 이하로 저하하지 아니하도록, 압력탱크 외의 탱크에 있어서는 아세트알데히드등의 취출이나 온도의 저하에 의한 공기의 혼입을 방지할 수 있도록 불활성 기체를 봉입할 것

마. 옥외저장탱크·옥내저장탱크·지하저장탱크 또는 이동저장탱크에 새롭게 아세트알데히드등을 주입하는 때에는 미리 당해 탱크안의 공기를 불활성 기체와 치환하여 둘 것

바. 이동저장탱크에 아세트알데히드등을 저장하는 경우에는 항상 불활성의 기체를 봉입하여 둘 것

사. 옥외저장탱크·옥내저장탱크 또는 지하저장탱크 중 압력탱크 외의 탱크에 저장하는 디에틸에테르등 또는 아세트알데히드등의 온도는 산화프로필렌과 이를 함유한 것

또는 디에틸에테르등에 있어서는 30℃ 이하로, 아세트알데히드 또는 이를 함유한 것에 있어서는 15℃ 이하로 각각 유지할 것

아. 옥외저장탱크·옥내저장탱크 또는 지하저장탱크 중 압력탱크에 저장하는 아세트알데히드등 또는 디에틸에테르등의 온도는 40℃ 이하로 유지할 것

자. 보냉장치가 있는 이동저장탱크에 저장하는 아세트알데히드등 또는 디에틸에테르등의 온도는 당해 위험물의 비점 이하로 유지할 것

차. 보냉장치가 없는 이동저장탱크에 저장하는 아세트알데히드등 또는 디에틸에 테르등의 온도는 40℃ 이하로 유지할 것

Ⅳ. 취급의 기준

1. 위험물의 취급 중 제조에 관한 기준은 다음 각목과 같다(중요기준).

가. 증류공정에 있어서는 위험물을 취급하는 설비의 내부압력의 변동 등에 의하여 액체 또는 증기가 새지 아니하도록 할 것

나. 추출공정에 있어서는 추출관의 내부압력이 비정상으로 상승하지 아니하도록 할 것

다. 건조공정에 있어서는 위험물의 온도가 부분적으로 상승하지 아니하는 방법으로 가열 또는 건조할 것

라. 분쇄공정에 있어서는 위험물의 분말이 현저하게 부유하고 있거나 위험물의 분말이 현저하게 기계·기구 등에 부착하고 있는 상태로 그 기계·기구를 취급하지 아니할 것

2. 위험물의 취급중 용기에 옮겨 담는데 대한 기준은 다음 각목과 같다.

가. 위험물을 용기에 옮겨 담는 경우에는 Ⅴ에 정하는 바에 따라 수납할 것

나. 삭제 〈2009.3.17〉

3. 위험물의 취급 중 소비에 관한 기준은 다음 각목과 같다(중요기준).

가. 분사도장작업은 방화상 유효한 격벽 등으로 구획된 안전한 장소에서 실시할 것

나. 담금질 또는 열처리작업은 위험물이 위험한 온도에 이르지 아니하도록 하여 실시할 것

다. 삭제 〈2009.3.17〉

라. 버너를 사용하는 경우에는 버너의 역화를 방지하고 위험물이 넘치지 아니하도록 할 것

4. 삭제 〈2009.3.17〉

5. 주유취급소·판매취급소·이송취급소 또는 이동탱크저장소에서의 위험물의 취급기준은 다음 각목과 같다.

가. 주유취급소(항공기주유취급소·선박주유취급소 및 철도주유취급소를 제외한다)에서의 취급기준

1) 자동차 등에 주유할 때에는 고정주유설비를 사용하여 직접 주유할 것(중요기준)

2) 자동차 등에 인화점 40℃ 미만의 위험물을 주유할 때에는 자동차 등의 원동기를 정지시킬 것. 다만, 연료탱크에 위험물을 주유하는 동안 방출되는 가연성 증기를 회수하는 설비가 부착된 고정주유설비에 의하여 주유하는 경우에는 그러하지 아니하다.

3) 이동저장탱크에 급유할 때에는 고정급유설비를 사용하여 직접 급유할 것

4) ~ 5) 삭제 〈2009.3.17〉

6) 고정주유설비 또는 고정급유설비에 접속하는 탱크에 위험물을 주입할 때에는 당해 탱크에 접속된 고정주유설비 또는 고정급유설비의 사용을 중지하고, 자동차 등을 당해 탱크의 주입구에 접근시키지 아니할 것

7) 고정주유설비 또는 고정급유설비에는 해당 설비에 접속한 전용탱크 또는 간이탱크의 배관외의 것을 통하여서는 위험물을 공급하지 아니할 것

8) 자동차 등에 주유할 때에는 고정주유설비 또는 고정주유설비에 접속된 탱크의 주입구로부터 4m 이내의 부분(별표 13 Ⅴ 제1호다목 및 라목의 용도에 제공하는 부분 중 바닥 및 벽에서 구획된 것의 내부를 제외한다)에, 이동저장탱크로부터 전용탱크에 위험물을 주입할 때에는 전용탱크의 주입구로부터 3m 이내의 부분 및 전용탱크 통기관의 끝부분으로부터 수평거리 1.5m 이내의 부분에 있어서는 다른 자동차 등의 주차를 금지하고 자동차 등의 점검·정비 또는 세정을 하지 아니할 것

9) ~ 10) 삭제 〈2009.3.17〉〈2014.6.23〉

11) 주유원간이대기실 내에서는 화기를 사용하지 아니할 것

12) 전기자동차 충전설비를 사용하는 때에는 다음의 기준을 준수할 것

가) 충전기기와 전기자동차를 연결할 때에는 연장코드를 사용하지 아니할 것

나) 전기자동차의 전지·인터페이스 등이 충전기기의 규격에 적합한지 확인한 후 충전을 시작할 것

다) 충전 중에는 자동차 등을 작동시키지 아니할 것

나. 항공기주유취급소에서의 취급기준은 가목[1) 및 7)은 제외한다]의 규정을 준용하는 외에 다음의 기준에 의할 것

1) 항공기에 주유하는 때에는 고정주유설비, 주유배관의 끝부분에 접속한 호스기기, 주유호스차 또는 주유탱크차를 사용하여 직접 주유할 것(중요기준)

2) 삭제 〈2009.3.17〉

3) 고정주유설비에는 당해 주유설비에 접속한 전용탱크 또는 위험물을 저장 또는 취급하는 탱크의 배관외의 것을 통하여서는 위험물을 주입하지 아니할 것

4) 주유호스차 또는 주유탱크차에 의하여 주유하는 때에는 주유호스의 끝부분을 항공기의 연료탱크의 급유구에 긴밀히 결합할 것. 다만, 주유탱크차에서 주유

호스 끝부분에 수동개폐장치를 설치한 주유노즐에 의하여 주유하는 때에는 그러하지 아니하다.

5) 주유호스차 또는 주유탱크차에서 주유하는 때에는 주유호스차의 호스기기 또는 주유탱크차의 주유설비를 접지하고 항공기와 전기적인 접속을 할 것

다. 철도주유취급소에서의 취급기준은 가목[1) 및 7)은 제외한다]의 규정 및 나목3)의 규정을 준용하는 외에 다음의 기준에 의할 것

1) 철도 또는 궤도에 의하여 운행하는 차량에 주유하는 때에는 고정주유설비 또는 주유배관의 끝부분에 접속한 호스기기를 사용하여 직접 주유할 것(중요기준)

2) 철도 또는 궤도에 의하여 운행하는 차량에 주유하는 때에는 콘크리트 등으로 포장된 부분에서 주유할 것

라. 선박주유취급소에서의 취급기준은 가목[1) 및 7)은 제외한다]의 규정 및 나목3)의 규정을 준용하는 외에 다음의 기준에 의할 것

1) 선박에 주유하는 때에는 고정주유설비 또는 주유배관의 끝부분에 접속한 호스기기를 사용하여 직접 주유할 것(중요기준)

2) 선박에 주유하는 때에는 선박이 이동하지 아니하도록 계류시킬 것

3) 수상구조물에 설치하는 고정주유설비를 이용하여 주유작업을 할 때에는 5m 이내에 다른 선박의 정박 또는 계류를 금지할 것

4) 수상구조물에 설치하는 고정주유설비의 주위에 설치하는 집유설비 내에 고인 빗물 또는 위험물은 넘치지 않도록 수시로 수거하고, 수거물은 유분리장치를 이용하거나 폐기물 처리 방법에 따라 처리할 것

5) 수상구조물에 설치하는 고정주유설비를 이용한 주유작업은 위험물을 공급하는 배관·펌프 및 그 부속 설비의 안전을 확인한 후에 시작할 것(중요기준)

6) 수상구조물에 설치하는 고정주유설비를 이용한 주유작업이 종료된 후에는 별표 13 XIV제3호마목에 따른 차단밸브를 모두 잠글 것(중요기준)

7) 수상구조물에 설치하는 고정주유설비를 이용한 주유작업은 총 톤수가 300미만인 선박에 대해서만 실시할 것(중요기준)

마. 고객이 직접 주유하는 주유취급소에서의 기준

1) 셀프용고정주유설비 및 셀프용고정급유설비 외의 고정주유설비 또는 고정급유설비를 사용하여 고객에 의한 주유 또는 용기에 옮겨 담는 작업을 행하지 아니할 것(중요기준)

2) 삭제 〈2009.3.17〉

3) 감시대에서 고객이 주유하거나 용기에 옮겨 담는 작업을 직시하는 등 적절한 감시를 할 것

4) 고객에 의한 주유 또는 용기에 옮겨 담는 작업을 개시할 때에는 안전상 지장이

없음을 확인 한 후 제어장치에 의하여 호스기기에 대한 위험물의 공급을 개시할 것

5) 고객에 의한 주유 또는 용기에 옮겨 담는 작업을 종료한 때에는 제어장치에 의하여 호스기기에 대한 위험물의 공급을 정지할 것

6) 비상시 그 밖에 안전상 지장이 발생한 경우에는 제어장치에 의하여 호스기기에 위험물의 공급을 일제히 정지하고, 주유취급소 내의 모든 고정주유설비 및 고정급유설비에 의한 위험물 취급을 중단할 것

7) 감시대의 방송설비를 이용하여 고객에 의한 주유 또는 용기에 옮겨 담는 작업에 대한 필요한 지시를 할 것

8) 감시대에서 근무하는 감시원은 안전관리자 또는 위험물안전관리에 관한 전문지식이 있는 자일 것

바. 판매취급소에서의 취급기준

1) 판매취급소에서는 도료류, 제1류 위험물 중 염소산염류 및 염소산염류만을 함유한 것, 유황 또는 인화점이 38℃ 이상인 제4류 위험물을 배합실에서 배합하는 경우 외에는 위험물을 배합하거나 옮겨 담는 작업을 하지 아니할 것

2) 위험물은 별표 19 Ⅰ의 규정에 의한 운반용기에 수납한 채로 판매할 것

3) 판매취급소에서 위험물을 판매할 때에는 위험물이 넘치거나 비산하는 계량기(액용되를 포함한다)를 사용하지 아니할 것

사. 이송취급소에서의 취급기준

1) 위험물의 이송은 위험물을 이송하기 위한 배관·펌프 및 그에 부속한 설비(위험물을 운반하는 선박으로부터 육상으로 위험물의 이송취급을 하는 이송취급소에 있어서는 위험물을 이송하기 위한 배관 및 그에 부속된 설비를 말한다. 이하 나목에서 같다)의 안전을 확인한 후에 개시할 것(중요기준)

2) 위험물을 이송하기 위한 배관·펌프 및 이에 부속한 설비의 안전을 확인하기 위한 순찰을 행하고, 위험물을 이송하는 중에는 이송하는 위험물의 압력 및 유량을 항상 감시할 것(중요기준)

3) 이송취급소를 설치한 지역의 지진을 감지하거나 지진의 정보를 얻은 경우에는 소방청장이 정하여 고시하는 바에 따라 재해의 발생 또는 확대를 방지하기 위한 조치를 강구할 것

아. 이동탱크저장소(컨테이너식 이동탱크저장소를 제외한다)에서의 취급기준

1) 이동저장탱크로부터 위험물을 저장 또는 취급하는 탱크에 액체의 위험물을 주입할 경우에는 그 탱크의 주입구에 이동저장탱크의 주입호스를 견고하게 결합할 것. 다만, 주입호스의 끝부분에 수동개폐장치를 한 주입노즐(수동개폐장치를 개방상태로 고정하는 장치를 한 것을 제외한다)을 사용하여 지정수량 미만의 양의 위험물을 저장 또는 취급하는 탱크에 인화점이 40℃ 이상인 위험물을 주

입하는 경우에는 그러하지 아니하다.

2) 이동저장탱크로부터 액체위험물을 용기에 옮겨 담지 아니할 것. 다만, 주입호스의 끝부분에 수동개폐장치를 한 주입노즐(수동개폐장치를 개방상태로 고정하는 장치를 한 것을 제외한다)을 사용하여 별표 19 Ⅰ의 기준에 적합한 운반용기에 인화점 40℃ 이상의 제4류 위험물을 옮겨 담는 경우에는 그러하지 아니하다.

3) 이동저장탱크로부터 위험물을 저장 또는 취급하는 탱크에 인화점이 40℃ 미만인 위험물을 주입할 때에는 이동탱크저장소의 원동기를 정지시킬 것

4) 이동저장탱크로부터 직접 위험물을 자동차(자동차관리법 제2조제1호의 규정에 의한 자동차와 「건설기계관리법」 제2조제1항제1호의 규정에 의한 건설기계중 덤프트럭 및 콘크리트믹서트럭을 말한다)의 연료탱크에 주입하지 말 것. 다만, 「건설산업기본법」 제2조제4호에 따른 건설공사를 하는 장소에서 별표 10 Ⅳ제3호에 따른 주입설비를 부착한 이동탱크저장소로부터 해당 건설공사와 관련된 자동차(「건설기계관리법」 제2조제1항제1호에 따른 건설기계 중 덤프트럭과 콘크리트믹서트럭으로 한정한다)의 연료탱크에 인화점 40℃ 이상의 위험물을 주입하는 경우에는 그러하지 아니하다.

5) 휘발유·벤젠 그 밖에 정전기에 의한 재해발생의 우려가 있는 액체의 위험물을 이동저장탱크에 수입하거나 이동서상탱크로부터 배출하는 때에는 도선으로 이동저장탱크와 접지전극 등과의 사이를 긴밀히 연결하여 당해 이동저장탱크를 접지할 것

6) 휘발유·벤젠·그 밖에 정전기에 의한 재해발생의 우려가 있는 액체의 위험물을 이동저장탱크의 상부로 주입하는 때에는 주입관을 사용하되, 당해 주입관의 끝부분을 이동저장탱크의 밑바닥에 밀착할 것

7) 휘발유를 저장하던 이동저장탱크에 등유나 경유를 주입할 때 또는 등유나 경유를 저장하던 이동저장탱크에 휘발유를 주입할 때에는 다음의 기준에 따라 정전기등에 의한 재해를 방지하기 위한 조치를 할 것
   가) 이동저장탱크의 상부로부터 위험물을 주입할 때에는 위험물의 액표면이 주입관의 끝부분을 넘는 높이가 될 때까지 그 주입관내의 유속을 초당 1m 이하로 할 것
   나) 이동저장탱크의 밑부분으로부터 위험물을 주입할 때에는 위험물의 액표면이 주입관의 정상부분을 넘는 높이가 될 때까지 그 주입배관내의 유속을 초당 1m 이하로 할 것
   다) 그 밖의 방법에 의한 위험물의 주입은 이동저장탱크에 가연성증기가 잔류하지 아니하도록 조치하고 안전한 상태로 있음을 확인한 후에 할 것

8) 이동탱크저장소는 별표 10 Ⅰ의 규정에 의한 상치장소에 주차할 것. 다만, 원거

리 운행 등으로 상치장소에 주차할 수 없는 경우에는 다음의 장소에도 주차할 수 있다.

가) 다른 이동탱크저장소의 상치장소

나) 「화물자동차 운수사업법」에 의한 일반화물자동차운송사업을 위한 차고로서 별표 10 Ⅰ의 규정에 적합한 장소

다) 「물류시설의 개발 및 운영에 관한 법률」에 따른 물류터미널의 주차장으로서 별표 10 Ⅰ의 규정에 적합한 장소

라) 「주차장법」에 의한 주차장중 노외의 옥외주차장으로서 별표 10 Ⅰ의 규정에 적합한 장소

마) 제조소등이 설치된 사업장 내의 안전한 장소

바) 도로(갓길 및 노상주차장을 포함한다) 외의 장소로서 화기취급장소 또는 건축물로부터 10m 이상 거리를 둔 장소

사) 벽·기둥·바닥·보·서까래 및 지붕이 내화구조로 된 건축물의 1층으로서 개구부가 없는 내하구조의 격벽 등으로 당해 건축물의 다른 용도의 부분과 구획된 장소

아) 소방본부장 또는 소방서장으로부터 승인을 받은 장소

9) 이동저장탱크를 8)의 규정에 의한 상치장소 등에 주차시킬 때에는 완전히 빈 상태로 할 것. 다만, 당해 장소가 별표 6 Ⅰ·Ⅱ 및 Ⅸ의 규정에 적합한 경우에는 그러하지 아니하다.

10) 이동저장탱크로부터 직접 위험물을 선박의 연료탱크에 주입하는 경우에는 다음의 기준에 따를 것

가) 선박이 이동하지 아니하도록 계류(繫留)시킬 것

나) 이동탱크저장소가 움직이지 않도록 조치를 강구할 것

다) 이동탱크저장소의 주입호스의 끝부분을 선박의 연료탱크의 급유구에 긴밀히 결합할 것. 다만, 주입호스 끝부분에 수동개폐장치를 설치한 주유노즐로 주입하는 때에는 그러하지 아니하다.

라) 이동탱크저장소의 주입설비를 접지할 것. 다만, 인화점 40℃ 이상의 위험물을 주입하는 경우에는 그러하지 아니하다.

자. 컨테이너식 이동탱크저장소에서의 위험물취급은 아목[1)을 제외한다]의 규정을 준용하는 외에 다음의 기준에 의할 것

1) 이동저장탱크에서 위험물을 저장 또는 취급하는 탱크에 액체위험물을 주입하는 때에는 주입구에 주입호스를 긴밀히 연결할 것. 다만, 주입호스의 끝부분에 수동개폐장치를 설비한 주입노즐(수동개폐장치를 개방상태로 고정하는 장치를 한 것을 제외한다)에 의하여 지정수량 미만의 탱크에 인화점이 40℃ 이상인 제4

류 위험물을 주입하는 때에는 그러하지 아니하다.

2) 이동저장탱크를 체결금속구, 변형금속구 또는 샤시프레임에 긴밀히 결합한 구조의 유(U)볼트를 이용하여 차량에 긴밀히 연결할 것

6. 알킬알루미늄등 및 아세트알데히드등의 취급기준은 제1호 내지 제5호에 정하는 것 외에 당해 위험물의 성질에 따라 다음 각목에 정하는 바에 의한다(중요기준).
   가. 알킬알루미늄등의 제조소 또는 일반취급소에 있어서 알킬알루미늄등을 취급하는 설비에는 불활성의 기체를 봉입할 것
   나. 알킬알루미늄등의 이동탱크저장소에 있어서 이동저장탱크로부터 알킬알루미늄등을 꺼낼 때에는 동시에 200㎪ 이하의 압력으로 불활성의 기체를 봉입할 것
   다. 아세트알데히드등의 제조소 또는 일반취급소에 있어서 아세트알데히드등을 취급하는 설비에는 연소성 혼합기체의 생성에 의한 폭발의 위험이 생겼을 경우에 불활성의 기체 또는 수증기[아세트알데히드등을 취급하는 탱크(옥외에 있는 탱크 또는 옥내에 있는 탱크로서 그 용량이 지정수량의 5분의 1 미만의 것을 제외한다)에 있어서는 불활성의 기체]를 봉입할 것
   라. 아세트알데히드등의 이동탱크저장소에 있어서 이동저장탱크로부터 아세트알데히드등을 꺼낼 때에는 동시에 100㎪ 이하의 압력으로 불활성의 기체를 봉입할 것

Ⅴ. 위험물의 용기 및 수납

1. Ⅲ제4호 및 제17호의 규정에 의하여 위험물을 용기에 수납할 때 또는 Ⅳ제2호가목의 규정에 의하여 위험물을 용기에 옮겨 담을 때에는 다음 각목에 정하는 용기의 구분에 따라 당해 각목에 정하는 바에 의한다. 다만, 제조소등이 설치된 부지와 동일한 부지내에서 위험물을 저장 또는 취급하기 위하여 다음 각목에 정하는 용기 외의 용기에 수납하거나 옮겨 담는 경우에 있어서 당해 용기의 저장 또는 취급이 화재의 예방상 안전하다고 인정될 때에는 그러하지 아니하다.
   가. 나목에 정하는 용기 외의 용기 : 고체의 위험물에 있어서는 부표 제1호, 액체의 위험물에 있어서는 부표 제2호에 정하는 기준에 적합한 내장용기(내장용기의 용기의 종류란이 공란인 것은 외장용기) 또는 저장 또는 취급의 안전상 이러한 기준에 적합한 용기와 동등 이상이라고 인정하여 소방청장이 정하여 고시하는 것(이하 Ⅴ에서 "내장용기등"이라고 한다)으로서 별표 19 Ⅱ 제1호에 정하는 수납의 기준에 적합할 것
   나. 기계에 의하여 하역하는 구조로 된 용기(기계에 의하여 들어 올리기 위한 고리·기구·포크리프트포켓 등이 있는 용기를 말한다. 이하 같다):별표 19 Ⅰ 제3호나목에 규정하는 운반용기로서 별표 19 Ⅱ제2호에 정하는 수납의 기준에 적합할 것
2. 제1호 가목의 내장용기등(내장용기등을 다른 용기에 수납하는 경우에 있어서는 당해

용기를 포함한다. 이하 Ⅴ에서 같다)에 있어서는 별표 19 Ⅱ제8호에 정하는 표시를, 제1호나목의 용기에 있어서는 별표 19 Ⅱ제8호 및 별표 19 Ⅱ제13호에 정하는 표시를 각각 보기 쉬운 위치에 하여야 한다.

3. 제2호의 규정에 불구하고 제1류·제2류 또는 제4류의 위험물(별표 19 Ⅴ제1호의 규정에 의한 위험등급Ⅰ의 위험물을 제외한다)의 내장용기등으로서 최대용적이 1L 이하의 것에 있어서는 별표 19 Ⅱ제8호가목 및 다목의 표시를 각각 위험물의 통칭명 및 동호의 규정에 의한 표시와 동일한 의미가 있는 다른 표시로 대신할 수 있다.
4. 제2호 및 제3호의 규정에 불구하고 제4류 위험물에 해당하는 화장품(에어졸을 제외한다)의 내장용기등으로서 최대용적이 150㎖ 이하의 것에 있어서는 별표 19 Ⅱ제8호가목 및 다목에 정하는 표시를 아니할 수 있고 최대용적이 150㎖ 초과 300㎖ 이하의 것에 있어서는 별표 19 Ⅱ제8호가목에 정하는 표시를 하지 아니할 수 있으며, 별표 19 Ⅱ제8호다목의 주의사항은 동목의 규정에 의한 표시와 동일한 의미가 있는 다른 표시로 대신할 수 있다.
5. 제2호 및 제3호의 규정에 불구하고 제4류 위험물에 해당하는 에어졸의 내장용기등으로서 최대 용적이 300㎖ 이하의 것에 있어서는 별표 19 Ⅱ제8호가목의 규정에 의한 표시를 하지 아니할 수 있고, 별표 19 Ⅱ제8호다목의 주의사항을 동목의 규정에 의한 표시와 동일한 의미가 있는 다른 표시로 대신할 수 있다.
6. 제2호 및 제3호의 규정에 불구하고 제4류 위험물 중 동식물유류의 내장용기등으로서 최대용적이 3L 이하의 것에 있어서는 별표 19 Ⅱ제8호가목 및 다목의 표시를 각각 당해 위험물의 통칭명 및 동호의 규정에 의한 표시와 동일한 의미가 있는 다른 표시로 대신할 수 있다.

Ⅵ. 법 제5조제3항의 규정에 의한 중요기준 및 세부기준은 다음 각호의 구분에 의한다.

1. 중요기준 : Ⅰ 내지 Ⅴ의 저장 또는 취급기준 중 "중요기준"이라 표기한 것
2. 세부기준 : 중요기준 외의 것

위험물안전관리법 시행규칙 [부표] 〈개정 2021. 7. 13.〉 살펴보기
운반용기의 최대용적 또는 중량(별표 18 관련)

1. 고체위험물

운반 용기				수납 위험물의 종류									
내장 용기		외장 용기		제1류			제2류		제3류			제5류	
용기의 종류	최대용적 또는 중량	용기의 종류	최대용적 또는 중량	Ⅰ	Ⅱ	Ⅲ	Ⅱ	Ⅲ	Ⅰ	Ⅱ	Ⅲ	Ⅰ	Ⅱ
유리용기 또는 플라스틱용기	10 L	나무상자 또는 플라스틱상자(필요에 따라 불활성의 완충재를 채울 것)	125kg	○	○	○	○	○	○	○	○	○	○
			225kg		○	○		○		○	○		○
		파이버판상자(필요에 따라 불활성의 완충재를 채울 것)	40kg	○	○	○	○	○	○	○	○	○	○
			55kg		○	○		○		○	○		○
금속제용기	30 L	나무상자 또는 플라스틱상자	125kg	○	○	○	○	○	○	○	○	○	○
			225kg		○	○		○		○	○		○
		파이버판상자	40kg	○	○	○	○	○	○	○	○	○	○
			55kg		○	○		○		○	○		○
플라스틱필름포대 또는 종이포대	5kg	나무상자 또는 플라스틱상자	50kg	○	○	○	○	○		○	○	○	○
	50kg		50kg	○	○	○	○	○					○
	125kg		125kg		○	○	○	○					
	225kg		225kg			○		○					
	5kg	파이버판상자	40kg	○	○	○	○	○		○	○	○	○
	40kg		40kg	○	○	○	○	○					○
	55kg		55kg			○		○					
		금속제용기(드럼 제외)	60 L	○	○	○	○	○	○	○	○	○	○
		플라스틱용기(드럼 제외)	10 L		○	○	○	○		○	○		○
			30 L			○		○					○
		금속제드럼	250 L	○	○	○	○	○	○	○	○	○	○
		플라스틱드럼 또는 파이버드럼(방수성이 있는 것)	60 L	○	○	○	○	○	○	○	○	○	○
			250 L		○	○		○		○	○		○
		합성수지포대(방수성이 있는 것), 플라스틱필름포대, 섬유포대(방수성이 있는 것) 또는 종이포대(여러겹으로서 방수성이 있는 것)	50kg		○	○	○	○		○	○		○

비고

1. "○"표시는 수납위험물의 종류별 각 란에 정한 위험물에 대하여 해당 각란에 정한 운반용기가 적응성이 있음을 표시한다.
2. 내장용기는 외장용기에 수납하여야 하는 용기로서 위험물을 직접 수납하기 위한 것을 말한다.
3. 내장용기의 용기의 종류란이 빈칸인 것은 외장용기에 위험물을 직접 수납하거나 유리용기, 플라스틱용기, 금속제용기, 폴리에틸렌포대 또는 종이포대를 내장용기로 할 수 있음을 표시한다.

2. 액체위험물

운반 용기				수납위험물의 종류								
내장 용기		외장 용기		제3류			제4류			제5류		제6류
용기의 종류	최대용적 또는 중량	용기의 종류	최대용적 또는 중량	Ⅰ	Ⅱ	Ⅲ	Ⅰ	Ⅱ	Ⅲ	Ⅰ	Ⅱ	Ⅰ
유리용기	5 L	나무 또는 플라스틱상자 (불활성의 완충재를 채울 것)	75kg	○	○	○	○	○	○	○	○	○
	10 L		125kg		○	○		○	○		○	
			225kg						○			
	5 L	파이버판상자 (불활성의 완충재를 채울 것)	40kg	○	○	○	○	○	○	○	○	○
	10 L		55kg						○			
플라스틱 용기	10 L	나무 또는 플라스틱상자 (필요에 따라 불활성의 완충재를 채울 것)	75kg	○	○	○	○	○	○	○	○	○
			125kg		○	○		○	○		○	
			225kg						○			
		파이버판상자(필요에 따라 불활성의 완충재를 채울 것)	40kg	○	○	○	○	○	○	○	○	○
			55kg						○			
금속제 용기	30 L	나무 또는 플라스틱상자	125kg	○	○	○	○	○	○	○	○	○
			225kg						○			
		파이버판상자	40kg	○	○	○	○	○	○	○	○	○
			55kg		○	○		○	○		○	
		금속제용기(금속제드럼제외)	60 L		○	○		○	○		○	
		플라스틱용기(플라스틱드럼제외)	10 L		○	○		○	○		○	
			20 L					○	○			
			30 L						○		○	
		금속제드럼(뚜껑고정식)	250 L	○	○	○	○	○	○	○	○	○
		금속제드럼(뚜껑탈착식)	250 L					○	○			
		플라스틱또는파이버드럼(플라스틱내용기부착의것)	250 L		○	○			○		○	

비고

1. "○"표시는 수납위험물의 종류별 각 란에 정한 위험물에 대하여 해당 각란에 정한 운반용기가 적응성이 있음을 표시한다.
2. 내장용기는 외장용기에 수납하여야 하는 용기로서 위험물을 직접 수납하기 위한 것을 말한다.
3. 내장용기의 용기의 종류란이 빈칸인 것은 외장용기에 위험물을 직접 수납하거나 유리용기, 플라스틱용기 또는 금속제용기를 내장용기로 할 수 있음을 표시한다.

제66조(정기점검의 내용 등)

제조소등의 위치·구조 및 설비가 법 제5조제4항의 기술기준에 적합한지를 점검하는데 필요한 정기점검의 내용·방법 등에 관한 기술상의 기준과 그 밖의 점검에 관하여 필요한 사항은 소방청장이 정하여 고시한다.

✔ **TIP** 행정규칙: 위험물안전관리에 관한 세부기준

위험물안전관리법 시행규칙 살펴보기

제44조(소화설비 등의 설치에 관한 세부기준)

제41조 내지 제43조의 규정에 의한 기준 외에 소화설비・경보설비 및 피난설비의 설치에 관하여 필요한 세부기준은 소방청장이 정하여 고시한다.

✔ **TIP** 행정규칙: 위험물안전관리에 관한 세부기준 참고

제45조(소화설비 등의 형식)

소화설비・경보설비 및 피난설비는 「화재예방, 소방시설 설치・유지 및 안전관리에 관한 법률」 제36조에 따라 소방청장의 형식승인을 받은 것이어야 한다.

제46조(화재안전기준의 적용)

제조소등에 설치하는 소화설비・경보설비 및 피난설비의 설치 기준 등에 관하여 제41조부터 제44조까지에 규정된 기준 외에는 「화재예방, 소방시설 설치・유지 및 안전관리에 관한 법률」에 따른 화재안전기준에 따른다.

제47조(제조소등의 기준의 특례)

① 시・도지사 또는 소방서장은 다음 각호의 1에 해당하는 경우에는 이 장의 규정을 적용하지 아니한다.

1. 위험물의 품명 및 최대수량, 지정수량의 배수, 위험물의 저장 또는 취급의 방법 및 제조소등의 주위의 지형 그 밖의 상황 등에 비추어 볼 때 화재의 발생 및 연소의 정도나 화재 등의 재난에 의한 피해가 이 장의 규정에 의한 제조소등의 위치・구조 및 설비의 기준에 의한 경우와 동등 이하가 된다고 인정되는 경우
2. 예상하지 아니한 특수한 구조나 설비를 이용하는 것으로서 이 장의 규정에 의한 제조소등의 위치・구조 및 설비의 기준에 의한 경우와 동등 이상의 효력이 있다고 인정되는 경우

② 시・도지사 또는 소방서장은 제조소등의 기준의 특례 적용 여부를 심사함에 있어서 전문기술적인 판단이 필요하다고 인정하는 사항에 대해서는 기술원이 실시한 해당 제조소등의 안전성에 관한 평가(이하 이 조에서 "안전성 평가"라 한다)를 참작할 수 있다.

③ 안전성 평가를 받으려는 자는 제6조제1호부터 제4호까지 및 같은 조 제7호부터 제9호까지의 규정에 따른 서류 중 해당 서류를 기술원에 제출하여 안전성 평가를 신청할 수 있다.

④ 안전성 평가의 신청을 받은 기술원은 소방기술사, 위험물기능장 등 해당분야의 전문가가 참여하는 위원회(이하 이 조에서 "안전성평가위원회"라 한다)의 심의를 거쳐 안전성 평가 결과를 30일 이내에 신청인에게 통보하여야 한다.

⑤ 그 밖에 안전성평가위원회의 구성 및 운영과 신청절차 등 안전성 평가에 관하여 필요한 사항은 기술원의 원장이 정한다.

제48조(화약류에 해당하는 위험물의 특례)
염소산염류·과염소산염류·질산염류·유황·철분·금속분·마그네슘·질산에스테르류·니트로화합물 중 「총포·도검·화약류 등의 안전관리에 관한 법률」에 따른 화약류에 해당하는 위험물을 저장 또는 취급하는 제조소 등에 대해서는 별표 4 Ⅱ·Ⅳ·Ⅸ·Ⅹ 및 별표 5 Ⅰ 제1호·제2호·제4호부터 제8호까지·제14호·제16호·Ⅱ·Ⅲ을 적용하지 않는다.

위험물안전관리법 시행령 살펴보기

위험물안전관리법 시행령 [별표 2]

지정수량 이상의 위험물을 저장하기 위한 장소와 그에 따른 저장소의 구분(제4조관련)

지정수량 이상의 위험물을 저장하기 위한 장소	저장소의 구분
1. 옥내(지붕과 기둥 또는 벽 등에 의하여 둘러싸인 곳을 말한다. 이하 같다)에 저장(위험물을 저장하는데 따르는 취급을 포함한다. 이하 이 표에서 같다)하는 장소. 다만, 제3호의 장소를 제외한다. 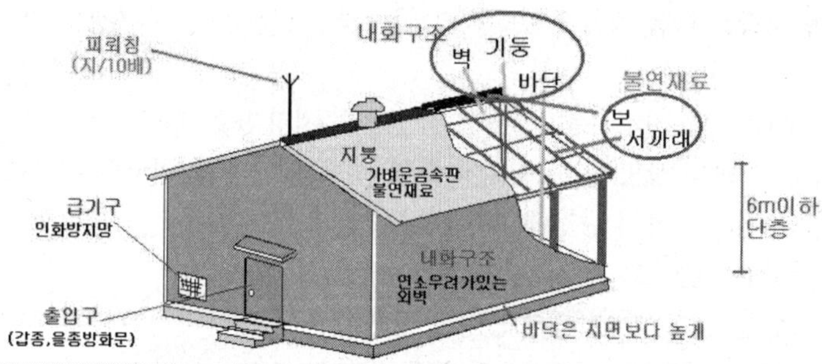	옥내저장소
2. 옥외에 있는 탱크(제4호 내지 제6호 및 제8호에 규정된 탱크를 제외한다. 이하 제3호에서 같다)에 위험물을 저장하는 장소 	옥외탱크 저장소

<table>
<tr><th>지정수량 이상의 위험물을 저장하기 위한 장소</th><th>저장소의 구분</th></tr>
<tr><td>3. 옥내에 있는 탱크에 위험물을 저장하는 장소

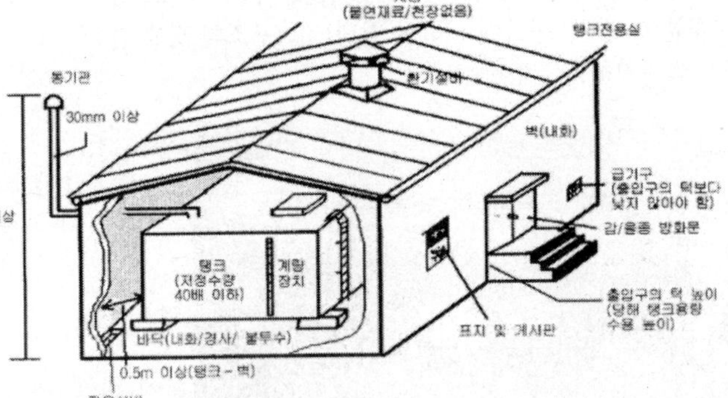

</td><td>옥내탱크
저장소</td></tr>
<tr><td>4. 지하에 매설한 탱크에 위험물을 저장하는 장소

</td><td>지하탱크
저장소</td></tr>
<tr><td>5. 간이탱크에 위험물을 저장하는 장소

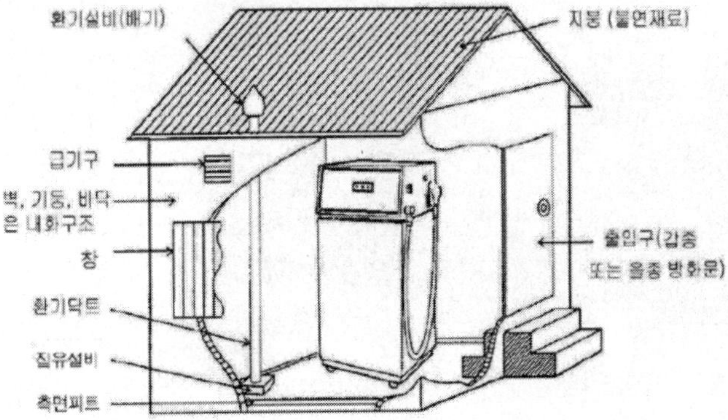

</td><td>간이탱크
저장소</td></tr>
</table>

지정수량 이상의 위험물을 저장하기 위한 장소	저장소의 구분
6. 차량(피견인자동차에 있어서는 앞차축을 갖지 아니하는 것으로서 당해 피견인자동차의 일부가 견인자동차에 적재되고 당해 피견인자동차와 그 적재물의 중량의 상당부분이 견인자동차에 의하여 지탱되는 구조의 것에 한한다)에 고정된 탱크에 위험물을 저장하는 장소 	이동탱크 저장소
7. 옥외에 다음 각목의 1에 해당하는 위험물을 저장하는 장소. 다만, 제2호의 장소를 제외한다. 가. 제2류 위험물중 유황 또는 인화성고체(인화점이 섭씨 0도 이상인 것에 한한다) 나. 제4류 위험물중 제1석유류(인화점이 섭씨 0도 이상인 것에 한한다)·알코올류·제2석유류·제3석유류·제4석유류 및 동식물유류 다. 제6류 위험물 라. 제2류 위험물 및 제4류 위험물중 특별시·광역시 또는 도의 조례에서 정하는 위험물(「관세법」제154조의 규정에 의한 보세구역안에 저장하는 경우에 한한다) 마. 「국제해사기구에 관한 협약」에 의하여 설치된 국제해사기구가 채택한 「국제해상위험물규칙」(IMDG Code)에 적합한 용기에 수납된 위험물 	옥외저장소

지정수량 이상의 위험물을 저장하기 위한 장소	저장소의 구분
8. 암반 내의 공간을 이용한 탱크에 액체의 위험물을 저장하는 장소	암반탱크 저장소

제2장 위험물시설의 설치 및 변경

제6조(위험물시설의 설치 및 변경 등)

① 제조소등을 설치하고자 하는 자는 대통령령이 정하는 바에 따라 그 설치장소를 관할하는 특별시장 · 광역시장 · 특별자치시장 · 도지사 또는 특별자치도지사(이하 "시 · 도지사"라 한다)의 허가를 받아야 한다. 제조소등의 위치 · 구조 또는 설비 가운데 행정안전부령이 정하는 사항을 변경하고자 하는 때에도 또한 같다. ➡ 5년 이하의 징역 또는 1억원 이하의 벌금

② 제조소등의 위치 · 구조 또는 설비의 변경없이 당해 제조소등에서 저장하거나 취급하는 위험물의 품명 · 수량 또는 지정수량의 배수를 변경하고자 하는 자는 변경하고자 하는 날의 1일 전까지 행정안전부령이 정하는 바에 따라 시 · 도지사에게 신고하여야 한다.
➡ 200만 원 이하의 과태료

③ 제1항 및 제2항의 규정에 불구하고 다음 각 호의 어느 하나에 해당하는 제조소등의 경우에는 허가를 받지 아니하고 당해 제조소등을 설치하거나 그 위치 · 구조 또는 설비를 변경할 수 있으며, 신고를 하지 아니하고 위험물의 품명 · 수량 또는 지정수량의 배수를 변경할 수 있다.

1. 주택의 난방시설(공동주택의 중앙난방시설을 제외한다)을 위한 저장소 또는 취급소
2. 농예용 · 축산용 또는 수산용으로 필요한 난방시설 또는 건조시설을 위한 지정수량 20배 이하의 저장소

★ 제6조제3항의 규정에 따라 허가가 면제된 경우➡ 1년 이하의 징역 또는 1천만원 이하의 벌금

위험물안전관리법 시행령 살펴보기

제6조(제조소등의 설치 및 변경의 허가)

① 법 제6조제1항에 따라 제조소등의 설치허가 또는 변경허가를 받으려는 자는 설치허가 또는 변경허가신청서에 행정안전부령으로 정하는 서류를 첨부하여 특별시장·광역시장·특별자치시장·도지사 또는 특별자치도지사(이하 "시·도지사"라 한다)에게 제출하여야 한다.

② 시·도지사는 제1항에 따른 제조소등의 설치허가 또는 변경허가 신청 내용이 다음 각 호의 기준에 적합하다고 인정하는 경우에는 허가를 하여야 한다.

1. 제조소등의 위치·구조 및 설비가 법 제5조제4항의 규정에 의한 기술기준에 적합할 것
2. 제조소등에서의 위험물의 저장 또는 취급이 공공의 안전유지 또는 재해의 발생방지에 지장을 줄 우려가 없다고 인정될 것
3. 다음 각 목의 제조소등은 해당 목에서 정한 사항에 대하여 「소방산업의 진흥에 관한 법률」 제14조에 따른 한국소방산업기술원(이하 "기술원"이라 한다)의 기술검토를 받고 그 결과가 행정안전부령으로 정하는 기준에 적합한 것으로 인정될 것. 다만, 보수 등을 위한 부분적인 변경으로서 소방청장이 정하여 고시하는 사항에 대해서는 기술원의 기술검토를 받지 않을 수 있으나 행정안전부령으로 정하는 기준에는 적합해야 한다.
   가. 지정수량의 1천배 이상의 위험물을 취급하는 제조소 또는 일반취급소 : 구조·설비에 관한 사항
   나. 옥외탱크저장소(저장용량이 50만 리터 이상인 것만 해당한다) 또는 암반탱크저장소 : 위험물탱크의 기초·지반, 탱크본체 및 소화설비에 관한 사항

③ 제2항제3호 각 목의 어느 하나에 해당하는 제조소등에 관한 설치허가 또는 변경허가를 신청하는 자는 그 시설의 설치계획에 관하여 미리 기술원의 기술검토를 받아 그 결과를 설치허가 또는 변경허가신청서류와 함께 제출할 수 있다.

위험물안전관리법 시행규칙 살펴보기

제6조(제조소등의 설치허가의 신청)

「위험물안전관리법」(이하 "법"이라 한다) 제6조제1항 전단 및 영 제6조제1항에 따라 제조소등의 설치허가를 받으려는 자는 별지 제1호서식 또는 별지 제2호서식의 신청서(전자문서로 된 신청서를 포함한다)에 다음 각 호의 서류(전자문서를 포함한다)를 첨부하여 특별시장·광역시장·특별자치시장·도지사 또는 특별자치도지사(이하 "시·도지사"라 한다)나 소방서장에게 제출하여야 한다. 다만, 「전자정부법」 제36조제1항에 따른 행정정보의 공동이용을 통하여 첨부서류에 대한 정보를 확인할 수 있는 경우에는 그 확인으로 첨부서류에 갈음할 수 있다.

1. 다음 각목의 사항을 기재한 제조소등의 위치·구조 및 설비에 관한 도면
   가. 당해 제조소등을 포함하는 사업소 안 및 주위의 주요 건축물과 공작물의 배치
   나. 당해 제조소등이 설치된 건축물 안에 제조소등의 용도로 사용되지 아니하는 부분이 있는

경우 그 부분의 배치 및 구조

다. 당해 제조소등을 구성하는 건축물, 공작물 및 기계·기구 그 밖의 설비의 배치(제조소 또는 일반취급소의 경우에는 공정의 개요를 포함한다)

라. 당해 제조소등에서 위험물을 저장 또는 취급하는 건축물, 공작물 및 기계·기구 그 밖의 설비의 구조(주유취급소의 경우에는 별표 13 V 제1호 각목의 규정에 의한 건축물 및 공작물의 구조를 포함한다)

마. 당해 제조소등에 설치하는 전기설비, 피뢰설비, 소화설비, 경보설비 및 피난설비의 개요

바. 압력안전장치·누설점검장치 및 긴급차단밸브 등 긴급대책에 관계된 설비를 설치하는 제조소등의 경우에는 당해 설비의 개요

2. 당해 제조소등에 해당하는 별지 제3호서식 내지 별지 제15호서식에 의한 구조설비명세표
3. 소화설비(소화기구를 제외한다)를 설치하는 제조소등의 경우에는 당해 설비의 설계도서
4. 화재탐지설비를 설치하는 제조소등의 경우에는 당해 설비의 설계도서
5. 50만리터 이상의 옥외탱크저장소의 경우에는 당해 옥외탱크저장소의 탱크(이하 "옥외저장탱크"라 한다)의 기초·지반 및 탱크본체의 설계도서, 공사계획서, 공사공정표, 지질조사자료 등 기초·지반에 관하여 필요한 자료와 용접부에 관한 설명서 등 탱크에 관한 자료
6. 암반탱크저장소의 경우에는 당해 암반탱크의 탱크본체·갱도(坑道) 및 배관 그 밖의 설비의 설계도서, 공사계획서, 공사공정표 및 지질·수리(水理)조사서
7. 옥외저장탱크가 지중탱크(저부가 지반면 아래에 있고 상부가 지반면 이상에 있으며 탱크내 위험물의 최고액면이 지반면 아래에 있는 원통종형식의 위험물탱크를 말한다. 이하 같다)인 경우에는 당해 지중탱크의 지반 및 탱크본체의 설계도서, 공사계획서, 공사공정표 및 지질조사자료 등 지반에 관한 자료
8. 옥외저장탱크가 해상탱크[해상의 동일장소에 정치(定置)되어 육상에 설치된 설비와 배관 등에 의하여 접속된 위험물탱크를 말한다. 이하 같다]인 경우에는 당해 해상탱크의 탱크본체·정치설비(해상탱크를 동일장소에 정치하기 위한 설비를 말한다. 이하 같다) 그 밖의 설비의 설계도서, 공사계획서 및 공사공정표
9. 이송취급소의 경우에는 공사계획서, 공사공정표 및 별표 1의 규정에 의한 서류
10. 「소방산업의 진흥에 관한 법률」 제14조에 따른 한국소방산업기술원(이하 "기술원"이라 한다)이 발급한 기술검토서(영 제6조제3항의 규정에 의하여 기술원의 기술검토를 미리 받은 경우에 한한다)

제7조(제조소등의 변경허가의 신청)

법 제6조제1항 후단 및 영 제6조제1항에 따라 제조소등의 위치·구조 또는 설비의 변경허가를 받으려는 자는 별지 제16호서식 또는 별지 제17호서식의 신청서(전자문서로 된 신청서를 포함한다)에 다음 각 호의 서류(전자문서를 포함한다)를 첨부하여 설치허가를 한 시·도지사 또는 소방서장에게 제출해야 한다. 다만, 「전자정부법」 제36조제1항에 따른 행정정보의 공동이용을 통하

여 첨부서류를 대한 정보를 확인할 수 있는 경우에는 그 확인으로 첨부서류에 갈음할 수 있다. 〈개정 2005. 5. 26., 2007. 12. 3., 2010. 11. 8., 2021. 7. 13.〉

1. 제조소등의 완공검사합격확인증
2. 제6조제1호의 규정에 의한 서류(라목 내지 바목의 서류는 변경에 관계된 것에 한한다)
3. 제6조제2호 내지 제10호의 규정에 의한 서류 중 변경에 관계된 서류
4. 법 제9조제1항 단서의 규정에 의한 화재예방에 관한 조치사항을 기재한 서류(변경공사와 관계가 없는 부분을 완공검사 전에 사용하고자 하는 경우에 한한다)

제8조(제조소등의 변경허가를 받아야 하는 경우)

법 제6조제1항 후단에서 "행정안전부령이 정하는 사항"이라 함은 별표 1의2에 따른 사항을 말한다.

위험물안전관리법 시행규칙 [별표 1의2] 〈개정 2021. 7. 13.〉

제조소등의 변경허가를 받아야 하는 경우(제8조 관련)

제조소등의 구분	변경허가를 받아야 하는 경우
1. 제조소 또는 일반취급소	가. 제조소 또는 일반취급소의 위치를 이전하는 경우 나. 건축물의 벽・기둥・바닥・보 또는 지붕을 증설 또는 철거하는 경우 다. 배출설비를 신설하는 경우 라. 위험물취급탱크를 신설・교체・철거 또는 보수(탱크의 본체를 절개하는 경우에 한한다)하는 경우 마. 위험물취급탱크의 노즐 또는 맨홀을 신설하는 경우(노즐 또는 맨홀의 지름이 250㎜를 초과하는 경우에 한한다) 바. 위험물취급탱크의 방유제의 높이 또는 방유제 내의 면적을 변경하는 경우 사. 위험물취급탱크의 탱크전용실을 증설 또는 교체하는 경우 아. 300m(지상에 설치하지 아니하는 배관의 경우에는 30m)를 초과하는 위험물 배관을 신설・교체・철거 또는 보수(배관을 절개하는 경우에 한한다)하는 경우 자. 불활성기체(다른 원소와 화학 반응을 일으키기 어려운 기체)의 봉입장치를 신설하는 경우 차. 별표 4 Ⅻ제2호가목에 따른 누설범위를 국한하기 위한 설비를 신설하는 경우 카. 별표 4 Ⅻ제3호다목에 따른 냉각장치 또는 보냉장치를 신설하는 경우 타. 별표 4 Ⅻ제3호마목에 따른 탱크전용실을 증설 또는 교체하는 경우 파. 별표 4 Ⅻ제4호나목에 따른 담 또는 토제를 신설・철거 또는 이설하는 경우 하. 별표 4 Ⅻ제4호다목에 따른 온도 및 농도의 상승에 의한 위험한 반응을 방

제조소등의 구분	변경허가를 받아야 하는 경우
	지하기 위한 설비를 신설하는 경우 거. 별표 4 XII제4호라목에 따른 철이온 등의 혼입에 의한 위험한 반응을 방지하기 위한 설비를 신설하는 경우 너. 방화상 유효한 담을 신설·철거 또는 이설하는 경우 더. 위험물의 제조설비 또는 취급설비(펌프설비를 제외한다)를 증설하는 경우 러. 옥내소화전설비·옥외소화전설비·스프링클러설비·물분무등소화설비를 신설·교체(배관·밸브·압력계·소화전본체·소화약제탱크·포헤드·포방출구 등의 교체는 제외한다) 또는 철거하는 경우 머. 자동화재탐지설비를 신설 또는 철거하는 경우
2. 옥내 저장소	가. 건축물의 벽·기둥·바닥·보 또는 지붕을 증설 또는 철거하는 경우 나. 배출설비를 신설하는 경우 다. 별표 5 VIII제3호가목에 따른 누설범위를 국한하기 위한 설비를 신설하는 경우 라. 별표 5 VIII제4호에 따른 온도의 상승에 의한 위험한 반응을 방지하기 위한 설비를 신설하는 경우 마. 별표 5 부표 1 비고 제1호 또는 같은 별표 부표 2 비고 제1호에 따른 담 또는 토제를 신설·철거 또는 이설하는 경우 바. 옥외소화전설비·스프링클러설비·물분무등소화설비를 신설·교체(배관·밸브·압력계·소화전본체·소화약제탱크·포헤드·포방출구 등의 교체는 제외한다) 또는 철거하는 경우 사. 자동화재탐지설비를 신설 또는 철거하는 경우
3. 옥외탱크 저장소	가. 옥외저장탱크의 위치를 이전하는 경우 나. 옥외탱크저장소의 기초·지반을 정비하는 경우 다. 별표 6 II제5호에 따른 물분무설비를 신설 또는 철거하는 경우 라. 주입구의 위치를 이전하거나 신설하는 경우 마. 300m(지상에 설치하지 아니하는 배관의 경우에는 30m)를 초과하는 위험물 배관을 신설·교체·철거 또는 보수(배관을 절개하는 경우에 한한다)하는 경우 바. 별표 6 VI제20호에 따른 수조를 교체하는 경우 사. 방유제(간막이 둑을 포함한다)의 높이 또는 방유제 내의 면적을 변경하는 경우 아. 옥외저장탱크의 밑판 또는 옆판을 교체하는 경우 자. 옥외저장탱크의 노즐 또는 맨홀을 신설하는 경우(노즐 또는 맨홀의 지름이 250㎜를 초과하는 경우에 한한다) 차. 옥외저장탱크의 밑판 또는 옆판의 표면적의 20%를 초과하는 겹침보수공사 또는 육성보수공사를 하는 경우 카. 옥외저장탱크의 애뉼러 판의 겹침보수공사 또는 육성보수공사를 하는 경우

제조소등의 구분	변경허가를 받아야 하는 경우
	타. 옥외저장탱크의 애뉼러 판 또는 밑판이 옆판과 접하는 용접이음부의 겹침보수공사 또는 육성보수공사를 하는 경우(용접길이가 300㎜를 초과하는 경우에 한한다) 파. 옥외저장탱크의 옆판 또는 밑판(애뉼러 판을 포함한다) 용접부의 절개보수공사를 하는 경우 하. 옥외저장탱크의 지붕판 표면적 30% 이상을 교체하거나 구조·재질 또는 두께를 변경하는 경우 거. 별표 6 XI제1호가목에 따른 누설범위를 국한하기 위한 설비를 신설하는 경우 너. 별표 6 XI제2호나목에 따른 냉각장치 또는 보냉장치를 신설하는 경우 더. 별표 6 XI제3호가목에 따른 온도의 상승에 의한 위험한 반응을 방지하기 위한 설비를 신설하는 경우 러. 별표 6 XI제3호나목에 따른 철이온 등의 혼입에 의한 위험한 반응을 방지하기 위한 설비를 신설하는 경우 머. 불활성기체의 봉입장치를 신설하는 경우 버. 지중탱크의 누액방지판을 교체하는 경우 서. 해상탱크의 정치설비를 교체하는 경우 어. 물분무등소화설비를 신설·교체(배관·밸브·압력계·소화전본체·소화약제탱크·포헤드·포방출구 등의 교체는 제외한다) 또는 철거하는 경우 저. 자동화재탐지설비를 신설 또는 철거하는 경우
4. 옥내탱크 저장소	가. 옥내저장탱크의 위치를 이전하는 경우 나. 주입구의 위치를 이전하거나 신설하는 경우 다. 300m(지상에 설치하지 아니하는 배관의 경우에는 30m)를 초과하는 위험물 배관을 신설·교체·철거 또는 보수(배관을 절개하는 경우에 한한다)하는 경우 라. 옥내저장탱크를 신설·교체 또는 철거하는 경우 마. 옥내저장탱크를 보수(탱크본체를 절개하는 경우에 한한다)하는 경우 바. 옥내저장탱크의 노즐 또는 맨홀을 신설하는 경우(노즐 또는 맨홀의 지름이 250㎜를 초과하는 경우에 한한다) 사. 건축물의 벽·기둥·바닥·보 또는 지붕을 증설 또는 철거하는 경우 아. 배출설비를 신설하는 경우 자. 별표 7 Ⅱ에 따른 누설범위를 국한하기 위한 설비·냉각장치·보냉장치·온도의 상승에 의한 위험한 반응을 방지하기 위한 설비 또는 철이온 등의 혼입에 의한 위험한 반응을 방지하기 위한 설비를 신설하는 경우 차. 불활성기체의 봉입장치를 신설하는 경우 카. 물분무등소화설비를 신설·교체(배관·밸브·압력계·소화전본체·소화약제탱크·포헤드·포방출구 등의 교체는 제외한다) 또는 철거하는 경우 타. 자동화재탐지설비를 신설 또는 철거하는 경우

제조소등의 구분	변경허가를 받아야 하는 경우
5. 지하탱크 저장소	가. 지하저장탱크의 위치를 이전하는 경우 나. 탱크전용실을 증설 또는 교체하는 경우 다. 지하저장탱크를 신설·교체 또는 철거하는 경우 라. 지하저장탱크를 보수(탱크본체를 절개하는 경우에 한한다)하는 경우 마. 지하저장탱크의 노즐 또는 맨홀을 신설하는 경우(노즐 또는 맨홀의 지름이 250㎜를 초과하는 경우에 한한다) 바. 주입구의 위치를 이전하거나 신설하는 경우 사. 300m(지상에 설치하지 아니하는 배관의 경우에는 30m)를 초과하는 위험물 배관을 신설·교체·철거 또는 보수(배관을 절개하는 경우에 한한다)하는 경우 아. 특수누설방지구조를 보수하는 경우 자. 별표 8 Ⅳ제2호나목 및 같은 항 제3호에 따른 냉각장치·보냉장치·온도의 상승에 의한 위험한 반응을 방지하기 위한설비 또는 철이온 등의 혼입에 의한 위험한 반응을 방지하기 위한 설비를 신설하는 경우 차. 불활성기체의 봉입장치를 신설하는 경우 카. 자동화재탐지설비를 신설 또는 철거하는 경우 타. 지하저장탱크의 내부에 탱크를 추가로 설치하거나 철판 등을 이용하여 탱크 내부를 구획하는 경우
6. 간이탱크 저장소	가. 간이저장탱크의 위치를 이전하는 경우 나. 건축물의 벽·기둥·바닥·보 또는 지붕을 증설 또는 철거하는 경우 다. 간이저장탱크를 신설·교체 또는 철거하는 경우 라. 간이저장탱크를 보수(탱크본체를 절개하는 경우에 한한다)하는 경우 마. 간이저장탱크의 노즐 또는 맨홀을 신설하는 경우(노즐 또는 맨홀의 지름이 250㎜를 초과하는 경우에 한한다)
7. 이동탱크 저장소	가. 상치장소의 위치를 이전하는 경우(같은 사업장 또는 같은 울안에서 이전하는 경우는 제외한다) 나. 이동저장탱크를 보수(탱크본체를 절개하는 경우에 한한다)하는 경우 다. 이동저장탱크의 노즐 또는 맨홀을 신설하는 경우(노즐 또는 맨홀의 지름이 250㎜를 초과하는 경우에 한한다) 라. 이동저장탱크의 내용적을 변경하기 위하여 구조를 변경하는 경우 마. 별표 10 Ⅳ제3호에 따른 주입설비를 설치 또는 철거하는 경우 바. 펌프설비를 신설하는 경우
8. 옥외 저장소	가. 옥외저장소의 면적을 변경하는 경우 나. 별표 11 Ⅲ제1호에 따른 살수설비 등을 신설 또는 철거하는 경우 다. 옥외소화전설비·스프링클러설비·물분무등소화설비를 신설·교체(배관·밸브·압력계·소화전본체·소화약제탱크·포헤드·포방출구 등의 교체는 제외한다) 또는 철거하는 경우

<table>
<tr><th>제조소등의 구분</th><th>변경허가를 받아야 하는 경우</th></tr>
<tr><td>9. 암반탱크 저장소</td><td>가. 암반탱크저장소의 내용적을 변경하는 경우
나. 암반탱크의 내벽을 정비하는 경우
다. 배수시설·압력계 또는 안전장치를 신설하는 경우
라. 주입구의 위치를 이전하거나 신설하는 경우
마. 300m(지상에 설치하지 아니하는 배관의 경우에는 30m)를 초과하는 위험물배관을 신설·교체·철거 또는 보수(배관을 절개하는 경우에 한한다)하는 경우
바. 물분무등소화설비를 신설·교체(배관·밸브·압력계·소화전본체·소화약제탱크·포헤드·포방출구 등의 교체는 제외한다) 또는 철거하는 경우
사. 자동화재탐지설비를 신설 또는 철거하는 경우</td></tr>
<tr><td>10. 주유 취급소</td><td>가. 지하에 매설하는 탱크의 변경 중 다음의 어느 하나에 해당하는 경우
1) 탱크의 위치를 이전하는 경우
2) 탱크전용실을 보수하는 경우
3) 탱크를 신설·교체 또는 철거하는 경우
4) 탱크를 보수(탱크본체를 절개하는 경우에 한한다)하는 경우
5) 탱크의 노즐 또는 맨홀을 신설하는 경우(노즐 또는 맨홀의 지름이 250㎜를 초과하는 경우에 한한다)
6) 특수누설방지구조를 보수하는 경우
나. 옥내에 설치하는 탱크의 변경 중 다음의 어느 하나에 해당하는 경우
1) 탱크의 위치를 이전하는 경우
2) 탱크를 신설·교체 또는 철거하는 경우
3) 탱크를 보수(탱크본체를 절개하는 경우에 한한다)하는 경우
4) 탱크의 노즐 또는 맨홀을 신설하는 경우(노즐 또는 맨홀의 지름이 250㎜를 초과하는 경우에 한한다)
다. 고정주유설비 또는 고정급유설비를 신설 또는 철거하는 경우
라. 고정주유설비 또는 고정급유설비의 위치를 이전하는 경우
마. 건축물의 벽·기둥·바닥·보 또는 지붕을 증설 또는 철거하는 경우
바. 담 또는 캐노피(기둥으로 받치거나 매달아 놓은 덮개)를 신설 또는 철거(유리를 부착하기 위하여 담의 일부를 철거하는 경우를 포함한다)하는 경우
사. 주입구의 위치를 이전하거나 신설하는 경우
아. 별표 13 Ⅴ제1호 각 목에 따른 시설과 관계된 공작물(바닥면적이 4㎡ 이상인 것에 한한다)을 신설 또는 증축하는 경우
자. 별표 13 XⅥ에 따른 개질장치(改質裝置: 탄화수소의 구조를 변화시켜 제품의 품질을 높이는 조작 장치), 압축기(壓縮機), 충전설비, 축압기(압력흡수저장장치) 또는 수입설비(受入設備)를 신설하는 경우
차. 자동화재탐지설비를 신설 또는 철거하는 경우
카. 셀프용이 아닌 고정주유설비를 셀프용 고정주유설비로 변경하는 경우</td></tr>
</table>

제조소등의 구분	변경허가를 받아야 하는 경우
	타. 주유취급소 부지의 면적 또는 위치를 변경하는 경우 파. 300m(지상에 설치하지 않는 배관의 경우에는 30m)를 초과하는 위험물의 배관을 신설·교체·철거 또는 보수(배관을 자르는 경우만 해당한다)하는 경우 하. 탱크의 내부에 탱크를 추가로 설치하거나 철판 등을 이용하여 탱크 내부를 구획하는 경우
11. 판매 취급소	가. 건축물의 벽·기둥·바닥·보 또는 지붕을 증설 또는 철거하는 경우 나. 자동화재탐지설비를 신설 또는 철거하는 경우
12. 이송 취급소	가. 이송취급소의 위치를 이전하는 경우 나. 300m(지상에 설치하지 아니하는 배관의 경우에는 30m)를 초과하는 위험물배관을 신설·교체·철거 또는 보수(배관을 절개하는 경우에 한한다)하는 경우 다. 방호구조물을 신설 또는 철거하는 경우 라. 누설확산방지조치·운전상태의 감시장치·안전제어장치·압력안전장치·누설검지장치를 신설하는 경우 마. 주입구·배출구 또는 펌프설비의 위치를 이전하거나 신설하는 경우 바. 옥내소화전설비·옥외소화전설비·스프링클러설비·물분무등소화설비를 신설·교체(배관·밸브·압력계·소화전본체·소화약제탱크·포헤드·포방출구 등의 교체는 제외한다) 또는 철거하는 경우 사. 자동화재탐지설비를 신설 또는 철거하는 경우

제10조(품명 등의 변경신고서)

법 제6조제2항에 따라 저장 또는 취급하는 위험물의 품명·수량 또는 지정수량의 배수에 관한 변경신고를 하려는 자는 별지 제19호서식의 신고서(전자문서로 된 신고서를 포함한다)에 제조소등의 완공검사합격확인증을 첨부하여 시·도지사 또는 소방서장에게 제출해야 한다.

위험물안전관리법 시행규칙 [별지 제19호서식] 〈개정 2021. 7. 13.〉 **살펴보기**

위험물 제조소[ ] 저장소[ ] 취급소[ ] 품명, 수량 또는 지정수량배수의 변경신고서

※ 뒤쪽의 작성방법을 읽고 작성하시기 바라며, [ ]에는 해당되는 곳에 √표를 합니다. (앞쪽)

접수번호	접수일자	처리기간 1일
허가번호	허가일자	

설치자	성명
	주소 (전화번호 :)

설치장소				
제조소등의 구분				
설치허가연월일 및 허가번호	년 월 일 / 제 호			
위험물의 유별 · 품명 (지정수량) 및 최대수량	변경전	지정수량의 배수	변경전	배
	변경후		변경후	배
변경예정연월일	년 월 일			

「위험물안전관리법」 제6조제2항에 따라 위험물의 (품명, 수량, 지정수량의 배수)를 변경하고자 신고합니다.

년 월 일

신청인 주소 (전화번호)

성명 (서명 또는 인)

특별시장 · 광역시장 · 특별자치시장 · 도지사 · 특별자치도지사 · 소방서장 귀하

첨부서류	제조소등의 완공검사합격확인증	수수료 없음

유의사항

위험물의 품명 · 수량 또는 지정수량배수의 변경으로 제조소등의 위치 · 구조 또는 설비의 변경을 초래하는 경우(「위험물안전관리법 시행규칙」 별표 1의2에 해당하는 경우에 한한다)에는 변경허가를 받아야 합니다.

1. 법인의 경우 성명란에는 명칭(법인등록번호, 대표자성명 포함)을, 주소란에는 주된 사무소의 소재지를 각각 기입합니다.
2. 품명(지정수량)의 기재에 있어서 당해 위험물의 지정수량이 품명의 기재만으로는 명확하지 아니한 경우에 ( )안에 해당하는 지정수량을 기재합니다.

(뒤쪽)

처리절차

이 신고서는 아래와 같이 처리됩니다.

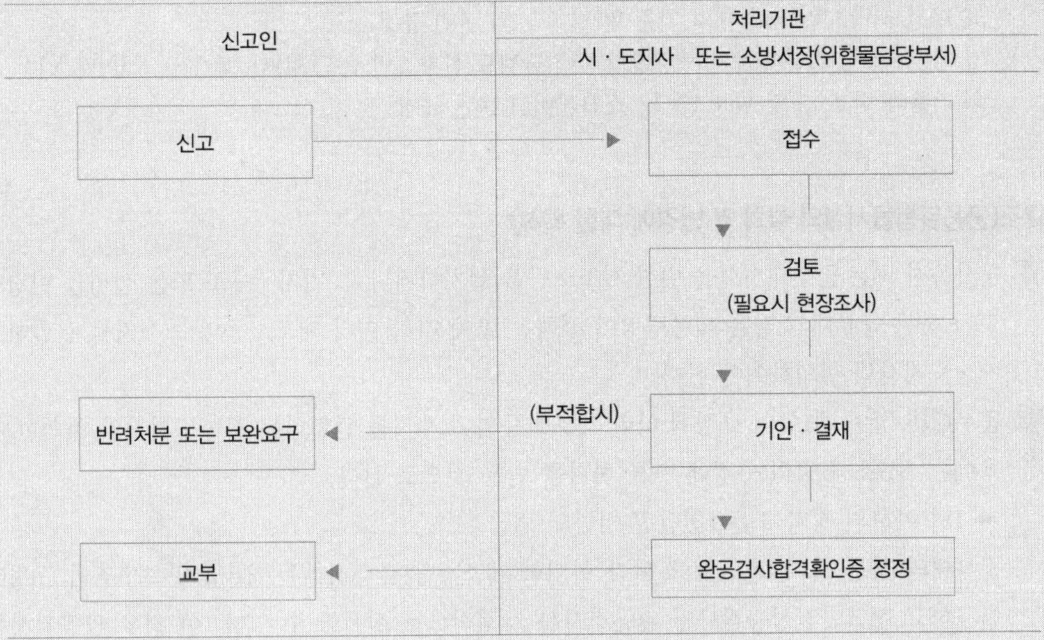

위험물안전관리법 시행규칙 살펴보기

*참고

제9조(기술검토의 신청 등)

① 영 제6조제3항에 따라 기술검토를 미리 받으려는 자는 다음 각 호의 구분에 따른 신청서(전자문서로 된 신청서를 포함한다)와 서류(전자문서를 포함한다)를 기술원에 제출하여야 한다. 다만, 「전자정부법」 제36조제1항에 따른 행정정보의 공동이용을 통하여 제출하여야 하는 서류에 대한 정보를 확인할 수 있는 경우에는 그 확인으로 서류의 제출을 갈음할 수 있다.

1. 영 제6조제2항제3호가목의 사항에 대한 기술검토 신청 : 별지 제17호의2서식의 신청서와 제6조제1호(가목은 제외한다)부터 제4호까지의 서류 중 해당 서류(변경허가와 관련된 경우에는 변경에 관계된 서류로 한정한다)
2. 영 제6조제2항제3호나목의 사항에 대한 기술검토 신청 : 별지 제18호서식의 신청서와 제6조제3호 및 같은 조 제5호부터 제8호까지의 서류 중 해당 서류(변경허가와 관련된 경우에는 변경에 관계된 서류로 한정한다)

② 기술원은 제1항에 따른 신청의 내용이 다음 각 호의 구분에 따른 기준에 적합하다고 인정되는

경우에는 기술검토서를 교부하고, 적합하지 아니하다고 인정되는 경우에는 신청인에게 서면으로 그 사유를 통보하고 보완을 요구하여야 한다.

1. 영 제6조제2항제3호가목의 사항에 대한 기술검토 신청 : 별표 4 Ⅳ부터 ⅩⅡ까지의 기준, 별표 16 Ⅰ・Ⅵ・ⅩⅠ・ⅩⅡ의 기준 및 별표 17의 관련 규정
2. 영 제6조제2항제3호나목의 사항에 대한 기술검토 신청 : 별표 6 Ⅳ부터 Ⅷ까지, ⅩⅡ 및 ⅩⅢ의 기준과 별표 12 및 별표 17 Ⅰ. 소화설비의 관련 규정

제7조(군용위험물시설의 설치 및 변경에 대한 특례)

① 군사목적 또는 군부대시설을 위한 제조소등을 설치하거나 그 위치・구조 또는 설비를 변경하고자 하는 군부대의 장은 대통령령이 정하는 바에 따라 미리 제조소등의 소재지를 관할하는 시・도지사와 협의하여야 한다.

② 군부대의 장이 제1항의 규정에 따라 제조소등의 소재지를 관할하는 시・도지사와 협의한 경우에는 제6조제1항의 규정에 따른 허가를 받은 것으로 본다.

➡ 1년 이하의 징역 또는 1천만원 이하의 벌금

③ 군부대의 장은 제1항의 규정에 따라 협의한 제조소등에 대하여는 제8조 및 제9조의 규정에 불구하고 탱크안전성능검사와 완공검사를 자체적으로 실시할 수 있다. 이 경우 완공검사를 자체적으로 실시한 군부대의 장은 지체없이 행정안전부령이 정하는 사항을 시・도지사에게 통보하여야 한다.

위험물안전관리법 시행령 살펴보기

제7조(군용위험물시설의 설치 및 변경에 대한 특례)

① 군부대의 장은 법 제7조제1항의 규정에 의하여 군사목적 또는 군부대시설을 위한 제조소등을 설치하거나 그 위치・구조 또는 설비를 변경하고자 하는 경우에는 당해 제조소등의 설치공사 또는 변경공사를 착수하기 전에 그 공사의 설계도서와 행정안전부령이 정하는 서류를 시・도지사에게 제출하여야 한다. 다만, 국가안보상 중요하거나 국가기밀에 속하는 제조소등을 설치 또는 변경하는 경우에는 당해 공사의 설계도서의 제출을 생략할 수 있다.

② 시・도지사는 제1항의 규정에 의하여 제출받은 설계도서와 관계서류를 검토한 후 그 결과를 당해 군부대의 장에게 통지하여야 한다. 이 경우 시・도지사는 검토결과를 통지하기 전에 설계도서와 관계서류의 보완요청을 할 수 있고, 보완요청을 받은 군부대의 장은 특별한 사유가 없는 한 이에 응하여야 한다.

위험물안전관리법 시행규칙살펴보기

제11조(군용위험물시설의 설치 등에 관한 서류 등)

① 영 제7조제1항 본문에서 "행정안전부령이 정하는 서류"라 함은 군사목적 또는 군부대시설을 위한 제조소등의 설치공사 또는 변경공사에 관한 제6조 또는 제7조의 규정에 의한 서류를 말한다.

② 법 제7조제3항 후단에서 "행정안전부령이 정하는 사항"이라 함은 다음 각호의 사항을 말한다.

1. 제조소등의 완공일 및 사용개시일
2. 탱크안전성능검사의 결과(영 제8조제1항의 규정에 의한 탱크안전성능검사의 대상이 되는 위험물탱크가 있는 경우에 한한다)
3. 완공검사의 결과
4. 안전관리자 선임계획
5. 예방규정(영 제15조 각호의 1에 해당하는 제조소등의 경우에 한한다)

제8조(탱크안전성능검사)

① 위험물을 저장 또는 취급하는 탱크로서 대통령령이 정하는 탱크(이하 "위험물탱크"라 한다)가 있는 제조소등의 설치 또는 그 위치·구조 또는 설비의 변경에 관하여 제6조제1항의 규정에 따른 허가를 받은 자가 위험물탱크의 설치 또는 그 위치·구조 또는 설비의 변경공사를 하는 때에는 제9조제1항의 규정에 따른 완공검사를 받기 전에 제5조제4항의 규정에 따른 기술기준에 적합한지의 여부를 확인하기 위하여 시·도지사가 실시하는 탱크안전성능검사를 받아야 한다. 이 경우 시·도지사는 제6조제1항의 규정에 따른 허가를 받은 자가 제16조제1항의 규정에 따른 탱크안전성능시험자 또는 「소방산업의 진흥에 관한 법률」 제14조에 따른 한국소방산업기술원(이하 "기술원"이라 한다)로부터 탱크안전성능시험을 받은 경우에는 대통령령이 정하는 바에 따라 당해 탱크안전성능검사의 전부 또는 일부를 면제할 수 있다.

② 제1항의 규정에 따른 탱크안전성능검사의 내용은 대통령령으로 정하고, 탱크안전성능검사의 실시 등에 관하여 필요한 사항은 행정안전부령으로 정한다.

위험물안전관리법 시행령 살펴보기

제8조(탱크안전성능검사의 대상이 되는 탱크 등)

① 법 제8조제1항 전단에 따라 탱크안전성능검사를 받아야 하는 위험물탱크는 제2항에 따른 탱크안전성능검사별로 다음 각 호의 어느 하나에 해당하는 탱크로 한다.

1. 기초·지반검사 : 옥외탱크저장소의 액체위험물탱크 중 그 용량이 100만리터 이상인 탱크
2. 충수(充水)·수압검사 : 액체위험물을 저장 또는 취급하는 탱크. 다만, 다음 각 목의 어느

하나에 해당하는 탱크는 제외한다.

가. 제조소 또는 일반취급소에 설치된 탱크로서 용량이 지정수량 미만인 것

나. 「고압가스 안전관리법」 제17조제1항에 따른 특정설비에 관한 검사에 합격한 탱크

다. 「산업안전보건법」 제84조제1항에 따른 안전인증을 받은 탱크

라. 삭제

3. 용접부검사 : 제1호에 따른 탱크. 다만, 탱크의 저부에 관계된 변경공사(탱크의 옆판과 관련되는 공사를 포함하는 것을 제외한다)시에 행하여진 법 제18조제3항에 따른 정기검사에 의하여 용접부에 관한 사항이 행정안전부령으로 정하는 기준에 적합하다고 인정된 탱크를 제외한다.

4. 암반탱크검사 : 액체위험물을 저장 또는 취급하는 암반내의 공간을 이용한 탱크

② 법 제8조제1항에 따른 탱크안전성능검사는 기초・지반검사, 충수・수압검사, 용접부검사 및 암반탱크검사로 구분하되, 그 내용은 별표 4와 같다.

위험물안전관리법 시행령 [별표 4]

탱크안전성능검사의 내용 (제8조제2항관련)

구분	검사내용
1. 기초·지반검사	가. 제8조제1항제1호의 규정에 의한 탱크중 나목외의 탱크 : 탱크의 기초 및 지반에 관한 공사에 있어서 당해 탱크의 기초 및 지반이 행정안전부령으로 정하는 기준에 적합한지 여부를 확인함
	나. 제8조제1항제1호의 규정에 의한 탱크중 행정안전부령으로 정하는 탱크 : 탱크의 기초 및 지반에 관한 공사에 상당한 것으로서 행정안전부령으로 정하는 공사에 있어서 당해 탱크의 기초 및 지반에 상당하는 부분이 행정안전부령으로 정하는 기준에 적합한지 여부를 확인함
2. 충수·수압검사	탱크에 배관 그 밖의 부속설비를 부착하기 전에 당해 탱크 본체의 누설 및 변형에 대한 안전성이 행정안전부령으로 정하는 기준에 적합한지 여부를 확인함
3. 용접부검사	탱크의 배관 그 밖의 부속설비를 부착하기 전에 행하는 당해 탱크의 본체에 관한 공사에 있어서 탱크의 용접부가 행정안전부령으로 정하는 기준에 적합한지 여부를 확인함
4. 암반탱크검사	탱크의 본체에 관한 공사에 있어서 탱크의 구조가 행정안전부령으로 정하는 기준에 적합한지 여부를 확인함

제9조(탱크안전성능검사의 면제)

① 법 제8조제1항 후단의 규정에 의하여 시・도지사가 면제할 수 있는 탱크안전성능검사는 제8조제2항 및 별표 4의 규정에 의한 충수・수압검사로 한다.

② 위험물탱크에 대한 충수・수압검사를 면제받고자 하는 자는 위험물탱크안전성능시험자(이하 "탱크시험자"라 한다) 또는 기술원으로부터 충수・수압검사에 관한 탱크안전성능시험을 받아 법 제9조제1항에 따른 완공검사를 받기 전(지하에 매설하는 위험물탱크에 있어서는 지하에 매설하기 전)에 해당 시험에 합격하였음을 증명하는 서류(이하 "탱크시험합격확인증"이라 한다)를 시・도지사에게 제출하여야 한다.

③ 시・도지사는 제2항에 따라 제출받은 탱크시험합격확인증과 해당 위험물탱크를 확인한 결과 법 제5조제4항에 따른 기술기준에 적합하다고 인정되는 때에는 당해 충수・수압검사를 면제한다.

위험물안전관리법 시행규칙 살펴보기

제12조(기초·지반검사에 관한 기준 등)

① 영 별표 4 제1호 가목에서 "행정안전부령으로 정하는 기준"이라 함은 당해 위험물탱크의 구조 및 설비에 관한 사항 중 별표 6 Ⅳ 및 Ⅴ의 규정에 의한 기초 및 지반에 관한 기준을 말한다.

② 영 별표 4 제1호 나목에서 "행정안전부령으로 정하는 탱크"라 함은 지중탱크 및 해상탱크(이하 "특수액체위험물탱크"라 한다)를 말한다.

③ 영 별표 4 제1호 나목에서 "행정안전부령으로 정하는 공사"라 함은 지중탱크의 경우에는 지반에 관한 공사를 말하고, 해상탱크의 경우에는 성지설비의 시반에 판한 공사를 밀한다.

④ 영 별표 4 제1호 나목에서 "행정안전부령으로 정하는 기준"이라 함은 지중탱크의 경우에는 별표 6 Ⅻ 제2호 라목의 규정에 의한 기준을 말하고, 해상탱크의 경우에는 별표 6 XⅢ 제3호 라목이 규정에 익한 기준은 말한다.

⑤ 법 제8조제2항에 따라 기술원은 100만리터 이상 옥외탱크저장소의 기초・지반검사를 「엔지니어링산업 진흥법」에 따른 엔지니어링사업자가 실시하는 기초・지반에 관한 시험의 과정 및 결과를 확인하는 방법으로 할 수 있다.

위험물안전관리법 시행규칙 [별표 6] 〈개정 2021. 7. 13.〉

옥외탱크저장소의 위치·구조 및 설비의 기준(제30조관련)

Ⅰ. 안전거리

옥외저장탱크의 안전거리는 별표 4 Ⅰ을 준용한다.

Ⅱ. 보유공지

1. 옥외저장탱크(위험물을 이송하기 위한 배관 그 밖에 이에 준하는 공작물을 제외한다)

의 주위에는 그 저장 또는 취급하는 위험물의 최대수량에 따라 옥외저장탱크의 측면으로부터 다음 표에 의한 너비의 공지를 보유하여야 한다.

저장 또는 취급하는 위험물의 최대수량	공지의 너비
지정수량의 500배 이하	3m 이상
지정수량의 500배 초과 1,000배 이하	5m 이상
지정수량의 1,000배 초과 2,000배 이하	9m 이상
지정수량의 2,000배 초과 3,000배 이하	12m 이상
지정수량의 3,000배 초과 4,000배 이하	15m 이상
지정수량의 4,000배 초과	당해 탱크의 수평단면의 최대지름(가로형인 경우에는 긴 변)과 높이 중 큰 것과 같은 거리 이상. 다만, 30m 초과의 경우에는 30m 이상으로 할 수 있고, 15m 미만의 경우에는 15m 이상으로 하여야 한다.

2. 제6류 위험물 외의 위험물을 저장 또는 취급하는 옥외저장탱크(지정수량의 4,000배를 초과하여 저장 또는 취급하는 옥외저장탱크를 제외한다)를 동일한 방유제안에 2개 이상 인접하여 설치하는 경우 그 인접하는 방향의 보유공지는 제1호의 규정에 의한 보유공지의 3분의 1 이상의 너비로 할 수 있다. 이 경우 보유공지의 너비는 3m 이상이 되어야 한다.
3. 제6류 위험물을 저장 또는 취급하는 옥외저장탱크는 제1호의 규정에 의한 보유공지의 3분의 1 이상의 너비로 할 수 있다. 이 경우 보유공지의 너비는 1.5m 이상이 되어야 한다.
4. 제6류 위험물을 저장 또는 취급하는 옥외저장탱크를 동일구내에 2개 이상 인접하여 설치하는 경우 그 인접하는 방향의 보유공지는 제3호의 규정에 의하여 산출된 너비의 3분의 1 이상의 너비로 할 수 있다. 이 경우 보유공지의 너비는 1.5m 이상이 되어야 한다.
5. 제1호의 규정에도 불구하고 옥외저장탱크(이하 이호에서 "공지단축 옥외저장탱크"라 한다)에 다음 각목의 기준에 적합한 물분무설비로 방호조치를 하는 경우에는 그 보유공지를 제1호의 규정에 의한 보유공지의 2분의 1 이상의 너비(최소 3m 이상)로 할 수 있다. 이 경우 공지단축 옥외저장탱크의 화재시 1㎡당 20㎾ 이상의 복사열에 노출되는 표면을 갖는 인접한 옥외저장탱크가 있으면 당해 표면에도 다음 각목의 기준에 적합한 물분무설비로 방호조치를 함께하여야 한다.
   가. 탱크의 표면에 방사하는 물의 양은 탱크의 원주길이 1m에 대하여 분당 37L 이상으로 할 것
   나. 수원의 양은 가목의 규정에 의한 수량으로 20분 이상 방사할 수 있는 수량으로 할 것
   다. 탱크에 보강링이 설치된 경우에는 보강링의 아래에 분무헤드를 설치하되, 분무헤

드는 탱크의 높이 및 구조를 고려하여 분무가 적정하게 이루어 질 수 있도록 배치할 것

라. 물분무소화설비의 설치기준에 준할 것

Ⅲ. 표지 및 게시판

1. 옥외탱크저장소에는 별표 4 Ⅲ제1호의 기준에 따라 보기 쉬운 곳에 "위험물 옥외탱크저장소"라는 표시를 한 표지와 동표 Ⅲ제2호의 기준에 따라 방화에 관하여 필요한 사항을 게시한 게시판을 설치하여야 한다.
2. 탱크의 군(群)에 있어서는 제1호의 표지 및 게시판을 그 의미 전달에 지장이 없는 범위 안에서 보기 쉬운 곳에 일괄하여 설치할 수 있다. 이 경우 게시판과 각 탱크가 대응될 수 있도록 하는 조치를 강구하여야 한다.

Ⅳ. 특정옥외저장탱크의 기초 및 지반

1. 옥외탱크저장소 중 그 저장 또는 취급하는 액체위험물의 최대수량이 100만L 이상의 것(이하 "특정옥외탱크저장소"라 한다)의 옥외저장탱크(이하 "특정옥외저장탱크"라 한다)의 기초 및 지반은 당해 기초 및 지반상에 설치하는 특정옥외저장탱크 및 그 부속설비의 자중, 저장하는 위험물의 중량 등의 하중(이하 "탱크하중"이라 한다)에 의하여 발생하는 응력에 대하여 안전한 것으로 하여야 한다.
2. 기초 및 지반은 다음 각목에 정하는 기준에 적합하여야 한다.
   가. 지반은 암반의 단층, 절토(땅깎기) 및 성토(흙쌓기)걸쳐 있는 등 활동(滑動: 미끄러져 움직임)을 일으킬 우려가 있는 경우가 아닐 것
   나. 지반은 다음 1에 적합할 것
      1) 소방청장이 정하여 고시하는 범위내에 있는 지반이 표준관입시험(標準貫入試驗) 및 평판재하시험(평평한 재하판에 하중을 가하고, 그 하중의 크기와 재하면의 변위 관계를 통해 지반의 지지력 등을 구하는 시험)에 의하여 각각 표준관입시험치가 20 이상 및 평판재하시험값[5㎜ 침하 시의 시험치(K30치)로 한다. 제4호에서 같다]이 1㎥당 100MN 이상의 값일 것
      2) 소방청장이 정하여 고시하는 범위내에 있는 지반이 다음의 기준에 적합할 것
         가) 탱크하중에 대한 지지력 계산에 있어서의 지지력안전율 및 침하량 계산에 있어서의 계산침하량이 소방청장이 정하여 고시하는 값일 것
         나) 기초(소방청장이 정하여 고시하는 것에 한한다. 이하 이 호에서 같다)의 표면으로부터 3m 이내의 기초직하의 지반부분이 기초와 동등 이상의 견고성이 있고, 지표면으로부터의 깊이가 15m까지의 지질(기초의 표면으로부터 3m 이내의 기초직하의 지반부분을 제외한다)이 소방청장이 정하여 고시하

는 것외의 것일 것

다) 점성토(찰기가 있는 흙) 지반은 압밀도시험에서, 사질토(砂質土) 지반은 표준관입시험에서 각각 압밀하중에 대하여 압밀도가 90%[미소한 침하가 장기간 계속되는 경우에는 10일간(이하 이 호에서 "미소침하측정기간"이라 한다) 계속하여 측정한 침하량의 합의 1일당 평균침하량이 침하의 측정을 개시한 날부터 미소침하측정기간의 최종일까지의 총침하량의 0.3% 이하인 때에는 당해 지반에서의 압밀도가 90%인 것으로 본다] 이상 또는 표준관입시험치가 평균 15 이상의 값일 것

3) 1) 또는 2)와 동등 이상의 견고함이 있을 것

다. 지반이 바다, 하천, 호수와 늪 등에 접하고 있는 경우에는 활동에 관하여 소방청장이 정하여 고시하는 안전율이 있을 것

라. 기초는 사질토 또는 이와 동등 이상의 견고성이 있는 것을 이용하여 소방청장이 정하여 고시하는 바에 따라 만드는 것으로서 평판재하시험의 평판재하시험값이 1㎥당 100MN 이상의 값을 나타내는 것(이하 "성토"라 한다) 또는 이와 동등 이상의 견고함이 있는 것으로 할 것

마. 기초(성토인 것에 한한다. 이하 바목에서 같다)는 그 윗면이 특정옥외저장탱크를 설치하는 장소의 지하수위와 2m 이상의 간격을 확보할 것

바. 기초 또는 기초의 주위에는 소방청장이 정하여 고시하는 바에 따라 당해 기초를 보강하기 위한 조치를 강구할 것

3. 제1호 및 제2호에 규정하는 것외에 기초 및 지반에 관하여 필요한 사항은 소방청장이 정하여 고시한다.

4. 특정옥외저장탱크의 기초 및 지반은 제2호 나목1)의 규정에 의한 표준관입시험 및 평판재하시험, 동목2)다)의 규정에 의한 압밀도시험 또는 표준관입시험, 동호 라목의 규정에 의한 평판재하시험 및 그 밖에 소방청장이 정하여 고시하는 시험을 실시하였을 때 당해 시험과 관련되는 규정에 의한 기준에 적합하여야 한다.

Ⅴ. 준특정옥외저장탱크의 기초 및 지반

1. 옥외탱크저장소중 그 저장 또는 취급하는 액체위험물의 최대수량이 50만L 이상 100만L 미만의 것(이하 "준특정옥외탱크저장소"라 한다)의 옥외저장탱크(이하 "준특정옥외저장탱크"라 한다)의 기초 및 지반은 제2호 및 제3호에서 정하는 바에 따라 견고하게 하여야 한다.
2. 기초 및 지반은 탱크하중에 의하여 발생하는 응력에 대하여 안전한 것으로 하여야 한다.
3. 기초 및 지반은 다음의 각목에 정하는 기준에 적합하여야 한다.

가. 지반은 암반의 단층, 절토 및 성토에 걸쳐 있는 등 활동을 일으킬 우려가 없을 것

나. 지반은 다음의 1에 적합할 것

1) 소방청장이 정하여 고시하는 범위내에 있는 지반이 암반 그 밖의 견고한 것일 것

2) 소방청장이 정하여 고시하는 범위내에 있는 지반이 다음의 기준에 적합할 것

가) 당해 지반에 설치하는 준특정옥외저장탱크의 탱크하중에 대한 지지력 계산에 있어서의 지지력안전율 및 침하량 계산에 있어서의 계산침하량이 소방청장이 정하여 고시하는 값일 것

나) 소방청장이 정하여 고시하는 지질 외의 것일 것(기초가 소방청장이 정하여 고시하는 구조인 경우를 제외한다)

3) 2)와 동등 이상의 견고함이 있을 것

다. 지반이 바다, 하천, 호수와 늪 등에 접하고 있는 경우에는 활동에 관하여 소방청장이 정하여 고시하는 안전율이 있을 것

라. 기초는 사질토 또는 이와 동등 이상의 견고성이 있는 것을 이용하여 소방청장이 정하여 고시하는 바에 따라 만들거나 이와 동등 이상의 견고함이 있는 것으로 할 것

마. 기초(사질토 또는 이와 동등 이상의 견고성이 있는 것을 이용하여 소방청장이 정하여 고시하는 바에 따라 만드는 것에 한한다)는 그 윗면이 준특정옥외저장탱크를 설치하는 장소의 지하수위와 2m 이상의 간격을 확보할 것

4. 제2호 및 제3호에 규정하는 것 외에 기초 및 지반에 관하여 필요한 사항은 소방청장이 정하여 고시한다.

VI. 옥외저장탱크의 외부구조 및 설비

1. 옥외저장탱크는 특정옥외저장탱크 및 준특정옥외저장탱크 외에는 두께 3.2㎜ 이상의 강철판 또는 소방청장이 정하여 고시하는 규격에 적합한 재료로, 특정옥외저장탱크 및 준특정옥외저장탱크는 Ⅶ 및 Ⅷ에 의하여 소방청장이 정하여 고시하는 규격에 적합한 강철판 또는 이와 동등 이상의 기계적 성질 및 용접성이 있는 재료로 틈이 없도록 제작하여야 하고, 압력탱크(최대상용압력이 대기압을 초과하는 탱크를 말한다)외의 탱크는 충수시험, 압력탱크는 최대상용압력의 1.5배의 압력으로 10분간 실시하는 수압시험에서 각각 새거나 변형되지 아니하여야 한다.
2. 특정옥외저장탱크의 용접부는 소방청장이 정하여 고시하는 바에 따라 실시하는 방사선투과시험, 진공시험 등의 비파괴시험에 있어서 소방청장이 정하여 고시하는 기준에 적합한 것이어야 한다.
3. 특정옥외저장탱크 및 준특정옥외저장탱크외의 탱크는 다음 각목에 정하는 바에 따라, 특정옥외저장탱크 및 준특정옥외저장탱크는 Ⅶ 및 Ⅷ의 규정에 의한 바에 따라 지진 및 풍압에 견딜 수 있는 구조로 하고 그 기둥은 철근콘크리트조, 철골콘크리트조 그 밖에 이와 동등 이상의 내화성능(불에 견디는 성능)이 있는 것이어야 한다.

가. 지진동에 의한 관성력 또는 풍하중(바람으로 인하여 구조물에 발생하는 하중)에 대한 응력이 옥외저장탱크의 옆판 또는 기둥의 특정한 점에 집중하지 아니하도록 당해 탱크를 견고한 기초 및 지반 위에 고정할 것

나. 가목의 지진동에 의한 관성력 및 풍하중의 계산방법은 소방청장이 정하여 고시하는 바에 의할 것

4. 옥외저장탱크는 위험물의 폭발 등에 의하여 탱크내의 압력이 비정상적으로 상승하는 경우에 내부의 가스 또는 증기를 상부로 방출할 수 있는 구조로 하여야 한다.

5. 옥외저장탱크의 외면에는 녹을 방지하기 위한 도장을 하여야 한다. 다만, 탱크의 재질이 부식의 우려가 없는 스테인레스 강판 등인 경우에는 그러하지 아니하다.

6. 옥외저장탱크의 밑판[애뉼러 판(특정옥외저장탱크의 옆판의 최하단 두께가 15㎜를 초과하는 경우, 안지름이 30m를 초과하는 경우 또는 옆판을 고장력강으로 사용하는 경우에 옆판의 직하에 설치하여야 하는 판을 말한다. 이하 같다)을 설치하는 특정옥외저장탱크에 있어서는 애뉼러 판을 포함한다. 이하 이 호에서 같다]을 지반면에 접하게 설치하는 경우에는 다음 각목의 1의 기준에 따라 밑판 외면의 부식을 방지하기 위한 조치를 강구하여야 한다.

가. 탱크의 밑판 아래에 밑판의 부식을 유효하게 방지할 수 있도록 아스팔트샌드 등의 방식재료를 댈 것

나. 탱크의 밑판에 전기방식의 조치를 강구할 것

다. 가목 또는 나목의 규정에 의한 것과 동등 이상으로 밑판의 부식을 방지할 수 있는 조치를 강구할 것

7. 옥외저장탱크중 압력탱크(최대상용압력이 부압 또는 정압 5㎪을 초과하는 탱크를 말한다)외의 탱크(제4류 위험물의 옥외저장탱크에 한한다)에 있어서는 밸브없는 통기관 또는 대기밸브부착 통기관을 다음 각목에 정하는 바에 의하여 설치하여야 하고, 압력탱크에 있어서는 별표 4 Ⅷ제4호의 규정에 의한 안전장치를 설치하여야 한다.

가. 밸브없는 통기관

1) 지름은 30㎜ 이상일 것

2) 끝부분은 수평면보다 45도 이상 구부려 빗물 등의 침투를 막는 구조로 할 것

3) 인화점이 38℃ 미만인 위험물만을 저장 또는 취급하는 탱크에 설치하는 통기관에는 화염방지장치를 설치하고, 그 외의 탱크에 설치하는 통기관에는 40메쉬(mesh) 이상의 구리망 또는 동등 이상의 성능을 가진 인화방지장치를 설치할 것. 다만, 인화점이 70℃ 이상인 위험물만을 해당 위험물의 인화점 미만의 온도로 저장 또는 취급하는 탱크에 설치하는 통기관에는 인화방지장치를 설치하지 않을 수 있다.

4) 가연성의 증기를 회수하기 위한 밸브를 통기관에 설치하는 경우에 있어서는 당

해 통기관의 밸브는 저장탱크에 위험물을 주입하는 경우를 제외하고는 항상 개방되어 있는 구조로 하는 한편, 폐쇄하였을 경우에 있어서는 10㎪ 이하의 압력에서 개방되는 구조로 할 것. 이 경우 개방된 부분의 유효단면적은 777.15㎟ 이상이어야 한다.

나. 대기밸브부착 통기관

1) 5㎪ 이하의 압력차이로 작동할 수 있을 것

2) 가목3)의 기준에 적합할 것

8. 액체위험물의 옥외저장탱크에는 위험물의 양을 자동적으로 표시할 수 있도록 기밀부유식(밀폐되어 부상하는 방식) 계량장치, 증기가 비산하지 아니하는 구조의 부유식 계량장치, 전기압력자동방식이나 방사성동위원소를 이용한 방식에 의한 자동계량장치 또는 유리측정기(Gauge Glass: 수면이나 유면의 높이를 측정하는 유리로 된 기구를 말하며, 금속관으로 보호된 경질유리 등으로 되어 있고 게이지가 파손되었을 때 위험물의 유출을 자동적으로 정지할 수 있는 장치가 되어 있는 것으로 한정한다)를 설치하여야 한다.

9. 액체위험물의 옥외저장탱크의 주입구는 다음 각목의 기준에 의하여야 한다.

가. 화재예방상 지장이 없는 장소에 설치할 것

나. 주입호스 또는 주입관과 결합할 수 있고, 결합하였을 때 위험물이 새지 아니할 것

다. 주입구에는 밸브 또는 뚜껑을 설치할 것

라. 휘발유, 벤젠 그 밖에 정전기에 의한 재해가 발생할 우려가 있는 액체위험물의 옥외저장탱크의 주입구 부근에는 정전기를 유효하게 제거하기 위한 접지전극을 설치할 것

마. 인화점이 21℃ 미만인 위험물의 옥외저장탱크의 주입구에는 보기 쉬운 곳에 다음의 기준에 의한 게시판을 설치할 것. 다만, 소방본부장 또는 소방서장이 화재예방상 당해 게시판을 설치할 필요가 없다고 인정하는 경우에는 그러하지 아니하다.

1) 게시판은 한변이 0.3m 이상, 다른 한변이 0.6m 이상인 직사각형으로 할 것

2) 게시판에는 "옥외저장탱크 주입구"라고 표시하는 것외에 취급하는 위험물의 유별, 품명 및 별표 4 Ⅲ제2호 라목의 규정에 준하여 주의사항을 표시할 것

3) 게시판은 백색바탕에 흑색문자(별표 4 Ⅲ제2호 라목의 주의사항은 적색문자)로 할 것

바. 주입구 주위에는 새어나온 기름 등 액체가 외부로 유출되지 아니하도록 방유턱을 설치하거나 집유설비 등의 장치를 설치할 것

10. 옥외저장탱크의 펌프설비(펌프 및 이에 부속하는 전동기를 말하며, 당해 펌프 및 전동기를 위한 건축물 그 밖의 공작물을 설치하는 경우에는 당해 공작물을 포함한다. 이하 같다)는 다음 각목에 의하여야 한다.

가. 펌프설비의 주위에는 너비 3m 이상의 공지를 보유할 것. 다만, 방화상 유효한 격벽을 설치하는 경우와 제6류 위험물 또는 지정수량의 10배 이하 위험물의 옥외저장탱크의 펌프설비에 있어서는 그러하지 아니하다.

나. 펌프설비로부터 옥외저장탱크까지의 사이에는 당해 옥외저장탱크의 보유공지 너비의 3분의 1 이상의 거리를 유지할 것

다. 펌프설비는 견고한 기초 위에 고정할 것

라. 펌프 및 이에 부속하는 전동기를 위한 건축물 그 밖의 공작물(이하 "펌프실"이라 한다)의 벽·기둥·바닥 및 보는 불연재료로 할 것

마. 펌프실의 지붕을 폭발력이 위로 방출될 정도의 가벼운 불연재료로 할 것

바. 펌프실의 창 및 출입구에는 갑종방화문 또는 을종방화문을 설치할 것

사. 펌프실의 창 및 출입구에 유리를 이용하는 경우에는 망입유리로 할 것

아. 펌프실의 바닥의 주위에는 높이 0.2m 이상의 턱을 만들고 바닥은 콘크리트 등 위험물이 스며들지 아니하는 재료로 적당히 경사지게 하여 그 최저부에는 집유설비를 설치할 것

자. 펌프실에는 위험물을 취급하는데 필요한 채광, 조명 및 환기의 설비를 설치할 것

차. 가연성 증기가 체류할 우려가 있는 펌프실에는 그 증기를 옥외의 높은 곳으로 배출하는 설비를 설치할 것

카. 펌프실외의 장소에 설치하는 펌프설비에는 그 직하의 지반면의 주위에 높이 0.15m 이상의 턱을 만들고 당해 지반면은 콘크리트 등 위험물이 스며들지 아니하는 재료로 적당히 경사지게 하여 그 최저부에는 집유설비를 할 것. 이 경우 제4류 위험물(온도 20℃의 물 100g에 용해되는 양이 1g 미만인 것에 한한다)을 취급하는 펌프설비에 있어서는 당해 위험물이 직접 배수구에 유입하지 아니하도록 집유설비에 유분리장치를 설치하여야 한다.

타. 인화점이 21℃ 미만인 위험물을 취급하는 펌프설비에는 보기 쉬운 곳에 제9호 마목의 규정에 준하여 "옥외저장탱크 펌프설비"라는 표시를 한 게시판과 방화에 관하여 필요한 사항을 게시한 게시판을 설치할 것. 다만, 소방본부장 또는 소방서장이 화재예방상 당해 게시판을 설치할 필요가 없다고 인정하는 경우에는 그러하지 아니하다.

11. 옥외저장탱크의 밸브는 주강 또는 이와 동등 이상의 기계적 성질이 있는 재료로 되어 있고, 위험물이 새지 아니하여야 한다.

12. 옥외저장탱크의 배수관은 탱크의 옆판에 설치하여야 한다. 다만, 탱크와 배수관과의 결합부분이 지진 등에 의하여 손상을 받을 우려가 없는 방법으로 배수관을 설치하는 경우에는 탱크의 밑판에 설치할 수 있다.

13. 부상지붕이 있는 옥외저장탱크의 옆판 또는 부상지붕에 설치하는 설비는 지진 등에

의하여 부상지붕 또는 옆판에 손상을 주지 아니하게 설치하여야 한다. 다만, 당해 옥외저장탱크에 저장하는 위험물의 안전관리에 필요한 가동(可動)사다리, 회전방지기구, 검척관(檢尺管), 샘플링(sampling)설비 및 이에 부속하는 설비에 있어서는 그러하지 아니하다.

14. 옥외저장탱크의 배관의 위치·구조 및 설비는 제15호의 규정에 의한 것 외에 별표 4 X의 규정에 의한 제조소의 배관의 기준을 준용하여야 한다.
15. 액체위험물을 이송하기 위한 옥외저장탱크의 배관은 지진 등에 의하여 당해 배관과 탱크와의 결합부분에 손상을 주지 아니하게 설치하여야 한다.
16. 옥외저장탱크에 설치하는 전기설비는 전기사업법에 의한 전기설비기술기준에 의하여야 한다.
17. 지정수량의 10배 이상인 옥외탱크저장소(제6류 위험물의 옥외탱크저장소를 제외한다)에는 별표 4 Ⅷ제7호의 규정에 준하여 피뢰침을 설치하여야 한다. 다만, 탱크에 저항이 5Ω 이하인 접지시설을 설치하거나 인근 피뢰설비의 보호범위 내에 들어가는 등 주위의 상황에 따라 안전상 지장이 없는 경우에는 피뢰침을 설치하지 아니할 수 있다.
18. 액체위험물의 옥외저장탱크의 주위에는 Ⅸ의 기준에 따라 위험물이 새었을 경우에 그 유출을 방지하기 위한 방유제를 설치하여야 한다.
19. 제3류 위험물 중 금수성물질(고체에 한한다)의 옥외저장탱크에는 방수성의 불연재료로 만든 피복설비를 설치하여야 한다.
20. 이황화탄소의 옥외저장탱크는 벽 및 바닥의 두께가 0.2m 이상이고 누수가 되지 아니하는 철근콘크리트의 수조에 넣어 보관하여야 한다. 이 경우 보유공지·통기관 및 자동계량장치는 생략할 수 있다.
21. 옥외저장탱크에 부착되는 부속설비[교반기(휘저어 섞는 장치), 밸브, 폼챔버(foam chamber), 화염방지장치, 통기관대기밸브, 비상압력배출장치]는 기술원 또는 소방청장이 정하여 고시하는 국내·외 공인시험기관에서 시험 또는 인증 받은 제품을 사용하여야 한다.

Ⅶ. 특정옥외저장탱크의 구조

1. 특정옥외저장탱크는 주하중(탱크하중, 탱크와 관련되는 내압, 온도변화의 영향 등에 의한 것을 말한다. 이하 같다) 및 종하중(적설하중, 풍하중, 지진의 영향 등에 의한 것을 말한다. 이하 같다)에 의하여 발생하는 응력 및 변형에 대하여 안전한 것으로 하여야 한다.
2. 특정옥외저장탱크의 구조는 다음 각목에 정하는 기준에 적합하여야 한다.
   가. 주하중과 주하중 및 종하중의 조합에 의하여 특정옥외저장탱크의 본체에 발생하는 응력은 소방청장이 정하여 고시하는 허용응력 이하일 것

나. 특정옥외저장탱크의 보유수평내력(保有水平耐力)은 지진의 영향에 의한 필요보유수평내력(必要保有水平耐力) 이상일 것, 이 경우에 있어서의 보유수평내력 및 필요보수수평내력의 계산방법은 소방청장이 정하여 고시한다.

다. 옆판, 밑판 및 지붕의 최소두께와 애뉼러 판의 너비(옆판외면에서 바깥으로 연장하는 최소길이, 옆판내면에서 탱크중심부로 연장하는 최소길이를 말한다) 및 최소두께는 소방청장이 정하여 고시하는 기준에 적합할 것

3. 특정옥외저장탱크의 용접(겹침보수 및 육성보수와 관련되는 것을 제외한다)방법은 다음 각목에 정하는 바에 의한다. 이러한 용접방법은 소방청장이 정하여 고시하는 용접시공방법확인시험의 방법 및 기준에 적합한 것이거나 이와 동등 이상의 것임이 미리 확인되어 있어야 한다.

가. 옆판의 용접은 다음에 의할 것

1) 세로이음 및 가로이음은 완전용입 맞대기용접으로 할 것

2) 옆판의 세로이음은 단을 달리하는 옆판의 각각의 세로이음과 동일선상에 위치하지 아니하도록 할 것. 이 경우 당해 세로이음간의 간격은 서로 접하는 옆판중 두꺼운 쪽 옆판의 5배 이상으로 하여야 한다.

나. 옆판과 애뉼러 판(애뉼러 판이 없는 경우에는 밑판)과의 용접은 부분용입그룹용접 또는 이와 동등 이상의 용접강도가 있는 용접방법으로 용접할 것. 이 경우에 있어서 용접 비드(bead)는 매끄러운 형상을 가져야 한다.

다. 애뉼러 판과 애뉼러 판은 뒷면에 재료를 댄 맞대기용접으로 하고, 애뉼러 판과 밑판 및 밑판과 밑판의 용접은 뒷면에 재료를 댄 맞대기용접 또는 겹치기용접으로 용접할 것. 이 경우에 애뉼러 판과 밑판의 용접부의 강도 및 밑판과 밑판의 용접부의 강도에 유해한 영향을 주는 흠이 있어서는 아니된다.

라. 필렛용접(모서리 용접)의 사이즈(부등사이즈가 되는 경우에는 작은 쪽의 사이즈를 말한다)는 다음 식에 의하여 구한 값으로 할 것

$$t_1 \geq S \geq \sqrt{2t_2} \text{ (단, } S \geq 4.5\text{)}$$

t_1 : 얇은 쪽의 강판의 두께(㎜)

t_2 : 두꺼운 쪽의 강판의 두께(㎜)

S : 사이즈(㎜)

4. 제1호 내지 제3호의 규정하는 것 외의 특정옥외저장탱크의 구조에 관하여 필요한 사항은 소방청장이 정하여 고시한다.

Ⅷ. 준특정옥외저장탱크의 구조

1. 준특정옥외저장탱크는 주하중 및 종하중에 의하여 발생하는 응력 및 변형에 대하여 안

전한 것으로 하여야 한다.

2. 준특정옥외저장탱크의 구조는 다음 각목에 정하는 기준에 적합하여야 한다.
   가. 두께가 3.2㎜ 이상일 것
   나. 준특정옥외저장탱크의 옆판에 발생하는 상시의 원주방향인장응력은 소방청장이 정하여 고시하는 허용응력 이하일 것
   다. 준특정옥외저장탱크의 옆판에 발생하는 지진시의 축방향압축응력은 소방청장이 정하여 고시하는 허용응력 이하일 것
3. 준특정옥외저장탱크의 보유수평내력은 지진의 영향에 의한 필요보유수평내력 이상이어야 한다. 이 경우에 있어서의 보유수평내력 및 필요보수수평내력의 계산방법은 소방청장이 정하여 고시한다.
4. 제2호 및 제3호에 규정하는 것 외의 준특정옥외저장탱크의 구조에 관하여 필요한 사항은 소방청장이 정하여 고시한다.

Ⅸ. 방유제

1. 인화성액체위험물(이황화탄소를 제외한다)의 옥외탱크저장소의 탱크 주위에는 다음 각목의 기준에 의하여 방유제를 설치하여야 한다.
   가. 방유제의 용량은 방유제안에 설치된 탱크가 하나인 때에는 그 탱크 용량이 110% 이상, 2기 이상인 때에는 그 탱크 중 용량이 최대인 것의 용량의 110% 이상으로 할 것. 이 경우 방유제의 용량은 당해 방유제의 내용적에서 용량이 최대인 탱크 외의 탱크의 방유제 높이 이하 부분의 용적, 당해 방유제내에 있는 모든 탱크의 지반면 이상 부분의 기초의 체적, 간막이 둑의 체적 및 당해 방유제 내에 있는 배관 등의 체적을 뺀 것으로 한다.
   나. 방유제는 높이 0.5m 이상 3m 이하, 두께 0.2m 이상, 지하매설깊이 1m 이상으로 할 것. 다만, 방유제와 옥외저장탱크 사이의 지반면 아래에 불침윤성(不浸潤性: 수분 흡수를 막는 성질) 구조물을 설치하는 경우에는 지하매설깊이를 해당 불침윤성 구조물까지로 할 수 있다.
   다. 방유제내의 면적은 8만㎡ 이하로 할 것
   라. 방유제내의 설치하는 옥외저장탱크의 수는 10(방유제내에 설치하는 모든 옥외저장탱크의 용량이 20만L 이하이고, 당해 옥외저장탱크에 저장 또는 취급하는 위험물의 인화점이 70℃ 이상 200℃ 미만인 경우에는 20) 이하로 할 것. 다만, 인화점이 200℃ 이상인 위험물을 저장 또는 취급하는 옥외저장탱크에 있어서는 그러하지 아니하다.
   마. 방유제 외면의 2분의 1 이상은 자동차 등이 통행할 수 있는 3m 이상의 노면폭을 확보한 구내도로(옥외저장탱크가 있는 부지내의 도로를 말한다. 이하 같다)에 직접

접하도록 할 것. 다만, 방유제내에 설치하는 옥외저장탱크의 용량합계가 20만L 이하인 경우에는 소화활동에 지장이 없다고 인정되는 3m 이상의 노면폭을 확보한 도로 또는 공지에 접하는 것으로 할 수 있다.

바. 방유제는 옥외저장탱크의 지름에 따라 그 탱크의 옆판으로부터 다음에 정하는 거리를 유지할 것. 다만, 인화점이 200℃ 이상인 위험물을 저장 또는 취급하는 것에 있어서는 그러하지 아니하다.

1) 지름이 15m 미만인 경우에는 탱크 높이의 3분의 1 이상

2) 지름이 15m 이상인 경우에는 탱크 높이의 2분의 1 이상

사. 방유제는 철근콘크리트로 하고, 방유제와 옥외저장탱크 사이의 지표면은 불연성과 불침윤성이 있는 구조(철근콘크리트 등)로 할 것. 다만, 누출된 위험물을 수용할 수 있는 전용유조(專用油槽) 및 펌프 등의 설비를 갖춘 경우에는 방유제와 옥외저장탱크 사이의 지표면을 흙으로 할 수 있다.

아. 용량이 1,000만L 이상인 옥외저장탱크의 주위에 설치하는 방유제에는 다음의 규정에 따라 당해 탱크마다 간막이 둑을 설치할 것

1) 간막이 둑의 높이는 0.3m(방유제내에 설치되는 옥외저장탱크의 용량의 합계가 2억L를 넘는 방유제에 있어서는 1m)이상으로 하되, 방유제의 높이보다 0.2m 이상 낮게 할 것

2) 간막이 둑은 흙 또는 철근콘크리트로 할 것

3) 간막이 둑의 용량은 간막이 둑안에 설치된 탱크의 용량의 10% 이상일 것

자. 방유제내에는 당해 방유제내에 설치하는 옥외저장탱크를 위한 배관(당해 옥외저장탱크의 소화설비를 위한 배관을 포함한다), 조명설비 및 계기시스템과 이들에 부속하는 설비 그 밖의 안전확보에 지장이 없는 부속설비 외에는 다른 설비를 설치하지 아니할 것

차. 방유제 또는 간막이 둑에는 해당 방유제를 관통하는 배관을 설치하지 아니할 것. 다만, 위험물을 이송하는 배관의 경우에는 배관이 관통하는 지점의 좌우방향으로 각 1m 이상까지의 방유제 또는 간막이 둑의 외면에 두께 0.1m 이상, 지하매설깊이 0.1m 이상의 구조물을 설치하여 방유제 또는 간막이 둑을 이중구조로 하고, 그 사이에 토사를 채운 후, 관통하는 부분을 완충재 등으로 마감하는 방식으로 설치할 수 있다.

카. 방유제에는 그 내부에 고인 물을 외부로 배출하기 위한 배수구를 설치하고 이를 개폐하는 밸브 등을 방유제의 외부에 설치할 것

타. 용량이 100만L 이상인 위험물을 저장하는 옥외저장탱크에 있어서는 카목의 밸브 등에 그 개폐상황을 쉽게 확인할 수 있는 장치를 설치할 것

파. 높이가 1m를 넘는 방유제 및 간막이 둑의 안팎에는 방유제내에 출입하기 위한 계

단 또는 경사로를 약 50m마다 설치할 것

하. 용량이 50만리터 이상인 옥외탱크저장소가 해안 또는 강변에 설치되어 방유제 외부로 누출된 위험물이 바다 또는 강으로 유입될 우려가 있는 경우에는 해당 옥외탱크저장소가 설치된 부지 내에 전용유조(專用油槽) 등 누출위험물 수용설비를 설치할 것

2. 제1호 가목·나목·사목 내지 파목의 규정은 인화성이 없는 액체위험물의 옥외저장탱크의 주위에 설치하는 방유제의 기술기준에 대하여 준용한다. 이 경우에 있어서 제1호 가목 중 "110%"는 "100%"로 본다.

3. 그 밖에 방유제의 기술기준에 관하여 필요한 사항은 소방청장이 정하여 고시한다.

X. 고인화점 위험물의 옥외탱크저장소의 특례

고인화점 위험물만을 100℃ 미만의 온도로 저장 또는 취급하는 옥외탱크저장소중 그 위치·구조 및 설비가 다음 각목에 정하는 기준에 적합한 경우에는 Ⅰ·Ⅱ·Ⅵ제3호(기둥과 관련되는 부분에 한한다)·제10호·제17호 및 제18호의 규정은 적용하지 아니한다.

가. 옥외탱크저장소는 별표 4 Ⅺ제1호의 규정에 준하여 안전거리를 둘 것

나. 옥외저장탱크(위험물을 이송하기 위한 배관 그 밖에 이에 준하는 공작물을 제외한다)의 주위에 다음의 표에 정하는 너비의 공지를 보유할 것

저장 또는 취급하는 위험물의 최대수량	공지의 너비
지정수량의 2,000배 이하	3m 이상
지정수량의 2,000배 초과 4,000배 이하	5m 이상
지정수량의 4,000배 초과	당해 탱크의 수평단면의 최대지름(가로형인 경우에는 긴 변)과 높이중 큰 것의 3분의 1과 같은 거리 이상. 다만, 5m 미만으로 하여서는 아니된다.

다. 옥외저장탱크의 기둥은 철근콘크리트조, 철골콘크리트구조 그 밖에 이들과 동등 이상의 내화성능이 있을 것. 다만, 하나의 방유제안에 설치하는 모든 옥외저장탱크가 고인화점 위험물만을 100℃ 미만의 온도로 저장 또는 취급하는 경우에는 기둥을 불연재료로 할 수 있다.

라. 옥외저장탱크의 펌프설비는 Ⅵ제10호(가목·바목 및 사목을 제외한다)의 규정에 준하는 것외에 다음의 기준에 의할 것

1) 펌프설비의 주위에 1m 이상의 너비의 공지를 보유할 것. 다만, 내화구조로 된 방화상 유효한 격벽을 설치하는 경우 또는 지정수량의 10배 이하의 위험물을 저장하는 옥외저장탱크의 펌프설비에 있어서는 그러하지 아니하다.

2) 펌프실의 창 및 출입구에는 갑종방화문 또는 을종방화문을 설치할 것. 다만, 연소의 우려가 없는 외벽에 설치하는 창 및 출입구에는 불연재료 또는 유리로 만든 문을 달 수 있다.

3) 펌프실의 연소의 우려가 있는 외벽에 설치하는 창 및 출입구에 유리를 이용하는 경우는 망입유리를 이용할 것

마. 옥외저장탱크의 주위에는 위험물이 새었을 경우에 그 유출을 방지하기 위한 방유제를 설치할 것

바. Ⅸ제1호 가목 내지 다목 및 사목 내지 파목의 규정은 마목의 방유제의 기준에 대하여 준용한다. 이 경우에 있어서 동호 가목중 "110%"는 "100%"로 본다.

Ⅺ. 위험물의 성질에 따른 옥외탱크저장소의 특례

알킬알루미늄등, 아세트알데히드등 및 히드록실아민등을 저장 또는 취급하는 옥외탱크저장소는 Ⅰ 내지 Ⅸ에 의하는 외에 당해 위험물의 성질에 따라 다음 각호에 정하는 기준에 의하여야 한다.

1. 알킬알루미늄등의 옥외탱크저장소
   가. 옥외저장탱크의 주위에는 누설범위를 국한하기 위한 설비 및 누설된 알킬알루미늄등을 안전한 장소에 설치된 조에 이끌어 들일 수 있는 설비를 설치할 것
   나. 옥외저장탱크에는 불활성의 기체를 봉입하는 장치를 설치할 것
2. 아세트알데히드등의 옥외탱크저장소
   가. 옥외저장탱크의 설비는 동·마그네슘·은·수은 또는 이들을 성분으로 하는 합금으로 만들지 아니할 것
   나. 옥외저장탱크에는 냉각장치 또는 보냉장치, 그리고 연소성 혼합기체의 생성에 의한 폭발을 방지하기 위한 불활성의 기체를 봉입하는 장치를 설치할 것
3. 히드록실아민등의 옥외탱크저장소
   가. 옥외탱크저장소에는 히드록실아민등의 온도의 상승에 의한 위험한 반응을 방지하기 위한 조치를 강구할 것
   나. 옥외탱크저장소에는 철이온 등의 혼입에 의한 위험한 반응을 방지하기 위한 조치를 강구할 것

Ⅻ. 지중탱크에 관계된 옥외탱크저장소의 특례

1. 제4류 위험물을 지중탱크에 저장 또는 취급하는 옥외탱크저장소는 Ⅰ 내지 Ⅸ의 기준 중 Ⅰ·Ⅱ·Ⅳ·Ⅴ·Ⅵ제1호(충수시험 또는 수압시험에 관한 부분을 제외한다)·제2호·제3호·제5호·제6호·제10호·제12호·제16호 및 제18호의 규정은 적용하지 아니한다.

2. 제1호에 정하는 것외에 다음 각목에 정하는 기준에 적합하여야 한다.
   가. 지중탱크의 옥외탱크저장소는 다음에 정하는 장소와 그 밖에 소방청장이 정하여 고시하는 장소에 설치하지 아니할 것
      1) 급경사지 등으로서 지반붕괴, 산사태 등의 위험이 있는 장소
      2) 융기, 침강 등의 지반변동이 생기고 있거나 지중탱크의 구조에 지장을 미치는 지반변동이 발생할 우려가 있는 장소
   나. 지중탱크의 옥외탱크저장소의 위치는 Ⅰ의 규정에 의하는 것외에 당해 옥외탱크저장소가 보유하는 부지의 경계선에서 지중탱크의 지반면의 옆판까지의 사이에, 당해 지중탱크 수평단면의 안지름의 수치에 0.5를 곱하여 얻은 수치(당해 수치가 지중탱크의 밑판표면에서 지반면까지 높이의 수치보다 작은 경우에는 당해 높이의 수치)또는 50m(당해 지중탱크에 저장 또는 취급하는 위험물의 인화점이 21℃ 이상 70℃ 미만의 경우에 있어서는 40m, 70℃ 이상의 경우에 있어서는 30m)중 큰 것과 동일한 거리 이상의 거리를 유지할 것
   다. 지중탱크(위험물을 이송하기 위한 배관 그 밖의 이에 준하는 공작물을 제외한다)의 주위에는 당해 지중탱크 수평단면의 안지름의 수치에 0.5를 곱하여 얻은 수치 또는 지중탱크의 밑판표면에서 지반면까지 높이의 수치중 큰 것과 동일한 거리 이상의 너비의 공지를 보유할 것
   라. 지중탱크의 지반은 다음에 의할 것
      1) 지반은 당해 지반에 설치하는 지중탱크 및 그 부속설비의 자중, 저장하는 위험물의 중량 등의 하중(이하 "지중탱크하중"이라 한다)에 의하여 발생하는 응력에 대하여 안전할 것
      2) 지반은 다음에 정하는 기준에 적합할 것
         가) 지반은 Ⅳ제2호 가목의 기준에 적합할 것
         나) 소방청장이 정하여 고시하는 범위내의 지반은 지중탱크하중에 대한 지지력 계산에서의 지지력안전율 및 침하량계산에서의 계산침하량이 소방청장이 정하여 고시하는 수치에 적합하고, Ⅳ제2호 나목2)다)의 기준에 적합할 것
         다) 지중탱크 하부의 지반[마목3)에 정하는 양수설비를 설치하는 경우에는 당해 양수설비의 배수층하의 지반]의 표면의 평판재하시험에 있어서 평판재하시험값(극한 지지력의 값으로 한다)이 지중탱크하중에 나)의 안전율을 곱하여 얻은 값 이상의 값일 것
         라) 소방청장이 정하여 고시하는 범위내의 지반의 지질이 소방청장이 정하여 고시하는 것외의 것일 것
         마) 지반이 바다·하천·호소(湖沼: 호수와 늪)·늪 등에 접하고 있는 경우 또는 인공지반을 조성하는 경우에는 활동과 관련하여 소방청장이 정하여 고시하는

기준에 적합할 것

바) 인공지반에 있어서는 가) 내지 마)에 정하는 것외에 소방청장이 정하여 고시하는 기준에 적합할 것

마. 지중탱크의 구조는 다음에 의할 것

1) 지중탱크는 옆판 및 밑판을 철근콘크리트 또는 프리스트레스트 콘크리트(콘크리트에 미리 압축응력을 주어 인장강도를 높인 것) 만들고 지붕을 강철판으로 만들며, 옆판 및 밑판의 안쪽에는 누액방지판을 설치하여 틈이 없도록 할 것

2) 지중탱크의 재료는 소방청장이 정하여 고시하는 규격에 적합한 것 또는 이와 동등 이상의 강도 등이 있을 것

3) 지중탱크는 당해 지중탱크 및 그 부속설비의 자중, 저장하는 위험물의 중량, 토압(土壓), 지하수압, 양압력(揚壓力), 콘크리트의 건조수축 및 크립(creep)의 영향, 온도변화의 영향, 지진의 영향 등의 하중에 의하여 발생하는 응력 및 변형에 대해서 안전하게 하고, 유해한 침하 및 부상(浮上)을 일으키지 아니하도록 할 것. 다만, 소방청장이 정하여 고시하는 기준에 적합한 양수설비를 설치하는 경우는 양압력을 고려하지 아니할 수 있다.

4) 지중탱크의 구조는 1) 내지 3)에 의하는 외에 다음에 정하는 기준에 적합할 것

가) 하중에 의하여 지중탱크본체(지붕 및 누액방지판을 포함한다)에 발생하는 응력은 소방청장이 정하여 고시하는 허용응력 이하일 것

나) 옆판 및 밑판의 최소두께는 소방청장이 정하여 고시하는 기준에 적합한 것으로 할 것

다) 지붕은 2매판 구조의 부상지붕으로 하고, 그 외면에는 녹 방지를 위한 도장을 하는 동시에 소방청장이 정하여 고시하는 기준에 적합하게 할 것

라) 누액방지판은 소방청장이 정하여 고시하는 바에 따라 강철판으로 만들고, 그 용접부는 소방청장이 정하여 고시하는 바에 따라 실시한 자분탐상시험 등의 시험에 있어서 소방청장이 정하여 고시하는 기준에 적합하도록 한 것

바. 지중탱크의 펌프설비는 다음의 기준에 적합한 것으로 할 것

1) 위험물 중에 설치하는 펌프설비는 그 전동기의 내부에 냉각수를 순환시키는 동시에 금속제의 보호관내에 설치할 것

2) 1)에 해당하지 아니하는 펌프설비는 Ⅵ제10호(갱도에 설치하는 것에 있어서는 가목·나목·마목 및 카목을 제외한다)의 규정에 의한 옥외저장탱크의 펌프설비의 기준을 준용할 것

사. 지중탱크에는 당해 지중탱크내의 물을 적절히 배수할 수 있는 설비를 설치할 것

아. 지중탱크의 옥외탱크저장소에 갱도를 설치하는 경우에 있어서는 다음에 의할 것

1) 갱도의 출입구는 지중탱크내의 위험물의 최고액면보다 높은 위치에 설치할 것.

다만, 최고액면을 넘는 위치를 경유하는 경우에 있어서는 그러하지 아니하다.

2) 가연성의 증기가 체류할 우려가 있는 갱도에는 가연성의 증기를 외부에 배출할 수 있는 설비를 설치할 것

자. 지중탱크는 그 주위가 소방청장이 정하여 고시하는 구내도로에 직접 면하도록 설치할 것. 다만, 2기 이상의 지중탱크를 인접하여 설치하는 경우에는 당해 지중탱크 전체가 포위될 수 있도록 하되, 각 탱크의 2 방향 이상이 구내도로에 직접 면하도록 하는 것으로 할 수 있다.

차. 지중탱크의 옥외탱크저장소에는 소방청장이 정하여 고시하는 바에 따라 위험물 또는 가연성 증기의 누설을 자동적으로 검지하는 설비 및 지하수위의 변동을 감시하는 설비를 설치할 것

카. 지중탱크의 옥외탱크저장소에는 소방청장이 정하여 고시하는 바에 따라 지중벽을 설치할 것. 다만, 주위의 지반상황 등에 의하여 누설된 위험물이 확산할 우려가 없는 경우에는 그러하지 아니하다.

3. 제1호 및 제2호에 규정하는 것외에 지중탱크의 옥외탱크저장소에 관한 세부기준은 소방청장이 정하여 고시한다.

XⅢ. 해상탱크에 관계된 옥외댕크저장소의 특례

1. 원유·등유·경유 또는 중유를 해상탱크에 저장 또는 취급하는 옥외탱크저장소중 해상탱크를 용량 10만L 이하마다 물로 채운 이중의 격벽으로 완전하게 구분하고, 해상탱크의 옆부분 및 밑부분을 물로 채운 이중벽의 구조로 한 것은 Ⅰ 내지 Ⅸ의 규정에 불구하고 제2호 및 제3호의 규정에 의할 수 있다.
2. 제1호의 옥외탱크저장소에 대하여는 Ⅱ·Ⅳ·Ⅴ·Ⅵ제1호 내지 제7호 및 제10호 내지 제18호의 규정은 적용하지 아니한다.
3. 제2호에 정하는 것외에 해상탱크에 관계된 옥외탱크저장소의 특례는 다음 각목과 같다.

가. 해상탱크의 위치는 다음에 의할 것

1) 해상탱크는 자연적 또는 인공적으로 거의 폐쇄된 평온한 해역에 설치할 것
2) 해상탱크의 위치는 육지, 해저 또는 당해 해상탱크에 관계된 옥외탱크저장소와 관련되는 공작물외의 해양 공작물로부터 당해 해상탱크의 외면까지의 사이에 안전을 확보하는데 필요하다고 인정되는 거리를 유지할 것

나. 해상탱크의 구조는 선박안전법에 정하는 바에 의할 것

다. 해상탱크의 정치(定置)설비는 다음에 의할 것

1) 정치설비는 해상탱크를 안전하게 보존·유지할 수 있도록 배치할 것
2) 정치설비는 당해 정치설비에 작용하는 하중에 의하여 발생하는 응력 및 변형에 대하여 안전한 구조로 할 것

라. 정치설비의 직하의 해저면으로부터 정치설비의 자중 및 정치설비에 작용하는 하중에 의한 응력에 대하여 정치설비를 안전하게 지지하는데 필요한 깊이까지의 지반은 표준관입시험에서의 표준관입시험치가 평균적으로 15 이상의 값을 나타내는 동시에 정치설비의 자중 및 정치설비에 작용하는 하중에 의한 응력에 대하여 안전할 것

마. 해상탱크의 펌프설비는 VI제10호의 규정에 의한 옥외저장탱크의 펌프설비의 기준을 준용하되, 현장상황에 따라 동 규정의 기준에 의하는 것이 곤란한 경우에는 안전조치를 강구하여 동 규정의 기준 중 일부를 적용하지 아니 할 수 있다.

바. 위험물을 취급하는 배관은 다음의 기준에 의할 것

1) 해상탱크의 배관의 위치·구조 및 설비는 VI제14호의 규정에 의한 옥외저장탱크의 배관의 기준을 준용할 것. 다만, 현장상황에 따라 동 규정의 기준에 의하는 것이 곤란한 경우에는 안전조치를 강구하여 동 규정의 기준 중 일부를 적용하지 아니할 수 있다.

2) 해상탱크에 설치하는 배관과 그 밖의 배관과의 결합부분은 파도 등에 의하여 당해 부분에 손상을 주지 아니하도록 조치할 것

사. 전기설비는 「전기사업법」에 의한 전기설비기술기준의 규정에 의하는 외에, 열 및 부식에 대하여 내구성이 있는 동시에 기후의 변화에 내성이 있을 것

아. 마목 내지 사목의 규정에 불구하고 해상탱크에 설치하는 펌프설비, 배관 및 전기설비(차목에 정하는 설비와 관련되는 전기설비 및 소화설비와 관련되는 전기설비를 제외한다)에 있어서는 「선박안전법」에 정하는 바에 의할 것

자. 해상탱크의 주위에는 위험물이 새었을 경우에 그 유출을 방지하기 위한 방유제(부유식의 것을 포함한다)를 설치할 것

차. 해상탱크에 관계된 옥외탱크저장소에는 위험물 또는 가연성 증기의 누설 또는 위험물의 폭발 등의 재해의 발생 또는 확대를 방지하는 설비를 설치할 것

XIV. 옥외탱크저장소의 충수시험의 특례

옥외탱크저장소의 구조 또는 설비에 관한 변경공사(탱크의 옆판 또는 밑판의 교체공사를 제외한다) 중 탱크본체에 관한 공사를 포함하는 변경공사로서 당해 탱크본체에 관한 공사가 다음 각호(특정옥외탱크저장소 외의 옥외탱크저장소에 있어서는 제1호·제2호·제3호·제5호·제6호 및 제8호)에 정하는 변경공사에 해당하는 경우에는 당해 변경공사에 관계된 옥외탱크저장소에 대하여 VI제1호의 규정(충수시험에 관한 기준과 관련되는 부분에 한한다)은 적용하지 아니한다.

1. 노즐·맨홀 등의 설치공사
2. 노즐·맨홀 등과 관련되는 용접부의 보수공사

3. 지붕에 관련되는 공사[고정지붕식으로 된 옥외탱크저장소에 내부부상지붕(탱크내부 저장물질 위에 떠있는 지붕)을 설치하는 공사를 포함한다]
4. 옆판과 관련되는 겹침보수공사
5. 옆판과 관련되는 육성보수공사(용접부에 대한 열영향이 경미한 것에 한한다)
6. 최대저장높이 이상의 옆판에 관련되는 용접부의 보수공사
7. 애뉼러 판 또는 밑판의 겹침보수공사 중 옆판으로부터 600㎜ 범위 외의 부분에 관련된 것으로서 당해 겹침보수부분이 저부면적(애뉼러 판 및 밑판의 면적을 말한다)의 2분의 1 미만인 것
8. 애뉼러 판 또는 밑판에 관한 육성보수공사(용접부에 대한 열영향이 경미한 것에 한한다)
9. 밑판 또는 애뉼러 판이 옆판과 접하는 용접이음부의 겹침보수공사 또는 육성보수공사(용접부에 대한 열영향이 경미한 것에 한한다)

제13조(충수·수압검사에 관한 기준 등)

① 영 별표 4 제2호에서 "행정안전부령으로 정하는 기준"이라 함은 다음 각호의 1에 해당하는 기준을 말한다.

1. 100만리터 이상의 액체위험물탱크의 경우
   별표 6 Ⅵ 제1호의 규정에 의한 기준[충수시험(물 외의 적당한 액체를 채워서 실시하는 시험을 포함한다. 이하 같다) 또는 수압시험에 관한 부분에 한한다]
2. 100만리터 미만의 액체위험물탱크의 경우
   별표 4 Ⅸ 제1호 가목, 별표 6 Ⅵ 제1호, 별표 7 Ⅰ 제1호 마목, 별표 8 Ⅰ 제6호 · Ⅱ 제1호 · 제4호 · 제6호 · Ⅲ, 별표 9 제6호, 별표 10 Ⅱ 제1호 · Ⅹ 제1호 가목, 별표 13 Ⅲ 제3호, 별표 16 Ⅰ 제1호의 규정에 의한 기준(충수시험 · 수압시험 및 그 밖의 탱크의 누설 · 변형에 대한 안전성에 관련된 탱크안전성능시험의 부분에 한한다)

제14조(용접부검사에 관한 기준 등)

① 영 별표 4 제3호에서 "행정안전부령으로 정하는 기준"이라 함은 다음 각호의 1에 해당하는 기준을 말한다.

1. 특수액체위험물탱크 외의 위험물탱크의 경우 : 별표 6 Ⅵ 제2호의 규정에 의한 기준
2. 지중탱크의 경우 : 별표 6 ⅩⅡ 제2호 마목4)라)의 규정에 의한 기준(용접부에 관련된 부분에 한한다)

② 법 제8조제2항의 규정에 의하여 기술원은 용접부검사를 탱크시험자가 실시하는 용접부에 관한 시험의 과정 및 결과를 확인하는 방법으로 할 수 있다.

제15조(암반탱크검사에 관한 기준 등)

① 영 별표 4 제4호에서 "행정안전부령으로 정하는 기준"이라 함은 별표 12 Ⅰ의 규정에 의한 기준을 말한다.

② 법 제8조제2항에 따라 기술원은 암반탱크검사를 「엔지니어링산업 진흥법」에 따른 엔지니어링사업자가 실시하는 암반탱크에 관한 시험의 과정 및 결과를 확인하는 방법으로 할 수 있다.

제18조(탱크안전성능검사의 신청 등)

① 법 제8조제1항에 따라 탱크안전성능검사를 받아야 하는 자는 별지 제20호서식의 신청서(전자문서로 된 신청서를 포함한다)를 해당 위험물탱크의 설치장소를 관할하는 소방서장 또는 기술원에 제출하여야 한다. 다만, 설치장소에서 제작하지 아니하는 위험물탱크에 대한 탱크안전성능검사(충수·수압검사에 한한다)의 경우에는 별지 제20호서식의 신청서(전자문서로 된 신청서를 포함한다)에 해당 위험물탱크의 구조명세서 1부를 첨부하여 해당 위험물탱크의 제작지를 관할하는 소방서장에게 신청할 수 있다.

② 법 제8조제1항 후단에 따른 탱크안전성능시험을 받고자 하는 자는 별지 제20호서식의 신청서에 해당 위험물탱크의 구조명세서 1부를 첨부하여 기술원 또는 탱크시험자에게 신청할 수 있다.

③ 영 제9조제2항에 따라 충수·수압검사를 면제받으려는 자는 별지 제21호서식의 탱크시험합격확인증에 탱크시험성적서를 첨부하여 소방서장에게 제출해야 한다.

④ 제1항의 규정에 의한 탱크안전성능검사의 신청시기는 다음 각호의 구분에 의한다.

1. 기초·지반검사 : 위험물탱크의 기초 및 지반에 관한 공사의 개시 전
2. 충수·수압검사 : 위험물을 저장 또는 취급하는 탱크에 배관 그 밖의 부속설비를 부착하기 전
3. 용접부검사 : 탱크본체에 관한 공사의 개시 전
4. 암반탱크검사 : 암반탱크의 본체에 관한 공사의 개시 전

⑤ <u>소방서장 또는 기술원은 탱크안전성능검사를 실시한 결과 제12조제1항·제4항, 제13조제1항, 제14조제1항 및 제15조제1항에 따른 기준에 적합하다고 인정되는 때에는 해당 탱크안전성능검사를 신청한 자에게 별지 제21호서식의 탱크검사합격확인증을 교부하고, 적합하지 않다고 인정되는 때에는 신청인에게 서면으로 그 사유를 통보해야 한다.</u> 〈개정 2008. 12. 18., 2021. 7. 13.〉

⑥ 영 제22조제1항제1호 다목에서 "행정안전부령이 정하는 액체위험물탱크"라 함은 별표 8 Ⅱ의 규정에 의한 이중벽탱크를 말한다.

[별표 4] Ⅸ 제1호 가목 부분만 살펴 봄 〈개정 2021. 10. 21.〉

제조소의 위치·구조 및 설비의 기준(제28조관련)

Ⅸ. 위험물 취급탱크

1. 위험물제조소의 옥외에 있는 위험물취급탱크(용량이 지정수량의 5분의 1 미만인 것을 제외한다)는 다음 각목의 기준에 의하여 설치하여야 한다.
   가. 옥외에 있는 위험물취급탱크의 구조 및 설비는 별표 6 Ⅵ제1호(특정옥외저장탱크 및 준특정옥외저장탱크와 관련되는 부분을 제외한다)·제3호 내지 제9호·제11호 내지 제14호 및 XⅣ의 규정에 의한 옥외탱크저장소의 탱크의 구조 및 설비의 기준을 준용할 것

[별표 6] Ⅵ 제1호 부분만 살펴 봄 〈개정 2021. 7. 13.〉

옥외탱크저장소의 위치·구조 및 설비의 기준(제30조관련)

Ⅵ. 옥외저장탱크의 외부구조 및 설비

1. 옥외저장탱크는 특정옥외저장탱크 및 준특정옥외저장탱크 외에는 두께 3.2㎜ 이상의 강철판 또는 소방청장이 정하여 고시하는 규격에 적합한 재료로, 특정옥외저장탱크 및 준특정옥외저장탱크는 Ⅶ 및 Ⅷ에 의하여 소방청장이 정하여 고시하는 규격에 적합한 강철판 또는 이와 동등 이상의 기계적 성질 및 용접성이 있는 재료로 틈이 없도록 제작하여야 하고, 압력탱크(최대상용압력이 대기압을 초과하는 탱크를 말한다)외의 탱크는 충수시험, 압력탱크는 최대상용압력의 1.5배의 압력으로 10분간 실시하는 수압시험에서 각각 새거나 변형되지 아니하여야 한다.

[별표 7] Ⅰ 제1호 마목 부분만 살펴 봄 〈개정 2021. 7. 13.〉

옥내탱크저장소의 위치·구조 및 설비의 기준(제31조관련)

Ⅰ. 옥내탱크저장소의 기준

1. 옥내탱크저장소(제2호에 정하는 것을 제외한다)의 위치·구조 및 설비의 기술기준은 다음 각목과 같다.
   마. 옥내저장탱크의 구조는 별표 6 Ⅵ제1호 및 XⅣ의 규정에 의한 옥외저장탱크의 구조의 기준을 준용할 것

위험물안전관리법 시행규칙 살펴보기

[별표 8] Ⅰ제6호 · Ⅱ 제1호 · 제4호 · 제6호 · Ⅲ부분만 살펴 봄 〈개정 2021. 7. 13.〉

지하탱크저장소의 위치 · 구조 및 설비의 기준(제32조관련)

Ⅰ. 지하탱크저장소의 기준(Ⅱ 및 Ⅲ에 정하는 것을 제외한다)

6. 지하저장탱크는 용량에 따라 다음 표에 정하는 기준에 적합하게 강철판 또는 동등 이상의 성능이 있는 금속재질로 완전용입용접 또는 양면겹침이음용접으로 틈이 없도록 만드는 동시에, 압력탱크(최대상용압력이 46.7kPa 이상인 탱크를 말한다) 외의 탱크에 있어서는 70kPa의 압력으로, 압력탱크에 있어서는 최대상용압력의 1.5배의 압력으로 각각 10분간 수압시험을 실시하여 새거나 변형되지 아니하여야 한다. 이 경우 수압시험은 소방청장이 정하여 고시하는 기밀시험과 비파괴시험을 동시에 실시하는 방법으로 대신할 수 있다.

탱크용량(단위 ℓ)	탱크의 최대지름(단위 ㎜)	강철판의 최소두께(단위 ㎜)
1,000 이하	1,067	3.20
1,000 초과 2,000 이하	1,219	3.20
2,000 초과 4,000 이하	1,625	3.20
4,000 초과 15,000 이하	2,450	4.24
15,000 초과 45,000 이하	3,200	6.10
45,000 초과 75,000 이하	3,657	7.67
75,000 초과 189,000 이하	3,657	9.27
189,000 초과	–	10.00

Ⅱ. 이중벽탱크의 지하탱크저장소의 기준

1. 지하탱크저장소[지하탱크저장소의 외면에 누설을 감지할 수 있는 틈(이하 "감지층" 이라 한다)이 생기도록 강판 또는 강화플라스틱 등으로 피복한 것을 설치하는 지하탱크저장소에 한한다]의 위치·구조 및 설비의 기술기준은 Ⅰ제3호 내지 제5호·제6호(수압시험과 관련되는 부분에 한한다)·제8호 내지 제14호·제17호·제18호 및 다음 각 목의 1의 규정에 의한 기준을 준용하는 외에 Ⅱ에 정하는 바에 의한다.
   가. Ⅰ제1호 나목 내지 마목(당해 지하저장탱크를 탱크전용실외의 장소에 설치하는 경우에 한한다)
   나. Ⅰ제2호 및 제16호(당해 지하저장탱크를 지반면하에 설치된 탱크전용실에 설치하는 경우에 한한다)

4. 제3호 나목에 정하는 재료로 만든 지하저장탱크에 제2호 나목에 정하는 조치를 강구한

것(이하 이 호에서 "강화플라스틱제 이중벽탱크"라 한다)은 다음 각목에 정하는 하중이 작용하는 경우에 있어서 변형이 당해 지하저장탱크의 지름의 3% 이하이고, 휨응력(휨변형력)도비(휨응력을 허용휨응력으로 나눈 것을 말한다)의 절대치와 축방향 응력도비(인장응력 또는 압축응력을 허용축방향응력으로 나눈 것을 말한다)의 절대치의 합이 1 이하인 구조이어야 한다. 이 경우 허용응력을 산정하는 때의 안전율은 4 이상의 값으로 한다.

가. 강화플라스틱제 이중벽탱크의 윗부분이 수면으로부터 0.5m 아래에 있는 경우에 당해 탱크에 작용하는 압력

나. 탱크의 종류에 대응하여 다음에 정하는 압력의 내수압

1) 압력탱크(최대상용압력이 46.7㎪ 이상인 탱크를 말한다)외의 탱크:70㎪

2) 압력탱크 : 최대상용압력의 1.5배의 압력

6. 제1호 내지 제5호의 규정에 의한 기준 외에 이중벽탱크의 구조(재질 및 강도를 포함한다)·성능시험·표시사항·운반 및 설치 등에 관한 기준은 소방청장이 정하여 고시한다.

Ⅲ. 특수누설방지구조의 지하탱크저장소의 기준

지하탱크저장소[지하저장탱크를 위험물의 누설을 방지할 수 있도록 두께 15㎝(측방 및 하부에 있어서는 30㎝) 이상의 콘크리트로 피복하는 구조로 하여 지면하에 설치하는 것에 한한다]의 위치·구조 및 설비의 기술기준은 Ⅰ 제1호나목 내지 마목·제3호·제5호·제6호·제8호 내지 제15호·제17호 및 제18호의 규정을 준용하는 외에 지하저장탱크의 외면을 Ⅰ 제7호 가목2) 내지 5)의 어느 하나에 해당하는 방법으로 보호하여야 한다.

[별표 9] 제6호 부분만 살펴 봄 〈개정 2021. 7. 13.〉

간이탱크저장소의 위치·구조 및 설비의 기준(제33조관련)

6. 간이저장탱크는 두께 3.2㎜ 이상의 강판으로 흠이 없도록 제작하여야 하며, 70㎪의 압력으로 10분간의 수압시험을 실시하여 새거나 변형되지 아니하여야 한다.

[별표 10] Ⅱ 제1호 · Ⅹ제1호 가목 부분만 살펴 봄 〈개정 2021. 7. 13.〉

이동탱크저장소의 위치·구조 및 설비의 기준(제34조관련)

Ⅱ. 이동저장탱크의 구조

1. 이동저장탱크의 구조는 다음 각목의 기준에 의하여야 한다.

가. 탱크(맨홀 및 주입관의 뚜껑을 포함한다)는 두께 3.2㎜ 이상의 강철판 또는 이와

동등 이상의 강도·내식성 및 내열성이 있다고 인정하여 소방청장이 정하여 고시하는 재료 및 구조로 위험물이 새지 아니하게 제작할 것

나. 압력탱크(최대상용압력이 46.7㎪ 이상인 탱크를 말한다) 외의 탱크는 70㎪의 압력으로, 압력탱크는 최대상용압력의 1.5배의 압력으로 각각 10분간의 수압시험을 실시하여 새거나 변형되지 아니할 것. 이 경우 수압시험은 용접부에 대한 비파괴시험과 기밀시험으로 대신할 수 있다.

X. 위험물의 성질에 따른 이동탱크저장소의 특례

1. 알킬알루미늄등을 저장 또는 취급하는 이동탱크저장소는 Ⅰ 내지 Ⅷ의 규정에 의한 기준에 의하되, 당해 위험물의 성질에 따라 강화되는 기준은 다음 각 목에 의하여야 한다.

가. Ⅱ제1호의 규정에 불구하고 이동저장탱크는 두께 10㎜ 이상의 강판 또는 이와 동등 이상의 기계적 성질이 있는 재료로 기밀하게 제작되고 1㎫ 이상의 압력으로 10분간 실시하는 수압시험에서 새거나 변형하지 아니하는 것일 것

[별표 13] Ⅲ 제3호 부분만 살펴 봄 〈개정 2021. 7. 13.〉

주유취급소의 위치·구조 및 설비의 기준(제37조관련)

Ⅲ. 탱크

3. 제Ⅰ호의 규정에 의하여 설치하는 전용탱크·폐유탱크등 또는 간이탱크의 위치·구조 및 설비의 기준은 다음 각목과 같다.

가. 지하에 매설하는 전용탱크 또는 폐유탱크등의 위치·구조 및 설비는 별표 8 Ⅰ[제5호·제10호(게시판에 관한 부분에 한한다)·제11호(액중펌프설비에 관한 부분을 제외한다)·제14호 및 용량 10,000L를 넘는 탱크를 설치하는 경우에 있어서는 제1호 단서를 제외한다]·별표 8 Ⅱ[별표 8 Ⅰ제5호·제10호(게시판에 관한 부분에 한한다)·제11호(액중펌프설비에 관한 부분을 제외한다)·제14호를 제외한다] 또는 별표 8 Ⅲ[별표 8 Ⅰ제5호·제10호(게시판에 관한 부분에 한한다)·제11호(액중펌프설비에 관한 부분을 제외한다)·제14호를 제외한다]의 규정에 의한 지하저장탱크의 위치·구조 및 설비의 기준을 준용할 것

나. 지하에 매설하지 아니하는 폐유탱크등의 위치·구조 및 설비는 별표 7 Ⅰ(제1호 다목을 제외한다)의 규정에 의한 옥내저장탱크의 위치·구조·설비 또는 시·도의 조례에 정하는 지정수량 미만인 탱크의 위치·구조 및 설비의 기준을 준용할 것

다. 간이탱크의 구조 및 설비는 별표 9 제4호 내지 제8호의 규정에 의한 간이저장탱크의 구조 및 설비의 기준을 준용하되, 자동차 등과 충돌할 우려가 없도록 설치할 것

[별표 16] Ⅰ 제1호 부분만 살펴 봄 〈개정 2021. 7. 13.〉

일반취급소의 위치·구조 및 설비의 기준(제40조관련)

Ⅰ. 일반취급소의 기준

1. 별표 4 Ⅰ부터 Ⅹ까지의 규정은 일반취급소의 위치·구조 및 설비의 기술기준에 대하여 준용한다.
   Ⅰ. 안전거리, Ⅱ. 보유공지, Ⅲ. 표지 및 게시판, Ⅳ. 건축물의 구조, Ⅴ. 채광·조명 및 환기설비, Ⅵ. 배출설비, Ⅶ. 옥외설비의 바닥, Ⅷ. 기타설비, Ⅸ. 위험물 취급탱크, Ⅹ. 배관

시행령 [별표 4] 제3호 부분만 살펴 봄

탱크안전성능검사의 내용(제8조제2항관련)

구분	검사내용
3. 용접부검사	탱크의 배관 그 밖의 부속설비를 부착하기 전에 행하는 당해 탱크의 본체에 관한 공사에 있어서 탱크의 용접부가 행정안전부령으로 정하는 기준에 적합한지 여부를 확인함

제9조(완공검사)

① 제6조제1항의 규정에 따른 허가를 받은 자가 제조소등의 설치를 마쳤거나 그 위치 · 구조 또는 설비의 변경을 마친 때에는 당해 제조소등마다 시 · 도지사가 행하는 완공검사를 받아 제5조제4항의 규정에 따른 기술기준에 적합하다고 인정받은 후가 아니면 이를 사용하여서는 아니 된다. 다만, 제조소등의 위치 · 구조 또는 설비를 변경함에 있어서 제6조제1항 후단의 규정에 따른 변경허가를 신청하는 때에 화재예방에 관한 조치사항을 기재한 서류를 제출하는 경우에는 당해 변경공사와 관계가 없는 부분은 완공검사를 받기 전에 미리 사용할 수 있다.

② 제1항 본문의 규정에 따른 완공검사를 받고자 하는 자가 제조소등의 일부에 대한 설치 또는 변경을 마친 후 그 일부를 미리 사용하고자 하는 경우에는 당해 제조소등의 일부에 대하여 완공검사를 받을 수 있다.

위험물안전관리법 시행령 살펴보기

제9조(탱크안전성능검사의 면제) ~제10조(완공검사의 신청 등) 살펴보기

제10조(완공검사의 신청 등)

① 법 제9조의 규정에 의한 제조소등에 대한 완공검사를 받고자 하는 자는 이를 시 · 도지사에게 신청하여야 한다.

② 제1항에 따른 신청을 받은 시 · 도지사는 제조소등에 대하여 완공검사를 실시하고, 완공검사를 실시한 결과 해당 제조소등이 법 제5조제4항에 따른 기술기준(탱크안전성능검사에 관련된 것을 제외한다)에 적합하다고 인정하는 때에는 완공검사합격확인증을 교부해야 한다.

③ 제2항의 완공검사합격확인증을 교부받은 자는 완공검사합격확인증을 잃어버리거나 멸실 · 훼손 또는 파손한 경우에는 이를 교부한 시 · 도지사에게 재교부를 신청할 수 있다.

④ 완공검사합격확인증을 훼손 또는 파손하여 제3항에 따른 신청을 하는 경우에는 신청서에 해당 완공검사합격확인증을 첨부하여 제출해야 한다.

⑤ 제2항의 완공검사합격확인증을 잃어버려 재교부를 받은 자는 잃어버린 완공검사합격확인증을 발견하는 경우에는 이를 10일 이내에 완공검사합격확인증을 재교부한 시 · 도지사에게 제출해야 한다.

▶ 참고

제21조(권한의 위임)

법 제30조제1항의 규정에 의하여 다음 각호의 1에 해당하는 시 · 도지사의 권한은 이를 소방서장에게 위임한다. 다만, 동일한 시 · 도에 있는 2 이상 소방서장의 관할구역에 걸쳐 설치되는 이송취급소에 관련된 권한을 제외한다.

1. 법 제6조제1항의 규정에 의한 제조소등의 설치허가 또는 변경허가
2. 법 제6조제2항의 규정에 의한 위험물의 품명 · 수량 또는 지정수량의 배수의 변경신고의 수리
3. 법 제7조제1항의 규정에 의하여 군사목적 또는 군부대시설을 위한 제조소등을 설치하거나 그 위치 · 구조 또는 설비의 변경에 관한 군부대의 장과의 협의
4. 법 제8조제1항의 규정에 의한 탱크안전성능검사(제22조제1항제1호의 규정에 의하여 기술원에 위탁하는 것을 제외한다)
5. 법 제9조의 규정에 의한 완공검사(제22조제1항제2호의 규정에 의하여 기술원에 위탁하는 것을 제외한다)
6. 법 제10조제3항의 규정에 의한 제조소등의 설치자의 지위승계신고의 수리
7. 법 제11조의 규정에 의한 제조소등의 용도폐지신고의 수리
8. 법 제12조의 규정에 의한 제조소등의 설치허가의 취소와 사용정지
9. 법 제13조의 규정에 의한 과징금처분
10. 법 제17조의 규정에 의한 예방규정의 수리 · 반려 및 변경명령

위험물안전관리법 시행규칙 살펴보기

제19조(완공검사의 신청 등)

① 법 제9조에 따라 제조소등에 대한 완공검사를 받으려는 자는 별지 제22호서식 또는 별지 제23호서식의 신청서(전자문서로 된 신청서를 포함한다)에 다음 각 호의 서류(전자문서를 포함한다)를 첨부하여 시·도지사 또는 소방서장(영 제22조제1항제2호에 따라 완공검사를 기술원에 위탁하는 제조소등의 경우에는 기술원)에게 제출해야 한다. 다만, 첨부서류는 완공검사를 실시할 때까지 제출할 수 있되, 「전자정부법」 제36조제1항에 따른 행정정보의 공동이용을 통하여 첨부서류에 대한 정보를 확인할 수 있는 경우에는 그 확인으로 첨부서류를 갈음할 수 있다.

1. 배관에 관한 내압시험, 비파괴시험 등에 합격하였음을 증명하는 서류(내압시험 등을 하여야 하는 배관이 있는 경우에 한한다)
2. 소방서장, 기술원 또는 탱크시험자가 교부한 탱크검사합격확인증 또는 탱크시험합격확인증(해당 위험물탱크의 완공검사를 실시하는 소방서장 또는 기술원이 그 위험물탱크의 탱크안전성능검사를 실시한 경우는 제외한다)
3. 재료의 성능을 증명하는 서류(이중벽탱크에 한한다)

② 영 제22조제1항제2호의 규정에 의하여 기술원은 완공검사를 실시한 경우에는 완공검사결과서를 소방서장에게 송부하고, 검사대상명·접수일시·검사일·검사번호·검사자·검사결과 및 검사결과서 발송일 등을 기재한 완공검사업무대장을 작성하여 10년간 보관하여야 한다.

③ 영 제10조제2항의 완공검사합격확인증은 별지 제24호서식 또는 별지 제25호서식에 따른다. 〈개정 2021. 7. 13.〉

④ 영 제10조제3항에 따른 완공검사합격확인증의 재교부신청은 별지 제26호서식의 신청서에 따른다. 〈개정 2021. 7. 13.〉

제20조(완공검사의 신청시기)

법 제9조제1항에 따른 제조소등의 완공검사 신청시기는 다음 각 호의 구분에 따른다.

1. 지하탱크가 있는 제조소등의 경우 : 당해 지하탱크를 매설하기 전
2. 이동탱크저장소의 경우 : 이동저장탱크를 완공하고 상시 설치 장소(이하 "상치장소"라 한다)를 확보한 후
3. 이송취급소의 경우 : 이송배관 공사의 전체 또는 일부를 완료한 후. 다만, 지하·하천 등에 매설하는 이송배관의 공사의 경우에는 이송배관을 매설하기 전
4. 전체 공사가 완료된 후에는 완공검사를 실시하기 곤란한 경우 : 다음 각목에서 정하는 시기
   가. 위험물설비 또는 배관의 설치가 완료되어 기밀시험 또는 내압시험을 실시하는 시기
   나. 배관을 지하에 설치하는 경우에는 시·도지사, 소방서장 또는 기술원이 지정하는 부분을 매몰하기 직전
   다. 기술원이 지정하는 부분의 비파괴시험을 실시하는 시기
5. 제1호 내지 제4호에 해당하지 아니하는 제조소등의 경우 : 제조소등의 공사를 완료한 후

제21조(변경공사 중 가사용의 신청)
법 제9조제1항 단서의 규정에 의하여 제조소등의 변경공사 중에 변경공사와 관계없는 부분을 사용하고자 하는 자는 별지 제16호서식 또는 별지 제17호서식의 신청서(전자문서로 된 신청서를 포함한다) 또는 별지 제27호서식의 신청서(전자문서로 된 신청서를 포함한다)에 변경공사에 따른 화재예방에 관한 조치사항을 기재한 서류(전자문서를 포함한다)를 첨부하여 시·도지사 또는 소방서장에게 신청하여야 한다.

제10조(제조소등 설치자의 지위승계)

① 제조소등의 설치자(제6조제1항의 규정에 따라 허가를 받아 제조소등을 설치한 자를 말한다. 이하 같다)가 사망하거나 그 제조소등을 양도・인도한 때 또는 법인인 제조소등의 설치자의 합병이 있는 때에는 그 상속인, 제조소등을 양수・인수한 자 또는 합병후 존속하는 법인이나 합병에 의하여 설립되는 법인은 그 설치자의 지위를 승계한다.
② 민사집행법에 의한 경매, 「채무자 회생 및 파산에 관한 법률」에 의한 환가, 국세징수법・관세법 또는 「지방세징수법」에 따른 압류재산의 매각과 그 밖에 이에 준하는 절차에 따라 제조소등의 시설의 전부를 인수한 자는 그 설치자의 지위를 승계한다.
③ 제1항 또는 제2항의 규정에 따라 제조소등의 설치자의 지위를 승계한 자는 행정안전부령이 정하는 바에 따라 승계한 날부터 30일 이내에 시・도지사에게 그 사실을 신고하여야 한다.
➡ 200만 원 이하의 과태료

위험물안전관리법 시행규칙 살펴보기

제22조(지위승계의 신고)
법 제10조제3항에 따라 제조소등의 설치자의 지위승계를 신고하고자 하는 자는 별지 제28호서식의 신고서(전자문서로 된 신고서를 포함한다)에 제조소등의 완공검사합격확인증과 지위승계를 증명하는 서류(전자문서를 포함한다)를 첨부하여 시·도지사 또는 소방서장에게 제출해야 한다.

제11조(제조소등의 폐지)

제조소등의 관계인(소유자 · 점유자 또는 관리자를 말한다. 이하 같다)은 당해 제조소등의 용도를 폐지(장래에 대하여 위험물시설로서의 기능을 완전히 상실시키는 것을 말한다)한 때에는 행정안전부령이 정하는 바에 따라 제조소등의 용도를 폐지한 날부터 14일 이내에 시 · 도지사에게 신고하여야 한다. ➡ 200만 원 이하의 과태료

위험물안전관리법 시행규칙 살펴보기

제23조(용도폐지의 신고)

① 법 제11조에 따라 제조소등의 용도폐지신고를 하고자 하는 자는 별지 제29호서식의 신고서(전자문서로 된 신고서를 포함한다)에 제조소등의 완공검사합격확인증을 첨부하여 시·도지사 또는 소방서장에게 제출해야 한다.

② 제1항의 규정에 의한 신고서를 접수한 시·도지사 또는 소방서장은 당해 제조소 등을 확인하여 위험물시설의 철거 등 용도폐지에 필요한 안전조치를 한 것으로 인정하는 경우에는 당해 신고서의 사본에 수리사실을 표시하여 용도폐지신고를 한 자에게 통보해야 한다.

제24조(처리결과의 통보)

① 시 · 도지사가 영 제7조제1항의 설치 · 변경 관련 서류제출, 제6조의 설치허가신청, 제7조의 변경허가신청, 제10조의 품명 등의 변경신고, 제19조제1항의 완공검사신청, 제21조의 가사용 승인신청, 제22조의 지위승계신고, 제23조제1항의 용도폐지신고 또는 제23조의2제2항의 사용 중지신고 또는 재개신고를 각각 접수하고 처리한 경우 그 신청서 또는 신고서와 첨부서류의 사본 및 처리결과를 관할 소방서장에게 송부해야 한다.

② 시 · 도지사 또는 소방서장이 영 제7조제1항의 설치 · 변경 관련 서류제출, 제6조의 설치허가신청, 제7조의 변경허가신청, 제10조의 품명 등의 변경신고, 제19조제1항의 완공검사신청, 제22조의 지위승계신고, 제23조제1항의 용도폐지신고 또는 제23조의2제2항의 사용 중지신고 또는 재개신고를 각각 접수하고 처리한 경우 그 신청서 또는 신고서와 구조설비명세표(설치허가신청 또는 변경허가신청에 한한다)의 사본 및 처리결과를 관할 시장 · 군수 · 구청장에게 송부해야 한다. 〈개정 2021. 10. 21.〉[시행일: 2021. 10. 21.]

제11조의2(제조소등의 사용 중지 등)

① 제조소등의 관계인은 제조소등의 사용을 중지(경영상 형편, 대규모 공사 등의 사유로 3개월 이상 위험물을 저장하지 아니하거나 취급하지 아니하는 것을 말한다. 이하 같다)하려는 경우에는 위험물의 제거 및 제조소등에의 출입통제 등 행정안전부령으로 정하는 안전조치를 하여야 한다. 다만, 제조소등의 사용을 중지하는 기간에도 제15조제1항 본문에 따른 위험물안전관리자가 계속하여 직무를 수행하는 경우에는 안전조치를 아니할 수 있다.

② 제조소등의 관계인은 제조소등의 사용을 중지하거나 중지한 제조소등의 사용을 재개하려는 경우에는 해당 제조소등의 사용을 중지하려는 날 또는 재개하려는 날의 14일 전까지 행정안전부령으로 정하는 바에 따라 제조소등의 사용 중지 또는 재개를 시·도지사에게 신고하여야 한다.

③ 시·도지사는 제2항에 따라 신고를 받으면 제조소등의 관계인이 제1항 본문에 따른 안전조치를 적합하게 하였는지 또는 제15조제1항 본문에 따른 위험물안전관리자가 직무를 적합하게 수행하는지를 확인하고 위해 방지를 위하여 필요한 안전조치의 이행을 명할 수 있다.

④ 제조소등의 관계인은 제2항의 사용 중지신고에 따라 제조소등의 사용을 중지하는 기간 동안에는 제15조제1항 본문에도 불구하고 위험물안전관리자를 선임하지 아니할 수 있다.

위험물안전관리법 시행규칙 살펴보기

제23조의2(사용 중지신고 또는 재개신고 등)

① 법 제11조의2제1항에서 "위험물의 제거 및 제조소등에의 출입통제 등 행정안전부령으로 정하는 안전조치"란 다음 각 호의 조치를 말한다.

1. 탱크·배관 등 위험물을 저장 또는 취급하는 설비에서 위험물 및 가연성 증기 등의 제거
2. 관계인이 아닌 사람에 대한 해당 제조소등에의 출입금지 조치
3. 해당 제조소등의 사용중지 사실의 게시
4. 그 밖에 위험물의 사고 예방에 필요한 조치

② 법 제11조의2제2항에 따라 제조소등의 사용 중지신고 또는 재개신고를 하려는 자는 별지 제29호의2서식의 신고서(전자문서로 된 신고서를 포함한다)에 해당 제조소등의 완공검사합격확인증을 첨부하여 시·도지사 또는 소방서장에게 제출해야 한다.

③ 제2항에 따라 사용중지 신고서를 접수한 시·도지사 또는 소방서장은 해당 제조소등에 대한 법 제11조의2제1항 본문에 따른 안전조치 또는 같은 항 단서에 따른 위험물안전관리자의 직무수행이 적합하다고 인정되면 해당 신고서의 사본에 수리사실을 표시하여 신고를 한 자에게 통보해야 한다.

[본조신설 2021. 10. 21.] [시행일: 2021. 10. 21.]

제12조(제조소등 설치허가의 취소와 사용정지 등)

시·도지사는 제조소등의 관계인이 다음 각 호의 어느 하나에 해당하는 때에는 행정안전부령이 정하는 바에 따라 제6조제1항에 따른 허가를 취소하거나 6월 이내의 기간을 정하여 제조소등의 전부 또는 일부의 사용정지를 명할 수 있다.

1. 제6조제1항 후단의 규정에 따른 변경허가를 받지 아니하고 제조소등의 위치·구조 또는 설비를 변경한 때
2. 제9조의 규정에 따른 완공검사를 받지 아니하고 제조소등을 사용한 때

2의2. 제11조의2제3항에 따른 안전조치 이행명령을 따르지 아니한 때

3. 제14조제2항의 규정에 따른 수리·개조 또는 이전의 명령을 위반한 때
4. 제15조제1항 및 제2항의 규정에 따른 위험물안전관리자를 선임하지 아니한 때
5. 제15조제5항을 위반하여 대리자를 지정하지 아니한 때
6. 제18조제1항의 규정에 따른 정기점검을 하지 아니한 때
7. 제18조제3항의 규정에 따른 정기검사를 받지 아니한 때
8. 제26조의 규정에 따른 저장·취급기준 준수명령을 위반한 때

위험물안전관리법 시행규칙 살펴보기

제25조(허가취소 등의 처분기준)

법 제12조의 규정에 의한 제조소등에 대한 허가취소 및 사용정지의 처분기준은 별표 2와 같다.

위험물안전관리법 시행령 [별표 2] 〈개정 2021. 10. 21.〉

지정수량 이상의 위험물을 저장하기 위한 장소와 그에 따른 저장소의 구분 (제4조관련)

1. 일반기준
   가. 위반행위가 2 이상인 때에는 그 중 중한 처분기준(중한 처분기준이 동일한 때에는 그 중 하나의 처분기준을 말한다. 이하 이 호에서 같다)에 의하되, 2 이상의 처분기준이 동일한 사용정지이거나 업무정지인 경우에는 중한 처분의 2분의 1까지 가중처분할 수 있다.
   나. 사용정지 또는 업무정지의 처분기간 중에 사용정지 또는 업무정지에 해당하는 새로운 위반행위가 있는 때에는 종전의 처분기간 만료일의 다음 날부터 새로운 위반행위에 따른 사용정지 또는 업무정지의 행정처분을 한다.
   다. 위반행위의 횟수에 따른 행정처분기준은 최근 2년간 같은 위반행위로 행정처분을

받은 경우에 적용한다. 이 경우 기간의 계산은 위반행위에 대하여 행정처분을 받은 날과 그 처분 후 다시 같은 위반행위를 하여 적발된 날을 기준으로 한다.

라. 다목에 따라 가중된 행정처분을 하는 경우 가중처분의 적용 차수는 그 위반행위 전 행정처분 차수(다목에 따른 기간 내에 행정처분이 둘 이상 있었던 경우에는 높은 차수를 말한다)의 다음 차수로 한다.

마. 사용정지 또는 업무정지의 처분기간이 완료될 때까지 위반행위가 계속되는 경우에는 사용정지 또는 업무정지의 행정처분을 다시 한다.

바. 사용정지 또는 업무정지에 해당하는 위반행위로서 위반행위의 동기·내용·횟수 또는 그 결과 등을 고려할 때 제2호 각목의 기준을 적용하는 것이 불합리하다고 인정되는 경우에는 그 처분기준의 2분의 1기간까지 경감하여 처분할 수 있다.

2. 개별기준

가. 제조소등에 대한 행정처분기준(근거법규: 법 제12조)

위반행위	근거 법조문	행정처분기준		
		1차	2차	3차
(1) 법 제6조제1항의 후단에 따른 변경허가를 받지 않고, 제조소등의 위치·구조 또는 설비를 변경한 경우	법 제12조제1호	경고 또는 사용정지 15일	사용정지 60일	허가취소
(2) 법 제9조에 따른 완공검사를 받지 않고 제조소등을 사용한 경우	법 제12조제2호	사용정지 15일	사용정지 60일	허가취소
(3) 법 제11조의2제3항에 따른 안전조치 이행명령을 따르지 않은 경우	법 제12조 제2호의2	경고	허가취소	-
(4) 법 제14조제2항에 따른 수리·개조 또는 이전의 명령을 위반한 경우	법 제12조제3호	사용정지 30일	사용정지 90일	허가취소
(5) 법 제15조제1항 및 제2항에 따른 위험물안전관리자를 선임하지 않은 경우	법 제12조제4호	사용정지 15일	사용정지 60일	허가취소
(6) 법 제15조제5항을 위반하여 대리자를 지정하지 않은 경우	법 제12조제5호	사용정지 10일	사용정지 30일	허가취소
(7) 법 제18조제1항에 따른 정기점검을 하지 않은 경우	법 제12조제6호	사용정지 10일	사용정지 30일	허가취소
(8) 법 제18조제3항에 따른 정기검사를 받지 않은 경우	법 제12조제7호	사용정지 10일	사용정지 30일	허가취소
(9) 법 제26조에 따른 저장·취급기준 준수명령을 위반한 경우	법 제12조제8호	사용정지 30일	사용정지 60일	허가취소

나. 안전관리대행기관에 대한 행정처분기준(근거법규: 법 제58조)

위반사항	근거법규	행정처분기준		
		1차	2차	3차
(1) 허위 그 밖의 부정한 방법으로 등록을 한 때	제58조	지정취소		
(2) 탱크시험자의 등록 또는 다른 법령에 의한 안전관리업무대행기관의 지정·승인 등이 취소된 때	제58조	지정취소		
(3) 다른 사람에게 지정서를 대여한 때	제58조	지정취소		
(4) 별표 22의 규정에 의한 안전관리대행기관의 지정기준에 미달되는 때	제58조	업무정지 30일	업무정지 60일	지정취소
(5) 제57조제4항의 규정에 의한 소방청장의 지도·감독에 정당한 이유없이 따르지 아니한 때	제58조	업무정지 30일	업무정지 60일	지정취소
(6) 제57조제5항의 규정에 의한 변경 등의 신고를 연간 2회 이상 하지 아니한 때	제58조	경고 또는 업무정지 30일	업무정지 90일	지정취소
(7) 안전관리대행기관의 기술인력이 제59조의 규정에 의한 안전관리업무를 성실하게 수행하지 아니한 때	제58조	경고	업무정지 90일	지정취소

다. 탱크시험자에 대한 행정처분기준(근거법규: 법 제16조제5항)

위반사항	근거법령	행정처분기준		
		1차	2차	3차
(1) 허위 그 밖의 부정한 방법으로 등록을 한 경우	법 제16조 제5항	등록취소		
(2) 법 제16조제4항 각호의 1의 등록의 결격사유에 해당하게 된 경우	법 제16조 제5항	등록취소		
(3) 다른 자에게 등록증을 빌려준 경우	법 제16조 제5항	등록취소		
(4) 법 제16조제2항의 규정에 의한 등록기준에 미달하게 된 경우	법 제16조 제5항	업무정지 30일	업무정지 60일	등록취소
(5) 탱크안전성능시험 또는 점검을 허위로 하거나 이 법에 의한 기준에 맞지 아니하게 탱크안전성능시험 또는 점검을 실시하는 경우 등 탱크시험자로서 적합하지 아니하다고 인정되는 경우	법 제16조 제5항	업무정지 30일	업무정지 90일	등록취소

제13조(과징금처분)

① 시 · 도지사는 제12조 각 호의 어느 하나에 해당하는 경우로서 제조소등에 대한 사용의 정지가 그 이용자에게 심한 불편을 주거나 그 밖에 공익을 해칠 우려가 있는 때에는 사용정지처분에 갈음하여 2억 원 이하의 과징금을 부과할 수 있다.

② 제1항의 규정에 따른 과징금을 부과하는 위반행위의 종별 · 정도 등에 따른 과징금의 금액 그 밖의 필요한 사항은 행정안전부령으로 정한다.

③ 시 · 도지사는 제1항의 규정에 따른 과징금을 납부하여야 하는 자가 납부기한까지 이를 납부하지 아니한 때에는 「지방행정제재 · 부과금의 징수 등에 관한 법률」에 따라 징수한다.

위험물안전관리법 시행규칙 살펴보기

제26조(과징금의 금액)

법 제13조제1항에 따라 과징금을 부과하는 위반행위의 종류와 위반 정도 등에 따른 과징금의 금액은 다음 각 호의 구분에 따른 기준에 따라 산정한다.

1. 2016년 2월 1일부터 2018년 12월 31일까지의 기간 중에 위반행위를 한 경우: 별표 3
2. 2019년 1월 1일 이후에 위반행위를 한 경우: 별표 3의2

위험물안전관리법 시행규칙 [별표 3]

과징금의 금액(제26조제1호 관련)

1. 일반기준

가. 과징금을 부과하는 위반행위의 종별에 따른 과징금의 금액은 제25조 및 별표 2의 규정에 의한 사용정지의 기간에 나목 또는 다목에 의하여 산정한 1일당 과징금의 금액을 곱하여 얻은 금액으로 한다.

나. 1일당 과징금의 금액은 당해 제조소등의 연간 매출액을 기준으로 하여 제2호가목의 기준에 의하여 산정한다. 이 경우 연간 매출액은 전년도의 1년간의 총 매출액을 기준으로 하되, 신규사업·휴업 등으로 인하여 1년간의 총 매출액을 산출할 수 없는 경우에는 분기별·월별 또는 일별 매출액을 기준으로 하여 연간 매출액을 환산한다.

다. 연간 매출액이 없거나 연간 매출액의 산출이 곤란한 제조소등의 경우에는 당해 제조소등에서 저장 또는 취급하는 위험물의 허가수량(지정수량의 배수)을 기준으로 하여 제2호 나목의 기준에 의하여 산정한다.

2. 과징금 산정기준

가. 연간 매출액을 기준으로 한 과징금 산정기준

등급	연간 매출액	1일당 과징금의 금액(단위: 원)
1	5천만원 이하	7,000
2	5천만원 초과 ~ 1억원 이하	20,000
3	1억원 초과 ~ 2억원 이하	41,000
4	2억원 초과 ~ 3억원 이하	68,000
5	3억원 초과 ~ 5억원 이하	110,000
6	5억원 초과 ~ 7억원 이하	160,000
7	7억원 초과 ~ 10억원 이하	200,000
8	10억원 초과 ~ 13억원 이하	240,000
9	13억원 초과 ~ 16억원 이하	280,000
10	16억원 초과 ~ 20억원 이하	320,000
11	20억원 초과 ~ 25억원 이하	360,000
12	25억원 초과 ~ 30억원 이하	400,000
13	30억원 초과 ~ 40억원 이하	440,000
14	40억원 초과 ~ 50억원 이하	480,000
15	50억원 초과 ~ 70억원 이하	520,000
16	70억원 초과 ~ 100억원 이하	560,000
17	100억원 초과 ~ 150억원 이하	737,000
18	150억원 초과 ~ 200억원 이하	1,031,000
19	200억원 초과 ~ 300억원 이하	1,473,000
20	300억원 초과 ~ 400억원 이하	2,062,000
21	400억원 초과 ~ 500억원 이하	2,115,000
22	500억원 초과 ~ 600억원 이하	2,168,000
23	600억원 초과	2,222,000

나. 저장 또는 취급하는 위험물의 허가수량을 기준으로 한 과징금 산정기준

등급	저장 또는 취급하는 위험물의 허가수량(지정수량의 배수)		1일당 과징금의 금액 (단위 : 천원)
	저장량	취급량	
1	50배 이하	30배 이하	30
2	50배 초과 ~ 100배 이하	30배 초과 ~ 100배 이하	100
3	100배 초과 ~ 1,000배 이하	100배 초과 ~ 500배 이하	400
4	1,000배 초과 ~ 10,000배 이하	500배 초과 ~ 1,000배 이하	600
5	10,000배 초과 ~ 100,000배 이하	1,000배 초과 ~ 2,000배 이하	800
6	100,000배 초과	2,000배 초과	1000

비고

1. 저장량과 취급량이 다른 경우에는 둘중 많은 수량을 기준으로 한다.
2. 자가발전, 자가난방 그 밖의 이와 유사한 목적의 제조소등에 있어서는 이표에 의한 금액의 2분의 1을 과징금의 금액으로 한다.

위험물안전관리법 시행규칙 [별표 3의2]

과징금의 금액 (제26조제2호 관련)

1. 일반기준
   가. 위반행위의 종류에 따른 과징금의 금액은 제25조 및 별표 2에 따른 해당 위반행위에 대한 사용정지의 기간에 따라 나목 또는 다목의 기준에 따라 산정한다.
   나. 과징금 금액은 해당 제조소등의 1일 평균 매출액을 기준으로 하여 제2호가목의 기준에 따라 산정한다. 이 경우 1일 평균 매출액은 전년도의 1년간의 총 매출액의 1일 평균 매출액을 기준으로 하되, 신규사업·휴업 등으로 인하여 1년간의 총 매출액을 산출할 수 없는 경우에는 분기별·월별 또는 일별 매출액을 기준으로 하여 1년간의 총 매출액을 환산한다.
   다. 1년간의 총 매출액이 없거나 산출하기 곤란한 제조소등의 경우에는 해당 제조소등에서 저장 또는 취급하는 위험물의 허가수량(지정수량의 배수)을 기준으로 하여 제2호 나목의 기준에 따라 산정한다.
2. 과징금 산정기준
   가. 1일 평균 매출액을 기준으로 한 과징금 산정기준

   과징금 금액 = 1일 평균 매출액 × 사용정지 일수 × 0.0574

   나. 저장 또는 취급하는 위험물의 허가수량을 기준으로 한 과징금 산정기준

등급	저장 또는 취급하는 위험물의 허가수량(지정수량의 배수)		1일당 과징금의 금액 (단위 : 원)
	저장량	취급량	
1	50배 이하	30배 이하	30,000
2	50배 초과 ~ 100배 이하	30배 초과 ~ 100배 이하	100,000
3	100배 초과 ~ 1,000배 이하	100배 초과 ~ 500배 이하	400,000
4	1,000배 초과 ~ 10,000배 이하	500배 초과 ~ 1,000배 이하	600,000
5	10,000배 초과 ~ 100,000배 이하	1,000배 초과 ~ 2,000배 이하	800,000
6	100,000배 초과	2,000배 초과	1,000,000

비고

1. 저장량과 취급량이 다른 경우에는 둘 중 많은 수량을 기준으로 한다.
2. 자가발전, 자가난방, 그 밖의 이와 유사한 목적의 제조소등에 대해서는 이 목에 따른 금액의 2분의 1을 과징금 금액으로 한다.

제27조(과징금 징수절차)
법 제13조제2항에 따른 과징금의 징수절차에 관하여는 「국고금 관리법 시행규칙」을 준용한다.

제3장 위험물시설의 안전관리

제14조(위험물시설의 유지 · 관리)

① 제조소등의 관계인은 당해 제조소등의 위치 · 구조 및 설비가 제5조제4항의 규정에 따른 기술기준에 적합하도록 유지 · 관리하여야 한다.

② 시 · 도지사, 소방본부장 또는 소방서장은 제1항의 규정에 따른 유지 · 관리의 상황이 제5조 제4항의 규정에 따른 기술기준에 부적합하다고 인정하는 때에는 그 기술기준에 적합하도록 제조소등의 위치 · 구조 및 설비의 수리 · 개조 또는 이전을 명할 수 있다.

제15조(위험물안전관리자)

① 제조소등[제6조제3항의 규정에 따라 허가를 받지 아니하는 제조소등과 이동탱크저장소(차량에 고정된 탱크에 위험물을 저장 또는 취급하는 저장소를 말한다)를 제외한다. 이하 이 조에서 같다]의 관계인은 위험물의 안전관리에 관한 직무를 수행하게 하기 위하여 제조소등마다 대통령령이 정하는 위험물의 취급에 관한 자격이 있는 자(이하 "위험물취급자격자"라 한다)를 위험물안전관리자(이하 "안전관리자"라 한다)로 선임하여야 한다. 다만, 제조소등에서 저장 · 취급하는 위험물이 「화학물질관리법」에 따른 유독물질에 해당하는 경우 등 대통령령이 정하는 경우에는 당해 제조소등을 설치한 자는 다른 법률에 의하여 안전관리업무를 하는 자로 선임된 자 가운데 대통령령이 정하는 자를 안전관리자로 선임할 수 있다.

➡1년 이하의 징역 또는 1천500만원 이하의 벌금

② 제1항의 규정에 따라 안전관리자를 선임한 제조소등의 관계인은 그 안전관리자를 해임하거나 안전관리자가 퇴직한 때에는 해임하거나 퇴직한 날부터 30일 이내에 다시 안전관리자를

선임하여야 한다.

③ 제조소등의 관계인은 제1항 및 제2항에 따라 안전관리자를 선임한 경우에는 선임한 날부터 14일 이내에 행정안전부령으로 정하는 바에 따라 소방본부장 또는 소방서장에게 신고하여야 한다.

➡ 200만 원 이하의 과태료

④ 제조소등의 관계인이 안전관리자를 해임하거나 안전관리자가 퇴직한 경우 그 관계인 또는 안전관리자는 소방본부장이나 소방서장에게 그 사실을 알려 해임되거나 퇴직한 사실을 확인받을 수 있다.

⑤ 제1항의 규정에 따라 안전관리자를 선임한 제조소등의 관계인은 안전관리자가 여행・질병 그 밖의 사유로 인하여 일시적으로 직무를 수행할 수 없거나 안전관리자의 해임 또는 퇴직과 동시에 다른 안전관리자를 선임하지 못하는 경우에는 국가기술자격법에 따른 위험물의 취급에 관한 자격취득자 또는 위험물안전에 관한 기본지식과 경험이 있는 자로서 행정안전부령이 정하는 자를 대리자(代理者)로 지정하여 그 직무를 대행하게 하여야 한다. 이 경우 대리자가 안전관리자의 직무를 대행하는 기간은 30일을 초과할 수 없다.

⑥ 안전관리자는 위험물을 취급하는 작업을 하는 때에는 작업자에게 안전관리에 관한 필요한 지시를 하는 등 행정안전부령이 정하는 바에 따라 위험물의 취급에 관한 안전관리와 감독을 하여야 하고, 제조소등의 관계인과 그 종사자는 안전관리자의 위험물 안전관리에 관한 의견을 존중하고 그 권고에 따라야 한다.

⑦ 제조소등에 있어서 위험물취급자격자가 아닌 자는 안전관리자 또는 제5항에 따른 대리자가 참여한 상태에서 위험물을 취급하여야 한다.

⑧ 다수의 제조소등을 동일인이 설치한 경우에는 제1항의 규정에 불구하고 관계인은 대통령령이 정하는 바에 따라 1인의 안전관리자를 중복하여 선임할 수 있다. 이 경우 대통령령이 정하는 제조소등의 관계인은 제5항에 따른 대리자의 자격이 있는 자를 각 제조소등별로 지정하여 안전관리자를 보조하게 하여야 한다.

⑨ 제조소등의 종류 및 규모에 따라 선임하여야 하는 안전관리자의 자격은 대통령령으로 정한다.

위험물안전관리법 시행령 살펴보기

제11조(위험물안전관리자로 선임할 수 있는 위험물취급자격자 등)

① 법 제15조제1항 본문에서 "대통령령이 정하는 위험물의 취급에 관한 자격이 있는 자"라 함은 별표 5에 규정된 자를 말한다.

② 법 제15조제1항 단서에서 "대통령령이 정하는 경우"란 다음 각 호의 어느 하나에 해당하는 경우를 말한다.

1. 제조소등에서 저장・취급하는 위험물이 「화학물질관리법」 제2조제2호에 따른 유독물질에 해당하는 경우
2. 「화재예방, 소방시설 설치・유지 및 안전관리에 관한 법률」 제2조제1항제3호에 따른 특정소방대상물의 난방・비상발전 또는 자가발전에 필요한 위험물을 저장・취급하기 위하여 설치된 저장소 또는 일반취급소가 해당 특정소방대상물 안에 있거나 인접하여 있는 경우

③ 법 제15조제1항 단서에서 "대통령령이 정하는 자"란 다음 각 호의 어느 하나에 해당하는 자를 말한다.

1. 제2항제1호의 경우 : 「화학물질관리법」 제32조제1항에 따라 해당 제조소등의 유해화학물질관리자로 선임된 자로서 법 제28조 또는 「화학물질관리법」 제33조에 따라 유해화학물질안전교육을 받은 자
2. 제2항제2호의 경우 : 「화재예방, 소방시설 설치・유지 및 안전관리에 관한 법률」 제20조제2항 또는 「공공기관의 소방안전관리에 관한 규정」 제5조에 따라 소방안전관리자로 선임된 자로서 법 제15조제9항에 따른 위험물안전관리자(이하 "안전관리자"라 한다)의 자격이 있는 자

위험물안전관리법 시행령 [별표 5]

위험물취급자격자의 자격 (제11조제1항 관련)

위험물취급자격자의 구분	취급할 수 있는 위험물
1. 「국가기술자격법」에 따라 위험물기능장, 위험물산업기사, 위험물기능사의 자격을 취득한 사람	별표 1의 모든 위험물
2. 안전관리자교육이수자(법 28조제1항에 따라 소방청장이 실시하는 안전관리자교육을 이수한 자를 말한다. 이하 별표 6에서 같다)	별표 1의 위험물 중 제4류 위험물
3. 소방공무원 경력자(소방공무원으로 근무한 경력이 3년 이상인 자를 말한다. 이하 별표 6에서 같다)	별표 1의 위험물 중 제4류 위험물

제12조(1인의 안전관리자를 중복하여 선임할 수 있는 경우 등)

① 법 제15조제8항 전단에 따라 다수의 제조소등을 설치한 자가 1인의 안전관리자를 중복하여 선임할 수 있는 경우는 다음 각 호의 어느 하나와 같다.

1. 보일러·버너 또는 이와 비슷한 것으로서 위험물을 소비하는 장치로 이루어진 7개 이하의 일반취급소와 그 일반취급소에 공급하기 위한 위험물을 저장하는 저장소[일반취급소 및 저장소가 모두 동일구내(같은 건물 안 또는 같은 울 안을 말한다. 이하 같다)에 있는 경우에 한한다. 이하 제2호에서 같다]를 동일인이 설치한 경우
2. 위험물을 차량에 고정된 탱크 또는 운반용기에 옮겨 담기 위한 5개 이하의 일반취급소[일반취급소간의 거리(보행거리를 말한다. 제3호 및 제4호에서 같다)가 300미터 이내인 경우에 한한다]와 그 일반취급소에 공급하기 위한 위험물을 저장하는 저장소를 동일인이 설치한 경우
3. 동일구내에 있거나 상호 100미터 이내의 거리에 있는 저장소로서 저장소의 규모, 저장하는 위험물의 종류 등을 고려하여 행정안전부령이 정하는 저장소를 동일인이 설치한 경우
4. 다음 각목의 기준에 모두 적합한 5개 이하의 제조소등을 동일인이 설치한 경우
   가. 각 제조소등이 동일구내에 위치하거나 상호 100미터 이내의 거리에 있을 것
   나. 각 제조소등에서 저장 또는 취급하는 위험물의 최대수량이 지정수량의 3천배 미만일 것. 다만, 저장소의 경우에는 그러하지 아니하다.
5. 그 밖에 제1호 또는 제2호의 규정에 의한 제조소등과 비슷한 것으로서 행정안전부령이 정하는 제조소등을 동일인이 설치한 경우

② 법 제15조제8항 후단에서 "대통령령이 정하는 제조소등"이란 다음 각 호의 어느 하나에 해당하는 제조소등을 말한다.

1. 제조소
2. 이송취급소
3. 일반취급소. 다만, 인화점이 38도 이상인 제4류 위험물만을 지정수량의 30배 이하로 취급하는 일반취급소로서 다음 각목의 1에 해당하는 일반취급소를 제외한다.
   가. 보일러·버너 또는 이와 비슷한 것으로서 위험물을 소비하는 장치로 이루어진 일반취급소
   나. 위험물을 용기에 옮겨 담거나 차량에 고정된 탱크에 주입하는 일반취급소

제13조(위험물안전관리자의 자격)

법 제15조제9항에 따라 제조소등의 종류 및 규모에 따라 선임하여야 하는 안전관리자의 자격은 별표 6과 같다

위험물안전관리법 시행령 [별표 6]

제조소등의 종류 및 규모에 따라 선임하여야 하는 안전관리자의 자격 (제13조관련)

<table>
<tr><th colspan="3">제조소등의 종류 및 규모</th><th>안전관리자의 자격</th></tr>
<tr><td rowspan="2">제조소</td><td colspan="2">1. 제4류 위험물만을 취급하는 것으로서 지정수량 5배 이하의 것</td><td>위험물기능장, 위험물산업기사, 위험물기능사, 안전관리자교육이수자 또는 소방공무원경력자</td></tr>
<tr><td colspan="2">2. 제1호에 해당하지 아니하는 것</td><td>위험물기능장, 위험물산업기사 또는 2년 이상의 실무경력이 있는 위험물기능사</td></tr>
<tr><td rowspan="11">저장소</td><td rowspan="2">1. 옥내저장소</td><td>제4류 위험물만을 저장하는 것으로서 지정수량 5배 이하의 것</td><td rowspan="11">위험물기능장, 위험물산업기사, 위험물기능사, 안전관리자교육이수자 또는 소방공무원경력자</td></tr>
<tr><td>제4류 위험물 중 알코올류·제2석유류·제3석유류·제4석유류·동식물유류만을 저장하는 것으로서 지정수량 40배 이하의 것</td></tr>
<tr><td rowspan="2">2. 옥외탱크저장소</td><td>제4류 위험물만 저장하는 것으로서 지정수량 5배 이하의 것</td></tr>
<tr><td>제4류 위험물 중 제2석유류·제3석유류·제4석유류·동식물유류만을 저장하는 것으로서 지정수량 40배 이하의 것</td></tr>
<tr><td rowspan="2">3. 옥내탱크저장소</td><td>제4류 위험물만을 저장하는 것으로서 지정수량 5배 이하의 것</td></tr>
<tr><td>제4류 위험물 중 제2석유류·제3석유류·제4석유류·동식물유류만을 저장하는 것</td></tr>
<tr><td rowspan="2">4. 지하탱크저장소</td><td>제4류 위험물만을 저장하는 것으로서 지정수량 40배 이하의 것</td></tr>
<tr><td>제4류 위험물 중 제1석유류·알코올류·제2석유류·제3석유류·제4석유류·동식물유류만을 저장하는 것으로서 지정수량 250배 이하의 것</td></tr>
<tr><td colspan="2">5. 간이탱크저장소로서 제4류 위험물만을 저장하는 것</td></tr>
<tr><td colspan="2">6. 옥외저장소 중 제4류 위험물만을 저장하는 것으로서 지정수량의 40배 이하의 것</td></tr>
<tr><td colspan="2">7. 보일러, 버너 그 밖에 이와 유사한 장치에 공급하기 위한 위험물을 저장하는 탱크저장소</td></tr>
</table>

제조소등의 종류 및 규모		안전관리자의 자격
8. 선박주유취급소, 철도주유취급소 또는 항공기주유취급소의 고정주유설비에 공급하기 위한 위험물을 저장하는 탱크저장소로서 지정수량의 250배(제1석유류의 경우에는 지정수량의 100배)이하의 것		
9. 제1호 내지 제8호에 해당하지 아니하는 저장소		위험물기능장, 위험물산업기사 또는 2년 이상의 실무경력이 있는 위험물기능사
1. 주유취급소		위험물기능장, 위험물산업기사, 위험물기능사, 안전관리자교육이수자 또는 소방공무원경력자
2. 판매취급소	제4류 위험물만을 취급하는 것으로서 지정수량 5배 이하의 것	
	제4류 위험물 중 제1석유류·알코올류·제2석유류·제3석유류·제4석유류·동식물유류만을 취급하는 것	
3. 제4류 위험물 중 제1류 석유류·알코올류·제2석유류·제3석유류·제4석유류·동식물유류만을 지정수량 50배 이하로 취급하는 일반취급소(제1석유류·알코올류의 취급량이 지정수량의 10배 이하인 경우에 한한다)로서 다음 각목의 어느 하나에 해당하는 것 가. 보일러, 버너 그 밖에 이와 유사한 장치에 의하여 위험물을 소비하는 것 나. 위험물을 용기 또는 차량에 고정된 탱크에 주입하는 것		
4. 제4류 위험물만을 취급하는 일반취급소로서 지정수량 10배 이하의 것		
5. 제4류 위험물 중 제2석유류·제3석유류·제4석유류·동식물유류만을 취급하는 일반취급소로서 지정수량 20배 이하의 것		
6. 「농어촌 전기공급사업 촉진법」에 따라 설치된 자가발전시설에 사용되는 위험물을 취급하는 일반취급소		
7. 제1호 내지 제6호에 해당하지 아니하는 취급소		위험물기능장, 위험물산업기사 또는 2년 이상의 실무경력이 있는 위험물기능사

비고

1. 왼쪽란의 제조소등의 종류 및 규모에 따라 오른쪽란에 규정된 안전관리자의 자격이 있는 위험물취급자격자는 별표 5에 따라 해당 제조소등에서 저장 또는 취급하는 위험물을 취급할 수 있는 자격이 있어야 한다.
2. 위험물기능사의 실무경력 기간은 위험물기능사 자격을 취득한 이후 「위험물안전관리법」 제15조에 따른 위험물안전관리자로 선임된 기간 또는 위험물안전관리자를 보조한 기간을 말한다.

위험물안전관리법 시행규칙 살펴보기

제53조(안전관리자의 선임신고 등)

① 제조소 등의 관계인은 법 제15조제3항에 따라 안전관리자(「기업활동 규제완화에 관한 특별조치법」 제29조제1항·제3항 및 제32조제1항에 따른 안전관리자와 제57조제1항에 따른 안전관리대행기관을 포함한다)의 선임을 신고하려는 경우에는 별지 제32호서식의 신고서(전자문서로 된 신고서를 포함한다)에 다음 각 호의 해당 서류(전자문서를 포함한다)를 첨부하여 소방본부장 또는 소방서장에게 제출하여야 한다.

1. 위험물안전관리업무대행계약서(제57조제1항에 따른 안전관리대행기관에 한한다)
2. 위험물안전관리교육 수료증(제78조제1항 및 별표 24에 따른 안전관리자 강습교육을 받은 자에 한한다)
3. 위험물안전관리자를 겸직할 수 있는 관련 안전관리자로 선임된 사실을 증명할 수 있는 서류(「기업활동 규제완화에 관한 특별조치법」 제29조제1항제1호부터 제3호까지 및 제3항에 해당하는 안전관리자 또는 영 제11조제3항 각 호의 어느 하나에 해당하는 사람으로서 위험물의 취급에 관한 국가기술자격자가 아닌 사람으로 한정한다)
4. 소방공무원 경력증명서(소방공무원 경력자에 한한다)

② 제1항에 따라 신고를 받은 담당 공무원은 「전자정부법」 제36조제1항에 따른 행정정보의 공동이용을 통하여 다음 각 호의 행정정보를 확인하여야 한다. 다만, 신고인이 확인에 동의하지 아니하는 경우에는 그 서류(국가기술자격증의 경우에는 그 사본을 말한다)를 제출하도록 하여야한다.

1. 국가기술자격증(위험물의 취급에 관한 국가기술자격자에 한한다)
2. 국가기술자격증(「기업활동 규제완화에 관한 특별조치법」 제29조제1항 및 제3항에 해당하는 자로서 국가기술자격자에 한한다)

제54조(안전관리자의 대리자)

법 제15조제5항 전단에서 "행정안전부령이 정하는 자"란 다음 각 호의 어느 하나에 해당하는 사람을 말한다.

1. 법 제28조제1항에 따른 안전교육을 받은 자
2. 삭제
3. 제조소등의 위험물 안전관리업무에 있어서 안전관리자를 지휘·감독하는 직위에 있는 자

제55조(안전관리자의 책무)

법 제15조제6항에 따라 안전관리자는 위험물의 취급에 관한 안전관리와 감독에 관한 다음 각 호의 업무를 성실하게 수행하여야 한다.

1. 위험물의 취급작업에 참여하여 당해 작업이 법 제5조제3항의 규정에 의한 저장 또는 취급에

관한 기술기준과 법 제17조의 규정에 의한 예방규정에 적합하도록 해당 작업자(당해 작업에 참여하는 위험물취급자격자를 포함한다)에 대하여 지시 및 감독하는 업무

2. 화재 등의 재난이 발생한 경우 응급조치 및 소방관서 등에 대한 연락업무
3. 위험물시설의 안전을 담당하는 자를 따로 두는 제조소등의 경우에는 그 담당자에게 다음 각 목의 규정에 의한 업무의 지시, 그 밖의 제조소등의 경우에는 다음 각목의 규정에 의한 업무
   가. 제조소등의 위치·구조 및 설비를 법 제5조제4항의 기술기준에 적합하도록 유지하기 위한 점검과 점검상황의 기록·보존
   나. 제조소등의 구조 또는 설비의 이상을 발견한 경우 관계자에 대한 연락 및 응급조치
   다. 화재가 발생하거나 화재발생의 위험성이 현저한 경우 소방관서 등에 대한 연락 및 응급조치
   라. 제조소등의 계측장치·제어장치 및 안전장치 등의 적정한 유지·관리
   마. 제조소등의 위치·구조 및 설비에 관한 설계도서 등의 정비·보존 및 제조소등의 구조 및 설비의 안전에 관한 사무의 관리
4. 화재 등의 재해의 방지와 응급조치에 관하여 인접하는 제조소등과 그 밖의 관련되는 시설의 관계자와 협조체제의 유지
5. 위험물의 취급에 관한 일지의 작성·기록
6. 그 밖에 위험물을 수납한 용기를 차량에 적재하는 작업, 위험물설비를 보수하는 작업 등 위험물의 취급과 관련된 작업의 안전에 관하여 필요한 감독의 수행

제59조(안전관리대행기관의 업무수행)

① 안전관리대행기관은 안전관리자의 업무를 위탁받는 경우에는 영 제13조 및 영 별표 6의 규정에 적합한 기술인력을 당해 제조소등의 안전관리자로 지정하여 안전관리자의 업무를 하게 하여야 한다.

② 제1항의 규정에 의하여 기술인력을 안전관리자로 지정함에 있어서 1인의 기술인력을 다수의 제조소등의 안전관리자로 중복하여 지정하는 경우에는 영 제12조제1항 및 이 규칙 제56조의 규정에 적합하게 지정하거나 안전관리자의 업무를 성실히 대행할 수 있는 범위내에서 관리하는 제조소등의 수가 25를 초과하지 아니하도록 지정하여야 한다. 이 경우 각 제조소등(지정수량의 20배 이하를 저장하는 저장소는 제외한다)의 관계인은 당해 제조소등마다 위험물의 취급에 관한 국가기술자격자 또는 법 제28조제1항에 따른 안전교육을 받은 자를 안전관리원으로 지정하여 대행기관이 지정한 안전관리자의 업무를 보조하게 하여야 한다.

③ 제1항에 따라 안전관리자로 지정된 안전관리대행기관의 기술인력(이하 이항에서 "기술인력"이라 한다) 또는 제2항에 따라 안전관리원으로 지정된 자는 위험물의 취급작업에 참여하여 법 제15조 및 이 규칙 제55조에 따른 안전관리자의 책무를 성실히 수행하여야 하며, 기술인력이 위험물의 취급작업에 참여하지 아니하는 경우에 기술인력은 제55조제3호 가목에 따른 점검 및 동조제6호에 따른 감독을 매월 4회(저장소의 경우에는 매월 2회) 이상 실시하여야 한다.

④ 안전관리대행기관은 제1항의 규정에 의하여 안전관리자로 지정된 안전관리대행기관의 기술인력이 여행·질병 그 밖의 사유로 인하여 일시적으로 직무를 수행할 수 없는 경우에는 안전관리대행기관에 소속된 다른 기술인력을 안전관리자로 지정하여 안전관리자의 책무를 계속 수행하게 하여야 한다.

제16조(탱크시험자의 등록 등)

① 시·도지사 또는 제조소등의 관계인은 안전관리업무를 전문적이고 효율적으로 수행하기 위하여 탱크안전성능시험자(이하 "탱크시험자"라 한다)로 하여금 이 법에 의한 검사 또는 점검의 일부를 실시하게 할 수 있다.

② 탱크시험자가 되고자 하는 자는 대통령령이 정하는 기술능력·시설 및 장비를 갖추어 시·도지사에게 등록하여야 한다. ➡1년 이하의 징역 또는 1천만원 이하의 벌금

③ 제2항의 규정에 따라 등록한 사항 가운데 행정안전부령이 정하는 중요사항을 변경한 경우에는 그 날부터 30일 이내에 시·도지사에게 변경신고를 하여야 한다. ➡ 200만 원 이하의 과태료

④ 다음 각 호의 어느 하나에 해당하는 자는 탱크시험자로 등록하거나 탱크시험자의 업무에 종사할 수 없나.

1. 피성년후견인
2. 삭제 〈2006. 9. 22.〉
3. 이 법, 「소방기본법」, 「화새예방, 소방시설 설치·유지 및 안전관리에 관한 법률」 또는 「소방시설공사업법」에 따른 금고 이상의 실형의 선고를 받고 그 집행이 종료(집행이 종료된 것으로 보는 경우를 포함한다)되거나 집행이 면제된 날부터 2년이 지나지 아니한 자
4. 이 법, 「소방기본법」, 「화재예방, 소방시설 설치·유지 및 안전관리에 관한 법률」 또는 「소방시설공사업법」에 따른 금고 이상의 형의 집행유예 선고를 받고 그 유예기간 중에 있는 자
5. 제5항의 규정에 따라 탱크시험자의 등록이 취소(제1호에 해당하여 자격이 취소된 경우는 제외한다)된 날부터 2년이 지나지 아니한 자
6. 법인으로서 그 대표자가 제1호 내지 제5호의 1에 해당하는 경우

⑤ 시·도지사는 탱크시험자가 다음 각 호의 어느 하나에 해당하는 경우에는 행정안전부령으로 정하는 바에 따라 그 등록을 취소하거나 6월 이내의 기간을 정하여 업무의 정지를 명할 수 있다. 다만, 제1호 내지 제3호에 해당하는 경우에는 그 등록을 취소하여야 한다.

1. 허위 그 밖의 부정한 방법으로 등록을 한 경우

2. 제4항 각 호의 어느 하나의 등록의 결격사유에 해당하게 된 경우
3. 등록증을 다른 자에게 빌려준 경우
4. 제2항의 규정에 따른 등록기준에 미달하게 된 경우
5. 탱크안전성능시험 또는 점검을 허위로 하거나 이 법에 의한 기준에 맞지 아니하게 탱크안전성능시험 또는 점검을 실시하는 경우 등 탱크시험자로서 적합하지 아니하다고 인정하는 경우

⑥ 탱크시험자는 이 법 또는 이 법에 의한 명령에 따라 탱크안전성능시험 또는 점검에 관한 업무를 성실히 수행하여야 한다.

제16조(탱크시험자의 등록 등)

① ~ ③ (현행과 같음)

④ 다음 각 호의 어느 하나에 해당하는 자는 탱크시험자로 등록하거나 탱크시험자의 업무에 종사할 수 없다.

1.·2. (현행과 같음)

3. 이 법, 「소방기본법」, 「화재의 예방 및 안전관리에 관한 법률」, 「소방시설 설치 및 관리에 관한 법률」 또는 「소방시설공사업법」에 따른 금고 이상의 실형의 선고를 받고 그 집행이 종료(집행이 종료된 것으로 보는 경우를 포함한다)되거나 집행이 면제된 날부터 2년이 지나지 아니한 자
4. 이 법, 「소방기본법」, 「화재의 예방 및 안전관리에 관한 법률」, 「소방시설 설치 및 관리에 관한 법률」 또는 「소방시설공사업법」에 따른 금고 이상의 형의 집행유예 선고를 받고 그 유예기간 중에 있는 자
5. ~ 6. (현행과 같음)

⑤·⑥ (현행과 같음)

[시행일: 2022. 12. 1.] 제16조

위험물안전관리법 시행령 살펴보기

제14조(탱크시험자의 등록기준 등)

① 법 제16조제2항의 규정에 의하여 탱크시험자가 갖추어야 하는 기술능력 · 시설 및 장비는 별표 7과 같다.

② 탱크시험자로 등록하고자 하는 자는 등록신청서에 행정안전부령이 정하는 서류를 첨부하여 시 · 도지사에게 제출하여야 한다.

③ 시 · 도지사는 제2항에 따른 등록신청을 접수한 경우에 다음 각 호의 어느 하나에 해당하는 경우를 제외하고는 등록을 해 주어야 한다.

1. 제1항에 따른 기술능력 · 시설 및 장비 기준을 갖추지 못한 경우
2. 등록을 신청한 자가 법 제16조제4항 각 호의 어느 하나에 해당하는 경우
3. 그 밖에 법, 이 영 또는 다른 법령에 따른 제한에 위반되는 경우

위험물안전관리법 시행령 [별표 7] 〈개정 2021 1 5.〉

탱크시험자의 기술능력 · 시설 및 장비 (제14조제1항 관련)

1. 기술능력
   가. 필수인력
      1) 위험물기능장·위험물산업기사 또는 위험물기능사 중 1명 이상
      2) 비파괴검사기술사 1명 이상 또는 초음파비파괴검사·자기비파괴검사 및 침투비파괴검사별로 기사 또는 산업기사 각 1명 이상
   나. 필요한 경우에 두는 인력
      1) 충·수압시험, 진공시험, 기밀시험 또는 내압시험의 경우: 누설비파괴검사 기사, 산업기사 또는 기능사
      2) 수직·수평도시험의 경우: 측량 및 지형공간정보 기술사, 기사, 산업기사 또는 측량기능
      3) 방사선투과시험의 경우: 방사선비파괴검사 기사 또는 산업기사
      4) 필수 인력의 보조: 방사선비파괴검사·초음파비파괴검사·자기비파괴검사 또는 침투비파괴검사 기능사

2. 시설: 전용사무실

3. 장비
   가. 필수장비: 자기탐상시험기, 초음파두께측정기 및 다음 1) 또는 2) 중 어느 하나
      1) 영상초음파시험기
      2) 방사선투과시험기 및 초음파시험기
   나. 필요한 경우에 두는 장비
      1) 충·수압시험, 진공시험, 기밀시험 또는 내압시험의 경우
         가) 진공능력 53KPa 이상의 진공누설시험기
         나) 기밀시험장치(안전장치가 부착된 것으로서 가압능력 200KPa 이상, 감압의 경우에는 감압능력 10KPa 이상·감도 10Pa 이하의 것으로서 각각의 압력 변화를 스스로 기록할 수 있는 것)
      2) 수직·수평도 시험의 경우: 수직·수평도 측정기

비고

둘 이상의 기능을 함께 가지고 있는 장비를 갖춘 경우에는 각각의 장비를 갖춘 것으로 본다.

위험물안전관리법 시행규칙 살펴보기

제13조(충수 · 수압검사에 관한 기준 등)

① 영 별표 4 제2호에서 "행정안전부령으로 정하는 기준"이라 함은 다음 각호의 1에 해당하는 기준을 말한다.

1. 100만리터 이상의 액체위험물탱크의 경우
   별표 6 Ⅵ 제1호의 규정에 의한 기준[충수시험(물 외의 적당한 액체를 채워서 실시하는 시험을 포함한다. 이하 같다) 또는 수압시험에 관한 부분에 한한다]
2. 100만리터 미만의 액체위험물탱크의 경우
   별표 4 Ⅸ 제1호 가목, 별표 6 Ⅵ 제1호, 별표 7 Ⅰ 제1호 마목, 별표 8 Ⅰ 제6호 · Ⅱ 제1호 · 제4호 · 제6호 · Ⅲ, 별표 9 제6호, 별표 10 Ⅱ 제1호 · Ⅹ 제1호 가목, 별표 13 Ⅲ 제3호, 별표 16 Ⅰ 제1호의 규정에 의한 기준(충수시험 · 수압시험 및 그 밖의 탱크의 누설 · 변형에 대한 안전성에 관련된 탱크안전성능시험의 부분에 한한다)

② 법 제8조제2항의 규정에 의하여 기술원은 제18조제6항의 규정에 의한 이중벽탱크에 대하여 제1항제2호의 규정에 의한 수압검사를 법 제16조제1항의 규정에 의한 탱크안전성능시험자(이하 "탱크시험자"라 한다)가 실시하는 수압시험의 과정 및 결과를 확인하는 방법으로 할 수 있다.

제60조(탱크시험자의 등록신청 등)

① 법 제16조제2항에 따라 탱크시험자로 등록하려는 자는 별지 제36호서식의 신청서(전자문서로 된 신청서를 포함한다)에 다음 각 호의 서류(전자문서를 포함한다)를 첨부하여 시·도지사에게 제출하여야 한다.

1. 삭제
2. 기술능력자 연명부 및 기술자격증
3. 안전성능시험장비의 명세서
4. 보유장비 및 시험방법에 대한 기술검토를 기술원으로부터 받은 경우에는 그에 대한 자료
5. 「원자력안전법」에 따른 방사성동위원소이동사용허가증 또는 방사선발생장치이동사용허가증의 사본 1부
6. 사무실의 확보를 증명할 수 있는 서류

② 제1항에 따른 신청서를 제출받은 경우에 담당공무원은 법인 등기사항증명서를 제출받는 것에 갈음하여 그 내용을 「전자정부법」 제36조제1항에 따른 행정정보의 공동이용을 통하여 확인하여야 한다.

③ 시·도지사는 제1항의 신청서를 접수한 때에는 15일 이내에 그 신청이 영 제14조제1항의 규정에 의한 등록기준에 적합하다고 인정하는 때에는 별지 제37호서식의 위험물탱크안전성능시험자등록증을 교부하고, 제1항의 규정에 의하여 제출된 기술인력자의 기술자격증에 그 기술인력자가 당해 탱크시험기관의 기술인력자임을 기재하여 교부하여야 한다.

제61조(변경사항의 신고 등)

① 탱크시험자는 법 제16조제3항의 규정에 의하여 다음 각 호의 1에 해당하는 중요사항을 변경한 경우에는 별지 제38호서식의 신고서(전자문서로 된 신고서를 포함한다)에 다음 각 호의 구분에 따른 서류(전자문서를 포함한다)를 첨부하여 시·도지사에게 제출하여야 한다.

1. 영업소 소재지의 변경 : 사무소의 사용을 증명하는 서류와 위험물탱크안전성능시험자등록증
2. 기술능력의 변경 : 변경하는 기술인력의 자격증과 위험물탱크안전성능시험자등록증
3. 대표자의 변경 : 위험물탱크안전성능시험자등록증
4. 상호 또는 명칭의 변경 : 위험물탱크안전성능시험자등록증

② 제1항에 따른 신고서를 제출받은 경우에 담당공무원은 법인 등기사항증명서를 제출받는 것에 갈음하여 그 내용을 「전자정부법」 제36조제1항에 따른 행정정보의 공동이용을 통하여 확인하여야 한다.

③ 시·도지사는 제1항의 신고서를 수리한 때에는 등록증을 새로 교부하거나 제출된 등록증에 변경사항을 기재하여 교부하고, 기술자격증에는 그 변경된 사항을 기재하여 교부하여야 한다.

제62조(등록의 취소 등)

① 법 제16조제5항의 규정에 의한 탱크시험자의 등록취소 및 업무정지의 기준은 별표 2와 같다.

② 시·도지사는 법 제16조제2항에 따라 탱크시험자의 등록을 받거나 법 제16조제5항에 따라 등록의 취소 또는 업무의 정지를 한 때에는 이를 특별시·광역시·특별자치시·도 또는 특별자치도(이하 "시·도"라 한다)의 공보에 공고하여야 한다.

③ 시·도지사는 탱크시험자의 등록을 취소한 때에는 등록증을 회수하여야 한다.

제17조(예방규정)

① 대통령령이 정하는 제조소등의 관계인은 당해 제조소등의 화재예방과 화재 등 재해발생시의 비상조치를 위하여 행정안전부령이 정하는 바에 따라 예방규정을 정하여 당해 제조소등의 사용을 시작하기 전에 시 · 도지사에게 제출하여야 한다. 예방규정을 변경한 때에도 또한 같다.

② 시 · 도지사는 제1항의 규정에 따라 제출한 예방규정이 제5조제3항의 규정에 따른 기준에 적합하지 아니하거나 화재예방이나 재해발생시의 비상조치를 위하여 필요하다고 인정하는 때에는 이를 반려하거나 그 변경을 명할 수 있다.

③ 제1항의 규정에 따른 제조소등의 관계인과 그 종업원은 예방규정을 충분히 잘 익히고 준수하여야 한다.

위험물안전관리법 시행령 살펴보기

제15조(관계인이 예방규정을 정하여야 하는 제조소등)

법 제17조제1항에서 "대통령령이 정하는 제조소등"이라 함은 다음 각호의 1에 해당하는 제조소등을 말한다.

1. 지정수량의 10배 이상의 위험물을 취급하는 제조소
2. 지정수량의 100배 이상의 위험물을 저장하는 옥외저장소
3. 지정수량의 150배 이상의 위험물을 저장하는 옥내저장소
4. 지정수량의 200배 이상의 위험물을 저장하는 옥외탱크저장소
5. 암반탱크저장소
6. 이송취급소
7. 지정수량의 10배 이상의 위험물을 취급하는 일반취급소. 다만, 제4류 위험물(특수인화물을 제외한다)만을 지정수량의 50배 이하로 취급하는 일반취급소(제1석유류・알코올류의 취급량이 지정수량의 10배 이하인 경우 한한다)로서 다음 각목의 어느 하나에 해당하는 것을 제외한다.
   가. 보일러・버너 또는 이와 비슷한 것으로서 위험물을 소비하는 장치로 이루어진 일반취급소
   나. 위험물을 용기에 옮겨 담거나 차량에 고정된 탱크에 주입하는 일반취급소

위험물안전관리법 시행규칙 살펴보기

제63조(예방규정의 작성 등)

① 법 제17조제1항에 따라 영 제15조 각 호의 어느 하나에 해당하는 제조소등의 관계인은 다음 각 호의 사항이 포함된 예방규정을 작성하여야 한다.
1. 위험물의 안전관리업무를 담당하는 자의 직무 및 조직에 관한 사항
2. 안전관리자가 여행·질병 등으로 인하여 그 직무를 수행할 수 없을 경우 그 직무의 대리자에 관한 사항
3. 영 제18조의 규정에 의하여 자체소방대를 설치하여야 하는 경우에는 자체소방대의 편성과 화학소방자동차의 배치에 관한 사항
4. 위험물의 안전에 관계된 작업에 종사하는 자에 대한 안전교육 및 훈련에 관한 사항
5. 위험물시설 및 작업장에 대한 안전순찰에 관한 사항
6. 위험물시설·소방시설 그 밖의 관련시설에 대한 점검 및 정비에 관한 사항
7. 위험물시설의 운전 또는 조작에 관한 사항
8. 위험물 취급작업의 기준에 관한 사항

9. 이송취급소에 있어서는 배관공사 현장책임자의 조건 등 배관공사 현장에 대한 감독체제에 관한 사항과 배관주위에 있는 이송취급소 시설 외의 공사를 하는 경우 배관의 안전확보에 관한 사항
10. 재난 그 밖의 비상시의 경우에 취하여야 하는 조치에 관한 사항
11. 위험물의 안전에 관한 기록에 관한 사항
12. 제조소등의 위치·구조 및 설비를 명시한 서류와 도면의 정비에 관한 사항
13. 그 밖에 위험물의 안전관리에 관하여 필요한 사항

② 예방규정은 「산업안전보건법」 제25조에 따른 안전보건관리규정과 통합하여 작성할 수 있다.
③ 영 제15조 각 호의 어느 하나에 해당하는 제조소등의 관계인은 예방규정을 제정하거나 변경한 경우에는 별지 제39호서식의 예방규정제출서에 제정 또는 변경한 예방규정 1부를 첨부하여 시·도지사 또는 소방서장에게 제출하여야 한다.

제18조(정기점검 및 정기검사)

① 대통령령이 정하는 제조소등의 관계인은 그 제조소등에 대하여 행정안전부령이 정하는 바에 따라 제5조제4항의 규정에 따른 기술기준에 적합한지의 여부를 정기적으로 점검하고 점검결과를 기록하여 보존하여야 한다. ➡ 1년 이하의 징역 또는 1천만원 이하의 벌금
② 제1항에 따라 정기점검을 한 제조소등의 관계인은 점검을 한 날부터 30일 이내에 점검결과를 시・도지사에게 제출하여야 한다.
③ 제1항에 따른 정기점검의 대상이 되는 제조소등의 관계인 가운데 대통령령으로 정하는 제조소등의 관계인은 행정안전부령으로 정하는 바에 따라 소방본부장 또는 소방서장으로부터 해당 제조소등이 제5조제4항에 따른 기술기준에 적합하게 유지되고 있는지의 여부에 대하여 정기적으로 검사를 받아야 한다.

위험물안전관리법 시행령 살펴보기

제16조(정기점검의 대상인 제조소등)

법 제18조제1항에서 "대통령령이 정하는 제조소등"이라 함은 다음 각 호의 1에 해당하는 제조소등을 말한다.

1. 제15조 각호의 1에 해당하는 제조소등
2. 지하탱크저장소
3. 이동탱크저장소
4. 위험물을 취급하는 탱크로서 지하에 매설된 탱크가 있는 제조소・주유취급소 또는 일반취급소

제17조(정기검사의 대상인 제조소등)

법 제18조제3항에서 "대통령령으로 정하는 제조소등"이란 액체위험물을 저장 또는 취급하는 50만리터 이상의 옥외탱크저장소를 말한다.

✔ **TIP** 시행령 제22조(업무의 위탁) 살펴보기

위험물안전관리법 시행규칙 살펴보기

제64조(정기점검의 횟수)

법 제18조제1항의 규정에 의하여 제조소등의 관계인은 당해 제조소등에 대하여 연 1회 이상 정기점검을 실시하여야 한다.

제65조(특정·준특정옥외탱크저장소의 정기점검)

① 법 제18조제1항에 따라 옥외탱크저장소 중 저장 또는 취급하는 액체위험물의 최대수량이 50만리터 이상인 것(이하 "특정 · 준특정옥외탱크저장소"라 한다)에 대해서는 제64조에 따른 정기점검 외에 다음 각 호의 어느 하나에 해당하는 기간 이내에 1회 이상 특정 · 준특정옥외저장탱크(특정 · 준특정옥외탱크저장소의 탱크를 말한다. 이하 같다)의 구조 등에 관한 안전점검(이하 "구조안전점검"이라 한다)을 해야 한다. 다만, 해당 기간 이내에 특정 · 준특정옥외저장탱크의 사용중단 등으로 구조안전점검을 실시하기가 곤란한 경우에는 별지 제39호의2서식에 따라 관할소방서장에게 구조안전점검의 실시기간 연장신청(전자문서에 의한 신청을 포함한다)을 할 수 있으며, 그 신청을 받은 소방서장은 1년(특정 · 준특정옥외저장탱크의 사용을 중지한 경우에는 사용중지기간)의 범위에서 실시기간을 연장할 수 있다.

1. 특정 · 준특정옥외탱크저장소의 설치허가에 따른 완공검사합격확인증을 발급받은 날부터 12년
2. 제70조제1항제1호에 따른 최근의 정밀정기검사를 받은 날부터 11년
3. 제2항에 따라 특정 · 준특정옥외저장탱크에 안전조치를 한 후 제71조제2항에 따라 구조안전점검시기 연장신청을 하여 해당 안전조치가 적정한 것으로 인정받은 경우에는 제70조제1항제1호에 따른 최근의 정밀정기검사를 받은 날부터 13년

② 제1항제3호에 따른 특정·준특정옥외저장탱크의 안전조치는 특정·준특정옥외저장탱크의 부식 등에 대한 안전성을 확보하는 데 필요한 다음 각 호의 어느 하나의 조치로 한다.

1. 특정·준특정옥외저장탱크의 부식방지 등을 위한 다음 각 목의 조치
   가. 특정 · 준특정옥외저장탱크의 내부의 부식을 방지하기 위한 코팅[유리입자(글래스플레이크)코팅 또는 유리섬유강화플라스틱 라이닝(lining: 침식 및 부식 방지를 위해 재료의 접촉면에 약품재 등을 대는 일)에 한한다] 또는 이와 동등 이상의 조치
   나. 특정 · 준특정옥외저장탱크의 애뉼러 판(annular plate) 및 밑판 외면의 부식을 방지

하는 조치

다. 특정・준특정옥외저장탱크의 애뉼러 판 및 밑판의 두께가 적정하게 유지되도록 하는 조치

라. 특정・준특정옥외저장탱크에 구조상의 영향을 줄 우려가 있는 보수를 하지 아니하거나 변형이 없도록 하는 조치

마. 구조물이 현저히 불균형하게 가라앉는 현상(이하 "부등침하"라 한다)이 없도록 하는 조치

바. 지반이 충분한 지지력을 확보하는 동시에 침하에 대하여 충분한 안전성을 확보하는 조치

사. 특정・준특정옥외저장탱크의 유지관리체제의 적정 유지

2. 위험물의 저장관리 등에 관한 다음 각 목의 조치

가. 부식의 발생에 영향을 주는 물 등의 성분의 적절한 관리

나. 특정・준특정옥외저장탱크에 대하여 현저한 부식성이 있는 위험물을 저장하지 아니하도록 하는 조치

다. 부식의 발생에 현저한 영향을 미치는 저장조건의 변경을 하지 아니하도록 하는 조치

라. 특정・준특정옥외저장탱크의 애뉼러 판 및 밑판의 부식율(애뉼러 판 및 밑판이 부식에 의하여 감소한 값을 판의 경과연수로 나누어 얻은 값)이 연간 0.05밀리미터 이하일 것

마. 특정・준특정옥외저장탱크의 애뉼러 판 및 밑판 외면의 부식을 방지하는 조치

바. 특정・준특정옥외저장탱크의 애뉼러 판 및 밑판의 두께가 적정하게 유지되도록 하는 조치

사. 특정・준특정옥외저장탱크에 구조상의 영향을 줄 우려가 있는 보수를 하지 아니하거나 변형이 없도록 하는 조치

아. 현저한 부등침하가 없도록 하는 조치

자. 지반이 충분한 지지력을 확보하는 동시에 침하에 대하여 충분한 안전성을 확보하는 조치

차. 특정・준특정옥외저장탱크의 유지관리체제의 적정 유지

③ 제1항제3호의 규정에 의한 신청은 별지 제40호서식 또는 별지 제41호서식의 신청서에 의한다.

제67조(정기점검의 실시자)

① 제조소등의 관계인은 법 제18조제1항의 규정에 의하여 당해 제조소등의 정기점검을 안전관리자(제65조의 규정에 의한 정기점검에 있어서는 제66조의 규정에 의하여 소방청장이 정하여 고시하는 점검방법에 관한 지식 및 기능이 있는 자에 한한다) 또는 위험물운송자(이동탱크저장소의 경우에 한한다)로 하여금 실시하도록 하여야 한다. 이 경우 옥외탱크저장소에 대한 구조안전점검을 위험물안전관리자가 직접 실시하는 경우에는 점검에 필요한 영 별표 7의 인력 및 장비를 갖춘 후 이를 실시하여야 한다.

② 제1항에도 불구하고 제조소등의 관계인은 안전관리대행기관(제65조에 따른 특정・준특정옥외탱크저장소의 정기점검은 제외한다) 또는 탱크시험자에게 정기점검을 의뢰하여 실시할 수 있다. 이 경우 해당 제조소등의 안전관리자는 안전관리대행기관 또는 탱크시험자의 점검현장

에 참관해야 한다. 〈개정 2009. 3. 17., 2017. 12. 29., 2021. 7. 13.〉

제68조(정기점검의 기록·유지)

① 법 제18조제1항에 따라 제조소등의 관계인은 정기점검 후 다음 각 호의 사항을 기록해야 한다. 〈개정 2021. 7. 13.〉

1. 점검을 실시한 제조소등의 명칭
2. 점검의 방법 및 결과
3. 점검연월일
4. 점검을 한 안전관리자 또는 점검을 한 탱크시험자와 점검에 입회한 안전관리자의 성명

② 제1항의 규정에 의한 정기점검기록은 다음 각호의 구분에 의한 기간 동안 이를 보존하여야 한다.

1. 제65조제1항의 규정에 의한 옥외저장탱크의 구조안전점검에 관한 기록 : 25년(동항제3호에 규정한 기간의 적용을 받는 경우에는 30년)
2. 제1호에 해당하지 아니하는 정기점검의 기록 : 3년

제69조(정기점검의 의뢰 등)

① 제조소등의 관계인은 법 제18조제1항의 정기점검을 제67조제2항의 규정에 의하여 탱크시험자에게 실시하게 하는 경우에는 별지 제42호서식의 정기점검의뢰서를 탱크시험자에게 제출하여야 한다.

② 탱크시험자는 정기점검을 실시한 결과 그 탱크 등의 유지관리상황이 적합하다고 인정되는 때에는 점검을 완료한 날부터 10일 이내에 별지 제43호서식의 정기점검결과서에 위험물탱크안전성능시험자등록증 사본 및 시험성적서를 첨부하여 제조소등의 관계인에게 교부하고, 적합하지 아니한 경우에는 개선하여야 하는 사항을 통보하여야 한다.

③ 제2항의 규정에 의하여 개선하여야 하는 사항을 통보 받은 제조소등의 관계인은 이를 개선한 후 다시 점검을 의뢰하여야 한다. 이 경우 탱크시험자는 정기점검결과서에 개선하게 한 사항(탱크시험자가 직접 보수한 경우에는 그 보수한 사항을 포함한다)을 기재하여야 한다.

④ 탱크시험자는 제2항의 규정에 의한 정기점검결과서를 교부한 때에는 그 내용을 정기점검대장에 기록하고 이를 제68조제2항 각호의 규정에 의한 기간동안 보관하여야 한다.

제70조(정기검사의 시기)

① 법 제18조제3항에 따른 정기검사(이하 "정기검사"라 한다)를 받아야 하는 특정 · 준특정옥외탱크저장소의 관계인은 다음 각 호의 구분에 따라 정밀정기검사 및 중간정기검사를 받아야 한다. 다만, 재난 그 밖의 비상사태의 발생, 안전유지상의 필요 또는 사용상황 등의 변경으로 해당 시기에 정기검사를 실시하는 것이 적당하지 않다고 인정되는 때에는 소방서장의 직권 또는 관계인의 신청에 따라 소방서장이 따로 지정하는 시기에 정기검사를 받을 수 있다. 〈개정 2009. 3. 17., 2017. 12. 29., 2020. 10. 12., 2021. 7. 13., 2021. 10. 21.〉

1. 정밀정기검사 : 다음 각 목의 어느 하나에 해당하는 기간 내에 1회
   가. 특정 · 준특정옥외탱크저장소의 설치허가에 따른 완공검사합격확인증을 발급받은 날부터 12년
   나. 최근의 정밀정기검사를 받은 날부터 11년
2. 중간정기검사 : 다음 각 목의 어느 하나에 해당하는 기간 내에 1회
   가. 특정 · 준특정옥외탱크저장소의 설치허가에 따른 완공검사합격확인증을 발급받은 날부터 4년
   나. 최근의 정밀정기검사 또는 중간정기검사를 받은 날부터 4년

② 삭제

③ 제1항제1호에 따른 정밀정기검사(이하 "정밀정기검사"라 한다)를 받아야 하는 특정 · 준특정옥외탱크저장소의 관계인은 제1항에도 불구하고 정밀정기검사를 제65조제1항에 따른 구조안전점검을 실시하는 때에 함께 받을 수 있다.

제71조(정기검사의 신청 등)

① 정기검사를 받아야 하는 특정 · 준특정옥외탱크저장소의 관계인은 별지 제44호서식의 신청서(전자문서로 된 신청서를 포함한다)에 다음 각 호의 서류(전자문서를 포함한다)를 첨부하여 기술원에 제출하고 별표 25 제8호에 따른 수수료를 기술원에 납부해야 한다. 다만, 제2호 및 제4호의 서류는 정기검사를 실시하는 때에 제출할 수 있다. 〈개정 2005. 5. 26., 2007. 12. 3., 2008. 12. 18., 2017. 12. 29., 2020. 10. 12., 2021. 7. 13.〉

1. 별지 제5호서식의 구조설비명세표
2. 제조소등의 위치 · 구조 및 설비에 관한 도면
3. 완공검사합격확인증
4. 밑판, 옆판, 지붕판 및 개구부의 보수이력에 관한 서류

② 제65조제1항제3호에 따른 기간 이내에 구조안전점검을 받으려는 자는 별지 제40호서식 또는 별지 제41호서식의 신청서(전자문서로 된 신청서를 포함한다)를 제1항 각 호 외의 부분 본문에 따라 정기검사를 신청하는 때에 함께 기술원에 제출해야 한다.

③ 제70조제1항 각 호 외의 부분 단서에 따라 정기검사 시기를 변경하려는 자는 별지 제45호서식의 신청서(전자문서로 된 신청서를 포함한다)에 정기검사 시기의 변경을 필요로 하는 사유를 기재한 서류(전자문서를 포함한다)를 첨부하여 소방서장에게 제출해야 한다.

④ 기술원은 제72조제4항의 소방청장이 정하여 고시하는 기준에 따라 정기검사를 실시한 결과 다음 각 호의 구분에 따른 사항이 적합하다고 인정되면 검사종료일부터 10일 이내에 별지 제46호서식의 정기검사합격확인증을 관계인에게 발급하고, 그 결과보고서를 작성하여 소방서장에게 제출해야 한다. 〈개정 2020. 10. 12., 2021. 7. 13.〉

1. 정밀정기검사 대상인 경우: 특정 · 준특정옥외저장탱크에 대한 다음 각 목의 사항
   가. 수직도 · 수평도에 관한 사항(지중탱크에 대한 것은 제외한다)

나. 밑판(지중탱크의 경우에는 누액방지판을 말한다)의 두께에 관한 사항
다. 용접부에 관한 사항
라. 구조・설비의 외관에 관한 사항

2. 제70조제1항제2호에 따른 중간정기검사 대상인 경우: 특정・준특정옥외저장탱크의 구조・설비의 외관에 관한 사항

⑤기술원은 정기검사를 실시한 결과 부적합한 경우에는 개선해야 하는 사항을 신청자에게 통보하고 개선할 사항을 통보받은 관계인은 개선을 완료한 후 별지 제44호서식의 신청서를 기술원에 다시 제출해야 한다.

⑥정기검사를 받은 제조소등의 관계인과 정기검사를 실시한 기술원은 정기검사합격확인증 등 정기검사에 관한 서류를 해당 제조소등에 대한 차기 정기검사시까지 보관해야 한다. 〈개정 2008. 12. 18., 2020. 10. 12., 2021. 7. 13.〉

✔TIP 위임행정규칙: 위험물안전관리에 관한 세부기준
(소방청고시 제2019-4호, 2019. 1. 14., 일부개정)

제72조(정기검사의 방법 등)

① 정기검사는 특정・준특정옥외탱크저장소의 위치・구조 및 설비의 특성을 고려하여 안전성 확인에 적합한 검사방법으로 실시해야 한다. 〈개정 2017. 12. 29., 2021. 7. 13.〉

② 특정・준특정옥외탱크저장소의 관계인이 제65조제1항에 따른 구조안전점검 시에 제71조제4항제1호 각 목에 따른 사항을 미리 점검한 후에 정밀정기검사를 신청하는 때에는 그 사항에 대한 정밀정기검사는 전체의 검사범위 중 임의의 부위를 발췌하여 검사하는 방법으로 실시한다.

③ 특정옥외탱크저장소의 변경허가에 따른 탱크안전성능검사를 하는 때에 정밀정기검사를 같이 실시하는 경우 검사범위가 중복되면 해당 검사범위에 대한 어느 하나의 검사를 생략한다.

④ 제1항부터 제3항까지의 규정에 따른 검사방법과 판정기준 그 밖의 정기검사의 실시에 관하여 필요한 사항은 소방청장이 정하여 고시한다.

✔TIP 행정규칙: 위험물안전관리에 관한 세부기준

제19조(자체소방대)

다량의 위험물을 저장·취급하는 제조소등으로서 (대통령령)이 정하는 제조소등이 있는 동일한 사업소에서 (대통령령)이 정하는 수량 이상의 위험물을 저장 또는 취급하는 경우 당해 사업소의 관계인은 (대통령령)이 정하는 바에 따라 당해 사업소에 자체소방대를 설치하여야 한다.

위험물안전관리법 시행령 살펴보기

제18조(자체소방대를 설치하여야 하는 사업소)

① 법 제19조에서 "대통령령이 정하는 제조소등"이란 다음 각 호의 어느 하나에 해당하는 제조소등을 말한다.

1. 제4류 위험물을 취급하는 제조소 또는 일반취급소. 다만, 보일러로 위험물을 소비하는 일반취급소 등 행정안전부령으로 정하는 일반취급소는 제외한다.
2. 제4류 위험물을 저장하는 옥외탱크저장소

② 법 제19조에서 "대통령령이 정하는 수량 이상"이란 다음 각 호의 구분에 따른 수량을 말한다.

1. 제1항제1호에 해당하는 경우: 제조소 또는 일반취급소에서 취급하는 제4류 위험물의 최대수량의 합이 지정수량의 3천배 이상
2. 제1항제2호에 해당하는 경우: 옥외탱크저장소에 저장하는 제4류 위험물의 최대수량이 지정수량의 50만배 이상

③ 법 제19조의 규정에 의하여 자체소방대를 설치하는 사업소의 관계인은 별표 8의 규정에 의하여 자체소방대에 화학소방자동차 및 자체소방대원을 두어야 한다. 다만, 화재 그 밖의 재난발생시 다른 사업소 등과 상호응원에 관한 협정을 체결하고 있는 사업소에 있어서는 행정안전부령이 정하는 바에 따라 별표 8의 범위 안에서 화학소방자동차 및 인원의 수를 달리할 수 있다.

[시행일 : 2022. 1. 1.] 제18조제1항제2호, 제18조제2항제2호

위험물안전관리법 시행령 [별표 8]

자체소방대에 두는 화학소방자동차 및 인원 (제18조제3항관련)

사업소의 구분	화학소방자동차	자체소방대원의 수
1. 제조소 또는 일반취급소에서 취급하는 제4류 위험물의 최대수량의 합이 지정수량의 3천배 이상 12만배 미만인 사업소	1대	5인
2. 제조소 또는 일반취급소에서 취급하는 제4류 위험물의 최대수량의 합이 지정수량의 12만배 이상 24만배 미만인 사업소	2대	10인

사업소의 구분	화학소방자동차	자체소방대원의 수
3. 제조소 또는 일반취급소에서 취급하는 제4류 위험물의 최대수량의 합이 지정수량의 24만배 이상 48만배 미만인 사업소	3대	15인
4. 제조소 또는 일반취급소에서 취급하는 제4류 위험물의 최대수량의 합이 지정수량의 48만배 이상인 사업소	4대	20인
5. 옥외탱크저장소에 저장하는 제4류 위험물의 최대수량이 지정수량의 50만배 이상인 사업소 ※ 부칙에 근거하여 2022년 1월 1일부터 시행	2대	10인

비고

화학소방자동차에는 행정안전부령으로 정하는 소화능력 및 설비를 갖추어야 하고, 소화활동에 필요한 소화약제 및 기구(방열복 등 개인장구를 포함한다)를 비치하여야 한다.

위험물안전관리법 시행규칙 살펴보기

제73조(자체소방대의 설치 제외대상인 일반취급소)

영 제18조제1항제1호 단서에서 "행정안전부령으로 정하는 일반취급소"란 다음 각 호의 어느 하나에 해당하는 일반취급소를 말한다.

1. 보일러, 버너 그 밖에 이와 유사한 장치로 위험물을 소비하는 일반취급소
2. 이동저장탱크 그 밖에 이와 유사한 것에 위험물을 주입하는 일반취급소
3. 용기에 위험물을 옮겨 담는 일반취급소
4. 유압장치, 윤활유순환장치 그 밖에 이와 유사한 장치로 위험물을 취급하는 일반취급소
5. 「광산안전법」의 적용을 받는 일반취급소

제74조(자체소방대 편성의 특례)

영 제18조제3항 단서의 규정에 의하여 2 이상의 사업소가 상호응원에 관한 협정을 체결하고 있는 경우에는 당해 모든 사업소를 하나의 사업소로 보고 제조소 또는 취급소에서 취급하는 제4류 위험물을 합산한 양을 하나의 사업소에서 취급하는 제4류 위험물의 최대수량으로 간주하여 동항 본문의 규정에 의한 화학소방자동차의 대수 및 자체소방대원을 정할 수 있다. 이 경우 상호응원에 관한 협정을 체결하고 있는 각 사업소의 자체소방대에는 영 제18조제3항 본문의 규정에 의한 화학소방차 대수의 2분의 1 이상의 대수와 화학소방자동차마다5인 이상의 자체소방대원을 두어야 한다.

제75조(화학소방차의 기준 등)

① 영 별표 8 비고의 규정에 의하여 화학소방자동차(내폭화학차 및 제독차를 포함한다)에 갖추어

야 하는 소화능력 및 설비의 기준은 별표 23과 같다.

② 포수용액을 방사하는 화학소방자동차의 대수는 영 제18조제3항의 규정에 의한 화학소방자동차의 대수의 3분의 2 이상으로 하여야 한다.

위험물안전관리법 시행규칙 [별표 23]

화학소방자동차에 갖추어야 하는 소화능력 및 설비의 기준 (제75조제1항관련)

화학소방자동차의 구분	소화능력 및 설비의 기준
포수용액 방사차	포수용액의 방사능력이 매분 2,000L 이상일 것
	소화약액탱크 및 소화약액혼합장치를 비치할 것
	10만L 이상의 포수용액을 방사할 수 있는 양의 소화약제를 비치할 것
분말 방사차	분말의 방사능력이 매초 35kg 이상일 것
	분말탱크 및 가압용가스설비를 비치할 것
	1,400kg 이상의 분말을 비치할 것
할로겐화합물 방사차	할로겐화합물의 방사능력이 매초 40kg 이상일 것
	할로겐화합물탱크 및 가압용가스설비를 비치할 것
	1,000kg 이상의 할로겐화합물을 비치할 것
이산화탄소 방사차	이산화탄소의 방사능력이 매초 40kg 이상일 것
	이산화탄소저장용기를 비치할 것
	3,000kg 이상의 이산화탄소를 비치할 것
제독차	가성소오다 및 규조토를 각각 50kg 이상 비치할 것

제4장 위험물의 운반 등

제20조(위험물의 운반)

① 위험물의 운반은 그 용기·적재방법 및 운반방법에 관한 다음 각 호의 중요기준과 세부기준에 따라 행하여야 한다.

1. 중요기준 : 화재 등 위해의 예방과 응급조치에 있어서 큰 영향을 미치거나 그 기준을 위반하는 경우 직접적으로 화재를 일으킬 가능성이 큰 기준으로서 행정안전부령이 정하는 기준
2. 세부기준 : 화재 등 위해의 예방과 응급조치에 있어서 중요기준보다 상대적으로 적은 영향을 미치거나 그 기준을 위반하는 경우 간접적으로 화재를 일으킬 수 있는 기준 및 위험

물의 안전관리에 필요한 표시와 서류 · 기구 등의 비치에 관한 기준으로서 행정안전부령이 정하는 기준 ➡ 200만 원 이하의 과태료

② 제1항에 따라 운반용기에 수납된 위험물을 지정수량 이상으로 차량에 적재하여 운반하는 차량의 운전자(이하 "위험물운반자"라 한다)는 다음 각 호의 어느 하나에 해당하는 요건을 갖추어야 한다.

1. 「국가기술자격법」에 따른 위험물 분야의 자격을 취득할 것
2. 제28조제1항에 따른 교육을 수료할 것

③ 시 · 도지사는 운반용기를 제작하거나 수입한 자 등의 신청에 따라 제1항의 규정에 따른 운반용기를 검사할 수 있다. 다만, 기계에 의하여 하역하는 구조로 된 대형의 운반용기로서 행정안전부령이 정하는 것을 제작하거나 수입한 자 등은 행정안전부령이 정하는 바에 따라 당해 용기를 사용하거나 유통시키기 전에 시 · 도지사가 실시하는 운반용기에 대한 검사를 받아야 한다.

위험물안전관리법 시행규칙 살펴보기

제50조(위험물의 운반기준)

법 제20조제1항의 규정에 의한 위험물의 운반에 관한 기준은 별표 19와 같다.

위험물안전관리법 시행규칙 [별표 19] 〈개정 2021. 7. 13.〉

위험물의 운반에 관한 기준 (제50조관련)

Ⅰ. 운반용기

1. 운반용기의 재질은 강판·알루미늄판·양철판·유리·금속판·종이·플라스틱·섬유판·고무류·합성섬유·삼·짚 또는 나무로 한다.
2. 운반용기는 견고하여 쉽게 파손될 우려가 없고, 그 입구로부터 수납된 위험물이 샐 우려가 없도록 하여야 한다.
3. 운반용기의 구조 및 최대용적은 다음 각호의 규정에 의한 용기의 구분에 따라 당해 각 목에 정하는 바에 의한다.

가. 나목의 규정에 의한 용기 외의 용기

고체의 위험물을 수납하는 것에 있어서는 부표 1 제1호, 액체의 위험물을 수납하는 것에 있어서는 부표 1 제2호에 정하는 기준에 적합할 것. 다만, 운반의 안전상 이러한 기준에 적합한 운반용기와 동등 이상이라고 인정하여 소방청장이 정하여 고시하는 것에 있어서는 그러하지 아니하다.

나. 기계에 의하여 하역하는 구조로 된 용기

고체의 위험물을 수납하는 것에 있어서는 별표 20 제1호, 액체의 위험물을 수납하는 것에 있어서는 별표 20 제2호에 정하는 기준 및 1) 내지 6)에 정하는 기준에 적합할 것. 다만, 운반의 안전상 이러한 기준에 적합한 운반용기와 동등 이상이라고 인정하여 소방청장이 정하여 고시하는 것과 UN의 위험물 운송에 관한 권고(RTDG, Recommendations on the Transport of Dangerous Goods)에서 정한 기준에 적합한 것으로 인정된 용기에 있어서는 그러하지 아니하다.

1) 운반용기는 부식 등의 열화에 대하여 적절히 보호될 것
2) 운반용기는 수납하는 위험물의 내압 및 취급시와 운반시의 하중에 의하여 당해 용기에 생기는 응력에 대하여 안전할 것
3) 운반용기의 부속설비에는 수납하는 위험물이 당해 부속설비로부터 누설되지 아니하도록 하는 조치가 강구되어 있을 것
4) 용기본체가 틀로 둘러싸인 운반용기는 다음의 요건에 적합할 것
   가) 용기본체는 항상 틀내에 보호되어 있을 것
   나) 용기본체는 틀과의 접촉에 의하여 손상을 입을 우려가 없을 것
   다) 운반용기는 용기본체 또는 틀의 신축 등에 의하여 손상이 생기지 아니할 것
5) 하부에 배출구가 있는 운반용기는 다음의 요건에 적합할 것
   가) 배출구에는 개폐위치에 고정할 수 있는 밸브가 설치되어 있을 것
   나) 배출을 위한 배관 및 밸브에는 외부로부터의 충격에 의한 손상을 방지하기 위한 조치가 강구되어 있을 것
   다) 폐지판 등에 의하여 배출구를 이중으로 밀폐할 수 있는 구조일 것. 다만, 고체의 위험물을 수납하는 운반용기에 있어서는 그러하지 아니하다.
6) 1) 내지 5)에 규정하는 것 외의 운반용기의 구조에 관하여 필요한 사항은 소방청장이 정하여 고시한다.

4. 제3호의 규정에 불구하고 승용차량(승용으로 제공하는 차실내에 화물용으로 제공하는 부분이 있는 구조의 것을 포함한다)으로 인화점이 40℃ 미만인 위험물중 소방청장이 정하여 고시하는 것을 운반하는 경우의 운반용기의 구조 및 최대용적의 기준은 소방청장이 정하여 고시한다.
5. 제3호의 규정에 불구하고 운반의 안전상 제한이 필요하다고 인정되는 경우에는 위험물의 종류, 운반용기의 구조 및 최대용적의 기준을 소방청장이 정하여 고시할 수 있다.
6. 제3호 내지 제5호의 운반용기는 다음 각목의 규정에 의한 용기의 구분에 따라 당해 각목에 정하는 성능이 있어야 한다.

가. 나목의 규정에 의한 용기 외의 용기

소방청장이 정하여 고시하는 낙하시험, 기밀시험, 내압시험 및 겹쳐쌓기시험에서

소방청장이 정하여 고시하는 기준에 적합할 것. 다만, 수납하는 위험물의 품명, 수량, 성질과 상태 등에 따라 소방청장이 정하여 고시하는 용기에 있어서는 그러하지 아니하다.

나. 기계에 의하여 하역하는 구조로 된 용기
소방청장이 정하여 고시하는 낙하시험, 기밀시험, 내압시험, 겹쳐쌓기시험, 아랫부분 인상시험, 윗부분 인상시험, 파열전파시험, 넘어뜨리기시험 및 일으키기시험에서 소방청장이 정하여 고시하는 기준에 적합할 것. 다만, 수납하는 위험물의 품명, 수량, 성질과 상태 등에 따라 소방청장이 정하여 고시하는 용기에 있어서는 그러하지 아니하다.

Ⅱ. 적재방법

1. 위험물은 Ⅰ의 규정에 의한 운반용기에 다음 각목의 기준에 따라 수납하여 적재하여야 한다. 다만, 덩어리 상태의 유황을 운반하기 위하여 적재하는 경우 또는 위험물을 동일 구내에 있는 제조소등의 상호간에 운반하기 위하여 적재하는 경우에는 그러하지 아니하다(중요기준).
   가. 위험물이 온도변화 등에 의하여 누설되지 아니하도록 운반용기를 밀봉하여 수납할 것. 다만, 온도변화 등에 의한 위험물로부터의 가스의 발생으로 운반용기안의 압력이 상승할 우려가 있는 경우(발생한 가스가 독성 또는 인화성을 갖는 등 위험성이 있는 경우를 제외한다)에는 가스의 배출구(위험물의 누설 및 다른 물질의 침투를 방지하는 구조로 된 것에 한한다)를 설치한 운반용기에 수납할 수 있다.
   나. 수납하는 위험물과 위험한 반응을 일으키지 아니하는 등 당해 위험물의 성질에 적합한 재질의 운반용기에 수납할 것
   다. 고체위험물은 운반용기 내용적의 95% 이하의 수납율로 수납할 것
   라. 액체위험물은 운반용기 내용적의 98% 이하의 수납율로 수납하되, 55도의 온도에서 누설되지 아니하도록 충분한 공간용적을 유지하도록 할 것
   마. 하나의 외장용기에는 다른 종류의 위험물을 수납하지 아니할 것
   바. 제3류 위험물은 다음의 기준에 따라 운반용기에 수납할 것
      1) 자연발화성물질에 있어서는 불활성 기체를 봉입하여 밀봉하는 등 공기와 접하지 아니하도록 할 것
      2) 자연발화성물질외의 물품에 있어서는 파라핀·경유·등유 등의 보호액으로 채워 밀봉하거나 불활성 기체를 봉입하여 밀봉하는 등 수분과 접하지 아니하도록 할 것
3) 라목의 규정에 불구하고 자연발화성물질중 알킬알루미늄등은 운반용기의 내용적의 90% 이하의 수납율로 수납하되, 50℃의 온도에서 5% 이상의 공간용적을 유지하도록 할 것

2. 기계에 의하여 하역하는 구조로 된 운반용기에 대한 수납은 제1호(다목을 제외한다)의 규정을 준용하는 외에 다음 각목의 기준에 따라야 한다(중요기준).
   가. 다음의 규정에 의한 요건에 적합한 운반용기에 수납할 것
      1) 부식, 손상 등 이상이 없을 것
      2) 금속제의 운반용기, 경질플라스틱제의 운반용기 또는 플라스틱내용기 부착의 운반용기에 있어서는 다음에 정하는 시험 및 점검에서 누설 등 이상이 없을 것
         가) 2년 6개월 이내에 실시한 기밀시험(액체의 위험물 또는 10㎪ 이상의 압력을 가하여 수납 또는 배출하는 고체의 위험물을 수납하는 운반용기에 한한다)
         나) 2년 6개월 이내에 실시한 운반용기의 외부의 점검·부속설비의 기능점검 및 5년 이내의 사이에 실시한 운반용기의 내부의 점검
   나. 복수의 폐쇄장치가 연속하여 설치되어 있는 운반용기에 위험물을 수납하는 경우에는 용기본체에 가까운 폐쇄장치를 먼저 폐쇄할 것
   다. 휘발유, 벤젠 그 밖의 정전기에 의한 재해가 발생할 우려가 있는 액체의 위험물을 운반용기에 수납 또는 배출할 때에는 당해 재해의 발생을 방지하기 위한 조치를 강구할 것
   라. 온도변화 등에 의하여 액상이 되는 고체의 위험물은 액상으로 되었을 때 당해 위험물이 새지 아니하는 운반용기에 수납할 것
   마. 액체위험물을 수납하는 경우에는 55℃의 온도에서의 증기압이 130㎪ 이하가 되도록 수납할 것
   바. 경질플라스틱제의 운반용기 또는 플라스틱내용기 부착의 운반용기에 액체위험물을 수납하는 경우에는 당해 운반용기는 제조된 때로부터 5년 이내의 것으로 할 것
   사. 가목 내지 바목에 규정하는 것 외에 운반용기에의 수납에 관하여 필요한 사항은 소방청장이 정하여 고시한다.
3. 위험물은 당해 위험물이 용기 밖으로 쏟아지거나 위험물을 수납한 운반용기가 전도·낙하 또는 파손되지 아니하도록 적재하여야 한다(중요기준).
4. 운반용기는 수납구를 위로 향하게 하여 적재하여야 한다(중요기준).
5. 적재하는 위험물의 성질에 따라 일광의 직사 또는 빗물의 침투를 방지하기 위하여 유효하게 피복하는 등 다음 각목에 정하는 기준에 따른 조치를 하여야 한다(중요기준).
   가. 제1류 위험물, 제3류 위험물 중 자연발화성물질, 제4류 위험물 중 특수인화물, 제5류 위험물 또는 제6류 위험물은 차광성이 있는 피복으로 가릴 것
   나. 제1류 위험물 중 알칼리금속의 과산화물 또는 이를 함유한 것, 제2류 위험물 중 철분·금속분·마그네슘 또는 이들중 어느 하나 이상을 함유한 것 또는 제3류 위험물 중 금수성물질은 방수성이 있는 피복으로 덮을 것
   다. 제5류 위험물 중 55℃ 이하의 온도에서 분해될 우려가 있는 것은 보냉 컨테이너에

수납하는 등 적정한 온도관리를 할 것

라. 액체위험물 또는 위험등급Ⅱ의 고체위험물을 기계에 의하여 하역하는 구조로 된 운반용기에 수납하여 적재하는 경우에는 당해 용기에 대한 충격등을 방지하기 위한 조치를 강구할 것. 다만, 위험등급Ⅱ의 고체위험물을 플렉서블(flexible)의 운반용기, 파이버판제의 운반용기 및 목제의 운반용기 외의 운반용기에 수납하여 적재하는 경우에는 그러하지 아니하다.

6. 위험물은 다음 각목의 규정에 의한 바에 따라 종류를 달리하는 그 밖의 위험물 또는 재해를 발생시킬 우려가 있는 물품과 함께 적재하지 아니하여야 한다(중요기준).

가. 부표 2의 규정에서 혼재가 금지되고 있는 위험물

나. 「고압가스 안전관리법」에 의한 고압가스(소방청장이 정하여 고시하는 것을 제외한다)

7. 위험물을 수납한 운반용기를 겹쳐 쌓는 경우에는 그 높이를 3m 이하로 하고, 용기의 상부에 걸리는 하중은 당해 용기 위에 당해 용기와 동종의 용기를 겹쳐 쌓아 3m의 높이로 하였을 때에 걸리는 하중 이하로 하여야 한다(중요기준).

8. 위험물은 그 운반용기의 외부에 다음 각목에 정하는 바에 따라 위험물의 품명, 수량 등을 표시하여 적재하여야 한다. 다만, UN의 위험물 운송에 관한 권고(RTDG, Recommendations on the Transport of Dangerous Goods)에서 정한 기준 또는 소방청장이 정하여 고시하는 기준에 적합한 표시를 한 경우에는 그러하지 아니하다.

가. 위험물의 품명·위험등급·화학명 및 수용성("수용성" 표시는 제4류 위험물로서 수용성인 것에 한한다)

나. 위험물의 수량

다. 수납하는 위험물에 따라 다음의 규정에 의한 주의사항

1) 제1류 위험물 중 알칼리금속의 과산화물 또는 이를 함유한 것에 있어서는 "화기·충격주의", "물기엄금" 및 "가연물접촉주의", 그 밖의 것에 있어서는 "화기·충격주의" 및 "가연물접촉주의"

2) 제2류 위험물 중 철분·금속분·마그네슘 또는 이들중 어느 하나 이상을 함유한 것에 있어서는 "화기주의" 및 "물기엄금", 인화성고체에 있어서는 "화기엄금", 그 밖의 것에 있어서는 "화기주의"

3) 제3류 위험물 중 자연발화성물질에 있어서는 "화기엄금" 및 "공기접촉엄금", 금수성물질에 있어서는 "물기엄금"

4) 제4류 위험물에 있어서는 "화기엄금"

5) 제5류 위험물에 있어서는 "화기엄금" 및 "충격주의"

6) 제6류 위험물에 있어서는 "가연물접촉주의"

9. 제8호의 규정에 불구하고 제1류·제2류 또는 제4류 위험물(위험등급Ⅰ의 위험물을 제외한다)의 운반용기로서 최대용적이 1L 이하인 운반용기의 품명 및 주의사항은 위험물

의 통칭명 및 당해 주의사항과 동일한 의미가 있는 다른 표시로 대신할 수 있다.

10. 제8호 및 제9호의 규정에 불구하고 제4류 위험물에 해당하는 화장품(에어졸을 제외한다)의 운반용기중 최대용적이 150㎖ 이하인 것에 대하여는 제8호 가목 및 다목의 규정에 의한 표시를 하지 아니할 수 있고, 최대용적이 150㎖ 초과 300㎖ 이하의 것에 대하여는 제8호 가목의 규정에 의한 표시를 하지 아니할 수 있으며, 동호 다목의 규정에 의한 주의사항을 당해 주의사항과 동일한 의미가 있는 다른 표시로 대신할 수 있다.
11. 제8호 및 제9호의 규정에 불구하고 제4류 위험물에 해당하는 에어졸의 운반용기로서 최대용적이 300㎖ 이하의 것에 대하여는 제8호 가목의 규정에 의한 표시를 하지 아니할 수 있으며, 동호 다목의 규정에 의한 주의사항을 당해 주의사항과 동일한 의미가 있는 다른 표시로 대신할 수 있다.
12. 제8호 및 제9호의 규정에 불구하고 제4류 위험물 중 동식물유류의 운반용기로서 최대용적이 3L 이하인 것에 대하여는 제8호 가목 및 다목의 표시에 대하여 각각 위험물의 통칭명 및 동호의 규정에 의한 표시와 동일한 의미가 있는 다른 표시로 대신할 수 있다.
13. 기계에 의하여 하역하는 구조로 된 운반용기의 외부에 행하는 표시는 제8호 각목의 규정에 의하는 외에 다음 각목의 사항을 포함하여야 한다. 다만, UN의 위험물 운송에 관한 권고(RTDG, Recommendations on the Transport of Dangerous Goods)에서 정한 기준 또는 소방청장이 정하여 고시하는 기준에 적합한 표시를 한 경우에는 그러하지 아니하다.
    가. 운반용기의 제조년월 및 제조자의 명칭
    나. 겹쳐쌓기시험하중
    다. 운반용기의 종류에 따라 다음의 규정에 의한 중량
        1) 플렉서블 외의 운반용기 : 최대총중량(최대수용중량의 위험물을 수납하였을 경우의 운반용기의 전중량을 말한다)
        2) 플렉서블 운반용기 : 최대수용중량
    라. 가목 내지 다목에 규정하는 것 외에 운반용기의 외부에 행하는 표시에 관하여 필요한 사항으로서 소방청장이 정하여 고시하는 것

Ⅲ. 운반방법

1. 위험물 또는 위험물을 수납한 운반용기가 현저하게 마찰 또는 동요를 일으키지 아니하도록 운반하여야 한다(중요기준).
2. 지정수량 이상의 위험물을 차량으로 운반하는 경우에는 해당 차량에 소방청장이 정하여 고시하는 바에 따라 운반하는 위험물의 위험성을 알리는 표지를 설치하여야 한다.
3. 지정수량 이상의 위험물을 차량으로 운반하는 경우에 있어서 다른 차량에 바꾸어 싣거나 휴식·고장 등으로 차량을 일시 정차시킬 때에는 안전한 장소를 택하고 운반하는 위

험물의 안전확보에 주의하여야 한다.

4. 지정수량 이상의 위험물을 차량으로 운반하는 경우에는 당해 위험물에 적응성이 있는 소형수동식소화기를 당해 위험물의 소요단위에 상응하는 능력단위 이상 갖추어야 한다.
5. 위험물의 운반도중 위험물이 현저하게 새는 등 재난발생의 우려가 있는 경우에는 응급조치를 강구하는 동시에 가까운 소방관서 그 밖의 관계기관에 통보하여야 한다.
6. 제1호 내지 제5호의 적용에 있어서 품명 또는 지정수량을 달리하는 2 이상의 위험물을 운반하는 경우에 있어서 운반하는 각각의 위험물의 수량을 당해 위험물의 지정수량으로 나누어 얻은 수의 합이 1 이상인 때에는 지정수량 이상의 위험물을 운반하는 것으로 본다.

Ⅳ. 법 제20조제1항의 규정에 의한 중요기준 및 세부기준은 다음 각호의 구분에 의한다.

1. 중요기준 : Ⅰ 내지 Ⅲ의 운반기준 중 "중요기준"이라 표기한 것
2. 세부기준 : 중요기준 외의 것

Ⅴ. 위험물의 위험등급

별표 18 Ⅴ, 이 표 Ⅰ 및 Ⅱ에 있어서 위험물의 위험등급은 위험등급Ⅰ·위험등급Ⅱ 및 위험등급Ⅲ으로 구분하며, 각 위험등급에 해당하는 위험물은 다음 각호와 같다.

1. 위험등급Ⅰ의 위험물
   가. 제1류 위험물 중 아염소산염류, 염소산염류, 과염소산염류, 무기과산화물 그 밖에 지정수량이 50kg인 위험물
   나. 제3류 위험물 중 칼륨, 나트륨, 알킬알루미늄, 알킬리튬, 황린 그 밖에 지정수량이 10kg 또는 20kg인 위험물
   다. 제4류 위험물 중 특수인화물
   라. 제5류 위험물 중 유기과산화물, 질산에스테르류 그 밖에 지정수량이 10kg인 위험물
   마. 제6류 위험물
2. 위험등급Ⅱ의 위험물
   가. 제1류 위험물 중 브롬산염류, 질산염류, 요오드산염류 그 밖에 지정수량이 300kg인 위험물
   나. 제2류 위험물 중 황화린, 적린, 유황 그 밖에 지정수량이 100kg인 위험물
   다. 제3류 위험물 중 알칼리금속(칼륨 및 나트륨을 제외한다) 및 알칼리토금속, 유기금속화합물(알킬알루미늄 및 알킬리튬을 제외한다) 그 밖에 지정수량이 50kg인 위험물
   라. 제4류 위험물 중 제1석유류 및 알코올류
   마. 제5류 위험물 중 제1호 라목에 정하는 위험물 외의 것
3. 위험등급Ⅲ의 위험물 : 제1호 및 제2호에 정하지 아니한 위험물

[부표 1] 〈개정 2021. 7. 13.〉

운반용기의 최대용적 또는 중량(별표 19 관련)

1. 고체위험물

운반 용기				수납 위험물의 종류									
내장 용기		외장 용기		제1류			제2류		제3류			제5류	
용기의 종류	최대용적 또는 중량	용기의 종류	최대용적 또는 중량	I	II	III	II	III	I	II	III	I	II
유리용기 또는 플라스틱 용기	10 L	나무상자 또는 플라스틱상자(필요에 따라 불활성의 완충재를 채울 것)	125kg	○	○	○	○	○	○	○	○	○	○
			225kg		○	○		○		○	○		○
		파이버판상자(필요에 따라 불활성의 완충재를 채울 것)	40kg	○	○	○	○	○	○	○	○	○	○
			55kg		○	○		○		○	○		○
금속제 용기	30 L	나무상자 또는 플라스틱상자	125kg	○	○	○	○	○	○	○	○	○	○
			225kg		○	○		○		○	○		○
		파이버판상자	40kg	○	○	○	○	○	○	○	○	○	○
			55kg		○	○		○		○	○		○
플라스틱 필름포대 또는 종이포대	5kg	나무상자 또는 플라스틱상자	50kg	○	○	○	○	○		○	○	○	○
	50kg		50kg	○	○	○	○	○					○
	125kg		125kg		○	○	○	○					
	225kg		225kg			○		○					
	5kg	파이버판상자	40kg	○	○	○	○	○		○	○	○	○
	40kg		40kg	○	○	○	○	○					○
	55kg		55kg			○		○					
		금속제용기(드럼 제외)	60 L	○	○	○	○	○	○	○	○	○	○
		플라스틱용기(드럼 제외)	10 L		○	○	○	○		○	○		○
			30 L			○		○					○
		금속제드럼	250 L	○	○	○	○	○	○	○	○	○	○
		플라스틱드럼 또는 파이버드럼(방수성이 있는 것)	60 L	○	○	○	○	○	○	○	○	○	○
			250 L		○	○		○		○	○		○
		합성수지포대(방수성이 있는 것), 플라스틱필름포대, 섬유포대(방수성이 있는 것) 또는 종이포대(여러겹으로서 방수성이 있는 것)	50kg		○	○	○	○		○	○		○

비고

1. "○"표시는 수납위험물의 종류별 각 란에 정한 위험물에 대하여 해당 각란에 정한 운반용기가 적응성이 있음을 표시한다.

2. 내장용기는 외장용기에 수납하여야 하는 용기로서 위험물을 직접 수납하기 위한 것을 말한다.
3. 내장용기의 용기의 종류란이 빈칸인 것은 외장용기에 위험물을 직접 수납하거나 유리용기, 플라스틱용기, 금속제용기, 폴리에틸렌포대 또는 종이포대를 내장용기로 할 수 있음을 표시한다.

2. 액체위험물

운반 용기				수납위험물의 종류								
내장 용기		외장 용기		제3류			제4류			제5류		제6류
용기의 종류	최대용적 또는 중량	용기의 종류	최대용적 또는 중량	Ⅰ	Ⅱ	Ⅲ	Ⅰ	Ⅱ	Ⅲ	Ⅰ	Ⅱ	Ⅰ
유리용기	5 L	나무 또는 플라스틱상자 (불활성의 완충재를 채울 것)	75kg	○	○	○	○	○	○	○	○	○
	10 L		125kg		○	○		○	○		○	
			225kg						○			
	5 L	파이버판상자 (불활성의 완충재를 채울 것)	40kg	○	○	○	○	○	○	○	○	○
	10 L		55kg						○			
플라스틱 용기	10 L	나무 또는 플라스틱상자 (필요에 따라 불활성의 완충재를 채울 것)	75kg	○	○	○	○	○	○	○	○	○
			125kg		○	○		○	○		○	
			225kg						○			
		파이버판상자(필요에 따라 불활성의 완충재를 채울 것)	40kg	○	○	○	○	○	○	○	○	○
			55kg						○			
금속제 용기	30 L	나무 또는 플라스틱상자	125kg	○	○	○	○	○	○	○	○	○
			225kg						○			
		파이버판상자	40kg	○	○	○	○	○	○	○	○	○
			55kg		○	○		○	○		○	
		금속제용기(금속제드럼제외)	60 L		○	○		○	○		○	
		플라스틱용기(플라스틱드럼제외)	10 L		○	○		○	○		○	
			20 L					○	○			
			30 L						○		○	
		금속제드럼(뚜껑고정식)	250 L	○	○	○	○	○	○	○	○	○
		금속제드럼(뚜껑탈착식)	250 L					○	○			
		플라스틱또는파이버드럼(플라스틱내용기부착의것)	250 L		○	○			○		○	

비고

1. "○"표시는 수납위험물의 종류별 각 란에 정한 위험물에 대하여 해당 각란에 정한 운반용기가 적응성이 있음을 표시한다.
2. 내장용기는 외장용기에 수납하여야 하는 용기로서 위험물을 직접 수납하기 위한 것을 말한다.
3. 내장용기의 용기의 종류란이 빈칸인 것은 외장용기에 위험물을 직접 수납하거나 유리용기, 플라스틱용기 또는 금속제용기를 내장용기로 할 수 있음을 표시한다.

제51조(운반용기의 검사)

① 법 제20조제3항 단서에서 "행정안전부령이 정하는 것"이란 별표 20에 따른 운반용기를 말한다. 〈개정 2009. 3. 17., 2013. 3. 23., 2014. 11. 19., 2017. 7. 26., 2021. 6. 10.〉

② 법 제20조제3항에 따라 운반용기의 검사를 받고자 하는 자는 별지 제30호서식의 신청서(전자문서로 된 신청서를 포함한다)에 용기의 설계도면과 재료에 관한 설명서를 첨부하여 기술원에 제출해야 한다. 다만, UN의 위험물 운송에 관한 권고(RTDG, Recommendations on the Transport of Dangerous Goods)에서 정한 기준에 따라 관련 검사기관으로부터 검사를 받은 때에는 그렇지 않다. 〈개정 2005. 5. 26., 2008. 12. 18., 2016. 8. 2., 2021. 6. 10.〉

③ 기술원은 제2항에 따른 검사신청을 한 운반용기가 별표 19 Ⅰ에 따른 기준에 적합하고 위험물의 운반상 지장이 없다고 인정되는 때에는 별지 제31호서식의 용기검사합격확인증을 교부해야 한다. 〈개정 2008. 12. 18., 2021. 6. 10., 2021. 7. 13.〉

④ 기술원의 원장은 운반용기 검사업무의 처리절차와 방법을 정하여 운용해야 한다. 〈개정 2008. 12. 18., 2013. 2. 5., 2016. 8. 2., 2021. 6. 10.〉

⑤ 기술원의 원장은 전년도의 운반용기 검사업무 처리결과를 매년 1월 31일까지 시・도지사에게 보고해야 하고, 시・도지사는 기술원으로부터 보고받은 운반용기 검사업무 처리결과를 매년 2월 말까지 소방청장에게 제출해야 한다. 〈신설 2016. 8. 2., 2017. 7. 26., 2021. 6. 10.〉

[시행일: 2021. 6. 10.]

위험물안전관리법 시행규칙 [별표 20]

기계에 의하여 하역하는 구조로 된 운반용기의 최대용적 (제51조제1항 관련)

1. 고체위험물

운반용기		수납위험물의 종류									
종류	최대용적	제1류			제2류		제3류			제5류	
		Ⅰ	Ⅱ	Ⅲ	Ⅱ	Ⅲ	Ⅰ	Ⅱ	Ⅲ	Ⅰ	Ⅱ
금속제	3,000 L	○	○	○	○	○	○	○	○		○
플렉시블(flexible) 합성수지제	3,000 L		○	○	○	○		○	○		○
플렉시블(flexible) 플라스틱필름제	3,000 L		○	○	○	○		○	○		○
플렉시블(flexible) 섬유제	3,000 L		○	○	○	○		○	○		○
플렉시블(flexible) 종이제(여러겹의 것)	3,000 L		○	○	○	○		○	○		○
경질플라스틱제	1,500 L	○	○	○	○	○		○	○		○
	3,000 L		○	○	○	○		○	○		○
플라스틱 내용기 부착	1,500 L	○	○	○	○	○		○	○		○
	3,000 L		○	○	○	○		○	○		○
파이버판제	3,000 L		○	○	○	○		○	○		○
목제(라이닝부착)	3,000 L		○	○	○	○		○	○		○

비고

1. "○"표시는 수납위험물의 종류별 각 란에 정한 위험물에 대하여 해당 각 란에 정한 운반용기가 적응성이 있음을 표시한다.
2. 플렉시블제, 파이버판제 및 목제의 운반용기에 있어서는 수납 및 배출방법을 중력에 의한 것에 한한다.

2. 액체위험물

운반용기		수납위험물의 종류								
종류	최대용적	제3류			제4류			제5류		제6류
		I	II	III	I	II	III	I	II	I
금속제	3,000 L		○	○		○	○		○	
경질플라스틱제	3,000 L		○	○		○	○		○	
플라스틱 내용기부착	3,000 L		○	○		○	○		○	

비고

"○"표시는 수납위험물의 종류별 각 란에 정한 위험물에 대하여 해당 각 란에 정한 운반용기가 적응성이 있음을 표시한다.

제21조(위험물의 운송)

① 이동탱크저장소에 의하여 위험물을 운송하는 자(운송책임자 및 이동탱크저장소운전자를 말하며, 이하 "위험물운송자"라 한다)는 제20조제2항 각 호의 어느 하나에 해당하는 요건을 갖추어야 한다.

② 대통령령이 정하는 위험물의 운송에 있어서는 운송책임자(위험물 운송의 감독 또는 지원을 하는 자를 말한다. 이하 같다)의 감독 또는 지원을 받아 이를 운송하여야 한다. 운송책임자의 범위, 감독 또는 지원의 방법 등에 관한 구체적인 기준은 행정안전부령으로 정한다.

③ 위험물운송자는 이동탱크저장소에 의하여 위험물을 운송하는 때에는 행정안전부령으로 정하는 기준을 준수하는 등 당해 위험물의 안전확보를 위하여 세심한 주의를 기울여야 한다.

➡ 200만 원 이하의 과태료

위험물안전관리법 시행령 살펴보기

제19조(운송책임자의 감독 · 지원을 받아 운송하여야 하는 위험물)

법 제21조제2항에서 "대통령령이 정하는 위험물"이라 함은 다음 각호의 1에 해당하는 위험물을 말한다.

1. 알킬알루미늄	2. 알킬리튬	3. 제1호 또는 제2호의 물질을 함유하는 위험물

위험물안전관리법 시행규칙 살펴보기

제52조(위험물의 운송기준)

① 법 제21조제2항의 규정에 의한 위험물 운송책임자는 다음 각호의 1에 해당하는 자로 한다.

1. 당해 위험물의 취급에 관한 국가기술자격을 취득하고 관련 업무에 1년 이상 종사한 경력이 있는 자
2. 법 제28조제1항의 규정에 의한 위험물의 운송에 관한 안전교육을 수료하고 관련 업무에 2년 이상 종사한 경력이 있는 자

② 법 제21조제2항의 규정에 의한 위험물 운송책임자의 감독 또는 지원의 방법과 법제21조제3항의 규정에 의한 위험물의 운송시에 준수하여야 하는 사항은 별표 21과 같다.

위험물안전관리법 시행규칙 [별표 21]

위험물 운송책임자의 감독 또는 지원의 방법과 위험물의 운송시에 준수하여야 하는 사항 (제52조제2항관련)

1. 운송책임자의 감독 또는 지원의 방법은 다음 각목의 1과 같다.
   가. 운송책임자가 이동탱크저장소에 동승하여 운송 중인 위험물의 안전확보에 관하여 운전자에게 필요한 감독 또는 지원을 하는 방법. 다만, 운전자가 운송책임자의 자격이 있는 경우에는 운송책임자의 자격이 없는 자가 동승할 수 있다.
   나. 운송의 감독 또는 지원을 위하여 마련한 별도의 사무실에 운송책임자가 대기하면서 다음의 사항을 이행하는 방법
      1) 운송경로를 미리 파악하고 관할소방관서 또는 관련업체(비상대응에 관한 협력을 얻을 수 있는 업체를 말한다)에 대한 연락체계를 갖추는 것
      2) 이동탱크저장소의 운전자에 대하여 수시로 안전확보 상황을 확인하는 것
      3) 비상시의 응급처치에 관하여 조언을 하는 것
      4) 그 밖에 위험물의 운송중 안전확보에 관하여 필요한 정보를 제공하고 감독 또는 지원하는 것
2. 이동탱크저장소에 의한 위험물의 운송시에 준수하여야 하는 기준은 다음 각목과 같다.
   가. 위험물운송자는 운송의 개시전에 이동저장탱크의 배출밸브 등의 밸브와 폐쇄장치, 맨홀 및 주입구의 뚜껑, 소화기 등의 점검을 충분히 실시할 것
   나. 위험물운송자는 장거리(고속국도에 있어서는 340km 이상, 그 밖의 도로에 있어서는 200km 이상을 말한다)에 걸치는 운송을 하는 때에는 2명 이상의 운전자로 할 것. 다만, 다음의 1에 해당하는 경우에는 그러하지 아니하다.
      1) 제1호가목의 규정에 의하여 운송책임자를 동승시킨 경우

2) 운송하는 위험물이 제2류 위험물·제3류 위험물(칼슘 또는 알루미늄의 탄화물과 이것만을 함유한 것에 한한다)또는 제4류 위험물(특수인화물을 제외한다)인 경우
3) 운송도중에 2시간 이내마다 20분 이상씩 휴식하는 경우

다. 위험물운송자는 이동탱크저장소를 휴식·고장 등으로 일시 정차시킬 때에는 안전한 장소를 택하고 당해 이동탱크저장소의 안전을 위한 감시를 할 수 있는 위치에 있는 등 운송하는 위험물의 안전확보에 주의할 것

라. 위험물운송자는 이동저장탱크로부터 위험물이 현저하게 새는 등 재해발생의 우려가 있는 경우에는 재난을 방지하기 위한 응급조치를 강구하는 동시에 소방관서 그 밖의 관계기관에 통보할 것

마. 위험물(제4류 위험물에 있어서는 특수인화물 및 제1석유류에 한한다)을 운송하게 하는 자는 별지 제48호서식의 위험물안전카드를 위험물운송자로 하여금 휴대하게 할 것

바. 위험물운송자는 위험물안전카드를 휴대하고 당해 카드에 기재된 내용에 따를 것. 다만, 재난 그 밖의 불가피한 이유가 있는 경우에는 당해 기재된 내용에 따르지 아니할 수 있다.

제5장 감독 및 조치명령

제22조(출입 · 검사 등)

① 소방청장(중앙119구조본부장 및 그 소속 기관의 장을 포함한다. 이하 제22조의2에서 같다), 시 · 도지사, 소방본부장 또는 소방서장은 위험물의 저장 또는 취급에 따른 화재의 예방 또는 진압대책을 위하여 필요한 때에는 위험물을 저장 또는 취급하고 있다고 인정되는 장소의 관계인에 대하여 필요한 보고 또는 자료제출을 명할 수 있으며, 관계공무원으로 하여금 당해 장소에 출입하여 그 장소의 위치 · 구조 · 설비 및 위험물의 저장 · 취급상황에 대하여 검사하게 하거나 관계인에게 질문하게 하고 시험에 필요한 최소한의 위험물 또는 위험물로 의심되는 물품을 수거하게 할 수 있다. 다만, 개인의 주거는 관계인의 승낙을 얻은 경우 또는 화재발생의 우려가 커서 긴급한 필요가 있는 경우가 아니면 출입할 수 없다.

② 소방공무원 또는 경찰공무원은 위험물운반자 또는 위험물운송자의 요건을 확인하기 위하여 필요하다고 인정하는 경우에는 주행 중인 위험물 운반 차량 또는 이동탱크저장소를 정지시켜 해당 위험물운반자 또는 위험물운송자에게 그 자격을 증명할 수 있는 국가기술자격증 또

는 교육수료증의 제시를 요구할 수 있으며, 이를 제시하지 아니한 경우에는 주민등록증, 여권, 운전면허증 등 신원확인을 위한 증명서를 제시할 것을 요구하거나 신원확인을 위한 질문을 할 수 있다. 이 직무를 수행하는 경우에 있어서 소방공무원과 경찰공무원은 긴밀히 협력하여야 한다.

③ 제1항의 규정에 따른 출입·검사 등은 그 장소의 공개시간이나 근무시간내 또는 해가 뜬 후부터 해가 지기 전까지의 시간내에 행하여야 한다. 다만, 건축물 그 밖의 공작물의 관계인의 승낙을 얻은 경우 또는 화재발생의 우려가 커서 긴급한 필요가 있는 경우에는 그러하지 아니하다.

④ 제1항 및 제2항의 규정에 의하여 출입·검사 등을 행하는 관계공무원은 관계인의 정당한 업무를 방해하거나 출입·검사 등을 수행하면서 알게 된 비밀을 다른 자에게 누설하여서는 아니 된다.

⑤ 시·도지사, 소방본부장 또는 소방서장은 탱크시험자에게 탱크시험자의 등록 또는 그 업무에 관하여 필요한 보고 또는 자료제출을 명하거나 관계공무원으로 하여금 당해 사무소에 출입하여 업무의 상황·시험기구·장부·서류와 그 밖의 물건을 검사하게 하거나 관계인에게 질문하게 할 수 있다.

⑥ 제1항·제2항 및 제5항의 규정에 따라 출입·검사 등을 하는 관계공무원은 그 권한을 표시하는 증표를 지니고 관계인에게 이를 내보여야 한다.

위험물안전관리법 시행규칙 살펴보기

제76조(소방검사서)

법 제22조제1항의 규정에 의한 출입·검사 등을 행하는 관계공무원은 법 또는 법에 근거한 명령 또는 조례의 규정에 적합하지 아니한 사항을 발견한 때에는 그 내용을 기재한 별지 제47호서식의 위험물제조소등 소방검사서의 사본을 검사현장에서 제조소등의 관계인에게 교부하여야 한다. 다만, 도로상에서 주행중인 이동탱크저장소를 정지시켜 검사를 한 경우에는 그러하지 아니하다.

제22조의2(위험물 누출 등의 사고 조사)

① 소방청장, 소방본부장 또는 소방서장은 위험물의 누출·화재·폭발 등의 사고가 발생한 경우 사고의 원인 및 피해 등을 조사하여야 한다.

② 제1항에 따른 조사에 관하여는 제22조제1항·제3항·제4항 및 제6항을 준용한다.

③ 소방청장, 소방본부장 또는 소방서장은 제1항에 따른 사고 조사에 필요한 경우 자문을 하기

위하여 관련 분야에 전문지식이 있는 사람으로 구성된 사고조사위원회를 둘 수 있다.

④ 제3항에 따른 사고조사위원회의 구성과 운영 등에 필요한 사항은 대통령령으로 정한다.

위험물안전관리법 시행령 살펴보기

제19조의2(사고조사위원회의 구성 등)

① 법 제22조의2제3항에 따른 사고조사위원회(이하 이 조에서 "위원회"라 한다)는 위원장 1명을 포함하여 7명 이내의 위원으로 구성한다.

② 위원회의 위원은 다음 각 호의 어느 하나에 해당하는 사람 중에서 소방청장, 소방본부장 또는 소방서장이 임명하거나 위촉하고, 위원장은 위원 중에서 소방청장, 소방본부장 또는 소방서장이 임명하거나 위촉한다.

1. 소속 소방공무원
2. 기술원의 임직원 중 위험물 안전관리 관련 업무에 5년 이상 종사한 사람
3. 「소방기본법」 제40조에 따른 한국소방안전원(이하 "안전원"이라 한다)의 임직원 중 위험물 안전관리 관련 업무에 5년 이상 종사한 사람
4. 위험물로 인한 사고의 원인·피해 조사 및 위험물 안전관리 관련 업무 등에 관한 학식과 경험이 풍부한 사람

③ 제2항제2호부터 제4호까지의 규정에 따라 위촉되는 민간위원의 임기는 2년으로 하며, 한 차례만 연임할 수 있다.

④ 위원회에 출석한 위원에게는 예산의 범위에서 수당, 여비, 그 밖에 필요한 경비를 지급할 수 있다. 다만, 공무원인 위원이 그 소관 업무와 직접적으로 관련되어 위원회에 출석하는 경우에는 지급하지 않는다.

⑤ 제1항부터 제4항까지에서 규정한 사항 외에 위원회의 구성 및 운영에 필요한 사항은 소방청장이 정하여 고시할 수 있다.

✔TIP 행정규칙: 험물 사고조사위원회 운영에 관한 규정

제23조(탱크시험자에 대한 명령)

시·도지사, 소방본부장 또는 소방서장은 탱크시험자에 대하여 당해 업무를 적정하게 실시하게 하기 위하여 필요하다고 인정하는 때에는 감독상 필요한 명령을 할 수 있다.

제24조(무허가장소의 위험물에 대한 조치명령)

시·도지사, 소방본부장 또는 소방서장은 위험물에 의한 재해를 방지하기 위하여 제6조제1항의 규정에 따른 허가를 받지 아니하고 지정수량 이상의 위험물을 저장 또는 취급하는 자(제6조제3

항의 규정에 따라 허가를 받지 아니하는 자를 제외한다)에 대하여 그 위험물 및 시설의 제거 등 필요한 조치를 명할 수 있다.

제25조(제조소등에 대한 긴급 사용정지명령 등)

시・도지사, 소방본부장 또는 소방서장은 공공의 안전을 유지하거나 재해의 발생을 방지하기 위하여 긴급한 필요가 있다고 인정하는 때에는 제조소등의 관계인에 대하여 당해 제조소등의 사용을 일시정지하거나 그 사용을 제한할 것을 명할 수 있다.

제26조(저장・취급기준 준수명령 등)

① 시・도지사, 소방본부장 또는 소방서장은 제조소등에서의 위험물의 저장 또는 취급이 제5조제3항의 규정에 위반된다고 인정하는 때에는 당해 제조소등의 관계인에 대하여 동항의 기준에 따라 위험물을 저장 또는 취급하도록 명할 수 있다.

② 시・도지사, 소방본부장 또는 소방서장은 관할하는 구역에 있는 이동탱크저장소에서의 위험물의 저장 또는 취급이 제5조제3항의 규정에 위반된다고 인정하는 때에는 당해 이동탱크저장소의 관계인에 대하여 동항의 기준에 따라 위험물을 저장 또는 취급하도록 명할 수 있다.

③ 시・도지사, 소방본부장 또는 소방서장은 제2항의 규정에 따라 이동탱크저장소의 관계인에 대하여 명령을 한 경우에는 행정안전부령이 정하는 바에 따라 제6조제1항의 규정에 따라 당해 이동탱크저장소의 허가를 한 시・도지사, 소방본부장 또는 소방서장에게 신속히 그 취지를 통지하여야 한다.

위험물안전관리법 시행규칙 살펴보기

제77조(이동탱크저장소에 관한 통보사항)

시・도지사, 소방본부장 또는 소방서장은 법 제26조제3항의 규정에 의하여 이동탱크저장소의 관계인에 대하여 위험물의 저장 또는 취급기준 준수명령을 한 때에는 다음 각호의 사항을 당해 이동탱크저장소의 허가를 한 소방서장에게 통보하여야 한다.

1. 명령을 한 시・도지사, 소방본부장 또는 소방서장
2. 명령을 받은 자의 성명・명칭 및 주소
3. 명령에 관계된 이동탱크저장소의 설치자, 상치장소 및 설치 또는 변경의 허가번호
4. 위반내용
5. 명령의 내용 및 그 이행사항
6. 그 밖에 명령을 한 시・도지사, 소방본부장 또는 소방서장이 통보할 필요가 있다고 인정하는 사항

제27조(응급조치 · 통보 및 조치명령)

① 제조소등의 관계인은 당해 제조소등에서 위험물의 유출 그 밖의 사고가 발생한 때에는 즉시 그리고 지속적으로 위험물의 유출 및 확산의 방지, 유출된 위험물의 제거 그 밖에 재해의 발생방지를 위한 응급조치를 강구하여야 한다.

② 제1항의 사태를 발견한 자는 즉시 그 사실을 소방서, 경찰서 또는 그 밖의 관계기관에 통보하여야 한다.

③ 소방본부장 또는 소방서장은 제조소등의 관계인이 제1항의 응급조치를 강구하지 아니하였다고 인정하는 때에는 제1항의 응급조치를 강구하도록 명할 수 있다.

④ 소방본부장 또는 소방서장은 그 관할하는 구역에 있는 이동탱크저장소의 관계인에 대하여 제3항의 규정의 예에 따라 제1항의 응급조치를 강구하도록 명할 수 있다.

제6장 보칙

제28조(안전교육)

① 안전관리자 · 탱크시험자 · 위험물운반자 · 위험물운송자 등 위험물의 안전관리와 관련된 업무를 수행하는 자로서 대통령령이 정하는 자는 해당 업무에 관한 능력의 습득 또는 향상을 위하여 소방청장이 실시하는 교육을 받아야 한다.

② 제조소등의 관계인은 제1항의 규정에 따른 교육대상자에 대하여 필요한 안전교육을 받게 하여야 한다.

③ 제1항의 규정에 따른 교육의 과정 및 기간과 그 밖에 교육의 실시에 관하여 필요한 사항은 행정안전부령으로 정한다.

④ 시 · 도지사, 소방본부장 또는 소방서장은 제1항의 규정에 따른 교육대상자가 교육을 받지 아니한 때에는 그 교육대상자가 교육을 받을 때까지 이 법의 규정에 따라 그 자격으로 행하는 행위를 제한할 수 있다.

위험물안전관리법 시행령 살펴보기

제20조(안전교육대상자)

법 제28조제1항에서 "대통령령이 정하는 자"란 다음 각 호의 자를 말한다. 〈개정 2021. 6. 8.〉

1. 안전관리자로 선임된 자

2. 탱크시험자의 기술인력으로 종사하는 자
3. 법 제20조제2항에 따른 위험물운반자로 종사하는 자
4. 법 제21조제1항에 따른 위험물운송자로 종사하는 자

✔ **TIP** 시행령 제22조(업무의 위탁) 살펴보기

위험물안전관리법 시행규칙 살펴보기

제59조(안전관리대행기관의 업무수행)

① 안전관리대행기관은 안전관리자의 업무를 위탁받는 경우에는 영 제13조 및 영 별표 6의 규정에 적합한 기술인력을 당해 제조소등의 안전관리자로 지정하여 안전관리자의 업무를 하게 하여야 한다.

② 안전관리대행기관은 제1항의 규정에 의하여 기술인력을 안전관리자로 지정함에 있어서 1인의 기술인력을 다수의 제조소등의 안전관리자로 중복하여 지정하는 경우에는 영 제12조제1항 및 이 규칙 제56조의 규정에 적합하게 지정하거나 안전관리자의 업무를 성실히 대행할 수 있는 범위내에서 관리하는 제조소등의 수가 25를 초과하지 아니하도록 지정하여야 한다. 이 경우 각 제조소등(지정수량의 20배 이하를 저장하는 저장소는 제외한다)의 관계인은 당해 제조소등마다 위험물의 취급에 관한 국가기술자격자 또는 법 제28조제1항에 따른 안전교육을 받은 자를 안전관리원으로 지정하여 대행기관이 지정한 안전관리자의 업무를 보조하게 하여야 한다.

③ 제1항에 따라 안전관리자로 지정된 안전관리대행기관의 기술인력(이하 이항에서 "기술인력"이라 한다) 또는 제2항에 따라 안전관리원으로 지정된 자는 위험물의 취급작업에 참여하여 법 제15조 및 이 규칙 제55조에 따른 안전관리자의 책무를 성실히 수행하여야 하며, 기술인력이 위험물의 취급작업에 참여하지 아니하는 경우에 기술인력은 제55조제3호 가목에 따른 점검 및 동조제6호에 따른 감독을 매월 4회(저장소의 경우에는 매월 2회) 이상 실시하여야 한다.

④ 안전관리대행기관은 제1항의 규정에 의하여 안전관리자로 지정된 안전관리대행기관의 기술인력이 여행·질병 그 밖의 사유로 인하여 일시적으로 직무를 수행할 수 없는 경우에는 안전관리대행기관에 소속된 다른 기술인력을 안전관리자로 지정하여 안전관리자의 책무를 계속 수행하게 하여야 한다.

제78조(안전교육)

① 법 제28조제3항의 규정에 의하여 소방청장은 안전교육을 강습교육과 실무교육으로 구분하여 실시한다.

② 법 제28조제3항의 규정에 의한 안전교육의 과정·기간과 그 밖의 교육의 실시에 관한 사항은 별표 24와 같다.

③ 기술원 또는 「소방기본법」 제40조에 따른 한국소방안전원(이하 "안전원"이라 한다)은 매년 교육실시계획을 수립하여 교육을 실시하는 해의 전년도 말까지 소방청장의 승인을 받아야 하

고, 해당 연도 교육실시결과를 교육을 실시한 해의 다음 연도 1월 31일까지 소방청장에게 보고하여야 한다.

④ 소방본부장은 매년 10월말까지 관할구역 안의 실무교육대상자 현황을 안전원에 통보하고 관할구역 안에서 안전원이 실시하는 안전교육에 관하여 지도·감독하여야 한다.

위험물안전관리법 시행규칙 [별표 24] 〈개정 2021. 6. 10.〉

안전교육의 과정·기간과 그 밖의 교육의 실시에 관한 사항 등(제78조제2항관련)

1. 교육과정·교육대상자·교육시간·교육시기 및 교육기관

교육과정	교육대상자	교육시간	교육시기	교육기관
강습교육	안전관리자가 되려는 사람	24시간	최초 선임되기 전	안전원
	*위험물운반자가 되려는 사람	8시간	최초 종사하기 전	안전원
	위험물운송자가 되려는 사람	16시간	최초 종사하기 전	안전원
실무교육	안전관리자	8시간 이내	가. 제조소등의 안전관리자로 선임된 날부터 6개월 이내 나. 가목에 따른 교육을 받은 후 2년마다 1회	안전원
	*위험물운반자	4시간	가. 위험물운반자로 종사한 날부터 6개월 이내 나. 가목에 따른 교육을 받은 후 3년마다 1회	안전원
	위험물운송자	8시간 이내	가. 이동탱크저장소의 위험물 운송자로 종사한 날부터 6개월 이내 나. 가목에 따른 교육을 받은 후 3년마다 1회	안전원
	탱크시험자의 기술인력	8시간 이내	가. 탱크시험자의 기술인력으로 등록한 날부터 6개월 이내 나. 가목에 따른 교육을 받은 후 2년마다 1회	기술원

비고

1. 안전관리자, 위험물운반자 및 위험물운송자 강습교육의 공통과목에 대하여 어느 하나의 강습교육 과정에서 교육을 받은 경우에는 나머지 강습교육 과정에서도 교육을 받은 것으로 본다.
2. 안전관리자, 위험물운반자 및 위험물운송자 실무교육의 공통과목에 대하여 어느 하나의 실무교육 과정에서 교육을 받은 경우에는 나머지 실무교육 과정에서도 교육을 받은 것으로 본다.
3. 안전관리자 및 위험물운송자의 실무교육 시간 중 일부(4시간 이내)를 사이버교육의 방법으로 실시할 수 있다. 다만, 교육대상자가 사이버교육의 방법으로 수강하는 것에 동의하는 경우에 한정한다.

2. 교육계획의 공고 등
   가. 안전원의 원장은 강습교육을 하고자 하는 때에는 매년 1월 5일까지 일시, 장소, 그 밖에 강습의 실시에 관한 사항을 공고할 것
   나. 기술원 또는 안전원은 실무교육을 하고자 하는 때에는 교육실시 10일 전까지 교육대상자에게 그 내용을 통보할 것
3. 교육신청
   가. 강습교육을 받고자 하는 자는 안전원이 지정하는 교육일정 전에 교육수강을 신청할 것
   나. 실무교육 대상자는 교육일정 전까지 교육수강을 신청할 것
4. 교육일시 통보
   기술원 또는 안전원은 제3호에 따라 교육신청이 있는 때에는 교육실시 전까지 교육대상자에게 교육장소와 교육일시를 통보하여야 한다.
5. 기타
   기술원 또는 안전원은 교육대상자별 교육의 과목 · 시간 · 실습 및 평가, 강사의 자격, 교육의 신청, 교육수료증의 교부·재교부, 교육수료증의 기재사항, 교육수료자명부의 작성·보관 등 교육의 실시에 관하여 필요한 세부사항을 정하여 소방청장의 승인을 받아야 한다. 이 경우 안전관리자, 위험물운반자 및 위험물운송자 강습교육의 과목에는 각 강습교육별로 다음 표에 정한 사항을 포함하여야 한다.

교육과정	교육내용	
안전관리자 강습교육	• 제4류 위험물의 품명별 일반성질, 화재예방 및 소화의 방법	• 연소 및 소화에 관한 기초이론 • 모든 위험물의 유별 공통성질과 화재예방 및 소화의 방법 • 위험물안전관리법령 및 위험물의 안전관리에 관계된 법령
위험물운반자 강습교육	• 위험물운반에 관한 안전기준	
위험물운송자 강습교육	• 이동탱크저장소의 구조 및 설비작동법 • 위험물운송에 관한 안전기준	

제29조(청문)

시 · 도지사, 소방본부장 또는 소방서장은 다음 각 호의 어느 하나에 해당하는 처분을 하고자 하는 경우에는 청문을 실시하여야 한다.

1. 제12조의 규정에 따른 제조소등 설치허가의 취소
2. 제16조제5항의 규정에 따른 탱크시험자의 등록취소

제30조(권한의 위임 · 위탁)

① 소방청장 또는 시 · 도지사는 이 법에 따른 권한의 일부를 대통령령이 정하는 바에 따라 시 · 도지사, 소방본부장 또는 소방서장에게 위임할 수 있다.

② 소방청장, 시 · 도지사, 소방본부장 또는 소방서장은 이 법에 따른 업무의 일부를 대통령령이 정하는 바에 따라 소방기본법 제40조의 규정에 의한 한국소방안전원(이하 "안전원"이라 한다) 또는 기술원에 위탁할 수 있다.

위험물안전관리법 시행령 살펴보기

제21조(권한의 위임)

시 · 도지사는 법 제30조제1항에 따라 다음 각 호의 권한을 소방서장에게 위임한다. 다만, 동일한 시 · 도에 있는 둘 이상의 소방서장의 관할구역에 걸쳐 설치되는 이송취급소에 관련된 권한을 제외한다. 〈개정 2008. 12. 3., 2021. 6. 8., 2021. 10. 19.〉

1. 법 제6조제1항의 규정에 의한 제조소등의 설치허가 또는 변경허가
2. 법 제6조제2항의 규정에 의한 위험물의 품명 · 수량 또는 지정수량의 배수의 변경신고의 수리
3. 법 제7조제1항의 규정에 의하여 군사목적 또는 군부대시설을 위한 제조소등을 설치하거나 그 위치 · 구조 또는 설비의 변경에 관한 군부대의 장과의 협의
4. 법 제8조제1항에 따른 탱크안전성능검사(제22조제2항제1호에 따라 기술원에 위탁하는 것을 제외한다)
5. 법 제9조에 따른 완공검사(제22조제2항제2호에 따라 기술원에 위탁하는 것을 제외한다)
6. 법 제10조제3항의 규정에 의한 제조소등의 설치자의 지위승계신고의 수리
7. 법 제11조의 규정에 의한 제조소등의 용도폐지신고의 수리

7의2. 법 제11조의2제2항에 따른 제조소등의 사용 중지신고 또는 재개신고의 수리

7의3. 법 제11조의2제3항에 따른 안전조치의 이행명령

8. 법 제12조의 규정에 의한 제조소등의 설치허가의 취소와 사용정지
9. 법 제13조의 규정에 의한 과징금처분
10. 법 제17조의 규정에 의한 예방규정의 수리 · 반려 및 변경명령
11. 법 제18조제2항에 따른 정기점검 결과의 수리

제22조(업무의 위탁)

① 소방청장은 법 제30조제2항에 따라 법 제28조제1항에 따른 안전교육을 다음 각 호의 구분에 따라 안전원 또는 기술원에 위탁한다.

1. 제20조제1호, 제3호 및 제4호에 해당하는 자에 대한 안전교육: 안전원
2. 제20조제2호에 해당하는 자에 대한 안전교육: 기술원

② 시·도지사는 법 제30조제2항에 따라 다음 각 호의 업무를 기술원에 위탁한다.

1. 법 제8조제1항에 따른 탱크안전성능검사 중 다음 각 목의 탱크에 대한 탱크안전성능검사
   가. 용량이 100만리터 이상인 액체위험물을 저장하는 탱크
   나. 암반탱크
   다. 지하탱크저장소의 위험물탱크 중 행정안전부령으로 정하는 액체위험물탱크
2. 법 제9조제1항에 따른 완공검사 중 다음 각 목의 완공검사
   가. 지정수량의 3천배 이상의 위험물을 취급하는 제조소 또는 일반취급소의 설치 또는 변경(사용 중인 제조소 또는 일반취급소의 보수 또는 부분적인 증설은 제외한다)에 따른 완공검사
   나. 옥외탱크저장소(저장용량이 50만 리터 이상인 것만 해당한다) 또는 암반탱크저장소의 설치 또는 변경에 따른 완공검사
3. 법 제20조제3항에 따른 운반용기 검사

③ 소방본부장 또는 소방서장은 법 제30조제2항에 따라 법 제18조제3항에 따른 정기검사를 기술원에 위탁한다.

[전문개정 2021. 6. 8.]

제31조(수수료 등)

다음 각 호의 어느 하나에 해당하는 승인·허가·검사 또는 교육 등을 받으려는 자나 등록 또는 신고를 하려는 자는 행정안전부령으로 정하는 바에 따라 수수료 또는 교육비를 납부하여야 한다.

1. 제5조제2항제1호의 규정에 따른 임시저장·취급의 승인
2. 제6조제1항의 규정에 따른 제조소등의 설치 또는 변경의 허가
3. 제8조의 규정에 따른 제조소등의 탱크안전성능검사
4. 제9조의 규정에 따른 제조소등의 완공검사
5. 제10조제3항의 규정에 따른 설치자의 지위승계신고
6. 제16조제2항의 규정에 따른 탱크시험자의 등록
7. 제16조제3항의 규정에 따른 탱크시험자의 등록사항 변경신고
8. 제18조제3항에 따른 정기검사
9. 제20조제3항에 따른 운반용기의 검사
10. 제28조의 규정에 따른 안전교육

위험물안전관리법 시행규칙 살펴보기

제79조(수수료 등)

① 법 제31조의 규정에 의한 수수료 및 교육비는 별표 25와 같다.

② 제1항의 규정에 의한 수수료 또는 교육비는 당해 허가 등의 신청 또는 신고시에 당해 허가 등의 업무를 직접 행하는 기관에 납부하되, 시・도지사 또는 소방서장에게 납부하는 수수료는 당해 시・도의 수입증지로 납부하여야 한다. 다만, 시・도지사 또는 소방서장은 정보통신망을 이용하여 전자화폐・전자결제 등의 방법으로 이를 납부하게 할 수 있다.

위험물안전관리법 시행규칙 [별표 25] 〈개정 2021. 10. 21.〉

수수료 및 교육비(제79조제1항관련)

1. 법 제5조제2항제1호에 따른 임시저장 또는 취급의 승인: 2만원
2. 법 제6조제1항에 따른 제조소등의 설치허가 또는 변경허가
   가. 제조소등의 설치허가: 제조소등의 구분에 따라 다음 표에서 정하는 금액

<table>
<tr><th colspan="5">구분</th><th>수수료(원)</th></tr>
<tr><td rowspan="12">제조소</td><td rowspan="5">지정수량의 1천배 미만인 것</td><td colspan="3">지정수량의 10배 이하인 것</td><td>4만원</td></tr>
<tr><td colspan="3">지정수량의 10배 초과 50배 이하인 것</td><td>5만원</td></tr>
<tr><td colspan="3">지정수량의 50배 초과 100배 이하인 것</td><td>6만5천원</td></tr>
<tr><td colspan="3">지정수량의 100배 초과 200배 이하인 것</td><td>7만5천원</td></tr>
<tr><td colspan="3">지정수량의 200배 초과 1천배 미만인 것</td><td>9만원</td></tr>
<tr><td rowspan="7">지정수량의 1천배 이상인 것</td><td rowspan="6">구조・설비의 기술검토</td><td>기술인력별 작업구분</td><td>기준공량
(지정수량의 1천배 이상 1만배 미만)</td><td rowspan="6">「엔지니어링산업진흥법」 제31조에 따른 엔지니어링사업 대가의 기준의 실비정액가산방식을 적용하여 산출한 금액</td></tr>
<tr><td>기술협의 및 서류검토(특급기술자)</td><td>0.25</td></tr>
<tr><td>제조・취급시설의 설계심사(고급기술자)</td><td>0.80</td></tr>
<tr><td>소화설비의 설계심사(고급기술자)</td><td>1.32</td></tr>
<tr><td>보고서작성 및 기록관리(중급기술자)</td><td>0.25</td></tr>
<tr><td colspan="2"></td></tr>
<tr><td colspan="3">그 밖의 사항의 심사</td><td>2만원</td></tr>
</table>

<table>
<tr><th colspan="9">구분</th><th>수수료(원)</th></tr>
<tr><td rowspan="21">저장소</td><td colspan="2" rowspan="5">옥내 저장소</td><td colspan="6">지정수량의 10배 이하인 것</td><td>2만원</td></tr>
<tr><td colspan="6">지정수량의 10배 초과 50배 이하인 것</td><td>2만5천원</td></tr>
<tr><td colspan="6">지정수량의 50배 초과 100배 이하인 것</td><td>4만원</td></tr>
<tr><td colspan="6">지정수량의 100배 초과 200배 이하인 것</td><td>5만원</td></tr>
<tr><td colspan="6">지정수량의 200배를 초과하는 것</td><td>6만5천원</td></tr>
<tr><td rowspan="16">옥외탱크저장소</td><td rowspan="3">특정옥외탱크저장소 및 준특정옥외탱크저장소 외의 것</td><td colspan="6">지정수량의 100배 이하인 것</td><td>2만원</td></tr>
<tr><td colspan="6">지정수량의 100배 초과 10,000배 이하인 것</td><td>2만5천원</td></tr>
<tr><td colspan="6">지정수량의 10,000배를 초과하는 것</td><td>4만원</td></tr>
<tr><td rowspan="13">특정 옥외탱크 저장소 및 준특정 옥외탱크 저장소</td><td rowspan="7">기초·지반, 탱크 본체 및 소화설비의 기술 검토</td><td rowspan="2">기술인력별 작업구분</td><td colspan="4">기준공량
(1백만L 이상 3백만L 미만)</td><td rowspan="7">「엔지니어링산업 진흥법」 제31조에 따른 엔지니어링사업 대가의 기준의 실비정액가산방식을 적용하여 산출한 금액</td></tr>
<tr><td>합계</td><td>탱크 본체 심사</td><td>기초 지반 심사</td><td>소화 설비 심사</td></tr>
<tr><td>기술협의 및 서류검토 (특급기술자)</td><td>0.313</td><td>0.125</td><td>0.125</td><td>0.063</td></tr>
<tr><td>기초·지반의 설계심사 (고급기술자)</td><td>1.250</td><td>0</td><td>1.250</td><td>0</td></tr>
<tr><td>탱크구조등의 설계심사 (고급기술자)</td><td>0.833</td><td>0.833</td><td>0</td><td>0</td></tr>
<tr><td>소화설비 설계심사 (고급기술자)</td><td>0.400</td><td>0</td><td>0</td><td>0.400</td></tr>
<tr><td>보고서작성 및 기록관리 (중급기술자)</td><td>0.354</td><td>0.125</td><td>0.166</td><td>0.063</td></tr>
<tr><td rowspan="6">그 밖의 사항의 심사</td><td colspan="5">용량이 50만L 이상 100만L 미만인 것</td><td>6만원</td></tr>
<tr><td colspan="5">용량이 100만L 이상 500만L 미만인 것</td><td>8만원</td></tr>
<tr><td colspan="5">용량이 500만L 이상 1,000만L 미만인 것</td><td>10만원</td></tr>
<tr><td colspan="5">용량이 1,000만L 이상 5,000만L 미만인 것</td><td>12만원</td></tr>
<tr><td colspan="5">용량이 5,000만L 이상 1억L 미만인 것</td><td>14만원</td></tr>
<tr><td colspan="5">용량이 1억L 이상인 것</td><td>16만원</td></tr>
</table>

<table>
<tr><th colspan="8">구분</th><th>수수료(원)</th></tr>
<tr><td rowspan="17">저장소</td><td rowspan="10">암반탱크저장소</td><td rowspan="7">기초·지반, 탱크본체 및 소화설비의 기술검토</td><td rowspan="2">기술 인력별 작업구분</td><td colspan="4">기준공량(탱크용량이 4억L 미만)</td><td rowspan="7">「엔지니어링산업 진흥법」 제31조에 따른 엔지니어링사업대가의 기준의 실비정액가산방식을 적용하여 산출한 금액</td></tr>
<tr><td>합계</td><td>탱크 본체 심사</td><td>기초 지반 심사</td><td>소화 설비 심사</td></tr>
<tr><td>기술협의 및 서류검토 (특급기술자)</td><td>2.063</td><td>1.000</td><td>1.000</td><td>0.063</td></tr>
<tr><td>기초·지반의 설계심사 (고급기술자)</td><td>7.541</td><td>0</td><td>7.541</td><td>0</td></tr>
<tr><td>탱크구조등의 설계심사 (고급기술자)</td><td>6.541</td><td>6.541</td><td>0</td><td>0</td></tr>
<tr><td>소화설비 설계심사 (고급기술자)</td><td>0.400</td><td>0</td><td>0</td><td>0.400</td></tr>
<tr><td>보고서작성 및 기록관리 (중급기술자)</td><td>0.563</td><td>0.250</td><td>0.250</td><td>0.063</td></tr>
<tr><td rowspan="3">그 밖의 사항의 심사</td><td colspan="5">용량이 4억L 미만인 것</td><td>18만원</td></tr>
<tr><td colspan="5">용량이 4억L 이상 5억L 미만인 것</td><td>20만원</td></tr>
<tr><td colspan="5">용량이 5억L 이상인 것</td><td>22만원</td></tr>
<tr><td colspan="7">옥내탱크저장소</td><td>2만5천원</td></tr>
<tr><td rowspan="2">지하탱크 저장소</td><td colspan="6">지정수량의 100배 이하인 것</td><td>2만5천원</td></tr>
<tr><td colspan="6">지정수량의 100배를 초과하는 것</td><td>4만원</td></tr>
<tr><td colspan="7">간이탱크저장소</td><td>1만5천원</td></tr>
<tr><td rowspan="2">이동탱크 저장소</td><td colspan="6">컨테이너식이동탱크저장소·항공기주유탱크차 외의 것</td><td>2만5천원</td></tr>
<tr><td colspan="6">컨테이너식이동탱크저장소, 항공기주유탱크차</td><td>4만원</td></tr>
<tr><td colspan="7">옥외저장소</td><td>1만5천원</td></tr>
<tr><td rowspan="8">취급소</td><td rowspan="2">주유취급소</td><td colspan="6">옥내주유취급소 외의 것</td><td>6만원</td></tr>
<tr><td colspan="6">옥내주유취급소</td><td>7만원</td></tr>
<tr><td rowspan="2">판매취급소</td><td colspan="6">제1종판매취급소</td><td>3만원</td></tr>
<tr><td colspan="6">제2종판매취급소</td><td>4만원</td></tr>
<tr><td rowspan="3">이송취급소</td><td colspan="6">특정이송취급소 외의 것으로서 배관의 연장(해당 배관의 기점 또는 종점이 2 이상인 경우에는 임의의 기점에서 임의의 종점까지의 해당 배관의 연장 중 최대의 것을 말한다. 이하 같다)이 15km 이하인 것</td><td>2만5천원</td></tr>
<tr><td colspan="6">특정이송취급소로서 배관의 연장이 15km 이하인 것</td><td>8만원</td></tr>
<tr><td colspan="4">배관의 연장이 15km를 초과하는 것</td><td colspan="3">8만원에 위험물을 이송하기 위한 배관의 연장이 15km 또는 15km 미만의 끝수가 증가할 때마다 2만원을 더한 금액</td></tr>
<tr><td>일반취급소</td><td colspan="7">제조소의 수수료기준과 동일</td></tr>
</table>

비고

1. 지정수량 1천배 이상의 제조소 또는 일반취급소·특정옥외탱크저장소·준특정옥외탱크저장소·암반탱크저장소의 설치허가 수수료는 이 표에 정하는 기술검토에 대한 수수료와 기타사항의 심사에 대한 수수료를 합한 금액으로 한다.
2. 지정수량 1천배 이상의 제조소 또는 일반취급소·특정옥외탱크저장소·준특정옥외탱크저장소·암반탱크저장소의 설치허가에 대한 수수료 중 기술검토에 대한 수수료는 이 표의 기준공량에 다음 각 목에 정하는 취급량별 또는 탱크의 용량별 보정계수를 곱하여 얻은 표준공량을 기준으로 하여 산출한 직접인건비·직접경비·제경비 및 기술료를 합한 금액으로 한다. 다만, 1천원 미만은 버리며, 특정옥외탱크저장소 및 준특정옥외탱크저장소의 기술검토에 대한 수수료 중 기초·지반, 탱크본체 및 소화설비의 심사에 대한 것은 각각 190만원을 초과할 수 없다.

가. 제조소 또는 일반취급소의 취급량별 보정계수

취급량(단위: kℓ 또는 ton)	보정계수
1,000 이하	1.00
1,000 초과 1,500 이하	1.15
1,500 초과 2,000 이하	1.34
2,000 초과	1.56

비고 지정수량의 단위가 다른 2 이상의 위험물에 있어서는 1kg을 1L로 본다.

나. 특정옥외탱크저장소 및 준특정옥외탱크저장소의 탱크용량별 보정계수

탱크용량(ℓ)	보정계수	탱크용량(ℓ)	보정계수	탱크용량(ℓ)	보정계수
5십만 이상 1백만 미만	0.58	3천만 이상 4천만 미만	4.42	9천만 이상 1억 미만	9.48
1백만 이상 3백만 미만	1.00	4천만 이상 5천만 미만	5.22	1억 이상 1억 1천만 미만	9.97
3백만 이상 6백만 미만	1.42	5천만 이상 6천만 미만	6.21	1억 1천만 이상 1억 2천만 미만	10.06
6백만 이상 1천만 미만	2.36	6천만 이상 7천만 미만	7.36	1억 2천만 이상	11.6
1천만 이상 2천만 미만	3.03	7천만 이상 8천만 미만	8.03		
2천만 이상 3천만 미만	3.75	8천만 이상 9천만 미만	8.81		

다. 암반탱크저장소의 탱크용량별 보정계수

탱크용량(ℓ)	보정계수
4억 미만	1.00
4억 이상 5억 미만	1.26
5억 이상	1.86

3. 제2호의 직접인건비는 「엔지니어링산업 진흥법」 제31조에 따른 엔지니어링사업 대가 기준 중 건설 및 기타 부문의 임금단가에 표준공량을 곱하여 산출하고, 직접경비·제경비 및 기술료는 다음 식에 의하여 산출한다.
   가. 직접경비 = 직접인건비 × 20%
   나. 제경비 = 직접인건비 × 110%
   다. 기술료 = (직접인건비+제경비) × 20%
4. 같은 시기에 설치장소와 설계조건이 같은 2개 이상의 제조소·일반취급소 또는 옥외탱크저장소에 대한 기술검토를 신청하는 경우에는 1개 외의 나머지 대상에 대한 기술검토 수수료는 이 표에 의한 수수료의 3/4에 해당하는 금액으로 한다.

나. 제조소등의 변경허가: 가목에 정하는 해당 제조소등의 설치허가 수수료의 1/2에 해당하는 금액. 다만, 기술검토에 대한 수수료는 변경이 있는 구조·설비·기초·지반 또는 탱크본체에 대한 설치허가에 따른 기술검토 수수료의 1/2에 해당하는 금액으로 한다.

3. 법 제8조의 규정에 의한 탱크안전성능검사
   가. 법 제6조제1항 전단의 규정에 의한 설치허가에 따른 탱크안전성능검사: 검사의 구분에 따라 다음표에 정하는 금액

구분		수수료
충수검사	용량이 1만L 이하인 것	1만원
	용량이 1만L 초과 50만L 이하인 것	2만원
	용량이 50만L 초과 100만L 미만인 것	5만원
	용량이 100만L 이상인 것	35만원에 10만L 또는 10만L 미만의 끝수가 증가할 때마다 2만1천원을 가산한 금액. 다만, 150만원을 초과할 수 없다.
수압검사	용량이 100L 이하인 것	1만원
	용량이 100L 초과 10,000L 이하인 것	2만원
	용량이 10,000L 초과 2만L 이하인 것	3만원
	용량이 2만L를 초과하는 것	3만원에 10,000L 또는 10,000L 미만의 끝수가 증가할 때마다 1만원을 가산한 금액. 다만, 150만원을 초과할 수 없다.
기초·지반 검사		제2호의 규정에 의한 특정옥외탱크저장소·준특정옥외탱크저장소 및 암반탱크저장소의 설치허가에 따른 수수료중 기술검토에 대한 수수료 산정의 예에 준하여 소방청장이 정하여 고시하는 방법에 따라 산출한 금액
용접부 검사		
암반탱크 검사		
이중벽탱크 검사		

비고

1. 검사에 필요한 충수·가스충전·비계설치 등 검사준비에 소요되는 비용은 이 표의 수수료에 포함하지 아니한다.
2. 2기 이상의 탱크에 대한 충수검사 또는 수압검사를 같은 날 같은 장소에서 실시하는 경우에 있어서는 1기 외에 추가되는 탱크에 대한 수수료는 이 표에 의한 수수료의 1/2에 해당하는 금액으로 한다.
3. 이중벽탱크검사는 별표 8 Ⅱ의 이중벽탱크에 대한 탱크안전성능검사를 말한다. 이하 나목에서 같다.

나. 법 제6조제1항 후단의 규정에 의한 변경허가에 따른 탱크안전성능검사 : 검사의 구분에 따라 다음 표에 정하는 금액

구분	수수료
충수검사	가목의 구분에 따른 각 해당수수료와 동일한 액
수압검사	가목의 구분에 따른 각 해당수수료와 동일한 액
기초·지반검사	제2호의 규정에 의한 특정옥외탱크저장소 및 암반탱크저장소의 설치허가에 따른 수수료중 기술검토에 대한 수수료 산정의 예에 준하여 소방청장이 정하여 고시하는 방법에 따라 산출한 금액
용접부검사	
암반탱크검사	
이중벽탱크검사	

4. 법 제9조의 규정에 의한 제조소등의 완공검사 : 다음 각목에 정하는 금액. 다만, 기술원이 실시하는 완공검사에 대한 수수료는 제2호의 규정에 의한 특정옥외탱크저장소·순특성옥외탱크저장소 및 암반탱크저장소의 설치허가에 따른 수수료중 기술검토에 대한 수수료 산정의 예에 준하여 소방청장이 정하여 고시하는 방법으로 산출한다.
   가. 제조소등의 설치에 따른 완공검사 : 당해 제조소등의 설치허가 수수료의 1/2에 해당하는 금액
   나. 제조소등의 변경에 따른 완공검사 : 당해 제조소등의 설치허가 수수료의 1/4에 해당하는 금액
5. 법 제10조제3항의 규정에 의한 설치자의 지위승계신고 : 2만원
6. 법 제16조제2항의 규정에 의한 탱크시험자의 등록 : 8만원
7. 법 제16조제3항의 규정에 의한 탱크시험자의 등록사항 변경신고 : 2만원
8. 법 제18조제3항에 따른 정기검사 : 제2호에 따른 특정옥외탱크저장소·준특정옥외탱크저장소 및 암반탱크저장소의 설치허가에 따른 수수료중 기술검토에 대한 수수료 산정의 예에 준하여 소방청장이 정하여 고시하는 방법에 따라 산출한 금액
9. 법 제20조제3항에 따른 운반용기의 검사 : 운반용기의 종류 및 크기별로 검사방법에 따른 실비용을 고려하여 소방청장이 정하여 고시하는 금액
10. 법 제28조에 따른 안전교육 : 교육과정 및 교육대상자별로 교육내용에 따른 실비용을 고려하여 소방청장이 정하여 고시하는 금액

제32조(벌칙적용에 있어서의 공무원 의제)

다음 각 호의 자는 형법 제129조 내지 제132조의 적용에 있어서는 이를 공무원으로 본다.

1. 제8조제1항 후단의 규정에 따른 검사업무에 종사하는 기술원의 담당 임원 및 직원
2. 제16조제1항의 규정에 따른 탱크시험자의 업무에 종사하는 자
3. 제30조제2항의 규정에 따라 위탁받은 업무에 종사하는 안전원 및 기술원의 담당 임원 및 직원

제7장 벌칙

제33조(벌칙)

① 제조소등에서 위험물을 유출·방출 또는 확산시켜 사람의 생명·신체 또는 재산에 대하여 위험을 발생시킨 자는 1년 이상 10년 이하의 징역에 처한다.

② 제1항의 규정에 따른 죄를 범하여 사람을 상해(傷害)에 이르게 한 때에는 무기 또는 3년 이상의 징역에 처하며, 사망에 이르게 한 때에는 무기 또는 5년 이상의 징역에 처한다.

제34조(벌칙)

① 업무상 과실로 제조소등에서 위험물을 유출·방출 또는 확산시켜 사람의 생명·신체 또는 재산에 대하여 위험을 발생시킨 자는 7년 이하의 금고 또는 7천만 원 이하의 벌금에 처한다.

② 제1항의 죄를 범하여 사람을 사상(死傷)에 이르게 한 자는 10년 이하의 징역 또는 금고나 1억 원 이하의 벌금에 처한다.

제34조의2(벌칙)

제6조제1항 전단을 위반하여 제조소등의 설치허가를 받지 아니하고 제조소등을 설치한 자는 5년 이하의 징역 또는 1억 원 이하의 벌금에 처한다.

제34조의3(벌칙)

제5조제1항을 위반하여 저장소 또는 제조소등이 아닌 장소에서 지정수량 이상의 위험물을 저장 또는 취급한 자는 3년 이하의 징역 또는 3천만 원 이하의 벌금에 처한다.

제35조(벌칙)

다음 각 호의 어느 하나에 해당하는 자는 1년 이하의 징역 또는 1천만 원 이하의 벌금에 처한다.

1. ~2. 삭제 〈2017. 3. 21.〉

3. 제16조제2항의 규정에 따른 탱크시험자로 등록하지 아니하고 탱크시험자의 업무를 한 자

4. 제18조제1항의 규정을 위반하여 정기점검을 하지 아니하거나 점검기록을 허위로 작성한 관계인으로서 제6조제1항의 규정에 따른 허가(제6조제3항의 규정에 따라 허가가 면제된 경우 및 제7조제2항의 규정에 따라 협의로써 허가를 받은 것으로 보는 경우를 포함한다. 이하 제5호・제6호, 제36조제6호・제7호・제10호 및 제37조제3호에서 같다)를 받은 자

5. 제18조제3항의 규정을 위반하여 정기검사를 받지 아니한 관계인으로서 제6조제1항의 규정에 따른 허가를 받은 자

6. 제19조의 규정을 위반하여 자체소방대를 두지 아니한 관계인으로서 제6조제1항의 규정에 따른 허가를 받은 자

7. 제20조제3항 단서를 위반하여 운반용기에 대한 검사를 받지 아니하고 운반용기를 사용하거나 유통시킨 자 ➡1년 이하의 징역 또는 1천만원 이하의 벌금[시행일 : 2021. 6. 10.] 제35조

8. 제22조제1항(제22조의2제2항에서 준용하는 경우를 포함한다)의 규정에 따른 명령을 위반하여 보고 또는 자료제출을 하지 아니하거나 허위의 보고 또는 자료제출을 한 자 또는 관계공무원의 출입・검사 또는 수거를 거부・방해 또는 기피한 자

9. 제25조의 규정에 따른 제조소등에 대한 긴급 사용정지・제한명령을 위반한 자

제36조(벌칙)

다음 각 호의 어느 하나에 해당하는 자는 1천500만 원 이하의 벌금에 처한다.

1. 제5조제3항제1호의 규정에 따른 위험물의 저장 또는 취급에 관한 중요기준에 따르지 아니한 자

2. 제6조제1항 후단의 규정을 위반하여 변경허가를 받지 아니하고 제조소등을 변경한 자

3. 제9조제1항의 규정을 위반하여 제조소등의 완공검사를 받지 아니하고 위험물을 저장・취급한 자

3의2. 제11조의2제3항에 따른 안전조치 이행명령을 따르지 아니한 자

➡ 1천500만원 이하의 벌금 [시행일 : 2021. 10. 21.] 제36조

4. 제12조의 규정에 따른 제조소등의 사용정지명령을 위반한 자

5. 제18조제3항을 위반하여 정기검사를 받지 아니한 관계인으로서 제6조제1항에 따른 허가를 받은 자

6. 제15조제1항 또는 제2항의 규정을 위반하여 안전관리자를 선임하지 아니한 관계인으로서 제6조제1항의 규정에 따른 허가를 받은 자
7. 제15조제5항을 위반하여 대리자를 지정하지 아니한 관계인으로서 제6조제1항의 규정에 따른 허가를 받은 자
8. 제16조제5항의 규정에 따른 업무정지명령을 위반한 자
9. 제16조제6항의 규정을 위반하여 탱크안전성능시험 또는 점검에 관한 업무를 허위로 하거나 그 결과를 증명하는 서류를 허위로 교부한 자
10. 제17조제1항 전단의 규정을 위반하여 예방규정을 제출하지 아니하거나 동조제2항의 규정에 따른 변경명령을 위반한 관계인으로서 제6조제1항의 규정에 따른 허가를 받은 자
11. 제22조제2항에 따른 정지지시를 거부하거나 국가기술자격증, 교육수료증 · 신원확인을 위한 증명서의 제시 요구 또는 신원확인을 위한 질문에 응하지 아니한 사람
12. 제22조제5항의 규정에 따른 명령을 위반하여 보고 또는 자료제출을 하지 아니하거나 허위의 보고 또는 자료제출을 한 자 및 관계공무원의 출입 또는 조사 · 검사를 거부 · 방해 또는 기피한 자
13. 제23조의 규정에 따른 탱크시험자에 대한 감독상 명령에 따르지 아니한 자
14. 제24조의 규정에 따른 무허가장소의 위험물에 대한 조치명령에 따르지 아니한 자
15. 제26조제1항 · 제2항 또는 제27조의 규정에 따른 저장 · 취급기준 준수명령 또는 응급조치명령을 위반한 자

제37조(벌칙)

다음 각 호의 어느 하나에 해당하는 자는 1천만 원 이하의 벌금에 처한다.

1. 제15조제6항을 위반하여 위험물의 취급에 관한 안전관리와 감독을 하지 아니한 자
2. 제15조제7항을 위반하여 안전관리자 또는 그 대리자가 참여하지 아니한 상태에서 위험물을 취급한 자
3. 제17조제1항 후단의 규정을 위반하여 변경한 예방규정을 제출하지 아니한 관계인으로서 제6조제1항의 규정에 따른 허가를 받은 자
4. 제20조제1항제1호의 규정을 위반하여 위험물의 운반에 관한 중요기준에 따르지 아니한 자

4의2. 제20조제2항을 위반하여 요건을 갖추지 아니한 위험물운반자

➡ 1천만원 이하의 벌금[시행일 : 2021. 6. 10.] 제37조

5. 제21조제1항 또는 제2항의 규정을 위반한 위험물운송자

6. 제22조제4항(제22조의2제2항에서 준용하는 경우를 포함한다)의 규정을 위반하여 관계인의 정당한 업무를 방해하거나 출입·검사 등을 수행하면서 알게 된 비밀을 누설한 자

제38조(양벌규정)

① 법인의 대표자나 법인 또는 개인의 대리인, 사용인, 그 밖의 종업원이 그 법인 또는 개인의 업무에 관하여 제33조제1항의 위반행위를 하면 그 행위자를 벌하는 외에 그 법인 또는 개인을 5천만 원 이하의 벌금에 처하고, 같은 조 제2항의 위반행위를 하면 그 행위자를 벌하는 외에 그 법인 또는 개인을 1억 원 이하의 벌금에 처한다. 다만, 법인 또는 개인이 그 위반행위를 방지하기 위하여 해당 업무에 관하여 상당한 주의와 감독을 게을리하지 아니한 경우에는 그러하지 아니하다.

② 법인의 대표자나 법인 또는 개인의 대리인, 사용인, 그 밖의 종업원이 그 법인 또는 개인의 업무에 관하여 제34조부터 제37조까지의 어느 하나에 해당하는 위반행위를 하면 그 행위자를 벌하는 외에 그 법인 또는 개인에게도 해당 조문의 벌금형을 과(科)한다. 다만, 법인 또는 개인이 그 위반행위를 방지하기 위하여 해당 업무에 관하여 상당한 주의와 감독을 게을리하지 아니한 경우에는 그러하지 아니하다.

제39조(과태료)

① 다음 각 호의 어느 하나에 해당하는 자는 500만원 이하의 과태료를 부과한다.

1. 제5조제2항제1호의 규정에 따른 승인을 받지 아니한 자
2. 제5조제3항제2호의 규정에 따른 위험물의 저장 또는 취급에 관한 세부기준을 위반한 자
3. 제6조제2항의 규정에 따른 품명 등의 변경신고를 기간 이내에 하지 아니하거나 허위로 한 자
4. 제10조제3항의 규정에 따른 지위승계신고를 기간 이내에 하지 아니하거나 허위로 한 자
5. 제11조의 규정에 따른 제조소등의 폐지신고 또는 제15조제3항의 규정에 따른 안전관리자의 선임신고를 기간 이내에 하지 아니하거나 허위로 한 자

5의2. 제11조의2제2항을 위반하여 사용 중지신고 또는 재개신고를 기간 이내에 하지 아니하거나 거짓으로 한 자

6. 제16조제3항의 규정을 위반하여 등록사항의 변경신고를 기간 이내에 하지 아니하거나 허위로 한 자
7. 제18조제1항의 규정을 위반하여 점검결과를 기록·보존하지 아니한 자

7의2. 제18조제2항을 위반하여 기간 이내에 점검결과를 제출하지 아니한 자

➡ 500만원 이하의 과태료 [시행일 : 2021. 10. 21.] 제39조

8. 제20조제1항제2호의 규정에 따른 위험물의 운반에 관한 세부기준을 위반한 자
9. 제21조제3항의 규정을 위반하여 위험물의 운송에 관한 기준을 따르지 아니한 자

② 제1항의 규정에 따른 과태료는 대통령령이 정하는 바에 따라 시·도지사, 소방본부장 또는 소방서장(이하 "부과권자"라 한다)이 부과·징수한다.

③ ④ ⑤삭제 〈2014. 12. 30.〉

⑥제4조 및 제5조제2항 각 호 외의 부분 후단의 규정에 따른 조례에는 200만 원 이하의 과태료를 정할 수 있다. 이 경우 과태료는 부과권자가 부과·징수한다.

⑦ 삭제 〈2014. 12. 30.〉

위험물안전관리법 시행령 살펴보기

제23조(과태료 부과기준)

법 제39조제1항에 따른 과태료의 부과기준은 별표 9와 같다.

위험물안전관리법 시행령 [별표 9] 〈개정 2021. 10. 19.〉

과태료의 부과기준(제23조 관련)

1. 일반기준
   가. 과태료 부과권자는 다음의 어느 하나에 해당하는 경우에는 제2호의 개별기준에 따른 과태료 금액의 2분의 1까지 그 금액을 줄일 수 있다. 다만, 과태료를 체납하고 있는 위반행위자에 대해서는 그러하지 아니하다.
      1) 위반행위자가 「질서위반행위규제법 시행령」 제2조의2제1항 각 호의 어느 하나에 해당하는 경우
      2) 위반행위자가 처음 위반행위를 한 경우로서 3년 이상 해당 업종을 모범적으로 경영한 사실이 인정되는 경우
      3) 위반행위가 사소한 부주의나 오류 등 과실로 인한 것으로 인정되는 경우
      4) 위반행위자가 같은 위반행위로 다른 법률에 따라 과태료·벌금·영업정지 등의 처분을 받은 경우
      5) 위반행위자가 위법행위로 인한 결과를 시정하거나 해소한 경우
      6) 그 밖에 위반행위의 정도, 위반행위의 동기와 그 결과 등을 고려하여 과태료를 줄일 필요가 있다고 인정되는 경우

나. 위반행위의 횟수에 따른 과태료의 부과기준은 최근 1년간 같은 위반행위로 과태료 부과처분을 받은 경우에 적용한다. 이 경우 기간의 계산은 위반행위에 대하여 과태료 부과처분을 받은 날과 그 처분 후 다시 같은 위반행위를 하여적발된 날을 기준으로 한다.
다. 나목에 따라 가중된 부과처분을 하는 경우 가중처분의 적용 차수는 그 위반행위 전 부과처분 차수(나목에 따른 기간 내에 과태료 부과처분이 둘 이상 있었던 경우에는 높은 차수를 말한다)의 다음 차수로 한다.

2. 개별기준

(단위 : 만원)

위반행위	근거 법조문	과태료 금액
가. 법 제5조제2항제1호에 따른 승인을 받지 않은 경우	법 제39조제1항제1호	
1) 승인기한(임시저장 또는 취급개시일의 전날)의 다음날을 기산일로 하여 30일 이내에 승인을 신청한 경우		250
2) 승인기한(임시저장 또는 취급개시일의 전날)의 다음날을 기산일로 하여 31일 이후에 승인을 신청한 경우		400
3) 승인을 받지 않은 경우		500
나. 법 제5조제3항제2호에 따른 위험물의 저장 또는 취급에 관한 세부기준을 위반한 경우	법 제39조제1항제2호	
1) 1차 위반 시		250
2) 2차 위반 시		400
3) 3차 이상 위반 시		500
다. 법 제6조제2항에 따른 품명 등의 변경신고를 기간 이내에 하지 않거나 허위로 한 경우	법 제39조제1항제3호	
1) 신고기한(변경한 날의 1일 전날)의 다음날을 기산일로 하여 30일 이내에 신고한 경우		250
2) 신고기한(변경한 날의 1일 전날)의 다음날을 기산일로 하여 31일 이후에 신고한 경우		350
3) 허위로 신고한 경우		500
4) 신고를 하지 않은 경우		500
라. 법 제10조제3항에 따른 지위승계신고를 기간 이내에 하지 않거나 허위로 한 경우	법 제39조제1항제4호	

위반행위	근거 법조문	과태료 금액
1) 신고기한(지위승계일의 다음날을 기산일로 하여 30일이 되는 날)의 다음날을 기산일로 하여 30일 이내에 신고한 경우		250
2) 신고기한(지위승계일의 다음날을 기산일로 하여 30일이 되는 날)의 다음날을 기산일로 하여 31일 이후에 신고한 경우		350
3) 허위로 신고한 경우		500
4) 신고를 하지 않은 경우		500
마. 법 제11조에 따른 제조소등의 폐지신고를 기간 이내에 하지 않거나 허위로 한 경우	법 제39조제1항 제5호	
1) 신고기한(폐지일의 다음날을 기산일로 하여 14일이 되는 날)의 다음날을 기산일로 하여 30일 이내에 신고한 경우		250
2) 신고기한(폐지일의 다음날을 기산일로 하여 14일이 되는 날)의 다음날을 기산일로 하여 31일 이후에 신고한 경우		350
3) 허위로 신고한 경우		500
4) 신고를 하지 않은 경우		500
바. 법 제11조의2제2항을 위반하여 사용 중지신고 또는 재개신고를 기간 이내에 하지 않거나 거짓으로 한 경우	법 제39조제1항 제5호의2	
1) 신고기한(중지 또는 재개한 날의 14일 전날)의 다음날을 기산일로 하여 30일 이내에 신고한 경우		250
2) 신고기한(중지 또는 재개한 날의 14일 전날)의 다음날을 기산일로 하여 31일 이후에 신고한 경우		350
3) 거짓으로 신고한 경우		500
4) 신고를 하지 않은 경우		500
사. 법 제15조제3항에 따른 안전관리자의 선임신고를 기간 이내에 하지 않거나 허위로 한 경우	법 제39조제1항 제5호	
1) 신고기한(선임한 날의 다음날을 기산일로 하여 14일이 되는 날)의 다음날을 기산일로 하여 30일 이내에 신고한 경우		250
2) 신고기한(선임한 날의 다음날을 기산일로 하여 14일이 되는 날)의 다음날을 기산일로 하여 31일 이후에 신고한 경우		350
3) 허위로 신고한 경우		500
4) 신고를 하지 않은 경우		500
아. 법 제16조제3항을 위반하여 등록사항의 변경신고를 기간 이내에 하지 않거나 허위로 한 경우	법 제39조제1항 제6호	

위반행위	근거 법조문	과태료 금액
1) 신고기한(변경일의 다음날을 기산일로 하여 30일이 되는 날)의 다음날을 기산일로 하여 30일 이내에 신고한 경우		250
2) 신고기한(변경일의 다음날을 기산일로 하여 30일이 되는 날)의 다음날을 기산일로 하여 31일 이후에 신고한 경우		350
3) 허위로 신고한 경우		500
4) 신고를 하지 않은 경우		500
자. 법 제18조제1항을 위반하여 점검결과를 기록하지 않거나 보존하지 않은 경우	법 제39조 제1항제7호	
1) 1차 위반 시		250
2) 2차 위반 시		400
3) 3차 이상 위반 시		500
차. 법 제18조제2항을 위반하여 기간 이내에 점검 결과를 제출하지 않은 경우	법 제39조 제1항제7호의2	
1) 제출기한(점검일의 다음날을 기산일로 하여 30일이 되는 날)의 다음날을 기산일로 하여 30일 이내에 제출한 경우		250
2) 제출기한(점검일의 다음날을 기산일로 하여 30일이 되는 날)의 다음날을 기산일로 하여 31일 이후에 제출한 경우		400
3) 제출하지 않은 경우		500
카. 법 제20조제1항제2호에 따른 위험물의 운반에 관한 세부기준을 위반한 경우	법 제39조제1항 제8호	
1) 1차 위반 시		250
2) 2차 위반 시		400
3) 3차 이상 위반 시		500
타. 법 제21조제3항을 위반하여 위험물의 운송에 관한 기준을 따르지 않은 경우	법 제39조제1항 제9호	
1) 1차 위반 시		250
2) 2차 위반 시		400
3) 3차 이상 위반 시		500

문/제/풀/이

1. 위험물제조소등에 해당되지 않는 것은?

① 판매소 ② 제조소
③ 저장소 ④ 취급소

정답 ①

2. 고정된 주유설비에 의하여 자동차 · 항공기 또는 선박 등의 연료탱크에 직접 주유하기 위하여 위험물을 취급하는 장소는?

① 주유취급소 ② 판매취급소
③ 이송취급소 ④ 일반취급소

정답 ①

3. 다음 중 제1류 위험물의 특성으로 옳은 것은?

① 산화성액체 ② 산화성고체
③ 인화성고체 ④ 가연성고체

정답 ②

4. 지정수량의 몇 배 이상의 위험물을 취급하는 제조소에는 화재예방을 위한 예방규정을 정하여야 하는가?

① 10배 이상 ② 100배 이상
③ 150배 이상 ④ 200배 이상

정답 ①

5. 위험물제조소등을 설치하고자 하는 자는 누구의 허가를 받아야 하는가?

① 행정안전부장관 ② 시 · 도지사
③ 소방청장 ④ 소방본부장 또는 소방서장

정답 ②

6. 위험물안전관리법에서 정하는 위험물질에 대한 설명으로 옳은 것은?

① 유황은 순도가 60중량퍼센트 이상인 것을 말한다.
② 인화성고체라 함은 고형알코올 그 밖에 1기압에서 인화점이 21℃ 미만인 고체를 말한다.
③ 철분이라 함은 철의 분말로서 53㎛의 표준체를 통과하는 것이 80중량퍼센트 미만인 것은 제외한다.
④ 과산화수소는 그 농도가 36중량퍼센트 이하인 것에 한 한다.

정답 ①

7. 위험물안전관리법에서 위험물에 대한 정의는?

① 인화성 또는 발화성 등의 성질을 가지는 것으로서 대통령령이 정하는 물품
② 인화성 또는 발화성 등의 성질을 가지는 것으로서 총리령이 정하는 물품
③ 인화성 또는 발화성 등의 성질을 가지는 것으로서 행정안전부령이 정하는 물품
④ 인화성 또는 발화성 등의 성질을 가지는 것으로서 시 · 도 조례에서 정하는 물품

정답 ①

8. 제조소등에서 위험물을 유출 · 방출 또는 확산시켜 사람의 생명 · 신체 또는 재산에 대하여 위험을 발생시킨 자에 대한 벌칙은?

① 1년 이상 10년 이하의 징역
② 7년 이하의 금고 또는 2천만 원 이하의 벌금
③ 1년 이하의 징역 또는 1천만 원 이하의 벌금
④ 10년 이하의 징역 또는 금고나 5천만 원 이하의 벌금

정답 ①

9. 관계인은 당해 제조소등의 화재예방과 화재 등 재해발생시의 비상조치를 위하여 예방규정을 정하여 언제까지 시 · 도지사에게 제출하여야 하는가?

① 제조소등의 사용을 시작하기 전
② 제조소등의 착공 신고 전
③ 제조소등의 완공 신고 전
④ 제조소등의 탱크안전성능시험 전

정답 ①

10. 위험물안전관리자가 퇴직한 때에는 퇴직한 날부터 며칠 이내에 다시 위험물안전관리자를 선임하여야 하는가?

① 10일 이내
② 14일 이내
③ 15일 이내
④ 30일 이내

정답 ④

11. 제조소등의 관계인은 당해 제조소등의 용도를 폐지하려고 할 때에는 제조소등의 용도를 폐지한 날부터 며칠 이내에 시 · 도지사에게 신고를 해야 하는가?

① 7일
② 10일
③ 14일
④ 30일

정답 ③

12. 제조소등이 아닌 장소에서 지정수량 이상의 위험물을 취급할 수 있는데, 이 경우 시 · 도의 조례가 정하는 바에 따라 관할소방서장의 승인을 받아 지정수량 이상의 위험물을 며칠 이내에 임시로 저장 또는 취급할 수 있는가?

① 30일 ② 60일
③ 90일 ④ 120일

정답 ③

13. 자연발화성물질 및 금수성 물질인 제3류 위험물에 속하지 않는 것은?

① 황린 ② 칼륨
③ 나트륨 ④ 황화린

정답 ④

14. 다음 중 제3류 위험물의 특성으로 옳은 것은?

① 산화성액체 ② 산화성고체
③ 자연발화성물질 및 금수성물질 ④ 가연성고체

정답 ③

15. 위험물을 취급하는 건축물 그 밖의 시설의 주위에는 그 취급하는 위험물의 최대수량이 지정수량의 10배 초과인 경우에 보유하여야 할 공지의 너비는?

① 3m 이상 ② 5m 이상
③ 10m 이상 ④ 15m 이상

정답 ②

16. 위험물 제조소의 옥외에 있는 하나의 취급 탱크 주위에 설치하는 방유제의 용량은 당해 탱크 용량의 몇 % 이상으로 하는가?

① 30% ② 50%
③ 100% ④ 150%

정답 ②

17. 다음 중 제조소등 설치허가의 취소와 사용정지의 사유로 옳지 않은 것은?

① 위험물안전관리자를 두지 않았을 때
② 변경허가를 받지 아니하고 제조소등의 위치 · 구조 또는 설비를 변경한 때
③ 완공검사를 받지 아니하고 제조소등을 사용한 때
④ 수리 · 개조 또는 이전의 명령을 위반한 때

정답 ①

18. 판매취급소에서 판매하기 위해 취급할 수 있는 위험물의 양은 얼마인가?

① 지정수량 10배 이하
② 지정수량 20배 이하
③ 지정수량 30배 이하
④ 지정수량 40배 이하

정답 ④

19. 위험물의 저장 또는 취급에 관한 중요기준에 따르지 아니한 자에 대한 벌칙은?

① 200만 원 이하의 벌금
② 300만 원 이하의 벌금
③ 1,500만 원 이하의 벌금
④ 1년 이하의 징역 또는 1천만 원 이하의 벌금

정답 ③

20. 다음 중 「위험물안전관리법 시행규칙」상 복합용도 건축물의 옥내저장소의 기준에 대한 설명으로 옳지 않은 것은?

① 옥내저장소는 벽 · 기둥 · 바닥 및 보가 내화구조인 건축물의 1층 또는 2층의 어느 하나의 층에 설치하여야 한다.
② 옥내저장소의 용도에 사용되는 부분의 바닥은 지면보다 높게 설치하고 그 층고를 6m 미만으로 하여야 한다.
③ 옥내저장소의 용도에 사용되는 부분의 바닥면적은 75m2 이하로 하여야 한다.
④ 옥내저장소의 용도에 사용되는 부분에는 창을 설치하여야 한다.

정답 ④

풀이 위험물안전관리법 시행규칙 별표5(옥내저장소의 위치·구조 및 설비의 기준)

Ⅲ. 복합용도 건축물의 옥내저장소의 기준

옥내저장소중 지정수량의 20배 이하의 것(옥내저장소외의 용도로 사용하는 부분이 있는 건축물에 설치하는 것에 한한다)의 위치·구조 및 설비의 기술기준은 Ⅰ 제3호, 제11호 내지 제17호의 규정에 의하는 외에 다음 각 호의 기준에 의하여야 한다.

1. 옥내저장소는 벽·기둥·바닥 및 보가 내화구조인 건축물의 1층 또는 2층의 어느 하나의 층에 설치하여야 한다.
2. 옥내저장소의 용도에 사용되는 부분의 바닥은 지면보다 높게 설치하고 그 층고를 6m 미만으로 하여야 한다.
3. 옥내저장소의 용도에 사용되는 부분의 바닥면적은 $75m^2$ 이하로 하여야 한다.
4. 옥내저장소의 용도에 사용되는 부분은 벽·기둥·바닥·보 및 지붕(상층이 있는 경우에는 상층의 바닥)을 내화구조로 하고, 출입구외의 개구부가 없는 두께 70mm 이상의 철근콘크리트조 또는 이와 동등 이상의 강도가 있는 구조의 바닥 또는 벽으로 당해 건축물의 다른 부분과 구획되도록 하여야 한다.
5. 옥내저장소의 용도에 사용되는 부분의 출입구에는 수시로 열 수 있는 자동폐쇄방식의 갑종방화문을 설치하여야 한다.
6. 옥내저장소의 용도에 사용되는 부분에는 창을 설치하지 아니하여야 한다.
7. 옥내저장소의 용도에 사용되는 부분의 환기설비 및 배출설비에는 방화상 유효한 댐퍼 등을 설치하여야 한다.

21. 다음 중 「위험물안전관리법」상 용어의 정의에 관한 내용으로 옳은 것은?

① "지정수량"이라 함은 위험물의 종류별로 위험성을 고려하여 대통령령이 정하는 수량으로서 제조소등의 설치허가 등에 있어서 최대의 기준이 되는 수량을 말한다.

② "제조소"라 함은 위험물을 제조할 목적으로 지정수량 이하의 위험물을 취급하기 위하여 허가를 받은 장소를 말한다.

③ "제조소등"이라 함은 제조소 및 저장소를 말한다.

④ "저장소"라 함은 지정수량 이상의 위험물을 저장하기 위한 허가를 받은 장소를 말한다.

정답 ④

풀이 제2조(정의)

①이 법에서 사용하는 용어의 정의는 다음과 같다.

1. "위험물"이라 함은 인화성 또는 발화성 등의 성질을 가지는 것으로서 대통령령이 정하는 물품을 말한다.
2. "지정수량"이라 함은 위험물의 종류별로 위험성을 고려하여 대통령령이 정하는 수량으로서 제6호의 규정에 의한 제조소등의 설치허가 등에 있어서 최저의 기준이 되는 수량을 말한다.
3. "제조소"라 함은 위험물을 제조할 목적으로 지정수량 이상의 위험물을 취급하기 위하여 제6조제1항의 규정에 따른 허가(동조제3항의 규정에 따라 허가가 면제된 경우 및 제7조제2항의 규정에 따라 협의로써 허가를 받은 것으로 보는 경우를 포함한다. 이하 제4호 및 제5호에서 같다)를 받은 장소를 말한다.
5. "취급소"라 함은 지정수량 이상의 위험물을 제조외의 목적으로 취급하기 위한 대통령령이 정하는 장소로서 제6조제1항의 규정에 따른 허가를 받은 장소를 말한다.
6. "제조소등"이라 함은 제3호 내지 제5호의 제조소·저장소 및 취급소를 말한다.

22. 다음 중 「위험물안전관리법 시행규칙」상 위험물 제조소등(이동탱크저장소를 제외한다)에 설치하는 경보설비로 옳지 않은 것은?

① 확성장치

② 자동화재설비

③ 비상경보설비

④ 비상방송설비

정답 ②

풀이 위험물안전관리법 시행규칙 제42조(경보설비의 기준)

① 법 제5조제4항의 규정에 의하여 영 별표 1의 규정에 의한 지정수량의 10배 이상의 위험물을 저장 또는 취급하는 제조소등(이동탱크저장소를 제외한다)에는 화재발생시 이를 알릴 수 있는 경보설비를 설치하여야 한다.

② 제1항에 따른 경보설비는 자동화재탐지설비·**자동화재속보설비**·비상경보설비(비상벨장치 또는 경종을 포함한다)·확성장치(휴대용확성기를 포함한다) 및 비상방송설비로 구분하되, 제조소등별로 설치하여야 하는 경보설비의 종류 및 설치기준은 별표 17과 같다.

③ 자동신호장치를 갖춘 스프링클러설비 또는 물분무등소화설비를 설치한 제조소등에 있어서는 제2항의 규정에 의한 자동화재탐지설비를 설치한 것으로 본다.

[시행일 : 2021. 7. 1.] 제42조제2항

23. 다음 중 「위험물안전관리법 시행규칙」상 특정 · 준특정옥외탱크저장소 정기검사의 방법 중 옳은 것은?

① 정밀정기검사 및 중간정기검사를 받아야 한다.

② 특정 · 준특정옥외저장탱크에 안전조치를 한 후 규정에 의하여 기술원에 구조안전점검시기 연장신청을 하여 당해 안전조치가 적정한 것으로 인정받은 경우에는 최근의 정기검사를 받은 날부터 13년

③ 정밀정기검사를 구조안전점검을 실시하는 때에 함께 받을 수 있다.

④ 중간정기검사는 특정 · 준특정옥외탱크저장소의 설치허가에 따른 완공검사합격확인증을 발급받은 날부터 4년

정답 모두

풀이 위험물안전관리법 시행규칙 제65조(특정·준특정옥외탱크저장소의 정기점검)

① 법 제18조제1항에 따라 옥외탱크저장소 중 저장 또는 취급하는 액체위험물의 최대수량이 50만리터 이상인 것(이하 "특정 · 준특정옥외탱크저장소"라 한다)에 대하여는 제64조에 따른 정기점검 외에 다음 각 호의 어느 하나에 해당하는 기간 이내에 1회 이상 특정 · 준특정옥외저장탱크(특정 · 준특정옥외탱크저장소의 탱크를 말한다. 이하 같다)의 구조 등에 관한 안전점검(이하 "구조안전점검"이라 한다)을 하여야 한다.

제70조(정기검사의 시기)

① 법 제18조제2항에 따른 정기검사(이하 "정기검사"라 한다)를 받아야 하는 특정 · 준특정옥외탱크저장소의 관계인은 다음 각 호의 구분에 따라 정밀정기검사 및 중간정기검사를 받아야 한다. 다만, 재난 그 밖의 비상사태의 발생, 안전유지상의 필요 또는 사용상황 등의 변경으로 해당 시기에 정기검사를 실시하는 것이 적당하지 않다고 인정되는 때에는 소방서장의 직권 또는 관계인의 신청에 따라 소방서장이 따로 지정하는 시기에 정기검사를 받을 수 있다.

1. 정밀정기검사 : 다음 각 목의 어느 하나에 해당하는 기간 내에 1회
   가. 특정 · 준특정옥외탱크저장소의 설치허가에 따른 완공검사합격확인증을 발급받은 날부터 12년
   나. 최근의 정밀정기검사를 받은 날부터 11년
2. 중간정기검사 : 다음 각 목의 어느 하나에 해당하는 기간 내에 1회
   가. 특정 · 준특정옥외탱크저장소의 설치허가에 따른 완공검사합격확인증을 발급받은 날부터 4년
   나. 최근의 정밀정기검사 또는 중간정기검사를 받은 날부터 4년

② 삭제

③ 제1항제1호에 따른 정밀정기검사(이하 "정밀정기검사"라 한다)를 받아야 하는 특정 · 준특정옥외탱크저장소의 관계인은 제1항에도 불구하고 정밀정기검사를 제65조제1항에 따른 구조안전점검을 실시하는 때에 함께 받을 수 있다.

24. 다음 중 「위험물안전관리법 시행규칙」상 기술원에서 특정 · 준특정옥외탱크저장소 정기검사를 실시한 후 결과보고서를 제출할 때 들어가지 않는 사항은?

① 용접부에 관한 사항

② 수직도 · 수평도에 관한 사항(지중탱크에 대한 것은 제외한다)

③ 밑판(지중탱크의 경우에는 누액방지판을 말한다)의 두께에 관한 사항

④ 구조 · 설계의 외관에 관한 사항

정답 ④

풀이 위험물안전관리법 시행규칙 제71조제4항

④ 기술원은 정기검사를 실시한 결과 특정·준특정옥외저장탱크의 수직도·수평도에 관한 사항(지중탱크에 대한 것을 제외한다), 특정·준특정옥외저장탱크의 밑판(지중탱크에 있어서는 누액방지판)의 두께에 관한 사항, 특정·준특정옥외저장탱크의 용접부에 관한 사항 및 특정·준특정옥외저장탱크의 **지붕·옆판·부속설비의 외관**이 제72조제4항에 따라 소방청장이 정하여 고시하는 기술상의 기준에 적합한 것으로 인정되는 때에는 검사종료일부터 10일 이내에 별지 제46호서식의 정기검사필증을 관계인에게 교부하고 그 결과보고서를 작성하여 소방서장에게 제출하여야 한다.

※ 제71조제4항

④ 기술원은 제72조제4항의 소방청장이 정하여 고시하는 기준에 따라 정기검사를 실시한 결과 다음 각 호의 구분에 따른 사항이 적합하다고 인정되면 검사종료일부터 10일 이내에 별지 제46호서식의 **정기검사 합격인증**을 관계인에게 발급하고, 그 결과보고서를 작성하여 소방서장에게 제출해야 한다.

1. 정밀정기검사 대상인 경우: 특정·준특정옥외저장탱크에 대한 다음 각 목의 사항
   가. 수직도·수평도에 관한 사항(지중탱크에 대한 것은 제외한다)
   나. 밑판(지중탱크의 경우에는 누액방지판을 말한다)의 두께에 관한 사항
   다. 용접부에 관한 사항
   라. 구조·설비의 외관에 관한 사항
2. 제70조제1항제2호에 따른 중간정기검사 대상인 경우: 특정·준특정옥외저장탱크의 구조·설비의 외관에 관한 사항

25. 다음 「위험물안전관리법」상 위험물안전관리자의 선임 등에 관한 사항이다. ( )안에 들어갈 숫자로 옳은 것은?

> – 위험물안전관리자를 선임한 제조소등의 관계인은 그 위험물안전관리자를 해임하거나 위험물안전관리자가 퇴직한 때에는 해임하거나 퇴직한 날부터(㉠)일 이내에 다시 위험물안전관리자를 선임하여야 한다.
> – 제조소등의 관계인은 위험물안전관리자를 선임한 경우에는 선임한 날부터 (㉡)일 이내에 행정안전부령으로 정하는 바에 따라 소방본부장 또는 소방서장에게 신고하여 한다.

	㉠	㉡
①	15	14
②	15	30
③	30	14
④	30	15

정답 ③

풀이 위험물안전관리법 제15조(위험물안전관리자) 제2항, 제3항

② 안전관리자를 선임한 제조소등의 관계인은 그 안전관리자를 해임하거나 안전관리자가 퇴직한 때에는 해임하거나 퇴직한 날부터 30일 이내에 다시 안전관리자를 선임하여야 한다.

③ 제조소등의 관계인은 제1항 및 제2항에 따라 안전관리자를 선임한 경우에는 선임한 날부터 14일 이내에 행정안전부령으로 정하는 바에 따라 소방본부장 또는 소방서장에게 신고하여야 한다.

26. 다음 중 「위험물안전관리법」상 벌칙 기준이 다른 것은?

① 운반용기에 대한 검사를 받지 아니하고 운반용기를 사용하거나 유통시킨 자
② 위험물의 저장 또는 취급에 관한 중요기준에 따르지 아니한 자
③ 제조소등의 완공검사를 받지 아니하고 위험물을 저장 · 취급한 자
④ 무허가장소의 위험물에 대한 조치명령에 따르지 아니한 자

정답 ①

풀이 위험물안전관리법

제35조(벌칙) ① 1년 이하의 징역 또는 1천만원 이하의 벌금
제36조(벌칙) ②③④ 1천500만원 이하의 벌금

27. 다음 중 「위험물안전관리법」상 과태료의 기준은?

① 200만원 이하 ② 500만원 이하

③ 1천만원 이하 ④ 1천500만원 이하

정답 ②

풀이 위험물안전관리법
제39조(과태료)
① 다음 각 호의 어느 하나에 해당하는 자는 **500만원 이하의 과태료**에 처한다.

28. 다음 중 「위험물안전관리법」상 기준이 다른 것은?

① 제조소등의 폐지신고 또는 안전관리자의 선임신고를 기간 이내에 하지 아니하거나 허위로 한 자
② 위험물의 운반에 관한 세부기준을 위반한 자
③ 위험물의 운반에 관한 중요기준에 따르지 아니한 자
④ 위험물의 운송에 관한 기준을 따르지 아니한 자

정답 ③

풀이 위험물안전관리법
제37조(벌칙) ③ 1년 이하의 징역 또는 1천만원 이하의 벌금
제39조(과태료) ①②④ 500만원 이하의 과태료

29. 다음 중 「위험물안전관리법」 및 같은 법 시행령상 안전교육에 대한 다음 설명 중 가장 타당하지 않은 것은?

① 시 · 도지사, 소방본부장 또는 소방서장은 교육대상자가 교육을 받지 아니한 때에는 그 교육대상자가 교육을 받을 때까지 이 법의 규정에 따라 그 자격으로 행하는 행위를 제한할 수 있다.
② 안전관리자는 위험물의 안전관리와 관련된 업무를 수행하는 자로서 해당 업무에 관한 능력의 습득 또는 향상을 위하여 소방청장이 실시하는 교육을 받아야 한다.
③ 탱크시험자의 기술인력으로 종사하는 자는 해당 업무에 관한 능력의 습득 또는 향상을 위하여 소방청장이 실시하는 교육을 받아야 한다.
④ 안전관리자 · 탱크시험자 · 위험물운반자로 종사하는 자만 해당 업무에 관한 능력의 습득 또는 향상을 위하여 소방청장이 실시하는 교육을 받아야 한다.

정답 ④

풀이 위험물안전관리법 제28조(안전교육)
① 안전관리자 · 탱크시험자 · 위험물운반자 · 위험물운송자 등 위험물의 안전관리와 관련된 업무를 수행하는 자로서 대통령령이 정하는 자는 해당 업무에 관한 능력의 습득 또는 향상을 위하여 소방청장이 실시하는 교육을 받아야 한다.
② 제조소등의 관계인은 제1항의 규정에 따른 교육대상자에 대하여 필요한 안전교육을 받게 하여야 한다.

③ 제1항의 규정에 따른 교육의 과정 및 기간과 그 밖에 교육의 실시에 관하여 필요한 사항은 행정안전부령으로 정한다.
④ 시・도지사, 소방본부장 또는 소방서장은 제1항의 규정에 따른 교육대상자가 교육을 받지 아니한 때에는 그 교육대상자가 교육을 받을 때까지 이 법의 규정에 따라 그 자격으로 행하는 행위를 제한할 수 있다.

30. 다음 중 「위험물안전관리법」 상 위험물의 운반과 관련하여 가장 타당하지 않은 것은?

① 시 · 도지사는 운반용기를 제작하거나 수입한 자 등의 신청에 따라 운반용기를 검사할 수 있다.
② 기계에 의하여 하역하는 구조로 된 대형의 운반용기로서 제작하거나 수입한 자 등은 당해 용기를 사용하거나 유통시키기 전에 시 · 도지사가 실시하는 운반용기에 대한 검사를 받아야 한다.
③ 운반용기에 수납된 위험물을 지정수량 이상으로 차량에 적재하여 운반하는 차량의 운전자는 「국가기술자격법」에 따른 위험물 분야의 자격을 취득하지 않아도 운반할 수 있다.
④ 위험물의 운반은 그 용기 · 적재방법 및 운반방법에 관해 중요기준과 세부기준에 따라 행한다.

정답 ③

풀이 위험물안전관리법 제20조(위험물의 운반)
① 위험물의 운반은 그 용기・적재방법 및 운반방법에 관한 다음 각 호의 중요기준과 세부기준에 따라 행하여야 한다.
1. 중요기준 : 화재 등 위해의 예방과 응급조치에 있어서 큰 영향을 미치거나 그 기준을 위반하는 경우 직접적으로 화재를 일으킬 가능성이 큰 기준으로서 행정안전부령이 정하는 기준
2. 세부기준 : 화재 등 위해의 예방과 응급조치에 있어서 중요기준보다 상대적으로 적은 영향을 미치거나 그 기준을 위반하는 경우 간접적으로 화재를 일으킬 수 있는 기준 및 위험물의 안전관리에 필요한 표시 와 서류・기구 등의 비치에 관한 기준으로서 행정안전부령이 정하는 기준
② 제1항에 따라 운반용기에 수납된 위험물을 지정수량 이상으로 차량에 적재하여 운반하는 차량의 운전자(이하 "위험물운반자"라 한다)는 다음 각 호의 어느 하나에 해당하는 요건을 갖추어야 한다.
1. 「국가기술자격법」에 따른 위험물 분야의 자격을 취득할 것
2. 제28조제1항에 따른 교육을 수료할 것
③ 시・도지사는 운반용기를 제작하거나 수입한 자 등의 신청에 따라 제1항의 규정에 따른 운반용기를 검사할 수 있다. 다만, 기계에 의하여 하역하는 구조로 된 대형의 운반용기로서 행정안전부령이 정하는 것을 제작하거나 수입한 자 등은 행정안전부령이 정하는 바에 따라 당해 용기를 사용하거나 유통시키기 전에 시・도지사가 실시하는 운반용기에 대한 검사를 받아야 한다.

저자 소개

송 윤 석

서정대학교 소방안전관리과 교수
국가위기관리학회 운영위원회 이사
양주시 건축위원회 심의위원

오 승 주

동국대학교 대학원 법학 박사
서정대학교 소방안전관리과 외래 교수
서영대학교 소방안전과 외래 교수
국가위기관리학회 편집이사

2022 소방관계법규 정가 30,000원

저자 : 송윤석 · 오승주

발행인 : 임정대
발행처 : 도서출판 **화수목**

발행 : 2018년 3월 12일 초 판
2019년 3월 18일 제2판
2020년 3월 13일 제3판
2021년 3월 8일 제4판
2022년 2월 21일 제5판

등록 : 제2014-000166호

주소 : 서울시 마포구 신촌로 2길 5-15
전화 : 02-338-9119
팩스 : 02-335-2201

ISBN 979-11-89933-26-5 (93530)

저자와의 협의 하에 인지를 생략합니다.
파본이나 잘못된 책은 교환하여 드립니다.